GRUNDBAU
IN BEISPIELEN TEIL 1

GRUNDBAU IN BEISPIELEN TEIL 1

NACH EUROCODE 7

Gesteine, Böden, Bodenuntersuchungen
Grundbau im Erd- und Straßenbau
Erddruck, Wasser im Boden

von

Prof. Dr.-Ing. Wolfram Dörken

Prof. Dipl.-Ing. Erhard Dehne

Prof. Dr.-Ing. Kurt Kliesch

7., überarbeitete und aktualisierte Auflage

Bibliografische Information der Deutschen Nationalbibliothek
Die Deutsche Nationalbibliothek verzeichnet diese Publikation in der Deutschen Nationalbibliografie; detaillierte bibliografische Daten sind im Internet über http://dnb.d-nb.de abrufbar.

Reguvis Fachmedien GmbH
Amsterdamer Str. 192
50735 Köln
www.reguvis.de

Beratung und Bestellung:
Tel.: +49 (0) 221 97668-306
Fax: +49 (0) 221 97668-237
E-Mail: bau-immobilien@reguvis.de

ISBN: 978-3-8462-1136-6

Herstellung: Günter Fabritius
Satz: Prof. Dr.-Ing. Kurt Kliesch, Frankfurt University of Applied Sciences
Druck und buchbinderische Verarbeitung: Appel & Klinger Druck und Medien GmbH, Schneckenlohe
Printed in Germany

Vorwort zur 7. Auflage

Die DIN EN 1997-1, DIN EN 1997-1/ NA und DIN 1054 bilden das verbindliche Regelwerk für geotechnische Nachweise und werden im Handbuch Eurocode 7 Teil 1 (2015) zusammengefasst. Es bildet die Grundlage für die seit 1993 aufgelegte dreiteilige Buchreihe „Grundbau in Beispielen“, die seit 2014 vom Bundesanzeiger Verlag und ab 2019 in dessen Fachmedienbereich Reguvis herausgegeben wird.

Die Grundidee der 1. Auflage (siehe auch Auszug des Vorwortes zur 1. Auflage) soll auch bei dieser 7. Auflage des Teils 1 beibehalten werden: der Schwerpunkt liegt auch wieder auf der umfangreichen Sammlung und der anwendungsbezogenen Darstellung von Beispielen, Aufgaben (mit Lösungen), Fragen und Antworten.

Für die vorliegende Auflage wurde Teil 1 auf den neuesten Stand gebracht und weitere Beispiele eingearbeitet. Für den Abschnitt Bodenuntersuchungen (Klassifizierung) wurde eine grundlegende Neubearbeitung sowie für den Abschnitt „Wasser im Boden: Bauwerksabdichtungen“ eine Ergänzung nach DIN 18533 erforderlich. Bei der Aktualisierung des Abschnittes „Grundbau im Erd- und Straßenbau“ wurden die nun veröffentlichten europäischen Normen DIN 16907, Teil 1 bis 7 berücksichtigt.

An vielen Stellen wurden Verbesserungen vorgenommen. Diese gehen zum Teil auf Zuschriften unserer Leser zurück, für die ich mich auch im Namen meiner Kollegen Dörken und Dehne an dieser Stelle recht herzlich bedanken möchte. Herr Dörken ist leider 2017 verstorben.

Wir danken dem Bundesanzeiger Verlag für die gute Zusammenarbeit. Bei Frau Barbara Schneider möchten wir uns für das kritische und konstruktive Lektorat der Texte bedanken.

Ein geringer Teil der überarbeiteten Zeichnungen wurde durch mich mit Hilfe des CAD-Programms Mini-CAD, Version 7 der Software-Firma GGU GmbH, Braunschweig erstellt. Dieses Programm wurde mir freundlicherweise von der Firma Civil-Serve GmbH, Steinfeld zur Verfügung gestellt.

Für die tatkräftige Unterstützung mit Rat und Tat sowie ihr Verständnis danke ich meiner Frau Patricia Kliesch.

Meinem Mitautor Herrn Dehne danke ich vielmals für die gute Zusammenarbeit auch bei dieser Neuauflage.

Wir sind für Anregungen, Verbesserungs- und Korrekturvorschläge unserer Leser sehr dankbar. Wir haben den Inhalt dieser Veröffentlichung mit großer Sorgfalt geprüft, möchten aber um Verständnis dafür bitten, dass aus den Angaben, Abbildungen und Beschreibungen usw. keine juristischen Ansprüche hergeleitet werden können. Wir können auch keine Verantwortung für Irrtümer oder für Informationen über Berechnungen und Bauverfahren übernehmen, die sich als irreführend erweisen. Dies gilt selbstverständlich auch für die früher erschienenen Teile dieser Buchreihe.

Frankfurt am Main, September 2020, Prof. Dr.-Ing. Kurt Kliesch

Vorwort zur 1. Auflage (Auszug)

Seit den 60er-Jahren vertreten wir die Fachgebiete Bodenmechanik, Erd- und Grundbau an der Fachhochschule Frankfurt am Main und deren Vorgängerschulen. Daneben stehen wir als Gutachter mit der Bauwirtschaft, mit Behörden und Gerichten in Verbindung.

Auf Grund dieser Tätigkeiten sind wir ständig damit beschäftigt, aus der Fülle des sich schnell erweiternden Wissensstoffs unserer Fachgebiete den Teil herauszufiltern, der für unser Lehrangebot und unsere praktische Tätigkeit am wichtigsten ist.

Vor allem aber waren wir stets auf der Suche nach praxisbezogenen Beispielen, nach Aufgaben und Anwendungen, nach Fragen und Antworten zur Veranschaulichung des Lehrstoffs und für Klausuren, Übungen und Diplomarbeiten, aber auch als Grundlage für unsere Beratungen und grundbaustatischen Berechnungen für die Praxis. Denn wir stellten immer wieder fest, dass nur die durch Beispiele untermauerten Erfahrungen wirksam weitergegeben werden können („Lang ist der Weg durch Lehren, kurz und wirksam durch Beispiele“, Seneca).

In der unübersehbaren Fülle von Literatur und in den vorhandenen Lehrbüchern fanden wir nur eine sehr begrenzte Zahl von Beispielen, die schon nach wenigen Klausuren und Übungen verbraucht waren. Der Wunsch nach weiteren Berechnungsvorlagen wurde immer wieder an uns herangetragen. Daher haben wir uns vorgenommen, die wichtigsten Beispiele aus unserer inzwischen umfangreichen Sammlung in einer Buchreihe zu veröffentlichen.

Die vorliegende Beispielsammlung kann kein Lehrbuch im üblichen Sinne sein: um möglichst viele Beispiele, Kontrollfragen, Lückentexte und Aufgaben zu bringen, musste der erläuternde Text ziemlich knapp gehalten werden und konnte auch nicht überall didaktisch folgerichtig aufgebaut werden. Die Erarbeitung zusätzlicher Literatur, vor allem der wichtigsten Grundbaunormen, ist daher für den Leser notwendig. Ein Anspruch auf Vollständigkeit besteht nicht: Teilgebiete des Grundbaus, die nur wenige Rechenbeispiele enthalten, wurden stark gekürzt oder mussten ganz entfallen.

Zur besseren Übersicht wurden im fortlaufenden Text nur Beispiele geringeren Umfangs aufgenommen. Größere zusammenhängende, evtl. abschnittsübergreifende Beispiele werden jeweils in einem besonderen Abschnitt (Weitere Beispiele) gebracht.

Am Ende eines jeden Abschnitts kann der Kenntnisstand mit Hilfe von Kontrollfragen überprüft werden. Diese Fragen sollen das Verständnis für Zusammenhänge fördern und dazu anregen, ein ständig parates Grundwissen zu erwerben. Sie sollen nicht dazu verleiten, stereotype Antworten auswendig zu lernen.

Ein Abschnitt Aufgaben enthält Fragen, die sich nicht direkt mit Hilfe des Textes beantworten lassen. Die zugehörigen Lösungen sind am Ende des Buchs zu finden.

Frankfurt, August 1993
Prof. Dr.-Ing. Wolfram Dörken, Prof. Dipl.-Ing. Erhard Dehne

Benutzerhinweise

□ bedeutet: „Box“, eingerahmter Bereich für Rechenbeispiele

⇒ bedeutet: weitere Einzelheiten siehe z.B.

Inhaltsverzeichnis

1 Gesteine

1.1 Begriffe

Baugrund Äußerer Teil der festen Erdkruste, der für die Ausführung von Bauwerken von Bedeutung ist. Die Reichweite der Tiefgründungen (ca. 100 m) ist gering gegenüber der Mächtigkeit der Erstarrungskruste (mind. 30 bis 40 km, max. ca. 120 km) und gegenüber dem Erdradius am Äquator (6377 km).

Der Baugrund besteht aus
- Festgestein (Gestein, Fels) und
- Lockergestein (Boden).

Magma Glutflüssiges Gestein unterhalb der Erstarrungskruste. Die Krustenteile schwimmen und bewegen sich auf dem Magma (Auswirkungen: Verschiebungen und Kraftwirkungen, Vulkanismus, Erdbeben).

Tektonik Lehre von der Bewegung der Krustenteile und deren Auswirkungen. Teile der Erdoberfläche, die (z. B. durch Faltung oder Sedimentation, s. u.) schwerer geworden sind, sinken ein, durch Erosion leichter gewordene heben sich. Auch verschieben sie sich gegeneinander und üben dabei gewaltige Kräfte aus, die zu Formänderungen führen.

Die in der Erdkruste wirkenden Tangential- und Radialkräfte (□ 1.01 a) bewirken z. B. bei ursprünglich waagerecht liegenden Schichten (□ 1.01 b)

- Aufrichtungen (□ 1.01 c),
- Faltungen (□ 1.01 d),
- Verdrückungen (□ 1.01 e) oder
- Klüfte und Spalten mit evtl. Verschiebungen der Schichten gegeneinander (□ 1.01 f).

Erdzeitalter Im Laufe der Erdgeschichte änderte sich immer wieder das Klima und damit auch die Gesteinsablagerungen (□ 1.03). Aus deren Art und Umfang kann der Geologe das zugehörige Erdzeitalter bestimmen. Anhaltspunkte für das Alter eines Gesteins sind die Fossilien (Versteinerungen aus der Tier- und Pflanzenwelt). Am genauesten lässt es sich jedoch mit Hilfe des radioaktiven Zerfalls bestimmen (□ 1.02).

□ 1.01: Beispiele: Tektonische Formänderungen

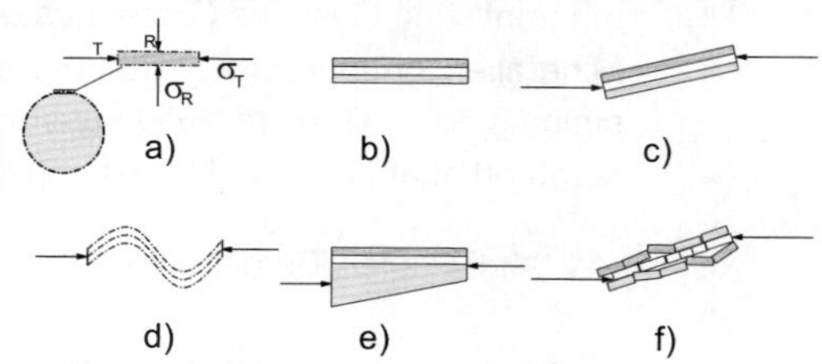

□ 1.02: Beispiel: Altersbestimmung von Gesteinen mit Hilfe der Zerfallsreihe des Urans

Uran verwandelt sich über vierzehn Zerfallstufen in Radium G = Blei. Aus dem Verhältnis der in einem Gestein vorhandenen Blei- und Uranmengen ergibt sich das Alter des umgebenden Gesteins.

Gestein Rock Material, aus dem Magma entstandenes, fest zusammenhängendes Gemenge einer oder mehrerer Mineralarten.

Gesteinsarten Bestimmte unterscheidbare Ausbildungen des Gesteins.

Gesteine liegen entweder in ihrer ursprünglichen (Magmatische Gesteine) oder in veränderter Form durch Verwitterung (Zerstörung), Abtragung (Erosion) und Ablagerung (Sedimentation) und Wiederverfestigung bzw. Umwandlung – als Sedimentgesteine oder Metamorphe Gesteine vor. Hiernach werden folgende Gesteinsarten unterschieden (□ 1.06):

Magmatische Gesteine auch Eruptivgesteine oder Erstarrungsgesteine genannt, □ 1.03). Sie sind durch Erkalten des Magmas entstanden und unterscheiden sich auf Grund der unterschiedlichen chemischen Zusammensetzung der Schmelze und der wechselnden Kristallisationsbedingungen der Mineralien. In größerer Tiefe langsam erkaltete magmatische Gesteine (Tiefengesteine) haben eine kristalline Struktur, weil die Mineralien genügend Zeit hatten, sich voll auszubilden (□ 1.04). Ergussgesteine sind, z. B. beim Vulkanausbruch, bis an die Erdoberfläche gelangt und rasch erkaltet. Ihre Struktur ist vorwiegend glasig (□ 1.05).

□ 1.03: Beispiel: Magmatische Gesteine

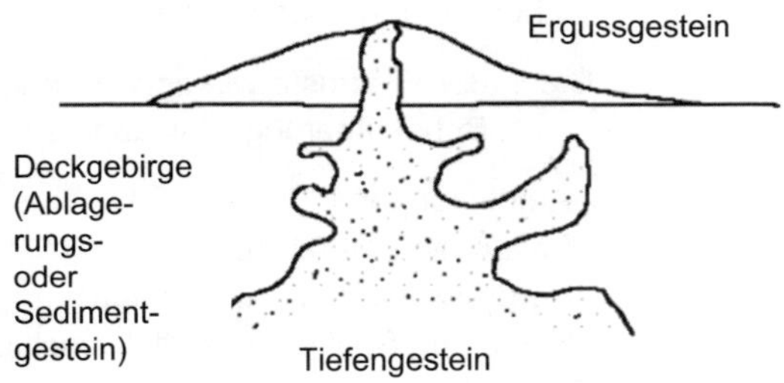

□ 1.04: Beispiel: Tiefengestein

Granit, ein fein- bis grobkörniges, kristallines Gestein, das aus den Mineralien Feldspat, Quarz und Glimmer besteht.

□ 1.05: Beispiel: Ergussgestein

Basalt, glasig, dicht, grauschwarz bis blau.

☐ 1.06: Beispiel Erdzeitalter und Gesteinsbildungen (in Anlehnung an Henningsen, Katzung, 2006)

Gruppe (Ära)	Alter in Mio. Jahren	System (Periode)	Abteilung (Epoche)	Gesteinsbildungen
Känozoikum (Erdneuzeit)	1,8	Quartär	Holozän (Alluvium)	Schotter, Meeres- und Flusssande, Dünensande, Schlick, Torf, Kalktuffe
			Pleistozän (Diluvium)	Im Vorland des Eises lagern die Flüsse mächtige Sand- und Schotterlagen ab: Kiese, Sande, Tone, Geschiebemergel, Löß, Torf, Kieselgur, Kalktuffe
	65	Tertiär	Jungtertiär Alttertiär	An der Wende Kreide - Tertiär entstehen mächtige Kaolinverwitterungsrinden. Abtragung und Aufbereitung führt zu mächtigen Sand- und Tonablagerungen. Eingekieselte Sande (Quarzite), Stein- und Kalisalze am Rhein; Erdöl
Mesozoikum (Erdmittelalter)	142	Kreide	Obere Kr.	Schreibkreide, Mergelkalke (Pläner), Quadersandstein, Konglomerate
			Untere Kr.	Mergel, Tone, Sandsteine, Konglomerate
	200	Jura	Oberer J. Mittl. J. Unterer J.	Vorherrschen von hellen Kalken und Dolomiten Überw. braune (eisenschüssige) Sandsteine, auch Kalke und Tone Dunkle Tone und Kalkmergel
	251	Trias	Keuper Muschelkalk Buntsandstein	Sandsteine, bunte Letten, Mergel, Dolomit, Gips Überwiegend Kalksteine, daneben Mergel Dolomit, Anhydrit und Steinsalz Rote und weiße Sandsteine, Konglomerate, Letten, Bröckelschiefer, Gips und Steinsalz
Paläozoikum (Erdaltertum)	296	Perm	Zechstein Rotliegendes	Kalksteine, Dolomite, Letten, Gips, Anhydrit, Salzgestein, Stinkschiefer, rote und graue Sandsteine, Konglomerate, Letten, Schiefertone, Tonschiefer, Kieselschiefer, Porphyre, Melaphyre, Tuffe
	358	Karbon	Oberkarbon Unterkarbon	Steinkohle, Sandsteine, Grauwacken, Konglomerate, Schiefertone, Tonschiefer, Kieselschiefer, Kalksteine Granite, Syenite, Diorite, Gabbros, Porphyr, u.a.
	418 443	Devon Silur (Gotland.)	Ob.; Mit.; Unterdevon	Kalksteine, Grauwacken, Sandsteine, Quarzite, Tonschiefer, Diabase. Keratophyre, Tuffe u.a.
	495	Ordovizium (Untersil.)		Tonschiefer (Graptolithenschiefer), Alaunschiefer, Kieselschiefer, Quarzite, Grauwacken, Konglomerate, Kalksteine, Diabase
	545	Kambrium	Ob., Mit., Unterkambr.	Konglomerate, Sandsteine, Grauwacken, Kalksteine, Ton- und Alaunschiefer, Diabase; in Böhmen Porphyre
Proterozoikum (Algonkium)	ca. 700	Präkambrium	Jungalgonkium	Konglomerate, rote Sandsteine, Quarzite, Grauwacken, Schiefer, Granite, Porphyre, Basalte
	ca. 1000		Altalgonk.	Vorw. metamorphe Gesteine: Gneise, Glimmerschiefer, Phyllite, Quarzit
Archäozoikum	ca. 2000		Archaikum	intrudierte granitische Magmen
Erdurzeit (Azoikum) oder Sternzeitalter - Entstehung der Erde				

Verwitterung

Im Bereich der Erdoberfläche werden die Gesteine im Laufe der Zeit durch die Kräfte der Verwitterung zerstört (□ 1.07). Hierzu gehören:

□ 1.07: Verwitterung, Abtragung, Ablagerung

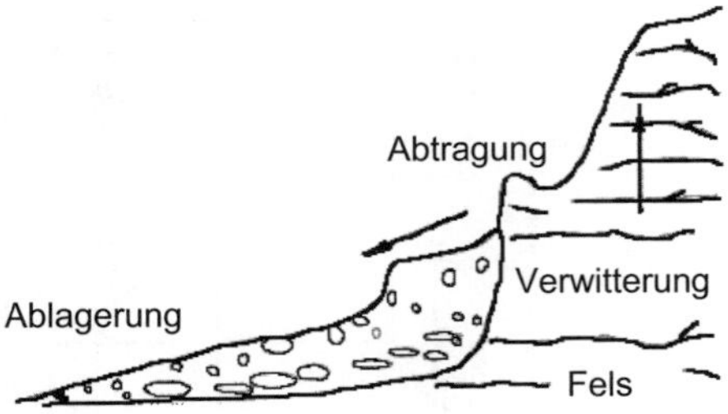

- **Frostsprengung:** Wasser dehnt sich beim Gefrieren um ca. 10 % seines Volumens aus, dabei entwickeln sich große Kräfte (□ 1.08). So wird auch härtestes Gestein zerstört, wenn Wasser in Haarrisse und Spalten eindringt.
- **Temperaturdifferenzen:** in warmen Zonen der Erde oft über 50 K.
- **Chemische Einflüsse:** durch Salze, Säuren, Laugen und Gase in Wasser oder Luft.
- **Biologische Einflüsse:** durch Tätigkeit der Kleinstlebewesen und durch die Gefüge lockernde Arbeit der Pflanzenwurzeln.

□ 1.08: Beispiel: Ausdehnungsdruck beim Gefrieren von Wasser

Ausdehnungsdruck bei -22/°C: ca. 21 kN/cm²

Abtragung

Die Verwitterungsprodukte bleiben selten an Ort und Stelle (in primärer Lagerstätte) liegen. Meist werden sie weitertransportiert (abgetragen, verfrachtet), um sich schließlich (in sekundärer Lagerstätte) abzulagern (zu sedimentieren). Kräfte der Abtragung sind:

- **Schwerkraft:** Durch Verwitterung gelöste Gesteinsbrocken fallen herab. Es entstehen die Schutthalden am Fuß der Berge.
- **Wasser:** Stärkste Abtragungskraft. Wasser transportiert das gelöste Material und lagert es ab, wenn seine Schleppspannung nachlässt (□ 1.09).

□ 1.09: Beispiel: Schleppspannung von Rhein und Mississippi

Der Rhein transportiert pro Jahr ca. 1,7 Mio m³, der Mississippi 18 Mio m³, dazu 215 Mio m³ gelöste Stoffe

- **Eis und Schnee:** Im Gebirge werden erhebliche Geröllmengen durch Lawinen und Gletscher verfrachtet. In den Eiszeiten wurden ganze Landschaften durch die Verschiebung der Eismassen umgestaltet.
- **Wind:** Feinkörniges Material wird in heißen Klimazonen oft auf große Entfernungen verlagert (Sandstürme).

Sediment-gesteine (Ablagerungsgesteine). Sie sind aus - durch Verwitterung und Abtragung entstandenen - Gesteinstrümmern unterschiedlicher Größe zusammengesetzt, die sich im Laufe der Zeit wieder verfestigt haben. Durch wechselnde Sedimentationsbedingungen sind sie oft geschichtet. Man unterscheidet:

- **Trümmersedimente**, die aus zerkleinerten Trümmern älterer Gesteine aufgebaut und mit kieseligem, kalkigem oder tonigem Bindemittel verkittet sind. Nach der Korngröße werden unterschieden:

- Grobkörnige Trümmersedimente, Korndurchmesser > 2 mm, aus eckigen (Brekzie) oder runden Trümmern (Konglomerat).

- Mittelkörnige Trümmersedimente, Korndurchmesser 2 bis 0,02 mm (□ 1.10).

□ 1.10. Beispiel: Mittelkörniges Trümmersediment

Sandstein: durch unterschiedliche Bindemittel verkittete Sandkörner.

- Feinkörnige Trümmersedimente, Korndurchmesser <0,02 mm (□ 1.11). Tonige Ablagerungen, die durch Druck verdichtet und geschiefert wurden.

  Schieferung = Spaltbarkeit in parallelen Schichten dadurch, dass sich die Mineralien unter Druck mit ihrer Längsachse rechtwinklig zur Druckrichtung angeordnet haben.

□ 1.11: Beispiel: Feinkörniges Trümmersediment

Tonschiefer: stärker verfestigt als Schieferton; quillt nicht in Wasser und zerfällt nicht beim Austrocknen wie dieser.

- **Ausscheidungs-(Chemische) Sedimente** (□ 1.12):

□ 1.12: Beispiele - Chemische Sedimente

Kalkstein: besteht aus kohlensaurem Kalk, z. T. durch Eisenverbindungen, Sand usw. verunreinigt
Dolomit: Verbindung von kohlensaurem Kalk und kohlensaurem Magnesium
Eindampfungsgesteine: Gips, Steinsalz, Kali- und Magnesiumsalze

- **Organische oder organogene Sedimente** (□ 1.13).

Metamorphe Gesteine (Umwandlungsgesteine). Sie sind teils aus Sediment-, teils aus Erstarrungsgesteinen entstanden, die durch tektonische Kräfte in größere Tiefe verlagert worden waren. Der Überlagerungsdruck und die hohen Temperaturen in der Tiefe der Erdkruste haben sie zu neuem Gestein umgewandelt, wobei sich auch Kristalle entwickelten und eine Schieferung auftrat (kristalline Schiefer).

□ 1.13: Beispiele - Organische oder organogene Sedimente

Braunkohle: aus tertiären Wäldern entstanden, Selbstzersetzungsprozess (Inkohlung): Kohlensäure und Wasser werden abgespalten, Kohlenstoff bleibt zurück.
Steinkohle: wie Braunkohle, aber schon in der Karbonzeit entstanden. Daher ist sie reicher an Kohlenstoff.
Asphalt: Pechartiges Gemenge aus Bitumen und Gestein, durch Oxidation von Erdöl entstanden.

Mineralien Bestandteile der Gesteine, die in der Erdrinde vorkommenden Elemente, deren Verbindungen und Gemische. Wenige Mineralien bilden die Hauptmasse der Gesteine (□ 1.14):

□ 1.14: Beispiele: Mineralien

- Silicate. Hauptbestandteil Siliciumoxid. Beispiel: Quarz
- Carbonate. Beispiele: Kalkspat, Dolomit, Magnesit
- Sulfate. Beispiele: Anhydrit, Gips, Schwerspat
- Chloride. Beispiel: Steinsalz
- Fluoride. Beispiel: Flussspat
- Eisenerze. Beispiele: Roteisen, Magneteisen
- Kohlen und Kohlenwasserstoffe. Beispiele: Torf, Braunkohle, Steinkohle, Anthrazit, Erdöl, Asphalt

Struktur Größe der Bestandteile und Art ihrer Verbindung untereinander. Man unterscheidet:

- Kristalline Struktur: das Gestein besteht aus kristallisierten Mineralien, die unmittelbar miteinander verzahnt sind. Beispiel: Granit.
- Glasige Struktur: in der homogenen Masse des Gesteins sind keine Teile erkennbar. Beispiel: Basalt.
- Klastische Struktur: Trümmer älterer Gesteine sind durch ein Bindemittel verkittet. Beispiel: Konglomerat

Textur Anordnung der Bestandteile im Raum. Man unterscheidet:

- Massige (richtungslose) Textur: die Bestandteile sind ungeordnet im Raum verteilt. Beispiel: Granit.
- Geschichtete Textur: die Bestandteile orientieren sich in eine Richtung. Beispiel: Sandstein.

- Geschieferte Textur: das Gestein lässt sich in einer Richtung spalten. Beispiel: Tonschiefer.

Lagerung Die normale Lagerung (Schichtung) entsteht durch allmähliches Absetzen des Materials. Eine Schicht ist also das Ergebnis ununterbrochener Sedimentation. An der Schichtgrenze haben sich die äußeren Bedingungen der Sedimentation (z. B. durch klimatische Einflüsse) geändert.

□ 1.15: Beispiel: Lagerung der Gesteine

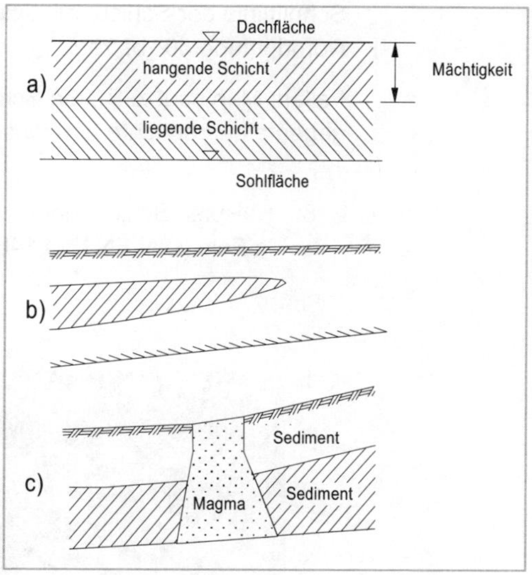

Die Bezeichnungen für die Ober- und Unterfläche einer Schicht stammen aus dem Bergbau (□ 1.15 a). Ihre Dicke wird oft Mächtigkeit genannt. Eine Schicht keilt aus (□ 1.15 b), wenn eine Mulde sich durch Sedimente aufgefüllt hat. Eine durchgreifende Lagerung (auch als Gang bezeichnet) liegt vor (□ 1.15 c), wenn eine Schicht eine andere Schicht durchdringt, weil sich eine Kluft oder Spalte mit Eruptiv- oder Sedimentgestein gefüllt hat.

□ 1.16: Beispiel 1: Streichen und Fallen

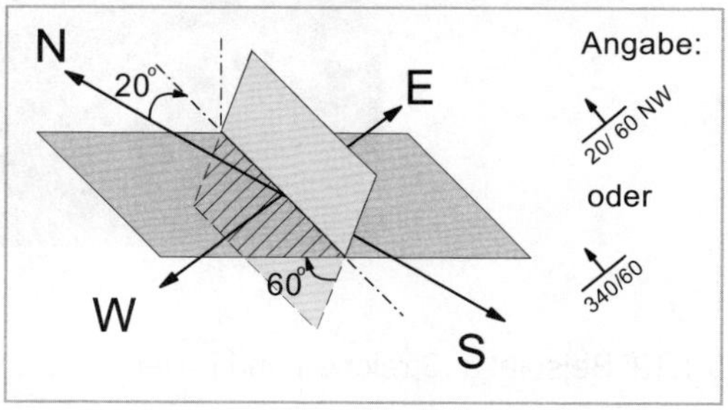

Streichen/ Fallen Die horizontale Lage von Schichten wird als richtungslos angenommen. Mit den Begriffen Streichen und Fallen wird die Lage geneigter Schichten im Raum beschrieben (□ 1.16, □ 1.17, □ 1.19).

Fels (rock mass). Verband von gleichartigen oder ungleichartigen Gesteinen. Es handelt sich um keinen monolithischen Körper, sondern er ist durch Trennflächen mehr oder weniger zerlegt. Trennflächen sind Schichtflächen, Kluftflächen, Schieferungs- und Störungsflächen. Sie bestimmen je nach ihrer Art und Ausbildung, Stellung, Häufigkeit und Erstreckung sowie ihrer Füllung oder ihrem Belag wesentlich die Festigkeit und das Verformungsverhalten sowie die Wasserdurchlässigkeit des Felsens (□ 1.18).

□ 1.17: Beispiel 2: Streichen und Fallen

- Streichen. Man sagt z. B.: die Schicht streicht um 50° gegen Norden, wenn der horizontal im Uhrzeigersinn gemessene Winkel zwischen der Schnittlinie der Schicht mit einer gedachten horizontalen Ebene und der Nordrichtung 50° beträgt.
- Fallen: Man sagt z. B.: die Schicht fällt um 20°, wenn ihr Neigungswinkel gegen eine gedachte horizontale Ebene 20° beträgt.

□ 1.18: Beispiel: Schichtfugen SF, Schichtflächen SS und Kluftflächen K in Fels (DIN EN ISO 14689: Trennflächen)

□ 1.19: Beispiel 3: Streichen und Fallen

Geg.: *Eine Felsformation streicht exakt von Südosten nach Nordwesten und fällt mit einer Neigung von 1:3 nach Südwesten.*

Ges.: *Symbol (Kartenzeichen) für die Lage der Felsformation mit allen Zahlenangaben.*

Lösg.:

Streichen:

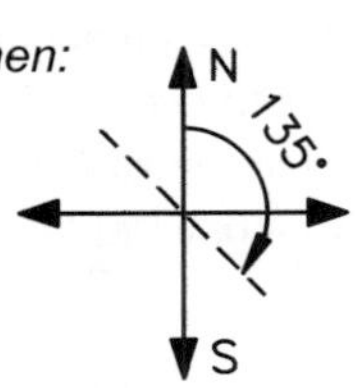

Fallen: $\tan\beta = \frac{1}{3} \rightarrow \beta = 18{,}4°$

Angabe: 135°/ 18° SW oder 225°/ 18°

□ 1.20: Beispiel 4: Streichen und Fallen

Geg.: *Unter annähernd horizontalem Gelände wurde eine Felsoberfläche in folgenden Tiefen angetroffen:*

Bohrung 1: 4,0 m unter GOK

Bohrung 2: 11,0 m unter GOK

Bohrung 3: 18,0 m unter GOK

Bohrung 4: 11,0 m unter GOK

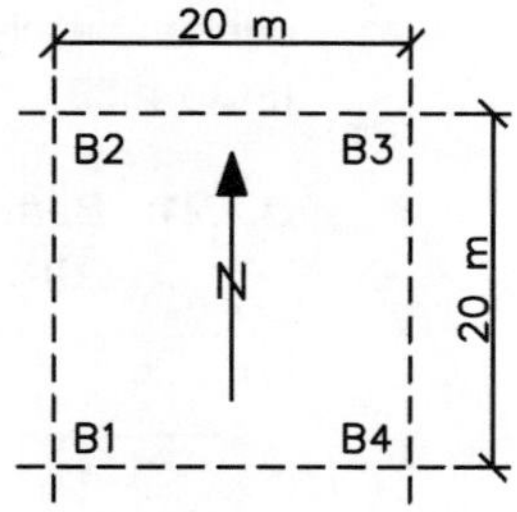

Ges.: *Streichen und Fallen der Felsoberfläche mit Symbol und Zahlenangaben.*

Lösg.:

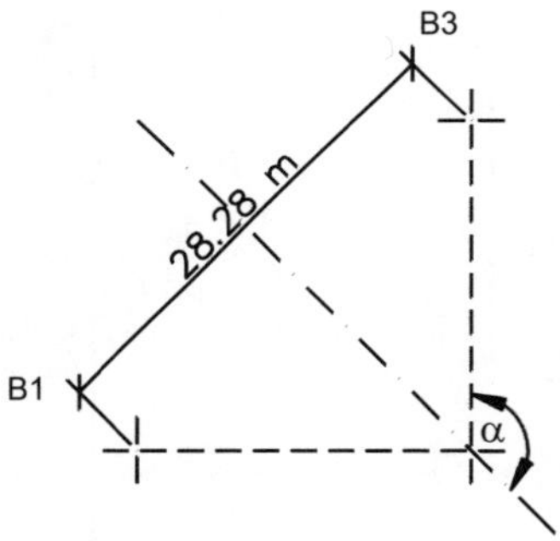

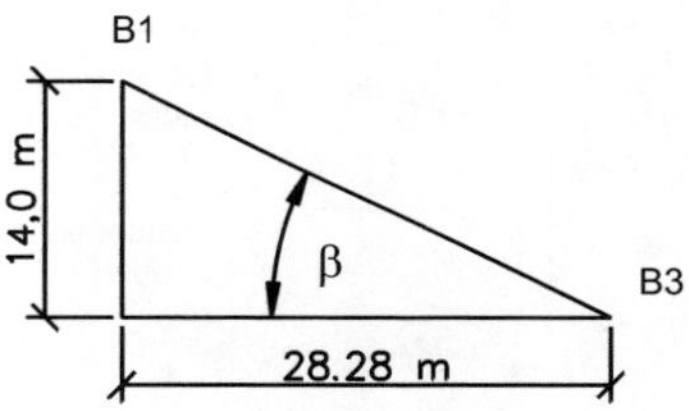

$\alpha = 90° + 45° = 135°$

$tan\,\beta = \frac{14{,}0}{28{,}28} = 0{,}495$

$\rightarrow \beta = 26{,}3°$ *Fallrichtung: Nord-Ost*

Angabe: 135°/ 26° Angabe: NE oder 225°/26°

1.2 Beurteilung als Baugrund

Massiger und kristalliner Fels, auch als Magmatische Gesteine und früher als Erstarrungsgesteine bezeichnet, ist der beste Baugrund. Auch Sediment- und Metamorphe (=Umwandlungs-) gesteine sind bei günstiger Lagerung sehr guter Baugrund, wenn man beachtet, dass in Wasser lösbare Gesteine (Gips, Salz) vor Wasserzutritt geschützt werden. In jedem Fall muss auf Trenn-, Schicht- und Kluftflächen geachtet werden (evtl. mit Beton ausfüllen oder verpressen) und die Baugrubensohle von verwittertem Gestein frei gemacht werden.

1.3 Benennen von Fels

DIN EN ISO 14689

Die Gesteinsart wird nach der mineralischen Zusammensetzung und nach der Entstehung benannt (DIN EN ISO 14689, □ 1.21). Hierbei werden die im Folgenden beschriebenen Kriterien und Versuche verwendet (□ 1.22, ⇒ DIN EN ISO 14689).

□ 1.21: Benennen von Gesteinsarten: Beispiele für die Bestimmung für Fels (DIN EN ISO 14689: Tabelle A.1)

Sedimentgesteinsarten						
Korngröße	**Silikatisch**	**Biogen**		**Vulkanisch**	**Kohlenstoffhaltig**	**Evaporite**
		Kaum porös	**Porös**			
grob	Brekzie-Konglomerat		Kalkrudit	vulkanisches Brekzie-Agglomerat		
mittel	Sandstein Grauwacke	Kalkstein oder Dolomit	Kalkarenit	Tuff		Halit Anhydrit Gips Travertin
fein	Siltstein		Kalksiltstein Kreide	feiner Tuff	Kohle Lignit	
	Tonstein Pelit		Kalklutit	sehr feiner Tuff		
krypto-kristallin	Feuerstein Chert					

Erstarrungsgesteinstypen (Magmatische Gesteinstypen)				Metamorphe Gesteinstypen	
Korngröße	**hellfarben (säurehaltig)**	**wechselnd hell- bis dunkelfarben**	**dunkelfarben (basisch)**	**geschiefert**	**sonstige**
grob	Granit	Diorit	Gabbro	Gneis	Marmor
mittel	Mikro-Granit	Mikro-Diorit	Dolerit	Schiefer	Quarzit
fein	Rhyolith	Andesit	Basalt	Tonschiefer	Hornfels
krypto-kristallin		vulkanisches Glas/ Obsidian			

Genetische Einheit

- **sedimentär:** das Gestein kann klastisch, chemisch, pyroklastisch oder organisch entstanden sein. „Klastisch“ bedeutet durch Zertrümmerung und Ablagerung entstanden. Deshalb kann das Gestein Hohlräume aufweisen und wird dann als porös bezeichnet. Die Hohlräume können gefüllt oder offen (nicht gefüllt) sein. Die Mineralkörner und die Schichtflächen, die die Grenzen zwischen einzelnen Sedimentschichten kennzeichnen, können verkittet sein. Sedimente, die durch Verdampfung und Ablagerung entstanden sind (so genannte Evaporite wie z.B. Gips und Steinsalz) und Kalksteine können kristallin (ohne Hohlräume) sein. Organische Sedimente können Fossilien enthalten.
- **metamorph:** das Gestein ist kristallin, das heißt die Oberflächen reflektieren Licht, einige Kristalle weisen geometrische Formen auf. Die erkennbaren Schichten weisen oft wellenförmige Oberflächen auf, die als „schiefrig“ bezeichnet werden.
- **magmatisch:** das Gestein kann vulkanisch oder plutonisch sein. Das Gestein ist kristallin, das heißt die Oberflächen reflektieren Licht, einige Kristalle weisen geometrische Formen auf. Im Gegensatz zu metamorphen Gesteinen weist das Gestein keine scharfen Abgrenzungen der Schichten auf und ist massiv.

Geologische Struktur

Es ist zu unterscheiden, ob das Gestein geschichtet, geschiefert oder massig, das heißt ohne scharfe, ursprüngliche Trennflächen ausgebildet ist.

Korngröße

Sie wird nach dem in Abschnitt 2.04.3 angegebenen Verfahren bestimmt, wenn die Körner der Gesteinsprobe mit dem bloßen Auge zu unterscheiden sind (DIN EN ISO 14689, □ 1.22). Anderenfalls wird der Ritz- und Schneideversuch ausgeführt. Bei einem Durchmesser der Korngrößen von mehr als 60 mm darf zusätzlich der Begriff „sehr grobkörnig“ verwendet werden. Unter „amorph“ versteht man einen glasigen Aufbau des Gesteins.

□ 1.22: Benennen von Gesteinsarten: Korngrößen bei Fels (DIN EN ISO 14689)

Gesteinsart	Korngröße [mm]		Bezeichnung
	Von	Bis	
Sediment	2	>20	grob
	0,06	2	mittel
	0,002	0,06	fein
	< 0,002		Amorph (krypto-kristallin)
Magmatite/ Metamorphite	5	>5	grob
	1	5	mittel
	0,5	1	fein
	< 0,5		Amorph (krypto-kristallin)

Mineralogische Zusammensetzung

Als einzelne Minerale und/ oder Mineralgruppen sind grundsätzlich zu unterscheiden

- Quarz, Feldspat und andere Silikatminerale
- Dunkelfarbige Minerale wie z.B. Glimmer, Hornblende, Augit
- Tonminerale
- Karbonatminerale wie z.B. Kalzit und Dolomit
- Amorphe Silikate wie z.B. Glas
- Kohlenstoffe wie z.B. Kohle
- Salze wie z.B. Steinsalz (Halit) oder Gips
- Quellfähige Minerale wie z.B. Smektit
- Sulfide wie z.B. Pyrit

Abkürzungen

Die Gesteine aus Fels werden mit den oben genannten Eigenschaften beschrieben. Als Abkürzungen werden die folgenden Symbole verwendet (DIN EN ISO 14689, □ 1.23).

□ 1.23: Benennen von Gesteinsarten: Benennen von Fels (DIN EN ISO 14689)

Genese	Geologische Struktur	Korngröße	Mineralogie
sedimentär	geschichtet	grob	Quarz, Feldspat und ähnliche Silikate
metamorph	geschiefert	mittel	Dunkelfarbige Minerale (z.B. Biotit, Hornblende, Pyroxene)
magmatisch: plutonisch, vulkanisch	massig: ohne scharfe genetische Trennflächen	fein	Tonminerale
		amorph (krypto-kristallin)	Karbonate
			Amorphe Silikate (z.B. Glas)
			Kohlenstoffe (z. B. Kohle und Graphit)
			Salze (z. B. Steinsalz, Gips)
			quell- bzw. schwellfähige Minerale (z. B. Anhydrit und einige Tonminerale);
			Sulfide (z. B. Pyrit)

Ergänzende Angaben

Ergänzend sind folgende Angaben zu treffen (DIN EN ISO 14689)

- **Farbe:** Helligkeit, Farbton, Farbübergänge (Sättigung) (□ 1.24)
- **Matrix:** mineralogische Zusammensetzung und die Teilchengröße sind mit den Vorgaben von Bild □ 1.23 zu beschreiben
- **Verwitterung und Veränderungen:** frisch, verfärbt, verwittert, zersetzt (□ 1.25)
- **Stabilität unter Wasserdeckung:** unbeeinflusst (stabil), bröckelt teilweise (ziemlich stabil), bröckelt vollständig (instabil) (□ 1.26)
- **Festigkeit:** sehr schwach, schwach, mäßig schwach, mäßig stark, stark, sehr stark, außerordentlich stark (□ 1.27)

□ 1.24: Benennen von Gesteinsarten: Vorgaben bei Fels für Helligkeit, Farbton und Farbübergänge (DIN EN ISO 14689, Tabelle 1)

Helligkeit	**Farbton**	**Farbübergänge (Sättigung)**
hell	rot	rötlich
dunkel	rosa	blassrosa
	orange	blassorange
	gelb	gelblich
	cremeweiß	bräunlich
	braun	grünlich
	grün	bläulich
	blau	gräulich
	weiß	
	grau	
	schwarz	

□ 1.25: Benennen von Gesteinsarten: Vorgaben für die Beschreibung der Verwitterung für Fels (DIN EN ISO 14689, Tabelle 3)

Begriff	**Beschreibung**
frisch	Es sind keine sichtbaren Zeichen von Verwitterung des Felsmaterials zu erkennen.
verfärbt	Die Farbe des ursprünglich frischen Felsmaterials hat sich verändert und belegt die Verwitterung. Der Grad der Abweichung von der ursprünglichen Farbe sollte angegeben werden. Falls die Farbänderung auf bestimmte Mineralbestandteile beschränkt ist, sollte dies angegeben werden.
verwittert	Das Felsmaterial ist durch die chemische Veränderung der Mineralkörner zu einem Boden verwittert, in dem der ursprüngliche Stoff noch unversehrt ist; einige oder alle Mineralkörner sind aufgelöst.
zersetzt	Das Felsmaterial ist in der Regel durch Wärmeausdehnung und -Schrumpfung zerbrochen. Es besteht kein Verbund mehr zwischen den Körnern. Das Felsmaterial ist zu einem Boden verwittert, in dem der ursprüngliche Stoff noch unversehrt ist. Das Felsmaterial ist bröcklig, aber die Mineralkörner sind nicht verwittert.

□ 1.26: Benennen von Gesteinsarten: Vorgaben für Veränderlichkeit von Gestein (Fels) unter Wasserbedeckung (DIN EN ISO 14689, Tab. 5)

Begriff	Einstufung	Beschreibung (nach 24 Stunden)
nicht veränderlich	1	keine Veränderungen
veränderlich	2	Bildung von einigen Rissen oder Bröckeln von Teilen der Probenoberfläche
	3	Bildung von vielen Rissen, zerfällt in kleine Stücke oder starkes Bröckeln der Probenoberfläche
stark veränderlich	4	Probe ist zerfallen oder Bröckeln fast der gesamten Probenoberfläche
	5	Probe ist vollständig zerfallen oder in Brei übergegangen

□ 1.27: Benennen von Gesteinsarten: Vorgaben für die Festigkeit von Fels (DIN EN ISO 14689, Tabelle 2)

Begriff	Einaxiale Druckfestigkeit [MPa]
außerordentlich hoch	Mehr als 250
sehr hoch	100 bis 250
hoch	50 bis 100
mäßig hoch	25 bis 50
mäßig schwach	12,5 bis 25
gering	5 bis 12,5
sehr gering	1 bis 5
außerordentlich gering	0,6 bis 1

Gewachsener Fels

„Gewachsener Fels" ist der Fels vor Ort, das heißt unter Beachtung des Trennflächengefüges und des Verwitterungsprofils (DIN EN ISO 14689). Im Einzelnen ist zu beschreiben

- **Geologische Struktur:** nach Bild □ 1.28

  Trennflächen: Trennflächen können Kluft-, Schieferungs- und/ oder Schichtflächen sein. Streichen und Fallen nach Bild □ 1.16 sowie Abstand der Trennflächen nach Bild □ 1.29, und Abstand der Schicht- und Schieferungsflächen nach Bild □ 1.30
- **Gesteinskörper:** Größe nach Bild □ 1.31, Form nach Bild □ 1.35
- **Durchtrennungsgrad der Trennflächen:** die Ausdehnung von Beginn bis Ende einer Trennfläche ist in Metern und wenn möglich in zwei orthogonal zueinanderstehenden Richtungen anzugeben.
- **Rauigkeit der Trennflächen:** wird unterschieden in „rau", glatt", „stufig", „wellig", „eben"

□ 1.28: Benennen von Gesteinsarten: Vorgaben für gewachsenen Fels zur Beschreibung der geologischen Struktur (DIN EN ISO 14689, Tabelle 6)

sedimentär	**metamorph**	**magmatisch**
gradiert	gefaltet	gestreift
massig	gneisartig	gefaltet
gefaltet	gestreift	fließgebändert
laminiert	gebändert	massig
geschichtet mit Zwischenlagen	feinschiefrig	
geschichtet	geschiefert	
-	zerschert	

□ 1.29: Benennen von Gesteinsarten: Vorgaben für die Beschreibung des Trennflächenabstands (z.B. Kluftabstand) von gewachsenem Fels (DIN EN ISO 14689, Tabelle 8)

Begriff	**Abstand [mm]**
außerordentlich engständig	weniger als 20
sehr engständig	20 bis 60
engständig	60 bis 200
mittelständig	200 bis 600
weitständig	600 bis 2000
sehr weitständig	mehr als 2000

□ 1.30: Benennen von Gesteinsarten: Vorgaben für die Beschreibung des Abstands von Schicht- und Schieferungsflächen bei gewachsenem Fels (DIN EN ISO 14689, nach Tabelle 7)

Begriff	**Abstand [mm]**
fein laminiert (sehr dicht geschiefert)	weniger als 6
grob laminiert (dicht geschiefert)	6 bis 20
sehr dünn beschichtet (geschiefert)	20 bis 60
dünn beschichtet (geschiefert)	60 bis 200
mittel beschichtet (geschiefert)	200 bis 600
dick beschichtet (geschiefert)	600 bis 2000
sehr dick beschichtet (geschiefert)	mehr als 2000

- **Öffnungsweite:** nach Bild □ 1.32
- **Kluftfüllung:** Beschreibung z.B. als Boden (siehe Abschnitt 2) oder der Minerale (Mineralogische Zusammensetzung) sowie Abschätzung oder Messung der Scherfestigkeit

  Durchsickerung: erkennbare „freie“ Feuchte oder sichtbarer Wasserfluss sollte beschrieben werden z.B. als „Feuchte auf Felsoberfläche“ und „Tropfwasser“. Nach eventueller Messung der Fließgeschwindigkeit Beschreibung nach Bild □ 1.33
- **Verwitterungsprofil:** nach Bild □ 1.34

□ 1.31: Benennen von Gesteinsarten: Vorgaben für die Beschreibung der Größe (Seitenlängen) der Gesteinskörper bei gewachsenem Fels (DIN EN ISO 14689, Tabelle 9)

Begriff	**Höchstmaß [mm]**
sehr klein	kleiner als 60
klein	60 bis 200
mittel	200 bis 600
groß	600 bis 2000 (= 2 m)
sehr groß	Größer als 2000 (= 2 m)

□ 1.32: Benennen von Gesteinsarten: Vorgaben für gewachsenen Fels zur Beschreibung der Öffnungsweite bei gewachsenem Fels (DIN EN ISO 14689, nach Tabelle 13)

Begriff	**Öffnungsweite [mm]**	**Anmerkung**
sehr eng	weniger als 0,1	„geschlossen“
eng	0,1 bis 0,25	
teilweise offen	0,25 bis 0,5	
offen	0,5 bis 2,5	„klaffend“
gemäßigt weit	2,5 bis 10	
weit	mehr als 10 bis 100	
sehr weit	100 (=10 cm) bis 1000	„offen“
extrem weit	über 1000 (über 100 cm)	

□ 1.33: Benennen von Gesteinsarten: Vorgaben für gewachsenen Fels zur Beschreibung der Durchsickerung (Durchflussrate) (DIN EN ISO 14689, Tabelle 14)

Begriff	**Gemessene Fließgeschwindigkeit (Durchflussrate) [l/ s]**
gering	0,05 bis 0,5
mittel	0,5 bis 5
hoch	mehr als 5

Schneide-versuch Eine glänzende Ritz- oder Schnittfläche gibt einen Hinweis auf Tonmineralien.

Kornbin-dung gibt einen Hinweis auf die Druckfestigkeit der Matrix und die mineralogische Zusammensetzung.

Schlecht (schwach), wenn sich Gesteinsteilchen mit den Fingern leicht abreiben lassen.

Mäßig (mäßig), wenn die Gesteinsprobe mit einem Stahlnagel oder einer Messerspitze ritzbar ist.

Gut (stark), wenn die Gesteinsprobe mit einem Stahlnagel oder einem Messer schlecht ritzbar ist.

Sehr gut (sehr stark), wenn die Gesteinsprobe mit einem Stahlnagel oder einem Messer nicht ritzbar ist.

Mineralkornhärte Diese wird an möglichst großen Einzelkörnern oder an Probeflächen bestimmt. Die Mineralkornhärte gibt einen Hinweis auf die Druckfestigkeit einzelner Minerale oder Mineralzusammensetzungen.

Härtegrade 1 und 2 (sehr schwach bis schwach), wenn das Gestein mit dem Fingernagel leicht ritzbar ist.

Härtegrad 3 (mäßig schwach), wenn es mit einem Messer leicht ritzbar ist.

Härtegrad 4 (mäßig stark), wenn es bei starkem Druck mit einem Messer noch gut ritzbar ist.

Härtegrad 5 (stark bis sehr stark), wenn es mit einem Messer nur schwer, mit einer guten Feile aber ritzbar ist.

Härtegrad ≥6 (außerordentlich stark), beim Anschlag mit Stahl entstehen Funken, und es ritzt Fensterglas.

□ 1.34: Benennen von Gesteinsarten: Vorgaben für gewachsenen Fels zur Klassifizierung der Verwitterung (DIN EN ISO 14689, Tabelle 15)

Verwitterungsgrad	**Beschreibung**	**Stufe**
frisch	Kein sichtbares Zeichen von Verwitterung des Felsmaterials; möglicherweise leichte Verfärbung an den Hauptoberflächen der Trennflächen	0
schwach	Verfärbung weist auf Verwitterung des Felsmaterials und der Oberflächen der Trennflächen hin	1
mittelmäßig	Weniger als die Hälfte des Felsmaterials ist verwittert oder zu Boden zersetzt. Frisches oder verfärbtes Gestein liegt entweder als ein zusammenhängendes Steinskelett oder als Steinkerne vor.	2
stark	Mehr als die Hälfte des Felsmaterials ist verwittert oder zu Boden zersetzt. Frisches oder verfärbtes Gestein liegt entweder als ein zusammenhängendes Steinskelett oder als Steinkerne vor.	3
vollständig	Das gesamte Felsmaterial ist verwittert und/ oder zu Boden zersetzt. Die ursprüngliche Felsstruktur ist größtenteils noch unversehrt.	4
Zersetzt (Residualboden)	Das gesamte Felsmaterial ist verwittert und/ oder zu Boden zersetzt. Die Felsstruktur und das Felsmaterialgefüge sind aufgelöst. Das Gesteinsvolumen ist stark verändert, aber der Boden hat sich nicht wesentlich bewegt.	5

□ 1.35: Benennen von Gesteinsarten: Vorgaben für gewachsenen Fels zur Beschreibung der Form von Gesteinskörpern (DIN EN ISO 14689, Tabelle C.1)

Begriff: Gesteinskörper	Form	Beschreibung
vielflächig		ungleichförmige Trennflächenschar, geringer Durchtrennungsgrad
tafelförmig	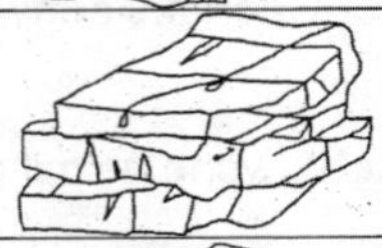	Dicke viel geringer als Länge oder Breite
prismatisch	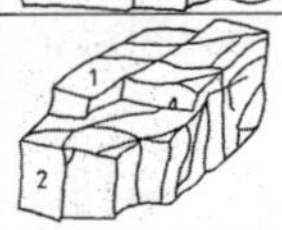	zwei vorherrschend orthogonale (1) oder parallele (2) Kluftscharen mit einer dritten unregelmäßigen Kluftschar
mit gleichen Maßen (gleichmäßig)	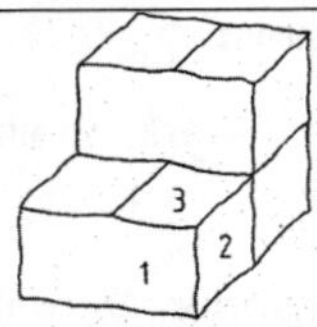	3 ungefähr orthogonale Trennflächenscharen (1, 2, 3)
rhombisch	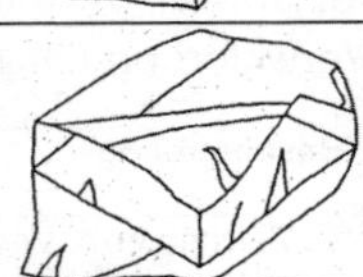	3 oder mehr gegeneinander geneigte Kluftscharen
säulenförmig	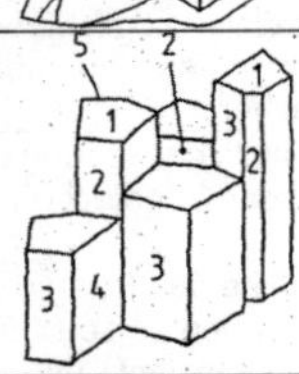	mehr als 3 durchsetzende parallele Kluftscharen. Längsklüfte größer als Klüfte in anderen Richtungen (1, 2, 3, 4, 5)

Kalkgehalt Bestimmung mit Salzsäure (siehe Abschnitt 2.04.2).

Riechversuch Ein Probestück wird mit dem Hammer angeschlagen und der dabei wahrgenommene Geruch vermerkt (□ 1.36).

□ 1.36: Beispiele - Ergebnisse des Riechversuchs

Unangenehmer, stinkender Geruch: bituminöses Gestein.
Nach Veilchen: Faulschlammkalke.
Nach faulen Eiern: manche vulkanischen Gesteine.
Stark erdiger Geruch (beim Anhauchen): toniges Gestein.

□ 1.37: Benennen von Gesteinsarten: Beispiele - Beschreiben und Benennen wichtiger Gesteinsarten (weiterentwickelt aus DIN 4022, Teil 1: zurückgezogen)

	1	2	4	5	6	7	8	9	10	11
	Benennung	Kurzzeichen nach DIN 4023	Genese	Struktur	Mineralogie	Korngröße	Farbe	Matrix/ (Struktur des gewachsenen Felsens)	Stabilität unter Wasserbedeckung	Festigkeit
1	Konglomerat Brekzie	Ko Br	Sediment	klastisch	silikatisch	grob	gelb, grau, braun	Bindemittel: silikatisch, kristallin und/ oder karbonatisch	stabil bis ziemlich stabil	„stark" bis „mäßig schwach"
2	Feinsandstein	Sst			silikatisch	fein	grau, braun, rot, grün	Bindemittel: silikatisch, kristallin und/ oder karbonatisch	stabil bis ziemlich stabil	„stark" bis „mäßig schwach"
3	Schluffstein	Ust	Sediment	klastisch	silikatisch	fein	grau, braun		ziemlich stabil	„stark" bis „mäßig schwach"
4	Tonstein	Tst			silikatisch	fein, amorph	dunkelgrau	nicht bis mäßig veränderlich	stabil bis ziemlich stabil	stark" bis „mäßig schwach"
5	Mergelstein	Mst			silikatisch, karbonatisch	fein, amorph	grau, braun	Bindemittel: silikatisch oder karbonatisch	stabil bis ziemlich stabil	stark" bis „mäßig schwach"
6	Kalkstein (Kalzirudit)	Kst		klastisch	kalkig	fein, amorph	weiß, grau, gelb, rot, grün	kalkig		„stark" bis „sehr stark"
7	Kristalliner Kalkstein (Dolomit)	Dst	Sediment	kristallin	kalkig	grob	grau, gelblich	kristallin	stabil	„sehr stark" bis „stark"
8	Kreidestein (Kalzilulit)	Kst		klastisch	kalkig	fein	weiß, grau	kalkig		„stark" bis „mäßig schwach"
9	Anhydrit	Ahst		kristallin	organisch	amorph	weiß, grau	kristallin	ziemlich stabil	„mäßig schwach"
10	Gipsstein	Gyst		kristallin	organisch	amorph	Weiß grau	kristallin	ziemlich stabil	„mäßig schwach" bis „schwach"
11	Salzgestein	Sast	Sediment	kristallin	mäßig	amorph	weiß, grau, rötlich, bläulich	kristallin	instabil	„mäßig schwach" bis „schwach"
12	Steinkohle	Stk		kohlehaltig	kohlehaltig		schwarz	kohlehaltig	schwarz	„mäßig schwach" bis „mäßig stark"
13	Quarzit	Q			quarzreich	grob	weiß, grau, braun			
14	Granit (Plutonit)	Pl			quarzreich	grob	mehrfarbig			
15	Gabbro (Plutonit)	Pl	Magmatisches Gestein	kristallin	quarzarm	grob	dunkelgrau	(massig)	stabil	„außerordentlich stark"
16	Basalt (Vulkanit)	Vu			quarzarm	fein	dunkelgrau			
17	Rhyolit Porphyr (Vulkanit)	Vu			quarzreich	fein	weiß, grau, braun			
18	Obsidian	Vu				Amorph	grau, dunkelbraun			
19	Gneis	Mem			quarzreich	grob	mehrfarbig	(geschiefert)		„sehr stark"
20	Glimmerschiefer	Meb	Magmatisches Gestein	kristallin		ein	mehrfarbig	(geschiefert)	stabil	„stark" bis „sehr stark"
21	Phyllit	Meb			quarzarm	fein bis mittel	dunkelgrün bis grau	(feinschieferig)		„stark" bis „sehr stark"

Farbe Sie wird an frischen Bruchflächen festgestellt. Vor allem ist anzugeben, wie z.B. Körner, Schlieren, Adern in der Farbe vom Gestein abweichen.

Straßenbau Von der Forschungsgesellschaft für Straßen- und Verkehrswesen e.V. (FGSV) wurden folgende Merkblätter für Entwurf und Bauausführung im Straßenbau erstellt:

- Merkblatt über Felsgruppenbeschreibung für bautechnische Zwecke im Straßenbau
- Merkblatt zur Felsbeschreibung für den Straßenbau

Weitere Hinweise Dachroth, W. R. (2002), Goudie, A. (2002), Henningsen, D. & Katzung, G. (2006), Grotzinger, J., Jordan, T. H., Press, F., Siever, R. (2008), Bahlburg, H., Breitkreuz, C. (2008), Hölting, B., Coldewey, W.G. (2009), Witt, K.J. (2018).

1.4 Kontrollfragen

- Baugrund? Besteht aus?
- Magma? Erstarrungskruste? Verhalten zueinander?
- Tektonik? Wodurch Hebung und Senkung von Krustenteilen?
- Entstehung von Vulkanismus, von Erdbeben? Erosion?
- Sedimentation?
- Auswirkungen von tektonischen Formänderungen? Skizze!
- Aufrichtung? Faltung? Verdrückung? Klüfte? Verschiebungen?
- Erdzeitalter? Was änderte sich?
- In welchem Erdzeitalter leben wir? In welchem waren die Eiszeiten?
- Altersbestimmung der Gesteine?
- Gesteine? Gesteinsart?
- Wie sind Gesteine entstanden?
- Magmatische Gesteine? Andere Ausdrücke? Entstehung?
- Einteilung? Strukturen? Beispiele?
- Unterschied Tiefen- und Ergussgestein?
- Verwitterung? Welche Einflüsse führen zur Verwitterung?
- Wie kommt Frostsprengung zustande?
- Abtragung? Anderer Ausdruck? Primäre/sekundäre Lagerstätte? Kräfte der Abtragung? Wichtigste?
- Nennen Sie Beispiele für die Erosionskraft des Wassers!
- Sedimentgesteine? Anderer Ausdruck? Entstehung? Arten?
- Beispiele?
- Konglomerat? Brekzie? Sandstein? Tonschiefer? Kalkstein? Steinsalz? Braunkohle? Asphalt?
- Unterschied Tonschiefer - Schieferton?
- Metamorphe Gesteine? Anderer Ausdruck? Entstehung? Woran zu erkennen?
- Mineralien? Nennen Sie einige! Welches ist am meisten vertreten?
- Struktur? Welche werden unterschieden?
- Textur? Welche werden unterschieden?
- Unterschied Struktur und Textur?
- Struktur/Textur von Granit? Basalt? Sandstein?
- Welche Lagerungen von Gesteinen werden unterschieden?
- Wie kommt eine Gesteinsschicht, eine Schichtfuge zustande?
- Fachausdrücke für Dicke, Ober- und Unterfläche einer Schicht?
- Was bedeutet „eine Schicht keilt aus“? Entstehung?
- Durchgreifende Lagerung? Wie kommt sie zustande?
- Streichen und Fallen? Beispiel?
- Fels?
- Trennflächen? Welche Arten? Auswirkungen?
- Wodurch werden Festigkeit, Verformungsverhalten und Wasserdurchlässigkeit von Fels beeinflusst?
- Schräglage einer Schicht? Wodurch? Bestimmung im Raum?
- Norm für die Benennung und Beschreibung von Felsproben? Verfahren (Versuche)?
- Wie bestimmt man die Körnigkeit einer Felsprobe? Benennung danach?
- Bestimmung der Korngröße? Was macht man, wenn keine Einzelkörner mehr erkennbar sind?
- Welchen Hinweis gibt der Ritz- oder Schneideversuch?
- Wie wird die Raumausfüllung beschrieben?
- Bestimmung der Kornbindung? Wie wird unterschieden?
- Bestimmung der Mineralkornhärte?
- Veränderlichkeit in Wasser?
- Bestimmung des Kalkgehalts?
- Riechversuch? Was bedeutet ein erdiger Geruch?
- Bestimmung der Farbe?
- Struktur und Textur von Taunusschiefer / Basalt / Marmor? Gesteinsgruppe?
- Woran erkennt man ein Ergussgestein?

1.5 Aufgaben

1.05.01 Ein Stein besteht aus Kristallen. Er ist geschiefert. Zu welcher Gesteinsart gehört er?

1.05.02 Was ist beim Bauen zu beachten, wenn stärker nachgiebige Gesteinsschichten unter tragfähigen liegen?

1.05.03 Im Baugrund steht eine Sandsteinschicht mit schräg liegender Dachfläche unter einer Lehmschicht an. Um die Orientierung der Sandsteinoberfläche zu erkennen, wurden drei Bohrungen ausgeführt. Der Sandstein wurde in folgenden Tiefen unter der horizontal liegenden Geländeoberfläche erbohrt: BP 1 (liegt östlich von BP 2 und BP 3): 4 m, BP 2 und BP 3 (sie liegen genau in Nord-Südrichtung): jeweils 9 m. Die Bohrungen liegen in den Ecken eines gleichseitigen Dreiecks mit der Seitenlänge 15 m. Gesucht: Streichen und Fallen der Sandsteinoberfläche sowie Symbol nach DIN EN ISO 146891 mit allen notwendigen Zahlenangaben.

1.05.04 Ein Bauwerk soll auf eine geneigte Schicht gesetzt werden. Was ist zu beachten?

1.05.05 Welche Gefahr besteht beim Aushub einer Baugrube in einer geneigten Schichtenfolge?

1.05.06 Worauf muss man bei der Bebauung geneigter oder auskeilender Schichten, von Schichten mit durchgreifender Lagerung achten?

1.05.07 Füllen Sie die Tabelle gemäß Abschnitt 1.01 aus!

Gestein	Struktur	Textur	Gesteinsgruppe
Tonschiefer	a	b	c
Marmor	d	e	f
Sandstein	g	h	i

1.05.08 Füllen Sie die Tabelle (Kurzzeichen) gemäß Abschnitt 1.02 aus!

Gestein	Genese	Struktur	Mineralogie
Tonschiefer	a	b	c
Marmor	d	e	f
Sandstein	g	h	i

1.05.09 Welche Struktur und Textur hat Beton?

1.05.10 In welchem Zeitalter waren die Eiszeiten?

1.05.11 Gegeben: a) Granit, b) Basalt, c) Schieferton. Gesucht: Genese, Geologische Struktur, Ritz- oder Schneideversuch, Korngröße, der Kornbindung, der Mineralkornhärte, der Stabilität in Wasser, des Kalkgehalts?

1.05.12 Ein nicht sehr festes, geschiefertes Gestein zeigt beim Riechversuch einen stark erdigen Geruch. Um welches Gestein handelt es sich?

2 Böden

2.01 Einteilung

Entstehung der Böden durch Zerstörung der Gesteine (Verwitterung) und Abtragung (Erosion) sowie Ablagerung der Verwitterungsprodukte (Sedimentation). Nur in seltenen Fällen bleiben die Böden in primärer Lagerstätte liegen. Meist werden sie weitertransportiert (verfrachtet) und lagern sich schließlich in sekundärer Lagerstätte ab. Die Einteilung der Böden kann nach der Art dieses Transports (der Verfrachtung) vorgenommen werden:

Windverfrachtung Böden, die durch Wind transportiert wurden, sind gleichförmig und haben einen großen Porenanteil (□ 2.01).

□ 2.01: Beispiel: Windverfrachtung

Löss ist ein kalkhaltiger Schluff von hellbrauner Farbe. Seine Kohäsion kann bei Wassersättigung verloren gehen. Das Korngerüst ist sehr labil und kann zusammenbrechen.

Eisverfrachtung Die Korngrößen dieser Böden reichen von Ton bis Kies und darüber hinaus in den Bereich der Steine und Blöcke oft riesigen Ausmaßes (□ 2.02).

□ 2.02: Beispiel: Eisverfrachtung

Geschiebemergel: Gemisch aller Korngrößen, kalkhaltig. Wenn der Kalkanteil ausgewaschen wurde, spricht man von Geschiebelehm. Diese Böden können infolge hohen Eisdrucks sehr dicht gelagert sein.

Wasserverfrachtung Wasser ist das häufigste Transportmittel. Man unterscheidet:

- **Geröllverfrachtung**, bei der die Gesteinsbrocken durch die Schleppspannung an der Gewässersohle transportiert werden. Da diese u. a. vom Sohlgefälle abhängt, verringert sich der Korndurchmesser des Geschiebes mit der Entfernung von der Quelle eines Gewässers immer mehr (□ 2.03).

□ 2.03: Beispiel: Geröllverfrachtung

Kiese, Sande

- **Schwebverfrachtung:** die feinsten Bodenteilchen bleiben in Schwebe und gelangen bis in den Bereich der Mündung eines Flusses und weiter bis ins Meer. Hier flocken sie unter dem Einfluss des Salzwassers aus und setzen sich ab (□ 2.04).

□ 2.04: Beispiele: Schwebverfrachtung

Ton: Ablagerung feinster Teilchen (meist im Meer), die z. B. aus chemischer Verwitterung feldspathaltiger Gesteine übrig blieben

Schlick: Tonschlamm, der organische Anteile enthält

Auelehm: In den Talauen abgesetzter, mit Sand vermischter Schwebstoff (vor allem bei Hochwasser)

Bänderton: Die Bänderung beruht auf der Ablagerung feiner Sedimente (z. B. in eiszeitlichen Gletscherseen) in nach Korngrößen getrennten Schichten durch jahreszeitlich bedingte Schwankungen des Schwebstoffgehalts.

Die Böden können aber auch nach ihrer Zusammensetzung eingeteilt werden (□ 2.05).

□ 2.05: Beispiele: Einteilung von Böden nach ihrer Zusammensetzung

Lehm: Gemisch aus Ton, Schluff und Sand

Schluff: Böden mit Korngrößen zwischen Ton und Sand

Mergel: kalkhaltiger Lehm

Organische Böden: bestehen ganz oder teilweise aus organischen Substanzen pflanzlichen oder tierischen Ursprungs

Mutterboden: oberste, belebte Bodenschicht

Torf: Entstehung durch Vermoderung von Pflanzen (Moor)

Faulschlamm: feinkörniger, schwarzer Schlamm, der sich in stehenden Gewässern aus abgestorbenen Pflanzen und Resten von Wassertieren bildet

2.02 Physikalisches System

Boden ist nicht homogen, sondern besteht aus Festmasse und Hohlräumen (Poren), die teilweise oder ganz mit Luft oder Wasser gefüllt sein können.

Sind die Bodenteilchen klein (< 0,06 mm), so treten in Verbindung mit Wasser Oberflächenkräfte auf, die mit abnehmender Korngröße anwachsen und ein Aneinanderhaften der Körner (Kohäsion) bewirken. Die Kohäsionskräfte beruhen auf elektrostatischen Anziehungskräften zwischen den Wasserhüllen, die hygroskopisch an die Teilchen gebunden sind (Haftwasser). Da die Kohäsion sehr wichtig für das mechanische Verhalten der Böden ist, teilt man die Böden auch in nicht-kohäsive und kohäsive Böden ein. In Anlehnung an Handbuch Eurocode 7, Band 1 (2015): DIN EN 1997-1, Abschnitt A 3.1.2 und A 3.1.3 DIN

1054) werden im Weiteren nicht-kohäsive Böden als nichtbindige (nbB), kohäsive Böden als bindige Böden bezeichnet (siehe Abschnitt 2.06.4 sowie Bilder □ 2.47 und □ 2.48).

Nichtbindige Böden (nbB)

Korngrößen über ca. 0,06 mm. Sie bestehen aus Gesteinstrümmern unterschiedlicher Größe (Steine, Sande und Kiese) und bilden ein unzusammenhängendes Haufwerk (Einzelkorngefüge □ 2.06 a), da keine Anziehungskräfte zwischen den Körnern wirken. Sie haben eine gedrungene Form, sind mit dem bloßen Auge erkennbar und verändern sich nicht im Wasser.

Bindige Böden (bB)

Die Bodenteilchen sind nadel- oder schuppenförmig, kleiner als 0,06 mm und reichen (beim Ton) bis in den Bereich der Kolloide (< 0,002 mm). Je nach Ausgangsmaterial vor der Verwitterung quellen sie im Wasser und schrumpfen beim Trocknen. Ihre Sedimentation erfolgt meist unter Wasser. Weil die Anziehungskräfte zwischen den Teilchen größer als die Schwerkraft sind, bilden sie dabei ein lockeres Ketten-, Waben- oder Flockengefüge (□ 2.06 b) mit großen Hohlräumen (Poren), die mit Wasser (Porenwasser) gefüllt sind.

□ 2.06: Beispiele: Beispiel: Einzelkorngefüge von nbB (a), Ketten(Waben-)gefüge von bB (b) (nach Schultze 1967)

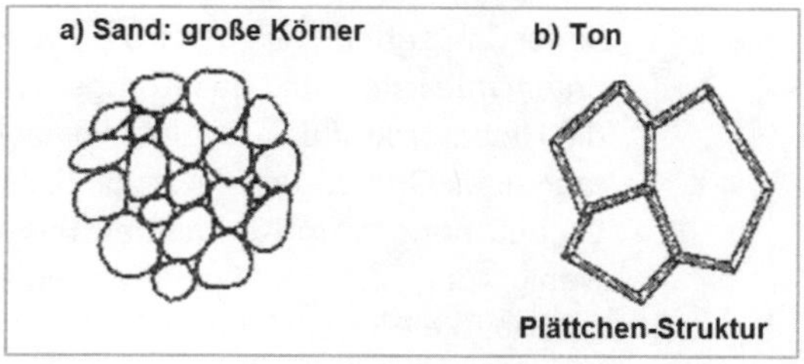

Unterschiede

Die unterschiedlichen Eigenschaften nbB und bB sind vor allem eine Funktion der Korngröße und des dadurch bedingten Wasserbindevermögens, das mit der spezifischen Oberfläche (Haftwasserfläche) zunimmt (□ 2.07). Der Übergang von nbB zu bB erfolgt stetig im Bereich der Korngrößen von etwa 0,06 bis 0,02 mm (Grobschluff), in dem sich der Einfluss der Wasserbindefähigkeit der Teilchen immer stärker bemerkbar macht.

□ 2.07: Beispiele: Größe der Haftwasserfläche

> Vereinfachend angenommen: würfelförmiger Erdkörper von 1 cm Kantenlänge. Seine Oberfläche ist dann 6 cm². Enthält dieser Körper nur 3 % Anteil Körner vom Durchmesser 0,1 mm, so besitzt allein dieser Anteil eine Oberfläche (Haftwasserfläche) von 20 cm². Enthält der Körper nur Körner von 0,01 mm Durchmesser, so beträgt die Gesamtoberfläche bereits 6000 cm². Bei Tonen liegen die Teilchengrößen aber (oft erheblich) unter 0,002 mm.

Wegen der engen Poren lässt sich Wasser aus bB nur schwer und langsam herauspressen. Daher dauern die Setzungen (= Zusammendrücken des Bodens durch Auspressen des Wassers = Konsolidation) bei bB sehr lange (Monate, Jahre). nbB dagegen sind unmittelbar nach der Lastaufbringung konsolidiert.

2.03 Baugrund und Baustoff

nbB Nichtbindige Böden sind ein guter Baugrund, falls sie nicht sehr locker gelagert sind. Sie setzen sich unter statischer Last nur wenige Millimeter. Die Setzungen sind praktisch unmittelbar nach der Lastaufbringung abgeschlossen. Als Baustoff im Erdbau eignen sich ungleichförmige nbB mit geringem Gehalt an bindigen Anteilen sehr gut, dagegen sind gleichförmige nbB schlechter zu verdichten und neigen zur Erosion.

bB Die Tragfähigkeit bB ist im Gegensatz zu nbB stark vom Wassergehalt abhängig. Bei hohem Wassergehalt sind große Setzungen zu erwarten, die wegen der geringen Durchlässigkeit des bB lange dauern (Monate, Jahre, manchmal sogar Jahrzehnte). Da das Porenwasser während des Konsolidationsvorgangs unter Druck steht und das Korngerüst entsprechend weniger belastet wird, sind die Reibungskräfte im Boden in diesem Zustand gering, und es besteht die Gefahr eines Grundbruchs und von Rutschungen. Die Eignung bB als Baustoff im Erdbau hängt vom Kornaufbau und Wassergehalt ab: Schluff kann z. B. nur wenig Wasser binden. Daher verliert er seine relativ gute Tragfähigkeit und Verarbeitbarkeit im steifplastischen oder halbfesten Zustand schon bei geringer Wasserzugabe.

organische Böden Sind als Baugrund und Baustoff nicht geeignet und müssen entfernt oder mit Tiefgründungen überbrückt werden, weil sich die organischen Anteile im Laufe der Zeit zersetzen und Hohlräume entstehen können.

2.04 Benennen und Beschreiben (nach DIN EN ISO 14688-1)

Die Benennung und Beschreibung erfolgt nach DIN EN ISO 14688-1. Bei der praktischen Umsetzung vor Ort sind etliche Hinweise, die in der nicht mehr gültigen DIN 4022, Teil 1 gegeben wurden, sehr hilfreich und werden daher im Folgenden weiterverwendet.

2.04.1 Begriffe

Benennen Zuordnen eines Namens je nach Art, Korngrößenverteilung und Zustand des Bodens.

Beschreiben Aufzählen von Eigenschaften und Unterscheidungsmerkmalen des Bodens.

Bodenart Bestimmte, unterscheidbare Ausbildung eines Bodens.

Bodenzustand Bei grobkörnigen Böden die Lagerungsdichte, bei feinkörnigen die Konsistenz des Bodens.

2.04.2 Versuche

Für das Benennen und Beschreiben der Böden kommen Labor- und/oder Feldversuche in Frage. Laborversuche (z. B. Bestimmung von Korngrößenverteilung, Wassergehalt, Fließ- und Ausrollgrenze, siehe Abschnitt 4) liefern zwar die genauesten Ergebnisse, sind aber aufwändig und oft nicht so schnell ausführbar, wie sie die Baustelle benötigt. Daher ist es in vielen Fällen zweckmäßig, direkt im Gelände Feldversuche auszuführen, die für die Benennung und Beschreibung der Böden ausreichen können. Sie werden im vorliegenden Abschnitt beschrieben.

Bei den Feldversuchen zum Benennen und Beschreiben der Böden unterscheidet man: Manuelle Versuche (Trockenfestigkeits-, Schüttel-, Knet-, Reibe-, Schneide-, Ausquetsch- und Auswaschversuch sowie die Bestimmung der Konsistenz mit der Hand), visuelle Versuche (Vergleich der Korngrößen mit einer Kornstufenschaulehre oder mit verschiedenen Dingen des täglichen Lebens, die Farbansprache) und weitere Versuche (Riechversuch und Bestimmung des Kalkgehalts).

Korngröße Sie wird bei grobkörnigen Böden visuell (durch Anschauen) bestimmt:

Die Bodenprobe wird auf einer Unterlage oder der Handfläche ausgebreitet. Dann vergleicht man ihre Korngrößen

- mit einer Kornstufenschaulehre, in der in einzelnen Fächern verschiedene Korngrößenbereiche untergebracht sind, oder
- mit der Größe verschiedener Dinge des täglichen Lebens (□ 2.08).

□ 2.08: Beispiel: Vergleich der Korngrößenbereiche grobkörniger Böden mit der Größe verschiedener Dinge des täglichen Lebens (DIN 4022, Teil 1: zurückgezogen)

a) Kieskornbereich	kleiner als Hühnereier größer als Streichholzköpfe
- Grobkies	kleiner als Hühnereier größer als Haselnüsse
- Mittelkies	kleiner als Haselnüsse größer als Erbsen
- Feinkies	kleiner als Erbsen größer als Streichholzköpfe
b) Sandkornbereich	kleiner als Streichholzköpfe bis zur Grenze des sichtbaren Kornes
- Grobsand	kleiner als Streichholzköpfe größer als Grieß
- Mittelsand	gleich Grieß
- Feinsand	kleiner als Grieß, aber das Einzelkorn ist noch sichtbar

Enthält die Bodenart Bestandteile größer als Hühnereier, werden diese als Steine bzw. Blöcke (Kopfgröße) bezeichnet.

Da die Teilchen feinkörniger Böden mit dem bloßen Auge nicht mehr erkennbar sind, verwendet man zu ihrer Benennung und Beschreibung manuelle Versuche:

Trockenfestigkeitsversuch

Dieser Versuch liefert Hinweise auf die Plastizität des Bodens und auf sein Verhalten als Schluff oder Ton (□ 2.09).

Die Bodenprobe wird an der Luft, an der Sonne oder im Ofen getrocknet. Ihr Widerstand gegen Zerbröckeln und Pulverisieren zwischen den Fingern gibt Hinweise auf die Trockenfestigkeit des Bodens, die durch Art und Menge des Feinkornanteils bedingt wird. Folgende Festigkeiten lassen sich unterscheiden:

- **Geringe Trockenfestigkeit:** Der getrocknete Boden zerfällt bei leichtem bis mäßigem Fingerdruck.
- **Mittlere Trockenfestigkeit:** Der getrocknete Boden zerbricht erst bei Anwendung eines erheblichen Fingerdrucks und bildet dann einzelne, noch zusammenhängende Bruchstücke.
- **Hohe Trockenfestigkeit:** Die getrocknete Probe kann nicht mehr durch Fingerdruck zerstört werden. Sie lässt sich lediglich zwischen den Fingern zerbrechen.

Anmerkung: Hohe Trockenfestigkeit wird häufig durch Kalk als Verfestigungsmittel hervorgerufen. Durch die Bestimmung des Kalkgehalts (siehe unten) kann dies geklärt werden

□ 2.09: Beispiele: Ergebnisse von Trockenfestigkeitsversuchen (DIN EN ISO 14688-1, A.3.5 und DIN 4023: zurückgezogen)

Trockenfestigkeit	**Beispiele DIN EN ISO 14688-1** (Abkürzungen: siehe □ 2.15)	**Beispiele DIN 4023**
keine	Si, fsaSi, siFSa, siGr	U, Ufs, fSu, Gu
niedrige		
mittlere	clGr, clSa, clSi	Gt, St, Ut
hohe	Cl, siCl, saCl, clsaGr	T, Tu, Ts, Gts
sehr hohe		

Schüttelversuch Dieser Versuch hilft bei der Unterscheidung von Schluff und Ton (□ 2.10). Beim Schütteln tritt bei schluffigen Böden das Porenwasser an die Oberfläche.

□ 2.10: Beispiele: Ergebnisse von Schüttelversuchen (DIN 4023: zurückgezogen)

Reaktion	Beispiele DIN EN ISO 14688-1 (Abkürzungen: siehe □ 2.15)	Beispiele DIN 4023
schnelle	FSa, siFSa, fsaSi, siGr	fS, fSu, Ufs, Gu
langsame	clSi, Si, clSa	Ut, U, St
keine	siCl, Cl	Tu, T

Eine genügend feuchte, nussgroße Probe wird auf der flachen Hand hin und her geschüttelt. (Zu trockener Boden wird vorher mit Wasser durchgeknetet.) Bei schluffigen Böden tritt dabei Wasser an der Oberfläche aus: die Oberfläche der Probe glänzt. Durch Fingerdruck kann das Wasser wieder zum Verschwinden gebracht werden. Mit zunehmendem Fingerdruck zerkrümelt die Probe. Bei erneutem Schütteln fließen die einzelnen Krümel wieder zusammen, und der Versuch kann wiederholt werden.

Auf Grund der Reaktionsgeschwindigkeit, mit der Wasser beim Schütteln erscheint und beim Drücken verschwindet, lassen sich nachstehende Unterscheidungen treffen:

- **Schnelle Reaktion:** Der beschriebene Vorgang läuft sehr rasch ab.
- **Langsame Reaktion:** Die Wasserhaut bildet und ändert sich nur langsam.
- **Keine Reaktion:** Der Schüttelversuch spricht nicht an.

Knetversuch Mit diesem Versuch wird die Plastizität bestimmt (□ 2.11).

□ 2.11: Beispiele: Ergebnisse von Knetversuchen (DIN EN ISO 14688-1 und DIN 4023)

Plastizität	Beispiele DIN EN ISO 14688-1	Beispiele 4023
geringe	überwiegend Si	fS, fSu, Ufs, Gu
mittlere	(keine Angabe)	Ut, U, St
ausgeprägte	überwiegend Cl	Tu, T

Die Probe wird so zubereitet, dass sie sich wie eine weiche, aber nicht klebrige Masse verhält. Auf einer glatten Oberfläche oder der Handfläche wird sie zu dünnen Walzen von ca. 3 mm Durchmesser ausgerollt. Aus den Walzen formt man wieder einen Klumpen, den man erneut ausrollt. Durch das Ausrollen und Zusammenkneten gibt die Probe ständig Wasser ab, wird immer steifer und zerbröckelt schließlich beim Ausrollen. Nun kann die Probe nicht mehr ausgerollt, sondern nur noch geknetet werden.

Aus der Möglichkeit, die Walzen wiederum zu einem Klumpen zu formen und ihn so lange zu kneten, bis er zerkrümelt, lassen sich nachstehende Unterscheidungen treffen:

- **Geringe Plastizität:** Aus den Walzen kann kein zusammenhängender Klumpen mehr gebildet werden.
- **Mittlere Plastizität:** Der gebildete Klumpen lässt sich nicht mehr kneten, da er bei Anwendung eines Fingerdrucks sofort zerkrümelt.
- **Ausgeprägte Plastizität:** Der aus den Walzen gebildete Klumpen lässt sich - auch unter Anwendung eines erhöhten Fingerdrucks - kneten, ohne zu zerbröckeln

Reibeversuch

- Mit diesem Versuch kann man die Anteile an Sand, Schluff und Ton abschätzen.
- Man zerreibt eine kleine Probenmenge zwischen den Fingern, ggf. unter Wasser. An der Rauigkeit bzw. am Knirschen und Kratzen erkennt man den Sandkornanteil (bei einiger Übung auch Schluff- und Tonanteile) eines Bodens.
- Anmerkung: Toniger Boden fühlt sich seifig an und bleibt an den Fingern kleben. Er lässt sich auch in trockenem Zustand nicht ohne Abwaschen entfernen. Schluffige Böden fühlen sich dagegen weich und mehlig an. Die an den Fingern haftenden Bodenteile lassen sich in trockenem Zustand durch Fortblasen oder durch Aneinanderklatschen der Handflächen ohne weiteres entfernen.

Schneideversuch

- Dieser Versuch hilft ebenfalls bei der Unterscheidung von Schluff und Ton.
- Schneidet man mit einem Messer eine erdfeuchte Probe durch, so weist eine glänzende Schnittfläche auf Ton hin. Eine stumpfe Oberfläche ist dagegen charakteristisch für Schluff bzw. tonig-sandigen Schluff mit geringer Plastizität. Man kann die Probenoberfläche auch mit dem Fingernagel ritzen, um Ton und Schluff zu unterscheiden.

Auswaschversuch

- Aus Dauer und Intensität des Auswaschvorgangs wird auf Art und Anteil des Feinkorns geschlossen.
- Bei gemischtkörnigen Böden wird von einer kleinen Probenmenge der feinkörnige Anteil ausgewaschen oder abgeschlämmt.

Konsistenz

Die Bestimmung der Konsistenz im Labor (siehe Abschnitt 4) ist zeitaufwändig und teuer. Durch manuellen Versuch lässt sie sich aber auch im Feld schnell und ziemlich genau ermitteln.

Hiernach ist ein Boden:

- **breiig,** wenn er beim Pressen mit der Faust zwischen den Fingern hindurchquillt,
- **weich,** wenn er sich leicht kneten lässt,
- **steif,** wenn er sich schwer kneten, aber in der Hand zu 3 mm dicken Walzen ausrollen lässt ohne zu reißen oder zu zerbröckeln,

- **halbfest,** wenn er beim Versuch, ihn zu 3 mm dicken Walzen auszurollen, zwar zerbröckelt und reißt, aber doch noch feucht genug ist, um erneut zu einem Klumpen geformt zu werden,
- **fest (hart),** wenn er ausgetrocknet ist und dann meist hell aussieht. Er lässt sich dann nicht mehr kneten, sondern nur zerbrechen. Ein nochmaliges Zusammenballen der Einzelteile ist nicht mehr möglich.

Organische Böden Die Bestimmung und Beschreibung von Torf und organischen Böden erfolgt über die Farbe, den Geruch, durch Ausquetschen, nach dem Faseranteil oder den mineralischen Bestandteilen.

Der Boden wird gemäß DIN EN ISO 14688-1, Tabelle 2 bezeichnet als:

- **Faseriger Torf,** wenn der Boden eine faserige Struktur, eine leicht erkennbare Pflanzenstruktur und eine gewisse Festigkeit aufweist,
- **Schwach faseriger Torf,** wenn er eine erkennbare Pflanzenstruktur und das Pflanzenmaterial keine erkennbare Festigkeit aufweist,
- **Amorpher Torf,** wenn er keine erkennbare Pflanzenstruktur und eine breiige Konsistenz aufweist,
- **Humus,** wenn er pflanzliche Reste, lebende Organismen und deren Ausscheidungen aufweist und mit anorganischen Bestandteilen den Oberboden (**Mutterboden**) bildet.
- **Mudde (Gyttja),** wenn er pflanzliche und tierische Reste aufweist und mit anorganischen Bestandteilen durchsetzt ist,
- **Dy,** wenn er sich in nährstoffarmem Wasser absetzt und hauptsächlich aus abgeschiedenen, kolloidalen Huminstoffen (Braunschlamm) besteht.

Farbansprache An der Farbe erkennt man organische (und sonstige) Beimengungen. Die Farbe eines Bodens liefert auch Anhaltspunkte für andere Beimengungen (⇒ DIN EN ISO 14688-1, Abschnitt 5.5).

Sie wird an frischen Bruchflächen bei vollem Tageslicht vorgenommen. Besonders wichtig ist die Dunkelfärbung eines Bodens, die meist durch organische Bestandteile hervorgerufen wird: Je dunkler der Boden, desto höher ist meist der organische Anteil. Bei Böden mit organischen Beimengungen ist allerdings zu beachten, dass grobkörnige Böden sich leichter verfärben als feinkörnige. Anhaltspunkte für den Humusgehalt siehe □ 2.12.

□ 2.12 Beispiele: Anhaltspunkte für den Humusgehalt (organischen Anteil) (DIN 4022, Teil 1: zurückgezogen)

	Sand und Kies		**Ton und Schluff**	
Benennung nach DIN 4022, Teil 1	**Humusgehalt Massenanteil in %**	**Farbe**	**Humusgehalt Massenanteil in %**	**Farbe**
schwach humos	1 bis 3	grau	2 bis 5	Mineralfarbe
humos	über 3 bis 5	dunkel grau	über 5 bis 10	dunkelgrau
stark humos	über 5	schwarz	über 10	schwarz

Riechversuch

Am Geruch kann man vor allem organische, aber auch verschiedene andere Böden erkennen:

Organische Böden weisen im frischen, feuchten Zustand gewöhnlich einen deutlich moderigen Geruch auf, der sich beim Erhitzen verstärkt.

Verwesende, faulige organische Bestandteile des Bodens (vor allem aber Mudde und frische, wenig zersetzte Torfe) erkennt man an dem typischen Geruch von Schwefelwasserstoff, der sich beim Übergießen mit verdünnter Salzsäure verstärkt.

Trockene anorganische Tone haben nach dem Anfeuchten einen erdigen Geruch.

Zersetzungsgrad

Mit diesem Versuch kann man den Zersetzungsgrad von Torf feststellen. Man quetscht ein nasses Torfstück kräftig in der Faust und beobachtet, ob nur Wasser oder Wasser und Torfsubstanz zwischen den Fingern hindurchgeht. Danach unterscheidet man nach Bild □ 2.13.

Trockener Torf lässt sich nicht ausquetschen und muss visuell beurteilt werden.

□ 2.13 Zersetzungsgrad aus Ausquetschversuch (DIN EN ISO 14688-1, Tabelle 8)

Zersetzungsgrad	**Begriff**	**Quetschrückstände**	**Abgepresstes**
kein	faserig	deutlich erkennbar	nur Wasser keine Feststoffe
mäßig	leicht faserig	erkennbar	Trübes Wasser < 50% Feststoffe
völlig	nicht faserig	nicht erkennbar	Wässriger Brei > 50% Feststoffe

Nicht bis mäßig zersetzter Torf hat erhebliche Anteile von gut erhaltenen Pflanzenresten, die bei stark bis völlig zersetztem Torf nicht mehr erkennbar sind.

Kornform Bei gröberen Kornfraktionen, insbesondere bei Kies, werden für die Beschreibung der Kornform (geometrische Form) folgende Begriffe verwendet:

- **Rundung:** scharfkantig, kantig, kantengerundet, angerundet, gerundet, gut gerundet
- **Form:** kubisch, flach (plattig), länglich (stängelig)
- **Oberflächenstruktur:** rau, glatt

Vulkanische Böden Vulkanische Böden sind im Allgemeinen blasig, und ihre Dichte ist relativ gering. Zur Beschreibung sollte die Benennung und Beschreibung nach Bild □ 2.14 erfolgen.

□ 2.14 Benennung und Beschreibung vulkanischer Böden (DIN EN ISO 14688-1, Tabelle 9)

Benennung	**Korngrößen [mm]**	**Beschreibung**
Asche: Vulkanischer Sand	$\leq 2,0$	Regionalbedingt unterschiedliche geotechnische Eigenschaften
Asche: Tuff		(lokale Benennung)
Lapilli: Bims	2,0 < Korn < 63	blasig und weiß
Lapilli: Schlacke		blasig und schwarz
Bomben	> 63	-

Kalkgehalt Er wird durch Auftropfen verdünnter Salzsäure (Wasser: Säure = 3:1) bestimmt:

- **kalkfrei (0)** kein Aufbrausen
- **kalkhaltig (+)** schwaches bis deutliches, aber nicht anhaltendes Aufbrausen
- **stark kalkhaltig (++)** starkes, lange andauerndes Aufbrausen

2.04.3 Verfahren

Man unterscheidet Grobkornbereich (Siebkorn) und Feinkornbereich (Schlämmkorn, □ 2.15).

Grobkörnige Böden (Nichtbindige Böden: Blöcke, Steine, Kies und Sand und ihre Gemische) werden allein nach ihrem Korngrößenbereich (□ 2.15) benannt, und zwar

- wenn das Ergebnis eines Siebversuchs vorliegt, mit Hilfe der Korngrößenverteilung (□ 2.15, □ 2.19)
- anderenfalls durch Vergleich mit einer Kornstufenschaulehre oder der Größe verschiedener Dinge des täglichen Lebens (□ 2.08).

□ 2.15: Beispiel: Korngrößenbereiche (DIN EN ISO 14688-1, Tabelle 1)

Bereich/ Benennung		**Englische Bezeichnung**	**Kurzzeichen**		**Korngrößenbereich [mm]**
			DIN EN ISO 14688-1	**DIN 4023**	
Grobkornbereich (Siebkorn)	Große Blöcke	large boulder	lBo		Über 630
	Blöcke	boulder	Bo	Y	über 200 bis 630
	Steine	cobble	Co	X	über 63 bis 200
	Kieskorn Grobkies Mittelkies Feinkies	gravel coarse gravel medium gravel fine gravel	Gr CGr MGr FGr	G gG mG fG	über 2 bis 63 über 20 bis 63 über 6,3 bis 20 über 2,0 bis 6,3
	Sandkorn Grobsand Mittelsand Feinsand	sand coarse sand medium sand fine sand	Sa CSa MSa FSa	S gS mS fS	über 0,063 bis 2,0 über 0,63 bis 2,0 über 0,2 bis 0,63 über 0,063 bis 0,2
Feinkornbereich (Schlämmkorn)	Schluffkorn Grobschluff Mittelschluff Feinschluff	silt coarse silt medium silt fine silt	Si CSi MSi FSi	U gU mU fU	über 0,002 bis 0,063 über 0,02 bis 0,063 über 0,0063 bis 0,02 über 0,002 bis 0,0063
	Tonkorn (Feinstes)	clay	Cl	T	unter 0,002

Feinkörnige Böden (Schluff und Ton und ihre Gemische) werden dagegen zusätzlich und vor allem nach den plastischen Eigenschaften (nach Plastizitätsbereichen) unterschieden und danach als Schluff oder Ton benannt.

Plastische Eigenschaften weisen Böden auf, an denen der Knetversuch ausgeführt oder die Zustandsgrenzen bestimmt werden können (bindige Böden).

Liegen Laborversuche vor, so erhält man die Plastizitätsbereiche nach □ 2.16 und die Benennung nach □ 2.17 und □ 2.25, anderenfalls - und im Zwischenbereich - mit Hilfe manueller Versuche (Trockenfestigkeits-, Schüttel- und Knetversuch).

□ 2.16: Beispiel: Plastizitätsbereiche (DIN EN ISO 14688-1)

$W_L < 0{,}35$	leicht plastisch
$0{,}35 < W_L < 0{,}50$	mittelplastisch

Reine Bodenarten

Sie bestehen nur aus einem Korngrößenbereich (□ 2.15) und werden nach diesem benannt (□ 2.17).

□ 2.17: Beispiele: Reine Bodenarten (DIN EN ISO 14688-1)

Kies – Feinsand – Grobschluff

Zusammengesetzte Bodenarten

Sie werden mit einem Substantiv für den Hauptanteil und mit einem oder mehreren Adjektiven für die Nebenanteile benannt (□ 2.18).

□ 2.18: Beispiele: Zusammengesetzte Bodenarten (DIN EN ISO 14688-1)

Kies, sandig – Ton, kiesig

Hauptanteil

Der Hauptanteil ist entweder die Bodenart,

- die nach dem Massenanteil am stärksten vertreten ist, oder die,
- welche die bestimmenden Eigenschaften des Bodens prägt (□ 2.18).

Der Hauptanteil ist die nach Massenanteilen am stärksten vertretene Bodenart

- bei **grobkörnigen Böden** (Feinkornanteil (Schluff und/oder Ton) < 5 %),
- bei **gemischtkörnigen Böden** (Feinkornanteil (Schluff und/oder Ton) 5 bis 40 %, wenn dieser das Verhalten des Bodens nicht bestimmt (□ 2.25).

Anmerkung: Das Feinkorn bestimmt dann nicht das Verhalten des Bodens, wenn der Boden keine oder nur eine geringe Trockenfestigkeit aufweist oder wenn er keine Knetfähigkeit zeigt.

Die Benennung erfolgt in beiden Fällen nach den Korngrößenunterbereichen, die den Grobkornbereich unterteilen (□ 2.19)

□ 2.19: Beispiele: Benennen der Hauptanteile nach dem Grobkornbereich (DIN EN ISO 14688-1)

Kies – Sand – Mittelkies – Feinsand

Der Hauptanteil ist die Bodenart, welche die bestimmenden Eigenschaften des Bodens prägt

- bei **feinkörnigen Böden** (Feinkornanteil (Schluff und/oder Ton) > 40 %),
- bei **gemischtkörnigen Böden** (Feinkornanteil (Schluff und/oder Ton) 5 bis 40 %),

wenn der Feinkorn-Massenanteil das Verhalten des Bodens bestimmt.

Anmerkung: Das Feinkorn bestimmt dann das Verhalten eines gemischtkörnigen Bodens, wenn dieser mindestens eine mittlere Trockenfestigkeit aufweist oder knetbar ist.

Die Benennung erfolgt in beiden Fällen mit Schluff oder Ton. Welche von beiden zutrifft, hängt nur von den plastischen Eigenschaften des Feinkornanteils ab (nicht von der Korngrößenverteilung).

Sie wird vorgenommen entweder

- mit Hilfe manueller Versuche (siehe Abschnitt 2.04.2) oder
- mit Hilfe des Plastizitätsdiagramms (□ 2.20)

□ 2.20: Plastizitätsdiagramm zum Benennen von Bodenarten (DIN EN ISO 14688-2)

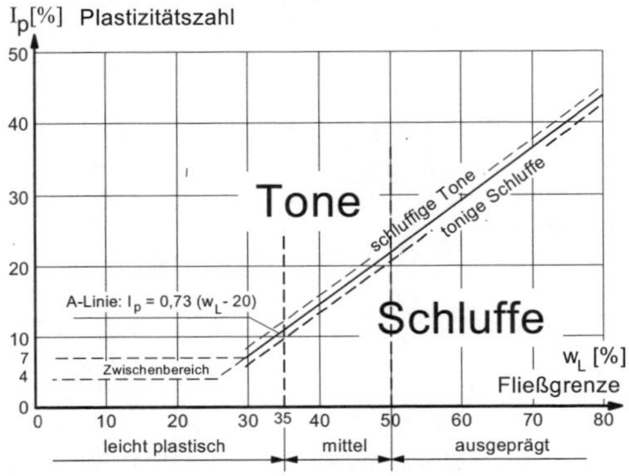

Hiernach handelt es sich um einen

- Ton, wenn der Boden über der A-Linie liegt und $I_P > 7$ % ist, und um einen
- Schluff, wenn der Boden unterhalb der A-Linie liegt oder $I_P > 4$ % ist (□ 2.20).

Neben-anteile

Sie können grobkörnig und feinkörnig sein. Feinkörnige Anteile können nur dann Nebenanteile sein, wenn sie die Eigenschaften eines Bodens nicht bestimmen.

Die Adjektive der Nebenanteile werden in der Reihenfolge ihrer Bedeutung dem Substantiv des Hauptanteils nachgestellt (□ 2.21)

□ 2.21: Beispiele: Benennen der Nebenanteile (DIN EN ISO 14688-1)

Kies, sandig – Feinkies, grobsandig — Grobsand, mittelsandig, feinkiesig – Feinsand, schluffig – Schluff, feinkiesig, grobsandig – Ton, mittelsandig

Grobkörnige Nebenanteile in besonders geringem oder besonders starkem Umfang werden mit dem Beiwort schwach (< 15 %) oder stark (> 30 %) gekennzeichnet (□ 2.24 □ 2.26). **Das ist nicht normativ festgelegt!**

□ 2.22: Beispiel: Benennen grobkörniger Nebenanteile DIN EN ISO 14688-1)

Kies, stark sandig – Mittelkies, stark feinkiesig, grobsandig – Grobsand, mittelsandig, schwach kiesig – Schluff, stark feinsandig, mittelsandig – Ton, stark kiesig, grobsandig

□ 2.23: Beispiel 5: Benennen eines grobkörnigen Bodens (nach DIN EN ISO 14688-1)

Geg.: *Der in der Körnungslinie dargestellte Boden ist nach DIN EN ISO 14688-1 zu benennen.*

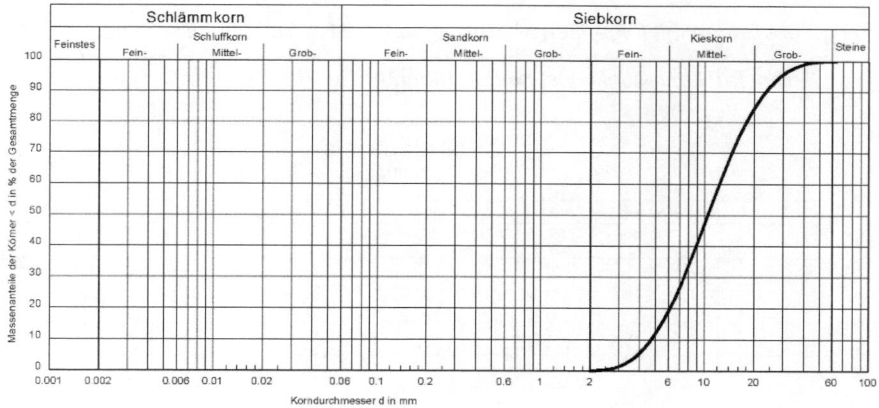

Lösg.:

Massenanteil < 0,06 mm: 0%

Damit handelt es sich um einen grobkörnigen Boden: Benennung allein nach der Korngrößenverteilung.

Massenanteil < 2 mm: 0%

Damit handelt es sich um eine reine Bodenart: Kies (Gr).

Feinkörnige Nebenanteile: Bei grobkörnigen und gemischtkörnigen Böden, deren Verhalten der Feinkornanteil nicht bestimmt, wird dem Adjektiv tonig oder schluffig das Beiwort schwach oder stark dann vorangesetzt, wenn sie das Verhalten des Bodens besonders wenig oder besonders stark beeinflussen (□ 2.24).

□ 2.24: Beispiele: Benennen von grob- oder gemischtkörnigen Böden, deren Verhalten der Feinkornanteil nicht bestimmt (DIN EN ISO 14688-1)

Kies, sandig, schwach schluffig – Sand, stark tonig, schwach feinkiesig

Bei feinkörnigen und gemischtkörnigen Böden, deren Verhalten der Feinkornanteil bestimmt, wird beim Vorhandensein feinkörniger Nebenanteile ein Ton als schluffig und ein Schluff als tonig bezeichnet, und zwar entweder auf Grund

- manueller Versuche oder
- von Laborversuchen,

wenn ihre Plastizitätszahlen im Plastizitätsdiagramm (□ 2.20) weniger als 3 % über oder unter der A-Linie liegen (□ 2.25).

□ 2.25: Beispiel 6: Benennen eines gemischtkörnigen Bodens (nach DIN EN ISO 14688-1)

***Geg.**: ein Boden mit folgenden Massenanteilen: 21% Schluff, 45% Sand, 34% Kies*

Die Trockenfestigkeit ist niedrig (gering).

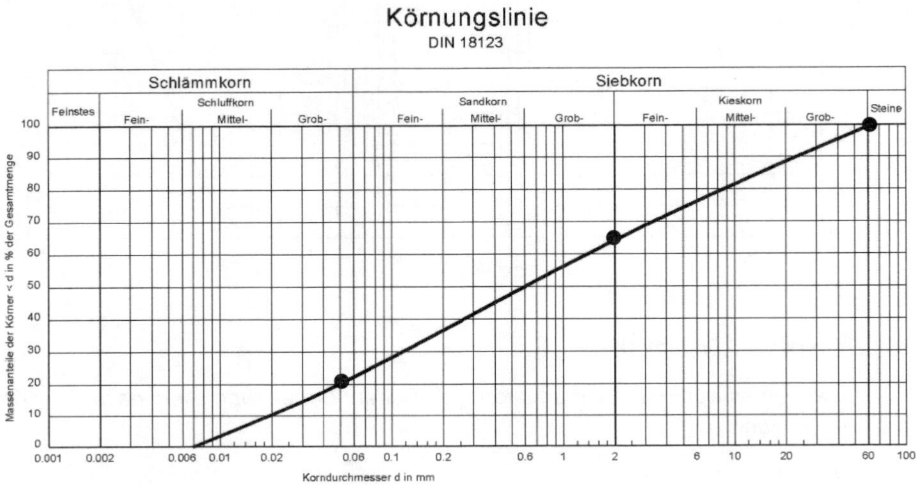

***Ges.**: Benennung nach DIN EN ISO 14688-1 sowie DIN 4023*

***Lösg.**: Körnungslinie:*

Feinkornanteil: 5...40% → gemischtkörniger Boden.

Trockenfestigkeit gering → Feinkornanteil bestimmt nicht das Verhalten des Bodens; also Benennung nach dem Grobkornanteil: Sand, stark kiesig, schluffig

Kurzzeichen DIN EN ISO 14688-1: grsiSa

Kurzzeichen DIN 4023: S, $\overline{g}$, u

□ 2.26: Beispiele: Benennen von fein- oder gemischtkörnigen Böden, deren Verhalten der Feinkornanteil bestimmt (DIN EN ISO 14688-1)

Schluff, tonig, schwach sandig – Ton, schluffig, stark kiesig, sandig

Gleiche Massenteile Sind bei grobkörnigen Böden zwei Bodenarten mit etwa gleichen Massenanteilen (40 bis 60 %) vertreten, so werden deren Substantive durch ein „und“ verbunden (□ 2.27, □ 2.30)

□ 2.27: Beispiel: Benennen grobkörniger Böden mit etwa gleichen Massenanteilen

Beispiele: Kies und Sand – Fein- und Mittelsand

Zusätzlich zum Benennen der Bodenart sind durch ergänzendes Beschreiben die Zustandsform, besondere stoffliche Beimengungen oder sonstige Merkmale der Probe (z. B. Kalkgehalt, Kornform, Kornrauigkeit, Geruch, ortsübliche Bezeichnungen, geologische Zuordnung) anzugeben.

□ 2.28: Beispiel 7: Benennen eines feinkörnigen Bodens (nach DIN EN ISO 14688-1)

Geg.: *Der in der Körnungslinie dargestellte Boden*

Zusätzliche Angaben: $w_L = 0{,}75$; $w_P = 0{,}34$

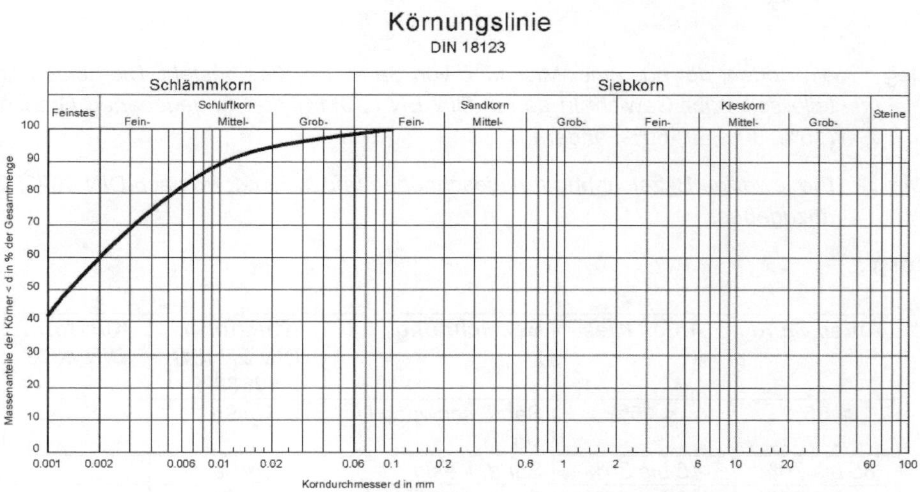

Ges.: *Der dargestellte Boden ist nach DIN EN ISO 14688-1 zu benennen.*

Lösg.: *Feinkornanteil < 0,06 mm: > 40%*

Damit handelt es sich um einen feinkörnigen Boden:

Benennung auch nach den physikalischen Eigenschaften.

$w_L = 0{,}75 > 0{,}5 \rightarrow$ *„ausgeprägt plastisch“*

$I_P = w_L - w_P = 0{,}75 - 0{,}34 = 0{,}41 \rightarrow$ *Plastizitätsdiagramm „Ton, schluffig“.*

Feinsandanteil < 15% $\rightarrow$ *„schwach feinsandig“.*

Damit handelt es sich um: Ton, schluffig, schwach feinsandig, ausgeprägt plastisch.

Kurzzeichen DIN EN ISO 14688-1: siCl

Kurzzeichen DIN 4023: T, ū, fs’

Mineralische Anteile bei organischen Böden werden durch Adjektive benannt (□ 2.29).

□ 2.29: Beispiele: Benennen organischer Böden mit mineralischen Anteilen (DIN EN ISO 14688-1)

Mudde, tonig – Mudde, stark sandig – Torf, schwach feinsandig

Für organische Bestandteile als Beimengungen werden die Adjektive torfig, humos oder - als Sammelbegriff - organisch verwendet. Bei geringem Anteil wird das Beiwort schwach, bei hohem Anteil das Wort stark hinzugefügt.

Mutterboden (Oberboden) ist die humushaltige oberste Bodenschicht.

□ 2.30: Beispiel 8: Benennen von Böden mit unterschiedlichen Massenanteilen an Sand und Kies

Geg.: *ein Boden, der aus einer Mischung von Sand und Kies besteht. Die beiden Anteile sollen ihr Gewicht in den in DIN EN ISO 14688-1 angegebenen Grenzen (15%, 30%, 40-60%) ändern.*

Ges.: *Die jeweilige Bezeichnung (ausgeschrieben und in Kurzform nach DIN 4023) ist anzugeben.*

Lösg.:

Anteil Sand	***Anteil Kies***	***Bezeichnung***	***Kurzform DIN EN ISO 14688-1***	***Kurzform DIN 4023***
> 85%	*< 15%*	*Sand, schwach kiesig*	*grSa*	*S, g’*
85 bis 70%	*15 bis 30%*	*Sand, kiesig*	*grSa*	*S, g*
70 bis 60%	*30 bis 40%*	*Sand, stark kiesig*	*Sa/Gr*	S, $\overline{g}$
60 bis 40%	*40 bis 60%*	*Sand und Kies*	*Sa/Gr*	*S + G*
40 bis 30%	*60 bis 70%*	*Kies, stark sandig*	*Gr/Sa*	G, $\overline{s}$
30 bis 15%	*70 bis 85%*	*Kies, sandig*	*saGr*	*G, s*
< 15%	*> 85%*	*Kies, schwach sandig*	*saGr*	*G, s’*

2.05 Kontrollfragen zu den Abschnitten 2.01 bis 2.04

- Wie entsteht ein Boden aus den Gesteinen?
- Primäre/sekundäre Lagerstätte?
- Einteilung der Böden nach ihrer Entstehung/Verfrachtung?
- Andere Bezeichnung für einen durch Wind/durch Eis verfrachteten Boden? Beispiele?
- Hauptsächliche Art der Verfrachtung?
- Möglichkeiten der Verfrachtung durch Wasser? Bezeichnungen hierfür?
- Welche Böden kommen durch Geröll- und Schwebverfrachtung zu Stande?
- Freies/gebundenes Wasser in nichtbindigen Böden?
- Worin sind die wichtigsten Unterschiede der nichtbindigen und bindigen Böden begründet?
- Spezifische Oberfläche (Haftwasserfläche) bei bindigen Böden? Auswirkung?
- Wie heißt der Boden im Übergangsbereich zwischen nichtbindigen und bindigen Böden? Eigenschaften?
- Unterschied in den Setzungen nichtbindiger und bindiger Böden? Konsolidation?
- Eignung nichtbindigen/ bindigen/ organischen Bodens als Baugrund?
- Wovon hängt die Tragfähigkeit bei nichtbindigen/bindigen Böden vor allem ab?
- Warum sind organische Böden als Baugrund und Baustoff nicht geeignet?
- Benennen? Beschreiben?
- Bodenart, Bodenzustand?
- Unterschied zwischen Lehm und Mergel?
- Was sind organische Böden? Wie setzen sie sich zusammen?
- Gruppeneinteilung bei Betrachtung des Bodens als physikalisches System? Nach welchen Gesichtspunkten?
- Zusammensetzung (Strukturen) und Auswirkungen auf die Eigenschaften der nichtbindigen/bindigen Böden?
- Wodurch kommt die Haftfestigkeit (Kohäsion) der bindigen Böden zu Stande?
- Was kann man an der Dunkelfärbung eines Bodens erkennen?
- Warum kann man aus dem Grad der Dunkelfärbung allein keinen sicheren Schluss auf den genauen Anteil der organischen Substanz erhalten?
- Riechversuch? Verstärkung des Geruchs? Was erkennt man am Geruch nach Schwefelwasserstoff? Erdigem Geruch?
- Bestimmung des Kalkgehalts?
- Korngrößenbereiche?
- Benennung des Grobkornbereichs/ Feinkornbereichs?
- Plastizitätsbereiche? Wie kann man sie ermitteln?
- Unterscheidung von Ton und Schluff mit Hilfe manueller Versuche/mit Hilfe der Plastizitätszahl?
- Wie stellt man auf der Baustelle fest, dass ein Boden eine ausgeprägte Plastizität hat?

- Versuchsarten für das Benennen und Beschreiben? Unterschied?
- Welche Laborversuche/ Feldversuche kommen für das Benennen vor allem in Frage?
- Manuelle Versuche? Visuelle Versuche? Weitere Versuche?
- Kornstufenschaulehre?
- Vergleich der Körnung mit verschiedenen Dingen des täglichen Lebens?
- Was macht man, wenn die Körnung bei feinkörnigen Böden nicht mehr erkennbar ist?
- Trockenfestigkeitsversuch? Folgerungen daraus?
- Wodurch kann beim Trockenfestigkeitsversuch das Ergebnis verfälscht werden?
- Welche Böden haben eine hohe/keine Trockenfestigkeit?
- Schüttelversuch, Knetversuch, Reibeversuch, Schneideversuch? Welche Schlüsse zieht man aus ihrem Ergebnis?
- Wie erkennt man den Zersetzungsgrad von Torf? Wann spricht man von nicht bis mäßig, wann von stark bis völlig zersetztem Torf?
- Auswaschversuch? Wie? Wozu?
- Manuelle Bestimmung der Konsistenz?
- Ein bindiger Boden ist breiig, wenn . . ., steif, wenn . . .
- Wie stellt man auf der Baustelle fest, dass ein Boden weich/halbfest ist?
- Farbansprache? Bei welchen Bodenarten und -bestandteilen vor allem?
- Was ist eine reine Bodenart? Wie wird sie benannt?
- Benennung von zusammengesetzten Bodenarten?
- Wann erfolgt die Benennung eines Bodens nach der Korngrößenverteilung?
- Wonach wird ein feinkörniger Boden benannt?
- Wann ist der Hauptanteil die nach dem Massenanteil am stärksten vertretene Bodenart?
- Grobkörniger/ gemischtkörniger/ feinkörniger Boden?
- Wann ist der Hauptanteil die Bodenart, welche die bestimmenden Eigenschaften des Bodens prägt?
- Das Feinkorn bestimmt/bestimmt nicht das Verhalten eines Bodens, wenn . . .
- Benennung in Schluff oder Ton mit Hilfe des Plastizitätsdiagramms?
- Was sind Nebenanteile? Wie werden sie benannt?
- Benennung grobkörniger Nebenanteile als schwach/stark?
- Benennung von zwei grobkörnigen Bodenarten mit etwa gleichen Massenanteilen?
- Ergänzendes Beschreiben einer Bodenart?
- Die Benennung der Böden mit organischen Bestandteilen wird vorgenommen nach . . .
- Was sind organische Bodenarten?
- Was ist Mutterboden?

2.06 Klassifikation

2.06.1 Begriffe

Klassifikation Gruppeneinteilung der Böden

für bautechnische Zwecke auf Grund festgelegter Merkmale und Kriterien.

Bodengruppe Bodenarten mit annähernd gleichem stofflichem Aufbau und ähnlichen bautechnischen Eigenschaften.

Systeme Es gibt viele Klassifikationssysteme. In Deutschland sind die in den folgenden Abschnitten beschriebenen Systeme genormt.

2.06.2 Klassifikation im Hinblick auf die bautechnische Eignung der Bodenarten (nach DIN 18 196)

Kriterium Einteilung der Bodenarten in Gruppen mit annähernd gleichem stofflichem Aufbau und ähnlichen bodenphysikalischen Eigenschaften (Scherfestigkeit, Verdichtungsfähigkeit, Zusammendrückbarkeit, Durchlässigkeit, Witterungs- und Erosionsempfindlichkeit, Frostempfindlichkeit).

Zweck Feststellen der bautechnischen Eignung (als Baugrund für Gründungen, als Baustoff für Erd- und Baustraßen, für Straßen- und Bahndämme, für Erdstaudämme [Dichtung, Stützkörper], für Dränungen).

Anmerkung: Innerhalb einer Klassifikationsgruppe können die Eigenschaften von grob- und gemischtkörnigen Bodenarten je nach Lagerungsdichte, bei fein- und gemischtkörnigen Bodenarten je nach Wassergehalt unterschiedlich sein.

Die Norm gilt nicht für Fels und für Böden mit Steinen und Blöcken über 40 % Massenanteil.

Vorgang Zum Klassifizieren wird eine Bodenprobe (mit Hilfe von Laborversuchen oder visuellen bzw. manuellen Verfahren nach DIN EN ISO 14688-1, siehe Abschnitt 2.04.2) in eine der Bodengruppen nach □ 2.35 bis □ 2.37 eingeordnet und mit dem Kurzzeichen (Gruppensymbol) nach Spalte 7 (□ 2.35 bis □ 2.37) bezeichnet. Dabei gibt der erste Kennbuchstabe den Hauptbestandteil, der zweite eine bestimmte kennzeichnende bodenphysikalische Eigenschaft oder den Nebenbestandteil an. Die Einordnung erfolgt allein nach der stofflichen Zusammensetzung und unabhängig von Wassergehalt und Dichte des Bodens nach folgenden Klassifikationsmerkmalen: Korngrößenbereiche, Korngrößenverteilung, plastische Eigenschaften, organische Bestandteile, Entstehung.

Ausgangspunkt für die Klassifikation ist die Einteilung der Böden in Korngrößenbereiche (□ 2.15), wobei nur Korngrößen bis 63 mm berücksichtigt werden.

Grobkörnige Böden

Wenn die Korngrößen einer Bodenart zu mehr als 95 % Massenanteil dem Grobkornbereich > 0,06 mm angehören (grobkörniger Boden), wird die Klassifikation nach der Korngrößenverteilung vorgenommen. Nach □ 2.31 wird der Hauptbestandteil festgestellt und nach □ 2.32 in eng-, weit- oder intermittierend gestuft unterteilt (□ 2.39).

□ 2.31: Einteilung grob- und gemischtkörniger Böden nach den Hauptbestandteilen in Hauptgruppen (DIN 18 196)

Hauptbestandteile	Kurzzeichen	Massenanteil des Korns ≤ 2 mm
Kieskorn (**G**rant)	**G**	bis 60%
Sandkorn	**S**	über 60%

□ 2.32: Unterteilung grobkörniger Böden in Abhängigkeit von der Ungleichförmigkeitszahl C_u und der Krümmungszahl C_c (DIN 18 196 und DIN EN ISO 14688-2)

Benennung	**Kurzzeichen**	C_u	C_c
eng gestuft	**E**	< 6	beliebig
weit gestuft	**W**	≥ 6	1 bis 3
intermittierend gestuft	**I**	≥ 6	< 1 oder > 3

Gemischtkörnige Böden

Wenn die Korngrößen einer Bodenart zu 5 bis 40 % dem Feinkornbereich ≤ 0,06 mm angehören (gemischtkörniger Boden), sind für die Klassifikation sowohl die Korngrößenverteilung als auch die plastischen Eigenschaften maßgebend. Nach □ 2.31 wird der Hauptbestandteil festgestellt und nach □ 2.33 nach dem Massenanteil des Feinkorns unterteilt. Außerdem ist die Zuordnung des Feinkornanteils sinngemäß zu Ton oder Schluff vorzunehmen. Dies kann anhand von w_L und I_P in die Untergruppen tonig (T) oder schluffig (U) geschehen (□ 2.34, □ 2.39, □ 2.40).

□ 2.33: Unterteilung gemischtkörniger Böden nach dem Massenanteil des Feinkorns (DIN 18 196)

Benennung	**Kurzzeichen**	**Massenanteil des Feinkorns ≤ 0,06 mm**
gering	U oder T	5 bis 15%
hoch	$\overline{U}$* oder $\overline{T}$*	über 15 bis 40%
Statt des Querbalkens über $\overline{U}$, $\overline{T}$ darf auch das nachgestellte *-Symbol benutzt werden: U* oder T*		

Feinkörnige Böden

Wenn die Korngrößen einer Bodenart zu 40 % oder mehr Massenanteil dem Feinkornbereich < 0,06 mm angehören (feinkörniger Boden), sind für die Klassifikation ausschließlich die plastischen Eigenschaften maßgebend. Mit Hilfe des Wassergehalts an der Fließgrenze w_L und der Plastizitätszahl I_P werden sie den Hauptbestandteilen Ton oder Schluff (Kurzzeichen T und U) über oder unterhalb der A-Linie nach □ 2.34 und □ 2.35 zugeordnet (□ 2.42).

□ 2.34: Plastizitätsdiagramm mit Bodengruppen (DIN 18 196)

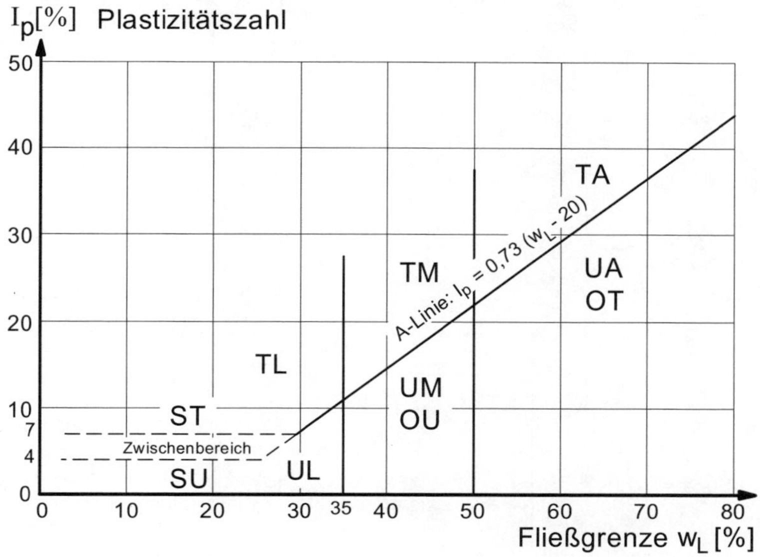

Die Zustandsgrenzen organischer feinkörniger Böden (Hauptgruppen-Kennzeichen O) liegen stets unterhalb der A-Linie.

Organische Bestandteile

Nach dem Massenanteil der organischen Bestandteile wird zwischen organischen Böden und organogenen Böden bzw. Böden mit organischen Verunreinigungen unterschieden.

□ 2.35: Einstufung feinkörniger Böden in Abhängigkeit vom Wassergehalt an der Fließgrenze w_L (DIN 18 196)

Benennung	Kurzzeichen	w_L Massen-anteil
leicht plastisch	L	kleiner 35%
mittel plastisch	M	35 bis 50%
ausgeprägt plastisch	A	über 50%

Organische Böden (Kurzzeichen H und F) können in getrocknetem Zustand an der Luft brennen oder schwelen. Sie werden nach der Entstehung und dem Zersetzungsgrad der organischen Bestandteile in Gruppen eingeteilt. Außerdem wird zwischen an Ort und Stelle entstandenem Torf (Humus, Kurzzeichen H) und unter Wasser abgesetztem Schlamm (Kurzzeichen F) unterschieden.

Torfe werden noch einmal nach dem Zersetzungsgrad in nicht bis mäßig zersetzt (Kurzzeichen N) und zersetzt (Kurzzeichen Z) unterteilt.

Organogene Böden bzw. Böden mit organischen Verunreinigungen (Kurzzeichen O) können im getrockneten Zustand an der Luft nicht brennen oder schwelen. Grob- und gemischtkörnige organogene Böden werden nach der Art der organischen Bestandteile klassifiziert (□ 2.41).

□ 2.36: Bodenklassifikation für bautechnische Zwecke (DIN 18 196)

1	2	3	4	5	6	7	8	9
Hauptgruppen	Korngrößen-Massenanteil Korndurchmesser ≤ 0,063 mm	Korngrößen-Massenanteil Korndurchmesser ≤ 2 mm	Lage zur A-Linie	Gruppen		Kurzzeichen (Gruppensymbol)	Erkennungsmerkmale (Trockenfestigkeit, Reaktion beim Schüttelversuch, Plastizität beim Knetversuch)	Beispiele
Grobkörnige Böden	Kleiner als 5 %	bis 60 %	-	Kies (Grant)	Eng gestufte Kiese	GE	steile Körnungslinie infolge Vorherrschens eines Korngrößenbereichs	Fluss- und Strandkies , Terrassenschotter
					Weit gestufte Kies-Sand-Gemische	GW	über mehrere Korngrößenbereiche kontinuierlich verlaufende Körnungslinie	
					Intermittierend gestufte Kies-Sand-Gemische	GI	Meist treppenartig verlaufende Körnungslinie infolge Fehlens einer oder mehrerer Korngrößenbereiche	
		über 60 %	-	Sand	Eng gestufte Sande	SE	steile Körnungslinie infolge Vorherrschens eines Korngrößenbereichs	Dünen- und Flugsand, Fließsand, Berliner Sand, Tertiärsand
					Weit gestufte Sand-Kies-Gemische	SW	über mehrere Korngrößenbereiche kontinuierlich verlaufende Körnungslinie	Moränensand, Terrassensand, Granitgrus
					Intermittierend gestufte Sand-Kies-Gemische	SI	Meist treppenartig verlaufende Körnungslinie infolge Fehlens einer oder mehrerer Korngrößenbereiche	

□ 2.37: Fortsetzung: Bodenklassifikation für bautechnische Zwecke (DIN 18 196)

5	2	3	4	5	6	7	8	9
Hauptgruppen	Korngrößen-Massenanteil Korndurchmesser ≤ 0,063 mm	≤ 2 mm	Lage zur A-Linie	Gruppen		Kurzzeichen (Gruppensymbol)	Erkennungsmerkmale (Trockenfestigkeit, Reaktion beim Schüttelversuch, Plastizität beim Knetversuch)	Beispiele
Gemischt körnige Böden	5 % bis 15 %	bis 60 %	-	Kies-Schluff-Gemische		GU	weit oder intermittierend gestufte Körnungslinie, Feinkornanteil ist schluffig	Moränenkies, Verwitterungskies, Hangschutt, Geschiebelehm
	15 % bis 40 %					GU*		
	5 % bis 15 %			Kies-Ton-Gemische		GT	weit oder intermittierend gestufte Körnungslinie, Feinkornanteil ist tonig	
	15 % bis 40 %					GT*		
	5 % bis 15 %	über 60 %	-	Sand-Schluff-Gemische		SU	weit oder intermittierend gestufte Körnungslinie, Feinkornanteil ist schluffig	Tertiärsand
	15 % bis 40 %					SU*		Auelehm, Sandlöss
	5 % bis 15 %			Sand-Ton-Gemische		ST	weit oder intermittierend gestufte Körnungslinie, Feinkornanteil ist tonig	Terrassensand, Schleichsand
	15 % bis 40 %					ST*		Geschiebelehm und -mergel
Fein körnige Böden	über 40 %	-	Unterhalb A-Linie oder $I_p \leq 4$ %	Schluff	Leicht plastisch: w_L <35 %	UL	(niedrige/ schnelle/ keine bis leichte)	Löss, Hochflutlehm
					Mittel plastisch: 35 % ≤ w_L < 50 %	UM	(niedrige bis mittlere/ langsame/ leichte bis mittlere)	Seeton, Beckenschluff
					Ausgeprägt plastisch: 50 % < w_L	UA	(hohe/keine bis langsame/mittlere bis ausgeprägte)	Vulkanische Böden, Bimsböden
			Oberhalb A-Linie oder $I_p \geq 7$ %	Ton	Leicht plastisch: w_L <35 %	TL	(mittlere bis hohe/keine bis langsame/leichte)	Geschiebemergel, Bänderton
					Mittel plastisch: 35 % ≤ w_L < 50 %	TM	(hohe/ keine/ mittlere)	Lösslehm, Seeton, Beckenton, Keuperton
					Ausgeprägt plastisch: 50 % < w_L	TA	(sehr hohe/ keine/ ausgeprägte)	Tarras, Lauenburger Ton, Beckenton

□ 2.38: Fortsetzung: Bodenklassifikation für bautechnische Zwecke (DIN 18 196)

1	2	3	4	5	6	7	8	9
Hauptgruppen	Korngrößen-Massenanteil Korndurchmesser ≤ 0,063 mm	 ≤ 2 mm	Lage zur A-Linie	Gruppen		Kurzzeichen (Gruppensymbol)	Erkennungsmerkmale (Trockenfestigkeit, Reaktion beim Schüttelversuch, Plastizität beim Knetversuch)	Beispiele
Organogene und Böden mit organischen Beimengungen	über 40 %	-	Unterhalb A-Linie ($I_p \geq 7$ %)	Nicht brenn- oder schwelbar	Schluffe mit organischen Beimengungen und organogene Schluffe : 35 % $\leq w_L < 50$ %	OU	(mittlere/ langsame/ mittlere)	Seekreide, Kieselgur, Mutterboden
					Tone mit organischen Beimengungen und organogene Tone : $w_L > 50$ %	OT	(hohe/ keine / ausgeprägte)	Schlick, Klei, tertiäre Kohletone
	bis 40 %		-		Grob- bis gemischtkörnige Böden mit Beimengungen humoser Art	OH	Beimengungen pflanzlicher Art, meist dunkle Färbung, Modergeruch, Glühverlust bis etwa 20% Massenanteil	Mutterboden, Paläoboden
					Grob- bis gemischtkörnige Böden mit kalkigen, kieseligen Beimengungen	OK	Beimengungen nicht pflanzlicher Art, meist helle Färbung, leichtes Gewicht, große Porosität	Kalktuffsand, Wiesenkalk
Organische Böden	-	-		brenn- oder schwelbar	Nicht bis mäßig zersetzte Torfe (Humus)	HN	Siehe DIN 18196: an Ort und Stell entstanden, faserig, holzreich/ hellbraun bis schwarz	Niedermoor-, Hochmoor-Buchwaldtorf
					Zersetzte Torfe	HZ		
					Schlamme als Sammelbegriff	F	Siehe DIN 181196	Mudde, Faulschlamm, Gyttja, Dy, Sapropel
Auffüllung	-	-	Aus natürlichen Böden (jeweiliges Gruppensymbol in Klammern)			[ ]	-	-
			Aus Fremdstoffen			A	-	Müll, Schlacke, Bauschutt, Industrieabfall

□ 2.39: Beispiel 9: Klassifikation eines grobkörnigen Bodens (nach DIN 18 196)

Geg.: *Der in der Körnungslinie dargestellte Boden*

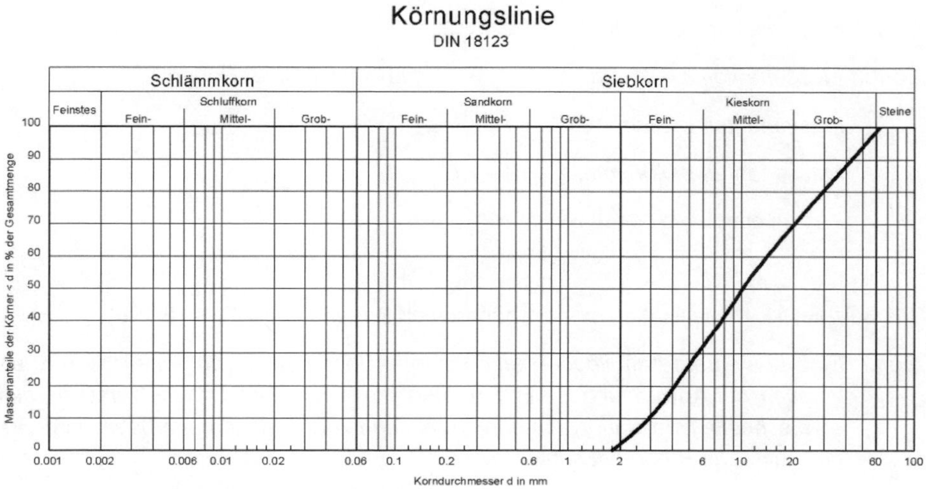

Ges.: *Klassifikation nach DIN 18196*

Lösg.: *Massenanteil ≤ 0,06 mm: < 5%*

Massenanteil ≤ 2 mm: < 60%

$C_U \approx \frac{14}{3} = 4{,}6 < 6$ *und* $C_c \approx \frac{5{,}5^2}{3 \cdot 14} = 0{,}7$ → *enggestuft*

Damit handelt es sich um enggestuften Kies (GE).

□ 2.40: Beispiel 10: Klassifikation eines gemischtkörnigen Bodens (nach DIN 18 196)

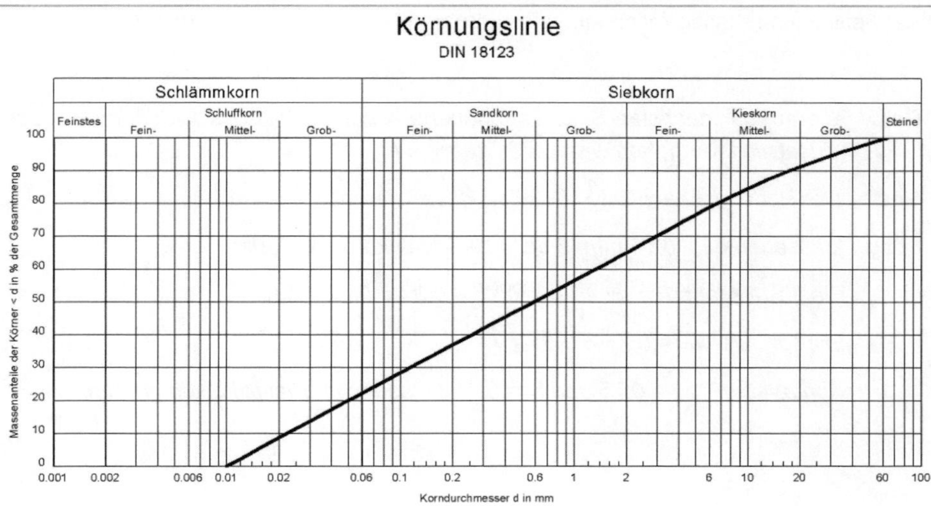

□ 2.40: Fortsetzung Beispiel 10: Klassifikation eines gemischtkörnigen Bodens (nach DIN 18 196)

Geg.: *Der in der Körnungslinie dargestellte Boden*

Ges.: *Klassifikation nach DIN 18196*

Lösg.: *Massenanteil* $\leq 0{,}06$ *mm: 5 bis 40%* $\rightarrow$ *gemischtkörniger Boden*

Massenanteil ≤ 2 *mm: > 60%* $\rightarrow S$

Massenanteil $\leq 0{,}06$ *mm: > 15%* $\rightarrow \overline{U}$

Kurzzeichen: $S\overline{U}$ *oder* $SU*$.

□ 2.41: Beispiel 11: Klassifikation eines organogenen Bodens (nach DIN 18 196)

Geg.: *Eine aus einem Auffüllboden entnommene Bodenprobe zerkrümelt beim Knetversuch bei Anwendung eines Fingerdrucks sofort. Der Schüttelversuch zeigt eine schnelle Reaktion. Nach dem Trockenen zerbricht sie bei erheblichem Fingerdruck. Die Probe hat schwarze Farbe.*

Geg.: *Gesucht ist das Kurzzeichen nach DIN 18196.*

Lösg.: *Knetversuch: mittlere Plastizität*

Schüttelversuch: schnelle Reaktion

Trockenfestigkeit: mittlere Trockenfestigkeit

Farbe: schwarz $\rightarrow$ *organogener Boden*

Kurzzeichen: OU.

□ 2.42: Beispiel 12: Klassifikation eines feinkörnigen Bodens (nach DIN 18 196)

Geg.: *die auf der nächsten Seite angegebene Körnungslinie des folgenden Bodens; Zusätzliche Angaben* $w_L = 0{,}75$; $w_P = 0{,}34$

Ges.: *Der Boden ist nach DIN 18196 zu klassifizieren.*

Lösg.: *Massenanteil* $\leq 0{,}06$ *mm: 5 bis 40%* $\rightarrow$ *feinkörniger Boden*

Plastizitätszahl: $I_P = w_L - w_P = 0{,}75 - 0{,}34 = 0{,}41 > 0{,}07 \rightarrow$ *Ton (T)*

Fließgrenze: $w_L = 0{,}75 > 0{,}5 \rightarrow A$

Kontrolle: mit $w_L = 0{,}75$ *und* $I_P = 0{,}41$ *Ablesung im Plastizitätsdiagramm: TA.*

□ 2.42: Fortsetzung Beispiel 12: Klassifikation eines feinkörnigen Bodens (nach DIN 18 196)

Körnungslinie des Bodens:

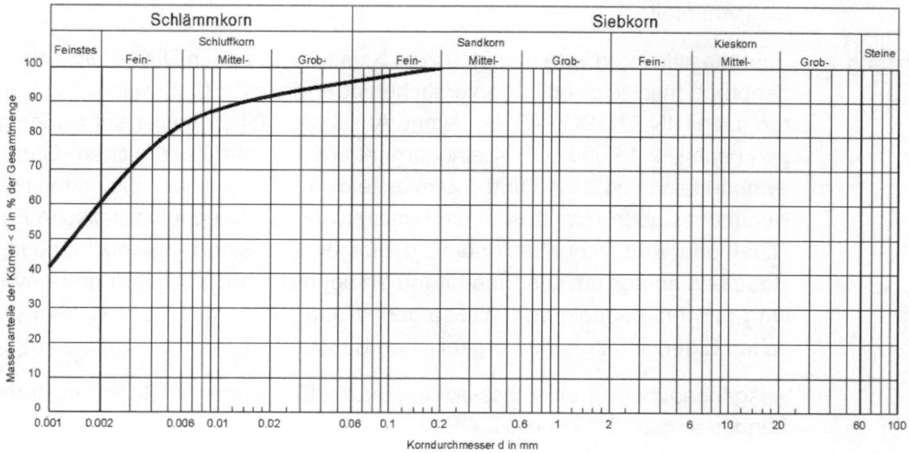

Schüttungen, Auffüllungen, Geschütteter Boden

Unter menschlicher Einwirkung entstandene Schüttungen sind auch dann als Auffüllungen zu klassifizieren, wenn sie aus natürlichen anorganischen oder organischen Böden geschüttet wurden. Auffüllungen aus Fremdstoffen (Kurzzeichen A) sind Schüttungen, in denen auch die Substanz des Schüttgutes durch menschliche Einwirkungen verändert ist. Die entsprechenden Bodengruppen werden in eckigen Klammern angegeben.

2.06.3 Klassifizierung nach der Korngrößenverteilung (nach DIN EN ISO 14688-2)

Kriterium

Einteilung der Bodenarten in Gruppen mit annähernd gleichem stofflichem Aufbau und ähnlichen bodenphysikalischen Eigenschaften (Scherfestigkeit, Verdichtungsfähigkeit, Zusammendrückbarkeit, Durchlässigkeit, Witterungs- und Erosionsempfindlichkeit, Frostempfindlichkeit).

Um die Vereinheitlichung und Vergleichbarkeit innerhalb der Staaten der Europäischen Union zu erreichen, werden abweichend von der Klassifikation nach DIN 18196 (siehe Abschnitt 2.06.2) neue Begriffe und Symbole eingeführt.

Zweck

Der Zweck entspricht dem nach DIN 18196 (siehe Abschnitt 2.06.2), das heißt dem Feststellen der bautechnischen Eignung (als Baugrund für Gründungen, als Baustoff für Erd- und Baustraßen, für Straßen- und Bahndämme, für Erdstaudämme [Dichtung, Stützkörper], für Dränungen).

Anmerkung: Innerhalb einer Klassifikationsgruppe können die Eigenschaften von grob - und gemischtkörnigen Bodenarten je nach Lagerungsdichte, bei fein- und gemischtkörnigen Bodenarten je nach Wassergehalt unterschiedlich sein.

Die Norm gilt nicht für Fels und für Böden mit Steinen und Blöcken über 40 % Massenanteil.

Vorgang

Zum Klassifizieren wird – analog zum Klassifizieren nach DIN18196 - eine Bodenprobe (mit Hilfe von Laborversuchen oder visuellen bzw. manuellen Verfahren nach DIN EN ISO 14688-1, siehe Abschnitt 2.04.2) in eine der Bodengruppen nach □ 2.43 und □ 2.44 eingeordnet und mit dem Kurzzeichen (Gruppensymbol) nach Bild □ 2.43 und □ 2.46 bezeichnet. Dabei geben die ersten beiden Kennbuchstaben eine bestimmte kennzeichnende bodenphysikalische Eigenschaft oder den Nebenbestandteil, die folgenden beiden Kennbuchstaben den Hauptbestandteil an. Die Einordnung erfolgt allein nach der Korngrößenverteilung und unabhängig von Wassergehalt und Dichte des Bodens, den plastischen Eigenschaften, den organischen Bestandteilen und der Entstehung.

Ausgangspunkt für die Klassifikation ist die Einteilung der Böden in Korngrößenbereiche (□ 2.15 und □ 2.44).

Anmerkung: die Kurzzeichen werden bei der Einteilung der Böden in Korngrößenbereiche nach DIN EN ISO 14688-2 eher nicht verwendet, sondern die Beschreibung in ausgeschriebenen Text wie zum Beispiel: sandiger kiesiger SCHLUFF anstatt sagrSi.

Grobkörnige Böden

Wenn die Korngrößen einer Bodenart zu mehr als 50 % Massenanteil dem Grobkornbereich > 0,063 mm angehören (grobkörniger und sehr grobkörniger Boden), wird die Klassifikation nach der Korngrößenverteilung vorgenommen.

Nach □ 2.44 wird der Hauptbestandteil festgestellt und nach □ 2.45 in gleichmäßig, engmäßig, weit- oder intermittierend gestuft unterteilt (□ 2.48).

□ 2.44: Einteilung sehr grob- und grobkörniger Böden nach den Hauptbestandteilen in Hauptgruppen (DIN EN ISO 14688-2)

Hauptbestandteile	Kurzzeichen	Massenanteil des Korns mehr als 50%
Blöcke (**Bo**ulder)	**Bo**	> 200 mm (0,20 m)
Steine (**Co**bble)	**Co**	> 63 mm und ≤ 200 mm
Kieskorn (**Gr**avel)	**Gr**	> 2 mm und ≤ 63 mm
Sandkorn	**Sa**	> 0,063 mm und ≤ 2 mm

□ 2.45: Unterteilung grobkörniger Böden in Abhängigkeit von der Ungleichförmigkeitszahl C_u und der Krümmungszahl C_c (DIN EN ISO 14688-2)

Benennung	**C_u**	**C_c**
gleichmäßig gestuft	< 3	< 1
eng gestuft	3 bis 6	< 1
mäßig gestuft	6 bis 15	< 1
weit gestuft	> 15	1 bis 3
intermittierend gestuft	> 15	< 0,5

Feinkörnige Böden

Wenn die Korngrößen einer Bodenart zu 50 % oder mehr Massenanteil dem Feinkornbereich < 0,063 mm angehören (feinkörniger Boden), sind für die Klassifikation ausschließlich die plastischen Eigenschaften maßgebend. Mit Hilfe des Wassergehalts an der Fließgrenze w_L und der Plastizitätszahl I_P werden sie den Hauptbestandteilen Ton (**Cl**ay) oder Schluff (**Si**lt) (Kurzzeichen **Cl** und **Si**) über oder unterhalb der A-Linie nach □ 2.46 und □ 2.47 beziehungsweise □ 2.49 zugeordnet.

□ 2.46: Einstufung feinkörniger Böden in Abhängigkeit vom Wassergehalt an der Fließgrenze w_L (DIN EN ISO 14688-2)

Benennung Plastizität	**Kurzzeichen**	**w_L Massenanteil**
niedrig	L	< 35 %
mittel	M	35 bis 50 %
hoch	H	50 bis 70 %
Sehr hoch	V	> 70 %

□ 2.47: Plastizitätsdiagramm mit Bodengruppen (DIN EN ISO 14688-2)

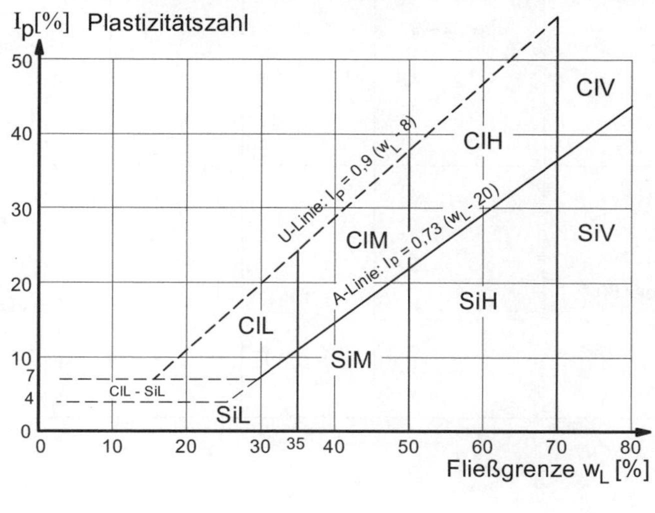

□ 2.48: Bodenklassifikation für bautechnische Zwecke (DIN EN ISO 14688-2): in Anlehnung an DIN 18196

1	2	3	4	5	6	7	8
Hauptgruppen	Korngrößen-Massenanteil				Lage zur A-Linie	Gruppen	
	Korndurchmesser						
	< 2 mm und ≥ 0,063 mm	< 63 mm und ≥ 2 mm	< 200 mm und ≥ 63 mm	≥ 200 mm			
Sehr Grobkörnige Böden		-	-	über 50 %	-	Blöcke (boulder)	Gleichmäßig gestuft
							Eng gestuft
							mäßig gestuft
							Weit gestuft
							Intermittierend gestuft
		-	über 50 %	-	-	Steine (cobble)	Gleichmäßig gestuft
							Eng gestuft
							mäßig gestuft
							Weit gestuft
							Intermittierend gestuft
Grobkörnige Böden		über 50 %	-	-	-	Kies (gravel)	Gleichmäßig gestuft
							Eng gestuft
							mäßig gestuft
							Weit gestuft
							Intermittierend gestuft
	über 50 %	-	-	-	-	Sand (sand)	Gleichmäßig gestuft
							Eng gestuft
							mäßig gestuft
							Weit gestuft
							Intermittierend gestuft

□ 2.49: Bodenklassifikation für bautechnische Zwecke (DIN EN ISO 14688-2): in Anlehnung an DIN 18196

1	2	3	4	5	6	7	8
Hauptgruppen	Korngrößen-Massenanteil				Lage zur A-Linie	Gruppen	
	Korndurchmesser						
	< 2 mm und ≥ 0,063 mm	< 63 mm und ≥ 2 mm	< 200 mm und ≥ 63 mm	≥ 200 mm			
feinkörnige Böden	-	-	-	-	Unterhalb A-Linie oder $I_p < 4$ %	Schluff (silt)	SiL
							SiM
							SiH
							SiV
	-	-	-	-	Oberhalb A-Linie oder $I_p > 7$ %	Ton (clay)	ClL
							ClM
							ClH
							ClV
organisch	-	-	-	-	-	Torf	Pt
	-	-	-	-	-	Gyttja	Gy
	-	-	-	-	-	Dy	Dy
	-	-	-	-	-	Humus	Hu

Die U-Linie in □ 2.47 wird nach DIN EN ISO 14688-2 empirisch bestimmt und markiert eine ungefähre obere Grenze für natürliche Böden.

Organische Bestandteile

Die Zustandsgrenzen organischer feinkörniger Böden liegen stets unterhalb der A-Linie (DIN 181916). Zur Klassifizierung des organischen Bodens kann der Zusatz O z.B. CLVO hinzugefügt werden, wobei hier O für den organischen Anteil zu verstehen ist.

Nach dem Massenanteil der organischen Bestandteile wird zwischen organischen Böden und organogenen Böden bzw. Böden mit organischen Verunreinigungen unterschieden.

Organische Böden (Kurzzeichen: siehe □ 2.49) können in getrocknetem Zustand an der Luft brennen oder schwelen. Sie werden nach der Entstehung und dem Zersetzungsgrad der organischen Bestandteile in Gruppen eingeteilt. Außerdem wird zwischen an Ort und Stelle entstandenem Torf; Gyttja, Dy und Humus unterschieden.

Schüttungen, Auffüllungen, geschütteter Boden

Unter menschlicher Einwirkung entstandene Schüttungen sind auch dann als Auffüllungen zu klassifizieren, wenn sie aus natürlichen anorganischen oder organischen Böden geschüttet wurden. Auffüllungen aus Fremdstoffen (Kurzzeichen A) sind Schüttungen, in denen auch die Substanz des Schüttgutes durch menschliche Einwirkungen verändert ist. Die entsprechenden Bodengruppen werden in □ 2.50 angegeben.

□ 2.50 Fortsetzung Grundlagen der Bodenklassifizierung (DIN EN ISO 14688-2): Anthropogene Böden

Bodengruppe	Quantifizierung	Kriterium/ Hinweis	Gemischte Korngrößenverteilung	Weitere Unterteilungen, sofern erforderlich
Auffüllung	unkontrolliert abgelagert	nicht natürlich	künstliches Material oder aufbereitete natürliche Materialien (wie z. B. zerkleinerte, gestufte oder gewaschene Materialien)	erfordert besondere Überlegungen
Schüttmaterial	kontrollierter Erdbau			wie für natürliche Böden

2.06.4 Klassifikation im Hinblick auf die zulässige Belastung des Baugrunds (nach DIN 1054)

Zweck

Im Hinblick auf ihre zulässige Belastung werden nach Handbuch Eurocode 7, Band 1 (2015): DIN EN 1997-1, Abschnitt A 3.1.2 und A 3.1.3 (DIN 1054) gewachsene Böden, Fels und geschüttete Böden unterschieden.

Gewachsener Boden

Ein Boden wird als gewachsen bezeichnet, wenn er durch einen abgeklungenen erdgeschichtlichen Vorgang entstanden ist. Das bedeutet bautechnisch: Er zeigt unter der Wirkung seiner Eigenlast keine praktisch messbaren Verformungen mehr. Gewachsene Böden werden in folgende Hauptgruppen unterteilt:

- **Nichtbindige Böden:** Sand, Kies, Steine und ihre Mischungen, wenn der Gewichtsanteil der Bestandteile mit Korngrößen < 0,06 mm 15 % nicht übersteigt. Dieser Feinkornanteil entspricht bei Mischböden etwa der Grenze, von der ab i. Allg. die Tragfähigkeit durch Kohäsion beeinflusst wird (□ 2.51).
- **Bindige Böden:** Ton, toniger Schluff und Schluff sowie ihre Mischungen mit nichtbindigen Böden, wenn der Gewichtsanteil der bindigen Bestandteile mit Korngrößen < 0,06 mm größer als 15 % ist (z. B. sandiger Ton, sandiger Schluff, Lehm, Mergel, □ 2.52).
- **Organische Böden** (Torf oder Faulschlamm) oder **anorganische Böden mit organischen Beimengungen** tierischer oder pflanzlicher Herkunft, wenn deren Gewichtsanteil bei nichtbindigem Boden mehr als 3 %, bei bindigem Boden mehr als 5 % beträgt, z. B. humoser Sand, organischer Schluff oder Ton, Klei. Nach DIN 18 196 sind das die organogenen und organischen Böden.

□ 2.51: Beispiele: Nichtbindige Böden (nach DIN 1054)

Boden	nach DIN 18196
grobkörnig	GE, GW, GI, SE, SW, SI
gemischtkörnig	GU, GI, SU, ST

□ 2.52: Beispiele: Bindige Böden (nach DIN 1054)

Boden	nach DIN 18196
feinkörnig	UL, UM TL, TM, TA
gemischtkörnig	SU*, ST*, GU*, GT*

2.06.5 Klassifikation im Hinblick auf die Gewinnbarkeit der Böden (Lösen, Laden) (nach zurückgezogener DIN 18 300; alt: 2012) mit Erläuterungen (nach ZTVE-StB 07/09)

Im Hinblick auf den Aufwand bei ihrer Gewinnung waren die Böden nach der nun nicht mehr gültigen DIN 18 300 (2012), im Weiteren als DIN 18300 (alt) bezeichnet, in 7 Klassen eingeteilt worden (□ 2.53, □ 2.60).

Homogenbereiche

Diese Klassifikation nach DIN 18300 (alt: 2012) entfällt seit 2012 und wird nun durch die Festlegung von so genannten Homogenbereichen nach DIN 18300 (2015) ersetzt (siehe Abschnitt 2.07). Die nicht mehr gültige Klassifikation nach DIN 18300 (alt: 2012) wird nachfolgend dargestellt, um, Alt-Unterlagen verstehen zu können und auf Alt-Bewährtes zurückgreifen zu können.

□ 2.53: Bodenklassen (nach der zurückgezogenen DIN 18 300-2012 und ZTVE - StB 07/09)

Klasse 1: Oberboden

Oberste Schicht des Bodens, die neben anorganischen Stoffen, z.B. Kies-, Sand-, Schluff- und Tongemischen, auch Humus und Bodenlebewesen enthält.

Klasse 2: Fließende Bodenarten
Hierzu gehören:
1) organische Böden der Gruppen HN, HZ und F;
2) feinkörnige Böden der Gruppen UL, UM, UA, TL, TM, TA sowie organogene Böden und Böden mit organischen Beimengungen der Gruppen OU, OT, OH und OK, wenn sie eine breiige oder flüssige Konsistenz (I_c < 0,5) haben;
3) gemischtkörnige Böden der Gruppen SU*, ST*, GU* und GT*. wenn sie eine breiige oder flüssige Konsistenz haben.

Die Zugehörigkeit der Böden 2) und 3) zur Klasse 2 setzt als weitere Kennzeichen voraus, dass sie beim Lösen ausfließen.
Das Ausfließen von grobkörnigen Böden der Gruppen SW, SE, SI, GW, GI und GE ist dagegen kein kennzeichnendes Kriterium.

□ 2.53: Fortsetzung - Bodenklassen (nach der zurückgezogenen DIN 18 300-2012 und ZTVE - StB 07/09)

Klasse 3: Leicht lösbare Bodenarten
Hierzu gehören:
1) grobkörnige Bodenarten der Gruppen SW, SI, SE, GW, GI und GE;
2) gemischtkörnige Böden der Gruppen SU, ST, GU und GT;
3) Torfe
4) organogene Böden und Böden mit organischen Beimengungen, die mindestens weiche Konsistenz aufweisen.

Klasse 4: Mittelschwer lösbare Bodenarten
Hierzu gehören bei weicher bis halbfester Konsistenz und einem Steinanteil von höchstens 30%:
1) feinkörnige Böden der Gruppen UL, UM, UA, TL und TM;
2) gemischtkörnige Böden der Gruppen SU*, ST*, GU*, und GT*;

Klasse 5: Schwer lösbare Bodenarten
Hierzu gehören die Bodenarten nach Klassen 3 und 4 bei einem Steinanteil von über 30% und einem Blockanteil (Korngrößen 200 mm bis 630 mm) von höchstens 30%.
Zusätzlich gehören hierzu bei weicher bis halbfester Konsistenz: feinkörnige Böden der Gruppen TA.

Klasse 6: Leicht lösbarer Fels und vergleichbare Bodenarten
Hierzu gehören:
1) Fels, der nicht den Kriterien der Klasse 7 entspricht;
2) Bodenarten mit einem Blockanteil von über 30%
3) feinkörnige Böden der Gruppen TA bei mindestens fester Konsistenz

Klasse 7: Schwer lösbarer Fels
Hierzu gehören angewitterter und unverwitterter Fels mit durch Trennflächen begrenzten Gesteinskörpern, deren Blöcke Korngrößen von über 630 mm aufweisen.
Schlackenhalden gehören zu dieser Klasse nur, soweit es sich um verfestigte Schlacken handelt.

2.06.6 Klassifikation im Hinblick auf Bohrarbeiten (nach DIN 18 301; alt: 2012)

Im Hinblick auf den Aufwand bei Bohrarbeiten waren die Böden nach der nun nicht mehr gültigen DIN 18 301 (2012), im Weiteren als DIN 18301 (alt: 2012) bezeichnet, in folgende Klassen eingeteilt worden (□ 2.54, □ 2.60).

□ 2.54: Klasse BN: Nichtbindige Böden (nach DIN 18301, alt: 2012)

Feinkornanteil	Klasse DIN 18301
bis 15%	BN 1
über 15%	BN 2

Homogenbereiche

Diese Klassifikation nach DIN 18301 (alt: 2012) entfällt seit 2012 zukünftig und wird nun durch die Festlegung von so genannten Homogenbereichen nach DIN 18301 (2019) ersetzt (siehe Abschnitt 2.07).

Die nicht mehr gültige Klassifikation nach DIN 18301 (alt: 2012) wird nachfolgend dargestellt, um, Alt-Unterlagen verstehen zu können und auf Alt-Bewährtes zurückgreifen zu können:

Klasse BN: Nichtbindige Böden (□ 2.54)

Klasse BB: Bindige Böden (□ 2.55)

Klasse BO: organische Böden (□ 2.59)

Klasse BS: Steine und Blöcke (□ 2.56)

Klasse FV und FD: Fels (□ 2.57 und □ 2.58)

□ 2.55: Klasse BB: Bindige Böden (nach DIN 18301, alt: 2012)

Undränierte Scherfestigkeit C_u [kN/m²]	**Konsistenz**	**Klasse DIN 18301**
≤ 20	flüssig bis breiig	BB 1
>20 bis 200	weich bis steif	BB 2
>200 bis 600	halbfest	BB 3
>600	fest bis sehr fest	BB 4

□ 2.56: Klasse BS (Zusatzklasse): Steine und Blöcke (nach DIN 18301, alt: 2012)

Korngröße [mm]	**Volumenanteil Steine und Blöcke**	
	≤ 30%	**> 30%**
>63 bis 200 (Steine)	BS 1	BS 2
>200 bis 630 (Blöcke)	BS 3	BS 4

□ 2.57: Klasse FV: Fels nach Verwitterungsgrad (nach DIN 18301, alt: 2012)

Verwitterungsgrad	**Trennflächenabstand a**		
	≤ 10cm	**10 cm < a ≤ 30 cm**	**> 30 cm**
zersetzt	Einstufen in Klasse BN oder BB		
entfestigt	FV 1		
angewittert	FV 2		FV 3
unverwittert	FV 4	FV 5	FV 6

□ 2.58: Klasse FD: Fels nach Einaxialer Druckfestigkeit(nach DIN 18301, alt: 2012)

Einaxiale Druckfestigkeit [MN/m²]	**Klasse DIN 18301**
≤ 20	FD 1
>20 bis 80	FD 2
>80 bis 200	FD 3
>200 bis 300	FD 4
>300	FD 5

□ 2.59: Klasse BO: organische Böden (nach DIN 18301, alt: 2012)

Hauptbestandteile	**Klasse DIN 18301**
Mudde, Humus, zersetzte Torfe	BO 1
unzersetzte Torfe	BO 2

□ 2.60: Beispiel 14: Klassifikation eines Bodens (nach DIN 18 300 (alt: 2012) und 18301 (alt: 2012))

Geg.: *Der in der Körnungslinie dargestellte Boden*

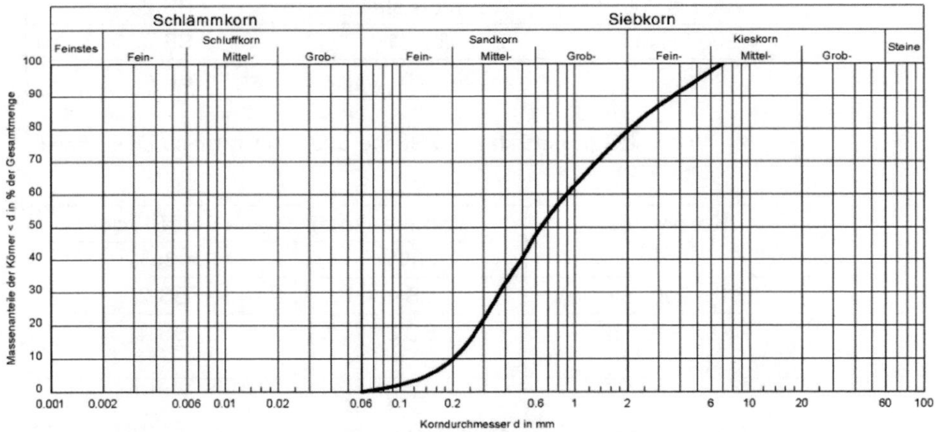

Ges.: *Der Boden ist nach DIN 18300 (alt: 2012) und DIN 18301 (alt: 2012) zu klassifizieren.*

Lösg.: *Massenanteil ≤ 0,06 mm: < 5%*

Massenanteil > 2 mm: < 40% $\rightarrow S$

$$C_U = \frac{0{,}9}{0{,}2} = 4{,}5 < 6 \rightarrow E$$

SE: Bodenklasse 3 (DIN 18300; alt: 2012); Klasse BN 1 (DIN 18301; alt: 2012)

Weitere Hinweise

Anmerkungen zu Geschüttetem Boden in Hinblick auf zulässige Belastung des Baugrunds (siehe Abschnitt 2.06.4): Auf sachgemäß ausgeführten und verdichteten Schüttungen (z. B. nach dem Bodenersatzverfahren) kann uneingeschränkt gegründet werden.

Wird nicht oder nicht ausreichend verdichtet, können erhebliche Setzungen und Sackungen auftreten. Bei Unterwasserschüttungen kann lediglich eine lockere Lagerung angenommen werden. Nicht sachgemäß ausgeführte Schüttungen oder Halden, die auf natürlichem Wege (durch Hangrutschungen) entstanden sind, können allerdings nicht grundsätzlich (z. B. für leichte Bebauung) als Baugrund ausgeschlossen werden.

Schultze, E. (1967), Schultze, E., Muhs, H. (1967), Fuchs, E. (1971), Voth, B. (1978), Stiegler, W. (1979), Floss, R. (1979, 1982), Gudehus (1981), Rübener, R. (1985), Smoltczyk, U. (1993), Lang, H.-J., Huder, J., Amann, P. (1996), Schmidt, H.-H. (1996), Schmidt, H. G., Seitz, J.M. (1998), Kuntsche, K. (2009), Schneider, K.-J. (2009), Witt, K.J. (2008, 2009), Borchert, K.-M. (2010, 2013, 2015), Große, A. (2010, 2013), Kayser, J. (2012), Fuchs, B. (2015), Haugwitz, H-G. (2015)

2.06.7 Kontrollfragen zu Abschnitt 2.06

- Was heißt Klassifikation von Böden? Zweck?
- Nach welchen fünf Merkmalen wird ein Boden nach DIN 18 196 klassifiziert?
- Was bedeuten die verschiedenen Buchstaben der Gruppensymbole bei der Klassifizierung nach DIN 18 196?
- Wann liegt nach DIN 18 196 ein grobkörniger, ein gemischtkörniger, ein feinkörniger Boden vor?
- Was ist der Unterschied zwischen einem weit- und einem enggestuften Boden? Wie erkennt man einen intermittierenden Boden an der Körnungslinie?
- Was sind die plastischen Eigenschaften eines Bodens? Wovon hängen sie ab? Bei welchen Böden können sie eine Rolle spielen?
- Welche Buchstaben verweisen auf plastische Eigenschaften?
- Wie sieht das Plastizitätsdiagramm nach Casagrande aus (Skizze)? Wie wird damit klassifiziert?
- Mit welchen drei manuellen Versuchen lässt sich die Plastizität eines Bodens ohne Laborversuche beurteilen?
- Klassifikation von organischen/ organogenen Böden?
- Klassifikation von Schüttungen?
- Was ist ein gewachsener Boden?
- Wann gilt ein erdgeschichtlicher Vorgang als abgeschlossen?
- Wie und nach welchen Gesichtspunkten werden die Böden nach DIN 1054 klassifiziert?
- Wie werden nach DIN 1054 nichtbindige und bindige Böden unterschieden?
- Was ist nach DIN 1054 ein organischer Boden?
- Welche Schüttböden werden nach DIN 1054 unterschieden? Wie ist ihre Belastbarkeit?
- Welche Böden werden nach ihren bestimmenden Eigenschaften / sowohl nach der Körnungslinie als auch nach ihren bestimmenden Eigenschaften klassifiziert?
- Wie stellt man auf der Baustelle fest, dass ein bindiger Boden breiig / weich / steif / halbfest / fest ist?
- Welche drei Baustellenversuche sind für die Klassifikation bindiger Böden besonders wichtig?
- Ein Boden gehört in die Klasse 4 nach DIN 18 300. Er ist gewachsen. Um welchen Boden handelt es sich nach DIN Handbuch Eurocode 7, Band 1 (2015): DIN EN 1997-1, Abschnitt A 3.1.2 und A 3.1.3 (DIN 1054)?

- Klassifikation im Hinblick auf Lösen und Laden nach DIN 18 300 (alt): Klassen? Vorgehensweise?
- Unterschied zwischen einem leichten und einem schweren Fels nach DIN 18 300 (alt)?
- Welches sind die wichtigsten manuellen Versuche?
- Was kann man mit den visuellen Versuchen bestimmen?

2.07 Aufgaben zu Abschnitt 2.06

2.07.01 Ein Boden wurde nach DIN 18 196 als SU klassifiziert. Um welchen Boden handelt es sich nach DIN Handbuch Eurocode 7, Band 1 (2015): DIN EN 1997-1, Abschnitt A 3.1.2 und A 3.1.3 (DIN 1054)?

2.07.02 Warum liegt bei der Klassifizierung nach DIN Handbuch Eurocode 7, Band 1 (2015): DIN EN 1997-1, Abschnitt A 3.1.2 und A 3.1.3 (DIN 1054) die Grenze für die organischen Anteile bei bindigen Böden höher als bei nichtbindigen?

2.07.03 Unterschied zwischen einem Kies-Ton-Gemisch und einem Sand-Ton-Gemisch nach DIN 18 196?

2.07.04 Unterschied zwischen einem Sand-Ton-Gemisch und einem Sand-Schluff-Gemisch nach DIN 18 196?

2.07.05 Ein GW mit 50 % Kiesanteil und 4 % Schluff ist nach DIN EN ISO 14688-1 zu benennen.

2.07.06 Welche Böden werden nach ihrem Korngrößenbereich benannt? Wie geht man vor?

2.07.07 Wie werden feinkörnige Böden benannt?

2.07.08 Wann (a) und wie (b) erfolgt die Benennung eines Bodens ausschließlich nach seiner Körnungslinie?

2.07.09 Wie stellt man fest, ob es sich bei einem Boden um Schluff oder Ton handelt?

2.07.10 Wie beurteilen Sie Geschiebemergel als Baustoff für Straßen- und Bahndämme?

2.07.11 Ein Boden besteht aus 37 % Mittelkies, 23 % Feinkies, 16 % Grobsand, 14 % Mittelsand, 6 % Feinsand und 4 % Schluff. Klassifizierung nach

- Klassifikation im Hinblick auf Lösen und Laden nach DIN 18 300 (alt): Klassen? Vorgehensweise?
- Unterschied zwischen einem leichten und einem schweren Fels nach DIN 18 300 (alt)?

DIN EN 1997-1, Abschnitt A 3.1.2 und A 3.1.3 (DIN 1054)?
- Welches sind die wichtigsten manuellen Versuche?
- Was kann man mit den visuellen Versuchen bestimmen?

2.07 Aufgaben zu Abschnitt 2.06

2.07.01 Ein Boden wurde nach DIN 18 196 als SU klassifiziert. Um welchen Boden handelt es sich nach DIN Handbuch Eurocode 7, Band 1 (2011): DIN EN 1997-1, Abschnitt A 3.1.2 und A 3.1.3 (DIN 1054)?

2.07.02 Warum liegt bei der Klassifizierung nach DIN Handbuch Eurocode 7, Band 1 (2015): DIN EN 1997-1, Abschnitt A 3.1.2 und A 3.1.3 (DIN 1054) die Grenze für die organischen Anteile bei bindigen Böden höher als bei nichtbindigen?

2.07.03 Unterschied zwischen einem Kies-Ton-Gemisch und einem Sand-Ton-Gemisch nach DIN 18 196?

2.07.04 Unterschied zwischen einem Sand-Ton-Gemisch und einem Sand-Schluff-Gemisch nach DIN 18 196?

2.07.05 Ein GW mit 50 % Kiesanteil und 4 % Schluff ist nach DIN EN ISO 14688-1 zu benennen.

2.07.06 Welche Böden werden nach ihrem Korngrößenbereich benannt? Wie geht man vor?

2.07.07 Wie werden feinkörnige Böden benannt?

2.07.08 Wann (a) und wie (b) erfolgt die Benennung eines Bodens ausschließlich nach seiner Körnungslinie?

2.07.09 Wie stellt man fest, ob es sich bei einem Boden um Schluff oder Ton handelt?

2.07.10 Wie beurteilen Sie Geschiebemergel als Baustoff für Straßen- und Bahndämme?

2.07.11 Ein Boden besteht aus 37 % Mittelkies, 23 % Feinkies, 16 % Grobsand, 14 % Mittelsand, 6 % Feinsand und 4 % Schluff. Klassifizierung nach

DIN Handbuch Eurocode 7, Band 1 (2015): DIN EN 1997-1, Abschnitt A 3.1.2 und A 3.1.3 (DIN 1054)?

2.07.12 Benennung des Bodens in Beispiel □ 2.23, wenn er eine mittlere Trockenfestigkeit aufweist?

2.07.13 Ein bindiger Boden hat eine hohe Trockenfestigkeit. Beim Schüttelversuch erfolgt keine Reaktion. Beim Knetversuch konnte aus den Röllchen kein zusammenhängender Klumpen mehr gebildet werden. Gesucht: Gruppensymbol nach DIN 18 196.

2.07.14 Ein gewachsener Boden gehört in die Klasse 4 nach DIN 18 300 (alt: 2012). Sein Feinkornanteil ist tonig. Er enthält 75% Sand. Um welchen Boden handelt es sich nach DIN 18 196?

2.08 Homogenbereiche

Im Hinblick auf den Aufwand bei ihrer Gewinnung werden die Böden und Fels nach DIN 18 300, DIN 18301, DIN 18304, DIN 18311, DIN 18312, DIN 18311 für folgende Arbeiten/ Gewerke in so genannte Homogenbereiche eingeteilt (□ 2.61):

□ 2.61: Liste von DIN-Normen, bei denen Homogenbereiche festgelegt werden müssen (nach Borchert, 2015 und Borchert, Große, 2016)

Name der DIN-Norm	Inhalt (abgekürzt)
18300	Erdarbeiten
18301	Bohrarbeiten
18303	Verbauarbeiten
18304	Ramm-, Rüttel- und Verpressarbeiten
18305	Wasserhaltungsarbeiten
18308	Drän- und Versickerungsarbeiten
18309	Einpressarbeiten
18311	Nassbaggerarbeiten
18312	Untertagebauarbeiten
18313	Schlitzwandarbeiten
18319	Rohrvortriebsarbeiten
18320	Landschaftsbauarbeiten
18321	Düsenstrahlarbeiten
18324	Horizontalspühlbohrarbeiten

Homogenbereich

Als Homogenbereich wird ein begrenzter Bereich aus Boden beziehungsweise Fels bezeichnet, der – vor dem Lösen - aus einzelnen oder mehreren Boden- oder Felsschichten besteht, und der für einsetzbare Erdbaugeräte vergleichbare Eigenschaften aufweist.

Gegebenenfalls sind zusätzlich umwelttechnische Parameter zu berücksichtigen.

Die Festlegung der Homogenbereiche erfolgt – als Mindestanforderung - über die Bestimmung der Eigenschaften und Kennwerte für Boden und Fels, wobei die ermittelte Bandbreite anzugeben ist (□ 2.56, □ 2.57). Hierfür werden die Ergebnisse aus Baugrunduntersuchungen – Labor- und Feldversuche - gemäß den Abschnitten 2 bis 4 vorausgesetzt.

In Abhängigkeit der anzuwendenden Norm (siehe □ 2.61) reduziert sich die Anzahl der festzulegenden Eigenschaften und Kennwerte (□ 2.62, □ 2.63).

Ein Homogenbereich soll ein räumlich klar begrenzter Bereich sein, der einzelne oder mehrere Boden- oder Felsschichten zusammenfasst. Eine Kombination von Boden und Fels in einem Homogenbereich ist nicht zulässig. Die Zusammenfassung in einem Homogenbereich ist nur sinnvoll, wenn und soweit

□ 2.62: Homogenbereiche für Böden: maximale Anzahl der zu bestimmenden Eigenschaften und Kennwerte (nach Borchert, 2015 und Borchert, Große, 2016))

Nr.	Eigenschaften/ Kennwerte	Nach DIN	siehe Abschnitt
1	Ortsübliche Bezeichnung	-	2.04
2	Korngrößenverteilung mit Körnungsbändern	DIN 18123	4.01
3	Massenanteil Steine, D > 63 mm		4.01
4	Massenanteil Blöcke, D > 200 mm		4.01
5	Massenanteil große Blöcke, D > 630 mm		4.01
6	mineralogische Zusammensetzung der Steine und Blöcke	DIN EN ISO 14689-1	2.04
7	Dichte	DIN EN ISO 17892-2 und DIN 18125-2	4.03
8	Kohäsion	DIN 18137-1, DIN 18137-2 und DIN 18137-3	3.05, 4.10
9	Undränierte Scherfestigkeit	DIN 4094-4 oder DIN 18136 oder DIN 18137-2	3.05, 4.10
10	Sensitivität	DIN 4094-4	4.10.4
11	Wassergehalt	DIN EN ISO 17892-1, DIN 18121-1, DIN 18121-2	4.02
12	Konsistenz	DIN EN ISO 14688-1	2.04
13	Konsistenzzahl	DIN EN ISO 17892-12, DIN EN ISO 18122-1	4.05

die Boden- oder Felsschichten vergleichbare Eigenschaften im Hinblick auf Bearbeitbarkeit innerhalb des jeweiligen Gewerks haben (Fuchs, Haugwitz, 2015).

□ 2.62: Fortsetzung - Homogenbereiche für Böden: maximale Anzahl der zu bestimmenden Eigenschaften und Kennwerte (nach Borchert, 2015 und Borchert, Große, 2016))

Nr.	**Eigenschaften/ Kennwerte**	**Nach DIN**	**siehe Abschnitt**
14	Plastizität	DIN EN ISO 14688-1	2.04
15	Plastizitätszahl	DIN EN ISO 17892-12, DIN EN ISO 18122-1	4.05
16	Durchlässigkeit	DIN 18130	4.06
17	Lagerungsdichte: Definition	DIN EN ISO 14688-2	3.05
18	Lagerungsdichte: Bestimmung	DIN 18126	4.04
19	Kalkgehalt	DIN 18129	4.07
20	Sulfatgehalt	DIN EN 1997-2	2.04, 2.06
21	Organischer Anteil	DIN 18128	4.07
22	Benennung und Beschreibung organischer Böden	DIN EN ISO 14688-1	2.04
23	Abrasivität	NF P18-579	-
24	Bodengruppe	DIN 18196, DIN 18915	2.06.2

□ 2.63: Homogenbereiche für Fels: maximale Anzahl der zu bestimmenden Eigenschaften und Kennwerte (nach Borchert, 2015 und Borchert, Große, 2016)

Nr.	**Eigenschaften/ Kennwerte**	**Nach DIN/ Empfehlung/ NF**	**siehe Abschnitt**
1	Ortsübliche Bezeichnung	-	2.04
2	Benennung von Fels	DIN EN ISO 14689-1	1.03
3	Dichte	DIN EN ISO 17892-2, DIN 18125-2	4.03
4	Verwitterung und Veränderungen, Veränderlichkeit	DIN EN ISO 14689-1	1.03
5	Kalkgehalt	DIN 18129	4.07
6	Sulfatgehalt	DIN EN 1997-2	2.04, 2.06

□ 2.63: Fortsetzung - Homogenbereiche für Fels: maximale Anzahl der zu bestimmenden Eigenschaften und Kennwerte (nach Borchert, 2015 und Borchert, Große, 2016)

Nr.	Eigenschaften/ Kennwerte	Nach DIN/ Empfehlung/ NF	siehe Abschnitt
7	Druckfestigkeit	DGGT Empfehlung Nr. 1 „Einaxiale Druckversuche an zylindrischen Gesteinsprüfkörpern" des AK 3.3 „Versuchstechnik Fels"	(4.10.2)
8	Spaltzugfestigkeit	GGT-Empfehlung Nr. 10 "Indirekter Zugversuch an Gesteinsproben -Spaltzugversuch" des AK 3.3 "Versuchstechnik Fels"	-
9	Trennflächenrichtung, Trennflächenabstand, Gesteinskörperform	DIN EN ISO 14689-1	1.03
10	Öffnungsweite und Kluftfüllung von Trennflächen	DIN EN ISO 14689-1	1.03
11	Gebirgsdurchlässigkeit	DIN EN ISO 14689-1	-
12	Abrasivität	NF P 94-430-1	-

2.08.1 Homogenbereiche nach DIN 18300

Die Festlegung der Homogenbereiche nach DIN 18300 erfolgt in Abhängigkeit von der Geotechnischen Kategorie (GK 1 bis GK 3) nach Abschnitt 3.02 über die Bestimmung der Eigenschaften und Kennwerte nach den Tabellen □ 2.64 (Boden) und □ 2.65 (Fels).

Die in □ 2.63 aufgelisteten Eigenschaften Nr. 6 (mineralogische Zusammensetzung), 8 (Kohäsion), 10 (Sensitivität), 16 (Durchlässigkeit), 19 (Kalkgehalt), 20 (Sulfatgehalt), 22 (Benennung und Beschreibung organischer Böden) und 23 (Abrasivität) müssen für Böden bei DIN 18300 (□ 2.62) nicht bestimmt werden.

Die in □ 2.63 aufgelisteten Eigenschaften Nr. 5 (Kalkgehalt), 6 (Sulfatgehalt), 8 (Spaltzugfestigkeit), 10 (Öffnungsweite und Kluftfüllung von Trennflächen), 11 (Gebirgsdurchlässigkeit) und 12 (Abrasivität) für Fels müssen bei DIN 18300 (□ 2.65) nicht bestimmt werden.

□ 2.64: Homogenbereiche für Böden nach DIN 18300: zu bestimmende Eigenschaften und Kennwerte (nach Borchert, 2015)

Nr.	**Eigenschaften/ Kennwerte**	**Nach DIN 18300**	
(siehe auch □ 2.63)		**GK 1**	**GK 2; GK 3**
1	Ortsübliche Bezeichnung		X
2	Korngrößenverteilung mit Körnungsbändern		X
3	Massenanteil Steine, D > 63 mm	X	X
4	Massenanteil Blöcke, D > 200 mm	X	X
5	Massenanteil große Blöcke, D > 630 mm	X	X
7	Dichte		X
9	Undränierte Scherfestigkeit		X
11	Wassergehalt		X
12	Konsistenz	X	
13	Konsistenzzahl		X
14	Plastizität	X	
15	Plastizitätszahl		X
17	Lagerungsdichte: Definition	X	X
18	Lagerungsdichte: Bestimmung	X	X
21	Organischer Anteil		X
24	Bodengruppe		X

□ 2.65: Homogenbereiche für Fels nach DIN 18300: zu bestimmende Eigenschaften und Kennwerte (nach Borchert, 2015)

Nr.	**Eigenschaften/ Kennwerte**	**Nach DIN 18300**	
(siehe auch □ 2.63)		**GK 1**	**GK 2; GK 3**
1	Ortsübliche Bezeichnung		X
2	Benennung von Fels	X	X
3	Dichte		X
4	Verwitterung und Veränderungen, Veränderlichkeit	X	X
7	Druckfestigkeit		X
9	Trennflächenrichtung	X	X
	Trennflächenabstand	X	X
	Gesteinskörperform	X	X

2.08.2 Homogenbereiche für Normen neben der DIN 18300

Die Festlegung der Homogenbereiche nach DIN 18301, 18304, 18311,18312, 18313, 18319, 18320, 18321 und 18324 erfolgt über die Bestimmung der Eigenschaften und Kennwerte gemäß den Tabellen □ 2.66 und □ 2.67.

Die in □ 2.62 aufgelistete Eigenschaft Nr. 14 (Plastizität) für Böden muss nach Tabelle □ 2.66 nicht bestimmt werden.

□ 2.66: Homogenbereiche für Böden nach DIN 18301, 18304, 18311,18312, 18313, 18319, 18320, 18321 und 18324: zu bestimmende Eigenschaften und Kennwerte (nach Borchert, 2015)

Nr.	**Eigenschaften/ Kennwerte** (siehe auch □ 2.62)	**DIN 18301**	**DIN 18304**	**DIN 18311**	**DIN 18312**	**DIN 18313**	**DIN 18319**	**DIN 18320**	**DIN 18321**	**DIN 18324**
1	Ortsübliche Bezeichnung	X	X	X	X	X	X		X	X
2	Korngrößenverteilung mit Körnungsbändern	X	X	X	X	X	X		X	X
3	Massenanteil Steine, D > 63 mm	X	X	X	X	X	X	X	X	X
4	Massenanteil Blöcke, D > 200 mm	X	X	X	X	X	X	X	X	X
5	Massenanteil große Blöcke, D > 630 mm	X	X	X	X	X	X	X	X	X
6	mineralogische Zusammensetzung der Steine und Blöcke				X		X			X
7	Dichte				X	X	X			X

□ 2.66: Fortsetzung Homogenbereiche für Böden nach DIN 18301, 18304, 18311,18312, 18313, 18319, 18320, 18321 und 18324: zu bestimmende Eigenschaften und Kennwerte (nach Borchert, 2015)

Nr. (siehe auch □ 2.62)	**Eigenschaften/ Kennwerte**	**DIN 18301**	**DIN 18304**	**DIN 18311**	**DIN 18312**	**DIN 18313**	**DIN 18319**	**DIN 18320**	**DIN 18321**	**DIN 18324**
8	Kohäsion	X			X					
9	Undränierte Scherfestigkeit	X		X	X	X	X		X	X
10	Sensitivität				X		X			
11	Wassergehalt	X		X	X	X	X	X	X	X
12	Konsistenz			X						
13	Konsistenzzahl	X	X		X	X	X		X	X
15	Plastizitätszahl	X	X		X	X	X		X	X
16	Durchlässigkeit						X			X
17	Lagerungsdichte: Definition	X	X	X	X	X	X		X	X
18	Lagerungsdichte: Bestimmung	X	X	X	X	X	X		X	X
19	Kalkgehalt			X		X				X
20	Sulfatgehalt									X
21	Organischer Anteil			X	X	X	X		X	X
22	Benennung und Beschreibung organischer Böden			X			X			X
23	Abrasivität	X			X		X			X
24	Bodengruppe	X	X	X	X	X	X	X	X	X

Für DIN 18320 (Landschaftsbauarbeiten) müssen für Fels keine der in □ 2.67 aufgelisteten Eigenschaften bestimmt werden.

□ 2.67: Homogenbereiche für Fels nach DIN 18301, 18304, 18311,18312, 18313, 18319, 18320, 18321 und 18324: zu bestimmende Eigenschaften und Kennwerte (nach Borchert, 2015)

Nr.	Eigenschaften/ Kennwerte (siehe auch □ 2.57)	DIN 18301	DIN 18304	DIN 18311	DIN 18312	DIN 18313	DIN 18319	DIN 18320	DIN 18321	DIN 18324
1	Ortsübliche Bezeichnung	X	X	X	X	X	X		X	X
2	Benennung von Fels	X	X	X	X	X	X		X	X
3	Dichte			X	X	X	X			X
4	Verwitterung und Veränderungen, Veränderlichkeit	X		X	X	X	X		X	X
5	Kalkgehalt					X				X
6	Sulfatgehalt									X
7	Druckfestigkeit	X	X	X	X	X	X			X
8	Spaltzugfestigkeit					X				
9	Trennflächenrichtung	X		X	X	X	X			X
	Trennflächenabstand	X		X	X	X	X			X
	Gesteinskörperform	X		X	X	X	X			X
10	Öffnungsweite von Trennflächen				X	X				
	Kluftfüllung von Trennflächen				X	X				
11	Gebirgsdurchlässigkeit	X			X		X			X
12	Abrasivität	X	X	X	X	X	X		X	X

2.08.3 Aufgaben zum Abschnitt 2.08

2.08.01 Welche Eigenschaften und Kennwerte sind zu bestimmen, wenn Homogenbereiche für Fels nach DIN 18300 festzulegen sind?

2.08.02 Welche Eigenschaften und Kennwerte für Fels sind zu bestimmen, wenn Homogenbereiche nach DIN 18300 festzulegen sind?

2.08.03 Welche Eigenschaften und Kennwerte für Boden und Fels sind zu bestimmen, wenn Homogenbereiche nach DIN 18320 festzulegen sind?

2.08.04 Welche Eigenschaften und Kennwerte für Boden sind zu bestimmen, wenn Homogenbereiche für Bohrarbeiten festzulegen sind?

2.08.05 Welche Eigenschaften und Kennwerte für Boden sind zu bestimmen, wenn Homogenbereiche für Verpressarbeiten festzulegen sind?

2.08.06 Welche Eigenschaften und Kennwerte für Boden sind zu bestimmen, wenn Homogenbereiche für Nassbaggerarbeiten festzulegen sind?

2.08.07 Welche Eigenschaften und Kennwerte für Boden sind zu bestimmen, wenn Homogenbereiche für Untertagebauarbeiten festzulegen sind?

2.08.08 Welche Eigenschaften und Kennwerte für Fels sind zu bestimmen, wenn Homogenbereiche für Düsenstrahlarbeiten festzulegen sind?

2.08.09 Welche Eigenschaften und Kennwerte für Fels sind zu bestimmen, wenn Homogenbereiche für Horizontalspühlbohrarbeiten festzulegen sind?

2.08.010 Welche Normen/ Regelwerke sind bei der Bestimmung der Eigenschaften und Kennwerte zu beachten, wenn Homogenbereiche in Böden für Schlitzwandarbeiten festzulegen sind?

2.08.011 Welche Normen/ Regelwerke sind bei der Bestimmung der Eigenschaften und Kennwerte zu beachten, wenn Homogenbereiche in Böden für Landschaftsbauarbeiten festzulegen sind?

2.08.012 Welche Normen/ Regelwerke sind bei der Bestimmung der Eigenschaften und Kennwerte zu beachten, wenn Homogenbereiche in Böden für Rammarbeiten festzulegen sind?

2.09 Weitere Beispiele

□ 2.68: Beispiel 15: Benennen und Klassifikation

Geg.: *Bei der Siebanalyse eines Bodens wurden folgende Siebdurchgänge registriert:*

Korndurchmesser [mm]	*40*	*20*	*6,3*	*2,0*	*0,63*	*0,2*	*0,063*
Siebdurchgang [%[	*100*	*80*	*70*	*68*	*50*	*15*	*4*

Ges.: *a) Benennung nach DIN EN ISO 14688-2*

b) Benennung nach DIN 4023

c) Gruppensymbol nach DIN 18196

d) Bodenklasse nach DIN 18300 (alt: 2012) und DIN 18301(alt: 2012)

Lösg.: *Korngrößenverteilung:*

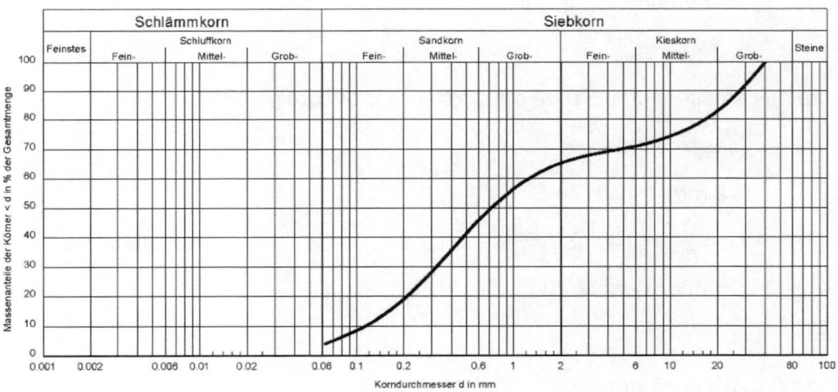

zu a) Feinkornanteil < 0,06 mm: 4%

Sandanteil: 64%

Kiesanteil: 32% (Kontrolle: Summe aus 4+64+32= 100%)

Damit handelt es sich um einen grobkörnigen Boden: Bezeichnung allein nach der Korngrößenverteilung.

Benennung: kiesiger SAND (grSa bzw, S,g). – kein Gruppensymbol!

□ 2.68: Fortsetzung Beispiel 15: Benennen und Klassifikation

$C_u = \frac{1,0}{0,1} = 10;$ $;\ C_c = \frac{0,3}{1 \cdot 0,1} = 1,2$ → *mäßig bis weitgestuft*

Da 10 > C_u = 10 > 6: nach □ 2.45 mäßig gestuft;

jedoch C_c = 1,2 > 1 nach □ 2.45 weit gestuft – also nicht eindeutig

zu b) *Massenanteil < 0,06 mm: < 5%*

Damit handelt es sich um einen grobkörnigen Boden: Bezeichnung allein nach der Korngrößenverteilung.

Sand:

68% - 4 % = 64%

Kies: 32%

Benennung: S, $\overline{g}$, u'.

zu c) *Massenanteil ≤ 0,06 mm: < 5% → grobkörniger Boden.*

Massenanteil

≤ 2 mm: > 60% → S.

$C_u = \frac{1,0}{0,1} = 10;$ $C_c = \frac{0,35^2}{1 \cdot 0,1} = 1,2$ → *W (weitgestuft)*

Gruppensymbol: SW.

zu d) *SW → Bodenklasse 3 (leicht lösbar).*

→ Klasse BN 1 (DIN 18301, alt: 2012)

□ 2.69: Beispiel 16: Benennen und Klassifikation

Geg.:

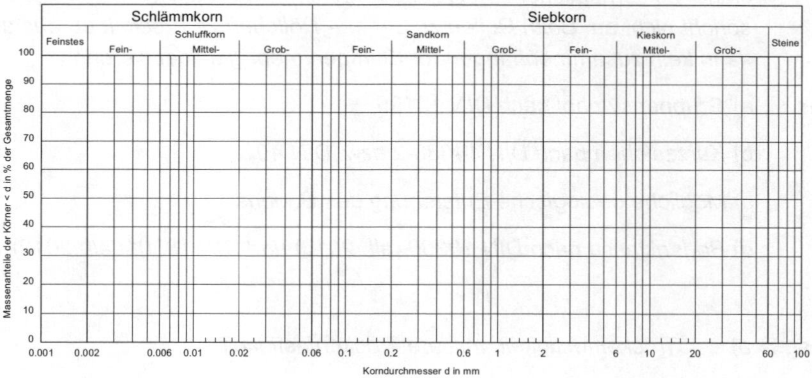

Kriterium a) und b)

zu a) Kriterien: $\leq$ *0,06 mm:* $\leq$ *5%; > 2 mm: > 40%;* $C_U \geq 6$

zu b) Kriterien: $\leq$ *0,06 mm:* $\leq$ *15...40%; > 2 mm:* $\leq$ *40%*

Ges.: *In das Formular sind die Körnungslinien für*

a) GI

b) $\overline{ST}$ *einzutragen.*

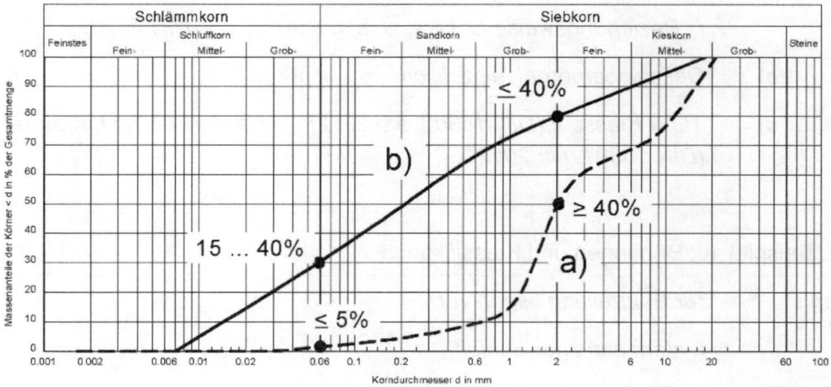

□ 2.70: Beispiel 17: Benennen und Klassifikation

Geg.: *Eine Bodenprobe aus dem norddeutschen Raum zerbricht im getrockneten Zustand bei erheblichem Fingerdruck in einzelne Stücke. Der Schüttelversuch spricht nicht an. Beim Rollen zu 3 mm - Röllchen zerbröckelt er; aus den Teilen kann kein zusammenhängender Klumpen mehr gebildet werden.*

Ges.: *a) Gruppensymbol nach DIN 18196*

b) Kurzzeichen nach DIN 14688-2 bzw. DIN 4023

c) Mögliche geologische Entstehung des Bodens

d) Bodenklasse nach DIN 18300 (alt: 2012) und DIN 18301 (alt: 2012)

Lösg.: *a)* *Trockenfestigkeit: mittlere Trockenfestigkeit*

Schüttelversuch: keine Reaktion

Knetversuch: leichte Plastizität

Gruppensymbol: TL

b) *Trockenfestigkeit: mittlere Trockenfestigkeit*

Schüttelversuch: keine Reaktion

Knetversuch: geringe Plastizität

Kurzzeichen: Si, saSi, sagrSi oder saclSi

Beziehungsweise U; U, s; U, s, g oder U, s, t (DIN 4023)

c) *Geschiebemergel, eiszeitlich*

d) *TL → Klasse 4 (DIN 18300; alt: 2012); → halbfest bis fest: Klasse BB 3/ 4 (DIN 18301, alt: 2012))*

□ 2.71: Beispiel 18: Benennen und Klassifikation

Geg.: *Zur Beurteilung liegen vor:*

1. stark sandiger Schluff

2. fetter Ton

Ges.: *Aufgrund der zu erwartenden Ergebnisse der manuellen Verfahren ist ihre Klassifizierung nach DIN 18196 und nach DIN EN ISO 14688-2 vorzunehmen. Zusätzlich sind die Kurzformen aus DIN 4023 zu nehmen.*

□ 2.71: Fortsetzung Beispiel 18: Benennen und Klassifikation

Lösg.:

Ergebnis des/der	***stark sandiger Schluff***	***fetter Ton***
Trockenfestigkeitsversuchs	*niedrig*	*hoch*
Schüttelversuchs	*schnell*	*keine*
Knetversuchs	*leicht*	*ausgeprägt*
Reibeversuchs	*weich/mehlig*	*seifig*
Schneidversuchs	*stumpf*	*glänzend*
Klassifikation DIN 18196	*UL (UM)*	*TA*
Klassifizierung DIN EN ISO 14688-2	*Si, saSi, sagrSi oder saclSi*	*Cl, SiO, ClO, sagrCl*
Kurzform nach DIN 4023	*U ; U, s ; U, s, g oder U, s, t*	*T; U, h; T, h; T,s, g*

□ 2.72: Beispiel 19: Klassifikation

Geg.: *Laborergebnisse eines bindigen Bodens mit einem Massenanteil von 48% ≤ 0,06 mm:*

	m [g]	m_d *[g]*
natürlicher Zustand	*1140,20*	*850,26*
Fließgrenze	*39,58*	*26,89*
Ausrollgrenze	*17,59*	*14,04*

Ges.: *Klassifikation nach a) DIN 18 196*

b) DIN 18 300 (alt: 2012)

c) DIN 18301 (alt: 2012)

Lösg.: *natürlicher Wassergehalt:* *Wassergehalt an der Fließgrenze:*

$w = \frac{1140{,}20-850{,}26}{850{,}26} = 0{,}341$ $w_L = \frac{39{,}58-26{,}89}{26{,}89} = 0{,}472$

Wassergehalt an der Ausrollgrenze: $w_P = \frac{17{,}59-14{,}04}{14{,}04} = 0{,}253$

zu a) *Massenanteil ≤ 0,06 mm: 48% > 40% → feinkörniger Boden*

$I_P = 0{,}472 - 0{,}253 = 0{,}219 \mathrel{\hat{=}} 21{,}9\% > 7\%$

$35\% \leq w_L = 47{,}2\% \leq 50\%$ *→ Tabelle DIN 18196: TM*

zu b) $I_c = \frac{0{,}472-0{,}341}{0{,}472-0{,}253} = 0{,}598$ *→ weich*

→ Tabelle DIN 18300 (alt: 2012): Klasse 4: Mittelschwer lösbarer Boden.

zu c) *→ Bindiger Boden, weich: Klasse BB 2.*

□ 2.73: Beispiel 20: Klassifikation

Geg.: *Zusätzliche Angaben $w_L = 0{,}25$; $w_P = 0{,}22$, $w = 0{,}22$*

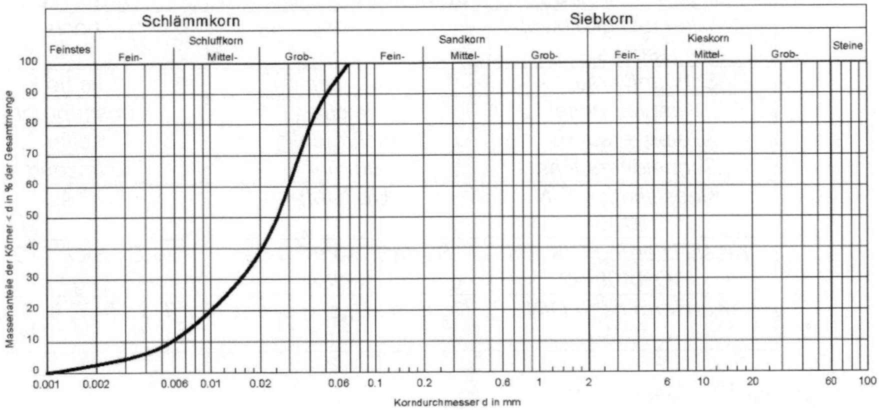

Ges.: *Es ist zu ermitteln:*

a) Benennung und Beschreibung nach DIN EN ISO 14688-1, zusätzlich mit Kurzzeichen nach DIN 4023

b) Klassifikation nach DIN 14688-2, zusätzlich mit Kurzzeichen nach DIN 4023

c) Klassifikation nach DIN 18 196

d) Klassifikation nach DIN 18 300 (alt: 2012) und 18301(alt: 2012)

e) Klassifikation nach DIN Handbuch Eurocode 7, Band 1 (2015): DIN EN 1997-1, Abschnitt A 3.1.2 und A 3.1.3 (DIN 1054).

Lösg.:

zu a) *Massenanteil $\leq 0{,}06$ mm: > 40% $\rightarrow$ feinkörniger Boden*

$I_P = w_L - w_P = 0{,}25 - 0{,}22 = 0{,}03 \rightarrow$ Schluff

(Kontrolle im Plastizitätsdiagramm: Schluff)

Massenanteil $\leq 0{,}002$ mm: $\approx 3\%$ $\rightarrow$ schwach tonig

Feinsandanteil: $\approx 6\%$ $\rightarrow$ schwach feinsandig

Benennung und Beschreibung:

Schluff, schwach tonig, schwach feinsandig. (DIN 4023: U, t‘, fs‘)

□ 2.73: Fortsetzung Beispiel 20: Klassifikation

Zu b)	*aus Korngrößenverteilung*
	Feinkornanteil < 0,06 mm: 95 %, Tonanteil: 3 %
	Sandanteil: 5 %
	Kiesanteil: 0 %
	Damit handelt es sich um einen schluffigen Boden,
	Benennung: Schluff (Si bzw. U).
zu c)	$I_P = 0{,}03 < 0{,}04 \rightarrow$ *Schluff (U)*
	$w_L = 0{,}25 < 0{,}35 \rightarrow$ *UL*
	(Kontrolle im Plastizitätsdiagramm: UL)
zu d)	*UL → Bodenklasse 4 (DIN 18300; alt: 2012)*
	Bindiger Boden, halbfest
	→ Klasse BB 3 (DIN 18301; alt: 2012)
zu e)	*Massenteil > 0,06 mm: > 15% → bindiger Boden.*

□ 2.74: Beispiel 21: Benennen und Klassifikation

Geg.: *Ein schwach lehmiger, stark sandiger Kies mit 40% Steinen und Geröll (kleiner als 20 cm Korngröße)*

Ges.: *Klassifikation nach DIN 18 300 (alt: 2012) und DIN 18301 (alt: 2012)*

Lösg.: *Schwach bindige Kiese gehören nach DIN 18300 8alt: 2012)*

- bei ≤ 30% Steinen zur Bodenklasse 3

- bei > 30% Steinen zur Bodenklasse 5.

Somit handelt es sich nach DIN 18300 (alt: 2012) um einen Boden der Klasse 5.

Nach DIN 18301 (alt: 2012) handelt es sich um einen Boden der Klasse BS 2

3 Bodenuntersuchungen im Gelände

3.01 Grundlagen

Regelwerke DIN 4020, DIN EN 1997-2, DIN EN ISO 22475-1

Zweck Zur Gewinnung von Unterlagen für die technisch und wirtschaftlich günstigste Planung und Ausführung von Bauwerken. Eine Vermeidung von Kosten für Bodenuntersuchung ist Sparsamkeit am falschen Platz. Sie führt im günstigsten Fall zu einer unwirtschaftlichen Gründung oder Planungsänderung, wenn schlechte Schichten angetroffen werden. Schwerwiegender sind schädliche Setzungen oder eine Gefährdung der Standsicherheit des Bauwerks. Wenn Schäden eintreten, wird der Verzicht auf Bodenuntersuchungen als Verstoß gegen die anerkannten Regeln der Technik angesehen (□ 3.01).

□ 3.01: Beispiel: Verzicht auf Baugrunduntersuchungen

Pisa, Anno…

„ … außerdem könnten wir noch 700 Lire einsparen, wenn wir auf die Baugrunduntersuchung verzichten.“

Zeitpunkt vor Aufstellen der Ausführungspläne, spätestens bevor Gründungsart, -tiefe und Abmessungen der Fundamente sowie die Art der Konstruktion des Bauwerks festgelegt werden (Handbuch Eurocode 7, Band 1 (2015): DIN 1054 (2015)).

Voruntersuchung Zur Reduzierung der Kosten kann man versuchen, vor Ausführung von Bodenuntersuchungen Anhaltspunkte über die zu erwartenden Bodenverhältnisse zu gewinnen:

- durch Einholen von Informationen über Nachbarbauten (Gründungsart, Sohlspannungen, evtl. aufgetretene Setzungen, Risse, Lage des GW-Spiegels, Abdichtungsmaßnahmen . . .) bei Grundstücksnachbarn, städtischen Bauverwaltungen, Wasserwirtschafts-, Wasserstraßen- und Hafenbauämtern. Bei Behörden sind u. U. schon Ergebnisse von Bodenuntersuchungen aus der näheren Umgebung des geplanten Bauwerks vorhanden (z. B. in Baugrundkarten der städtischen Bauämter),

- mit Hilfe von geologischen Karten (sie können Angaben über die anstehende Bodenformation enthalten, geben aber keine Auskunft über örtliche Schichtdicken und Bodeneigenschaften, so dass sie nur für großflächige Erkundungen geeignet sind).

Hauptuntersuchung/ Verfahren

Eine direkte Übertragung der Gegebenheiten von Nachbargebäuden auf das eigene Bauvorhaben ist allerdings nicht möglich. Einerseits können sich die Baugrundverhältnisse auf kurze Entfernung ändern, andererseits hängen zulässige Sohlspannung, Setzungen und Standsicherheit auch wesentlich von den jeweiligen Bauwerksabmessungen und Gründungsarten ab.

Im Gelände (auf der Baustelle, „in situ") erhält man Auskunft über Art, Beschaffenheit, Ausdehnung, Lagerung und Mächtigkeit der Bodenschichten, über Grundwasserverhältnisse und Baugrundeigenschaften durch Schürfgruben, Bohrungen und Sondierungen. Außerdem werden Plattendruckversuche und - für großflächige Untersuchungen - geophysikalische Messungen durchgeführt.

3.02 Geotechnische Kategorie

Der Untersuchungsaufwand wird anhand der Schwierigkeit von baulicher Anlage und Baugrund unter Berücksichtigung von Randbedingungen festgelegt (DIN 4020 und DIN 1054).

GK 1

Hierzu werden drei geotechnische Kategorien (GK) gebildet:

Einfache bauliche Anlagen und einfache Baugrundverhältnisse, die auf Grund gesicherter Erfahrungen beurteilt werden können.

Einfache bauliche Anlagen sind zum Beispiel:

- Setzungs-un-empfindliche Bauwerke mit Sohldrücken (Einwirkungen) bei Stützen $\leq$ 250 kN/ m^2
- Setzungs-un-empfindliche Bauwerke mit Sohldrücken (Einwirkungen) bei Streifenfundamenten $\leq$ 100 kN/ m^2
- Gründungsplatten bei Bemessung nach empirischen Regeln
- Gräben für Leitungen oder Rohre bis in ein Tiefe $\leq$ 2 m und ohne Grundwasser

Einfache Baugrundverhältnisse sind zum Beispiel:

- Aus gesicherter örtlicher Erfahrung bekannter tragfähiger und setzungsarmer Baugrund in waagrechtem oder schwach geneigtem Gelände; Baugrund ist nicht schrumpf- oder schwellfähig; bei Auftreten von Fels besteht keine Gefahr der Auflösung oder des Zerfalls.
- Das Grundwasser liegt unter der Aushubsohle.
- Das Grundwasser beeinträchtigt nach örtlicher Bauerfahrung die vorgesehene Aushubtiefe auch bei einem späteren Grundwasseranstieg nicht.

Das Bauwerk ist unempfindlich gegen die örtlich anzusetzende Erdbebenbelastung.

Das Bauwerk beeinträchtigt oder gefährdet weder während des Baues (Baugrube usw.) noch später Bauwerke in der Umgebung.

Es sind keine schädlichen äußeren Einflüsse wie z.B. offene Gewässer, Böschungen, Auslaugungen, Erdfälle zu erwarten.

GK 2 Bauliche Anlagen und geotechnische Gegebenheiten mit mittlerem Schwierigkeitsgrad, bei denen die Sicherheit zahlenmäßig nachgewiesen werden muss und zu deren Bearbeitung geotechnische Kenntnisse und Erfahrungen erforderlich sind.

Bauliche Anlagen, die nicht in Kategorie 1 gehören und noch nicht den Schwierigkeitsgrad der Kategorie 3 aufweisen.

Bauliche Anlagen mit schwieriger Konstruktion und/ oder schwierige Baugrundverhältnisse, die nur mit Hilfe vertiefter geotechnischer Kenntnisse und Erfahrungen (durch einen Sachverständigen für Geotechnik) bearbeitet werden können.

GK 3 Bauliche Anlagen der GK 3 können zum Beispiel sein:

- Tiefe Baugruben (z.B. Tiefgaragen)
- Bauwerke mit besonders hohen einwirkenden Lasten
- Pfahlgründungen mit besonderer Beanspruchung
- Staudämme und Deiche mit einem Druckhöhenunterschied $\geq$ 2 m
- Einrichtungen und Bauwerke, die den Grundwasserspiegel verändern und damit ein Risiko für Nachbarbauwerke darstellen können
- Flugplatzbefestigungen
- Hohlraumbauten (Tunnel und andere)
- Weit gespannte Brücken
- Schleusen und Siele
- Maschinenfundamente: Dynamische Einwirkungen
- Kerntechnische Anlagen
- Offshore-Anlagen
- Anlagen für chemische Stoffe
- Hohe Türme
- Hochgeschwindigkeitstrassen der Eisenbahnen

3.03 Schürfgruben (Schürfe)

Es handelt sich um von Hand oder maschinell hergestellte und begehbare Gruben, die den Untergrund im Allgemeinen nur wenige Meter tief aufschließen (□ 3.02).

□ 3.02: Beispiel: Schürfgrube

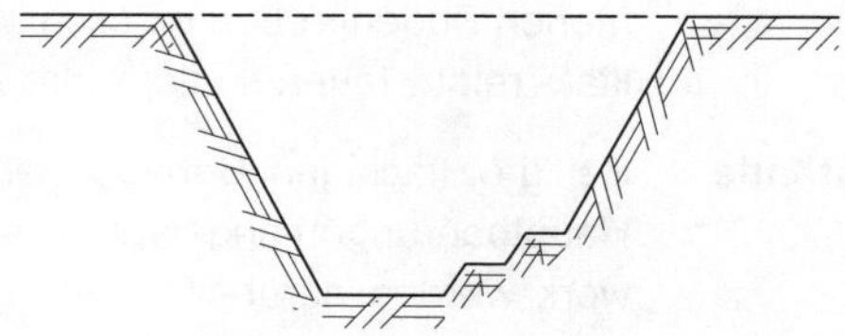

Der Vorteil von Schürfgruben ist, dass man direkt den anstehenden Boden ansehen und/oder Sonderproben entnehmen kann (□ 3.03), ihr Nachteil, dass die Erkundung nur bis in geringe Tiefe möglich ist, weil sonst ein Verbau und/oder eine Grundwasserhaltung nötig wird.

□ 3.03: Beispiel: Entnahme einer Sonderprobe aus dem Planum oder einer Schürfgrube (DIN EN ISO 22475-1)

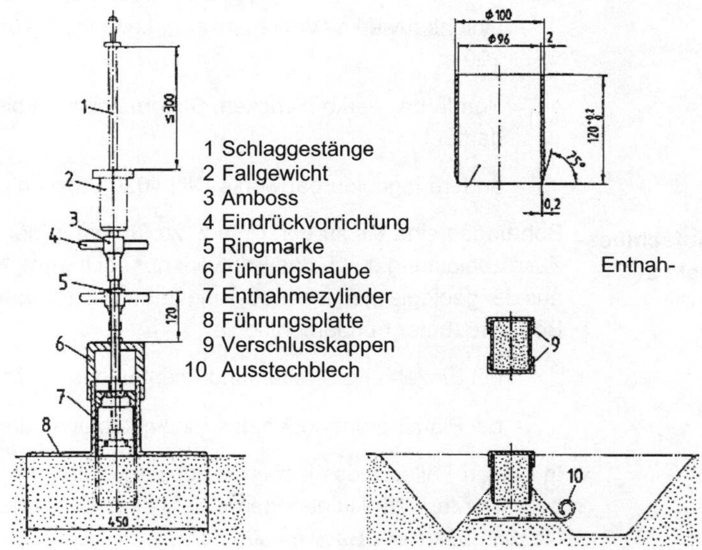

3.04 Bohrungen

Die häufigste direkte Aufschlussmethode ist die Ausführung von Bohrungen. Mit ihnen erreicht man große Tiefen auch unterhalb des Grundwasserspiegels. Die Einsichtnahme in den Baugrund ist allerdings nur indirekt über die entnommenen Bodenproben möglich. Außerdem sind Bohrungen - je nach ihrer Qualität - relativ teuer, so dass ihre Zahl und Tiefe genau überlegt werden müssen.

Abstände

Bei großflächigen Bebauungen wird zunächst ein weitmaschiges Netz von Hauptbohrungen angelegt (Abstand ca. 100 bis 150 m). Für das einzelne Bauwerk werden darüber hinaus Zusatzbohrungen (oder Sondierungen) ausgeführt, so dass schließlich Lage, Neigung und Dicke der Schichten, ihre Zusammensetzung und Beschaffenheit ausreichend genau bekannt sind. Der Abstand der Bohrungen für einzelne Bauwerke soll nicht größer als 25 m sein.

DIN 4020 empfiehlt außerdem nachstehende Rasterabstände:

- Hoch- und Industriebauten: 20 bis 40 m
- großflächige Bauwerke: < 60 m
- Linienbauwerke (Verkehrswege, Leitungen, Tunnel, Deiche): 50 bis 200 m
- Sonderbauwerke (Brücken, Schornsteine): 3 bis 4 Aufschlüsse pro Fundament
- andere Ingenieurbauwerke DIN 4020, Abschn. 7.4.3

Aufschlusstiefe z_a

Bohrungen sind bis zu der Tiefe z_a zu führen, in der die Spannungen aus der Zusatzbelastung durch das Bauwerk nur noch etwa 10 bis 20 % der Spannung aus der geologischen Überlagerung betragen. Hiernach ist der Richtwert für die Bohrtiefe (unter Fundamentsohle)

- bei Einzel- und Streifenfundamenten das Dreifache.
- bei Plattengründungen das Eineinhalbfache der Fundamentbreite.

In beiden Fällen muss jedoch mindestens 6 m tief unter Gründungssohle gebohrt werden. Wird in geringerer Tiefe eine ausreichend dicke Schicht erreicht, die sich unter der Bauwerkslast praktisch nicht zusammendrückt, können die Bohrungen an ihrer Oberkante enden (□ 3.04 und □ 3.05).

Bei Bauwerken mit mehreren Gründungskörpern, deren Einfluss sich in tieferen Schichten überlagert, ist die Bohrtiefe gleich der dreifachen größten Breite der Gründungskörper oder gleich der eineinhalbfachen Bauwerksbreite, wobei der ungünstigere Wert maßgebend ist (Mindesttiefe auch hier 6 m unter Gründungssohle).

□ 3.04: Beispiel 23: Bohrtiefe für ein Streifenfundament

Geg.: *Geplant ist die Gründung eines Bauwerks auf Streifenfundamenten von ≤ 1,50 m Breite und 2,00 m Gründungstiefe.*

Ges. : *Mindesttiefe der Bohrungen*

Lösg.: $_{erf}z_a = 3 \cdot b = 3 \cdot 1{,}5 = 4{,}5$ *m; jedoch mindestens 6,0 m.*

Bohrtiefe ab Geländeoberkante t = 2,0 + 6,0 = 8,0 m.

□ 3.05: Richtwerte für Aufschlusstiefen bei flach gegründeten Hoch- und Industriebauten (DIN 4020)

Bauwerkstyp		Erkundungstiefe z_a
Hoch- und Industriebauten		
Fundament	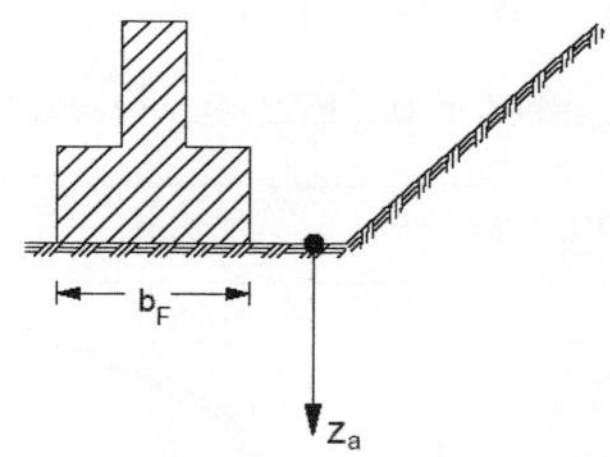	≥ 3 b_F und ≥ 6 m b_F: kleinere Fundamentlänge
Bauwerk	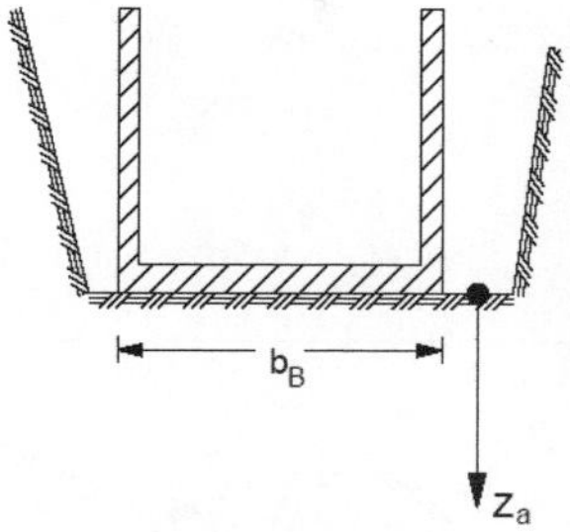	≥ 1,5 b_B und ≥ 6 m b_B: kleinere Länge der Gründungsplatte

Bei Linienbauwerken (Verkehrswege bzw. Leitungen) muss mindestens bis 2 m unter Planum (bzw. Grabensohle) gebohrt werden. Bei Dämmen über 8 m Höhe müssen einige Hauptbohrungen bis in eine Tiefe geführt werden, die der ca. 0,5 bis 1,0-fachen Dammhöhe entspricht (ZTVE).

□ 3.06: Richtwerte für Aufschlusstiefen bei tief gegründeten Hoch- und Industriebauten (DIN 4020)

Bauwerkstyp		Erkundungstiefe z_a
Hoch- und Industriebauten		
Pfahlgründungen	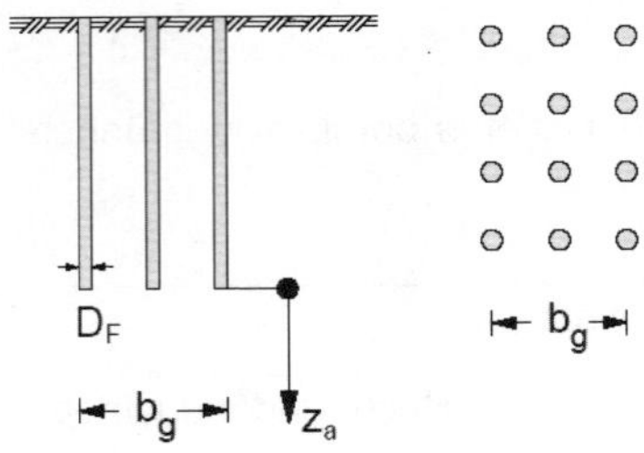	$\geq 3\,D_F$ und ≥ 4 m $\geq b_g$ b_g: kleinere Länge des Pfahlrostes

□ 3.07: Richtwerte für Aufschlusstiefen bei Erdbauwerken (DIN 4020)

Erdbauwerke		Erkundungstiefe z_a
Einschnitt	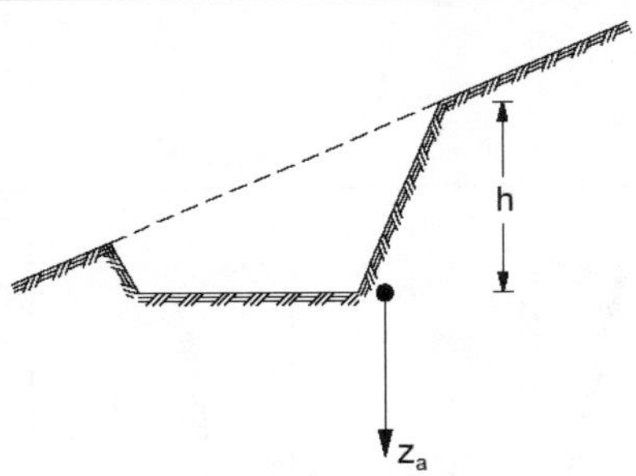	$\geq 0{,}4$ h und ≥ 2 m
Damm	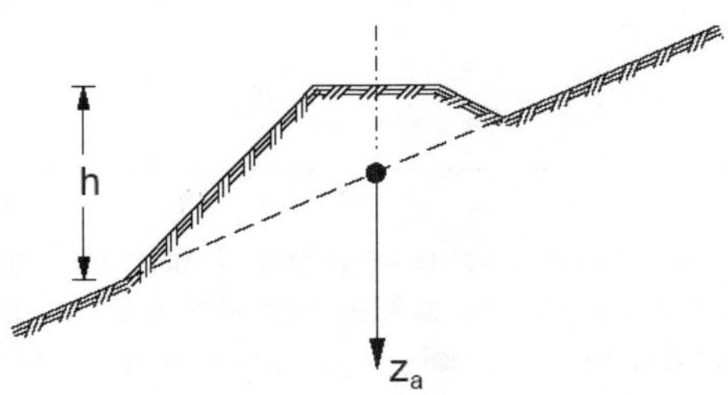	$0{,}8\,h > z_a \geq 0{,}4\,h$ und ≥ 6 m

□ 3.08: Richtwerte für Aufschlusstiefen bei Baugruben (DIN 4020)

Baugruben		Erkundungstiefe z_a
Grundwasser unterhalb Baugrube	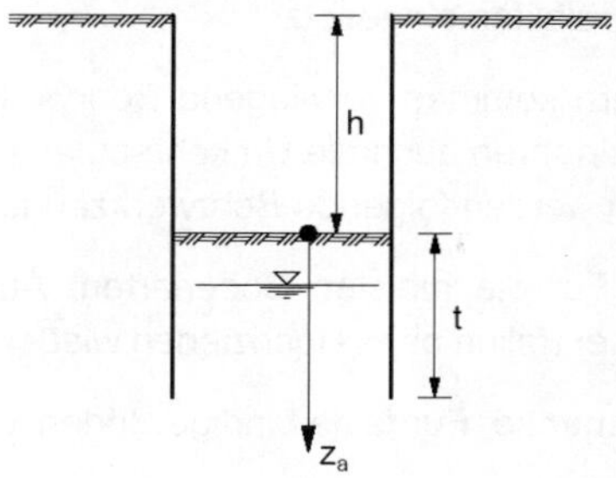	≥ 0,4h und ≥ t + 2 m
Grundwasser oberhalb Baugrube (mit bekannter Lage der abdichtenden Schicht)	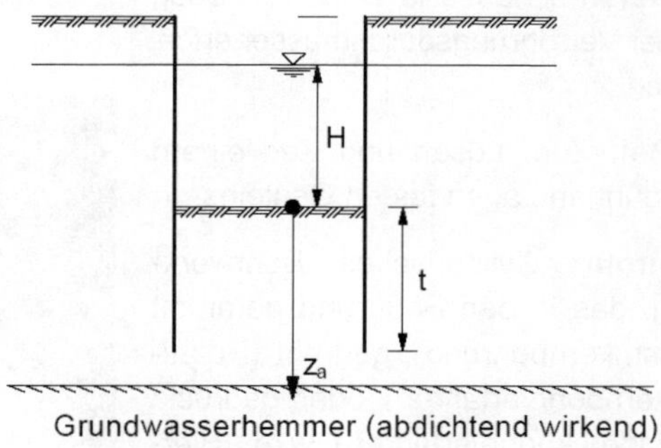	≥ H und ≥ t + 2 m
Grundwasser oberhalb Baugrube (mit unbekannter Lage der abdichtenden Schicht)	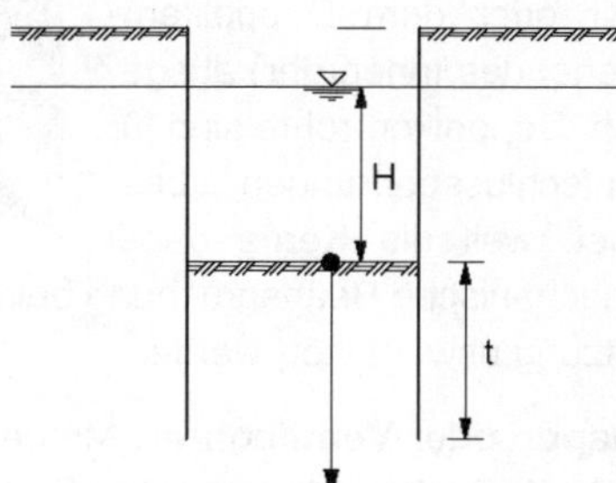	≥ t + 5 m

Gerät Heute wird meist maschinell gebohrt, wobei das Bohrgerät auf geländegängigen Fahrzeugen montiert (□ 3.09) und evtl. mit einer Verrohrungsmaschine ausgestattet ist (□ 3.10 d)).

Lösen des Bodens Das Lösen des Bodens kann drehend, rammend, vibrierend, schlagend, drückend, greifend und/ oder in Kombination aus verschiedenen Methoden erfolgen. Dabei werden bei drehenden und drehenden/ rammenden Verfahren auch teilweise Spülhilfen eingesetzt.

Werkzeuge Zum Fördern kommen vorwiegend Bohrwerkzeuge, beim Rotationsspülbohr- und -kernverfahren auch die Umkehrspülung zum Einsatz. Je nach angetroffenem Boden werden folgende Bohrwerkzeuge verwendet (□ 3.10):

Schappe: Für die meisten Bodenarten. Ausnahme: nichtbindige Böden im Grundwasser (fallen beim Hochziehen wieder heraus) und feste bindige Böden.

Endlosschnecke: Für feste bindige Böden.

Schlammbüchse/ Ventilbohrer: Für wasserführende nichtbindige Böden und schlammige bindige Böden.

Greifer: Für fast alle Böden. Jedoch großer Verrohrungsdurchmesser erforderlich.

□ 3.09: Beispiel: Kleinbohrgerät (Fa. Friedel, Mannheim)

Meißel: Zum Lösen und Zerkleinern von dünnen Lagen festen Gesteins.

Kernrohr: Zylindrisches Bohrwerkzeug, das in den Baugrund gerammt (Rammkernbohrung), gedreht (Rotationskernbohrverfahren) oder gedrückt (Kleindruckbohrverfahren) wird. Hierdurch wird eine Boden- oder Felsprobe, der Kern, gewonnen. Rotationskernbohrungen können mit dem Einfachkernrohr oder dem Doppelkernrohr (feststehendes Innenrohr) ausgeführt werden. Doppelkernrohre sind für Baugrundaufschlussbohrungen besser geeignet, weil die Kerne dabei durch die mechanische Beanspruchung beim Bohren nicht in Struktur, Kornzusammensetzung usw. gestört werden.

Schlagschappe oder Ventilbohrer: Mit dem Bohrgestänge verbundener Zylinder, der durch Schlagwirkung in den Boden getrieben wird (Handdrehbohrverfahren, Schlagbohrung oder Schlagbohrverfahren).

□ 3.10: Beispiel: Bohrwerkzeuge (DIN EN ISO 22475-1): a) Kiesschappe und Schlammbüchse, b) Meißel, c) Endlosschnecke, d) Verrohrungsmaschine (Fa. Liebherr)

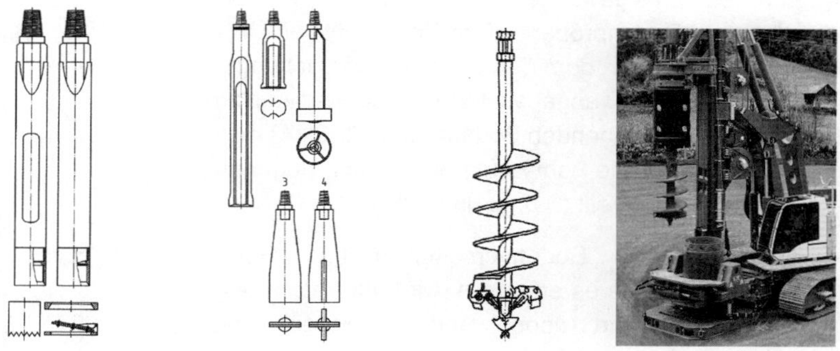

a) b) c) d)

Umkehrspülung: (Rotationskernbohrverfahren) Schneidenmeißel in weichem bzw. Rollenmeißel in hartem Untergrund, von Drehbohrgerät angetrieben, löst und zerkleinert das Bohrgut. Ein Spülstrom läuft durch das Gestänge abwärts, tritt an der Spitze des Bohrwerkzeugs aus (Rechtsspülverfahren) und fördert gelöstes Material im Ringraum hoch.

Saugbohrer: Das Material wird durch einen rotierenden Hohlmeißel gelöst und durch die Spülflüssigkeit, die im Ringraum ab- und im Hohlgestänge aufsteigt (Linksspülverfahren), abgesaugt (Rotationsspülbohrung).

Rammgestänge mit Entnahmerohr („Schlitzsondierung"): Dünne Kernrohre oder Stangen mit Längsschlitz werden in den Boden gerammt oder gedrückt und dabei geringe Probenmengen gefördert (Kleinrammbohrverfahren).

Boden-proben

Die Güte der Proben wird durch die bodenmechanischen Kenngrößen und Eigenschaften bestimmt, die an ihnen einwandfrei ermittelt werden können. Hiernach werden die Proben in 5 Güteklassen unterteilt (□ 3.13).

Nach der Entnahmeart werden die Bodenproben unterschieden in Bohrproben, die gestört aus dem jeweiligen Bohrwerkzeug entnommen werden (Bohrproben), und Sonderproben, die mit besonderen Geräten (u. a. mit dem offenen Entnahmegerät, DIN EN ISO 22475-1, □ 3.11) praktisch ungestört gewonnen werden, wobei der eigentliche Bohrvorgang unterbrochen wird.

Nach der Entnahme werden die Bohrproben in luftdicht verschließbare Behälter (Plastikdosen mit Deckel) von ca. 1 l Inhalt gefüllt (Verfahren mit nicht gekernter Probenentnahme) oder in Kernkisten der Länge nach aufbewahrt (Bohrverfahren mit durchgehender Gewinnung gekernter Proben).

Eine genaue Kennzeichnung der Bodenproben mit folgenden Angaben ist wichtig:

Bohrunternehmer, Bauvorhaben, Schurf- bzw. Bohrlochnummer, Probennummer, Entnahmetiefe, Entnahmedatum.

⇒ DIN EN ISO 22475-1.

Aufschlussverfahren Das gewählte Aufschlussverfahren muss Bodenproben liefern, deren Güte und Volumen dem jeweiligen Untersuchungszweck angepasst sind. Nach Art der zu gewinnenden Bodenproben (□ 3.14) werden die Bohrverfahren in drei Kategorien eingeteilt (□ 3.13 und 3.14).

□ 3.11: Beispiel: Entnahmegerät für Sonderproben (DIN EN ISO 22475-1)

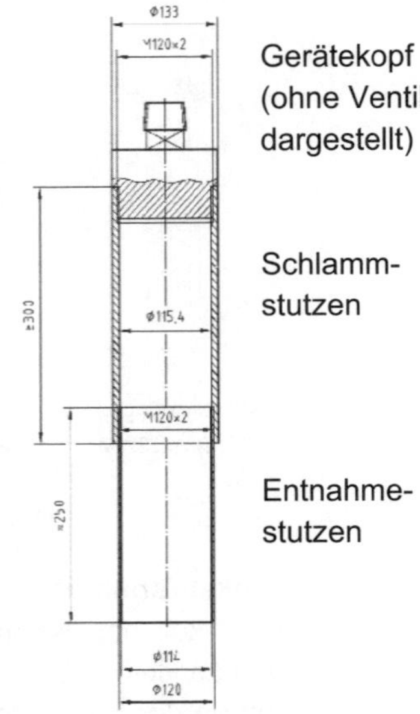

Verrohrung Wenn Bodenverhältnisse und Güteklasse es erfordern, wird mit Verrohrung gebohrt (doppelwandige Bohrrohre mit Spezialkupplung in wasserdichter Ausführung). Beim Bohren im Grundwasser ist besonders darauf zu achten, dass die Verrohrung vorschneidet und bei nichtbindigen Böden durch Wasserzugabe ein Überdruck im Bohrloch erzeugt wird (sonst besteht Gefahr, dass ein hydraulischer Grundbruch in das Bohrloch entsteht). Um ausreichende Probenmengen zu gewinnen, soll der Außendurchmesser der Verrohrung nicht weniger als 159 mm betragen.

Wasserzusatz Wasserzusatz zur Erleichterung der Arbeit ist nur bei Bohrverfahren mit durchgehender Gewinnung gekernter Proben und bei nichtbindigen Böen unterhalb des GW-Spiegels zulässig.

Schichtenverzeichnis Bei jedem Bodenaufschluss muss der Geräteführer an Ort und Stelle ein Schichtenverzeichnis mit Kopfblatt nach DIN EN ISO 22475-1 ausfüllen, das sich nach Art des Baugrunds unterscheidet (□ 3.15).

Für Baugrunduntersuchungen werden am häufigsten Bohrungen ohne durchgehende Gewinnung gekernter Proben (DIN EN ISO 22475-1) ausgeführt. Hierbei wird ein Schichtenverzeichnis geführt (□ 3.16).

Darstellung Die Ergebnisse von Bohrungen und Schürfen werden nach DIN 4023 einheitlich gekennzeichnet (□ 3.17, □ 3.19, □ 3.20) und in Form von Profilen dargestellt (□ 3.18).

□ 3.12: Beispiel 24: Darstellung eines Bohrprofils (nach DIN 4023)

Geg:.

Bei der Bohrung Nr. 17 (Bohransatzpunkt NN +223,51; durchgehende Gewinnung nicht gekernter Bodenproben) wurden folgende Schichten angetroffen:

0,0...2,3 m: *schwach toniger Schluff, feinsandig, nass*

2,3...4,4 m: *sandiger Kies*

4,4...8,0 m: *schwach feinsandiger Ton, stark kiesig.*

Grundwasser wurde am 07.08.91 bei 4,0 m angetroffen; es stieg am gleichen Tag auf 2,8 m an. Bei 5,2 m wurde eine Sonderprobe entnommen.

Ges.: *Das Bohrprofil ist nach DIN 4023 darzustellen.*

Lösg: *Siehe nebenstehende Zeichnung*

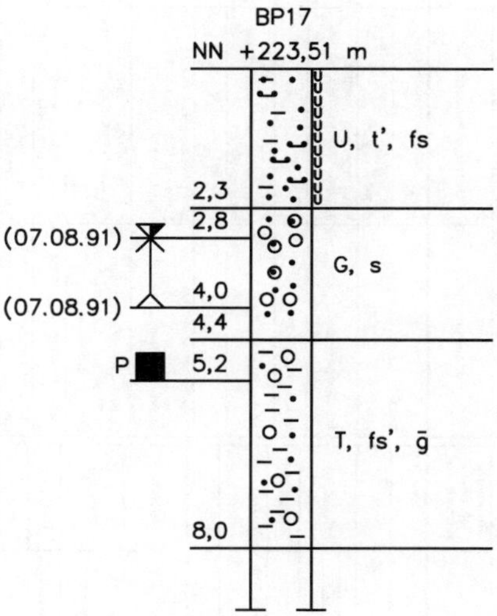

□ 3.13: Bohrverfahren in Böden (DIN EN ISO 22475-1)

Spalte	1	2	3	4	5	6	7	8	9	10	11	Spalte
	Bohrverfahren				Gerät		Eignung des Bohrverfahrens[d]					
Zeile	Lösen des Bodens[b]	Spülhilfe	Fördern der Probe mit	Bezeichnung	Werkzeug	Richtwerte Bohraußendurchmesser[a] mm	Ungeeignet für[d]	Bevorzugt einsetzbar für[d]	Erreichbare Entnahmekategorien[e]	Erreichbare Güteklasse[e]	Bemerkungen	Zeile
1	drehend	nein	Bohrwerkzeug	Rotationstrockenkernbohrverfahren[c]	Einfachkernrohr	100 bis 200	Grobkies, Steine, Blöcke	Ton, Schluff, Feinsand, Schluff	B (A)	4 (2–3)	gut in Mitte, außen ausgetrocknet	1
					Hohlbohrschnecke	100 bis 300		Ton, Schluff, Sand, organische Böden	B (A)	3 (1–2)	–	
2		ja	Bohrwerkzeug	Rotationskernbohrverfahren	Einfachkernrohr	100 bis 200	nicht bindige Böden	Ton, tonige, auch verkittete gemischtkörnige Böden, Blöcke	B (A)	4 (2–3)	–	2
					Doppelkernrohr[a]				B (A)	3 (1–2)		
					Dreifachkernrohr[a]				A	1		
3		ja	Bohrwerkzeug	Rotationskernbohrverfahren	Doppel- oder Dreifachkernrohr mit Vorschneidkrone oder Vorsatz	100 bis 200	Kies, Steine, Blöcke	Ton, Schluff	A	2 (1)	–	3
4		nein	Bohrwerkzeug	Schneckenbohrverfahren	Gestänge mit Schappe, Schnecke oder Hohlbohrschnecke	100 bis 2 000	Blöcke größer als $D_e/3$	über GW-Oberfläche alle Böden, unter Grundwasseroberfläche alle bindigen Böden	B	4 (3)	–	4
5		ja	Umkehrspülung	Rotationsspülbohrverfahren	Gestänge mit Hohlmeißel	150 bis 1 300	–	Alle Böden	C (B)	5 (4)	–	5
6		nein	Bohrwerkzeug	Handdrehbohrverfahren	Schappe, Schnecke, Spirale	40 bis 80	Grobkies größer als $D_e/3$, dicht gelagerte Böden und unter Grundwasseroberfläche nicht bindige Böden	über GW-Oberfläche Ton bis Mittelkies; unter Grundwasseroberfläche bindige Böden	C[f]	5	nur für geringe Tiefen	6
7	rammend	nein	Bohrwerkzeug	Rammkernbohrverfahren	Rammkernrohr mit Schnittkante innen; auch mit Hülse oder Schnecke (oder Hohlbohr-schnecke)[b]	80 bis 200	Böden mit Korndurchmessern größer als $D_e/3$, feingeschichtete Böden, z. B. Warven	Ton, Schluff und Böden mit Korndurchmessern bis höchstens $D_e/3$	in bindigen Böden: A	2 (1)	Rammdiagramm durch Messung der Schlagzahl	7
									in nicht bindigen Böden: B (A)	3 (2)		
8		nein	Bohrwerkzeug	Rammbohrverfahren	Rammkernrohr mit Schnittkante außen[b]	150 bis 300	Böden mit Korndurchmessern größer als $D_e/3$	Kies und Böden mit Korndurchmessern bis höchstens $D_e/3$	B	4		8
9		nein	Bohrwerkzeug	Kleinrammbohrverfahren	Rammgestänge mit Entnahmerohr	30 bis 80	Böden mit Korndurchmessern größer als $D_e/2$	Böden mit Korndurchmessern bis höchstens $D_e/5$	C[f]	5	nur für geringe Tiefen	9
10	drehend, rammend	ja	Bohrwerkzeug	Rammrotationskernbohrverfahren	Einfach- oder Doppelkernrohr	100 bis 200	gemischtkörnige und reine Sande über 2,0 mm Korndurchmesser, Kies, halbfeste und feste Tone	Ton, Schluff, Feinsand	in bindigen Böden: A	2 (1)	–	10
									in nicht bindigen Böden: B	4 (3)		
11	vibrierend, langsames Drehen freigestellt	nein (nur zur Einbringung der Verrohrung	Bohrwerkzeug	Vibrationsbohrverfahren	Dickwandiges Entnahmegerät oder Einfachkernbohr mit freigestelltem Innenrohr aus Kunststoff	80 bis 200	—	—	in bindigen Böden: B	4	—	11
									in nichtbindigen Böden: C	5		
12	schlagend	nein	Bohrwerkzeug	Schlagbohrung	Seil mit Schlagschappe	150 bis 500	über Grundwasseroberfläche Kies, unter Grundwasseroberfläche Schluff, Sand und Kies	über GW-Oberfläche Ton und Schluff, unter Grundwasseroberfläche Ton	C (B)	4 (3)	–	12
13		nein	Bohrwerkzeug	Schlagbohrverfahren	Seil mit Ventilbohrer	100 bis 1 000	über Grundwasseroberfläche	Kies und Sand im Wasser	C (B)	5 (4)	auch in bindigen Böden unter Wasserzugabe möglich	13
14	drückend	nein	Bohrwerkzeug	Kleindruckbohrverfahren	Druckgestänge mit Entnahmerohr	30 bis 80	feste und grobkörnige Böden	Ton, Schluff, Feinsand	C[f]	5	nur für geringe Tiefen	14
15	greifend	nein	Bohrwerkzeug	Greiferbohrung	Seil mit Bohrlochgreifer	400 bis 1 500	feste, bindige Böden, Blöcke größer als $D_e/2$	Kies, Blöcke kleiner als $D_e/2$, Steine	über GW-Oberfläche: B	4	–	15
									unter GW-Oberfläche: C	5		

[a] Übliches Kernrohr oder Seilkernrohr

[b] Beim „Rammen" wird das Bohrwerkzeug mit einer besonderen Schlagvorrichtung eingetrieben. Beim „Schlagen" wird das Bohrwerkzeug selbst durch wiederholtes Anheben und Fallenlassen zum Eintreiben benutzt.

[c] Das Rotationstrockenkernbohrverfahren wird in der Regel dann eingesetzt, wenn die Beobachtung der Grundwasseroberfläche das wichtigste Ziel der Baugrunderkundung ist.

[d] Hierin bedeutet D_e der Innendurchmesser des Bohrwerkzeugs.

[e] Die in Klammern gesetzten Angaben bedeuten, dass die jeweiligen Entnahmekategorien und Güteklassen nur bei besonderen Bodenbedingungen, die in solchen Fällen erläutert werden müssen, erreicht werden können.

[f] Entnahmekategorie B ist in manchen leicht bindigen Böden möglich.

ANMERKUNG Reine Spülbohrungen werden nicht erwähnt, da mit ihnen in der Regel nur eine Probengüte unterhalb der Güteklasse 5 erreicht werden kann.

□ 3.14: Kategorien der Verfahren der Probenentnahme (DIN EN ISO 22475-1) in Abhängigkeit von der Güteklasse (DIN EN 1997-2)

Bodeneigenschaften		**Güteklassen (DIN EN 1997-2)**				
		1	**2**	**3**	**4**	**5**
Eigenschaften, die unverändert sind	Korngrößenverteilung	*	*	*	*	
	Wassergehalt	*	*	*		
	Dichte, Lagerungsdichte, Durchlässigkeit	*	*			
	Zusammendrückbarkeit, Festigkeit	*				
Eigenschaften, die bestimmt werden können	Schichtenfolge	*	*	*	*	*
	Schichtgrenzen (grob)	*	*	*	*	
	Schichtgrenzen (fein)	*	*	*	*	
	Konsistenzgrenzen, Korndichte, Organische Bestandteile	*	*	*		
	Wassergehalt	*	*			
	Dichte, Lagerungsdichte, Durchlässigkeit	*				
	Zusammendrückbarkeit, Festigkeit	*				
Zu verwendende Kategorie (DIN EN ISO 22475-1) bei der Wahl des Probenentnahmeverfahrens		**A** (1–5)				
			B (2–5)			
						C

□ 3.15: Beispiel: Schichtenverzeichnisse für Bohrungen (DIN EN ISO 22475-1)

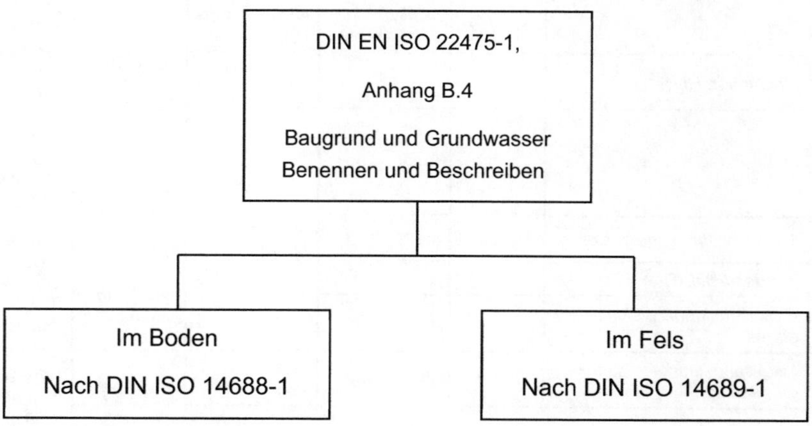

□ 3.16: Beispiel: Schichtenverzeichnis (DIN EN 22475-1, Anhang B.4)

Name des Unternehmens: *Tiefbohr-AG*	**Schichtenverzeichnis nach DIN EN ISO 14688-1 und DIN EN ISO 14689-1**	Seite: ***01/ 2016***
Name des Auftraggebers: *Erich Flint* Bohrverfahren: ***Rammkern***	Datum ***30.06.2016***	Aufschluss: ***Bohrung 1/ 2016***
Projekt-bezeichnung: ***Neubau Bürogebäude***	Geländeneigung ***horizontal***	Projektnummer: ***001/ 16***
	Name und Unterschrift des qualifizierten Technikers: ***gez. Müller***	

1	2	3	4	5	6	7
Tiefe bis m	Bezeichnung der Boden- bzw. Felsart Ergänzende Bemerkungen Geologische Benennung (Stratigraphie)	**Farbe** **Kalk-gehalt**	**Beschreibung der Probe** Konsistenz, Plastizität, Härte, einachsige Festigkeit, Kornform, Matrix, Verwitterung, Trennflächen, usw.	**Beschreibung des Bohrfortschritts** Bohrbarkeit, Kernform, Meißeleinsatz, Beobachtungen usw.	**Proben, Versuche** Typ, Nummer, Tiefe	**Bemerkungen** Wasserführung, Spülung, Bohrwerkzeuge, Verrohrung, Kernverlust, Kernlänge
0,3	*Mittelsand, feinsandig, humos*	*braun*	*abgerundet, erdfeucht*	*leicht zu bohren*	*G1: 0,3 m*	*Schappe Ø 165, vorgebohrt bis 1,8 m, Gestänge drehend*
	Mutterboden, OH	*0*				
	Oberboden					
1,8	*Torf*	*schwarz*	*nicht zersetzt, weich*	*leicht zu bohren*	*G2: 0,8m, S1: 1,0m; S2: 1,5 m*	*Wasser 1,70 m unter AP, Seil, gerammt, 100kg/ Hub 300, 3 Schläge/ 300, 5 Schläge/ 300*
	Flachmoor, HN					
	Moor					
6,5	*Ton, schluffig, sandig, steinig*	*grau*	*steif*	*schwer zu bohren*	*G3: 2,5m S3: 3,0m S4: 4,5 m G4: 6,5 m*	*Schappe Ø 133, 30 Schläge/ 300, 45 Schläge/ 300*
	Kreidestücke, TL	*++*				
	Geschiebelehm, Weichseleiszeit					
14,9	*Mittelsand, stark feinsandig, grobsandig*	*bunt*	*abgerundet*	*schwer zu bohren*	*G5: 8,5m G6: 10,3m G7: 12,5m G8: 14,9m*	*Wasser 6,50 m, steigt auf 3,80 m unter AP. Ventilbohrer Ø 133*
	SW	*0*				
	Saaleeiszeit					
15,8	*Fels, sedimentär, mittlere Korngröße, verfärbt*	*rot*		*leichte Meißelarbeit*	*G9: 15,5m*	*Kreuzmeißel Ø 121, unverrohrt, ab 14,90 m im Endwasserstand 4,10 m unter AP.*
	Sandstein, laminiert, mittlere Gesteinsgröße	*0*				
	Buntsandstein					

□ 3.17: Beispiel: Kurzzeichen und Zeichen für Haupt-Bodenarten und Konsistenzen bzw. Lagerungsdichten nach DIN 14688-1 (DIN 4023) (gezeichnet mit GGU-Stratig)

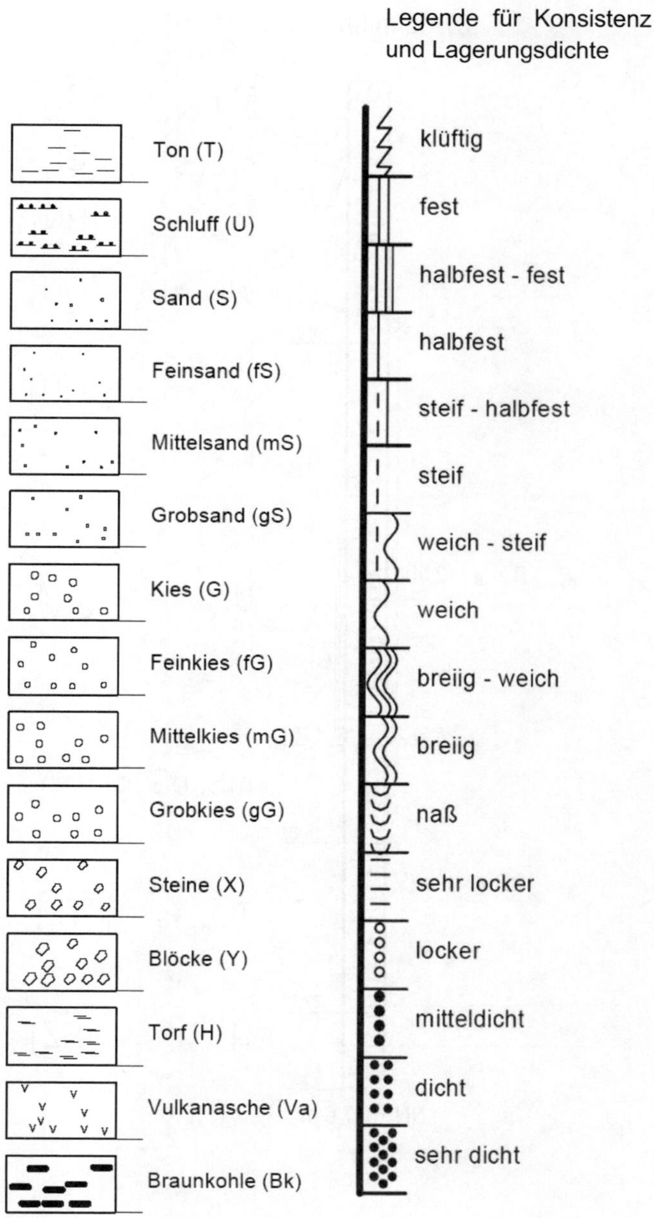

□ 3.18: Beispiel: Bohrprofil (in Anlehnung an DIN 4023; gez. mit GGU-Stratig)

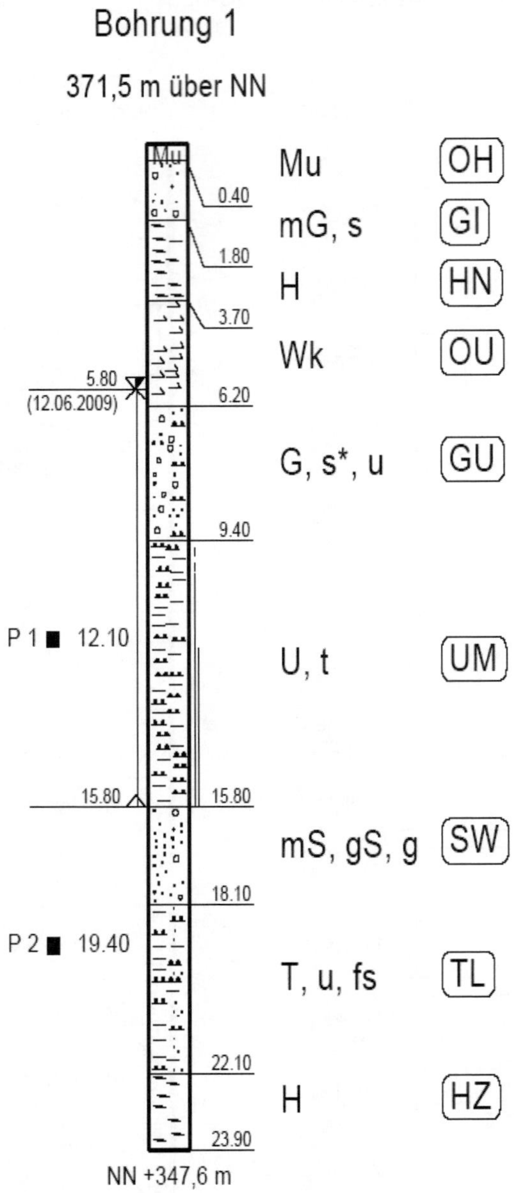

□ 3.19: Beispiele: Kurzzeichen und Zeichen für Felsarten nach DIN EN ISO 14689-1 (DIN 4023)

1	2	3
Benennung	**Kurzformen**	**Zeichen**
Konglomerat	Ko	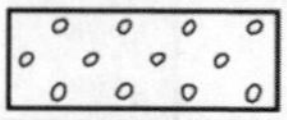
Brekzie	Br	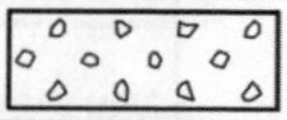
Sandstein	Sst	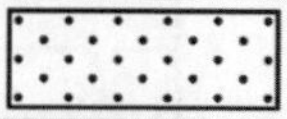
Schluffstein	Ust	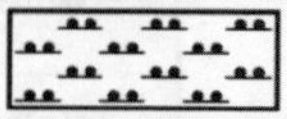
Tonstein	Tst	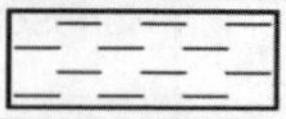
Mergelstein	Mst	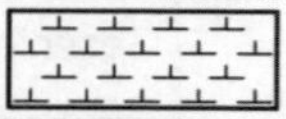
Kalkstein	Kst	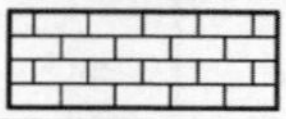
Dolomitstein	Dst	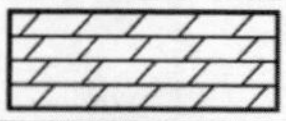
Anhydrit	Ahst	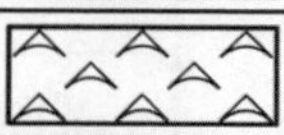
Gips	Gyst	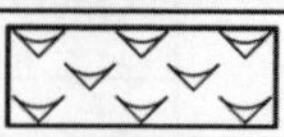
Salzgestein	Sast	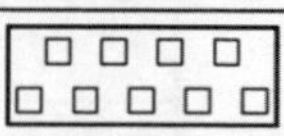
Verfestigte vulkanische Aschen (Tuffstein)	Vst	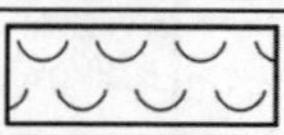
Steinkohle	Stk	
Quarzit	Q	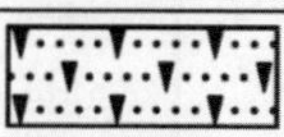
Vulkanite (z. B. Basalt)	Vu	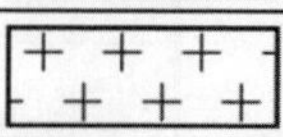
Plutonite (z. B. Granit)	Pl	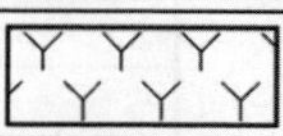
Massige Metamorphite (z. B. Gneis)	Mem	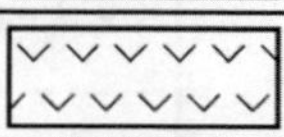
Blättrige, feinschichtige Metamorphite (z. B. Glimmerschiefer, Phylitt)	Meb	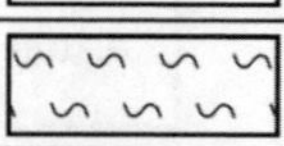

□ 3.20: Beispiele: Kurzzeichen und Zeichen für gebräuchliche, jedoch nicht in DIN EN ISO 14688-1 und 14689-1 definierte Bezeichnungen für Boden und Fels (DIN 4023)

1	2	3
Benennung	**Kurzformen**	**Zeichen**
Mutterboden	Mu	Mu
Verwitterungslehm, Hanglehm	L	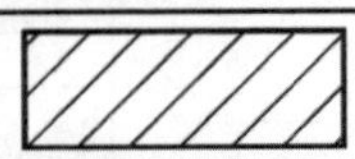
Hangschutt	Lx	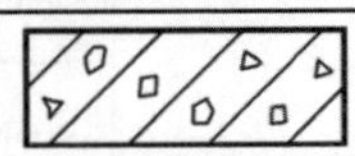
Geschiebelehm	Lg	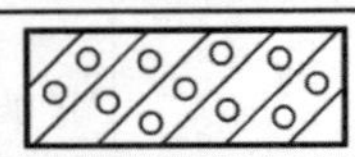
Geschiebemergel	Mg	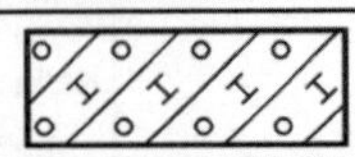
Löß	Lö	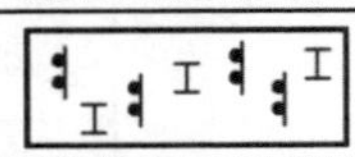
Lößlehm	Löl	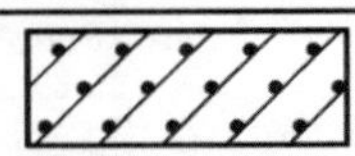
Klei, Schlick	Kl	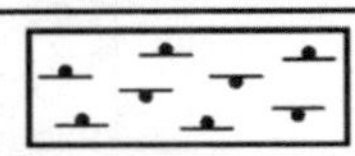
Wiesenkalk, Seekalk, Seekreide, Kalkmudde	Wk	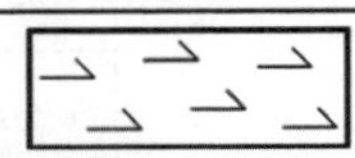
Bänderton	Bt	
Mudde (Faulschlamm)	F	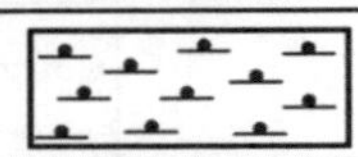
Auffüllung	A	A
Kreidestein	Krst	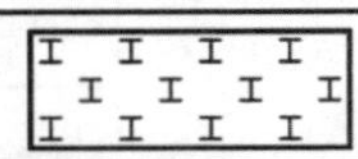
Kalktuff	Ktst	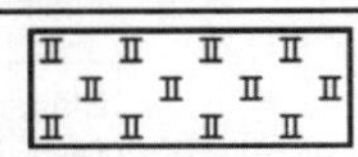

□ 3.21: Beispiele: Kurzzeichen und Zeichen für gemischtkörnige, jedoch nicht in DIN EN ISO 14688-1 und 14689-1 definierte Bezeichnungen für Boden- und Felsarten (DIN 4023)

1	2	3
Benennung	**Kurzformen**	**Zeichen**
Grobkies, steinig	gG, x	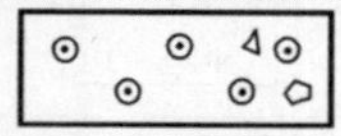
Feinkies und Sand	fG/S	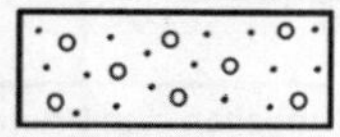
Grobsand, mittelkiesig	gS, mg	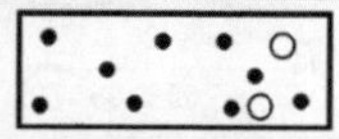
Mittelsand, schluffig, humos	mS, u, h	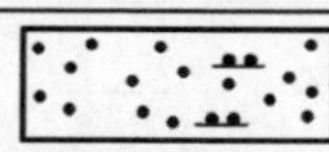
Schluff, stark feinsandig	U, fs*	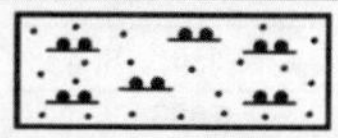
Torf, feinsandig, schwach schluffig	H, fs, u'	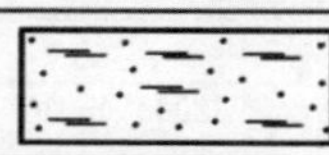
Seekreide mit organischen Beimengungen	Wk, o	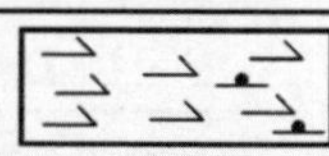
Klei, feinsandig	Kl, fs	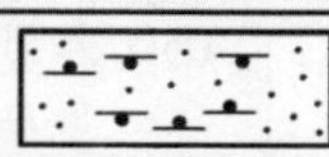
Sandstein, schluffig	Sst, u	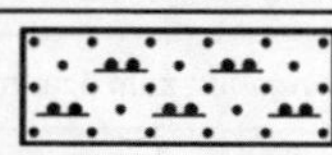
Salzgestein, tonig	Sast, t	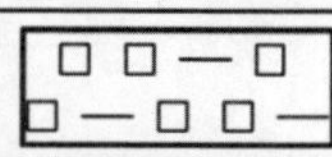
Kalkstein, schwach sandig	Kst, s'	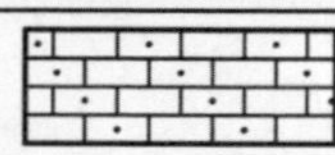

□ 3.22: Beispiele: Weitere Zeichen für wichtige bautechnische Eigenschaften (DIN 4023)

Zeichen	Benennung
Proben	
A2 ■ NN+352,1	Probe Nr 2, entnommen mit einem Verfahren der Entnahmekategorie A z. B. aus 19,0 m Tiefe = NN + 352,1 m
B1 ☒ NN+114,8	Probe Nr 1, entnommen mit einem Verfahren der Entnahmekategorie B z. B. aus 5,2 m Tiefe = NN + 114,8 m für Untersuchungen ausgewählt
C1 □ NN+475,7	Probe Nr 1, entnommen mit einem Verfahren der Entnahmekategorie C z. B. aus 15,5 m Tiefe = NN + 475,7 m
W8 △ NN+56,9	Wasserprobe Nr. 8 z. B. aus 11,9 m Tiefe = NN + 56,9 m
‖ |	gekernte Strecke
Angaben zum Grundwasser	
▽ 8,9 (2003-09-20)	Grundwasseroberfläche (beim Aufschluss angetroffen) z. B. am 20.9.2003 in 8,9 m unter Gelände angebohrt
▼ 8,9 (2003-09-20) 3^h	Grundwasserstand nach Beendigung der Bohrung oder bei Änderung des Wasserspiegels nach seinem Antreffen jeweils mit Angaben der Zeitdifferenz in Stunden (z. B. 3 h) nach Einstellen oder Ruhen z. B. am 20.9.2003 in 8,9 m unter Gelände angebohrt
▼ NN+118,0 2003-05-10	Ruhewasserstand z. B. am 10.5.2003 bei NN+118,0 m in einer Grundwassermessstelle
▼ NN+365,7 (2003-05-10) 10^h NN+355,7	Grundwasseranstieg während oder nach der Aufschlusstätigkeit z. B. am 10.5.2003 Grundwasser in 15,8 m unter Gelände = NN + 355,7 m angebohrt, Anstieg des Wassers bis 5,8 m unter Gelände = NN + 365,7 m nach 10 Stunden
NN+11,7 (2003-05-10)	Wasser versickert z. B. am 10.5.2003 in NN + 11,7 m
Angaben zum Trennflächengefüge	
135 / 25	Fallrichtung und Fallen von Trennflächen z. B. 25° nach SE: 135/25

□ 3.23: Beispiel 25: Darstellung eines Bohrprofils (nach DIN 4023)

Geg.:	*Bei Bohrung 8 werden vom Geräteführer folgende Angaben gemacht:*
	Durchgehende Gewinnung nicht gekernter Proben. Bohransatzpunkt: NN + 129,7.
0...0,6 m:	*Auffüllung (Lehm)*
0,6...1,7 m:	*Mittelsand, schwach schluffig,*
	feinsandig, nass
1,7...2,3 m:	*Mittelkies, schluffig, stark sandig*
2,3...4,9 m:	*Schluff, schwach tonig, sandig,*
	vereinzelt schwach kiesig, weich; hieraus Entnahme einer Sonderprobe in 3,5 m Tiefe
4,9...7,0 m:	*Grobkies, schwach schluffig, sandig, feinkiesig, stark mittel-kiesig*
	Grundwasser wurde am 07.03.91 in 5,8 m Tiefe angetroffen und stieg am gleichen Tag bis 4,6 m (Ruhewasserstand).
7,0...9,2 m	*(Bohrlochendtiefe): Kalkstein klüftig;*
	Wasser versickert in 8,0 m Tiefe.
	Ein Bohrkern wurde in 8,5 m Tiefe entnommen.
Ges.:	*Das Bohrprofil ist nach DIN 4023 darzustellen.*

Lösung:

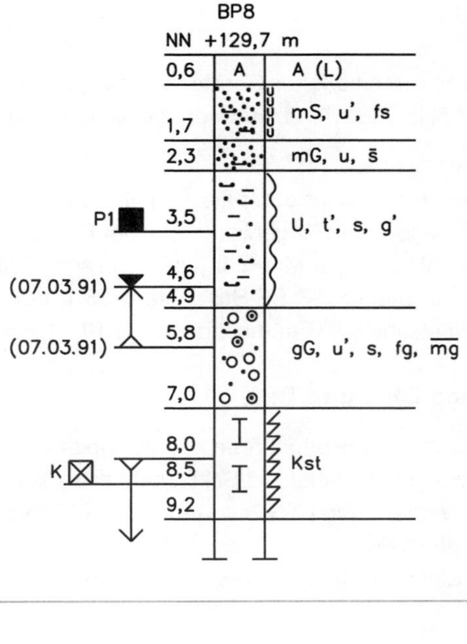

3.05 Sondierungen

3.05.1 Allgemein

Begriffe Sonden sind mit einer Spitze versehene Stahlstäbe, die in den Boden eingetrieben werden, um bestimmte Eigenschaften des Baugrunds zu messen.

Zweck Mit Hilfe von Sondierungen erhält man keine genauen Zahlenwerte für die bodenmechanischen Eigenschaften (Bodenkenngrößen). Die geleistete Arbeit gibt aber Hinweise auf Beschaffenheit und Festigkeit der durchfahrenen Schichten.

Auf diese Weise können die Bodenverhältnisse zwischen vorhandenen Aufschlüssen wirtschaftlich und schnell überprüft werden. Schichtgrenzen, Hindernisse und Hohlräume im Untergrund sowie die Lage des Grundwasserspiegels können erkannt werden.

□ 3.24: Beispiel: Leichte (a) und schwere (b) Rammsonde (DIN EN ISO 22476-2)

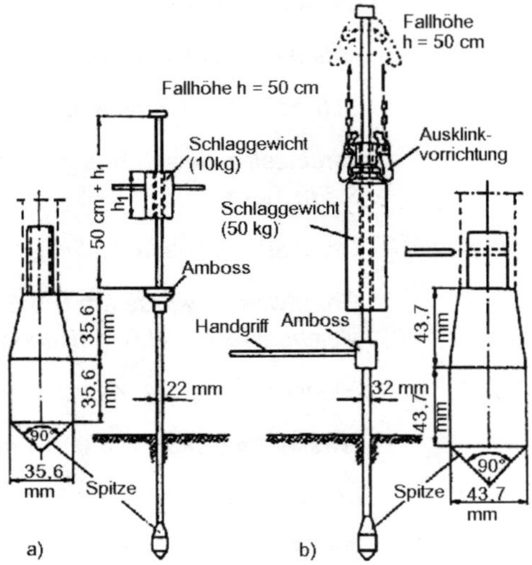

Aus der großen Zahl verschiedener Geräte sind alle europäisch standardisierten Geräte in DIN EN ISO 22476 zusammengefasst und ersetzen die bisherige DIN 4094.

Einzelne Geräte, die nicht in der europäischen Norm 22476 erfasst sind, werden zum Teil durch gesonderte Regelwerke z.B. der FGSV für den Straßenbau gesondert geregelt. Als Beispiel wird hier die Technische Prüfvorschrift für Boden und Fels im Straßenbau (TP BF-StB), Teil B 15.1: Leichte Rammsondierung DPL-5 und Mittelschwere Rammsondierung DPM-10 genannt.

3.05.2 Rammsondierung DPH und DPL

Ramm-sondierung Die Sonde wird durch einen Rammbären mit gleichbleibender Fallhöhe in den Untergrund getrieben. Rammtiefe und Schlagzahl pro 10 cm Eindringung werden registriert und aufgetragen (□ 3.24). Dem Vorteil einfacher und wirtschaftlicher Ausführung steht der Nachteil gegenüber, dass die Sondierergebnisse mit zunehmender Eindringtiefe durch die auftretende Mantelreibung verfälscht werden.

Leichte Rammsonde DPL (DIN EN ISO 22476-2) und DPL 5 (TP BF-StB, Teil B 15.1): (□ 3.24 a)): Fallmasse 10 kg, Fallhöhe 50 cm. Anwendung (Handbetrieb) und Transport sind einfach, bei günstigen Böden können Tiefen von maximal ca. 10 m erreicht werden. Die gemessene Schlagzahl (Messwert) ist dann N_{10L}.

Schwere Rammsonde DPH (DIN EN ISO 22476-2): (□ 3.24 b)): Fallmasse 50 kg (deshalb Lafette mit Motorwinde oder Hydraulik erforderlich), Fallhöhe 50 cm. Sie wird bei größeren Tiefen und schwereren Böden eingesetzt. Die gemessene Schlagzahl (Messwert) ist dann N_{10H}.

Bodenkenngrößen aus DPH, DPL

Aus Schlagzahlen N_{10} kann bei Sanden (Bodengruppen SE und SW) die bezogene Lagerungsdichte I_D, der Reibungswinkel φ' und der Steifemodul E_s errechnet werden (Handbuch Eurocode 7, Band 2 (2015): Anhang G sowie Abschnitte 4.04, 4.08 und 4.09).

Die Rammergebnisse N_{10L} aus der leichten Rammsonde DPL können nach Handbuch Eurocode 7, Band 2 (2015): Anhang G bei Sanden (Bodengruppen SE) in Schlagzahlen N_{10H} aus der schweren Rammsonde DPH umgerechnet werden:

$$N_{10H} = 0{,}34\ N_{10L}, \text{ wobei } 3 \leq N_{10L} \leq 50 \qquad (3.01)$$

beziehungsweise

$$N_{10L} = 3\ N_{10H}, \text{ wobei } 3 \leq N_{10H} \leq 20 \qquad (3.02)$$

Bei sonst gleichen Verhältnissen ist der Eindringwiderstand im Grundwasser geringer als über dem Grundwasser. Für enggestufte Sande (Bodengruppe SE) und weitgestufte Kiese (Bodengruppe GW) kann die Umrechnung gemäß DIN EN ISO 22476-2, Anhang D erfolgen (□ 3.25):

□ 3.25: Beispiele: Korrelation zwischen Rammsondierergebnissen aus DPL und DPH über und im Grundwasser bei SE und GW (DIN EN ISO 22476-2, Anhang D)

Bodengruppe DIN 18196	über Grundwasser	im Grundwasser
SE	DPH: $N_{10H} = 1{,}3\ N'_{10H} + 2{,}0$	N'_{10H}
	DPL: $N_{10L} = 2{,}0\ N'_{10L} + 2{,}0$	N'_{10L}
GW	DPH: $N_{10H} = 1{,}2\ N'_{10H} + 4{,}5$	N'_{10H}

3.05.3 Bohrlochrammsondierung SPT

Rammsonde im Bohrloch SPT

Die Bohrlochrammsondierung (SPT: Standard Penetration Test; BDP: Borehole Dynamic Probing) (DIN EN ISO 22476-3); oft „Standardsonde" genannt: Rammsonde, mit der von der Bohrlochsohle aus sondiert werden kann. Sie stammt aus den USA (American Society for Testing Materials, ASTM) und wird mit einer Fallmasse von 63,5 kg bei einer Fallhöhe von 76,2 cm eingerammt.

Außendurchmesser 50,8 mm, Innendurchmesser 34,9 mm. Mit der hohlen Sonde ohne Spitze ist auch die Entnahme von Bodenproben möglich (□ 3.31). Durch die geringe Rammtiefe wird der Einfluss der Mantelreibung (Nachteil bei übrigen Rammsondierungen) unbedeutend. Ohne Bohrloch lässt sich die Sonde allerdings nicht einsetzen.

Auf den ersten 15,2 cm werden die Schläge nicht gezählt, weil der Boden in der Bohrlochsohle gestört ist. Beim Weiterrammen (30,5 cm) wird die Schlagzahl (N_{30}) registriert. Die Sondierergebnisse werden in Form von horizontalen Balken in der jeweiligen Tiefe neben dem Bohrprofil aufgetragen (□ 3.29, zum Vergleich sind die Ergebnisse einer leichten Rammsondierung und einer Bohrung eingetragen).

Bodenkenngrößen aus SPT

Aus Schlagzahlen N_{30} kann bei Sanden (Bodengruppen SE und SW) die bezogene Lagerungsdichte I_D und der Reibungswinkel φ' errechnet werden (Handbuch Eurocode 7, Band 2 (2015): Anhang F sowie Abschnitte 4.04 und 4.09).

Gemäß DIN 4094-2, Anhang B (zurückgezogen) kann aus Schlagzahlen N_{30} bei enggestuften Sanden (Bodengruppen SE) sowie bei mindestens steifen teilgesättigten Tonen (Bodengruppen TL, TM) der Steifemodul E_s errechnet werden (siehe Abschnitt 4.08). Bei grobkörnigen Böden können zusätzlich die bezogene Lagerungsdichte I_D und die Lagerungsdichte D bestimmt werden (siehe Abschnitt 4.04).

Umrechnung N_{30} in N_{10H}, N_{10L}

Die Rammergebnisse N_{30} aus der der Standardsonde SPT können nach DIN 4094-2, Anhang B (zurückgezogen) bei grobkörnigen Böden (über Grundwasser) in Schlagzahlen N_{10H} aus der schweren Rammsonde DPH umgerechnet werden (und umgekehrt):

$$N_{10H} = 0{,}6\, N_{30}, \text{ wobei } 3 \leq N_{30} \leq 50 \tag{3.03}$$

beziehungsweise

$$N_{30} = 1{,}4\, N_{10H}, \text{ wobei } 3 \leq N_{10H} \leq 50 \tag{3.04}$$

Die Rammergebnisse N_{30} aus der der Standardsonde SPT können nach DIN 4094-2, Anhang B (zurückgezogen) bei mindestens steifen teilgesättigten Tonen der Bodengruppen TL und TM (über Grundwasser) in Schlagzahlen N_{10H} aus der schweren Rammsonde DPH und Leichten Rammsonde DPL umgerechnet werden (und umgekehrt):

$$N_{10H} = 0{,}5\, N_{30} + 2{,}0, \text{ wobei } 3 \leq N_{30} \leq 15 \tag{3.05}$$

beziehungsweise

$$N_{30} = 1{,}0\, N_{10H} + 3, \text{ wobei } 3 \leq N_{10H} \leq 13 \tag{3.06}$$

und

$$N_{10L} = 1{,}5\, N_{30}, \text{ wobei } 3 \leq N_{30} \leq 17 \tag{3.07}$$

beziehungsweise

$$N_{30} = 0{,}6\, N_{10L}, \text{ wobei } 3 \leq N_{10L} \leq 30 \tag{3.08}$$

Umrechnung N_{30} in q_c Die Rammergebnisse N_{30} aus der der Standardsonde SPT können nach DIN 4094-2, Anhang B (zurückgezogen) bei grobkörnigen Böden (über Grundwasser) in den Spitzenwert der Drucksonde umgerechnet werden (und umgekehrt):

Bodengruppe SE: $q_c = 0{,}5\ N_{30}$, wobei $3 \leq N_{30} \leq 50$ (3.09)

Bodengruppen SW, SI: $q_c = 0{,}7\ N_{30}$, wobei $3 \leq N_{30} \leq 40$ (3.10)

Bodengruppen GE, GW, GI: $q_c = 1{,}1\ N_{30}$, wobei $3 \leq N_{30} \leq 30$ (3.11)

Grundwasser Bei sonst gleichen Verhältnissen ist der Eindringwiderstand im Grundwasser geringer als über dem Grundwasser. Für enggestufte Sande (Bodengruppe SE) und weitgestufte Kiese (Bodengruppe GW) kann die Umrechnung gemäß DIN 4094-2, Anhang B (zurückgezogen) erfolgen (□ 3.26):

□ 3.26: Beispiele: Korrelation zwischen Rammsondierergebnissen aus SPT bzw. BDP über und im Grundwasser bei SE und GW (DIN 4094-2, Anhang B, zurückgezogen)

Bodengruppe DIN 18196	über Grundwasser	im Grundwasser
SE	$N_{30,\ \text{über Gr.W.}} = 1{,}1\ N_{30,\ \text{im Gr.W.}} + 5$	$N_{30,\ \text{im Gr.W.}}$
GW	$N_{30,\ \text{über Gr.W.}} = 1{,}1\ N_{30,\ \text{im Gr.W.}} + 5{,}9$	$N_{30,\ \text{im Gr.W.}}$

3.05.4 Drucksondierung CPT, CPTM, CPTU

Drucksonde im CPT, CPTU Die Drucksonde (CPT: Cone Penetration Test) wird mit gleichbleibender Geschwindigkeit in den Boden gedrückt. Dabei können Gesamt- und Spitzenwiderstand getrennt gemessen und hierdurch die Mantelreibung ausgeschaltet werden. Das Gerät ist allerdings kompliziert und teuer.

Die piezometrische Drucksondierung, CPTU, ist eine elektrische Drucksondierung, bei der durch zusätzliche Messinstrumente der Porenwasserdruck („U“) während des Eindringens in Höhe der Spitze der Sonde gemessen wird (Handbuch Eurocode 7, Band 2, Abschnitt 4.3).

Mit CPTM wird die unübliche mechanische Drucksondierung bezeichnet, bei der die Messungen entfernt von der Drucksonde vorgenommen werden.

Der Spitzenwiderstand kann z. B. nach dem Maihak-Verfahren gemäß DIN EN ISO 22476-1 gemessen werden (□ 3.32): Die Sondenspitze ist über ein Kabel, das durch das hohle Sondengestänge läuft, mit einem Empfangsgerät an der Erdoberfläche verbunden. In der Spitze befindet sich eine Mess-Saite, die von einem Elektromagneten angezupft und zum Schwingen gebracht wird. Die Schwingungen werden im Empfangsgerät registriert.

Bei unbelasteter Spitze wird eine Nullmessung durchgeführt. Wird die Spitze belastet, drückt sie sich zusammen, so dass die eingebaute Mess-Saite anders als im unbelasteten Zustand schwingt. Die Änderung der Schwingung ist also ein Maß für die Änderung des Spitzenwiderstands.

Die Sondierergebnisse werden nach Mantelreibungswiderstand f_s und Spitzenwiderstand q_c getrennt aufgetragen (□ 3.27, □ 3.32). Zusätzlich wird das Reibungsverhältnis $R_f = f_s / q_c$ ermittelt und aufgetragen (□ 3.27).

□ 3.27: Beispiele: Ergebnisse einer Drucksondierung

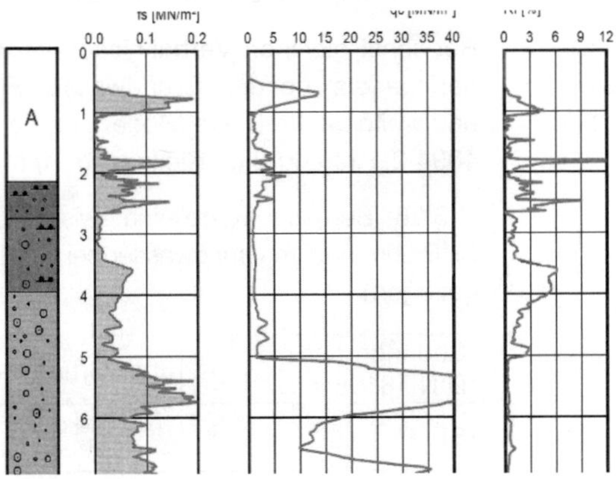

Bodenkenngrößen aus CPT

Aus dem Spitzenwiderstand q_c kann bei Sanden der Reibungswinkel φ' errechnet werden (Handbuch Eurocode 7, Band 2 (2015): Anhang D sowie Abschnitt 4.09). Bei Sanden und Sand-Kies-Gemischen (Bodengruppen SE, SW und GW) können die bezogene Lagerungsdichte I_D und die Lagerungsdichte D bestimmt werden (siehe Abschnitte 4.04 und 4.09). Bei Sanden (Bodengruppen SE und SW) sowie bei mindestens steifen teilgesättigten Tonen (Bodengruppen TL, TM) kann der Steifemodul E_s errechnet werden (siehe Abschnitt 4.08).

Gemäß DIN 4094-1, Anhang C (zurückgezogen) können aus dem Spitzenwiderstand q_c bei Sanden und Sand-Kies-Gemischen (Bodengruppen SE, SW und GW) die bezogene Lagerungsdichte I_D und die Lagerungsdichte D bestimmt werden. Für enggestufte Sande (Bodengruppe SE) kann der Reibungswinkel φ' errechnet werden (siehe Abschnitt 4.09).

Der Spitzenwiderstand q_c ist eine maßgebende Eingangsgröße zur Bestimmung des spezifischen Mantelreibungswiderstandes $q_{s,k}$ sowie des spezifischen Spitzendruckwiderstandes $q_{b,k}$ zur Ermittlung des axialen Pfahlwiderstandes R_k aus so genannten Erfahrungswerten (Handbuch Eurocode 7, Band 1, Abschnitt 7 in Verbindung mit EA-Pfähle).

3.28: Beispiel 26: Ergebnisse einer leichten Rammsondierung (nach DIN EN ISO 22476-2) neben einer Bohrung

Geg.: *Eine Sondierung mit der leichten Rammsonde DPL brachte folgende Ergebnisse:*

Unter Bemerkung: Angabe der Bodengruppen nach DIN 18196

Tiefe [m]	*Schlag-zahl pro 10 cm (N_{10L})*	*Bem.*	*Tiefe [m]*	*Schlag-zahl pro 10 cm (N_{10L})*	*Bem.*	*Tiefe [m]*	*Schlag-zahl pro 10 cm (N_{10L})*	*Bem.*
0,1	10	TL	0,8	32	TL	1,5	18	SE
0,2	12	TL	0,9	36	GW	1,6	20	SE
0,3	14	TL	1,0	32	GW	1,7	22	SE
0,4	14	TL	1,1	32	TL	1,8	16	SE
0,5	12	TL	1,2	30	TL	1,9	15	SE
0,6	16	TL	1,3	25	TL	2,0	16	SE
0,7	20	TL	1,4	20	SE	2,1	242	abge-bro-chen

Ges.: *1) zeichnerische Darstellung*

2) Umrechnung in zu erwartende Schlagzahlen einer DPH

3) Umrechnung in zu erwartende Schlagzahlen, wenn Grundwasser vorhanden

Lösg.: *1)*

Anm.: Neben dem Sondierdiagramm wurde höhengleich das Profil nach DIN 4023 einer benachbarten Bohrung aufgetragen.

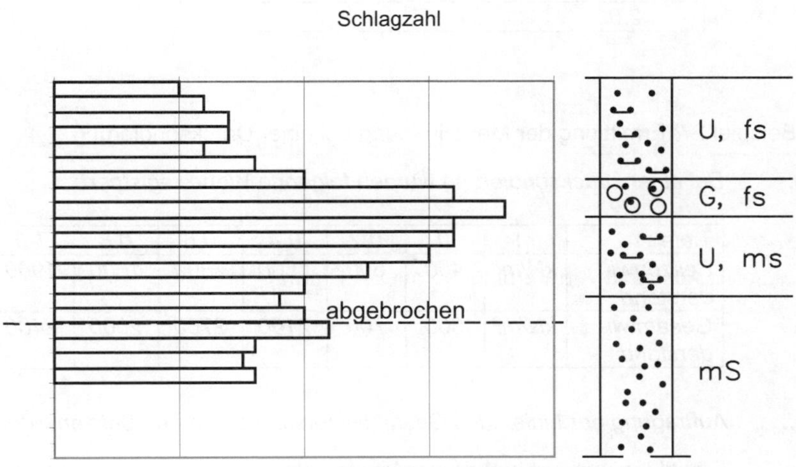

3.28: Fortsetzung Beispiel 26: Ergebnisse einer leichten Rammsondierung (nach DIN EN ISO 22476-2) neben einer Bohrung

2) *Umrechnung in Schlagzahlen der DPH:*

nur möglich für Bodengruppe SE (hier ab 1,4 m Tiefe); Über Grundwasser:

$N_{10H} = 0,34\ N_{10L}$ *mit* $3 \leq N_{10H} \leq 50$

Tiefe [m]	N_{10L}	N_{10H}
1,4	20	7
1,5	18	6
1,6	20	7
1,7	22	7
1,8	16	5
1,9	15	5
2,0	16	5

3) *Umrechnung in Schlagzahlen im Wasser:*

Hier nur möglich für Bodengruppe SE (hier ab 1,4 m Tiefe); Über Grundwasser:

$N'_{10H} = 2,0\ N'_{10L} + 2,0 \Rightarrow N'_{10L} = 0,5\ N'_{10H} - 1$

Tiefe [m]	N_{10L} über Grundwasser	N'_{10H} im Grundwasser
1,4	20	4
1,5	18	8
1,6	20	4
1,7	22	10
1,8	16	7
1,9	15	7
2,0	16	7

□ 3.29: Beispiel 27: Ermittlung der Mantelreibung bei einer Drucksondierung

Geg.: *Bei einer Drucksondierung wurden folgende Werte registriert:*

Tiefe	*m*	*0*	*0,2*	*0,4*	*0,6*	*0,8*	*1,0*
Spitzenwiderstand	*kN/m²*	*400*	*600*	*1500*	*2300*	*1600*	*1900*
Gesamtwiderstand	*kN/m²*	*600*	*700*	*2100*	*2700*	*2000*	*2400*

Ges.: *Auftragung der Linien des Gesamtwiderstands und des Spitzenwiderstands.*

Ermittlung und Auftragung der Mantelreibung.

□ 3.29: Fortsetzung Beispiel 27: Ermittlung der Mantelreibung bei einer Drucksondierung

Lösung: *Die Mantelreibung erhält man aus der Differenz des Gesamtwiderstands und des Spitzenwiderstands q_c*

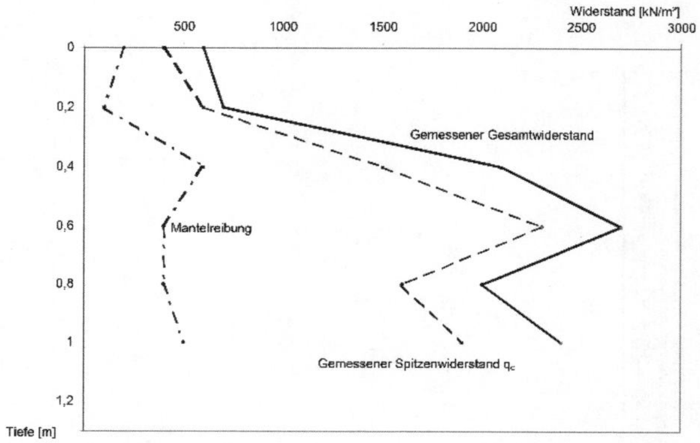

□ 3.30: Beispiel: Ergebnisse von Sondierungen mit Standardsonde SPT und leichter Rammsonde DPL

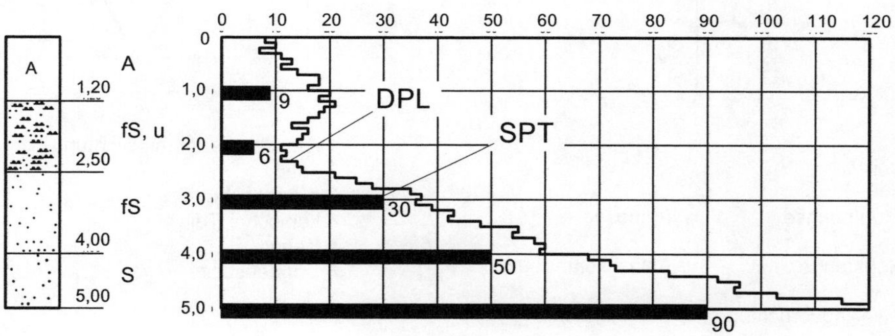

□ 3.31: Beispiel: Standard Penetration Test (SPT)

(DIN EN ISO 22476-3)

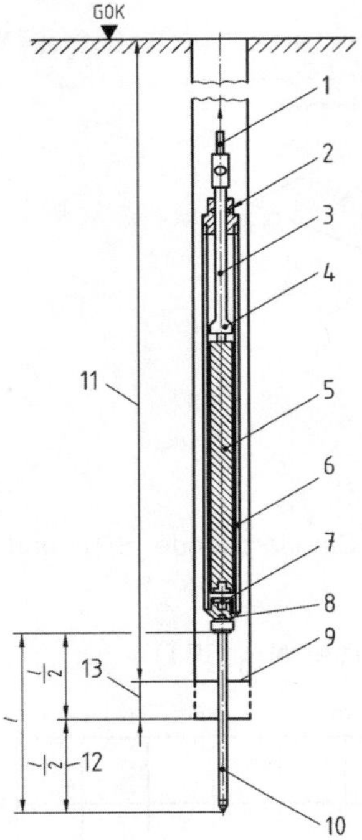

1 Seil

2 Stopfbuchse

3 Hubstange

4 Ausklingvorrichtung

5 Rammbär

6 Hohlzylinder

7 Amboss

8 Ablassschraube

9 Bohrlochsohle

10 Sonde

11 Bohrlochtiefe

12 Unters. Bereich

13 Eindringmaß

□ 3.32: Messelement für die Drucksonde (DIN EN ISO 22476-1)

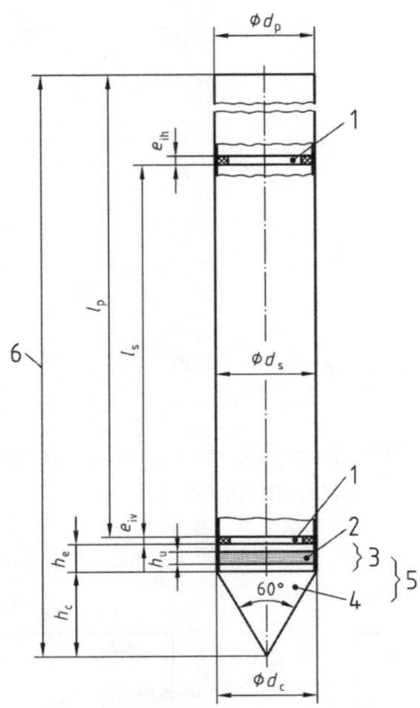

1 Zwischenraum mit Dichtung
2 Filter
3 zylindrischer Teil
4 konischer Teil
5 Kegel
6 Sondenspitze

3.05.5 Flügelsondierung

Flügelsonde Drehsonde (DIN EN ISO 22476-9). Der Sondenflügel (□ 3.33) wird für den Flügelscherversuch von der Erdoberfläche oder der Bohrlochsohle aus in weiche, wasserhaltige Böden eingedrückt und mit gleichmäßiger Winkelgeschwindigkeit (6° pro Minute) bis zum Bruch des Bodens gedreht. Aus dem maximalen Drehmoment M_t und den Flügelabmessungen kann die undränierte Scherfestigkeit c_u errechnet werden (Handbuch Eurocode 7, Band 2 (2011): Anhang I).

□ 3.33: Beispiel: Flügelsonde (Drehsonde, nach Schultze)

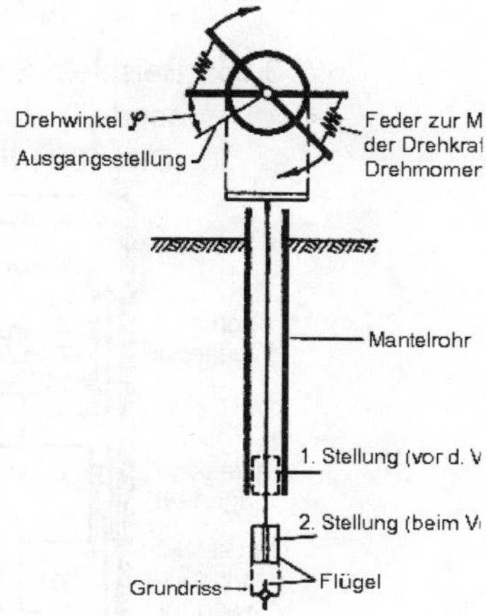

Die Ergebnisse aus dem Flügelscherversuch werden zur Bestimmung der Sensitivität als eine zu bestimmende maßgebende Eigenschaft zur Festlegung von Homogenbereichen herangezogen (siehe Abschnitte 2.08 und 4.10.4).

3.05.6 Seitendrucksonden

Sie wird gemäß DIN EN ISO 22476-7 zur Bestimmung des (horizontalen) Steifemoduls des Bodens im Bohrloch eingesetzt (□ 3.34). Nach DIN 4094-5 (zurückgezogen) werden folgende Messeinrichtungen unter dem Begriff „Bohrlochaufweitungsversuche" zusammengefasst (□ 3.35):

Dieser unterscheidet sich bei Böden allerdings oft erheblich von dem meist interessierenden Steifemodul in vertikaler Richtung.

□ 3.35: Übersicht über Bohrlochaufweitungsversuche nach DIN 4094-5 (zurückgezogen)

Gerät	Bezeichnung (international)	Kurzzeichen nach DIN 4094-5	DIN EN 22476, Teil
Dilatometer	Rock Dilatometer test	RDT	5 und 11
Dilatometer	Soil Dilatometer test	SDT	5 und 11
Pressiometer	Menard Pressure-meter test	MPM	4
Seitendruckgerät	Borehole Jacking test	BJT	7

Bei der Stuttgarter Seitendrucksonde (□ 3.36) wird der Boden durch zwei Schalen auseinander gedrückt, die gelenkig an eine hydraulische Presse angeschlossen sind. Die Verschiebungen an Kopf und Fuß der Druckschalen werden mit Potentiometern gemessen. Ihr Mittelwert wird als Funktion der Kraft (Arbeitslinie des Systems) aufgetragen.

□ 3.36: Beispiel: Stuttgarter Seitendrucksonde
(DIN 4094-5; zurückgezogen)

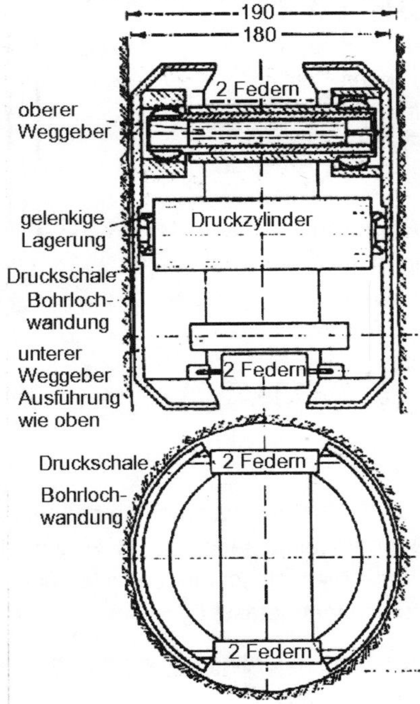

□ 3.37: Beispiel: Isotopensonde

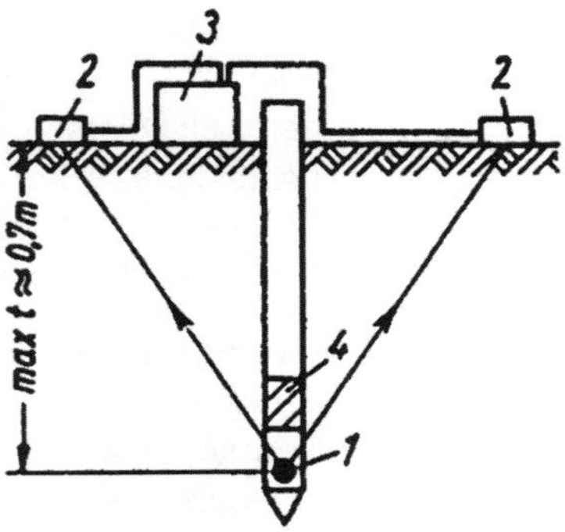

1 Strahlungsquelle

2 Zählrohr

3 Impulszählgerät

4 Bleiabschirmung

3.05.7 Isotopensonden

Isotopensonde

Von einem radioaktiven Präparat in der Sonde werden Strahlen ausgesandt, die nach Durchlaufen des Bodens von einem Messgerät registriert werden. Je nach Gerät (□ 3.37) wird die Dichte des feuchten Bodens mit Gammastrahlen oder die Masse des Wassers je m^3 Boden mit Neutronenstrahlen gemessen. Wegen der notwendigen Schutzbestimmungen und Störeinflüsse werden Isotopensonden für praktische Untersuchungen selten eingesetzt.

3.06 Plattendruckversuch

Regelwerk

DIN 18 134 Plattendruckversuch. Die Norm gilt im Erd- und Grundbau sowie im Verkehrswegebau. Bezeichnung des Versuchs: □ 3.38.

Neben dem in dieser Norm beschriebenen „statischen" Plattendruckversuch wird in der Praxis zunehmend auch der nicht genormte dynamische Plattendruckversuch ausgeführt (s. unten). Dessen Ergebnisse sollten aber mit Hilfe von Plattendruckversuchen DIN 18 134 geeicht werden.

□ 3.38: Beispiel: Bezeichnung eines Plattendruckversuchs, Plattendurchmesser 300 mm (DIN 18 134)

Versuch DIN 18134 - 300

Versuch

Der Boden wird durch eine kreisförmige Lastplatte (Durchmesser meist 300 mm, seltener 600 mm und 762 mm) mit Hilfe einer Druckvorrichtung (auf der Baustelle meist ein beladener Lastkraftwagen) wiederholt stufenweise be- und entlastet, wobei jeweils das Ende der Setzungen abgewartet wird. Die Zweitbelastung erfolgt nur bis zur vorletzten Stufe der Erstbelastung, um im vorbelasteten Bereich zu bleiben. Für die Setzungsmessung kann z.B. die Setzungsmesseinrichtung nach □ 3.39 verwendet werden.

□ 3.39: Beispiel: Plattendruckversuch mit Setzungsmesseinrichtung im Verhältnis 1 : 1 (nach DIN 18 134):

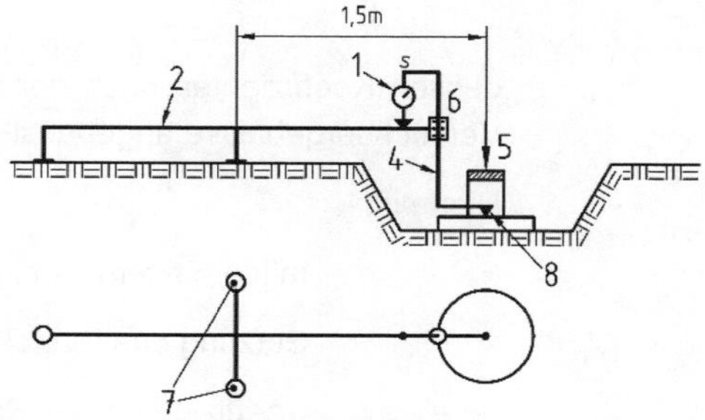

1 Messuhr bzw. Wegaufnehmer,

2 Traggestell, 3 Drehpunkt, 4 Tastarm,

5 Last, 6 Linearlager, 7 Auflager,

8 Tastvorrichtung

Bei jeder Laststufe werden die Setzungen s der Platte in Abhängigkeit von der mittleren Normalspannung σ_0 unter der Platte als Druck-Setzungslinie aufgetragen (□ 3.40 bis □ 3.42).

Der Plattendruckversuch lässt sich einwandfrei nur auf grobkörnigen und gemischtkörnigen sowie auf feinkörnigen Böden von mindestens steifplastischer Konsistenz durchführen. Der Anteil des Bodens an Körnern größer als etwa 1/4 des Plattendurchmessers muss vernachlässigbar klein sein.

Verformungsmodul

⇒ und Kalibrierung des Plattendruckgeräts: DIN 18 134.

Er wird als Kenngröße für die Verformbarkeit des Bodens aus der Neigung der Drucksetzungslinie der Erst- und Wiederbelastung zwischen den beiden Punkten $0{,}3 \cdot \sigma_{1max}$ und $0{,}7 \cdot \sigma_{1max}$ nach der Gleichung

$$E_V = 1{,}5 \cdot r \cdot \frac{1}{a_1 + a_2 \cdot \sigma_{1\max}} \qquad (3.12)$$

berechnet.

Hierin ist:

σ_{1max} maximale mittlere Normalspannung der Erstbelastung in MN/m²

r Radius der Lastplatte in mm

Der aus der Erstbelastungslinie berechnete Verformungsmodul wird mit dem Index 1, der aus der Zweitbelastungslinie berechnete mit dem Index 2 bezeichnet.

Um subjektive Einflüsse bei der Auswertung auszuschalten, werden die Belastungslinien durch ein Polynom zweiten Grades ausgeglichen,

(3.13)

dessen Koeffizienten nach der Methode der kleinsten Fehlerquadrate an die Versuchsergebnisse angepasst werden (□ 3.40 bis □ 3.42).

Hierin ist:

σ mittlere Normalspannung unter der Platte in MN/m²

s Setzung des Plattenzentrums in mm

a_0, a_1, a_2 Koeffizienten des Polynoms zweiten Grades

□ 3.40: Beispiel 28: Bestimmung des Verformungsmoduls (nach DIN 18 134)

Geg.: *Mit der Lastplatte D = 300 mm wurde ein Plattendruckversuch durchgeführt.*

Das Übersetzungsverhältnis Plattenzentrum/ Messuhrposition betrug 1,33.

Messwerte (aus DIN 18134):

Erstbelastung und Entlastung

Nr.	*Kraft*	*Normalspannung σ_0*	*Setzung*	
			Messuhr	*Plattenzentrum*
-	*kN*	*MN/m²*	*10^{-2} mm*	*10^{-2} mm*
0	*0,71*	*0,01*	*0*	*0*
1	*5,65*	*0,08*	*5*	*7*
2	*11,31*	*0,16*	*15*	*20*
3	*19,69*	*0,24*	*23*	*31*
4	*22,62*	*0,32*	*40*	*53*
5	*28,27*	*0,40*	*60*	*80*
6	*31,81*	*0,45*	*72*	*96*
7	*35,34*	*0,50 ≙ max*	*96*	*128*
8	*17,67*	*0,25*	*85*	*113*
9	*8,48*	*0,12*	*71*	*95*

□ 3.40: Fortsetzung Beispiel 28: Bestimmung des Verformungsmoduls (nach DIN 18 134)

Zweitbelastung

Nr.	Kraft	Normalspannung σ_0	Setzung	
			Messuhr	Plattenzentrum
1	0,71	0,01	56	75
2	5,65	0,08	61	81
3	11,31	0,16	66	88
4	16,96	0,24	79	97
5	22,62	0,32	78	104
6	28,27	0,40	86	115
7	31,81	0,45	92	123

Ges: *Auswertung*

Lösg.:

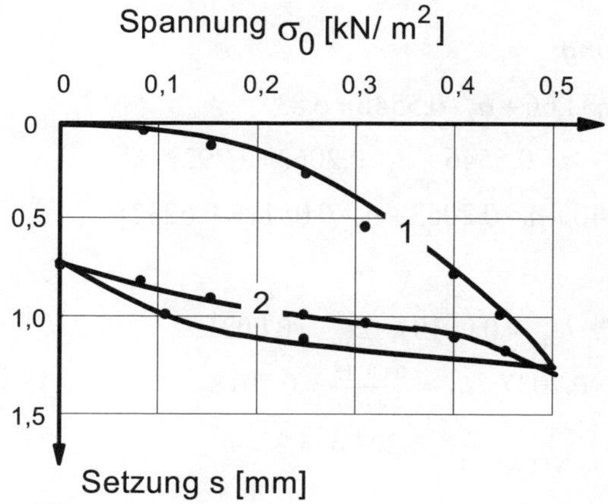

Ermittlung der Konstanten (Koeffizienten) des Polynoms $s = a_0 + a_1 \cdot \sigma_0 + a_2 \cdot \sigma_0^2$ nach der Methode der kleinsten Fehlerquadrate:

Grundgleichungen:

Erstbelastung:

Für die Ermittlung der Konstanten des Erstbelastungsastes wird der Punkt s = 0 nicht berücksichtigt.

Mit den Messergebnissen wird das Gleichungssystem:

$$(1)\ a_0 \cdot 7 + a_1 \cdot 2{,}15 + a_2 \cdot 0{,}8045 = 4{,}1500$$

$$(2)\ a_0 \cdot 2{,}15 + a_1 \cdot 0{,}8045 + a_2 \cdot 0{,}3313 = 1{,}6736$$

$$(3)\ a_0 \cdot 0{,}8045 + a_1 \cdot 0{,}3313 + a_2 \cdot 0{,}1436 = 0{,}7201$$

3.40: Fortsetzung Beispiel 28: Bestimmung des Verformungsmoduls (nach DIN 18 134)

Lösung mit Determinanten nach der Regel von Sarrus:

D = 0,00197; Da₁ = -0,00050; Da ₂= 0,01018

Damit berechnen sich die Konstanten zu:

$$a_1 = -\frac{0{,}00050}{0{,}00197} = -0{,}258 \quad \frac{mm}{MN/m^2}$$

$$a_2 = \frac{0{,}01018}{0{,}00197} = 5{,}167 \quad \frac{mm}{MN/m^2}$$

Ermittlung des Verformungsmoduls:

$$E_{v_1} = \frac{1{,}50 \cdot r}{(a_1 + a_2 \cdot \sigma_{0\max})} = \frac{1{,}50 \cdot 0{,}15}{(-0{,}258 + 5{,}167 \cdot 0{,}5) \cdot 10^{-3}} = 96{,}8 \; MN/m^2$$

Zweitbelastung:

$$(1)\; a_0 \cdot 7 + a_1 \cdot 1{,}66 + a_2 \cdot 0{,}5546 = 6{,}83$$

$$(2)\; a_0 \cdot 1{,}66 + a_1 \cdot 0{,}5546 + a_2 \cdot 0{,}2063 = 1{,}7922$$

$$(3)\; a_0 \cdot 0{,}5546 + a_1 \cdot 0{,}2063 + a_3 \cdot 0{,}0811 = 0{,}6232$$

$$D = 0{,}00272; \; D_{a_1} = 0{,}00191; \; D_{a_2} = 0{,}00215$$

$$a_1 = \frac{0{,}00191}{0{,}00272} = 0{,}7037; \; a_2 = \frac{0{,}00215}{0{,}00272} = 0{,}7918$$

$$E_{v_2} = \frac{1{,}50 \cdot 0{,}15}{(0{,}7037 + 0{,}7918 \cdot 0{,}5) \cdot 10^{-3}} = 204{,}6 \; MN/m^2$$

Bettungsmodul

Der Bettungsmodul ist eine Kenngröße zur Beschreibung der Nachgiebigkeit der Bodenoberfläche unter einer Flächenlast im Sinne einer Federkonstante. Er wird aus der Drucksetzungslinie der Erstbelastung ermittelt.

Für die Bemessung von Deckenkonstruktionen im Straßen- und Flugplatzbau wird die Druckspannung σ_0 - in der Regel mit einem Plattendurchmesser 762 mm - gemessen, die einer mittleren Setzung von s = 1,25 mm entspricht. Der Bettungsmodul (z. B. in MN/m³) ergibt sich aus

$$k_s = \frac{\sigma_0}{s} \qquad (3.14)$$

Je nach Verlauf der Drucksetzungslinie ist über die Tangente an den Wendepunkt eine Nullpunktkorrektur vorzunehmen und die Setzung s‘ = 1,25 mm auf den korrigierten Nullpunkt zu beziehen (□ 3.42).

⇒ DIN 18 134.

Werte

Erforderliche Werte für den Verformungsmodul im Erd- und Straßenbau siehe Abschnitt 5.

□ 3.41: Beispiel 29: Bestimmung der plastischen und elastischen Setzung

Geg.: *Mit einer Lastplatte vom Durchmesser 300 mm wurde ein Plattendruckversuch mit folgenden Ergebnissen durchgeführt:*

Versuchslast	*kN*	*7,07*	*14,1*	*21,2*	*35,4*	*44,5*	*21,2*	*0*	*21,2*	*35,4*
Setzung	*mm*	*0,24*	*0,58*	*0,91*	*1,57*	*2,00*	*1,84*	*1,17*	*1,68*	*1,96*

Ges.: *a) Darstellung der Druck-Setzungs-Linie*

b) Anteil der bleibenden (plastischen) Setzung

c) Anteil der elastischen Setzung

d) Worüber gibt der Anteil der bleibenden Setzung Auskunft?

Lösung: *Die Versuchslasten müssen über die Fläche der Lastplatte in Spannungen σ umgerechnet werden.*

Versuchsspannung	*kN/m²*	*100*	*200*	*300*	*500*	*630*	*300*	*0*	*300*	*500*

zu a)

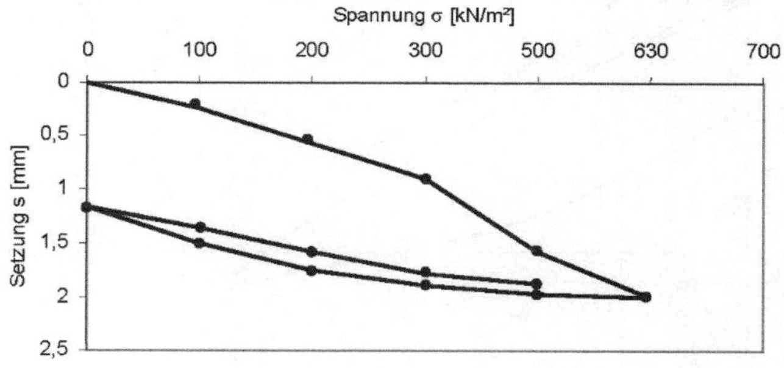

zu b) S_{pl} *= 1,17 mm (58,5 % der Gesamtsetzung)*

zu c) S_{el} *= 2,00 - 1,17 = 0,83 mm*

zu d) *Ein großer Anteil der bleibenden (plastischen) Setzung bedeutet, dass in der obigen Darstellung die Zweitbelastungslinie sehr viel flacher als die Erstbelastungslinie verläuft. Das weist auf eine schlechte Verdichtung des untersuchten Bodens hin.*

□ 3.42: Beispiel 30: Bestimmung des Bettungsmoduls (nach DIN 18 134)

Geg.: *Mit einer Lastplatte D = 762 mm wurde ein Plattendruckversuch durchgeführt.*

Messwerte (aus DIN 18134)

Nr.	Kraft	Normalspannung σ_0	Setzung Messuhr	Setzung Plattenzentrum
-	kN	MN/m²	10^{-2} mm	10^{-2} mm
0	4,38	0,01	0	0
1	18,24	0,04	23	30
2	36,48	0,08	42	55
3	63,85	0,14	73	96
4	91,21	0,20	115	151
5	36,48	0,08	87	115
6	0,00	0,00	43	57

Ges.: *Bettungsmodul für eine Deckenkonstruktion im Straßenbau*

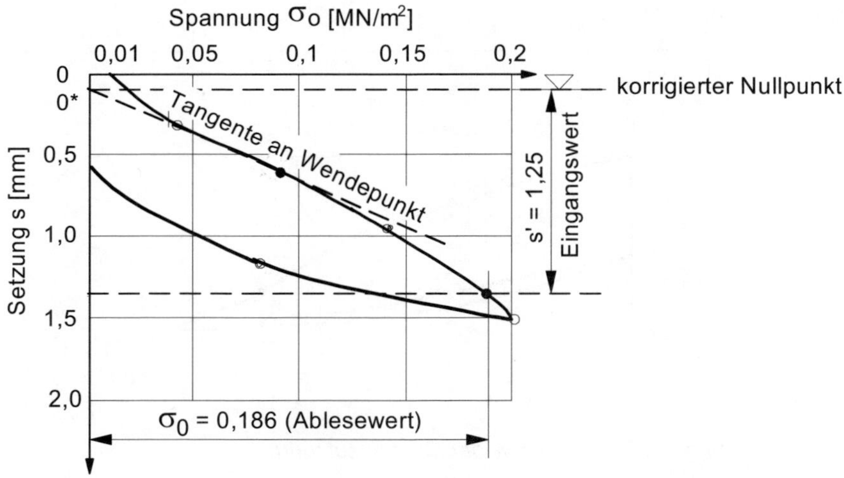

Lösung: *Darstellung der Druck-Setzungs-Linie:*

Bettungsmodul:

$$k_s = \frac{\sigma_0}{S'} = \frac{0{,}186}{0{,}00125} = 149 \ MN/m^3$$

Verwendung

Mit Hilfe des Verformungsmoduls E_v wird die Verformbarkeit und Tragfähigkeit des Bodens im Erd- und Grundbau (Verdichtungskontrolle) beurteilt. Der mit Hilfe des Verformungsmoduls ermittelte Bettungsmodul k_s wird bei der Bemessung vor Straßen- und Flugplatzdecken benötigt. Der Bettungsmodul k_s für die Bemessung von Fundamenten wird mit Hilfe von Setzungsberechnungen ermittelt.

⇒ Dörken, Dehne, Kliesch, Grundbau in Beispielen, Teil 2

Dynamischer Plattendruckversuch

Schnellverfahren zur indirekten Überprüfung der Verdichtung des Bodens. Dieser wird über die kreisförmige Lastplatte mit dem Radius r = 30 cm des Leichten Fallgewichtsgeräts (□ 3.43) mit Hilfe des Fallgewichts stoßartig belastet. Aus der dabei gemessenen Setzungsamplitude s wird der dynamische Verformungsmodul

$$E_{vd} = 1{,}5 \cdot r \cdot s \quad (3.15)$$

des Bodens berechnet.

□ 3.43: Leichtes Fallgewichtsgerät

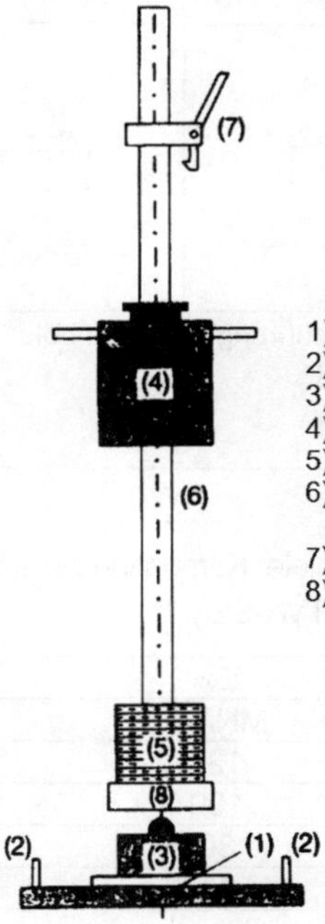

Wirtschaftliche Vorteile gegenüber dem statischen Plattendruckversuch: Ein Belastungswiderlager wird nicht benötigt, und der Versuch kann innerhalb weniger Minuten durch eine Person, auch bei beengten Baustellenverhältnissen, durchgeführt werden. Nachteil: Der Versuch erfordert eine vorherige Bestimmung von Korrelationswerten mit dem Verdichtungsgrad oder Verformungsmodul.

Korrelationswerte können - z. B. nach Abschluss der Verdichtung eines Leitungsgrabens - lt. ZTVA-StB durch Vergleiche mit dem statischen Plattendruckversuch bzw. mit der Dichte aus Zylinderentnahme oder Ballonversuch ermittelt werden (□ 3.44).

Anhaltswerte: □ 3.45.

Der Versuch kommt vornehmlich bei grob- und gemischtkörnigen Böden mit einem Größtkorn bis 63 mm in Frage. Feinkörnige Böden müssen eine steife bis feste Konsistenz besitzen. Im Zweifelsfall ist der Wassergehalt, der das Versuchsergebnis entscheidend beeinflusst, bei fein- und gemischtkörnigen Böden in verschiedenen Tiefen bis zum 1,5fachen des Plattendurchmessers unter der Prüffläche zu bestimmen.

⇒ Kudla, Floss, Trautmann 1991. TP BF-StB Teil B 8.3, ZTVA-StB, Anhang 14.

□ 3.44: Beispiele: Vergleichsuntersuchungen zur Ermittlung von Korrelationswerten (aus ZTVA-StB)

<table>
<tr><td></td><td>Bild 1</td><td>Bild 2.1</td><td>Bild 2.2</td></tr>
<tr><td>Vergleich zu</td><td>Stat. Plattendruckversuch</td><td>Verdichtungsgrad Ausstechzylinder</td><td>Verdichtungsgrad Ballongerät</td></tr>
<tr><td>Aufsicht</td><td>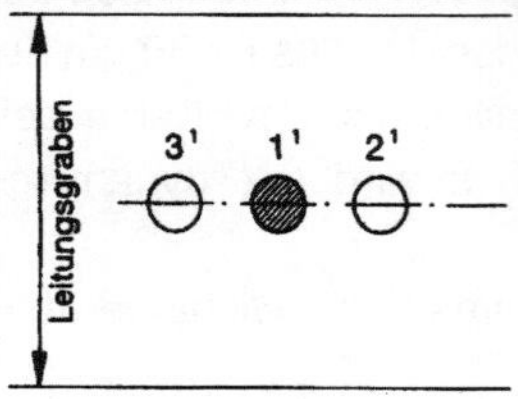
</td><td>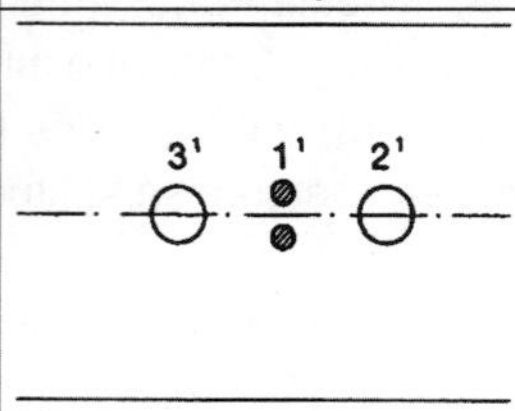
</td><td>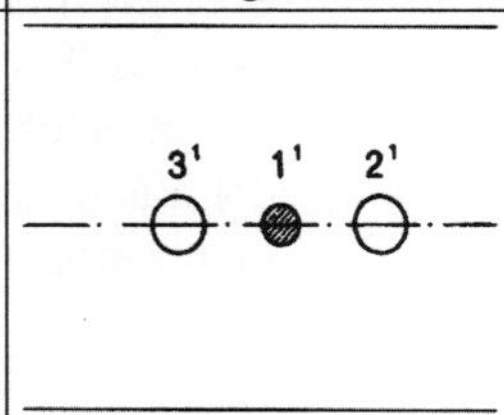
</td></tr>
<tr><td>Schnitt</td><td>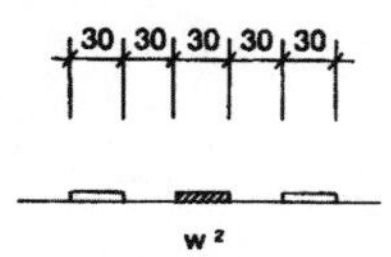
</td><td>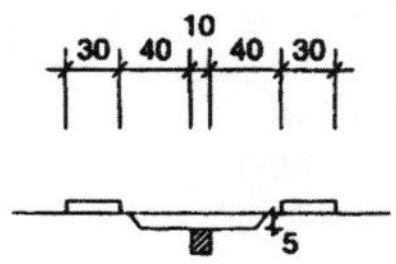
</td><td>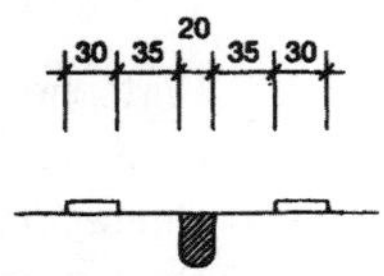
</td></tr>
<tr><td colspan="2">1 Reihenfolge Versuchsdurchführung
w^2 Bestimmung Wassergehalt</td><td colspan="2">Symbole: Leichtes Fallgewichtsgerät; Plattendruckgerät; Ausstechzylinder; Ballongerät
Angaben in [cm]</td></tr>
</table>

□ 3.45: Beispiele: Korrelation zwischen statischem und dynamischem Verformungsmodul (aus ZTVA-StB).

E_{v2}	E_{vd}
MN/m²	MN/m²
120	60
100	50
80	40
45	25

3.07 Geophysikalische (großflächige) Untersuchungen

Seismisch Durch künstliche Erschütterung (Sprengung) wird ein Wellenfeld im Boden erzeugt, aus dessen Art und Verlauf z. B. die Lage einer festen Schicht unter dem überlagernden Lockergestein ermittelt werden kann (□ 3.46).

□ 3.46: Beispiel: Seismische Bodenuntersuchung (nach Schultze)

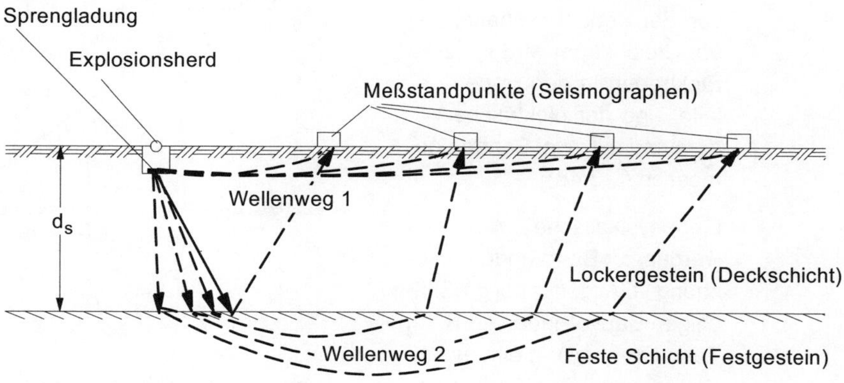

Dynamisch Periodische Schwingungen rufen ein stationäres Wellenfeld im Boden hervor, dessen Art und Ausbreitungsgeschwindigkeit Rückschlüsse auf den Baugrund ermöglichen (□ 3.47).

□ 3.47: Beispiel: Dynamische Bodenuntersuchung (nach Schultze)

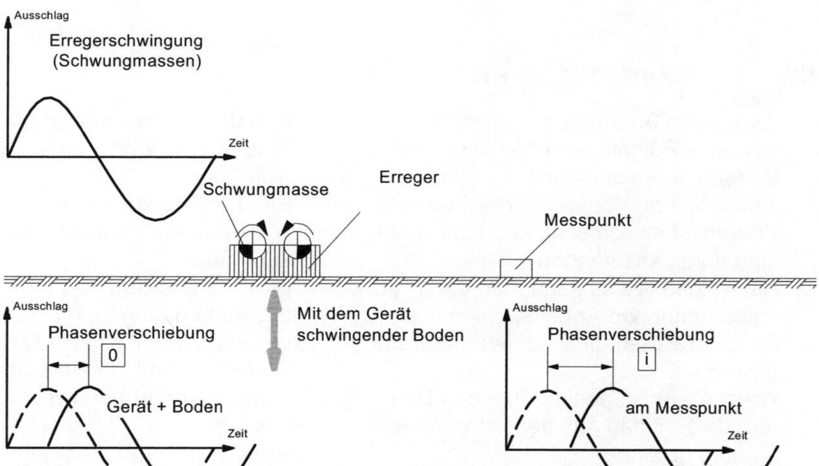

Die Leitfähigkeit des Bodens für elektrischen Strom hängt von der Bodenbeschaffenheit ab. Gleichstrom wird mit zwei Elektroden in den Boden geleitet und der elektrische Widerstand mit zwei Sonden gemessen (□ 3.48).

□ 3.48: Beispiel: Geoelektrische Bodenuntersuchung (nach Schultze)

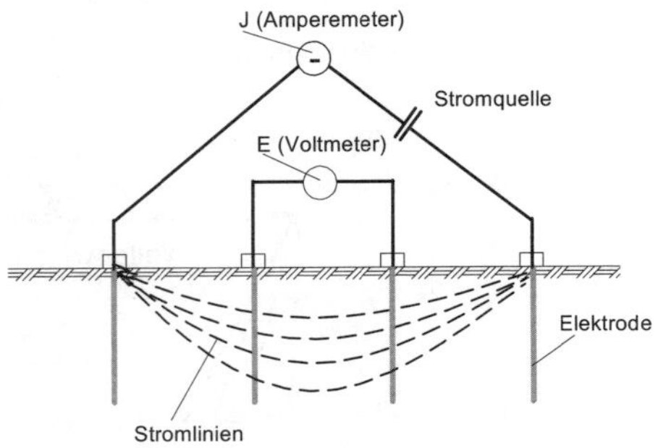

Geophysikalische Verfahren werden zur Baugrunduntersuchung i. Allg. nur bei großflächigen Bauvorhaben (z. B. im Talsperrenbau) eingesetzt. Die erforderlichen Geräte sind teuer, und die Entwicklung ist noch nicht abgeschlossen.

Muhs, H. (1957), Cambefort, H. (1964), Schultze, E. (1967), Schultze, E., Muhs, H. (1967), Fuchs, E: (1971), Voth, B. (1978), Stiegler, W. (1979), Graßhoff, H., Siedeck, P., Floss, R. (1979, 1982), Gudehus, G. (1981), Placzek, D. (1985), Rübener, R. (1985), Kudla, W., Floss, R., Trautmann, C. (1991), Smoltczyk, U. (1993), Lang, H.-J., Huder, J., Amann, P. (1996), Schmidt, H. G., Seitz, J.M. (1998), Schmidt, H.-H. (2006), Kuntsche, K. (2009), Schneider, K.-J. (2009), Witt, K.J. (2018).

3.08 Kontrollfragen

- Zweck von Bodenuntersuchungen?
- Mögliche Folgen eines Verzichts auf Bodenuntersuchungen?
- Zeitpunkt von Bodenuntersuchungen? Warum ist es schlecht, erst bei Baubeginn damit anzufangen?
- Auf welche Weise kann man durch Voruntersuchungen Anhaltspunkte über die zu erwartenden Bodenverhältnisse gewinnen?
- Welche Anhaltspunkte über den Baugrund kann man aus der Nachbarbebauung gewinnen?
- Welche Hinweise kann man aus geologischen Karten oder aus Baugrundkarten erhalten?
- Verfahren von Bodenuntersuchungen im Gelände?
- Schürfe? Herstellung (Skizze)? Vor- und Nachteile gegenüber anderen Aufschlüssen?
- Skizzieren Sie die Entnahme einer Sonderprobe aus einem Schurf bzw. aus der Baugrundoberfläche!
- In welchen Böden kann mit der Schappe gebohrt werden, in welchen nicht?
- Ein grundwasserführender Sand liegt vor. Welches Bohrwerkzeug kommt zum Einsatz?
- Mit welchem Bohrverfahren erhält man zusammenhängende Proben aus gewachsenem Fels?
- Warum kommt der Bohrgreifer für Erkundungsbohrungen seltener in Frage?
- Arten von Kernbohrungen?
- Spülbohrer? Saugbohrer? Eignung für Baugrunduntersuchungen?
- 3 Gruppen von Bohrverfahren? Welche Anforderungen werden an das zu wählende Bohrverfahren gestellt?
- Welche Güteklassen von Proben werden in DIN EN ISO 22475-1 genannt? Unterschiede?
- Verrohrung von Bohrungen? Was ist dabei zu beachten?

- Hauptbohrungen? Zusatzbohrungen? Abstand von Bohrungen?
- Wonach richten sich Lage und Tiefe der Bohrungen für einzelne Bauwerke?
- Was ist die maximal/minimal notwendige Untersuchungstiefe bei Einzelgründungen/bei mehreren Gründungskörpern, deren Einfluss sich in tieferen Schichten überlagert?
- Bohrtiefe bei Pfahlgründungen?
- Bohrgerät? Verrohrungsmaschine?
- Erläutern Sie den Ablauf einer Bohrung anhand von Skizzen!
- Nennen Sie die verschiedenen Bohrwerkzeuge (Skizzen) und ihre Einsatzbereiche!
- Die Entnahme einer Sonderprobe mit dem einfachen, offenen Entnahmegerät nach DIN EN ISO 22475-1 ist zu beschreiben (Skizze). Grenze der Anwendung?
- Welche Angaben sind zur Kennzeichnung von Bodenprobe erforderlich?
- Welche Messungen und Aufzeichnungen hat der Bohrmeister beim Ausfüllen eines Schichtenverzeichnisses vorzunehmen?
- Erläutern Sie die Darstellung einer Bohrung als Bohrprofil nach DIN 4023!
- Geben Sie Kurzzeichen für folgende Bodenarten und Nebenanteile an: Kies, Sand, Schluff, Ton, Geschiebelehm, Mergel, schluffig, schwach tonig, stark feinsandig, sandiger Lehm.
- Wie werden bei zusammengesetzten Bodenarten Haupt- und Nebenanteile unterschieden?
- Was ist eine Sonde? Wozu werden Sondierungen gemacht?
- Was ist das Ergebnis einer Sondierung? Was kann man daraus schließen?
- Skizzieren Sie die in DIN 4094 und DIN EN ISO 22476-2 genormten Rammsonden, beschreiben Sie ihre Anwendung!
- Mit welcher Fallmasse wird die leichte / schwere Rammsonde in den Boden getrieben?
- Wie wird das Ergebnis einer Rammsondierung ausgewertet und aufgetragen? Welche Schlüsse kann man aus dem Sondierdiagramm ziehen?
- Beschreiben Sie eine Standard-Sondierung (Skizze). Wie wird das Ergebnis aufgetragen?
- Darf man bei Aufschlussbohrungen Wasser zusetzen?
- Beschreiben Sie folgende Bohrverfahren: Rotationskernbohrung, Ramm-(Druck-) kernbohrung, Spülbohrung (Rotary-Bohrung). Saugbohrung!
- Was versteht man unter Spülhilfe beim Bohren? Ist sie bei Aufschlussbohrungen zulässig?
- Wodurch werden Art und Umfang der Entnahme von Bodenproben nach DIN EN ISO 22475-1 bestimmt?
- Welche Probemenge ist beim Bohren (als gestörte Probe) jeweils zu entnehmen?
- In welchen Tiefenabständen sollen Bohrproben entnommen werden? Wie wird die Tiefenlage im Schichtenverzeichnis angegeben?
- Erläutern Sie Durchführung und Auswertung einer Drucksondierung!
- Skizzieren Sie das Sondierdiagramm einer Drucksondierung und erläutern Sie, wie man daran die Mantelreibung abliest!
- Welche Möglichkeiten gibt es, bei Sondierungen die Mantelreibung weitgehend auszuschalten?
- Wie wird die undränierte Scherfestigkeit eines bindigen Bodens mit der Flügelsonde bestimmt?
- Welche Größen müssen bei der Auswertung einer Flügelsonde bekannt sein?
- Wie funktioniert eine Seitendrucksonde? Welche Bodenkennzahl wird damit bestimmt?
- Skizzieren Sie die Dichtebestimmung mit einer Isotopensonde!
- Wie wird ein Plattendruckversuch ausgeführt, ausgewertet und aufgetragen?
- Welchen Zweck erfüllt die Messbrücke beim Plattendruckversuch?
- Der dynamische Plattendruckversuch ist zu beschreiben? Notwendige Eichung?
- Wie funktioniert das dynamische Untersuchungsverfahren?
- Zeichnen Sie die Drucksetzungslinien für Erst-, Wiederbelastung und Entlastung beim Plattendruckversuch, und erläutern Sie daran a) das Druck-Setzungsverhalten des Bodens, b) die Bestimmung des Verformungsmoduls und des Bettungsmoduls!.

- Warum wird bei der Standard-Sondierung ca. 15 cm vorgerammt, ohne dass die Schlagzahl registriert wird?
- Vorteil der Standard-Sondierung gegenüber anderen Rammsondierungen?
- Welche Gerätewerte müssen bei Sonden übereinstimmen, damit die Sondierergebnisse verglichen werden können?
- Die Funktion der Maihak-Spitze ist zu beschreiben!
- Schildern Sie Vor- und Nachteile einer Spitzendrucksondierung gegenüber anderen Sondierungen (Gegenüberstellung in Tabellenform)!
- Was erkennt man aus dem Verhältnis von Verformungsmodulen für Wieder- und Erstbelastung?
- Erläutern Sie das seismische Verfahren anhand einer Skizze und beschreiben Sie, welche Schlüsse man aus den Messungen ziehen kann! Wann ist das Verfahren besonders geeignet?
- Wie geht man beim geoelektrischen Verfahren vor (Skizze)? Was stellt man dabei fest?
- Wie entnimmt man eine Zylinderprobe aus einem GU*? (Achtung Fangfrage!)
- Wie kann man eine Sonde für einen ganz bestimmten Boden „eichen“?

3.09 Aufgaben

3.9.1 Lässt sich mit dem nach DIN EN ISO 22475-1 genormten offenen Entnahmegerät eine Sonderprobe aus Sand entnehmen?

3.9.2 Aus einer Schürfgrube in sandigem Kies soll eine Sonderprobe nach dem Zylinderentnahmeverfahren entnommen werden. Erläuterung!

3.9.3 Eine Sonderprobe aus tonigem Schluff ist zu entnehmen a) aus der Geländeoberfläche, b) aus 1,5 m Tiefe über dem Grundwasserspiegel, c) aus 10 m Tiefe. Wie geht man vor?

3.9.4 Auf welche Weise kann die Verdichtung einer Sandschüttung von 2 m Dicke mit der leichten Rammsonde kontrolliert werden?

3.9.5 Unter einer weichen Schluffschicht steht sehr fest gelagerter Kies an. Aus der näheren Umgebung ist bekannt, dass die Schluffschicht 2 bis 5 m dick sein kann. Wie kann man schnell und relativ preiswert die Tiefenlage der Schichtgrenze für ein Bauvorhaben ermitteln?

3.9.6 Unter einer 5 m dicken Schicht aus Auffüllungen, die Schutt und Steine enthalten, steht im Grundwasser Sand an. Es soll bestimmt werden, ob die Lagerungsdichte des Sandes relativ gleichmäßig ist. Können Sonderproben mit dem offenen Entnahmegerät nach DIN EN ISO 22475-1 entnommen werden? Kann sondiert werden?

3.9.7 Wovon hängt die Tiefenwirkung eines Plattendruckversuchs ab? Nach welcher Faustregel kann man sie abschätzen?

3.9.8 Warum sind Standardsondierungen gerade in nichtbindigen Böden erforderlich? Obwohl aus zusätzlichen Bohrergebnissen hervorgeht, dass sich die Bodenschicht nicht ändert, zeigen Rammsondierungen mit zunehmender Tiefe eine stetige Zunahme der Schlagzahlen. Nennen Sie zwei mögliche Gründe!

3.9.9 Ergebnisse der Zweitbelastung eines (statischen) Plattendruckversuchs (D = 30 cm):

Normalspannung (MN/m²)	*0*	*0,02*	*0,04*	*0,06*	*0,08*	*0,10*
Setzung (mm)	*0,48*	*0,50*	*0,56*	*0,60*	*0,64*	*0,68*

Gesucht: a) E_{v2}; b) E_{v2}/E_{v1}

4 Bodenuntersuchungen im Labor

4.01 Korngrößenverteilung

4.01.1 Grundlagen

Regelwerk DIN EN ISO 17892, Teil 4

Begriff Die Korngrößenverteilung gibt die Massenanteile der in einer Bodenart vorhandenen Körnungsgruppen an. Korngrößen über 0,063 mm werden durch Siebung, Korngrößen unter 0,125 mm durch Sedimentation getrennt. Die Korngrößenverteilung von Böden, die wesentliche Anteile über und unter 0,063 mm enthalten, wird durch vereinigte Siebung und Sedimentation bestimmt.

4.01.2 Versuche

Siebung Trockensiebung erfolgt, wenn keine Korngrößen < 0,063 mm vorhanden sind, Nasssiebung, wenn der Boden auch Anteile < 0,063 mm enthält. Genormte Siebsätze siehe DIN ISO 3310-1 und DIN ISO 3310-2.

Trockensiebung: Die Probe wird im Trocknungsofen bei 105°C getrocknet und gewogen. Dann werden die Körner durch einen genormten Siebsatz getrennt. Die Masse der Rückstände auf den einzelnen Sieben und in der Auffangschale wird gewogen, in Prozent der Gesamttrockenmasse und schließlich in die entsprechenden Siebdurchgänge umgerechnet. Die zeichnerische Darstellung der Siebdurchgänge (linearer Maßstab) in Abhängigkeit vom Korndurchmesser (logarithmischer Maßstab) ergibt die Körnungslinie (Summenkurve). Einzelheiten der Versuchsdurchführung und -auswertung (mit Berechnungsbeispiel) siehe DIN EN ISO 17892, Teil 4.

□ 4.01: Beispiele: Körnungslinien von Böden

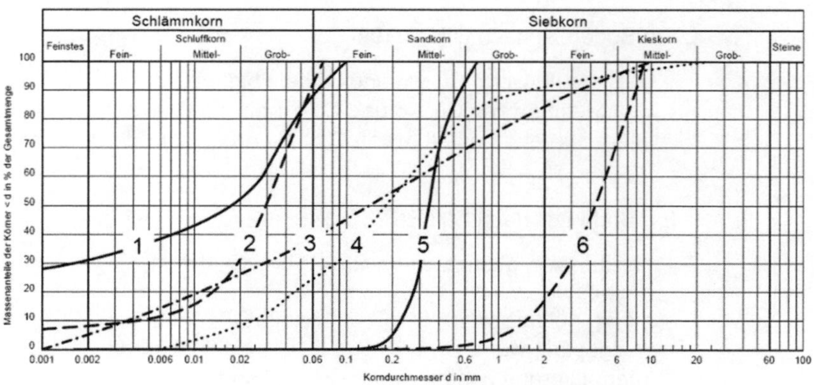

Signatur:	———	– – –	–·–·–	·········	———	– – –
Probe Nr.:	1	2	3	4	5	6
Bodenart:	Kreideton	Löß	Geschiebelehm	Lehm	Dünensand	Kies
Cu/Cc	-/-	8.2/2.5	80.8/0.8	10.7/1.1	1.6/1.1	3.3/1.1

Sedimentation **Aräometer-Verfahren:** Die Bodenprobe wird mit destilliertem Wasser zu einer Suspension aufgerührt und das Boden-Wassergemisch in einem Standglas stehen gelassen. Die größeren Körner sinken schneller ab, die kleinen bleiben länger in Schwebe. Die Dichte der Suspension ändert sich also mit der Zeit. Sie wird zusammen mit der Temperatur der Suspension in bestimmten Zeitabständen mit einem Aräometer (Dichtemesser) gemessen. Mit Hilfe der nomographischen Lösung des Gesetzes von Stokes (über den Zusammenhang zwischen Korngröße, Dichte und Sinkgeschwindigkeit für kugelförmige Körper im Wasser) lässt sich die Korngrößenverteilung aus den Messwerten errechnen.

⇒ DIN EN ISO 17892, Teil 4.

4.01.3 Werte

Körnungslinie Aus den Körnungslinien der Böden (□ 4.01) lassen sich die zu den verschiedenen Korngrößenbereichen gehörigen Massenanteile ablesen.

C_u, C_c Die bautechnischen Eigenschaften eines grobkörnigen Bodens hängen davon ab, ob er nur wenig Korngrößen (enggestufter Boden mit relativ steiler Körnungslinie) oder viele Korngrößen (weitgestufter Boden mit relativ flacher Körnungslinie) enthält oder ob bestimmte Kornbereiche fehlen (intermittierend gestufter Boden mit treppenförmigem Verlauf der Körnungslinie).

Neigung und Verlauf der Körnungslinie lassen sich nach DIN EN ISO 17892, Teil 4 durch die Ungleichförmigkeitszahl C_U (früher: U) und die Krümmungszahl C_c im Bereich d_{10} bis d_{60} bestimmen (□ 4.02):

$$C_U = \frac{d_{60}}{d_{10}} \quad (4.01), \qquad C_C = \frac{(d_{30})^2}{d_{10} \cdot d_{60}} \quad (4.02)$$

Dabei sind d_{10}, d_{30} und d_{60} die Korngrößen, die dem Massenanteil 10 %, 30 % bzw. 60 % der Körnungslinie entsprechen.

Ein Boden ist nach DIN 18196

- enggestuft, wenn $C_U < 6$ und C_c beliebig groß ist,
- weitgestuft, wenn $C_U \geq 6$ und $C_c = 1$ bis 3 ist, und
- intermittierend gestuft, wenn $C_U \geq 6$ und $C_c < 1$ oder > 3 ist.

Ein Boden ist nach DIN EN ISO 14688-2

- gleichmäßig gestuft, wenn $C_U < 3$ und $C_c < 1$ ist,
- enggestuft, wenn $3 < C_U < 6$ und $C_c < 1$ ist,
- mäßig gestuft, wenn $6 < C_U < 15$ und $C_c < 1$ ist,
- weitgestuft, wenn $C_U \geq 15$ und $C_c = 1$ bis 3 ist, und
- intermittierend gestuft, wenn $C_U \geq 15$ und $C_c < 0{,}5$ ist.

□ 4.02: Beispiele: a) Weitgestufter, b) enggestufter und c) intermittierend gestufter Boden (DIN 18 196)

a): $C_U = 61{,}9$, $C_C = 2{,}2$

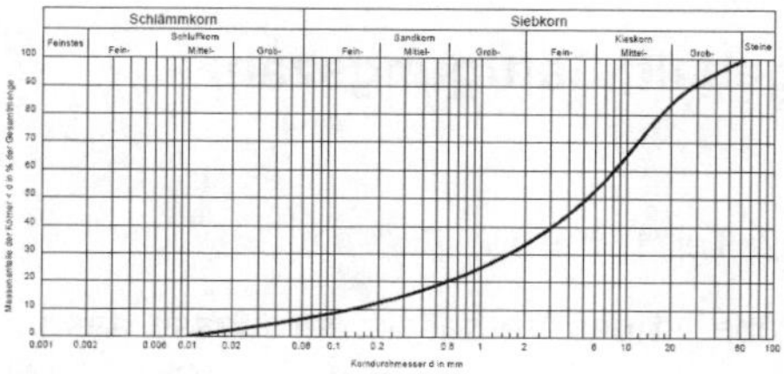

b): $C_U = 4{,}7$, $C_C = 1{,}0$

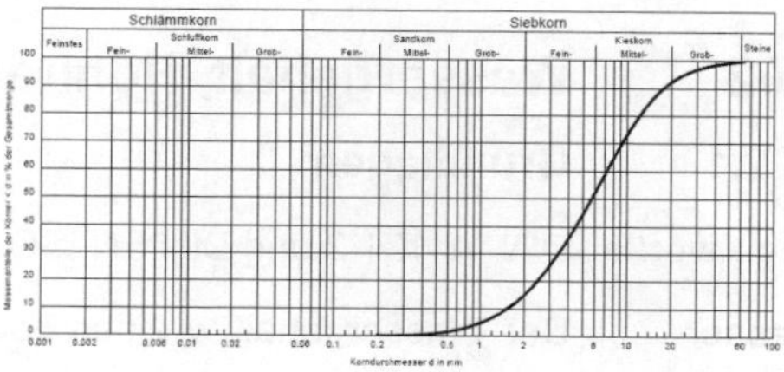

c): $C_U = 62{,}0$, $C_C = 13$

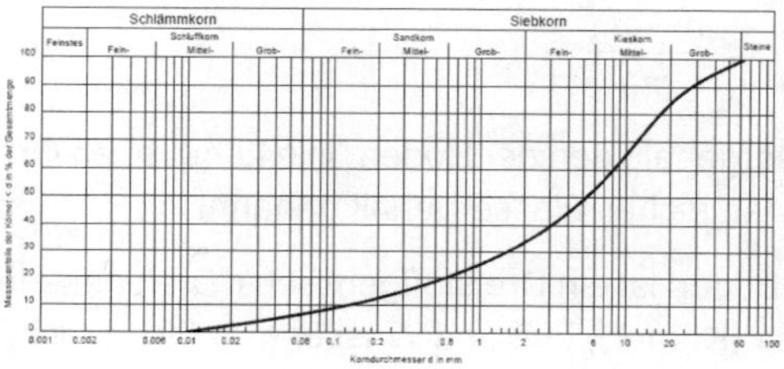

4.01.4 Verwendung

Benennen Mit Hilfe einer Körnungslinie lässt sich ein grobkörniger Boden eindeutig benennen und beschreiben. Für die Benennung, Beschreibung und Klassifikation eines gemischt- oder feinkörnigen Bodens ist außerdem die Kenntnis seiner bestimmenden Eigenschaften (Ton- und Schluffgehalt, Plastizität) erforderlich.

Filter Aus der Körnungslinie eines Bodens kann das richtig abgestufte Filtermaterial bestimmt werden (siehe Abschnitt 4.07)

Ausfallkörnung Wird eine bestimmte Kornfraktion aus einem Boden entfernt, so entsteht eine neue Körnungslinie mit einer erkennbaren Ausfallkörnung (siehe Abschnitt 4.01.3,

□ 4.02 c).

Bodeneigenschaften Aus dem Verlauf der Körnungslinie kann auf verschiedene Bodeneigenschaften geschlossen werden, z. B. auf die

- Wasserdurchlässigkeit: sie ist umso größer, je weiter rechts im Diagramm (im Bereich größerer Korndurchmesser) die Körnungslinie liegt und je steiler die Körnungslinie ist,
- kapillare Steighöhe: sie nimmt mit abnehmendem Korndurchmesser zu,
- Setzungsgröße und -dauer: sie sind umso größer, je bindiger der Boden ist,
- Verdichtungsfähigkeit von grobkörnigen Böden: sie ist bei weitgestuften besser als bei intermittierend und enggestuften Böden, weil sich beim Verdichten die kleineren Körner in die Hohlräume der größeren umlagern, so dass auf diese Weise eine kompakte Masse entsteht,
- Kohäsion: sie ist bei Böden mit Kornanteilen ≤ 0,02 mm vorhanden,

- Frostempfindlichkeit: sie spielt bei grobkörnigen Böden keine Rolle und ist bei gemischtkörnigen Böden größer als bei feinkörnigen,
- Gefahr des Ausfließens von Böden: "Fließsand" hat eine steile Körnungslinie zwischen 0,02 und 0,1 mm (C_U = 1,2 bis 1,5).

4.02 Wassergehalt, Hohlraumgehalt, Sättigungszahl

4.02.1 Grundlagen

Regelwerke DIN 18 121-2 und DIN EN ISO 17892, Teil 1

Wasser-gehalt Der Wassergehalt w einer Bodenprobe ist das Verhältnis der Masse des im Boden vorhandenen Wassers m_w zur Masse m_d der trockenen Probe. Mit m = Masse der feuchten Probe ist:

$$w = \frac{m_w}{m_d} = \frac{m - m_d}{m_d} \tag{4.03}$$

Der Wassergehalt, den der Boden "in situ" (d. h. an Ort und Stelle im Baugrund) hat, wird natürlicher Wassergehalt genannt.

Phasen Feuchter Boden ist ein Dreistoffgemisch ("Dreiphasensystem") und besteht aus Festmasse (Körner), Luft und Wasser (□ 4.03). Trockener und wassergesättigter Boden besteht nur aus 2 Phasen.

□ 4.03: Beispiel: Bezeichnungen
a) am tatsächlichen Probenkörper und
b), c) am Volumenelement (Einheitskörper)

Tatsächlicher Probenkörper Volumenelement (Einheitskörper)

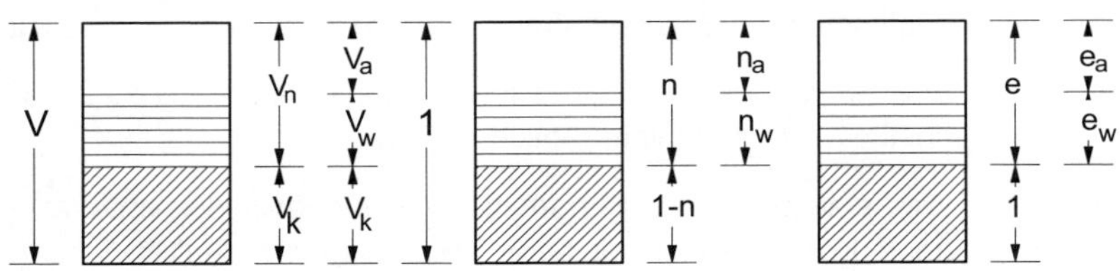

a) b) Porenanteil c) Porenzahl

Hohlraum-gehalt Die Hohlräume (die Poren) zwischen den Bodenteilchen können mit Luft und/oder Wasser gefüllt sein. Der Hohlraumgehalt ist eine wichtige Bodenkennzahl und lässt sich aus dem Gesamtvolumen und dem Volumen der Festmasse ermitteln.

Gesamt-volumen Volumen V des tatsächlichen Probenkörpers. Es umfasst das Volumen der Festmasse (der Bodenteilchen, "Körner") V_K und das Hohlraumvolumen V_n (□ 4.03). Letzteres setzt sich aus dem Luftvolumen V_a und dem Wasservolumen V_w zusammen.

Porenanteil n Hohlraumvolumen V_n, bezogen auf das Gesamtvolumen V des Bodens. Der Porenanteil besteht aus den Anteilen der Luft n_a und des Wassers n_w. Mit □ 4.03 ergeben sich folgende Beziehungen:

$$n = \frac{V_n}{V} = \frac{V - V_K}{V} \quad (4.04), \qquad e = \frac{V_n}{V_K} = \frac{V - V_K}{V_K} \quad (4.05)$$

$$n = \frac{e}{1+e} \quad (4.06), \qquad e = \frac{n}{1-n} \quad (4.07)$$

□ 4.04: Beispiel 31: Sättigungszahl

Geg.: *Von einer Bodenprobe ist bekannt:*

Feuchtmasse: 152 g

Gesamtvolumen: 97,4 cm³

Volumen der Festmasse: 40,67 cm³

Korndichte: 2,68 g/cm³

Ges.: *Wie viel Prozent des Porenraums sind mit Wasser gefüllt?*

Lösg.: *Das Verhältnis des wassergefüllten Porenanteils zum gesamten Porenanteil wird durch die Sättigungszahl S_r ausgedrückt.*

Mit $\rho_s = \frac{m_d}{V_k}$ berechnet sich die Trockenmasse zu

$$m_d = V_k \cdot \rho_s = 40{,}67 \cdot 2{,}68 = 109{,}0 \;\; g$$

Das ergibt einen Wassergehalt von

$$w = \frac{m - m_d}{m_d} = \frac{152{,}0 - 109{,}0}{109{,}0} = 0{,}39$$

und einen Porenanteil $n = 1 - \frac{m_d}{\rho_s \cdot V} = 1 - \frac{109{,}0}{2{,}68 \cdot 97{,}4} = 0{,}58$

Damit wird die Sättigungszahl

$$S_r = \frac{w \cdot \rho_s}{e \cdot \rho_w} = \frac{w \cdot \rho_s \; (1-n)}{n \cdot \rho_w} = \frac{0{,}39 \cdot 2{,}68 \; (1-0{,}58)}{0{,}58 \cdot 1{,}0} = 0{,}76$$

76% des Porenraums sind mit Wasser gefüllt.

Porenzahl e Hohlraumvolumen V_n bezogen auf das Feststoffvolumen V_k des Bodens (□ 4.03). Die Porenzahl setzt sich aus den Anteilen der Luft e_a und des Wassers e_w zusammen.

Statt der Volumengrößen des tatsächlichen Probenkörpers (cm³) (□ 4.03 a) werden in der Praxis häufig Volumenanteile verwendet, die auf das Volumenelement („Einheitskörper") bezogen werden, weil diese dimensionslos sind (□

4.03 b und c). Die Umrechungen zwischen n und e lassen sich am Einheitskörper ablesen (□ 4.03 b und c).

Der Porenanteil (im deutschsprachigen Raum üblicher) zeigt anschaulich die Einzelanteile am Gesamtvolumen des Bodens. Nachteilig ist, dass sich die Bezugsgröße V bei einer Setzung des Bodens ändert. Dagegen bleibt bei der Verwendung der Porenzahl (in englischsprachigen Ländern üblicher) die Bezugsgröße (das Volumen der Festmasse) auch bei einer Volumenänderung (Setzung) des Bodens konstant. Nachteilig ist hier, dass der Zahlenwert unanschaulicher ist.

□ 4.05: Beispiel 32: Berechnung des Wassergehalts aus der Sättigungszahl

Geg.: *Eine Probe nichtbindigen Bodens hat einen Porenanteil von 0,36.*

Ges.: *Wie groß ist ihr Wassergehalt bei 90%iger Wassersättigung?*

Lösg.: *Aus der Bestimmungsgleichung für die Sättigungszahl*

$$S_r = \frac{w \cdot \rho_s \ (1-n)}{n \cdot \rho_w}$$ *berechnet sich der Wassergehalt zu*

$$w = \frac{S_r \cdot n \cdot \rho_w}{\rho_s \ (1-n)} = \frac{0{,}90 \cdot 0{,}36 \cdot 1{,}0}{2{,}65 \ (1-0{,}36)} = 0{,}19$$

Formeln/ Glei-

$$V_n = V_a + V_w \quad (4.08), \qquad \frac{V_w}{V_K} = e_w \quad (4.09)$$

$$\frac{V_a}{V} = n_a \quad (4.10), \qquad e = e_a + e_w \quad (4.11)$$

$$\frac{V_w}{V} = n_w \quad (4.12), \qquad m_w = V_w \cdot \rho_w \quad (4.13)$$

$$n = n_a + n_w \quad (4.14), \qquad m_d = V_K \cdot \rho_s \quad (4.15)$$

$$V = V_n + V_K \quad (4.16), \qquad \frac{V_a}{V_K} = e_a \quad (4.17)$$

Hierin ist ρ_s = Korndichte und ρ_w = Dichte des Wassers.

Sättigungsgrad Verhältnis des wassergefüllten zum gesamten Porenanteil (□ 4.05 bis □ 4.08).

$$S_r = \frac{n_w}{n} = \frac{e_w}{e} = \frac{w \cdot \rho_s}{e \cdot \rho_w} \quad (4.18)$$

□ 4.06: Beispiel 33: Umrechnung von Bodenkennzahlen

Geg.: *In Abschnitt 4.02.1 wird für die Berechnung der Sättigungszahl die Gleichung* $S_r = \frac{n_w}{n} = \frac{w \cdot \rho_s}{e \cdot \rho_w}$ *angegeben.*

Ges.: *Es soll die Identität beider Ansätze bewiesen werden.*

Lösg.: *Setzt man die Beziehung* $m_w = V_w \cdot \rho_w$ *in* $\frac{V_w}{V} = n_w$ *ein, so ergibt sich* $n_w = \frac{m_w}{\rho_w \cdot V}$ *(1).*

Setzt man die Beziehung $w = \frac{m_w}{m_d} = \frac{m - m_d}{m_d}$ *in Gleichung (1) ein, so ergibt sich* $n_w = \frac{w \cdot m_d}{\rho_w \cdot V}$ *(2).*

Mit $\rho_d = \frac{m_d}{V} = (1 - n) \cdot \rho_s$ *erhält man aus Gleichung (2)* $n_w = \frac{w(1-n) \cdot \rho_s}{\rho_w}$ *(3).*

Die Aufgabe ist gelöst, wenn die Gleichung (3) und die Beziehung $e = \frac{n}{1-n}$ *in die Ausgangsgleichung eingesetzt werden.*

□ 4.07: Beispiel 34: Wassersättigung einer Auffüllung

Geg.: *Auf eine praktisch undurchlässige Tonschicht wurde ein Kies-Sand von 0,8 m Dicke mit einem Porenanteil von 0,38 und einer Sättigungszahl von 0,6 aufgebracht.*

Ges.: *Wie viel Liter Wasser müssten pro Quadratmeter Grundfläche zugegeben werden, damit Wassersättigung erreicht ist?*

Lösg.: *Aus der Definitionsgleichung für die Sättigungszahl* $S_r = \frac{n_w}{n}$ *lässt sich der vom Wasser ausgefüllte Porenanteil berechnen:* $_{vorh}n_w = n \cdot S_r = 0{,}38 \cdot 0{,}60 = 0{,}228$

Damit ergibt sich der Luftporenanteil, der mit Wasser gefüllt werden muss:

$$n_a = n - n_w = 0{,}380 - 0{,}228 = 0{,}152$$

Das ergibt eine Wasserzugabe pro Quadratmeter:

$$\Delta V_w = 0{,}152 \cdot 1\ [m] \cdot 1\ [m] \cdot 0{,}8\ [m] = 0{,}122\ m^3 \mathrel{\hat{=}} 122\ l$$

4.02.2 Versuche

Wassergehalt

Ofentrocknung: Die genaueste Wassergehaltsbestimmung ist die Ofentrocknung nach DIN EN ISO 17892, Teil 1. Sie dauert allerdings auch relativ lange (ca. 1 Tag).

Eine Sonderprobe wird gewogen (Feuchtmasse m) und im Trocknungsofen bei 105° C getrocknet.

Eine erneute Wägung liefert die Trockenmasse m_d ⇒ DIN EN ISO 17892, Teil 1.

Schnellverfahren: Hierdurch kann der Wassergehalt - etwas ungenauer als durch Ofentrocknung - innerhalb weniger Minuten (z. B. unmittelbar auf der Baustelle) bestimmt werden. In DIN 18 121-2 werden folgende Schnellverfahren genannt:

- Verfahren durch Schnelltrocknung mit einem Infrarotstrahler, mit einer Elektroplatte, einem Gasbrenner oder einem Mikrowellenherd,
- Verfahren ohne Trocknung der Probe mit Tauchwägung, mit Großpyknometer, mit dem Calciumkarbidverfahren oder dem Luftpyknometerverfahren. ⇒ DIN 18 121-2.

□ 4.08: Luftpyknometer

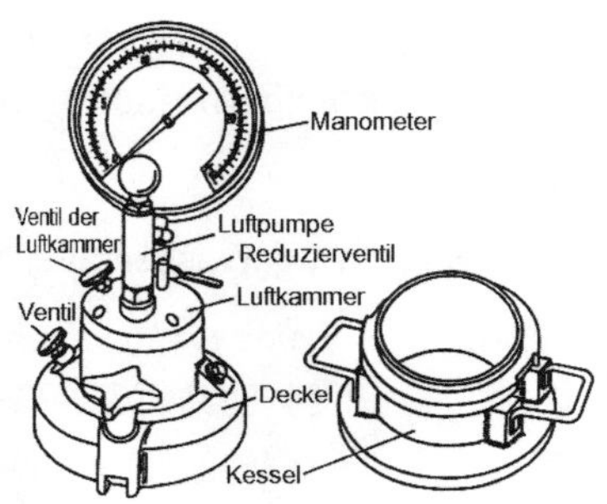

Bei dem häufig verwendeten Schnellverfahren mit dem Luftpyknometer (□ 4.08) wird die Boden-probe in den Kessel des Luft-pyknometers gefüllt. Danach wird der Kessel mit einem Deckel, der mit einer Luftkammer und einem Manometer ausgestattet ist, dicht verschlossen. Die Luftkammer wird mit der eingebauten Pumpe auf 2,3 bar aufgepumpt. Öffnet man das Ventil zwischen Deckel und Kessel, so gleicht sich der Luftdruck zwischen Luftkammer und dem verbliebenen Hohlraum im Kessel aus. Aus der Manometerlesung lässt sich nach dem Gesetz von Boyle-Mariotte mit Hilfe einer Eichkurve der Wassergehalt des Bodens bestimmen.

⇒ DIN 18 121-2.

Die Korndichte ρ_s kann in den meisten Fällen genau genug geschätzt werden (siehe Abschnitt 4.03.3). Die Trockendichte m_d wird durch Trocknung und Wägung der Probe ermittelt. Bestimmung des Probenvolumens V (siehe Abschnitt 4.03.2).

Dann ergibt sich $$n = 1 - \frac{m_d}{V \cdot \rho_s} \qquad (4.19)$$

4.02.3 Werte

Wassergehalt Bei nbB bis etwa 0,1, bei schwach bB etwa 0,1 bis 0,2, bei stark bB 0,2 bis 1,0, bei organischen Böden und thixotropen Tonen > 1,0 bis 8,0.

Porenanteil Nichtbindiger Boden: 0,3 bis 0,45, schwach bindiger Boden: 0,2 bis 0,6, stark bindiger Boden: 0,35 bis 0,75.

Sättigungszahl Trockener Boden: 0, feuchter Boden: < 0,25, sehr feuchter Boden: 0,25 bis 0,5, nasser Boden: 0,5 bis 0,75, sehr nasser Boden: > 0,75, gesättigter Boden: 1,0.

4.02.4 Verwendung

Wassergehalt Zur Beurteilung der bautechnischen Eigenschaften bindiger Böden, deren Tragfähigkeit - im Gegensatz zu der von nichtbindigen Böden - sehr stark vom Wassergehalt abhängt. Im Erdbau bei der Verdichtungskontrolle von Böden. Hilfsgröße bei der Auswertung anderer Labor- und Feldversuche.

Porenanteil Zur Berechnung anderer Bodenkennzahlen (z. B. Dichte, Wichte, Lagerungsdichte, Zusammendrückbarkeit). Für die Beurteilung der Verdichtungsfähigkeit bindiger Böden muss der Luftporenanteil n_a bekannt sein, denn bei der kurzen Einwirkungsdauer der Verdichtungsgeräte kann nur der Luftanteil durch Verdichtung verringert werden. Das Wasser bleibt im Wesentlichen im Boden.

Sättigungszahl U. a. zur Bestimmung des Luftgehalts (Luftporenanteil) beim Erdbau eines bindigen Bodens.

4.03 Dichte, Wichte

4.03.1 Grundlagen

Regelwerke Begriffe: DIN 1306.

Versuche: DIN 18 124, DIN 18125-2 sowie DIN EN ISO 17892, Teil 2 und 3.

Begriffe **Dichte:** Quotient aus Masse m und Volumen V eines Körpers.

$$\rho = \frac{m}{V} \tag{4.20}$$

Die Masse ist ortsunabhängig und wird durch Vergleich mit Körpern bekannter Masse bestimmt (Wägung).

der bautechnischen Eigenschaften bindiger Böden, deren Tragfähigkeit - im Gegensatz zu der von nichtbindigen Böden - sehr stark vom Wassergehalt abhängt. Im Erdbau bei der Verdichtungskontrolle von Böden. Hilfsgröße bei der Auswertung anderer Labor- und Feldversuche

□ 4.09: Beispiel 35: Berechnung der Sättigungszahl aus der Feuchtwichte

Geg.: *Eine Bodenprobe von 867 cm³ wog im natürlichen Zustand 1697,4 g und nach dem Trocknen 1501,7 g. Die Korndichte wurde mit 2,71 g/cm³ bestimmt.*

Ges.: *Sättigungszahl*

Lösg.: *Wassergehalt:* $w = \frac{m-m_d}{m_d} = \frac{1697{,}4-1501{,}7}{1501{,}7} = 0{,}13$; *Feuchtdichte:* $\rho = \frac{m}{V} = \frac{1697{,}4}{867{,}0} = 1{,}96 \ \ t/m^3$

Aus der Bestimmungsgleichung für die Feuchtdichte $\rho = (1-n)\rho_s(1+w)$ *berechnet sich der natürliche Porenanteil zu* $n = 1 - \frac{\rho}{\rho_s(1+w)} = 1 - \frac{1{,}96}{2{,}71(1+0{,}13)} = 0{,}36$

Damit wird die Sättigungszahl: $S_r = \frac{w \cdot \rho_s(1-n)}{n \cdot \rho_w} = \frac{0{,}13 \cdot 2{,}71(1-0{,}36)}{0{,}36 \cdot 1{,}0} = 0{,}63$

□ 4.10: Beispiel 36: Berechnung der Sättigungswichte

Geg.: *die Porenzahl für einen nichtbindigen Boden wurde mit 0,54 ermittelt.*

Ges.: *Wichte des wassergesättigten Bodens.*

Lösg. *Umrechnungsgleichung:* $n = \frac{e}{1+e} = \frac{0{,}54}{1+0{,}54} = 0{,}35$

Damit wir

$$\gamma_r = (1-n)\gamma_s + n \cdot \gamma_w = (1-0{,}35) \cdot 26{,}5 + 0{,}35 \cdot 10{,}0 = 20{,}7 \quad kN/m^3$$

□ 4.11: Beispiel 37: Berechnung von Porenanteil und Wassergehalt eines gesättigten Bodens

Geg.: *Von 2 m³ eines wassergesättigten Bodens (Korndichte ρ_s = 2,81 g/cm³) wurde die Masse zu 4160 kg bestimmt.*

Ges.: *Wassergehalt und Porenanteil.*

Lösg.: *Dichte des wassergesättigten Bodens:* $\rho_r = \frac{m}{V} = \frac{4{,}160}{2{,}0} = 2{,}08 \quad t/m^3$

Aus der Gleichung $\rho_r = (1-n)\rho_s + n \cdot \rho_w$ *berechnet sich der natürliche*

Porenanteil zu $n = \frac{\rho_s - \rho_r}{\rho_s - \rho_w} = \frac{2{,}81-2{,}08}{2{,}81-1{,}00} = 0{,}40$

Trockendichte: $\rho_d = (1-n)\rho_s = (1-0{,}40) \cdot 2{,}81 = 1{,}69 \quad t/m^3$

Aus der Gleichung $\rho_d = \frac{m_d}{V}$ *berechnet sich die Trockenmasse zu*

$$m_d = \rho_d \cdot V = 1{,}69 \cdot 2{,}0 = 3{,}38 \quad t$$

Das ergibt einen Wassergehalt von $w = \frac{m - m_d}{m_d} = \frac{4{,}16-3{,}38}{3{,}38} = 0{,}23$

Wichte: Quotient aus Gewichtskraft G und Volumen V eines Körpers.

$$\gamma = \frac{G}{V} = g \cdot \rho \qquad (4.21)$$

Die Wichte ist - wegen der Fallbeschleunigung g - im Gegensatz zur Dichte eine vom Ort (von der Messstelle) abhängige Größe. Da im Bauwesen näherungsweise g = 10 m/s² gesetzt wird, ist γ in kN/m³ = 10 · ρ in t/m³.

Dichte

Im Grundbau werden (neben der Wasserdichte ρ_w) fünf Dichten unterschieden:

- Korndichte ρ_s
- Trockendichte ρ_d
- Feuchtdichte (meist einfach „Dichte" genannt) ρ
- Dichte des wassergesättigten Bodens (Sättigungsdichte) ρ_r
- Dichte des Bodens unter Auftrieb (Auftriebsdichte) ρ'

Korndichte: Die Korndichte ρ_s eines Bodens ist die trockene Masse seiner festen Einzelbestandteile m_d, bezogen auf das Volumen V_k dieser Einzelbestandteile:

$$\rho_s = \frac{m_d}{V_K} \qquad (4.22)$$

Trockendichte: Die Trockendichte ρ_d eines Bodens ist die Masse m_d der trockenen Bodenprobe, bezogen auf das Volumen V der Probe:

$$\rho_d = \frac{m_d}{V} = (1-n) \cdot \rho_s \qquad (4.23)$$

Feuchtdichte (Dichte): Die Dichte des Bodens ρ ist die Masse m der feuchten Probe, bezogen auf das Volumen V der Probe.

$$\rho = \frac{m}{V} = (1-n) \cdot \rho_s \cdot (1+w) \qquad (4.24)$$

Sättigungsdichte: Am Volumenelement (□ 4.03) ergibt sich, wenn die Poren nur Wasser enthalten, mit ρ_w = 1 in t/m³ (Dichte des Wassers):

$$\rho_r = (1-n) \cdot \rho_s + n \cdot \rho_w = \rho_d + n \cdot \rho_w \qquad (4.25)$$

Auftriebsdichte: Unter Wasser wirkt Auftrieb auf die Festmasse.

$$\rho' = (1-n) \cdot (\rho_s - \rho_w) \qquad (4.26)$$

□ 4.12: Beispiel 38: Berechnung des Wassergehalts bei 70 %iger Wassersättigung

Geg.: *Von einer Sandprobe wurde die Wichte des wassergesättigten Bodens mit 20,7 kN/m³ ermittelt.*

Ges.: *Wie groß wäre ihr Wassergehalt bei 70%iger Wassersättigung?*

Lösg.: *Aus der Gleichung der Wichte des wassergesättigten Bodens*

$$\gamma_r = (1-n)\gamma_s + n \cdot \gamma_w$$

lässt sich der Porenanteil berechnen: $n = \frac{\gamma_s - \gamma_r}{\gamma_s - \gamma_w} = \frac{26{,}5-20{,}7}{26{,}5-10{,}0} = 0{,}35$

Damit lässt sich über die Bestimmungsgleichung der Sättigungszahl

$$S_r = \frac{w \cdot \rho_s(1-n)}{n \cdot \rho_w}$$

der Wassergehalt ermitteln: $w = \frac{S_r \cdot n \cdot \rho_w}{\rho_s(1-n)} = \frac{0{,}7 \cdot 0{,}35 \cdot 1{,}0}{2{,}65(1-0{,}35)} = 0{,}14$

□ 4.13: Beispiel 39: Berechnung von Wassergehalt, Porenzahl und Auftriebswichte

Geg.: *Eine mit dem Ausstechzylinder (V = 867 cm³) entnommene Bodenprobe eines nichtbindigen Bodens wiegt 1760 g und nach dem Trocknen 1530 g.*

Ges.: *Wichte unter Auftrieb; Porenzahl; Wassergehalt*

Lösg.: *Mit* $m_w = m - m_d = 1760 - 1530 = 230 \ g$ *wird der Wassergehalt:*

$$w = \frac{m_w}{m_d} = \frac{230}{1530} = 0{,}15$$

Trockendichte: $\rho_d = \frac{m_d}{V} = \frac{1530}{867} = 1{,}765 \quad t/m^3$

Mit $\rho_d = (1 - n) \cdot \rho_s$ *berechnet sich der Porenanteil zu*

$$n = \frac{\rho_s - \rho_d}{\rho_s} = \frac{2{,}65 - 1{,}765}{2{,}65} = 0{,}33$$

Damit wird die Porenzahl: $e = \frac{n}{1-n} = \frac{0{,}33}{1-0{,}33} = 0{,}49$

Wichte unter Auftrieb:

$$\gamma' = (1 - n) \cdot (\rho_s - \rho_w) = (1 - 0{,}33) \cdot (26{,}5 - 10{,}0) = 11{,}1 \quad kN/m^3$$

Wichte

Die Wichte γ ist die lotrecht wirkende Eigengewichtskraft des Bodens, bezogen auf das zugehörige Bodenvolumen. Zu unterscheiden sind (neben der Wasserwichte und der Kornwichte) folgende Wichten (□ 4.09 bis □ 4.13):

Trockenwichte:

$$\gamma_d = (1 - n) \cdot \gamma_s \tag{4.27}$$

Feuchtwichte (Wichte):

$$\gamma = (1 - n) \cdot \gamma_s \cdot (1 + w) \tag{4.28}$$

Wichte des wassergesättigten Bodens (Sättigungswichte):

$$\gamma_r = (1 - n) \cdot \gamma_s + n \cdot \gamma_w \tag{4.29}$$

Wichte des Bodens unter Auftrieb (Auftriebswichte):

$$\gamma' = (1 - n) \cdot (\gamma_s - \gamma_w) \tag{4.30}$$

4.03.2 Versuche zur Dichtebestimmung

Die Dichten werden durch Laborversuche (DIN EN ISO 17892, Teil 2) oder Feldversuche (DIN 18 125, Teil 2) bestimmt oder aus anderen Kenngrößen errechnet (siehe Abschnitt 4.03.1).

Die Wichte wird durch Umwandlung der durch Versuch ermittelten Dichte bestimmt. Dimensionen:

ρ in g/cm³ bzw. in t/m³, γ in kN/m³

Kornwichte Genaue Bestimmung mit dem Kapillarpyknometer oder dem Weithalspyknometer nach DIN 18 124 und DIN EN ISO 17892, Teil 3. ⇒ und Anwendungsbeispiele siehe dort.

Der Versuch wird allerdings nur selten ausgeführt, weil die Korndichte in den meisten Fällen genügend genau geschätzt werden kann (siehe Abschnitt 4.03.3).

Dichte Zur Bestimmung der Dichte müssen die Masse (m bzw. m_d) und das Probenvolumen V bekannt sein.

Ermittlung der Masse der Probe: Durch Wägung. DIN EN ISO 17892, Teil 2.

Ermittlung des Probenvolumens im Labor nach DIN EN ISO 17892, Teil 2: Durch Tauchwägung oder Ausmessen der Probe.

Ausmessen der Probe: Bei geometrisch regelmäßigen Probenkörpern (Würfel, Quader, Zylinder).

Tauchwägung: Eine unregelmäßig geformte Bodenprobe wird mit einer wasserdichten Haut (erwärmtes, d.h. flüssiges Paraffin) überzogen, an einem Faden aufgehängt und über und unter Wasser gewogen. Nach dem Gesetz von Archimedes über den Auftrieb lässt sich das Volumen der Probe bestimmen.

Ermittlung des Probenvolumens im Feld nach DIN EN ISO 17892, Teil 2: Mit dem Ausstechzylinder-Verfahren, wenn sich der Zylinder in den Boden drücken lässt, sonst durch folgende Ersatzverfahren (□ 4.14):

⇒ und Anwendungsbeispiele zur Bestimmung der Dichte des Bodens durch Feldversuche: DIN 18125-2.

□ 4.14: nach DIN 18 125-2:

a) Sandersatzgerät b) Ballongerät

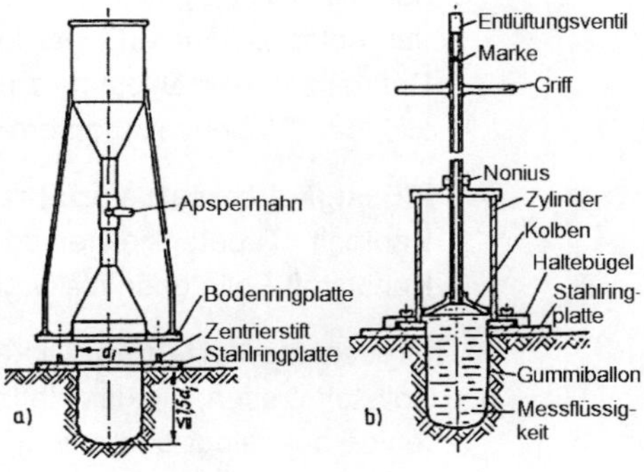

Ausstechzylinder-Verfahren: Mit dem Gerät zur Entnahme von Sonderproben aus der Geländeoberfläche (□ 3.03), siehe Abschnitt 3.03).

Sandersatz-Verfahren: Gerät mit Doppeltrichter, Absperrhahn und Stahlringplatte (□ 4.14 a). Der obere Trichter ist mit trockenem Prüfsand gefüllt, der nach Öffnen des Absperrhahns in die vorher ausgehobene Prüfgrube,

□ 4.15: Beispiele: Eignung der Verfahren zur Ermittlung des Probenvolumens im Feld (DIN 18 125-2)

Bodenart		Verfahren	
		gut geeignet	ungeeignet
bindiger Boden	ohne Grobkorn	Ausstechzylinder- und alle anderen Verfahren	keine
	mit Grobkorn	alle Ersatzverfahren	Ausstechzylinder-Verfahren
nichtbindiger Boden	Fein- bis Mittelsand	Ausstechzylinder-Verfahren und Ersatzverfahren	keine
	Kies-Sand-Gemisch	Ballon-, Wasserersatz-, Gipsersatz-Verfahren	Ausstechzylinder-, Sandersatz-Verfahren, Flüssigkeitsersatz-Verfahren mit Bentonitschlämme und Tapetenkleister
	sandarmer Kies		
Steine und Blöcke mit geringen Beimengungen		Schürfgruben-Verfahren	alle anderen Verfahren
Anmerkung: Die Anwendbarkeit der Verfahren bei weichen bindigen Böden und bei locker gelagerten nicht bindigen Böden kann in Frage gestellt sein.			

den Ringraum (im Bereich der Stahlringplatte) und in den unteren Trichter rieselt. Durch Wägung des Doppeltrichters mit Prüfsand vor und nach dem Versuch lässt sich das Volumen der Prüfgrube bestimmen. Dabei müssen die Masse des Sandes im unteren Trichter und im Ringraum sowie die Schüttdichte des Prüfsandes berücksichtigt werden.

Ballon-Verfahren: Mit dem Kolben das Ballongeräts (□ 4.14 b) drückt man einen mit Wasser gefüllten Ballon in die ausgehobene Prüfgrube. Die Höhenlage des Kolbens kann an einer Maß-Skala mit Nonius abgelesen werden. Aus der Differenz dieser Ablesung zu einer Null-Lesung vor Aushub der Prüfgrube lässt sich das Probenvolumen errechnen.

Flüssigkeitsersatz-Verfahren: Zum Füllen der Prüfgrube wird angerührter Bentonit, Tapetenkleister oder auch - nach Auslegung der Grube mit einer Kunststoff-Folie oder Weichgummihaut - Wasser verwendet.

Gipsersatz-Verfahren: Die ausgehobene Prüfgrube wird mit in Öl getränkten Zellstoffstreifen, die das Haften das Gipses an der Wand vermeiden sollen, faltenlos ausgelegt und mit Gipsbrei gefüllt. Nach Erhärten wird der Gipskörper freigegraben und sein Volumen durch Tauchwägung bestimmt.

Schürfgruben-Verfahren: Aus dem Boden wird eine rechteckige profilgerechte Grube von 0,5 bis 1,0 m³ Inhalt ausgehoben und ihr Volumen durch Ausmessen bestimmt.

4.03.3 Werte

Korndichte Die Nichtbindige Böden: ca. 2,65 g/cm³,

schwach bindige Böden: 2,65 bis 2,67 g/cm³,

stark bindige Böden: 2,67 bis 2,8 g/cm³.

Wichte Siehe Abschnitt 4.11.

4.03.4 Verwendung

Dichte Als Hilfswert bei der Bestimmung anderer Kennzahlen, z. B. der entsprechenden Dichten. Die Trockendichte wird z. B. als Vergleichswert bei Verdichtungskontrollen benötigt (siehe Abschnitt 4.04.4).

Wichte Als Grundwert für Geotechnische Nachweise. Die Wichte (Feuchtwichte) wird für Böden über dem Grundwasserspiegel, die Auftriebswichte unter dem Grundwasserspiegel eingesetzt.

Mit der Sättigungswichte wird in der geschlossenen Kapillarzone (alle Poren mit Wasser gefüllt) gerechnet. Die Trockenwichte kommt in unserer Klimazone in situ nicht vor. Sie wird aber als Rechengröße bei der Versuchsauswertung benötigt.

□ 4.16: Beispiel 40: Berechnung von Bodenkennzahlen

Geg.: *Mit Hilfe eines Ausstechzylinders (d = 10 cm) wurde aus einer Schürfe eine Sonderprobe entnommen. Im Labor wurde ermittelt:*

Masse Probe + Zylinder 1604 g

Masse Zylinder 422 g

Volumen Zylinder 700 cm³

Masse der getrockneten Probe 1001 g

Korndichte 2,65 g/cm³

Ges.: *a) Wassergehalt, Wichte des trockenen Bodens, Porenanteil und Porenzahl.*

b) Welche Sättigungszahl entspricht diesem Wassergehalt?

c) Um wie viel cm müsste die zylindrische Probe zusammengedrückt werden, damit eine volle Sättigung erreicht ist?

Lösg.:

zu a) *Masse der feuchten Probe:* $m = 1604 - 422 = 1182 \quad g$

Masse des Wassers: $m_w = 1182 - 1001 = 181 \quad g$

Damit wird: Wassergehalt $w = \frac{m_w}{m_d} = \frac{181}{1001} = 0{,}18$

Wichte des trockenen Bodens: $\rho_d = \frac{m_d}{V} = \frac{1001}{700} = 1{,}43 \quad t/m^3$

□ 4.16: Fortsetzung Beispiel 40: Berechnung von Bodenkennzahlen

Porenanteil: $n = 1 - \frac{m_d}{V \cdot \rho_s} = 1 - \frac{1001}{700 \cdot 2,65} = 0,46$

Porenzahl: $e = \frac{n}{1-n} = \frac{0,46}{1-0,46} = 0,85$

zu b) $S_r = \frac{w \cdot \rho_s}{e \cdot \rho_w} = \frac{0,18 \cdot 2,65}{0,85 \cdot 1,00} = 0,56$

zu c) *Volle Wassersättigung bedeutet: $S_r = 1$; d.h., der gesamte Porenraum muss mit Wasser gefüllt sein: $V_n = V_w$.*

$$\rho_w = \frac{m_w}{V_w} \rightarrow V_w = \frac{m_w}{\rho_w} = \frac{181}{1,0} = 181,0 \quad cm^3 (\hat{=} V_n)$$

$$\rho_s = \frac{m_d}{V_k} \rightarrow V_k = \frac{m_d}{\rho_s} = \frac{1001}{2,65} = 377,7 \quad cm^3$$

Probenvolumen bei Sättigung: $V = V_w + V_k = 181,0 + 377,7 = 558,7 \quad cm^3$

Damit wird eine Volumenverringerung von

$\Delta V = V_{vor} - V_{nach} = 700,0 - 558,7 = 141,3 \quad cm^3$ *erforderlich.*

Dem entspricht eine Zusammendrückung der Probe von

$$\Delta h = \frac{4 \cdot \Delta V}{\pi \cdot d^2} = \frac{4 \cdot 141,3}{\pi \cdot 10,0^2} = 1,80 \quad cm$$

□ 4.17: Beispiel 41: Berechnung von Bodenkennzahlen

Geg.: *Mit Hilfe eines Ausstechzylinders ($V = 860$ cm³) wurde eine Sonderprobe entnommen.*

Im Labor wurde ermittelt:

Masse Probe + Zylinder: 2050 g

Masse Zylinder: 595 g

Masse der getrockneten Probe 1305 g

Korndichte 2,65 g/cm³

Ges.: *Wassergehalt, Volumen und Porenanteil des Hohlraums, Volumen und Porenanteil des Wassers und der Luft, Sättigungszahl und die vier Größen der Wichten.*

Lösg.: *Wassergehalt:* $w = \frac{m - m_d}{m_d} = \frac{2050-595-1305}{1305} = \frac{150}{1305} = 0,115$

Volumen des Wassers: $m_w = 150 \quad g \hat{=} V_w = 150 \quad cm^3$

Vom Wasser eingenommener Porenanteil: $n_w = \frac{V_w}{V} = \frac{150}{860} = 0,17$

Feststoffvolumen: $\rho_s = \frac{m_d}{V_k} \rightarrow V_k = \frac{1305}{2,65} = 492,5 \quad cm^3$

Porenanteil (gesamt): $n = \frac{V - V_k}{V} = \frac{860,0-492,5}{860,0} = 0,43$

Hohlraumvolumen: $V_n = V - V_k = 860,0 - 492,5 = 367,5 \quad cm^3$

□ 4.17: Fortsetzung Beispiel 41: Berechnung

Luftvolumen: $V_a = V_n - V_w = 367{,}5 - 150{,}0 = 217{,}5 \quad cm^3$

Sättigungszahl: $S_r = \frac{w \cdot \rho_s(1-n)}{n \cdot \rho_w} = \frac{0{,}115 \cdot 2{,}65(1-0{,}43)}{0{,}43 \cdot 1{,}0} = 0{,}40$

Wichte des trockenen Bodens: $\gamma_d = (1-n)\gamma_s = (1-0{,}43)26{,}5 = 15{,}1 \quad kN/m^3$

Wichte des feuchten Bodens:

$\gamma = (1-n)\gamma_s(1+w) = (1-0{,}43)26{,}5(1+0{,}115) = 16{,}8 \quad kN/m^3$

Wichte des gesättigten Bodens:

$\gamma_r = (1-n)\gamma_s + n \cdot \gamma_w = (1-0{,}43)26{,}5 + 0{,}43 \cdot 10{,}0 = 19{,}4 \quad kN/m^3$

Wichte des Bodens unter Auftrieb:

$\gamma' = (1-n)(\gamma_s - \gamma_w) = (1-0{,}43)(26{,}5-10{,}0) = 9{,}4 \quad kN/m^3$

4.04 Lagerungsdichte, Proctordichte

4.04.1 Grundlagen

Lagerungsdichte

Die Verdichtung von Sand (wenn versuchstechnisch möglich, auch mit geringem Kiesanteil) kann mit relativ geringem Versuchsaufwand durch die Lagerungsdichte D ausgedrückt werden (□ 4.18 und □ 4.19):

□ 4.18: Lagerungsdichte D (DIN 18126)

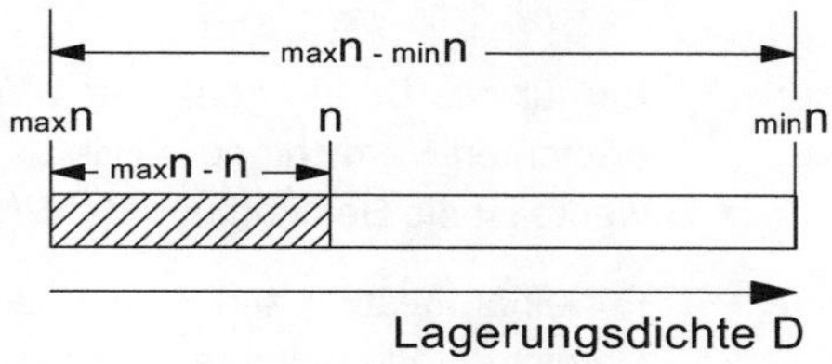

Die Formel zur Bestimmung der Lagerungsdichte D lautet:

$$D = \frac{{}_{\max}n - n}{{}_{\max}n - {}_{\min}n} = \frac{\rho_d - {}_{\min}\rho_d}{{}_{\max}\rho_d - {}_{\min}\rho_d} \qquad (4.31)$$

Hierin sind $_{max}n$ und $_{min}n$ die Porenanteile bei lockerster und dichtester Lagerung, die im Laborversuch nach DIN 18 126 bestimmt werden.

Mit den entsprechenden Werten für die Porenzahl erhält man die bezogene Lagerungsdichte I_D:

$$I_D = \frac{{}_{\max}e - e}{{}_{\max}e - {}_{\min}e} = \frac{{}_{\max}\rho_d(\rho_d - {}_{\min}\rho_d)}{\rho_d({}_{\max}\rho_d - {}_{\min}\rho_d)} \qquad (4.32)$$

□ 4.19: Geräte zur Bestimmung der a) lockersten und b), c) dichtesten Lagerung

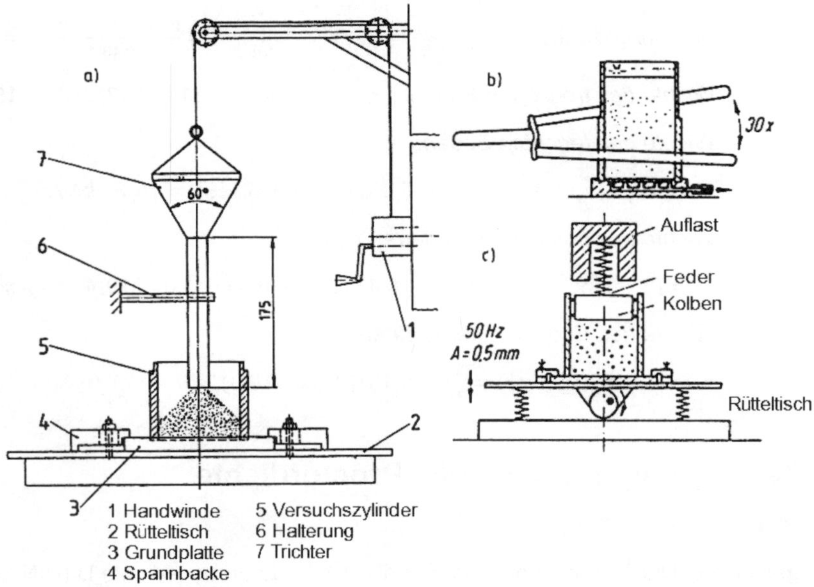

Proctordichte

Ein für alle Böden geeignetes Verfahren zur Bestimmung der möglichen und erreichten Verdichtung sowie der Eignung der Böden zum Einbau in Erdbauwerke ist die Bestimmung der Proctordichte.

Für einen bestimmten Boden hängt die erreichbare Trockendichte bei gleicher Verdichtungsarbeit vom Wassergehalt ab (□ 4.21). Da sowohl ausgetrocknete als auch sehr nasse bindige Böden sich - auch bei größter Verdichtungsarbeit - nur unvollkommen verdichten lassen, gibt es einen optimalen Wassergehalt, bei dem sich mit einer bestimmten Verdichtungsarbeit die größte Trockendichte, d. h. die beste Verdichtung, erzielen lässt. Dieser Wassergehalt wird durch den Proctorversuch bestimmt.

□ 4.20: Beispiel 42: Verdichtungskontrolle mit Hilfe der Lagerungsdichte

Geg.: *Auf der Baustelle wurde zwecks Verdichtungskontrolle von einem nichtbindigen Boden eine Sonderprobe mit 866 cm^3 Volumen entnommen. Diese wog nach dem Trocknen 1459 g.*

Im Labor wurde bestimmt: *Porenanteil der lockersten Lagerung: 0,55*

Porenanteil der dichtesten Lagerung: 0,28

Ges.: *Es ist zu überprüfen, ob die geforderte Lagerungsdichte von D $\geq$ 0,50 eingehalten ist.*

□ 4.20: Fortsetzung Beispiel 42: Verdichtungskontrolle mit Hilfe der Lagerungsdichte

Lösg.: *Trockendichte der entnommen Probe:* $_{vorh}\rho_d = \frac{m_d}{V} = \frac{1459}{866} = 1{,}68 \quad t/m^3$

Über die Beziehung $\rho_d = (1-n)\rho_s$ *lässt sich der natürliche Porenanteil ermitteln:* $n = \frac{\rho_s - \rho_d}{\rho_s} = \frac{2{,}65-1{,}68}{2{,}65} = 0{,}37$

Das ergibt eine vorhandene Lagerungsdichte von

$$_{vorh}D = \frac{_{\max}n - n}{_{\max}n - _{\min}n} = \frac{0{,}55-0{,}37}{0{,}55-0{,}28} = 0{,}67 > 0{,}5$$

□ 4.21: Beispiel 43: Berechnung der Verdichtungsarbeit beim Proctorversuch

Geg.: *Beim genormten Proctorversuch wird eine Bodenprobe in 3 Schichten mit je 25 Schlägen mit einem 2,5 kg-Stampfer aus 30 cm Fallhöhe in einen Zylinder von 10 cm Durchmesser und 12 cm Höhe verdichtet.*

Ges.: *Verdichtungsarbeit pro 1 m³ Boden.*

Lösg.: *Volumen des Versuchszylinders:* $V = \pi \cdot r^2 \cdot h = \pi \cdot 5^2 \cdot 12 = 942 \quad cm^3$

Verdichtungsarbeit des Proctorversuchs:

$$W = 3 \quad [Schicht] \cdot 25 \quad [\frac{Schlag}{Schicht}] \cdot 2{,}5 \quad [\frac{kg}{Schlag}] \cdot 30 \quad [cm] \cdot \frac{1}{942} \quad [\frac{1}{cm^3}] = 6 \quad kgcm/cm^3$$

$$\hat{=}\, 0{,}6 \quad Nm/cm^3 \,\hat{=}\, 0{,}6 \quad MNm/m^3$$

4.04.2 Versuche

Lagerungsdichte

Regelwerk: DIN 18 126

Lockerste Lagerung (max n): Die getrocknete Sandprobe wird mit einem Trichter, bei gröberen Anteilen mit einer Handschaufel, so locker wie möglich in einen Versuchszylinder gefüllt (□ 4.19).

Dichteste Lagerung (min n): Die getrocknete Probe wird in einem Versuchszylinder unter festgelegter Belastung auf einem Rütteltisch verdichtet. Reiner Sand kann auch unter Wasser lagenweise eingebracht und mit einer Schlaggabel eingerüttelt werden (□ 4.19). DIN 18 126.

Proctordichte

Regelwerk: DIN 18 127.

Die Bodenprobe wird in einem Stahlzylinder mit festgelegten Abmessungen (abhängig vom Größtkorn des Bodens) durch ein Fallgewicht mit einer bestimmten Verdichtungsarbeit und nach einem festgelegten Arbeitsverfahren lagenweise verdichtet (□ 4.22). Mindestens fünf Einzelversuche, die sich nur in der Größe des Wassergehalts der Bodenprobe unterscheiden, sind notwendig. Die erhaltenen Trockendichten ρ_d werden in Abhängigkeit vom Wassergehalt w aufgetragen (□ 4.23 bis □ 4.27).

⇒ DIN 18 127.

Im Regelfall beträgt die Verdichtungsarbeit W = ca. 0,6 MNm/m³ (□ 4.21). Sie liefert als Maximalwert der Proctorkurve die "Proctordichte" ρ_{Pr} (früher "einfache" Proctordichte). In Sonderfällen wird die Verdichtungsarbeit W = ca. 2,75 MNm/m³ angewendet, mit der man als Maximalwert der Kurve die "modifizierte Proctordichte" mod ρ_{pr} (früher „verbesserte" Proctordichte) erhält. Der zum Maximum gehörende Wassergehalt wird „optimaler Wassergehalt" w_{Pr} genannt.

⇒ und Anwendungsbeispiele zur Bestimmung der Proctordichte: DIN 18 127.

□ 4.22: Gerät zur Bestimmung der Proctordichte (DIN 18 127)

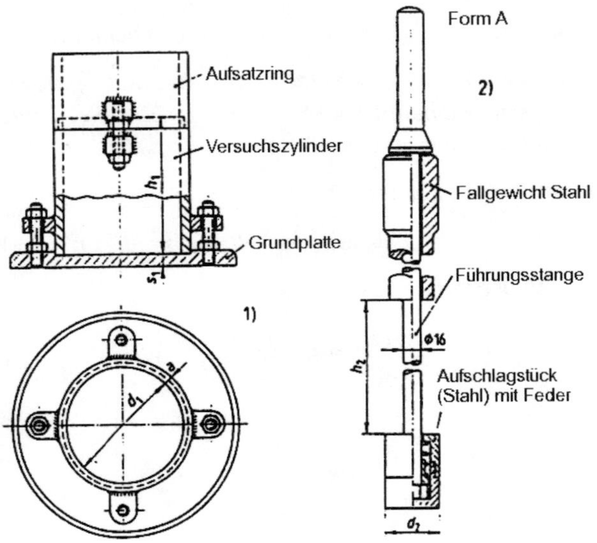

Masse des Versuchszylinders nach Bild 1				Masse und Fallgewicht des Verdichtungsgerätes nach Bild 2				Versuchsbedingungen	
d_1	h_1	a	s_1	Form	d_2	h_2	Fallgewicht m kg	Anzahl der Schläge je Schicht	Anzahl der Schichten
100	120	7,5	11	A	50	300	2,5	25	3
150	125	9,0	14	B	75	450	4,5	22	3
250	200	14,0	20	C	125	600	15,0	22	3

Zur Abschätzung des Luftgehalts als Maß für die Verdichtbarkeit eines bindigen Bodens kann zusätzlich zur Proctorkurve die Sättigungslinie als Einhüllende der Proctorkurven für den Fall S_r = 1 nach folgender Gleichung aufgetragen werden:

$$\rho_d = \frac{\rho_S}{1+\frac{w \cdot \rho_S}{\rho_W \cdot S_r}} \tag{4.33}$$

Erklärung für den Verlauf der Proctorkurve: Bei niedrigen Wassergehalten sind zwischen den Bodenteilchen so große Reibungswiderstände vorhanden, dass durch die Verdichtung nur eine geringfügige Abnahme des Porenraums erreicht wird. Mit zunehmendem Wassergehalt nimmt die Reibung ab und die Trockendichte wird größer. Bei hohem Wassergehalt sind die Poren so stark mit Wasser gefüllt, dass eine Umlagerung der Bodenteilchen und damit eine Verkleinerung des Porenraums nicht mehr möglich ist.

□ 4.23: Beispiel: Proctorkurven DIN 18 127:

a) Proctordichte (1)
b) modifizierte Proctordichte (2)

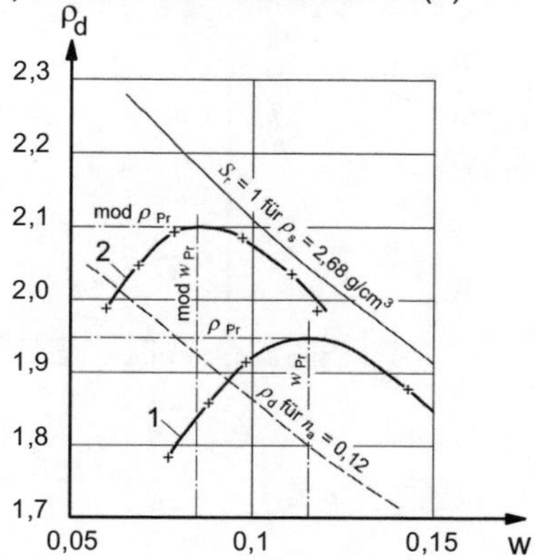

□ 4.24: Beispiel 44: Auswertung eines Proctorversuchs, Bestimmung des Verdichtungsgrads

Geg.: *Mit einem Ton (ρ_s = 2,8 t/m³) wurde ein Proctorversuch mit nachstehenden Ergebnissen durchgeführt:*

Versuch-Nr.	*1*	*2*	*3*	*4*	*5*
Feuchtmasse [g]	*1660*	*1735*	*1787*	*1800*	*1785*
Wassergehalt [1]	*0,201*	*0,215*	*0,223*	*0,233*	*0,251*

Volumen des Versuchszylinders: 940 cm³.

Ges.: *a) ρ_{Pr} und w_{Pr}*

b) Wie groß ist der Verdichtungsgrad eines aus diesem Materials hergestellten Dammes, wenn dessen Porenzahl zu e = 0,83 bestimmt wurde?

Lösg.: *zu a)*

Versuch-Nr.	*1*	*2*	*3*	*4*	*5*
$\rho = \frac{m}{V}$ *[t/m³]*	*1,766*	*1,846*	*1,901*	*1,915*	*1,899*
$\rho_d = \frac{\rho}{1+w}$ *[t/m³]*	*1,470*	*1,519*	*1,554*	*1,553*	*1,518*

zu b)

$$n = \frac{e}{1+e} = \frac{0{,}83}{1+0{,}83} = 0{,}454$$

Mit

wird $\rho_d = (1-n)\rho_s = (1-0{,}454)2{,}8 = 1{,}53 \quad t/m^3$

□ 4.24: Fortsetzung Beispiel 44: Auswertung eines Proctorversuchs, Bestimmung des Verdichtungsgrads

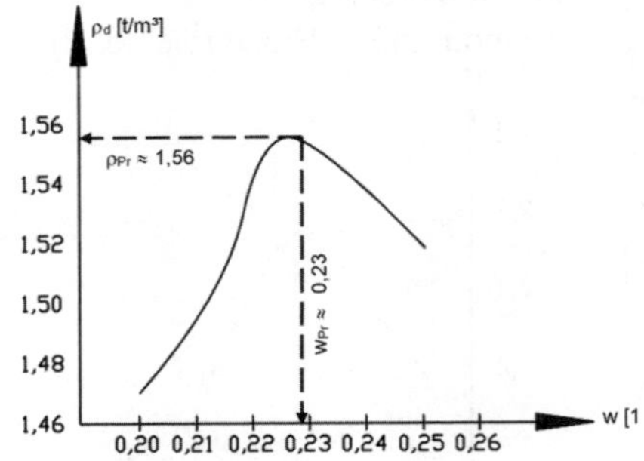

Erreichter Verdichtungsgrad

$$D_{Pr} = \frac{vor\rho_d}{\rho_{Pr}} \cdot 100 = \frac{1{,}53}{1{,}56} \cdot 100 = 98{,}1\ \%$$

□ 4.25: Beispiel 45: Bestimmung der Wasserzugabe auf der Baustelle

Geg.: *Von einem als Einbaumaterial vorgesehenen Boden wurde eine Sonderprobe entnommen und im Labor mit folgenden Ergebnissen untersucht:*

Masse der feuchten Probe: 1647 g

Masse der getrockneten Probe: 1554 g

Volumen der Probe: 900 cm³; Korndichte: 2,65 t/m³

Ergebnis des Proctorversuchs:

Versuch-Nr.	*1*	*2*	*3*	*4*	*5*
Feuchtmasse [g]	*1645,7*	*1704,7*	*1746,1*	*1759,7*	*1781,9*
Wassergehalt [1]	*1582,4*	*1608,2*	*1616,8*	*1599,6*	*1591,0*

Volumen des Versuchszylinders: 860 cm³.

Ges.: *Wie viel Liter Wasser müssten pro 1 m³ Boden zugegeben werden, damit der optimale Wassergehalt erreicht wird?*

Lösg.:

Versuch-Nr.	*1*	*2*	*3*	*4*	*5*
$w = \frac{m - m_d}{m_d}$ [1]	*0,04*	*0,06*	*0,08*	*0,10*	*0,12*
$\rho_d = \frac{m_d}{V}$ [t/m³]	*1,84*	*1,87*	*1,88*	*1,86*	*1,85*

□ 4.25: Fortsetzung Beispiel 45: Bestimmung der Wasserzugabe auf der Baustelle

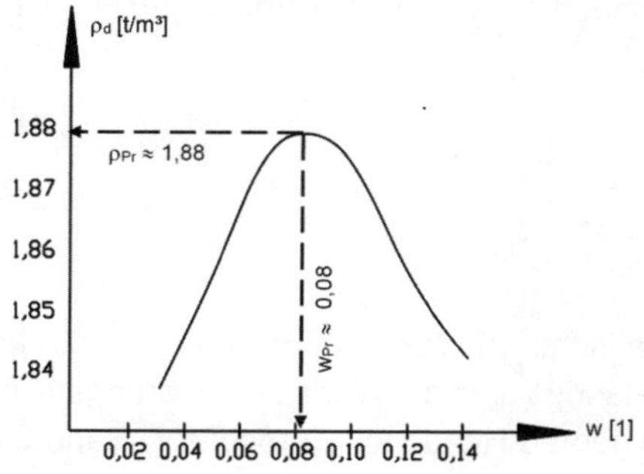

Natürlicher Wassergehalt des Bodens: $_{vorh}w = \frac{m - m_d}{m_d} = \frac{1647-1554}{1554} = 0{,}06$

Optimaler Wassergehalt: $w_{Pr} = 0{,}08 \rightarrow \Delta w = 0{,}02$

Trockendichte des Bodens: $vorh\ \ \rho_d = \frac{m_d}{V} = \frac{1554}{900} = 1{,}73\ \ t/m^3 \rightarrow m_d = 1{,}73\ \ t$

Mit der Bestimmungsgleichung für den Wassergehalt: $w = \frac{m_w}{m_d}$ *berechnet sich die noch fehlende Wassermenge zu:* $\Delta m_w = \Delta w \cdot m_d = 0{,}02 \cdot 1{,}73 = 0{,}0346\ \ t$

Erforderliche Wasserzugabe: 34,6 l/m³.

4.04.3 Indirekte Bestimmung aus Sondierungen

Regelwerk: Handbuch Eurocode 7, Band 2 (2015), Anhang D (Drucksondierungen: CPT), Anhang F (Standard Penetration Test: SPT) und Anhang G (Rammsondierungen)

Drucksondierung

Aus Ergebnissen einer Drucksondierung (siehe 3.05.4) an Sanden kann die bezogene Lagerungsdichte I_D abgeleitet werden (□ 4.26).

□ **4.26:** Beispiele: Ableitung der bezogenen Lagerungsdichte ID aus Ergebnissen der Drucksondierung für Sande (Handbuch Eurocode 7, Band

Spitzenwiderstand q_c [MN/m²]	bezogenen Lagerungsdichte I_D
0,0 – 2,5	sehr locker
2,5 – 5,0	locker
5,0 – 10,0	mitteldicht
10,0 – 20,0	dicht
>20,0	sehr dicht

Für enggestufte Sande (Bodengruppe SE) kann die Umrechnung des Spitzenwiderstandes q_c [MN/m²] in die Werte D (Lagerungsdichte) und I_D (bezogene Lagerungsdichte) gemäß Handbuch Eurocode 7, Band 2 (2011): DIN 4020 (2010), Anhang D erfolgen:

$$D = -0{,}23 + 0{,}60 \cdot lg(q_c) \quad (4.34)$$

$$I_D = -0{,}33 + 0{,}73 \cdot lg(q_c) \quad (4.35)$$

Gültig nur für: $3 \leq q_c \leq 30$

Für weitgestufte Sand-Kies-Gemische (Bodengruppen SW und GW) kann die Umrechnung des Spitzenwiderstandes q_c in die Werte D (Lagerungsdichte) und I_D (bezogene Lagerungsdichte) gemäß Handbuch Eurocode 7, Band 2 (2011): DIN 4020 (2010), Anhang D erfolgen:

$$D = 0{,}16 + 0{,}33 \cdot lg(q_c) \quad (4.36)$$

$$I_D = 0{,}25 + 0{,}31 \cdot lg(q_c) \quad (4.37)$$

Gültig nur für: $3 \leq q_c \leq 30$

Ramm-sondierung

Für enggestufte Sande (Bodengruppe SE) kann die Umrechnung der Schlagzahl N_{10L} und N_{10H} aus Rammsondierungen (siehe 3.05.2) in die bezogene Lagerungsdichte I_D gemäß Handbuch Eurocode 7, Band 2 (2015), Anhang G erfolgen:

Mit $3 \leq N_{10L} \leq 50$ bzw. $3 \leq N_{10H} \leq 50$

- Über Grundwasser:

DPL: $I_D = 0{,}15 + 0{,}260 \cdot lg(N_{10L})$ (4.38)

DPH: $I_D = 0{,}10 + 0{,}435 \cdot lg(N_{10H})$ (4.39)

- unter Grundwasser:

DPL: $I_D = 0{,}21 + 0{,}230 \cdot lg(N_{10L})$ (4.40)

DPH: $I_D = 0{,}23 + 0{,}380 \cdot lg(N_{10H})$ (4.41)

Für weitgestufte Sand-Kies-Gemische (Bodengruppen SW und GW) kann die Umrechnung der Schlagzahl N_{10H} in die bezogene Lagerungsdichte I_D gemäß Handbuch Eurocode 7, Band 2 (2011), Anhang G erfolgen:

- Über Grundwasser:

DPH: $I_D = 0{,}14 + 0{,}550 \cdot lg(N_{10H})$ (4.42)

4.04.4 Werte

Lagerungs-dichte

D: 0 bis 0,15 sehr locker; 0,15 bis 0,30 locker; 0,30 bis 0,50 mittel; 0,50 bis 1,00 dicht. Bei Sand: max n = 0,41 bis 0,47; min n = 0,27 bis 0,39.

Lagerungsdichten D verschiedener nichtbindiger Böden siehe □ 4.27 bis 4.29.

□ 4.27 Anhaltswerte für die Lagerungsdichte D (DIN 1054, Abschnitt A 6.10.2.1)

Bodengruppe nach DIN 18196	Ungleichförmigkeitszahl nach DIN 18196	locker	mitteldicht	dicht
	C_U	Lagerungsdichte D nach DIN 18126		
SE, GE SU, GU GT	≤ 3	< 0,30	≥ 0,30	≥ 0,50
SE, SW SI, GE GW, GT SU, GU	> 3	< 0,45	≥ 0,45	≥ 0,65

□ 4.28 Anhaltswerte für die Lagerungsdichte D aus Proctorversuchen (DIN 1054, Abschnitt A 6.10.2.1)

Bodengruppe nach DIN 18196	Ungleichförmigkeitszahl nach DIN 18196	locker	mitteldicht	dicht
	C_U	Mittlerer Verdichtungsgrad D_{Pr} nach DIN 18127		
SE, GE SU, GU GT	≤ 3	< 95%	≥ 95%	≥ 98%
SE, SW SI, GE GW, GT SU, GU	> 3	< 98 %	≥ 98 %	≥ 100 %

□ 4.29 Anhaltswerte für die Lagerungsdichte D aus Drucksondierungen

(DIN 1054, Abschnitt A 6.10.2.1)

Bodengruppe nach DIN 18196	Ungleichförmigkeitszahl nach DIN 18196	locker	mitteldicht	dicht
	C_U	Mittlerer Spitzenwiderstand q_c [MN/m²] der Drucksonde		
SE, GE SU, GU GT	≤ 3	< 7,5	≥ 7,5	≥ 15
SE, SW SI, GE GW, GT SU, GU	> 3			

Bezogene Lagerungsdichte

I_D: 0 bis 0,33 locker; 0,33 bis 0,67 mitteldicht; 0,67 bis 1,00 dicht.

Bezogene Lagerungsdichten verschiedener nichtbindiger Böden siehe □ 4.30.

□ 4.30: Beispiele: Bezogene Lagerungsdichte I_D bei grobkörnigen Böden (Handbuch Eurocode 7, Band 2 (2015), Anhang G.2:

Bodengruppe DIN 18196	Bezogene Lagerungsdichte I_D	
	[%]	
SE, SW, SI, GW, GE, GI	15 -35	Locker
	35 – 65	Mitteldicht
	>65	Dicht

Proctordichte

Anhaltswerte für die Proctordichte in g/cm³ bzw. in t/m³ und für den optimalen Wassergehalt (Klammerwert): Kiessand C_U = 35: 2,12 (0,07). Kiesiger Sand C_U = 7: 1,98 (0,1). Mittel- und Grobsand C_U = 5: 1,87 (0,13). Feinsand C_U = 2: 1,7 (0,14). Sandiger Schluff: 1,79 (0,16). Sandiger Ton: 1,75 (0,17). Leicht plastischer Ton: 1,62 (0,22). Ausgeprägt plastischer Ton: 1,44 (0,3). Proctorkurven verschiedener Bodenarten siehe □ 4.31.

□ 4.31: Beispiele: Proctorkurven verschiedener Bodenarten

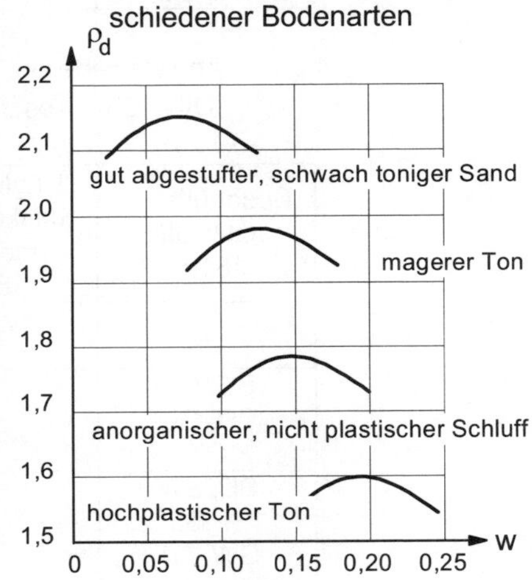

4.04.5 Verwendung

Lagerungsdichte

Beurteilung der Lagerung und Verdichtungsfähigkeit von Sand und damit der Tragfähigkeit von Fundamenten (DIN 1054), sowie der Auswirkungen von Erschütterungen auf Gebäude.

Proctordichte

Bestimmung des günstigsten Wassergehalts für die Verdichtung. Beurteilung der Eignung des Bodens für den Erdbau. Zur Berechnung des auf der Baustelle erreichten Verdichtungsgrads nach der Gleichung

$$D \frac{\rho_d}{\rho_{Pr}} \quad (4.43)$$

Die vorhandene Trockendichte ρ_d wird bei der Verdichtungskontrolle mit Hilfe von Sonderproben bestimmt, die aus der Oberfläche der verdichteten Schüttung in bestimmten Abständen entnommen werden.

4.05 Zustandsgrenzen

4.05.1 Grundlagen

Die Tragfähigkeit nichtbindiger Böden wird vom Wassergehalt praktisch nicht beeinflusst. Bindige Böden gehen dagegen mit zunehmendem Wassergehalt vom festen über den halbfesten, steifplastischen, weichen und breiigen in den flüssigen Zustand über, wobei ihre Tragfähigkeit immer weiter abnimmt. Die einzelnen Zustandsgrenzen bindiger Böden wurden von Atterberg festgelegt (□ 4.32).

□ 4.32: Zustandsgrenzen

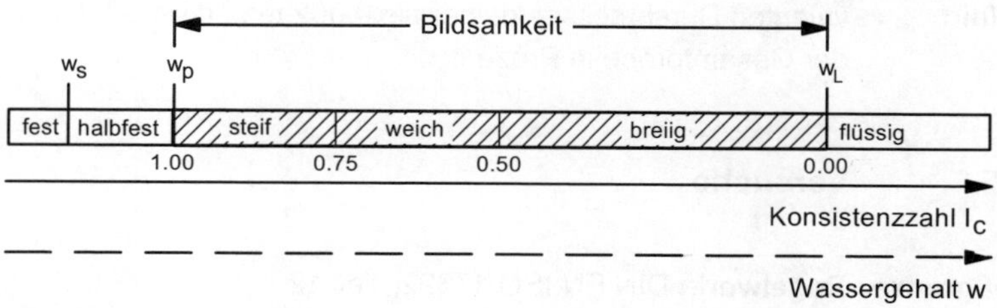

Fließgrenze w_L Wassergehalt am Übergang von der flüssigen zur bildsamen Zustandsform (□ 4.33).

□ 4.33: Fließgrenzengerät von A. Casagrande (nach Schultze)

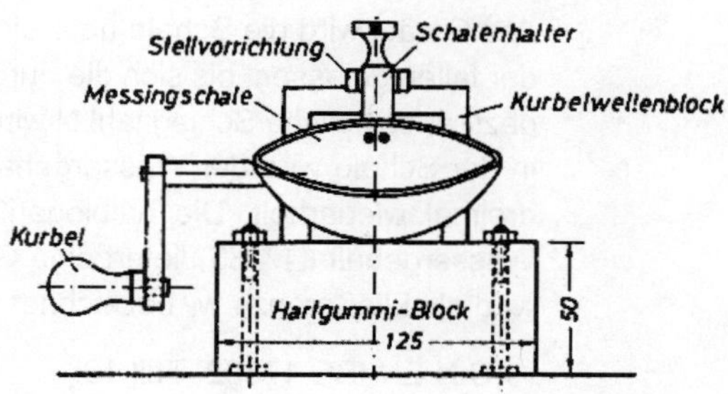

Ausrollgrenze w_P Wassergehalt am Übergang von der bildsamen zur halbfesten Zustandsform.

Schrumpfgrenze w_S Wassergehalt am Übergang von der halbfesten zur festen Zustandsform.

Plastizitätszahl I_P Differenz zwischen dem Wassergehalt an der Fließ- und Ausrollgrenze:

$$I_P = w_L - w_P \qquad (4.44)$$

Konsistenzzahl I_C Der Bildsamkeitsbereich (plastischer Bereich) zwischen Fließ- und Ausrollgrenze wird in die Zustandsformen breiig, weich und steifplastisch unterteilt.

Rechenwert für die Zustandsform des Bodens nach der Gleichung:

$$I_C = \frac{w_L - w}{w_L - w_P} = \frac{w_L - w}{I_P} \qquad (4.45)$$

Liquiditätszahl I_L Der Bildsamkeitsbereich (plastischer Bereich) zwischen Fließ- und Ausrollgrenze wird auch als Liquiditätszahl ausgedrückt.

Rechenwert für die Liquiditätszahl nach der Gleichung:

$$I_L = \frac{w - w_L}{w_L - w_P} = \frac{w - w_L}{I_P} \qquad (4.46)$$

Aktivitätszahl I_A Die Aktivitätszahl gibt einen Hinweis auf die kolloidalen Eigenschaften eines Tons.

Rechenwert für die Zustandsform des Bodens nach der Gleichung:

$$I_A = \frac{I_P}{CF} = \frac{w_L - w_P}{CF} \qquad (4.47)$$

Tonanteil, Kolloid CF ist der Tonanteil, das heißt die Trockenmasse der Partikel mit einem äquivalenten Durchmesser kleiner als 0,002 mm, dividiert durch die Trockenmasse der Gesamtprobe in Prozent.

4.05.2 Versuche

Fließgrenze **Regelwerk:** DIN EN ISO 17892, Teil 12

Mehrpunktverfahren: Der bindige Boden wird zu einer weichen Paste aufbereitet, in die Schale des Fließgrenzengeräts (□ 4.33) gefüllt und glatt gestrichen. Mit dem genormten Furchenzieher wird eine Furche gezogen. Mit der Kurbel des Geräts wird die Schale über eine Nockenwelle so oft angehoben und wieder fallen gelassen, bis sich die Furche auf 10 mm Länge geschlossen hat. Die dazu erforderliche Schlagzahl N wird registriert. An einer Teilprobe vom Boden in der Schale wird der Wassergehalt bestimmt. Der Versuch wird mindestens dreimal wiederholt. Die halblogarithmische Auftragung von Schlagzahl und Wassergehalt (□ 4.35) liefert eine Gerade. Der Wassergehalt bei 25 Schlägen wird als Fließgrenze w_L bezeichnet.

⇒ DIN EN ISO 17892, Teil 12.

□ 4.34: Beispiel 46: Berechnung der Konsistenz

Geg.: *Von einem für den Einbau vorgesehenen Boden wurde im Labor ermittelt:*

Ausrollgrenze: $w_P = 0{,}20$

Fließgrenze: $w_L = 0{,}48$.

Ges.: *Wie groß darf der natürliche Wassergehalt maximal sein, damit der Boden noch steifplastische Konsistenz besitzt?*

□ 4.34: Fortsetzung Beispiel 46: Berechnung der Konsistenz

Lösg.: *Bedingung für steifplastische Konsistenz:* $I_c \geq 0{,}75$*. Aus der Bestimmungsgleichung für die Zustandszahl (Konsistenzzahl)* $I_c = \frac{w_L - w}{w_L - w_P}$ *errechnet sich der maximal mögliche Wassergehalt zu* ${}_{mögl}w = w_L - I_c(w_L - w_P) = 0{,}48 - 0{,}75(0{,}48 - 0{,}20) = 0{,}27$

Einpunktverfahren: Für Routineuntersuchungen wird die Fließgrenze aus einem einzigen Versuch (wie unter "Mehrpunktverfahren" beschrieben) mit Hilfe eines Faktors A bestimmt. ⇒ DIN EN ISO 17892, Teil 12.

□ 4.35: Beispiel: Bestimmung der Fließgrenze nach dem Mehrpunktverfahren (DIN EN ISO 17892, Teil 12)

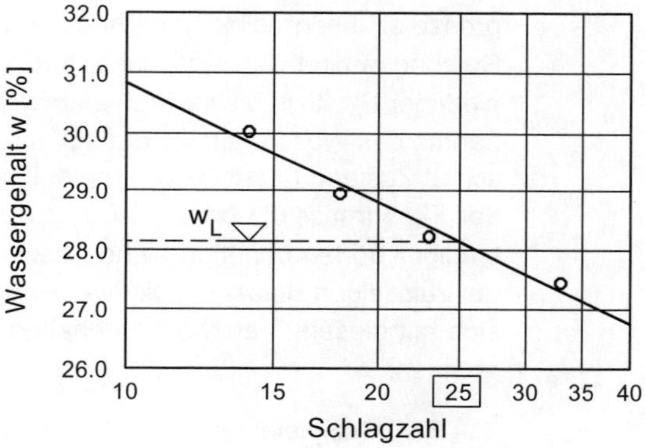

Ausrollgrenze Der bindige Boden wird auf einer wasseraufsaugenden Unterlage (oder in einem Spezialgerät) zu 3 mm dicken Walzen ausgerollt, wieder zusammengeknetet und erneut ausgerollt, bis die Walzen zu zerbröckeln beginnen. An einer Teilprobe dieser zerbröckelnden Walze wird der Wassergehalt bestimmt und als Ausrollgrenze w_P bezeichnet.

⇒ und Anwendungsbeispiel zur Bestimmung der Fließ- und Ausrollgrenze:

DIN EN ISO 17892, Teil 12.

Regelwerk: DIN 18 122-2

□ 4.36: Beispiel: Bestimmung der Schrumpfgrenze w_S

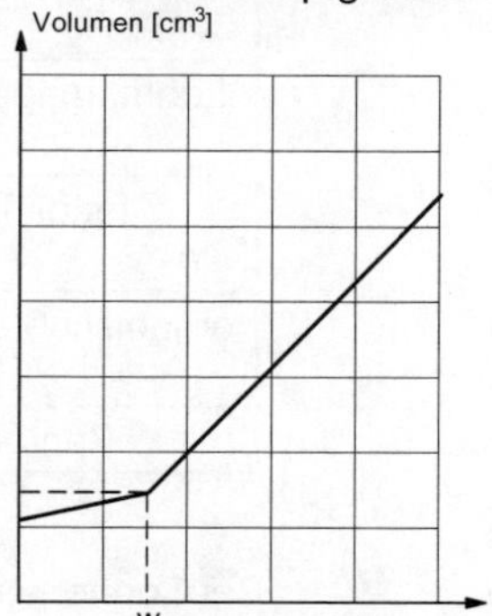

Schrumpfgrenze Der bindige Boden wird bei Zimmertemperatur getrocknet. Nach vordefinierten Zeiten werden Wassergehalt und Volumen bestimmt und in ein Diagramm (□ 4.36) eingetragen. Das Volumen nimmt fast linear bis zu einer Grenze ab, bei der die Volumenabnahme (das Schrumpfen) aufhört. Der Wassergehalt w_S an dieser Stelle wird als Schrumpfgrenze bezeichnet.

⇒ und Anwendungsbeispiel zur Bestimmung der Schrumpfgrenze: DIN 18 122-2.

4.05.3 Werte

w_L, w_P, I_P Beispiele für verschiedene Böden siehe □ 4.37.

w_S Schwach bindige Böden: 0,1 bis 0,2. Stark bindige Böden: 0,05 bis 0,1.

4.05.4 Verwendung

w_L, w_P, I_P Aufschluss über die bautechnischen Eigenschaften bindiger Böden. Maß für die Zustandsform und damit die Tragfähigkeit des Bodens sowie für seine Empfindlichkeit gegenüber Änderungen des Wassergehalts. Böden mit hoher Fließgrenze sind sehr feinkörnig und haben einen relativ geringen Steifemodul und Reibungswinkel. Sie sind daher setzungs- und rutschempfindlich. Böden mit niedriger Plastizitätszahl sind sehr wasserempfindlich: schon eine geringe Zunahme des Wassergehalts genügt, um sie aus dem halbfesten oder steifplastischen Zustand (relativ gute Tragfähigkeit und Verarbeitbarkeit) in den Bereich der Fließgrenze zu bringen. Die Zustandsgrenzen werden zur Klassifikation bindiger Böden benötigt (siehe Abschnitt 2.06). Auch die für die Bestimmung der zulässigen Belastung bindiger Böden (DIN 1054) wichtige Konsistenz lässt sich mit diesen Grenzwassergehalten und dem natürlichen Wassergehalt errechnen.

□ 4.37: Beispiele: Fließgrenzen, Ausrollgrenzen und Plastizitätszahlen verschiedener Böden

Erdstoff	Bezeichnung	Beispiel			Grenzen von I_P
		w_L	w_P	I_P	
Sand	nicht plastisch	-	-	-	-
Schluff, Löß	schwach plastisch	0,25	0,20	0,05	0,02 bis 0,10
Lehm, magerer Ton	gut plastisch	0,40	0,25	0,15	0,10 bis 0,25
fetter Ton	hochplastisch	0,80	0,30	0,50	0,25 bis 0,75
organische Erdstoffe	z.T. plastisch	2,50	1,50	1,00	-
Bentonit	-	4,00	0,80	3,20	-

w_S Bei Sonneneinstrahlung bilden sich Risse in Böden, die zum Schrumpfen neigen. Wasser kann eindringen und Böschungsrutschungen verursachen. Solche Böden müssen daher durch Abdeckung (z. B. Mutterbodenauftrag und Begrünung) vor der Austrocknung geschützt werden. Wird einem Boden mit hohem

Schrumpfmaß Wasser entzogen (durch Grundwasserabsenkung oder Bäume), können beträchtliche Schäden an Gebäuden auftreten.

Aktivitätszahl I_A Die Aktivitätszahl kann ein Hinweis auf die kolloidalen Eigenschaften eines Tons sein und ist in erster Linie abhängig von der Menge und der Art der Tonmineralien und vorhandenen organischen Kolloide sowie vom Elektrolytgehalt des Porenwassers (DIN EN ISO 17892, Teil 12).

4.06 Kapillarität, Wasserdurchlässigkeit

4.06.1 Grundlagen

Begriffe: DIN EN ISO 22282, Teil 1

Regelwerke Versuche: DIN 18 130-2 und DIN EN ISO 17892, Teil 11, DIN EN ISO 22282, Teile 2 bis 6.

Oberhalb des Grundwasserspiegels steigt das Wasser infolge der Kapillarkräfte in engen Bodenporen hoch und sättigt den Boden mehr oder minder stark. Der Bereich, in dem alle Poren mit Kapillarwasser gefüllt sind (S_r = 1), heißt geschlossene, der darüber liegende Bereich, in dem die Poren Wasser und Luft enthalten (S_r = 0,6 bis 0,8), offene Kapillarzone (siehe □ 4.38).

Der Abstand zwischen Grundwasserspiegel und Oberkante der geschlossenen Kapillarzone wird als „kapillare Steighöhe h_k" bezeichnet.

Die Kapillarität kommt durch Zusammenwirken von Kohäsion und Adhäsion wie folgt zu Stande: Die Wasseroberfläche bildet sowohl in engen als auch in weiten Poren des Bodens einen Meniskus, d. h das Wasser steigt infolge Adhäsion an den Rändern höher als in der Mitte. Bei engen Poren wirkt jedoch außer der Adhäsion noch die Kohäsion innerhalb des Wassers, welche die seitlich höherstehenden Wasserpartikel wieder zusammenzieht. Daraufhin steigt das Wasser an den Rändern erneut infolge Adhäsion auf, und der Vorgang wiederholt sich (□ 4.38 a).

□ 4.38: Beispiel: Kapillarwasserzonen

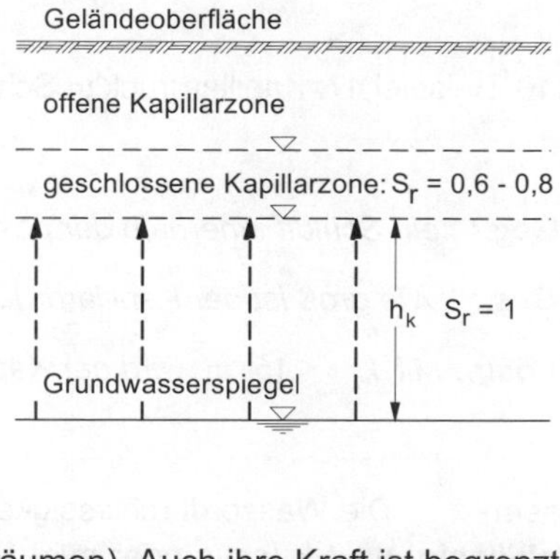

Das Wasser im Bereich des Meniskus wird auf Zug, der umgebende Boden auf Druck belastet, weil sich die Wassersäule an ihm aufhängt. Erläuterung an einem Modell (□ 4.38 b): Die Arme des oberen Männchens können nur engstehende Kletterstangen erreichen (Kapillarität nur in engen Hohlräumen). Auch ihre Kraft ist begrenzt, so dass nur eine bestimmte Zahl von Männchen (Höhe der Wassersäule im Boden), die an den Füßen des oberen Männchens hängen, gehalten werden können. In den Armen des oberen Männchens treten Zugspannungen auf (so auch im Meniskus des Wassers), in den Kletterstangen (dem Korngerüst des Bodens) Druckspannungen. Wird die Zugfestigkeit des Meniskus überschritten, rutscht das Wasser um einen entsprechenden Betrag herunter.

Je enger die Poren des Bodens sind, desto höher ist die kapillare Steighöhe. Daher ist h_k bei den verschiedenen Bodenarten unterschiedlich groß.

Das freie Grundwasser entlastet den Boden durch Auftrieb. Kapillarwasser dagegen belastet den Boden (zusätzlich zu dem Druck, den er durch den überlagernden Boden erhält) mit dem Kapillardruck:

$$\sigma_k = \gamma_w \cdot h_k \qquad (4.48)$$

Der Kapillardruck bewirkt die scheinbare Kohäsion im Boden (siehe Abschnitt 4.10.1).

Geht der Kapillarwasserspiegel durch Verdunstung zurück, so wird die Krümmung des Meniskus immer größer, bis ihr Höchstwert erreicht ist (□ 4.39 c). Dabei steigt die senkrechte Kraftkomponente auf den Boden ebenfalls bis zu ihrem Maximalwert an und drückt den Boden bei weiterer Austrocknung bis zur Schrumpfgrenze zusammen (siehe Abschnitt 4.05).

4.39: Beispiele: Erläuterung der Kapillarität,
a) Meniskus, b) Modell, c) Schrumpfkräfte

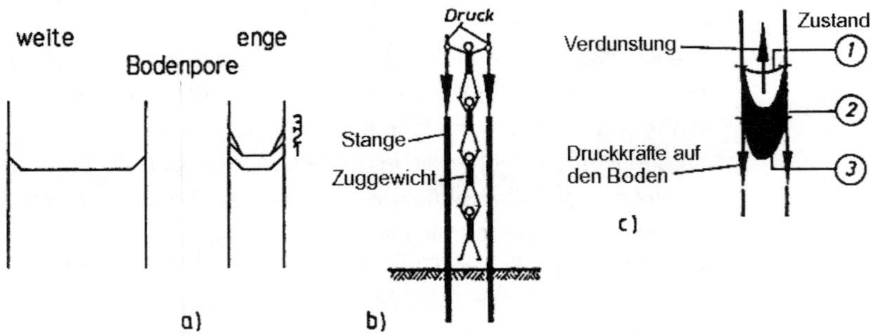

□ 4.40: Beispiel 47: Kapillardruck in Schluff

Geg.: *ein Schluff innerhalb der passiven (geschlossenen) Kapillarwasserzone*

Ges.: *Wie groß ist der Kapillardruck?*

Lösg.: *Mit* $k_{k_P} \leq 15\ m$ *wird der Kapillardruck* $\sigma_k = \gamma_w \cdot h_{k_P} \leq 10 \cdot 15 \leq 150\ \ kN/m^2$

Wasserdurchlässigkeit Die Wasserdurchlässigkeit eines Bodens wird durch den Durchlässigkeitsbeiwert k (cm/s oder m/s) beschrieben. Es ist die Geschwindigkeit, mit der das Wasser den Boden durchsickert. Das Wasser benötigt in stark bindigen Böden eine so lange Zeit für die Durchsickerung, dass diese Böden als praktisch undurchlässig bezeichnet werden (k < 10^{-5} cm/s). Bei Mülldeponien wird eine "technische Dichtigkeit" von k < 10^{-6} cm/s gefordert.

□ 4.41: Beispiel 48: Sickerwassermenge im Boden

Geg.: *Die wahre Fließgeschwindigkeit des Wassers im untersuchten Boden beträgt $1{,}98 \cdot 10^{-2}$ cm/s, die Trockenwichte 17 kN/m³ und die Korndichte 2,65 t/m³.*

Ges.: *Wie viel m³ Wasser fließen pro Tag durch einen Bodenquerschnitt von 1 m²?*

Lösg.: *Aus der Bestimmungsgleichung für die Trockendichte $\rho_d = (1-n) \cdot \rho_s$ berechnet sich der natürliche Porenanteil zu* $n = 1 - \frac{\rho_d}{\rho_s} = 1 - \frac{1{,}70}{2{,}65} = 0{,}36$

Bei einer wahren Fließgeschwindigkeit von $v_W = 1{,}98 \cdot 10^{-2} \quad cm/s \mathrel{\hat{=}} 1{,}98 \cdot 10^{-4} \quad m/s$

beträgt somit die effektive Fließgeschwindigkeit

$$v = n \cdot v_W = 0{,}36 \cdot 1{,}98 \cdot 10^{-4} = 7 \cdot 10^{-5} \quad m/s$$

Damit wird die Durchflusswassermenge pro Quadratmeter und Tag:

$$Q = v \cdot A \cdot t = 7 \cdot 10^{-5} \quad [m/s] \cdot 1{,}0 \quad [m^2] \cdot 60 \cdot 60 \cdot 24 \quad [s] = 6{,}05 \quad m^3$$

k Der Durchlässigkeitsbeiwert k ist eine Funktion von Korngröße und Korngrößenverteilung, also von der Größe der einzelnen Hohlräume, nicht vom gesamten Hohlraumgehalt. So ist der Gesamtporenanteil eines bindigen Bodens viel größer als der eines nichtbindigen Bodens, die einzelnen Poren zwischen den schuppenförmigen Teilchen des bindigen Bodens sind aber so eng, dass der Strömungswiderstand groß und die Durchlässigkeit klein ist

□ 4.42: Beispiel 49: Sickerwassermenge bei einer Filteranlage

Geg.: *die dargestellte Filteranlage*

Ges.:

a) *Größe der Wassermenge, die unter konstantem Druck pro Tag durch die Anlage sickert.*

b) *Filtergeschwindigkeit (Fließgeschwindigkeit)*

c) *Wahre Fließgeschwindigkeit*

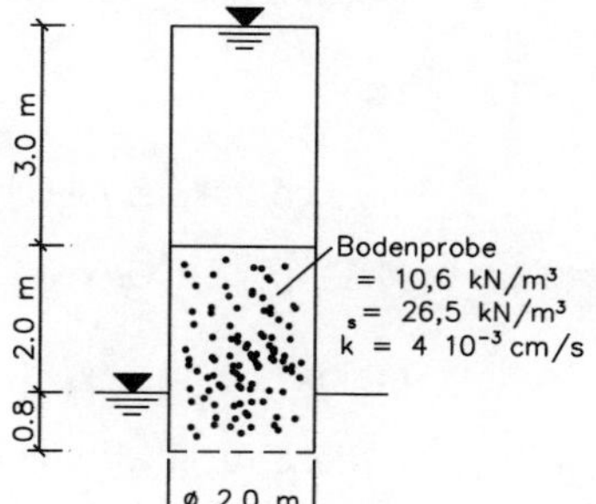

Lösg.: *zu a)*

$$Q = v \cdot A = k \cdot i \cdot A = 4 \cdot 10^{-5} \quad [\tfrac{m}{s}] \cdot \frac{3{,}0+2{,}0 \quad [m]}{2{,}0+0{,}8 \quad [m]} \cdot \frac{\pi \cdot 2{,}0^2 \quad [m^2]}{4} == 2{,}2 \cdot 10^{-4} \quad m^3/s$$

Damit wird die tägliche Sickerwassermenge

$$Q = 2{,}2 \cdot 10^{-4} \quad [\tfrac{m^3}{s}] \cdot 60 \cdot 60 \cdot 24 \quad [s] = 19{,}4 \quad m^3$$

□ 4.42: Fortsetzung Beispiel 49: Sickerwassermenge bei einer Filteranlage

zu b) Mit der Gleichung von Darcy berechnet sich die Filtergeschwindigkeit (Fließgeschwindigkeit) zu

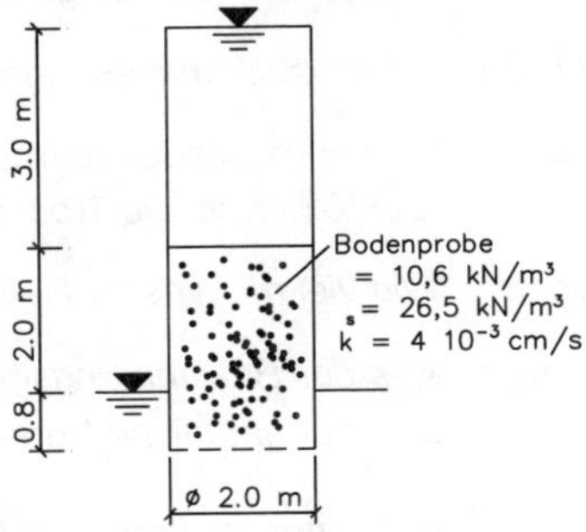

$$v(\hat{=}\, v_f) = k \cdot i = 4 \cdot 10^{-5} \left[\frac{m}{s}\right] \cdot \frac{5{,}0\ [m]}{2{,}8\ [m]}$$

$$= 7{,}14 \cdot 10^{-5}\ \ m/s$$

zu c) Aus der Bestimmungsgleichung der Wichte des Bodens unter Auftrieb

$\gamma' = (1-n)(\gamma_s - \gamma_w)$ *berechnet sich der natürliche Porenanteil der Bodenprobe zu*

$n = 1 - \frac{\gamma'}{\gamma_s - \gamma_w} = 1 - \frac{10{,}6}{26{,}5 - 10{,}0} = 0{,}36$ *Damit wird die wahre Fließgeschwindigkeit*

$$v_w = \frac{V}{n} = \frac{7{,}14 \cdot 10^{-5}}{0{,}36} = 2{,}0 \cdot 10^{-4}\ \ m/s$$

Vf Die Geschwindigkeit des Wassers im Boden lässt sich beschreiben als

- **Filtergeschwindigkeit** nach dem Gesetz von Darcy (der Index f wird meist weggelassen).

$$v_f = k \cdot i = \frac{Q}{A} \qquad (4.49)$$

Hierin ist:

k = Durchlässigkeitsbeiwert

i = hydraulisches Gefälle = h/l

Vw - Wahre Fließgeschwindigkeit:

$$v_w = \frac{v_f}{n} \qquad (4.50)$$

die sich aus der Gleichung:

$$Q = v_f \cdot A = v_w \cdot n \cdot A \qquad (4.51)$$

ergibt.

In der Praxis wird meist die Filtergeschwindigkeit verwendet. Sie ist nur eine gedachte Geschwindigkeit, denn man setzt bei ihrer Berechnung voraus, dass der gesamte Querschnitt A für den Durchfluss zur Verfügung steht. Tatsächlich fließt das Wasser aber nur durch die Poren des Bodens (Porenraum n · A). Die wahre Fließgeschwindigkeit ist daher größer als die Filtergeschwindigkeit. Mit Hilfe der Wassergeschwindigkeit im Boden lässt sich die Sickerwassermenge berechnen (□ 4.41, □ 4.42).

4.06.2 Versuche

Kapillarität Die Versuchsanordnung richtet sich nach der kapillaren Steighöhe, also nach der Bodenart:

Geringes h_k (grobkörnige Böden): Der Wasseranstieg wird in einem unten offenen, durchsichtigen Zylinder gemessen, der in einem Gefäß mit Wasser steht. h_k kann an der Dunkelfärbung des Bodens erkannt werden.

Großes h_k (bindige Böden): Versuchsanordnung nach Beskow (□ 4.43). Die Probe wird bei hochstehendem rechtem Zylinder unter Wasser luftfrei in den linken Zylinder eingebracht. Durch langsames Absenken des rechten Zylinders, in dem sich Quecksilber befindet, wird an der Probenunterseite so lange ein Unterdruck erzeugt, bis dort Luftblasen auftreten. Dann ist die Luft - unter Überwindung der Kapillarspannung - von oben nach unten durch die Probe gesaugt worden. In diesem Augenblick ist:

□ 4.43: Beispiel: Versuchsgerät von Beskow zur Bestimmung der kapillaren Steighöhe bei feinkörnigen Böden (nach Schultze)

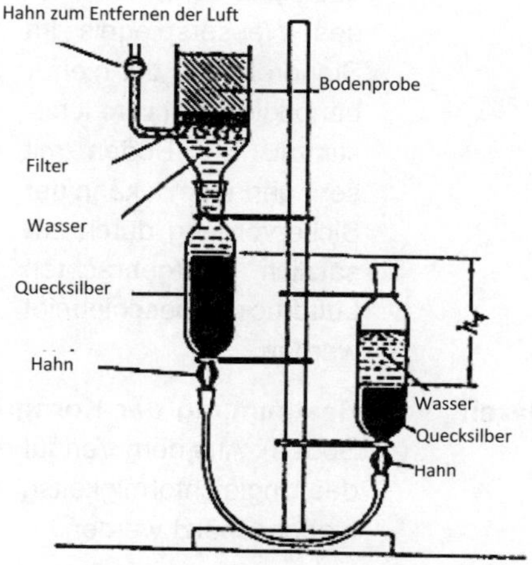

$$h_k = \frac{h_q \cdot \rho_q}{\rho_w} \qquad (4.52)$$

Hierin ist:

ρ_q = Dichte des Quecksilbers (13,6 g/cm³), ρ_w = Dichte des Wassers (1 g/cm³),

h_q= Höhe der Quecksilbersäule

Wasserdurchlässigkeit **Versuch mit konstanter Druckhöhe:** (□ 4.44, □ 4.46, für durchlässigen Boden): Der nichtbindige Boden wird mit der gewünschten Lagerungsdichte in einen Versuchszylinder (Länge l, Querschnitt A) eingebaut. Dann wird die Wassermenge Q (z. B. in cm³/s) gemessen, die bei konstantem Druck (Druckhöhendifferenz h) die Probe durch-strömt. Nach dem Gesetz von Darcy ist

$$k = \frac{Q \cdot l}{A \cdot h} \qquad (4.53)$$

Versuch mit abnehmender Druckhöhe: (□ 4.47, □ 4.48 und □ 4.50, für wenig durchlässigen Boden): Aus einem wassergefüllten Standrohr sickert das Wasser durch die Bodenprobe, die sich in einem Versuchszylinder befindet. Aus dem Absinken des Wasserspiegels im Standrohr und der hierfür benötigten Zeit wird k bestimmt. Bei Boden mit sehr geringem k kann der Sickervorgang durch zusätzlich aufgebrachten Luftdruck beschleunigt werden.

□ 4.44: Beispiele: Durchlässigkeitsgerät mit konstanter Druckhöhe

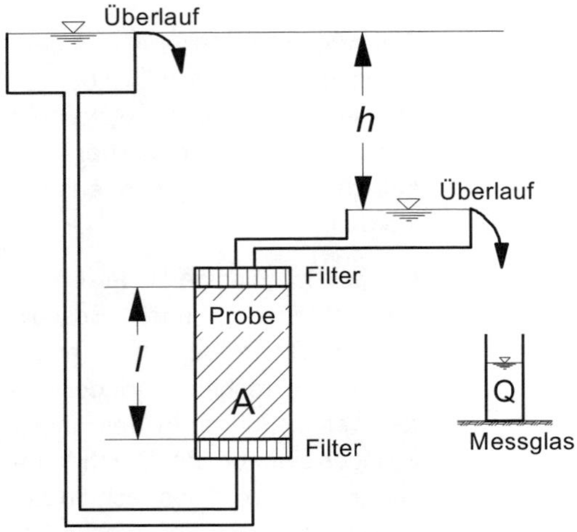

Hazen **Bestimmung der Korngrößenverteilung:** (□ 4.42, □ 4.46, für grobkörnigen Boden): Aus dem Verlauf der Korngrößenverteilung kann nach Hazen mit Hilfe des Ungleichförmigkeitsgrades C_U (siehe Abschnitt 4.01.3) die Durchlässigkeit k abgeschätzt werden.

$$k = 0{,}0116 \cdot {d_{10}}^2 \quad \text{mit } C_U \leq 5 \text{, } d_{10} \text{ [mm] und k [m/s]} \tag{4.54}$$

wobei die Anwendbarkeit bei $0{,}1\ \text{mm} \leq d_{10} \leq 3\ \text{mm}$ begrenzt ist.

Beyer **Bestimmung der Korngrößen-verteilung und der Lagerung:** (□ 4.45 bis □ 4.47 und □ 4.51, für grobkörnigen Boden): Aus dem Verlauf der Korngrößenverteilung kann mit Hilfe des Ungleichförmigkeitsgrades C_U (siehe Abschnitt 4.01.3) und der Lagerung (siehe Abschnitt 4.04.3) die Durchlässigkeit k abgeschätzt werden:

□ 4.45: Faktor C_B nach Beyer

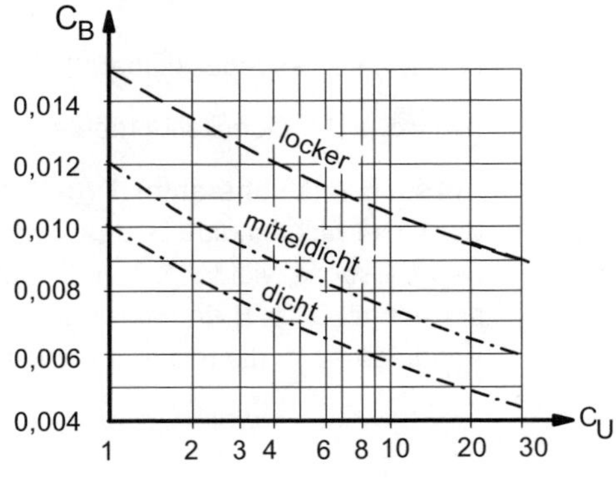

$$k = C_B \cdot {d_{10}}^2 \text{ mit } d_{10} \text{ [mm], k [m/s]} \qquad (4.55)$$

□ 4.46: Näherung des Beiwerts C_B aus □ 4.45 nach K. F. Paul (2014)

lockere Lagerung $$C_B = 0{,}0148 \cdot {C_U}^{-0{,}1493} \qquad (4.56)$$

mitteldichte Lagerung $$C_B = 0{,}0119 \cdot {C_U}^{-0{,}2016} \qquad (4.57)$$

dichte Lagerung $$C_B = 0{,}01 \cdot {C_U}^{-0{,}2313} \qquad (4.58)$$

wobei die Anwendbarkeit für Sande und Kiese bei 0,06 mm $\leq d_{10} \leq$ 0,6 mm gilt und für $2 \cdot 10^{-5}$ m/s $\leq k \leq 4 \cdot 10^{-3}$ m/s begrenzt ist.

□ 4.47: Beiwert C_B nach Bundesanstalt für Wasserbau, Merkblatt Anwendung von Kornfiltern (2013)

C_U	1,0 bis 1,9	2,0 bis 2,9	3,0 bis 4,9	5,0 bis 9,9	10,0 bis 19,9	> 20
C_B	0,011	0,010	0,009	0,008	0,007	(0,006)

4.06.3 Werte

Kapillarität z. B. Grundbautaschenbuch T.1:

sandiger Kies, Feinkies	bis 0,2 m
Grobsand, schluff. Kies	bis 0,5 m
Mittel- und Feinsand	bis 1,5 m
Schluff	bis 15 m
Ton	bis über 50 m

Durchlässigkeit k [m/s]: nichtbindige Böden: 10^0 bis 10^{-4}, schwach bindige Böden: 10^{-5} bis 10^{-7}, stark bindige Böden: 10^{-8} bis 10^{-10} sowie Bild □ 7.12 (Abschnitt 7.03.2).

4.06.4 Verwendung

Kapillarität Im Straßenbau, weil die Frostgefährdung von Böden vor allem von der Größe ihrer Kapillarität abhängt. Beim Entwurf der Bauwerksabdichtung. Bei der Ermittlung der Belastungsänderung im Boden infolge Grundwasserspiegelschwankungen (Problem: Setzungen). Bei der Ermittlung der scheinbaren Kohäsion (siehe Abschnitt 4.09).

Durchlässigkeit Berechnung von Grundwasserabsenkungen und Sickerlinien. Prüfung der Eignung des Bodens als Dichtungsmaterial (□ 4.49, □ 4.50). Beurteilung der Möglichkeit von Bodeninjektionen. Nachweis der Sicherheit gegen hydraulischen Grundbruch (siehe Abschnitt 7). Vorhersage des zeitlichen Verlaufs der Setzungen.

□ 4.48: Beispiel 50: Durchlässigkeitsversuch mit konstanter Druckhöhe

Geg.: *Durch die dargestellte Filteranlage (Probenhöhe: 40 cm: Probendurchmesser: 15 cm) fließen in 84 Sekunden 200 cm³ Wasser. Der gemessene Wasserspiegelunterschied in den Piezometerrohren betrug dabei 1,86 m.*

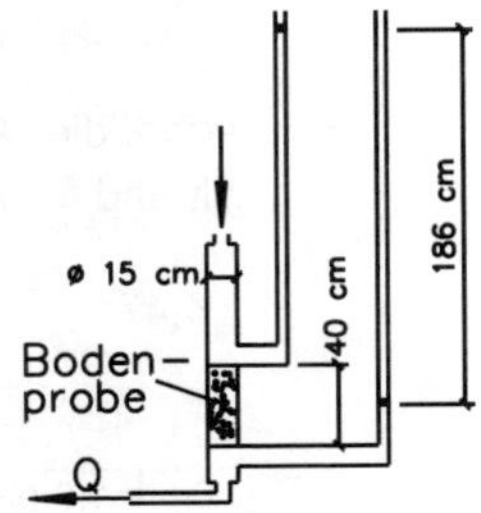

Ges.: *Durchlässigkeitsbeiwert des eingebauten Bodens.*

Lösg.: *Kontinuitätsgleichung:* $Q = v \cdot A$ *(1)*

Gleichung von Darcy: $v = k \cdot i = k \cdot \frac{h}{l}$ *(2)*

(2) in (1): Durchlässigkeitsbeiwert

$$k = \frac{Q \cdot l}{A \cdot h} = \frac{200 \cdot 40 \cdot 4}{84 \cdot \pi \cdot 15^2 \cdot 186} = 0{,}0029 \quad cm/s \mathrel{\widehat{=}} 2{,}9 \cdot 10^{-3} \quad cm/s$$

□ 4.49: Beispiel 51: Durchlässigkeitsversuch mit fallender Druckhöhe

Geg.: *Ein Durchlässigkeitsversuch mit abnehmender (fallender) Druckhöhe soll für einen Boden durchgeführt werden, dessen Durchlässigkeit auf ca. $3 \cdot 10^{-4}$ cm/s geschätzt wurde. Die Probe hat eine Querschnittsfläche von 15 cm² und eine Höhe von 8,5 cm.*

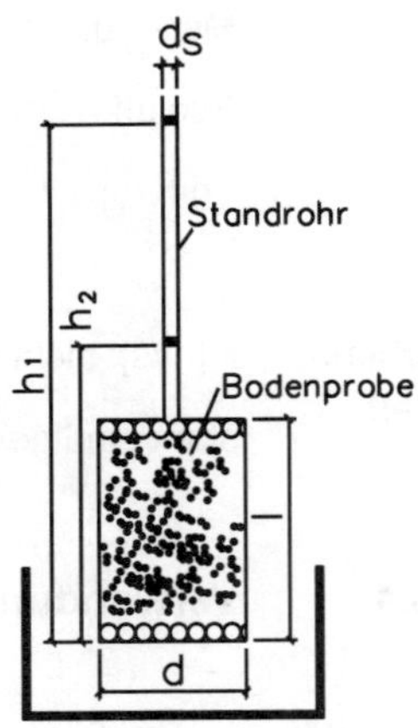

Ges.: *Welchen Durchmesser sollte das Standrohr des Versuchsgeräts haben, damit die Anfangswasserhöhe im Standrohr von 27,5 cm in den ersten 5 Minuten des Versuchs höchstens um 5 cm absinkt?*

Lösg.:

***Vorbemerkungen**: Der Durchlässigkeitsbeiwert k wird aus dem Absinken des Wasserspiegels im Standrohr bestimmt:*

$$k = \frac{A_s \cdot l}{A \cdot t} \cdot \ln \frac{h_1}{h_2}$$

□ 4.49: Fortsetzung Beispiel 51: Durchlässigkeitsversuch mit fallender Druckhöhe

Hierbei bedeutet: A_s = *Querschnittsfläche des Standrohres*

A = *Querschnittsfläche des Bodens*

l = *durchflossene Probenhöhe*

h_1 = *Ausgangswasserstand*

h_2 = *Wasserstand nach der Versuchszeit*

Die Querschnittsfläche A_s des Standrohres sollte dabei so gewählt werden, dass der Wasserspiegel mit v ≤ 1 cm/s absinkt.

Umstellen der Ausgangsgleichung $A_s = \frac{k \cdot A \cdot t}{l \cdot ln\frac{h_1}{h_2}} = \frac{3 \cdot 10^{-4} \cdot 15 \cdot 5 \cdot 60}{8{,}5 \cdot ln\frac{27{,}5}{27{,}5-5{,}0}} = 0{,}7915 \quad cm^2$

Damit wird der erforderliche Durchmesser des Standrohrs:

$$erf \quad d_s = \sqrt{\frac{4 \cdot A_s}{\pi}} = \sqrt{\frac{4 \cdot 0{,}7915}{\pi}} = 1{,}00 \quad cm$$

□ 4.50: Beispiel 52: Durchlässigkeitsversuch mit abnehmender Druckhöhe

Geg.: *Zeit t = 0: Standrohrwasserspiegel h_1 = 15,0 cm*

Zeit t = 20 h: Standrohrwasserspiegel h_2 = 10,9 cm

Probenhöhe: l = 12,0 cm

Probendurchmesser: d = 8,0 cm

Standrohrdurchmesser: d_s = 0,6 cm

Ges.: *der Durchlässigkeitsbeiwert des Bodens*

Lösg.: $k = \frac{A_s \cdot l}{A \cdot t} \cdot ln\frac{h_1}{h_2} = \frac{\pi \cdot d_s^2 \cdot l \cdot 4}{4 \cdot \pi \cdot d^2 \cdot t} \cdot ln\frac{h_1}{h_2} = \frac{0{,}6^2 \cdot 12{,}0}{8{,}0^2 \cdot 60 \cdot 60 \cdot 20} \cdot ln\frac{15{,}0}{10{,}9} = 3{,}0 \cdot 10^{-7} \quad cm/s$

□ 4.51: Beispiel 53: Korngrößenverteilung

Geg.: *die auf der nächsten Seite dargestellte Korngrößenverteilung; mitteldichte Lagerung*

Ges.: *der Durchlässigkeitsbeiwert des Bodens*

a) nach Hazen
b) nach Beyer, wenn mitteldichte Lagerung vorliegt

□ 4.51: Fortsetzung Beispiel 53: Korngrößenverteilung

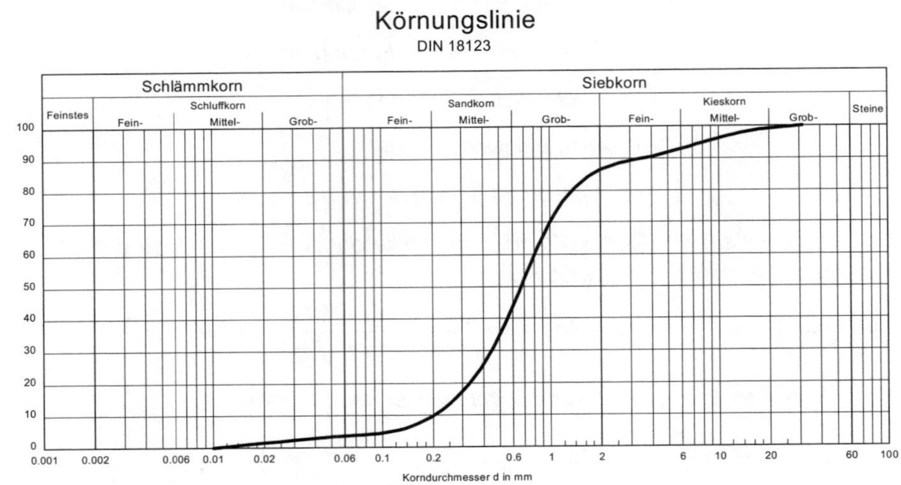

Lösg.: *zu a) vorhanden* $C_U = \frac{d_{60}}{d_{10}} = \frac{0,8}{0,2} = 4 \quad \leq 5,0$

vorhanden d_{10} *= 0,2 mm < 3 mm und > 0,1 mm ⇒ HAZEN anwendbar*

damit: $k = 0,0116 \cdot 0,2^2 = 4,6 \cdot 10^{-4} m/s$

zu b) vorhanden $C_U = \frac{d_{60}}{d_{10}} = \frac{0,8}{0,2} = 4 \quad \leq 20$ *und* $4 > 1$

vorhanden d_{10} *= 0,2 mm < 0,6 mm und > 0,06 mm ⇒ BEYER anwendbar*

aus Bild □ 4.45 oder □ 4.46 oder Tabelle □ 4.47: C_B = 0,009 und damit

$k = 0,009 \cdot 0,2^2 = 3,6 \cdot 10^{-4} m/s$

□ 4.52: Beispiel 54: Versickerung aus einem Wasserbehälter

Geg.: *Der dargestellte Wasserbehälter mit kreisrunder Grundfläche (r = 2,5 m) wird in der Sohle mit einer 60 cm dicken Schluffschicht (Durchlässigkeitsbeiwert* $k = 5 \cdot 10^{-5}$ *cm/s) abgedichtet.*

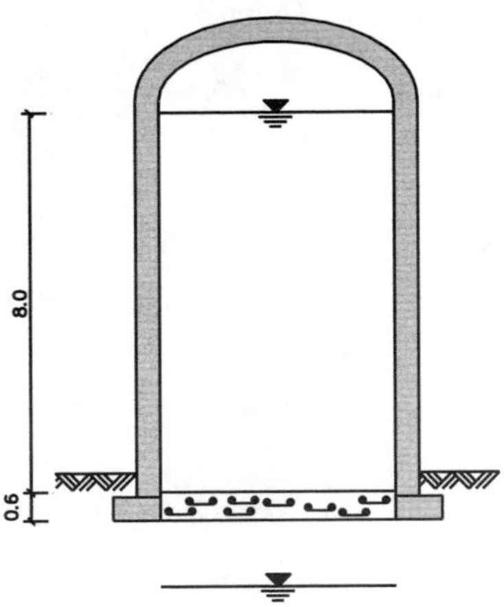

Ges.: *Wie lange würde es etwa dauern, bis die 8,0 m hohe Tankfüllung infolge Versickerung auf die Hälfte gefallen ist?*

Lösg.: *Aus der Bestimmungsgleichung des Durchlässigkeitsbeiwerts*

bei fallender Druckhöhe $k = \frac{a \cdot l}{A \cdot t} ln \frac{h_1}{h_2}$

berechnet sich die Zeit mit

a = A , l = 0,6 m; h_1 *= 8,0 + 0,6 = 8,6 m;*

h_2 *= (8,0/2) + 0,6 = 4,6 m zu* $t = \frac{a \cdot l}{A \cdot k} ln \frac{h_1}{h_2} = \frac{0,6}{5 \cdot 10^{-7}} \cdot ln \frac{8,6}{4,6} = 750847 \quad s \mathrel{\hat=} 8,7 \quad Tage$

4.07 Filterregeln

Zur Dränung zum Schutz baulicher Anlagen (siehe auch Abschnitte 5.01, 7.07) und zur Wasserhaltung (Abschnitt 7.03) werden grobkörnige Böden als Filter eingesetzt.

Ein Filter muss zwei Bedingungen genügen:

- das Wasser muss schnell abgeleitet werden (hydraulische Wirksamkeit),
- das zu entwässernde Bodenmaterial darf nicht ausgespült werden und den Filter nicht verstopfen (mechanische Wirksamkeit, Filterstabilität).

Zu Erfüllung dieser Bedingungen wird die Korngrößenverteilung des Filters nach folgenden Regeln festgelegt:

Terzaghi Die gebräuchlichste Filterregel wurde von Terzaghi entwickelt (□ 4.53):

$d_{F15} > 4 \cdot d_{B15}$ (hydraulische Wirksamkeit) (4.59)

$d_{F15} < 4 \cdot d_{B85}$ (mechanische Wirksamkeit) (4.60)

$C_{U,F} \leq 2$ (4.61)

Hierin ist:

d_{B15} = Korndurchmesser bei 15 % Massenanteil des zu entwässernden Bodens,

d_{F15} = Korndurchmesser bei 15 % Massenanteil des Filtermaterials,

d_{B85} = Korndurchmesser bei 85 % Massenanteil des zu entwässernden Bodens.

$C_{U,F}$ = Ungleichförmigszahl des Filtermaterials

□ 4.53: Beispiel 55: Bestimmung eines Filterbodens

Geg.: *die auf der nächsten Seite angegebene Körnungslinie des dargestellten Bodens (B)*

Ges.: *die Körnungslinie des zugeordneten Filterbodens (F) nach Terzaghi*

Lösg.: *Anwendung der Filterregel von Terzaghi:*

$d_{F15} > 4d_{B15} = 4 \cdot 0{,}008 = 0{,}032\ mm$ *(hydraulische Wirksamkeit)*

$$d_{F15} < 4d_{B85} = 4 \cdot 0{,}045 = 0{,}180\ mm$$

$$C_{U,F} = \frac{d_{F60}}{d_{F10}} \leq 2 \rightarrow d_{F60} \leq 2 \cdot d_{F10}$$

□ 4.53: Fortsetzung Beispiel 55: Bestimmung eines Filterbodens

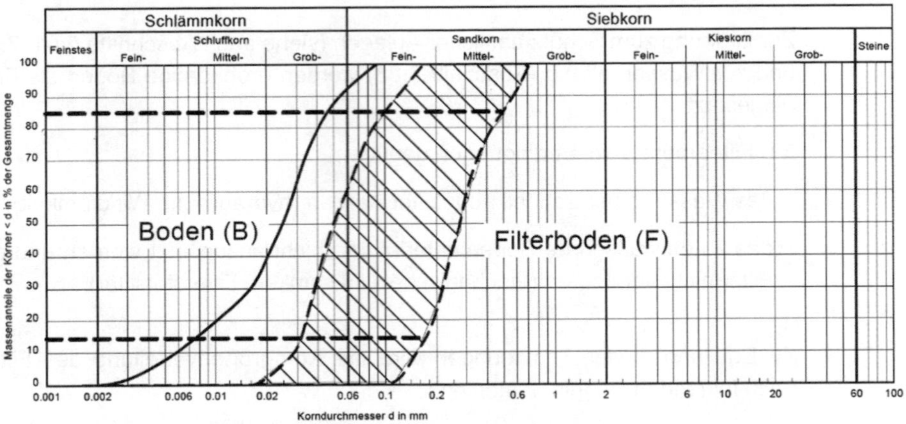

Mit dem damit geschätzten Bereich $0{,}03\ mm \leq d_{F10} \leq 0{,}15\ mm$ *wird*

$$d_{F60} \geq 2 \cdot 0{,}03 = 0{,}06\ mm$$

$$d_{F60} \leq 2 \cdot 0{,}15 = 0{,}30\ mm$$

Mit diesen Werten lässt sich der Bereich des Filterbodens in die Körnungslinie eintragen: (F).

Cistin und Ziems

Die Filterregel für die mechanische Wirksamkeit eines zu entwässernden Bodens, der grob- oder gemischtkörnig ist, wurde von Cistin und Ziems wie folgt festgelegt (□ 4.54):

$$d_{F50} \leq \frac{d_{B50} \cdot A_{zul50}}{\eta} \quad (4.62)$$

$$A_{vorh\ 50} = \frac{d_{F50}}{d_{B50}} \quad (4.63)$$

$$A_{vorh\ 50} \leq A_{zul\ 50} \quad (4.64)$$

Hierin ist:

□ 4.54: Zulässiges Abstandsverhältnis $A_{zul\ 50}$ nach Cistin und Ziems

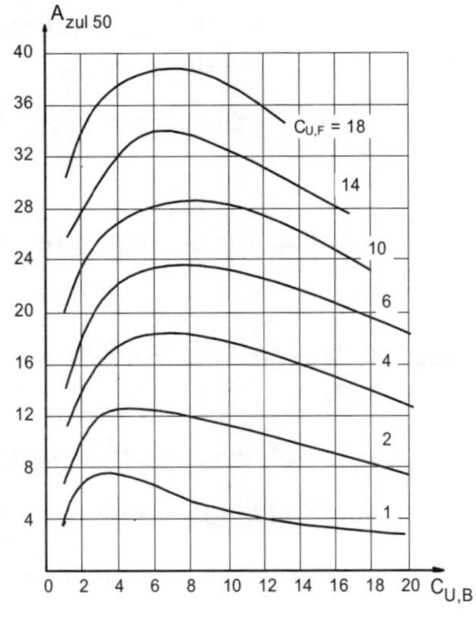

d_{B50}:	=	Korndurchmesser bei 50 % Massenanteil des zu entwässernden Bodens,
d_{F50}	=	Korndurchmesser bei 50 % Massenanteil des Filtermaterials,
$A_{vorh\ 50}$ =		vorhandenes Abstandsverhältnis,
$A_{zul\ 50}$	=	zulässiges Abstandsverhältnis nach Bild □ 4.53,
η	=	1,00 für runde Kornform des zu entwässernden Bodens
η	=	1,33 für kantige Kornform des zu entwässernden Bodens
$C_{U,F}$	=	Ungleichförmigkeitszahl des Filtermaterials,
$C_{U,B}$	=	Ungleichförmigkeitszahl des zu entwässernden Bodens.

Der Filter soll eine ähnliche Ungleichförmigkeitszahl ausweisen wie die des Bodens.

□ 4.55: Beispiel 56: Bestimmung eines Filterbodens nach Cistin Ziems

Geg.: *die auf der nächsten Seite gezeigten Körnungslinie des dargestellten Bodens (B), kantige Kornform*

Ges.: *die Körnungslinie des zugeordneten Filterbodens (F) nach Cistin und Ziems*

Lösg.: *Anwendung der Filterregel von Terzaghi für die hydraulische Wirksamkeit:*

$$d_{F15} < 4 \cdot d_{B85} = 4 \cdot 1{,}8 = 7{,}2 \quad mm$$

Anwendung der Filterregel nach Cistin/ Ziems für die mechanische Wirksamkeit:

$C_{U,B} = \frac{d_{B60}}{d_{B10}} = \frac{0{,}8}{0{,}2} = 4 \Rightarrow$ *Gewählt* $C_{U,F} = 4$

Damit ergibt sich ein $A_{zul\ 50} \cong 17{,}5$

$$d_{F50} \leq A_{zul\ 50} \cdot d_{B50} = 17{,}5 \cdot 0{,}68 \approx 11{,}9 \quad mm$$

$$d_{F50} \leq \frac{d_{B50} \cdot A_{zul50}}{\eta} = \frac{0{,}68 \cdot 17{,}5}{1{,}33} \approx 8{,}9 \quad mm$$

Zusammenfassend ergibt sich

$$d_{F10} \leq d_{F15} \leq 7{,}2 \quad mm$$

$$d_{F50} \leq 8{,}9 \quad mm; \qquad d_{F60} \approx 4 \cdot 4 = 16 \quad mm$$

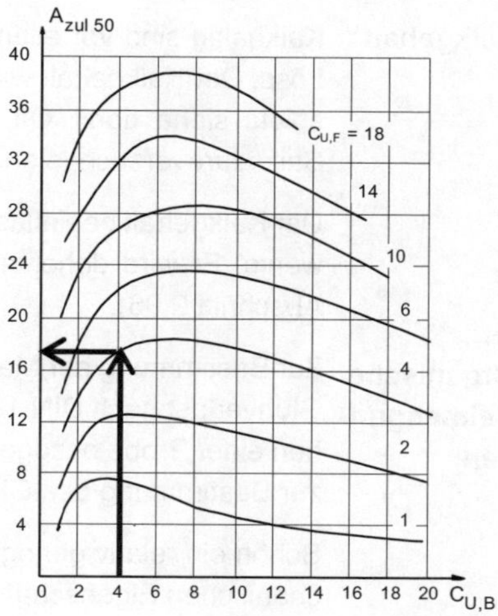

□ 4.55: Fortsetzung Beispiel 56: Bestimmung eines Filterbodens nach Cistin Ziems

Gewählt: $d_{F10} = 4 \quad mm,\ d_{F15} = 6 \quad mm\ ,\ d_{F50} = 9 \quad mm,\ d_{F60} = 16 \quad mm$
(siehe gestrichelte Linie im Diagramm)

Mit diesen Werten lässt sich der Bereich des Filterbodens in die Körnungslinie eintragen: (F).

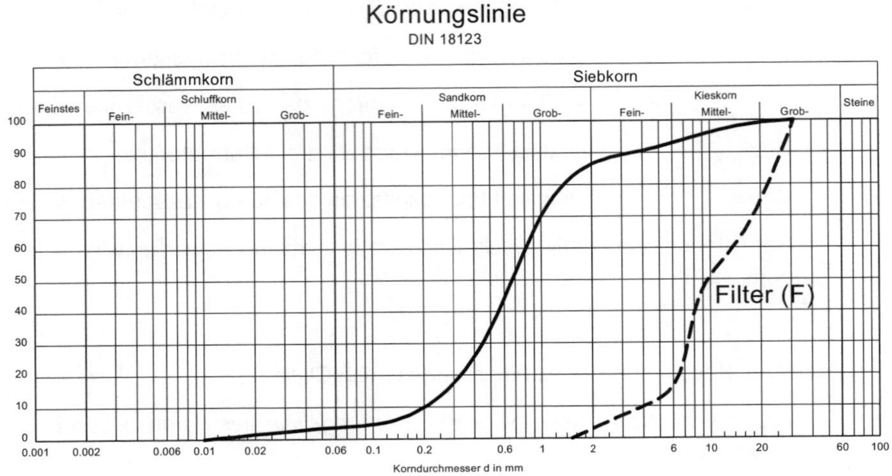

4.08 Kalkgehalt, organische und betonschädliche Beimengungen

Kalkgehalt

Kalkhaltig sind vor allem diluviale Ablagerungen (z. B. Geschiebemergel) und Löss. Der Kalkgehalt wird nach DIN 18 129 bestimmt (⇒ und Anwendungsbeispiele siehe dort). Oft genügt eine überschlägliche Bestimmung durch den Salzsäureversuch (siehe Abschnitt 2).

Der Kalkgehalt beeinflusst die bautechnischen Eigenschaften eines Bodens nur wenig. Er wird daher nur für die Klassifikation eines Bodens benötigt (siehe Abschnitt 2.06).

Organische Beimengungen

Zur Bestimmung der Masse der organischen Substanz in einem Boden wird der Glühverlust nach DIN 18 128 ermittelt. Das ist der Massenverlust beim Ausglühen einer Probe bezogen auf ihre Trockenmasse. ⇒ und Anwendungsbeispiele zur Bestimmung des Glühverlusts: DIN 18 128.

Schon ein relativ geringer Gehalt an organischer Substanz kann die bodenmechanischen Eigenschaften eines Bodens wesentlich ändern. Da die organische Substanz viel Wasser aufnehmen kann, hat ein organischer Boden meist einen hohen Wassergehalt und setzt sich daher stark. Außerdem können die organischen Bestandteile in relativ kurzer Zeit (während der Lebensdauer eines Bauwerks) verrotten, was Hohlraumbildungen und ungleichmäßige Setzungen zur

Folge hat. Daher ist ein Boden schon mit wenigen Prozenten organischer Anteile für eine Bebauung und als Baustoff ungeeignet.

Zur Bestimmung des Glühverlusts wird die Probe bei nur max. ca. 50° C getrocknet, da die organischen Substanzen bei höherer Temperatur verglühen. Zur Schnellprüfung kann der Boden auch mit 30 %igem Wasserstoffsuperoxid übergossen werden. Bilden sich bei geringem Knistern nur einzelne Blasen, dann ist der Gehalt an organischen Bestandteilen gering. Bei starkem Gehalt schäumt das Material längere Zeit.

Betonschädliche Beimengungen Z. B. Nitrate, Nitride, Sulfate, Sulfide, Huminsäure. Sie lösen sich in Wasser und zerstören Beton. Daher muss der Gehalt an betonschädlichen Beimengungen nach DIN 4030 untersucht werden, wenn Bauwerksteile vom Grundwasser berührt werden.

□ 4.56: Beispiel 57: Durchsickerung von Ton

Geg.: *Eine Mülldeponie mit mineralischer Abdichtung wird dann als „technisch dicht" bezeichnet, wenn sie einen Durchlässigkeitsbeiwert von $k \leq 5 \cdot 10^{-10}$ m/s aufweist.*

Ges.: *Wie lange würde es bei den dargestellten Verhältnissen dauern, bis das in der Deponie anstehende Wasser in den Untergrund gelangt?*

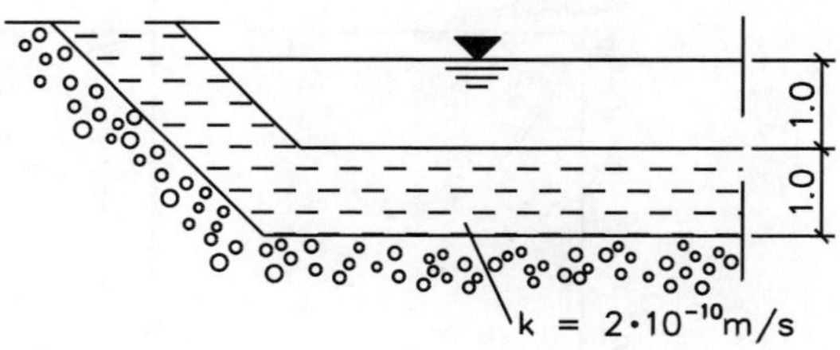

Lösg.: $i = \frac{h}{l} = \frac{1{,}0+1{,}0}{1{,}0} = 2{,}0$

$v = \frac{l}{t} = k \cdot i \rightarrow t = \frac{l}{k \cdot i}$

Damit berechnet sich eine Sickerzeit von

$t = \frac{1{,}0}{2 \cdot 10^{-10} \cdot 2{,}0} = 2{,}5 \cdot 10^{9}\ [s] \mathrel{\widehat{=}} 965\ \mathit{Monate}$

4.09 Zusammendrückbarkeit

4.9.1 Grundlagen

Regelwerk DIN EN ISO 17892, Teil 5

Die Zusammendrückung eines Bodens unter einer Last beruht auf der Verringerung des Hohlraums, nicht auf der Verformung der Körner.

s' Einheits- oder spezifische Setzung: die Zusammendrückung Δh des Bodenkörpers, bezogen auf seine Ausgangshöhe ha (meist in % angegeben).

Druck-setzungs-linie D.S.L. Trägt man die Setzung s' eines Bodenkörpers in Abhängigkeit von der Spannung auf, so erhält man auch schon bei niedrigen Spannungen - im Unterschied z. B. zum Verformungsverhalten von Stahl - keine Gerade (□ 4.57 c), sondern eine von Anfang an gekrümmte Kurve (Druck-Setzungslinie, DSL, □ 4.57 a, b). Ist der Boden in seiner Seitendehnung behindert (z. B. weil er sich in einem Stahlzylinder befindet), so ist die DSL - von oben gesehen - konkav gekrümmt (□ 4.57 a), denn die Verringerung des Porenraums nimmt immer mehr ab. Bei unbehinderter Seitendehnung ist dagegen die Krümmung konvex (□ 4.57 b), weil der Boden mit der Spannung zunehmend seitlich ausweicht. Wegen der Krümmung der DSL gibt es beim Boden keinen von der Spannung unabhängigen Elastizitätsmodul wie bei Stahl. Der entsprechende Modul des Bodens ("Steifemodul" genannt), nimmt somit bei behinderter Seitendehnung mit zunehmender Spannung zu, ohne Behinderung dagegen ab.

□ 4.57: Beispiele: Druck-Setzungslinien DSL bei a) behinderter, b) unbehinderter Seitendehnung und c) Spannungs-Dehnungslinie von Stahl

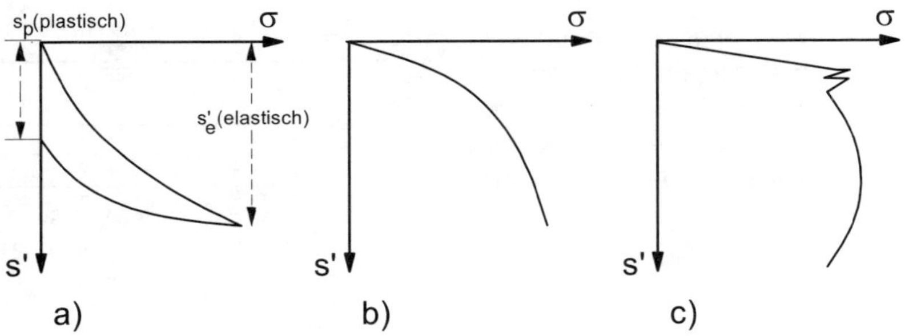

Entlastung Beim Entlasten des Bodens geht nur ein Teil der Setzung wieder zurück (elastische Setzung s'_e). Ein großer Teil der Setzung bleibt aber bestehen (plastische oder bleibende Setzung s'_p). Daher erreicht die Entlastungslinie nicht wieder den Nullpunkt wie bei einem rein elastischen Körper, z. B. Stahl (□ 4.57 c). Durch eine Belastung (Vorbelastung) wird der Boden also verdichtet und damit verbessert, so dass er sich bei der Wiederbelastung nicht mehr so stark setzt wie bei der Erstbelastung.

Anfangs-zustand σ_1 Wird ein wassergesättigter bindiger Boden belastet, so setzt er sich zu Anfang nicht, weil die gesamte aufgebrachte Spannung ("totale Spannung") σ nicht von seinem Korngerüst, sondern vom Porenwasser aufgenommen wird. Dieses kann nämlich wegen der geringen Durchlässigkeit des Bodens nicht so schnell abfließen und ist nicht zusammendrückbar. Den Zusammenhang kann man sich an einem Modell erklären: wassergesättigter Boden in einem dichten Stahlzylinder, belastet durch einen dicht sitzenden Kolben (□ 4.58 a).

□ 4.58: Beispiele: Modelle zur Erläuterung der Konsolidation:
a) dichter und b) durchströmter Zylinder

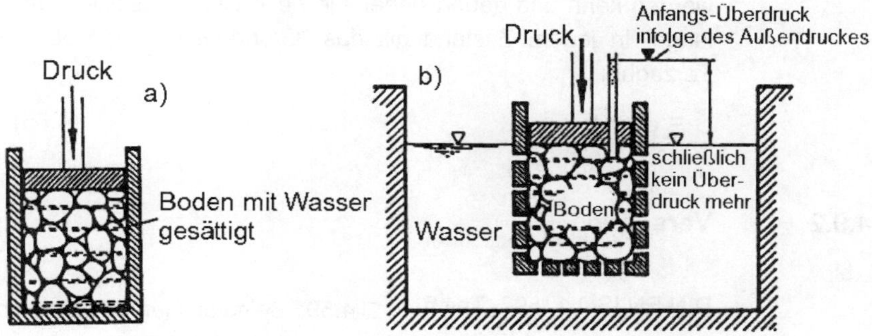

U, σ' Die im Porenwasser entstehende Spannung ("Porenwasserdruck" u) ist also im Anfangszustand der Belastung gleich der aufgebrachten Spannung. Der Porenwasserdruck wird auch als "neutrale Spannung" bezeichnet, weil das Korngerüst des Bodens in diesem Zustand keinerlei Spannung erhält: der "wirksame Druck" ("Korn-zu-Korn-Druck" σ' auch "wirksame" oder effektive Spannung genannt) auf das Korngerüst, der die Setzung bewirkt, ist gleich null.

Endzustand Macht man in den Modellzylinder Löcher (□ 4.58 b), so verlagert sich die aufgebrachte Spannung in dem Maße, wie das Wasser durch die Löcher abfließen kann, vom Wasser auf das Korngerüst des Bodens. Der Porenwasserdruck nimmt ab, der wirksame Druck zu, und der Boden setzt sich. Ist der Teil des Porenwassers, welcher der Belastung entspricht, abgeflossen, so ist der Porenwasserdruck gleich null und der wirksame Druck gleich der aufgebrachten Belastung ("Endzustand").

Teilsättigung Sind die Bodenporen nur teilweise gesättigt (enthalten sie also Luft und Wasser), so spricht man vom "Porenwasserdruck bei Teilsättigung u_w" und vom "Porenluftdruck u_a".

Konsolidation Die Zusammendrückung des Bodens in Verbindung mit dem Ausdrücken des Porenwassers wird als "Konsolidation" bezeichnet. Ein Boden ist "konsolidiert", wenn sein Porenwasser nicht mehr unter Druck steht, sondern wenn die Belastung von seinem Korngerüst aufgenommen wurde und dieses sich entsprechend gesetzt hat.

Δu In konsolidierten Böden unter dem Grundwasserspiegel ist der Porenwasserdruck gleich dem hydrostatischen Druck des Wassers. Wird dieses Gleichgewicht durch Be- oder Entlastung gestört, so entsteht ein Porenwasserüber- oder -unterdruck (Δu).

Konsolidationsverzug Bei dem Zylinder-Modell für den Baugrund bedeuten kleine Löcher eine geringe Durchlässigkeit (bindiger Boden), große Löcher eine große Durchlässigkeit (nichtbindiger Boden). Beim nichtbindigen Boden lagert sich der Druck vom Wasser auf den Boden unmittelbar nach der Lastaufbringung um. Bei bindigem Boden kann die Umlagerung - je nach Durchlässigkeit - sehr lange dauern: es entsteht ein “Konsolidierungsverzug”. Auch die Hebung nach der Entlastung kann nur in dem Maße erfolgen, wie das Wasser aus der Umgebung angesaugt werden kann und dauert daher - je nach Durchlässigkeit - mehr oder minder lange. In jedem Zustand gilt das “Grundgesetz der Bodenmechanik” (von Terzaghi):

$$\sigma = \sigma' + u \qquad (4.65)$$

4.9.2 Versuche

DIN EN ISO 17892, Teil 5

□ 4.59: Beispiel: Gerät für den eindimensionalen Kompressionsversuch (aus Schultze)

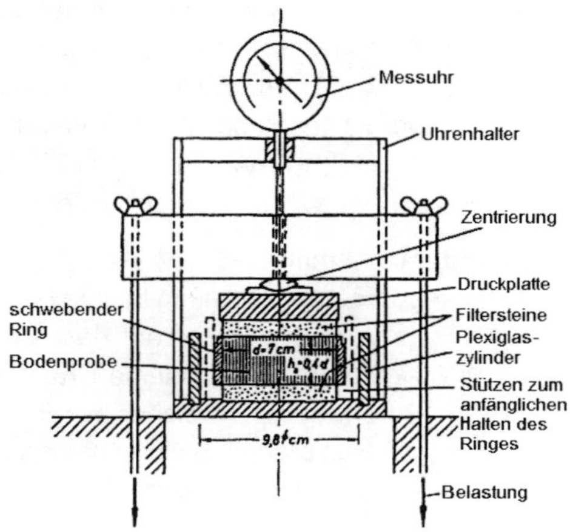

Bei dem Zusammendrükkungsversuch (eindimensionaler Kompressionsversuch, □ 4.59) im Kompressions-Durchlässigkeitsgerät (KD-Gerät, auch “Oedometer” genannt) wird eine Sonderprobe in einem starren Metallring (“Versuch mit behinderter Seitendehnung”) zwischen zwei Filtersteinen (damit das Wasser abfließen kann) stufenweise lotrecht belastet. Die einzelnen Laststufen und die zugehörigen spezifischen Setzungen s’ werden als Drucksetzungslinie (DSL) aufgetragen (□ 4.60) bei bindigen Böden auch noch die Zeit-Setzungslinien (ZSL) der einzelnen Laststufen, wobei man die Druck-Setzungslinie aus den einzelnen Zeit-Setzungslinien konstruieren kann (□ 4.60 und □ 4.61).

□ 4.60: Beispiel: Konstruktion der Druck-Setzungslinie aus den Zeit-Setzungslinien

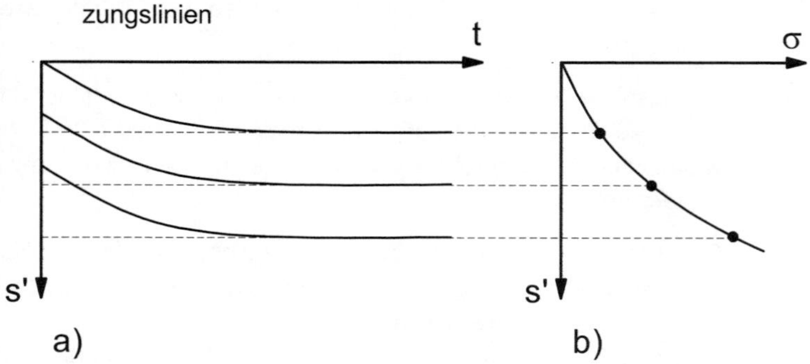

□ 4.61: Beispiele: Zeit-Setzungslinien für verschiedene Böden

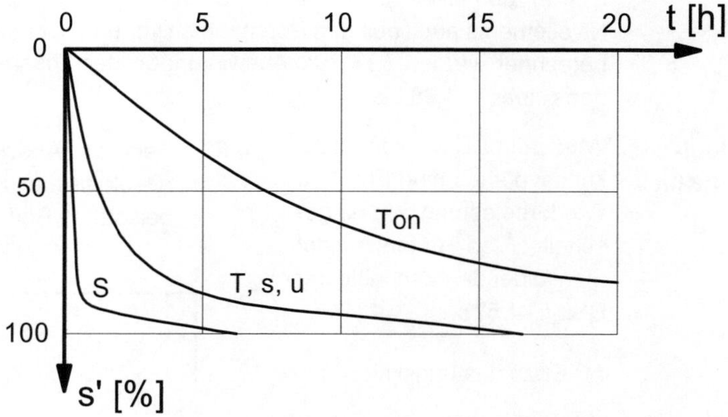

Steifemodul Aus der DSL wird der Steifemodul E_s (z. B. in MN/m²) berechnet (□ 4.62 und □ 4.64):

$$E_s = tan\,\alpha = \frac{\Delta\sigma}{\Delta s'} \quad (4.66)$$

E_s: Steifemodul

h_a: Probenhöhe

Er wird als "Steifemodul bei behinderter Seitendehnung" bezeichnet. Wegen der behinderten Seitendehnung werden die Setzungsdifferenzen bei gleichen Last-differenzen immer geringer und gehen gegen null. Weil die Hohlräume mit zunehmender Belastung immer geringer werden und der Boden hierdurch immer steifer wird, nimmt E_s mit dem Druck zu. Daher gilt - im Gegensatz zum E-Modul fester Stoffe - der E_s-Wert jeweils nur für den definierten Spannungsbereich.

□ 4.62: Beispiel: Druck-Setzungslinie (DSL)

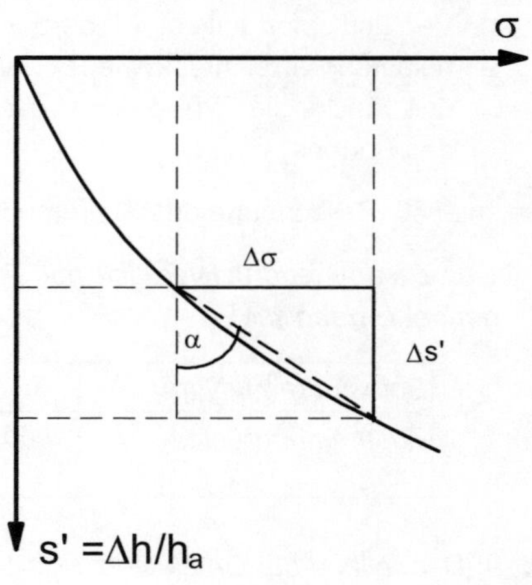

Bei großflächigen Lasten (Geländeaufschüttungen, Flächengründungen) kann der Steifemodul näherungsweise aus der o.a. Gleichung berechnet werden (□ 4.67 und □ 4.68). Die mittlere Setzung einer Schicht kann mit Hilfe eines Nivellements auch aus den Porenzahlen vor und nach der Zusammendrückung berechnet werden (□ 4.70). Auswirkungen der Zusammendrückung des Bodens siehe □ 4.68 bis □ 4.71.

Geologischer Knick

Wird beim Zusammendrükkungsversuch eine Ent- und Wiederbelastung eingeschaltet, so unterscheidet man folgende Abschnitte der DSL (□ 4.57):

(1) Erstbelastungslinie,

(2) Entlastungs- oder Schwelllinie

(3) Wiederbelastungslinie

(4) Weiterbelastungslinie (Stammkurve).

□ 4.63: Beispiel: Abschnitte der DSL und "Geologischer Knick" bei einem vorbelasteten Boden

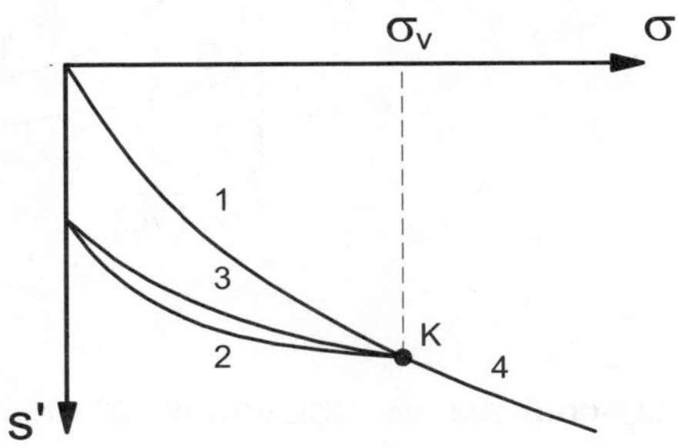

Zwischen (3) und (4) ist ein weicher Knick (K), der so genannte "geologische Knick". Dieser Knick zeigt sich auch, wenn man eine ungestörte Probe von einem Boden einbaut, der schon einmal "vorbelastet" war (z. B. durch ein früheres Bauwerk, durch Eislasten aus der Diluvialzeit, durch inzwischen abgetragene Bodenauflasten o. ä.). Bei vorbelasteten Böden befindet man sich beim Versuch sofort auf der Wiederbelastungslinie und kommt, wenn die frühere Vorbelastung erreicht ist, wieder auf die Stammkurve. Daher kann man mit Hilfe des Knicks die Größe der Vorbelastung abschätzen ("Erinnerungsvermögen" des Bodens).

□ 4.64: Beispiel 58: Berechnung des Steifemoduls aus der DSL

Geg.: *Der Zusammendrückversuch mit einer 2,0 cm hohen Bodenprobe brachte folgende Ergebnisse:*

Belastung σ [kN/m²]	*50*	*100*	*200*	*300*	*400*
Zusammendrückung Δh [mm]	*0,56*	*0,70*	*0,90*	*1,00*	*1,06*

Ges.: *a) Darstellung der Druck-Setzungs-Linie.*

b) Für den Spannungsbereich zwischen σ_1 = 100 kN/m² und σ_2 = 200 kN/m² ist der mittlere Steifemodul zu ermitteln.

□ 4.64: Fortsetzung Beispiel 58: Berechnung des Steifemoduls aus der DSL

***Lösg.**: zu a) Ermittlung der bezogenen Setzung* $s' = \frac{\Delta h}{h_a} \cdot 100\ [\%]$:

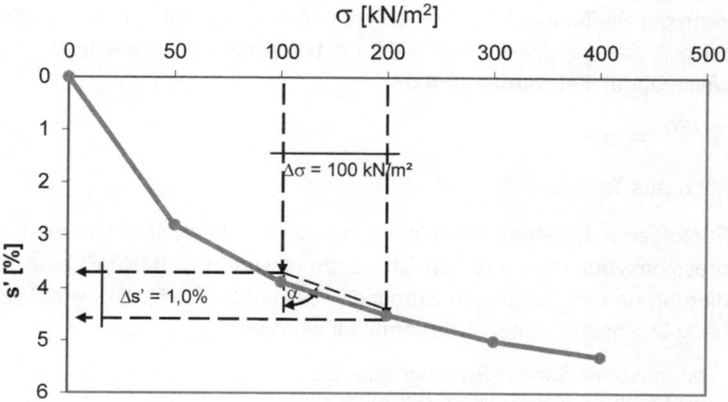

zu b) $\tan\alpha \mathrel{\widehat{=}} E_s = \frac{\Delta\sigma}{\Delta s'} = \frac{100\ [kN]}{[m^2]\ \cdot 1{,}0 \cdot 10^{-2}\ [1]} = \frac{10000\ kN}{m^2 \mathrel{\widehat{=}} 10MN} \frac{}{m^2}$

4.65: Beispiel 59: Berechnung des Steifemoduls aus der Zusammendrückung des Bodens

Geg.: *Eine 2 cm hohe Bodenprobe hat sich unter einer Belastung von 50 kN/m² im KD-Gerät auf 1,98 cm zusammengedrückt.*

Ges.: *Wie groß ist der mittlere Steifemodul für diesen Belastungsbereich?*

Lösg.: *Zusammendrückung:*

$\Delta h = 2{,}00 - 1{,}98 = 0{,}02\ cm$

spezifische Setzung:

$s' = \frac{\Delta h}{h_a} \cdot 100 = \frac{0{,}02}{2{,}00} \cdot 100 = 1{,}0\ \ \%$

$E_s = \frac{\Delta\sigma}{\Delta s'} = \frac{50\ [kN]}{[m^2]\ \cdot 1{,}0 \cdot 10^{-2}\ [1]}$

$= 5000\ \ kN/m^2$

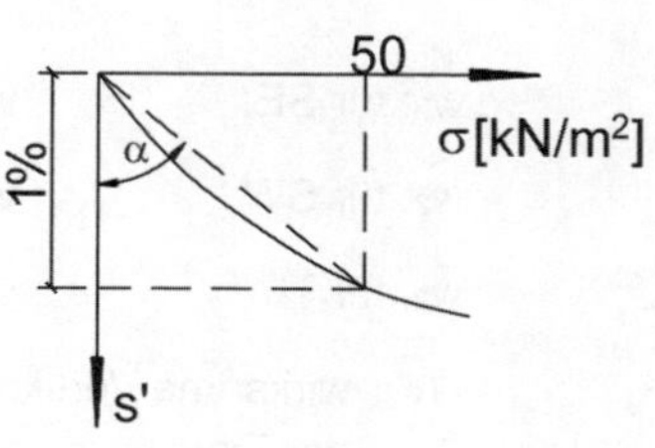

4.9.3 Indirekte Bestimmung aus Sondierungen

Regelwerk: Handbuch Eurocode 7, Band 2 (2015), Anhang D (Drucksondierungen: CPT) und Anhang G (Rammsondierungen)

Druck-sondierung

Aus den Spitzendruckwerten q_c [MN/m²] einer Drucksondierung (siehe 3.05.4) kann der Steifemodul E_S aus Kompressionsversuchen gemäß Handbuch Eurocode 7, Band 2 (2015): DIN 4020 (2010), Anhang D, Tabelle D.2 näherungsweise abgeleitet werden (□ 4.66):

$$E_S^{OED} = \alpha \cdot q_c \tag{4.67}$$

Mit α aus Tabelle 4.66

Für folgende Bodengruppen über Grundwasser kann der Steifemodul E_S (Kompressionsversuche) aus den Spitzendruckwerten q_c [MN/m²] einer Drucksondierung gemäß Handbuch Eurocode 7, Band 2 (2015): DIN 4020 (2010), Anhang D.5 nach Formel (4.59) ermittelt werden:

- enggestufte Sande (Bodengruppe SE),
- weitgestufte Sande (Bodengruppe SW),
- leicht plastische Tone (Bodengruppe TL);); mindestens steife Konsistenz

$$E_S^{OED} = w_1 \cdot p_a \cdot \left(\frac{\sigma_V' + 0{,}5 \cdot \Delta\sigma_V'}{p_a}\right)^{w_2} \tag{4.68}$$

Mit

w_1: für SE: $w_1 = 167 \cdot lg(q_c) + 113$ bei 5 MN/m² $\leq q_c \leq$ 30 MN/m² (4.69)

w_1: für SW: $w_1 = 463 lg(q_c) - 13$ bei 5 MN/m² $\leq q_c \leq$ 30 MN/m² (4.70)

w_1: für TL: $w_1 = 15{,}2 \cdot lg(q_c) + 50$ bei 0,6 MN/m² $\leq q_c \leq$ 3,5 MN/m² (4.71)

w_2: für SE: $w_2 = 0{,}5$ (4.72)

w_2: für SW: $w_2 = 0{,}5$ (4.73)

w_2: für TL: $w_2 = 0{,}6$ (4.74)

σ_V': wirksame Vertikalspannung beziehungsweise Überlagerungsspannung in der Tiefe

$\Delta\sigma_V'$: durch das Bauwerk hervorgerufene wirksame Vertikalspannung beziehungsweise Überlagerungsspannung in derselben Tiefe wie σ_V'

p_a: atmosphärischer Druck; (1 bar ~ 100 kN/m²)

□ 4.66: Beispiele: α-Werte zur Ableitung des Steifemoduls E_S aus Kompressionsversuchen gemäß Handbuch Eurocode 7, Band 2 (2015): DIN 4020 (2010), Anhang D, Tabelle D.2 und D.1)

Bodenart	Spitzenwiderstand q_c [MN/m²]	Steifemodul E_S (aus Kompressionsversuch)
Ton, schwach plastisch	$\leq 0{,}7$	$3 < \alpha < 8$
	$0{,}7 < q_c \leq 2$	$2 < \alpha < 5$
	> 2	$1 < \alpha < 2{,}5$
Schluff, schwach plastisch	< 2	$3 < \alpha < 6$
	≥ 2	$1 < \alpha < 2$
Ton und/ oder Schluff, stark plastisch	< 2	$2 < \alpha < 6$
	> 2	$1 < \alpha < 2$
Schluff, stark organisch	$< 1{,}2$	$2 < \alpha < 8$
Torf; Ton, stark organisch	$q_c \leq 0{,}7$ und Wassergehalt w:	
	$50\% < w \leq 100\%$	$1{,}5 < \alpha < 4$
	$100\% < w \leq 200\%$	$1 < \alpha < 1{,}5$
	$w > 200\%$	$0{,}4 < \alpha < 1$
Kreide	$2 < q_c \leq 3$	$2 < \alpha < 4$
	≥ 3	$1{,}5 < \alpha < 3$
Sande	< 5	$\alpha = 2$
	> 10	$\alpha = 1{,}5$

Ramm-sondierung Für folgende Bodengruppen über Grundwasser kann der Steifemodul E_S (Kompressionsversuche) aus den Schlagzahlen N_{10L} und N_{10H} aus Rammsondierungen (siehe 3.05.2) gemäß Handbuch Eurocode 7, Band 2 (2015): DIN 4020 (2010), Anhang G.3 nach Gleichung (4.68) ermittelt werden:

- enggestufte Sande (Bodengruppe SE),
- leicht plastische Tone (Bodengruppe TL); mindestens steife Konsistenz

Hierbei ist:

w_1: für SE; über Grundwasser

aus N_{10L}: $w_1 = 214 \cdot lg(N_{10L}) + 71$ bei $4 \leq N_{10L} \leq 50$ (4.75)

aus N_{10H}: $w_1 = 249 \cdot lg(N_{10H}) + 161$ bei $3 \leq N_{10H} \leq 10$ (4.76)

w_1: für TL über Grundwasser; mindestens steife Konsistenz

aus N_{10L}: $w_1 = 4 \cdot N_{10L} + 30$ bei $6 \leq N_{10L} \leq 19$ (4.77)

aus N_{10H}: $w_1 = 6 \cdot N_{10H} + 50$ bei $3 \leq N_{10H} \leq 13$ (4.78)

4.9.4 Werte

Bindiger Boden: E_s = 1 bis 10 MN/m², schwach bindiger Boden: E_s = 5 bis 20 MN/m², nichtbindiger Boden: E_s = 20 bis 200 MN/m² (für den Spannungsbereich von 100 bis 400 kN/m²).

4.9.5 Verwendung

Der Steifemodul wird für Setzungsberechnungen benötigt. Mit Hilfe der Zeit-Setzungslinien lässt sich über ein Modellgesetz der zeitliche Verlauf der Setzungen abschätzen.

□ 4.67: Beispiel 60: Berechnung einer Dammschüttung

Geg.: *Der Porenanteil eines aus einem nichtbindigen Boden geschütteten Dammes von 5 m Höhe hat sich durch Verdichtung von n = 0,36 auf n = 0,32 verringert.*

Ges.: *Wie groß ist die daraus resultierende Setzung des Dammes?*

Lösg.: ***Vor Verdichtung:***

Feuchtdichte: $\rho = (1 - 0{,}36) \cdot 2{,}65 \cdot (1 + w) = 1{,}696 + 1{,}696 \cdot w \quad [t/m^3]$ *(a)*

Volumen eines aus dem Damm geschnittenen Quaders von A = 1 m² Grundfläche:

$A = 1{,}0 \quad [m] \cdot 1{,}0 \quad [m] \cdot 5{,}0 \quad [m] = 5{,}0 \quad m^3$ *(b)*

Mit (a) und (b) wird die Masse des Quaders:

$m = \rho \cdot V = (1{,}696 + 1{,}696 \cdot w) \cdot 5{,}0 = 8{,}480 + 8{,}480 \cdot w$ *(c)*

Durch die Verdichtung ändern sich Masse und der Wassergehalt nicht !

Nach Verdichtung:

Feuchtdichte: $\rho = \frac{m}{V} = (1 - 0{,}32) \cdot 2{,}65 \cdot (1 + w)$

$\frac{m}{V} = 1{,}802 + 1{,}802 \cdot w$

$\rightarrow m = (1{,}802 + 1{,}802 \cdot w) \cdot V$ *(d)*

□ 4.67: Fortsetzung Beispiel 60: Berechnung einer Dammschüttung

Wegen Massenkonstanz kann (c) = (d) gesetzt werden:

$$8{,}480 + 8{,}480 \cdot w = (1{,}802 + 1{,}802 \cdot w) \cdot V \rightarrow V = \frac{8{,}480+8{,}480 \cdot w}{1{,}802+1{,}802 \cdot w} = 4{,}71 \quad m^3$$

Dem entspricht eine Setzung von: $\Delta h = 5{,}00 \quad [m] - 4{,}71 \quad [m] = 0{,}29 \quad m$

□ 4.68: Beispiel 61: Berechnung der Auffüllungshöhe nach einer Geländesetzung

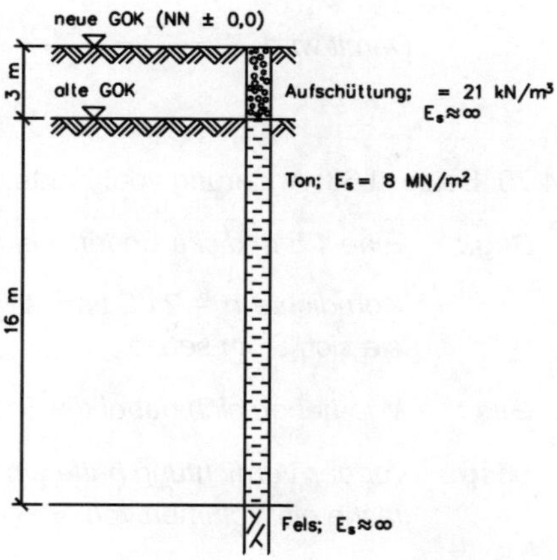

Geg.: *Auf eine 16 m mächtige Tonschicht muss eine 3 m hohe Aufschüttung aufgebracht werden. Das führt zu einer Setzung der Tonschicht.*

Ges.: *Wie hoch muss nach Abschluss der Setzung nochmals aufgefüllt werden, um die geplante GOK (NN ±0,0) zu erreichen?*

Lösg.: *Setzungserzeugende Spannung durch die Aufschüttung:*

$$\sigma = \gamma \cdot h = 21 \cdot 3 = 63 \quad kN/m^2$$

$$tan\,\alpha \mathrel{\widehat{=}} E_s == \frac{\Delta\sigma}{\Delta s'} \rightarrow s' = \frac{\Delta h}{h} = \frac{\Delta\sigma}{E_s}.$$

Damit berechnet sich die Zusammendrückung der Tonschicht zu

$$\Delta h = \frac{\Delta\sigma \cdot h}{E_s} = \frac{(63-0) \cdot 16}{8000} = 0{,}126 \quad m \mathrel{\widehat{=}} 12{,}6 \quad cm$$

Es ist eine nachträgliche Auffüllung von 12,6 cm notwendig.

□ 4.69: Beispiel 62: Berechnung des Steifemoduls mit Hilfe einer Setzungsmessung

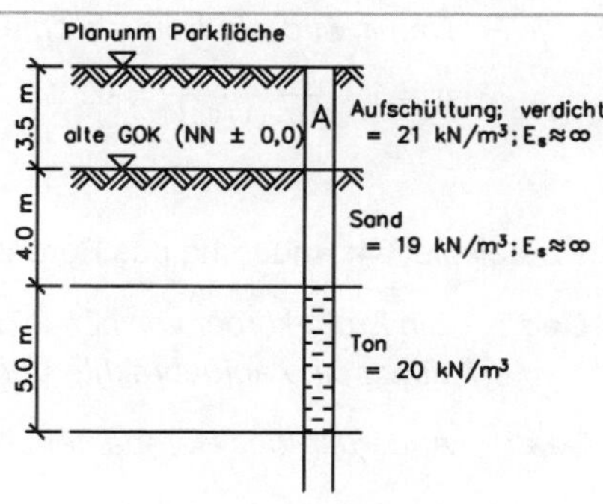

Geg.: *Im Uferbereich eines Flusses sind Parkflächen durch eine Aufschüttung von i. M. 3,5 m Höhe geschaffen worden.*

Nach Abschluss der gut verdichtet aufgebrachten Aufschüttung wurde eine Setzung des Parkflächen-Planums von 12 cm gemessen, die nach den Gegebenheiten allein aus der

□ 4.69: Fortsetzung Beispiel 62: Berechnung des Steifemoduls mit Hilfe einer Setzungsmessung

	Zusammendrückung der Tonschicht resultieren musste.
Ges.:	*Steifemodul des Tons für den gegebenen Belastungsbereich.*
Lösg.:	*Der unter der bisher vorhandenen Bodenauflast vorkonsolidierte Ton erfährt durch die Aufschüttung die gemessene Zusammendrückung.*
	Belastung der Aufschüttung: $\sigma = \gamma \cdot h = 21{,}0 \cdot 3{,}5 = 73{,}5 \quad kN/m^2$
	Spezifische Zusammendrückung (Setzung): $s' = \frac{\Delta h}{h_a} = \frac{0{,}12}{5{,}00} = 0{,}024$
	Damit wird: $E_s = \frac{\Delta\sigma}{\Delta s'} = \frac{73{,}5-0}{0{,}024-0} = 3063 \quad kN/m^2$

□ 4.70: Beispiel 63: Änderung von Dichte und Porenanteil durch Setzung

Geg.:	*Eine 1,5 m dicke Bodenschicht (Feuchtdichte ρ = 1,81 t/m³;*
	Korndichte ρ = 2,65 t/m³; Wassergehalt w = 0,19) wurde so verdichtet, dass sie sich 8 cm setzte.
Ges.:	*Wie haben sich dabei die Feuchtdichte und der Porenanteil verändert?*
Lösg.:	*Vor der Verdichtung hatte ein Quader dieser Bodenschicht mit A = 1 m² Grundfläche ein Volumen von*
	$V = 1{,}0 \quad [m] \cdot 1{,}0 \quad [m] \cdot 1{,}5 \quad [m] = 1{,}5 \quad m^3$ *und eine Masse von*
	$m = \rho \cdot V = 1{,}81 \cdot 1{,}5 = 2{,}715 \quad t$
	Porenanteil vor der Verdichtung: $n = 1 - \frac{\rho}{\rho_s(1+w)} = \frac{1{,}81}{2{,}65(1+0{,}19)} = 0{,}43$
	Durch die Verdichtung ändert sich die Masse und der Wassergehalt nicht !
	Die Masse nimmt jetzt ein Volumen von
	$V = 1{,}0 \cdot 1{,}0 \cdot (1{,}50 - 0{,}08) = 1{,}42 \quad m^3$ *ein.*
	Damit wird die Feuchtdichte: $\rho = \frac{m}{V} = \frac{2{,}715}{1{,}42} = 1{,}91 \quad t/m^3$ *und der Porenanteil:* $n = 1 - \frac{1{,}91}{2{,}65 \cdot (1+0{,}19)} = 0{,}39$

□ 4.71: Beispiel 64: Änderung des Porenanteils durch Setzung

Geg.:	*Ein Probekörper von* $h_o = 30$ *mm Höhe und einen Porenanteil von* $n_o = 0{,}38$ *wird durch eine aufgebrachte Vertikallast um Δh = 0,8 mm zusammengedrückt.*
Ges.:	*Änderung des Porenanteils*

□ 4.71: Fortsetzung Beispiel 64: Änderung des Porenanteils durch Setzung

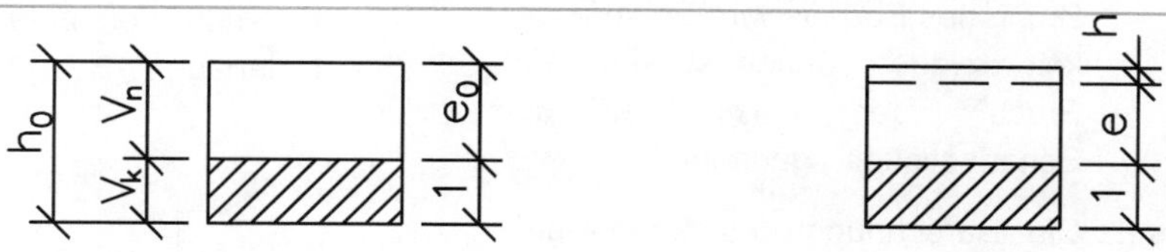

Vorbemerkungen: Bei der Zusammendrückung einer Bodenprobe von der Anfangshöhe h_o um das Maß Δh verringert sich die Porenzahl e_o auf den Wert e (die geringe elastische Zusammendrückung des Feststoffanteils bleibt vernachlässigt).

Lösg.: *Für einen gedachten Quader mit der Grundfläche A = 1·1 = 1² wird:*

$$e_0 = \frac{V_n}{V_k} \text{ (1) und } e = \frac{V_n - \Delta h \cdot 1^2}{V_k} = \frac{V_n}{V_k} - \frac{\Delta h}{V_k} = e_0 - \frac{\Delta h}{V_k} \text{ (2)}$$

Volumen der Festmasse: $V_k = h_0 \cdot 1^2 - V_n = h_0 \cdot 1 - e_0 \cdot V_k$

Damit wird: $h_0 = V_k + e_0 \cdot V_k = V_k(1 + e_0)$ *und* $V_k = \frac{h_0}{1+e_0}$ *(3)*

(3) in (2) eingesetzt ergibt: $e = e_0 - (1 + e_0) \cdot \frac{\Delta h}{h_0}$

Mit den gegebenen Zahlenwerten des Beispiels berechnet sich:

$$e_0 = \frac{n_0}{1-n_0} = \frac{0{,}38}{1-0{,}38} = 0{,}613 \qquad e = 0{,}613 - (1 + 0{,}613) \cdot \frac{0{,}8}{30{,}0} = 0{,}570$$

Das ergibt nach der Zusammendrückung einen Porenanteil von:

$$n = \frac{e}{1+e} = \frac{0{,}570}{1+0{,}570} = 0{,}36$$

4.10 Scherfestigkeit

4.10.1 Verwendung

Scherwiderstand

Scherbeanspruchungen des Bodens werden durch seinen Scherwiderstand aufgenommen, der mit der Beanspruchung wächst, bis der Boden in einer Scherfläche bricht (□ 4.72 und □ 4.73). Die in dieser Fläche auftretende Scherspannung ist eine Tangentialspannung. Bei trockenem nichtbindigem Boden ist eine Scherfestigkeit nur dann vorhanden, wenn eine Normalkraft wirkt. Bei bindigen Böden tritt auch eine Scherfestigkeit auf, wenn die Normalkraft Null ist (□ 4.72).

□ 4.72: Beispiele: Scherbeanspruchungen eines a) nichtbindigen und b) bindigen Bodens

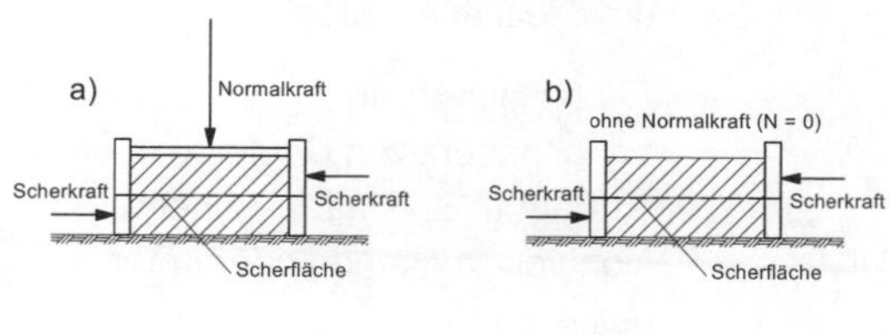

Scherfestigkeit Der größte Scherwiderstand beim Bruch des Bodens wird Scherfestigkeit τ_f (auch "Scherfestigkeit beim Bruch" oder "Maximalwert der Scherfestigkeit") genannt.

Schergesetz von Coulomb Die Berechnung des Scherwiderstands von Böden geht auf das Schergesetz von Coulomb für feste Körper zurück. Hiernach verschiebt sich ein Körper auf einem anderen Körper ("er schert in der Scherfläche ab"), wenn T = R_{Tmax} und somit a = $\varphi = \phi$ und $\tau = \tau_f$ ist (□ 4.73).

Werden diese Kräfte auf die Scherfläche A bezogen, so ergibt sich das Schergesetz von Coulomb:

□ 4.73: Beispiel: Verschiebung eines festen Körpers auf einer festen Unterlage

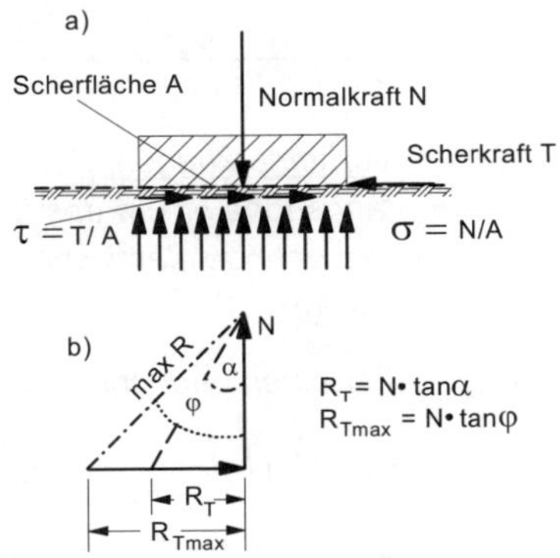

$$\frac{{}_{\max}T}{A} = \frac{N \cdot \tan\varphi}{A} \quad (4.79)$$

Daraus folgt

$$\tau_f = \sigma \cdot tan\,\varphi \quad (4.80)$$

Reibungswinkel Hiernach wächst die Scherfestigkeit linear mit der Normalspannung. Die Rauigkeit in der Scherfläche wird durch den Proportionalitätsfaktor tan φ erfasst.

Die Gleichung von Coulomb beschreibt genügend genau die Scherfestigkeit von nichtbindigen Böden, die trocken sind oder unter Wasser liegen. Für diese Fälle kann man den Winkel φ, den Winkel der inneren Reibung (Reibungswinkel), in drei Formen darstellen.

- Bei trockenem und lockerem nichtbindigem Boden als den Winkel, unter welchem sich der Boden bei einer unverdichteten Schüttung abböscht ("natürlicher Böschungswinkel").
- Als den größten Winkel, welchen die Richtung der Kraft R mit dem Lot auf die Gleitfläche bildet (□ 4.73).
- Als Neigungswinkel der Schergeraden, die sich ergibt, wenn man das Reibungsgesetz von Coulomb in das Scherfestigkeitsdiagramm (σ-τ-Diagramm) einträgt (□ 4.74). Die Schergerade geht durch den Ursprung, weil die Kohäsion von trockenen oder unter Wasser liegenden nichtbindigen Böden gleich null ist.

Strukturwiderstand Die im Scherdiagramm abzulesende Reibungsfestigkeit nichtbindiger Böden hängt auch vom Strukturwiderstand und dieser von Kornform, Kornrauigkeit und Lagerungsdichte ab. Die Scherfläche geht durch das verzahnte Bodengefüge und die Bodenkörner lagern sich um: Dichter nichtbindiger Boden lockert sich auf, lockerer nichtbindiger Boden wird dichter.

□ 4.74: Beispiel: Scherfestigkeitsdiagramme von nbB: a) trocken oder unter Wasser, b) feucht

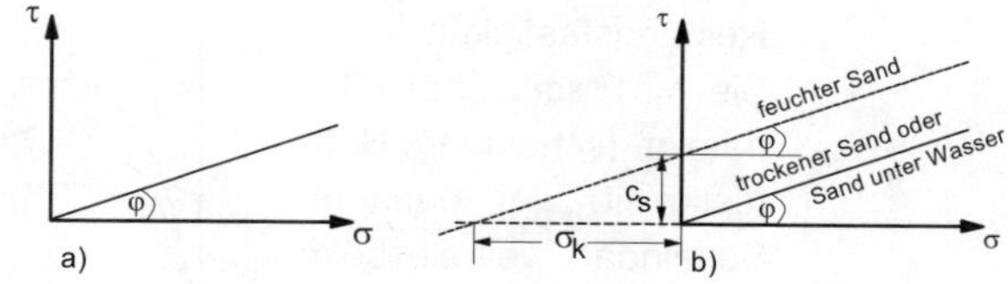

□ 4.75: Beispiel: Scher-Verschiebungslinien von Böden

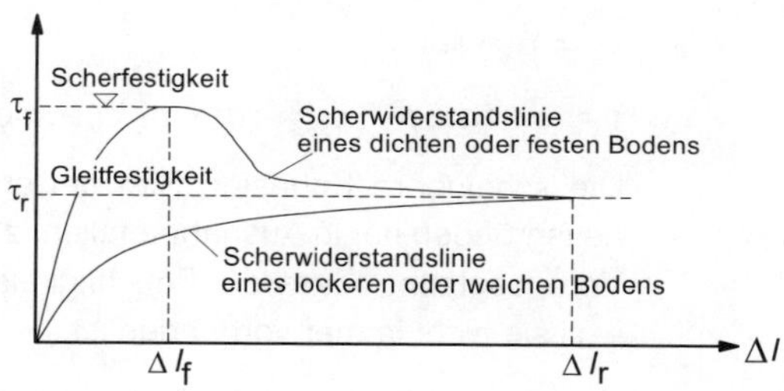

Wegen des größeren Strukturwiderstandes hat ein dichter nichtbindiger Boden eine relativ hohe Bruchfestigkeit (maximale Reibungsfestigkeit), die schon bei geringer Verschiebung eintritt (□ 4.75). Durch die Auflockerung beim Bruch vergrößert sich der Porenraum, und der Scherwiderstand nimmt auf den Betrag der Gleitfestigkeit ("Restscher-festigkeit") ab. Dieser entspricht praktisch dem Wert der Bruchfestigkeit desselben Bodens bei lockerer Lagerung. Die gleiche Erscheinung ist auch bei festen und weichen bindigen Böden zu beobachten.

Meist wird die Reibungsfestigkeit mit dem Wert der Bruchfestigkeit gleichgesetzt. Man muss aber beachten, dass diese bei einer relativ kleinen Scherverschiebung auftritt. Bei großen Verschiebungen und dichtem Sand und auch bei lockerem Sand muss die kleinere Gleitfestigkeit (Restscherfestigkeit) angesetzt werden.

Die Scherfestigkeitslinie lässt sich aus den für verschiedene Normalbelastungen ermittelten Scher-Verschiebungslinien konstruieren, indem die jeweilige Bruch- bzw. Gleitfestigkeit bei der zugehörigen Normalspannung aufgetragen wird (□ 4.76).

Kritische Dichte

Da sich dichter Sand beim Abscheren auflockert, lockerer Sand aber verdichtet, gibt es eine Dichte, bei der weder eine Verdichtung noch eine Auflockerung stattfindet. Sie wird "kritische Dichte" genannt. Ihre Kenntnis ist wichtig für die Beurteilung der Standsicherheit von Bauwerken in wassergesättigtem nichtbindigem Boden. Ist dessen Dichte geringer als die kritische, so bewirkt eine plötzliche Scherbeanspruchung eine Hohlraumverminderung. Da das überschüssige Porenwasser nicht so schnell abfließen kann, tritt Porenwasserüberdruck auf und die Reibungsfestigkeit wird vorübergehend herabgesetzt oder ganz aufgehoben: der Boden "schwimmt" und es kann zu einem plötzlichen Einsturz vorher standfester Bauwerke oder zum Abrutschen von Böschungen kommen.

Scheinbare Kohäsion In der Kapillarzone tritt infolge des Kapillardrucks (siehe Abschnitt 4.06) noch eine zusätzliche Reibungsfestigkeit auf. Sie wird “scheinbare Kohäsion” (scheinbare Haftfestigkeit) genannt. Scheinbar, weil sie beim Austrocknen oder unter Wasser verschwindet; Kohäsion, weil sie sich als Abschnitt auf der Ordinatenachse des Scherfestigkeitsdiagramms zeigt (□ 4.76). Dort kann man ablesen:

□ 4.76: Beispiel: Konstruktion der Scherfestigkeitslinie aus den Scher-Verschiebungslinien

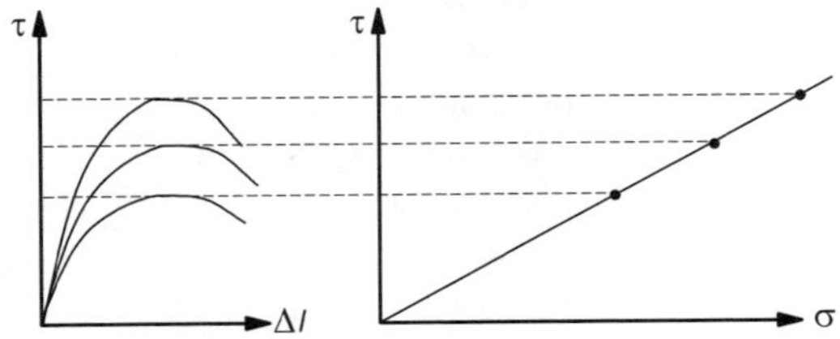

$$c_s = \sigma_k \cdot \tan\varphi \quad (4.80)$$

$$\tau = \sigma \cdot \tan\varphi + c_s = (\sigma + \sigma_k) \cdot \tan\varphi \quad (4.81)$$

Die scheinbare Kohäsion wird bei erdstatischen Berechnungen aus Sicherheitsgründen nur in Ausnahmefällen (z. B. bei Baugrubenböschungen unter der Voraussetzung, dass die Feuchtigkeit im Boden bleibt) in Rechnung gestellt, weil sie nicht immer vorhanden ist.

Kohäsion Bei bindigen Böden ist die Reibungsfestigkeit geringer als bei nichtbindigen Böden. Sie besitzen aber im Gegensatz zu den nichtbindigen Böden eine “echte” Kohäsion, die so heißt, weil sie auch im trockenen Zustand und unter Wasser vorhanden ist. Sie beruht auf der Wasserbindefähigkeit und der daraus folgenden elektrochemischen Anziehungskraft der Tonteilchen. Wegen dieser echten Kohäsion ist bei bindigen Böden auch bei fehlender Normalbelastung eine Scherfestigkeit vorhanden. In reinen Tonböden ist sie sogar wesentlich größer als die Reibungsfestigkeit. Daher werden diese Böden als “Kohäsionsböden” bezeichnet. Auch die scheinbare Kohäsion kann wegen der größeren kapillaren Steighöhe in bindigen Böden erheblich größer werden als bei nichtbindigen Böden.

□ 4.77: Beispiel 64: Berechnung von Kapillardruck und scheinbarer Kohäsion

Geg.: *Ein Sandboden mit einem Reibungswinkel von φ' = 30° hat eine kapillare Steighöhe h_k = 90 cm.*

Ges.: *Kapillardruck und scheinbare Kohäsion.*

Lösg.: *Kapillardruck:* $p_k = h_k \cdot \gamma_w = 0{,}9 \cdot 10 = 9{,}0\ kN/m^2$

Scheinbare Kohäsion: $c_s = p_k \cdot \tan\varphi' = 9{,}0 \cdot 0{,}58 = 5{,}2\ kN/m^2$

Für bindige Böden gilt also: Scherfestigkeit = Reibungsfestigkeit + Kohäsion (Haftfestigkeit). Das Schergesetz von Coulomb kann (unter den weiter unten genannten Voraussetzungen) durch den Summanden c für die Kohäsion erweitert werden:

$$\tau = \sigma \cdot \tan\varphi + c \qquad (4.82)$$

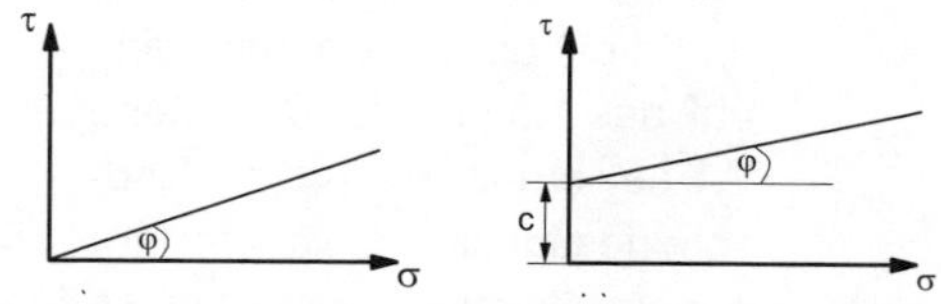

□ 4.78: Beispiel: Scherfestigkeitsdiagramme: a) nichtbindige, b) bindige Böden

Das Scherfestigkeitsdiagramm für bindige Böden (□ 4.78 b) zeigt einen Abschnitt auf der Ordinatenachse, welcher der Kohäsion entspricht. Außerdem verläuft die Schergerade flacher als bei nichtbindigen Böden, weil der Reibungswinkel bei bindigen Böden geringer ist.

Die durch die Kohäsion erweiterte Coulombsche Gleichung für die Scherfestigkeit ist aber nur brauchbar, wenn man folgendes beachtet:

- Bei nichtbindigen Böden ist die Kohäsion gleich Null. Der Reibungswinkel ist aber keine Materialkonstante, sondern hängt von der Lagerungsdichte des Bodens ab. (Er liegt etwa zwischen 30° und 40°).
- Bei bindigen Böden hängen sowohl der Reibungsanteil als auch der Kohäsionsanteil der Scherfestigkeit vom Konsolidierungszustand des Bodens ab. Sie lassen sich auch nicht immer trennen. Der Reibungsanteil ist nämlich nicht allein eine Funktion der Normalspannung, sondern - nach dem Prinzip der wirksamen Spannungen (siehe unten) - vom jeweiligen Porenwasserdruck abhängig. Auch die Kohäsion ist keine Bodenkonstante, denn sie hängt von der Vorbelastung ab (siehe unten).

Prinzip der wirksamen Spannungen

Schert man einen wassergesättigten bindigen Boden mit verschiedenen Normalspannungen schnell ab ("Schnellversuch"), so ändert sich die Scherfestigkeit mit zunehmender Normalspannung nicht. Als Scherlinie ergibt sich eine Parallele zur Abszissenachse (□ 4.79). Der Boden hat also im Anfangszustand der Belastung, wenn das Wasser noch nicht abgeflossen ist und die Normalspannung vollständig vom Porenwasserdruck aufgenommen wird (wirksamer Druck und Setzung = Null, siehe Abschnitt 4.09), keine Reibungsfestigkeit. In diesem Zustand ist daher nur eine Kohäsion vorhanden, die "undränierte Scherfestigkeit" oder "Anfangsscherfestigkeit c_u" genannt wird, weil sie nur im Anfangszustand der Belastung auftritt.

Wartet man jedoch die Konsolidation (siehe Abschnitt 4.09) des bindigen Bodens ab und bringt dann die Scherspannung so langsam auf, dass das überschüssige Wasser stets abfließen kann ("Langsamversuch" oder "dränierter Versuch"), so tritt kein Porenwasserdruck auf, und die Normalspannung wirkt auf das Korngerüst. Auf diese Weise erhält man die "Endscherfestigkeit". Infolge der geringen Durchlässigkeit muss also bei bindigen Böden mit einem "Konsolidierungsverzug" gerechnet werden.

□ 4.79: Beispiel: Scherfestigkeitsdiagramm eines wassergesättigten bindigen Bodens im Anfangszustand der Belastung

Bei wassergesättigten bindigen Böden ist daher die Scherfestigkeit nicht proportional zur Gesamtnormalspannung σ (auch „totale Spannung" genannt), sondern zur wirksamen (effektiven) Normalspannung σ' (zum Korn-zu-Korn-Druck).

Diese wird erhalten, wenn von der Gesamtspannung die (nicht reibungswirksame) „neutrale Spannung" u abgezogen wird. Dieses Prinzip der „wirksamen Spannungen" stammt von Terzaghi:

$$\tau = \sigma' \cdot \tan\varphi' + c' \quad (4.83)$$

Hierin ist: $\sigma' = \sigma - u$ (4.84)

Wird mit wirksamen Spannungen gerechnet, so werden die Scherparameter mit c' und φ' bezeichnet. Der Anfangszustand der Belastung, in dem die Reibungsfestigkeit durch Porenwasserdruck herabgesetzt ist oder ganz fehlt, ist für die Standsicherheit bindiger Böden besonders kritisch.

Vorbelastung

Der Kohäsionsanteil der Scherfestigkeit hängt linear von der Auflast („Vorbelastung") σ_v ab, unter welcher ein Boden konsolidiert wurde:

$$c = \sigma_v \cdot \tan\varphi_c \quad (4.85)$$

Ein bindiger Boden erhält also durch eine Belastung, die lange genug wirkt, um den Wassergehalt und den Hohlraumgehalt dieser Belastung anzupassen, eine Festigkeit, die auch dann noch erhalten bleibt, wenn die Belastung nicht mehr wirkt.

4.10.2 Versuche

Regelwerke DIN EN ISO 17892, Teile 7 bis 10. Anwendungsbeispiele und ⇒ dort

Rahmenscherversuch (Direkter Scherversuch). Der Boden wird in eine Scherbuchse (einen „Scherrahmen") (□ 4.80) eingebaut (nichtbindiger Boden mit dem in der Natur vorhandenen Porenanteil, bindiger Boden meist mit dem Wassergehalt an der Fließgrenze) und häufig unter Wasser gesetzt, um ein Austrocknen des Bodens und das Auftreten einer scheinbaren Kohäsion zu verhindern.

□ 4.80: Beispiel: Scherbuchse im Rahmenschergerät für kontrollierte Verschiebung (DIN EN ISO 17892, Teil 10)

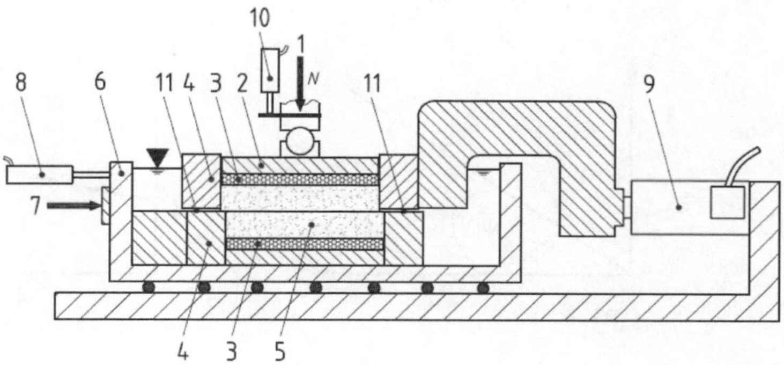

1 Einleiten der vertikalen Kraft N
2 Laststempel
3 Filtersteine
4 oberes und unteres Rahmenteil
5 Probekörper
6 äußerer Behälter (Wagen)
7 horizontale Verschiebung
8 Messvorrichtung: horizontale Verschiebung
9 Messvorrichtung: horizontale Kraft
10 Messvorrichtung: vertikale Verschiebung
11 Spalt zwischen dem oberen und unteren Rahmenteil

Nach Konsolidation der Probe unter der gewählten Normalspannung wird die Scherspannung durch Verschiebung des unteren Teils der Scherbuchse („Versuch mit kontrollierter Verschiebung") aufgebracht. Sie wird über einen Kraftmessring gemessen. Der Versuch ist beendet, wenn das Maximum der Scherspannungen (siehe Scher-Verschiebungsdiagramm □ 4.75) überschritten ist. Der Versuch wird mit verschiedenen Normalspannungen wiederholt.

Nichtbindige Böden Da bei nichtbindigen Böden nicht die Konsolidation abgewartet werden muss, kann sofort nach Aufbringen der Normalspannung abgeschert werden. Die bei mindestens drei Einzelversuchen gemessenen Bruch- und Gleitfestigkeiten werden in ein Scherfestigkeitsdiagramm eingetragen. Man erhält zwei verschieden geneigte Geraden, die durch den Nullpunkt gehen (□ 4.81 a), weil die Kohäsion gleich null ist.

□ 4.81: Beispiel: Ergebnisse von Rahmenscherversuchen, a) nichtbindiger, b) bindiger Boden

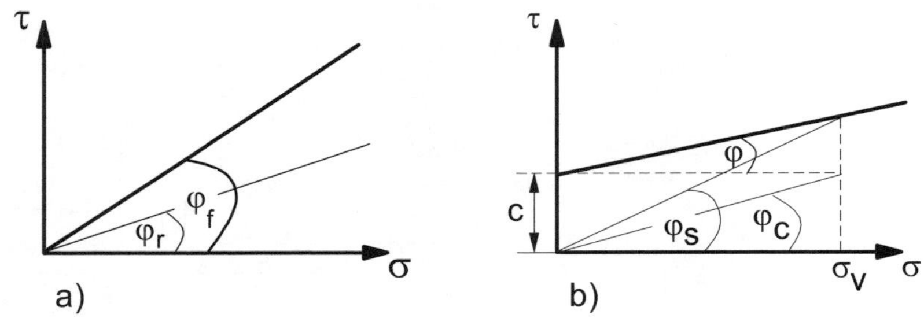

Bindige Böden Die mit dem Wassergehalt an der Fließgrenze eingebaute Probe wird mit der in der Natur vorhandenen Bodenauflast (Vorbelastung σ_V) konsolidiert (bei Tonen bis ca. eine Woche).

Wenn die "auf der sicheren Seite liegende" Gesamtscherfestigkeit bestimmt werden soll, wird die Probe mit der Versuchsbelastung σ_A abgeschert, die der Vorbelastung entspricht ($\sigma_V = \sigma_A$). In diesem Fall geht die Schergerade mit der Neigung φ_s durch den Ursprung: man erhält keine Haftfestigkeit. φ_s wird "scheinbarer" Reibungswinkel genannt, weil er sowohl Reibungs- als auch Kohäsionsanteile enthält (□ 4.81 b).

Sollen dagegen beide Scherparameter - Reibungswinkel und Kohäsion - getrennt bestimmt werden, dann konsolidiert man jeweils drei Proben unter der Vorbelastung σ_V und schert dann zwei davon mit Versuchsspannungen σ_A ab, die kleiner als σ_V sind, und eine mit $\sigma_A = \sigma_V$. In diesem Fall erhält man eine flachere Schergerade mit dem Reibungswinkel φ und der Kohäsion c (□ 4.81 b, □ 4.84 bis □ 4.88).

Weitere Anwendungen: □ 4.82 bis □ 4.84, □ 4.86 und □ 4.87.

Vor- und Nachteile Vorteil des Rahmenscherversuchs ist die rasche und einfache Versuchsdurchführung. Von Nachteil ist, dass es kaum möglich ist, Sonderproben zu untersuchen. Außerdem ist die Scherfläche erzwungen und die tatsächliche Spannungsverteilung innerhalb der Probe nicht bekannt. Der Porenwasserdruck kann nicht gemessen werden, daher können nur dränierte, langsame Versuche ausgeführt werden. Weitere Nachteile sind, dass sich die Scherfläche beim Abscheren verkleinert und dass die Wandungen des Scherrahmens starr sind ("behinderte Seitendehnung") und daher nicht der natürlichen Lagerung des Bodens entsprechen.

⇒ DIN EN ISO 17892, Teil 10

Dreiaxialversuch (Triaxialversuch)

Dieser Versuch hat die o. a. Nachteile des Rahmenscherversuchs nicht. Dafür ist das Versuchsgerät teuer, und die Versuche sind wesentlich aufwändiger und schwieriger auszuführen.

Eine zylindrische, meist ungestörte Bodenprobe wird in einer Druckzelle aus Plexiglas (□ 4.85) zunächst mit einem Seitendruck σ_2 und - nach ihrer Konsolidation unter diesem Druck - axial mit der Spannung σ_1 (beides sind praktisch Haupt-spannungen) bis zum Bruch belastet. Die Probe ist zwar zum Schutz vor dem Druckwasser mit einer dünnen Gummihülle umgeben, die seitliche Ausdehnung wird aber nicht behindert. Über Filtersteine an den Probenendflächen kann entweder die Dränung der Probe erfolgen oder (bei undränierten Versuchen) der Porenwasserdruck gemessen werden.

□ 4.82: Beispiel 65: Berechnung der Eigenlast eines Betonwiderlagers

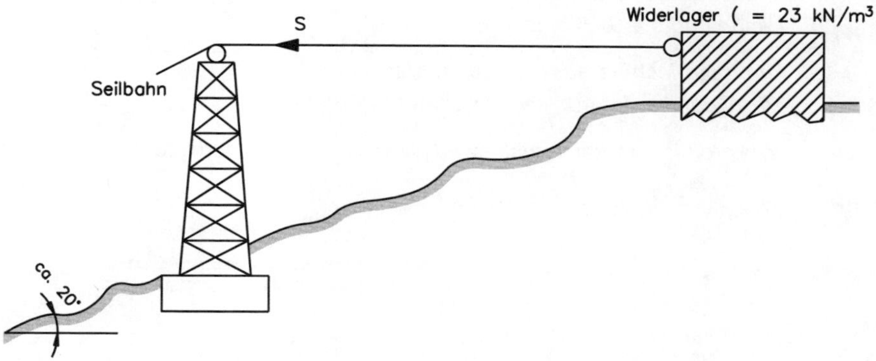

Geg.: *Das Widerlager der dargestellten Baustellen-Seilbahn muss eine maximale Seilzugkraft von S = 400 kN aufnehmen. Es ist an der Sohle mit dem anstehenden Boden verzahnt worden.*

Von diesem Boden wurden im Labor Scherversuche mit folgenden Ergebnissen durchgeführt:

Normalspannung σ [kN/m²]	*200,0*	*500,0*
Scherspannung τ [kN/m²]	*106,3*	*266,0*

□ 4.82: Fortsetzung Beispiel 65: Berechnung der Eigenlast eines Betonwiderlagers

Ges.: *Erforderliches Gewicht (Eigenlast) des Widerlagers, um die Seilzugkräfte mit 1,3facher Sicherheit aufnehmen zu können.*

Lösg.: *Nach dem Schergesetz von Coulomb* $\tau = \sigma \cdot \tan\varphi' + c'$ *ergeben sich mit den Ergebnissen der Scherversuche die Gleichungen*

(1) $106{,}3 = 200{,}0 \cdot tan\,\phi' + c'$

(2) $266 = 500{,}0 \cdot tan\,\phi' + c'$

Die Lösg. des Gleichungssystems ergibt:

$c' = 0$; $\tan\varphi' = 0{,}5319 \mathrel{\hat{=}} \varphi' = 28°$

Damit wird $erf\;\; G = \frac{\eta \cdot S}{tan\,\phi'} = \frac{1{,}3 \cdot 400}{0{,}5319} = 978\;\; kN$

□ 4.83: Beispiel 66: Zugversuch im Boden

Geg.: *In einer Sandaufschüttung (Wichte* γ *= 19 kN/m³) liegt in t = 2,5 m Tiefe horizontal ein Stahlblech mit l = 12 m Länge und b = 0,75 m Breite.*

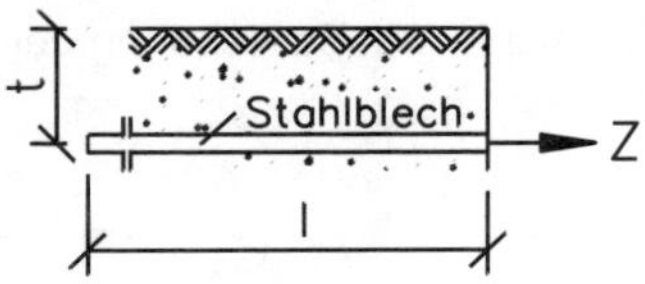

Um das Blech herauszuziehen, musste eine Zugkraft Z = 405 kN aufgebracht werden.

Ges.: *Wie groß ist der Reibungsbeiwert μ zwischen dem Sand und dem Stahlblech?*

Lösg.: $\sigma = \gamma \cdot t = 19 \cdot 2{,}5 = 47{,}5\;\; kN/m^2$

$\tau = \frac{Z}{2 \cdot l \cdot b} = \frac{405}{2 \cdot 12{,}0 \cdot 0{,}75} = 22{,}5\;\; kN/m^2$

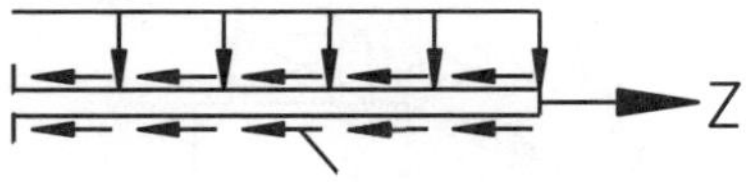

$\tau = \sigma \cdot \tan\varphi' \rightarrow \tan\varphi' = \frac{\tau}{\sigma} \mathrel{\hat{=}} \mu$

$\mu = \frac{22{,}50}{47{,}50} = 0{,}474$

□ 4.84: Beispiel 67: Auswertung eines Rahmenscherversuchs

Geg.: *Mit einer Bodenprobe wurden im Labor Scherversuche mit folgenden Ergebnissen durchgeführt:*

Normalspannung σ *[kN/m²]*	*100,0*	*180,0*
Scherspannung τ *[kN/m²]*	*75,4*	*107,7*

□ 4.84: Fortsetzung Beispiel 67: Auswertung eines Rahmenscherversuchs

Ges.:	*Scherparameter φ' und c'*
Lösg.:	*Mit dem Schergesetz von Coulomb $\tau = \sigma \cdot \tan\varphi' + c'$ ergeben sich aus den Scherversuchen die Gleichungen*
	(1) $75{,}4 = 100{,}0 \cdot tan\,\varphi' + c'$
	(2) $107{,}7 = 180{,}0 \cdot tan\,\varphi' + c'$
	Die Lösung dieses Gleichungssystems ergibt: $\varphi' = 22°$; $c' = 35\ kN/m^2$

Bei der Auftragung der Drucksetzungslinie (DSL) für jeden Versuch wird als senkrechte Ordinate - wie beim KD-Versuch (siehe Abschnitt 4.09) - die spezifische Setzung s' aufgetragen. Als waagerechte Ordinate wählt man entweder den Hauptspannungsunterschied σ_1 - σ_2 oder das Verhältnis σ_1/σ_2. Im ersten Fall erhält man das Bruchkriterium max (σ_1 - σ_2), das näher an der Gleitgrenze (größerer Scherweg) liegt. Im zweiten Fall ergibt sich das Bruchkriterium max σ_1/σ_2 das näher an der Bruchgrenze (kleinerer Scherweg) liegt (siehe Bruchkriterien in DIN EN ISO 17892, Teil 10.

Der Bruch zeigt sich entweder in einem plötzlichen Abrutschen auf einer Gleitfläche (vor allem bei dichten oder festen Böden) oder in einem immer stärker werdenden Ausbauchen der Probe.

□ 4.85: Beispiele – Dreiaxialversuch (Triaxialversuch): a) Zelle (Fa. Wille, 2013), b) Mohrsche Kreise, c) Scherfestigkeitsdiagramm

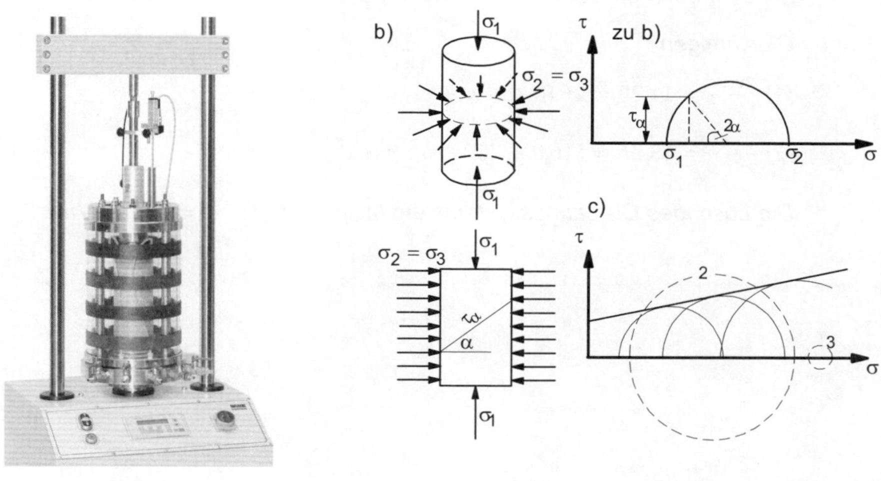

□ 4.86: Beispiel 68: Scherversuch auf der Baustelle („in situ")

Ges.: *Um die Scherparameter eines lehmigen Sandes zu ermitteln, wurde auf der Baustelle ein Großversuch „in situ" durchgeführt.*

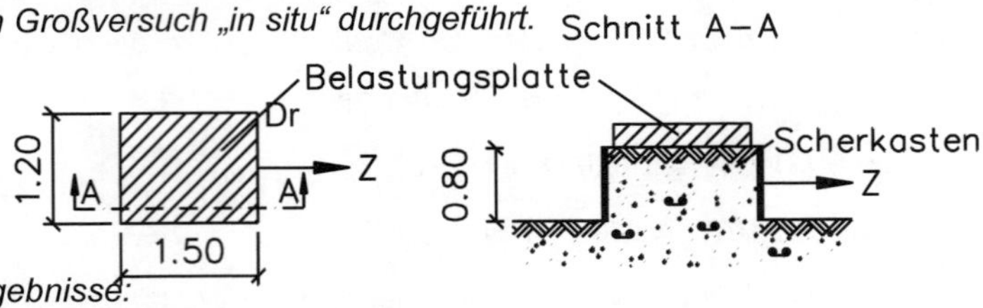

Versuchsergebnisse:

Versuch Nr.	*Grenz-Zug-kraft*	*Bemerkungen*
1	*20,16 kN*	*ohne Belastungs-platte*
2	*27,64 kN*	*mit Belastungsplatte*

Eigenlast Scherkasten: vernachlässigbar

Eigenlast Belastungsplatte: $G = 13$ *kN*

Wichte des Bodens: $\gamma = 21$ *kN/m³*

Ges.: *Scherparameter φ' und c' des Bodens*

Lösg.: *Normalspannung in der Scherfuge:*

- infolge Boden: $\sigma_B = \gamma \cdot h = 21{,}0 \cdot 0{,}8 = 16{,}8 \quad kN/m^2$

- infolge Belastungsplatte: $\sigma_P = \frac{13}{1{,}5 \cdot 1{,}2} = 7{,}2 \quad kN/m^2$

Mit dem Schergesetz von Coulomb $\tau = \sigma \cdot \tan\phi' + c'$ *erhält man die Gleichungen*

(1) $\frac{20{,}16}{1{,}5 \cdot 1{,}2} = 11{,}20 = 16{,}8 \cdot \tan\varphi' + c'$

(2) $\frac{27{,}64}{1{,}5 \cdot 1{,}2} = 15{,}36 = (16{,}8 + 7{,}2) \cdot \tan\varphi' + c'$

Die Lösg. des Gleichungssystems ergibt: $\varphi' = 30° \quad ; \quad c' = 1{,}5 \quad kN/m^2$

□ 4.87: Beispiel 79: Scherfestigkeit in verschiedenen Tiefenlagen

Ges.: *Eine Baugrubenuntersuchung ergab folgende Situation:*

Rahmenscherversuche an Bodenproben aus der Schicht 2 brachten nachstehende Ergebnisse:

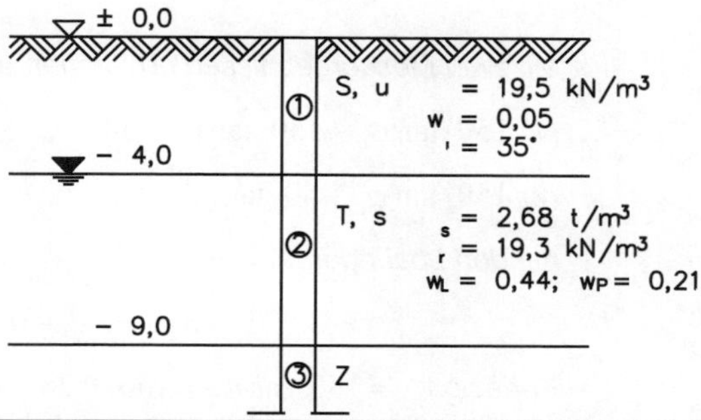

Entnahme	*Einbau*	*Vorbelastung* σ_v	*Versuchsbelastung* σ	*gem. Scherspannung* τ_s
-	-	*kN/m²*	*kN/m²*	*N/m²*
bei -6,5; gestört	*gestört, Wassergehalt an der Fließgrenze*	*150* *150* *150*	*50* *100* *150*	*56* *70* *84*

Ges.: *a)* *Welche mittlere Konsistenz besitzt der Boden aus Schicht 2?*

b) *Welche Scherparameter charakterisieren diese Schicht?*

c) *Wie groß ist die Scherfestigkeit entlang einer möglichen horizontalen Scherfuge in Abhängigkeit von der Tiefe, wenn die Böden unter der gegenwärtig herrschenden Vertikalspannung auskonsolidiert sind?*

Lösg.: *zu a):*

$$\gamma_r = (1-n)\gamma_s + n \cdot \gamma_w \rightarrow n = \frac{\gamma_s - \gamma_r}{\gamma_s - \gamma_w} = \frac{26{,}8-19{,}3}{26{,}8-10{,}0} = 0{,}45$$

$$S_r = \frac{w \cdot \rho_s(1-n)}{n \cdot \rho_w} \rightarrow w = \frac{S_r \cdot n \cdot \rho_w}{\rho_s(1-n)} = \frac{1{,}0 \cdot 0{,}45 \cdot 1{,}0}{2{,}68(1-0{,}45)} = 0{,}30$$

Damit berechnet sich die Konsistenz zu:

$$I_c = \frac{w_L - w}{w_L - w_P} = \frac{0{,}44-0{,}30}{0{,}44-0{,}21} = 0{,}61 \rightarrow weich$$

zu b) *Auftragung der Scherergebnisse:*

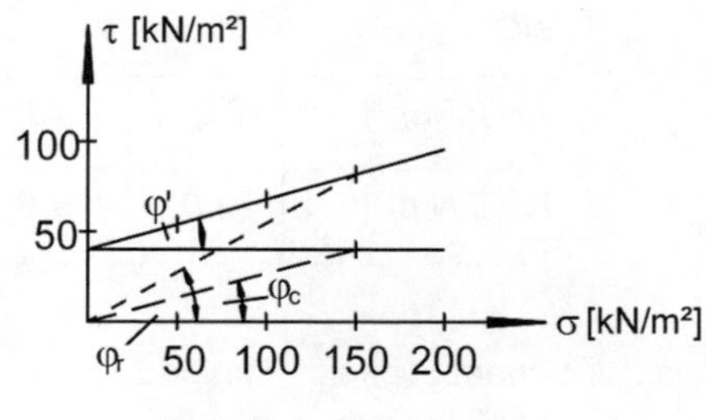

□ 4.87: Fortsetzung Beispiel 79: Scherfestigkeit in verschiedenen Tiefenlagen

Mit zwei Messergebnissen erhält man ein Gleichungssystem:

(1) $150 \cdot \tan\varphi_c + 150 \cdot \tan\varphi' = 84$

(2) $150 \cdot \tan\varphi_c + 50 \cdot \tan\varphi' = 56$

mit den Lösungen $\tan\varphi' = \frac{84-56}{150-50} = 0{,}28 \rightarrow \varphi' = 15{,}6°$

$\tan\varphi_c = \frac{84}{150} - 0{,}28 = 0{,}28 \rightarrow \varphi_c = 15{,}6°$

Kohäsion $c = 150 \cdot \tan\varphi_c = 150 \cdot 0{,}28 = 42{,}0 \ kN/m^2$

$\tan\varphi_r = \frac{84}{150} = 0{,}56 \rightarrow \varphi_r = 29{,}3°$

zu c) Mit einer effektiven Wichte in Schicht 2 von

$\gamma' = \gamma_r - \gamma_w = 19{,}3 - 10{,}0 = 9{,}3 \ kN/m^3$

lässt sich die Scherfestigkeit in Abhängigkeit von der Tiefe berechnen:

Schicht	*Kote*	*Vertikalspannung*	*Scherfestigkeit*
[-]	*[m]*	*[kN/m²]*	*[kN/m²]*
1	*0*	*0*	*0*
	-4,0	*19,5 · 4,0 = 78,0*	*78,0 · tan 35° = 54,6*
2	*-4,0*	*19,5 · 4,0 = 78,0*	*78,0 · tan 29,3° = 43,7*
	-9,0	*78,0 + 9,3 · 5,0 = 124,5*	*124,5 · tan 29,3° = 69,7*

□ 4.88: Beispiel 70: Auswertung eines Dreiaxialversuchs

Geg.: *Eine Baugrunduntersuchung ergab folgende Situation:*

Schicht 1: Sand; Schichtdicke h = 5,0 m; Wichte $\gamma = 18{,}5 \ kN/m^3$

Schicht 2: Ton; Schichtdicke h = 4,4 m; Wichte $\gamma = 20{,}1 \ kN/m^3$

Mit einem Dreiaxialgerät wurden an Bodenproben aus der Schicht 2 folgende vertikale Bruchspannungen σ_1 *bei den zugeordneten Seitendrücken* σ_3 *ermittelt:*

σ_3 *[kN/m²]*	*7,5*	*32,0*	*49,0*
σ_1 *[kN/m²]*	*73,0*	*119,9*	*153,1*

Ges.: *Scherfestigkeit* τ *infolge Eigenlast des Bodens in der Mitte der Schicht 2 (aufgeteilt in Reibungsfestigkeit und Haftfestigkeit).*

□ 4.88: Fortsetzung Beispiel 70: Auswertung eines Dreiaxialversuchs

Lösg.: *Aus den Versuchsergebnissen lassen sich Mohrsche Spannungskreise konstruieren. Die gemeinsame Tangente an die Kreise ergibt die Schergerade:*

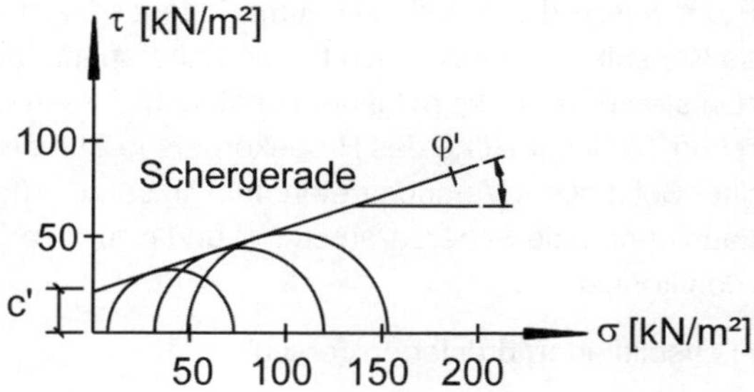

abgelesen:

φ' = 17,8° (Reibungswinkel); c' = 21,0 kN/m² (Kohäsion)

Auflastspannung in der Mitte von Schicht 2:

$\sigma = 18{,}5 \cdot 5{,}0 + 20{,}1 \cdot \frac{4{,}4}{2} = 136{,}7\ kN/m^2$

Mit dem Schergesetz von Coulomb wird dann Scherfestigkeit = Reibungsfestigkeit + Haftfestigkeit

$\tau = \sigma \cdot \tan\varphi' + c'$ *,also* $\tau = 136{,}7 \cdot \tan 17{,}8° + 21{,}0 = 43{,}9 + 21{,}0 = 64{,}9\ kN/m^2$

$(\tau_r)\ (\tau_c)$

In diesem Fall lässt sich der Bruchwert schlecht feststellen, weil die DSL einen kontinuierlich gekrümmten Verlauf hat. Deshalb nimmt man häufig die Bruchspannung bei einer Stauchung der Probe um 20 % an.

Trägt man die beiden Hauptspannungen beim Bruch auf der Abszisse eines Scherfestigkeitsdiagramms auf und schlägt über σ_1 - σ_2 den Mohrschen Spannungskreis, so genügen zwei bis drei weitere Wertepaare (und damit Versuche), um die gemeinsame Umhüllende ("Bruch-", "Fließ-" oder "Scherlinie") an die Kreise zeichnen zu können. Sie hat i. Allg. einen flach gekrümmten Verlauf und wird meist als Gerade angenommen. Auf der Ordinatenachse schneidet sie die Kohäsion c ab (□ 4.85 bis □ 4.89) und gibt die Scherspannung (im Augenblick des Bruchs) in Abhängigkeit von der jeweiligen Hauptspannung an (Kreise 1). Welche Spannungszustände möglich sind, hängt von der Scherfestigkeit des Bodens ab: Der Spannungszustand nach Kreis 2 ist nicht möglich, weil vorher schon der Bruch eintritt. Kreis 3 stellt einen Spannungszustand vor Erreichen des Bruchs dar (□ 4.85).

Man unterscheidet folgende Versuchsarten:

- **Dränierter Versuch (CID-, CAD-Versuch, „Langsamversuch"; DIN EN ISO 17892, Teil 9):** das Porenwasserdrucksystem bleibt geöffnet. Die Belastung der Probe wird so langsam gesteigert, dass sich im Innern der Probe kein Porenwasserdruck aufbauen kann (offenes System). Dies gilt sowohl für die Konsolidations- als auch für die Scherspannung. Die Bewegung des Druckstempels erfolgt mit einer konstanten Geschwindigkeit v_{max}, die den Wert von 10 % der Höhe des Probekörpers je Stunde nicht überschreiten sollte. Bei diesem Versuch treten nur wirksame (effektive) Spannungen auf, aus denen die Scherparameter φ' und c' für den Endzustand ermittelt werden können.

  CID: isotrop konsolidierter, dränierter Versuch

  CAD: anisotrop konsolidierter, dränierter Versuch

- **Konsolidierter, undränierter Versuch (CIU-, CAU-Versuch; DIN EN ISO 17892, Teil 9):** die Probe wird zunächst im offenen System (u = 0) konsolidiert. Dann wird das Porenwasserdrucksystem geschlossen und die Probe abgeschert. Die Bewegung des Druckstempels erfolgt mit einer konstanten Geschwindigkeit v_{max}, die aus Vorversuchen bestimmt wird. v_{max} sollte den Wert von 10 % der Höhe des Probekörpers je Stunde nicht überschreiten. Dabei wird der Porenwasserdruck u gemessen. Aus den Messwerten können die wirksamen Spannungen und die Scherparameter für den Endzustand φ' und c' ermittelt werden.

  CID: isotrop konsolidierter, undränierter Versuch

  CAD: anisotrop konsolidierter, undränierter Versuch

- **Unkonsolidierter, undränierter Versuch (UU-Versuch, "schneller Versuch"; DIN EN ISO 17892, Teil 8):** das Porenwasserdrucksystem bleibt während des ganzen Versuchs geschlossen. Der entstehende Porenwasserdruck ändert sich mit der Belastung. Die Bewegung des Druckstempels erfolgt mit einer konstanten Geschwindigkeit zwischen 0,3 % und 2 % der Höhe des Probekörpers je Minute. Man erhält die Scherparameter φ_u und c_u für den Anfangszustand.

⇒ DIN EN ISO 17892, Teil 8 und 9

Einaxialer Druckversuch

Als einaxiale Druckfestigkeit (auch "Zylinderdruckfestigkeit" genannt) wird die Druckfestigkeit von Bodenproben bei unbehinderter Seitendehnung bezeichnet. Sie wird meist an zylindrischen Proben bei konstanter Verformungsgeschwindigkeit bestimmt und ist der Höchstwert der beim Versuch gemessenen einaxialen Druckspannung σ, die sich aus dem Quotienten der jeweiligen axialen Prüfkraft F und dem "zugeordneten maßgeblichen Querschnitt" A der Probe ergibt:

$$q_u = {}_{\max}\sigma = \frac{F}{A} \qquad (4.86)$$

Den zugeordneten maßgeblichen Querschnitt der Probe erhält man aus

$$A = \frac{V_a}{h} = \frac{A_a}{1-\varepsilon} \qquad (4.87)$$

Hierin ist A_a der Querschnitt und h_a die Höhe der Probe bei Versuchsbeginn und

$$\varepsilon = \frac{\Delta h}{h_a} \qquad (4.86)$$

Ist der Bruch bei einer Stauchung von 20 % der Probenhöhe noch nicht erreicht, so wird die bei dieser Stauchung gemessene Spannung als einaxiale Druckfestigkeit angenommen.

⇒ DIN EN ISO 17892, Teil 7

Der Versuch kann im Dreiaxialgerät (Triaxialgerät) ausgeführt werden, wobei Druckzelle, Standrohr und Gummihülle entfallen (□ 4.84 und □ 4.88)

⇒ DIN EN ISO 17892, Teil 7.

Als Ergebnis eines einaxialen Druckversuchs erhält man einen Mohrschen Kreis im Scherfestigkeitsdiagramm, der wegen $\sigma_2 = 0$ den Ursprung des Koordinatensystems berührt (□ 4.89 c). Die Schergerade als Tangente an diesen Kreis liegt horizontal und schneidet auf der Ordinatenachse die Anfangsscherfestigkeit (undränierte Scherfestigkeit) c_u ab.

Nach Mohr ist $\varphi = 2 \cdot \alpha - 90°$. Daraus folgt, dass Böden ohne innere Reibung unter dem Bruchwinkel $\alpha = 45°$ abscheren (□ 4.89 b).

Scheinbare Kohäsion ungleichförmige nbB: c_s = 1,5 bis 3,0 kN/m² gleichförmige nbB: c_s = 6,0 bis 8,0 kN/m² (nach Stiegler)

Scherparameter siehe Abschnitt 4.10

4.10.3 Indirekte Bestimmung aus Sondierungen

Regelwerk: Handbuch Eurocode 7, Band 2 (2015), Anhang D (Drucksondierungen: CPT), Anhang F (Standard Penetration Test: SPT) und Anhang G (Rammsondierungen)

Drucksondierung Aus den Spitzendruckwerten q_c [MN/m²] einer Drucksondierung (siehe 3.05.4) kann der Reibungswinkel φ' für enggestufte Sande (Bodengruppe SE) gemäß Handbuch Eurocode 7, Band 2 (2015): DIN 4020 (2010), Anhang D.2 abgeleitet werden:

$\varphi' = 13{,}5 \cdot \lg(q_c) + 23$ bei 5 MN/m² ≤ q_c ≤ 28 MN/m² (4.89)

□ 4.89: Beispiel: Einaxialer Druckversuch: a) Gerät (siehe □ 4.80), b) Scherfuge bei φ = 0-Böden c) Mohrscher Kreis

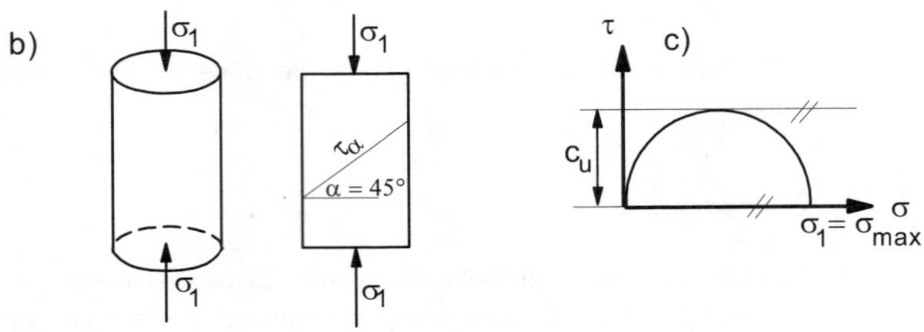

4.10.4 Sensitivität

Regelwerk: DIN EN ISO 22476-9 und DIN 4094-4 (zurückgezogen)

Flügelsondierung

Aus den Ergebnissen aus dem Flügelscherversuch wird die Sensitivität als eine zu bestimmende maßgebende Eigenschaft zur Festlegung von Homogenbereichen gemäß DIN 4094-4 bestimmt (siehe Abschnitte 2.08.2 sowie 3.05.5):

$$S_{tv} = \frac{c_{Rv} \text{ beim erstmaligen Abscheren}}{c_{Rv} \text{ beim wiederholten Abscheren}} \quad (4.90)$$

C_{Rv} *beim erstmaligen Abscheren* : maximaler Scherwiderstand

C_{Rv} *beim wiederholten Abscheren* : Rest-Scherwiderstand

4.10.5 Werte

Anhaltswerte für Charakteristische Werte nach DIN 1054 (□ 4.92, □ 4.93 und □ 4.94).

4.10.6 Verwendung

Für Standsicherheitsuntersuchungen (Geotechnische Nachweise nach Handbuch Eurocode 7, Band 2 (2015): Sicherheit gegen Gleiten, Grundbruch, Böschungsbruch, Geländebruch), Erddruckberechnungen, Bestimmung der Eigenschaften von Homogenbereichen.

4.11 Bodenkenntwerte

Weitere Hinweise

Für nichtbindige (□ 4.92) und bindige (□ 4.93) Böden werden in EAB und EAU Anhaltswerte für charakteristische Bodenkennwerte gemäß DIN 1054 angegeben. Diese können für Vorbemessungen bei geotechnischen Nachweisen und Berechnungen verwendet werden, wenn keine Versuchsergebnisse vorliegen. Es handelt sich um Charakteristische Werte mit dem Index „k" nach DIN 1054, auf der “sicheren Seite” liegende Werte für verschiedene Bodenarten.

Weitere Anhaltswerte für “mittlere Bodenwerte für Vorentwürfe” (=Charakteristische Werte) werden von Kany angegeben (□ 4.94).

Muhs, H. (1957), Schultze, E. (1967), Schultze, E., Muhs, H. (1967), Fuchs, E: (1971), Voth, B. (1978), Stiegler, W. (1979), Graßhoff, H., Siedeck, P., Floss, R. (1979, 1982), Gudehus (1981), Rübener, R. (1985), Smoltczyk, U. (1993), Lang, H.-J., Huder, J., Amann, P. (1996), Schmidt, H. G., Seitz, J.M. (1998), Fischer, L. (2003), Schmidt, H.-H. (2006), Kuntsche, K. (2009), Schneider, K.-J. (2009), Witt, K.J. (2018).

□ 4.91: Beispiel 71: Bestimmung der Rechenwerte für einen nichtbindigen Boden

Geg.: *Von einem Boden ist bekannt:*

Klassifikation: SW

Ungleichförmigkeitszahl: $C_U = 18$

natürlicher Porenanteil: $n = 0{,}35$

Porenanteil der lockersten Lagerung: $_{max}n = 0{,}40$

Porenanteil der dichtesten Lagerung: $_{min}n = 0{,}20$

Ges.: *Charakteristische Werte der Wichten und des Reibungswinkels.*

Lösg.: *SW: weit gestuftes Sand-Kies Gemisch*

Lagerungsdichte: $D = \frac{_{\max}n - n}{_{\max}n - _{\min}n} = \frac{0{,}40 - {,}035}{0{,}40 - {,}020} = 0{,}25$ → *locker gelagert*

Tabellenwerte gem. EAB und EAU: $\gamma_k = 18\ kN/m^3$

$\gamma_{r,k} = 20\ kN/m^3$

$\gamma_K' = 10\ kN/m^3$

$\varphi_k = 30°$

□ 4.92: Anhaltswerte für Charakteristische Werte für nichtbindige Böden (in Anlehnung an EAB und EAU)

Spalte	1	2	3	4	5	6	7
Zeile	Bodenart	Kurzzeichen nach DIN 18196	Lagerung[1)]	Wichte			Reibungswinkel
				erdfeucht	wassergesättigt	unter Auftrieb	
				γ_K	$\gamma_{r,k}$	γ_K'	φ_K
				kN/m³	kN/m³	kN/m³	Grad
1 2 3	Sand, schwach schluffiger Sand, Kies-Sand, eng gestuft	SE sowie SU mit $C_U \leq 6$	locker mitteldicht dicht	17,0 18,0 19,0	19,0 20,0 21,0	9,0 10,0 11,0	30 32,5 35
4 5 6	Kies, Geröll, Steine mit geringem Sandanteil, eng gestuft	GE	locker mitteldicht dicht	17,0 18,0 19,0	19,0 20,0 21,0	9,0 10,0 11,0	32,5 35 37,5
7 8 9	Sand, Kies-Sand, Kies, weit oder intermittierend gestuft	SW, SI, SU, GW, GI mit $6 < C_U \leq 15$	locker mitteldicht dicht	18,0 19,0 20,0	20,0 21,0 22,0	10,0 11,0 12,0	30 32,5 35
10 11 12	Sand, Kies-Sand, Kies, schwach schluffiger Kies, weit oder intermittierend gestuft	SW, SI, SU, GW, GI mit $C_U > 15$ sowie GU	locker mitteldicht dicht	18,0 20,0 22,0	20,0 22,0 24,0	10,0 12,0 14,0	30 32,5 35

1) locker: $0,15 < D \leq 0,30$; mitteldicht: $0,30 < D \leq 0,50$; dicht: $0,50 < D \leq 0,75$; dabei ist die Lagerungsdichte $D = ({}_{max}n - n)/({}_{max}n - {}_{min}n)$

γ_K = Charakteristischer Wert der Feuchtwichte γ

γ_K' = Charakteristischer Wert der Wichte unter Auftrieb γ'

$\gamma_{r,k}$ = Charakteristischer Wert der Sättigungswichte γ_r

φ_K = Charakteristischer Wert (Endfestigkeit φ') des inneren Reibungswinkels bei bindigen und nichtbindigen Böden

□ 4.93: Anhaltswerte für Charakteristische Werte für bindige Böden (in Anlehnung an EAB und EAU)

Spalte	1	2	3	4	5	6	7	8
Zeile	Bodenart	Kurzzeichen nach DIN 18196	Zustandsform[1)]	Wichte		Reibungswinkel	Kohäsion	
				über Wasser	unter Wasser			
				γ_K	$\gamma_{r,\,k}$	γ_K'	φ_K	γ_K
				kN/m³	kN/m³	Grad	kN/m²	kN/m²
1	Anorganische bindige Böden mit ausgeprägt plastischen Eigenschaften (w_L > 50%)	TA	weich	18,0	8,0	17,5	0	15
2			steif	19,0	9,0	17,5	10	35
3			halbfest	20,0	10,0	17,5	25	75
4	Anorganische bindige Böden mit mittelplastischen Eigenschaften (50% ≥ w_L ≥ 35 %)	TM und UM	weich	19,0	9,0	22,5	0	5
5			steif	19,5	9,5	22,5	5	25
6			halbfest	20,5	10,5	22,5	10	60
7	Anorganische bindige Böden mit leicht plastischen Eigenschaften (w_L < 35%)	TL und UL	weich	20,0	10,0	27,5	0	0
8			steif	20,5	10,5	27,5	2	15
9			halbfest	21,0	11,0	27,5	5	40
10	Organischer Ton, organischer Schluff	OT und OU	weich	14,0	4,0	15	0	10
11			steif	17,0	7,0	15	0	20
12	Torf ohne Vorbelastung, Torf unter mäßiger Vorbelastung	HN und HZ		11,0	1,0	15	2	10
13				13,0	3,0	15	5	20

1) weich 0,50 < I_c ≤ 0,75; steif 0,75 < I_c ≤ 1,00; halbfest I_c > 1,00; dabei ist die Konsistenzzahl $I_c = (w_L - w)/(w_L - w_p)$, siehe DIN 18122 Teil 1

γ_K = Charakteristischer Wert der Feuchtwichte γ

γ_K' = Charakteristischer Wert der Wichte unter Auftrieb γ'

$\gamma_{r,\,k}$ = Charakteristischer Wert der Sättigungswichte γ_r

φ_K = Charakteristischer Wert (Endfestigkeit φ') des inneren Reibungswinkels bei bindigen und nichtbindigen Böden

c_k = Charakteristischer Wert (Endfestigkeit c') der Kohäsion entsprechend φ'

$c_{u,k}$ = Charakteristischer Wert (Anfangsfestigkeit c_u) aus unentwässerten Versuchen bei

□ 4.94: Beispiel: Anhaltswerte für Charakteristische Werte für Vorentwürfe (in Anlehnung an Kany)

Bodenart	Wichte		Endfestigkeit		Anfangsfestigkeit[1] Kohäsion des undränierten Bodens	Steifemodul
	des feuchten Bodens	des Bodens unter Auftrieb	Innerer Reibungswinkel	Kohäsion		
	γ_K	γ_K'	φ_K	c_k	$c_{u,k}$	$E_{s,k}$
	kN/m³	kN/m³	Grad	kN/m²	kN/m²	MN/m²
Nichtbindige Böden						
Sand, locker, rund	18	10	30	-	-	20-50
Sand, locker, eckig	18	10	32,5	-	-	40-80
Sand, mitteldicht, rund	19	11	32,5	-	-	50-100
Sand, mitteldicht, eckig	19	11	35	-	-	80-150
Kies ohne Sand	16	10	37,5	-	-	100-200
Naturschotter, scharfkantig	18	11	40	-	-	150-300
Sand, dicht, eckig	19	11	37,5	-	-	150-250
Bindige Böden	(Erfahrungswerte aus dem norddeutschen Raum für ungestörte Proben)					
Ton, halbfest	19	9	25	25	50-100	5-10
Ton, schwer knetbar, steif	18	8	20	20	25-50	2,5-5
Ton, leicht knetbar, weich	17	7	17,5	10	10-25	1-2,5
Geschiebemergel, fest	22	12	30	25	200-700	30-100
Lehm, halbfest	21	11	27,5	10	50-100	5-20
Lehm, weich	19	9	27,5	-	10-25	4-8
Schluff	18	8	27,5	-	10-50	3-10
Klei, org., tonarm, weich	17	7	20	10	10-25	2-5
Klei, stark org, tonreich,	14	4	15	15	10-20	0,5-3
weich, Darg	11	1	15	5	-	0,4-1
Torf	13	3	15	10	-	0,8-2
Torf unter mäßiger Vorbelastung						

γ_K = Charakteristischer Wert der Feuchtwichte γ

γ_K' = Charakteristischer Wert der Wichte unter Auftrieb γ'

φ_K = Charakteristischer Wert (Endfestigkeit φ') des inneren Reibungswinkels bei bindigen und nichtbindigen Böden

c_k = Charakteristischer Wert (Endfestigkeit c') der Kohäsion entsprechend φ'

$c_{u,k}$ = Charakteristischer Wert (Anfangsfestigkeit c_u) aus unentwässerten Versuchen bei wassergesättigten bindigen Böden.

[1] Der zugehörige innere Reibungswinkel ist mit $\varphi_{u,k} = 0$ anzunehmen.

□ 4.95: Beispiel 72: Bestimmung der Rechenwerte für einen bindigen Boden

Ges.: *Von einem Boden ist bekannt: Klassifikation: TL*

natürlicher Wassergehalt: w = 0,40

Wassergehalt an der Fließgrenze: $w_L = 0{,}60$

Wassergehalt an der Ausrollgrenze: $w_P = 0{,}25$

Ges.: *Charakteristische Werte der Scherparameter.*

Lösg.: *TL: leicht plastischer Ton*

Konsistenzzahl $I_c = \frac{w_L - w}{w_L - w_P} = \frac{0{,}60-0{,}40}{0{,}60-0{,}25} = 0{,}57 \rightarrow$ *weiche Konsistenz*

Tabellenwerte gem. DIN 1055/Teil 2:

$\varphi_k = 27{,}5°$

$c_k = 0$; $c_{u,k} = 0$

4.12 Kontrollfragen

4.12.1 Korngrößenverteilung

- Was gibt die Korngrößenverteilung an?
- Wie werden die Korngrößen von Böden in Laborversuchen voneinander getrennt?
- Was versteht man unter Vereinigter Siebung und Sedimentation? Wann wird sie durchgeführt?
- Erläutern Sie Durchführung und Auswertung einer Siebanalyse!
- Was wird auf den Achsen des Korngrößenverteilungsdiagramms aufgetragen?
- Was wird bei einer Schlämmanalyse gemessen?
- Was ist ein Aräometer?
- Unterschied Suspension und Lösung?
- Wie erhält man den Korndurchmesser bei der Auswertung der Sedimentationsanalyse?
- Ungleichförmigkeitszahl? Krümmungszahl? Wie werden sie bestimmt? Was kann man daraus erkennen?
- Skizzieren Sie ein Kornverteilungsdiagramm und tragen Sie die Körnungslinien für einen a) weitgestuften Kiessand, b) enggestuften Sand, c) intermittierend gestuften Sand,
- Wie muss ein Filterboden nach der Filterregel von Terzaghi aufgebaut sein?
- Welchen beiden Bedingungen muss ein Filterboden entsprechen?
- Was kann man aus der Neigung der Körnungslinie bezüglich der Möglichkeit aussagen, einen grobkörnigen Boden zu verdichten?
- Wie kann man den Grad der Wasserdurchlässigkeit aus der Körnungslinie qualitativ bestimmen?
- Wie erhält man Anhaltspunkte über Setzungsgröße, Setzungsdauer, Verdichtungsfähigkeit, Kohäsion und Fließsandgefahr aus der Körnungslinie eines Bodens?
- Wie hängen Siebrückstand und Siebdurchgang für eine bestimmte Korngröße zusammen?
- Warum wird die Abszisse des Kornverteilungsdiagramms im logarithmischen Maßstab aufgetragen?
- Bei welchem Versuch unterscheidet sich die Gesamtmasse der Probe von der Masse des Siebanteils?

d) Schluff ein.

- Wie kann man die Eignung eines Filterbodens bestimmen?
- Wie groß kann die Ungleichförmigkeitszahl C_U für reinen Sand maximal ungefähr sein?

4.12.2 Wassergehalt, Hohlraumgehalt, Sättigungszahl

- Wie ist der Wassergehalt definiert?
- Was ist der Wassergehalt "in situ" (der natürliche Wassergehalt)?
- Dreiphasensystem/Zweiphasensystem Boden?
- Hohlraumgehalt?
- Elemente des Gesamtvolumens einer Bodenprobe?
- Was versteht man unter Porenanteil/Porenanzahl eines Bodens? Vor- und Nachteile dieser Begriffe?
- Warum rechnet man häufig mit dem Einheitskörper (Volumenelement)?
- Tatsächlicher Probenkörper und Einheitskörper sind zu vergleichen (Skizze mit Bezeichnungen).
- Erklären Sie die Begriffe: Volumen der Festmasse, Porenvolumen, Luftvolumen, Wasservolumen und die entsprechenden Begriffe am Einheitskörper!
- Erläutern Sie die Beziehungen zwischen Porenanteil und Porenkörper an Skizzen!
- Wie kann man den Luftgehalt eines Bodens bestimmen?
- Beschreiben Sie am Einheitskörper den Unterschied zwischen Korndichte und Dichte!
- Was versteht man unter der Sättigungszahl?
- Kann der Wassergehalt/die Sättigungszahl größer als eins werden? Warum?/ Warum nicht?
- Gleichung (4.21) ist abzuleiten.
- Was bedeutet eine Sättigungszahl von 0,8?
- Wie bestimmt man den Wassergehalt durch Trocknen im Labor?
- Würde man nicht schneller fertig werden, wenn man die Trocknungstemperatur von den üblichen 105° auf 1000° erhöht?
- Der Luftpyknometerversuch ist zu beschreiben. Auf welchem physikalischen Gesetz beruht er?
- Vergleichen Sie die verschiedenen Möglichkeiten der Wassergehaltsbestimmung!
- Wie bestimmt man den Porenanteil durch Laborversuch?
- Geben Sie die Größenordnung des Wassergehalts/des Porenanteils verschiedener Böden an!
- Zwischen welchen Werten kann die Sättigungszahl schwanken?
- Bei welchen Böden ist die Wassergehaltsbestimmung besonders wichtig? Warum?
- Zweck der Bestimmung von Porenanteil/Sättigungszahl?
- Wie denkt man sich die Lage der Bodenkörner im Feststoffvolumen?
- Wie ändert sich der Wassergehalt eines wassergesättigten Bodens bei einer Setzung?
- In welchem Bodenbereich wird mit der Sättigungswichte gerechnet?
- Für welchen Zweck wird die Trockendichte bestimmt?
- Nennen Sie die sechs Wichten, mit denen in der Bodenmechanik gerechnet wird!
- Wie erhält man bei der Ermittlung der Bodenkennzahlen das Volumen des Einheitskörpers aus dem Volumen der tatsächlichen Bodenprobe?
- Was ist die Korndichte eines Bodens?
- Tatsächlicher Probekörper und Einheitskörper für die Porenanteile / die Porenziffern sind mit allen Bezeichnungen zu zeichnen.
- Anhaltswerte für die Korndichte von Böden?
- Wie denkt man sich die Lage der Bodenteilchen im Feststoffvolumen?

- Schnellverfahren durch Trocknung/ ohne Trocknung?

4.12.3 Dichte, Wichte

- Allgemeine (physikalische) Begriffsbestimmungen von Dichte und Wichte? Unterschied?
- Wie rechnet man im Bauwesen Dichten in Wichten um? Verwendete Einheiten hierbei im Grundbau?
- Nennen Sie die im Grundbau unterschiedenen Dichten/Wichten von Böden!
- Was versteht man unter Korndichte, Trockendichte, Feuchtdichte, Sättigungsdichte, Auftriebsdichte?
- Wie werden die erforderlichen Rechenwerte für die Dichte/die Wichte bestimmt?
- Versuche zur Bestimmung der Korndichte? Warum werden sie selten ausgeführt?
- Ermittlung der Masse der Probe bei der Dichtebestimmung?
- Nennen und beschreiben Sie die Verfahren zur Bestimmung des Probenvolumens im Labor!
- Nennen Sie die Verfahren zur Bestimmung des Probenvolumens im Feld (auf der Baustelle)! Wann wird welches angewendet?
- Beschreiben Sie die wichtigsten Ersatzverfahren!
- Nennen Sie die Größenordnung der Korndichte/der verschiedenen Wichten!
- Verwendung von Dichte und Wichte?
- Leiten Sie die Gleichung für die Trockendichte am Einheitskörper ab!
- Wo wird die Trockendichte eines Bodens benötigt?
- Wie bestimmt man im Labor die Dichte des Bodens im wassergesättigten Zustand/unter Auftrieb?
- Wie wird der Sandersatzversuch ausgeführt und ausgewertet (Skizze)?
- Beschreiben Sie das Ballonverfahren!
- Auf welche Weise lässt sich die Wichte des ungestörten Bodens bestimmen, wenn eine Zylinderentnahme wegen hohen Steinanteils eines bindigen Bodens nicht möglich ist?
- a) In welchem Bodenbereich wird mit der Feuchtwichte gerechnet? b) Wozu wird die Korndichte benötigt?

4.12.4 Lagerungsdichte, Proctordichte

- Erklären Sie an einer Skizze die Definition der Lagerungsdichte/der bezogenen Dichte!
- Bei welchen Böden kann man die Lagerungsdichte (nicht) bestimmen?
- Zeigen Sie an einer Skizze die Abhängigkeit der Trockendichte eines Bodens vom Wassergehalt und tragen Sie in die Kurve die Proctordichte/den optimalen Wassergehalt ein!
- Warum lässt sich ein trockener/ein weicher bis breiiger bindiger Boden schlecht verdichten?
- Wozu wird die Lagerungsdichte/die Proctordichte/der optimale Wassergehalt verwendet?
- Wie hängt die Tragfähigkeit eines Bodens von der Lagerungsdichte/vom Wasserge-halt ab?
- Wie viele Versuche sind mindestens erforderlich, um die Proctorkurve zu zeichnen?
- Was kann man aus dem Ergebnis eines Proctorversuchs für eine Erdbaustelle folgern?
- Tragen Sie in ein Proctordiagramm (Achsenbezeichnungen angeben) die

- Der Versuch zur Bestimmung der lockersten/dichtesten Lagerung ist zu beschreiben.
- Wie wird der Proctorversuch durchgeführt und ausgewertet?
- Was versteht man unter der ("einfachen") Proctordichte /der modifizierten Proctordichte?
- Was versteht man unter der Sättigungslinie? Zweck?
- Begründen Sie den Verlauf der Proctorkurve!
- Welche Bereiche werden für die Lagerungsdichte definiert?
- Skizzieren Sie die Proctorkurve verschiedener Böden in einem Proctordiagramm (Achsenbezeichnungen angeben)! Proctorkurve für einen bindigen Boden ein ("einfache" Proctordichte). Zeichnen Sie ein, wohin sich die Kurve beim modifizierten Proctorversuch verschiebt.
- Was bedeutet ein Verdichtungsgrad D_{Pr} = 1,15? Wieso kann der Wert über 1 liegen?
- Wie bestimmt man die Lagerungsdichte bei einem TA? Achtung Fangfrage!
- Was ist der Unterschied zwischen der Lagerungsdichte und der bezogenen Dichte?
- Wie unterscheiden sich die Proctorkurven für einen Ton und einen Sand?

4.12.5 Zustandsgrenzen

- Was versteht man unter Zustandsform eines bindigen Bodens?
- Nennen Sie die möglichen Zustandsformen! Bautechnische Auswirkungen?
- Zeichnen Sie das Konsistenzband mit seinen verschiedenen Bereichen und Grenzen!
- Einfluss des Wassergehalts auf die Tragfähigkeit bei nichtbindigen/bindigen Böden?
- Zustandsgrenzen von Atterberg?
- Wie ist die Ausrollgrenze / die Fließgrenze definiert?
- Wo liegt die Fließgrenze, die Ausrollgrenze, die Schrumpfgrenze?
- Was versteht man unter Plastizitätszahl, Bildsamkeitsbereich, Konsistenzzahl?
- Wie kann man die Konsistenz eines bindigen Bodens mit manuellen Versuchen bestimmen?
- Zeichnen Sie das Diagramm, aus dem sich die Fließgrenze nach der Mehrpunktmethode ermitteln lässt (Achsenbezeichnungen angeben)!
- Wie wird die Ausrollgrenze bestimmt?
- Versuchstechnik bei der Ermittlung der Schrumpfgrenze?
- Was kann man aus einer hohen Fließgrenze schließen?
- Welche Böden sind wasserempfindlich? Warum?
- Was kann bei Böden passieren, die ein hohes Schrumpfmaß haben?
- Welche Kennzahl eines bindigen Bodens zeigt seine Witterungsempfindlichkeit an? Erläuterung!
- Wie bestimmt man die Konsistenz bei einem SE? Achtung Fangfrage!
- Ein Maß für die Tragfähigkeit eines nichtbindigen Bodens ist die ...., eines bindigen Bodens die ....
- Beschreiben Sie das Plastizitätsdiagramm an Hand einer Skizze?
- Die Bestimmung der Fließgrenze nach der Mehrpunktmethode/Einpunktmethode ist zu beschreiben.

4.12.6 Kapillarität, Wasserdurchlässigkeit

- Kapillarwasserzonen? Zugehörige Sättigungszahlen?
- Welchen Bereich umfasst die kapillare Steighöhe? Wovon hängt sie ab?
- Wie kommt Kapillarität zustande?
- Erläutern Sie die Beanspruchungen von Wasser und Boden durch die Kapillarkräfte an einem Modell!
- Was versteht man unter Kapillardruck? Was kann er bewirken?
- Vorgänge beim Schrumpfen?
- Durch welche Kennzahl wird die Wasserdurchlässigkeit des Bodens beschrieben? Abhängigkeit? Dimension? Gleichung?
- Erläutern Sie die einzelnen Größen in der Gleichung von Darcy!
- Wie erhält man das Gefälle des Grundwasserspiegels?
- Welche Böden sind praktisch undurchlässig?
- Warum beeinflusst die Größe des Gesamthohlraums die Wasserdurchlässigkeit weniger als die Größe der einzelnen Hohlräume?
- Nennen und vergleichen Sie die beiden Möglichkeiten, die Geschwindigkeit des Wassers im Boden zu beschreiben!
- Zusammenhang zwischen Filtergeschwindigkeit und wahrer Fließgeschwindigkeit?
- Versuche zur Bestimmung der kapillaren Steighöhe? Beschreiben Sie den Vorgang anhand von Skizzen!
- Was wird bei der Bestimmung der Wasserdurchlässigkeit gemessen? Bei konstanter/veränderlicher Druckhöhe (Skizzen)?
- Anhaltswerte für die kapillare Steighöhe/für den Durchlässigkeitsbeiwert?
- Erläutern Sie den Zusammenhang zwischen Kapillarität und Frostgefährdung von Böden!
- Was hat die kapillare Steighöhe mit der Wahl der Bauwerksabdichtung zu tun?
- Welche Belastungsänderung bewirkt die Kapillarität/eine Grundwasserabsenkung im Boden?
- Zusammenhang zwischen Kapillarität und scheinbarer Kohäsion des Bodens?
- Bei welchen Berechnungen wird der Durchlässigkeitsbeiwert benötigt?
- Die Zone über dem geschlossenen Kapillarwasserspiegel heißt ......Sie enthält ....
- Mit welchen Verfahren bestimmt man die Wasserdurchlässigkeit im Labor?

4.12.7 Kalkgehalt, organische und betonschädliche Beimengungen

- Beispiele für kalkhaltige Böden?
- Überschlägliche Ermittlung des Kalkgehalts?
- Wie heißt ein Lehm, der Kalk enthält?
- Bestimmung des Glühverlusts? Wozu?
- Wieso sind Böden mit organischen Beimengungen problematisch (meist nicht geeignet) als Baugrund und Baustoff?
- Normaler Versuch zur Bestimmung der Menge der organischen Beimengungen? Schnellversuch?
- Welche Beimengungen des Grundwassers sind betonschädlich? Maßgebende Norm?

4.12.8 Zusammendrückbarkeit

- Worauf beruht die Zusammendrückung des Bodens unter einer Last?
- Einheitssetzung (spezifische Setzung)?
- Wie erhält man die Druck-Setzungslinie?
- Verwendung des Steifemoduls?
- Welche Bodenkennzahl wird mit Hilfe des Kompressionsversuchs bestimmt?
- Unterschied zwischen Steifemodul des Bodens und E-Modul von Stahl?
-

- Zeichnen Sie eine DSL für a) behinderte
- b) unbehinderte Seitendehnung (Achsenbezeichnungen angeben)!
- Wie verhält sich der Boden beim Entlasten? Elastische/plastische Setzung?
- Vorbelastung? Wie wirkt sie sich auf die Tragfähigkeit eines Bodens aus?
- Konsolidation? Porenwasserdruck? Wirksamer Druck? Gesamtdruck? Konsolidierungsverzug? Zusammenhänge?
- Stellen Sie den Zusammenhang zwischen Gesamtspannung, wirksamer und neutraler Spannung in einem Diagramm in Abhängigkeit von der Zeit dar!
- Was ist ein konsolidierter Boden?
- Wie wird ein Zusammendrückungsversuch ausgeführt/aufgetragen?
- Zeichnen Sie einen Schnitt durch ein KD-Gerät (Ödometer)!
- Zeichnen Sie eine Druck-Setzungslinie mit Ent- und Wiederbelastungen und die verschiedenen Abschnitte der DSL!
- Geologischer Knick? Wann tritt er auf? Was kann man damit feststellen?
- Anhand einer Skizze ist die Bestimmung des Steifemoduls aus der DSL zu erläutern.
- Womit muss bei der Zusammendrückung von wassergesättigten bindigen Böden gerechnet werden?
- Den Vorgang der Verminderung des Porenanteils unter Auspressen von Wasser nennt man ....
- Verwendung des Steifemoduls?
- Welche Bodenkennzahl wird mit Hilfe des Kompressionsversuchs bestimmt?
- Unterschied zwischen Steifemodul des Bodens und E-Modul von Stahl?
- Womit muss bei der Zusammendrückung von wassergesättigten bindigen Böden gerechnet werden?
- Den Vorgang der Verminderung des Porenanteils unter Auspressen von Wasser nennt man ....
- Wie wird die Druck-Setzungslinie aus den Zeit-Setzungslinien konstruiert (Skizze, mit Achsenbezeichnungen)?
- Zeichnen Sie die Zeit-Setzungslinien für

  a) einen nichtbindigen, b) einen bindigen Boden!
- Wovon hängt der Steifemodul ab? Nennen Sie einige Werte!

4.12.9 Scherfestigkeit

- Was versteht man unter Scherwiderstand des Bodens?
- Wo greift die Scherspannung an?
- Hängt die Scherfestigkeit eines Bodens immer von der Normalspannung ab?
- Schergesetz von Coulomb? Erläuterung an einem Krafteck und am Scherfestigkeitsdiagramm!
- Reibungswinkel? Wie kann man ihn darstellen? (3 Möglichkeiten an Skizzen erläutern!)
- Zusammenhang zwischen Reibungswinkel und Böschungswinkel?
- Scherfestigkeitsdiagramm für einen trockenen nichtbindigen Boden/einen nichtbindigen Boden unter Wasser?
- Wovon hängt der Strukturwiderstand nichtbindiger Böden ab? Wie wirkt er sich beim Scherbruch aus?
- Zeichnen Sie ein Scherverschiebungsdiagramm für einen nichtbindigen/bindigen Boden und erläutern Sie daran:
- Erklären Sie die scheinbare Kohäsion mit Hilfe der Kapillarität!
- Die Scherfestigkeit infolge Kapillardrucks erscheint im Scherfestigkeitsdiagramm als Haftfestigkeit. Sie ist aber in Wirklichkeit eine Reibungsfestigkeit? Wieso?
- Wird die scheinbare Kohäsion in der Bautechnik in Rechnung gestellt?
- Wie kann man verhindern, dass bei einem Scherversuch scheinbare Kohäsion auftritt?
- Wie unterscheiden sich Reibungswinkel und scheinbare Kohäsion bei nichtbindigen und bindigen Böden?
- Aus welchen Anteilen setzt sich die Scherfestigkeit eines bindigen Bodens zusammen?
- Wo kann man die Haftfestigkeit im Scher-diagramm ablesen? Aus welchen Anteilen setzt sich die gesamte Haftfestigkeit eines bindigen Bodens

Bruchfestigkeit, Gleitfestigkeit (Restscherfestigkeit)!
- Ist die Reibungsfestigkeit immer gleich der Bruchfestigkeit?
- Wie erhält man die Scherfestigkeitslinie aus den Scherverschiebungslinien?
- Was versteht man unter kritischer Dichte? Wo spielt sie im Grundbau eine Rolle?
- Scheinbare Kohäsion?
- Zeichnen Sie ein Scherfestigkeitsdiagramm für einen feuchten nichtbindigen Boden und erläutern Sie daran Kapillardruck und scheinbare Kohäsion!
- Wieso „scheinbare“ Kohäsion? Wann verschwindet sie?
- Zeichnen Sie das Scherfestigkeitsdiagramm für einen wassergesättigten bindigen Boden im Anfangszustand der Belastung und tragen Sie die Anfangsscherfestigkeit ein!
- Der Zusammenhang zwischen Gesamtspannung, wirksamer (effektiver) Spannung, Korn-zu-Korn-Druck und Porenwasserspannung ist zu erläutern!
- Erläutern Sie die durch die Berücksichtigung des Porenwasserdrucks erweiterte Schergleichung!
- Anfangsscherfestigkeit? Endscherfestigkeit? Undränierte/dränierte Scherfestigkeit? Konsolidation?
- Was versteht man unter undränierter Scherfestigkeit? Erläuterung am Scherdiagramm!
- Welche Bezeichnungen haben die Scherparameter für die Anfangsfestigkeit / End-festigkeit?
- Was versteht man unter Porenwasserdruck? Welche Rolle spielt er beim Scherversuch?
- Muss man bei allen Böden Anfangs- und Endscherfestigkeit unterscheiden?
- Langsamversuch? Schnellversuch? Konsolidierungsverzug?
- Warum wird beim Scherversuch eine Normalspannung in verschiedener Größe aufgebracht?
- Warum benötigt man bei der Bestimmung der Scherfestigkeit mehrere Einzelversuche?
- Warum ist bei der Bestimmung der Scherfestigkeit eines trockenen nichtbindigen Bodens ein Einzelversuch weniger erforderlich als bei einem bindigen Boden?

oberhalb des Grundwasserspiegels zusammen?
- Worauf beruht die echte Kohäsion bindiger Böden?
- Zeichnen Sie ein Scherfestigkeitsdiagramm für einen bindigen Boden im Endzustand der Belastung und tragen Sie zum Vergleich auch die Scherlinie für einen nichtbindigen Boden ein!
- Wovon hängt der Reibungsanteil eines nichtbindigen/bindigen Bodens ab?
- Unterschied zwischen der Scherfestigkeitslinie eines lockeren und eines dichten nichtbindigen Bodens?
- Wovon hängt die Kohäsion ab?
- Erläutern Sie das Prinzip der wirksamen Spannungen bei einem wassergesättigten bindigen Boden!
- Zeichnen Sie das Scherdiagramm für einen undränierten Scherversuch (Achsenbezeichnungen angeben!)
- Auf welchen Anteil der Scherfestigkeit und in welcher Weise wirkt sich die Vorbelastung eines bindigen Bodens aus?
- Scheinbarer Reibungswinkel?
- Vor- und Nachteile des Rahmenscherversuchs?
- Wie wird die Scherfestigkeit im Dreiaxialversuch bestimmt? (Erläuterung am Mohrschen Spannungskreis!)
- Dreiaxialzelle? Skizze!
- Ausführung und Auftragung eines Dreiaxialversuchs? Skizze!
- Wie kann sich der Bruch bei einem Dreiaxialversuch zeigen?
- Versuchsarten beim Dreiaxialversuch?
- Einaxialversuch? Andere Bezeichnung? Skizze!
- Ausführung und Auftragung eines Einaxialversuchs?
- Verwendung der Scherfestigkeit?
- Vorteile eines Dreiaxialversuchs gegenüber einem Rahmenscherversuch?
- Worauf muss man bei der Zusammendrückung eines wassergesättigten bindigen Bodens achten?
- In welchen Fällen kann die scheinbare Kohäsion eines nichtbindigen / die echte Kohäsion eines bindigen Bodens verschwinden?
- Zeichnen Sie in ein Diagramm (Achsenbezeichnungen angeben!) die Scherverschiebungslinie für einen a) dichten Sand
- b) lockeren Sand, c) weichen Ton

- Warum muss man die Konsolidation des Bodens beim dränierten Scherversuch abwarten?
- Warum geht die Scherspannung bei einem Scherversuch nach dem Bruch des Bodens nicht auf null zurück?
- Einfluss der Vorbelastung auf die Scherfestigkeit bindiger Böden?
- Maßgebende Norm für Scherversuche?
- Rahmenscherversuch (direkter Scherversuch)? Skizze!
- Ausführung eines direkten Scherversuchs mit einem nichtbindigen/bindigen Boden?
- Erläutern Sie den Rahmenscherversuch mit einem bindigen Boden, wenn a) die Gesamtscherfestigkeit, b) beide Anteile an der Scherfestigkeit bestimmt werden sollen!
- Wie kann man den Porenwasserdruck bei einem direkten Scherversuch ausschalten?
- Zeichnen Sie in ein Scherdiagramm die scheinbare Kohäsion und die sie verursachende Kapillarspannung ein!
  Die Scherfestigkeit eines schnell belasteten Tons betrage 50 kN/m². Der Versuch wird undräniert durchgeführt. Skizzieren Sie das Scherdiagramm (Achsenbezeichnungen und Scherfestigkeit eintragen)!

d) festen Ton!

- Zeichnen Sie die Scherfestigkeitslinie für einen a) trockenen nichtbindigen Boden, b) für einen nichtbindigen Boden mit scheinbarer Kohäsion (Linien und Achsen genau bezeichnen!).
- Welcher Anteil der Scherfestigkeit wird vom Porenwasserdruck nicht beeinflusst?
- Zeichnen Sie die Scherfestigkeitslinie für einen bindigen Boden a) mit Anfangsfestigkeit, b) mit Endfestigkeit (Achsen und Linien genau bezeichnen)!
- Zeichnen Sie folgende Versuchsdiagramme (Achsenbezeichnungen genau angeben und typische Versuchskurve(n) eintragen: a) Kornverteilung, b) leichte Rammsondierung, c) Plattendruckversuch, d) Zusammendrückungsversuch, e) Scherversuch!

4.13 Aufgaben

4.13.1 Korngrößenverteilung

4.13.1.1 Warum wird die Abszisse des Kornverteilungsdiagramms in logarithmischem Maßstab aufgetragen?

4.13.1.2 Ab welcher Korngröße kann keine Siebanalyse mehr durchgeführt werden?

4.13.1.3 Was geschieht mit dem Teil der Bodenprobe, der durch alle Siebe bis in die Schale durchgefallen ist?

4.13.1.4 Wie hängen Siebrückstand und Siebdurchgang für eine bestimmte Korngröße zusammen?

4.13.1.5 Warum spielt die Wassertemperatur bei der Sedimentationsanalyse eine Rolle?

4.13.1.6 Für den Boden, der durch die Kurve 4 in □ 4.01 beschrieben ist, sind a) linke und

4.13.1.7 b) rechte Grenze des Filterbodenbereichs bei d = 15% anzugeben.

4.13.2 Wassergehalt, Hohlraumgehalt, Sättigungszahl

4.13.2.1 Warum müssen organische Böden mit erheblich niedrigeren Temperaturen als 105°C getrocknet werden?

4.13.2.2 Die Auftriebswichte eines Sandes betrögt 10,7 kN/m³. Wie groß ist der Wassergehalt bei 70 %iger Sättigung?

4.13.2.3 Geg.: w = 0,348, γ = 18,2 kN/m³, γ_s = 2,71 g/cm³. Ges.: Sättigungszahl

4.13.2.4 Die Porenzahl eines Bodens beträgt 0,538. Die Probe wiegt trocken 3560 g. Bei einer Tauchwägung ergibt sich ein Unterwassergewicht der Probe von 1490 g. Wie groß ist die Wichte des wassergesättigten Bodens?

4.13.2.5 Eine Sandprobe von 203 cm³ hat eine Feuchtdichte von 2,21 g/cm³ und eine Trockenwich-te von 16,2 kN/m³. Wie groß sind Wassergehalt und Porenanteil?

4.13.3 Dichte, Wichte

4.13.3.1 Nennen Sie die 5 Wichten, mit denen im Grundbau gerechnet wird, die zugehörige Bodenwasserzone und Sättigungszahl!

4.13.3.2 Mit einem Ausstechzylinder von 1000 cm³ wurde eine Bodenprobe mit der Korndichte 2,65 g/cm³ ausgestochen. Sie wog feucht 1720 g, nach dem Trocknen 1550 g. Gesucht: Porenanteil, Porenzahl, Wassergehalt, Poren-, Wasser-, Luft-, Feststoffvolumen, Sättigungszahl, Luft- und Wasseranteil, die vier möglichen Bodenwichten.

4.13.4 Lagerungsdichte, Proctordichte

4.13.4.1 Wie bestimmt man die Lagerungsdichte bei einem Lehm?

4.13.4.2 Was versteht man unter mitteldichter Lagerung eines Sandes?

4.13.4.3 Wie groß ist die Lagerungsdichte eines nichtbindigen Bodens mit folgenden Kennzahlen: Feuchtwichte 19,5 kN/m³, Trockendichte 1,95 g/cm³, max e = 0,75,

4.13.4.4 min e = 0,6?

4.13.4.5 Warum trägt man im Proctordiagramm statt der Trockendichte nicht die Feuchtdichte über dem Wassergehalt auf?

4.13.4.6 Für eine Schüttung ist ein Verdichtungsgrad von 0,98 vorgeschrieben. Wie wird die Verdichtungskontrolle vorgenommen?

4.13.4.7 Das Schüttmaterial für einen Damm hat einen optimalen Wassergehalt von 0,15. Eine am Entnahmeort gewonnene Bodenprobe wiegt feucht 1,2 kg, getrocknet 1,1 kg. Unter wel-cher Voraussetzung kann dieser Boden mit Proctordichte eingebaut werden?

4.13.4.8 Wurde bei der Verdichtung einer Sandschüttung (e = 1,17, min n = 0,29, Sonderprobe: V = 860 cm³ und md = 1458,56 g) die Mindestlagerungsdichte von 0,6 erreicht?

4.13.4.9 Als Auflager für ein Brückenpfeilerfundament soll der anstehende Kiessand (γ = 15,5 kN/ m³, w = 0,03, max n = 0,46, γ_d bei dichtester Lagerung = 16,9 kN/m³) 8 m tief, 12 m breit und 20 m lang auf D = 0,8 verdichtet werden, Kiessandzugabe (Trockenmasse in t)?

4.13.4.10

4.13.4.11 Mit einem Boden (Korndichte 2,8 g/cm³) wurde ein Proctorversuch mit folgendem Ergebnis durchgeführt (Zylindervolumen 470 cm³):

4.13.4.12	Versuch Nr.	1	2	3	4	5
4.13.4.13	Feuchtmasse (g)	580	867,5	893,5	900	892,5
4.13.4.14	Wassergehalt (-)	0,201	0,215	0,223	0,223	0,215

4.13.4.15 Gesucht: a) Proctordichte und optimaler Wassergehalt aus genauer Zeichnung.

4.13.4.16 b) Wie groß ist der Verdichtungsgrad eines aus diesem Boden gebauten Dammabschnitts, wenn dessen Porenzahl 0,85 beträgt?

4.13.3.17 Nennen Sie die 5 Wichten, mit denen im Grundbau gerechnet wird, die zugehörige Bodenwasserzone und Sättigungszahl!

4.13.5 Zustandsgrenzen

4.13.5.1 Beschreiben Sie, wie man bei einem Grobsand, mittelsandig, schwach kiesig, die Konsistenz bestimmt!

4.13.5.2 Ein Maß für die Qualität eines nichtbindigen Bodens ist die (1). . eines bindigen Bodens die (2). .

4.13.5.3 Welcher Boden hat die höhere Fließgrenze: ein sandiger Schluff oder ein fetter Ton? Erklä-rung!

4.13.5.4 Die Fließgrenzen von drei Böden betragen: 1) 0,7, 2) 0,45, 3) 0,25. Welcher Boden ist ein Schluff?

4.13.5.5 Ein Ton (Fließgrenze 75 %; Plastizitätszahl 50 %) hat eine Feuchtwichte von 21 kN/m³ und eine Trockenwichte von 15 kN/m³. Konsistenzzahl?

4.13.6 Kapillarität, Wasserdurchlässigkeit

4.13.6.1 Die Zone über dem freien Grundwasserspiegel, in der alle Poren mit Kapillarwasser gefüllt sind, heißt . . (1) . ., die darüber liegende Zone . . (2) . . . Sie enthält . . (3) . . und . . (4) . . .

4.13.6.2 Wie groß ist der Kapillardruck in einem Sand? (Größenordnung reicht).

4.13.6.3 Ein Tonboden hat einen Durchlässigkeitsbeiwert k = 10-10 m/s. Schichtdicke: 1 m. Wie lange dauert es (Jahre), bis Wasser durch diesen Boden gesickert ist? Annahme: i = 1).

4.13.6.4 Gesucht ist die kapillare Steighöhe eines Sandbodens, dessen Reibungswinkel 33° und dessen scheinbare Kohäsion 12 kN/m² ist.

4.13.6.5 Ein Sand hat eine Trockenwichte von 17 kN/m³. Wie viel m³ Wasser fließen pro Tag durch einen Quadratmeter dieses Bodens, wenn seine wahre Fließgeschwindigkeit 2 x 10-2 cm/s beträgt?Dichte, Wichte

4.13.3.1 Nennen Sie die 5 Wichten, mit denen im Grundbau gerechnet wird, die zugehörige Bodenwasserzone und Sättigungszahl!

4.13.3.2 Mit einem Ausstechzylinder von 1000 cm³ wurde eine Bodenprobe mit der Korndichte 2,65 g/cm³ ausgestochen. Sie wog feucht 1720 g, nach dem Trocknen 1550 g. Gesucht: Porenanteil, Porenzahl, Wassergehalt, Poren-, Wasser-, Luft-, Feststoffvolumen, Sättigungszahl, Luft- und Wasseranteil, die vier möglichen Bodenwichten.

4.13.7 Zusammendrückbarkeit

4.13.7.1 Welche Bedeutung hat eine eiszeitliche Vorbelastung für die Setzung des Bodens unter einem Gebäude?

4.13.7.2 Der Vorgang der Verminderung des Porenraums unter Auspressen von Wasser wird mit . . (1) . . bezeichnet. Zu Anfang ist der Porenwasserdruck gleich der . . (2) . ., im Endzustand gleich . . (3) . . Setzungen können erst auftreten, wenn . . (4) . .

4.13.7.3 In Höhe der Vorbelastung hat die DSL einen . . (1) . . . Bleibt die Belastung aus dem Bauwerk geringer, dann ist seine Setzung . . (2) . . als wenn die Belastung des Bau-werks . . (3) . . als die Vorbelastung das Bodens ist. Die Vorbelastung ist gleich . . (4) . . .

4.13.7.4 Warum wird die spezifische Setzung und nicht die absolute aufgetragen?

4.13.7.5 Auf eine horizontale Geländeoberfläche wird eine Schüttung von 3 Meter Höhe aufge-bracht (Feuchtwichte 20 kN/m³). Der Baugrund besteht aus wassergesättigtem, bindi-gem Boden (Sättigungswichte 22 kN/m³). Totale, neutrale und wirksame Spannung im Endzustand in 5 Meter Tiefe?

4.13.7.6 Eine gleichmäßig verteilte Last von 0,4 N/cm² drückt eine Schicht von 3 m Dicke um 30 mm zusammen. Steifemodul der Schicht in kN/m²?4.13.6.1 Die Zone über dem freien Grundwasserspiegel, in der alle Poren mit Kapillarwasser gefüllt sind, heißt . . (1) . ., die darüber liegende Zone . . (2) . . . Sie enthält . . (3) . . und . . (4) . . .

4.13.8 Scherfestigkeit

4.13.8.1 Eine Bodenprobe, mit einer Normalspannung von 100 kN/m² belastet, schert bei 200 kN/m³ ab. Eine zweite Probe desselben Bodens, mit einer Normalspannung von 200 kN/m² belastet, schert bei 250 kN/m² ab. Scherparameter?

4.13.8.2 Ein Tankbehälter auf wassergesättigtem bindigem Boden wird innerhalb weniger Stun-den gefüllt. Welche Gefahr besteht?

4.13.8.3 Der Kohäsionsanteil der Scherfestigkeit hängt von, . . (1) . . ab. Die Scherfestigkeit eines bindigen Bodens wird also durch länger wirksame . . (2) . . erhöht.

Der Kohäsi-onsanteil und die Normalspannung hängen über den Winkel . . (3) . . zusammen.

4.13.8.4 Ein trockener Sand, mit einer Normalspannung von 300 kN/m² belastet, schert bei 270 kN/m² Horizontalspannung ab. Scherparameter?

4.13.8.5 Die Scherfestigkeit eines Tons beträgt 50 kN/m². Er wird so schnell belastet, dass das Wasser nicht abfließen kann. Wie groß ist sein Reibungswinkel?

4.13.8.6 Welche kapillare Steighöhe hat ein Boden, wenn der Reibungswinkel 30° und die scheinbare Kohäsion 10 kN/m² ist?

4.13.8.7 In einem Feinsand beträgt die kapillare Steighöhe 0,5 m, der Reibungswinkel 30°. Wie groß ist die scheinbare Kohäsion dieses Bodens?

4.13.8.8 Wie hoch muss ein kubischer Betonklotz (γ = 23 kN/m³) mit der Grundfläche 1,2 m x 2,0 m sein, damit er eine horizontale Zugkraft Z = 27,6 kN mit 1,2facher Sicherheit auf-nehmen kann? Er liegt auf der horizontalen Oberfläche eines Baugrunds mit folgenden Scherwerten: Versuch Nr. 1: Normalspannung: 120 kN/m²; Scherspannung: 90 kN/m². Versuch Nr. 2: Normalspannung: 175 kN/m²; Scherspannung: 131 kN/m²

4.13.8.9 Eine Bodenprobe von 10 / 10 cm Grundfläche, mit einer lotrechten Last von 10 MN belastet, schert bei einer waagerechten Kraft von 10 MN ab. Eine zweite Probe, mit ei-ner lotrechten Last von 20 MN belastet, schert bei einer waagerechten Kraft von 20 MN ab. Ist der Boden nichtbindig oder bindig?

4.14 Weitere Beispiele

□ 4.96: Beispiel 73: Körnungslinie, verschiedene Bodenkennzahlen, Proctorkurve, Klassifikation

Geg.: *Mit einem Entnahmezylinder von 1320 cm³ Volumen wurde eine ungestörte Bodenprobe entnommen, die im natürlichen Zustand 2508 g und nach dem Trocknen 2322 g wog. Die Korndichte wurde mit 2,66 t/m³ bestimmt.*

Mit 840 g getrockneter Bodenmasse wurde eine Siebanalyse mit nachstehenden Ergebnissen durchgeführt:

Siebdurchmesser [mm]	*31,5*	*16*	*8*	*4*	*2*	*1*	*0,5*	*0,25*	*0,125*	*0,063*	*Schale*	*Bem.*
Siebrückstand [g]	*0*	*8*	*34*	*59*	*59*	*168*	*151*	*160*	*76*	*42*	*83**	**Schluff*

Mit dem entnommenen Boden wurden Proctorversuche mit folgenden Ergebnissen durchgeführt (Volumen des Proctorzylinders: 860 cm³)

Versuch-Nr.	*1*	*2*	*3*	*4*	*5*
Feuchtmasse [g]	*1670,6*	*1730,0*	*1771,7*	*1785,1*	*1788,1*
Trockenmasse [g]	*1591,0*	*1616,8*	*1625,4*	*1608,2*	*1582,4*

An der Einbaustelle wurde eine ungestörte Bodenprobe mit folgenden Laborwerten entnommen:

Feuchtmasse: 2834,4 g

Trockenmasse: 2674,0 g

Volumen: 1400,0 cm³ ?

Im Labor wurde mit diesem Boden ein Scherversuch mit nachstehenden Ergebnissen durchgeführt:

aufgebrachte Normalspannung: 300 kN/m²

Scherspannung beim Bruch: 202,4 kN/m².

Ges.: **1)** *a) Darstellung der Körnungslinie.*

b) Ermittlung der Ungleichförmigkeitszahl.

2) *Wie groß ist die Sättigungszahl der entnommenen Bodenprobe ?*

3) *Auf der Entnahmestelle sollen 32000 m³ dieses untersuchten Bodens entnommen und mit seinem natürlichen Wassergehalt an der Einbaustelle so verdichtet werden, dass damit 30000 m³ Straßendamm hergestellt werden.*

□ 4.96: Fortsetzung Beispiel 73: Körnungslinie, verschiedene Bodenkennzahlen, Proctorkurve, Klassifikation

Wie ändert sich in diesen Fall der Porenanteil gegenüber dem natürlichen Zustand ?

4) a) *Darstellung der Proctorkurve.*

b) Wie groß ist der erzielte Verdichtungsgrad D_{Pr}, wenn an der Einbaustelle eine ungestörte Bodenprobe mit folgenden Laborwerten entnommen wurde:

Feuchtmasse: 2834,4 g

Trockenmasse: 2674,0 g

Volumen: 1400,0 cm³ ?

5) *Klassifizieren Sie die Bodenproben nach*

a) DIN 1054

b) DIN 18196

c) DIN 18300.

6) *Wie müsste dieser Boden in einem Bohrprofil gem. DIN 4022 und DIN 4023 dargestellt werden ?*

7) *Welche Höhe h [m] müsste demnach der dargestellte, mit dem Untergrund verzahnte Betonklotz (Breite 3,0 m; Länge 4,0 m; γ_{Beton} = 23 kN/m³) haben, um als Widerlager eines Kabelkrans eine Seilzugkraft von S=372 kN mit 1,2 facher Sicherheit aufnehmen zu können?*

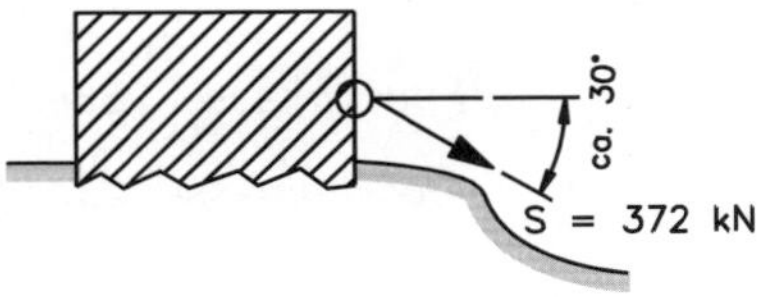

Lösg.:

zu 1): *a)*

Siebdurchmesser [mm]	*31,5*	*16*	*8*	*4*	*2*	*1*	*0,5*	*0,25*	*0,125*	*0,063*	*Schale*
Siebdurchgang [%]	*100*	*99*	*95*	*88*	*81*	*61*	*43*	*24*	*15*	*10*	*0*

zu 2): *Wassergehalt:* $w = \frac{m-m_d}{m_d} = \frac{2508-2322}{2322} = 0{,}080$

Feuchtdichte: $\rho = \frac{m}{V} = \frac{2508}{1320} = 1{,}90 \; t/m^3$

Porenanteil:

$$\rho = (1-n)\rho_s(1+w) \rightarrow n = 1 - \frac{\rho}{\rho_s(1+w)} = 1 - \frac{1{,}90}{2{,}66(1+0{,}08)} = 0{,}339$$

Damit wird: $S_r = \frac{w \cdot \rho_s(1-n)}{\rho_w \cdot n} = \frac{0{,}08 \cdot 2{,}66(1-0{,}339)}{1{,}0 \cdot 0{,}339} = 0{,}41$

□ 4.96: Fortsetzung Beispiel 73: Körnungslinie, verschiedene Bodenkennzahlen, Proctorkurve, Klassifikation

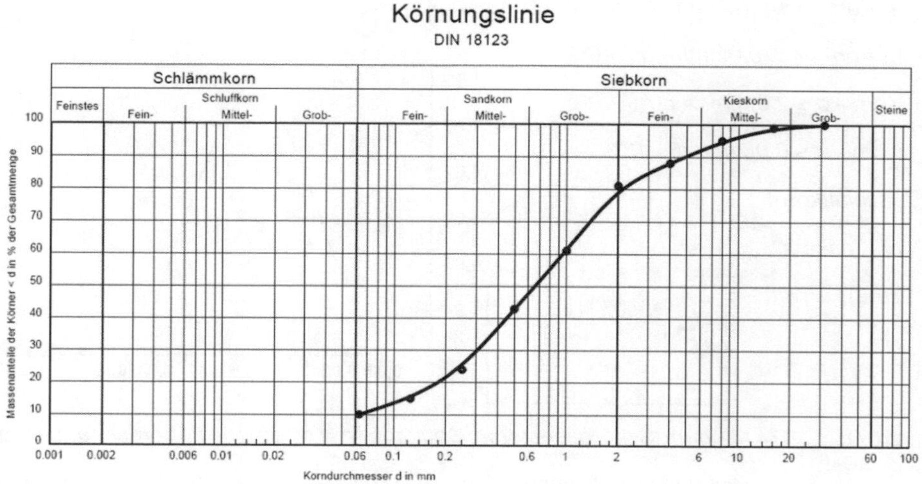

zu 1): *b)* $U = \frac{1,00}{0,063} = 15,9$

zu 3): *Die Masse bleibt konstant: $m_{vor} = m_{nach}$*

$$\rho_V \cdot V_V = \rho_n \cdot V_n \rightarrow \rho_n = \frac{\rho_v \cdot V_v}{V_n} = \frac{1,90 \cdot 32000}{30000} = 2,027 \ t/m^3$$

Mit $\rho = (1-n)\rho_s(1+w)$ *wird* $n_n = 1 - \frac{\rho_n}{\rho_s(1+w)} = 1 - \frac{2,027}{2,66(1+0,080)} = 0,294$

zu 4): *Der Porenanteil verringert sich von 0,339 auf 0,294.*

w [1]	*0,05*	*0,07*	*0,09*	*0,11*	*0,13*
ρ_d *[t/m³]*	*1,85*	*1,88*	*1,89*	*1,87*	*1,84*

a) Mit der aus diesen Werten gezeichneten Proctorkurve bestimmt sich die Proctordichte zu $\rho_{Pr} \approx 1,89$ t/m³

b) $_{vorh.}\rho_d = \frac{2674,0}{1400,0} = 1,91 \ t/m^3$

Damit wird der erzielte Verdichtungsgrad $D_{Pr} = \frac{1,91}{1,89} = 101,1 \ \%$

□ 4.96: Fortsetzung Beispiel 73: Körnungslinie, verschiedene Bodenkennzahlen, Proctorkurve, Klassifikation

zu 5):

a) Korn -ø ≤ 0,06 mm: <15% → nbB

b) Korn - ø ≤ 0,06 mm: 5....40%

Korn - ø ≤ 2,0 mm: > 60%

Korn - ø ≤ 0,06 mm: 5...15% → SU

(Schluffkorn)

c) Klasse 3

***zu 4):** a)*

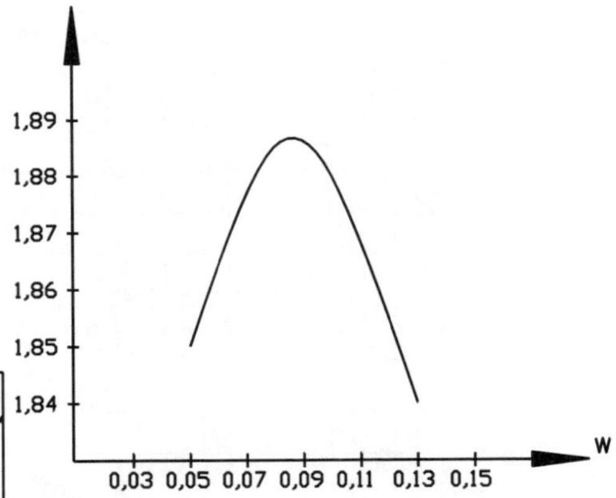

zu 6):

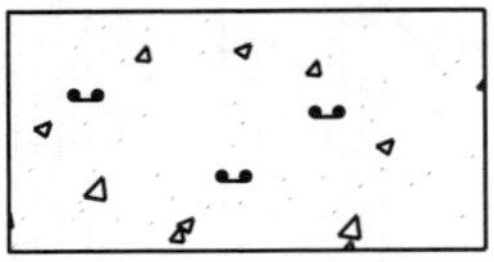

zu 7): *Mit dem Schergesetz von Coulomb* $\tau = \sigma \cdot \tan\varphi + c$ *berechnet sich der Reibungswinkel des Bodens zu* $\tan\varphi = \frac{\tau}{\sigma} = \frac{202,4}{300,0} = 0,6747 \rightarrow \varphi = 34°$

Komponenten der Seilzugkraft S:

$S_V = S \cdot \sin 30° = 372,0 \cdot 0,500 = 186,0 \ kN$

$S_H = S \cdot \cos 30° = 372,0 \cdot 0,866 = 322,2 \ kN$

Das ergibt eine aufzunehmende (horizontale) Schubspannung von $\tau = \frac{322,2}{3,0 \cdot 4,0} = 26,85 \ kN/m^2$ *und erfordert bei 1,2facher Sicherheit eine Normalspannung von* ${}_{erf}\sigma = 1,2 \cdot \frac{\tau}{\tan\varphi} = 1,2 \cdot \frac{26,85}{0,6747} = 47,75 \ kN/m^2$

Damit wird: ${}_{erf}G = G_B + S_V = 47,75 \cdot 3,0 \cdot 4,0 = 573,0 \ kN$

$G_B = 573,0 - 186,0 = 387,0 \ kN$

${}_{erf}h = \frac{G_B}{A \cdot \gamma_B} = \frac{387,0}{3,0 \cdot 4,0 \cdot 23} = 1,40 \ m$

□ 4.97: Beispiel 74: Änderung der Körnungslinie durch Entfernen von Kornfraktionen

Geg.: *Die Siebung einer Trockenmasse von* m_d *= 4000 g brachte folgende Ergebnisse: siehe Tabelle auf der nächsten Seite*

Ges.: *a) Körnungslinie des Bodens*

b) Körnungslinie für den Fall, dass alle Kornanteile d_1 *= 0,2 mm ≤ d ≤* d_2 *= 0,5 mm entfernt werden (Ausfallkörnung).*

□ 4.97: Fortsetzung Beispiel 74: Änderung der Körnungslinie durch Entfernen von Kornfraktionen

c) Körnungslinie für den Fall, dass alle Kiesanteile (d > 2 mm) entfernt werden

. *d) Für alle drei Fälle ist die Ungleichförmigkeitszahl zu bestimmen.*

Ergebnisse der Trockensiebung:

Siebweite [mm]	*10*	*6,3*	*4*	*2*	*1*	*0,5*	*0,2*	*0,1*	*0,06*	*Schale*
Rückstand [g]	*0*	*200*	*200*	*400*	*600*	*1200*	*1000*	*240*	*120*	*40*
Rückstand [%]	*0*	*5*	*5*	*10*	*15*	*30*	*25*	*6*	*3*	*1*
Durchgang [%]	*100*	*95*	*90*	*80*	*65*	*35*	*10*	*4*	*1*	*0*

Lösg.: *zu a):*

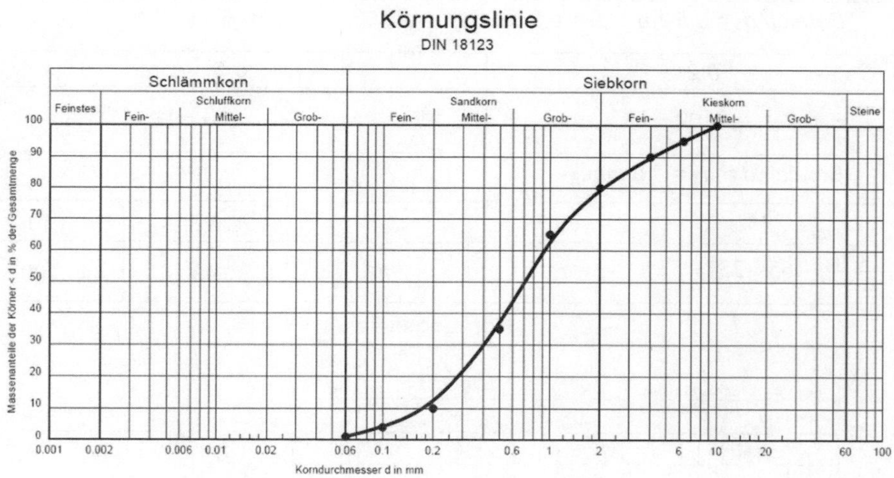

zu b):

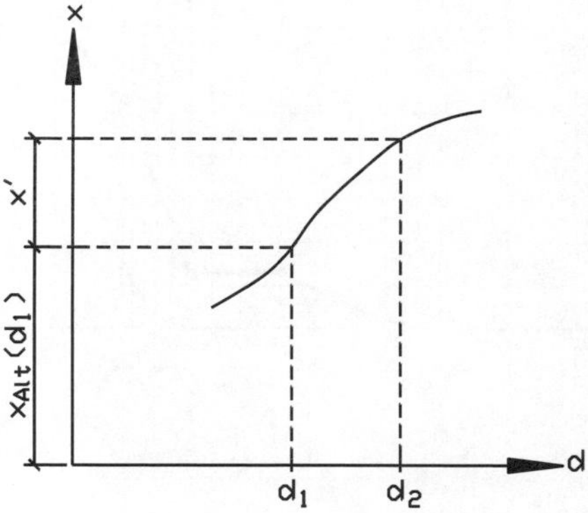

□ 4.97: Fortsetzung Beispiel 74: Änderung der Körnungslinie durch Entfernen von Kornfraktionen

Mit den o.a. Bezeichnungen berechnen sich die neuen Massenanteile der Siebdurchgänge (hier: x) zu:

Bereich $d < d_1$: $x_{NEU} = \frac{1}{1-x'} \cdot x_{ALT}$

Bereich $d_2 \geq d \geq d_1$: $x_{NEU} = \frac{x_{ALT}(d_1) = const.}{1-x'}$

Bereich $d > d_2$: $x_{NEU} = \frac{1}{1-x'}(x_{ALT} - x')$

Mit $x' = 35 - 10 = 25\% \mathrel{\hat{=}} 0{,}25$ *und* $x_{ALT}(d_1) = 10\% \mathrel{\hat{=}} 0{,}10$ *wird:*

Bereich $d < d_1 = 0{,}2$ mm:

Siebweite [mm]	*0,1*	*0,06*	*Schale*
x_{NEU} *[%]*	$\frac{1}{1-0{,}25} \cdot 4 = 5$	$\frac{1}{1-0{,}25} \cdot 1 = 1$	*0*

Bereich $d_2 = 0{,}5 \geq d \geq d_1 = 0{,}2$ mm:

0,2	*0,5*
$\frac{0{,}1}{1-0{,}25} \cdot 100 = 13$	$\frac{0{,}1}{1-0{,}25} \cdot 100 = 13$

Bereich $d > d_2 = 0{,}5$ mm:

1	2	4	6,3	10
$\frac{1}{1-0{,}25} \cdot (65 - 25) = 53$	73	87	93	100

Körnungslinie
DIN 18123

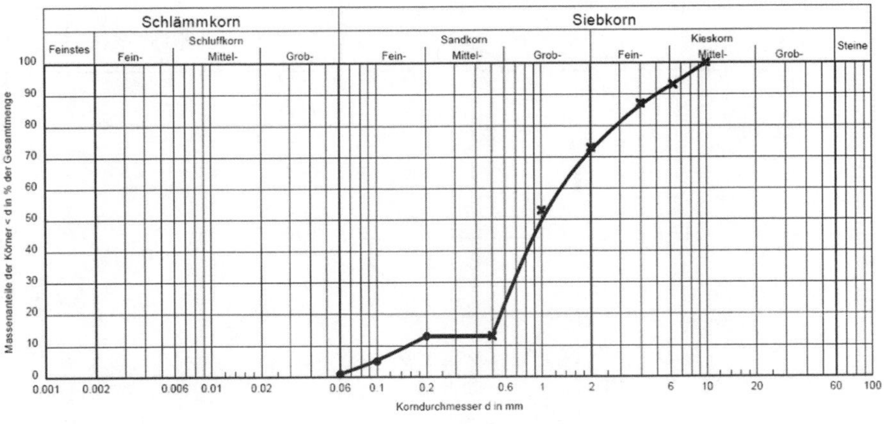

□ 4.97: Fortsetzung Beispiel 74: Änderung der Körnungslinie durch Entfernen von Kornfraktionen

zu c): *Wenn der „obere Bereich" entfernt wird, erhält man die Körnungslinie entspr. Teil b), Bereich d<d₁, indem alle Ordinaten der Ausgangssieblinie mit Faktor* $\frac{1}{1-x'}$ *multipliziert werden:*

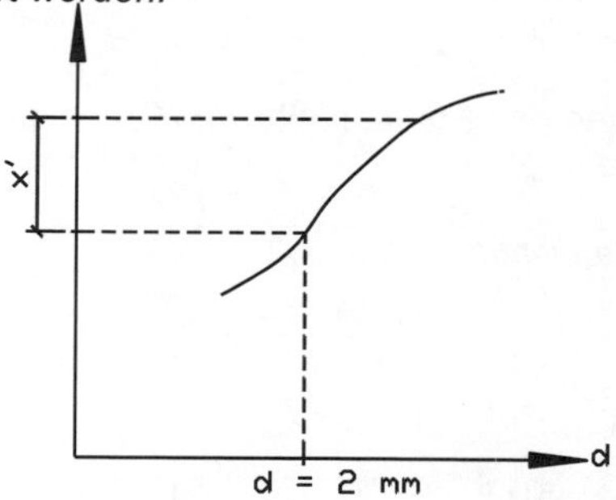

Mit $x' = 100 - 80 = 20\% \mathrel{\hat{=}} 0{,}2$ *wird:* $\frac{1}{1-x'} = \frac{1}{1-0{,}2} = 1{,}25$

2	*1*	*0,5*	*0,2*	*0,1*	*0,06*	*Schale*
80·1,25 = 100	*81*	*44*	*13*	*8*	*4*	*0*

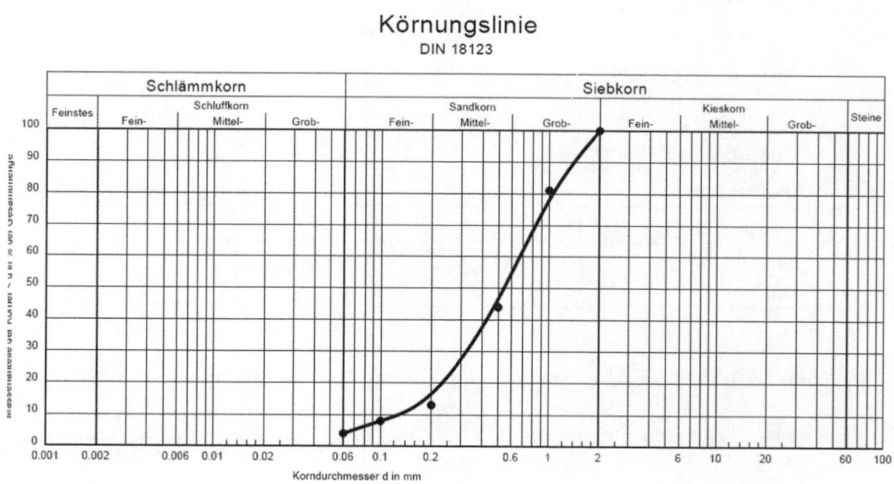

zu d):

Fall a: $C_U = \frac{0{,}90}{0{,}20} = 4{,}5$

Fall b: $C_U = \frac{1{,}10}{0{,}15} = 7{,}3$

Fall c: $C_U = \frac{0{,}65}{0{,}13} = 5{,}0$

□ 4.98: Beispiel 75: Änderung von Bodenkennzahlen durch Verdichtung (Setzung)

Geg.: *Eine 1,8 m dicke Schicht schluffigen Sandes (Korndichte 2,65 t/m³; Feuchtdichte 1,82 t/m³) wurde mit einem Wassergehalt von w = 0,18 eingebaut.*

Ein anschließend durchgeführtes Nivellement ergab eine mittlere Setzung der Schicht von 8 cm.

Ges.: *Die Änderungen des Porenanteils, der Feuchtdichte und der Trockendichte sind zu ermitteln.*

Lösg.: *Zustand vor Verdichtung (Index V):*

$$\gamma_V = (1-n)\gamma_s(1+w) \rightarrow n_V = 1-\frac{\gamma_v}{\gamma_s(1+w)} = 1-\frac{18{,}2}{26{,}5(1+0{,}18)} = 0{,}418$$

$$e_V = \frac{n}{1-n} = \frac{0{,}418}{1-0{,}418} = 0{,}718$$

$$\rho_{dV} = (1-n)\rho_s = (1-0{,}418)2{,}65 = 1{,}54 \;\; t/m^3$$

Zustand nach Verdichtung (Index N):

$$e_N = e_V - (1+e_V)\cdot\frac{\Delta h}{h_V} = 0{,}718-(1+0{,}718)\cdot\frac{0{,}08}{1{,}80} = 0{,}642$$

$$n_N = \frac{e_N}{1+e_N} = \frac{0{,}642}{1+0{,}642} = 0{,}391$$

$$\rho_N = (1-n)\rho_s(1+w) = (1-0{,}391)2{,}65(1+0{,}18) = 1{,}90 \;\; t/m^3$$

$$\rho_{dN} = \frac{\rho}{1+w} = \frac{1{,}90}{1+0{,}18} = 1{,}61 \;\; t/m^3$$

Zusammenstellung:

Bodenkennwerte	*n*	*e*	*ρ [t/m³]*	*ρ_d [t/m³]*
vor Verdichtung	*0,418*	*0,718*	*1,82*	*1,54*
nach Verdichtung	*0,391*	*0,642*	*1,90*	*1,61*

□ 4.99: Beispiel 76: Ermittlung des Steifemoduls infolge Bodeneigenlast

Geg.: *es wirkt nur Bodeneigenlast wirkt und bei einem Kompressionsversuch mit dem Boden B wurden folgende auf der nächsten Tabelle dargestellten Werte gemessen (Probenhöhe 1,9 cm.*

Ges.: *Wie groß ist der Steifemodul in der Mitte der Schicht B?*

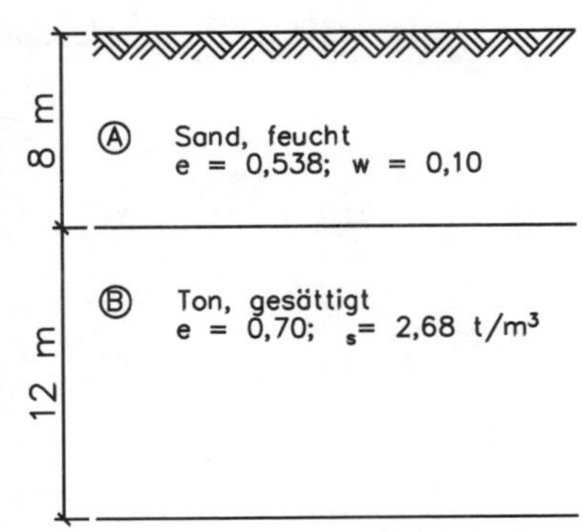

□ 4.99: Beispiel 76: Ermittlung des Steifemoduls infolge Bodeneigenlast

Werte aus dem Kompressionsversuch:

Laststufe	*1*	*2*	*3*	*4*	*5*	*6*
Span. [kN/m²]	*125*	*250*	*500*	*1250*	*2500*	*5000*
Setzung [mm]	*0,332*	*0,532*	*0,807*	*1,227*	*1,597*	*2,830*

Lösg.:

Laststufe	*1*	*2*	*3*	*4*	*5*	*6*
bez. Setz. s' [%]	*1,75*	*2,80*	*4,25*	*6,46*	*8,41*	*10,68*

Boden A:

$$n = \frac{e}{1+e} = \frac{0{,}538}{1+0{,}538} = 0{,}35$$

$$\gamma = (1-0{,}35)\cdot 26{,}5(1+0{,}10) = 18{,}95 \quad kN/m^3$$

Boden B:

$$n = \frac{0{,}70}{1+0{,}70} = 0{,}412$$

$$\gamma_r = (1-0{,}412)\cdot 27{,}3 + 0{,}412\cdot 10 = 20{,}17 \quad kN/m^3$$

Totale Spannung in der Mitte der Schicht B:

$$\sigma = 18{,}95\cdot 8{,}0 + 20{,}17\cdot 6{,}0 = 272{,}6 \quad kN/m^2$$

d.h. zwischen Laststufe 2 und 3:

$$E_s = \frac{500-250}{0{,}0425-0{,}028}\cdot\frac{1}{10^3} \approx 17 \quad MN/m^2$$

Wirksame Spannung in der Mitte der Schicht B:

$$\sigma' = \sigma - u = 272{,}6 - 6\cdot 10 = 212{,}6 \quad kN/m^2$$

d.h. zwischen Laststufe 1 und 2:

$$E_s = \frac{250-125}{0{,}028-0{,}0175}\cdot\frac{1}{10^3} \approx 12 \quad MN/m^2$$

□ 4.100: Beispiel 77: Durchlässigkeit

Ges.: *In der dargestellten Versuchsanlage mit konstantem Wasserspiegel soll die Durchlässigkeit des eingebauten Bodens untersucht werden.*

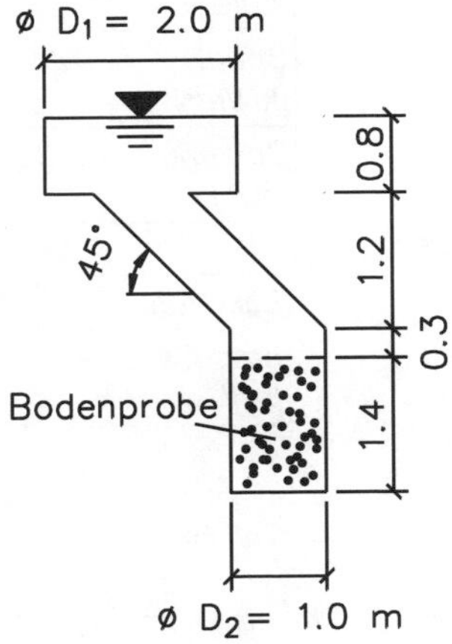

Ges.: *Wie groß ist der Durchlässigkeitsbeiwert k, wenn innerhalb von 24 Stunden insgesamt 33,2 m³ Wasser durch die Anlage geflossen sind?*

Lösg.:

Mit

$$Q = 33{,}2\ m^3/24h \ \hat{=}\ \frac{33{,}2}{24\cdot 60\cdot 60} = 3{,}84\cdot 10^{-4}\ m^3/s$$

$$l = 1{,}4\ m$$

$$A = \frac{\pi\cdot 1{,}0^2}{4} = 0{,}785\ m^2$$

$$h = 0{,}8 + 1{,}2 + 0{,}3 = 2{,}3\ m$$

wird

$$k = \frac{Q\cdot l}{A\cdot h} = \frac{3{,}84^{-4}\cdot 1{,}4}{0{,}785\cdot 2{,}3} = 3{,}0\cdot 10^{-4}\ m/s$$

□ 4.101: Beispiel 78: Indirekte Bestimmung der Lagerungsdichte und des Steifemoduls (nach Handbuch Eurocode 7, Band 2 (2015), Anhang G (Rammsondierung)

Geg.: *Eine Sondierung mit der leichten Rammsonde DPL (über Grundwasser) brachte Ergebnisse gemäß folgender Tabelle.:*

Unter „Bemerkung“: Angabe der Bodengruppen nach DIN 18196

Wichten über Grundwasser

TL: γ = 19,5 kN/m³; GW: γ = 19,2 kN/m³; SE: γ = 17,8 kN/m³

Ges.: *1) Ermittlung der bezogenen Lagerungsdichte*

2) Ermittlung des Steifemoduls

□ 4.101: Fortsetzung Beispiel 78: Indirekte Bestimmung der Lagerungsdichte und des Steifemoduls (nach Handbuch Eurocode 7, Band 2 (2015), Anhang G (Rammsondierung)

Sondierergebnisse:

Tiefe [m]	*Schlagzahl pro 10 cm (N_{10L})*	*Bem.*	*Tiefe [m]*	*Schlagzahl pro 10 cm (N_{10L})*	*Bem.*	*Tiefe [m]*	*Schlagzahl pro 10 cm (N_{10L})*	*Bem.*
0,1	*10*	*TL*	*0,8*	*32*	*TL*	*1,5*	*18*	*SE*
0,2	*12*	*TL*	*0,9*	*36*	*GW*	*1,6*	*10*	*SE*
0,3	*14*	*TL*	*1,0*	*32*	*GW*	*1,7*	*3*	*SE*
0,4	*14*	*TL*	*1,1*	*32*	*TL*	*1,8*	*4*	*SE*
0,5	*12*	*TL*	*1,2*	*30*	*TL*	*1,9*	*30*	*SE*
0,6	*16*	*TL*	*1,3*	*25*	*TL*	*2,0*	*50*	*SE*
0,7	*20*	*TL*	*1,4*	*20*	*SE*	*2,1*	*242*	*abgebrochen*

Setzungserzeugende Spannung σ_1 : Gründungstiefe 1,0 m unter Gelände

Tiefe [m]	*σ_1 [kN/m²])*	*Bem.*	*Tiefe [m]*	*σ_1 [kN/m²]*	*Bem.*
0,8	*-*	*TL*	*1,5*	*126*	*SE*
0,9	*-*	*GW*	*1,6*	*114*	*SE*
1,0	*200*	*GW*	*1,7*	*107*	*SE*
1,1	*195*	*TL*	*1,8*	*100*	*SE*
1,2	*177*	*TL*	*1,9*	*94*	*SE*
1,3	*156*	*TL*	*2,0*	*89*	*SE*
1,4	*137*	*SE*			

Lösg.: *1) Überprüfung der Voraussetzungen:*

- *Bodengruppen SE, SW und GW ⇒ ist erfüllt!*
- *$3 \leq N_{10L} \leq 50$ ⇒ ist erfüllt!*
- *über Grundwasser ⇒ ist erfüllt!*
- GW: (4.44): *Umrechnung aus N_{10L} nicht möglich!*

Maßgebende Formeln:

SE: $$I_D = 0{,}15 + 0{,}260 \cdot \lg(N_{10L})$$

Umrechnung in I_D:

□ 4.101: Fortsetzung Beispiel 78: Indirekte Bestimmung der Lagerungsdichte und des Steifemoduls (nach Handbuch Eurocode 7, Band 2 (2015), Anhang G (Rammsondierung)

Tiefe	N_{10L}	I_D	
[m]		*[%]*	*Nach* □ 4.31: Handbuch Eurocode 7, Band 2 (2011), Anhang G.2
1,4	*20*	*49*	*mitteldicht*
1,5	*18*	*48*	*mitteldicht*
1,6	*10*	*41*	*mitteldicht*
1,7	*3*	*27*	*locker*
1,8	*4*	*31*	*locker*
1,9	*30*	*53*	*mitteldicht*
2,0	*50*	*59*	*mitteldicht*

2) Überprüfung der Voraussetzungen:

nur möglich für die Bodengruppen TL und SE (hier ab 1,0 m Tiefe);

- *über Grundwasser ⇒ ist erfüllt!*
- *GW: Ermittlung nicht möglich!*

Maßgebende Formeln:

$$E_S^{OED} = w_1 \cdot p_a \cdot \left(\frac{\sigma_V' + 0{,}5 \cdot \Delta\sigma_V'}{p_a} \right)^{w_2}$$

SE: $w_1 = 214 \cdot \log(N_{10L}) + 71$ *bei* $4 \leq N_{10L} \leq 50$; *(4.63):* $w_2 = 0{,}5$

TL: $w_1 = 4 \cdot N_{10L} + 30$ *bei* $6 \leq N_{10L} \leq 19$; *(4.63):* $w_2 = 0{,}6$

$p_a = 100$ *kN/m²*

Tiefe	*Bem.*	$\sigma_1 = \Delta\sigma_V'$	N_{10L}	σ_V'	w_1	w_2	E_s
[m]		*[kN/m²]*		*[kN/m²]*			*[MN/m²]*
1,0	*GW*	*200*	*32*	*19,40*	*-*	*-*	*-*
1,1	*TL*	*195*	*32*	*21,4*	*158*	*0,6*	*18*
1,2	*TL*	*177*	*30*	*22,9*	*150*	*0,6*	*16*
1,3	*TL*	*156*	*25*	*24,8*	*130*	*0,6*	*13*
1,4	*SE*	*137*	*20*	*26,6*	*349*	*0,5*	*34*
1,5	*SE*	*126*	*18*	*28,4*	*340*	*0,5*	*32*
1,6	*SE*	*114*	*10*	*30,2*	*285*	*0,5*	*27*
1,7	*SE*	*107*	*3*	*32,0*	*173*	*0,5*	*16*
1,8	*SE*	*100*	*4*	*33,8*	*200*	*0,5*	*18*
1,9	*SE*	*94*	*30*	*35,6*	*387*	*0,5*	*35*
2,0	*SE*	*89*	*50*	*37,4*	*435*	*0,5*	*39*

□ 4.102: Beispiel 78: Indirekte Bestimmung des Reibungswinkels (nach Handbuch Eurocode 7, Band 2 (2015), Anhang D (Drucksondierung)

Geg.: *Eine Drucksondierung (über Grundwasser) brachte folgende Ergebnisse:*

Tiefe [m]	*q_s (N_{10L})*	*Bodengruppen nach DIN 18196*
[m]	*[MN/m²]*	
1,5	*18*	*SE*
1,6	*10*	*SE*
1,7	*3*	*SE*
1,8	*4*	*SE*
1,9	*30*	*SE*
2,0	*50*	*SE*

Ges.: *Ermittlung des Reibungswinkels*

Lösg.: *Überprüfung der Voraussetzungen:*

- *Bodengruppen SE $\Rightarrow$ ist erfüllt!*
- *5 MN/m² $\leq q_c \leq$ 28 MN/m² $\Rightarrow$ teilweise erfüllt!*
- *über Grundwasser $\Rightarrow$ ist erfüllt!*

Maßgebende Formeln:

SE:: $\varphi' = 13{,}5 \cdot \lg(q_c) + 23$ *bei 5 MN/m² $\leq q_c \leq$ 28 MN/m²*

Ermittlung von φ':

Tiefe [m]	*q_s (N_{10L})*	*φ'*	*Bemerkung*
[m]	*[MN/m²]*	*[°]*	
1,5	*18*	*39,9*	*SE*
1,6	*10*	*36,5*	*SE*
1,7	*6*	*33,5*	*SE*
1,8	*4*	*-*	*Nicht gültiger Bereich*
1,9	*28*	*42,5*	SE
2,0	*50*	*-*	*Nicht gültiger Bereich*

5 Grundbau im Erd- und Straßenbau

5.01 Begriffe und Grundlagen

Erdbauten Sie dienen vor allem der Erstellung von Verkehrsbauten (Straßen, Bahntrassen, Flugpisten . . .) oder Wasserbauten (Dämme, Staudämme, Deiche . . .). Erdarbeiten werden außerdem durchgeführt bei Geländeaufschüttungen, beim Verfüllen von Baugruben und Gräben sowie beim Hinterfüllen von Stützbauwerken.

Die Regeln der ZTVE-StB, die für Erdbauten im Straßenbau erstellt wurden, werden heute sehr oft auch für andere Erdbaumaßnahmen übernommen. Sie liegen daher vor allem den folgenden Ausführungen zu Grunde.

Einschnitt, Damm, Anschnitt Bei Erdbauten muss das Erdreich bereichsweise

- abgetragen (Einschnitt, Abtrag □ 5.01 a),
- aufgeschüttet (Damm, Auftrag □ 5.01 b) oder
- angeschnitten (Anschnitt □ 5.01 c) werden.

Schutzwälle Dämme zum Schutz

- vor Lärmemissionen des Straßenverkehrs (LSW),
- vor von der Fahrbahn abkommenden Fahrzeugen (ASW)
- vor Blendung
- der Straßen vor Starkregenabflüssen oder Steinschlag.

Oberbau, Unterbau, Untergrund Beim Straßenbau wird unterschieden zwischen (□ 5.02)

- Oberbau (Tragschichten und Decke),
- Unterbau (die unter dem Oberbau liegende Dammschüttung) und
- Untergrund (der unmittelbar unter dem Oberbau oder unter dem Unterbau vorhandene Boden oder Fels).

Planum Plangerecht bearbeitete Oberfläche des Untergrunds bzw. Unterbaus, die unmittelbar unter dem Oberbau liegt (□ 5.01 und □ 5.02).

Bodenverfestigung Verfahren zur Erhöhung der Widerstandsfähigkeit des Bodens durch die Zugabe von Bindemitteln gegen Beanspruchungen durch Verkehr und Klima. Dadurch wird der Boden dauerhaft tragfähig und frostsicher (⇒ ZTVE-StB, Abschnitt 12.).

Bodenverbesserung Verfahren zur Verbesserung der Einbaufähigkeit und Verdichtbarkeit von Böden zur Erleichterung von Bauarbeiten. Bodenverbesserungen können durch Zugabe von Bindemitteln oder von anderen geeigneten Baustoffen erreicht werden (⇒ ZTVE-StB, Abschnitt 12.).

Verfestigtes oder verbessertes Planum Obere Zone des Untergrunds oder Unterbaus, die durch Bodenverfestigungen oder Bodenverbesserungen hergestellt wird (□ 5.02).

Böschungsverhältnis Tangens des Neigungswinkels 1 : n (□ 5.01): z. B. bedeutet "1 : 2": 1 Meter Höhe auf 2 m Grundrisslänge.

Berme Horizontaler Absatz in einer Böschung (□ 5.01 a).

□ 5.01: Beispiele: a) Einschnitt, b) Damm, c) Anschnitt

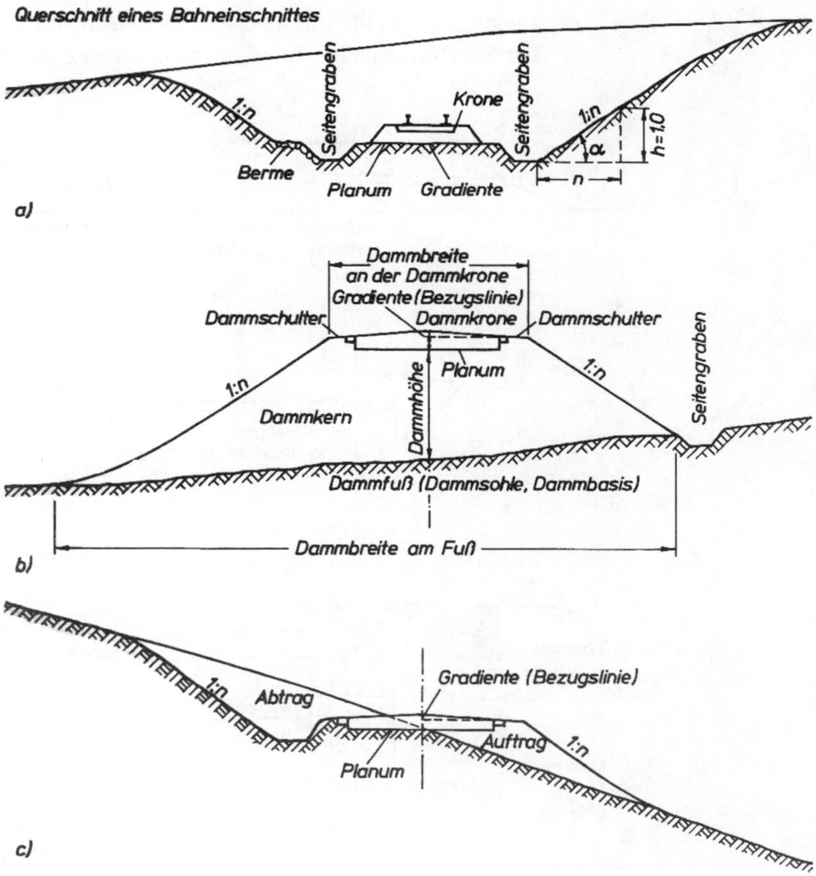

Frostempfindlichkeit Bei Frost gefriert das Bodenwasser - je nach seiner Dauer und Stärke - bis zu einer gewissen Tiefe ("Frosttiefe", in unseren Breiten ca. 0,8 m bis 1,2 m unter Geländeoberfläche) zu Eis. Da Eis ein ca. 10 % größeres Volumen als Wasser einnimmt, treten durch Eislinsenbildung (siehe unten) ungleichmäßige Hebungen der Straßendecke oder anderer Bauwerke und damit Schäden auf. Außerdem setzt das überschüssige Wasser aus den Eislinsen beim Frostaufgang im Frühjahr die Konsistenz des umgebenden Bodens herab. So kann aus einem steifplastischen, tragfähigen Boden ein breiiger werden, der unter der Verkehrsbelastung nachgibt. Tausenkungsschäden machen einen größeren Anteil an den Frostschäden aus als Frosthebungsschäden.

□ 5.02: Beispiele: Oberbau, Unterbau, Untergrund (schematisch) a) Damm (nach ZTVE-StB, Bild 1) b) Einschnitt (nach ZTVE-StB, Bild 1) c) Verkehrsflächenbefestigung (nach ZTVA-StB, Bild 1)

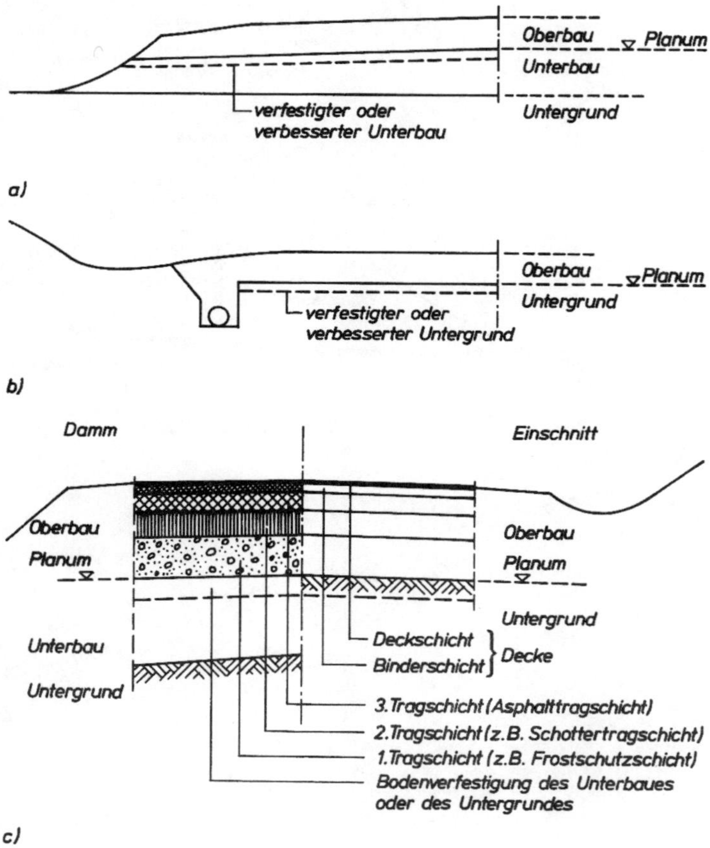

Die verschiedenen Bodengruppen (siehe Abschnitt 2) sind aus folgenden Gründen unterschiedlich frostempfindlich (Tabelle □ 5.03).

□ 5.03: Klassifikation von Frostempfindlichkeit von Bodengruppen (ZTVE-StB, Tabelle 1 und Bild 2)

	Frostempfindlichkeit	Bodengruppen (DIN 18 196)
F1	nicht frostempfindlich	GW, GI, GE SW, SI, SE
F2	gering bis mittel frostempfindlich	TA OT, OH, OK ST[1], GT[1] SU[1], GU[1]
F3	sehr frostempfindlich	TL, TM UL, UM, UA OU ST*, GT* SU*, GU*

Anmerkung:

[1] *zu F1 gehörig bei einem Anteil an Korn unter 0,063 mm von 5,0 Gew.-% bei $C_U \geq 15{,}0$ oder 15,0 Gew.-% bei $C_U \leq 6{,}0$.*

Im Bereich $6{,}0 < C_U < 15{,}0$ kann der für eine Zuordnung zu F1 zulässige Anteil an Korn unter 0,063 mm linear interpoliert werden (s. Bild).

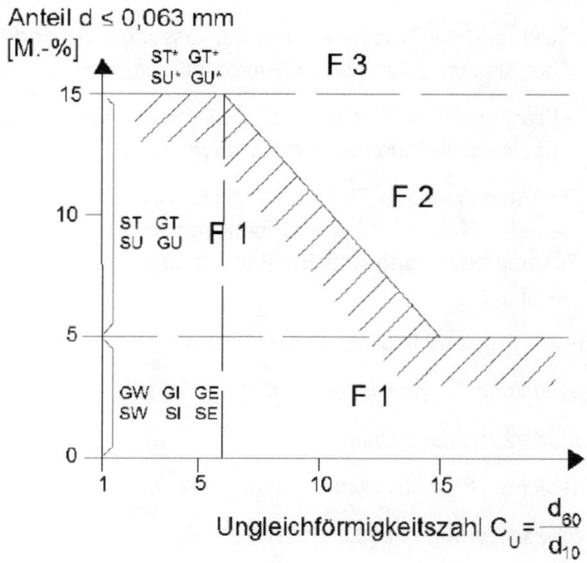

Bei nichtbindigen Böden tritt praktisch keine Hebung auf, weil sich das Eis entweder in ihre luftgefüllten Hohlräume ausdehnt oder weil das überschüssige Bodenwasser infolge ihrer großen Durchlässigkeit in tiefer liegende Schichten verdrängt wird. Da nichtbindige Böden nicht wasserempfindlich sind, können auch keine Tausenkungsschäden entstehen. Daher werden nichtbindige Böden als "nicht frostempfindlich" oder "frostsicher" bezeichnet und der Frostempfindlichkeitsklasse F 1 zugeordnet (□ 5.03).

Bei bindigen Böden können sich in der Frostzone zusammenhängende Eislinsen und Eisschichten bilden, die durch nachgesaugtes Wasser immer dicker werden und zu ungleichmäßigen Hebungen führen. Dies ist vor allem bei schwach bindigen Böden (bei Schluffen und Lehmen) der Fall, weil diese neben einer ausreichenden Kapillarität eine relativ hohe Wasserdurchlässigkeit besitzen. Daher ist während der Frost-periode ein Wassernachschub in die Frostzone in größerem Umfang möglich. Diese Böden werden daher in die Frostempfindlichkeitsklasse F 3 "sehr frostempfindlich" eingeordnet (□ 5.03). Dagegen reicht bei der geringen Durchlässigkeit stark bindiger Böden die Dauer einer Frostperiode nicht aus, um maßgebliche Mengen Wasser in die Frostzone nachzusaugen. Diese Böden gehören daher trotz ihrer großen Kapillarität in die Frostempfindlichkeitsklasse 2 "gering bis mittel frostempfindlich" (□ 5.03).

Zahlenbeispiele - □ 5.04, □ 5.05.

Baukörper, die nicht in frostfreier Tiefe gegründet sind (z. B. Straßendecken) und auf frostempfindlichen Böden aufliegen, müssen aus den genannten Gründen durch einen frostsicheren Aufbau (durch eine "kapillarbrechende Frostschutzschicht") vor Frostschäden geschützt werden. $\Rightarrow$ ZTVE-StB.

Bei einer Beanspruchung durch Frost liegen ungünstige Wasserverhältnisse vor, wenn

- während der Frostperiode Grundwasser dauernd oder auch nur zeitweise höher als 2 m unter Planum vorkommt und/oder
- Wasser von seitlich angrenzenden Bereichen oder durch den Oberbau dem frostempfindlichen Boden zusickern kann.

Die Beurteilung der Frostempfindlichkeit von Fels erstreckt sich sowohl auf das Gestein als auch auf den Gebirgsverband, der u. a. von der mineralogischen Zusammensetzung und Entstehung des Gesteins und vom Kluftsystem abhängt.

□ 5.04: Beispiel 80: Frostempfindlichkeit von Böden

Geg.:	*a) ausgeprägt plastischer Ton*
	b) stark toniger Schluff.
Ges.:	*Welcher Boden ist frostempfindlicher?*
Lösg.:	*Klassifizierung nach DIN 18196:*
	zu a) TA *entspricht F2*
	zu b) $S\overline{T}$ (ST^*) *entspricht F3.*
	Demnach ist Boden b) frostempfindlicher.

□ 5.05: Beispiel 81: Frostempfindlichkeit von Böden

Geg.: *Von den bindigen Böden a) und b) sind die Proctorkurven gegeben.*

Ges.: *Mit welcher Frostempfindlichkeit sind diese Böden einzuschätzen?*

Lösg.: *Boden a) w_{Pr} sehr groß;*

ρ_{Pr} klein →stark bindiger Boden →F2

Boden b) w_{Pr} groß;

ρ_{Pr} groß →schwach bindiger Boden →F3

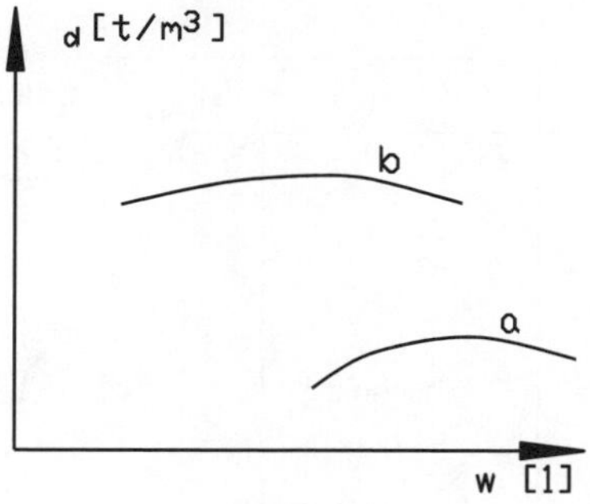

Aufgrabung Aufnehmen des Straßenoberbaus, Ausheben von Unterbau- und Untergrundmaterial, z. B. zur Ver- oder Freilegung von Leitungen. Wiederverfüllen bis zum Planum und Wiederherstellen des Oberbaus. Mit "Aufgrabung" kann auch der betroffene Bereich des Straßenkörpers bezeichnet werden.

Bautechnische Grundsätze von Aufgrabungen: siehe ZTVA StB, Abschnitt 1.4.

Leitungszone Bereich des Auflagers und der Einbettung der Leitung im Graben. Sie reicht bis 30 cm über den Scheitel der Leitung (□ 5.28).

Bei Leitungen außerhalb von Gräben (z. B. im Damm oder in der Baugrube) wird die seitliche Begrenzung der Leitungszone meist so angenommen, wie sie sich aus der Bemessung der lichten Grabenbreite nach DIN 4124 ergibt. Bei mehreren Leitungen nebeneinander wird dabei der Durchmesser der außen liegenden Leitungen angesetzt.

Bei Kabel- und Kabelkanalanlagen gelten die Vorschriften des Leitungseigentümers.

Verfüllzone Raum innerhalb eines Leitungsgrabens oberhalb der Leitungszone bis zum Planum (□ 5.28).

Baugrund **Geotechnische Untersuchungen:** Zur Erschließung des Baugrunds für Erdbauten werden Schürfe, Bohrungen und Sondierungen zunächst als Hauptaufschlüsse in größerem Abstand, bei Straßen z. B. von ca. 100 m, vorgenommen. Bei unklarem Schichtenverlauf werden weitere Aufschlüsse niedergebracht. Die Aufschlüsse werden so tief geführt, dass alle Schichten und Grundwasserstände erfasst werden, die sich auf die Baumaßnahme auswirken. Anhaltspunkte: $z_a \geq 6$ m in Einschnitten unter Planum bzw. $z_a \geq 6$ m bei Dämmen unter Oberkante des tragfähigen Untergrunds und bei Einschnitten bis zu einer Tiefe, die mindestens der 0,4-fachen Einschnittshöhe entspricht. Bei Dämmen bis zu einer Tiefe, die der 0,4- bis 0,8-fachen Dammhöhe entspricht (□ 5.06).⇒ ZTVE-StB, Abschnitt 2 sowie DIN 4020.

□ 5.06: Richtwerte für Aufschlusstiefen bei Erdbauwerken (DIN 4020) (siehe Abschnitt 3.04)

<table>
<tr><th colspan="2">Erdbauwerke</th><th>Erkundungstiefe z_a</th></tr>
<tr><td>Einschnitt</td><td>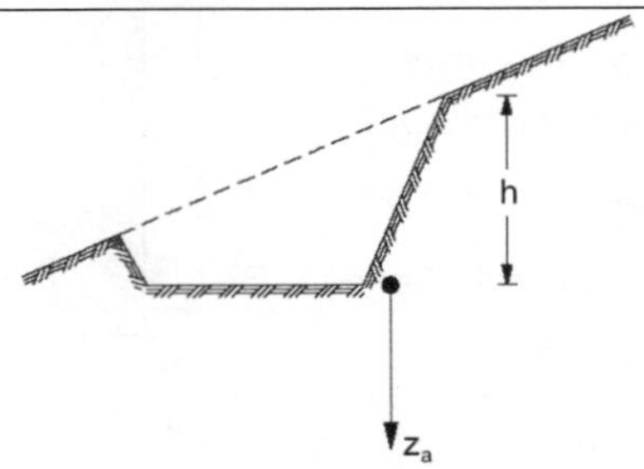
</td><td>$\geq 0,4$ h und
≥ 2 m</td></tr>
<tr><td>Damm</td><td>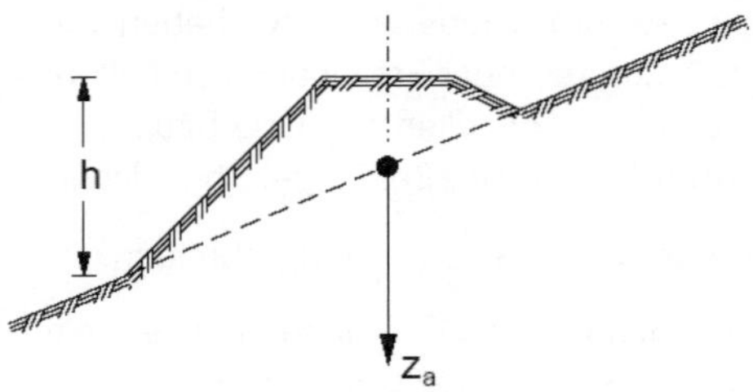
</td><td>$0,8\ h > z_a \geq 0,4\ h$
und ≥ 6 m</td></tr>
</table>

Wenig tragfähiger Untergrund: Ist die Standsicherheit des Untergrunds nicht gegeben oder bleiben die zu erwartenden Setzungen nicht in vertretbaren Grenzen, sind folgende Maßnahmen und Verfahren in technischer, zeitlicher, ökologischer und wirtschaftlicher Hinsicht zu untersuchen und anzuwenden:

Mechanische Bodenverbesserung:

- Verbessern von weichen Böden durch Einrütteln oder Einschlagen von geeigneten Baustoffen (z. B. Sand, Kies, Steine sowie geeignete industrielle Nebenprodukte).
- Verbessern von schluffigen oder tonigen Böden durch Einmischen von geeigneten Böden nach vorherigem Auflockern mit geeignetem Gerät.
- Verbessern von Sand oder Kies mit enggestufter Korngrößenverteilung (SE, GE) durch Einmischen von geeigneten Körnungen oder auch - wenn die Schicht befahren werden soll - durch Zugabe von Feinkorn > 0,063 mm in so geringer Menge, dass eine Bindewirkung an der Oberfläche, jedoch keine Schlammbildung eintritt.

Maßnahmen ohne Bodenaustausch:

- Vorbelastung, Überschüttung. Bei frühzeitiger Schüttung kann ein Bodenaustausch vermieden werden, weil die Setzungen bis zum Aufbringen der Straßendecke abklingen können. Durch eine nachträglich wieder zu entfernende Überhöhung der Schüttung können die Setzungen beschleunigt werden.
- Einbau von Einlagen (Geotextilien) als Trennschicht.
- Einbau von festen Gewebematten, Geflechten, Vliesen, Bändern, Gittern u. ä. als Bewehrung. Diese können entweder aus Baustahl oder Geokunststoffen gefertigt sein. Wenn gleichzeitig eine Trennfunktion erfüllt werden soll, kann dies mit Geweben direkt, bei Geogittern oder Bändern durch Zulegen eines Vliesstoffes erreicht werden.
- Einbau von Leichtbaustoffen.
- Entwässerung der wenig tragfähigen Bodenschichten durch Vertikaldräns oder eine (temporäre) Grundwasserabsenkung.
- Verdichten mit schweren Fallplatten zur Beschleunigung der Konsolidierung und zur Vorwegnahme der Hauptsetzungen.
- Tiefenrüttelverdichtung (□ 5.13).
- Herstellen tragfähiger Bodenkörper, wie Säulen oder Prismen aus Kies, Schotter, Boden-Kalk-Gemischen, Magerbeton.

⇒ ZTVE-StB,

Merkblatt über Straßenbau auf wenig tragfähigem Untergrund,

TL-Geotex E-StB,

Merkblatt für die Anwendung von Geotextilien und Geogittern im Erdbau des Straßenbaus.

Organische Böden (Torf, Faulschlamm . . .) und Böden mit organischen Bestandteilen (Mutterboden . . .) müssen aus dem Einflussbereich der Lasten entfernt werden, weil sie sich im Laufe der Zeit zersetzen und dadurch Hohlräume entstehen.

Baustoffe

Arten: Als Baustoffe und Baustoffgemische kommen je nach Zweckbestimmung und Eignung vor allem in Frage: Boden und Fels, Geokunststoffe, industrielle Nebenprodukte und Recycling-Baustoffe sowie Leichtbaustoffe.

Anorganischer Boden ist der am meisten verwendete Baustoff im Erdbau.

Seine Eignung hängt vor allem von seiner Korngröße und seiner Kornzusammensetzung ab.

Weitgestufte grobkörnige Böden und gemischtkörnige Böden mit geringen bindigen Anteilen sind für Schüttungen am besten geeignet. Enggestufte grobkörnige Böden sind schlecht zu verdichten. Feinsande können leicht weggespült oder weggeweht werden, wenn sie nicht sofort nach der Schüttung durch geeignetes Deckmaterial geschützt werden.

Die Eignung bindiger Böden hängt von ihrer Korngrößenverteilung und vom Wassergehalt ab. Je größer ihr Schluffkornanteil ist, desto geringer ist ihr Wasserbindevermögen, desto schneller erfolgt der Übergang vom steifplastischen oder halbfesten in den weichen oder breiigen Zustand, desto schneller trocknen sie aber auch aus. Dagegen sind bindige Böden mit hohem Feinkornanteil weniger wasserempfindlich. Bei ihnen ist aber mit lang andauernden Setzungen zu rechnen. Die Anforderungen an die Verdichtung eines bindigen Bodens lassen sich nur erreichen, wenn ihr Wassergehalt im Bereich des optimalen Wassergehalts liegt (siehe Abschnitt 4.04). Ist der Wassergehalt zu niedrig, wird Wasser zugegeben (□ 5.09). Bei Böden mit zu hohem Wassergehalt: siehe Stichwort "Besondere Böden" (weiter unten).

Böden mit organischen Beimengungen (z. B. OH, OK, OU und OT) dürfen nur mit Zustimmung des Auftraggebers eingebaut werden.

Organische Böden dürfen aus den (unter "Baugrund") genannten Gründen nicht verwendet werden.

Boden- und Felsklassen: Einteilung nach DIN 18 300 und ZTVE-StB (siehe Abschnitt 2.06.5).

⇒ ZTVE-StB.

Zahlenbeispiele - □ 5.07 bis □ 5.09 und Abschnitt 4.04.

Geokunststoffe: Produkte aus Synthesestoffen (aus Polymeren) für die Verwendung im Erdbau, und zwar Geotextilien (Vliesstoffe, Gewebe, Gewirke und Verbundstoffe), Geogitter (gitter-, band-, streifen- und stabförmige Produkte) und Flächengebilde mit Netz-, Waben- und Noppenstrukturen sowie Kunststoffdichtungsbahnen und mineralische Dichtungsmatten.

Anwendungsgebiete: Trennen von zwei aneinander grenzenden Bodenkörpern, Sichern von Böschungen gegen Erosion, Schützen von Abdichtungen gegen Beschädigung, Bewehren von Erdkörpern, Filtern eines zu entwässernden Bodens, Entwässern eines wasserhaltenden Bodens, Abdichten gegen Wasser oder schadstoffhaltige Flüssigkeiten.

Anforderungen und Prüfungen: siehe ZTVE-StB, Abschnitte 3.3.

⇒ ZTVE-StB.

TL BuB E-StB: BO BmF RC

Böden und Baustoffe nach TL BuB E-StB („Industrielle Nebenprodukte und Recycling-Baustoffe"): Industrielle Nebenprodukte fallen als Reststoffe bei verschiedenen Prozessen der Industrie an. Recycling-Baustoffe (RC-Baustoffe) sind Materialien, die schon zuvor als Baustoffe eingesetzt waren und für den neuen Verwendungszweck aufbereitet worden sind. Auch natürliche, gelöste Böden können durch teilweises Brechen von Grobkorn und Absieben so verändert werden, dass sie für die Verwendung im Erdbau geeignet sind.

Es wird wie folgt unterschieden:

- Böden (BO) im Sinne der TL BuB E-StB mit Fremdanteilen $\leq$ 10%
- Böden mit Fremdanteilen (BMF): Böden im Sinne der TL BuB E-StB mit Fremdanteilen $\geq$10% und $\leq$ 50%
- Rezyklierte Baustoffe (RC): Böden im Sinne der TL BuB E-StB mit Fremdanteilen $\geq$10% und $\leq$ 50%

Folgende industrielle Nebenprodukte und Recycling-Baustoffe sind bereits in Regelwerken über die Verwendung im Straßenbau erfasst: Eisenhüttenschlacken (Hochofenschlacken, Stahlwerksschlacken, Hüttenmineralstoffgemische), Metallhüttenschlacken (MHS), Hausmüllverbrennungsasche (HMVA), Kraftwerksnebenprodukte, Gießereirückstände, Mineralische Baustoffe aus Bergbautätigkeit.

$\Rightarrow$ ZTVE-StB, Abschnitt 3.2.

Leichtbaustoffe: Natürliche oder künstliche Baustoffe mit geringer Dichte. Sie kommen natürlich vor (Bims), werden thermisch aus primär schweren Mineralstoffen erzeugt (Blähton, Blähschiefer) oder chemisch hergestellt (EPS-Hartschaumstoffe). Sie können z. B. unter hohen Dämmen auf wenig tragfähigem Untergrund eingesetzt werden, um große Belastungen zu vermeiden. $\Rightarrow$ ZTVE-StB, Abschnitt 3.4 und 13.3.6.

□ 5.07: Beispiel 82: Porenanteil und Sättigungszahl einer Dammschüttung

Geg.: *Auf einer Entnahmestelle wurden V_1 = 2560 m^3 kiesiger Sand gewonnen.*

Bodenkenngrößen: Korndichte ρ_s = 2,65 t/m^3

natürlicher Wassergehalt w = 0,12

Feuchtdichte ρ = 1,68 t/m^3.

Ges.: *a) Wie viel m^3 Damm (V_2) können bei gleich bleibenden Wassergehalt mit diesem Boden hergestellt werden, wenn gemäß Verdichtungsanforderung der Porenanteil im eingebauten Zustand n_2 = 0,32 betragen soll?*

b) Wie ändert sich in dem Fall die Sättigungszahl?

Lösg.: *zu a) Feuchtdichte im Einbauzustand:*

$$\rho_2 = (1-n)\rho_s(1+w) = (1-0{,}32)2{,}65(1+0{,}12) = 2{,}02 \quad t/m^3$$

Die Masse des Einbaumaterials bleibt gleich:

$$m_1 = \rho_1 \cdot V_1 = 1{,}68 \cdot 2560 = 4301 \ t$$

$$m_2 \mathrel{\hat{=}} m_1 = \rho_2 \cdot V_2 \rightarrow V_2 = \tfrac{m_2}{\rho_2} = \tfrac{4301}{2{,}02} = 2129 \ m^3$$

□ 5.07: Fortsetzung Beispiel 82: Porenanteil und Sättigungszahl einer Dammschüttung

zu b) $\rho_1 = (1-n_1)\rho_s(1+w) \rightarrow n_1 = 1 - \frac{\rho_1}{\rho_s(1+w)} = 1 - \frac{1{,}68}{2{,}65(1+0{,}12)} = 0{,}434$

Vergleich der Sättigungszahlen:

$$S_{r1} = \frac{w \cdot \rho_s(1-n_1)}{n_1 \cdot \rho_w} = \frac{0{,}12 \cdot 2{,}65\,(1-0{,}434)}{0{,}434 \cdot 1{,}0} = 0{,}415$$

$$S_{r2} = \frac{w \cdot \rho_s(1-n_2)}{n_2 \cdot \rho_w} = \frac{0{,}12 \cdot 2{,}65(1-0{,}320)}{0{,}320 \cdot 1{,}0} = 0{,}676$$

Die Sättigungszahl vergrößert sich von S_{r1} = 0,415 auf S_{r2} = 0,676.

□ 5.08: Beispiel 83: Einbauwassergehalt

Geg.: *In einen Straßendamm soll ein Boden mit einer Korndichte von 2,68 g/cm³ so eingebaut und verdichtet werden, dass die Trockendichte 1,78 g/cm³ beträgt.*

Diese Verdichtung erreicht man im vorliegenden Fall jedoch nur, wenn die Sättigungszahl des eingebauten Bodens 0,95 nicht übersteigt.

Geg.: *Wie groß darf der Einbauwassergehalt des Bodens höchstens sein?*

Lösg.: *Mit $\rho_d = (1-n)\rho_s$ berechnet sich der Porenanteil des eingebauten Bodens zu:*

$$n = 1 - \frac{\rho_d}{\rho_s} = 1 - \frac{1{,}78}{2{,}68} = 0{,}34$$

Mit $S_r = \frac{w \cdot \rho_s(1-n)}{n \cdot \rho_w}$ berechnet sich der maximal mögliche Wassergehalt zu:

$$w = \frac{S_r \cdot n \cdot \rho_w}{\rho_s(1-n)} = \frac{0{,}95 \cdot 0{,}34 \cdot 1{,}0}{2{,}68(1-0{,}34)} = 0{,}18$$

□ 5.09: Beispiel 84: Einbauwassergehalt

Geg.: *Ein Boden wird mit einem natürlichen Wassergehalt von 5% angetroffen.*

Um ihn optimal einbauen zu können, muss sein Wassergehalt auf 15% gebracht werden.

Ges.: *Wie viel Liter Wasser muss einer ankommenden Wagenladung von 10 t Boden zugegeben werden?*

Lösg.: *Aus der Bestimmungsgleichung für den Wassergehalt*

$$w = \frac{m - m_d}{m_d}$$

kann die Trockenmasse der ankommenden Wagenladung ermittelt werden:

$$m_d = \frac{m}{1+w} = \frac{10}{1+0{,}05} = 9{,}524\ t$$

□ 5.09: Fortsetzung Beispiel 84: Einbauwassergehalt

Damit beträgt die vorhandene Wassermenge:

$${}_{vorh}m_w = m - m_d = 10{,}0 - 9{,}524 = 0{,}476\ t$$

Erforderliche Wassermenge: $${}_{erf}w = \frac{{}_{erf}m_w}{m_d} \rightarrow {}_{erf}m_w = {}_{erf}w \cdot m_d$$

$$= {}_{erf}m_w = 0{,}15 \cdot 9{,}524 = 1{,}429\ t$$

Pro ankommende Wagenladung ist zuzugeben:

$$\Delta m_w = {}_{erf}m_w - {}_{vorh.}m_w = 1{,}429 - 0{,}476 = 0{,}953\ t \mathrel{\hat{=}} 953\ l$$

Bei Schichten, die durchströmt werden oder in die feinkörnige Böden durch Wasserandrang oder dynamische Beanspruchung aus Verkehr eindringen können, muss die Filterstabilität nachgewiesen werden (siehe Abschnitt 4.01.4).

⇒ ZTVE-StB, Abschnitt 8.

Die Anforderungen an die Verdichtung von Erdbauwerken beziehen sich u. a. auf die Bauklassen im Straßenbau (□ 5.09), die über die nach RStO zu berechnende Verkehrsbelastungszahl VB vom Schwerverkehr abhängt. Fahrzeuge des Schwerverkehrs sind Lkw mit mehr als 2,8 t zulässiges Gesamtgewicht ohne und mit Anhänger, Sattelzüge und Busse mit mehr als 9 Sitzplätzen einschließlich Fahrersitz (zitiert nach Schneider, K. J., 2009).

□ 5.10: Bauklassen nach RStO (zitiert nach Schneider, K. J., 2009).

B in Mio. Aü	> 32	10-32	3 -10	0,8 – 3	0, - 0,8	0,1 – 0,3	< 0,1
Bauklasse	SV	I	II	III	IV	V	VI

B: Anzahl der äquivalenten 10-t-Achsübergänge im betreffenden Nutzungszeitraum

Aü: Achsübergänge

Bei städtischen Straßen ohne Verkehrszählung und bei sonstigen Verkehrsflächen gilt ersatzweise:

Funktion der Straße oder Verkehrsfläche		Bauklasse
Stadtstraße: Straßentyp	Schnellverkehrs-, Industriesammelstraße Hauptverkehrs-, Industrie-Straße, Straße im Gewerbegebiet Wohnsammelstraße, Fußgängerzone mit Ladeverkehr Anliegerstraße, befahrbarer Wohnweg, Fußgängerzone ohne Busverkehr	SV, I, II II, III III, IV V, VI
Busverkehrsfläche	Fahrgassen in Busbahnhöfen Haltestreifen in Busbahnhöfen Busbuchten	III bzw. wie Hauptspur

Parkfläche mit Benutzung	Bauklasse		
	ständig	gelegentlich	Rast- und Nebenanlagen
für Schwerverkehr	III,IV	IV, V	III
für PKW-Verkehr und geringem Schwerverkehr	V	V, VI	IV, V
für PKW-Verkehr	VI	nach Erfordernis	VI

5.02 Einschnitte und Dämme

5.02.1 Vorbereitung

Vermessung Vor Beginn der Erdarbeiten werden die notwendigen Vermessungsarbeiten und Markierungen im Gelände ausgeführt (z. B. Lattengerüste für die Böschungsneigungen).

Freimachen Rasen und Mutterboden werden von der Baufläche entfernt. Rasensoden (quadratische Platten von ca. 20 cm Kantenlänge und 5 bis 8 cm Dicke) oder Schälrasen werden seitlich gelagert und gegebenenfalls gewässert. Mutterboden wird getrennt von den übrigen Erdmassen zur Wiederverwendung auf Halde gelegt. ⇒ DIN 18 300. Bei Rodungsarbeiten müssen auch die Wurzelstücke (Stubben) beseitigt werden.

Entwässerung Die zu beschüttende Fläche muss ausreichend entwässert werden. ⇒ RAS - EW. Besonders an Hängen sind zusätzliche Sicherungen (Fanggräben o. Ä..) notwendig.

Bei hohem Grundwasserstand kann auf der Dammsohle eine kapillarbrechende, zum Untergrundmaterial filterstabil aufgebaute Flächendränung erforderlich sein.

Verdichtung Vor Aufbringen der Schüttungen sind Planum und Untergrund entsprechend den Anforderungen der ZTVE (siehe Abschnitt 5.02.2) zu verdichten, damit eine einheitliche Beschaffenheit gegeben ist und keine schädlichen Setzungen auftreten.

Auffüllungen oder Untergrund aus grobkörnigen oder gemischtkörnigen Böden mit geringem Feinkornanteil, die nicht lagenweise geschüttet und verdichtet werden oder zu locker gelagert sind, können durch Tiefenrüttelverfahren (Rütteldruckverdichtung □ 5.11, □ 5.12) oder dynamische Intensivverdichtung mit schweren Fallplatten bis auf die erforderlichen Tiefe verdichtet werden. Im oberen Bereich bis zu einem Meter unter Planum werden diese Böden in jedem Fall lagenweise eingebaut und verdichtet.

□ 5.11: Rütteldruckverdichtung (aus Keller Holding GmbH (2004))

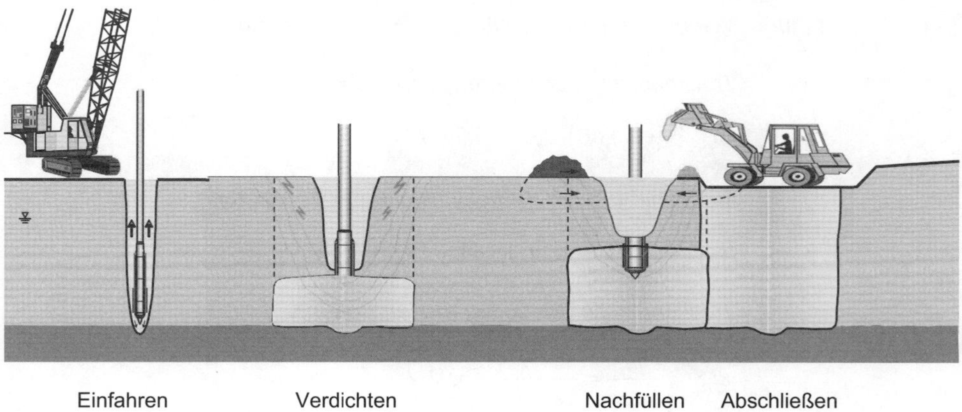

Verzahnung Bei geneigtem Gelände ($n \geq 5$) ist zu prüfen, ob der Damm wegen der Rutschgefahr mit dem Untergrund stufenförmig verzahnt werden muss (□ 5.13).Die Stufen sollten mindestens 0,6 m hoch und bei bindigen Böden zum besseren Wasserabfluss leicht nach außen geneigt sein. Auch beim Anschütten von Boden oder Fels an einen Damm sind Stufen in geeigneter Höhe als Verzahnung herzustellen.

⇒ ZTVE-StB.

5.02.2 Einbau und Verdichten

Lösen, Laden, Fördern Boden und Fels sind so zu lösen, zu laden, zu fördern und an der Einbaustelle oder im Zwischenlager zu schütten, dass ihre Einbaufähigkeit erhalten bleibt. Löseverfahren bei Fels siehe ZTVE-StB, Abschnitte 4.1.3 bis 4.1.5.

□ 5.12: Beispiel 85: Verdichtung und Materialzugabe beim Rütteldruckverfahren

Geg.: *Beim Rütteldruckverfahren wurde am Rüttelpunkt (angenommen: Bodenkörper von zylindrischer Form mit 2 m Durchmesser und 6 m Höhe) 4,5 t Sand ($w = 0{,}15$) zugegeben. Kennzahlen des ursprünglichen Bodens (Sand): $w = 0{,}10$; $n = 0{,}40$; ${}_{max}n = 0{,}46$; ${}_{min}n = 0{,}30$.*

□ 5.12: Fortsetzung Beispiel 85: Verdichtung und Materialzugabe beim Rütteldruckverfahren

Ges.: *a) Lagerungsdichte des ursprünglichen Bodens*

b) Lagerungsdichte des verdichteten Bodens

c) Wieviel Sand muss am Rüttelpunkt zugegeben werden, wenn D = 0,95 sein soll?

Lösg.: *zu a)* $D_1 = \frac{0{,}46-0{,}40}{0{,}46-0{,}30} = 0{,}375$

zu b) *Volumen am Rüttelpunkt:* $V = \frac{\pi \cdot 2{,}0^2}{4} \cdot 6{,}0 = 18{,}84 \ m^3$

Trockendichte des ursprünglichen Bodens:

$\rho_{d_1} = (1-0{,}40) \cdot 2{,}65 = 1{,}59 \ t/m^3$

Trockenmasse am Rüttelpunkt vor der Verdichtung:

$m_{d_1} = \rho_d \cdot V = 1{,}59 \cdot 18{,}84 = 29{,}96 \ t$

Trockenmasse des zugegebenen Bodens:

$$m_{d_z} = \frac{m}{1+w} = \frac{4{,}5}{1+0{,}15} = 3{,}91 \ t$$

Die Trockenmasse am Rüttelpunkt nach der Verdichtung beträgt:

$m_{d_2} = m_{d_1} + m_{d_z} = 29{,}96 + 3{,}91 = 33{,}87 \ t$

und die Trockendichte $\rho_{d_2} = \frac{33{,}87}{18{,}84} = 1{,}8 \ t/m^3$

und der Porenanteil $n_2 = 1 - \frac{\rho_d}{\rho_s} = 1 - \frac{1{,}8}{2{,}65} = 0{,}32$.

Damit ist die Lagerungsdichte des verdichteten Bodens:

$D = \frac{0{,}46-0{,}32}{0{,}46-0{,}30} = 0{,}875$

zu c) *Aus* $D \overset{!}{=} 0{,}95$ *ergibt sich* $n_3 = 0{,}308$.

Damit wird $\rho_{d_3} = (1-0{,}308) \cdot 2{,}65 = 1{,}83 \ t/m^3$

und $m_{d_3} = \rho_{d_3} \cdot V = 1{,}83 \cdot 18{,}84 = 34{,}48 \ t$.

Zugabe trocken: $m_{d_{z1}} = m_{d_3} - m_{d_1} = 4{,}52 \ t$

Zugabe feucht: $m_{z_2} = m_{d_{z2}} (1+w) = 5{,}20 \ t$

Schüttungsarten

Lagenschüttung: Der Boden wird in Lagen über die gesamte Schüttungsbreite (Dammbreite) durchgehend eingebaut und gleichmäßig verdichtet (□ 5.14 a). Vor dem Überschütten einer verdichteten Lage durch die nächste ist der erreichte Verdichtungsgrad durch entsprechende Prüfungen (siehe Abschnitt 5.06) nachzuweisen. Nur durch Lagenschüttung (□ 5.14 a) lassen sich die Verdichtungsanforderungen (siehe Abschnitt 5.02.3) für hochwertige Schüttungen erreichen und die notwendigen Verdichtungskontrollen ausführen. Daher werden die beiden anderen Schüttungsarten (siehe unten) nur in Ausnahmefällen angewendet, in denen eine Lagenschüttung nicht möglich ist.

□ 5.13: Beispiel: Verzahnung zwischen Damm und geneigtem Gelände

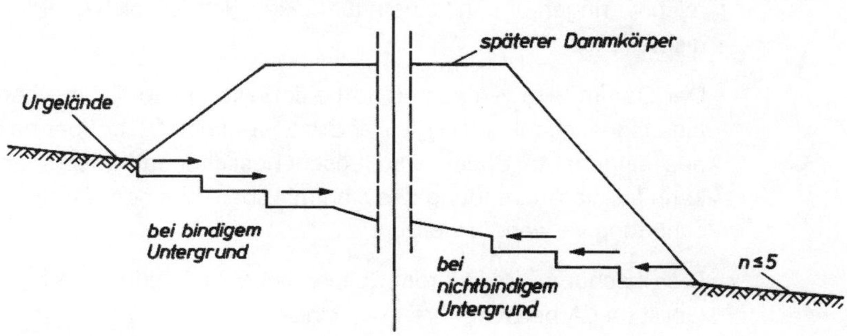

Schütthöhe und Zahl der Übergänge richten sich nach dem zu verdichtenden Baustoff, nach Art und Größe des Verdichtungsgeräts und dem geforderten Verdichtungsgrad des Bodens (□ 5.14, sowie □ 5.19 und □ 5.20).

□ 5.14: Beispiele: Schüttungsarten: a) Lagenschüttung, b) Kopfschüttung, c) Seitenschüttung

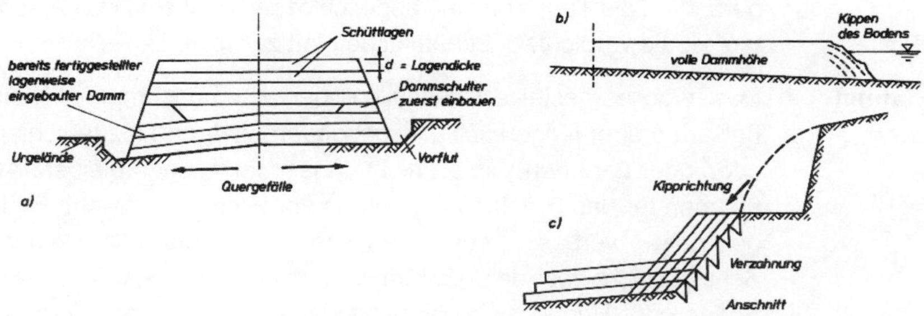

Kopfschüttung: Der Boden wird vom jeweils fertig gestellten Teil des Damms aus vor Kopf die Böschung hinuntergeschüttet (□ 5.14 b). Diese Bauweise ist z. B. beim Vortrieb von Dämmen (Molen) im offenen Wasser erforderlich. Sie hat große Nachteile gegenüber der Lagenschüttung: Nur nichtbindige Böden kommen in Frage, und auch diese entmischen sich beim Schütten, so dass sich die groben Anteile am Dammfuß, die feinen weiter oberhalb ablagern. Eine Verdichtung ist schwierig oder ganz ausgeschlossen.

Seitenschüttung: Das Schüttmaterial wird vom fertig gestellten Dammteil aus seitlich die Böschung hinuntergekippt, so dass einzelne, schräg liegende Schichten entstehen (□ 5.14 c). Diese Bauweise hat die gleichen Nachteile wie die Kopfschüttung. Eine Verzahnung mit dem fertig gestellten Dammteil kommt nicht zustande. Eine Verbesserung der Schüttungsqualität wird erreicht, wenn das seitlich geschüttete Material am Böschungsfuß lagenweise eingebaut und verdichtet wird (□ 5.14 c).

Böschungsbereich

Der Böschungsbereich von Dämmen ist sorgfältig nach einem der folgenden Verfahren mit zu verdichten:

- Die Schütthöhe wird im äußeren, mindestens 2,0 m breiten Böschungsbereich verringert und mit einem für diesen Randbereich geeigneten Gerät verdichtet.
- Der Damm wird je nach Höhe beiderseits bis zu 1,0 m über das Sollprofil hinausgeschüttet und auf voller Breite verdichtet. Der über das Sollprofil hinaus eingebaute Boden wird böschungsschonend wieder abgetragen und kann für die Ausrundung des Dammfußbereichs oder für die weitere Dammschüttung verwendet werden.
- Die Böschung wird in ihrem Sollprofil direkt mit einem hierfür geeigneten Gerät und Arbeitsverfahren verdichtet.

Witterung

Die Einbau- und Verdichtungsarbeiten müssen der Witterung angepasst und vorübergehend eingestellt werden, wenn die bautechnischen Mittel nicht ausreichen, um die vereinbarten Anforderungen zu erfüllen.

Beim Einbau von witterungsempfindlichen Baustoffen sind die Schüttflächen mit einem Quergefälle $\geq$ 6 % anzulegen und jede Lage unmittelbar nach dem Schütten zu verdichten. Längsgefälle bedarf der Zustimmung des Auftraggebers. Wird die Tagesleistung abgeschlossen oder sind Niederschläge zu erwarten, ist die verdichtete Schüttfläche glatt zu walzen.

Planum

Das fertig hergestellte Planum soll bei witterungsempfindlichen Boden- oder Felsarten über längere Zeit, insbesondere während niederschlagsreicher Perioden oder über den Winter, nicht ungeschützt liegen bleiben. Als Schutzmaßnahmen für das Erdplanum kommen vor allem in Betracht: Bodenverfestigungen oder - verbesserungen, Belassen oder Aufschütten einer abdichtenden Schutzschicht über dem Planum von etwa 0,5 m Dicke aus dem anstehenden Boden oder Herstellen einer gebundenen Tragschicht. Werden keine Schutzmaßnahmen getroffen, muss unmittelbar vor dem Einbau der Tragschicht auf dem Planum nachverdichtet werden. Ist der Boden zu diesem Zeitpunkt für das Verdichten zu nass, muss er entweder durch Einmischen von Bindemittel verbessert oder in der aufgeweichten Zone entfernt und durch einen anderen Baustoff ersetzt werden.

Die Querneigung des Planums soll mindestens 2,5 %, bei nicht verfestigten oder nicht mit Bindemitteln verbesserten wasserempfindlichen Böden mindestens 4 % betragen.

⇒ ZTVE-StB, Abschnitt 4.4.

Besondere Böden

Bindige Böden mit zu hohem Wassergehalt, die sich nicht den Anforderungen gemäß verdichten lassen, dürfen nicht eingebaut oder überschüttet werden. Ihr Wassergehalt ist durch Belüften, Abtrocknen, Fräsen oder Zugabe geeigneter wasserbindender Stoffe (z. B. Kalk) oder durch spezielle Bauweisen (z. B. "Sandwich-Bauweise") so zu verringern, dass die erforderliche Verdichtung (siehe Abschnitt 5.02.3) erreicht wird.

Bei der "Sandwich-Bauweise" werden die weichen bindigen Böden abwechselnd mit durchgehenden Flächendränschichten (z. B. aus Sand-Kiesgemischen oder Geotextilien) eingebaut, um Entwässerung und Konsolidation zu beschleunigen. Voraussetzung für diese Bauweise sind Boden- und Standsicherheitsuntersuchungen und ggf. Maßnahmen zur Böschungssicherung.

Grobkörnige Böden und Böden der Gruppen GU, GT, SU und ST sowie gebrochener Fels mit weit gestufter Korngrößenverteilung und guter Verdichtbarkeit werden vorzugsweise im oberen Teil, Felsblöcke und Geröll dagegen im unteren Teil von Dämmen eingebaut. Beim Einbau von Felsgestein darf das Größtkorn nicht größer als 2/3 der zulässigen Schütthöhe sein.

Spülen

Spülverfahren können bei Böden angewendet werden, die das Wasser unmittelbar nach dem Einspülen abgeben und setzungsunempfindlich sind, weil gar nicht oder nur unzureichend verdichtet werden kann. Der obere, aufgespülte Dammbereich wird bis mindestens 1 m unter Planum wieder entfernt und lagenweise eingebaut und verdichtet.

Unter Wasser

Für Unterwasserschüttungen sind beständige Schüttmaterialien zu verwenden. Die Schüttung ist oberhalb der Wasserlinie so zu verdichten, dass die Verdichtung bis mindestens 1,0 m unter die vorhandene Wasserlinie wirkt.

Trennlagen

Als Trennlage unter einer Schüttung können Geotextilien mit entsprechender Qualität - in der Regel quer zur Längsachse der Schüttung - verlegt werden. Nur bei schmalen Flächen - bis zu zwei Bahnen Breite - ist auch eine Längsverlegung zulässig.

Die Überlappung der einzelnen Bahnen und der seitliche Überstand am Böschungsfuß muss mindestens 0,5 m betragen. Bei unebener Unterlage ist die Überlappung so weit zu vergrößern, dass die Mindestüberlappung nach dem Überschütten garantiert ist. Beim Unterwassereinbau müssen die Bahnen miteinander verbunden werden. Die Geotextilien dürfen nicht direkt befahren werden. Die Dicke einer schützenden Überdeckung oder der Schutzlagen ist auf die jeweilige Beanspruchung abzustimmen.

□ 5.15: Beispiel 86: Überprüfung der Eignung für den Einbau

Ges.: *Ein Ton soll mit einer Konsistenzzahl von mindestens 0,75 als Dichtungskörper in eine Dammschüttung eingebaut werden.*

Eine Untersuchung des Bodens im Labor ergab folgende Werte:

Masse der feuchten Probe: 1037,7 g

Masse der getrockneten Probe: 810,6 g

Fließgrenze: 0,46

Ausrollgrenze: 0,15

Ges.: *Ist der Boden für den Einbau geeignet?*

Lösg.: *vorhandener Wassergehalt:*

$$w = \frac{m - m_d}{m_d} = \frac{1037{,}7 - 810{,}6}{810{,}6} = 0{,}28$$

Damit wird die Konsistenzzahl:

$$I_c = \frac{w_L - w}{w_L - w_P} = \frac{0{,}46 - 0{,}28}{0{,}46 - 0{,}15} = 0{,}58 < 0{,}75 \quad \rightarrow$$ *weiche Konsistenz.*

In diesem Zustand ist der Ton für den Einbau nicht geeignet.

□ 5.16: Beispiel 87: Ermittlung der Einbauleistung

Ges.: *Ein Boden wird mit einem Wassergehalt von 15,5% eingebaut; seine Trockendichte beträgt 1,79 t/m³. Der Transport zur Einbaustelle erfolgt mit Muldenkippern: maximale Nutzlast 40 t, 100 Fahrten pro Tag.*

Ges.: *Welche Einbauleistung [m³/Tag] kann ein Fahrzeug erreichen?*

Lösg.: *Feuchtdichte des eingebauten Bodens:*

$$\rho = \rho_d(1 + w) = 1{,}79(1 + 0{,}155) = 2{,}07 \ \ t/m^3$$

Transportvolumen pro Kipperladung: $V = \frac{m}{\rho} = \frac{40}{2{,}07} = 19{,}32 \ \ m^3$

Einbauleistung bei 100 Fahrten pro Tag: $P_E = 19{,}32 \cdot 100 = 1932 \ \ m^3/Tag$

Handarbeit Enge Arbeitsräume, Rohr- und Kabelbereiche, die Umgebung von Lichtschächten, die Hinterfüllung von Widerlagern usw. müssen auch bei der heute meist üblichen maschinellen Bauweise von Hand eingebaut und verdichtet werden (□ 5.18).

□ 5.17: Anhaltswerte für den Geräteeinsatz (Merkblatt für Bodenverdichtung im Straßenbau, FGSV)

Verdichtungsgerät und Betriebsgewicht		Eignung (E), Schichtdicke (H), Übergänge (Ü) nach Bodenart: grobkörnig (nicht bindig) Sande -Kiese			gemischtkörnig (bindig) Mischböden, schwach steinig			feinkörnig (bindig) Schluffe - Tone			Felsschüttung [3]			Anwendungsbereiche: Bauwerkshinterfüllungen	Leitungsgraben	Trasse
		E	H (cm)	Ü (Anz.)	E	H (cm)	Ü (Anz.)	E	H (cm)	Ü (Anz.)	E	H (cm)	Ü (Anz.)	E	E	E
statisch	Glattmantel ≥ 12 t	x	10 - 20	4-8	x	10 - 20	4-8	x	10 - 20	4-8						+
	Gummiradwalze 20 t – 30 t	+	10 - 20	6-10	+	10 - 20	6-10	+	10 - 20	6-10						+
dynamisch	Fallplatte h=2,0 m; G=2,5 t										+	50 - 80	3-5 [1]			+
	Schnellschlag-Stampfer 50-80 kg	x	20 - 30	3-7	x	20 - 30	3-7	x	10 - 20	2-4				+	+	
	Walzenzug bis 7 t	+	20 - 30	4-8	+	20 - 30	4-8	+	20 - 30	4-8				+		+
	bis 12 t	+	30 - 50	4-8	+	30 - 40	4-8	+	20 - 30	4-8	+	20 - 50	4-6	[2]		+
	bis 20 t	+	30 - 60	4-8	+	40 - 50	4-8	+	20 - 40	4-8	+	30 - 60	4-6	[2]		+
	über 20 t	+	40 - 80	4-8	+	40 - 80	4-8	+	30 - 60	4-8	+	40 - 80	6-8	[2]		+
	Tandem bis 7 t	+	20 - 30	4-6										+	+	
	Vibr.-Walze über 7t	+	30 - 40	4-6	x	20 - 40	5-8							+	+	
	Vibrat.- bis 400 kg	+	20 - 30	4-6	x	10 - 20	4-6							+	+	
	Platten über 400 kg	+	30 - 40	4-6	x	20 - 40	4-6	x	20 - 30	6-8				+	+	

[1] Anzahl Schläge/ Punkt [2] Nur mit Einzelnachweis der dynamischen und statischen Einwirkungen [3] zul. Größtkorn max. 2/3 H
Die Angaben setzen einen Wassergehalt im Bereich des optimalen Wassergehalts voraus.1 Übergang
1 Übergang = 1 Überfahrt in Vor- und Rückwärtsbewegung

+ empfohlen
x meist geeignet

Verdichtungsverfahren

Für das Verdichten kann jedes Verfahren angewendet werden, mit dem die Anforderungen an das Verdichten (siehe Abschnitt 5.02.3) erreicht und schädliche Auswirkungen auf das Umfeld vermieden werden. Das Verdichtungsverfahren (Verdichtungsgerät, Anzahl der Übergänge, Arbeitsgeschwindigkeit) und die zulässige Schütthöhe (□ 5.17) richten sich nach dem zu verdichtenden Baustoff und der erforderlichen Verdichtung und werden auf die Förder- und Einbauleistung abgestimmt.

□ 5.18: Beispiel: Manueller Bodeneinbau

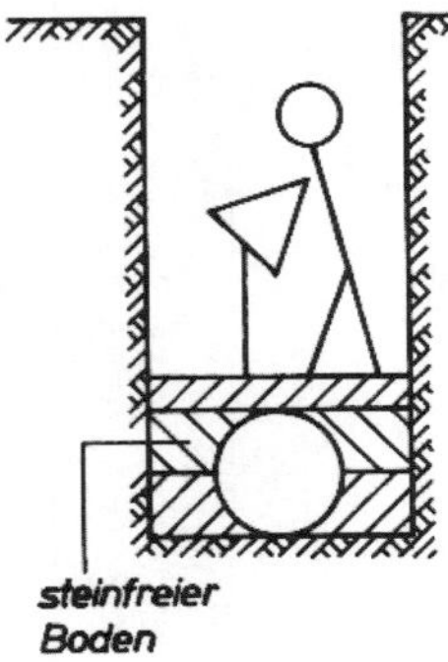

Probeverdichtung

Zu Beginn der Verdichtungsarbeiten ist vom Auftragnehmer durch Probeverdichtung (Kalibrierung) zu prüfen, ob die in der Leistungsbeschreibung bzw. in der ZTVE-StB vorgeschriebenen Anforderungen an die Verdichtung (siehe Abschnitt 5.02.3) mit dem gewählten Arbeitsverfahren erreicht werden. Anderenfalls ist das Verdichtungsverfahren zu ändern.

⇒ Zahlenbeispiele: □ 5.15, □ 5.16.

5.02.3 Anforderungen an das Verdichten

Verdichtungsgrad

Untergrund und Unterbau von Straßen und Wegen sind lt. ZTVE-StB so zu verdichten, dass mindestens die in den Tabellen □ 5.19 (zeichnerische Darstellung siehe □ 5.20 und □ 5.21) genannten Anforderungen erreicht werden.

□ 5.19: Anforderungen an das 10 %-Mindestquantil für den Verdichtungsgrad DPr beziehungsweise an das 10 %-Höchstquantil für den Luftporenanteil na (ZTVE-StB, Tabelle 4, ergänzt)

	Bereich	Bodengruppe	DIN 1054	D_{Pr} [%]	n_a [Vol.-%]
1	Planum bis 1,0 m Tiefe bei Dämmen und 0,5 m Tiefe bei Einschnitten	GW, GI, GE SW, SI, SE GU, GT, SU, ST	nicht bindiger Boden	100	-
2	1,0 m unter Planum bis Dammsohle	GW, GI, GE SW, SI, SE GU, GT, SU, ST	nicht bindiger Boden	98	-
3	Planum bis Dammsohle und 0,5 m Tiefe bei Einschnitten	GU*, GT*, SU*, ST* U, T, OU, OT	bindiger Boden und OU, OT	97	12

Die Anforderungen für grobkörnige Böden (□ 5.19) gelten auch für Korngemische aus gebrochenem Gestein mit jeweils entsprechender Kornzusammensetzung.

□ 5.20: Anforderungen an das 10 %-Mindestquantil für den Verdichtungsgrad DPr bei nicht bindigen Böden a) Damm b) Einschnitt (nach ZTVE-StB, Tabelle 2 und DIN 1054)

a)

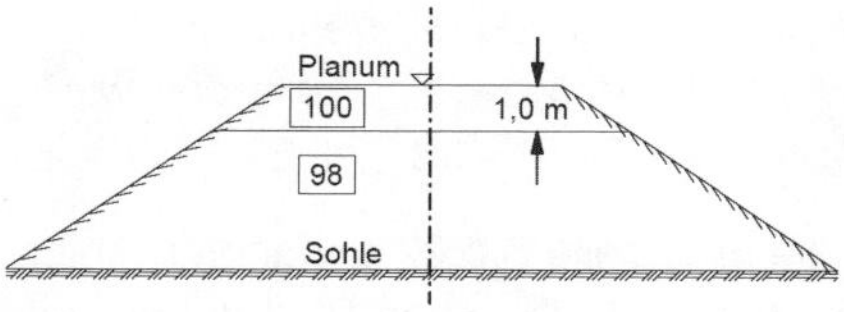

b)

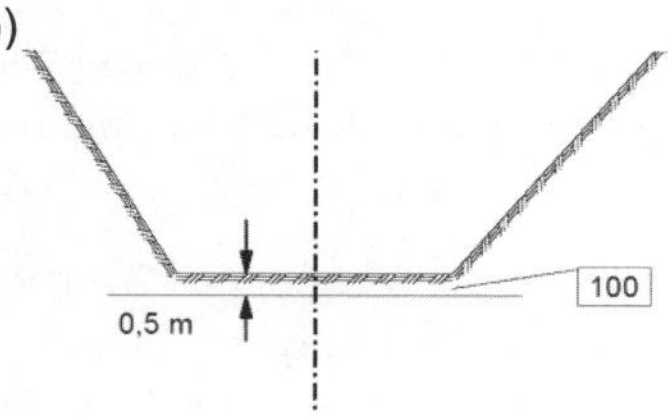

□ 5.21: Anforderungen an das 10 %-Mindestquantil für den Verdichtungsgrad DPr und an das 10 %-Höchstquantil für den Luftporen-anteil na bei bindigen Böden a) Damm b) Einschnitt (nach ZTVE-StB, Tabelle 2 und DIN 1054)

a)

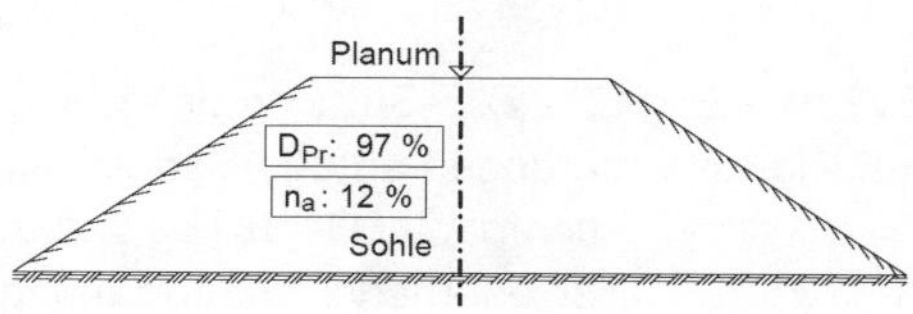

b)

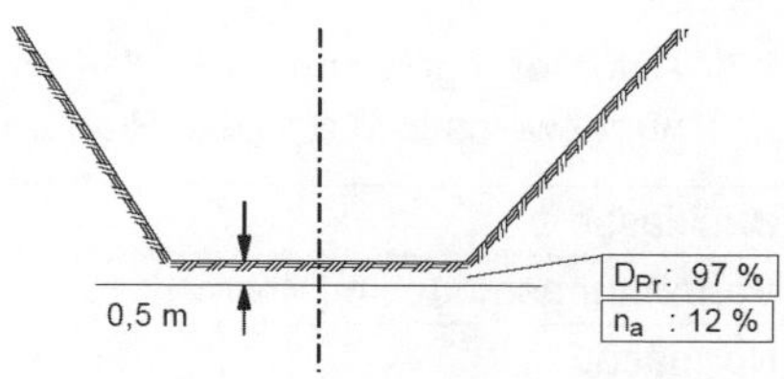

Für Böden der Bodengruppen OU und OT gelten die Anforderungen der Tabelle □ 5.20 nur dann, wenn ihre Eignung und Einbaubedingungen gesondert untersucht und im Einvernehmen mit dem Auftraggeber festgelegt wurden.

Für andere Baustoffe, die nicht nach DIN 18 196 eingeordnet werden können (z. B. veränderlich feste Gesteine, industrielle Nebenprodukte und Recycling-Baustoffe mit jeweils entsprechender Kornzusammensetzung), gelten ebenfalls die Anforderungen nach den Tabellen □ 5.19.

Wechseln innerhalb eines Bauabschnitts Böden mit unterschiedlichen Verdichtungsanforderungen so, dass eine getrennte Bearbeitung nicht möglich ist, so ist der jeweils niedrigere Tabellenwert anzuwenden. ⇒ ZTVE-StB.

Lassen sich die geforderten Verdichtungsgrade durch Verdichten nicht erreichen, so ist der Untergrund bzw. Unterbau entweder zu verfestigen (⇒ ZTVE-StB, Abschnitt 12) oder zu verbessern (⇒ ZTVE-StB, Abschnitt 13) oder der Boden auszutauschen.

Luftporenanteil Wasserempfindliche fein- und gemischtkörnige Böden, die nicht verfestigt oder qualifiziert verbessert werden (siehe ZTVE-StB, Abschnitt 12), sollten so verdichtet werden, dass ergänzend zu den Anforderungen der Tabelle 5.19 eine Anforderung an das 10 % - Höchstquantil für den Luftporenanteil von 8 Vol.-% erfüllt wird. Bei Einbau von veränderlich festen Gesteinen sollte eine entsprechende Anforderung von Vol.-% eingehalten werden. Bei einem zu stark mit Wasser gefüllten Porenraum ist eine Verdichtung nicht möglich, weil das Porenwasser in der relativ kurzen Zeit der Verdichtungseinwirkung wegen der geringen Durchlässigkeit dieser Böden nicht abfließen kann.

Das Mindestquantil ist das kleinste zugelassene Quantil (früher: „Fraktil"), unter dem nicht mehr als der vorgegebene Anteil von Merkmalswerten (z.B. für den Verdichtungsgrad) der Verteilung zugelassen ist.

Das Höchstquantil ist das größte zugelassene Quantil (früher Fraktil), unter dem nicht weniger als der vorgegebene Anteil von Merkmalswerten (z. B. für den Luftporenanteil und das Verhältnis E_{v2}/E_{v1}) der Verteilung gefordert wird (siehe auch Abschnitt 14.1.2 der ZTVE-StB und TP BF-StB, Teil E 1)

Ev2 und Evd auf Planum Lt. ZTVE-StB werden auf dem Planum die in Tabelle □ 5.22 genannten Anforderungen an den Verformungsmodul E_{v2} mit dem statischen Plattendruckversuch nach DIN 18134 und an den Verformungsmodul E_{vd} gestellt. Lässt sich der erforderliche Verformungsmodul nicht erreichen, ist entweder der Untergrund/Unterbau zu verbessern oder zu verfestigen oder die Dicke der ungebundenen Tragschicht zu vergrößern.

□ 5.22: Anforderungen an das 10 %-Mindestquantil für den Verformungsmodul Ev2 beziehungsweise Evd auf dem Planum (nach ZTVE-StB, Abschnitt 3.4.7.2)

	Bauklasse	SV, I bis IV		V und VI	
	Verformungsmodul in [MN/m²]	E_{v2}	E_{vd}	E_{v2}	E_{vd}
1	Normalfall	120	65	100	50
2	wenn der in Zeile 1 genannte E_{v2}-Modul erst durch Verdichten der auf dem Planum einzubauenden Tragschichten erfüllt werden kann	100	50	80	40
3	bei frostempfindlichen Untergrund/Unterbau	$E_{v2} = 45$			
4	bei frostempfindlichen Untergrund/Unterbau nach Durchführung einer qualifizierten Bodenverbesserung	$E_{v2} = 70$			

5.03 Hinterfüllen und Überschütten von Bauwerken

Stufenbildung Bauwerke (z. B. Durchlässe, Widerlager) in Erdbauten (z. B. in Straßendämmen) müssen ordnungsgemäß hinterfüllt und überschüttet werden, um einen stufenfreien Übergang zwischen Bauwerk und Damm zu erreichen. Ursachen einer Stufenbildung sind vor allem:

- ungeeignetes Hinterfüllmaterial,
- schlechte Verdichtung des Hinterfüllmaterials mit der Folge nachträglicher Sackungen im Übergangsbereich,
- praktisch setzungsfreie Gründung des Bauwerks auf Pfählen oder verbessertem Baugrund, während die anschließende Hinterfüllung auf nachgiebigem Baugrund aufliegt,
- Ausspülung des Hinterfüllmaterials durch eindringendes Wasser.

Hinterfüllbereich Unmittelbar an das Bauwerk anschließender Bereich unterhalb der Konstruktionsoberkante, bei bogenförmigen Bauwerken unterhalb des Scheitels. Die Begrenzung des Hinterfüllbereichs gegenüber dem seitlich anschließenden Erdkörper soll 1 m hinter der Fundamenthinterkante oder von der senkrecht auf die Ebene (Baugrubensohle, Gelände) projizierten hinteren Flügelkante entfernt beginnen und bei nachträglicher Hinterfüllung der Dammlage nicht steiler als 1 : 2, bei Einschnitten und gleichzeitig mit der Dammschüttung ausgeführter Hinterfüllung nicht steiler als 1 : 1 sein (□ 5.23).

Überschüttbereich Die unmittelbar oberhalb der Konstruktionsoberkante bzw. des Scheitels anschließende Zone bis zu 1 m Dicke. Er ist die obere Begrenzung des Hinterfüllbereichs (□ 5.23).

□ 5.23: Beispiele: Hinterfüllungs- und Überschüttungsbereiche von Bauwerken

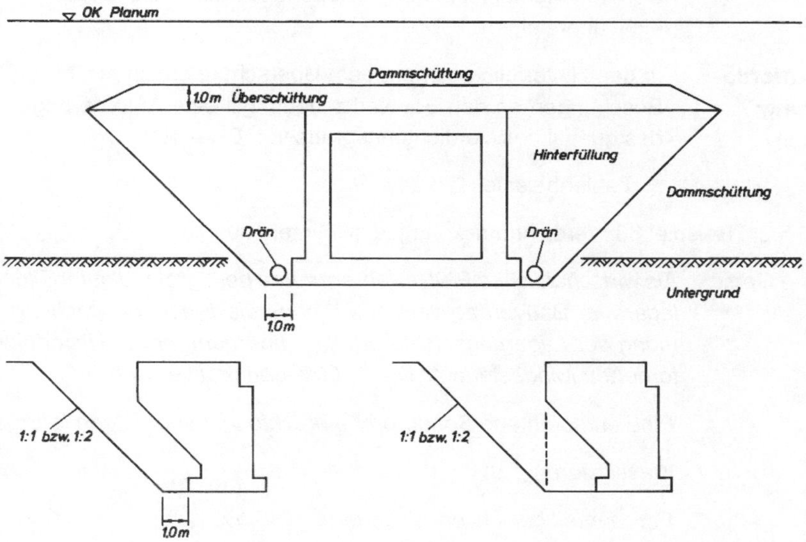

Baustoffe Für den Hinterfüll- und den Überschüttbereich sind folgende Baustoffe geeignet (sofern sie verwitterungsbeständig sind und keine quellfähigen, zerfallsempfindlichen oder bauwerksaggressiven Stoffe enthalten):

- Grobkörnige Bodenarten der Gruppen SW, SI, SE, GW, GI, GE
- Gemischtkörnige Bodenarten der Gruppen SU, ST, GU, GT
- Gemischtkörnige Bodenarten der Gruppen SU*, ST*, GU*, GT* in Verbindung mit einer qualifizierten Bodenverbesserung
- Feinkörnige Bodenarten der Gruppen TL, TM, UM, UL in Verbindung mit einer qualifizierten Bodenverbesserung
- Böden und Baustoffe nach TL BuB E-StB („Recycling-Baustoffe und industrielle Nebenprodukte"), soweit sie die für grobkörnige Bodenarten und gemischtkörnige Bodenarten SU, ST, GU, GT genannten Kornverteilungskriterien einhalten.

Bei Straßen der Bauklasse SV, I und II sollten grobkörnige Bodenarten der Gruppen SW, SI, GW, GI eingesetzt werden

Schwer zugängliche Hinterfüllbereiche sind mit anderen geeigneten Baustoffen (z. B. Boden-Bindemittel-Gemisch, Beton geeigneter Güte usw.) zu verfüllen.

⇒ ZTVE-StB, Abschnitt 10.2.

Einbau und Verdichtung Der Baustoff ist im Hinterfüll- und Überschüttbereich gleichmäßig in Lagen von höchstens 30 cm Dicke einzubauen und zu verdichten. Einspülen oder Einschlämmen ist nicht zulässig.

Die statischen Verhältnisse und die konstruktive Ausbildung des Bauwerks sind bei den Hinterfüllarbeiten zu beachten. Starre Bögen und Rahmen sowie biegeweiche Bauwerke müssen von allen Seiten gleichmäßig hinterfüllt werden. Der Höhenunterschied beim Hinterfüllen darf ohne statischen Nachweis 0,5 m nicht übersteigen.

Anforderung In den Hinterfüllbereichen, dem Überschüttbereich bis 1,0 m Dicke und in den Böschungen an den Bauwerksflügeln gilt eine Anforderung an das 10 %-Mindestquantil des Verdichtungsgrads von D_{Pr} = 100 %.

⇒ Zahlenbeispiel: □ 5.24.

□ 5.24: Beispiel 88: Verdichtungskontrolle im Hinterfüllungsbereich

Geg.: *Als wirtschaftliches Prüfverfahren wurde bei der Sandhinterfüllung eines Widerlagers im Bauvertrag vereinbart, dass die Eigenüberwachung durch Bestimmung der Lagerungsdichte erfolgen und dem für die Hinterfüllungsböden geforderten Mindestquantil D_{Pr} = 100% entsprechen soll.*

Eine entnommene Sonderprobe brachte im Labor folgende Ergebnisse:

Klassifizierung: SW

Porenanteil bei lockerster Lagerung: 46,5%

Porenanteil bei dichtester Lagerung: 26,8%

Korndichte: 2,65 t/m³

Dichte des feuchten Bodens: 1,88 t/m³

natürlicher Wassergehalt: 6,5%.

Ges.: *Wurde die geforderte Verdichtung erreicht ?*

Lösg.: *Aus den angegebenen Werten lässt sich der natürliche Porenanteil berechnen:*

$$\rho = (1-n)\rho_s(1+w) \rightarrow n = 1 - \frac{\rho}{\rho_s(1+w)} = 1 - \frac{1{,}88}{2{,}65(1+0{,}065)} = 0{,}334$$

Das ergibt eine Lagerungsdichte von: $D = \frac{{}_{\max}n - n}{{}_{\max}n - {}_{\min}n} = \frac{0{,}465-0{,}334}{0{,}465-0{,}268} = 0{,}665$

□ 5.24: Fortsetzung Beispiel 88: Verdichtungskontrolle im Hinterfüllungsbereich

Bei dem eingebauten SW handelt es sich um einen nichtbindigen Boden mit einer Ungleichförmigkeitszahl $C_U > 3$.

Gem. DIN 1054 Beiblatt, zu Abschn. 4.2.1.3, Tabelle B, entspricht bei Böden mit $C_U > 3$ eine Lagerungsdichte von $D \geq 0{,}65$ einem Verdichtungsgrad von $D_{Pr} \geq 100\%$.

Damit wurde die geforderte Verdichtung erreicht.

Entwässerung

Die Hinterfüll- und Überschüttbereiche sind so zu entwässern, dass Oberflächen- und Grundwasser gesammelt und ohne Schaden abgeführt werden.

Als Entwässerungsbereich wird der Teil des Hinterfüllbereichs bezeichnet, in dem der Boden entwässert wird. Er ist aus grobkörnigen Böden gemäß DIN 18196 herzustellen. Werden für die gesamte Hinterfüllung grobkörnige Böden verwendet, so entspricht der Entwässerungsbereich dem gesamten Hinterfüllbereich.

Werden gemischtkörnige Bodenarten für den Hinterfüllbereich verwendet, so ist an den Rückwänden der angrenzenden Bauwerksteile eine mindestens 1 m dicke, filterstabile Entwässerungsschicht gleichzeitig mit der Hinterfüllung einzubauen und zu verdichten. Steinpackungen sind nicht zulässig. Diese Entwässerungsschicht ist sowohl bei Bauwerken im Einschnitt als auch bei Bauwerken in Dammlage vorzusehen.

Ist bei einem Bauwerk im Einschnitt mit starkem Wasserandrang zu rechnen, so ist eine filterstabile Flächenentwässerung auf der Einschnittsböschung anzuordnen, die nicht steiler als 1 : 1 geneigt ist.

Sickersteine sollen nur dann verwendet werden, wenn sichergestellt wird, dass sie beim Hinterfüllen oder durch dynamische Einwirkungen nicht zerstört werden und keine Setzungen in den Hinterfüllbereichen verursachen. Bei Verwendung von Sickersteinen oder Schichten aus Einkornbeton darf auf die Entwässerungsschicht nicht verzichtet werden.

Während der Erdarbeiten ist Oberflächenwasser, das in Richtung auf den Hinterfüllbereich fließt, vor dem Entwässerungsbereich des Bauwerks abzufangen und seitlich abzuführen.

Zum Schutz von Bauwerksabdichtungen und zum Trennen untereinander nicht filterstabiler Baustoffe können Geotextilien (Kunststoffdichtungsbahnen) verwendet werden (Anforderungen an das 5 %-Mindestquantil für die Dicke von Kunststoffdichtungsbahnen: 2 mm).

⇒ ZTVE-StB (u. a. Überschüttete, biegeweiche Bögen; Raumgitterkonstruktionen; Stützkörper aus bewehrter Erde; Lärmschutzwälle).

5.04 Leitungsgräben

5.04.1 Baustoffe

Leitungszone: Als Baustoff zur Verfüllung der Leitungszone ist grobkörniger Boden bis zu einem Größtkorn von 20 mm bzw. nach den Vorschriften der jeweiligen Leitungsbetreiber zu verwenden.

Verfüllzone: Außerhalb der Leitungszone soll zur Grabenverfüllung der ausgehobene Boden - je nach Bedarf und Eignung - und in Dammlage das für den Damm vorgesehene Schüttmaterial verwendet werden. Bei den für die Verfüllzone geeigneten Bodenarten sind im Hinblick auf ihre Verdichtbarkeit die in Tabelle □ 5.25 angegebenen Verdichtbarkeitsklassen zu unterscheiden.

Baustoffe Organische oder organogene Böden, Böden mit organischen Beimengungen, ausgeprägt plastische, feinkörnige Böden (HN, HZ, F, OU, OT, OK, TA nach DIN 18 196) und insbesondere quellfähige Böden sind für das Verfüllen von Leitungsgräben nicht geeignet.

□ 5.25: Beispiele: Verdichtbarkeitsklassen (ZTVA-StB, Tabelle 1)

Verdichtbarkeits-klasse	Kurzbeschreibung	Bodengruppe (DIN 18 196)
V1	nichtbindige bis schwach bindige, grobkörnige und gemischtkörnige Böden	GW, GI, GE, SW, SI, SE, GU, GT, SU ST
V2	bindige, gemischtkörnige Böden	GU*, GT*, SU*, ST*
V3	bindige, feinkörnige Böden	UL, UM, TL, TM

Wenn Böden der Verdichtbarkeitsklasse V 1 als Austauschböden eingebaut werden, weil sie leichter zu verdichten sind als die Böden der Verdichtbarkeitsklassen V 2 und V 3, muss durch geeignete Maßnahmen (z. B. Einbau von Querschotten aus bindigem Boden) verhindert werden, dass der Leitungsgraben zu einer Dränung (zum Vorfluter) für Oberflächen- und Grundwasser wird, so dass sich Bauwerke, die im Bereich der Absenkkurve stehen, ungleichmäßig setzen.

Böden der Verdichtbarkeitsklasse V 2 und V 3 dürfen nur eingebaut werden, wenn ihr Einbauwassergehalt etwa dem optimalen Wassergehalt entspricht. Der ausgehobene und zwischengelagerte Boden muss durch geeignete Maßnahmen bis zum Wiederverfüllen einbaufähig gehalten werden.

5.04.2 Einbau und Verdichten

Zur einwandfreien Verdichtung der Grabenverfüllung müssen Mindestgrabenbreiten eingehalten werden, die auf das Bauverfahren, die Geräte und Bodenverhältnisse abzustimmen sind (siehe hierzu DIN 4124).

Der Boden ist gleichmäßig in Lagen (empfohlene Schütthöhen siehe Tabellen □ 5.26 und □ 5.27) einzubauen und sorgfältig zu verdichten, und zwar auf beiden Seiten der Leitung gleichzeitig, damit die Leitung in ihrer Lage verbleibt.

□ 5.26: Beispiele: Orientierungswerte für Schütthöhen in Leitungsgräben und engen Baugruben (nicht mehr gültige ZTVE-StB 94/97, Tabelle 4)

1	Ort	Geräte	Schütthöhe (in cm) bei den Bodengruppen		
			GW, GE, GI, SW, SE, SI	GU, GT, SU, ST, GU*, GT*, SU*, ST*	U, T, OH, OU, OT, OK
2	Leitungszone und enge Baugrube	leichte Verdichtungsgeräte	20-30	15-25	10-20
3	oberhalb der Leitungszone	mittlere und schwere Verdichtungsgeräte	30-50	20-40	20-30

Die Bereiche der Leitungszone, die sich nicht einwandfrei verfüllen und verdichten lassen, z. B. Zwickel unter beengten Verhältnissen, insbesondere unter Rohren, sind mit Beton, Porenleichtbeton (Leichtbeton der Körnung 0/2 mm mit hohem Gehalt an Poren, der in der Regel mit einer Festigkeit von 0,5 N/mm² im Erdbau zum Verfüllen unterirdischer Hohlräume verwendet wird) oder mit einem Boden-Bindemittel-Gemisch zu verfüllen.

In den Verfüllräumen von Schächten ist der Boden - wie in der Leitungszone - auf allen Seiten des Schachts gleichzeitig lagenweise einzubauen und zu verdichten.

Wenn Kabelschutzrohre in Fahrbahnen in mehreren Lagen übereinander verlegt werden, sind Hohlräume mit Porenleichtbeton oder gleichwertigem Material zu verfüllen. Werden Kabelschutzrohre in Nebenanlagen (Gehwege, Radwege o. Ä..) in mehreren Lagen übereinander verlegt, sind die Hohlräume nach dem Verlegen jeweils einer Lage mit Sand zu verfüllen.

In der Leitungszone und in dem Bereich bis 1 m über der Leitung darf nur mit leichtem, bis 3 m auch mit mittelschwerem, darüber auch mit schwerem Gerät verdichtet werden (□ 5.27).

⇒ ZTVE-StB, ZTVA-StB, ATV.

5.04.3 Verbau

Bei verbauten Leitungsgräben sind Einbau und Verdichten des Füllbodens auf den verwendeten Verbau abzustimmen. Die Verbindung zwischen Verfüllboden und Grabenwand muss unabhängig von der Verbauart sichergestellt sein.

Bei waagerechtem Verbau und Verbauelementen müssen die Verbauteile abschnittsweise entfernt werden. Der Füllboden ist in dem freigelegten Teil der Baugrube unverzüglich lagenweise einzubringen und zu verdichten. Das Ziehen von Verbauplatten und -tafeln nach dem Verfüllen ist unzulässig.

□ 5.27: Beispiele: Anhaltswerte für Verdichtungsmöglichkeiten in Leitungsgräben (ZTVA-StB, Tabelle 2)

Verdichtbarkeitsklassen			V1			V2			V3		
			Bodenklassen								
Geräteart		Dienstgewicht	nicht bindige bis schwach bindige, grobkörnige und gemischtkörnige Böden GW, GI, GE, SW, SI, SE, GU, GT, SU, ST			bindige, gemischtkörnige Böden GU, GT*, SU*, ST*			bindige, feinkörnige Böden UL, UM, TL, TM		
		kg	Eignung	Schütthöhe [cm]	Zahl Übergänge	Eignung	Schütthöhe [cm]	Zahl Übergänge	Eignung	Schütthöhe cm	Zahl Übergänge
1. Leichte Verdichtungsgeräte (vorwiegend für Leitungszone)											
Vibrationsstampfer	leicht	-25	+	-15	2-4	+	-15	2-4	+	-10	2-4
	mittel	25-60	+	20-40	2-4	+	15-30	3-4	+	10-30	2-4
Explosions-Stampframme	leicht	-100	O	20-30	3-4	+	15-25	3-5	+	20-30	3-5
Flächenrüttler	leicht	-100	+	-20	3-5	O	-15	4-6	-	-	-
	mittel	100-300	+	20-30	3-5	O	15-25	4-6	-	-	-
Vibrationswalze	leicht	-600	+	20-30	4-6	O	15-25	5-6	-	-	-
2. Mittlere und schwere Verdichtungsgeräte (oberhalb der Leitungszone)											
Vibrationsstampfer	mittel	25-60	+	20-40	2-4	+	15-30	2-4	+	10-30	2-4
	schwer	60-200	+	40-50	2-4	+	20-40	2-4	+	20-30	2-4
Explosionsstampframme	mittel	100-500	O	20-40	3-4	+	25-35	3-4	+	20-30	3-5
	schwer	<500	O	30-50	3-4	+	30-50	3-4	+	30-40	3-5
Flächenrüttler	mittel	300-750	+	30-50	3-5	O	20-40	3-5	-	--	-
Vibrationswalzen	mittel	600-8000	+	20-50	4-6	+	20-40	5-6	-	--	-

+ = empfohlen O = meist geeignet

Die vorstehenden Angaben stellen durchschnittliche Leistungswerte dar. Bei ungünstigen Bedingungen (z.B. relativ hoher Wassergehalt, Grabenverbau) kann eine Herabsetzung der angegebenen Schütthöhe erforderlich werden, während bei besonders günstigen Bedingungen eine Überschreitung möglich ist.

Genaue Werte lassen sich über eine Probeverdichtung feststellen.

Bei senkrechtem Verbau ist der Boden ebenso wie bei unverbauten Gräben lagenweise einzubauen und zu verdichten. Die senkrechten Verbauteile (Kanaldielen, Leichtspundprofile usw.) werden mit geeignetem Gerät (bei Vibrationsgeräten haben sich vermehrt Schäden eingestellt) gezogen, falls dies in der statischen Berechnung der Rohre berücksichtigt wurde. Ein nach dem Ziehen des Verbaus verbleibender Hohlraum ist durch geeignete Maßnahmen zu beseitigen (z. B. Einschlämmen, Dämmer, Porenleichtbeton).

5.04.4 Anforderungen an das Verdichten

5.4.4.1 Grabenverfüllung

Lt. ZTVE-StB und ZTVA-StB ist der Verfüllboden bei Leitungsgräben innerhalb des Straßenkörpers so zu verdichten, dass die Anforderungen an die Verdichtung nach Abschnitt 5.02.3 (an den Verdichtungsgrad D_{Pr} sowie an den Luftporenanteil n_a nach den Tabellen □ 5.19) erreicht werden (Beispiele für den zu erreichenden Verdichtungsgrad: □ 5.29). Allerdings gelten die dort genannten Werte als Mindest- bzw. Höchstwerte, nicht als Quantil.

Bei Leitungsgräben innerhalb und außerhalb des Straßenkörpers muss der Verdichtungsgrad mindestens D_{Pr} = 97 % betragen.

Können bei Wiederverwendung des ausgehobenen Bodens die Anforderungen an den Verdichtungsgrad nicht erreicht werden, so muss der Verdichtungsgrad des Bodens im Leitungsgraben bis zum Planum zumindest den Verdichtungsgrad des umgebenden Bodens erreichen.

⇒ Zahlenbeispiel: □ 5.28

□ 5.28: Beispiel 89: Verdichtungskontrolle bei einem Leitungsgraben

Geg.: *Gemäß ZTVE-StB 94/97 empfiehlt sich in beengten Arbeitsräumen (z.B. in Leitungsgräben) u.A. die Überprüfung der erforderlichen Verdichtungsqualität mit Hilfe der Trockendichte ρ_d.*

Als Bezugswert wurde die im Labor ermittelte Proctordichte des Bodens für die Verfüllzone mit ρ_{Pr} = 1,80 t/m³ (w_{Pr} = 0,18) zu Grunde gelegt.

Die an einem Prüfpunkt entnommene Zylinderprobe lieferte folgende Ergebnisse:

Feuchtdichte: 2,14 t/m³

Wassergehalt: 0,20

Korndichte: 2,75 t/m³.

Ges.: *Reicht die Verdichtung an diesem Prüfpunkt aus?*

Lösg.: *Aus der Gleichung für den Verdichtungsgrad* $D_{\mathrm{Pr}} = \frac{\rho_d}{\rho_{\mathrm{Pr}}}$ *berechnet sich die erforderliche Trockendichte zu* $_{erf}\,\rho_d = {}_{erf}D_{\mathrm{Pr}} \cdot \rho_{\mathrm{Pr}} = 0{,}95 \cdot 1{,}80 = 1{,}71\ t/m^3$

□ 5.28: Fortsetzung Beispiel 89: Verdichtungskontrolle bei einem Leitungsgraben

Mit den angegebenen Werten lässt sich der natürliche Porenanteil berechnen:

$$n = 1 - \frac{\rho}{\rho_s(1+w)} = 1 - \frac{2{,}14}{2{,}75(1+0{,}20)} = 0{,}35$$

Das ergibt eine vorhandene Trockendichte von

$$_{vorh.}\rho_d = (1-n)\rho_s = (1-0{,}35)2{,}75 = 1{,}79 \quad t/m^3$$

Der Damm ist ausreichend verdichtet, da: $_{vorh.}\rho_d > {}_{erf.}\rho_d$.

□ 5.29: Beispiele: Zu erreichender Verdichtungsgrad DPr in % bei Leitungsgräben (ZTVA-StB, Anhang 3)

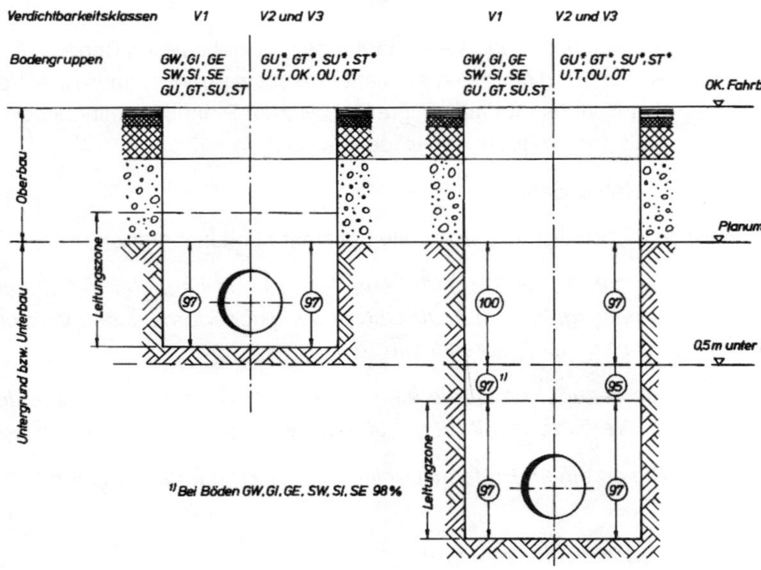

5.4.4.2 Planum

Für den Verformungsmodul auf dem Planum gelten die in Abschnitt 5.02.3 genannten Anforderungen. Können die geforderten Werte bei Wiederverwendung des ausgehobenen Bodens nicht erreicht werden, so muss zumindest der Verformungsmodul des umgebenden Bodens erreicht werden.

⇒ ZTVE-StB und ZTVA-StB.

5.05 Böschungen

5.05.1 Grundlagen

Dieser Abschnitt beschränkt sich auf die Festlegung von Böschungsneigungen für Vorplanungen und die Sicherung von natürlichen und künstlich hergestellten permanenten Böschungen.

Der Nachweis der Standsicherheit von Böschungen (Handbuch Eurocode 7, Band 1, Grenzzustand ULS, Nachweisverfahren GEO-3 sowie DIN 4084) wird nicht behandelt, ist jedoch zu führen (Dörken/ Dehne/ Kliesch, Teil 3, 2015).

Temporäre Böschungen für Baugruben (siehe DIN 4124), Böschungen im Bereich des Bergbaus (Tagebaue, Kippen und Halden usw.), des Kulturwasserbaus und von Erdstaudämmen (siehe DIN 19 700) sind ebenfalls nicht Inhalt dieses Abschnittes.

EBSB (1962) Grundlage der folgenden Ausführungen sind die Regeln der ZTVE-StB (siehe auch Floss, 2017) und der "Empfehlungen für den Bau und die Sicherung von Böschungen" (1962) (hier kurz "EBSB" genannt). Sie gelten für einfache Fälle und beschreiben Maßnahmen, die sich für Vorplanungen in der Praxis bewährt haben. In allen Fällen muss trotzdem der Nachweis der Standsicherheit von Böschungen nach DIN 1054 geführt bzw. Sachverständige herangezogen werden. Beim Bau von Böschungen muss der Landschaftsschutz beachtet werden.

Voraussetzung für Planung und Ausführung von Böschungen sind Voruntersuchungen, Bodenaufschlüsse und bodenmechanische Untersuchungen. ⇒ EBSB.

Wichtige Voraussetzungen für die Anwendung nach EBSB sind:
a) Kein Wasser
b) Nur eine Bodenart
c) Keine Erschütterung als Einwirkung
d) Außer Bodeneigengewicht keine weiteren Einwirkungen
e) Als Bruchkörpermechanismus kommt nur das Gleitkreisversagen in Frage

5.05.2 Einschnitt

Regeln Arbeitsverfahren und Geräte für Auf- und Abtrag sind - auch bei Sprenghilfe - so zu wählen, dass das Bodengefüge bzw. das Trennflächengefüge des Gebirges nicht gelockert wird.

⇒ Merkblatt für die gebirgsschonende Ausführung von Spreng- und Abtragsarbeiten an Felsböschungen.

Da die häufigste Schadensursache bei Böschungen und Hängen zu steile Neigungen sind, dürfen Böschungen in erster Linie nicht zu steil sein.

Beim Abtrag von Einschnittsböschungen müssen Wasseraustrittsstellen (Schichtenwasser, Quellen) erkannt und entsprechende Sicherheitsmaßnahmen ergriffen werden. Denn Sickerwasserdruck führt ebenfalls häufig zu Böschungsschäden. Wasseraustritte aus Böschungen sind ein Alarmsignal.

Oberflächenwasser, das dem Einschnitt aus dem Gelände zufließen kann, sollte zur Vermeidung von Erosionen oder Rutschungen außerhalb des Einschnitts gefasst und abgeleitet werden. Hierzu wird ein Graben mit dichter Sohle und ausreichendem Gefälle parallel zum oberen Böschungsrand zur Aufnahme der anfallenden Wassermengen angelegt. Sein Abstand vom Böschungsrand sollte wegen der Rutschgefahr $\geq$ Einschnittstiefe betragen.

Bei nichtbindigen Böden führen auch Abwehungen oder Erosionen, bei bindigen Böden Wasser oder Eis in Austrocknungsrissen zu Schäden.

Bei tiefen Einschnitten sollten Bermen angelegt werden, um die Böschung besichtigen und unterhalten zu können, um Erosionsrinnen zu begrenzen und die Gesamt-neigung der Böschung abzuflachen. Denn bei der Ausführung von Bermen ist die Neigung der Verbindungsgeraden zwischen den oberen und unteren Böschungsrändern für die Standsicherheit maßgebend.

Der obere Böschungsrand sollte mit einem Halbmesser von $\geq$ 5 m ausgerundet werden, um einen unauffälligen Übergang zum Gelände herzustellen und Schrumpf- und Zugrisse sowie Erosionen zu vermeiden.

Wichtig ist eine möglichst frühzeitige, unmittelbar nach Fertigstellung beginnende Berasung und Bepflanzung neuer Böschungsflächen gegen Austrocknung sowie gegen die Erosionswirkung des Niederschlagswassers und des Windes. Dies gilt besonders bei Sand- und Schluffböschungen. Hier sind vor allem bei hohen Böschungen zusätzlich Flechtzäune zu empfehlen. Soweit Grassoden zur Verfügung stehen, sollten sie zum Schutz gegen das Einschneiden von Erosionsrinnen hauptsächlich am oberen, ausgerundeten Böschungsrand angedeckt werden.

Neigungen

Bei Einschnittsböschungen ist zwischen einheitlich und uneinheitlich aufgebautem Untergrund zu unterscheiden: Einheitlich aufgebauter (homogener) Untergrund besteht aus nur einer Bodenart mit geringfügiger Änderung der bodenmechanischen Eigenschaften und enthält keine Schichten von wasserstauenden und wasserführenden Böden. Wasserdurchlässigkeit und Scherfestigkeit sind etwa gleichbleibend. Uneinheitlich aufgebauter Untergrund besteht dagegen aus Bodenschichten, die unterschiedliche bodenmechanische Eigenschaften aufweisen.

Einheitlich aufgebauter Untergrund:

In grobkörnigem Untergrund mit mindestens mitteldichter Lagerung können - sofern kein Strömungsdruck wirkt und kein Wasser aus der Böschung austritt - lt. EBSB unabhängig von der Böschungshöhe Böschungsneigungen für Vorplanungen nach Tabelle □ 5.30 angenommen werden. Bei stärkeren Erschütterungen oder der Möglichkeit von Strömungsdruck muss die Böschung flacher geneigt ausgebildet werden.

□ 5.30: Beispiele: Böschungsneigungen für Vorplanungen und erforderlicher charakteristischer Rei-bungswinkel φk bei grobkörnigen Böden und mindestens mitteldichter Lagerung (nach EBSB, ergänzt)

Bodenart	Böschungsneigung	Erforderlicher charakteristischer Reibungswinkel φ'_k (bei Nachweis nach DIN 1054)
Feinsand	1 : 2	$\geq$ 32,0°
Grobsand	1 : 1,7	$\geq$ 36,3°
Kiessand und Steine	1 : 1,5	$\geq$ 39,8°

Wenn keine genaueren erdstatischen Untersuchungen durchgeführt werden, können in gemischt- und feinkörnigem Untergrund mit mindestens steifer Konsistenz lt. EBSB Böschungsneigungen nach Tabelle □ 5.31 als Orientierungswerte für Vorplanungen angesehen werden. Sie hängen von der Scherfestigkeit des Bodens und von der Böschungshöhe ab.

Böschungsneigungen an schiffbaren natürlichen und künstlichen Binnengewässern: siehe EBSB, Abschnitt 6.2.

Lt. ZTVE-StB sind Böschungen im Straßenbau bei homogenem Bodenaufbau ohne Wasserführung mit der Regelneigung nach RAS-Q auszuführen (□ 5.33), wenn ihre Standsicherheit gewährleistet ist und keine Gefährdung durch Erosion besteht.

⇒ Floss (2017).

Uneinheitlich aufgebauter Untergrund:

Wenn auf eine genaue erdstatische Berechnung verzichtet wird, kann nach folgenden einfachen Regeln verfahren werden:

Im Bereich grobkörniger Schichten ist die Böschung entsprechend der Bodenart nach Tabelle □ 5.30 auszubilden.

Besteht der untere Böschungsteil aus grobkörnigem Boden oder aus Steinen, so gelten für die Böschungsneigung in diesem Teil die Werte für grobkörnige Böden nach Tabelle □ 5.30 für den Rest der Böschung die Angaben für gemischt- und feinkörnige Böden nach Tabelle □ 5.31. Besteht umgekehrt der obere Böschungsteil aus grobkörnigem Boden, der untere aus gemischt- oder feinkörnigem Boden, so ist die Böschungsneigung im unteren Teil so zu wählen, als ob die Böschung in ganzer Höhe aus bindigem Boden bestünde. Dies liegt daran, dass die Böschungsneigung bei gemischt- und feinkörnigen Böden von der Böschungshöhe abhängt, bei grobkörnigen Böden aber nicht.

Bei Einschnitten in uneinheitlich aufgebautem Untergrund kann die Ausbildung der Böschungen in gebrochener Linie mit nach oben hin immer steilerer Neigung wirtschaftlich sein.

□ 5.31: Beispiele: Böschungsneigungen für Vorplanungen bei Einschnitten in gewachsene bindige Böden von mindestens steifer Konsistenz (nach EBSB)

Bodenart		Böschungshöhe	Böschungsneigung	Plastizität	Feuchtwichte	Scherfestigkeit	
Übliche Benennung	Benennung nach DIN 4022					Charakteristischer Reibungswinkel [1]	Charakteristische Kohäsion [1]
-	-	h	-	I_p	γ_k	φ'_k	c'_k
-	-	m	-	%	kN/m³	°	kN/m²
1	2	3	4	5	6	7	8
Schluff	Schluff	0-3 3-6 6-9 9-12 12-15	1 : 1,25 1 : 1,6 1 : 1,75 1 : 1,9 1 : 2	< 10	18	25	5
magerer Lehm	sandiger, schwach toniger Schluff	0-3 3-6 6-9 9-12 12-15	1 : 1,25 1 : 1,25 1 : 1,4 1 : 1,6 1 : 1,7	10 bis 20	19	25	10
fetter Lehm und magerer Ton	schwach sandiger, schluffiger Lehm	0-3 3-6 6-9 9-12 12-15	1 : 1,25 1 : 1,25 1 : 1,25 1 : 1,7 1 : 2	20 bis 30	20	17,5	20
fetter Ton	Ton	0-3 3-6 6-9 9-12 12-15	1 : 1,25 1 : 1,25 1 : 1,25 1 : 1,5 1 : 2	> 30	20	10	35

Die Böschungsneigungen in Spalte 4 wurden aufgrund der in Spalten 5 bis 8 angegebenen Bodenkennwerte ermittelt.

[1]: Interpretation der angesetzten Werte nach aktueller Bezeichnung DIN 1054

Einheitlich aufgebauter Untergrund:

Sicherung Für die Sicherung von Böschungen in einheitlich aufgebautem Untergrund kommen im Wesentlichen folgende Maßnahmen in Frage: Böschungsabflachung, Vorschüttung, Dränung, Sickerungen und Stützkörper, Stützwände, Schließen von Schrumpfrissen, Bepflanzung. ⇒ EBSB, Abschnitt 3.322 und Floss (1997).

Uneinheitlich aufgebauter Untergrund:

Je nach den örtlichen Verhältnissen können auch bei uneinheitlich aufgebautem Untergrund die im vorigen Abschnitt genannten Sicherungen angewendet werden. Außerdem sind Entwässerungsmaßnahmen vorzusehen: u. a. Längsdränung, Steinlängssickerung, Steinquersickerungen und Stützkörper, Stollen oder Bohrlöcher.

⇒ EBSB, Abschnitt 3.332 und Floss (1997).

Böschungssicherungen (Abdeckungen) an natürlichen und künstlichen Binnengewässern: EBSB, Abschnitt 6. Böschungssicherung durch Bepflanzung: siehe EBSB, Anhang.

5.05.3 Damm

Regeln Quellen und sonstige Wasserzuflüsse müssen vor dem Überschütten gefasst und abgeleitet werden. Bergseitiges Oberflächenwasser wird in einem Längsgraben mit dichter Sohle am Böschungsfuß gefasst, der über Durchlässe im Dammkörper auf die Talseite entwässert.

Falls bindige Schichten von weicher oder breiiger Konsistenz oder organische Schichten unterhalb des Dammkörpers nicht ausgehoben werden, sind sie durch besondere Maßnahmen (z. B. Einrütteln von Steinen, durch Sandpfähle, Kiesbankette, Drahtmatratzen, Pfähle, Spundwände) so zu stabilisieren, dass sich keine Gleitflächen ausbilden können.

Dammbaustoffe: siehe Abschnitt 5.01. Feinsande und Schluffe ergeben empfindliche Böschungen und sollten daher besser in Damm-Mitte, nicht außen, eingebaut werden. Bei bindigem Untergrund sollten die Dammfüße möglichst aus nichtbindigem Boden erstellt werden.

Neigungen Bei grobkörnigem Boden können lt. EBSB auch bei Dämmen die in Tabelle □ 5.30 angegebenen Böschungsneigungen angenommen werden.

Für gemischt- und feinkörnige Böden gelten sinngemäß die für diese Böden in Abschnitt 5.05.2 gegebenen Hinweise. Weil aber die Kohäsion geschütteter und verdichteter Böden geringer ist als bei gewachsenen, werden in den EBSB für die zulässigen Böschungsneigungen bei mindestens steifer Konsistenz die in Tabelle

□ 5.32 aufgeführten Werte angegeben.

Lt. ZTVE-StB werden Böschungen von Straßendämmen ebenfalls mit der Regelneigung nach RAS-Q ausgeführt (□ 5.33), wenn ihre Standsicherheit gewährleistet ist und keine Gefährdung durch Erosion besteht.

Dämme, die aus Schichten verschiedener Bodenarten aufgebaut sind, werden wie Einschnitte in uneinheitlich aufgebautem Untergrund (siehe Abschnitt 5.05.2) behandelt. Bei derartigen Dämmen kann die Ausbildung der Böschungen in gebrochener Linie mit nach oben hin immer steilerer Neigung wirtschaftlich sein.

Sicherung Zur Sicherung der Dammböschungen kommen im Wesentlichen die gleichen Maßnahmen in Frage wie bei Einschnittsböschungen (siehe Abschnitt 5.05.2). Böschungssicherung durch Bepflanzung: siehe EBSB, Anhang.

□ 5.32: Beispiele: Böschungsneigungen für Vorplanungen bei Dämmen aus verdichteten bindigen Böden von mindestens steifer Konsistenz (nach EBSB)

Bodenart		Böschungshöhe	Böschungsneigung	Plastizität	Feuchtwichte	Scherfestigkeit	
Übliche Benennung	Benennung nach DIN 4022					charakteristischer Reibungswinkel [1]	charakteristische Kohäsion [1]
-	-	h	-	I_p	γ_k	φ'_k	c'_k
-	-	m	-	%	kN/m³	°	kN/m²
1	2	3	4	5	6	7	8
Schluff	Schluff	0-3 3-6 6-9 9-12 12-15	1 : 1,6 1 : 2,0 1 : 2,2 1 : 2,3 1 : 2,4	< 10	18	25	5
magerer Lehm	sandiger, schwach toniger Schluff	0-3 3-6 6-9 9-12 12-15	1 : 1,25 1 : 1,6 1 : 1,8 1 : 1,8 1 : 2	10 bis 20	19	25	10
fetter Lehm und magerer Ton	schwach sandiger, schluffiger Lehm	0-3 3-6 6-9 9-12 12-15	1 : 1,25 1 : 1,7 1 : 2,1 1 : 2,4 1 : 2,5	20 bis 30	20	17,5	20
fetter Ton	Ton	0-3 3-6 6-9 9-12 12-15	1 : 1,25 1 : 1,4 1 : 2,6 1 : 3,2 1 : 3,5	> 30	20	10	35

Die Böschungsneigungen in Spalte 4 wurden aufgrund der in Spalten 5 bis 8 angegebenen Bodenkennwerte ermittelt.

[1]: Interpretation der angesetzten Werte nach aktueller Bezeichnung DIN 1054

5.05.4 Fels

Neigungen Böschungen im Fels können in der Regel wesentlich steiler als in Lockergestein (in Böden) geneigt sein. Erfahrungswerte für Felsböschungen, die keine besonderen Gefügemerkmale aufweisen und nicht durch zusätzliche Sicherungsmaßnahmen gestützt werden: siehe Floss (1997).

Lt. EBSB sind bei einem Einschnitt bzw. bei einer natürlichen Felswand mit bloßgelegten Felsböschungen, aus denen zusickerndes Bergwasser frei austreten kann, in der Nähe von Bauten oder Verkehrswegen folgende Neigungen und Gesichtspunkte zu beachten:

Bei wenig zerklüfteten massigen und wetterfesten Gesteinen ohne Zerrüttungszonen und ohne Gleitflächen in Form von Verwerfungen, Störungen und dergleichen in statisch ungünstiger Lage sind z. T. ohne besondere Sicherungen Neigungswinkel bis zu 90° möglich.

□ 5.33: Böschungsgestaltung für Einschnitt und Damm (nach RAS-Q)

Böschungshöhe	h ≥ 2,0 m	Böschungshöhe	h ≥ 2,0 m
Einschnitt	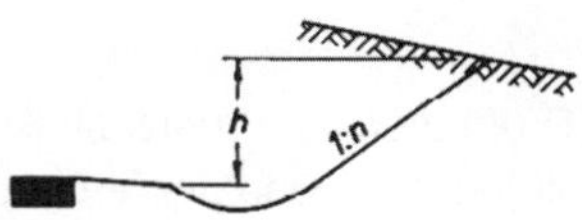	Damm	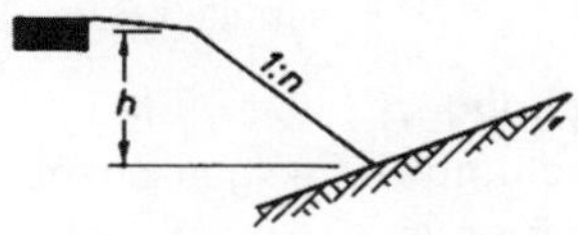
Regelböschung	1 : 1,5	Regelböschung	1 : 1,5
Allgemeine Böschungsmaße	1 : n	Allgemeine Böschungsmaße	1 : n
Tangentenlänge der Ausrundung	3,0 m	Tangentenlänge der Ausrundung	3,0 m
Böschungshöhe	h < 2,0 m	Böschungshöhe	h < 2,0 m
Einschnitt	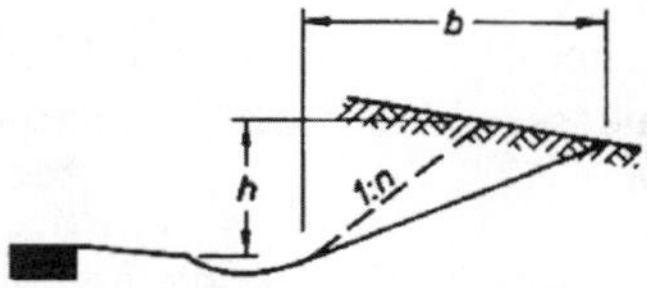	Damm	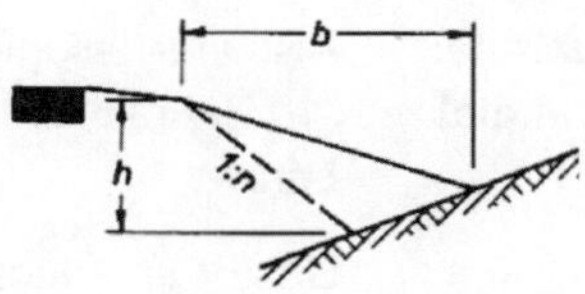
Regelböschung	b = 3,0 m	Regelböschung	b = 3,0 m
Allgemeine Böschungsmaße	b = 2 n	Allgemeine Böschungsmaße	b = 2 n
Tangentenlänge der Ausrundung	1,5 h	Tangentenlänge der Ausrundung	1,5 h

5.06 Prüfen der Bodenverdichtung

5.06.1 Grundlagen

Richtlinien ZTVE-StB, ZTVA-StB und TP BF E 1 bis E 3.

Arten Unterschieden werden Eignungs-, Eigenüberwachungs- und Kontrollprüfungen. Sie umfassen die Probenahme, das sachgerechte Zubereiten, Lagern und versandfertige Verpacken sowie den Transport der Proben von der Entnahme- zur Prüfstelle und schließlich die Prüfung selbst mit Auswertung und Prüfbericht.

Eignungsprüfungen Vom Auftragnehmer auszuführende Prüfungen zum Nachweis der Eignung der Baustoffe und der Baustoffgemische für den vorgesehenen Verwendungszweck entsprechend den Anforderungen des Bauvertrags. ⇒ ZTVE-StB, Abschnitt 1.6.2.

Eigenüberwachungsprüfungen Vom Auftragnehmer auszuführende Prüfungen, um festzustellen, ob die Güteeigenschaften der Baustoffe, Baustoffgemische und der fertigen Leistung den vertraglichen Anforderungen entsprechen. ⇒ ZTVE-StB, Abschnitt 1.6.3.

Kontrollprüfungen Vom Auftraggeber auszuführende Prüfungen, um festzustellen, ob die Güteeigenschaften der Baustoffe, der Baustoffgemische und der fertigen Leistung den vertraglichen Anforderungen entsprechen. ⇒ ZTVE-StB, Abschnitt 1.6.4.

Prüfmerkmale „Prüfmerkmale“ für die Verdichtung sind lt. ZTVE-StB: D_{Pr}, E_{v2}, E_{v2}/E_{v1} oder n_a (siehe Abschnitte 3 und 4).

Einzel-versuche Es ist die Durchführung von Einzelversuchen erforderlich, um die erzielte Verdichtungsqualität zu überprüfen. Die erforderliche Anzahl der Einzelversuche ist abhängig von der gewählten Prüfmethode. Bei den Einzelversuchen werden Kenngrößen aus direkten oder indirekten Prüfverfahren (siehe Abschnitt 5.06.5) ermittelt.

Quantile (Fraktile) Als Qualitätsanforderungen sind in der ZTVE-StB sog. “10 %-Quantilen” (auch “10 %-Fraktilen” genannt) für gemessene Werte der Prüfmerkmale vorgegeben.

Mindestquantile Das Prüfmerkmal “Mindestquantile” T_M bedeutet: die Anforderungen der ZTVE-StB sind erfüllt, falls die Merkmalwerte bei höchstens 10 % aller Einheiten des Prüfloses den vorgegebenen Wert der 10 %-Mindestquantile unterschreiten.

Höchstquantil Das Prüfmerkmal “Höchstquantilen” T_H bedeutet: Die Anforderungen der ZTVE-StB sind erfüllt, falls die Merkmalwerte bei höchstens 10 % aller Einheiten des Prüfloses den vorgegebenen Wert der 10 %-Höchstquantile überschreiten.

Methoden Der Begriff „Methode“ für das Prüfen der Bodenverdichtung bezeichnet die systematische Vorgehensweise, mit der die geplante Qualität gemäß den in den Abschnitten 5.02.3, 5.03 und 5.04.3 vorgeschriebenen Anforderungen an die Verdichtung überprüft wird. Folgende Methoden werden unterschieden:

- Methode M 1: Vorgehensweise gemäß (statistischem) Prüfplan

- Methode M 2: Vorgehensweise bei Anwendung flächendeckender dynamischer Messverfahren
- Methode M 3: Vorgehensweise zur Überwachung des Arbeitsverfahrens

Jeder Methode liegt eine Entscheidungsregel zur eindeutigen und objektiven Beurteilung der Prüfergebnisse zu Grunde.

Wahl der Methode

Die Aussagekraft der Methoden ist unterschiedlich. Jede Methode bietet je nach Anwendungsfall bestimmte Vorteile, so dass der Anwender entsprechend den jeweiligen Gegebenheiten die dafür am besten geeignete Methode auswählen kann.
Eigenüberwachungsprüfungen und Kontrollprüfungen können nur miteinander verglichen werden, wenn bei beiden die gleiche Methode angewendet wird.
Bei der Entscheidung über die zweckmäßige Methode sind insbesondere Art, Größe und Bedeutung des Erdbauwerks, Art und Zusammensetzung der Erdbaustoffe sowie der Geräteeinsatz und die erforderliche Erdbauleistung zu berücksichtigen.

Die Prüfmethoden M 1 und M 2 setzen gleichartige und gleich bleibende Bodenverhältnisse voraus. Ist diese Voraussetzung nicht gegeben, ist die erzielte Verdichtungsqualität durch die Methode M 3 nachzuweisen.

⇒ ZTVE-StB, Abschnitt 14.2.1.

Prüflos

Bereich, für den eine einheitliche Anforderung gilt (z. B. für den Verdichtungsgrad D_{Pr}), der sich getrennt beurteilen lässt und der unter gleichen Bedingungen hergestellt wird. Ist eine dieser Bedingungen nicht erfüllt oder die Fläche nicht genügend groß, so ist nach Methode M 3 zu prüfen.

Ein Prüflos ist in der Regel nicht flächengleich oder identisch mit einem Baulos oder Los gemäß der üblichen Definition im Erd- oder Straßenbau, sondern meist ein aus dem Arbeitsfortschritt oder den örtlichen Gegebenheiten resultierender Teilbereich.

⇒ ZTVE-StB, Abschnitt 14.2.2.

Entscheidungsregel

Jeder Methode liegt eine unterschiedliche Entscheidungsregel zur eindeutigen und objektiven Beurteilung der Prüfergebnisse zu Grunde (siehe Abschnitte 5.06.2.1 bis 5.06.2.3). Die Anwendung der Entscheidungsregel führt zur „Annahme" oder „Zurückweisung" des Prüfloses. Im Fall der Rückweisung ist die gesamte Fläche des Prüfloses abzulehnen und vom Auftragsnehmer in einen anforderungsgemäßen Zustand zu bringen.

Eigenüberwachungsprüfungen und Kontrollprüfungen können nur miteinander verglichen werden, wenn bei beiden die gleiche Methode angewendet wird.

5.06.2 Methode M 1: (Statistischer) Prüfplan

5.6.2.1 Begriffe und Grundlagen

Richtlinien ZTVE-StB und TP BF-StB Teil E 1.

Eignung/ Vorgang Diese Methode eignet sich vor allem für große Prüflose mit gleichartigen und gleich bleibenden Bodenverhältnissen und beruht auf Quantilenforderungen (Mindest- bzw. Höchstquantil, siehe unten) für ein bestimmtes Prüfmerkmal. Insbesondere ist sie bei der Durchführung von Probeverdichtungen einzusetzen (siehe Abschnitt 5.06.3). Die Einhaltung dieser Anforderungen wird an objektiv ausgesuchten Prüfpunkten vorgenommen. Das heißt, die Prüfpunkte werden anhand von statistischen Zufallsauswahlverfahren bestimmt. ⇒ TP BF-StB Teil E 1 und Deutler (1995).

Einheit Ein Stichprobenplan muss aus "Einheiten" bestehen. Als Einheit wird eine quadratische Fläche mit 1 m Seitenlänge definiert. Einheiten am Rande eines Prüfloses, die keinen vollen Quadratmeter beinhalten, werden auf einen vollen Quadratmeter aufgerundet oder der benachbarten Einheit zugeschlagen.

Prüfmerkmale M 1 Die Prüfmerkmale D_{Pr} bzw. E_{v2} werden als sog. "Mindestquantile" (T_M) definiert. Die Prüfmerkmale E_{v2}/E_{v1} bzw. Luftporenanteil n_a sind als sog. "Höchstquantilen" (T_H) vorgegeben. Das bedeutet: Die Anforderungen der ZTVE-StB sind erfüllt, falls die Merkmalwerte bei höchstens 10 % aller Einheiten des Prüfloses den vorgegebenen Wert der 10 %-Höchstquantile überschreiten.

Prüfpunkte Punkte der Prüflosfläche, an denen Prüfungen durchzuführen sind. Sie werden nach Zufallsauswahlverfahren festgelegt, und zwar entweder mit dem Verfahren SA (Systematische Auswahl mit Zufallsstart) oder dem Verfahren ZA (Einfache Zufallsauswahl). ⇒ ZTVE-StB, Abschnitt 1.6). Der Stichprobenumfang ergibt sich aus dem jeweils verwendeten Prüfplan (z. B. für einen Einfach-Stichproben-Prüfplan nach Tabelle □ 5.34).

Stichprobe Die Menge der Stichprobeneinheiten heißt "Stichprobe". Eine Einheit, in der ein ausgewählter Prüfpunkt liegt, wird "Stichprobeneinheit" genannt. Die Anzahl der Stichprobeneinheiten heißt "Stichprobenumfang" n. Der Stichprobenumfang ergibt sich aus dem jeweils verwendeten Prüfplan, z. B für einen Einfach-Stichproben-Prüfplan aus Tabelle □ 5.34.

Prüfpläne Für die Annahmestichprobenprüfung stehen verschiedene Arten von "Stichprobenanweisungen" (Prüfplänen) zur Verfügung, nämlich Einfach-, Doppel- und Folgepläne (⇒ TP BF-StB Teil E 1, Abschnitt 1.4). Außerdem wird zwischen "Attributprüfung" und "Variablenprüfung" und rechteckigen und nicht rechteckigen Prüflosflächen unterschieden.

Im Normalfall (Regelfall) wird der Einfachplan für Variablenprüfung (siehe ZTVE-StB, Abschnitt 14.2.2) gewählt. Außerdem liegt häufig ein rechteckiges Prüflos vor, so dass das Verfahren SA (Systematische Auswahl mit Zufallsstart) benutzt werden kann (siehe TP BF Teil E 1, Abschnitt 1.6).

□ 5.34: Stichprobenumfang und Annahmefaktor für einen Einfachplan für Variablenprüfung in Abhängigkeit von der Prüflosgröße (ZTVE-StB, Tabelle 7)

Prüflosgröße Fläche m²	Leitungs-Grabenlänge m Länge pro m Grabentiefe	Stichprobenumfang n	Annahmefaktor k
bis 1000	bis 100	4	0,88
über 1000 bis 2000	über 100 bis 200	5	0,88
über 2000 bis 3000	über 200 bis 300	6	0,88
über 3000 bis 4000	über 300 bis 400	7	0,88
über 4000 bis 5000	über 400 bis 500	8	0,88
über 5000 bis 6000	über 500 bis 600	9	0,88

Entscheidungsregel Bei einem Einfachplan wird aus dem Prüflos eine Stichprobe mit einem fest vorgegebenen Umfang ausgewählt. Anhand der an den Stichprobeneinheiten ermittelten Prüfergebnisse wird die Entscheidung "Annahme" oder "Rückweisung" des Prüfloses gefällt (siehe Abschnitt 5.06.2.2).

Bei der Variablenprüfung wird an jedem ausgewählten Prüfpunkt mit Hilfe des festgelegten Prüfverfahrens das Prüfergebnis bestimmt. Ob die zum Prüfpunkt gehörige Einheit "schlecht" ist oder nicht, wird nicht registriert. Durch Auswertung der ermittelten Prüfergebnisse wird dann über die Annahme des Prüfloses entschieden.

5.6.2.2 Einfachplan für Variablenprüfung (rechteckige Prüflosfläche)

Die Überprüfung nach M 1 wird zweckmäßig in folgenden Arbeitsschritten vorgenommen (siehe TP BF-StB, Teil E 1 und Zahlenbeispiel □ 5.47 bis □ 5.50):

1. Das Mindestquantil T_M für D_{Pr} bzw. E_{v2} bzw. das Höchstquantil T_H für E_{v2}/E_{v1} bzw. n_a wird nach den Anforderungen der ZTVE-StB (siehe Abschnitt 5.02.3) oder aus dem Bauvertrag entnommen.
2. Für die vorher festgelegte Größe der rechteckigen Prüflosfläche der Länge A (m) und der Breite B (m), mit A > B, können der Stichprobenumfang n und der Annahmefaktor k aus Tabelle □ 5.34 entnommen werden.
3. An einer beliebigen Stelle in der Zufallszahlentabelle aus Anhang 2 der TP BF-StB Teil E 1 (Auszug siehe Tabelle □ 5.35) werden vier aufeinander folgende Zahlen abgelesen und jeweils zwei davon zu zwei zweistelligen Zahlen zusammengefasst. Mit der ersten der so entstandenen zweistelligen Zahlen als Zeilennummer, und der zweiten der so entstandenen zweistelligen Zahlen als Spaltennummer ergibt sich die Startnummer für die Zufallszahlen (siehe Punkt 4.) aus der Zufallszahlentabelle aus Anhang 2 der TP BF-StB Teil E 1 (Auszug siehe Tabelle □ 5.35).

☐ 5.35: Beispiele: Zufallszahlentabelle (TPBF-StB Teil 1, Tabelle A2a)

Zeile \ Spalte	00	01	02	03	04	05	06	07	08	09	10	11	12	13	14	15	16	17	18	19	20	21	22	23	24	25	26	27	28	29	30	31	32	33	34	35	36	37	38	39	40	41	42	43	44	45	46	47	48	49	Zeile
00	5	7	2	2	4	5	0	3	0	7	8	9	1	7	0	6	6	7	2	3	5	5	1	9	2	6	7	2	5	7	4	5	2	3	6	3	8	1	0	5	6	5	4	2	6	5	3	1	3	4	00
01	1	1	8	8	2	3	6	1	4	8	9	9	2	0	7	0	4	7	9	5	8	2	2	9	6	3	8	6	5	6	8	6	7	2	0	4	5	2	9	9	8	0	4	0	4	4	5	9	1	7	01
02	4	2	6	3	0	5	2	6	3	2	0	7	8	3	3	2	9	4	8	8	7	7	3	2	8	8	0	5	3	0	9	2	5	2	2	1	7	3	2	7	8	6	6	3	6	1	2	7	8	2	02
03	9	8	2	2	3	3	2	6	5	3	2	3	2	4	2	6	8	6	9	3	5	8	4	2	8	8	0	0	2	8	6	8	6	2	6	1	9	8	3	7	8	5	8	8	0	4	5	1	9	0	03
04	7	7	0	7	5	8	0	1	7	9	3	6	9	9	5	9	5	5	4	6	0	1	2	1	1	4	3	6	2	4	9	7	0	8	3	6	3	2	8	8	9	4	3	0	7	4	3	9	0	5	04
05	7	2	6	2	6	7	9	2	7	2	0	7	5	8	1	1	8	2	7	5	3	4	2	1	5	1	0	6	1	6	7	2	3	8	3	8	2	2	5	5	1	1	3	6	3	3	8	5	7	2	05
06	9	7	2	9	9	0	6	3	2	1	4	5	8	6	9	9	8	9	8	5	5	9	4	7	4	1	9	8	1	8	3	0	6	6	2	1	9	3	4	6	3	4	4	4	9	3	1	3	6	0	06
07	9	4	4	9	5	5	3	9	5	6	5	1	4	3	0	6	3	9	8	4	2	5	5	9	8	2	1	3	0	1	7	9	7	6	2	9	2	4	8	7	0	7	4	0	2	9	1	7	4	8	07
08	2	2	6	1	5	5	6	4	6	6	4	0	2	0	4	6	7	8	6	8	8	8	0	1	3	0	8	0	9	0	0	3	2	4	8	8	8	6	4	3	0	1	5	2	0	6	2	8	0	8	08
09	8	1	0	2	9	8	2	0	3	5	5	0	7	7	4	0	4	3	8	8	2	2	5	8	4	3	6	5	3	4	9	2	0	6	6	3	9	6	5	8	7	7	6	4	1	1	2	8	0	9	09
10	1	5	3	1	2	5	5	2	9	6	4	0	6	5	3	9	7	9	7	7	0	3	5	9	7	0	6	5	4	6	3	0	8	6	9	1	7	0	7	6	3	0	8	0	5	4	0	7	0	0	10
11	8	6	4	8	2	6	1	4	8	6	4	1	2	6	2	5	0	9	4	6	8	2	1	3	3	9	5	7	9	5	5	2	1	6	0	9	8	9	5	4	3	2	5	4	7	4	9	5	0	2	11
12	7	0	2	4	2	8	7	2	0	3	3	5	9	9	8	2	9	8	6	8	4	8	8	1	1	3	0	3	5	8	5	1	3	8	5	9	2	6	9	0	6	2	3	3	0	4	1	3	6	9	12
13	1	3	5	9	9	7	2	6	5	7	0	6	9	4	1	7	0	0	4	9	6	4	7	1	2	7	0	1	9	0	9	3	0	0	5	7	0	0	2	9	4	9	7	3	5	6	6	6	6	5	13
14	8	9	8	0	4	9	7	7	4	5	7	3	3	2	2	0	4	9	1	6	4	2	2	6	6	3	1	5	8	8	9	6	6	1	3	2	8	2	3	6	0	2	0	1	3	4	0	1	2	5	14
15	2	9	5	1	4	2	7	2	6	8	8	7	4	4	9	6	7	0	6	3	2	7	2	4	6	0	7	1	7	0	1	0	9	7	5	1	3	7	5	5	0	3	8	5	3	2	1	1	1	8	15
16	4	5	0	5	0	5	6	3	7	0	7	0	8	7	1	4	7	4	6	8	4	6	6	7	5	6	1	8	6	0	6	7	8	5	6	5	4	9	6	0	5	4	1	9	3	4	3	2	0	1	16
17	6	9	5	9	7	4	2	3	2	6	8	6	5	3	0	3	7	2	3	3	2	5	2	0	9	8	6	5	0	7	2	0	9	0	9	2	4	4	8	3	9	4	4	6	1	7	1	9	0	6	17
18	2	8	8	6	1	3	1	8	8	5	4	9	0	1	6	2	4	0	3	1	9	1	0	0	6	4	7	5	3	8	0	9	6	2	8	4	4	0	7	4	3	2	0	0	2	7	4	6	9	6	18
19	8	8	5	2	8	5	2	6	1	8	9	1	5	6	0	1	2	0	8	3	7	1	5	5	8	7	5	6	6	7	3	1	0	7	0	6	7	9	1	2	0	4	9	2	6	7	4	7	8	8	19
20	1	2	1	4	8	4	0	6	0	1	7	4	0	1	4	8	1	8	9	0	1	1	9	8	1	7	9	2	8	1	6	8	3	5	7	1	6	2	0	1	4	8	4	4	2	5	4	0	2	1	20
21	5	1	5	2	9	9	9	2	2	3	8	1	4	6	5	5	4	4	9	1	5	4	8	3	8	6	7	1	5	7	1	7	2	7	9	2	5	1	5	4	7	8	3	8	1	2	8	9	8	4	21
22	0	9	9	3	5	4	6	5	0	3	7	1	0	9	1	1	5	8	6	1	3	4	5	6	4	9	4	5	9	9	7	3	6	8	4	0	8	1	7	9	9	9	4	5	3	7	2	8	6	8	22
23	7	8	7	7	5	2	7	4	5	6	7	4	0	1	6	8	2	7	6	4	3	3	4	9	8	6	7	5	5	2	6	0	5	3	8	2	8	1	8	1	5	0	4	9	8	5	0	1	1	0	23
24	2	4	8	0	4	0	3	4	4	1	2	0	9	3	3	9	9	8	3	8	0	5	4	6	9	5	2	3	6	9	5	0	6	1	8	9	2	5	6	4	0	9	3	2	3	5	2	4	0	6	24
25	1	8	7	8	0	7	2	7	6	5	4	5	6	8	6	9	8	6	5	2	1	3	5	2	9	0	0	0	8	8	2	7	1	6	6	7	5	2	0	0	2	2	0	3	3	9	3	9	2	5	25
26	4	3	2	8	3	0	3	3	4	5	9	4	5	3	3	1	3	0	8	7	2	2	1	8	0	4	3	9	8	7	1	3	6	3	6	3	2	4	2	2	3	1	8	3	5	8	1	1	7	2	26
27	3	4	8	0	3	3	0	3	7	9	8	2	0	1	4	3	0	2	1	8	7	5	6	7	6	8	6	6	7	7	5	1	2	3	1	9	1	9	5	5	9	1	8	0	3	5	0	9	1	9	27
28	9	2	4	8	1	3	9	1	9	7	0	6	9	3	4	2	3	4	2	5	6	9	6	6	0	1	8	4	8	8	2	3	4	2	3	3	0	8	8	5	3	7	9	8	6	2	3	3	8	7	28
29	1	9	6	1	3	0	0	7	8	7	6	8	5	5	6	9	5	1	0	5	2	6	1	1	6	8	4	0	6	4	7	4	2	3	1	7	2	5	0	3	7	4	0	4	6	0	8	4	6	6	29
30	6	7	4	1	3	2	4	3	3	5	0	6	2	5	7	3	9	6	2	3	5	7	3	0	6	4	3	9	3	0	4	0	1	0	5	7	7	8	7	9	6	9	5	2	5	1	4	4	7	1	30
31	2	6	2	5	6	6	8	1	8	2	0	2	9	8	1	8	8	9	9	9	1	5	6	9	5	9	1	2	0	2	2	9	8	0	0	9	0	2	7	3	9	7	4	6	2	3	6	7	8	2	31
32	3	3	0	2	7	2	8	6	8	3	6	0	4	2	9	4	8	2	9	6	4	6	3	9	7	9	8	7	1	2	0	5	9	5	5	6	3	0	5	4	8	5	9	9	7	5	1	6	0	1	32
33	5	7	5	4	2	4	7	2	0	9	9	1	0	2	5	4	5	9	1	4	3	3	5	1	3	1	2	1	3	3	9	5	9	6	0	5	6	7	6	4	4	7	9	8	6	5	9	1	4	2	33
34	2	9	3	7	2	4	2	1	9	0	1	5	5	7	0	2	6	8	8	6	3	9	8	1	4	0	8	4	1	2	5	6	8	1	1	3	5	5	3	7	4	3	8	0	5	8	9	8	4	6	34
35	2	6	0	4	1	6	5	3	8	7	9	5	1	5	1	1	7	5	2	0	0	5	4	5	4	0	7	2	4	3	7	6	0	6	9	6	4	8	2	5	1	2	4	0	0	8	3	6	9	8	35
36	9	2	3	2	8	6	6	6	1	8	8	1	4	8	5	0	2	6	2	9	2	0	3	9	6	3	3	1	9	0	2	6	2	1	7	5	5	0	8	4	2	2	9	8	4	4	3	2	9	7	36
37	3	3	8	7	2	2	3	8	8	7	8	7	4	2	2	6	7	7	6	7	1	4	3	8	7	2	5	5	6	4	1	2	1	0	0	1	6	0	4	4	2	5	7	2	5	1	7	6	4	8	37
38	3	0	8	4	3	3	7	0	3	1	9	0	8	1	4	7	8	2	4	9	3	1	6	2	0	3	7	8	6	7	4	8	8	4	3	3	2	1	0	2	9	3	7	1	9	2	5	7	7	7	38
39	5	3	4	2	8	0	9	5	0	8	9	9	5	7	2	2	1	4	0	6	5	6	3	9	9	4	6	3	2	2	9	2	5	4	8	4	4	3	6	3	9	1	0	6	0	1	1	1	3	1	39
40	7	3	2	1	9	0	3	5	6	2	6	1	0	9	6	7	6	9	4	1	1	8	2	8	4	7	9	5	6	9	9	3	1	8	0	2	3	4	3	7	7	1	7	2	3	4	8	1	6	9	40
41	1	1	5	3	6	4	2	4	8	9	9	6	5	0	8	4	4	3	2	1	6	5	3	7	3	5	8	6	6	4	9	1	6	9	1	5	6	8	2	1	5	5	4	9	7	5	8	7	5	1	41
42	0	3	2	2	2	4	0	5	3	8	4	5	8	8	0	4	8	1	8	7	3	7	5	8	4	3	9	3	4	8	7	3	6	9	0	5	5	3	6	5	8	8	9	9	5	2	8	1	4	1	42
43	0	2	9	4	3	9	9	3	4	3	6	4	2	5	3	7	7	2	6	6	9	4	2	1	5	9	6	9	9	3	8	1	1	9	9	7	6	5	4	6	2	1	4	7	3	4	4	7	2	9	43
44	4	9	0	0	3	6	0	3	4	7	0	6	4	5	0	7	8	3	5	9	9	4	8	7	9	4	1	1	5	8	8	7	4	8	8	8	9	5	8	7	0	1	8	8	8	9	1	8	7	5	44
45	9	9	7	5	6	9	6	5	3	7	5	1	1	8	5	1	6	7	3	5	1	6	5	6	7	7	2	1	4	3	4	1	1	8	8	5	4	9	8	0	5	3	0	8	5	3	3	2	4	6	45
46	0	4	1	0	9	2	4	4	3	5	0	8	2	7	6	4	3	4	5	7	0	9	2	1	8	3	0	1	6	8	2	3	7	5	8	4	4	4	8	1	8	8	6	7	4	7	0	2	0	9	46
47	7	7	5	7	4	2	0	1	7	8	8	2	4	7	4	4	5	5	4	9	0	8	9	6	9	4	6	8	7	3	9	1	5	0	8	6	0	6	4	4	7	2	0	6	8	5	2	2	2	3	47
48	1	5	4	7	5	8	3	9	2	0	9	1	0	8	3	8	0	9	0	0	2	3	0	5	2	4	7	6	6	4	5	5	1	5	0	9	0	4	1	3	7	9	7	4	1	1	7	6	6	6	48
49	1	0	8	5	1	7	6	9	3	3	4	7	0	7	5	3	4	4	1	9	3	4	0	2	7	8	9	8	3	0	0	3	2	1	4	0	2	3	7	0	9	7	6	9	6	6	7	9	8	7	49
Zeile \ Spalte	00	01	02	03	04	05	06	07	08	09	10	11	12	13	14	15	16	17	18	19	20	21	22	23	24	25	26	27	28	29	30	31	32	33	34	35	36	37	38	39	40	41	42	43	44	45	46	47	48	49	Zeile

4. Beginnend mit der Startziffer (aus Punkt 3.), werden n + 1 (n siehe Punkt 2.) zweistellige Zahlen von links nach rechts aus der Zufallszahlentabelle aus Anhang 2 der TP BF-StB Teil E 1 (Auszug siehe Tabelle □ 5.35) abgelesen.

5. Bei einem Einfachprüfplan für Variablenprüfung und bei einer rechteckigen Prüflosfläche erfolgt die Auswahl der Prüfpunkte nach dem Verfahren SA ("Systematische Auswahl mit Zufallsstart", siehe TP BF-StB Teil E 1 bzw. Abschnitt 5.06.2.1). Die Prüfpunktkoordinaten a_i und b_i werden aus den Gleichungen

$$a_i = A / n \cdot [z_0 / 100 + (i-1)] \tag{5.01}$$

$$b_i = B \cdot z_i / 100 \tag{5.02}$$

berechnet und auf 0,5 m gerundet.

6. Die nach Punkt 5. berechneten n Prüfpunkte werden in eine maßstäbliche Planskizze des Prüfloses eingetragen.

7. An den n festgelegten Prüfpunkten wird das vereinbarte Prüfmerkmal bestimmt: also z. B. auf der Baustelle die Trockendichte ρ_d und im Labor die Proctordichte ρ_{Pr}, so dass der Verdichtungsgrad D_{Pr} (auf zwei Nachkommastellen) berechnet werden kann, oder auf der Baustelle der Verformungsmodul E_{v2} (eine Nachkommastelle) und das Verhältnis E_{v2}/E_{v1} (zwei Nachkommastellen) sowie, wenn erforderlich, der Luftporenanteil n_a (drei Nachkommastellen).

8. Aus diesen n Prüfmerkmalen x_i wird das arithmetische Mittel $\overline{x}$ der Stichprobe nach der Gleichung

$$\overline{x} = \frac{1}{n} \sum_{i=1}^{i=n} x_i \tag{5.03}$$

sowie die Standardabweichung s nach der Gleichung

$$s = \sqrt{\left[\sum_{i=1}^{i=n} \left(x_i - \overline{x} \right)^2 \right] \cdot \frac{1}{n-1}} \tag{5.04}$$

berechnet (drei Nachkommastellen, nur beim Verformungsmodul zwei Nachkommastellen).

9. Mit den unter Punkt 1. und 8. berechneten Werten erhält man die Qualitätszahl Q (drei Nachkommastellen, nur beim Verformungsmodul zwei Nachkommastellen) im Fall eines 10%-Mindestquantils T_M (Verdichtungsgrad, Verformungsmodul) nach der Gleichung

$$Q = \frac{\overline{x} - T_M}{s} \tag{5.05}$$

im Fall eines 10 %-Höchstquantils T_M (Luftporenanteil, Verhältniswert E_{v2}/E_{v1}) nach der Gleichung

$$Q = \frac{T_M - \bar{x}}{s} \tag{5.06}$$

Entscheidungsregel bei M 1

Das Prüflos wird angenommen, wenn Q ≥ k ist; anderenfalls wird das Prüflos zurückgewiesen.

5.06.3 Methode M 2: Flächendeckendes dynamisches Messverfahren

Richtlinien

ZTVE-StB und TP BF-StB Teil E 2

Vorgang

Mit Hilfe eines Messgeräts, das an der Walze installiert ist, wird ein aus der Wechselwirkung zwischen Walze und Boden abgeleiteter dynamischer Messwert ermittelt. Dieser korreliert mit der Steifigkeit und Verdichtung des Bodens.

Die Prüfung kann mit der beim Verdichten eingesetzten Arbeitswalze direkt arbeitsintegriert oder mit einer speziellen Messwalze ausgeführt werden. ⇒ TP BF-StB Teil E 2 und "Merkblatt über flächendeckende dynamische Verfahren zur Prüfung der Verdichtung im Erdbau".

Werden weitgehend gleichmäßig zusammengesetzte grobkörnige Böden (Klassifizierung nach DIN 18 196) verdichtet, kann bei vorausgegangener Kalibrierung (Probeverdichtung siehe unten) aus dem dynamischen Messwert direkt auf den erforderlichen Qualitätswert (z. B. Verdichtungsgrad, Verformungsmodul) geschlossen werden.

Aus der Kalibrierung wird ein Mindestwert für den dynamischen Messwert abgeleitet und vereinbart. Wird dieser Wert trotz Nachverdichtung bereichsweise nicht erreicht, müssen entweder für diese Teilbereiche gesonderte Mindestwerte aus neuen Kalibrierungen vereinbart oder Einzelversuche gemäß Abschnitt 14.1.4 der ZTVE-StB für das Überprüfen dieser Teilbereiche ausgeführt werden.

Eignung

Für Baumaßnahmen mit großen Tagesleistungen und weitgehend gleichartigen und gleichbleibenden Bodenverhältnissen sowie zur Beurteilung der Gleichmäßigkeit der Verdichtung, da systematische Änderungen der dynamischen Messwerte auf Schwachstellenbereiche oder andere Eigenschaften des Bodens hinweisen.

Die Anwendung der Methode M 2 empfiehlt sich im Besonderen für die Eigenüberwachung des Auftragnehmers, der aus den dynamischen Messwerten zugleich Hinweise auf die Optimierung seines Arbeitsverfahrens erhält. ZTVE-StB, Abschnitt 14.1.3.

Prüfmerkmale M 2

Die Überprüfung wird zweckmäßig in folgenden Arbeitsschritten vorgenommen (siehe TP BF-StB, Teil E 2):

1. Durchführen einer Kalibrierung für die jeweiligen Boden- und Baustellenverhältnisse entsprechend TP BF-StB Teil E 4.
2. Festlegung des Mindestquantil T_M für die dynamischen Messwerte.
3. Prüfen der verdichteten Schicht mit dem flächendeckenden dynamischen Messverfahren (Vollprüfung, Messwertanzahl N).
4. Aus allen dynamischen Messwerten (Prüfmerkmalen) x_i wird das arithmetische Mittel $\bar{x}$ nach der Gleichung (5.03) sowie die Standardabweichung s nach Gleichung (5.04) ermittelt.
5. Ermittlung der Prüfgröße Z (in der Regel mit Hilfe der EDV des Walzenherstellers)

$$z = \bar{x} - 1{,}28 \cdot s \qquad (5.07)$$

6. Darstellen aller Messwerte in einem Flächenplot

Entscheidungsregel bei M 2

7. Das Prüflos wird angenommen, wenn $z \geq T_M$ ist; anderenfalls wird das Prüflos zurückgewiesen.

5.06.4 Methode M 3: Überwachung des Arbeitsverfahrens

Richtlinien ZTVE-StB und TP BF Teil E 3

Eignung Für alle Baumaßnahmen, besonders für beengte Arbeitsräume wie Hinterfüllräume, Leitungs- und Kabelgräben. ⇒ Wittmann (1997).

Voraussetzung Die Anwendung der Methode M 3 setzt voraus, dass ein bestimmtes Arbeitsverfahren für den Einbau und das Verdichten des Bodens durch Probeverdichtung (siehe Stichwort „Probeverdichtung") oder auf Grund bereits einschlägig vorliegender Erfahrungen festgelegt wird und dass diese Festlegung bei der Eigenüberwachung vom Auftragnehmer dokumentiert wird. ⇒ Wittmann (1997).

Probeverdichtung (mit Prüfung nach M 1) Anlegen eines Probefeldes (Probeverdichtung) für jede einzubauende Bodenart. Die Länge des Probefeldes hängt von der Schütthöhe, den Baustellenbedingungen und den Geräteabmessungen ab. Durch Probeverdichtung dieses Feldes mit dem Gerät, das auch im anschließenden Baustellenbetrieb für die Verdichtung eingesetzt werden soll, werden für das gewählte Verdichtungsgerät die günstigste Schütthöhe und die erforderliche Zahl der Verdichtungsübergänge zum Erreichen der gestellten Anforderung ermittelt.

Vor der Verdichtung werden die genauen Höhen der Einbauschüttlagen gemessen. Bei Schichten bis zu einer Dicke von 50 cm erfolgt die Prüfung des erreichten Verdichtungsgrads in einer Lage. Bei dickeren Schichten wird in verschiedenen Tiefen geprüft, wobei je angefangene 30 cm eine Prüfung durchzuführen ist.

Die Auswahl der Prüfpunkte und die Auswertung der Prüfergebnisse erfolgen gemäß Methode M 1, also auf statistischer Grundlage.

⇒ ZTVA-StB, Anhang 15.

Arbeits-verfahren Für das Arbeitsverfahren wird vor allem folgendes festgelegt: das geeignete Verdichtungsgerät, die Arbeitsweise beim Einbau, die Anzahl der erforderlichen Verdichtungsübergänge, die maximale Schütthöhe der einzelnen Einbaulagen und die für das Verdichten zulässigen Einbauwassergehalte.

Arbeits-anwei- Die Einzelheiten des Arbeitsverfahrens werden in einer Arbeitsanweisung vereinbart und dokumentiert. Bei der Bauausführung wird - z. B. durch Führung eines Protokolls - überprüft, ob die Arbeitsanweisung eingehalten wird. Bestehen Zweifel an der Einhaltung der Arbeitsanweisung, wird durch konventionelle Prüfungen oder Schnellverfahren, z. B. Sondierungen, geprüft, ob der Verdichtungserfolg erreicht wurde.

Einzel-versuche Bei Anwendung der Methode 3 ist zusätzlich die Durchführung von Einzelversuchen erforderlich, um die mit dem Arbeitsverfahren erzielte Verdichtungsqualität zu überprüfen. Ihre Anzahl geht aus Tabelle □ 5.36 hervor. Bei den Einzelversuchen werden Kenngrößen aus direkten oder indirekten Prüfverfahren (siehe Abschnitt 5.06.5) ermittelt.

□ 5.36: Mindestanzahl der Eigenüberwachungsprüfungen (ZTVE-StB, Tabelle 8)

Zeile	Bereich	Mindestzahl
1	Planum, Unterbau, Untergrund	1 je angefangene 1000 m², mindestens jedoch 2 Prüfungen
2	Bauwerkshinterfüllung	1)
5	Bauwerksüberschüttung	3 innerhalb des ersten Meters der Überschüttung
6	Leitungsgraben	3 je 150 m Länge pro m Grabentiefe
7	bei kommunalen Straßen und bei abschnittsweisem Bauen	1 je angefangene 1000 m², mindestens aber je 100 m und mindestens 2 Prüfungen

1): Bei Bauwerkshinterfüllungen ist mindestens eine Messung des Verdichtungsgrades in jeder dritten Schüttlage (bei einer angenommenem Schüttlagendicke von maximal 30 cm) je 200 m² Schüttlagenfläche durchzuführen. ⇒ ZTVE-STB, Abschnitt 14.6.2

Die Einzelversuche sind an ausgesuchten Prüfpunkten vorzunehmen, z. B. an kritischen Verdichtungsbereichen des Erdbauwerks, an augenscheinlich erkennbaren Schwachstellen und im Bereich von Änderungen in der Zusammensetzung oder anderer Eigenschaften des Bodens. Zur Auffindung dieser Prüfpunkte kann auch eine Voruntersuchung vorangehen, bei der die Prüffläche mit einem Lkw (Radlast 5 t) in gleichmäßiger Schrittgeschwindigkeit befahren wird (Proof rolling).

Die in Tabelle □ 5.36 angegebene Mindestanzahl der Eigenüberwachungsprüfungen für ein Prüflos ist auch dann einzuhalten, wenn die zu prüfende Ausdehnung des jeweiligen Erdbauwerks (m, m², m³) kleiner als die in Tabelle □ 5.36 angegebene Größe ist.

Ist die Ausdehnung größer als die in der Tabelle □ 5.36 angegebene Größe, so ist sie in zweckmäßige Teilbereiche zu unterteilen, denen jeweils die Mindestanzahl der

Eigenüberwachungsprüfungen zuzuordnen ist. Jeder Teilbereich wird ebenfalls als Prüflos bezeichnet.

Kein Prüfergebnis eines Prüfloses darf die in den Abschnitten 5.02.3, 5.03 und 5.04.4 genannten Zahlenwerte (Anforderungen an die Verdichtung) unter- bzw. überschreiten. Wird diese Vorgabe nicht erfüllt, gilt das jeweilige Prüflos als nicht vertragsgerecht hergestellt und ist vom Auftragnehmer in einen vertragsgerechten Zustand zu bringen.

Prüfmerkmale M 3

Die Überprüfung wird zweckmäßig in folgenden Arbeitsschritten vorgenommen (siehe TP BF-StB, Teil E 3):

1. Durchführen einer Probeverdichtung unter Beachtung Prüfmethode M 1.
2. Aufstellung einer Arbeitsanweisung anhand des nach Punkt 1. ermittelten Arbeitsverfahrens
3. Prüfen des Arbeitsverfahrens und Dokumentation im so genannten Tagesprotokollheft
4. Durchführung von Einzelversuchen gemäß Tabelle □ 5.36
5. Aus den Einzelversuchen (Prüfmerkmalen) x_i wird das arithmetische Mittel $\bar{x}$ nach der Gleichung (5.03) sowie die Standardabweichung s nach Gleichung (5.04) ermittelt.
6. Ermitteln der maßgebenden Entscheidungsgröße gemäß Tabelle □ 5.37

Entscheidungsregel bei M 3

7. Das Prüflos wird angenommen, wenn die Entscheidungsregel gemäß Tabelle □ 5.37 erfüllt ist und das Arbeitsverfahren eingehalten wird; anderenfalls wird das Prüflos zurückgewiesen.

Der Auftraggeber soll sich zweckmäßigerweise an allen drei Prüfphasen (Probeverdichtung, visuelle Überprüfung des Arbeitsverfahrens, Einzelversuche an ausgesuchten Stellen) beteiligen, kann aber die Einzelversuche auch an ausgesuchten Stellen als eigenständige Kontrollprüfungen im Umfang der Tabelle □ 5.36 gesondert ausführen.

⇒ Zahlenbeispiel: □ 5.38

□ 5.37: Maßgebende Entscheidungsregel für Methode M 3 (ZTVE-StB, Abschnitt 14.2.4)

Anzahl der Prüfergebnisse	Entscheidungsregel
n = 2	$\overline{x} - 1{,}28 \cdot s \geq T_M$
n = 3	$\overline{x} - 1{,}15 \cdot s \geq T_M$
n ≥ 4	$\overline{x} - 0{,}88 \cdot s \geq T_M$

5.06.5 Prüfverfahren zur Ermittlung von Verdichtungskenngrößen

5.6.5.1 Direkte Prüfungen

Kenngrößen

Zur Bestimmung der erforderlichen Verdichtungsqualität eines Bodens können mit Hilfe von Probenahmen und entsprechender Versuchstechnik folgende Verdichtungskenngrößen bestimmt werden: Verdichtungsgrad D_{Pr} , Trockendichte ρ_d,

Porenanteil n und Luftporenanteil n_a ("direkte Prüfverfahren"). ⇒ siehe Abschnitte 2 und 3 und diesbezügliche TP BF-StB).

D_{Pr}

Bei Baustoffen oder im Untergrund ist an derjenigen Probe, die bei der jeweiligen Bestimmung der Trockendichte ρ_d entnommen wird, die zugehörige Proctordichte als Bezugswert zu ermitteln und der Beurteilung zu Grunde zu legen. Bei gleichmäßig zusammengesetztem Baustoff oder Untergrund kann auch die bei der Eignungsprüfung ermittelte Proctordichte als Bezugswert für den Verdichtungsgrad dienen.

ρ_d, n, n_a

Lässt sich die Proctordichte als Bezugswert des Verdichtungsgrades prüftechnisch nicht zuverlässig oder wegen vorgegebener Einbauleistungen nicht rechtzeitig oder nicht im erforderlichen Umfang ermitteln, kann ersatzweise die Trockendichte ρ_d oder der Porenanteil n als Kriterium für die erforderliche Verdichtungsqualität festgelegt werden ("Vereinfachte Prüftechnik").

Diese vereinfachte Prüftechnik setzt voraus, dass der jeweilige Bezugswert entweder auf Grund bereits vorliegender örtlicher Erfahrungen oder auf Grund einer vorherigen Kalibrierung festgelegt wird und die Grundeigenschaften des zu verdichtenden Materials im Wesentlichen unverändert bleiben. Sie empfiehlt sich bei Prüfungen in beengten Arbeitsräumen oder Leitungsgräben im kommunalen Straßenbau.

Auch der Luftporenanteil n_a kann als Kriterium für die erforderliche Verdichtungsqualität festgelegt werden. Die für den Luftporenanteil gemäß Abschnitt 5.02.3 geltende Anforderung ist mittels Dichtemessungen zu überprüfen.

□ 5.38: Beispiel 90: Eigenüberwachungsprüfung nach Methode 3

Geg.: *Bei der Eigenüberwachungsprüfung einer verdichteten Dammschüttung werden drei Zylinderproben aus der Prüflosfläche von 2500 m² entnommen und untersucht:*

Prüfpunkt	*1*	*2*	*3*
Masse der feuchten Probe [g]	*2309*	*2205*	*2250*
Zylindervolumen [cm³]	*1040*	*1040*	*1040*
Wassergehalt [1]	*0,09*	*0,10*	*0,40*
Proctordichte [t/m³]	*2,05*	*2,01*	*2,02*

Ges.: *Wurde das Prüflos vertragsgerecht erstellt, wenn an jedem Prüfpunkt eine Proctordichte von 98% vorliegen muss?*

Lösg.:

Prüfpunkt	*1*	*2*	*3*
$\rho_d = \frac{\rho}{1+w} = \frac{m}{V(1+w)}$	*2,037*	*1,927*	*1,966*
$D_{\text{Pr}} = \frac{\rho_d}{\rho_{\text{Pr}}} \cdot 100$	*0,99*	*0,96*	*0,973*

$T_M = 97\%$, $n = 3$, $\bar{x} = 97{,}3\%$; $s = 1{,}5044\%$;

$\rightarrow 97{,}3\% - 1{,}15 \cdot 1{,}5044 = 95{,}6\% < 97\%$ *(siehe □ 5.37)*

Die Entscheidungsregel für 3 Prüfpunkte wurde nicht eingehalten. Das Prüflos muss vom Auftragnehmer in einen anforderungsgemäßen Zustand gebracht werden:

5.6.5.2 Indirekte Prüfverfahren

Arten Lassen sich Dichtemessungen und Proctorversuche nach Abschnitt 5.06.5.1, z. B. auf Grund der Materialeigenschaften, prüftechnisch nur schwierig oder zu zeitaufwändig oder wegen der vorgegebenen Einbauleistung nicht im erforderlichen Umfang ausführen, können die folgenden Prüfverfahren, die den Verdichtungszustand indirekt kennzeichnen, angewendet werden:

- Statischer Plattendruckversuch (siehe Abschnitt 3),
- Dynamischer Plattendruckversuch (siehe Abschnitt 3),
- Prüfung des Sondierwiderstands durch Ramm- oder Drucksondierungen (siehe Abschnitt 3), in Leitungsgräben auch mit speziellen Vibro-Grabensonden,
- Prüfung durch Setzungsmessungen nach den einzelnen Verdichtungsübergängen (bei Felsschüttungen und Böden mit Steinen über 200 mm oder mit hohem Kies- und Steinanteil),
- Dynamische Messung der Beschleunigungsaufnahme der für das Verdichten eingesetzten Arbeitswalze oder einer speziellen Messwalze.

Umfang Da sich der dynamische Plattendruckversuch oder die Bestimmung des Sondierwiderstands schnell ausführen lassen, kann bei ihrer Anwendung der Mindestumfang der Prüfungen angehoben werden, um die Aussagesicherheit der Prüfergebnisse statistisch zu erhöhen.

Kalibrierung Bei Beginn der Prüfarbeiten ist durch Kalibrierversuche der Zusammenhang zwischen dem Ergebnis des gewählten Prüfverfahrens und dem in der Leistungsbeschreibung angegebenen Anforderungswert zu ermitteln. Ist dies nicht erforderlich oder nicht möglich, können auf eigener oder anerkannter fremder Erfahrung beruhende Richtwerte für das gewählte Prüfverfahren als Grundlage für die Prüfungen einvernehmlich zwischen Auftraggeber und Auftragnehmer herangezogen werden.

Zuordnungen Bei Anwendung des statischen Plattendruckversuchs nach DIN 18 134 können als Zuordnungen zwischen den mit Hilfe des statischen Plattendruckversuchs ermittelten E_{v2}-Werten und dem Verdichtungsgrad D_{Pr} die in Tabelle □ 5.39 angegebenen Richtwerte verwendet werden.

□ 5.39: Richtwerte für die Zuordnung von Verdichtungsgrad DPr und Verformungsmodul Ev2 bei grob-körnigen Bodengruppen (ZTVE-StB, Tabelle 9)

Bodengruppe	Statischer Verformungsmodul E_{v2} [MN/m²]	Verhältniswert E_{v2}/E_{v1}	Verdichtungsgrad D_{Pr} [%]
GW, GI	≥ 100	≤ 2,3	≥ 100
	≥ 80	≤ 2,5	≥ 98
GE, SE, SW, SI	≥ 80	≤ 2,3	≥ 100
	≥ 70	≤ 2,5	≥ 98

Bei Anwendung des dynamischen Plattendruckversuchs nach TP BF-StB Teil B 8.3 können als Zuordnungen zwischen den mit Hilfe des dynamischen Plattendruckversuchs ermittelten E_{vd}-Werten und dem Verdichtungsgrad D_{Pr} die in Tabelle □ 5.40 angegebenen Richtwerte verwendet werden.

□ 5.40: Richtwerte für die Zuordnung von Verdichtungsgrad DPr und Verformungsmodul Evd bei grob-körnigen Bodengruppen (ZTVE-StB, Tabelle 10)

Bodengruppe	Dynamischer Verformungsmodul E_{vd} [MN/m²]	Verdichtungsgrad D_{Pr} [%]
GW, GI, GE, SW, SI, SE	≥ 50	≥ 100
	≥ 40	≥ 98

Verhältniswerte Ev2/Ev1 Zur Beurteilung des Verdichtungszustands muss zusätzlich zu den Anforderungen nach Abschnitt 5.02.3 der Verhältniswert E_{v2}/E_{v1} herangezogen werden. Dabei kann näherungsweise von den in Tabelle □ 5.38 genannten Richtwerten ausgegangen werden.

Wenn der E_{v1}-Wert bereits 60 % des in Tabelle □ 5.38 angegebenen E_{v2}-Wertes erreicht, sind auch höhere Verhältniswerte E_{v2}/E_{v1} zulässig.

Leitungsgräben, enge Arbeitsräume

Zur Prüfung wird in der Regel der Verdichtungsgrad D_{Pr} bestimmt. In Leitungsgräben und engen Arbeitsräumen werden lt. ZTVE-StB auch folgende indirekte Prüfungen empfohlen:

- Der dynamische Plattendruckversuch (siehe Abschnitt 3) bei lagenweisem Einbau von Verfüllmaterial aller Art oder bei flachen Leitungsgräben,
- die Prüfung des Sondierwiderstands bei vorzugsweise nichtbindigem Verfüllmaterial mittels spezieller Leitungsgrabensonden bei lagenweisem Einbau oder bei flachen Leitungsgräben (Tiefe 0,7 m),
- die Prüfung des Sondierwiderstands mittels Rammsonden nach DIN EN ISO 22476-2 sowie TP-DPL-5 – StB (siehe Abschnitt 3) bei vorzugsweise nichtbindigem Verfüllmaterial und tiefen Leitungsgräben.

Der statische Plattendruckversuch kann bei Leitungsgräben innerhalb von Verkehrsflächen auf der Grabenoberfläche notwendig werden, wenn diese Oberfläche zugleich als Planum von Tragschichten, z. B. Frostschutzschichten mit bestimmten Tragfähigkeitsanforderungen, für den Verkehr herzustellen ist (siehe Abschnitt 5.06.6). Er wird zur Prüfung vor allem dann verwendet, wenn die Ermittlung des Verdichtungsgrads D_{Pr} auf Grund der Materialeigenschaften prüftechnisch zu schwierig oder zu zeitaufwändig ist. Seine Ausführung ist allerdings nur dann möglich, wenn der notwendige Arbeitsraum für das Gegengewicht (beladener LKW) zur Verfügung steht und wenn die Grabenbreite > 1,5 m ist, damit der Einfluss der Grabenränder bei einer Lastplatte von 30 cm Durchmesser ausgeschlossen wird.

Folgende Verhältniswerte E_{v2}/E_{v1} müssen lt. ZTVA-StB eingehalten werden: $\leq$ 2,3 bei gefordertem D_{Pr} = 100 %, $\leq$ 2,5 bei gefordertem D_{Pr} = 98 %, $\leq$ 2,6 bei gefordertem D_{Pr} = 97 %. Wenn der E_{v1}-Wert bereits 60 % des geforderten E_{v2}-Werts erreicht, sind auch höhere Verhältniswerte E_{v2}/E_{v1} zulässig.

Bei bindigen Böden (Tonen, Schluffen und gemischtkörnigen Böden mit mehr als 15 % Körnung > 0,063 mm) muss zusätzlich der Wassergehalt überprüft werden, weil bei diesen Böden bei niedrigen Wassergehalten zu hohe, bei hohen Wassergehalten zu niedrige E_{v2}-Werte gemessen werden.

An Stelle des statischen Plattendruckversuchs (siehe Abschnitt 3) kann eine Untersuchung mit dem dynamischen Plattendruckversuch durchgeführt werden. Dieser ist für den Leitungsgrabenbau besonders geeignet und ermöglicht die Erhöhung des Prüfumfangs. Auch Prüfungen der einzelnen Einbaulagen (nicht dicker als 30 cm) sind auf diese Weise ohne weiteres möglich. Die Beurteilung des gemessenen E_{vd}-Wertes erfolgt mit Hilfe versuchsmäßig ermittelter Korrelationswerte zum statischen Plattendruckversuch für den zur Verfüllung vorgesehenen Boden oder auf Grund von gesicherten Erfahrungswerten. Bei bindigen Böden ist zusätzlich die Überprüfung des Wassergehalts erforderlich.

Vorzugsweise bei nichtbindigem Verfüllmaterial kann die Grabenverfüllung auch mit Hilfe von Ramm- oder Drucksondierungen nach DIN EN ISO 22476-2 sowie TP-DPL-5 – StB (siehe Abschnitt 3) oder von sonstigen hierfür entwickelten Geräten überprüft werden. In diesem Fall ist der Mindest-Sondierwiderstand für den geforderten Verdichtungsgrad entsprechend der einzubauenden Bodenart zu ermitteln oder gesicherte Erfahrungswerte zu verwenden. Die Schlagzahlen der jeweils oberen 50 cm dürfen zum Vergleich mit den Anforderungen an den Verdichtungsgrad nicht herangezogen werden.

Zur Überprüfung und Überwachung der Verdichtung in Leitungsgräben kann auch, zusammen mit dem Auftraggeber, eine Probeverdichtung durchgeführt und auf dieser Grundlage eine Arbeitsanweisung für das Arbeitsverfahren festgelegt werden. Für die Arbeitsanweisung können auch die Ergebnisse einer Probeverdichtung für eine frühere Baumaßnahme übernommen werden, wenn die Voraussetzungen - vor allem bezüglich des Bodens - gleich sind. Bei der Bauausführung ist zu kontrollieren, ob die Arbeitsanweisung eingehalten wird. Im Zweifelsfall müssen Kontrollprüfungen durchgeführt werden.

Ist eine "Überwachung des Arbeitsverfahrens" als Prüfmethode nicht vereinbart, so ist als Eigenüberwachungsprüfung in der Verfüllzone eine Prüfung je angefangene 50 m Grabenlänge pro angefangenen m Grabentiefe durchzuführen. Lt. ZTVA-StB wird abweichend von der ZTVE-StB bei flachen und schmalen Leitungsgräben auf eine gesonderte Überprüfung der Leitungszone verzichtet.

Bei Grabentiefen von mehr als 2,0 m ist die Gleichmäßigkeit der Verdichtung mit der leichten Rammsonde nach DIN EN ISO 22476-2 sowie TP-DPL-5 – StB (siehe Abschnitt 3) alle 25 m zu überprüfen. Die Verdichtung der Schachtumgebung ist in jedem Fall zu prüfen. In Gräben, die eine Fahrbahn queren, ist mindestens eine Prüfung erforderlich. Die Tragfähigkeit des Planums muss bei Aufträgen ab 50 m² zusammenhängende Fläche je angefangene 100 m Grabenlänge überprüft werden, wenn bei den Eigenüberwachungsprüfungen keine Tragfähigkeitsprüfungen in Form von indirekten Prüfungen vorgenommen wurden oder keine "Überwachung des Arbeitsverfahrens" als Prüfmethode vereinbart wurde.

Der Umfang der Kontrollprüfung soll ca. 30 % des Umfangs der Eigenüberwachungsprüfung betragen.

⇒ ZTVA-StB.

5.06.6 Prüfen des Verformungsmoduls auf dem Planum

Zur Prüfung des Trag- und Verformungsverhaltens des Planums als Unterlage für den Straßenoberbau sind die für den Verformungsmodul E_{v2} geltenden Anforderungen nachzuweisen. Dafür sind sinngemäß die Methoden M 1, M 2 oder M 3 (siehe Abschnitte 5.06.1 bis 5.06.4) anzuwenden.

Die Prüfung erfolgt mittels des statischen Plattendruckversuchs nach DIN 18 134 oder ersatzweise mittels folgender Prüfverfahren ("Ersatzprüfverfahren"):

- Dynamischer Plattendruckversuch (siehe Abschnitt 3),
- Dynamische Messung der Beschleunigungsaufnahme der für das Verdichten eingesetzten Arbeitswalze oder einer speziellen Messwalze (siehe Abschnitt 5.06.3).

Die aus den Ersatzprüfverfahren abgeleiteten dynamischen Moduln oder Einsenkungen erfordern entweder eine vorherige Kalibrierung mit dem Verformungsmodul E_{V2} oder einen Bezug zu bereits vorliegenden und anerkannten Erfahrungswerten.

Die Prüfung des Verformungsmoduls auf dem Planum entfällt, wenn

- der Untergrund bzw. Unterbau mit Bindemitteln verfestigt wird oder
- örtliche Erfahrungen oder Probeverdichtungen gewährleisten, dass die geforderten Verformungsmoduln erreicht werden.

Weitere Hinweise

Muhs, H. (1957), Schultze, E. (1967), Schultze, E., Muhs, H. (1967), Kezdi, A., Marko, I. (1969), Floss, R. (2017), v. Becker, P. (1970), Fuchs, E: (1971), Voth, B. (1978), Stiegler, W. (1979), Siedeck, P., Floss, R. (1979, 1982), Gudehus (1981), Pietzsch, W., Rosenheinrich, G. (1983), Rübener, R. (1985), Smoltczyk, U. (1993), Deutler, T. (1995), Lang, H.-J., Huder, J., Amann, P. (1996), Schmidt, H.-H. (1996), Floss, R. (1997), Wittmann, E. (1997), Seitz, J.M. (1998), Türke, H. (1999), Müller-Rochholz, J. (2005), Schmidt, H.-H. (2006), Schmidt, H. G., Graßhoff, H., Holschemacher, K. (2008), Kuntsche, K. (2009), Schneider, K.-J. (2009), Witt, K.J. (2018) sowie die im Anhang D genannten Empfehlungen, Vorschriften, Richtlinien und Merkblätter.

5.07 Kontrollfragen

- Wo werden Erdbauten/Erdarbeiten erstellt/durchgeführt?
- Technische Vertragsbedingungen und Richtlinien für Erdarbeiten?
- Folgende Begriffe sind (ggf. anhand von Skizzen) zu erläutern: Einschnitt, Abtrag, Damm, Auftrag, Anschnitt, Untergrund, Unterbau, Oberbau, Planum, Bodenverfestigung, Bodenverbesserung, verfestigter oder verbesserter Untergrund.
- Böschungsverhältnis?
- Berme?
- Wie muss ein Filterboden nach der Filterregel von Terzaghi aufgebaut sein?
- Welchen beiden Bedingungen muss ein Filterboden entsprechen?
- Was kann man aus der Neigung der Körnungslinie bezüglich der Möglichkeit aussagen, einen grobkörnigen Boden zu verdichten?
- Wie kann man den Grad der Wasserdurchlässigkeit aus der Körnungslinie qualitativ bestimmen?

- Wirkungen von Frost im Boden? Frostempfindlichkeit? Frostschäden?
- Ein TA und ein SU (DIN 18 196) sind bezüglich ihrer Frostempfindlichkeit zu vergleichen.
- Skizzieren Sie Körnungslinien für einen
  a) nicht frostempfindlichen (frostsicheren),
  b) gering bis mittel frostempfindlichen,
  c) sehr frostempfindlichen Boden.
- Frostempfindlichkeitsklassen?
- Skizzieren Sie die Körnungslinie eines Bodens, der als Frostschutzschicht in Frage kommt.
- Was versteht man unter einer Aufgrabung?
  Wo liegt die Verfüllzone / die Leitungszone eines Grabens?
- Baugrunduntersuchungen für Erdbauten?
- Möglichkeiten zur mechanischen Bodenverbesserung?
- Wenig tragfähiger Untergrund: Welche Maßnahmen sind ohne Bodenaustausch möglich?
- Was ist zur zeitlichen Planung von Dammschüttungen zu sagen?
- Kann man zusammendrückbare Schichtungen im Dammuntergrund lassen?
- Wie kann man die Setzungen des Dammuntergrunds beschleunigen?
- Tiefenrüttelverdichtung? Verdichten mit schweren Fallplatten?
- Baustoffe und Baustoffgemische für Erdbauten?
- Welche anorganischen Böden sind für Erdbauten geeignet/weniger geeignet/nicht geeignet?
- Welche nichtbindigen Böden eignen sich gut, welche weniger gut als Schüttmaterial?
- Nach welchen Gesichtspunkten wird bindiger Boden im Hinblick auf seine Eignung für Dammschüttungen beurteilt?
- Geokunststoffe? Anwendungsgebiete?
- Industrielle Nebenprodukte und Recyclingbaustoffe?
- Leichtbaustoffe?
- Nachweis der Filterstabilität?
- Bauklassen im Straßenbau?
- Markierung der Böschungsneigung vor einer Dammschüttung?
- Wie erhält man Anhaltspunkte über Setzungsgröße, Setzungsdauer, Verdichtungsfähigkeit, Kohäsion und Fließsandgefahr aus der Körnungslinie eines Bodens?
- Wie hängen Siebrückstand und Siebdurchgang für eine bestimmte Korngröße zusammen?
- Warum wird die Abszisse des Kornverteilungsdiagramms im logarithmischen Maßstab aufgetragen?
- Bei welchem Versuch unterscheidet sich die Gesamtmasse der Probe von der Masse des Siebanteils?
- Ausführung von Unterwasserschüttungen?
- Einsatz von Trennlagen unter einer Schüttung? Überlappung der Bahnen?
- Beispiele für manuellen Bodeneinbau?
- Wonach richtet sich das eingesetzte Verdichtungsverfahren?
- Probeverdichtung?
- Wo sind die Verdichtungsanforderungen für Untergrund, Unterbau und Schüttungen im Straßenbau beschrieben?
- Mindestquantil? Höchstquantil?
- Wie wird der Verdichtungsgrad ermittelt?
- Was ist der Luftporenanteil? Was erkennt man daran? Wie wird er bestimmt?
- Welche verschiedenen Möglichkeiten für die Bestimmung der Dichte einer Schüttung gibt es? Gesichtspunkte für ihre Auswahl?
- Bei welchem Schüttmaterial ist die Ermittlung der Dichte oder des Verformungsmoduls schwierig oder gar nicht möglich? Möglichkeiten der Verdichtungskontrolle in diesem Fall?
- Was macht man, wenn die Verdichtungsanforderungen an das Planum allein durch Verdichten nicht erreicht werden können?
- Ursachen der Stufenbildung beim Hinterfüllen und Überschütten von Bauwerken?
- Hinterfüllbereich? Überschüttbereich? Entwässerungsbereich?
- Geeignete/nicht geeignete Baustoffe für das Hinterfüllen und Überschütten? Gründe?
- Hinterfüllen von schwer zugänglichen Bereichen?
- Statische Gesichtspunkte bei Hinterfüllarbeiten?

- Einzelheiten beim Freimachen der Baufläche für eine Erdbaustelle?
- Entwässerung der zu beschüttenden Fläche?
- Wie kann das Planum vor Aufbringung des Erdbauwerks verdichtet werden?
- Verzahnung eines Dammes bei geneigtem Gelände?
- Schüttungsarten? Vor- und Nachteile? Beurteilung!
- Erläutern Sie den Arbeitsablauf bei der Lagenschüttung!
- Schütthöhen, Zahl der Übergänge, geeignete Verdichtungsgeräte?
- Wann erfolgt die Verdichtungskontrolle bei der Lagenschüttung?
- Möglichkeiten für die Verdichtung im Böschungsbereich von Dämmen?
- Was ist beim Einbau von witterungsempfindlichen Böden zu beachten?
- Wie wird das Tagwasser während der Schüttungen vom jeweiligen Planum abgeleitet?
- Einbau von weichen bindigen Böden?
- Sandwich-Bauweise?
- Einbau von Felsblöcken und Geröll?
- Spülverfahren? Welche Böden sind geeignet? Vorgehensweise?
- Anforderungen an das Verdichten der Grabenverfüllung /des Grabenplanums?
- Beim Wiederverfüllen mit dem ausgehobenen Boden können die Verdichtungsanforderungen nicht erreicht werden. Was ist zu tun?
- Temporäre / permanente Böschungen? Normen? Empfehlungen?
- Häufigste Schadensursachen bei Böschungen?
- Maßnahmen zur Fassung des Oberflächenwassers, das dem Einschnitt zufließt?
- Zweck von Bermen in der Böschung?
- Berasung, Bepflanzung, Flechtzäune?
- Neigungen von Einschnittsböschungen in einheitlich / uneinheitlich aufgebautem Untergrund?
- Regelneigungen im Straßenbau bei homogenem Boden?
- Wann und nach welcher Norm muss eine erdstatische Berechnung von Böschungen durchgeführt werden?
- Vorbereiten des Untergrunds für eine Dammschüttung?
- Neigung von Dammböschungen lt. EBSB und RAS-Q?
- Einzelheiten des Einbaus und der Verdichtung beim Hinterfüllen und Überschütten?
- Entwässerung der Hinterfüll- und Überschütt-bereiche?
- Behandlung von Oberflächenwasser?
- Technische Vertragsbedingungen und Richtlinien für Aufgrabungen?
- Baustoffe für die Leitungszone / die Verfüllzone? Welche sind nicht geeignet?
- Verdichtbarkeitsklassen?
- Leitungsgräben: Kann der ausgehobene Boden wieder verfüllt werden, oder muss Fremdmaterial genommen werden? Vor- und Nachteile?
- Warum soll verhindert werden, dass der Leitungsgraben nach dem Verfüllen für zufließendes Wasser zu einer Längsdränung wird? Maßnahme?
- Wozu Mindestgrabenbreiten?
- Verfüllen und Verdichten in der Leitungszone/im Bereich von Schächten? Zwickel?
- Vorgehensweise bei Kabelschutzrohren?
- Geräte für das Verdichten in Leitungsgräben?
- Forderungen an Art und Ziehen des Verbaus von Leitungsgräben im Hinblick auf Verfüllen und Verdichten des Bodens?
- Durchführung?
- Beschreiben Sie das Anlegen eines Probefeldes für die Probeverdichtung!
- Was wird in einer Arbeitsanweisung für das Prüfen der Verdichtung festgelegt?
- Einzelversuche nach Methode M 3? Anzahl? Wo werden sie durchgeführt?
- Was ist die Folge, wenn ein Einzelversuch nach Methode M 3 kein ausreichendes Ergebnis bringt?
- Beschreiben Sie die drei Prüfphasen der Methode M 3 nach ZTVE-StB!
- Kenngrößen bei direkten Prüfverfahren?
- Prüfverfahren, die den Verdichtungszustand indirekt kennzeichnen?
- Ausführung und Auswertung des statischen / dynamischen Plattendruckversuchs?
- Prüfung der Einsenkung mit dem Benkelman-Balken?
- Vor- und Nachteile des dynamischen Plattendruckversuchs?
- Wie werden Kalibrierversuche durchgeführt, um den Zusammenhang zwischen

- Wo findet man Regeln für die Böschungssicherung durch Bepflanzung?
- Neigungen von Felsböschungen? Abhängigkeiten?
- Maßnahmen zur Sicherung von Felsböschungen?
- Richtlinien für die Prüfung der Bodenverdichtung?
- Erläutern Sie Eignungs-, Eigenüberwachungs- und Kontrollprüfungen!
- 3 Methoden für das Prüfen der Bodenverdichtung lt. ZTVE-StB? Auswahl nach welchen Gesichtspunkten?
- Nennen Sie verschiedene Prüfmerkmale!
- Was ist ein Prüflos?
- Erläutern Sie: Stichprobe, Prüfen auf Stichprobenbasis, Stichprobenumfang, Annahmestichprobenprüfung, Prüfplan, Einheit eines Stichprobenplans, Zufallsauswahlverfahren, Zufallsstart!
- Was ist die Folge der Rückweisung eines Prüfloses?
- Was bedeutet: Die Anforderungen an das Mindestquantil für das Prüfmerkmal "Verdichtungsgrad" sind erfüllt?
- Erläutern Sie die Durchführung eines Einfachplans mit Variablenprüfung nach Methode 1 der ZTVE-StB!
den Ergebnissen der Prüfverfahren herzustellen?
- Zuordnungen zwischen dem Verdichtungsgrad und dem Verformungsmodul des Plattendruckversuchs?
- Warum darf bei der Verdichtungskontrolle mit Hilfe von Plattendruckversuchen der Verhältniswert der Verformungsmoduln eine bestimmte Größe nicht überschreiten?
- Indirekte Prüfverfahren in Leitungsgräben und engen Arbeitsräumen?
- Warum muss bei der Ausführung von Plattendruckversuchen auf bindigen Böden zusätzlich der Wassergehalt bestimmt werden?
- Was ist bezüglich der Ausführung von Sondierungen in Leitungsgräben zu beachten?
- Prüfen des Verformungsmoduls auf dem Planum und diesbezügliche "Ersatzprüfverfahren"?
- Flächendeckendes dynamisches Messverfahren? Eignung?
- Unterschied Arbeitswalze / Messwalze?
- Kalibrierung der Walze?
- Arbeitsverfahren bei der Verdichtung?
- Voraussetzung für die Anwendung der Methode M 3 (Überwachung des Arbeitsverfahrens).

5.08 Aufgaben

5.08.1 Für eine Dammschüttung müssen - bei reichlicher Bauzeit - je zur Hälfte Kiessand und weicher Lehm eingebaut werden. Der Aufbau des Dammquerschnitts ist anzugeben und zu begründen.

5.08.2 Bestimmung der Verdichtung a) einer Sandschicht b) einer Schicht aus grobem, sandigem Kies mit Steinen? Begründung?

5.08.3 Für eine Dammschüttung aus weit gestuftem Sand ist ein Verdichtungsgrad von 97 % vorgeschrieben. Die erreichte Verdichtung soll durch einen Plattendruckversuch kontrolliert werden. a) Welcher Verformungsmodul muss mindestens vorhanden sein? b) Wie groß darf das Verhältnis der Verformungsmoduln maximal sein?

5.08.4 Welche Anforderungen an a) Verdichtungsgrad und b) Luftporenanteil des Bodens werden bei einem Damm von 4 m Höhe aus stark schluffigem Sand in 1 m Höhe über Dammsohle gestellt?

5.08.5 Was ist das Verdichtungsziel bei einem bindigen Boden?

5.08.6 Auf einer Dammbaustelle können bei der Verdichtungskontrolle Zylinderproben wegen des hohen Kiesanteils des Schüttmaterials nicht entnommen werden. Welche Möglichkeiten gibt es für die Verdichtungskontrolle?

5.08.7 Der Untergrund unter einer geplanten Dammschüttung besteht bis in 2 Meter Tiefe aus weichem Lehm, darunter aus Kies. Die Straßendecke soll erst in einigen Jahren aufgebracht werden. Wie ist (wirtschaftlich!) zu bauen?

5.08.8 Eine Dammschüttung aus Schluff soll im täglichen Wechsel von Aufbringen und Verteilung des Schüttguts (1. Tag) und Verdichtung der Schüttlage (2. Tag) erstellt werden. Lt. Wetterbericht ist an jedem Tag mit Niederschlägen zu rechnen. Was ist zur Bauaus-führung zu sagen?

5.08.9 Ist der folgende Boden als Schüttmaterial für einen Damm ohne weiteres geeignet? Plastizitätszahl 0,25, Ausrollgrenze 0,2, Wassergehalt 0,43.

5.08.10 Wie bestimmt man wirtschaftlich am günstigsten die ausreichende Verdichtung einer Sandschicht?

5.08.11 Für eine Dammschüttung aus intermittierend gestuftem Sand ist ein Verdichtungsgrad von 98 % vorgeschrieben. Welcher Verformungsmodul muss bei der Verdichtungskontrolle mindestens erreicht werden?

5.08.12 Um wie viel darf sich ein "schlechter Baugrund" für Erdbauten zusammendrücken, wann muss er herausgenommen werden?

5.08.13 Wann besteht die Gefahr des Ausquetschens des Untergrunds von Dammschüttungen? Maßnahme?

5.08.14 Wie behandelt man organische Böden, die im Schüttungsbereich angetroffen werden?

5.08.15 Warum muss der Verhältniswert der Verformungsmoduln bei der Beurteilung des Verdichtungsgrads zusätzlich herangezogen werden?

5.08.16 Die Verdichtung eines bB erfolgt vor allem durch Verringerung des Luftgehalts. Zur Bestimmung der Verdichtbarkeit eines bB ($w = 0.1$, $n = 0,4$, Korndichte 2,65 g/cm³) ist sein Luftgehalt zu bestimmen.

5.08.17 Ein Boden soll auf eine Trockendichte von 1,95 g/cm³ gebracht werden. Bei der Verdichtungskontrolle wurden bestimmt: Wassergehalt 0,05, Feuchtwichte 21 kN/m³. Wur-de die vorgeschriebene Verdichtung erreicht?

5.08.18 In einem regenreichen Gebiet stehen für den Einbau zwei Böden zur Verfügung: Boden 1: $w_P = 0,20$; $w_L = 0,70$; $w = 0,40$; Boden 2: $w_P = 0,10$; $w_L = 0,22$; $w = 0,16$. Für welchen Boden würden Sie sich entscheiden? (Antwort mit Begründung)

5.08.19 Eine 5 m dicke Lehmschicht wird durch einen breiten, 2 m hohen Autobahndamm belastet. Wichte der Dammschüttung: 22,5 kN/m³. Steifemodul des Lehms: 4 MN/m². Die Setzung der Oberfläche der Lehmschicht soll überschläglich berechnet werden. Unter der Lehmschicht steht Fels an.

5.08.20 Auf einer Entnahmestelle wird ein Boden zum Einbau in einen Damm gewonnen. Eine entnommene ungestörte Probe (Sonderprobe) wog 4 368 g und nach Trocknung 4 160 g. Um die geforderte Verdichtung zu erreichen, muss der Boden einen Wasser-gehalt von 17 % haben. Ges.: Wie viel Liter Wasser muss einer Fahrzeugladung von 12 t zugegeben werden?

5.08.21 Die Schüttlage eines Straßendamms soll einen Verdichtungsgrad von 98 % aufweisen. An einer Prüfstelle ergab sich aus einem Proctorversuch: ρ_{Pr} = 1,92 g/cm³, w_{Pr} = 0,18 und bei der Entnahme einer Sonderprobe (V = 810 cm³): m = 1 696 g, w = 0,1. Wurde der verlangte Verdichtungsgrad an der Prüfstelle erreicht?

5.08.22 Wie viel Liter Wasser müssen 100 m³ Boden zugegeben werden, wenn dieser folgende Kennzahlen hat: n= 0,45, w = 0,09, □s = 2,67 g/cm³ und der optimale Einbauwasser-gehalt für die Dammschüttung mit diesem Boden w_{Pr} = 0,12 beträgt?

5.08.23 Die Untersuchung einer Sonderprobe aus einer verdichteten Dammschüttung ergab folgende Kennzahlen: Trockendichte 1,8 g/cm³, Feuchtdichte 2,07 g/cm³, Korndichte 2,65 g/cm³. Ist die Bedingung der ZTVE-StB bezüglich des Luftporenanteils erfüllt?

5.08.24 Boden A: Ausrollgrenze 0,19, Fließgrenze 0,68 und Wassergehalt 0,39. Boden B: Aus-rollgrenze 0,16, Fließgrenze 0,23 und Wassergehalt 0,17. Welcher Boden ist witterungsempfindlicher?

5.08.25 Bei der Bestimmung der Lagerungsdichte einer Sandprobe im Labor ergaben sich: max e = 1,21 und min n = 0,28. Auf der Baustelle wurde aus dem gleichen Sand nach der Verdichtung eine Sonderprobe (V = 866 cm³) entnommen, deren Trockenmasse sich zu 1458,56 g ergab. Ist die Sandschüttung ausreichend verdichtet, wenn D > 0,5 sein soll?

5.09 Weitere Beispiele

□ 5.41: Beispiel 91: Eignungsprüfung

Geg.: *In einem regenreichen (humiden) Klimagebiet soll ein Schluff als Dammbaumaterial verwendet werden. Der Schluff kann an zwei verschiedenen Entnahmestellen A und B gewonnen werden. Aus beiden Entnahmestellen sind Sonderproben von je 2 Litern Volumen entnommen und mit nachfolgenden Ergebnissen im Labor untersucht worden:*

Probe A:	*Masse der feuchten Probe:*	*4180 g*
	Masse der trockenen Probe:	*3500 g*
Probe B:	*Masse der feuchten Probe:*	*3990 g*
	Masse der trockenen Probe:	*3560 g*

□ 5.41: Fortsetzung Beispiel 91: Eignungsprüfung

Proctorwerte für A und B: $\rho_{Pr} = 1{,}82\ t/m^3$

$w_{Pr} = 0{,}15.$

Ges.: *Für welche Entnahmestelle entscheiden Sie sich bei der Bauausführung ?*

Lösg.: *natürlicher Wassergehalt:*

$$w_A = \frac{4180-3500}{3500} = 0{,}194$$

$$w_B = \frac{3990-3560}{3560} = 0{,}121$$

Wegen der zu erwartenden Niederschläge sollte man in humiden Gebieten auf der „trockenen Seite" bleiben; d.h. Entnahmestelle B mit eventuell notwendiger Wasserzugabe.

□ 5.42: Beispiel 92: Prüfung der Verdichtung durch Setzungsmessung an der Geländeoberfläche

Geg.: *Auf felsigem Untergrund war großflächig eine ca. 4,8 m dicke Sandschüttung unverdichtet aufgebracht worden und in den folgenden Jahren beträchtlich gesackt. Als eine Straße über das Gelände geführt werden sollte, wurde die Dammschüttung im Dammbereich mit schweren Fallplatten so verdichtet und danach festgestellt, dass sich die Schüttungsoberfläche seit ihrer Aufbringung im Mittel um 28 cm gesenkt hatte.*

Ergebnisse von Laborversuchen:

Ungleichförmigkeitszahl: 2,5

Porenanteil der unverdichteten Schüttung: 0,42

Porenanteil bei lockerster Lagerung: 0,44

Porenanteil bei dichtester Lagerung: 0,34.

Ges.: *Welche Lagerungsdichte hatte der Baugrund vor und nach der Verdichtung ?*

Lösg.: *a) vor Verdichtung:*

$$D = \frac{{}_{\max}n - n}{{}_{\max}n - {}_{\min}n} = \frac{0{,}44-0{,}42}{0{,}44-0{,}34} = 0{,}20$$

0,15 ≤ D ≤ 0,30: locker gelagert;

d.h. eine zusätzliche Verdichtung war erforderlich.

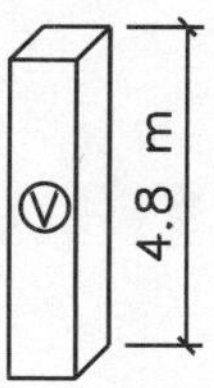

Betrachtung eines Quaders von 1 m² Grundfläche:

$$V = 1{,}0 \cdot 1{,}0 \cdot 4{,}8 = 4{,}80\ m^3$$

$$n = \frac{V - V_k}{V} \rightarrow V_k = (1-n)V = (1-0{,}42) \cdot 4{,}8 = 2{,}784\ m^3$$

b) nach Verdichtung:

□ 5.42: Fortsetzung Beispiel 92: Prüfung der Verdichtung durch Setzungsmessung an der Geländeoberfläche

Das Volumen V_k der Feststoffe bleibt erhalten!

Die Höhe des betrachteten Quaders hat sich durch die Senkung der Geländeoberfläche um 28 cm vermindert:

$$V = 1{,}0 \cdot 1{,}0 \cdot (4{,}80 - 0{,}28) = 4{,}52 \;\; m^2$$

$$n = \frac{V - V_k}{V} = \frac{4{,}52 - 2{,}784}{4{,}52} = 0{,}38$$

Diesem Porenanteil entspricht eine Lagerungsdichte von

$$D = \frac{0{,}44 - 0{,}38}{0{,}44 - 0{,}34} = 0{,}60$$

$D \geq 0{,}50$: dicht gelagert.

□ 5.43: Beispiel 93: Erdarbeiten

Geg.: *Gewachsene Böden ohne organische Anteile*

1) Boden 1: KV □4.01, Kurve 6

2) Boden 2: KV □4.01, Kurve 2

zusätzliche Angaben: $w_L = 0{,}75$; $w_p = 0{,}34$; $w = 0{,}42$

3) Boden 3: KV □4.01, Kurve 4

zusätzliche Angaben: $w_L = 0{,}26$; $w_p = 0{,}20$; $w = 0{,}22$;

$\rho_s = 2{,}65$ g/cm³; manuelle Klassifikation: Feinkornanteil ist schluffig.

Ges.: *1) Klassifikation nach DIN 18 196*

2) Bodenklasse nach DIN 18 300; Frostempfindlichkeit nach ZTVE-StB; Verdichtbarkeitsklasse nach ZTVA-StB; Charakteristische Bodenkennwerte nach EAB und EAU

3) Bautechnische Eigenschaften und Eignung nach DIN 18 196

4) a) Verdichtungsanforderungen für einen Einschnitt/Damm von 4m Tiefe/Höhe

b) Prüfung der Verdichtung: Methode? Anzahl? Art?

5) Bei der Überprüfung einer Schüttung aus Boden 3 nach Methode 3 (s. Abschnitt 5.06.4.) ergab sich bei einem Einzelversuch (Zylinderentnahme) zur Beurteilung der mit dem Arbeitsverfahren erzielten Verdichtungsqualität eine Feuchtdichte von 1,81 g/cm³. Entspricht der Luftporenanteil an diesem Prüfpunkt der Anforderung an dieses Prüfmerkmal?

□ 5.43: Fortsetzung Beispiel 93: Erdarbeiten

6) *Empfohlene Verdichtungsgeräte, Schütthöhen und Anzahl der Übergänge bei der Dammschüttung dieser drei Böden?*

7) *Sind die Böden zum Verfüllen von Leitungsgräben geeignet:*

a) für die Leitungszone?

b) für die Verfüllzone?

8) *Skizzen für die Baustelle sind zu zeichnen für den Verdichtungsgrad D_{Pr} in den einzelnen Grabenzonen bei einer Verfüllung von Leitungsgräben mit Boden 1 und 3. Grabentiefe unter Planum: 3,5 m; Rohrschaftdurchmesser 0,6 m; Bettung 0,15 m*

9) *Empfohlene Verdichtungsgeräte, Schütthöhen und Anzahl der Übergänge bei einer Verfüllung der Leitungsgräben nach Punkt 8?*

Lösg.: ***zu 1)*** *s. Tabelle □ 2.36 bis □ 2.38*

1.1 Boden 1:

Korndurchmesser $\leq$ 0,06 mm: 0% (< 5%) → grobkörniger Boden

Korndurchmesser $\leq$ 2 mm: $\approx$ 18% (< 60%) → Kies (G)

$C_U \approx \frac{5,0}{1,5} = 3,3;\ C_c \approx \frac{2,9^2}{5,0 \cdot 1,5} = 1,1$ *→ eng gestuft (E)*

1.2 Boden 2:

Korndurchmesser $\leq$ 0,06 mm: $\approx$ 90% (> 40%) → feinkörniger Boden

$I_p = 75 - 34 = 41\% \quad > \quad 7\%$ *→ Ton*

$w_L = 75\% \quad > \quad 50\%$ *→ TA*

Kontrolle nach Tabelle □ 2.35 → TA

Kontrolle nach dem Plastizitätsdiagramm □ 2.34 → TA

Konsistenz $I_c = \frac{0,75-0,42}{0,75-0,34} = 0,8 \quad > \quad 0,75$ *→ steifplastisch*

1.3 Boden 3:

Korndurchmesser $\leq$ 0,06 mm: $\approx$ 23% (> 5%, < 40%)

→ gemischtkörniger Boden

Korndurchmesser $\leq$ 2 mm: $\approx$ 98% (> 60%)
→ Sand-Ton oder Sand-Schluff-Gemisch

$C_U \approx \frac{0,28}{0,028} = 10;\ C_c \approx \frac{0,09^2}{0,28 \cdot 0,028} = 1,03$ *→ weitgestuft (W)*

□ 5.43: Fortsetzung Beispiel 93: Erdarbeiten

Kontrolle nach dem Plastizitätsdiagramm □ 2.34 → Zwischenbereich (Böden mit niedrigem w_L und versuchstechnisch nur ungenau zu ermittelndem I_p).

Bei diesen Böden muss durch manuelle Klassifikation bestimmt werden, ob der Feinkornanteil schluffig oder tonig ist.

Konsistenz: $I_c = \frac{0{,}26-0{,}22}{0{,}26-0{,}20} = 0{,}66 \; < \; 0{,}75$ → *weichplastisch.*

zu 2) *Bodenklasse s. Tabelle □ 2.47; Frostempfindlichkeit s. Tabelle □ 5.03; Verdichtbarkeitsklasse s. Tabelle □ 5.25; Rechenwerte s. Tabelle □ 4.80 und □ 4.81.*

Zusammenstellung der Ergebnisse:

Boden	1	2	3
Gruppensymbol (DIN 18 196)	GE	TA	SU*
Bodenklasse (DI 18 300)	3	5	4
Frostempfindlichkeit (ZTVE-StB)	F1	F2	F3
Verdichtbarkeitsklasse (ZTVA-StB)	V1	-	V2
Wichte erdfeucht γ_k [kN/m³]	18,0	19,0	20,0[1)]
Wichte wassergesättigt $\gamma_{r,k}$	20,0	-	-
Wichte unter Auftrieb γ_k'	10,0	9,0	10,0[1)]
Reibungswinkel φ_k [°]	35	17,5	27,5[1)]
Kohäsion c_k [kN/m²]	-	10	-
Kohäsion $c_{u,k}$ [kN/m²]	-	35	-

[1)] *SU* ist in der Tabelle nicht enthalten; näherungsweise wurden die Werte für UL übernommen*

zu 3) *siehe Tabelle 2.33 bis 2.35 bzw. nächste Seite*

zu 4) *a) s. Tabelle □ 5.19*

Boden 1 (GE)

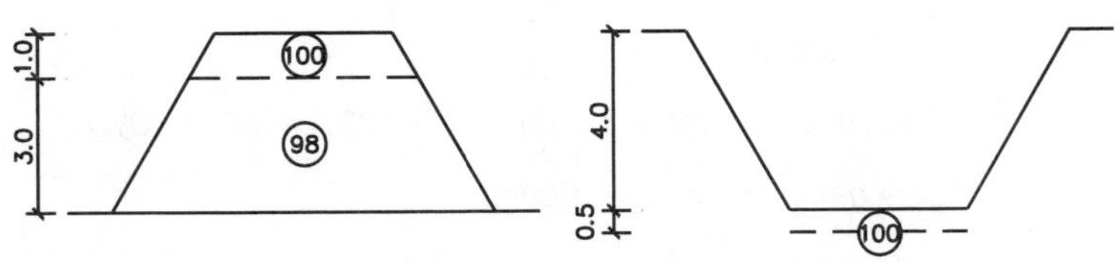

□ 5.43: Fortsetzung Beispiel 93: Erdarbeiten

zu 3) *(Wiederholung)* *siehe Tabelle 2.33 bis 2.35 bzw. nächste Seite*

Boden	*1*	*2*	*3*
Scherfestigkeit	*groß*	*sehr gering*	*groß*
Verdichtungsfähigkeit	*gut bis mittel*	*sehr schlecht*	*mittel*
Zusammendrückbarkeit	*vernachlässigbar klein*	*sehr groß*	*gering bis mittel*
Durchlässigkeit	*sehr groß*	*vernachlässigbar klein*	*sehr gering*
Witterungs- u. Erosionsempfindlichkeit	*vernachlässigbar klein*	*mittel*	*groß*
Frostempfindlichkeit	*vernachlässigbar klein*	*gering bis mittel*	*sehr groß*
Baugrund für Gründungen	*gut geeignet*	*mäßig brauchbar*	*brauchbar*
Baustoff für Erd- und Baustraßen	*weniger geeignet*	*ungeeignet*	*mäßig brauchbar*
Baustoff für Straßen- und Bahndämme	*gut geeignet*	*weniger geeignet*	*mäßig brauchbar*
Baustoff für Erdstaudämme, Dichtung	*ungeeignet*	*weniger geeignet*	*geeignet*
Baustoff für Erdstaudämme, Stützkörper	*gut geeignet*	*ungeeignet*	*ungeeignet*
Baustoff für Dränungen	*sehr gut geeignet*	*ungeeignet*	*ungeeignet*

zu 4) *(Fortsetzung)*

Boden 2 (TA)[1] und Boden 3 (SU)*

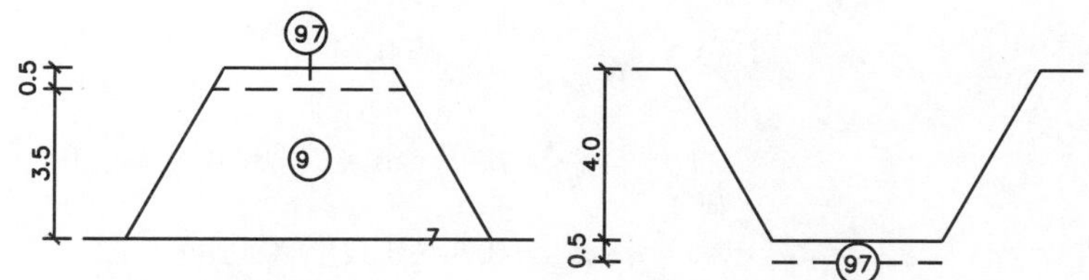

1) weniger geeignet

Die Böden 2 und 3 müssen gemäß ZTVE-StB, Abschnitt 4.3.2, so verdichtet werden, dass - ergänzend zu den o.a. Anforderungen an den Verdichtungsgrad - das 10% Höchstquantil des Luftporenanteils 12% beträgt.

□ 5.43: Fortsetzung Beispiel 93: Erdarbeiten

b) s. ZTVE-StB, Abschnitt 14:

Methode: M1, M2 oder M3

Anzahl: Bei M1 Stichprobenumfang gemäß Tabelle □ 5.34

bei M3 Überwachung des Arbeitsverfahrens bzw. Eigenüberwachungsprüfungen:

Planum, Untergrund und Damm: 1 je angefangene 1000 m², mindestens jedoch 2 Prüfungen

Art: Boden 1: statische und dynamische Plattendruckversuche.

Im Bereich D_{Pr} = 100%:

$E_{v2} \geq 80 \quad MN/m^2$ *oder* $E_{vd} \geq 50 \quad MN/m^2$

$\frac{E_{v2}}{E_{v1}} \leq 2{,}3$

Im Bereich D_{Pr} = 98%:

$E_{v2} \geq 70 \quad MN/m^2$ *oder* $E_{vd} \geq 40 \quad MN/m^2$

$\frac{E_{v2}}{E_{v1}} \leq 2{,}5$

Boden 2 und 3: D_{Pr} und n_a (statt D_{Pr} gegebenenfalls ρ_d oder n).

zu 5) *s. Abschnitt 3:*

Aus $\gamma = (1-n)\gamma_s(1+w) = 1{,}81 = (1-n)26{,}5(1+0{,}22)$

ergibt sich n ≈ 0,44 und e = 0,786

$s_r = \frac{w \cdot \rho_s}{e \cdot \rho_w} = \frac{0{,}22 \cdot 2{,}65}{0{,}786 \cdot 1{,}0} = 0{,}74$

Mit $s_r = \frac{n_w}{n}$ *erhält man* $n_w = 0{,}74 \cdot 0{,}44 = 0{,}326$ *und*

$n_a = n - n_w = 0{,}44 - 0{,}326 = 0{,}114 < 0{,}12$

An diesem Prüfpunkt ist die Anforderung erfüllt.

□ 5.43: Fortsetzung Beispiel 93: Erdarbeiten

zu 6) *s. Tabelle □ 5.18*

Boden	*empfohlene Verdichtungsgeräte*)*	*Schütthöhe [cm]*	*Anzahl der Übergänge*
1	*Anhängervibrationswalze* *Duplexwalze* *Tandemvibrationswalze* *Vibrationsplatten*	*30-80* *20-50* *20-50* *20-60*	*3-5* *4-6* *4-6* *4-8*
2	*Schaffußwalze* *Gummiradwalze* *Gürtelradwalze*	*20-30* *20-40* *20-30*	*8-12* *6-10* *6-8*
3	*wie Boden 2 und außerdem:* *Anhängevibrationswalze mittel, schwer* *Duplexwalze, schwer* *Vibrationsschaffußwalze*	*s.o.* *30-60* *20-40* *20-40*	*s.o.* *3-5* *5-8* *6-10*

**) Die leichteren Geräte werden im Böschungsbereich eingesetzt*

zu 7) s. Abschnitt 5.04

Boden	*Leitungszone*	*Verfüllzone*
1	*ja*	*ja*
2	*nein*	*nein*
3	*mit Zustimmung des Leitungsbetreibers[1)]*	*ja[1)]*

[1)] Verbesserung mit Kalk

zu 8) *s. □ 5.28*

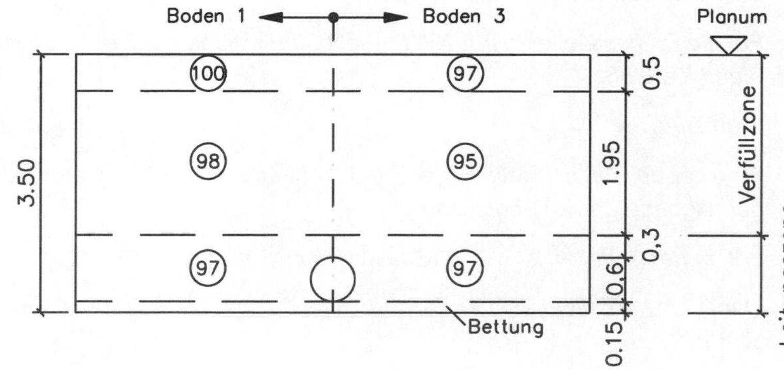

□ 5.43: Fortsetzung Beispiel 93: Erdarbeiten

zu 9) s. Tabelle □ 5.27

Boden/Zone[1)]	*empfohlene Verdichtungsgeräte*	*Schütthöhe [cm]*	*Anzahl der Übergänge*
1/L	*Vibrationsstampfer, leicht/mittel* *Flächenrüttler, leicht/mittel* *Vibrationswalze, leicht*	*-15/20-40* *-20/20-30* *20-30*	*2-4* *3-5* *4-6*
1/V	*Vibrationsstampfer, mittel/schwer* *Flächenrüttler, mittel* *Vibrationswalze, mittel*	*20-40/40-50* *30-50* *20-50*	*2-4* *3-5* *4-6*
3/L	*Vibrationsstampfer, mittel/schwer* *Explosionsstampframme, mittel/schwer* *Vibrationswalze, mittel*	*15-30/20-40* *25-35/30-50* *20-40*	*2-4* *3-4* *5-6*

[1)] L = Leitungszone; V = Verfüllzone

□ 5.44: Beispiel 94: Überprüfung des Verdichtungsgrads D_{Pr} mit einem Einfachplan für Variablenprüfung

Geg.: *ein rechteckiges Prüflos von 35 m Breite und 160 m Länge. Schüttmaterial: stark schluffiger Kies (GU* nach DIN 18 196).*

Ges.: *Die Verdichtung soll nach der Methode 1 der TP BF-StB kontrolliert werden.*

Lösg.: *Der Plan wird in den in Abschnitt 5.06.2.2. beschriebenen Schritten erstellt:*

1. *Mindestquantil T_M für D_{Pr}:*

   Nach Tabelle □ 5.19 beträgt das Mindestquantil T_M für den Verdichtungsgrad D_{Pr} eines Straßendammes bei einem GU unter Planum 97%.*

2. *Stichprobenumfang n, Annahmezahl k:*

   Für die Prüflosfläche 35 m · 160 m = 5600 m² ergeben sich aus Tabelle □ 5.34: n = 9 und k = 0,88.

3. *Startziffer:*

   An einer beliebigen Stelle in der Zufallszahlentabelle □ 5.35 werden vier aufeinander folgende Zahlen abgelesen:

   z.B. in der 5. Zeile: 2 7 2 0.(Spalte 07 bis 10)

   Damit ist die Zeilennummer der Startziffer 27 und die Spaltennummer 20 und die Startziffer 75.

4. *Zufallszahlen:*

   Beginnend mit der Startziffer 75 werden n + 1 (n s. Punkt 2) = 9 + 1 = 10 zweistellige Zufallszahlen von links nach rechts aus der Zufallszahlentabelle □ 5.35 abgelesen.

☐ 5.44: Fortsetzung Beispiel 94: Überprüfung des Verdichtungsgrads D_{Pr} mit einem Einfachplan für Variablenprüfung

Sie lauten:

$z_0 = 75; z_1 = 67; z_2 = 68; z_3 = 66; z_4 = 77; z_5 = 51; z_6 = 23; z_7 = 19; z_8 = 19; z_9 = 55.$

5. *Berechnung der Prüfpunktkoordinaten:*

Mit der Prüfloslänge A = 160 m, der Prüflosbreite B = 35 m, der Anzahl der Prüfpunkte n = 9 und den Zufallszahlen nach Punkt 4. werden die Koordinaten der Prüfpunkte berechnet und auf 0,5 m gerundet

$$a_1 = \tfrac{160}{9}\left(\tfrac{75}{100} + 1 - 1\right) \approx 13{,}3 \ m$$

$$b_1 = 35 \cdot \frac{67}{100} \approx 23{,}5 \ m$$

$$a_2 = \tfrac{160}{9}\left(\tfrac{75}{100} + 2 - 1\right) \approx 31{,}1 \ m$$

$$b_2 = 35 \cdot \tfrac{68}{100} \approx 23{,}8 \ m$$

usw. bis

$$a_9 = \tfrac{160}{9}\left(\tfrac{75}{100} + 9 - 1\right) \approx 155{,}6 \ m$$

$$b_9 = 35 \cdot \tfrac{55}{100} \approx 19{,}3 \ m$$

Zusammenstellung der Ergebnisse:

Prüfpunkt	*1*	*2*	*3*	*4*	*5*	*6*	*7*	*8*	*9*
a	*13,3*	*31,1*	*48,9*	*66,7*	*84,4*	*102,2*	*120,0*	*137,8*	*155,6*
b	*23,5*	*23,8*	*23,1*	*27,0*	*17,9*	*8,1*	*6,7*	*6,7*	*19,3*

6. *Die unter Punkt 5. berechneten n Prüfpunkte werden in eine Planskizze maßstäblich eingetragen:*

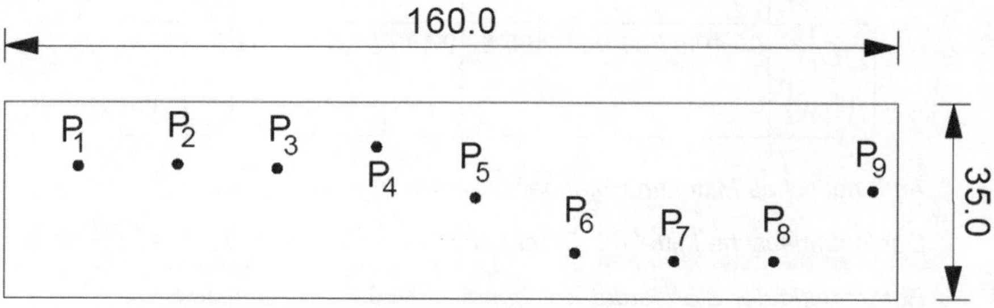

7. *Bestimmung von D_{Pr} und n_a am Prüfpunkt 1:*

Durch Zylinderentnahme und Wägung wird die Feuchtdichte $\rho_1 = 2{,}10$ g/cm³ und mit dem Luftpyknometer der Wassergehalt $w_1 = 0{,}15$ bestimmt. Die Proctordichte $\rho_{Pr} = 1{,}81$ g/cm³ und die Korndichte $\rho_s = 2{,}68$ g/cm³ des Schüttbodens GU waren bereits durch Laborversuche ermittelt worden.*

□ 5.44: Fortsetzung Beispiel 94: Überprüfung des Verdichtungsgrads D_{Pr} mit einem Einfachplan für Variablenprüfung

a) Verdichtungsgrad:

Der Verdichtungsgrad D_{Pr1} (in der folgenden statistischen Auswertung mit x_1 bezeichnet) ergibt sich durch Umstellung der Gleichung $\rho = \rho_d\,(1+w)$ nach ρ_d:

$$\rho_{d_1} = \frac{\rho_1}{1+w_1} = \frac{2{,}06}{1+0{,}15} = 1{,}794\ g/cm^3$$

Damit ist der Verdichtungsgrad an der Prüfstelle P_1:

$$D_{\mathrm{Pr}_1} = \frac{\rho_{d1}}{\rho_{\mathrm{Pr}}} \cdot 100 = \frac{1{,}794}{1{,}81} \cdot 100 = 99{,}1\%$$

b) Luftgehalt

Aus $\rho = (1-n)\rho_s(1+w)$ *ergibt sich der Porenanteil zu*

$$n_1 = 1 - \frac{\rho_1}{\rho_s(1+w_1)} = 1 - \frac{2{,}06}{2{,}68(1+0{,}15)} = 0{,}332$$

Die Sättigungszahl beträgt

$$S_r = \frac{w_1 \cdot \rho_s(1-n_1)}{n_1 \cdot \rho_w} = \frac{0{,}15 \cdot 2{,}68 \cdot (1-0{,}332)}{0{,}332 \cdot 1{,}0} = 0{,}81$$

Damit erhält man den Wasserporenanteil $n_w = n \cdot S_r = 0{,}332 \cdot 0{,}81 = 0{,}269$

und den Luftporenanteil $n_a = n - n_w = 0{,}332 - 0{,}269 \approx 0{,}06$.

Auf die gleiche Weise werden die beiden Prüfmerkmale an den übrigen Prüfpunkten ermittelt. Das Höchstquantil für den Luftporenanteil soll im vorliegenden Beispiel nicht berechnet werden.

Zusammenstellung der Prüfergebnisse für D_{Pr} [%]:

Prüf Punkt	*1*	*2*	*3*	*4*	*5*	*6*	*7*	*8*	*9*
D_{Pr} $(\hat{=}\, x)$	*99,10*	*97,34*	*96,92*	*96,53*	*97,43*	*97,55*	*97,33*	*97,67*	*98,37*

8. *Arithmetisches Mittel und Standardabweichung:*

Das arithmetische Mittel der Proctordichten aus Punkt 7. ist $\bar{x} = \frac{878{,}24}{9} = 97{,}6\%$

Berechnung der Standardabweichung: siehe Tabelle nächste Seite

$$s = \sqrt{\frac{4{,}624}{9-1}} = 0{,}7603$$

□ 5.44: Fortsetzung Beispiel 94: Überprüfung des Verdichtungsgrads D_{Pr} mit einem Einfachplan für Variablenprüfung

Tabelle zu 8.

x_i	96,80	89,35	94,92	94,08	95,43	94,57	95,33	94,67	94,83	Σ = 878,24
$x_i - \bar{x}$	1,52	-0,24	-0,66	-1,05	-0,15	-0,03	-0,25	0,09	0,79	
$(x_i - \bar{x})^2$	2,304	0,059	0,439	1,107	0,023	0,001	0,064	0,008	0,621	Σ = 4,62

9. *Qualitätszahl Q und Beurteilung des Prüfloses:*

Mit T_M = 97 % (s. Punkt 1) ist $Q = \frac{\bar{x} - T_M}{s} = \frac{97{,}6 - 97{,}0}{0{,}7603} = 0{,}766 < k = 0{,}88$ *(s. Punkt 2).*

Das Prüflos muss zurückgewiesen und nachverdichtet werden.

□ 5.45: Beispiel 95: Einbauwassergehalt

Geg.: *In einen Straßendamm soll ein Boden (Korndichte 2,70 t/m³) so eingebaut werden, dass seine Trockendichte 1,78 t/m³ beträgt. Diese Verdichtung erreicht man nur dann, wenn die Sättigungszahl 95% nicht übersteigt.*

Ges.: *Wie groß darf der Einbauwassergehalt des Bodens höchstens sein?*

Lösg.: *Mit* $\rho_d = (1 - n)\rho_s$

$1{,}78 = (1 - n) \cdot 2{,}70$ *erhält man den Porenanteil n = 0,34. Über die Gleichung für die Sättigungszahl*

$S_r = \frac{w \cdot \rho_s (1 - n)}{\rho_w \cdot n}$ *kann der maximale Einbauwassergehalt berechnet werden:*

$$w = \frac{S_r \cdot \rho_w \cdot n}{\rho_s (1 - n)} = \frac{0{,}95 \cdot 1{,}0 \cdot 0{,}34}{2{,}70(1 - 0{,}34)} = 0{,}18$$

6 Erddruck

6.01 Begriffe

Regelwerke DIN 4085, EAU, EAB

Erddruck Spannungen e (z. B in kN/m²) in den Berührungsflächen zwischen Wänden und dem angrenzenden Boden. Unter dem Oberbegriff Erddruck werden der aktive Erddruck (e_a), der passive Erddruck (Erdwiderstand, e_P), der Erdruhedruck (e_0) sowie alle Zwischenwerte (z. B. erhöhter aktiver Erddruck, Verdichtungserddruck) zusammengefasst.

Erddruck-last Die Resultierende E (z. B. in kN/m) des über die Wandhöhe verteilten Erddrucks e.

Aktiver Erddruck Kleinster Erddruck (e_a) (E_a), der sich hinter der Wand einstellt, wenn sich diese im erforderlichen Maß vom Erdreich wegbewegt. Der aktive Erddruck kann im Allgemeinen angesetzt werden, wenn ein äußerlich nachgiebiges Stützbauwerk unmittelbar vom gewachsenen Boden berührt wird und seine Bewegungsmöglichkeiten nicht durch besondere Maßnahmen eingeschränkt werden (□ 6.01a und b). Die erforderliche Wandbewegung entsteht durch Verdrehung, Verschiebung oder Verformung.

Auch wenn ein Bauwerk unmittelbar an einen Baugrubenverbau anschließt, kann aktiver Erddruck angenommen werden, wenn der Verbau selbst für aktiven Erddruck bemessen worden ist (6.01 c).

□ 6.01: Beispiele: Bauwerke, die für den aktiven Erddruck bemessen werden

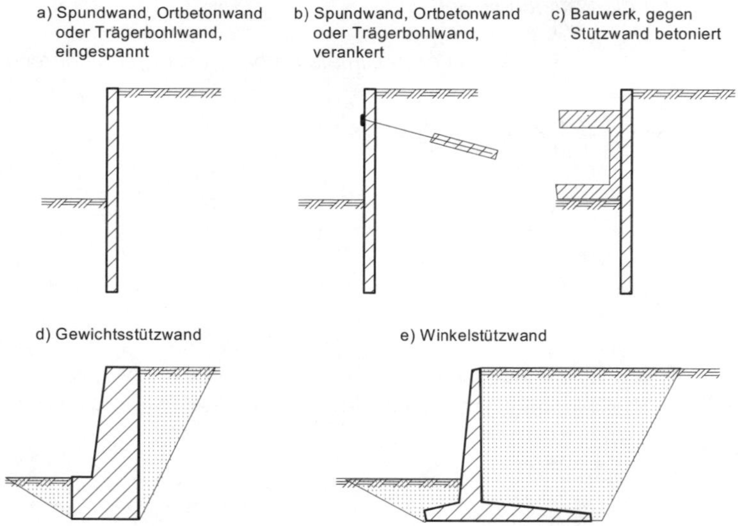

Bei einem Bauwerk, das in einer geböschten Baugrube hergestellt worden ist, können in der Regel nur Bewegungen des Bauwerks selbst zum Abbau des Verdichtungserddrucks (siehe unten) auf den aktiven Erddruck führen, z. B. bei

- Kellerwänden, die nicht wesentlich dicker sind als statisch erforderlich und hinter denen das Verfüllungsmaterial höchstens bis zur mitteldichten Lagerung verdichtet wird,
- Stützwänden (□ 6.01 d und e).

Erdruhedruck

Erddruck e_O (E_O) auf eine Wand, wenn sich diese infolge der Baugrundverhältnisse oder ihrer Konstruktion nicht bewegen kann. Dies ist z. B. bei steifen Seitenwänden von Trogbauwerken der Fall (□ 6.02).

□ 6.02: Beispiele: Bauwerke, die für den Erdruhedruck bemessen werden

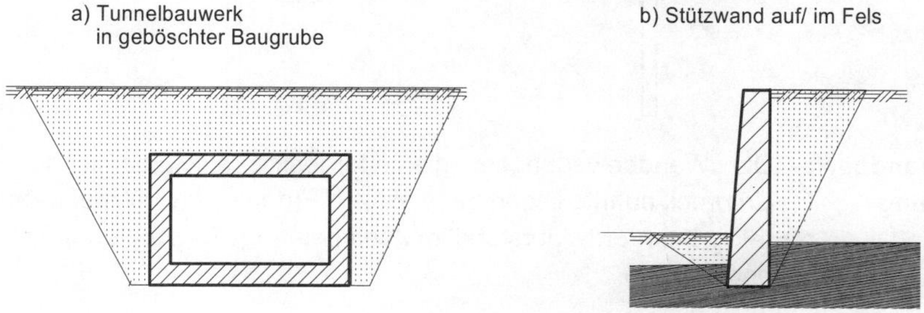

Er entsteht bei nicht ausreichender Wandbewegung und liegt zwischen dem aktiven Erddruck und dem Erdruhedruck. Nach den “Empfehlungen des Arbeitskreises Baugruben” (EB) soll mit erhöhtem Erddruck gerechnet werden, wenn die Wandbewegung verringert werden muss (z. B. bei Baugruben neben Bauwerken (□ 6.03)).

Verdichtungserddruck

Diese Form des Erddrucks (e_v, E_v) ist hinter einer Wand anzunehmen, auf die eine lagenweise eingebrachte und verdichtete Schüttung drückt.

DIN 4085, Abschnitt 6.6.1

Passiver Erddruck

Auch Erdwiderstand genannt. Größter Erddruck e_P (E_P), der sich vor einer Wand einstellt, wenn sich diese im erforderlichen Maß gegen das Erdreich bewegt. Weil sich der volle Erdwiderstand erst bei einer Wandbewegung einstellt, die um Zehnerpotenzen größer ist als die für den aktiven Erddruck erforderliche, wird häufig mit einem verminderten (reduzierten) Erdwiderstand gerechnet (siehe unten).

Verminderter Erdwiderstand

Auch reduzierter Erdwiderstand red e_P (red E_p) genannt. Er entsteht bei nicht ausreichender Wandbewegung und liegt zwischen Erdwiderstand und Erdruhedruck.

□ 6.03: Beispiele: Bauwerke, die für den Erhöhten Aktiven Erddruck bemessen werden

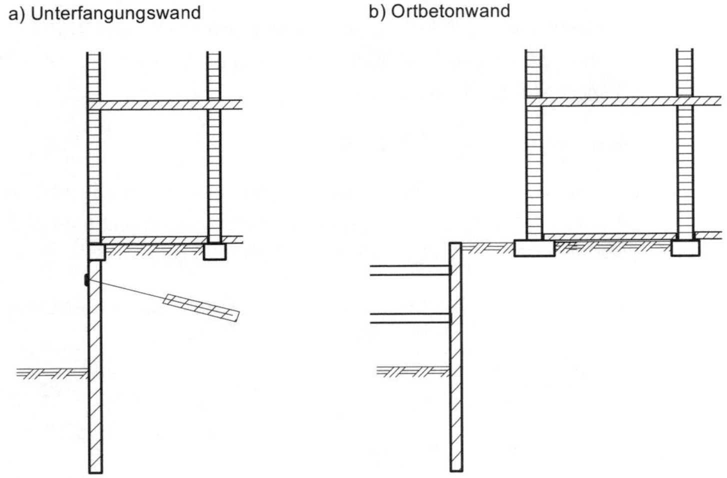

Wandbewegung Die Wandbewegungen, die erforderlich sind, damit der entsprechende Erddruck auftritt, liegen beim aktiven Erddruck im Millimeter- bis Zentimeterbereich, beim Erdwiderstand im Zentimeter- bis Dezimeterbereich (□ 6.04, □ 6.05 und □ 6.07)

DIN 4085. Merkblatt für die Hinterfüllung von Bauwerken.

□ 6.04: Beispiele: Erddruck als Funktion der Wandbewegung (Schula, 2006 nach Graßhof)

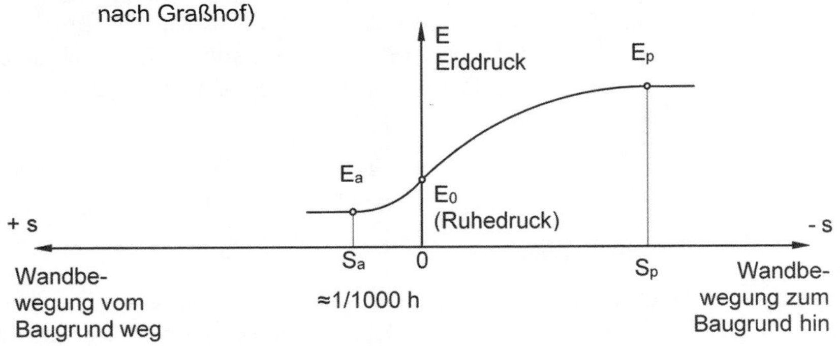

Wandreibungswinkel δ Richtungswinkel (δ) zwischen der angreifenden Erddruckkraft und der Normalen auf die belastete Wand. Er hängt ab von der Wandrauigkeit, der Geländeneigung, der Art und Lagerungsdichte (bei nichtbindigen Böden) bzw. Konsistenz (bei bindigen Böden) der Hinterfüllung sowie von der Bewegungsmöglichkeit zwischen Wand und Hinterfüllung (□ 6.06)

⇒ DIN 4085, Tabelle AAA.1.

□ 6.05: Erforderliche Mindest-Wandbewegung s_a für den Ansatz des Aktiven Erddruckes (DIN 4085, Tabelle BBB.1)

Art der Wandbewegung	bezogene Wandbewegung s_a/h[1)]	
	Lockere Lagerung	Dichte Lagerung
Drehung um den Wandfuß	0,004 bis 0,005	0,001 bis 0,002
Parallele Bewegung	0,002	0,0005 bis 0,001
Drehung um den Wandkopf	0,008 bis 0,01	0,002 bis 0,005
Durchbiegung	0,004 bis 0,005	0,001 bis 0,002

[1)] h: Wandhöhe, auf die der Erddruck wirkt

□ 6.06: Beispiel Wandreibungswinkel δ (δ_a: Aktiver Erddruck; δ_p: Passiver Erddruck; (DIN 4085, Tabelle AAA.1)

Wandbeschaffenheit	Wandreibungswinkel	
	δ_a	δ_p
verzahnt	φ_k	$-\varphi_k$
rau	$2/3\varphi_k$	$-2/3\varphi_k$
weniger rau	$\varphi_k/ 2$	$-\varphi_k/ 2$
glatt	0	0

Wand-be-schaf-fenheit

- Verzahnt: zwischen Beton der Wand und dem angrenzenden Boden besteht eine gute Verzahnung
- Rau: Unbehandelte Oberflächen von Stahl, Holz und Beton. Einfache Schutzanstriche gegen Feuchtigkeit haben auf die Rauigkeit keinen Einfluss.
- Weniger rau: Wandabdeckungen aus verwitterungsfesten, plastisch nicht verformbaren Kunststoffplatten sowie Wandflächen aus sehr dichtem Beton, der hinter Schaltafeln aus gehobelten oder geölten Holztafeln oder aus Stahl- oder glatten Kunststoffplatten hergestellt wurde.
- Glatt: Plastische Dichtungsschicht und / oder stark schmierige Hinterfüllung an der Wand.

Gleitfläche Erdseitige Begrenzung des Erdkeils (mit dem Gleitflächenwinkel υ; υ_a: Aktiver Erddruck; υ_p: Passiver Erddruck), der im Grenzzustand durch die Bewegung der Wand entsteht (□ 6.08). Beim aktiven Erddruck ist die tatsächliche Gleitfläche nur schwach gekrümmt und kann genügend genau durch eine Gerade (Annahme von Coulomb) ersetzt werden. Beim Erdwiderstand ist die geradlinige Näherung dagegen sehr ungenau (vor allem bei größeren Reibungs- und Wandreibungswinkeln).

□ 6.07: Beispiele: Erddruckansatz in Abhängigkeit der Nachgiebigkeit (Dauerbauwerke) (DIN 4085, Tabelle AAA.2)

Nachgiebigkeit	Konstruktion (Beispiel)	Erddruckansatz
nachgiebig	Uferwände auf Boden gegründete Stützwände	E_a
wenig nachgiebig	wie oben, jedoch Verformung unerwünscht und gegen den ungestörten Boden hergestellt	E_h=0,75 E_{ah} + 0,25 E_{0h}
annähernd unnachgiebig	Kellerwände und Stützwände, die in Bauwerke einbezogen sind und von diesen zusätzlich gestützt sind Stehende Schenkel von Winkelstützwänden	Normalfall: E_h=0,50 E_{ah} + 0,50 E_{0h} Ausnahmefall E_h=0,25 E_{ah} +0,75 E_{0h}
unnachgiebig	auf Festgestein gegründete Stützwände auf Boden gegründete Stützwände als räumliche Systeme (Brückenwiderlager)	Normalfall: E_h=0,25 E_{ah} +0,75 E_{0h} Ausnahmefall: E_{0h}

□ 6.08: Beispiel: Gleitflächen bei a) aktivem Erddruck und b) Erdwiderstand

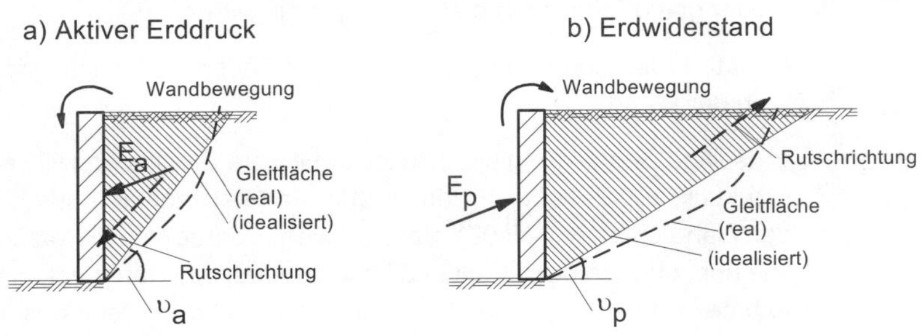

Einwirkungen Handbuch Eurocode 7 Einwirkungen im Sinne der Handbuch Eurocode 7, Band 1 sind der Aktive Erddruck, der Erhöhte Aktive Erddruck, der Erdruhedruck und der Verdichtungserddruck. Der gemäß den nachfolgenden Abschnitten ermittelte Erddruck gemäß DIN 4085 ist nach Handbuch Eurocode 7, Band 1 der Charakteristische Erddruck (der Einwirkungen) ⇒ siehe Abschnitte 6.02, 6.04, 6.05 sowie Dörken/ Dehne/ Kliesch, Teile 2 und 3

Widerstände Handbuch Eurocode 7 Widerstand im Sinne der Handbuch Eurocode 7, Band 1 ist der Passive Erddruck. Der gemäß den nachfolgenden Abschnitten ermittelte Erddruck gemäß DIN 4085 ist nach Handbuch Eurocode 7, Band 1 der Charakteristische Erddruck (des Widerstandes) □ siehe Abschnitte 6.03 und 6.05.2.2 sowie Dörken/ Dehne/ Kliesch, Teile 2 und 3

6.02 Aktiver Erddruck

6.02.1 Grundlagen

□ 6.09: Beispiel 96: Rechnerische (analytische) Bestimmung von E_a

Geg.:

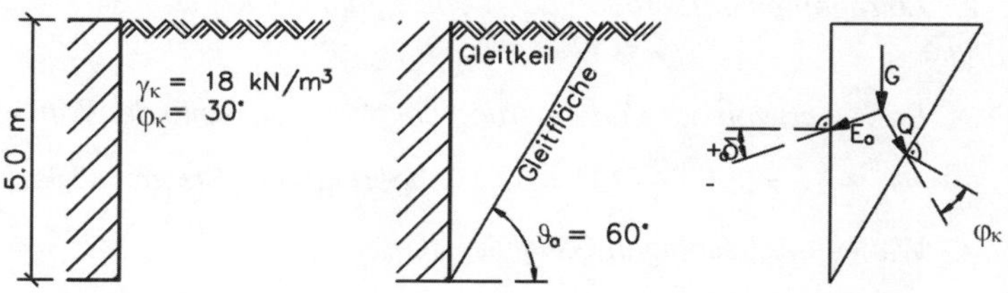

Geg.: *die dargestellte 5,0 m hohe Stützwand von üblicher Rauigkeit, den angegebenen Baugrundeigenschaften und dem Gleitflächenwinkel ϑ_a = 60°*

(charakteristische) Bodenkennwerte: $\gamma_K = \gamma = 18$ kN/m³; $\varphi_K = \varphi' = 30°$

Ges.: *die Größe der aktiven Erddruckkraft E_a*

Lösg.: *Da in diesem Fall die Geometrie des Gleitkeils gegeben ist, kann die Lösung über ein Krafteck herbeigeführt werden:*

Die Eigenkraft G des Gleitkeils zerlegt sich in die Spreizkräfte E_a und Q.

$$G = \frac{1}{2} \cdot h \cdot \frac{h}{tan\,\vartheta_a} \cdot \gamma = \frac{1}{2} \cdot \frac{5{,}0^2}{tan\,60°} \cdot 18 \approx 130 \quad kN/m$$

Die Richtung von E_a ist durch den Wandreibungswinkel δ_a bestimmt:

$$\delta_a = \frac{2}{3}\varphi_K = \frac{2}{3} \cdot 30° = 20°$$

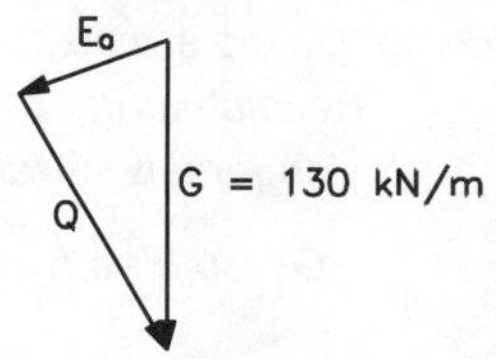

Die Richtung von Q ist durch den Reibungswinkel φ' des Bodens bestimmt:

$$\varphi_K = \varphi\,' = 30\,°;$$

Damit wird: $E_a \approx 67 \;\; kN/m$

Anmerkung: Die Lösung der Aufgabe □ 6.09 war nur möglich, weil die Neigung der Gleitfläche vorgegeben war. Im Allgemeinen muss die Gleitfläche ermittelt werden, welche den maximalen Wert für Ea ergibt ("ungünstige Gleitfläche").

Dieses Extremwert-Problem ("ungünstige Gleitfläche") kann zeichnerisch (siehe Abschnitt 6.02.2) oder rechnerisch (siehe Abschnitt 6.02.3) gelöst werden.

6.02.2 Zeichnerische Lösung

□ 6.10: Beispiel 97: Zeichnerische Bestimmung von E_a (Verfahren nach Culmann)

Geg.: *die nachfolgend dargestellten Verhältnisse hinter der Stützwand (normale Rauigkeit)*

(charakteristische) Bodenkennwerte: $\gamma_k = \gamma = 20$ kN/m³; $\varphi_k = \varphi' = 35°$

Ges.: *es ist die Größe der aktiven Erddruckkraft hinter der Stützwand zu ermitteln.*

Lösg.:

1. *Maßstäbliches Auftragen der geometrischen Gegebenheiten*
2. *Abtragen einer Geraden bei B unter dem Winkel* $\varphi_k = 35°$ → *Böschungslinie*
3. *Bei A wird von der Verlängerung der Wandrückseite der Winkel* $\omega = \varphi_k + \delta_a = 35° + \frac{2}{3} \cdot 35° = 58{,}3°$ *abgetragen* → *Stellungslinie*
4. *Wahl einer beliebigen Gleitlinie* $\overline{BC_1}$
5. *Berechnung der Eigenlast* G_1 *des Erdkeils A-B-*C_1 *)
6. *Maßstäbliches Auftragen von* G_1 *und der Erdkeile auf der Böschungslinie* → D_1
7. *Parallele zur Stellungslinie durch* D_1 → E_1
8. *Wiederholung der Schritte 4 bis 7 für weitere gewählte Gleitlinien*
9. *Verbinden der Punkte B-*E_1*-*E_2*-...-En* → *E-Linie*
10. *Parallele zur Böschungslinie an die E-Linie* → *E*
11. *Parallele zur Stellungslinie* → *D*
12. $\overline{ED} \mathrel{\hat{=}}$ *Erddruckkraft* E_a *(im Maßstab der Kräfte):* $E_a^g \approx 110\ kN/m$.
13. $\overline{BE} \mathrel{\hat{=}}$ *ungünstigste Gleitlinie:* $\vartheta_a \approx 55°$.

Anmerkung: Da die ermittelte Erddruckkraft aus der Bodeneigenlast (g) resultiert, wird die Bezeichnung E_a^g *eingeführt. Bei anderen Einflüssen wird im Folgenden sinngemäß verfahren.*

*) $G_1 \approx 0{,}5 \cdot 5{,}6 \cdot 1{,}45 \cdot 20 = 81{,}2$ kN/m

□ 6.10: Fortsetzung Beispiel 97: Zeichnerische Bestimmung von E_a (Verfahren nach Culmann)

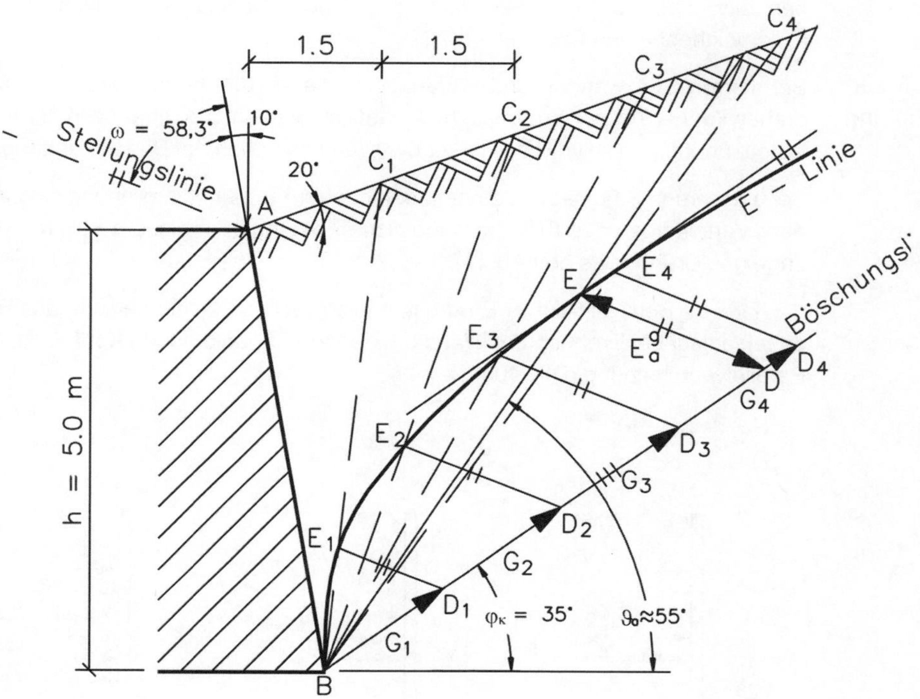

Ges. (Zusatzfrage): *Welche Größen hatten bei der Ermittlung der Erddruckkraft* E_a^g *maßgeblichen Einfluss?*

Lösg.:

- *Wandhöhe (h)*
- *Wandreibungswinkel (δ_a)*
- *Reibungswinkel des Bodens (φ_κ)*
- *Wichte des Bodens (γ_κ)*
- *Geländeneigung (β)*
- *Neigung der Wandrückseite (α)*

6.02.3 Rechnerische Lösung

Coulomb Die Gleichungen zur rechnerischen Bestimmung des aktiven Erddrucks ergeben sich nach dem Extremalprinzip auf der Grundlage der klassischen Erddrucktheorie von Coulomb (1776).

Erddruck-verteilung Bei starren Stützwänden und Widerlagern, die sich in ihrem Fußbereich frei drehen können, ist der Erddruck "hydrostatisch" verteilt, also linear von der Auflastspannung $\gamma \cdot h$ [kN/m²] des hinter der Wand anstehenden Bodens abhängig.

Bei biegsamen Stützbauwerken und behinderter Fußpunktverdrehung sind andere Verteilungen des Erddrucks möglich. Sie hängen in diesem Fall von der Lage des Drehpunkts ab (□ 6.11).

□ 6.11: Beispiel: Aktiver Erddruck (- - - tatsächlich, – rechnerisch) aus Bodeneigenlast bei Drehung der Wand um den a) Fußpunkt und c) Kopfpunkt, b) Parallelverschiebung (DIN 4085)

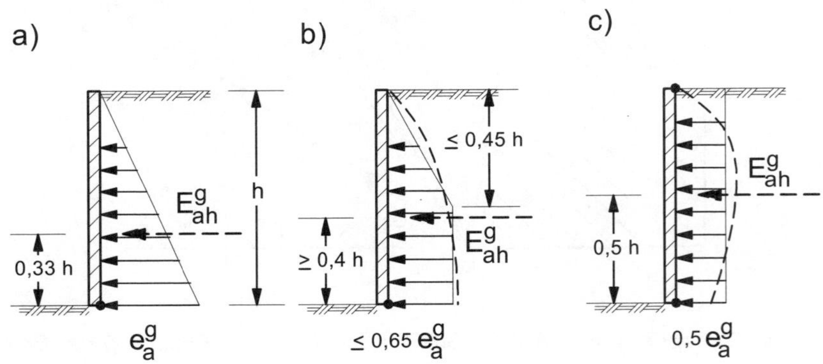

Weil die Erddruckverteilung linear von der Auflastspannung $\gamma \cdot h$ [kN/m²] des anstehenden Bodens abhängig ist ("hydrostatische" Verteilung), gilt für die Erddruckordinate allgemein:

$$e_a^g = \gamma_k \cdot h \cdot K_a^g \tag{6.01}$$

Hierin ist: γ_k Wichte des Bodens

h betrachtete Stelle

K_a^g dimensionsfreier Erddruckbeiwert

K_a^g Mit der Vorzeichendefinition nach (□ 6.12) ergibt sich der Beiwert K_a^g des aktiven Erddrucks (nach Coulomb) im allgemeinen Fall zu:

$$K_a^g = \frac{\cos^2(\varphi_k - \alpha)}{\cos^2\alpha \cdot \cos(\alpha + \delta_a) \cdot \left(1 + \sqrt{\frac{\sin(\varphi_k + \delta_a)\sin(\varphi_k - \beta)}{\cos(\alpha + \delta_a)\cos(\alpha - \beta)}}\right)^2} \tag{6.02}$$

Diese Beiwerte können für häufig vorkommende Ausgangswerte aus □ 6.13 entnommen werden.

H- und V-Komponenten

Unter Berücksichtigung der Wandneigung (α) und des Wandreibungswinkels (δ_a) kann die Wirkungsrichtung von E_a^g festgelegt werden.

Die Erddruckkraft wird in ihre Horizontalkomponente und ihre Vertikalkomponente zerlegt:

$$E_{ah}^g = E_a^g \cdot \cos(\alpha + \delta_a) \quad (6.03)$$

$$E_{av}^g = E_a^g \cdot \sin(\alpha + \delta_a) \quad (6.04)$$

□ 6.12: Vorzeichendefinition *) (Schula, 2006)

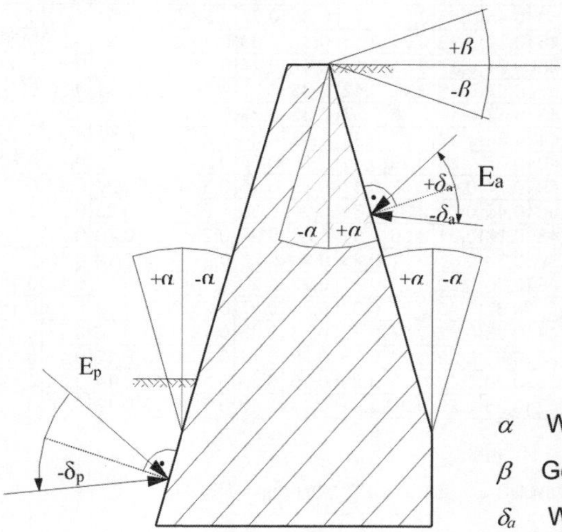

α Wandneigung

β Geländeneigung

δ_a Wandreibungswinkel

Gleitflächenwinkel

Für den allgemeinen Fall:

$$\vartheta_a = \varphi_k + \arctan\left\{\frac{\cos(\varphi_k - \alpha)}{\sin(\varphi_k - \alpha) + \sqrt{\dfrac{\sin(\varphi_k + \delta_a)\cdot\cos(\alpha - \beta)}{\sin(\varphi_k - \beta)\cdot\cos(\alpha + \delta_a)}}}\right\} \quad (6.05)$$

Für den Fall α = β = 0:

$$\vartheta_a = \varphi_k + \arctan\left\{\frac{\cos(\varphi_k)}{\sin(\varphi_k) + \sqrt{\dfrac{\sin(\varphi_k + \delta_a)}{\sin(\varphi_k)\cdot\cos(\delta_a)}}}\right\} \quad (6.06)$$

Gleit-flächen-winkel Für den Fall $\alpha = \beta = \delta_a = 0$:

$$\vartheta_a = 45° + \frac{\varphi_k}{2} \quad (6.07)$$

□ 6.13: Beiwerte K_a^g des aktiven Erddrucks (nach Coulomb); Hinweis: $\varphi = \varphi_K$; $\delta = \delta_a$

α	φκ / β / δa	15°		20°		25°		27,5°		30°		32,5°		35°		37,5°		40°	
		0°	2/3φ	0°	2/3φ	0°	2/3φ	0°	2/3φ	0°	2/3φ	0°	2/3φ	0°	2/3φ	0°	2/3φ	0°	2/3φ
+20°	+20°			1,21	1,36	0,83	0,87	0,75	0,78	0,69	0,71	0,63	0,66	0,58	0,60	0,53	0,56	0,48	0,52
	+10°	0,89	0,89	0,77	0,75	0,66	0,65	0,62	0,61	0,57	0,57	0,53	0,53	0,49	0,50	0,46	0,47	0,42	0,44
	0°	0,74	0,69	0,65	0,61	0,57	0,54	0,53	0,51	0,50	0,48	0,46	0,45	0,43	0,43	0,40	0,40	0,38	0,38
	-10°	0,64	0,59	0,57	0,52	0,50	0,46	0,47	0,44	0,44	0,41	0,41	0,39	0,39	0,37	0,36	0,35	0,34	0,33
	-20°			0,50	0,45	0,44	0,40	0,42	0,38	0,39	0,36	0,37	0,34	0,34	0,32	0,32	0,31	0,30	0,29
+10°	+20°			1,02	1,09	0,68	0,68	0,61	0,60	0,55	0,54	0,49	0,49	0,44	0,44	0,40	0,40	0,36	0,36
	+10°	0,78	0,76	0,65	0,62	0,55	0,52	0,50	0,48	0,46	0,44	0,42	0,40	0,38	0,37	0,35	0,34	0,32	0,31
	0°	0,65	0,60	0,56	0,51	0,48	0,44	0,44	0,41	0,41	0,38	0,37	0,35	0,34	0,32	0,31	0,30	0,29	0,28
	-10°	0,58	0,52	0,50	0,45	0,43	0,38	0,40	0,36	0,37	0,33	0,34	0,31	0,31	0,29	0,29	0,27	0,26	0,25
	-20°			0,45	0,39	0,39	0,34	0,36	0,32	0,33	0,30	0,31	0,28	0,28	0,26	0,26	0,24	0,24	0,23
0°	+20°			0,88	0,91	0,57	0,55	0,50	0,47	0,44	0,41	0,39	0,36	0,34	0,32	0,30	0,29	0,27	0,25
	+10°	0,70	0,66	0,57	0,52	0,46	0,42	0,42	0,38	0,37	0,34	0,34	0,31	0,30	0,27	0,27	0,25	0,24	0,22
	0°	0,59	0,53	0,49	0,44	0,41	0,36	0,37	0,33	0,33	0,30	0,30	0,27	0,27	0,24	0,24	0,22	0,22	0,20
	-10°	0,52	0,46	0,44	0,38	0,37	0,32	0,33	0,29	0,30	0,27	0,28	0,24	0,25	0,22	0,22	0,20	0,20	0,18
	-20°			0,40	0,35	0,34	0,29	0,31	0,26	0,28	0,24	0,25	0,22	0,23	0,20	0,21	0,19	0,19	0,17
-10°	+20°			0,79	0,77	0,48	0,47	0,41	0,37	0,35	0,32	0,30	0,27	0,26	0,23	0,22	0,20	0,19	0,17
	+10°	0,64	0,59	0,50	0,45	0,39	0,34	0,34	0,30	0,30	0,26	0,26	0,23	0,23	0,20	0,20	0,17	0,17	0,15
	0°	0,54	0,48	0,43	0,38	0,34	0,30	0,31	0,26	0,27	0,23	0,24	0,20	0,21	0,18	0,18	0,16	0,16	0,14
	-10°	0,48	0,42	0,39	0,33	0,31	0,27	0,28	0,24	0,25	0,21	0,22	0,19	0,19	0,17	0,17	0,15	0,15	0,13
	-20°			0,36	0,30	0,29	0,24	0,26	0,22	0,23	0,19	0,21	0,17	0,18	0,15	0,16	0,14	0,14	0,12
-20°	+20°			0,71	0,67	0,40	0,35	0,33	0,28	0,27	0,23	0,23	0,19	0,19	0,16	0,15	0,13	0,12	0,11
	+10°	0,59	0,53	0,44	0,38	0,32	0,27	0,28	0,23	0,23	0,19	0,20	0,16	0,17	0,14	0,14	0,12	0,11	0,10
	0°	0,50	0,43	0,38	0,32	0,29	0,24	0,25	0,20	0,21	0,17	0,18	0,15	0,15	0,13	0,13	0,11	0,11	0,09
	-10°	0,45	0,38	0,35	0,29	0,26	0,22	0,23	0,19	0,20	0,16	0,17	0,14	0,14	0,12	0,12	0,10	0,10	0,08
	-20°			0,32	0,26	0,25	0,20	0,21	0,17	0,19	0,15	0,16	0,13	0,14	0,11	0,12	0,09	0,10	0,08

□ 6.14: Beispiel 98: Analytische Bestimmung von E_a

Geg.: *die Verhältnisse des vorangegangenen Beispiels; h = 5,0 m*

Ges.: *die Größe der aktiven Erddruckkraft E_a analytisch zu ermitteln.*

Lösg: *Für $\varphi_K = \varphi' = 35°$; $\alpha = +10°$; $\beta = 20°$;*

$\delta_a = 2/3\varphi_K$ wird
$K_a^g = 0{,}44$.

Verteilung des Erddrucks und der Größe der Erddruckkraft hinter der Wand:

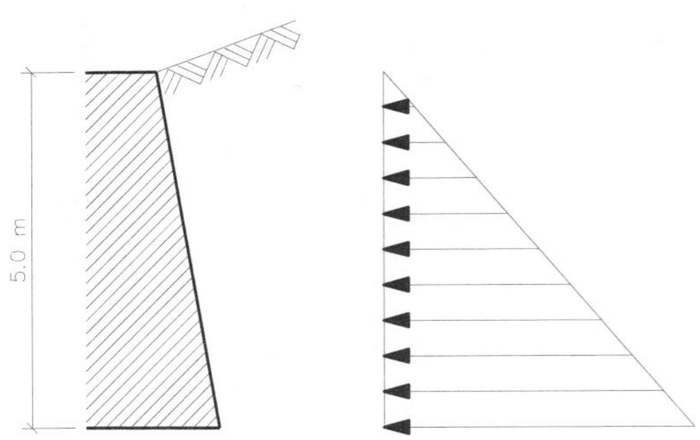

$$e_a^g = 20 \cdot 5{,}0 \cdot 0{,}44 = 44{,}0 \ \ kN/m^2$$

Fläche der Erddruckverteilung:

$$E_a^g = \frac{1}{2} \cdot 44{,}0 \cdot 5{,}0 = 110 \ \ kN/m.$$

□ 6.15: Beispiel 99: Angriffspunkt, Richtung und Komponenten von E_a

Geg.: *die Verhältnisse des vorangegangenen Beispiels 97 (□ 6.10) bzw. 98 (□ 6.14)*

Ges.: *a) Angriffspunkt der Erddruckkraft*

b) Wirkungsrichtung

Lösg: ***zu a)***

Das grafische Verfahren von Culmann liefert zwar die Größe der Erddruckkraft, nicht jedoch deren Angriffspunkt.

Mit Kenntnis der analytischen Zusammenhänge kann man jedoch in einfachen Fällen – wie im vorliegenden Fall – den Angriffspunkt durch logische Überlegungen bestimmen:

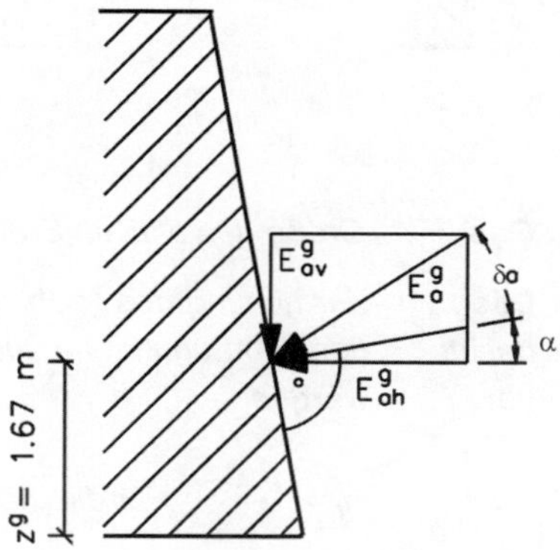

Bei durchgehend gleichem Hinterfüllungsmaterial ist die Erddruckverteilung „hydrostatisch", d.h. mit der Tiefe linear zunehmend, so dass die Erddruckkraft im vorliegenden Fall bei

$z^g = \frac{h}{3} = \frac{5{,}0}{3} = 1{,}67\ m$ *von unten angreift.*

zu b)

Zur Vereinfachung weiterführender Berechnungen wird die Erddruckkraft in ihre Horizontalkomponente und ihre Vertikalkomponente zerlegt:

$$E^g_{ah} = E^g_a \cdot \cos(\alpha + \delta_a) = 110 \cdot \cos(10° + 24°) = 91{,}2\ kN/m$$

$$E^g_{av} = E^g_a \cdot \sin(\alpha + \delta_a) = 110 \cdot \sin(10° + 24°) = 61{,}5\ kN/m$$

□ 6.16: Beispiel 100: Ermittlung des Gleitflächenwinkels

Geg.: *die Verhältnisse des vorangegangenen Beispiels □ 6.09 bzw. □ 6.13*

Ges.: der Gleitflächenwinkel

1. Lösungsweg: grafische Ermittlung

Aus der Konstruktion des Culmann-Verfahrens kann die Neigung der ungünstigsten Gleitfläche $\overline{BE}$ direkt abgelesen werden: $\vartheta_a \approx 55°$.

2. Lösungsweg: analytische Ermittlung

$$\vartheta_a = 35° + \arctan\left\{\frac{\cos(35° - 10°)}{\sin(35° - 10°) + \sqrt{\frac{\sin(35 + 2/3 \cdot 35°) \cdot \cos(10° - 20°)}{\sin(35° - 20°) \cdot \cos(10° + 2/3 \cdot 35°)}}}\right\} \rightarrow \vartheta_a = 55{,}8°$$

6.02.4 Auflasten

6.2.4.1 Unbegrenzte Flächenlast

□ 6.17: Beispiel 101: Aktiver Erddruck bei unbegrenzter Flächenlast

Geg .: *Dargestellte Stützwand. hier:* $\varphi_K = \varphi'$, $\gamma_k = \gamma$

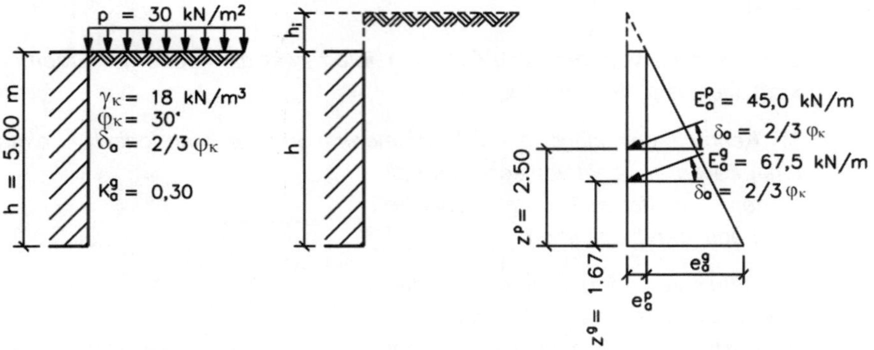

Ges .: *Größe des aktiven Erddrucks*

Lösg.: *Zur Lösung des Problems soll die Auflast p [kN/m²] ersatzweise in eine ge-*
dachte (ideelle) Schütthöhe aus dem vorhandenen Hinterfüllungsmaterial umgerech-
net werden:

$h_i = \dfrac{p}{\gamma}$ *Für die „neue" Höhe H = h + h_i wird die Erddruckordinate berechnet:*

$$e_a^{g+p} = \gamma \cdot K_a^g (h + h_i) \qquad = \gamma \cdot K_a^g \cdot h + \gamma \cdot K_a^g \cdot h_i$$

$$= \gamma \cdot K_a^g \cdot h + \gamma \cdot K_a^g \cdot \frac{p}{\gamma}$$

$$e_a^{g+p} = \underbrace{\gamma \cdot K_a^g \cdot h}_{e_a^g} + \underbrace{K_a^g \cdot p}_{e_a^p}$$

Somit ist zu erkennen, dass sich der Erddruck infolge einer unbegrenzten Flächenlast p [kN/m²] aus dem Produkt der Auflast und des Erddruckbeiwertes errechnet:

$$e_a^p = p \cdot K_a^g$$

Mit den Werten des Beispiels wird:

$$e_a^g = 18 \cdot 5{,}0 \cdot 0{,}30 = 27{,}0 \ kN/m^2$$

$$e_a^p = 30 \cdot 0{,}30 = 9{,}0 \ kN/m^2$$

□ 6.17: Fortsetzung Beispiel 101: Aktiver Erddruck bei unbegrenzter Flächenlast

Geg .: *Dargestellte Stützwand. hier:* $\varphi_k = \varphi'$, $\gamma_k = \gamma$

Erddruckkraft:

$$E_a^{g+p} = E_a^g + E_a^p = 0{,}50 \cdot 27{,}0 \cdot 5{,}0 + 9{,}0 \cdot 5{,}0 = 67{,}5 + 45{,}0 = 112{,}5 \; kN/m$$

Angriffspunkt der Erddruckkraft E_a^{g+p} *:*

Vereinfachend sollen die Angriffspunkte der einzelnen Erddruck-Teilflächen ermittelt werden:

$$z^g = \frac{h}{3} = \frac{5{,}0}{3} = 1{,}67 \; m$$

$$z^p = \frac{h}{2} = \frac{5{,}0}{2} = 2{,}50 \; m$$

Wirkungsrichtung: s. Bild

Ges.

(Zusatzaufgabe): *Das vorhergehende Beispiel ist nach dem grafischen Verfahren von Culmann zu lösen.*

Lösungshinweis: *Der auf den gewählten Gleitkeil wirkende Auflastanteil* $p \cdot b_i$ *[kN/m] ist jeweils zu der Eigenlast* G_i *[kN/m] des Gleitkeils zu addieren.*

6.2.4.2 Einseitig begrenzte Flächenlast

Näherungen Für die in den Abschnitten 6.02.4.2 bis 6.02.4.5 behandelten Erddruckfälle gibt es keine geschlossenen mathematischen Lösungswege sondern nur Näherungsverfahren. Außer den hier behandelten gibt es auch noch andere Lösungen. Sie liefern – vor allem in Grenzfällen – oft unterschiedliche Ergebnisse.

□ 6.18: Beispiel 102: Aktiver Erddruck bei einseitig begrenzter Flächenlast

Geg.: *die Verhältnisse des vorangegangenen Beispiels 101 (□ 6.17)*

Ges.: *Wie ändert sich die Erddruckkraft, wenn die Auflast p im Abstand von 1,5 m hinter der Wand beginnt?*

□ 6.18: Fortsetzung Beispiel 102: Aktiver Erddruck bei einseitig begrenzter Flächenlast

Lösg.:

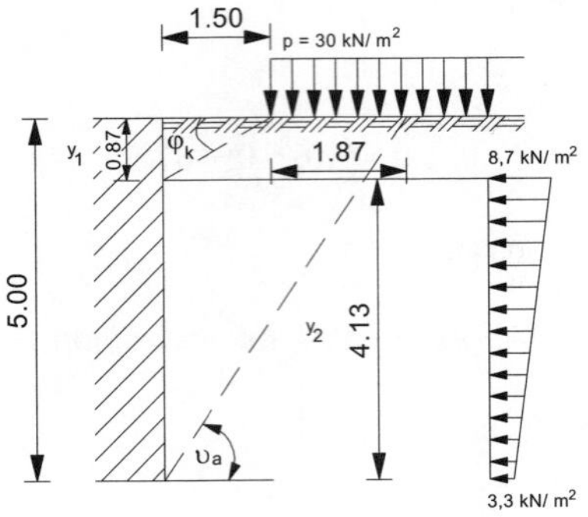

$$\tan\vartheta_a = \frac{\sin 30° + \sqrt{\frac{\tan 30° - \tan 0°}{\tan 30° + \tan(\frac{2}{3} \cdot 30°)}}}{\cos 30°} = 1{,}4817 \rightarrow \qquad \vartheta_a = 56{,}0°$$

$$y_1 = 1{,}5 \cdot \tan\phi_k = 1{,}5 \cdot \tan 30° = 0{,}87 \quad m$$

$$y_2 = 5{,}00 - 0{,}87 = 4{,}13\, m;\ b = 1{,}50\, m;\ b' = \frac{5{,}00}{\tan 56°} - 1{,}50 = 1{,}87\, m;$$

$$K_a^{p'} = \frac{\sin(56° - 30°)}{\cos\left(56° - 30° - \frac{2}{3} \cdot 30°\right)} = 0{,}44$$

$$e_{a,0}^{p'} = 30 \cdot 1{,}87 \cdot 0{,}44 = 24{,}68\, kN/m^2 \quad \textit{Ausgangswert}$$

$$e_a^{p'}(z = 0{,}87\, m) = \frac{24{,}68}{4{,}13} \cdot \left(1 + \frac{1{,}5}{1{,}5 + 1{,}87}\right) = 8{,}64\, kN/m^2 \ \textit{oben}$$

$$e_a^{p'}(z = 5{,}00\, m) = \frac{24{,}68}{4{,}13} \cdot \left(1 - \frac{1{,}5}{1{,}5 + 1{,}87}\right) = 3{,}32 \quad kN/m^2 \ \textit{unten}$$

Damit wird:

$$E_a^p = \frac{8{,}64 + 3{,}32}{2} \cdot 4{,}13 = 24{,}7\, kN/m^2$$

$$\Delta E_a^p = \frac{45{,}0 - 24{,}7}{45{,}0} = 45\ \%$$

Die Erddruckkraft verringert sich um 45 %.

6.2.4.3 Streifenlast

Beginnt die Streifenlast unmittelbar hinter der Wand (b = 0) ergibt sich eine konstante Erddruckverteilung; anderenfalls (b > 0) ergibt sich eine trapezförmige Erddruckverteilung.

In Abhängigkeit von der Größe von b entscheidet sich die Form des Lastbildes:

□ 6.19: Beispiel: Aktiver Erddruck bei einer Streifenlast

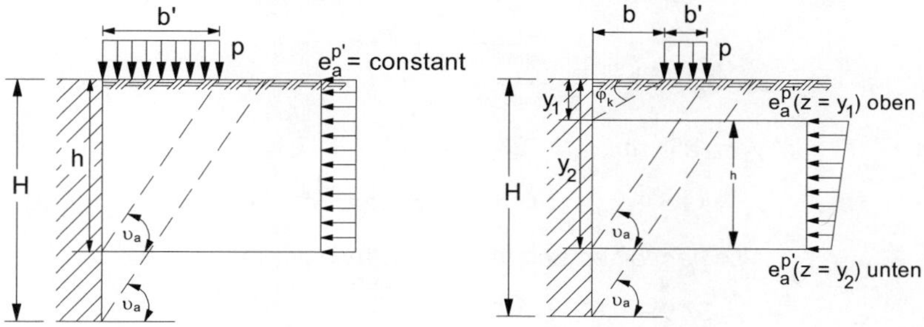

a) Auflast unmittelbar an Wand b) Streifenlast mit Abstand b

$y_1 = b \cdot \tan \phi_k$ (6.08)

$h = y_2 - y_1$ (6.09)

$K_a^{p'} = \frac{\sin(\vartheta_a - \varphi_k)}{\cos(\vartheta_a - \varphi_k - \delta_a - \alpha)}$ (6.10)

$e_{a,0}^{p'} = p \cdot b' \cdot K_a^{p'}$ Ausgangswert (6.11)

$e_a^{p'}(z = y_1) = \frac{e_{a,0}^{p'}}{\square} \cdot (1 + \frac{b'}{b+b'})$ oben (6.12)

$e_a^{p'}(z = y_1) = e_{a,0}^{p'} \cdot (1 - \frac{b'}{b+b'})$ unten (6.13)

□ 6.20: Beispiel 103: Aktiver Erddruck bei einer Streifenlast

Geg.: *Dargestellte Stützwand infolge einer 2,0 m breiten Streifenlast p' = 30 kN/m².*

Bodenkennwerte: γ = 18 kN/m³; φ' = 30°

Ges.: *die Größe der Aktiven Erddruckkraft infolge p' ($\varphi_k = \varphi'$, $\gamma_k = \gamma$)*

Lösg.: *Es muss zunächst festgestellt werden, ob es sich um eine „einseitig unbegrenzte" oder um eine „Streifenlast" handelt:*

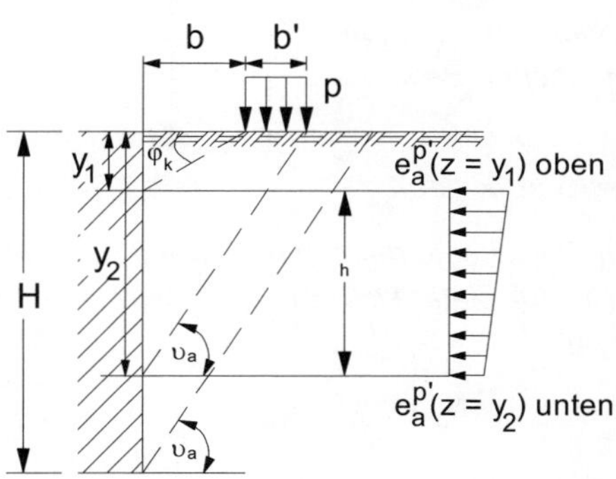

b = 1,50 m

b' = 2,00 m

p = p' = 30 kN/ m²

H = 6,0 m

□ 6.20: Fortsetzung Beispiel 103: Aktiver Erddruck bei einer Streifenlast

$$tan\,\vartheta_a = \frac{sin\,30° + \sqrt{\frac{tan\,30° - tan\,0°}{tan\,30° + tan\left(\frac{2}{3}\cdot 30°\right)}}}{cos\,30°} = 1{,}4817 \rightarrow \qquad \vartheta_a = 56{,}0°$$

$$y_1 = 1{,}5 \cdot tan\,\varphi_k = 1{,}5 \cdot tan\,30° = 0{,}87 \quad m$$

$$y_2 = (1{,}5 + 2{,}0) \cdot tan\,\vartheta_a = 1{,}5 \cdot tan\,56° = 5{,}19 \quad m < H = 6{,}00\,m$$

Also handelt es sich um eine „Streifenlast“:

$$\square = 5{,}19 - 0{,}87 = 4{,}32\,m$$

$$K_a^{p'} = \frac{sin(56° - 30°)}{cos\left(56° - 30° - \frac{2}{3}\cdot 30°\right)} = 0{,}44$$

$e_{a,0}^{p'} = 30 \cdot 2{,}0 \cdot 0{,}44 = 26{,}4\,kN/m^2$ *Ausgangswert*

$e_a^{p'}(z = 0{,}87\,m) = \frac{26{,}4}{4{,}32} \cdot \left(1 + \frac{1{,}5}{1{,}5+2{,}00}\right) = 8{,}73\,kN/m^2$ *oben*

$e_a^{p'}(z = 5{,}19\,m) = \frac{26{,}4}{4{,}32} \cdot \left(1 - \frac{1{,}5}{1{,}5+2{,}00}\right) = 3{,}49\,kN/m^2$ *unten*

Damit wird:

$$E_a^p = \frac{8{,}73 + 3{,}49}{2} \cdot 4{,}32 = 26{,}4\,kN/m$$

6.2.4.4 Linienlast

□ 6.21: Beispiel 104: Aktiver Erddruck bei einer Linienlast

Geg.: *Dargestellte Stützwand infolge einer Linienlast* $\bar{P} = 60\ kN/m$.

Bodenkennwerte: γ *= 18 kN/m³;* φ' *= 30°*

Anmerkung:

Zu Vergleichszwecken wurde das Beispiel so gestaltet, dass die Linienlast $\bar{P} = 60\ kN/m$ *in Größe und Angriffspunkt der Resultierenden aus der Streifenlast des vorangegangenen Beispiels entspricht.*

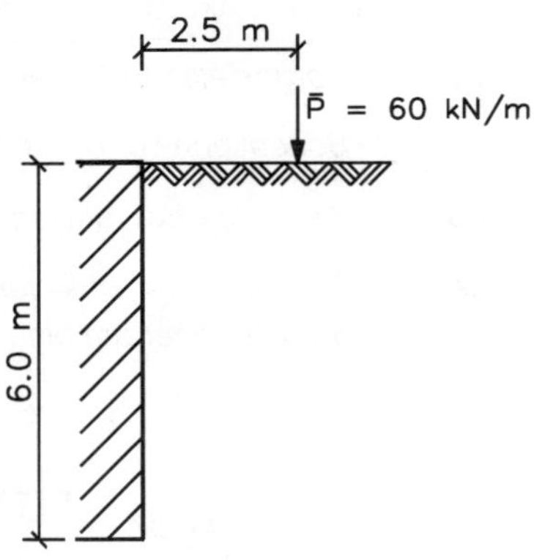

Ges.: *die Größe der Aktiven Erddruckkraft*

Lösg.: *Für den vorliegenden Fall einer lotrechten Rückwand (*α *= 0) und eines horizontalen Geländes (*β *= 0) bietet sich aus einer Reihe weiterer Methoden folgendes Verfahren an:*

$$\tan\vartheta_a = 1{,}4817 \qquad \rightarrow \qquad \vartheta_a = 56{,}0°$$

□ 6.21: Fortsetzung Beispiel 104: Aktiver Erddruck bei einer Linienlast

$$y_2 = 2{,}5 \cdot \tan 56{,}0° = 3{,}70 \ m$$

$$y_1 = 2{,}5 \cdot \tan 30° = 1{,}44 \ m$$

$$h_{\bar{p}} = 2{,}26 \ m$$

$$K_a^{p'} \mathrel{\hat{=}} K_a^{\bar{p}} = 0{,}44$$ *(Formel (6.10))*

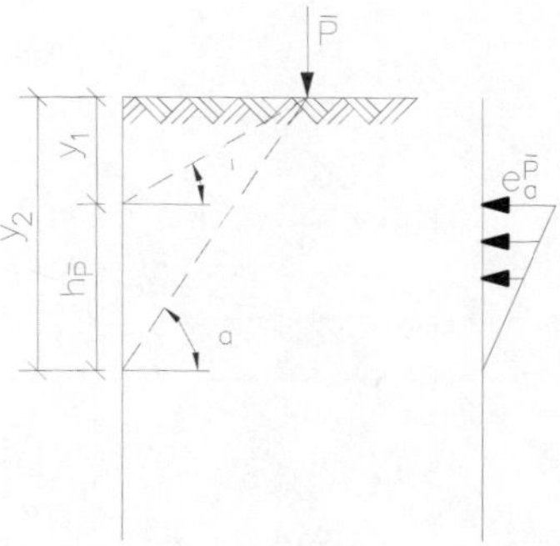

$$e_a^{\bar{p}} = \frac{2 \cdot \bar{P} \cdot K_a^{\bar{p}}}{h_{\bar{p}}}$$

$$e_a^{\bar{p}} = \frac{2 \cdot 60 \cdot 0{,}44}{2{,}26} = 23{,}40 \ kN/m^2$$

$$E_a^{\bar{p}} = 0{,}5 \cdot 23{,}40 \cdot 2{,}26 = 26{,}4 \ kN/m$$

Für den Fall $\alpha \neq 0$ und/oder $\beta \neq 0$ liefert nachstehendes Verfahren zutreffendere Ergebnisse:

mit $$e_a^{\bar{p}} = \frac{2\bar{P}}{h_{\bar{p}} \cdot \cos(\alpha + \delta_a + \varphi_k - \vartheta_a)}$$

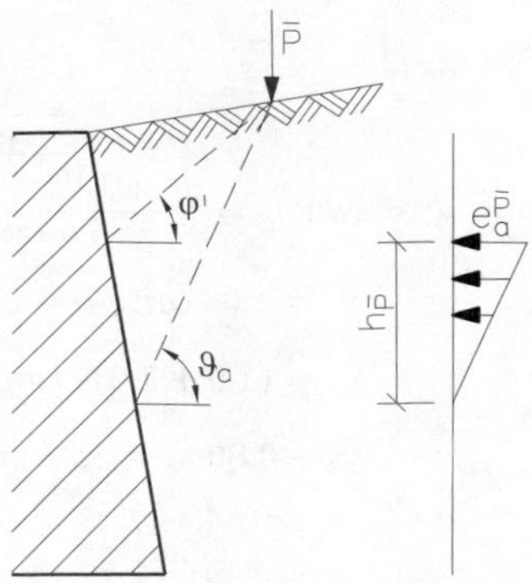

6.2.4.5 Einzellast

□ 6.22: Beispiel 105: Aktiver Erddruck bei einer Einzellast

Ges.: *die auf der nächsten Seite dargestellte Stützwand infolge einer Einzellast P = 800 kN (einschließlich Fundament).*

Bodenkennwerte: $\gamma = 18 \ kN/m^3$; $\varphi' = 30°$

Ges.: *Größe der aktiven Erddruckkraft*

Lösg.: $\varphi_k = \varphi'$, $\gamma_k = \gamma$

Eine lotrechte, über ein Einzelfundament abzutragende Last P [kN] kann über die Einflussbreite B näherungsweise in eine Streifenlast umgewandelt und dann wie eine Streifenlast nach Abschnitt 6.2.4.3. behandelt werden.

$$p' = \frac{P}{B} = \frac{P}{2 \cdot (c+a) + b} \quad [kN/m]$$

□ 6.22: Fortsetzung Beispiel 105: Aktiver Erddruck bei einer Einzellast

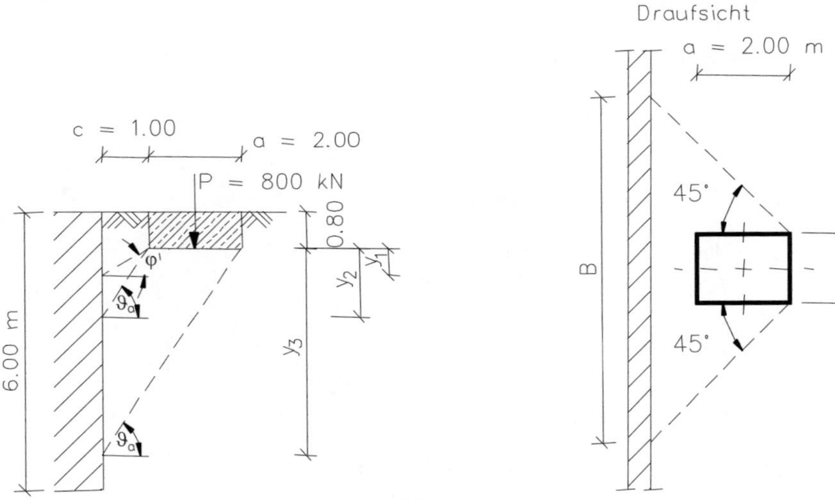

$$\tan\vartheta_a = \frac{\sin 30° + \sqrt{\frac{\tan 30° - \tan 0°}{\tan 30° + \tan\left(\frac{2}{3}\cdot 30°\right)}}}{\cos 30°} = 1{,}4817 \rightarrow \qquad \vartheta_a = 56{,}0°$$

$$y_1 = 1{,}0 \cdot \tan\varphi_k = 1{,}5 \cdot \tan 30° = 0{,}58 \quad m$$

$$y_3 = (1{,}0 + 2{,}0) \cdot \tan\vartheta_a = 3{,}0 \cdot \tan 56° = 4{,}45 \quad m$$

$$y_3 + 0{,}80\, m = 5{,}25\, m < H = 6{,}00\, m$$

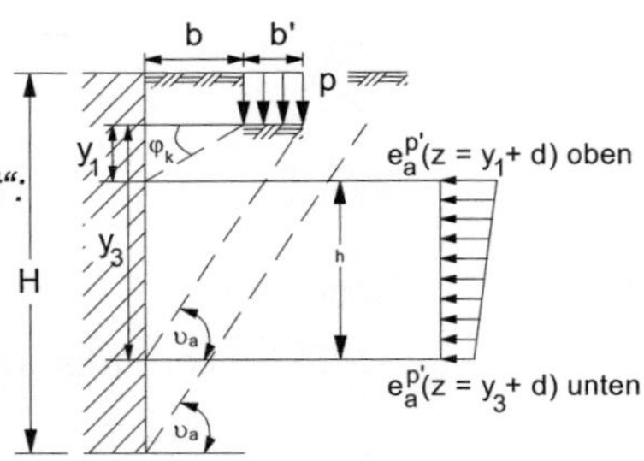

Also handelt es sich um eine „Streifenlast“:

$$□ = 4{,}45 - 0{,}58 = 3{,}87\, m$$

$$K_a^{p'} = \frac{\sin(56° - 30°)}{\cos\left(56° - 30° - \frac{2}{3}\cdot 30°\right)} = 0{,}44$$

$$p' = \frac{800}{2\cdot(1{,}00 + 2{,}00) + 1{,}5} = 106{,}7 \quad kN/m$$

$e_{a,0}^{p'} = 106{,}7 \cdot 0{,}44 = 46{,}9\, kN/m^2$ *Ausgangswert*

$e_a^{p'}(z = 0{,}58\, m + 0{,}80\, m) = \frac{46{,}9}{3{,}87} \cdot \left(1 + \frac{1{,}0}{1{,}0 + 2{,}00}\right) = 16{,}88\, kN/m^2$ *oben*

$e_a^{p'}(z = 4{,}45\, m + 0{,}80\, m) = \frac{46{,}9}{3{,}87} \cdot \left(1 - \frac{1{,}0}{1{,}0 + 2{,}00}\right) = 8{,}08\, kN/m^2$ *unten*

Damit wird:

$$E_a^p = \frac{16{,}88 + 80{,}08}{2} \cdot 3{,}87 = 48{,}3\, kN$$

6.02.5 Wechselnde Bodenschichten

□ 6.23: Beispiel 106: Aktiver Erddruck bei einem Schichtwechsel

Geg.:

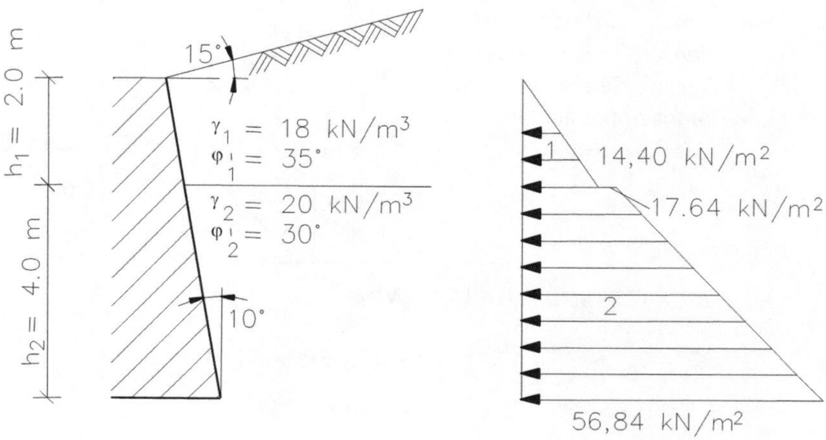

Ges.: *Größe, Angriffspunkt und Wirkungsrichtung der aktiven Erddruckkraft*

Lösg.: *Die Ermittlung des aktiven Erddrucks für den Stützwandbereich 1 (h_1 = 2,0 m) geschieht nach der bekannten Vorgehensweise:* $\varphi_K = \varphi'$, $\gamma_k = \gamma$

$\varphi_{1,k}$ = 35°; α = +10°; β = 15°; $\delta_a = 2/3\varphi_K \rightarrow$ $K^g_{a_1} \approx 0{,}40$

Ordinate an der Stelle h_1 = 2,0 m:

$$e^g_{a_1} = 18 \cdot 2{,}0 \cdot 0{,}40 = 14{,}40 \quad kN/m^2$$

Für die Berechnung des Erddrucks im Stützwandbereich 2 (h_2 = 4,0 m) wird der darüber liegende Boden als Auflast $p_1 = \gamma_1 \cdot h_1$ betrachtet. Der Geländeanstieg unter dem Winkel β = 15° kann dadurch berücksichtigt werden, dass auch im Stützwandbereich 2 der Erddruckbeiwert für den Fall β = 15° ermittelt wird.

$\varphi_{2,K}$ = 30°; α = +10°; β = 15°; $\delta_a = 2/3\ \varphi_K$ $\rightarrow$ $K^g_{a_2} \approx 0{,}49$

Ordinate an der Stelle h_2 = 0 m:

$$e^g_{a_2} = 18 \cdot 2{,}0 \cdot 0{,}49 = 17{,}64 \quad kN/m^2$$

Ordinate an der Stelle h_2 = 4,0 m:

$$e^g_{a_2} = 17{,}64 + 20 \cdot 4{,}0 \cdot 0{,}49 = 56{,}84 \quad kN/m^2$$

□ 6.23: Fortsetzung Beispiel 106: Aktiver Erddruck bei einem Schichtwechsel

Wenn man bedenkt, dass die Wirkungsrichtung der Erddruckkraft durch den Wandreibungswinkel bestimmt wird, dann ist es sinnvoll, die einzelnen Stützwandbereiche getrennt zu betrachten.

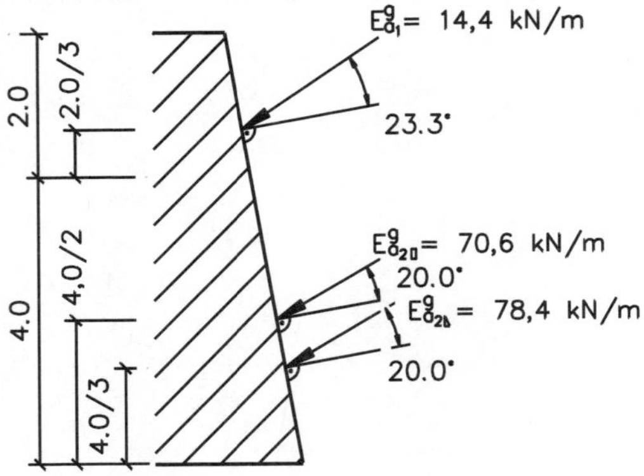

$$E^g_{a_1} = 0{,}5 \cdot 14{,}40 \cdot 2{,}0 = 14{,}4 \ kN/m$$

$$E^g_{a_2} = E^g_{a_2\,\square} + E^g_{a_2\,\triangle} = 17{,}64 \cdot 4{,}0 + 0{,}5(56{,}84 - 17{,}64) \cdot 4{,}0$$

$$= 70{,}6 + 78{,}4 = 149{,}0 \ \ kN/m$$

Durch die Aufteilung der Erddruckfigur in Rechteck- und Dreieckflächen lassen sich die Angriffspunkte (der Einwirkungen) einfach bestimmen.

□ 6.24: Beispiel 107: Aktiver Erddruck unterhalb des Grundwassers

Geg.:

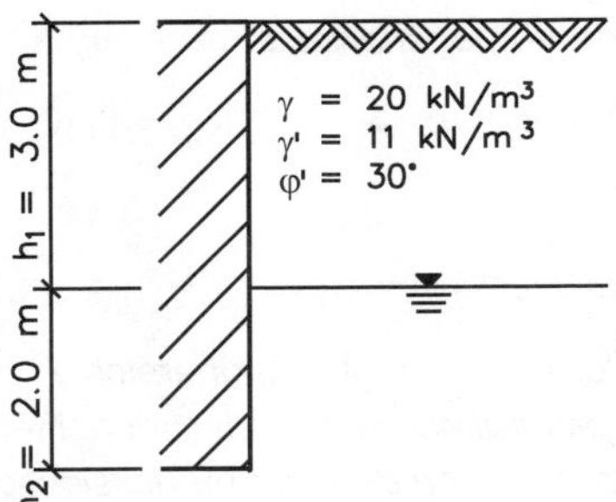

Ges.: *Größe, Angriffspunkt und Wirkungsrichtung der aktiven Erddruckkraft auf die dargestellte Stützwand für folgende Fälle:*

a) Die Stützwand ist in wasserdichtem Beton hergestellt.

b) Im Bereich des Grundwassers wurde eine plastische Dichtungsschicht eingebaut.

Lösg. a): *Für den gesamten Stützwandbereich gilt:*

$\varphi_K = \varphi' = 30°;\ \alpha = 0°;\ \beta = 0°;\ \delta_a = 2/3\ \varphi_K \quad \rightarrow \quad K^g_{a_1} = 0{,}30$

□ 6.24: Fortsetzung Beispiel 107: Aktiver Erddruck unterhalb des Grundwassers

Da sich im Bereich des Grundwassers jedoch die Wichte des Bodens ändert, muss dieser Fall wie ein Wechsel der Bodenschichten behandelt werden. Durch die Änderung der Wichte ($\gamma \rightarrow \gamma'$) ergibt sich in der Erddruckfigur ein ***Knick****.*

$E^g_{a_1}$ *und* $E^g_{a_2}$ *haben jedoch die gleiche Wirkungsrichtung.*

Die Angriffspunkte errechnen sich nach den bekannten Methoden.

Lösung a)

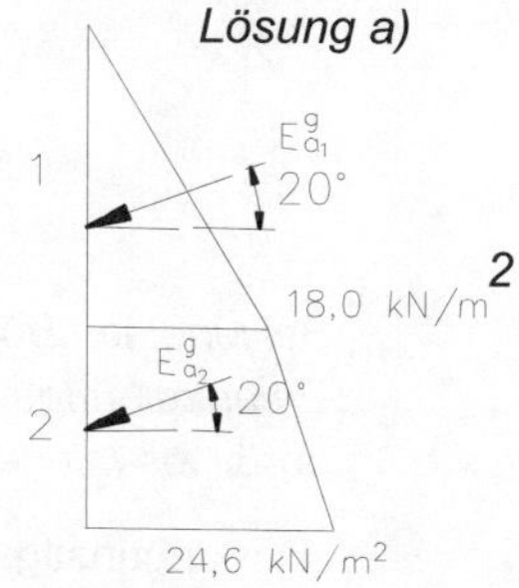

Lösg. b) *Bereich 1:* $K^g_{a_1} = 0{,}30$ *(s. Lösg. a))*

Bereich 2: Bei einer plastischen Dichtungsschicht ist der Wandreibungswinkel sicherheitshalber mit $\delta_a = 0$ anzusetzen:

$\varphi_K = \varphi' = 30°;\ \alpha = 0°;\ \beta = 0°;\ \delta_a = 0 \quad \rightarrow$
$K^g_{a_2} = 0{,}33$

Durch die Änderung des Wandreibungswinkels ($\delta_a = 2/3\ \varphi_K \rightarrow \delta_a = 0$) entsteht ein ***Sprung****.* $E^g_{a_2}$ *wirkt rechtwinklig zur Rückwand. Die Angriffspunkte errechnen sich nach den bekannten Methoden.*

Lösung b)

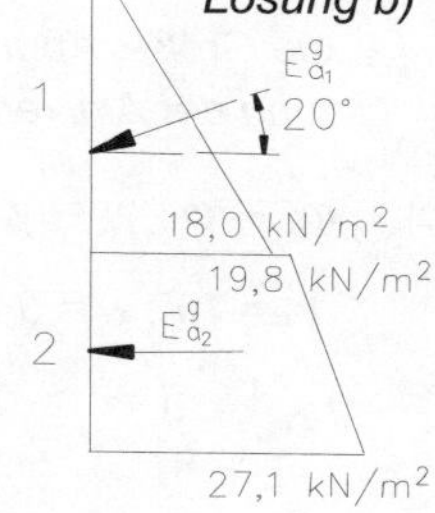

6.02.6 Kohäsion

Kohäsion hat einen günstigen – d.h. abmindernden – Einfluss auf den aktiven Erddruck. Sie darf deshalb nur unter bestimmten Voraussetzungen berücksichtigt werden (DIN 1055 /T. 2, Abschnitt 7.1).

Untersuchungen haben gezeigt, dass das Vorhandsein von Kohäsion keinen wesentlichen Einfluss auf die Neigung von ϑ_a der ungünstigsten Gleitfläche hat.

Die üblichen Berechnungsverfahren gehen daher so vor, dass man den ermittelten Erddruck infolge Bodeneigenlast (und ggf. Auflast) um den Anteil der Kohäsion korrigiert.

Hierbei ist: $$e^c_a = -c \cdot K^c_a \qquad (6.14)$$

mit $$K^c_a = \frac{2 \cdot \cos\varphi_K \cdot \cos\beta\,(1+\tan\alpha \cdot \tan\beta)}{1+\sin(\varphi_K+\delta_a+\alpha-\beta)} = \frac{2\cdot\cos\varphi_K\cdot\cos(\alpha-\beta)}{[1+\sin(\varphi_K+\delta_a+\alpha-\beta)]\cdot\cos\alpha} \qquad (6.15)$$

Da die im oberen Bereich der resultierenden Erddruckfigur entstehende Zugspannung zwischen Stützwand und Boden unmittelbar nicht übertragbar ist, muss sie unberücksichtigt bleiben (□ 6.25).

□ 6. 25: Beispiel: Zugspannungen bei Boden mit Kohäsion

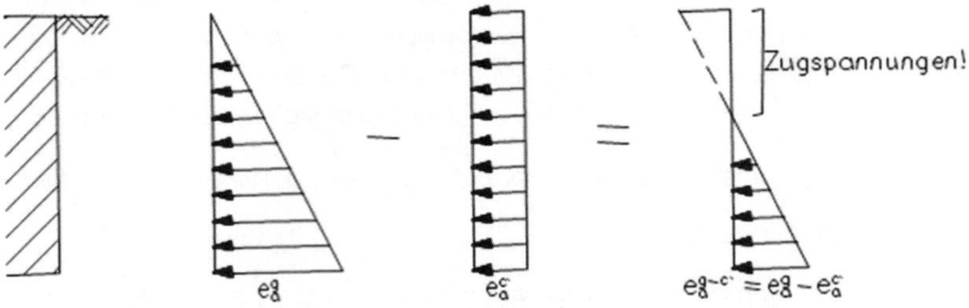

Bei bindigen Böden ist stets zu prüfen, ob sich bei gleicher Geometrie für einen Ersatzreibungswinkel $\varphi_{k,ERS} = 40°$ und $c_{k,Ersatz} = 0$ eine größere Erddruckkraft ergibt als mit den diesem Boden zugeordneten Bodenkenngrößen.

Der ungünstigste Wert ist anzusetzen.

□ 6.26: Beispiel 108: Aktiver Erddruck bei Boden mit Kohäsion

Ges.: *die Größe, Angriffspunkt und Wirkungsrichtung der Aktiven Erddruckkraft*

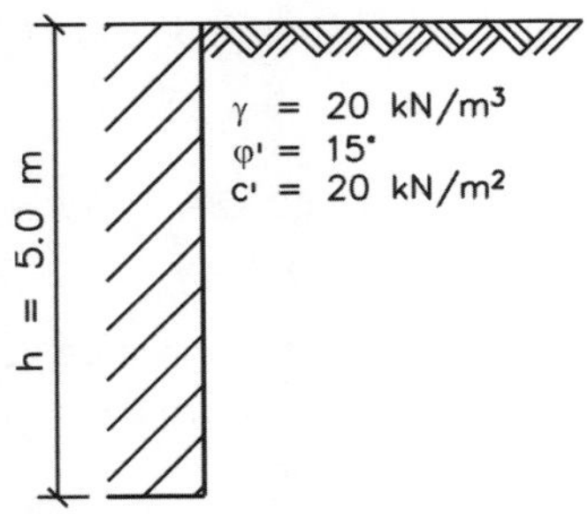

Lösg.: $\varphi_k = \varphi'$, $\gamma_k = \gamma$

$\varphi_K = 15°;\ \alpha = 0°;\ \beta = 0°;\ \delta_a = 2/3\ \varphi_K$

$$K_a^g = 0{,}53$$

$$K_a^c = 2 \cdot \frac{\cos 15° \cdot \cos 0(1 - \tan 0 \cdot \tan 0)}{1 + \sin\left(15° + \frac{2}{3} \cdot 15° - 0 - 0\right)} = 1{,}36$$

Damit wird:

$$e_a^g = 20 \cdot 5{,}0 \cdot 0{,}53 = 53{,}0\ kN/m^2$$

$$e_a^c = -20 \cdot 1{,}36 = -27{,}2\ kN/m^2$$

$$e_a^{g-c} = 25{,}8\ kN/m^2$$

$$E_a^{g-c} = 0{,}5 \cdot 25{,}8 \cdot 2{,}43 = 31{,}3\ kN/m$$

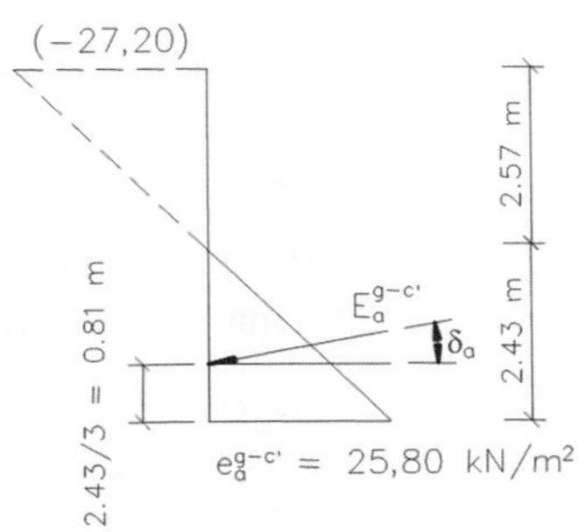

Da die Kohäsion keinen wesentlichen Einfluss auf die Grundlagen der Coulombschen Erddrucktheorie hat, kann die Wirkungsrichtung der Erddrucklast nach den üblichen Festlegungen bestimmt werden.

□ 6.26: Fortsetzung Beispiel 108: Aktiver Erddruck bei Boden mit Kohäsion

Vergleichsrechnung:

$$\varphi_{k,ERSATZ} = 40°;\ \delta_a = 2/3\varphi_k \rightarrow \qquad K_a^g = 0{,}20$$

$$e_a^g = 20 \cdot 5{,}0 \cdot 0{,}20 = 20{,}0\ kN/m^2$$

$$E_a^g = 0{,}5 \cdot 20{,}0 \cdot 5{,}0 = 50{,}0\ kN/m$$

Dieser Erddruckansatz ist ungünstiger und somit maßgebend.

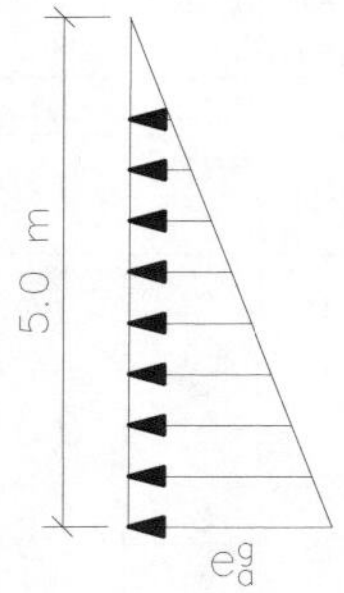

□ 6.27: Beispiel 109: Aktiver Erddruck bei mehreren Schichten

Geg.: *Dargestellte Stützwand;* $\varphi_k = \varphi'$, $\gamma_k = \gamma$

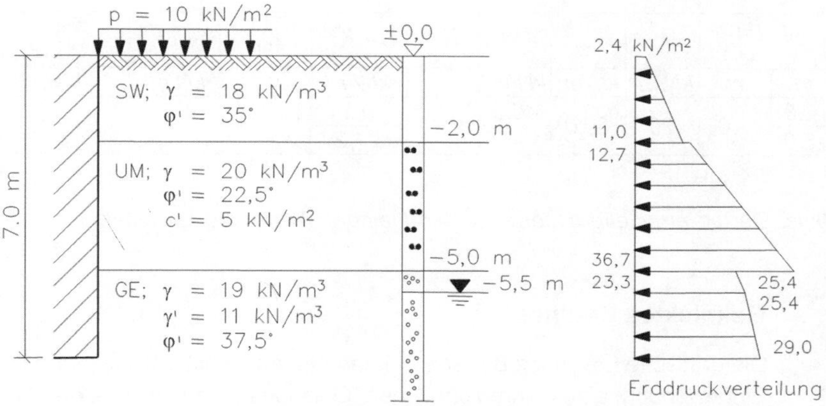

Ges.: *die Verteilung des Aktiven Erddruckes*

Lösg.: *Hinweis: Wenn – wie im vorliegenden Fall – verschiedene Einflüsse auf die Erddruckverteilung (z.B. Wechsel der Bodenschichten, Kohäsion, Grundwasser...) zu berücksichtigen sind, empfiehlt sich die Berechnung in Tabellenform: siehe Tabelle nächste Seite!*

Für die Schicht UM (bindiger Boden mit Kohäsion) muss überprüft werden, ob an Stelle der Kohäsion ein Ansatz mit einem Ersatzreibungswinkel $\varphi_{k,ERS} = 40°$ *ungünstigere Ergebnisse liefert:*

Vergleichsrechnung:

$$\varphi_{k,ERSATZ} = 40°;\ \delta_a = 2/3\varphi_k \qquad \rightarrow \qquad K_a^g = 0{,}20$$

□ 6.27: Fortsetzung Beispiel 109: Aktiver Erddruck bei mehreren Schichten

Boden	Kote	h (Dicke)	γ_K	$\gamma_K \cdot h$	σ*)	K_a^g	$\sigma \cdot K_a^g$	K_a^c	$c_k K_a^c$	$e_a = \sigma \cdot K_a^g - c_k \cdot K_a^c$
-	m	m	kN/m³	kN/m²	kN/m²	-	kN/m²	-	kN/m²	kN/m²
SW	±0,0	2,0	18	36,0	10,0*)	0,24	2,4			2,4
	-2,0				46,0		11,0			11,0
UM	-2,0	3,0	20	60,0	46,0	0,40	18,4	1,16	5,8	12,6
	-5,0				106,0		42,4		5,8	36,6
GE	-5,0	0,5	19	9,5	106,0	0,22	23,3			23,3
	-5,5				115,5		25,4			25,4
	-5,5	1,5	11	16,5	115,5	0,22	25,4			25,4
	-7,0				132,0		29,0			29,0

*) „Überlagerungsspannung“: Eine unbegrenzte Flächenlast kann direkt berücksichtigt werden. Einflüsse aus Streifen- und Linienlasten müssen getrennt ermittelt werden.

Vergleichsrechnung:

Boden	Kote	h (Dicke)	γ_K	$\gamma_K \cdot h$	σ*)	K_a^g	$\sigma \cdot K_a^g$	K_a^c	$C_k K_a^c$	$e_a = \sigma \cdot K_a^g - c_k \cdot K_a^c$
-	m	m	kN/m³	kN/m²	kN/m²	-	kN/m²	-	kN/m²	kN/m²
UM	-2,0	3,0	20	60,0	46,0	0,20	9,2			9,2
	-5,0				106,0		21,2			21,2

Ergebnis: Der so ermittelte Erddruck liefert kleinere Werte und ist somit nicht maßgebend.

6.02.7 Geknicktes Gelände

Die grafische Lösung, z.B. nach Culmann (s. Abschnitt 6.02.2), ermöglicht die Einbeziehung eines unregelmäßigen Geländes. Eine geschickte Wahl der Gleitflächen (d.h. in den Geländeknickpunkten) erleichtert die Berechnung.

Nachteilig bei diesem Verfahren ist jedoch, dass es zwar die Größe der Erddruckkraft E_a liefert, nicht jedoch direkt die Erddruckverteilung – und damit den Angriffspunkt der Erddrucklast.

Zur Lösung soll deshalb das halbgrafische Verfahren von Jenne (Die Bautechnik, Heft 6, 1960; DIN 4085) herangezogen werden:

Voraussetzung ist eine maßstäbliche Auftragung der Geländegeometrie sowie der Erddruckordinaten.

□ 6.28: Beispiel 110 : Verteilung des aktiven Erddrucks bei geknicktem Gelände

Geg.: *Dargestellte Stützwand*

Ges.: *die Verteilung des Aktiven Erddruckes mit Hilfe des Verfahrens nach Jenne*

☐ 6.28: Fortsetzung Beispiel 110: Verteilung des aktiven Erddrucks bei geknicktem Gelände

$\varphi_K = \varphi'$, $\gamma_k = \gamma$

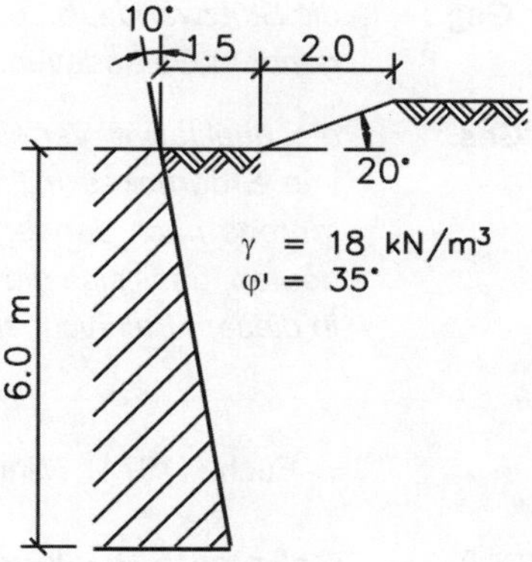

Fall 1: *φ_K = 35°; α = +10°;*

β = 0°; δ_a = 2/3 φ_K

$K^g_{a_1} = 0{,}32$

Mit h_1 = 6,0 m wird

$e^g_{a_1} = 18 \cdot 6{,}0 \cdot 0{,}32 = 34{,}6\ kN/m^2$

Fall 2: *φ_K = 35°; α = +10°; β = 20°; δ_a = 2/3 φ_K* → $K^g_{a_2} = 0{,}44$

Mit h_2 = 5,5 m wird

$e^g_{a_2} = 18 \cdot 5{,}5 \cdot 0{,}44 = 43{,}6\ kN/m^2$

Fall 3: *φ_K = 35°; α = +10°; β = 0°; δ_a = 2/3 φ_K* → $K^g_{a_3} = 0{,}32$

Mit h_3 = 6,7 m wird $e^g_{a_3} = 18 \cdot 6{,}7 \cdot 0{,}32 = 38{,}6\ kN/m^2$

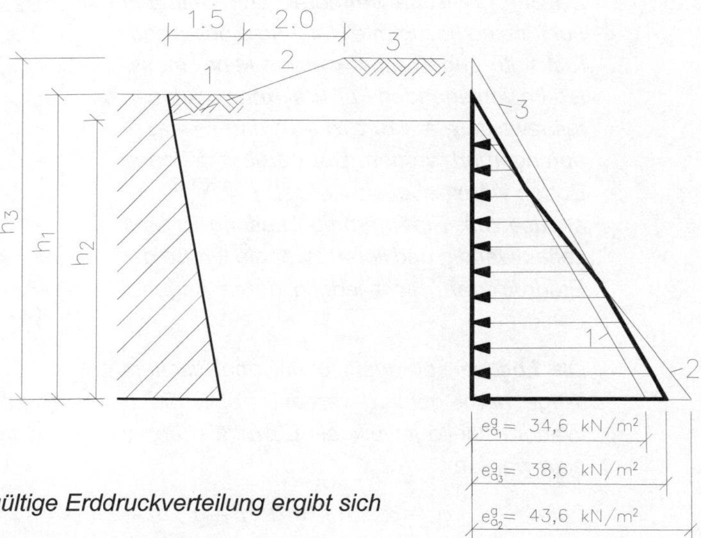

Die endgültige Erddruckverteilung ergibt sich durch Überlagerung der Einzelzustände: Fall 1 gilt bis zum Schnittpunkt mit Fall 2, usw.

□ 6.29: Zusatzbeispiel 111 zu □ 6.28: Verteilung des aktiven Erddrucks bei geknicktem Gelände

Geg.: *die Stützwand □ 6.28, jedoch bei folgendem Geländeverlauf:*

Ges.: *die qualitative Verteilung des Aktiven Erddruckes mit Hilfe des Verfahrens nach Jenne; Wie ist es zu deuten, dass sich die Linien 2 und 3 in diesem Fall nicht schneiden?*

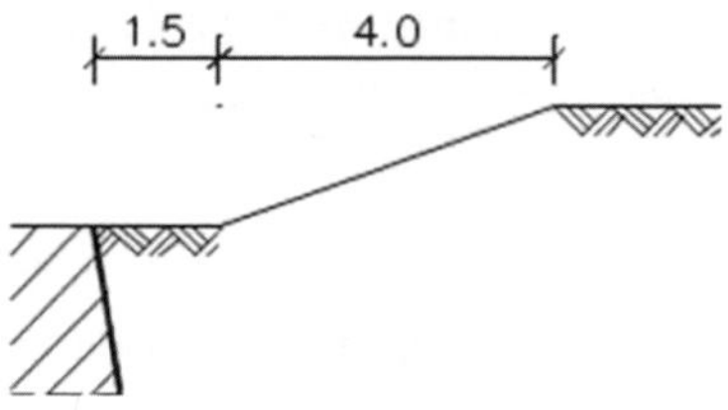

⇒ Fuchs (1971), Minnich / Stöhr (1981), S. 261

6.02.8 Geknickte Rückwand

□ 6.30: Beispiel 112: Verteilung des aktiven Erddrucks bei geknickter Rückwand

Geg.: *Dargestellte Stützwand,* $\varphi_K = \varphi'$, $\gamma_k = \gamma$

Ges.: *die Verteilung des Aktiven Erddruckes*

Lösg.: *Da das grafische Verfahren von Culmann nur für eine bestimmte Neigung* α *der Wandrückseite angewendet werden kann, müssten im vorliegenden Fall drei Konstruktionen mit jeweils* $\alpha_1 = +10°$; $\alpha_2 = 0°$ *und* $\alpha_3 = -20°$ *durchgeführt werden. Der darüber liegende Boden wäre dabei als Auflast* $p = \sum \gamma_i \cdot h_i$ *anzusetzen. Eine derartige Lösung ist sehr zeitaufwändig und liefert zwar die Größe der Erddruckkraft, nicht jedoch deren Angriffspunkt.*

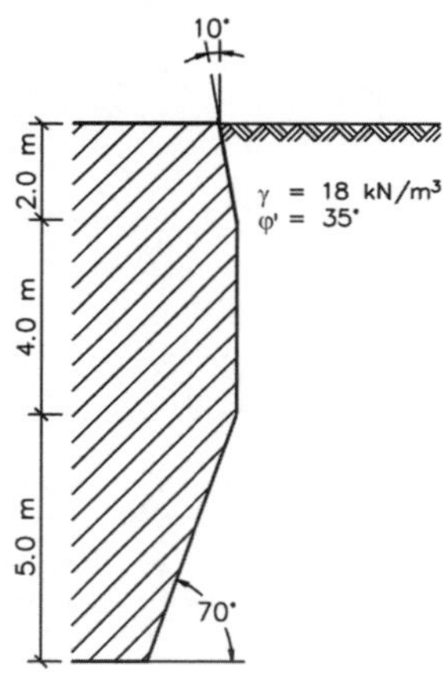

Die Lösung soll deshalb auf analytischem Wege herbeigeführt werden, wobei die unterschiedlichen Neigungen der Wandrückseite jeweils als Einzelfälle betrachtet und anschließend superponiert werden.

Fall 1: $\varphi_K = 35°$; $\alpha = +10°$; $\beta = 0°$; $\delta_a = 2/3\ \varphi_K$ $\rightarrow K_{a_1}^g = 0{,}32$

$$e_{a_1}^g = 18 \cdot 2{,}0 \cdot 0{,}32 = 11{,}5\ kN/m^2$$

Fall 2: $\varphi_K = 35°$; $\alpha = 0°$; $\beta = 0°$; $\delta_a = 2/3\ \varphi_K$ $\rightarrow K_{a_2}^g = 0{,}24$

$$e_{a_2}^g = 18(2{,}0 + 4{,}0) \cdot 0{,}24 = 25{,}9\ kN/m^2$$

Fall 3: $\varphi_K = 35°$; $\alpha = -20°$; $\beta = 0°$; $\delta_a = 2/3\ \varphi_K$ $\rightarrow K_{a_3}^g = 0{,}13$

□ 6.30: Fortsetzung Beispiel 112: Verteilung des aktiven Erddrucks bei geknickter Rückwand

$$e^g_{a_3} = 18(2{,}0 + 4{,}0 + 5{,}0) \cdot 0{,}13 = 25{,}7 \ kN/m^2$$

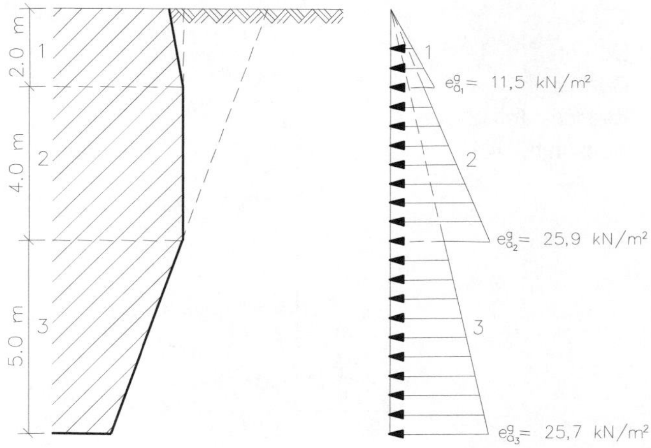

Die endgültige Erddruckverteilung ergibt sich durch Aneinanderfügen der Erddruckverteilungen für die jeweiligen Wandabschnitte 1 bis 3.

□ 6.31: Zusatzbeispiel 113 zu □ 6.30: Verteilung des aktiven Erddrucks bei geknickter Rückwand

Geg.:	*die Stützwand □ 6.30, jedoch das Gelände steigt unter β = 20° an.*
Ges.:	*die qualitative Verteilung des Aktiven Erddruckes*

6.02.9 Geknickte, nicht ebene Rückwand (Winkelstützwand)

Die maßgebende Erddruckverteilung bei einer Winkelstützwand wird mit Hilfe des so- genannten Rutschkeilverfahrens ermittelt. Bei geringfügigen Drehbewegungen um den hinteren Drehpunkt der Wand entsteht der Rutschkeil und somit Aktiver Erddruck auf eine Gleitfläche im „Verbundsystem“ Hinterfüllung-Wand (□ 6.32*)*. Der maßgebende Aktive Erddruck wirkt auf eine Ersatzebene, die teilweise durch den Hinterfüllbereich und in bestimmten Fällen teilweise durch die Wand gebildet wird (□ 6.32*)*. ⇒ Dörken/ Dehne/ Kliesch, Teil 2, Abschnitt 7.4; DIN 4085, Abschnitt 6.3.1.2.

Der Gleitflächenwinkel υ' des Rutschkeils errechnet sich zu:

$$\vartheta' = 180° - (90° - \varphi_k) - \vartheta_a \qquad (6.16)$$

Unter bestimmten Voraussetzungen kann die maßgebende Erddruckverteilung alternativ näherungsweise mit Hilfe einer fiktiven lotrechten Gleitfläche berechnet werden.

Beispiele, siehe

⇒

Dörken/ Dehne/ Kliesch, Teil 2, Abschnitt 7.4.

□ 6.32: Beispiel: Rutschkeil und Erddruckkräfte bei einer Winkelstützwand

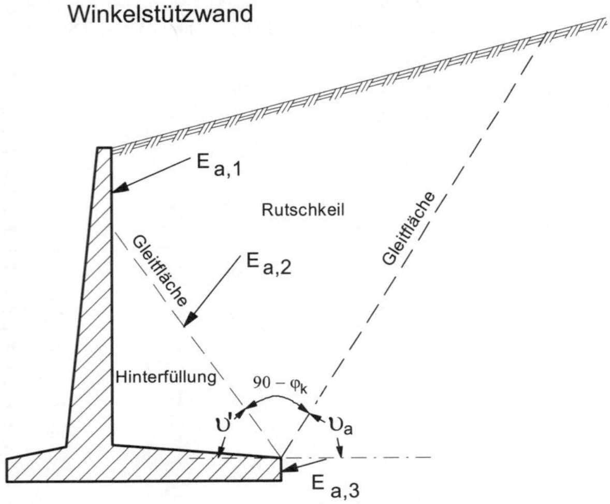

6.03 Passiver Erddruck (Erdwiderstand)

6.03.1 Grundlagen

Entstehung Passiver Erddruck (Erdwiderstand) entsteht, wenn sich die Wand gegen das Erdreich bewegt. Dies ist z. B. der Fall vor horizontal beanspruchten Fundamenten und Stützwänden (□ 6.33). Im Sinne der Nachweisführung nach Handbuch Eurocode 7, Band 1 werden an der Stirnseite des Fundamentkörpers beziehungsweise der Stützwand Bodenreaktionen und damit Bodenwiderstände mobilisiert (Handbuch Eurocode 7, Band 1, Abschn. 6.5.3)

□ 6.33: Beispiele: Möglichkeiten der Entstehung von Erdwiderstand

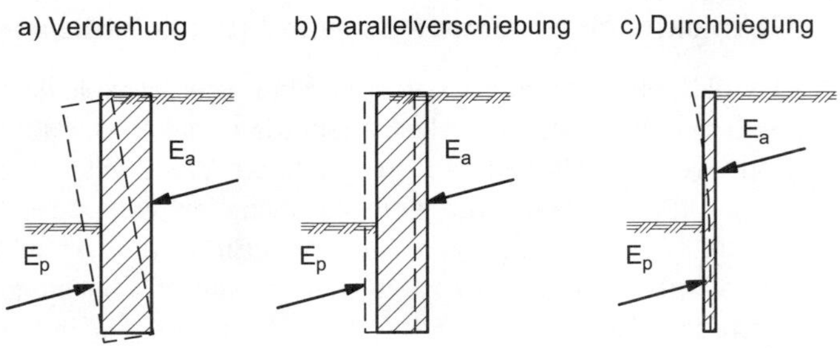

Verkehrslasten Der Erdwiderstand wirkt stets als günstige Kraftgröße. Deshalb muss der Anteil der Verkehrslasten (Flächen-, Streifen-, Linien- und Einzellasten) bei der Berechnung unberücksichtigt bleiben.

Widerstände

Handbuch EC 7

Widerstand im Sinne des Handbuches Eurocode 7, Band 1 ist der Passive Erddruck für den Grenzzustand der Tragfähigkeit (ULS). Der gemäß den nachfolgenden Abschnitten ermittelte Erddruck gemäß DIN 4085 ist nach Handbuch Eurocode 7, Band 1 der Charakteristische Erddruck (des Widerstandes) $E_{p,k} \Rightarrow$ siehe Abschnitte 6.03 und 6.05.2.2 sowie Dörken/ Dehne/ Kliesch, Teile 2 und 3.

Im Allgemeinen wird der Erdwiderstand bei wechselnden Bodenschichten, geknicktem Gelände und geknickter Rückwand nicht detailliert berechnet, sondern nur stark vereinfacht angesetzt.

red E_p

Der volle Erdwiderstand (=charakteristische Erdwiderstand) tritt erst bei einer Wandbewegung auf, die wesentlich größer ist als die, bei welcher sich bereits der aktive Erddruck einstellt. Daher wird er meist nur in reduzierter Größe (red E_P) angesetzt (Handbuch Eurocode 7, Band 1, Abschn. 6.5.3)

Sicherheit gegen Gleiten

Nach Handbuch Eurocode 7, Band 1 kann beim Nachweis der Sicherheit gegen Gleiten im Grenzzustand der Tragfähigkeit (ULS) der zulässige Bemessungswert (= Bemessungswert) wie folgt ermittelt werden (Handbuch Eurocode 7, Band 1, Abschn. 6.5.3)

$$E_{p,d} = redE_p = \frac{E_{p,k}}{\gamma_{R,e}} \qquad (6.17)$$

mit: $E_{p,d}$: Bemessungswert des Erdwiderstandes

$E_{p,k}$: Charakteristischer Wert des Erdwiderstandes

$\gamma_{R,e}$: Teilsicherheitsbeiwert für Erdwiderstand

(Handbuch Eurocode 7, Band 1)

$e_{p,mob}$: Charakteristische Einwirkung

Nach Handbuch Eurocode 7, Band 1 kann für den Nachweis der Grundbruchsicherheit (ULS) bei ausreichender Einbindung eines Fundamentkörpers in den Baugrund der Erdwiderstand wie einen charakteristische Einwirkung $e_{p,mob}$ wie folgt angesetzt werden (Handbuch Eurocode 7, Band 1, Abschn. 6.5.3)

$$e_{p,mob} = red\ \ e_p = 0{,}25 \cdot e_{p,k} \qquad (6.18)$$

mit: $e_{p,mob}$: mobilisierter Anteil der Charakteristischen Erdwiderstandsspannung

$e_{p,k}$: Charakteristischer Wert der Erdwiderstandsspannung

Anpassungsfaktor nach EAB

Die Empfehlungen des Arbeitskreises "Baugruben"– EAB der Deutschen Gesellschaft für Geotechnik e. V. (DGGT) geben zusätzliche Vorgaben für die Nachweisführung von Baugrubensicherungen an. Für den Sonderfall, dass die Fußverschiebungen einer Baugrubenwand mit Rücksicht auf die Gebrauchstauglichkeit begrenzt werden müssen und die Baugrubenwand neben Gebäuden oder bei Stützung des Wandfußes in weichem bindigem Boden angeordnet ist, wird empfohlen, den charakteristischen Erdwiderstand mit einem Anpassungsfaktor $\eta_{EP} \leq 1$ abzumindern. Die Nachweise gegen Versagen des

Erdwiderlagers (ULS) sind dann mit dem abgeminderten Bemessungswert des Erdwiderstandes zu führen:

$$E_{ph,d} = redE_p = \eta_{Ep} \cdot E_{ph,k} / \gamma_{R,e} \tag{6.19}$$

mit: $E_{p,d}$: Bemessungswert des Erdwiderstandes

$E_{p,k}$: Charakteristischer Wert des Erdwiderstandes

$\gamma_{R,e}$: Teilsicherheitsbeiwert für Erdwiderstand

(Handbuch Eurocode 7, Band 1)

η_{Ep}: Anpassungsfaktor (□ 6.34)

□ 6.34: Anpassungsfaktor η_{Ep} für Baugrubensicherungen (Trägerbohlwände und Spundwände, Ortbetonwände) nach EAU (EB 14 und EB 19)

Art der Baugrubensicherung	Besonderheiten	η_{Ep}
Trägerbohlwand		0,8
Spundwand, Ortbetonwand		1,0
Trägerbohlwand	Begrenzung der Fußverschiebungen Baugrubenwand neben Gebäuden oder bei Stützung des Wandfußes in weichem bindigem Boden	0,6
Spundwand, Ortbetonwand		0,8

⇒ siehe Dörken/ Dehne/ Kliesch, Teil 3

6.03.2 Bodeneigenlast und Kohäsion

K_p^g

Passiver Erddruck e_p^g und Erddruckkraft E_p^g werden mit dem Beiwert K_p^g für den passiven Erddruck (nach Coulomb) berechnet:

$$K_p^g = \frac{\cos^2(\alpha - \varphi_k)}{\cos^2\alpha \cdot \cos(\alpha - \delta_p) \cdot \left(1 - \sqrt{\frac{\sin(\varphi_k - \delta_p) \sin(\varphi_k + \beta)}{\cos(\alpha - \delta_p) \cos(\alpha + \beta)}}\right)^2} \tag{6.20}$$

Die nach dieser Gleichung berechneten Erdwiderstandsbeiwerte nach Coulomb können für häufig vorkommende Ausgangswerte aus □ 6.35 entnommen werden.

Ab $\varphi_k \geq 30°$ / $\delta_p \geq |-2/3\varphi_k|$ ist die Annahme ebener Gleitflächen nach der Theorie von Coulomb (s. Abschnitt 6.01, □ 6.06) mit unzulässig großen Fehlern bei K_p^g verbunden. Daher ist in diesen Fällen mit gekrümmten Gleitflächen (z. B. nach der Theorie von Caquot, Kérisel) zu rechnen. Die Erdwiderstandsbeiwerte nach Caquot/Kérisel sind für die oben angegebenen Bedingungen ebenfalls in □ 6.35 eingetragen. Erddruck- und Erdwiderstandsbeiwerte für häufig vorkommende Sonderfälle: □ 6.37.

Die Kohäsion vergrößert (□ 6.36) den passiven Erddruck aus Bodeneigenlast um den Anteil

$$e_p^c = c_k \cdot K_p^c \tag{6.21}$$

Hierin ist

$$K_p^c = \frac{2 \cdot \cos\varphi_k \cdot \cos\beta(1 - \tan\alpha \cdot \tan\beta)}{1 - \sin(\varphi_k - \delta_p + \alpha + \beta)} \tag{6.22}$$

□ 6.35: Erdwiderstandsbeiwerte $K_P{}^g$ (nach Coulomb und nach Caquot/Kérisel)
Hinweis: $\varphi = \varphi_K$

	φ_K	15°		20°		25°		27,5°		30°		32,5°		35°		37,5°		40°	
α	δ_p \ β	0°	2/3φ	0°	2/3φ	0°	2/3φ	0°	2/3φ	0°	2/3φ	0°	2/3φ	0°	2/3φ	0°	2/3φ	0°	2/3φ
-20°	+20°			2,65	4,11	3,17	5,79	3,47	6,96	3,81	8,55	4,19	9,70	4,62	12,20	5,11	15,60	5,68	20,40
	+10°	1,88	2,37	2,18	3,03	2,53	3,99	2,73	4,64	2,95	5,45	3,20	6,70	3,47	8,23	3,78	10,30	4,12	13,10
	0°	1,54	1,79	1,75	2,20	1,99	2,77	2,13	3,13	2,27	3,58	2,44	4,47	2,61	5,36	2,81	6,52	3,02	8,07
	-10°	1,16	1,23	1,33	1,50	1,50	1,85	1,60	2,06	1,70	2,31	1,81	2,79	1,92	3,29	2,05	3,92	2,18	4,74
	-20°			0,71	0,67	1,01	1,08	1,09	1,22	1,17	1,38	1,25	1,54	1,33	1,81	1,42	2,15	1,51	2,57
-10°	+20°			2,86	4,83	3,55	7,40	3,97	9,46	4,45	12,50	5,01	12,80	5,67	16,60	6,44	22,00	7,36	29,80
	+10°	1,93	2,54	2,31	3,43	2,77	4,81	3,04	5,82	3,34	7,16	3,69	8,93	4,08	11,30	4,53	14,60	5,04	19,20
	0°	1,58	1,91	1,84	2,45	2,16	3,23	2,34	3,77	2,54	4,45	2,76	6,05	3,00	7,47	3,28	9,37	3,59	12,00
	-10°	1,21	1,32	1,41	1,67	1,63	2,14	1,76	2,44	1,89	2,81	2,04	3,87	2,20	4,68	2,37	5,74	2,56	7,16
	-20°			0,79	0,77	1,12	1,27	1,22	1,46	1,33	1,68	1,43	2,20	1,54	2,65	1,66	3,22	1,79	3,96
0°	+20°			3,31	6,34	4,32	11,10	4,96	15,70	5,74	23,40	6,67	16,60	7,82	22,30	9,25	30,50	11,10	42,90
	+10°	2,10	2,91	2,60	4,21	3,24	6,46	3,63	8,27	4,08	10,90	4,61	11,70	5,23	15,20	5,96	20,30	6,84	27,80
	0°	1,70	2,13	2,04	2,89	2,46	4,08	2,72	4,95	3,00	6,11	3,32	8,03	3,69	10,20	4,11	13,20	4,60	17,50
	-10°	1,30	1,46	1,55	1,94	1,85	2,61	2,02	3,07	2,20	3,65	2,41	5,25	2,64	6,52	2,90	8,23	3,19	10,60
	-20°			0,88	0,91	1,28	1,54	1,41	1,81	1,55	2,13	1,69	3,05	1,85	3,76	2,02	4,70	2,20	5,96
+10°	+20°			4,19	9,79	5,87	22,10	7,02	38,20	8,50	78,90	10,40	21,50	12,90	29,70	16,40	42,20	21,30	61,70
	+10°	2,41	3,60	3,12	5,74	4,10	10,10	4,73	14,30	5,48	21,30	6,40	15,20	7,53	20,50	8,94	28,30	10,70	40,10
	0°	1,91	2,53	2,38	3,68	3,00	5,69	3,38	7,31	3,81	9,66	4,33	10,50	4,93	13,80	5,65	18,50	6,51	25,50
	-10°	1,44	1,69	1,78	2,37	2,20	3,42	2,44	4,18	2,72	5,19	3,03	6,99	3,39	8,94	3,80	11,70	4,27	15,60
	-20°			1,02	1,09	1,51	1,95	1,69	2,36	1,88	2,87	2,09	4,13	2,32	5,24	2,58	6,75	2,86	8,84
+20°	+20°			6,02	20,50	9,45	89,20	12,20	371,0	16,0	inf.	21,60	27,90	30,50	39,90	45,40	58,70	73,20	89,30
	+10°	2,98	4,95	4,11	9,20	5,80	20,90	6,97	36,10	8,47	78,80	10,40	19,70	13,00	27,50	16,60	39,50	21,60	58,30
	0°	2,28	3,23	2,98	5,20	3,95	9,24	4,58	13,10	5,34	19,60	6,26	13,80	7,41	18,70	8,84	26,00	10,70	37,20
	-10°	1,68	2,07	2,16	3,12	2,78	4,93	3,16	6,38	3,60	8,50	4,11	9,25	4,72	12,20	5,44	16,50	6,31	22,90
	-20°			1,21	1,36	1,86	2,62	2,12	3,31	2,41	4,21	2,73	5,53	3,10	7,24	3,51	9,63	3,99	13,10

□ 6.36: Beispiel: Erdwiderstandsspannungen aus Bodeneigenlast und Kohäsion

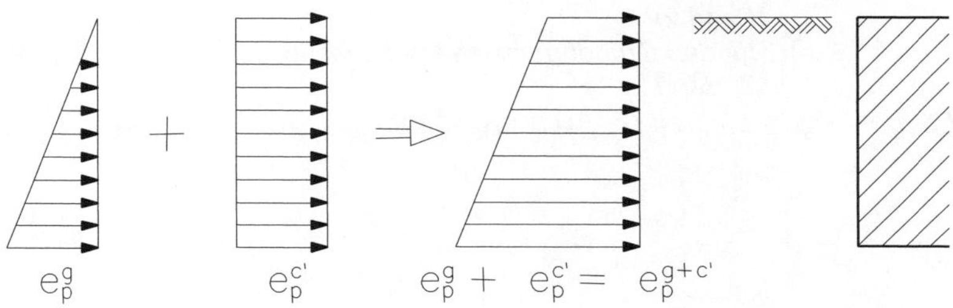

□ 6.37: Erddruck- und Erdwiderstandsbeiwerte in Sonderfällen: α = 0, β = 0 ($\delta = \delta_a$ oder $\delta = \delta_p$)

	δ \ φ_K	15°	17,5°	20°	22,5°	25°	27,5°	30°	32,5°	35°	37,5°	40°
K_a	0	0,59	0,54	0,49	0,45	0,41	0,37	0,33	0,30	0,27	0,24	0,22
K_a	$+1/3\varphi_K$	0,56	0,50	0,46	0,42	0,38	0,34	0,31	0,28	0,25	0,23	0,20
K_{ah}	$+1/3\varphi_K$	0,55	0,50	0,46	0,41	0,37	0,34	0,30	0,27	0,25	0,22	0,20
K_a	$+2/3\varphi_K$	0,53	0,48	0,44	0,40	0,36	0,33	0,30	0,27	0,24	0,22	0,20
K_{ah}	$+2/3\varphi_K$	0,52	0,47	0,43	0,38	0,35	0,31	0,28	0,25	0,22	0,20	0,18
K_p	0	1,70	1,86	2,04	2,24	2,46	2,72	3,00	3,32	3,69	4,11	4,60
K_p	$-1/3\varphi_K$	1,90	2,14	2,41	2,74	3,12	3,58	4,14	4,83	5,68	6,76	8,15
K_{ph}	$-1/3\varphi_K$	1,89	2,13	2,40	2,72	3,09	3,54	4,08	4,74	5,56	6,76	7,93
K_p	$-2/3\varphi_K$	2,13	2,39	2,89	3,41	4,08	4,95	6,11	$\delta_p = -\varphi_K$ maßgebend			
K_{ph}	$-2/3\varphi_K$	2,10	2,34	2,81	3,30	3,91	4,70	5,74				
K_p	$-\varphi_K$	2,20	2,58	3,04	3,61	4,34	5,28	6,50	8,03	10,20	13,20	17,50
K_{ph}	$-\varphi_K$	2,13	2,46	2,85	3,34	3,93	4,68	5,63	6,77	8,36	10,47	13,41

□ 6.38: Beispiel 114: Analytische Bestimmung von E_p

Geg.: *Durch aktiven Erddruck belastete Stützwand (normale Wandrauigkeit) ;*

γ_{EP} = 1,40 (Handbuch Eurocode 7, Band 2; Bemessungssituation BS-P)

(charakteristische) Bodenkennwerte: $\gamma_k = \gamma$ = 18 kN/m³; $\varphi_k = \varphi'$ = 35°

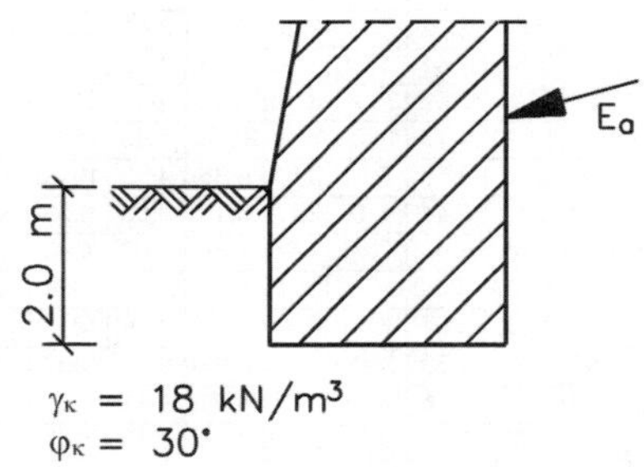

Ges.: *Die Größe des passiven Erddrucks (Erdwiderstands)*

a) für den Gleitsicherheitsnachweis nach ULS (Handbuch Eurocode 7, Band 2)

b) für den Grundbruchsicherheitsnachweis nach ULS (Handbuch Eurocode 7, Band 2)

Lösg.: $\varphi_K = 30°$; $\alpha = 0°$; $\beta = 0°$; $\delta_p = -2/3\ \varphi_K$ $\rightarrow$ $K_p^g = 6{,}11$

□ 6.38: Fortsetzung Beispiel 114: Analytische Bestimmung von E_p

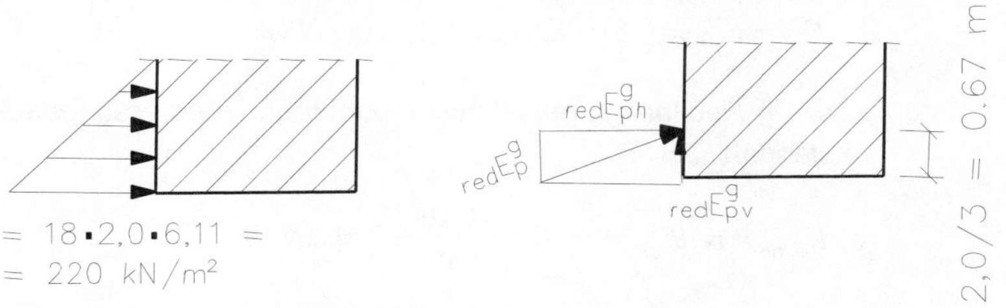

$$E_p^g = 0{,}5 \cdot 220{,}0 \cdot 2{,}0 = 220{,}0 \ kN/m$$

a) In Rechnung gestellt wird jedoch nur (Bemessungswert des Erdwiderstands):

$$E_{p,d} = redE_p^g = \frac{E_{p,k}}{\gamma_{Ep}} = \frac{220{,}0}{1{,}40} = 157{,}1 \ kN/m$$

$$E_{p,d,h} = redE_{ph}^g = 157{,}1 \cdot \cos\frac{2}{3} \cdot 30° = 147{,}6 \ kN/m$$

$$E_{p,d,v} = redE_{pv}^g = 157{,}1 \cdot \sin 20° = 53{,}7 \ kN/m$$

b) In Rechnung gestellt wird jedoch nur (mobilisierter Anteil des Charakteristischen Erdwiderstands):

$$E_{p,k,mob}^g = 0{,}5 E_p^g = 110{,}0 \ kN/m$$

$$E_{p,k,mob,h}^g = redE_{ph}^g = 110{,}0 \cdot \cos\frac{2}{3} \cdot 30° = 103{,}4 \ kN/m$$

$$E_{p,k,mob,v}^g = redE_{pv}^g = 110{,}0 \cdot \sin 20° = 37{,}6 \ kN/m$$

Anmerkung:

In der Praxis wird vor Gründungskörpern oft vereinfachend – und auf der sicheren Seite liegend – der Erdwiderstand unter der Annahme $\delta_p = 0$ angesetzt. Es soll hier eine Vergleichsberechnung zu dem vorliegenden Fall geführt werden:

$\varphi_K = 30°$; $\alpha = 0°$; $\beta = 0°$; $\delta_p = 0 \rightarrow$ $\quad K_p^g \mathrel{\hat{=}} K_{ph}^g = 3{,}00$

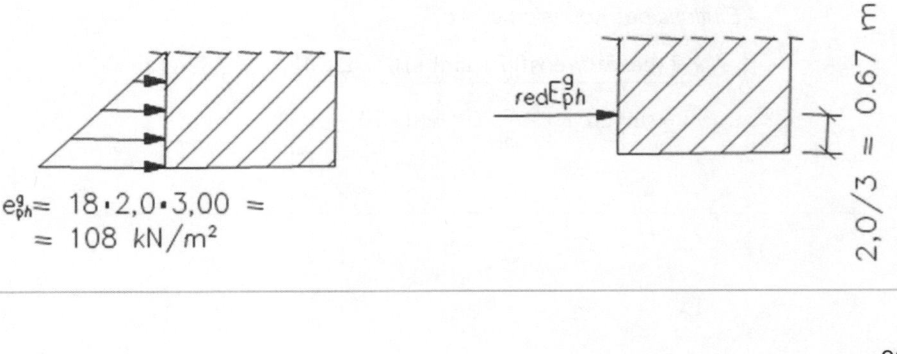

□ 6.38: Fortsetzung Beispiel 114: Analytische Bestimmung von E_p

$$E_p^g = E_{ph}^g = 0{,}5 \cdot 108{,}0 \cdot 2{,}0 = 108{,}0\ kN/m$$

a) In Rechnung gestellt wird jedoch nur (Bemessungswert des Erdwiderstands):

$$E_{p,d;h} = red E_{ph}^g = \frac{E_{p,k,h}}{\gamma_{Ep}} = \frac{108{,}0}{1{,}40} = 77{,}1\ kN/m$$

b) In Rechnung gestellt wird jedoch nur (mobilisierter Anteil des Charakteristischen Erdwiderstands):

$$E_{p,k,mob,h}^g = 0{,}5 E_p^g = 0{,}5 \cdot 108{,}0 = 54{,}0\ kN/m$$

Dieses Ergebnis lässt sich jedoch mit der vorangegangen Berechnung nicht direkt vergleichen, da die entlastende Komponente E_{pv}^g entfällt.

□ 6.39: Beispiel 115: Ermittlung des Erdwiderstands bei einem Boden mit Kohäsion

Geg.: *Durch aktiven Erddruck belastete Stützwand*

$\gamma_k = \gamma,$
$\varphi_k = \varphi',$
$c_k = c'$

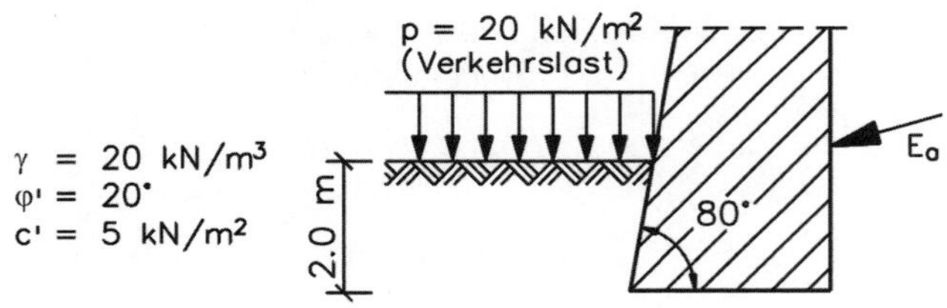

Ges.: *Die Größe des Erdwiderstands (z.B. für den Grundbruchnachweis)*

Lösg.: *Der Einfluss der Verkehrslast p darf – da günstig wirkend – nicht berücksichtigt werden!*

- Erdwiderstand infolge Bodeneigenlast g:

$\varphi_K = 20°;\ \alpha = -10°;\ \beta = 0°;\ \delta_p = -2/3\varphi_K \rightarrow \quad K_p^g = 2{,}45$

Damit wird die Ordinate bei t = 2,0 m: $e_p^g = 20 \cdot 2{,}0 \cdot 2{,}45 = 98{,}0\ kN/m^2$

- Einfluss der Kohäsion $c_k = c'$:

$$K_p^c = \frac{2 \cdot \cos 20° \cdot \cos 0[1 + \tan(-10°) \cdot \tan 0]}{1 - \sin\left[20° - \left(-\frac{2}{3} \cdot 20°\right) + (-10°) + 0\right]} = 3{,}12$$

□ 6.39: Fortsetzung Beispiel 115: Ermittlung des Erdwiderstands bei einem Boden mit Kohäsion

$$e_p^c = 5 \cdot 3{,}12 = 15{,}6\ kN/m^2$$

In Rechnung gestellt wird der mobilisierte Anteil des Charakteristischen Erdwiderstands ${}_{red}E_p = 0{,}5\ E_p$:

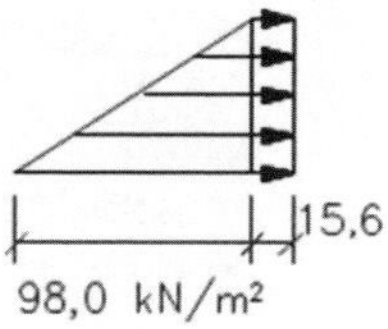

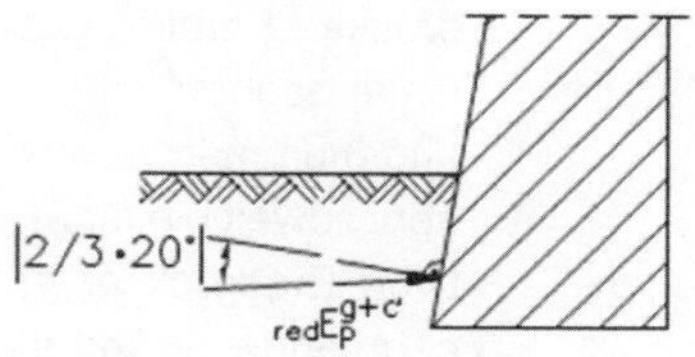

$$E^{g+c}_{p,k,mob} = 0{,}5(0{,}5 \cdot 98{,}0 \cdot 2{,}0 + 15{,}6 \cdot 2{,}0) = 0{,}5(98{,}0 + 31{,}2) = 64{,}6\ kN/m$$

$$E^{g+c}_{p,k,mob,h} = 64{,}6 \cdot \cos\left(\frac{2}{3} \cdot 20° - 10°\right) = 64{,}5\ kN/m$$

$$E^{g+c}_{p,k,mob,v} = 64{,}6 \cdot \sin\left(\frac{2}{3} \cdot 20° - 10°\right) = 3{,}8\ kN/m$$

6.04 Erdruhedruck

6.04.1 Grundlagen

Erdruhedruck tritt auf, wenn sich die Wand nicht verschieben kann. Der in diesem Fall vorliegende Eigenspannungszustand des Bodens lässt sich nicht, wie der aktive und passive Erddruck, mit Hilfe der Grenzspannungstheorie erfassen. Er wird daher mit empirischen Formeln und auf Grund von Messergebnissen bestimmt.

Die Erdruhedruckspannung ergibt sich mit dem Erdruhedruckbeiwert K_o^g zu

$$e_0^g = \gamma_k \cdot h \cdot K_0^g \qquad (6.23)$$

6.04.2 Bodeneigenlast

K_o Bei senkrechter Wand ($\alpha = 0$):

$\beta = 0$: $$K_0^g = 1 - \sin\varphi_k \qquad (6.24)$$

$\beta = \varphi_K$: $$K_0^g = \cos\varphi_k \qquad (6.25)$$

$0 < \beta < \varphi_K$: $$K_0^g = 1 - \sin\varphi_k + \frac{\cos\varphi_k - 1 + \sin\varphi_k}{\varphi_k} \cdot \beta \qquad (6.26)$$

Bei geneigter Wand ($\alpha \neq 0$), siehe □ 6.40). ⇒ Günther (1988)

Richtung von E_0 Nach DIN 1055/T 2., Erl. zu Abschn. 9.3, kann die Wirkungsrichtung des Erdruhedrucks parallel zur Geländeoberfläche angenommen werden, soweit die für aktiven Erddruck anzunehmenden Wandreibungswinkel δ_a nicht überschritten werden. Andernfalls sind letztere maßgebend.

□ 6.40: Beispiel: Erdruhedrucklast bei geneigter Wand

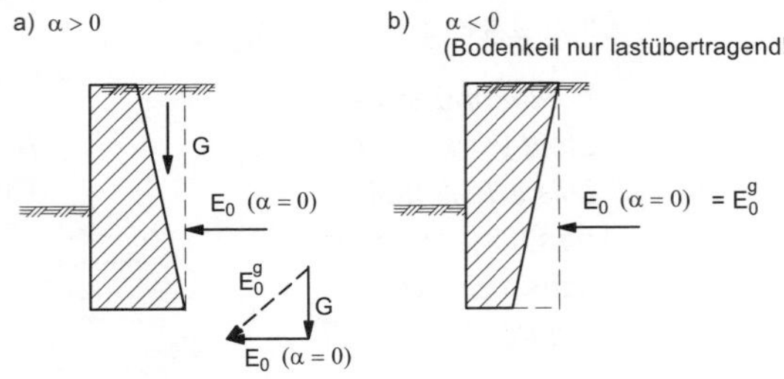

6.04.3 Kohäsion

Weil der Einfluss der Kohäsion auf den Erdruhedruck noch nicht endgültig geklärt ist, sollte sie bei Böden mit geringerer Konsistenz als “halbfest” nicht berücksichtigt werden. Bei konsolidierten, halbfesten und festen bindigen Böden können nach Nendza (1973) die Gleichungen in Abschnitt 6.04.2 weiter verwendet werden, wenn eine Abminderung mit Hilfe eines Ersatzreibungswinkels φ_o (□ 6.41) vorgenommen wird, wobei σ_m die senkrechte Spannung aus Bodeneigenlast in der Tiefe 2/3 h ist:

$$\tan \varphi_c' = \frac{c_K + \sigma_m \cdot \tan \varphi_K}{\sigma_m} = \tan \varphi_K + \frac{c_K}{\sigma_m} \qquad (6.27)$$

□ 6.41: Beispiel: Ersatzreibungswinkel (nach Nendza)

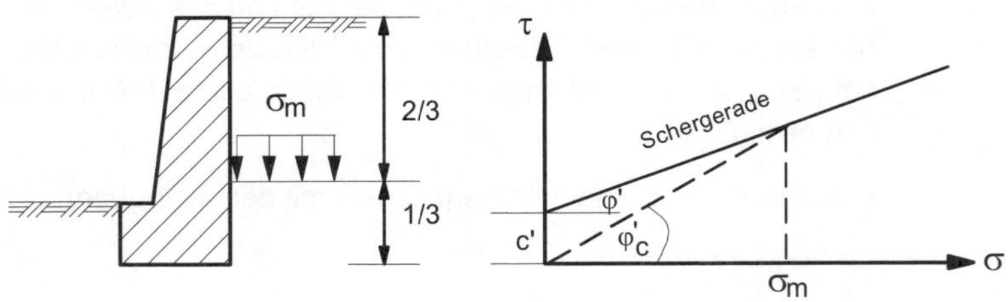

□ 6.42: Beispiel 116: Ermittlung des Erdruhedrucks

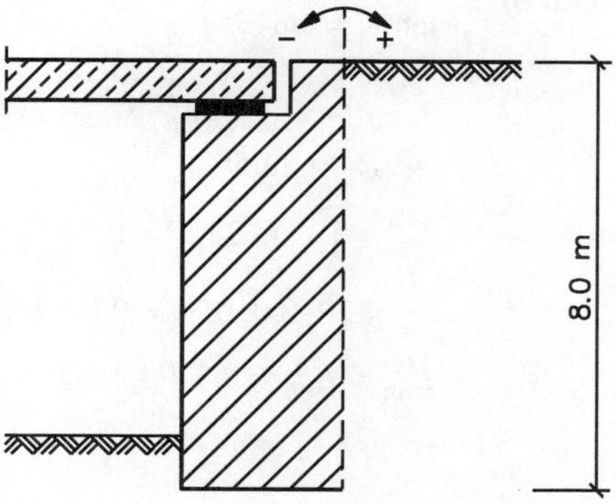

Geg:. *das dargestellte unverschiebliche Brückenwiderlager*

Ges:. *die Größe der Erdruhedruckkraft für die Fälle*

a) $\varphi' = 32{,}5°$; $\alpha = 0$; $\gamma = 18\ kN/m^3$

b) $\varphi' = 32{,}5°$; $\alpha = -20°$; $\gamma = 18\ kN/m^3$

c) $\varphi' = 32{,}5°$; $\alpha = 20°$; $\gamma = 18\ kN/m^3$

d) $\varphi' = 15°$; $\alpha = 0$; $\gamma = 20\ kN/m^3$; $c' = 20\ kN/m^2$

Lösg:. ***Fall a)***

$$K_0^g = 1 - \sin 32{,}5° = 0{,}46$$

$$e_0^g = 18 \cdot 8{,}0 \cdot 0{,}46 = 66{,}2\ kN/m^2$$

$$E_0^g \mathrel{\hat=} E_{0h}^g = 0{,}5 \cdot 66{,}2 \cdot 8{,}0 = 264{,}8\ kN/m$$

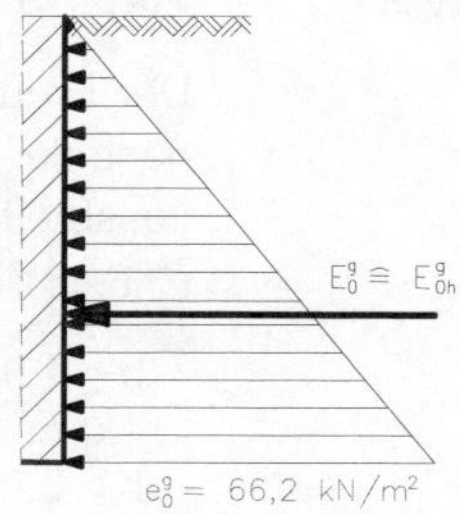

Fall b)

$$K_0^g = 1 - \sin 32{,}5° = 0{,}46$$

$$e_0^g = 18 \cdot 8{,}0 \cdot 0{,}46 = 66{,}2\ kN/m^2$$

$$E_{0h}^g = 0{,}5 \cdot 66{,}2 \cdot 8{,}0 = 264{,}8\ kN/m$$

$$a = 8{,}0 \cdot \tan 20° = 2{,}91\ m$$

$$G = 0{,}5 \cdot 2{,}91 \cdot 8{,}0 \cdot 18 = 209{,}5\ kN/m$$

$$E_0^g = \sqrt{209{,}5^2 + 264{,}8^2} = 337{,}7\ kN/m$$

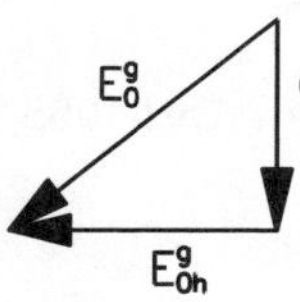

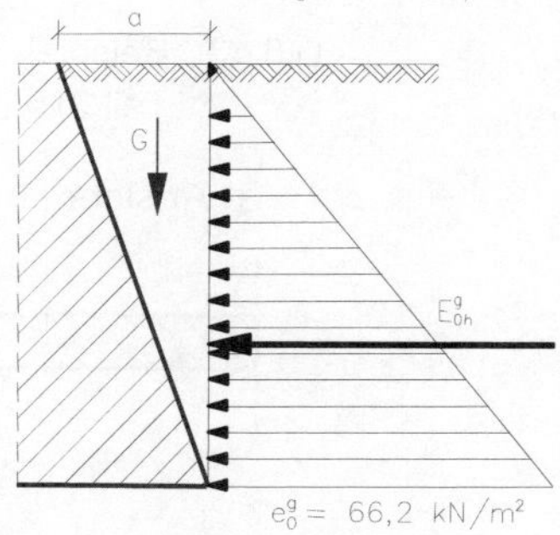

Fall c)

$$K_0^g = 1 - \sin 32{,}5° = 0{,}46$$

Berechnung entspricht dem Fall a), da der Erdkeil in diesem Fall nur als Last übertragendes Medium betrachtet wird:

$$E_0^g \mathrel{\hat=} E_{0h}^g = 264{,}8\ kN/m$$

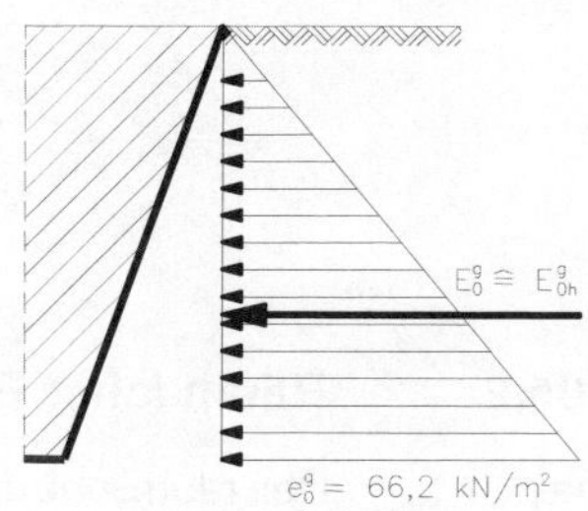

□ 6.42: Fortsetzung Beispiel 116: Ermittlung des Erdruhedrucks

Fall d)

$$\tan\varphi_c' = \tan 15° + \frac{20}{\frac{2}{3}\cdot 8{,}0\cdot 20} = 0{,}4555$$

$$\rightarrow \quad \varphi_c' = 24{,}5°$$

$$K_0^g = 1 - \sin 24{,}5° = 0{,}59$$

$$e_0^g = 20\cdot 8{,}0\cdot 0{,}59 = 94{,}4 \;\; kN/m^2$$

$$E_{0h}^g \mathrel{\hat{=}} E_{0h}^g = 0{,}5\cdot 94{,}4\cdot 8{,}0 = 377{,}6 \;\; kN/m$$

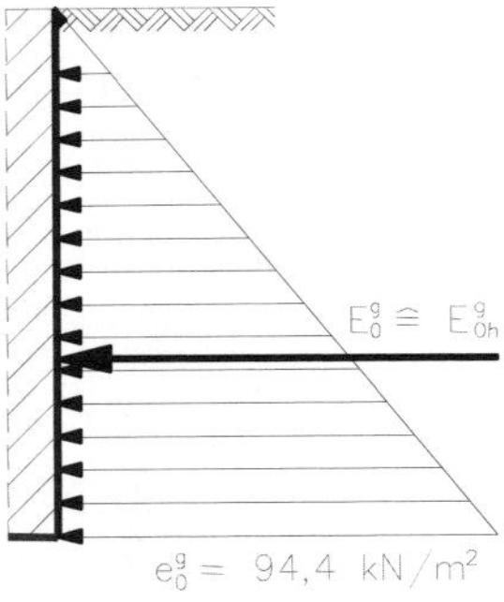

6.05 Sonderfälle des aktiven und passiven Erddrucks

6.05.1 Aktiver Erddruck bei schmalen Baukörpern

Der Erddruck auf ein in einer Böschung stehendes, schmales Bauwerk kann nach der DIN 1055/T.2. näherungsweise dadurch erfasst werden, dass die Einflussbreite B des Erddrucks bei einer Baukörperbreite b wie folgt angesetzt wird (□ 6.43):

- $b \leq 1{,}0$ m: $B = 3\,b$
- $1{,}0 \text{ m} \leq b \leq 3{,}0$ m: $B = 3{,}0$ m
- $b > 3{,}0$ m: $B = b$

□ 6.43: Beispiel: Einflussbreite von E_a bei schmalen Baukörpern (DIN 1055, Teil 2)

a) Ansicht

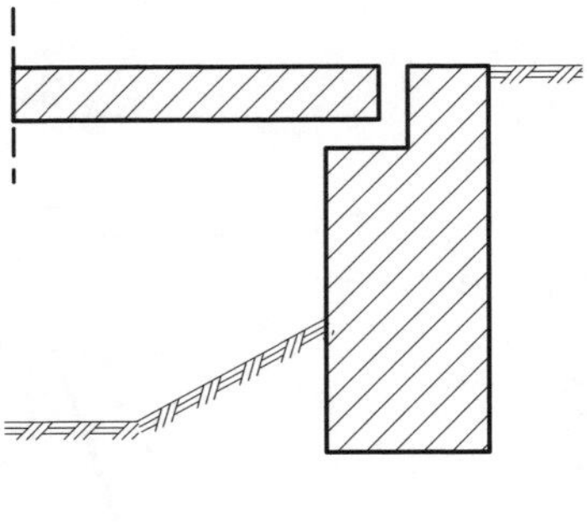

b) Draufsicht

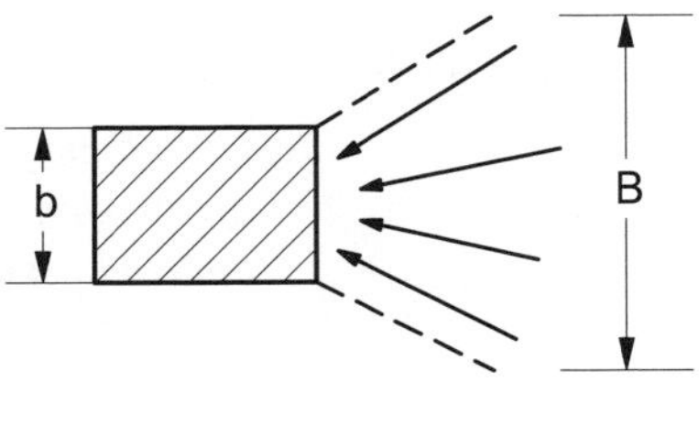

6.05.2 Räumlicher Erddruck

spa Der räumliche (dreidimensionale) Erddruck (Kennzeichnung mit dem Vorsatz "spa": space (engl.)) ist kleiner als der im Allgemeinen angesetzte ebene Erddruck.

6.5.2.1 Räumlicher Aktiver Erddruck

Spa e_{ah} Nach DIN 4085 wird die Ordinate des räumlichen aktiven Erddrucks für jeden beliebigen Abschnitt der Wand näherungsweise in Abhängigkeit vom Verhältnis der Tiefenordinate (z) zur Bauteilbreite (b) nach der Gleichung berechnet:

$$spa\ e_{ah} = \gamma_k \cdot z \cdot \mu^g_{ah} \cdot K^g_{ah} + p \cdot \mu^p_{ah} \cdot K^g_{ah} - c_k \cdot \mu^c_{ah} \cdot K^c_{ah} \quad (6.28)$$

Hierin ist

- $\mu^g_{ah} = \mu^p_{ah}$ der Formbeiwert für räumlichen aktiven Erddruck infolge Bodeneigenlast g und (unendliche) Flächenlast p (□ 6.44) und
- μ^c_{ah} = Formbeiwert für räumlichen aktiven Erddruck infolge Kohäsion. Da noch keine ausreichenden Untersuchungen vorliegen, sollte zur Sicherheit vorläufig $\mu^c_{ah} = 1$ angesetzt werden.

$$\mu^g_{ah} = \mu^p_{ah} = 1 - \frac{2}{\Pi} \cdot \arctan\left(\frac{\varphi_k \cdot \Pi}{360} \cdot \frac{z}{b}\right) \quad (6.29)$$

□ 6.44: Formbeiwerte $\mu_{ah}{}^g = \mu_{ah}{}^p$ für $\alpha = \beta = \delta_a = 0$

z/b \ φ_K	15°	20°	25°	27,5°	30°	32,5°	35°	37,5°	40°
0	1,00	1,00	1,00	1,00	1,00	1,00	1,00	1,00	1,00
1	0,92	0,89	0,86	0,85	0,84	0,82	0,81	0,80	0,79
2	0,84	0,79	0,74	0,72	0,69	0,67	0,65	0,63	0,61
3	0,76	0,69	0,63	0,60	0,58	0,55	0,53	0,51	0,49
4	0,69	0,61	0,54	0,51	0,49	0,46	0,44	0,42	0,40
5	0,63	0,54	0,47	0,44	0,42	0,39	0,37	0,35	0,33
6	0,58	0,49	0,42	0,39	0,36	0,34	0,32	0,30	0,28
7	0,53	0,44	0,37	0,34	0,32	0,30	0,28	0,26	0,25
8	0,49	0,40	0,33	0,31	0,28	0,26	0,25	0,23	0,22
9	0,45	0,36	0,30	0,28	0,26	0,24	0,22	0,21	0,20
10	0,42	0,33	0,27	0,25	0,23	0,22	0,20	0,19	0,18

Die räumliche Erddruckkraft (in kN/m) ergibt sich aus

$$spa\ E_{ah} = \sum_{z=0}^{z=h} spa\ e_{ah} \cdot \Delta h \quad (6.30)$$

□ 6.45: Beispiel 117: Ebener und räumlicher Erddruck (Vergleich)

Geg.: *Die auf der nächsten Seite dargestellte, 5 m breiten Stirnwand einer Baugrube;* $\gamma_k = \gamma$, $\varphi_k = \varphi'$

Ges.: *die Größe der aktiven Erddruckkraft ist*

a) für den ebenen Fall

b) für den räumlichen Fall vergleichend zu ermitteln.

□ 6.45: Beispiel 117: Ebener und räumlicher Erddruck (Vergleich)

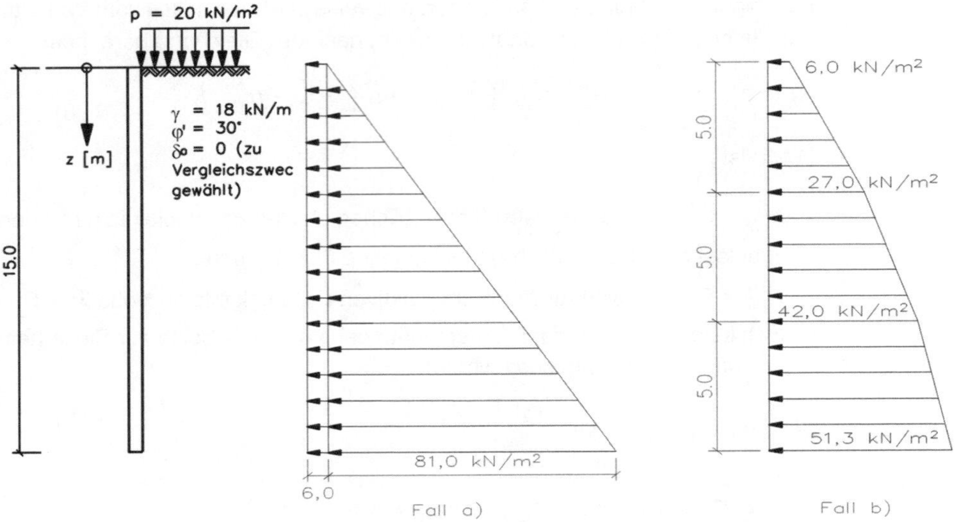

Lösg.: *An der dargestellten, 5 m breiten Stirnwand einer Baugrube ist die Größe der aktiven Erddruckkraft*

a) Ebener Fall

$\varphi_K = 32{,}5°;\ \alpha = 0°;\ \beta = 0°;\ \delta_a = 0 \quad \rightarrow \quad K_a^g \triangleq K_{ah}^g = 0{,}30$

$$e_a^g = e_{ah}^g = 18 \cdot 15{,}0 \cdot 0{,}30 = 81{,}0\ kN/m^2$$

$$e_a^p = e_{ah}^p = 20 \cdot 0{,}30 = 6{,}0\ kN/m^2$$

$$E_a^{g+p} = 0{,}5 \cdot 81{,}0 \cdot 15{,}0 + 6{,}0 \cdot 15{,}0 = 697{,}5\ kN/m$$

b) Räumlicher Fall

Die Baugrubentiefe von 15,0 m wird in Tiefenabschnitte von je 5,0 m unterteilt.

$\varphi_K = 32{,}5°;\ \alpha = 0°;\ \beta = 0°;\ \delta_a = 0 \quad \rightarrow \quad K_{ah}^g = 0{,}30$

Erddruckverteilung:

z	*z/b*	$\mu_{ah}^g = \mu_{ah}^p$	${}_{spa}e_{ah}^g$	${}_{spa}e_{ah}^p$	${}_{spa}e_{ah}^{g+p}$
m	*1*	*1*	*kN/m²*	*kN/m²*	*kN/m²*
0	*0*	*1,00*	*0*	*6,0*	*6,0*
5,0	*1,0*	*0,82*	*22,1*	*4,9*	*27,0*
10,0	*2,0*	*0,67*	*36,2*	*4,0*	*40,2*
15,0	*3,0*	*0,55*	*44,6*	*3,3*	*47,9*

$$ {}_{spa}E_{ah}^{g+p} = 0{,}5\left[(6{,}0 + 27{,}0) + (27{,}0 + 40{,}2) + (40{,}2 + 47{,}9)\right] \cdot 5{,}0 = $$
$$ = 2{,}5(33{,}0 + 67{,}2 + 88{,}1) = 470{,}75\ kN/m $$

□ 6.45: Beispiel 117: Ebener und räumlicher Erddruck (Vergleich)

Vergleichende Zusammenfassung:

Die Berücksichtigung der räumlichen Wirkung reduziert im vorliegenden Fall die Erddruckkraft auf $\frac{470{,}8}{697{,}5} \cdot 100 = 67\%$.

⇒ Prager / Walz (1978). Karstedt (1980). Walz/Prager (1979)

6.5.2.2 Räumlicher Passiver Erddruck (Erdwiderstand)

Ansatz

Die räumliche passive Erddruckkraft hat besondere Bedeutung als Widerstandskraft vor horizontal beanspruchten Stahlträgern (z. B. bei Trägerbohlwänden) und Pfählen. Sie kann jedoch nur dann in voller Größe in Rechnung gestellt werden, wenn ein ausreichender Abstand zwischen den einzelnen Bauteilen (Stahlträgern bzw. Pfählen) vorhanden ist. Bei geringerem Abstand überschneiden sich die Seitenwiderstände, so dass höchstens der passive Erddruck des ebenen Falls wirksam werden kann.

Regelwerke DIN 4085, EAB

Spa E_{ph} DIN 4085

Der Grenzwert der räumlichen passiven Erddruckkraft (in kN) hängt vom Verhältnis der Einbindetiefe im Baugrund t zur Bauteilbreite b ab und ergibt sich bei ausreichendem Abstand der Bauteile untereinander näherungsweise zu (□ 6.45):

$$spa\ E_{ph} = 0{,}5 \cdot \gamma_k \cdot t^2 \cdot b \cdot \mu_{ph}^g \cdot K_{ph}^g + p \cdot t \cdot b \cdot \mu_{ph}^g \cdot K_{ph}^g + c_k \cdot t \cdot b \cdot \mu_{ph}^c \cdot K_{ph}^c \qquad (6.31)$$

Beiwerte DIN 4085

Für gedrungene Wände (b/t ≥ 0,3).

$$\mu_{ph}^g = 1 + 0{,}6 \cdot t/b \cdot \tan \varphi_k \qquad (6.32)$$

$$\mu_{ph}^c = 1 + 0{,}3 \cdot t/b \cdot (1 + 1{,}5 \cdot \tan \varphi_k) \qquad (6.33)$$

Für schmale Wände (b/t < 0,3):

$$\mu_{ph}^g = 0{,}55\,(1 + 2 \cdot \tan \varphi_k) \cdot \sqrt{t/b} \qquad (6.34)$$

$$\mu_{ph}^c = 1{,}1 \cdot (1 + 0{,}75 \cdot \tan \varphi_k) \cdot \sqrt{t/b} \qquad (6.35)$$

□ 6.46: Beispiel 118: Räumlicher Erdwiderstand nach DIN 4085

Geg.: *Baugrubenverbau als Trägerbohlwand (Bemessungssituation: BS-T): Träger HEB 180. Der Abstand zum nächsten Träger sei ausreichend groß, um Überschneidungen zu verhindern.* $\gamma_k = \gamma$, $\varphi_k = \varphi'$

Skizze siehe nächste Seite

Ges.: *Die räumliche Erdwiderstandskraft vor dem Träger*

□ 6.46: Fortsetzung Beispiel 118: Räumlicher Erdwiderstand nach DIN 4085

Lösg.: $\varphi_K = 32{,}5°;\ \alpha = 0°;\ \beta = 0°;\ \delta_p = -\varphi_K \quad \rightarrow \quad K^g_{ph} = 6{,}77$

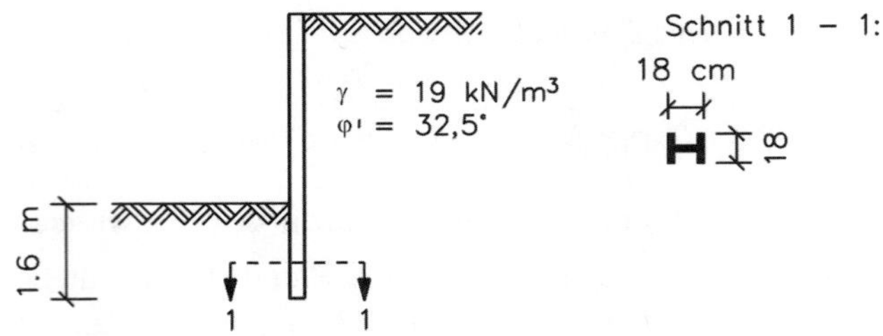

$$\frac{b}{t} = \frac{18[cm]}{160[cm]} = 0{,}1 < 0{,}3$$

Damit wird $\mu^g_{ph} = 0{,}55 \cdot (1 + 2 \cdot \tan 32{,}5) \cdot \sqrt{160/18} = 3{,}729$

Räumliche Erdwiderstandskraft:

$$_{spa}E^g_{ph} = 0{,}5 \cdot 19 \cdot 1{,}6^2 \cdot 0{,}18 \cdot 3{,}729 \cdot 6{,}77 = 110{,}51\ kN/Träger$$

Anmerkung:

Dieser Grenzwert ist der Charakteristische Wert und unter Berücksichtigung einer Sicherheit γ_{EP} dem Anpassungsfaktor η_{EP} zu reduzieren. Im vorliegenden Fall wäre die Sicherheit γ_{EP} = 1,30 und η_{EP}= 0,8 (□ 6.32). Genauere Ausführungen siehe Abschnitt „Baugrubenverbau" in Dörken/Dehne, T. 3.

⇒ DIN 4085, EAB, Dörken, Dehne, Kliesch, T 3, Weißenbach

spa E_{ph}
EAB

In den "Empfehlungen des Arbeitskreises Baugruben" (EB 14) kann der räumliche Erdwiderstand vor Trägerbohlwänden auch nach dem Berechnungsvorschlag von Weissenbach (1962) erfolgen. Dies begründet sich darin, dass ein wesentlicher Unterschied zwischen üblichen – d.h. geschlossenen – Wänden und den Trägerbohlwänden darin besteht, dass bei letzteren unterhalb der Sohle einzelne Träger im Abstand a_t die angreifenden Lasten aufnehmen müssen. Vor jedem Träger entsteht bei Erreichen der Grenzlast ein räumlich begrenzter Bruchkörper.

Nach dem Vorschlag von Weißenbach („Der Erdwiderstand vor schmalen Druckflächen" Bautechnik H. 6/1962) kann in diesem Fall wie folgt vorgegangen werden:

Es ist zu unterscheiden, ob sich vor den Bohlträgern die Bruchkörper überschneiden oder nicht. Aus beiden Untersuchungen wird jeweils ein fiktiver Erdwiderstandsbeiwert ermittelt (zur Unterscheidung vom ebenen Zustand hier mit ω_{ph} bezeichnet). Der kleinere Wert ist für die weitere Berechnung maßgebend.

Der Erdwiderstand spa E_{ph} vor dem Bohlträger wird nach Weissenbach errechnet aus:

$$_{spa}E_{ph} = \frac{1}{2} \cdot \gamma_k \cdot \omega_{ph} \cdot a_t \cdot t_0^2 \qquad (6.36)$$

Keine Überschneidung

Im Fall „Keine Überschneidung" ist der Beiwert ω_{ph} von der Einbindetiefe t_0, von der Bohlträgerbreite b_t sowie vom Bohlträgerabstand a_t abhängig. In Abhängigkeit vom Verhältnis $b_t/\ t_0$ erhält man mit den Beiwerten ω_R (Tabelle □ 6.47) und ω_K (Tabelle □ 6.48) den Erdwiderstandsbeiwert zu

$$\omega_{ph} = \frac{t_0 \cdot \omega_R}{a_t} + \frac{4 \cdot c_k \cdot \omega_k}{\gamma_k \cdot a_t} \qquad (6.37)$$

□ 6.47: Erdwiderstandsbeiwerte ω_R (nach Weißenbach)

$a_0 = \frac{b_0}{t}$	φ_K =												
	15°	17,5°	20°	22,5°	25°	27,5°	30°	32,5°	35°	37,5°	40°	42,5°	45°
0,05	0,40	0,48	0,59	0,72	0,90	1,13	1,44	1,71	2,00	2,57	3,16	3,96	5,00
0,10	0,57	0,67	0,83	1,02	1,28	1,59	2,04	2,42	2,96	3,63	4,47	5,59	7,07
0,15	0,69	0,82	1,02	1,25	1,56	1,95	2,50	2,97	3,63	4,45	5,48	6,85	8,66
0,20	0,80	0,95	1,17	1,45	1,80	2,26	2,88	3,43	4,19	5,14	6,32	7,91	10,00
0,25	0,90	1,06	1,31	1,62	2,02	2,52	3,22	3,83	4,68	5,74	7,07	8,84	11,20
0,30	0,98	1,16	1,44	1,77	2,21	2,76	3,53	4,20	5,13	6,29	7,75	9,69	12,20

□ 6.48: Erdwiderstandsbeiwerte ω_K (nach Weißenbach)

$a_0 = \frac{b_0}{t}$	φ_K =												
	15°	17,5°	20°	22,5°	25°	27,5°	30°	32,5°	35°	37,5°	40°	42,5°	45°
0,05	0,98	1,08	1,20	1,34	1,51	1,70	1,94	2,14	2,41	2,73	3,10	3,55	4,09
0,10	1,39	1,53	1,69	1,90	2,14	2,41	2,75	3,03	3,41	3,86	4,38	5,02	5,78
0,15	1,70	1,88	2,07	2,32	2,62	2,95	3,37	3,71	4,18	4,73	5,36	6,14	7,08
0,20	1,97	2,17	2,40	2,68	3,03	3,41	3,89	4,29	4,83	5,47	6,19	7,09	8,18
0,25	2,20	2,42	2,68	3,00	3,39	3,81	4,35	4,79	5,40	6,11	6,93	7,93	9,15
0,30	2,41	2,66	2,93	3,29	3,71	4,17	4,76	5,25	5,91	6,69	7,59	8,69	10,00

Überschneidung

Im Fall „Überschneidung" ist der Beiwert zu ermitteln mit:

$$\omega_{ph} = \frac{b_t}{a_t} \cdot K_{ph}^{(\delta_p \neq 0)} + \frac{a_t - b_t}{a_t} \cdot K_{ph}^{(\delta_p = 0)} + \frac{4c_k}{\gamma_k \cdot a_t \cdot t_0} \sqrt{K_{ph}^{(\delta_p \neq 0)}} \qquad (6.38)$$

Mit einem bei Bohlträgern anzusetzenden Wandreibungswinkel von

$\delta_p = -27{,}5°$ für Böden mit $\varphi_K \geq 30°$

$\delta_p = -(\varphi_k - 2{,}5°)$ für Böden mit $\varphi_K \leq 30°$

lassen sich die kleinsten Erdwiderstandsbeiwerte K_{ph} des ebenen Zustands aus Tabelle □ 6.49 ermitteln.

maßgebender Beiwert ω_{ph}

Der kleinere Beiwert ω_{ph} aus (6.32) und (6.33) ist für die Ermittlung von *spa E_{ph}* nach (6.31) maßgebend.

□ 6.49: Erdwiderstandsbeiwerte K_{ph} nach dem Gleitschema von Streck

$a_0 = \frac{b_0}{t}$	φ_K =												
	15°	17,5°	20°	22,5°	25°	27,5°	30°	32,5°	35°	37,5°	40°	42,5°	45°
0°	1,70	1,86	2,04	2,24	2,46	2,72	3,00	3,32	3,69	4,11	4,60	5,16	5,82
-2,5°	1,79	1,95	2,17	2,39	2,63	2,90	3,23	3,60	4,00	4,48	5,04	5,69	6,45
-5°	1,87	2,05	2,28	2,51	2,79	3,08	3,45	3,86	4,31	4,85	5,48	6,22	7,09
-7,5°	1,94	2,14	2,38	2,64	2,94	3,26	3,66	4,11	4,61	5,22	5,92	6,75	7,74
-10°	2,01	2,22	1,48	2,75	3,08	3,43	3,87	4,35	4,91	5,59	6,36	7,28	8,40
-12,5°	2,11	2,30	2,58	2,87	3,22	3,60	4,07	4,59	5,21	5,95	6,80	7,82	9,08
-15°		2,38	2,67	2,98	3,35	3,76	4,27	4,83	5,50	6,31	7,24	8,38	9,77
-17,5°			2,77	3,09	3,48	3,92	4,46	5,07	5,80	6,67	7,69	8,95	10,50
-20°				3,23	3,62	4,08	4,66	5,31	6,10	7,03	8,15	9,53	11,20
-22,5°					3,81	4,27	4,86	5,56	6,41	7,41	8,62	10,10	12,00
-25°						4,51	5,11	5,84	6,72	7,82	9,12	10,70	12,80
-27,5°							5,46	6,15	7,12	8,27	9,64	11,40	13,60

□ 6.50: Beispiel 119: Räumlicher Erdwiderstand vor Trägern nach Weißenbach

Geg.: *Baugrubenverbau als Trägerbohlwand (Lastfall 2): Träger HEB 180. Der Abstand zum nächsten Träger sei ausreichend groß, um Überschneidungen zu verhindern.* $\gamma_k = \gamma$, $\varphi_k = \varphi'$ *(s. Dörken/ Dehne/ Kliesch, T. 3 und □ 6.45)*

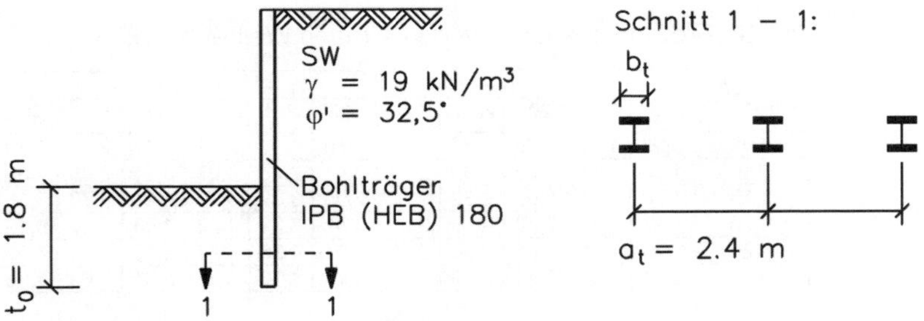

Ges.: *Die räumliche Erdwiderstandskraft vor dem Träger*

Lösg.: *In Abhängigkeit vom Verhältnis* $\frac{b_t}{t_0} = \frac{0,18}{1,80} = 0,10$

erhält man mit den Beiwerten ω_R *(□ 6.46) und* ω_k *(□ 6.47) den Erdwiderstandsbeiwert zu*

$$\omega_{ph} = \frac{t_0 \cdot \omega_R}{a_t} + \frac{4 \cdot c \cdot \omega_k}{\gamma_k \cdot a_t} = \frac{1,8 \cdot 2,42}{2,4} + 0 = 1,815 \cdot$$

Überschneidung:

Mit einem bei Bohlträgern anzusetzenden Wandreibungswinkel von

□ 6.50: Beispiel 119: Räumlicher Erdwiderstand vor Trägern nach Weißenbach

$\delta_p = -27{,}5°$ *für Böden mit ' ≥ 30°*

lassen sich die – in diesem Fall – kleinsten Erdwiderstandsbeiwerte K_{ph} des ebenen Zustands aus Tabelle □ 6.48 ermitteln:

$$K_{ph}^{(\delta_0 \neq 0)} = 6{,}15\,; \qquad K_{ph}^{(\delta_0 = 0)} = 3{,}32\,.$$

Damit berechnet sich der Erdwiderstandsbeiwert des räumlichen Zustands zu

$$\omega_{ph} = \frac{0{,}18}{2{,}40} \cdot 6{,}15 + \frac{2{,}40 - 0{,}18}{2{,}40} \cdot 3{,}32 + 0 = 3{,}53 \cdot$$

Als kleinerer Wert maßgebend ist ω_{ph} = 1,815.

Der Erdwiderstand vor dem Bohlträger beträgt somit

$$_{spa}E_{ph} = \frac{1}{2} \cdot \gamma \cdot \omega_{ph} \cdot a_t \cdot t_0^2 = \frac{1}{2} \cdot 19 \cdot 1{,}815 \cdot 2{,}40 \cdot 1{,}80^2 = 134{,}0 \; kN$$

6.05.3 Erddruck auf Kellerwände

Durch Einbringen und Verdichten des Verfüllungsbodens in dem schmalen Bereich zwischen Baugrubenwand (oder Böschung) und Kellerwand wird die Kellerwand mit Erddruck belastet (□ 6.51).

□ 6.51: Erddruckansatz auf Kellerwände

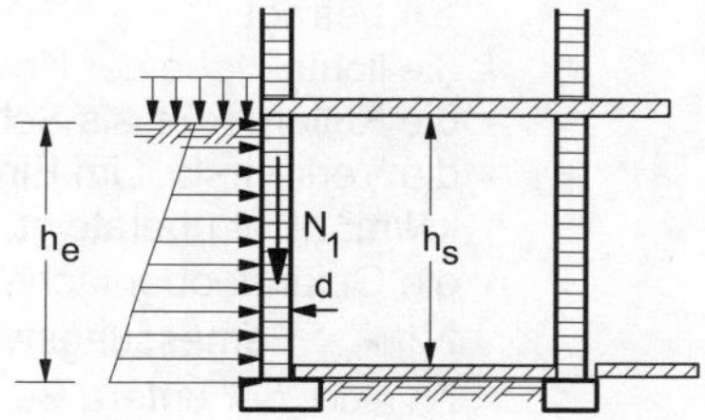

Schadensanfälligkeit

Das Tragverhalten von erddruckbelastetem Kellermauerwerk hat sich in den letzten Jahrzehnten durch neue, rationalisierte und beschleunigte Bauverfahren, erweiterte bautechnische und nutzungsbedingte Ansprüche sowie hydrologische Beanspruchungen zur ungünstigen Seite verändert, so dass heute die vereinfachte Nachweisführung nach der zurückgezogenen DIN 1053-1, Abs. 8.1.2.3 bzw. nach DIN EN 1996-1-1/NA zunehmend als baustatisch unzureichend und in der Praxis bei gemauerten Kellerwänden als schadensanfällig zu bewerten ist.

⇒ Ackermann, Burkert (2006).

Erddruckansatz

Im Normalfall ist davon auszugehen, dass die Kellerwand annähernd unnachgiebig ist, da die Kellerkonstruktion diese zusätzlich stützt. Dann ist der Erddruckansatz gemäß □ 6.07 bzw. □ 6.52 zu wählen (DIN 4085, erhöhter Aktiver Erddruck). Wenn zusätzlich die Arbeitsraumverfüllung stark verdichtet wird, sollte mit dem Verdichtungserddruck, der größer als der Erdruhedruck ist, gerechnet werden (siehe Abschnitt 6.05.4).

Silowirkung

Infolge “Silowirkung” kann sich im Ausnahmefall ein entlastendes Stützgewölbe bilden, wenn:

- die Kellerwände nicht wesentlich dicker sind als statisch erforderlich und

- das Verfüllmaterial wenig verdichtet ist

Der Silodruck wird rechnerisch dadurch berücksichtigt, dass lediglich der aktive Erddruck angesetzt wird.

□ 6.52: Beispiele: Erddruckansatz in Abhängigkeit der Nachgiebigkeit (Dauerbauwerke) (DIN 4085, Tabelle AAA.2)

Nachgiebigkeit	Konstruktion (Beispiel)	Erddruckansatz
annähernd unnachgiebig	Kellerwände und Stützwände, die in Bauwerke einbezogen sind und von diesen zusätzlich gestützt sind	Normalfall: E_h=0,50 E_{ah} + 0,50 E_{0h}
	Stehende Schenkel von Winkelstützwänden	Ausnahmefall E_h=0,25 E_{ah} +0,75 E_{0h}

DIN EN 1996-1-1/NA Die DIN EN 1996-1-1/ NA geht davon aus, dass der Ansatz des Aktiven Erdruckes gerechtfertigt ist. Nach DIN EN 1996-1/ NA kann dann der Ansatz des Erddrucks entfallen, wenn N_1 aus ständiger Last in halber Höhe der Anschüttung innerhalb folgender Grenzen liegt:

- die Mauerwerksdicke ≥ 24 cm mit Steinen der Mauerwerksfestigkeitsklasse ≥ 4 beträgt.
- die lichte Höhe der Kellerwand $h_s \leq 2{,}6$ m ist,
- die Kellerdecke als Scheibe wirkt und die Erddruckkräfte aufnimmt,
- die Verkehrslast im Einflussbereich des Erddrucks auf die Kellerwand 5 kN/m² nicht übersteigt,
- die Geländeoberfläche nicht ansteigt und $h_e \leq h_s$ ist
- $N_{1,lim,d}$: Bemessungswert der Mindestdruckkraft
- $N_{1,Ed,inf}$: der untere Bemessungswert der einwirkenden Drucknormalkraft in halber Höhe der Anschüttung
- $N_{1,Ed,inf}$: der obere Bemessungswert der einwirkenden Drucknormalkraft in halber Höhe der Anschüttung

$$N_{1,Ed,\sup} \leq (\eta \cdot d \cdot f_k)/(3 \cdot \gamma_M) \tag{6.39}$$

$$N_{1,\lim,d} = (\gamma_e \cdot h_s \cdot h_e^2)/(20 \cdot d) \leq N_{1,Ed,\inf} \tag{6.40}$$

In diese Gleichung sind einzusetzen (□ 6.51 und □ 6.53):

- die Werte f_k und γ_M nach DIN EN 1996-1-1/ NA und
- γ_e = Wichte des Bodens.

Aussteifung Ist die Kellerwand im Abstand b< 2 · h_s ausgesteift, so darf - wegen der dann möglichen zweiachsigen Kraftabtragung – der untere Grenzwert min N bis zu einem Abstand von b = h_s linear auf die Hälfte abgemindert werden.

□ 6.53: Beispiel 120: Berechnung des Aktiven Erddrucks auf eine Kellerwand

Geg.: *eine Kellerwand, für die Silodruck = Aktiver Erddruck angesetzt werden kann*

Kellerwanddicke: d = 30 cm

Kellermauerwerk: Mauerwerksfestigkeits-Klasse 5.

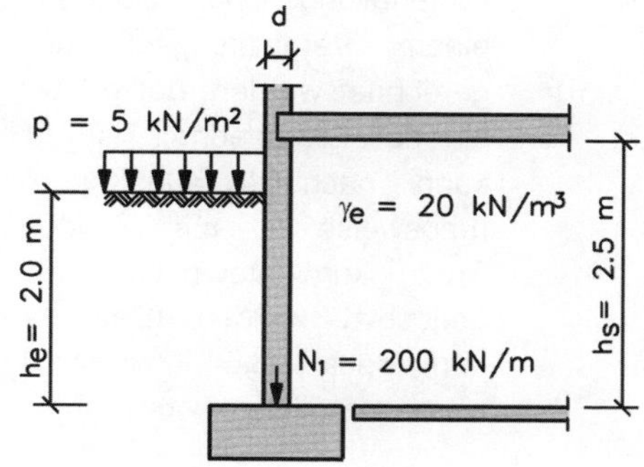

Es ist:

- *Rechenwert der Druckfestigkeit:*

f_k = 4,3 MN/m²

- *Sicherheitsbeiwert:*

$\gamma_M = 2{,}0 \quad \eta = 0{,}85$

- *Mauerwerksdicke d > 24 cm*

Mauerwerksfestigkeits-Klasse > 4

- $h_s = 2{,}5\ m < 2{,}6\ m$
- *Scheibenwirkung der Kellerdecke vorhanden*
- *Auflast p = 5 kN/m²*
- *Geländeoberfläche:* $\beta = 0$
- $h_e = 2{,}0\ m < h_s = 2{,}5\ m$
- *Normalkraft:*

N_1 = 150 kN/m (ständige Last).

$N_1 = N_{1,lim,d} = N_{1,Ed,inf} = N_{1,Ed,inf}$

Ges.: *Es ist zu überprüfen, ob für den dargestellten Fall Erddruck auf die Kellerwand berücksichtigt werden muss.*

Lösg.:

$$\frac{\eta \cdot d \cdot f_k}{3 \cdot \gamma_M} = \frac{0{,}85 \cdot 0{,}30 \cdot 4300}{3 \cdot 2{,}0} = 183 > N_1 = 200\ kN/m$$

$$> \frac{\gamma_e \cdot h_s \cdot h_e^2}{20 \cdot d} = \frac{20 \cdot 2{,}5 \cdot 2{,}0^2}{20 \cdot 0{,}3} = 33\ kN/m$$ *(alle Werte in [kN], [m])*

Anmerkung: die Höhe der Anschüttung wurde auf Oberkante Bodenplatte/ Fundament bezogen und berechnet.

Der Ansatz von Erddruck auf die Kellerwand kann entfallen.

Die Kellerwand ist ausreichend bemessen.

⇒ Watermann (1976), Mamitza (1977), Lachmann (1986)

6.05.4 Verdichtungserddruck

Bei starker Verdichtung des Hinterfüllungsbodens sollte mit einem Verdichtungserddruck gerechnet werden, der größer als der Erdruhedruck ist. Er kann nach DIN 4085 näherungsweise mit den Erddruckordinaten nach □ 6.51 angesetzt werden (Bezeichnung nach □ 6.54, Zwischenwerte geradlinig einschalten).

$$z_p = \frac{e^g_{v,h}}{\gamma_k \cdot k^g_{p,h}} \qquad (6.41)$$

mit

$\delta_p = 0$

□ 6.54: Verdichtungserddruck $e^g_{v,h}$ (ABE: unnachgiebige Wand und Bemessungsgrundlage Erdruhedruck, ABCD: nachgiebige Wand und Bemessungsgrundlage aktiver Erddruck)

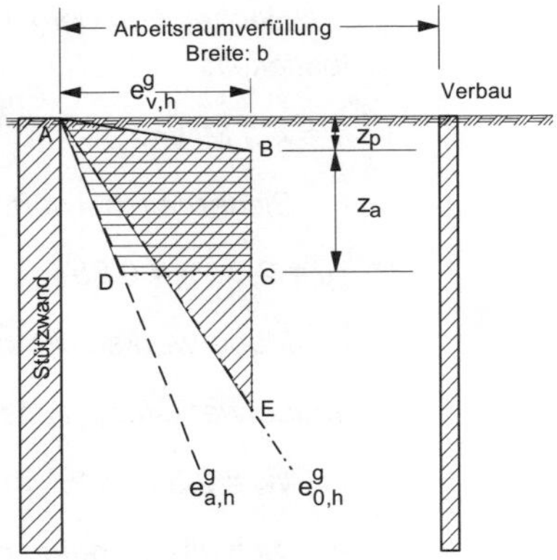

□ 6.55: Ordinaten des Verdichtungserddrucks $e^g_{v,h}$ in kN/m² (vergleiche □ 6.53)

Fall	Stützwand	b ≤ 1,0 m	b ≥ 2,5 m	z_a
E_a	nachgiebig	25	25	2,0 m
E_0	unnachgiebig	40	25	-

⇒ Watermann (1976), Mamitza (1977), Lachmann (1986)

□ 6.56: Beispiel 121: Ermittlung des Verdichtungserddrucks

***Geg.:** Dargestellte Stützwand* $\gamma_k = \gamma$, $\varphi_k = \varphi'$

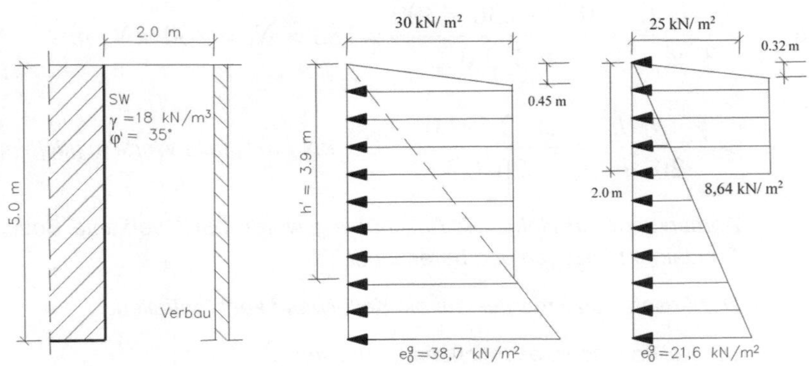

Fall a) *Fall b)*

□ 6.56: Fortsetzung Beispiel 121: Ermittlung des Verdichtungserddrucks

Ges.: *die Erddruckverteilung ist bei starker Verdichtung des Hinterfüllmaterials zu ermitteln:*

Fall a) *unverschiebliche Wand*

Fall b) *verschiebliche Wand*

Lösg.: ***Fall a)***

$$K_0 = 1 - \sin\varphi_k = 1 - \sin 35° = 0{,}43$$

$e^g_{v,h} = 30\ kN/m^2$ (geradlinige Interpolation)

Stelle z_p: *mit* $\delta_p = 0$: $k^g_{p,h} = 3{,}69$

$$\rightarrow z_p = \frac{30}{\gamma \cdot k^g_{p,h}} = \frac{30}{18 \cdot 3{,}69} = 0{,}45\ m$$

Stelle h': *Bedingung* $e^g_0 = e^g_{v,h}$ $\quad e^g_0 = \gamma \cdot h' \cdot K_0 \overset{!}{=} 30\ kN/m^2$

$$\rightarrow h' = \frac{30}{\gamma \cdot K_0} = \frac{30}{18 \cdot 0{,}43} = 3{,}9\ m$$

Ordinate bei h = 5,0 m: $e^g_0 = 18 \cdot 5{,}0 \cdot 0{,}43 = 38{,}7\ kN/m^2$

Fall b) $e^g_{v,h} = 25\ kN/m^2$ *(Tabellenwert)*

$\varphi_K = 35°$; $\alpha = 0°$; $\beta = 0°$; $\delta_a = 2/3\varphi_K$ $\rightarrow K_a = 0{,}24$

Stelle z_p: *mit* $\delta_p = 0$: $k^g_{p,h} = 3{,}69$

$$\rightarrow z_p = \frac{25}{\gamma \cdot K^g_{p,h}} = \frac{25}{18 \cdot 3{,}69} = 0{,}32\ m$$

e^g_a bei z_a = 2,0 m: $e^g_a = 18 \cdot 2{,}0 \cdot 0{,}24 = 8{,}64\ kN/m^2$

Ordinate bei h = 5,0 m: $e^g_a = 18 \cdot 5{,}0 \cdot 0{,}24 = 21{,}6\ kN/m^2$

6.05.5 Erhöhter aktiver Erddruck

Wenn eine Baugrube unmittelbar neben einem bestehenden Bauwerk ausgehoben wird, müssen die horizontalen Bewegungen des Baugrubenverbaus stärker als sonst üblich eingeschränkt werden, weil sich anderenfalls die daraus resultierenden Baugrundverschiebungen auf das Bauwerk auswirken könnten.

In DIN 4085, Tabelle AAA.3 sowie in den "Empfehlungen des Arbeitskreises Baugruben" (EB 22) wird in diesem Fall geregelt, die Baugrubenwand für einen erhöhten aktiven Erddruck zu bemessen, dessen Größe nach den Gegebenheiten von Baugrube und Bauwerk anzunehmen ist:

In einfachen Fällen: $$e_h = 0{,}25 \cdot e_{0h} + 0{,}75 \cdot e_{ah} \qquad (6.42)$$

Im Normalfall: $$e_h = 0{,}50 \cdot e_{0h} + 0{,}50 \cdot e_{ah} \qquad (6.43)$$

In Ausnahmefällen: $$e_h = 0{,}75 \cdot e_{0h} + 0{,}25 \cdot e_{ah} \quad (6.44)$$

Die Umlagerung des erhöhten aktiven Erddrucks kann in ähnlicher Weise wie beim aktiven Erddruck angenommen werden. Sie ist umso geringer, je größer der Anteil des Erdruhedrucks am erhöhten aktiven Erddruck ist.

⇒ Dörken/ Dehne/ Kliesch, Teil 3, EAB, EAU

6.06 Kontrollfragen

- Was versteht man unter Erddruck?
- Inwiefern spielt die Scherfestigkeit bei Erddruckberechnungen eine Rolle?
- Welche Erddruckarten werden unterschieden?
- Wie erhält man die Erddrucklast?
- Aktiver Erddruck? Wann anzusetzen?
- Nennen Sie typische Bauwerke, die für den aktiven Erddruck bemessen werden können!
- Passiver Erddruck (Erdwiderstand)? Wann anzusetzen?
- Vergleich der Verschiebungen bei E_a und E_p?
- Zeichnen Sie die verschiedenen Erddrücke (E_a E_p, E_o, erhöhter aktiver Erddruck, red E_p, E_v) als Funktion der Verschiebung auf!
- Verminderter (reduzierter) Erdwiderstand? Größenordnung? Wann anzusetzen?
- Erdruhedruck? Wann anzusetzen?
- Nennen Sie typische Bauwerke, die für den Erdruhedruck bemessen werden müssen!
- Erhöhter aktiver Erddruck? Entstehung? Wann anzusetzen?
- Nennen Sie typische Bauwerke, die für einen erhöhten aktiven Erddruck bemessen werden müssen!
- Verdichtungserddruck? Wann anzusetzen?
- Wandreibungswinkel? Wovon hängt er ab?
- Wann nimmt man eine raue / eine weniger raue / eine glatte Wandbeschaffenheit an?
- Wie hängen "innerer" Reibungswinkel und Wandreibungswinkel zusammen?
- Gleitfläche? Wie sieht sie bei E_a / bei E_p aus? Was ist die "ungünstigste" Gleitfläche? Wie wird sie bestimmt?
- Zeichnen Sie Gleitfläche, Rutschrichtung und Scherspannungen bei E_a / bei E_p!
- Weisen Sie durch Winkelbeziehungen nach, dass der Winkel zwischen Stellungslinie und Wand sowohl beim aktiven Erddruck als auch beim Erdwiderstand immer $\omega = \varphi + \delta$ ist!
- Klassische Erddrucktheorie von Coulomb?
- Unterschied zwischen Wasserdruckverteilung und Erddruckverteilung nach Coulomb?
- Wo liegt der Angriffspunkt von E_a und E_p an der Wand bei ebenem Gelände und ebener Wand?
- Extremalprinzip?
- Fußpunktdrehung der Wand: Verteilung des Erddrucks? Berechnung?
- Skizzieren Sie verschiedene mögliche Verteilungen des Erddrucks aus Bodeneigenlast!
- Von welchen Winkeln hängt der Erddruckbeiwert ab? Wie kann man ihn a) aus einer zeichnerischen Lösung b) rechnerisch bestimmen?
- Vorzeichendefinition für die verschiedenen Winkel?
- Im Rankinefall ist $K_a = \tan^2 (45° - (\varphi/2)$. Ableitung?
- Wann dürfen die Erdwiderstandsbeiwerte nicht mehr nach Coulomb bestimmt werden?
- Wie erhält man Angriffspunkt, Richtung und Komponenten von E_a? (Skizzen für die verschiedenen Wandneigungen!)
- Erddruck aus unbegrenzter Flächenlast?
- Zeigen Sie, dass sich der Erddruck aus einer unbegrenzten Flächenlast durch eine gedachte Geländeaufhöhung um h_i erfassen lässt!
- Erddruck aus einseitig begrenzter Flächenlast? Aus Streifenlast?
- Wie bestimmt man den Erddruck aus einer Linienlast?
- Erddruck aus Einzellast?

- Zeichnerische Bestimmung von E_a / E_p von Culmann?
- Größenverhältnis von E_a zu E_p etwa: 1 :1? 1 : 2? 1 : 10? 1 :100?
- Ansatz der Richtung von E_a / E_p an der Wand bzw. der Richtung der Gleitflächenkraft Q an der Gleitfläche beim zeichnerischen Verfahren?
- Wie erhält man beim Culmann-Verfahren die Reibungslinie (Böschungslinie) und die Stellungslinie?
- Warum wird meist nur ein reduzierter Erdwiderstand angesetzt? In welcher Größe?
- Wann müssen gekrümmte Gleitflächen zu Grunde gelegt werden?
- Erdruhedruck? Wann anzusetzen?
- Häufiger Erdruhedruckbeiwert bei senkrechter Wand?
- Ansatz der Kohäsion beim Erdruhedruck?
- Erddruckansatz bei schmalen Baukörpern?
- Wie unterscheiden sich ebener und räumlicher Erddruck?
- Abhängigkeiten bei der Berechnung des räumlichen aktiven Erddrucks? Wann anzusetzen?
- Räumlicher passiver Erddruck in der Praxis? Abhängigkeiten bei der Berechnung?
- Wie kann man den Erddruckbeiwert für eine ganz bestimmte Wand bestimmen, wenn die Erddruckgröße aus einer zeichnerischen Lösung bekannt ist?
- Wie wirkt sich Grundwasser hinter der Wand auf die Erddruckfigur aus?
- Erddruckverteilung bei wechselnden Bodenschichten?
- Aktiver und passiver Erddruck bei Böden mit Kohäsion?
- Zeichnen Sie in das Erddruckkrafteck die Kohäsionskraft ein!
- Näherungsverfahren bei geknicktem Gelände / geknickter Rückwand?
- Möglichkeiten der Entstehung von Erdwiderstand in der Praxis?
- Ansatz von Verkehrslasten bei der Berechnung des Erdwiderstands?
- Silowirkung?
- Ansatz des Erddrucks auf Kellerwände? Bei Aussteifung der Wand?
- Verdichtungserddruck? Größenordnung? Abhängigkeiten?
- Wann muss mit einem erhöhten aktiven Erddruck gerechnet werden?
- Der Erdwiderstand für $\delta = 0°$ ist größer / kleiner als für $\delta = 2/3\ \varphi$. (Nichtzutreffendes streichen!)
- Wirkungsrichtung des Erdruhedrucks?

6.07 Aufgaben

6.07.1 Wieso ist der Böschungswinkel bei feuchtem Sand größer als bei trockenem?

6.07.2 Geg.: Wandhöhe h = 5 m, α = + 10°, β = + 10°, φ_k = 30°, δ_a = 20°, γ_k = 18 kN/m^3. Ges.: E_a und ungünstigste Gleitfläche mit Hilfe des Culmann-Verfahrens.

6.07.3 Geg.: Wandhöhe h-5 m, $\alpha = \beta = \delta = 0$ (Rankinescher Sonderfall), φ_k = 30°, γ = 18 kN/m^3. Ges.: E_a und ungünstigste Gleitfläche mit Hilfe des Culmann-Verfahrens.

6.07.4 Variiert man δ_a in einer Aufgabe, so erhält man für $\delta = 0$ den größten/kleinsten Erddruck und den größten/kleinsten Erdwiderstand (nicht Zutreffendes streichen!)

6.07.5 In allen Kraftecken ist der Winkel zwischen Q und G konstant. Wie groß ist er?

6.07.6 Geg.: Werte wie bei Aufgabe 6.07.4, außerdem gleichmäßig verteilte Auflast 30 kN/m^2. Ges.: E_a aus Auflast allein, zeichnerisch nach Culmann.

6.07.7 Bei Anwesenheit von Kohäsion wird der Erddruck kleiner/größer und der Erdwiderstand kleiner/größer als in dem Fall Reibung allein (φ_k soll gleich bleiben).

6.07.8 Wie kann man mit Hilfe des Culmann-Verfahrens E_a / E_p a) bei geknicktem Gelände,

b) bei geknickter Wand c) bei geschichtetem Boden bestimmen?

6.07.9 Geg.: Wandhöhe h = 7 m,φ_k = 30°, δ_a =2/3 φ_k, γ_k = 18 kN/m^3, $\alpha = \beta = 0$. Ges.: e_s.:e_a,

Größe, Lage und Richtung von E_a, sowie E_{av} und E_{ah} a) über Winkelbeziehungen b) mit Hilfe von Erddrucktabellen.

6.07.10 Bei Ton ist der Reibungswinkel kleiner/größer als bei Sand (a). Daher ist der Erdwiderstandsbeiwert von Sand kleiner/größer als bei Ton (nicht Zutreffendes streichen).

6.07.11 Geg.: Wandhöhe h = 4 m, α = + 20°, β = +10°, φ_k = 30°, δ_a = 20°, γ_k = 18 kN/m^3. Ges.: K_a, K_p, K_{ah}, K_{av}, K_{ph}, K_{pv}, E_a, E_p, E_{ah}, E_{av}, E_{ph}, E_{vp}?

6.07.12 Zeigen Sie für $\alpha = \beta = \delta = 0$ (Rankinescher Sonderfall), dass sich der Erddruck aus einer gleichmäßig verteilten Geländeauflast durch eine gedachte Geländeaufhöhung h_i berechnen lässt, z.B. für folgende Werte:

Wandhöhe h = 5 m, φ_k = 30°, γ_k = 18 kN/m³, gleichmäßig verteilte Flächenlast p = 10 kN/m²!

6.07.13 Was ist ein Böschungswinkel? Wie unterscheidet er sich bei trockenem, bei feuchtem, bei Sand unter Wasser?

6.07.14 Welche Ausgangswerte müssen für die Bestimmung von E_a / E_p bekannt sein, wenn die Wandhöhe h und die Wandneigung α sowie die Geländeneigung β vorgegeben sind?

6.07.15 Der aktive / passive Erddruck wird umso größer, je kleiner / größer der Reibungswinkel ist (nicht Zutreffendes streichen).

6.07.16 Geg.: Werte wie bei Aufgabe 6.7.10, außerdem gleichmäßig verteilte Auflast p = 15 kN/m². Ges.: E_a nach Größe und Lage.

6.07.17 Geg.: Werte wie bei Aufgabe 6.7.10, zusätzlich p = 15 kN/m² und α = + 10°, β = + 10°. Ges.: E_a a) mit K_a-Werten, b) mit K_{ah}-Werten (Horizontalkomponenten).

6.07.18 Wandhöhe 5 m, $\alpha = \beta = \delta = 0$ (Rankinescher Sonderfall), Grundwasserspiegel 2 m unter Geländeoberfläche, φ_k = 30°, γ = 18 kN/m³, γ = 11 kN/m³. Ges.: E_a nach Größe und Lage.

6.07.19 Wenn die Wichte sich ändert, ergibt sich ein …in der Erddruckfigur.

6.07.20 Wenn K_a bzw. K_p wechselt, ergibt sich ein … in der Erddruckfigur.

6.07.21 a) In welchen Fällen kann sich K_a bzw. K_p ändern? b) In welchem von diesen Fällen entsteht ein Sprung in der Erddruckfigur?

6.07.22 Ergänzen Sie den Lückentext und streichen Sie, was nicht zutrifft: Der Minimalwert des Erddrucks wird …(1)… genannt. Damit er auftreten kann, ist eine relativ kleine / große (2) Bewegung der Wand zur Erdseite/Luftseite (3) hin um den … (4) … erforderlich. E_p heißt … (5) … oder … (6) … und ist der … (7) …-Wert des Erddrucks bei einer relativ kleinen/großen (8) Bewegung in Richtung Erdseite/Luftseite (9). Ist keine Wandbewegung möglich, so ist mit dem … (10) … zu rechnen. Er ist größer/kleiner (11) als E_a bzw. größer/kleiner (12) als E_p.

6.07.23 Nennen Sie die richtige Zuordnung von E_a E_p und E_o zu folgenden Aussagen: (1) Minimum des Erddrucks, (2) Bewegung der Wand gegen den Boden, (3) nicht verschiebliche Wand, (4) große Wandbewegung, (5) Bewegung der Wand zur Luftseite hin, (6) Maximum des Erddrucks, (7) kleine Wandbewegung.

6.07.24 Warum gibt es kein Culmann-Verfahren zur Bestimmung des Erdruhedrucks?

6.07.25 Geg.: Wandhöhe h = 5 m, $\varphi_k = 35°$, $\delta_a = 2/3\ \varphi$, $\gamma_k = 18$ kN/m^3, $\alpha = 0$, $\beta = 15°$. Ges.: K_{ah} a) aus Formel b) grafisch nach Culmann.

6.07.26 Geg.: Wandhöhe h = 5m, $\varphi_k = 30°$, $\delta_a = 10°$, $\gamma_k = 18$ kN/m^3, $\alpha = -15°$, $\beta = 0°$. Ges.: K_p

6.07.27 Geg.: Wandhöhe h = 4 m, $\varphi_k = 30°$, $\delta_p = 20°$, $\gamma_k = 18$ kN/m^3, $\alpha = -20°$, $\beta = 0°$, $c_k = 15$ kN/m^2. Ges: E_p

6.07.28 Der Erddruck / Erdwiderstand für δ. = 0° Ist kleiner / größer (1) / kleiner/größer (2) als für $\delta_p = -2/3\ \varphi$. Streichen Sie, was nicht zutrifft!

6.07.29 Geg.: Wandhöhe h = 5 m, $\varphi = 20°$, $\delta = 10°$, $\gamma_k = 18$ kN/m^3, $\alpha = -5°$, $\beta = +15°$. Ges.: e_{ph} am Wandfuß?

6.07.30 Geg.: Wandhöhe h = 5 m, $\varphi = 35°$, $\delta = 15°$, $\gamma_k = 18$ kN/m^3, $\alpha = +30°$, $\beta = +15°$. Ges.: e_{ah}, am Wandfuß?

6.07.31 Nennen Sie zwei Gründe dafür, dass eine Erddruckfigur einen Sprung aufweist.

6.07.32 Geg.: Wandhöhe h = 3,0 m, $\varphi_k = 40°$, $\gamma_k = 18$ kN/m^3, $\alpha = \beta = 0$, $\delta_a = 2/3\ \varphi_k$. Ges.: In welchem Abstand hinter der Wand darf eine Auflast p beginnen, die keinen Einfluss mehr auf die Wand hat?

6.07.33 Geg.: Wandhöhe h = 6 m, $\varphi_k = 35°$, $\delta_a = 2/3\ \varphi_k$, $\gamma_k = 18$ kN/m^3, $\alpha = 0$, $E_a = 87{,}5$ kN/m. Ges.: Vorhandene Geländeneigung.

6.07.34 Geg.: Wandhöhe h = 6 m, $\varphi_k = 35°$, $\delta_a = 2/3\ \varphi_k$, $\gamma_k = 18$ kN/m^3, $\alpha = 0$, $\beta = 0°$. Der aktive Erddruck aus Eigen- und Auflast hinter der Wand darf maximal 135 kN/m betragen. Ges.: Mögliche Flächenlast p?

6.07.35 Ein Statiker hat die Stahlbeton-Kellerwand unter Ansatz von E_a berechnet. Ist das zulässig? (Begründung)

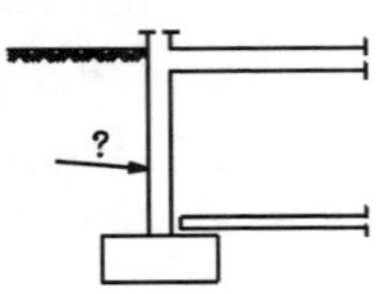

6.07.36 Tragen Sie die Verteilung des aktiven Erddrucks hinter der dargestellten Stützwand qualitativ auf!

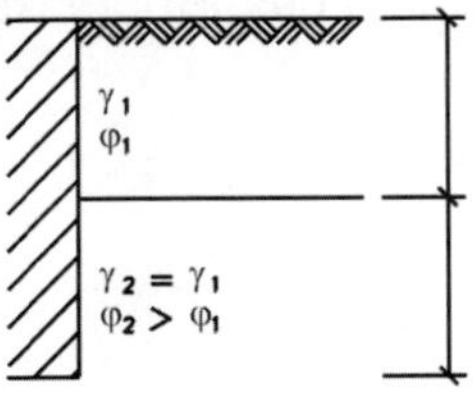

6.07.37 Ermitteln Sie die Größe des aktiven Erddrucks E_a^g für die dargestellte Gleitlinie mit Hilfe eines Kraftecks. γ_K = 20 kN/m³; φ_K = 30°; $\delta_a = 2/3\varphi_K$.

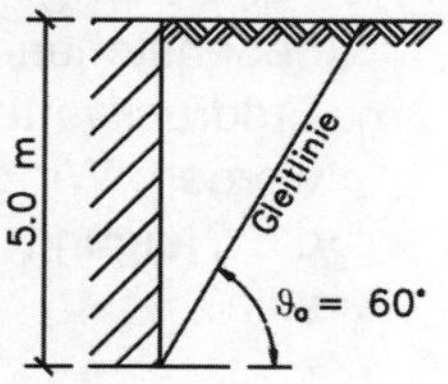

6.07.38 Für die dargestellte Stützwand ist die nebenstehende Erddruckverteilung ermittelt worden. Wie groß muss demnach die Geländeneigung sein? γ_K = 18 kN/m³; φ_K = 35°.

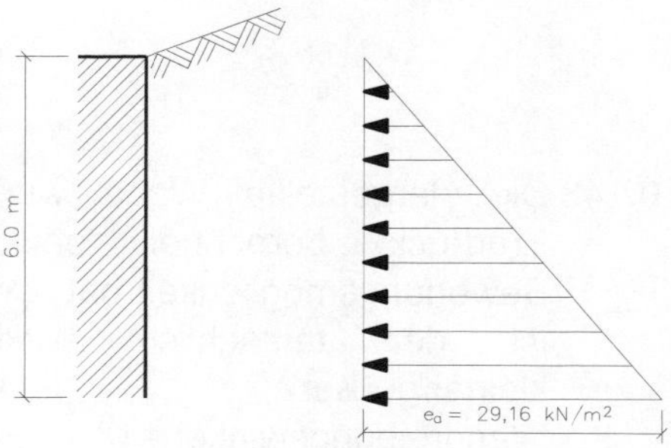

6.07.39 In welchem Mindestabstand $_{min}a$ müsste die Auflast p hinter der Wand etwa angreifen, damit sie keinen Einfluss auf die Wand hat?

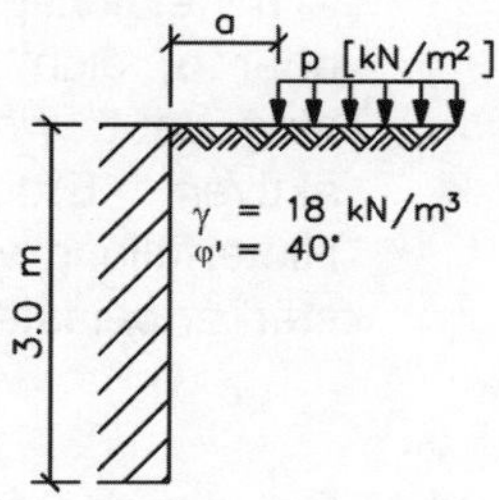

6.07.40 Hinter der dargestellten Wand wirkt ein aktiver Erddruck von $E_a^g = 200\ kN/m$. Wie groß sind E_{ah}^g und E_{av}^g ?

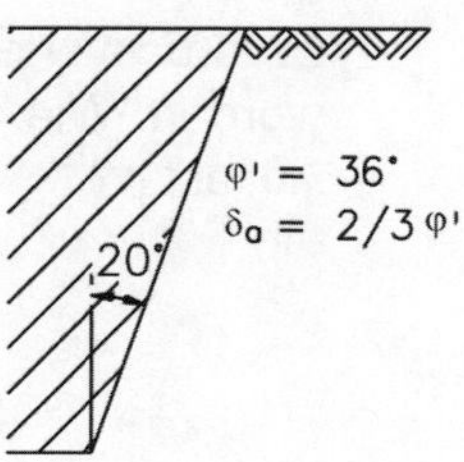

6.07.41 Hinter einer Stützwand steht 5,4 m hoch Boden (γ = 19 kN/m³) an. Der angreifende Erddruck wurde zu $E_a^g = 77{,}6\ kN/m$ ermittelt. Mit welchem Erddruckbeiwert K_a wurde gerechnet?

6.07.42 Für die dargestellte Stützwand ist nebenstehende Erddruckverteilung berechnet worden. Wir groß muß demnach die Neigung der Wandrückseite sein?

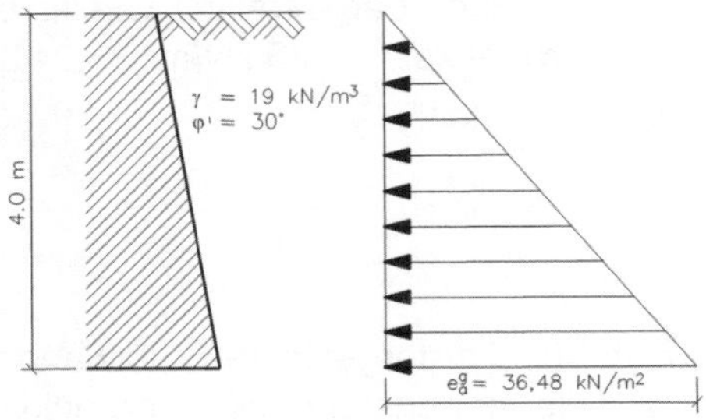

6.07.43 Die dargestellte Wand wurde mit aktivem Erddruck berechnet obwohl sie keine Bewegungsmöglichkeit hat. Um wieviel Prozent ist der tatsächlich wirkende Erddruck kleiner/größer? (vereinfachend: Wandreibungswinkel = 0)

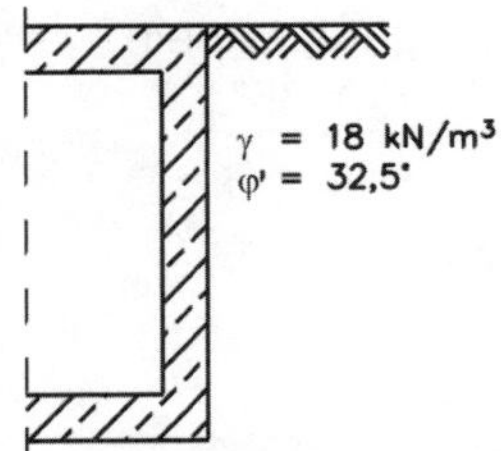

6.07.44 Hinter der dargestellten Stützwand soll ein nbB a) mitteldicht gelagert: γ = 17,6 kN/m³; φ' = 32,5° oder b) dicht gelagert γ = 19 kN/m³; φ' = 34° eingebaut werden. Die Voraussetzungen für aktiven Erddruck sind gegeben. Welche Hinterfüllung wird nach Ihrer Meinung die Wand stärker belasten?

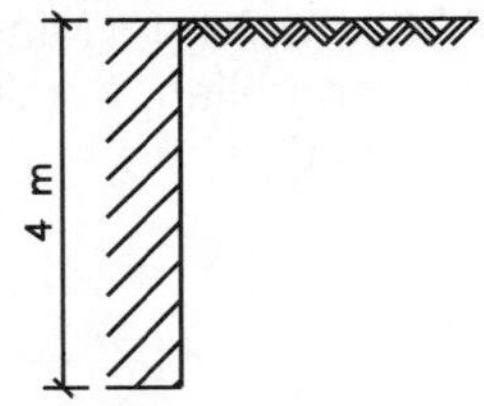

6.07.45 Für die dargestellte Stützwand ist die nebenstehende Erddruckverteilung ermittelt worden. Wie groß ist demnach die Auflast p?

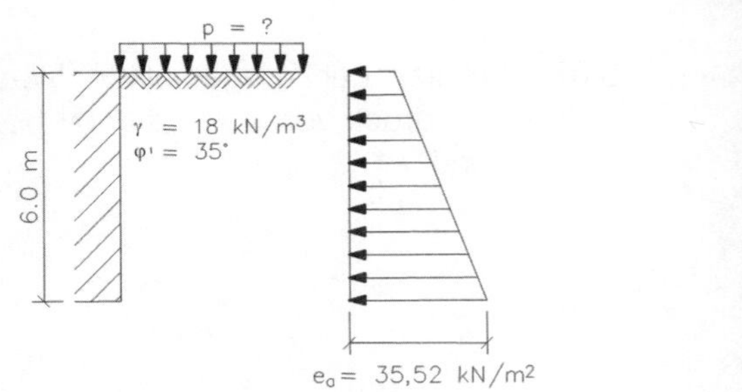

6.07.46 Die aktive Erdruckkraft hinter der dargestellten Stützwand darf nicht größer werden als E_a = 27 kN/m. Ges.: Welchen Neigungswinkel muss die Wandrückseite haben?

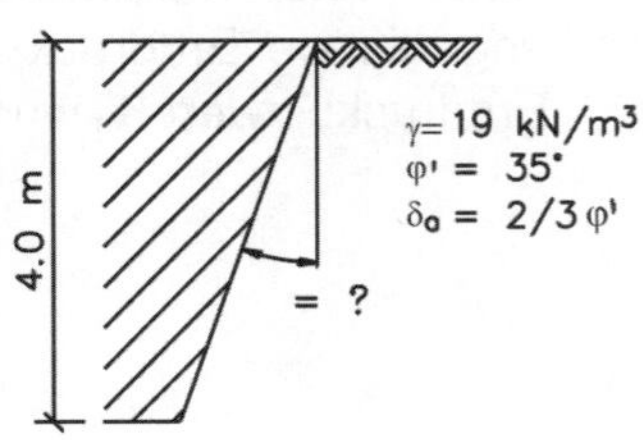

6.07.47 Geben Sie die Verteilung, Größe und Richtung des aktiven Erddrucks hinter dem dargestellten Stütz-bauwerk an.

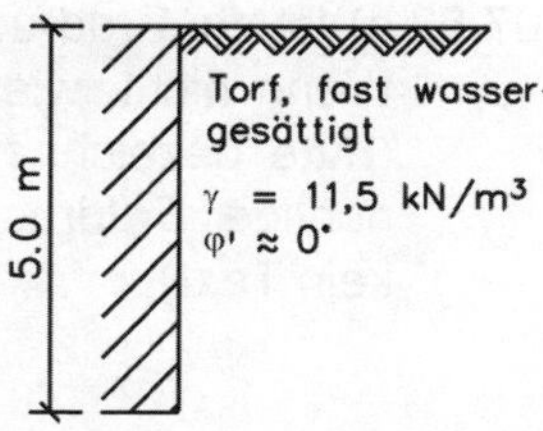

6.07.48 Nennen Sie 2 mögliche Gründe dafür, dass die dargestellte Erddruckfigur nach innen springt!

6.07.49 a) Sind die Erddruckfiguren (qualitativ) richtig? Wenn nicht, wie viele Fehler liegen vor? (Bitte bezeichnen!), b) Zeichnen Sie die richtigen Erddruckfiguren (deutliche Skizzen, kein Text)!

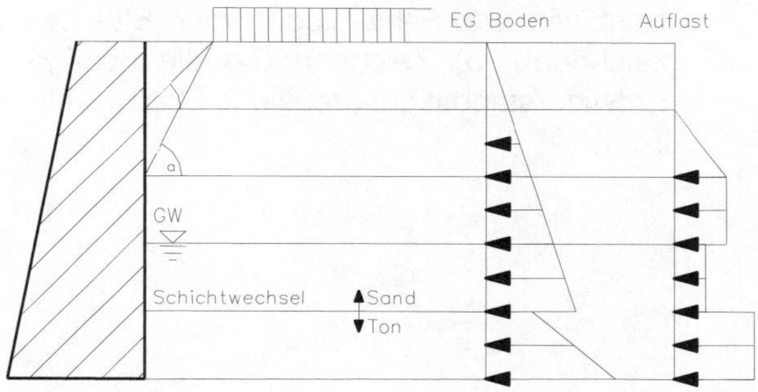

6.07.50 a) Ist die Erddruckfigur (qualitativ) richtig? Wenn nicht, wie viele Fehler liegen vor? (Bitte bezeichnen!), b) Zeichnen Sie die richtige Erddruckfigur (deutliche Skizze, kein Text)! $\gamma_1 > \gamma_2$, $\varphi_1 < \varphi_2$

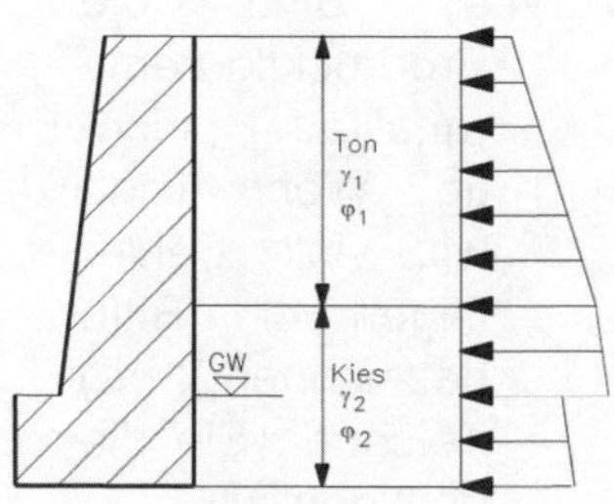

6.07.51 Nennen Sie die richtige Zuordnung der nachstehend aufgeführten Gegebenheiten zu E_a, E_p und E_0: a) Minimum des Erddrucks, b) Bewegung der Wand gegen den Boden, c) nicht verschiebliche Wand, d) große Verschiebung (Drehung), e) Drehung zur Luftseite,

f) Maximum des Erddrucks, g) kleine Verschiebung (Drehung).

6.07.52 a) Ist die Erddruckfigur (qualitativ) richtig? Wenn nicht, wie viele Fehler liegen vor? (Bitte bezeichnen!), b) Zeichnen Sie die richtige Erddruckfigur (deutliche Skizze, kein Text)!

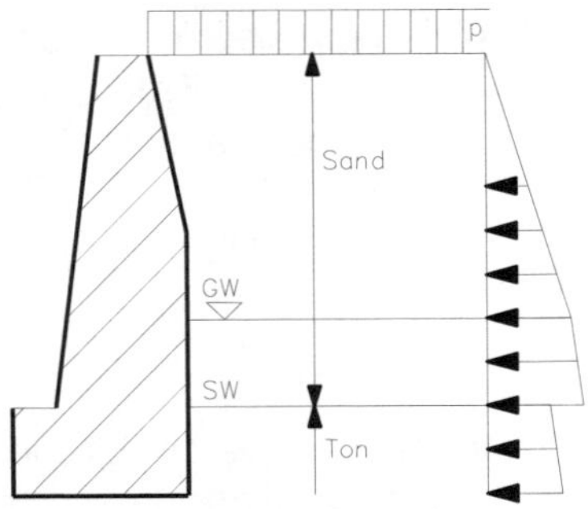

6.07.53 a) Sind die Erdwiderstandsfigur und die Kraftrichtungen (qualitativ) richtig? Wenn nicht, wie viele Fehler liegen vor? (Bitte bezeichnen!), b) Zeichnen Sie die richtige Erdwiderstandsfigur (deutliche Skizze, kein Text)!

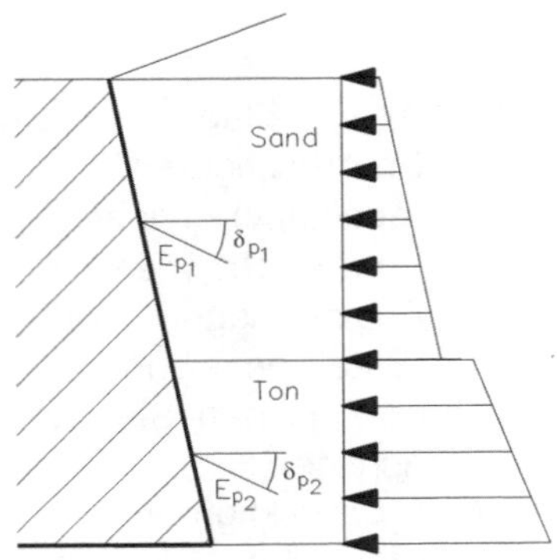

6.07.54 a) Sind die Erddruckfiguren (qualitativ) richtig? Wenn nicht, wie viele Fehler liegen vor? (Bitte bezeichnen!), b) Zeichnen Sie die richtigen Erddruckfiguren (deutliche Skizze, kein Text)!

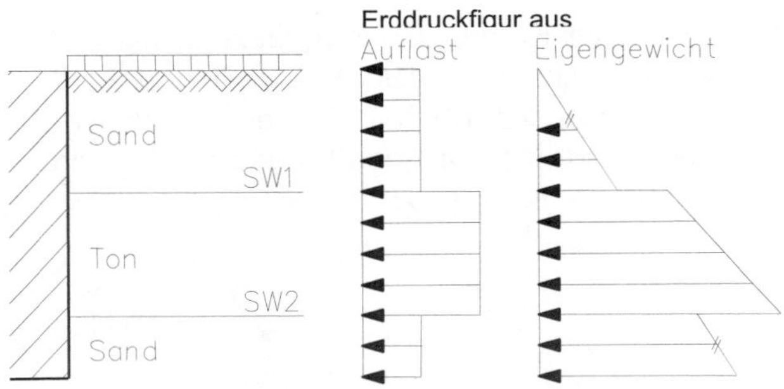

6.07.55 a) Ist die Erdwiderstandsfigur (qualitativ) richtig? Wenn nicht, wie viele Fehler liegen vor? (Bitte bezeichnen!), b) Zeichnen Sie die richtige Erdwiderstandsfigur (deutliche Skizze, kein Text)!

6.08 Sonderfälle des aktiven und passiven Erddrucks

Bei den folgenden Beispielen ist zum Teil der Lückentext auszufüllen.

□ 6.57: Beispiel 122: Stahlbetonwand

Geg.: *Dargestellte Stahlbetonwand (□ = 25 kN/m³) soll provisorisch durch Stützen im Abstand von 2,0 m gehalten werden.*

Ges.: *Aufzunehmende Stützenkraft S.*

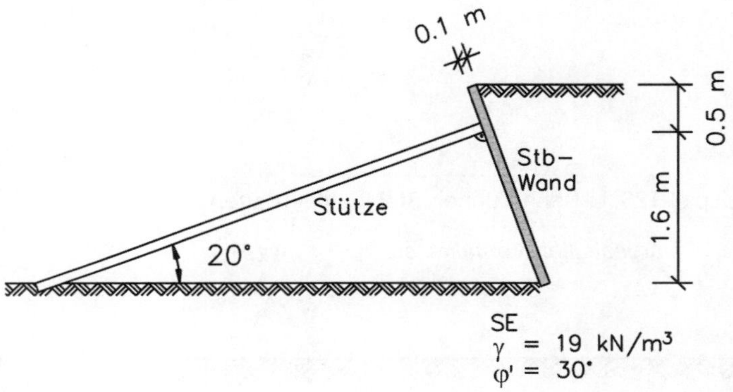

Lösg.:

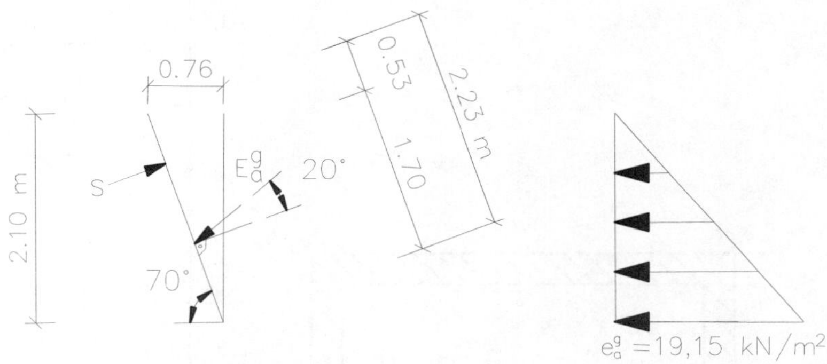

$G_{Wand} = \qquad\qquad = 5{,}6\ kN/m$

$\varphi_K = \qquad ;\ \alpha = \qquad ;\ \beta = \qquad ;\ \delta_a = \qquad \rightarrow$

$K_a = 0{,}48$

$e_a^g = \qquad\qquad = 19{,}15\ kN/m^2$

$E_a^g = 0{,}5 \cdot 19{,}15 \cdot 2{,}1 \qquad = 20{,}1\ kN/m$

$E_{ah}^g = \qquad\qquad = 15{,}4\ kN/m^2$

$E_{av}^g = \qquad\qquad = 12{,}9\ kN/m^2$

$\sum M_{(A)} = 0 = S \cdot 1{,}70 - 5{,}6 \cdot 0{,}38 - 12{,}9 \cdot 0{,}25 - 15{,}4 \cdot 0{,}7$

□ 6.57: Fortsetzung Beispiel 122: Stahlbetonwand

$\rightarrow \quad S = 9{,}5 \ kN/m$

Somit muss jede Stütze

S = = 19,0 kN aufnehmen.

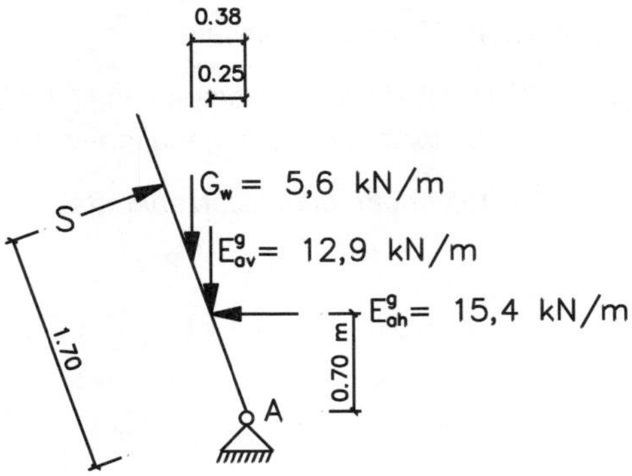

□ 6.58: Beispiel 123: U-Bahn-Tunnel (Stahlbeton-Tunnel)

Geg.: *Dargestellten Verhältnisse;* $\gamma_k = \gamma$, $\varphi_k = \varphi'$

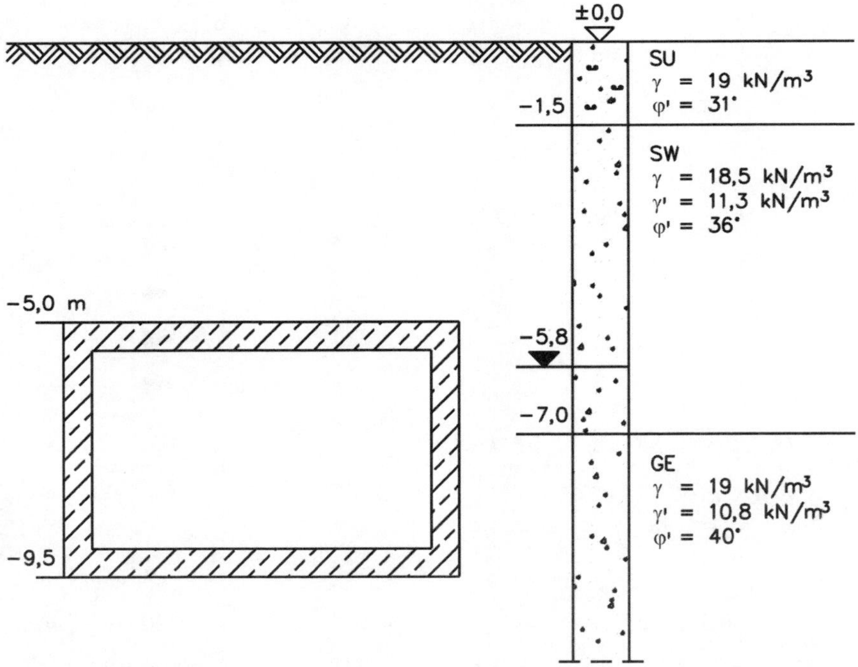

Ges.: *die Größe des Erd- und Wasserdrucks auf die Decke und Seitenwand des Stahlbeton-Tunnels*

□ 6.58: Fortsetzung Beispiel 123: U-Bahn-Tunnel (Stahlbeton-Tunnel)

Lösg.:

Schicht	Kote	γ	h	$\gamma \cdot h$	σ	K_o	$e_0^g = \sigma \cdot K$
SU	0,0	19,0	1,5	28,5	0		
	-1,5				28,5		
SW	-1,5	18,5	4,3	79,6	28,5		
	-5,8				108,1		
	-5,8	11,3	1,2	13,6	108,1		
	-7,0				121,7		
GE	-7,0	10,8	2,5	27,0	121,7		
	-9,5				148,7		

Auflast auf Tunneldecke: $p^g =$ $= 93{,}25 \ kN/m^2$

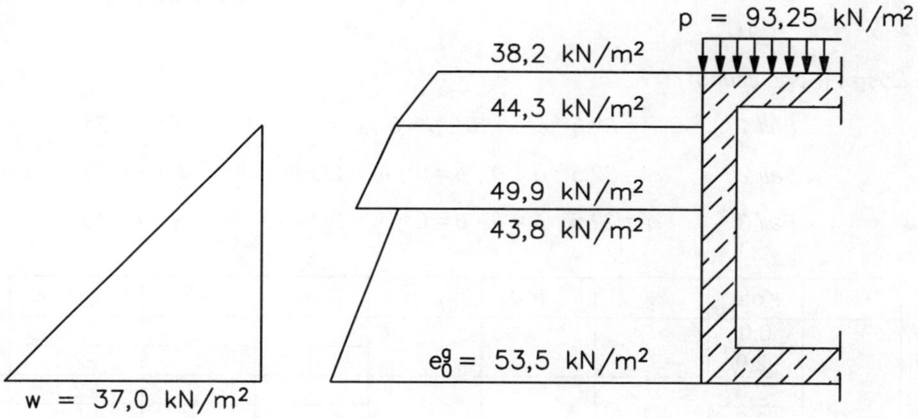

□ 6.59: Beispiel 124: Stützwand

Geg.: *Die auf der nächsten Seite dargestellten Verhältnisse;* $\gamma_k = \gamma$, $\varphi_k = \varphi$

Ges.: *Zu ermitteln sind ΣH und ΣV aller hinter der dargestellten Stützwand angreifenden Kräfte.*

Lösg.: ***Wasserdruck:***

$x = 1{,}2 \cdot \tan 10° = 0{,}21 \ m$

$W_V =$ $= 1{,}3 \ kN/m$

$W_H =$ $= 80{,}0 \ kN/m$

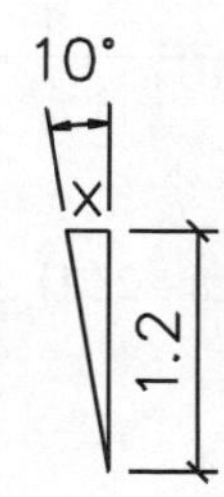

□ 6.59: Fortsetzung Beispiel 124: Stützwand

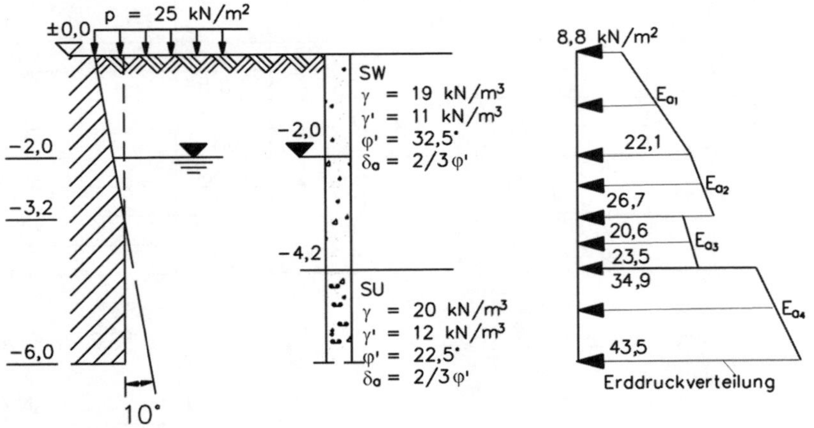

***Lösg.:** (Fortsetzung)*

Fall 1: $\varphi' = 32{,}5°;\ \alpha = +10°;\ \beta = 0°;\ \delta_a = 2/3\varphi \rightarrow$ $K_a = 0{,}35$

Fall 2: $\varphi' = 32{,}5°;\ \alpha = 0°;\ \beta = 0°;\ \delta_a = 2/3\varphi' \rightarrow$ $K_a = 0{,}27$

Fall 3: $\varphi' = 22{,}5°;\ \alpha = 0°;\ \beta = 0°;\ \delta_a = 2/3\varphi' \rightarrow$ $K_a = 0{,}40$

Fall	Kote	γ	h	γ · h	σ	Ka	$e_a = \sigma \cdot K_a$
1	0,0						8,8
	-2,0						22,1
	-2,0						22,1
	-3,2						26,7
2	0,0						6,8
	-2,0						17,0
	-2,0						17,0
	-3,2						20,6
	-3,2						20,6
	-4,2						23,5
3	-4,2						34,9
	-6,0						43,5

Erddruck:

$E_1 = 0{,}5(8{,}8 + 22{,}1) \cdot 2{,}0$ $= 30{,}9\ kN/m$

$E_{1H} =$ $= 26{,}3\ kN/m$

$E_{1V} =$ $= 16{,}2\ kN/m$

□ 6.59: Fortsetzung Beispiel 124: Stützwand

$E_2 =$ $= 29{,}3 \; kN/m$

$E_{2H} = 29{,}3 \cdot \cos 31{,}67°$ $= 24{,}9 \; kN/m$

$E_{2V} =$ $= 15{,}4 \; kN/m$

$E_3 = 0{,}5(20{,}6 + 23{,}5) \cdot 1{,}0$ $= 22{,}1 \; kN/m$

$E_{3H} =$ $= 20{,}5 \; kN/m$

$E_{3V} =$ $= 8{,}2 \; kN/m$

$E_4 =$ $= 70{,}6 \; kN/m$

$E_{4H} = 70{,}6 \cdot \cos 15°$ $= 68{,}2 \; kN/m$

$E_{4V} =$ $= 18{,}3 \; kN/m$

Damit wird:

$$\sum H = 80{,}0 + 26{,}3 + 24{,}9 + 20{,}5 + 68{,}2 = 219{,}9 \; kN/m$$

$$\sum V = 1{,}3 + 16{,}2 + 15{,}4 + 8{,}2 + 18{,}3 = 59{,}4 \; kN/m$$

□ 6.60: Beispiel 125: Spundwand mit Damm

Geg.: *Die dargestellte Baugrube in einem Gewässer ist mit einer Spundwand (⇒ Dörken/Dehne, T. 3) und einer davor liegenden Dammschüttung umschlossen.;* $\gamma_k = \gamma$, $\varphi_k = \varphi'$

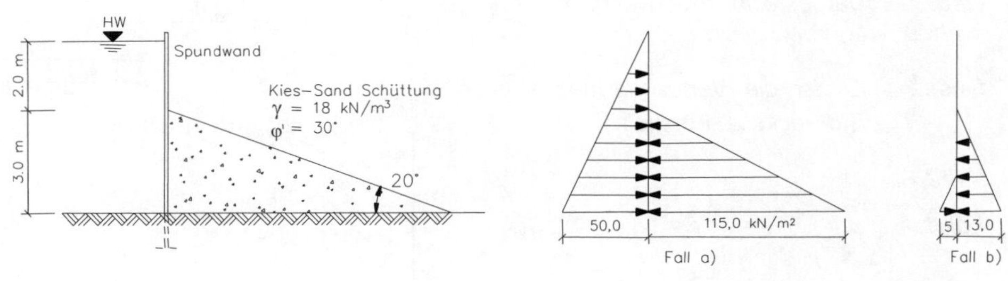

Ges.:

a) *Für den Fall des höchsten Wasserstands (s. Bild) sind die Druckverteilungen beiderseits der Spundwand bis zur Sohle zu ermitteln und darzustellen.*

b) *Wie ist die Druckverteilung, wenn der Außenwasserstand nur 0,5 m beträgt?*

□ 6.60: Fortsetzung Beispiel 125: Spundwand mit Damm

Lösg.:

Fall a) *Bedingt durch den Wasserdruck, verformt (bewegt) sich die Spundwand zur Baugrube. In der Schüttung wirkt somit__________________ .*

$\varphi' = ;\ \alpha = \quad ;\ \beta = \quad ;\ \delta = \quad \rightarrow \quad K = 2{,}13$

Erddruckordinate in der Sohle:

$e_p = \qquad = 115{,}0\ kN/m^2$

Wasserdruckordinate in der Sohle:

$w = \qquad = 50{,}0\ kN/m^2$

Fall b) *Wandbewegung nach ___________________, d.h., in der Schüttung wirkt _________ .*

$\varphi' = ;\ \alpha = \quad ;\ \beta = \quad ;\ \delta = \quad \rightarrow \quad K = 0{,}24$

Erddruckordinate in der Sohle:

$e_a = \qquad = 13{,}0\ kN/m^2$

Wasserdruckordinate in der Sohle:

$w = \qquad = 5{,}0\ kN/m^2$

□ 6.61: Beispiel 126: Stützwand mit geknickter Böschung

Geg.: *Dargestellte Stützwand;* $\gamma_k = \gamma$, $\varphi_k = \varphi'$

Ges.: *Es ist die Verteilung des aktiven Erddrucks zu ermitteln.*

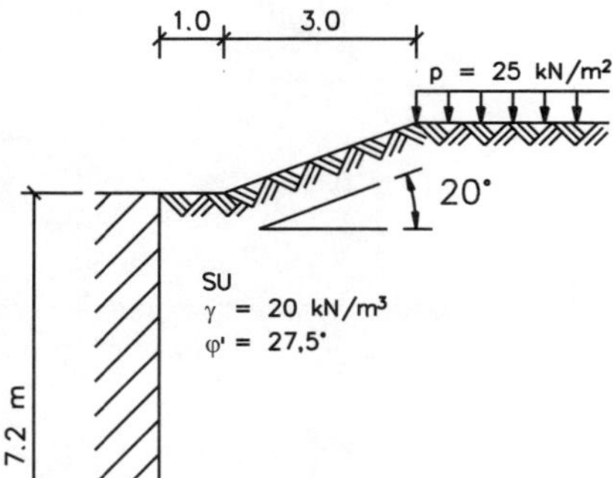

Lösg.:

Fall 1: $\varphi' = \quad ;\ \alpha = \quad ;\ \beta = \quad ;\ \delta_\alpha = 2/3\varphi'$
$\rightarrow K_{a_1} = 0{,}33$

Fall 2: $\varphi' = \quad ;\ \alpha = \quad ;\ \beta = \quad ;\ \delta_\alpha = 2/3\varphi'$
$\rightarrow K_{a_2} = 0{,}47$

Fall 3:
$\rightarrow K_{a_3} = 0{,}33$

Berechnungshöhen:

$h_1 = 7{,}2\ m$

$h_2 = 7{,}2 - \qquad \approx 6{,}85\ m$

$h_3 = 7{,}2 + \qquad \approx 8{,}30\ m$

□ 6.61: Fortsetzung Beispiel 126: Stützwand mit geknickter Böschung

Einflussbereich der Auflast

$\varphi' = 27{,}5° \rightarrow y_1 =$ $\approx 2{,}10\ m$

$$\vartheta_a = \varphi_k + \arctan\left\{\frac{\cos(\varphi_k - \alpha)}{\sin(\varphi_k - \alpha) + \sqrt{\frac{\sin(\varphi_k + \delta_a)\cdot\cos(\alpha - \beta)}{\sin(\varphi_k - \beta)\cdot\cos(\alpha + \delta_a)}}}\right\} = 27{,}5 +$$

$\vartheta_a = 54{,}5° \rightarrow y_2 =$ $\approx 5{,}60\ m$

Erddruckordinaten am Wandfuß:

$e^g_{a_1} = \quad = 47{,}5\ kN/m^2$

$e^g_{a_2} = \quad = 64{,}4\ kN/m^2$

$e^g_{a_3} = \quad = 54{,}8\ kN/m^2$

$e^p_a = \quad = 8{,}3\ kN/m^2$

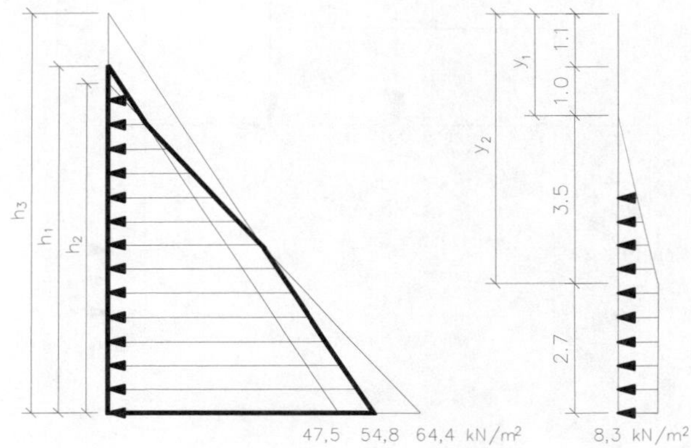

□ 6.62: Beispiel 127: Stützwand mit Kranbahn

Geg.: *Hinter der auf der nächsten Seite dargestellten Stützwand soll eine Kranbahn errichtet werden. Deren Belastung kann im ungünstigsten Lastzustand durch die angegebenen Linienlasten festgelegt werden.* $\gamma_k = \gamma$, $\varphi_k = \varphi'$

Ges.: *Die zusätzliche Belastung der Stützwand durch aktiven Erddruck infolge Kranbahn ist zu ermitteln.*

Lösg.: $\tan \vartheta_a =$ $\rightarrow \vartheta_a = 58{,}9°$; $K_a^{\overline{P}} =$ $=$ *0,405*

Einflussbereich der Linienlast $\overline{P}_1$*:* $y_2 = 2{,}5 \cdot \tan 58{,}9° = 4{,}14\ m$

$y_1 =$

$h_{\overline{P}_1} = 2{,}39\ m$

Einflussbereich der Linienlast $\overline{P}_2$*:* $y_4 =$ *= 7,46 m (> 5,0 m!)*

$y_3 =$

$h_{\overline{P}_2} = 4{,}31\ m$

□ 6.62: Fortsetzung Beispiel 127: Stützwand mit Kranbahn

Geg.: *Hinter der auf der nächsten*

Maximale Erddruckordinaten:

$$e_a^{\overline{P_1}} = \qquad = 27{,}1\ kN/m^2$$

$$e_a^{\overline{P_2}} = \qquad = 7{,}5\ kN/m^2$$

Stützwand mit Kranbahn (Systemskizze):

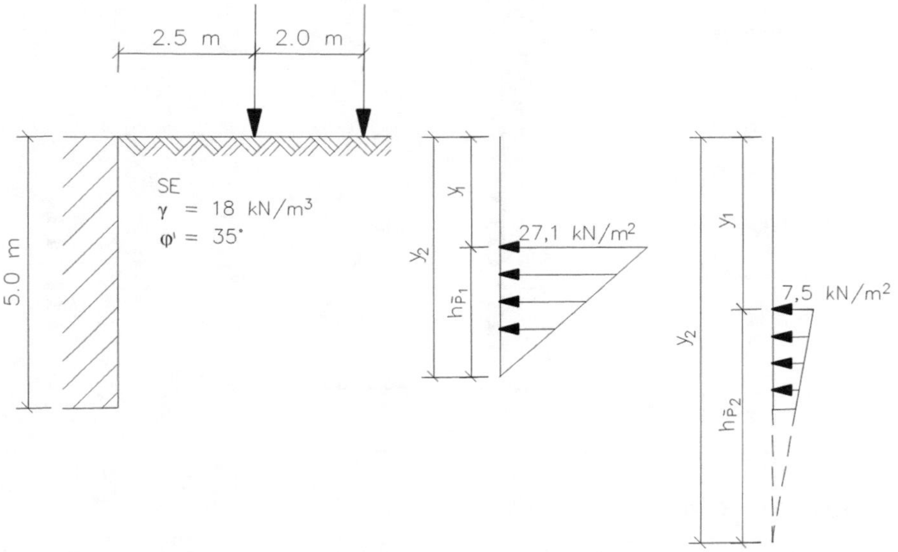

□ 6.63: Beispiel 128: Einseitig begrenzte Flächenlast

Geg.: *Die auf der nächsten Seite dargestellte Stützwand;* $\gamma_k = \gamma$, $\varphi_k = \varphi'$

Ges.: *Der aktive Erddruck ist zu ermitteln.*

Lösg.: *Der für die Erddruckverteilung benötigte Gleitflächenwinkel* ϑ *muss für den Fall* $\alpha \neq 0$ *bestimmt werden.*

$$\vartheta_a = \varphi_k + \arctan\left\{\frac{\cos(\varphi_k - \alpha)}{\sin(\varphi_k - \alpha) + \sqrt{\dfrac{\sin(\varphi_k + \delta_a)\cdot\cos(\alpha - \beta)}{\sin(\varphi_k - \beta)\cdot\cos(\alpha + \delta_a)}}}\right\} = 30 + 25{,}73 = 55{,}73$$

$$\vartheta_a = 30° + 25{,}73° = 55{,}73°$$

□ 6.63: Fortsetzung Beispiel 128: Einseitig begrenzte Flächenlast

Systemskizze:

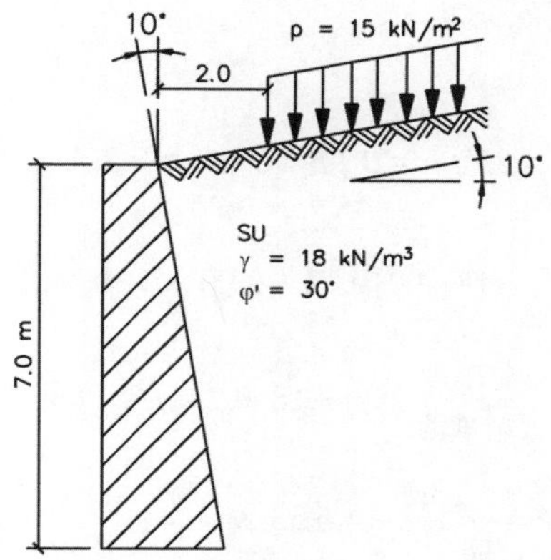

Erddruck infolge Bodeneigenlast:

φ' = 30°; α = +10°; β = 10°; δa = 2/3φ'

→ $K_a^g = 0{,}44$

$e_a^g = 18 \cdot 7{,}0 \cdot 0{,}44 = 55{,}4\ kN/m^2$

Erddruck infolge Auflast:

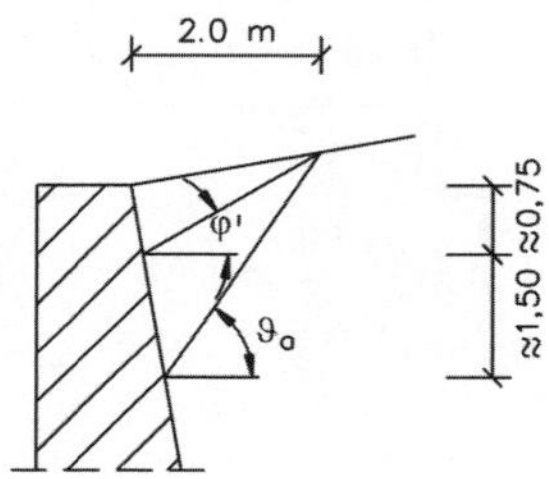

maximale Erddruckordinate

in der Tiefe 0,75 + 1,50 = 2,25 m:

$e_a^p = 15 \cdot 0{,}44 = 6{,}6\ kN/m^2$

Zusammenstellung:

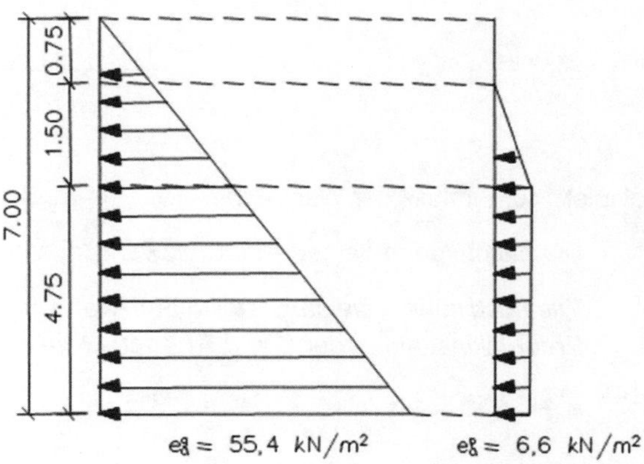

□ 6.64: Beispiel 129: Einfluss des Geländeverlaufs

Geg.: *Die auf der nächsten Seite dargestellte Stützwand;* $\gamma_k = \gamma$, $\varphi_k = \varphi'$

Ges.: *Ab welchem Abstand a hat der Geländeknick keinen Einfluss mehr auf den aktiven Erddruck hinter der Stützwand?*

Lösg.: *Anwendung des Verfahrens von Jenne:*

φ' = 35°; α = 0°; β = 20°; δa = 2/3φ' → $K_{a_1}^g = 0{,}32$

□ 6.64: Beispiel 129: Einfluss des Geländeverlaufs

Systemskizze:

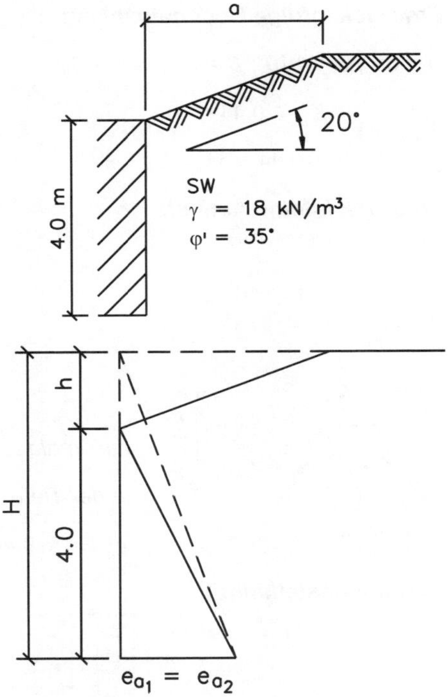

$\varphi' = 35°;\ \alpha = 0°;\ \beta = 0°;\ \delta_a = 2/3\varphi'$

$\rightarrow\ K^g_{a_2} = 0{,}24$

$e^g_{a_1} = 18 \cdot 4{,}0 \cdot 0{,}32 = 23{,}0\ kN/m^2$

$e^g_{a_2} \overset{!}{=} e^g_{a_1} = 23{,}0 = 18 \cdot 0{,}24 \cdot H$

$H = \dfrac{23{,}0}{18 \cdot 0{,}24} = 5{,}33\ m$

$\rightarrow \Delta h = 5{,}33 - 4{,}0 = 1{,}33\ m$

$\tan 20° = \dfrac{\Delta h}{a} \rightarrow a = \dfrac{1{,}33}{\tan 20°} = 3{,}65\ m$

□ 6.65: Beispiel 130: Einfluss der Wandhöhe

Geg.: *Die nachfolgend dargestellte Stützwand;* $\gamma_k = \gamma$, $\varphi_k = \varphi'$

Ges.: *Wie hoch könnte die dargestellte Stützwand maximal werden, wenn die aktive Erddrucklast hinter der Wand* $E_a \leq 110$ *kN/m sein darf?*

Lösg.: $\varphi' = 32{,}5°,\ \alpha = +5°,\ \beta = 0°\ \delta_a = 2/3\ \varphi' \rightarrow K^g_a = 0{,}31$ *(interpoliert)*

$e^g_a = 20 \cdot 0{,}31 \cdot h = 6{,}20h\ kN/m^2$

$e^p_a = 35 \cdot 0{,}31 = 10{,}85\ kN/m^2$

$E^{g+p}_a = \dfrac{1}{2} \cdot e^g_a \cdot h + e^p_a \cdot h$

$110 = \dfrac{1}{2} \cdot 6{,}20 \cdot h \cdot h + 10{,}85 \cdot h \qquad h^2 + 3{,}5 \cdot h - 35{,}48 = 0$

□ 6.65: Fortsetzung Beispiel 130: Einfluss der Wandhöhe

$$h_{1,2} = -\frac{3{,}5}{2} \pm \sqrt{\frac{3{,}5^2}{4} + 35{,}48} \rightarrow h = 4{,}5\ m\ \text{(brauchbare Lösung)}$$

Systemskizze:

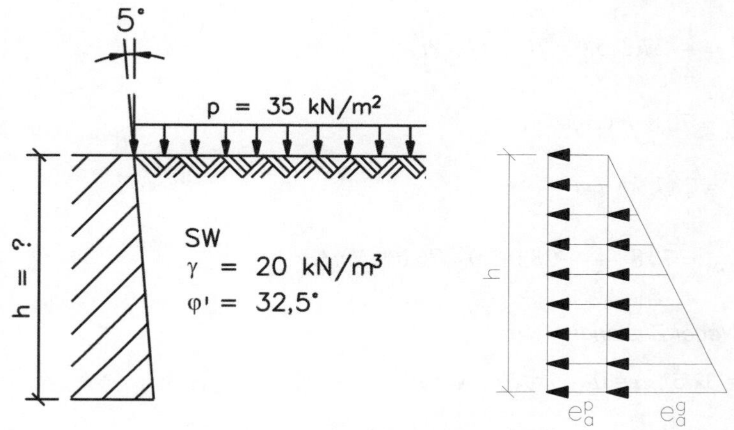

□ 6.66: Beispiel 131: Einfluss von Wandhöhe und Geländeverlauf

Geg.: *Die nachfolgend dargestellte alte Stützwand;* $\gamma_k = \gamma$, $\varphi_k = \varphi'$

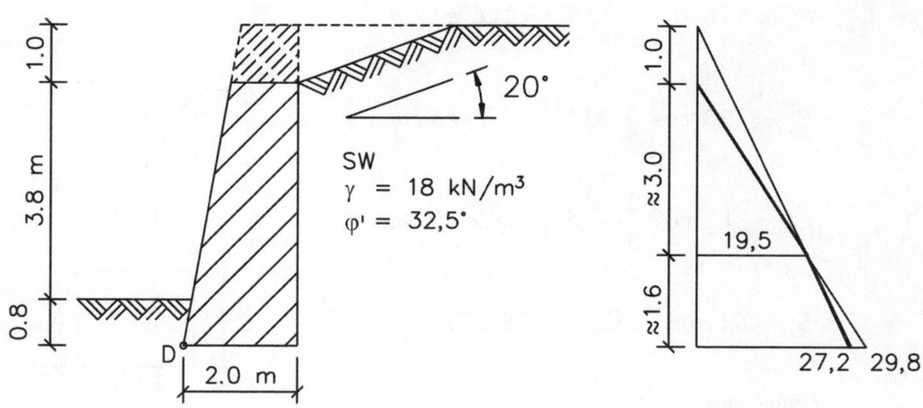

Ges.: *Um die Standsicherheit einer alten Stützwand zu erhöhen, sollen*

- die Höhe um 1,0 m verringert und

- die Hinterfüllung unter 20° abgeböscht werden (--- alt, neu).

Um wie viel [kNm/m] verringert sich das aus dem aktiven Erddruck resultierende Moment um den Punkt D?

□ 6.66: Fortsetzung Beispiel 131: Einfluss von Wandhöhe und Geländeverlauf

Lösg.: *1. Alter Zustand:*

φ' = 32,5°, α = 0° , β = 0°, δ_a = 2/3 φ' $\rightarrow K_a^g = 0{,}27$

$$e_a^g = 18 \cdot 5{,}6 \cdot 0{,}27 = 27{,}2 \; kN/m^2$$

$$E_a^g = \frac{1}{2} \cdot 27{,}2 \cdot 5{,}6 = 76{,}2 \; kN/m$$

$$E_{ah}^g = 70{,}8 \; kN/m$$

$$E_{av}^g = 28{,}1 \; kN/m$$

$$M_{(D)} = 70{,}8 \cdot \frac{5{,}6}{3} - 28{,}1 \cdot 2{,}0 = 76{,}0 \; kNm/m$$

2. Neuer Zustand:

φ' = 32,5°, α = 0° , β = 20°, δ_a = 2/3 φ' $\rightarrow K_a^g = 0{,}36$

$$e_a^g = 18 \cdot 4{,}6 \cdot 0{,}36 = 29{,}8 \; kN/m^2$$

$$E_a^g = \frac{1}{2} \cdot 19{,}5 \cdot 3{,}0 + 19{,}5 \cdot 1{,}6 + \frac{1}{2} \cdot 7{,}7 \cdot 1{,}6 = 29{,}3 + 31{,}2 + 6{,}1 = 66{,}6 \; kN/m$$

$$E_{av}^g = 66{,}6 \cdot \sin\left(\frac{2}{3} \cdot 32{,}5°\right) = 24{,}6 \; kN/m$$

$$E_{ah}^1 = 29{,}3 \cdot \cos\left(\frac{2}{3} \cdot 32{,}5°\right) = 27{,}1 \; kN/m$$

$$E_{ah}^2 = 31{,}2 \cdot \cos\left(\frac{2}{3} \cdot 32{,}5°\right) = 28{,}9 \; kN/m$$

$$E_{ah}^3 = 6{,}1 \cdot \cos\left(\frac{2}{3} \cdot 32{,}5°\right) = 5{,}8 \; kN/m$$

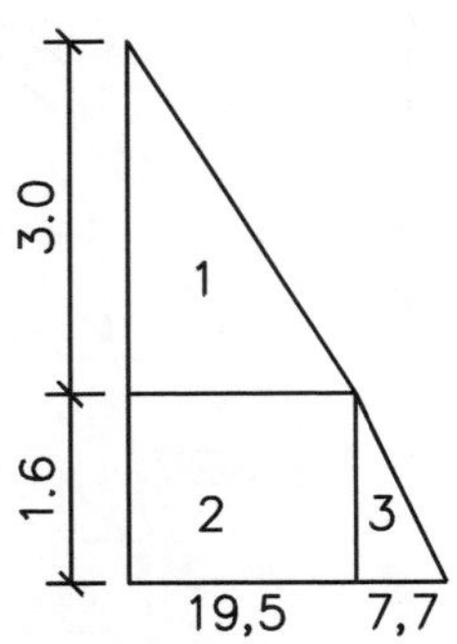

Damit wird:

$$M_{(D)} = 27{,}1\left(1{,}6 + \frac{3{,}0}{3}\right) + 28{,}9\frac{1{,}6}{2} + 5{,}8\frac{1{,}6}{3} - 24{,}6 \cdot 20 = 47{,}5 \; kNm/m$$

Das aus dem Erddruck resultierende Moment verringert sich um

$\Delta M_{(D)}$ = 76,0 – 47,5 = 28,5 kNm/m.

□ 6.67: Beispiel 132: Erdruhedruck

Geg.: *Die nachfolgend dargestellte im Fels gegründete Stützwand;* $\gamma_k = \gamma$, $\varphi_k = \varphi'$

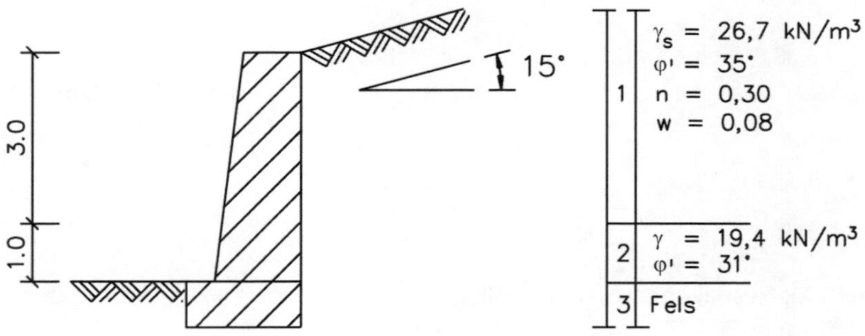

Ges.: *Für die Stützwand sind zu ermitteln:*

a) Erddruckverteilung hinter der Wand

b) Resultierende Erddrucklast

Lösg.: *a) Da durch die Gründung im Fels eine Bewegungsmöglichkeit ausgeschlossen ist, muss Erdruhedruck angesetzt werden.*

Boden 1:

$$\gamma = (1 - 0{,}30) \cdot 26{,}7(1 + 0{,}08) = 20{,}2 \ kN / m^3$$

$$K_0 = 1 - \sin 35° + \frac{\cos 35° - 1 + \sin 35°}{35°} \cdot 15° = 0{,}595$$

Boden 2:

$$K_0 = 1 - \sin 31° + \frac{\cos 31° - 1 + \sin 35°}{31°} \cdot 15° = 0{,}665$$

Schicht	*Kote*	γ	*h*	$\gamma \cdot h$	σ	*K₀*	$e_0 = \sigma \cdot K_0$
1	*0,0*	*20,2*	*3,0*	*60,6*	*0*	*0,595*	*0*
	-3,0				*60,6*		*36,1*
2	*-3,0*	*19,4*	*1,0*	*19,4*	*60,6*	*0,665*	*40,3*
	-4,0				*80,0*		*53,2*

Erddruckverteilung

b) Beim Erdruhedruck entspricht die Wirkungsrichtung im Fall $0 \le \beta \le 2/3\ \varphi'$ *der Geländeneigung* β. *Somit ergibt sich die resultierende Erddrucklast durch Flächenberechnung der Erddruckfigur:*

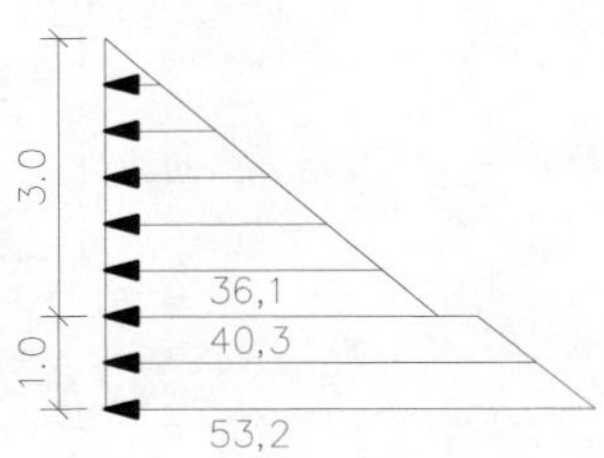

□ 6.67: Fortsetzung Beispiel 132: Erdruhedruck

$$E_0 = E_{01} + E_{02} = \frac{1}{2} \cdot 36{,}1 \cdot 3{,}0 + \frac{1}{2}\left(40{,}3 + 53{,}2\right) \cdot 1{,}0 = 101{,}0 \ \ kN/m$$

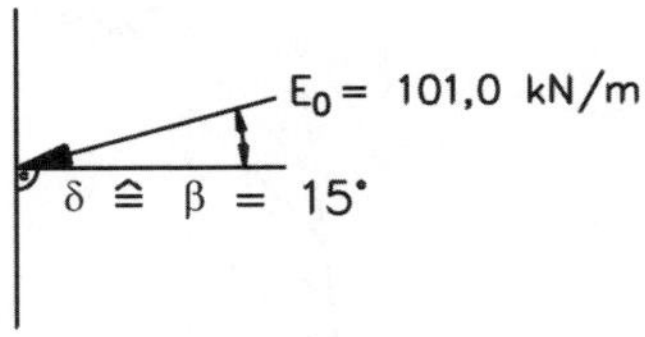

□ 6.68: Beispiel 133: Resultierende in der Sohlfuge

Geg.: *Die nachfolgend dargestellte Stützwand aus Beton (Wichte γ = 23 kN/m³); $\gamma_k = \gamma$, $\varphi_k = \varphi'$*

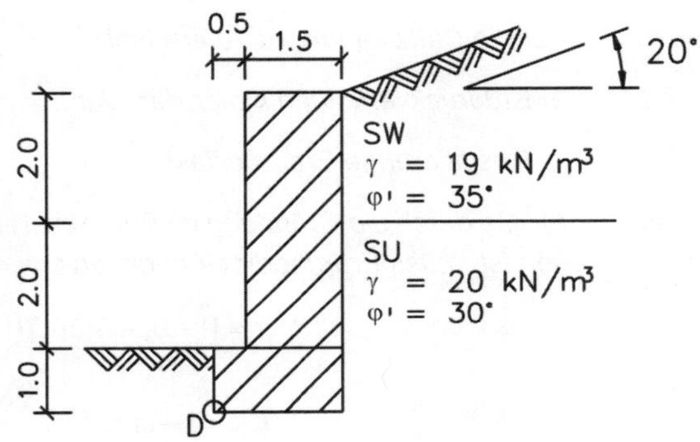

Ges.: *der Angriffspunkt der Resultierenden aller angreifenden Kräfte in der Sohlfuge*

Hinweis: Erdwiderstand soll im zulässigen Maß für den Grundbruchnachweis (GZ 1B) gemäß Handbuch Eurocode 7, Band 1 angesetzt werden.

Lösg.: *SW:* $\varphi' = 35°$, $\alpha = 0°$, $\beta = 20°$, $\delta_a = 2/3\ \varphi'$ $\rightarrow K^g_{a1} = 0{,}32$

SU: $\varphi' = 30°$, $\alpha = 0°$, $\beta = 20°$, $\delta_a = 2/3\ \varphi'$ $\rightarrow K^g_{a2} = 0{,}41$

$\varphi' = 30°$, $\alpha = 0°$, $\beta = 20°$, $\delta_p = 0°$ $\rightarrow K^g_{p2} = 3{,}00$

Schicht	Kote	γ	h	$\gamma \cdot h$	σ	K^g_a	$e_a = \sigma \cdot K$
SW	0,0	19	2,0	38,0	0	0,32	0
	-2,0				38,0		12,2
SU	-2,0	20	3,0	60,0	38,0	0,41	15,6
	-5,0				98,0		40,2

$$E_{p,mob} = red\ E_p = 0{,}5 \cdot E_{p,k}$$

$$_{red}E_p = 0{,}5 \cdot 20 \cdot 1{,}0 \cdot 3{,}00 \cdot \frac{1{,}0}{2} = 15{,}0 \ \ kN/m$$

□ 6.68: Fortsetzung Beispiel 133: Resultierende in der Sohlfuge

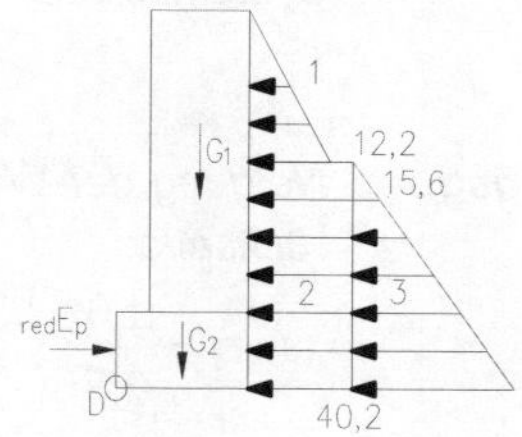

$$G_1 = 23 \cdot 1{,}5 \cdot 4{,}0 = 138{,}0 \ kN/m$$

$$G_2 = 23 \cdot 2{,}0 \cdot 1{,}0 = 46{,}0 \ kN/m$$

$$E^g_{a\,1} = \frac{1}{2} \cdot 12{,}2 \cdot 2{,}0 = 12{,}2 \ kN/m$$

$$\rightarrow E_{a1h} = 11{,}2 \ kN/m$$

$$E_{a1v} = 4{,}8 \ kN/m$$

$$E^g_{a\,2} = 15{,}6 \cdot 3{,}0 = 46{,}8 \ kN/m \quad \rightarrow \quad E_{a2h} = 44{,}0 \ kN/m$$

$$E_{a2v} = 16{,}0 \ kN/m$$

$$E^g_{a\,3} = \frac{1}{2}(40{,}2 - 15{,}6) \cdot 3{,}0 = 36{,}9 \ kN/m \rightarrow \quad E_{a3h} = 34{,}7 \ kN/m$$

$$E_{a3v} = 12{,}6 \ kN/m$$

Abstand der Resultierenden in der Sohlfuge vom Punkt D:

$$\sum M_{(D)} = 15{,}0 \cdot \frac{1{,}0}{3} + 138{,}0\left(0{,}5 + \frac{1{,}5}{2}\right) + 46{,}0\frac{2{,}0}{2} +$$

$$+(4{,}8 + 16{,}0 + 12{,}6) \cdot 2{,}0 - 11{,}2\left(3{,}0 + \frac{2{,}0}{3}\right) - 44{,}0\frac{3{,}0}{2} - 34{,}7\frac{3{,}0}{3} = 148{,}5 \ kNm/m$$

$$\sum V = 138{,}0 + 46{,}0 + 4{,}8 + 16{,}0 + 12{,}6 = 217{,}4 \ kN/m$$

Damit wird $c = \dfrac{\sum M_{(D)}}{\sum V} = \dfrac{148{,}5}{217{,}4} = 0{,}68 \ m$

$\rightarrow$ *Ausmittigkeit* $e = \dfrac{b}{2} - c = \dfrac{2{,}0}{2} - 0{,}68 = 0{,}32 \ m$

□ 6.69: Beispiel 134: ΣH und ΣV der Lasten

Geg.: *Die nachfolgend dargestellte Stützwand aus Beton (Wichte γ = 23 kN/m³);* $\gamma_k = \gamma$, $\varphi_k = \varphi'$

Ges.: *ΣH und ΣV aller angreifenden Lasten*

Hinweis: Erdwiderstand soll im zulässigen Maß für den Grundbruchnachweis (ULS: GEO-2) gemäß Handbuch Eurocode 7, Band 2 angesetzt werden.

□ 6.69: Fortsetzung Beispiel 134: ΣH und ΣV der Lasten

Systemskizze:

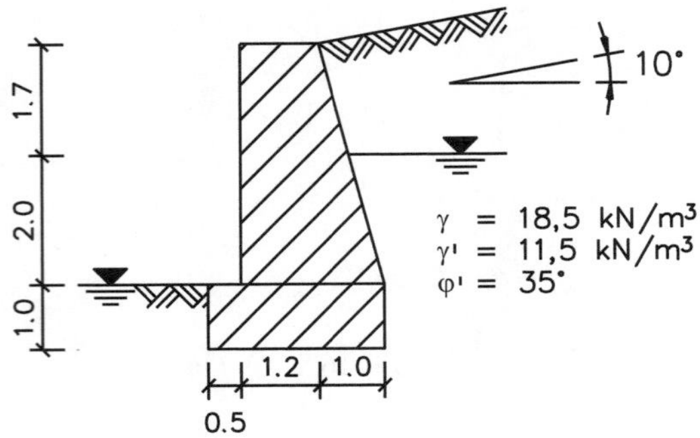

Lösg.: *Neigung der Wandrückseite:*

$$\tan\alpha = \frac{1{,}0}{3{,}7}$$

$$\rightarrow \quad \alpha = 15°$$

φ' = 35°, α = +15°, β = 10°, δa = 2/3 φ'

$$\rightarrow \quad K_{a\,1}^{g} = 0{,}435$$

φ' = 35°, α = 0°, β = 10°, δa = 2/3 φ' $\rightarrow \quad K_{a\,2}^{g} = 0{,}27$

Wand-teil	*Kote*	γ	*h*	$\gamma \cdot h$	σ	K_a^g	$e_a^g = \sigma \cdot K_a^g$
α = 15°	*0,0*	*18,5*	*1,7*	*31,5*	*0*	*0,435*	*0*
	-1,7				*31,5*		*13,7*
	-1,7	*11,5*	*2,0*	*23,0*	*31,5*	*0,435*	*13,7*
	-3,7				*54,5*		*23,7*
α = 0°	*+0,2*	*18,5*	*1,9*	*35,2*	*0*	*0,27*	
	-1,7				*35,2*		
	-1,7	*11,5*	*2,0*	*23,0*	*35,2*	*0,27*	
	-3,7				*58,2*		
	-3,7	*11,5*	*2,0*	*11,5*	*58,2*	*0,27*	*15,7*
	-4,7				*69,7*		*18,8*

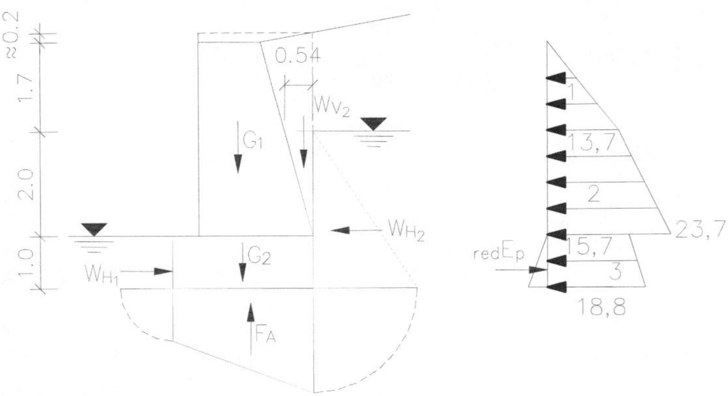

Erddruckkräfte:

$$E_{a\,1}^{g} = \frac{1}{2} \cdot 13{,}7 \cdot 1{,}7 = 11{,}6 \;\; kN/m \quad \rightarrow \quad E_{a\,1H}^{g} = 9{,}1 \;\; kN/m$$

$$E_{a\,1V}^{g} = 7{,}2 \;\; kN/m$$

□ 6.69: Fortsetzung Beispiel 134: ΣH und ΣV der Lasten

$$E^g_{a\,2} = \frac{1}{2}(13{,}7 + 23{,}7) \cdot 2{,}0 = 37{,}4\ kN/m \rightarrow \quad E^g_{a\,2H} = 29{,}3\ kN/m$$

$$E^g_{a\,2V} = 23{,}2\ kN/m$$

$$E^g_{a\,3} = \frac{1}{2}(15{,}7 + 18{,}8) \cdot 1{,}0 = 17{,}3\ kN/m \rightarrow \quad E^g_{a\,2H} = 15{,}9\ kN/m$$

$$E^g_{a\,2V} = 6{,}9\ kN/m$$

$\varphi' = 35°$, $\alpha = 0°$, $\beta = 0°$, $\delta_p = 0° \rightarrow k_p = 3{,}69$

$$E_{p,mob} = red\ E_p = 0{,}5 \cdot E_{p,k}$$

$$_{red}E_p = 0{,}5 \cdot 11{,}5 \cdot 1{,}0 \cdot 3{,}69 \cdot \frac{1{,}0}{2} = 10{,}6\ kN/m$$

Wasserdruckkräfte:

$$W_{H1} = \frac{1}{2} \cdot 10 \cdot 1{,}0 = 5{,}0\ kN/m$$

$$W_{H2} = \frac{1}{2} \cdot 3{,}0 \cdot 10 \cdot 3{,}0 = 45{,}0\ kN/m$$

$$W_{V2} = \frac{1}{2} \cdot 2{,}0 \cdot 10 \cdot 0{,}54 = 5{,}4\ kN/m$$

$$F_A = \frac{1}{2}(10 + 30) \cdot 2{,}7 = 54{,}0\ kN/m$$

Wandeigenlasten:

$$G_1 = \frac{1}{2}(1{,}2 + 2{,}2) \cdot 3{,}7 \cdot 23 = 144{,}7\ kN/m$$

$$G_2 = 2{,}7 \cdot 1{,}0 \cdot 23 = 62{,}1\ kN/m$$

Damit wird:

$$\sum H = 45{,}0 + 9{,}1 + 29{,}3 + 15{,}9 - 5{,}0 - 10{,}6 = 83{,}7\ kN/m$$

$$\sum V = 144{,}7 + 62{,}1 + 5{,}4 + 7{,}2 + 23{,}2 + 6{,}9 - 54{,}0 = 195{,}0\ kN/m$$

□ 6.70: Beispiel 135: ΣH und ΣV der Erddrucklast

Geg.: *Die nachfolgend dargestellte Stützwand;* $\gamma_k = \gamma$, $\varphi_k = \varphi'$

Ges.: $\sum E_{aH}$ *und* $\sum E_{aV}$ *des Erddrucks hinter der Stützwand*

Lösg.: *Wandneigung im oberen Bereich:*

$$\tan\alpha = \frac{0{,}75}{2{,}00} \quad \rightarrow$$

$$\alpha \approx 20°$$

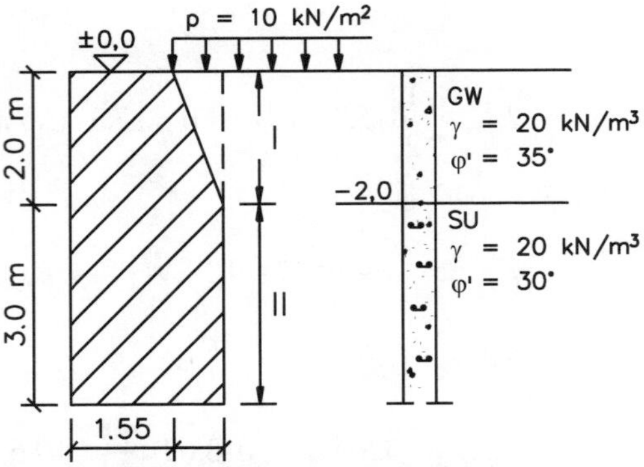

Wand-teil	Kote	γ	h	$\gamma \cdot h$	σ	K_a^g	$e_a^g = \sigma \cdot K_a^g$
I	*0,0*	*20*	*2,0*	*40,0*	*10,0*	*0,43*	*4,3*
	-2,0				*50,0*		*21,5*
II	*0,0*	*20*	*2,0*	*40,0*	*10,0*		
	-2,0				*50,0*		
	-2,0	*20*	*3,0*	*60,0*	*50,0*	*0,30*	*15,0*
	-5,0				*110,0*		*33,0*

$$E_a^I = \frac{1}{2}(4{,}3 + 21{,}5) \cdot 2{,}0 = 25{,}8 \ kN/m$$

$$\rightarrow \quad E_{aH}^I = 18{,}8 \ kN/m \qquad E_{aV}^I = 17{,}7 \ kN/m$$

$$E_a^{II} = \frac{1}{2}(15{,}0 + 33{,}0) \cdot 3{,}0 = 72{,}0 \ kN/m$$

$$\rightarrow \quad E_{a\,H}^{II} = 67{,}7 \ kN/m \qquad E_{a\,V}^{II} = 24{,}6 \ kN/m$$

Damit wird:

$$\sum E_{aH} = 18{,}8 + 67{,}7 = 86{,}5 \ kN/m$$

$$\sum E_{aV} = 17{,}7 + 24{,}6 = 42{,}3 \ kN/m$$

□ 6.71: Beispiel 136: Einfluss einer Fundamentlast

Ges.: *Parallel zu der dargestellten Stützwand verläuft ein Streifenfundament, welches bei einer Ausmittigkeit von e = 0,3 m mit V = 160 kN/m und H = 50 kN/m belastet wird.* $\gamma_k = \gamma$, $\varphi_k = \varphi'$

Ges.: *Erddruck hinter der Stützwand infolge Fundamentlast.*

Lösg.: $\varphi' = 30°$, $\alpha = 0°$, $\beta = 0°$, $\delta_a = 2/3\ \varphi' \rightarrow$ $\vartheta_a = 56{,}0°$

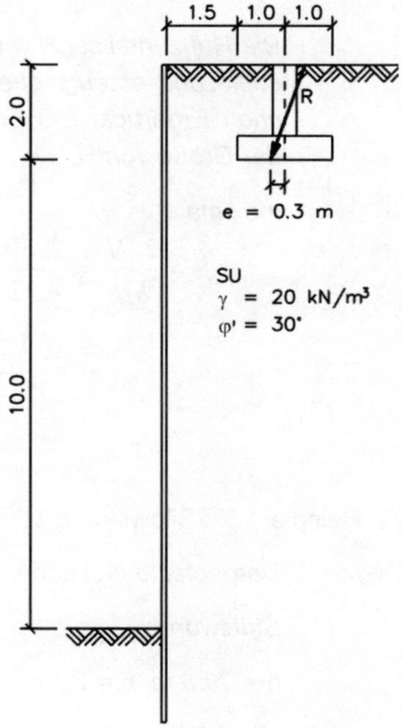

Erddruck infolge V = 160 kN/m

Die Berechnung erfolgt in der üblichen Weise für eine Streifenlast, wobei die Sohlnormalspannungsverteilung näherungsweise als rechteckförmig angesetzt werden kann:

$$\sigma_{0m} = \frac{160}{2{,}0} = 80\ \ kN/m^2$$

$$y_1 = 1{,}5 \cdot \tan 30° = 0{,}87\ \ m$$

$$y_4 = 3{,}5 \cdot \tan 56° = 5{,}19\ \ m$$

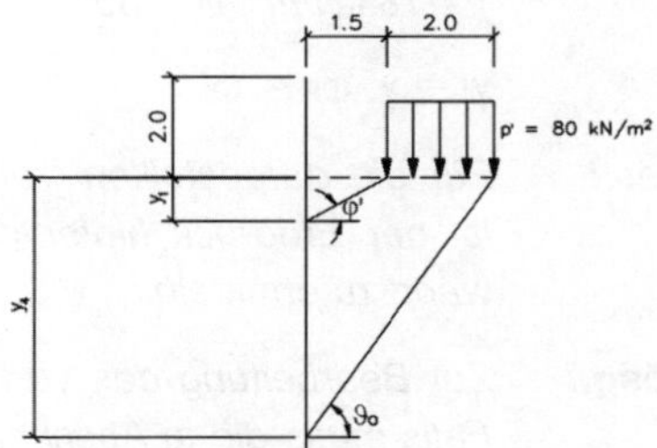

$$□ = y_4 - y_1 =$$

$$5{,}19 - 0{,}87 = 4{,}32\ \ m$$

$$K_a^{p'} = \frac{\sin(56° - 30°)}{\cos(56° - 30° - 20°)} = 0{,}44$$

$$e^{p'}_{a,0} = 80 \cdot 2{,}0 \cdot 0{,}44 = 70{,}4\ kN/m^2$$

Ausgangswert

$$e_a^{p'}(z = 0{,}87\ m + 2{,}00)$$

$$= \frac{70{,}4}{4{,}32} \cdot \left(1 + \frac{1{,}5}{1{,}5 + 2{,}00}\right)$$

$= 23{,}28\ kN/m^2$ *oben*

$$e_a^{p'}(z = 5{,}19\ m + 2{,}00)$$

$$= \frac{70{,}4}{4{,}32} \cdot \left(1 - \frac{1{,}5}{1{,}5 + 2{,}00}\right)$$

$= 9{,}31\ kN/m^2$ *unten*

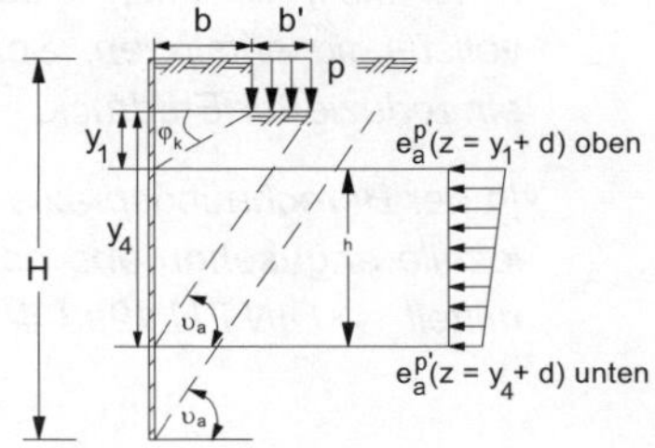

□ 6.71: Fortsetzung Beispiel 136: Einfluss einer Fundamentlast

Erddruck infolge H = 50 kN/m

Die Horizontallast H wirkt in der Fundamentsohle und erzeugt ebenfalls einen zusätzlichen Erddruck. Die Erddrucklast entspricht der Größe von H

maximale Ordinate:

$$e_a^H = \frac{2 \cdot H}{h_H} = \frac{2 \cdot 50}{4{,}32} = 23{,}1 \ kN/m^2$$

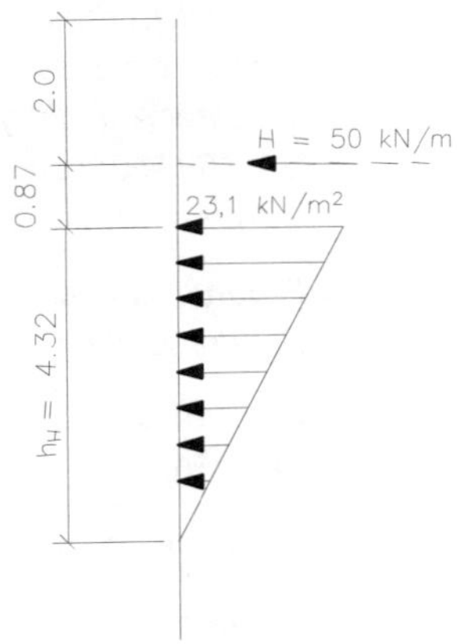

□ 6.72: Beispiel 137: Silowirkung

Geg.: *Dargestellte feststehende hintere Begrenzung (z.B. Wand);*

Stützwand:

h = 10,0 m, b = 2,5 m

Hinterfüllung:
γ = 18 kN/m³, φ' = 35°

$\gamma_k = \gamma$, $\varphi_k = \varphi'$

Ges.: *Für die dargestellten Verhältnisse ist der Erddruck hinter der Stützwand zu ermitteln.*

Lösg.: *Zur Bearbeitung des vorliegenden Falls muss die in Abschnitt 6.05.3. angesprochene Silowirkung genauer dargestellt werden:*

Ist der Hinterfüllungsraum hinter der Stützwand schmaler als der unter dem Winkel ϑ_a gebildete Rutschkeil, so kann dieser nicht vollständig entstehen. Somit wirkt ein reduzierter Erddruck.

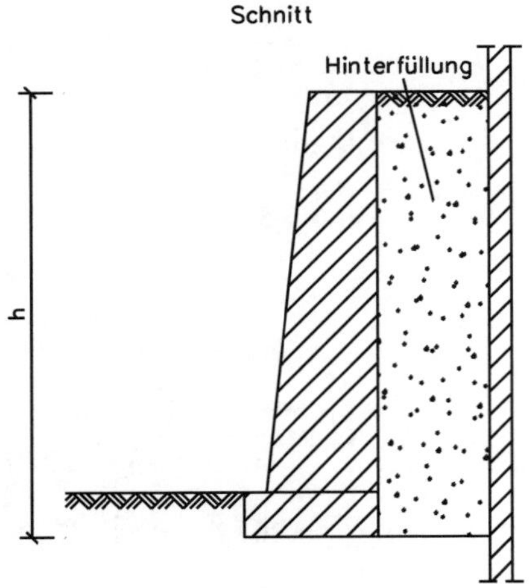

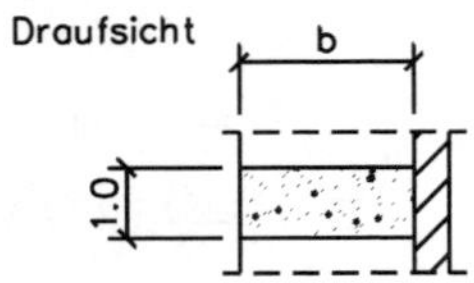

In der Berechnungspraxis wird ein schmaler Hinterfüllungsraum wie eine Silozelle angesehen und der abgeminderte Erddruck nach der Silotheorie ermittelt. → DIN EN 1993-4-1.

□ 6.72: Fortsetzung Beispiel 137: Silowirkung

Wenn die vorliegenden Verhältnisse vermuten lassen, dass Silowirkung eintritt, muss zunächst untersucht werden, ob die vorhandene Breite b des Hinterfüllungsraums kleiner ist als die rechnerische obere Breite $_{max}b$. In diesem Fall darf Silodruck angesetzt werden. Dabei wird angenommen, dass von einer gewissen Tiefe h_1 an eine weitere Zunahme des Seitendrucks $_{max}e_h$ nicht mehr stattfindet, da Gleichgewicht zwischen der Eigenlast der Bodenscheibe von der Dicke Δh und der Reibung an den Begrenzungswänden herrscht.

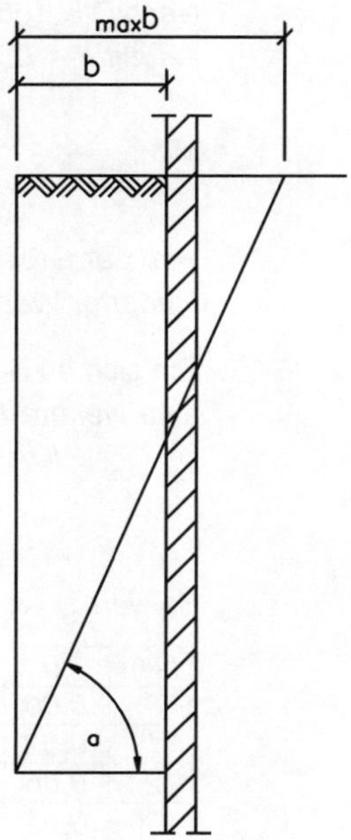

Aus der Gleichgewichtsbedingung $\downarrow \Delta G = \Delta R \uparrow$ folgt

$$A \cdot \Delta h \cdot \gamma = \gamma \cdot h_1 \cdot K_{ah} \cdot U \cdot \Delta h \cdot \mu$$

und daraus $h_1 = \dfrac{A}{K_{ah} \cdot U \cdot \mu}$

Fläche	*$A = 1{,}0 \cdot b$ [m²]*
Umfang	*$U = 2 \cdot 1{,}0$ [m]*
Reibungsbeiwert	*$\mu = \tan \delta_f$.*

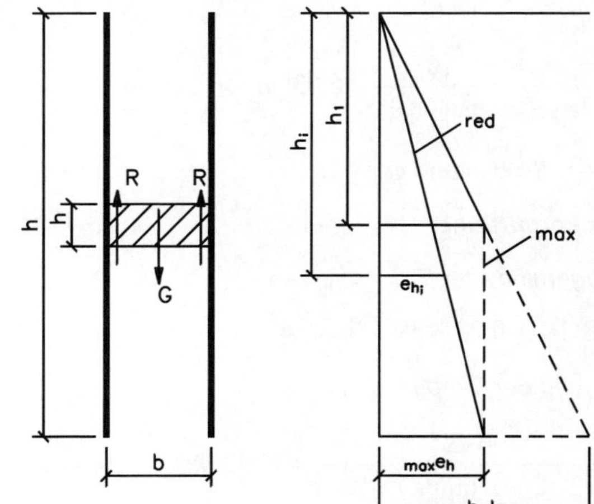

☐ 6.72: Fortsetzung Beispiel 137: Silowirkung

Nach DIN 1055, T. 6 (zurückgezogen), Tabelle 1, kann der Wandreibungswinkel mit $\delta_f = 0{,}75\ \varphi_k$ angenommen werden.

Mit $_{\max}e_h = \gamma \cdot h_1 \cdot K_{ah} = \dfrac{\gamma \cdot A}{U \cdot \tan\delta_f} = \dfrac{\gamma \cdot b}{2 \cdot \tan\delta_f}$

wird der Größtwert $_{max}e_h$ des Silodrucks in unendlicher Tiefe ermittelt. Bei behinderter Wandbewegung ist K_0 statt K_{ah} anzusetzen.

Die sich im Boden infolge innerer Reibung bildenden Stützgewölbe bewirken eine weitere Reduzierung von $_{max}e_h$. Dieser Effekt kann über einen Beiwert $\upsilon = 1 - e^{-h_i/h_1}$ berücksichtigt werden, so dass dann

$e_{h_i} = \upsilon \cdot {}_{\max}e_h$ *ist.*

Beiwert $\upsilon = 1 - e^{-h_i/h_1}$ *:*

h_i/h_1	,0	,1	,2	,3	,4	,5	,6	,7	,8	,9
0,	0,00	0,10	0,18	0,26	0,33	0,39	0,45	0,50	0,55	0,59
1,	0,63	0,67	0,70	0,73	0,75	0,78	0,80	0,82	0,83	0,85
2,	0,86	0,88	0,89	0,90	0,91	0,92	0,93	0,93	0,94	0,94
3,	0,95	0,96	0,96	0,96	0,97	0,97	0,97	0,98	0,98	0,98

Berechnung des Beispiels:

Untersuchung der Silowirkung

$\varphi' = 35°$, $\alpha = 0°$, $\beta = 0°$, $\delta_a = 2/3\ \varphi' \rightarrow \vartheta_a = 58{,}9°$, $k_{ah}^g = 0{,}22$

$$_{\max}b = \frac{h}{\tan\vartheta_a} = \frac{10{,}0}{\tan 58{,}9°} = 6{,}03\ m\ >\ 2{,}5\ m$$

Somit liegt Silowirkung vor.

Erddruckermittlung

Nicht abgeminderter Erddruck:

$$e_{ah}^g = 18 \cdot 10{,}0 \cdot 0{,}22 = 39{,}6\ kN/m^2$$

Berechnung der Tiefe h_1:

$$h_1 = \frac{1{,}0 \cdot 2{,}5}{0{,}22 \cdot 2 \cdot 1{,}0 \cdot \tan(0{,}75 \cdot 35°)} = 11{,}52\ m\ >\ 10{,}0\ m$$

Damit wird

$$_{\max}e_h = \frac{18 \cdot 2{,}5}{2 \cdot \tan(0{,}75 \cdot 35°)} = 45{,}6\ kN/m^2$$

□ 6.72: Fortsetzung Beispiel 137: Silowirkung

Reduzierter Siloerddruck:

$\frac{h_i}{h_1} = 0{,}2 \quad \rightarrow \quad \upsilon = 0{,}18\,,$

$h_i = 0{,}2 \cdot 11{,}52 = 2{,}30 \quad m$

$\frac{h_i}{h_1} = 0{,}4 \quad \rightarrow \quad \upsilon = 0{,}33\,,$

$h_i = 4{,}60 \quad m$

$\frac{h_i}{h_1} = 0{,}6 \quad \rightarrow \quad \upsilon = 0{,}45\,,$

$h_i = 6{,}91 \quad m$

$\frac{h_i}{h_1} = 0{,}87 \quad \rightarrow \quad \upsilon = 0{,}58\,,$

$h_i = h_1 = 10{,}00 \quad m$

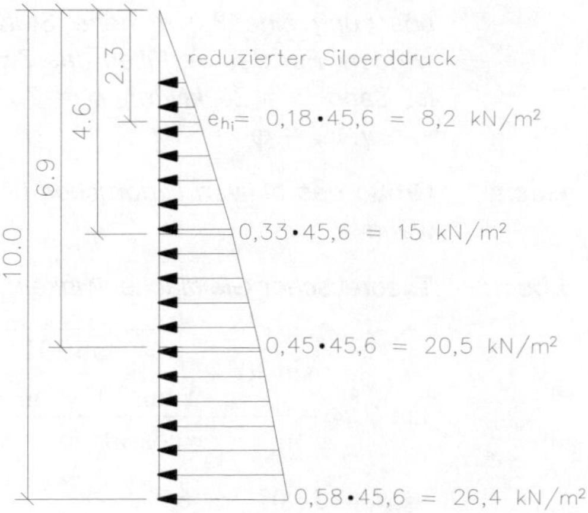

□ 6.73: Beispiel 138: Einfluss der Kohäsion (Freie Standhöhe)

Geg.: *Ein bindiger Boden hat nachstehende Eigenschaften:*

γ = 20 kN/m³; φ' = 20°; c' = 25 kN/m²; $\gamma_k = \gamma$, $\varphi_k = \varphi'$, $c_k = c'$

Ges.: *Wie tief kann eine senkrechte Wand ausgehoben werden, so dass sie kurzfristig standsicher ist?*

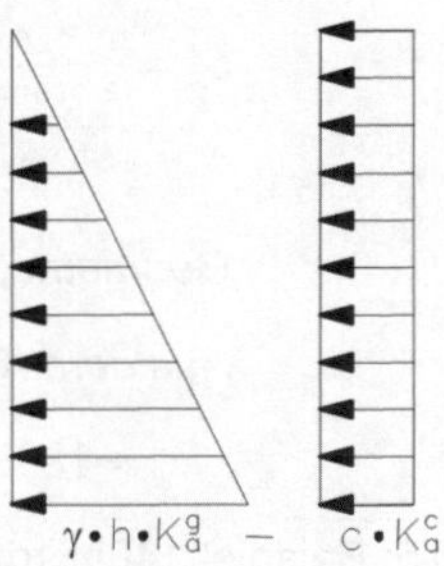

Lösg.: *Bedingung:* $E_a^{g+c} \leq 0$

$K_a^g = 0{,}44$

$$K_a^c = \frac{2 \cdot \cos 20'' \cdot \cos 0°(1 - \tan 0° \cdot \tan 0°)}{1 + \sin\left(20° + \frac{2}{3} \cdot 20° - 0° - 0°\right)} = 1{,}22$$

$$E_a \overset{!}{=} 0 = \frac{1}{2} \cdot \gamma \cdot K_a^g \cdot h^2 - c \cdot K_a^c \cdot h = \frac{1}{2} \cdot 20 \cdot 0{,}44 \cdot h^2 - 25 \cdot 1{,}22 \cdot h \rightarrow$$

$h^2 - 6{,}93h = 0\,.$ *Ab einer Aushubtiefe von 6,9 m kann die Wand einstürzen.*

□ 6.74: Beispiel 139: Zwangsgleitfläche

Geg.: *Im Zusammenhang mit einer Verkehrswegeplanung soll vor eine unter etwa 65° geneigte Felsböschung eine 8,0 m hohe Stützwand gestellt werden. Für das Verfüllen des Zwischenraumes ist Sand (γ = 20 kN/m³; φ' = 30°) vorgesehen.* $\gamma_k = \gamma$, $\varphi_k = \varphi'$

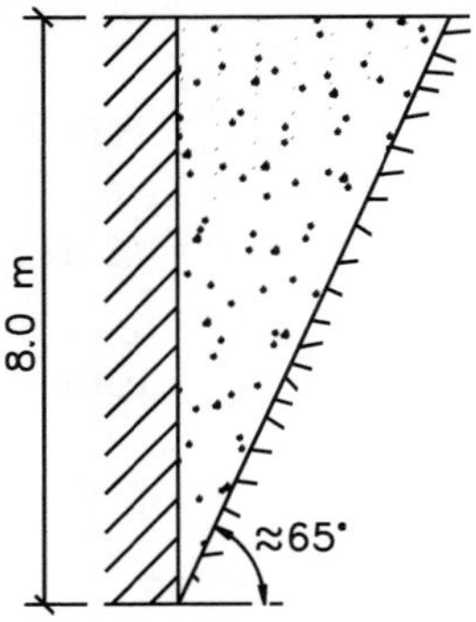

Ges.: *Größe des aktiven Erddruckes hinter der Stützwand.*

Lösg.: *Theoretischer Gleitflächenwinkel:*

$$\tan \vartheta_a = \frac{\sin 30° + \sqrt{\dfrac{\tan 30°}{\tan 30° + \tan 20°}}}{\cos 30°} = 1{,}482$$

$$\rightarrow \vartheta_a = 56{,}0° \;<\; 65°\,.$$

Das bedeutet: Der Erdkeil bildet sich nicht unter dem rechnerischen Gleitflächenwinkel, sondern wird von der Felsneigung bestimmt. Es handelt sich hierbei um eine „Zwangsgleitfläche“ (s. auch Dörken/Dehne/ Kliesch, Teil 3, Abschnitt 2).

Eigenlast des Zwangsgleitkörpers:

$$G_Z = \frac{1}{2} \cdot \frac{8{,}0}{tan\,65°} \cdot 8{,}0 \cdot 2{,}0$$

$$= 298{,}4 \quad kN/m$$

Geometrie, Krafteck:

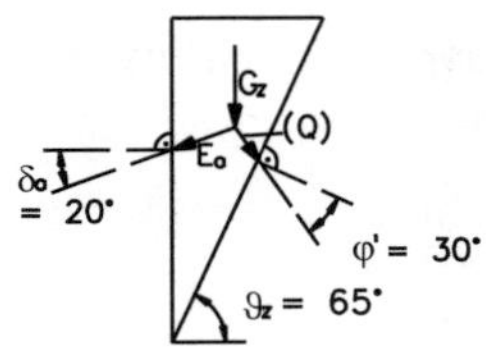

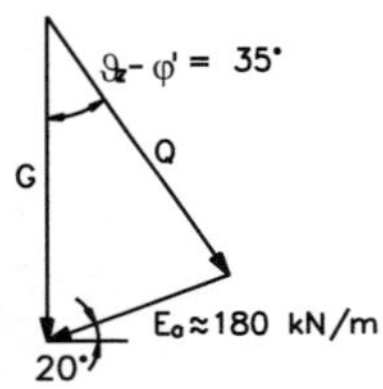

Aus dem Krafteck erhält man

$$E_a \approx 180 \quad kN/m$$

□ 6.75: Beispiel 140: Erdruhedruck

Geg.: *Die dargestellte Rampe einer Industrieanlage wird durch einen mit einem Sand-Kies-Gemisch (γ = 19 kN/m³; φ' =32,5°) aufgefüllten biegesteifen Stahlbetontrog gebildet. Auf der Rampe sollen Stahlbetonfertigteile maximal 2 m hoch gelagert werden.* $\gamma_k = \gamma$, $\varphi_k = \varphi'$

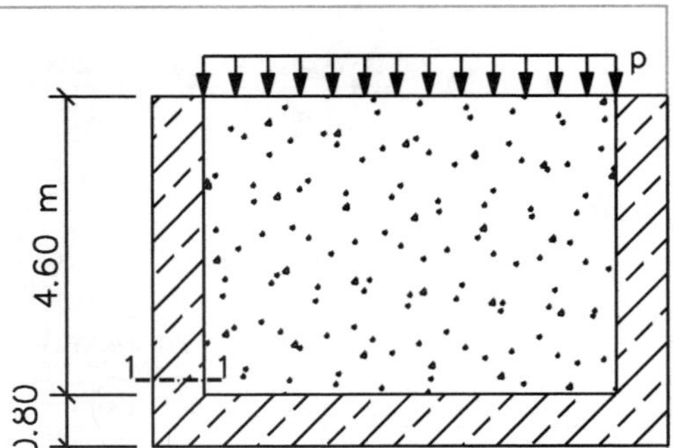

□ 6.75: Fortsetzung Beispiel 140: Erdruhedruck

Ges.: *Größe des Bemessungsmoments M_{1-1} auf die Seitenwand.*

Lösg.: *Für den parallel zur Oberfläche wirkenden Erdruhedruck beträgt der Beiwert*

$$K_0 \mathrel{\hat{=}} K_{0h} = 1 - \sin\varphi_k = 1 - \sin 32{,}5° = 0{,}463$$

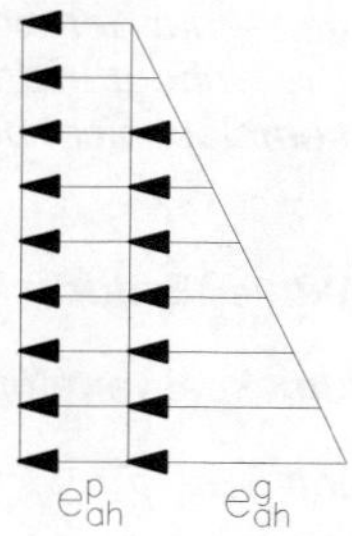

Erddruckermittlung:

$$e_{ah}^{p} = 25 \cdot 2{,}0 \cdot 0{,}463 = 23{,}2 \ \ kN/m^2$$

$$e_{ah}^{g} = 19 \cdot 4{,}6 \cdot 0{,}463 = 40{,}5 \ \ kN/m^2$$

Bemessungsmoment:

$$M_{1-1} = 23{,}2 \cdot 4{,}6 \cdot \frac{4{,}6}{2} + \frac{1}{2} \cdot 40{,}5 \cdot 4{,}6 \cdot \frac{4{,}6}{3}$$

$$= 388{,}3 \ \ kNm/m$$

□ 6.76: Beispiel 141: Gewichtsstützwand, Erddruck mit erdseitigem Knick

Geg.:

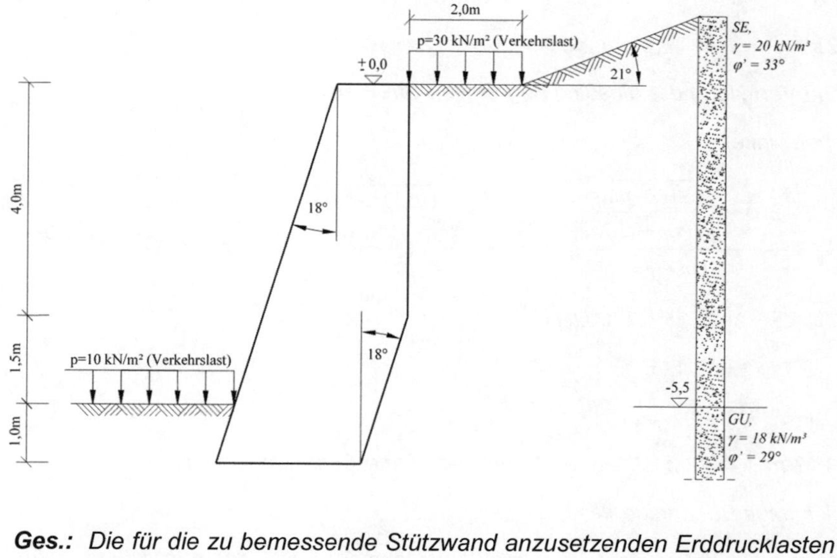

Ges.: *Die für die zu bemessende Stützwand anzusetzenden Erddrucklasten sind zu ermitteln.*

Anmerkung: *Erdwiderstand kann im zulässigen Maß angesetzt werden.*

Lösung: *Alle Lasten sind charakteristische*

□ 6.76: Fortsetzung Beispiel 141: Gewichtsstützwand, Erddruck mit erdseitigem Knick

Anmerkungen:

- *Bei der Auflast hinter der Stützwand handelt es sich um eine „einseitig begrenzte Flächenlast". Sie beeinflusst – wie die nachfolgende Berechnung und Skizze zeigen – nur den oberen Boden SE im Bereich der senkrechten Wandrückseite.*
- *Die unbegrenzte Flächenlast vor der Stützwand darf als günstig wirkende Verkehrslast nicht berücksichtigt werden.*

1. Aktiver Erddruck

Erddruckbeiwerte (interpoliert oder mit Formel):

Boden SE $\left(\varphi' = 33°; \delta_a = \frac{2}{3}\varphi'\right)$

α = 0: $\beta = 0 \Rightarrow K_a^g \approx 0,26$

$\beta = 21° \Rightarrow K_a^g \approx 0,36$

α = 18°: $\beta = 0 \Rightarrow K_a^g \approx 0,15$

$\beta = 21° \Rightarrow K_a^g \approx 0,20$

Boden GU $\left(\varphi' = 29°; \delta_a = \frac{2}{3}\varphi'\right)$

α = 18°: $\beta = 0 \Rightarrow K_a^g \approx 0,20$

$\beta = 21° \Rightarrow K_a^g \approx 0,28$

Größe und Verteilung der einseitig begrenzten Streifenlast:

Gleitflächenwinkel:

$$\tan\vartheta_a = \frac{\sin\varphi + \sqrt{\dfrac{\tan\varphi - \tan\beta}{\tan\varphi + \tan\delta_a}}}{\cos\varphi} = \frac{\sin 33° + \sqrt{\dfrac{\tan 33° - \tan 0°}{\tan 33° + \tan 22°}}}{\cos 33°} = 1,586 \Rightarrow \vartheta_a = 57,76°$$

$$e_a^p = p \cdot K_a^g = 30 \cdot 0,26 = 7,8\ kN/m^2$$

$$y_1 = \tan 33° \cdot 2,00 = 1,30\ m$$

$$y_2 = \tan 57,76° \cdot 2,00 = 3,17\ m$$

Da y_2 =3,17 m < 4,00 m ist, war die zuvor getroffene Annahme richtig.

Erddruck infolge Bodeneigenlast g

Für die Berücksichtigung des unregelmäßigen Geländes sowie der unterschiedlich geneigten Wandrückseite werden die in Teil 1 der Buchreihe Dörken/Dehne, Abschnitt 6 dargestellten Verfahren angewendet.

Dazu wird die Berechnung in 2 Fälle (β = 0°; β = 21°) aufgeteilt und deren Ergebnisse anschließend überlagert.

□ 6.76: Fortsetzung Beispiel 141: Gewichtsstützwand, Erddruck mit erdseitigem Knick

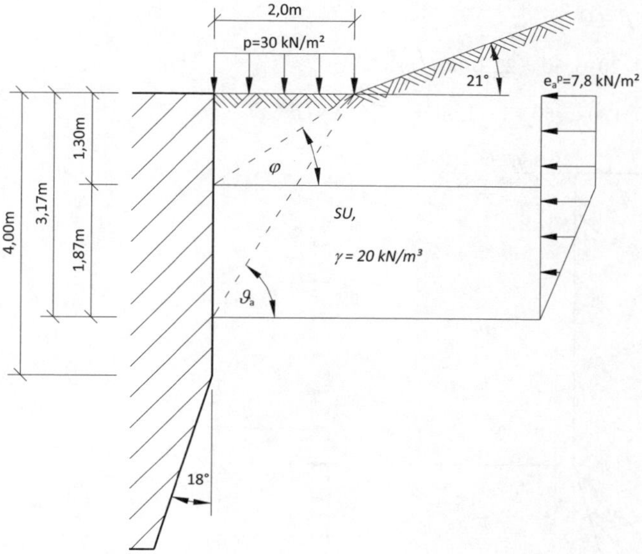

$$y_1 = \tan 33° \cdot 2{,}00 = 1{,}30 \ m$$

$$y_2 = \tan 57{,}76° \cdot 2{,}00 = 3{,}17 \ m$$

Da y_2 =3,17 m < 4,00 m ist, war die zuvor getroffene Annahme richtig.

Erddruck infolge Bodeneigenlast g

Für die Berücksichtigung des unregelmäßigen Geländes sowie der unterschiedlich geneigten Wandrückseite werden die in Teil 1 der Buchreihe Dörken/Dehne, Abschnitt 6 dargestellten Verfahren angewendet.

Dazu wird die Berechnung in 2 Fälle (β = 0°; β = 21°) aufgeteilt und deren Ergebnisse anschließend überlagert.

<u>Fall 1: β = 0</u>

Erddruckordinaten für Boden SE:

α = 0; β = 0

$$e_a^{g1} = K_a^g \cdot \gamma \cdot h = 0{,}26 \cdot 20 \cdot 4{,}00 = 20{,}8 \ kN/m^2$$

α = +18°; β = 0

$$e_a^{g2} = 0{,}15 \cdot 20 \cdot 4{,}00 = 12{,}0 \ kN/m^2$$

$$e_a^{g3} = 0{,}15 \cdot 20 \cdot 5{,}50 = 16{,}5 \ kN/m^2$$

□ 6.76: Fortsetzung Beispiel 141: Gewichtsstützwand, Erddruck mit erdseitigem Knick

Erddruckordinaten für Boden GU:

$\alpha = +18°;\ \beta = 0$

$$e_a^{g4} = 0{,}20 \cdot 20 \cdot 5{,}50 = 22{,}0 \ \ kN/m^2$$

$$e_a^{g5} = 0{,}20 \ \ (20 \cdot 5{,}50 + 18 \cdot 1{,}00) = 25{,}6 \ \ kN/m^2$$

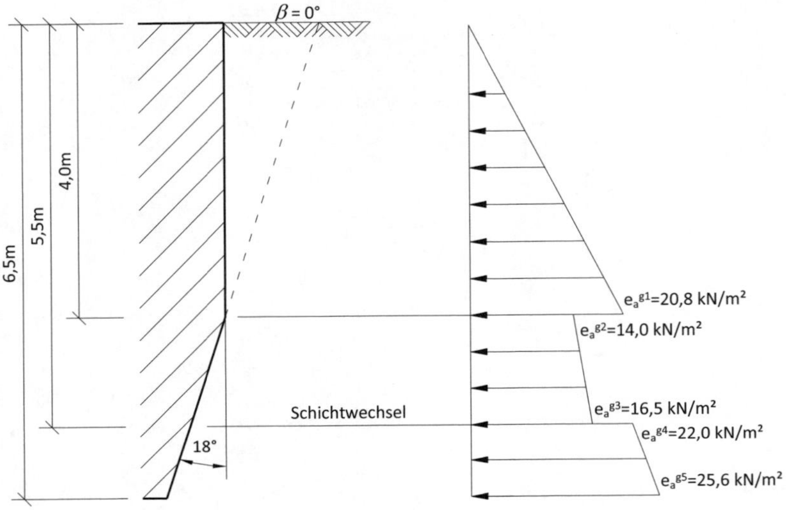

<u>*Fall 2: β = 21°*</u>

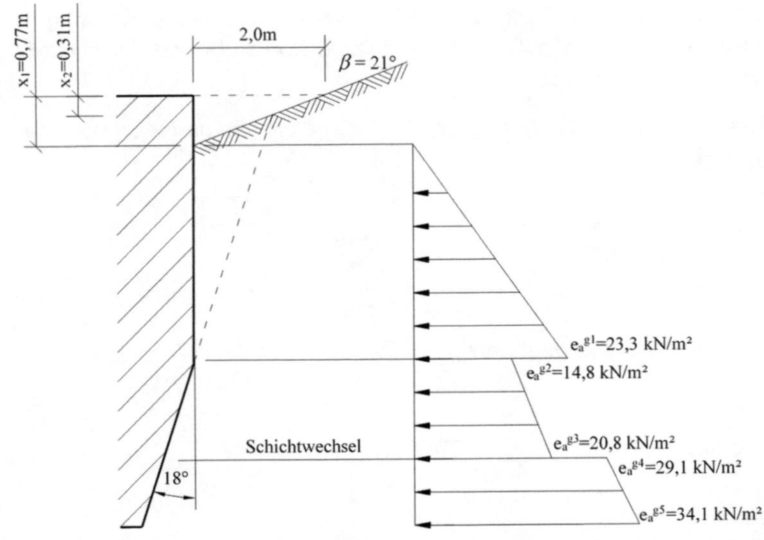

□ 6.76: Fortsetzung Beispiel 141: Gewichtsstützwand, Erddruck mit erdseitigem Knick

Erddruckordinaten für Boden SE:

$\alpha = 0;\ \beta = 21°$

$$e_a^{g1} = 0,36 \cdot 20 \cdot (4,00 - 0,77) = 23,3\ kN/m^2$$

$\alpha = +18°;\ \beta = 21°$

$$e_a^{g2} = 0,20 \cdot 20 \cdot (4,00 - 0,31) = 14,8\ kN/m^2$$

$$e_a^{g3} = 0,20 \cdot 20 \cdot (5,50 - 0,31) = 20,8\,kN/m^2$$

Erddruckordinaten für Boden GU:

$\alpha = +18°;\ \beta = 21°$

$$e_a^{g4} = 0,28 \cdot 20 \cdot (5,50 - 0,31) = 29,1\ kN/m^2$$

$$e_a^{g5} = 0,28\ \left[20\ (5,50 - 0,31) + 18 \cdot 1,00\right] = 34,1\ kN/m^2$$

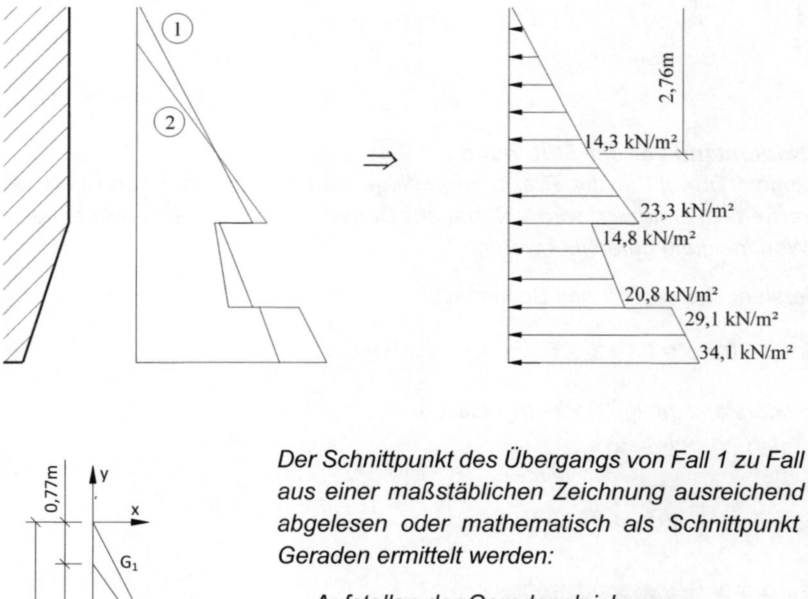

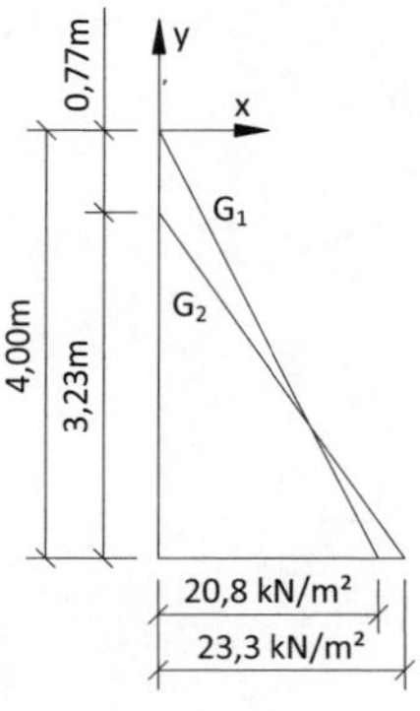

Der Schnittpunkt des Übergangs von Fall 1 zu Fall 2 kann aus einer maßstäblichen Zeichnung ausreichend genau abgelesen oder mathematisch als Schnittpunkt zweier Geraden ermittelt werden:

Aufstellen der Geradengleichungen:

G1: $y = -x \cdot \dfrac{4,00}{20,8} + 0$

G2: $y = -x \cdot \dfrac{3,23}{23,3} - 0,77$

□ 6.76: Fortsetzung Beispiel 141: Gewichtsstützwand, Erddruck mit erdseitigem Knick

Gleichsetzen:

$$-x \cdot \frac{4,00}{20,8} + 0 = -x \cdot \frac{3,23}{23,3} - 0,77$$

$$\Rightarrow x = 14,3 \ kN/m^2 \qquad \Rightarrow y = -2,76 \ m$$

Zusammenstellung der Erddruckverteilungen:

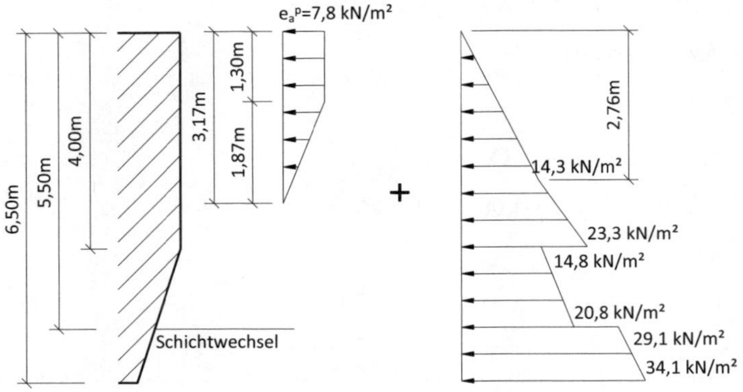

1. Erdwiderstand vor der Stützwand

Anmerkung: Obwohl in der Praxis im vorliegenden Fall vereinfachend und näherungsweise $\alpha = 0$ angesetzt wird, soll hier aus Demonstrationsgründen mit der tatsächlichen Wandneigung gerechnet werden.

Erdwiderstandsbeiwert für den Boden GU:

$\alpha = -18°;\ \beta = 0°;\ \varphi' = 29°;\ \delta_p = 0 \Rightarrow K_p^g = 2,25$

- *Erdwiderstand infolge Bodeneigenlast g:*

$$e_p^g = 18 \cdot 1,00 \cdot 2,25 = 40,5 \ kN/m^2$$

$$E_{p,k} = R_{P;k} = \frac{1}{2} \cdot 40,5 \cdot 1,00 = 20,3 \ kN/m$$

Ansetzbarer Bemessungswert:

$$R_{P,d} = \frac{R_{p,k}}{\gamma_{R,e}} = \frac{20,3}{1,40} = 14,5 \ kN/m$$

$$R_{P,d,h} = 14,5 \cdot \cos 18° = 13,8 \ kN/m$$

$$R_{P,d,V} = 14,5 \cdot \sin 18° = 4,5 \ kN/m$$

□ 6.76: Fortsetzung Beispiel 141: Gewichtsstützwand, Erddruck mit erdseitigem Knick

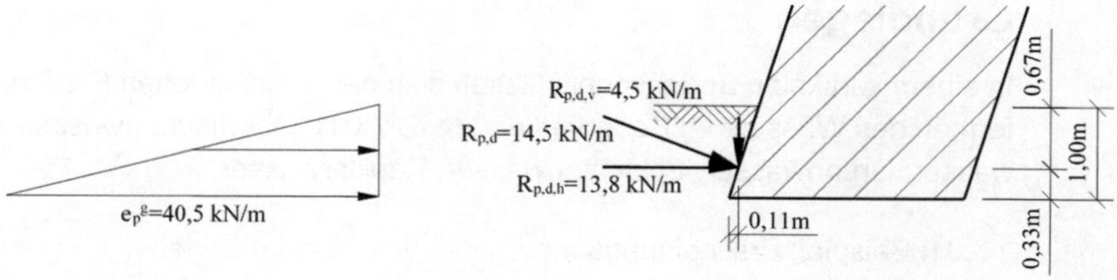

- *Erdwiderstand infolge Verkehrslast p:*

Dieser Erdwiderstand darf – da günstig wirkend – nicht angesetzt werden.

7 Wasser im Boden

7.01 Grundlagen

Formen

In einem vertikalen Bodenschnitt lassen sich die verschiedenen Erscheinungsformen des Wassers im Boden erkennen (□ 7.01): Oberflächenwasser, Sickerwasser, Grundwasser, Schichtenwasser, Kapillarwasser.

□ 7.01: Beispiel: Erscheinungsformen des Wassers im Boden

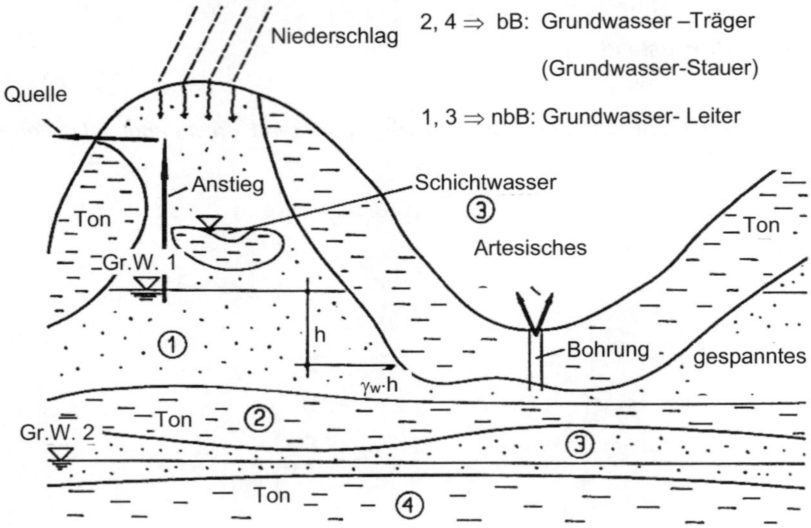

Oberflächenwasser

Bei starken Niederschlägen können größere Mengen Oberflächenwasser anfallen, die vor allem bei Hanglagen Gebäudeschäden verursachen können. In diesem Fall muss das Oberflächenwasser durch einen oberhalb liegenden und senkrecht zum Hanggefälle verlaufenden Abfanggraben vom Gebäude ferngehalten werden.

Sickerwasser

Niederschlagswasser, das nicht oberflächig abfließt, dringt als Sickerwasser in den Boden ein und sinkt bei Sanden und Kiesen ($k \geq 10^{-4}$ m/s) bis zum Grundwasser ab. In bindigen Böden sind die Durchlässigkeitswerte viel geringer. In diesem Fall staut sich das Wasser vorübergehend oder ständig auf. Wasser, das sich im Hinterfüllungsbereich von Bauwerken aufstaut, baut einen vorübergehenden Wasserdruck auf die Bauwerkswände auf.

Schichtenwasser

Wasser, das sich in einem geschichteten Baugrund auf wenig durchlässigen bindigen Schichten aufstaut □ 7.01 und in den durchlässigen Schichtenlagen abfließt.

Grundwasser

Wasser, das zusammenhängend und in größerem Umfang die Hohlräume des Bodens ausfüllt.

Grundwasser bildet sich in relativ durchlässigen Schichten wie nichtbindigen Böden und klüftigem Fels (den so genannten Grundwasserleitern) dadurch, dass sich Sickerwasser aus Niederschlägen, Uferfiltration (□ 7.02) usw. auf relativ undurchlässigen Böden und kompaktem Fels (den so genannten Grundwasserträgern) ansammelt und aufstaut (□ 7.01). Grundwasser übt einen ständigen hydrostatischen und gegebenenfalls zusätzlich noch einen Strömungsdruck auf ein Bauwerk aus.

Wenn Grundwasserleiter und Grundwasserträger mehrfach übereinander liegen, spricht man von “Grundwasserstockwerken” (□ 7.01). Eine Quelle entsteht, wenn Grund- oder Schichtenwasser an einem Hang austritt (□ 7.01).

□ 7.02: Beispiel: Gefälle der Grundwasseroberfläche

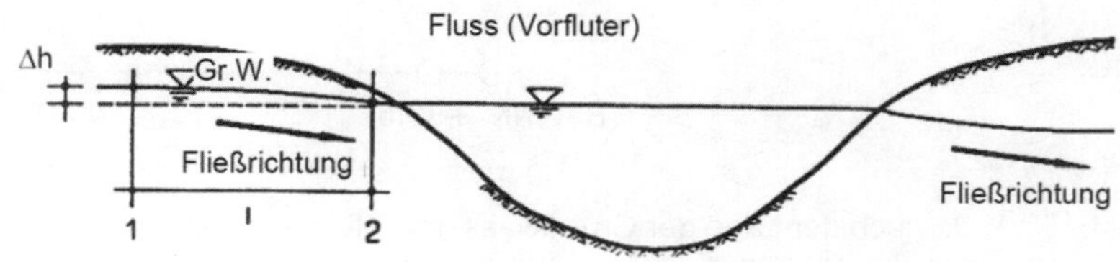

□ 7.03: Beispiel 142: Bestimmung von Richtung und Gefälle der Grundwasserbewegung

Ges.: *In den drei jeweils 100 m voneinander entfernten Beobachtungsbrunnen wurden gleichzeitig folgende Grundwasserstände gemessen:*

B1: NN +85,0

B2: NN +85,5

B3: NN +85,3

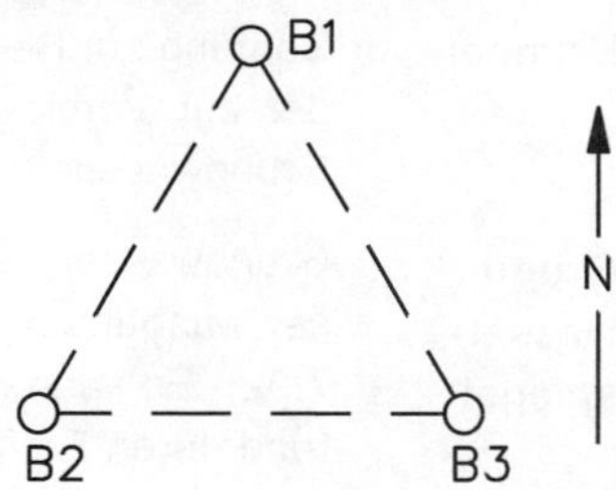

Ges.: *Richtung und Gefälle der Grundwasserbewegung.*

Lösg.: *Auf der Strecke $\overline{B1B2}$ (Verbindung des niedrigsten mit dem höchsten Grundwasserstand) wird ein dazwischen liegender Höhenpunkt HP1 (hier z.B. NN +85,25) aufgetragen und anschließend auf der Strecke $\overline{B1B3}$ der entsprechende Höhenpunkt HP2 ermittelt. Durch Verbindung beider Höhenpunkte ergibt sich dann die Höhenlinie NN +85,25.*

Mit der Lotrechten zur gefundenen Höhenlinie durch B1 erhält man

- die Fließrichtung

- die Strecke $l \mathrel{\hat{=}} \overline{FB1} = 96{,}0$ m (aus Zeichnung).

Auf der Strecke $\overline{B2B3}$ ist nunmehr durch geradlinige Interpolation zu ermitteln, welche NN-Höhe dieser Punkt F besitzt: NN +85,48.

□ 7.03: Fortsetzung Beispiel 142: Bestimmung von Richtung und Gefälle der Grundwasserbewegung

Höhendifferenz zwischen F und B1:

$$\Delta h = 85{,}48 - 85{,}00 = 0{,}48 \ m$$

Damit ergibt sich ein Gefälle von

$$i = \frac{\Delta h}{l} = \frac{0{,}48}{96{,}0} = 0{,}0050 \mathrel{\hat{=}} 5 ‰$$

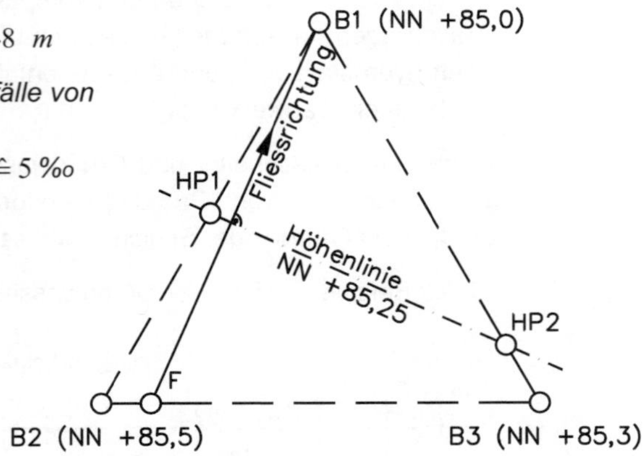

Je nach der Lage der Grundwasseroberfläche in Bezug auf die Wasseroberfläche eines Vorfluters kann das Grundwasser entweder dem Vorfluter zufließen oder dadurch angereichert werden, dass Wasser aus dem Vorfluter in das Gelände drückt ("Uferfiltration", □ 7.02).

Brunnen Bohrung zur Beobachtung ("Peilrohr"), zur Entnahme ("Entnahmebrunnen") oder zur Versickerung ("Versickerungsbrunnen" oder "Schluckbrunnen") von Grundwasser.

Grundwasserspiegel Grundwasseroberfläche in einem Bohrloch. Sie liegt in stehendem Grundwasser waagerecht. Die Oberfläche fließenden Grundwassers hat ein Gefälle (□ 7.02). Es kann aus der Differenz Δh der Wasserspiegel von zwei Bohrungen (und deren Entfernung Δl) bestimmt werden, wenn sie genau in Fließrichtung liegen.

$$i = \frac{\Delta h}{\Delta l} \qquad (7.01)$$

Dabei wird die Tiefenlage des Grundwasserspiegels z. B. mit einem Lichtlot bestimmt: beim Eintauchen in das Grundwasser schließt sich ein elektrischer Kontakt, und an der Geländeoberfläche leuchtet eine Glühbirne auf.

Ist die Richtung der Grundwasserbewegung nicht bekannt, so wird der Grundwasserspiegel in drei Bohrungen eingemessen, die im Grundriss in den Ecken eines Dreiecks liegen (□ 7.03).

Die Höhenlage der Grundwasseroberfläche ändert sich mit der Zeit. Sie wird in Brunnen oder in einem Peilrohr beobachtet und als Ganglinie aufgetragen (7.04).

Kapillarwasser Nach Abschnitt 4.06.1 werden unterschieden:

- geschlossene Kapillarwasserzone, die unmittelbar über dem Grundwasserspiegel liegt und in der sämtliche Hohlräume des Bodens mit Kapillarwasser gefüllt sind
- offene Kapillarwasserzone, die über der geschlossenen Kapillarwasserzone liegt und in der die Hohlräume z. T. mit Kapillar- und anderem Bodenwasser, z. T. mit Luft gefüllt sind.

□ 7.04: Beispiel: Ganglinie des Grundwasserspiegels

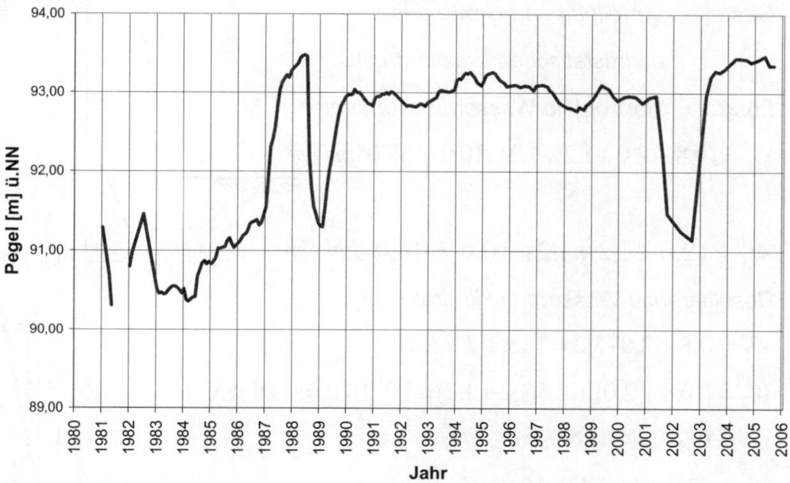

Im Gegensatz zu Grundwasser, das in Richtung des Gefälles fließt (freies Wasser), wird Kapillarwasser auch als gebundenes Wasser bezeichnet. Die Bindung erfolgt durch Adhäsions- und Kohäsionskräfte (siehe Abschnitt 4.06.1).

Gespanntes Wasser Grundwasser, das unterhalb einer Grundwasser stauenden Schicht liegt (□ 7.01) und durch die höhere Lage seines Spiegels unter Druck steht ("Druckwasser"). Wird gespanntes Grundwasser angebohrt, so steigt es, seinem Druck entsprechend, im Bohrloch hoch. Steigt gespanntes Grundwasser bis über die Erdoberfläche, so entsteht ein "artesischer Brunnen".

Wichten Bei grundbaustatischen Berechnungen werden – je nach der Erscheinungsform des Wassers im Boden – folgende Wichten angesetzt:

- γ : in der offenen Kapillarwasserzone
- γ_r : in der geschlossenen Kapillarwasserzone
- γ' : unter dem Grundwasserspiegel

7.02 Wasserdruck

Freies Wasser Nur freies Bodenwasser (Grund- und Schichtwasser) übt einen Druck auf Bauwerke aus. Dieser wird nach den Regeln der Hydrostatik wie im offenen Wasser berechnet:

- die Horizontalkomponente des Wasserdrucks auf eine schräge Bauwerksfläche ist gleich dem Wasserdruck auf eine senkrechte Wand und

- die Vertikalkomponente des Wasserdrucks auf eine schräge Wand ist – je nach Länge der Schräge – gleich dem Gewicht des Wasserprismas über der Wand oder gleich dem Wasserdruck von unten auf die Wand (□ 7.05).

□ 7.05: Beispiel 143: Wasserdruck auf Grundbauwerke

Geg.: *Dargestellte Stützwand*

Ges.: *Verteilung und Größe des hydrostatischen Wasserdrucks*

Lösg.: *Horizontale Wasserdruckordinaten:*

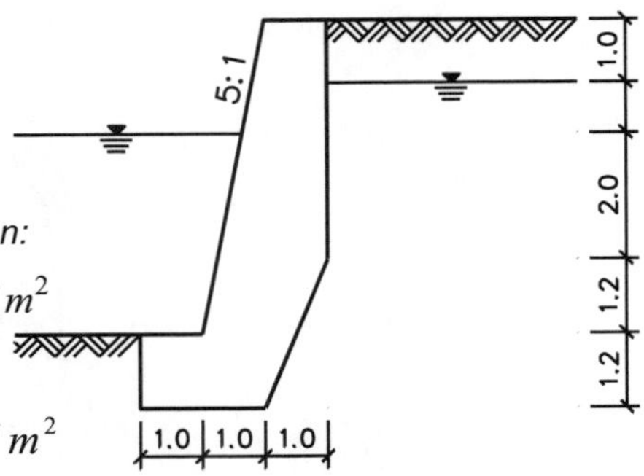

$$w_1 = (0{,}8 + 2{,}0 + 1{,}2 + 1{,}2) \cdot 10{,}0 = 52{,}0 \ kN/m^2$$

$$w_3 = (2{,}0 + 1{,}2 + 1{,}2) \cdot 10{,}0 = 44{,}0 \ kN/m^2$$

Resultierende Wasserdruckkräfte:

$$W_1 = 0{,}5 \cdot 52{,}0 \cdot 5{,}2 = 135{,}2 \ kN/m$$

$$W_2 = [(0{,}8 + 2{,}0) + 0{,}5(1{,}2 + 1{,}2)] \cdot 1{,}0 \cdot 10{,}0 = 40{,}0 \ kN/m$$

$$W_3 = 0{,}5 \cdot 44{,}0 \cdot 4{,}4 = 96{,}8 \ kN/m$$

$$W_4 = (2{,}0 + 1{,}2) \cdot 1{,}0 \cdot 10{,}0 = 32{,}0 \ kN/m$$

$$W_5 = 0{,}5(2{,}0 + 1{,}2) \cdot 0{,}64 \cdot 10{,}0 = 10{,}2 \ kN/m$$

$$F_A = 0{,}5(52{,}0 + 44{,}0) \cdot (1{,}0 + 1{,}0) = 96{,}0 \ kN/m$$

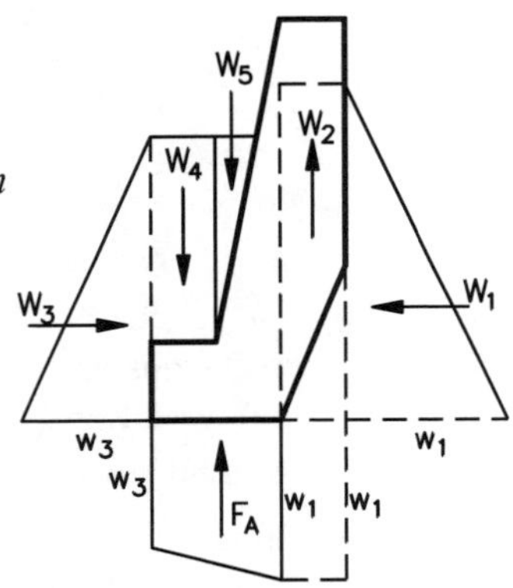

Kapillarwasser Kapillarwasser drückt nicht auf Bauwerke sondern belastet nur den Boden (siehe Abschnitt 4.06.1).

Gespanntes Wasser Gespanntes Grundwasser kann zu Sohlaufbrüchen bei Baugruben führen. Wenn keine ausreichende Sicherheit der Baugrubensohle gegen Auftrieb vorhanden ist, kann eine Grundwasserentspannung vorgenommen werden (siehe Abschnitt 7.03.2).

Der Nachweis einer ausreichenden Sicherheit gegen Auftrieb (□ 7.07, □ 7.08) ist auch immer dann zu führen, wenn die Baugrubenwände zusammen mit einer in Höhe der Baugrubensohle oder tiefer liegenden, praktisch undurchlässigen Schicht (Beton- oder Injektionssohle, bindiger Boden) einen geschlossenen Baukörper bilden.

⇒ EB 62

Auftrieb (Sohlwasserdruck) Liegt die Gründungssohle eines Bauwerks unterhalb des Grundwasserspiegels, so ist Sohlwasserdruck (Auftrieb) anzusetzen (□ 7.08 a). Nach Handbuch

Eurocode 7, Band 1 ist für den Grenzzustand UPL (Grenzzustand des Versagens infolge Aufschwimmen) der Nachweis zu führen, dass die vorhandene stabilisierend wirkende Eigengewichtskraft $G_{k,stb}$ größer ist als die resultierende, destabilisierend wirkende Auftriebskraft A_k, die im Schwerpunkt der Gründungssohle angesetzt wird, ist. Teilsicherheitsbeiwerte $\gamma_{G,dstb}$ und $\gamma_{G,stb}$: □ 7.06. Anwendung: □ 7.10 bis □ 7.12, □ 7.90 bis □ 7.93.

$$A_k \cdot \gamma_{G,dst} \leq G_{k,stb} \cdot \gamma_{G,stb} \tag{7.02}$$

A_k die an der Unterfläche des Gründungskörpers, des gesamten Bauwerkes, der betrachteten Bodenschicht oder der Baugrubenkonstruktion einwirkende charakteristische hydrostatische Auftriebskraft;

$\gamma_{G,dst}$ der Teilsicherheitsbeiwert für ungünstige ständige Einwirkungen im Grenzzustand GZ 1A nach Tabelle □ 7.06;

$G_{k,stb}$ der untere charakteristische Wert günstiger ständiger Einwirkungen;

$\gamma_{G,stb}$ der Teilsicherheitsbeiwert für günstige ständige Einwirkungen im Grenzzustand UPL nach Tabelle □ 7.06.

□ 7.06: Teilsicherheitsbeiwerte gegen Auftrieb (Sohlwasserdruck) (Nach Handbuch Eurocode 7, Band 1)

Einwirkung	**Formelzeichen**	**Bemessungssituation**			
		BS-P	**BS-T**	**BS-A**	**BS-E**
günstig ständig	$\gamma_{G,\ stb}$	0,95	0,95	0,95	1,00
ungünstig ständig	$\gamma_{G,\ dst}$	1,05	1,05	1,00	1,00

□ 7.07: Beispiel 144: Überprüfung der Sicherheit der Baugrubensohle gegen Auftrieb bei gespanntem Grundwasser

Geg.: *Die auf der nächsten Seite dargestellten Verhältnisse*

Ges.: *Es ist zu überprüfen, ob der geplante Baugrubenaushub bis in 3,0 m Tiefe unter Geländeoberkante möglich ist.*

Lösg.: *Die Auswertung des Schichtenprofils zeigt, dass unter der Tonschicht gespanntes Grundwasser mit einer Druckhöhe von 4,8 - 1,7 = 3,1 m ansteht. Bei Aushub der geplanten Baugrube ist somit ein Auftrieb zu befürchten. Als Baugrube gilt BS-T.*

Obwohl in der einschlägigen Fachliteratur auch andere Sicherheitsdefinitionen zur Diskussion gestellt werden, ist es in der Praxis allgemein üblich, einen Gewichts-/Druck-Vergleich zwischen der von oben wirkenden Erdauflast mit dem von unten wirkenden Auftrieb (Sohlwasserdruck) in Ansatz zu bringen:

□ 7.07: Fortsetzung Beispiel 142: Überprüfung der Sicherheit der Baugrubensohle gegen Auftrieb bei gespanntem Grundwasser

$$\gamma \cdot h \cdot \gamma_{G,stb} \geq \gamma_w \cdot h_w \cdot \gamma_{G,dstb}$$ *mit* $\gamma_{G,dst} = 1{,}05$ *und* $\gamma_{G,st} = 0{,}95$

Der Bezugshorizont ist dabei durch den Schichtenwechsel der „undurchlässigen“ Schicht gegeben.

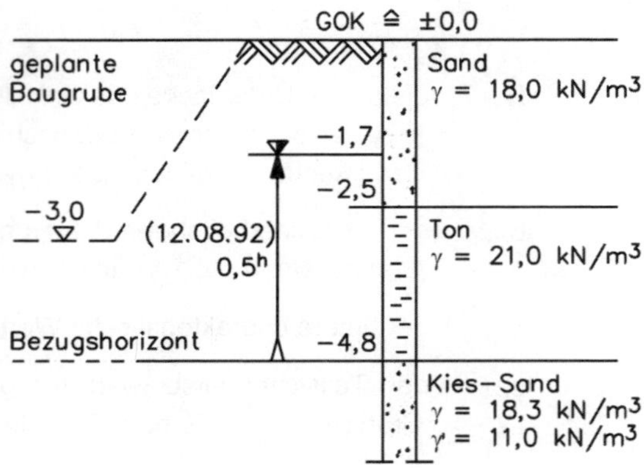

Für die gegebenen Verhältnisse wird:

$$21{,}0 \cdot (4{,}8 - 3{,}0) \cdot 0{,}95 = 35{,}91 \ kN/m^2 .$$

$$10 \cdot (4{,}8 - 1{,}7) \cdot 1{,}05 = 32{,}55 \ kN/m^2$$

und damit $35{,}91 \geq 32{,}55$

Es liegt ausreichende rechnerische Sicherheit gegen Auftrieb vor.

□ 7.08: Beispiel: Sohlwasserdruck (Auftrieb) a) allgemein b) Reibungskräfte

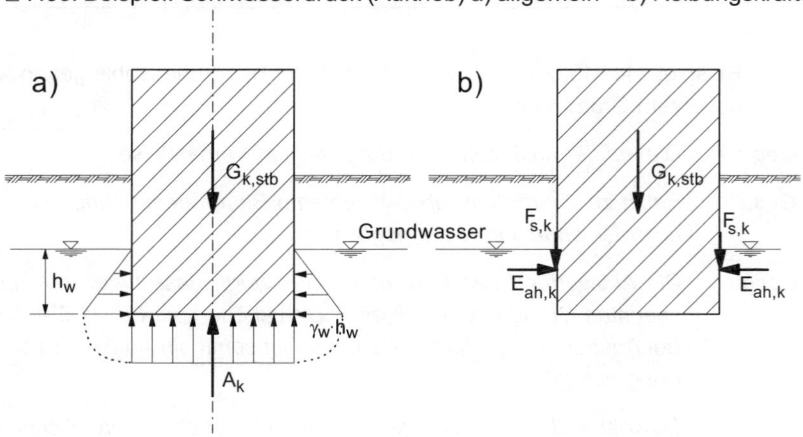

Die bei einer Auftriebsbewegung an den Bauwerkswänden aktivierten Reibungskräfte können näherungsweise über die Horizontalkomponenten $E_{ah,k}$ des aktiven Erddrucks mit einem Wandreibungswinkel von $\delta_a = 2/3\ \varphi_k$ ermittelt werden.

Hierbei wird davon ausgegangen, dass eine Wandbewegung den Ansatz von aktivem Erddruck rechtfertigt. Aus Sicherheitsgründen sollte auch in Fällen, die den Ansatz von Erdruhedruck erfordern, die Bodenreaktion (hier: Reibung) ungünstig aus dem aktiven Erddruck ermittelt werden. Sollen auch die Reibungskräfte $F_{s,k}$ am Bauwerksumfang (siehe □ 7.08 b) beim Sicherheitsnachweis angesetzt werden, dann ist die Bedingung für ausreichende Sicherheit einzuhalten (Teilsicherheiten □ 7.06):

$$A_k \cdot \gamma_{G,dst} \leq G_{k,stb} \cdot \gamma_{G,stb} + F_{s,k} \cdot \gamma_{G,stb} \qquad (7.03)$$

mit $F_{s,k} = \eta \cdot E_{ah,k} \cdot \tan \delta_a$ (Bauwerkswand) (7.04)

$F_{s,k} = \eta \cdot E_{ah,k} \cdot \tan \varphi_k$ (Ende Sporn) (7.05)

$\eta = 0{,}8$ (BS-P und BS-T) (7.06)

$\eta = 0{,}9$ (BS-A) (7.07)

Bei nicht ausreichender Sicherheit kommen in Frage

- Vergrößerung der Eigenlast
- Verankerung des Bauwerks
- Verringerung der Auftriebskraft (z. B. durch ständige oder nur bei einem bestimmten Grundwasserstand einsetzende Grundwasserabsenkung)

□ 7.09: Beispiel 145: Ermittlung der Sicherheit gegen Auftrieb (= Sohlwasserdruck)

Geg.: *Eine Schiffsschleuse aus Stahlbeton; Grundwasser (außen) steht bei Kote: -1,5 m*

Ges.: *Für den dargestellten Querschnitt ist die Sicherheit gegen Auftrieb für die Fälle*

a) Betriebszustand

b) Reparaturzustand (Schleuse leer) zu überprüfen.

Vorbemerkungen:

Bei Auftriebsberechnungen ist die Wichte von Stahlbeton sicherheitshalber mit γ = 24 kN/m³ anzusetzen, wenn nicht der tatsächliche Wert ermittelt wird.

Zur Demonstration der in der Praxis üblichen Berechnungsverfahren sollen die Nachweise durch

Nachweis 1: Vergleich der Gewichtskräfte (BS-P) und

Nachweis 2: Einbeziehung von Bodenreaktionen(BS-T)

geführt werden.

□ 7.09: Fortsetzung Beispiel 145: Ermittlung der Sicherheit gegen Auftrieb (= Sohlwasserdruck)

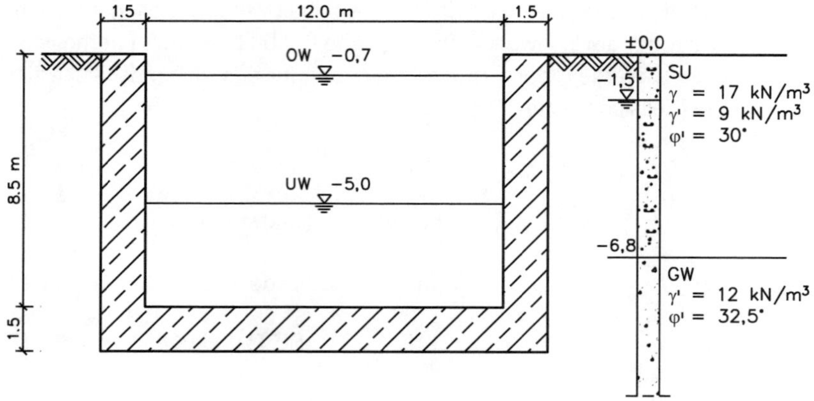

Lösg.: ***zu a) Betriebszustand (BS-P)***

Der für diesen Nachweis ungünstigste Betriebszustand ergibt sich, wenn in der Schleuse der Wasserspiegel auf UW steht.

Nachweis 1: *Eigenlast des Bauwerks:*

$$G = 24{,}0(2 \cdot 1{,}5 \cdot 10{,}0 + 1{,}5 \cdot 12{,}0) = 1152 \;\; kN/m$$

Sohlwasserdruckkraft (Auftriebskraft):

$$A_k = 10{,}0 \cdot 8{,}5 \cdot 15{,}0 = 1275 \;\; kN/m$$

Die Eigenlast des in der Schleuse befindlichen Wassers wirkt zusätzlich noch im Sinne der Bauwerkslast:

$$G_W = 10{,}0 \cdot 3{,}5 \cdot 12{,}0 = 420 \;\; kN/m\,.$$

Damit wird der Nachweis gegen Auftrieb:

$(G + G_w) \cdot \gamma_{G,stb} \geq A_k \cdot \gamma_{G,dstb}$ *mit* $\gamma_{G,dst} = 1{,}05$ *und* $\gamma_{G,st} = 0{,}95$

$\sum G \cdot 0{,}95 = (1152 + 420) \cdot 0{,}95 = 1493{,}4 \;\; kN/m$ *(BS-P).*

$A_k \cdot 1{,}05 = 1275 \cdot 1{,}05 = 1338{,}8 \;\; kN/m$ *und damit* $1493{,}4 > 1338{,}8$

Es liegt ausreichende rechnerische Sicherheit gegen Auftrieb vor.

Nachweis 2: Einbeziehung von Bodenreaktionen (BS-T)

Verteilung des horizontalen aktiven Erddrucks $E_{ah,k}$ *hinter der Wand:*

$\alpha = 0$, $\beta = 0$, $\delta_a = 2/3\varphi_k$: $k_{ah}^{SU} = 0{,}28$; $k_{ah}^{GW} = 0{,}25$

Pro Wand ergibt sich somit:

□ 7.09: Fortsetzung Beispiel 145: Ermittlung der Sicherheit gegen Auftrieb (= Sohlwasserdruck)

$$F_{s,k} = 0{,}5 \cdot 7{,}1 \cdot 1{,}5 \cdot \tan\frac{2}{3} \cdot 30° + 0{,}5(7{,}1 + 20{,}5) \cdot 5{,}3 \cdot \tan\frac{2}{3} \cdot 30° +$$

$$+ 0{,}5 \cdot (18{,}3 + 27{,}9) \cdot 3{,}2 \cdot \tan\frac{2}{3} \cdot 32{,}5° = 57{,}9\ kN/m \cdot$$

Ansetzbare Scherkraft:

$$F_{s,k} = 2 \cdot 57{,}9 \cdot 0{,}8 = 92{,}7\ kN/m$$

Damit lässt sich die Sicherheit gegen Auftrieb überprüfen:

$$A_k \cdot \gamma_{G,dst} \leq G \cdot \gamma_{G,stb} + F_{s,k} \cdot \gamma_{G,stb}$$

mit $\gamma_{G,dst} = 1{,}05$ *und* $\gamma_{G,st} = 0{,}95$.

$\sum G \cdot 0{,}95 = (1152 + 92{,}7) \cdot 0{,}95 = 1182{,}5\ kN/m$ *(BS-T).*

$A_k \cdot 1{,}05 = 1275 \cdot 1{,}05 = 1338{,}8\ kN/m$

und damit $1182{,}5 < 1338{,}8$

Es liegt keine ausreichende rechnerische Sicherheit gegen Auftrieb vor.

Somit müssten zusätzliche Maßnahmen (z.B. Sohlverankerungen) getroffen werden (s. Beispiel □ 7.93)

7.03 Wasserhaltung

7.03.1 Grundlagen

Zweck Eine Grundwasserabsenkung kann notwendig werden, wenn

- die Baugrubensohle unterhalb der Grundwasseroberfläche liegt (in diesem Fall ist eine Absenkung von ≥ 0,5 Meter unter Baugrubensohle erforderlich (□ 7.10)
- gespanntes Grundwasser ansteht (siehe unten).

Fanggraben In geneigtem Gelände ist auf der Bergseite der Baugrube ein Fanggraben erforderlich (□ 7.11), damit das Oberflächenwasser nicht in die Baugrube bzw. in die Grundwasserabsenkungsanlage gelangt. In diesem Fall ist ein Fanggraben auch zweckmäßig zum Schutz des fertigen Bauwerks und seiner Dränung gegen zufließendes, schmutzbeladenes Oberflächenwasser.

Kreiselpumpen (□ 7.19 a) oder Membranpumpen (□ 7.19 b) mit Saug- und Druckleitung ("Saugpumpen", □ 7.19) können nur bei relativ geringer Saughöhe (bei Flachbrunnen, □ 7.18) eingesetzt werden. Denn die theoretische Saughöhe von rd. 10 m verringert sich im praktischen Betrieb durch Undichtigkeiten und Verlusthöhen auf ca. 3 … 5 m. Bei tiefen Baugruben ist beim Einsatz dieser Pumpen eine aufwändige Staffelabsenkung erforderlich (□ 7.17).

□ 7.10: Beispiel: Grundwasserabsenkung a) bei geböschter, b) bei mit durchlässigem Verbau gesicherter Baugrube

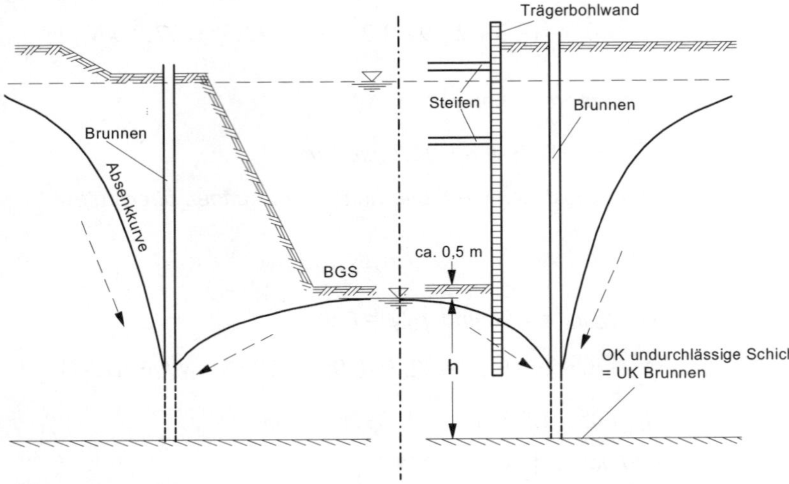

Aus diesen Gründen werden daher heute hauptsächlich Unterwasserpumpen ("Tauchpumpen") eingesetzt (□ 7.14), die nur eine Druckleitung besitzen. Unterwasserpumpen gibt es in der kompakten und robusten Form für Pumpensümpfe bei der offenen Wasserhaltung ("Schmutzwasserpumpen") und in der schlanken und lang gestreckten Ausführung für den Betrieb in Brunnen. Die letztgenannte Bauweise ist sehr empfindlich gegen Bodenanteile im Wasser und benötigt daher einen wirksamen Brunnenfilter.

□ 7.11: Beispiel: Fanggraben bei geneigtem Gelände

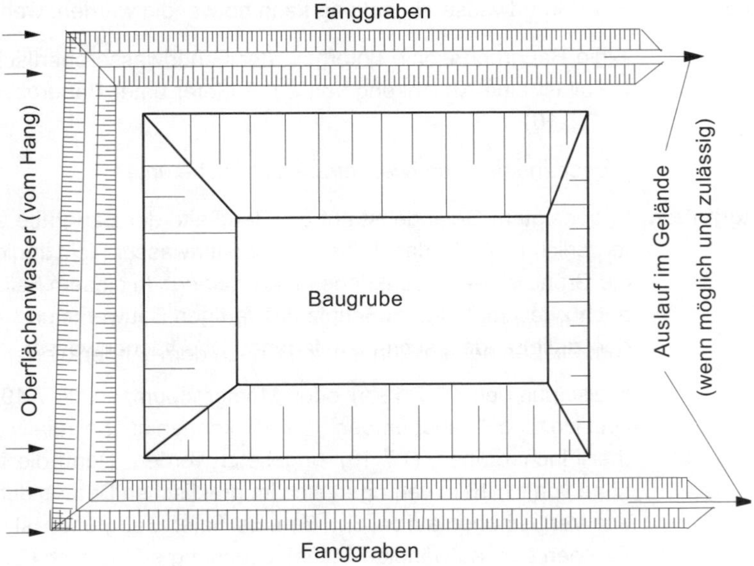

Anlage von Brunnen

Filterbrunnen (□ 7.15): Ein Bohrrohr ("Brunnenrohr", übliche Durchmesser 250 … 1500 mm) wird im Bohrverfahren niedergebracht (siehe Abschnitt 3.03). In dieses äußere Rohr wird das Filterrohr eingesetzt, das im Bereich der geplanten Absenkung geschlitzt oder gelocht ist (□ 7.16, hier: Schlitzbrückenfilter nach DIN 4922, aus Nold 1977). In den Ringraum zwischen Bohrrohr und Filterrohr wird regelgerechtes (siehe Abschnitt 4.01.4) Filtermaterial eingebracht, damit das Feinkorn des zu entwässernden Bodens nicht in den Brunnen gelangt. Gleichzeitig wird das Bohrrohr wieder gezogen. Bei längerem Absenkbetrieb wird der Ringraum oberhalb des Absenkbereichs mit bindigem Bohrgut ausgefüllt, damit kein Tagwasser von oben in den Brunnen gelangt.

Flachbrunnen (Wellpointbrunnen, □ 7.18) werden bei Absenktiefen von max. 4…6 m ("Flachhaltungen") in Sand-/Kiesböden eingesetzt. Eine tiefere Grundwasserabsenkung ist nur mit Staffelabsenkung (□ 7.17) möglich. Stahlrohre von 2″ … 4″ Durchmesser, die mit einer Spitze und – im Absenkbereich – mit Öffnungen und Filtern versehen sind, werden mit Druckwasser, das an der Spitze austritt, in den Boden gespült und dienen im Betrieb mit Saugpumpen als Saugrohre. Flachbrunnen werden meist außerhalb des Bauwerksgrundrisses angeordnet und über eine Ringleitung, die zur Saugpumpe führt, miteinander verbunden.

7.03.2 Arten von Wasserhaltung

Je nach Bodenart und Absenktiefe kommen für die Grundwasserabsenkung verschiedene Verfahren in Frage (□ 7.12). Hierdurch senkt sich die Grundwasser-oberfläche auch in der Umgebung der Wasserhaltung ab: auf diese Weise bilden sich Absenktrichter, so dass der abgesenkte Grundwasserspiegel – bei richtiger Anordnung und Bemessung – überall unterhalb der Baugrubensohle liegt

Offene Wasserhaltung

Die Grundwasserabsenkung erfolgt, sobald das Grundwasser im Zuge des Baugrubenaushubes sichtbar wird also offen sichtbar ist.

Bei Baugruben, deren Sohle ständig oberhalb oder nur geringfügig unterhalb des Grundwasserspiegels liegt, kann nur Tagwasser, Schichtenwasser oder in geringem Umfang Grundwasser in die Baugrube gelangen. In diesem Fall wird das Wasser in einer Vertiefung, dem „Pumpensumpf", gesammelt (□ 7.13) und mit Hilfe einer Schmutzwasserpumpe (□ 7.14 a) gefördert. Die Baugrubensohle wird zweckmäßig mit einer Ringdränung versehen und etwas geneigt. Die Zuführung des Wassers zum Pumpensumpf wird bei größeren Flächen mit Hilfe von Stichdräns oder eines Flächenfilters erleichtert (□ 7.14 b). Bei Böden, die zum Fließen neigen, können, z. B. nach dem „Andeckverfahren" nur kleine Bodenbereiche kurzfristig freigelegt und dann sofort mit Filtermaterial abgedeckt werden.

Geschlossene Wasserhaltung

Die Grundwasserabsenkung erfolgt vor Erreichen des Grundwasserspiegels, also vor dem Baugrubenaushub im Grundwasserbereich. Das Grundwasser ist also nicht sichtbar. Der Grundwasserstand ist während der Wasserhaltung nicht sichtbar und kann nur über Grundwasserbeobachtungspegel ermittelt werden.

□ 7.12: Beispiel: Arten und Anwendungsbereiche der Wasserhaltung

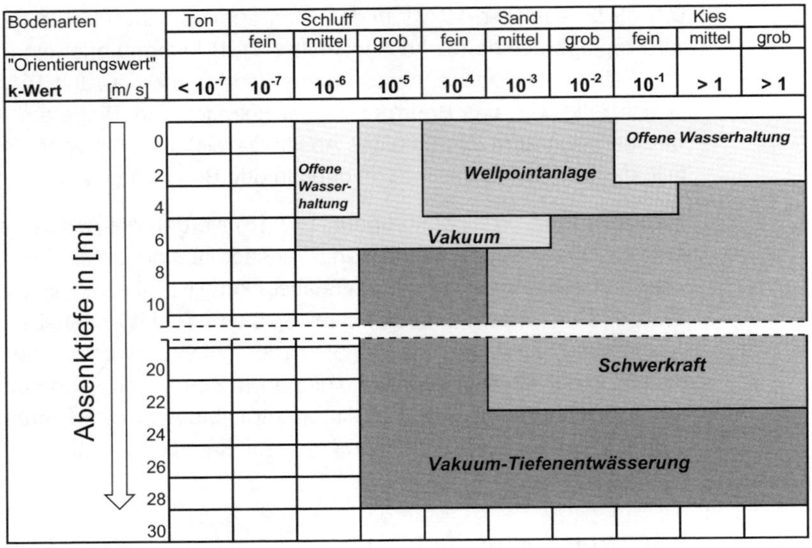

Innerhalb oder außerhalb der Baugrube werden mehrere Filter- oder Flachbrunnen oder Spüllanzen niedergebracht, in denen das zufließende Wasser durch Pumpen abgesenkt wird, und durch eine Sammelleitung entwässert (□ 7.14, □ 7.15, □ 7.15 und □ 7.20). Es handelt sich somit um ein „geschlossenes“ Entwässerungssystem. Auf diese Weise bilden sich Absenktrichter um die Einzelbrunnen, die sich bei nicht zu großem Brunnenabstand überlagern, so dass der abgesenkte Grundwasserspiegel – bei richtiger Anordnung und Bemessung der Brunnen – überall unterhalb der Baugrubensohle liegt (□ 7.12, □ 7.17, □ 7.19, □ 7.20).

Zu den Geschlossenen Wasserhaltungen gehört die Absenkung mittels (siehe (□ 7.12):

- Wellpointanlage
- Vakuumanlage
- Schwerkraftentwässerung
- Vakuum-Tiefenentwässerung

Schwerkraftabsenkung

Dieses Verfahren wird bei Baugruben angewendet, deren Sohle tiefer unter dem Grundwasserspiegel liegt. Es wird auch “Gravitationsverfahren” genannt, weil es nur in Frage kommt, wenn die Durchlässigkeit des Bodens so groß ist, dass das Wasser – bei entsprechendem Gefälle – allein durch die Schwerkraft den Brunnen zufließt.

Innerhalb oder außerhalb der Baugrube werden Filter- oder Flachbrunnen niedergebracht, in denen das zufließende Wasser durch Pumpen abgesenkt wird (□ 7.14, □ 7.15).

Absenkung durch Vakuum Bei feinkörnigen Böden (Schluff, Feinsand) ist das Wasser so fest an den Boden gebunden, dass es durch Schwerkraft allein den Brunnen nicht mehr zufließt. Daher wird es mit Vakuumbrunnen oder –lanzen abgesenkt („Unterdruckentwässerung").

□ 7.13: Beispiel: Offene Wasserhaltung mit a) Ringdrän und Stichdräns, b) horizontaler Filterschicht und Ringdrän

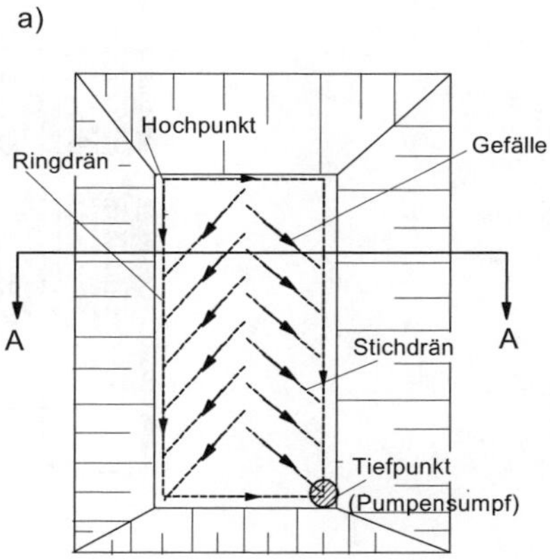

□ 7.14: Beispiele: Druckpumpen a) Schmutzwasserpumpe im Pumpensumpf b) Tauchpumpe im Brunnen

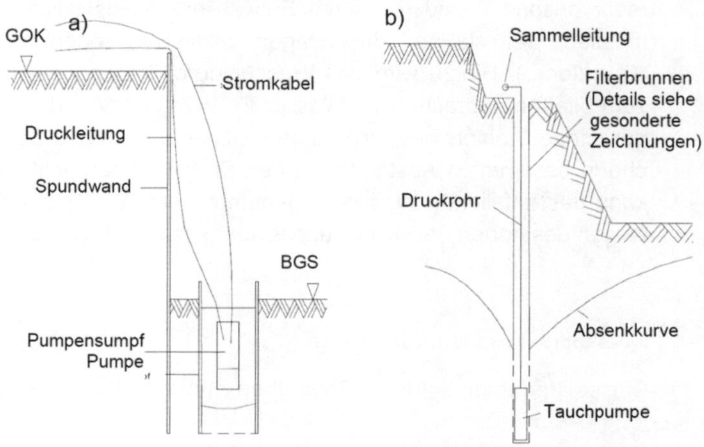

Vakuumabsenkung Eine Vakuumanlage ist einer Wellpointanlage (siehe □ 7.19 und Abschnitt 7.03.1) sehr ähnlich, nur die Durchmesser der Saugrohre sind geringer (1″ ... 2″, daher werden sie auch Kleinfilterbrunnen genannt), die Einzelteile der Anlage müssen stärker abgedichtet und hochwirksame Saugpumpen (Vakuumpumpen, □ 7.18) müssen eingesetzt werden, die einen Unterdruck > 0,9 bar erzeugen. Entsprechend der Reichweite des Vakuums im Boden haben die Brunnen einen Abstand von max. 1 … 2 m. Absenktiefen von 5 … 7 m können erreicht werden. Bei größeren Absenktiefen ist eine Staffelabsenkung erforderlich (□ 7.20). Durch den Unterdruck kommt im Umkreis der Brunnen zusätzlich eine Stabilisierung rutschempfindlicher Böden zu Stande, so dass eine steilere Abböschung der Baugrube möglich ist.

□ 7.15: Filterbrunnen

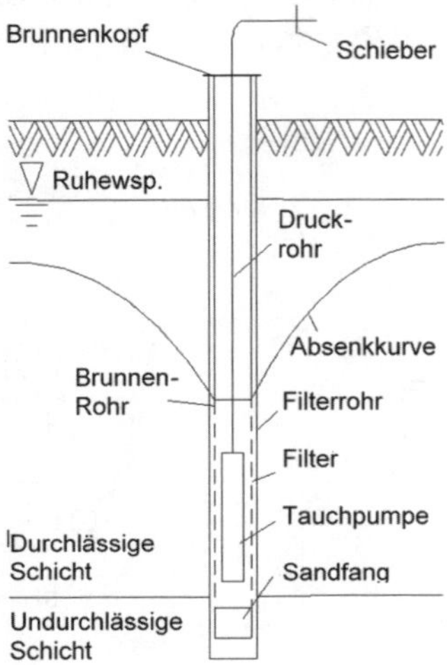

□ 7.16: Filterrohr

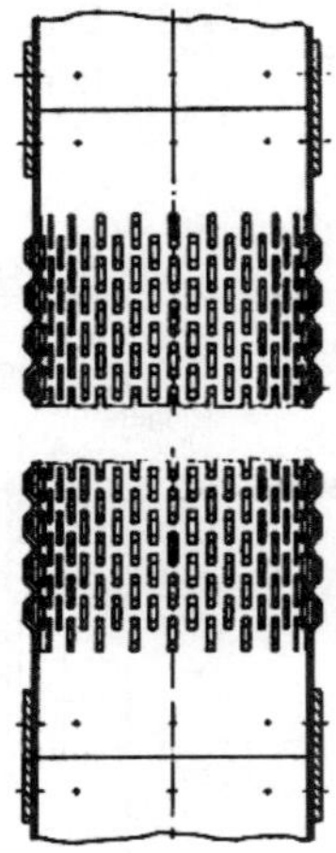

Elektro-osmose

Dieses Verfahren wird in der Praxis aktuell nicht eingesetzt. Theoretisch einsetzbar bei feinkörnigen Böden, bei denen auch das Vakuumverfahren nicht mehr anspricht, und die durch Entwässerung zusätzlich stabilisiert werden müssen, weil sie aus Böschungen ausfließen können ("Quicklehme" und "Quicktone"). Hierzu wird das Wasser durch Aufbringen eines Gleichstroms zum Fließen gebracht. Das Wasser fließt von der Anode (z. B. in den Boden gerammte Stahlprofile) zur Kathode. Diese besteht aus Stahlfilterrohren, welche in bestimmten Abständen in den Boden eingebracht werden. Aus ihnen kann das anfallende Wasser abgepumpt werden (□ 7.21). Das Verfahren ist wegen des hohen Stromverbrauchs sehr kostenaufwändig.

□ 7.17: Beispiel: Absenktrichter, a) nur ein Brunnen arbeitet, b) Überlagerung der Trichter

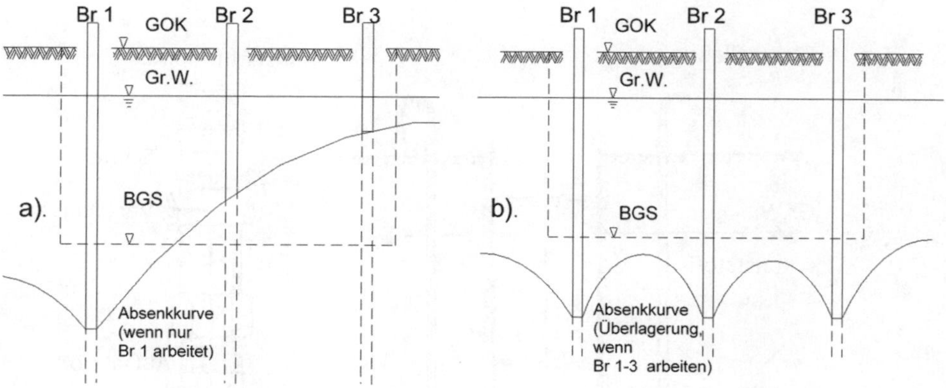

Vakuumtiefbrunnen

In unterschiedlich durchlässigen Sand- und Kiesböden, die durch eine oder mehrere schwer durchlässige Schichten voneinander getrennt sind (verschiedene Grundwasserstockwerke), werden Vakuumtiefbrunnen (eine Kombination von Schwerkraft- und Vakuumbrunnen) eingesetzt. Hierdurch wird eine tiefe Absenkung möglich (□ 7.22).

□ 7.18: Beispiele: Saugpumpen: a) Kreiselpumpe, b) Membranpumpe, c) Pumpensumpf, Saug- und Druckleitung

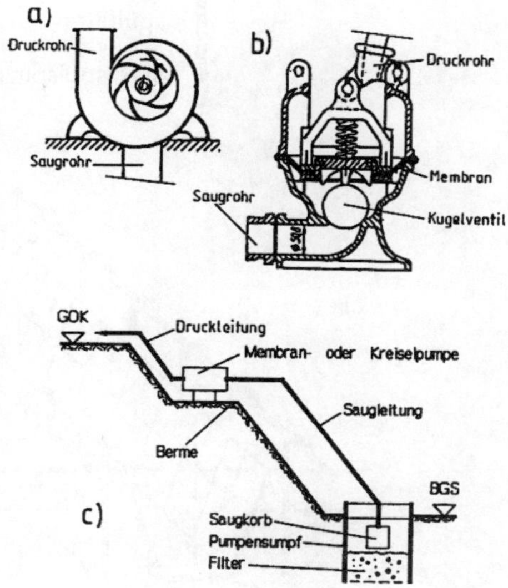

Grundwasser schonende Bauweise

Durch zweckmäßige Wahl der Bauweise kann die abzupumpende Grundwassermenge erheblich vermindert oder der Zulauf zur Baugrube völlig verhindert werden („Grundwasser schonende Bauweise"):

- aus ökologischen Gründen, um den natürlichen Wasserhaushalt im Boden nicht zu stören,
- wenn eine Absenkung zu Setzungsschäden in der Umgebung der Baugrube führen kann,
- wenn keine Möglichkeit besteht, das Pumpwasser in der Nähe der Baugrube abzuleiten oder im Untergrund zu versickern,
- aus Wirtschaftlichkeitsgründen bei langer Bauzeit.

□ 7.19: Beispiele: Wellpoint- oder Vakuumanlage, a) Schnitt, b) Filterrohr mit Spülspitze, c) Anlage bei einem Graben

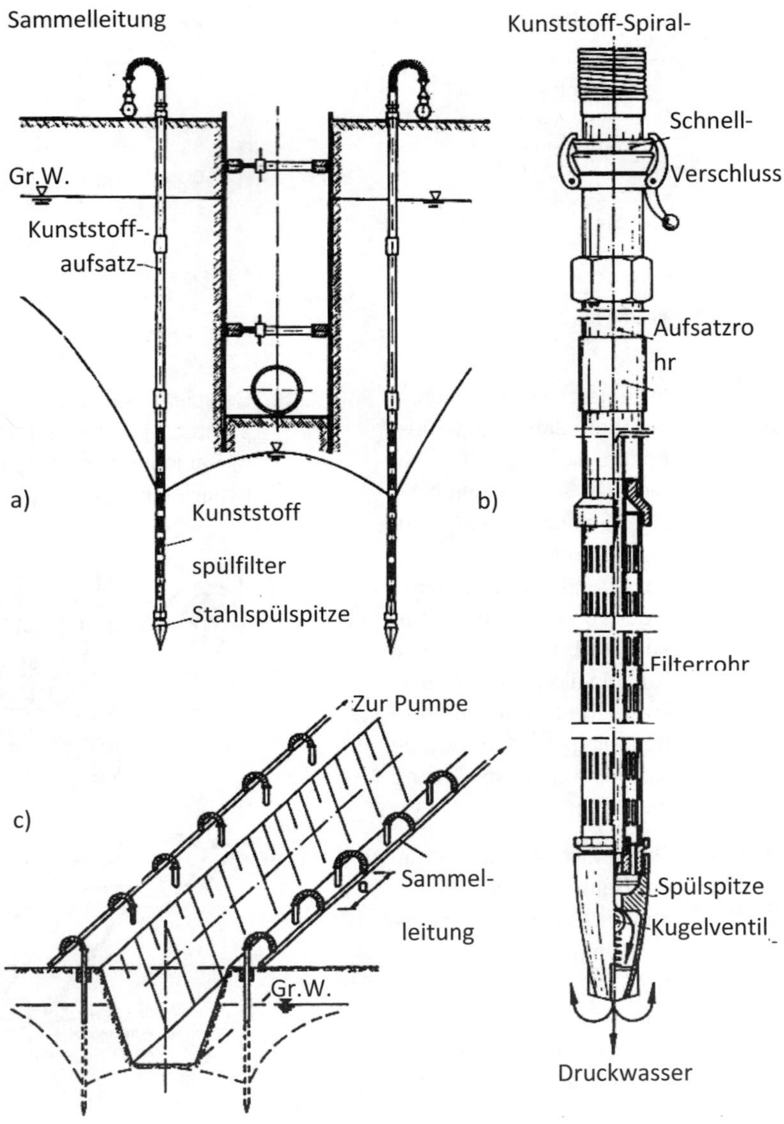

Folgende Maßnahmen kommen hierfür in Frage:

- Umschließung der Baugrube mit wasserdichten Wänden (Spundwände, Schlitzwände, Bohrpfahlwände, □ 7.23 c). Hierdurch wird die abzupumpende Wassermenge und die Reichweite des Absenktrichters gegenüber Baugruben mit Böschungen (□ 7.23 a) oder mit durchlässigen Wänden (□ 7.23 b) erheblich reduziert.

- Ausbildung eines praktisch wasserdichten Trogs: eine wasserdichte Baugrubenwand wird in eine praktisch undurchlässige Schicht (□ 7.23 c) oder eine künstlich hergestellte wasserdichte Sohle eingebunden ("Wand-Sohle-Methode"). Die Sohle kann aus Unterwasserbeton oder aus einer Injektionsschicht bestehen und muss gegen Auftrieb gesichert werden.
- Um eine Störung des Grundwasserhaushalts durch längere Grundwasserabsenkungen zu vermeiden, kann das dem Baugrund entzogene Wasser außerhalb des Einzugsbereichs der Grundwasserabsenkung mittels offener Becken (□ 7.24) oder Versickerungsbrunnen („Schluckbrunnen", □ 7.25) wieder in den Untergrund eingebracht werden.
- Wenn lang gestreckte Bauwerke (z. B. Verkehrstunnel) in einen Grundwasserstauer einbinden und hierdurch als Grundwassersperre wirken, wird durch ein System von Brunnen und Dükern der Grundwasserfluss wiederhergestellt (□ 7.26).

□ 7.20: Staffelabsenkung

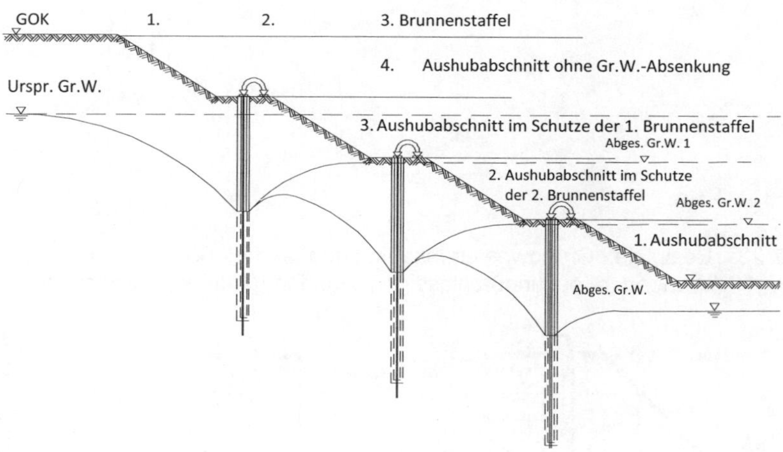

Entspannung

Eine Grundwasserentspannung muss vorgenommen werden, wenn sich keine ausreichende Sicherheit gegen

- Aufbruch der Baugrubensohle (siehe Abschnitt 7.02) oder
- hydraulischen Grundbruch (siehe Abschnitt 7.04)

nachweisen lässt.

In diesen Fällen können Überlaufbrunnen in bestimmten Abständen innerhalb der Baugrube genügen, in denen gespanntes Wasser bis zur Baugrubensohle hochsteigt und abgepumpt werden kann. Wirksamer, aber auch aufwändiger ist eine "Grundwasserabsenkung" mit Hilfe von Entspannungsbrunnen, die ausreichend tief unter die Wasser stauende Schicht reichen (□ 7.27).

□ 7.21: Beispiel: Elektroosmose-Verfahren

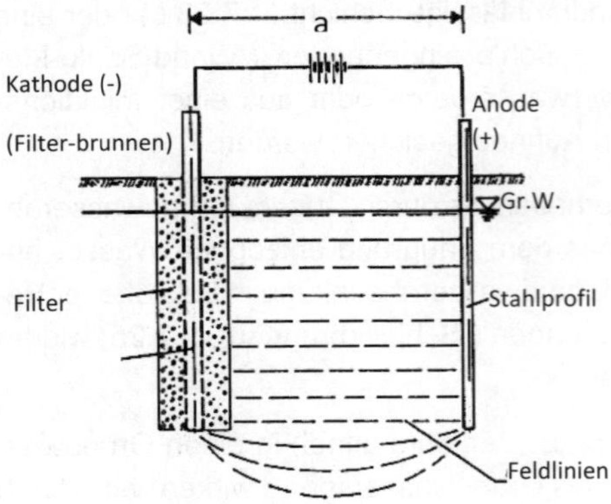

□ 7.22: Beispiel: Vakuumtiefbrunnen

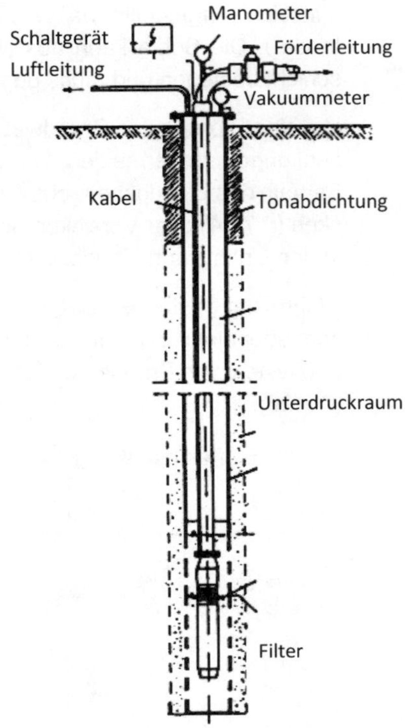

□ 7.23: Beispiele: Grundwasserabsenkungen a) bei Böschungen, b) bei durchlässigen Wänden, c) bei undurchlässigen Wänden (Grundwasser schonende Bauweise)

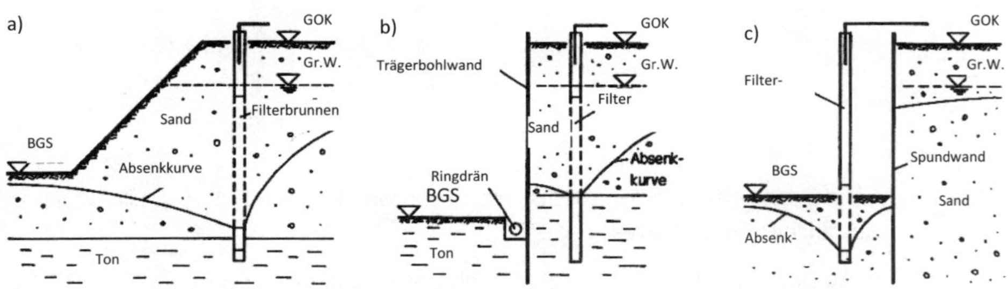

Wasser-verdrängung Ist eine Grundwasserabsenkung wegen großen Wasserandrangs in sehr durchlässigen Böden oder zu großer Absenktiefe (z. B. im unterirdischen Verkehrstunnelbau) nicht möglich, dann kann das Wasser mit Hilfe von Druckluft verdrängt werden. Die zu erstellenden Tiefbauwerke in Form von geschlossenen, vertikalen oder horizontalen Röhren werden mit Luftschleusen für Personen und Material versehen und unter Luftdruck gesetzt, der größer sein muss als der äußere Wasserdruck (□ 7.28, □ 7.29).

□ 7.24: Beispiele: Kombination verschiedener Wasserhaltungsverfahren und Versickerung aus einem offenen Becken

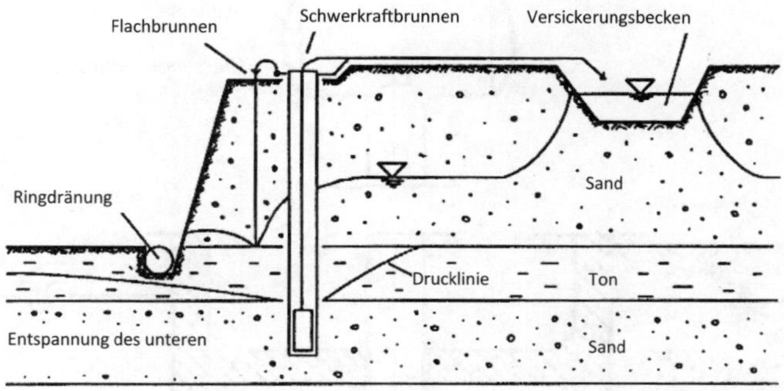

□ 7.21: Beispiel: Versickerungsbrunnen

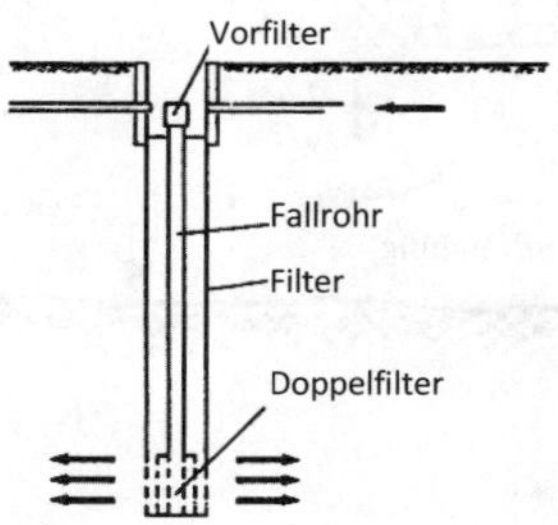

□ 7. 26: Beispiel: Unterdükerung eines Trogbauwerks zur Aufrechterhaltung des Grundwasserstroms

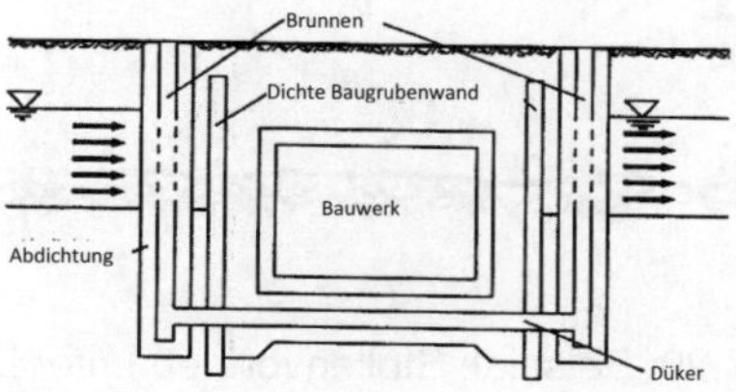

□ 7.27: Beispiel: a) Gefährdung der Baugrubensohle durch von unten drückendes Wasser, b) Entspannungsbrunnen

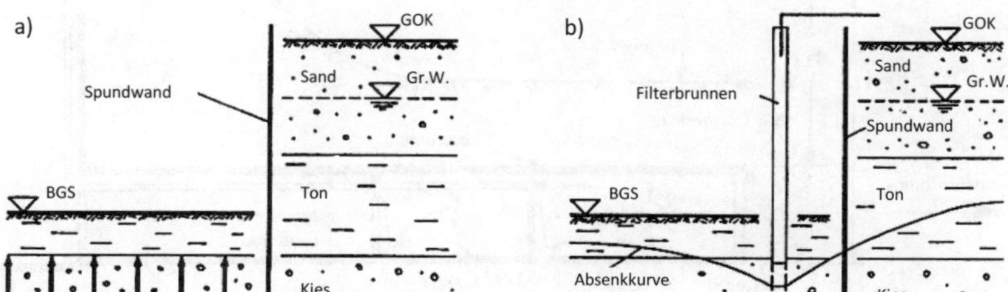

□ 7.28: Beispiel: Druckluftbrunnen (Caisson)

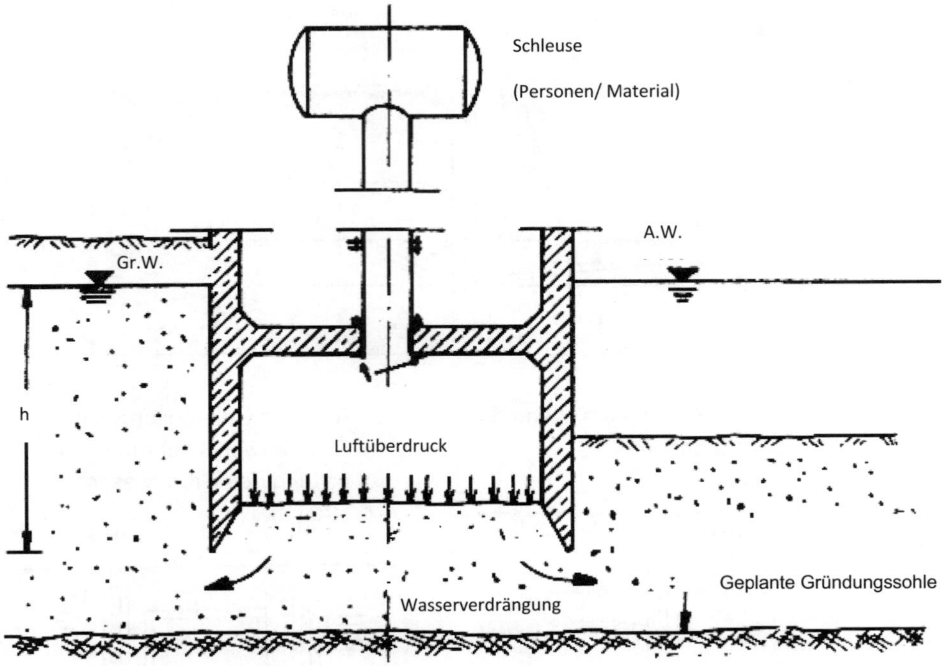

□ 7.29: Beispiel: Stollenvortrieb unter Druckluft

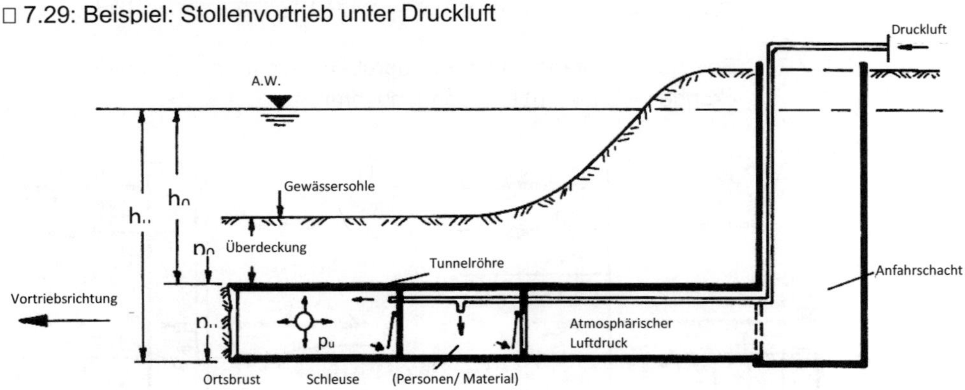

7.03.3 Offene Wasserhaltung

Wasserandrang

Offene Wasserhaltung

Die folgenden Gleichungen gelten für eine Offene Wasserhaltung, deren Wasserandrang q_A in einer rechteckigen Baugrube mit den Abmessung L_1 und L_2 ($L_1 \geq L_2$) nach dem Ansatz nach Davidenkoff ermittelt wird.

Der Wasserandrang q_A lässt sich nach der Gleichung von Davidenkoff berechnen (□ 7.30):

□ 7.30: Beispiel: Offene Wasserhaltung, Bezeichnung in Anlehnung an Davidenkoff

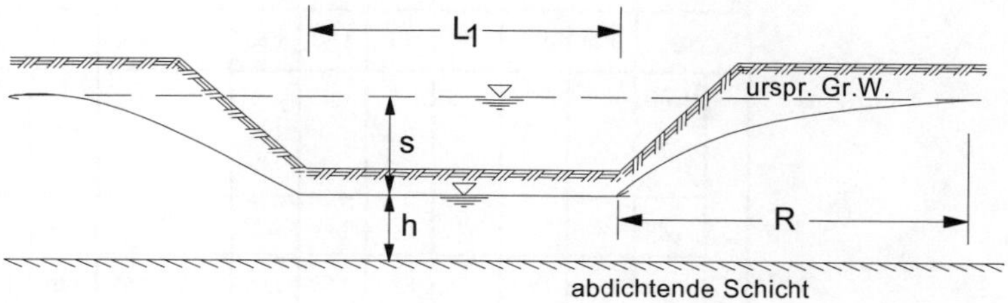

$$q_A = k \cdot s^2 \cdot \left[\left(1 + \frac{h^*}{s} \right) \cdot m + \frac{L_1}{R} \cdot \left(1 + \frac{h^*}{s} \cdot n \right) \right] \qquad (7.08)$$

mit:

q_A Wasserandrang

L_1, L_2 Baugrubenlänge ($L_1 \geq L_2$)

s Absenkziel (Abstand des ursprünglichen zum abgesenkten Grundwasserspiegel)

h, h^* (rechnerisch anzusetzender) Abstand abgesenkter Grundwasserspiegel bis zur undurchlässigen Schicht

bei $h > s$ mit $h^* = s$ rechnen

bei $h \leq s$ mit $h^* = h$ rechnen

R Reichweite: $R = 3000 \cdot s \cdot \sqrt{k}$ (7.09)

k Durchlässigkeitsbeiwert

m, n Beiwerte (siehe Formeln 7.10 und 7.11 sowie □ 7.31)

$$m = \frac{L_2}{R} + \frac{\pi}{\ln\left(\frac{R}{0{,}1 \cdot L_2}\right)} \qquad (7.10) \qquad n = \frac{4 \cdot R}{L_2 + 2 \cdot h^*} \cdot \ln\left(1 + \frac{L_2 + 2 \cdot h^*}{2 \cdot R}\right) \qquad (7.11)$$

□ 7.31: Beispiel: Offene Wasserhaltung, Beiwerte m, n nach Davidenkoff

L_2/R		0	0,1	0,2	0,3	0,4	0,5	0,6	0,7	0,8	0,9	1,0	1,1	1,2
m		0,34	0,78	1	1,2	1,38	1,55	1,72	1,88	2,04	2,20	2,36	2,52	2,68
n	L_2/R \ h^*/R	0	0,1	0,2	0,3	0,4	0,5	0,6	0,7	0,8	0,9	1,0	1,1	1,2
	0	2	1,95	1,91	1,86	1,82	1,79	1,75	1,71	1,68	1,65	1,62	1,59	1,57
	0,2	1,82	1,79	1,75	1,71	1,68	1,65	1,62	1,59	1,57	1,54	1,52	1,49	1,47
	0,4	1,68	1,65	1,62	1,59	1,57	1,54	1,52	1,49	1,47	1,45	1,43	1,41	1,39
	0,6	1,57	1,54	1,52	1,49	1,47	1,45	1,43	1,41	1,39	1,37	1,35	1,33	1,31
	0,8	1,47	1,45	1,43	1,41	1,39	1,37	1,35	1,33	1,31	1,3	1,28	1,27	1,25
	1	1,39	1,37	1,35	1,33	1,31	1,3	1,28	1,27	1,25	1,24	1,22	1,21	1,19

□ 7.32: Beispiel 146: Berechnung des Zulaufs für eine Offene Wasserhaltung

Geg.: *Eine Baugrube mit den Abmessungen 14,8 m / 24,8 m / 2,4 m; k = 10^{-2} m/s; Grundwasserstand ohne Absenkung: 1,4 m unter Gelände*

Tiefe der abdichtenden Schicht: 3,9 m unter Gelände

Ges.: *Wasserandrang q_A [m^3/Tag] bei einem Absenkziel: 0,5 m unter Baugrubensohle*

Lösg.: *Reichweite:* $R = 3000 \cdot s \cdot \sqrt{k} = 3000(2{,}4 - 1{,}4 + 0{,}5) \cdot \sqrt{10^{-2}} = 450{,}0\ m$.

Absenkung: $s = 2{,}4 - 1{,}4 + 0{,}5 = 1{,}5\ m$

$h^* = h = 3{,}9 - 2{,}4 - 0{,}5 = 1{,}0\ m < 1{,}5\ m$

$L_1 = 24{,}8$ m , $L_2 = 14{,}8$ m

$\frac{L_2}{R} = \frac{14{,}8}{450} = 0{,}033$; $\frac{h}{R} = \frac{1}{450} \approx 0$ ⇒ Formel: *m ~ 0,58, n ~ 1,98*

$$q_A = k \cdot s^2 \cdot \left[\left(1 + \frac{h^*}{s}\right) \cdot m + \frac{L_1}{R} \cdot \left(1 + \frac{h^*}{s} \cdot n\right)\right]$$

$$q_A = 10^{-2} \cdot 1{,}5^2 \cdot \left[\left(1 + \frac{1{,}0}{1{,}5}\right) \cdot 0{,}58 + \frac{24{,}8}{450} \cdot \left(1 + \frac{1{,}0}{1{,}5} \cdot 1{,}98\right)\right] = 0{,}0246\ m^3/s = 2128\ m^3/Tag$$

7.03.4 Einzelbrunnen

Arten Die folgenden Gleichungen gelten für Brunnen, deren Unterkante bis zu einer undurchlässigen Schicht reicht ("vollkommener Brunnen"). Das Wasser kann in diesem Fall nur durch den Brunnenmantel und nicht durch die Sohle in den Brunnen gelangen.

Für Brunnen, die nicht bis zu einer undurchlässigen Schicht hinabreichen ("unvollkommene Brunnen"), gibt es keine direkten mathematischen Lösungen. Sie werden mit den für vollkommene Brunnen gültigen Gleichungen berechnet, wobei die undurchlässige Schicht in Brunnensohle angenommen wird. Die auf diese Weise nicht berücksichtigte, durch die Brunnensohle eindringende Wassermenge wird durch einen Zuschlag berücksichtigt. Dieser beträgt 10 %, wenn der Abstand zwischen Brunnensohle und undurchlässiger Schicht ca. H, und 30 %, wenn er ≥ 2H ist (□ 7.33).

Der Verlauf der Absenkungskurve für einen vollkommenen Brunnen lässt sich nach der Gleichung von Dupuit/Thiem berechnen (□ 7.33):

$$q_A = \frac{\pi \cdot k \cdot \left(y_2^2 - y_1^2\right)}{\ln x_2 - \ln x_1} \qquad (7.12)$$

Mittels eines Pumpversuchs ("Probepumpversuch", □ 7.34) kann der Durchlässigkeitsbeiwert aus der Gleichung für die Absenkkurve direkt im Gelände bestimmt werden (siehe auch Abschnitt 4.06). Zunächst muss der Beharrungszustand (bei dem der Wasserspiegel im Brunnen weder ansteigt noch abfällt) abgewartet werden. Dann werden die geförderte Wassermenge und die Tiefenlage des Grundwasserspiegels in einem Peilrohr gemessen, das in bestimmter Entfernung vom Brunnen angeordnet ist. Dieses Verfahren ist zwar viel teurer als der Laborversuch aber auch wesentlich zuverlässiger, weil eine große, ungestörte Bodenmasse "in situ" erfasst wird.

Die auf einen vollkommenen Schwerkraftbrunnen (Filterbrunnen) allseitig zuströmende Wassermenge q_A in m³/s (auch "ankommende Wassermenge" oder "Wasserandrang" genannt) ergibt sich aus ((□ 7.33 und □ 7.34):

$$q_A = \frac{\pi \cdot k \cdot \left(H^2 - h^2\right)}{\ln R - \ln r} \qquad (7.13)$$

Die Reichweite R der Absenkungskurve in m erhält man aus der empirischen Gleichung von Sichardt, wenn die Absenkung s in m und der Durchlässigkeitsbeiwert k in m/s eingesetzt werden (siehe auch Gleichung 7.09):

$$R = 3000 \cdot s \cdot \sqrt{k} \qquad (7.14)$$

Dabei muss die Reichweite R oder die Absenkung s = H-h häufig erst geschätzt werden. Eine ungenaue Schätzung wirkt sich aber kaum auf das Ergebnis aus.

□ 7.33: Beispiel: Einzelbrunnen (vollkommen; freies Grundwasser)

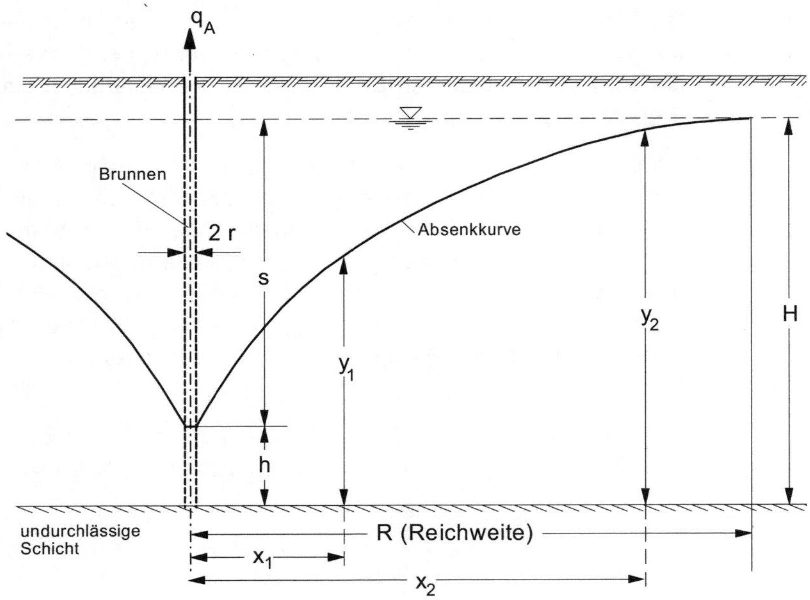

v_g, i_g, q_F Mit der empirischen Formel von Sichardt für die Grenzgeschwindigkeit v_g des Wassers in m/s

$$v_g = \frac{\sqrt{k}}{15} \tag{7.15}$$

ergeben sich das Grenzgefälle i_g am Brunnen und das Fassungsvermögen q_F des Brunnens in m³/s zu (□ 7.37)

$$i_g = \frac{1}{15\sqrt{k}} \quad (7.16), \qquad q_F = 2 \cdot \pi \cdot r \cdot h \frac{\sqrt{k}}{15} \quad (7.17)$$

In allen Gleichungen sind die Längen in m und der Durchlässigkeitsbeiwert k in m/s einzusetzen.

□ 7.34: Beispiel 147: Auswertung eines Pumpversuchs

Geg.: *Im (vollkommenen) Filterbrunnen B1 (Durchmesser d = 0,3 m) wurde mit einer Pumpleistung von q_A = 10 l/s die auf der nächsten Seite dargestellte Absenkung des Grundwasserspiegels erreicht.*

Ges.: *Wasserstand z im Beobachtungsbrunnen B3, wenn der Durchlässigkeitsbeiwert des anstehenden Bodens k = 1,44 · 10⁻³ m/s beträgt.*

Lösg.: *Reichweite:* $R = 3000 \cdot s \cdot \sqrt{k} = 300(57{,}55 - 55{,}85) \cdot \sqrt{1{,}44 \cdot 10^{-3}} = 193{,}5 \; m$.

□ 7.34: Fortsetzung Beispiel 147: Auswertung eines Pumpversuchs

Systemkizze:

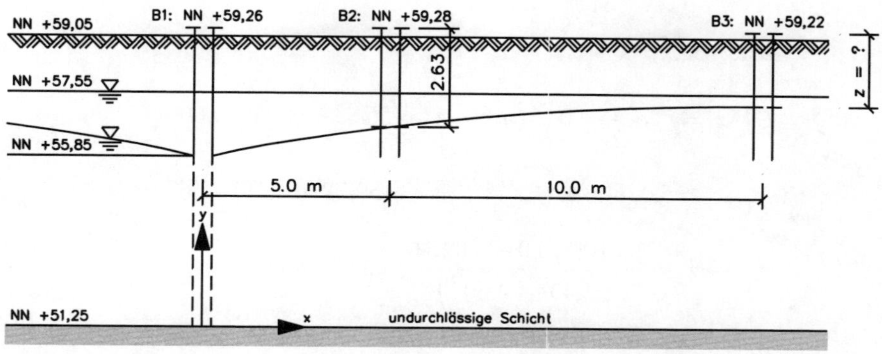

***Lösg.**: (Fortsetzung)*

Beobachtungsbrunnen B2:

$x_1 = 5,00\ m;$ $y_1 = (59,28 - 51,25) - 2,63 = 5,40\ m$

Beobachtungsbrunnen B3:

$x_2 = 15,00\ m;$ $y_2 = ?$

Mit $$q_A = \frac{\pi \cdot k\left(y_2^2 - y_1^2\right)}{\ln x_2 - \ln x_1}$$

wird

$$y_2 = \sqrt{\frac{q_A\left(\ln x_2 - \ln x_1\right)}{\pi \cdot k} + y_1^2} = \sqrt{\frac{0,010\left(\ln 15,0 - \ln 5,0\right)}{\pi \cdot 1,44 \cdot 10^{-3}} + 5,40^2} = 5,62\ m$$

Damit wird der Wasserstand im Beobachtungsbrunnen B3:

$z = (59,22 - 51,25) - 5,62 = 2,35\ m.$

Für die Gegebenheiten des vorhergehenden Beispiels ist unter der Voraussetzung, dass ab Brunnenoberkante folgende Wasserstände gemessen wurden:

B1: $z_1 = 3,41\ m;$ *B2:* $z_2 = 2,63\ m;$ *B3:* $z_3 = 2,35\ m,$

Der Durchlässigkeitsbeiwert k des anstehenden Bodens ist als arithmetischer Mittelwert aus 3 Rechnungen zu bestimmen:

a) zwischen B1 und B2

b) zwischen B1 und B3

c) zwischen B2 und B3.

□ 7.34: Fortsetzung Beispiel 147: Auswertung eines Pumpversuchs

$$k = \frac{q_A\left(\ln x_2 - \ln x_1\right)}{\pi\left(y_2^2 - y_1^2\right)}$$

a) B1/B2:

B1: $x_1 = r = \frac{0{,}3}{2} = 0{,}15\ m;\qquad y_1 = 55{,}85 - 51{,}25 = 4{,}60\ m$

B2: $x_2 = 5{,}0\ m;\qquad y_2 = (59{,}28 - 51{,}25) - 2{,}63 = 5{,}40\ m$

$$\rightarrow k_1 = \frac{0{,}010\left(\ln 5{,}0 - \ln 0{,}15\right)}{\pi\left(5{,}40^2 - 4{,}60^2\right)} = 0{,}00140\ m/s$$

b) B1/B3:

B1: $x_1 = 0{,}15\ m;\qquad y_1 = 4{,}60\ m$

B3: $x_2 = 15{,}0\ m;\qquad y_2 = (59{,}22 - 51{,}25) - 2{,}35 = 5{,}62\ m$

$$\rightarrow k_2 = \frac{0{,}010\left(\ln 15{,}0 - \ln 0{,}15\right)}{\pi\left(5{,}62^2 - 4{,}60^2\right)} = 0{,}00141\ m/s$$

c) B2/B3:

B2: $x_1 = 5{,}0\ m;\qquad y_1 = 5{,}40\ m$

B3: $x_2 = 15{,}0\ m;\qquad y_2 = 5{,}62\ m$

$$\rightarrow k_3 = \frac{0{,}010\left(\ln 15{,}0 - \ln 5{,}0\right)}{\pi\left(5{,}62^2 - 5{,}40^2\right)} = 0{,}00144\ m/s$$

Damit berechnet sich der Durchlässigkeitsbeiwert als arithmetisches Mittel zu

$$k = \frac{0{,}00140 + 0{,}00141 + 0{,}00144}{3} \approx 0{,}00142\ m/s\ \hat{=}\ 1{,}42 \cdot 10^{-3}\ m/s$$

Kapazität Ein Brunnen ist richtig bemessen ("er hat die richtige Kapazität"), wenn der Wasserandrang q_A gleich seinem Fassungsvermögen q_F ist (□ 7.39): $q_A = q_F = q_K$. Wenn $q_A < q_F$ ist, wird der Brunnen leer gepumpt, wenn $q_A > q_F$ ist, steigt das Wasser im Brunnen an.

Anmerkung: Den Zusammenhang kann man sich leicht klarmachen, wenn man sich einen Studenten in der Kneipe vorstellt, der entweder „mangels Masse“ vor fast leerem Glase sitzt oder dessen „Schluckfähigkeit“ überschritten wird, wenn ein Spender am Nachbartisch es zu gut mit ihm meint (□ 7.35).

□ 7.35: Beispiel: Student in einer Kneipe

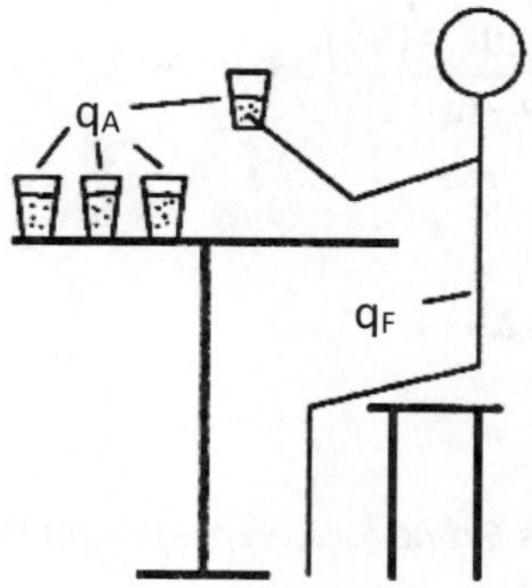

□ 7.36: Beispiel: Einzelbrunnen (gespanntes Grundwasser)

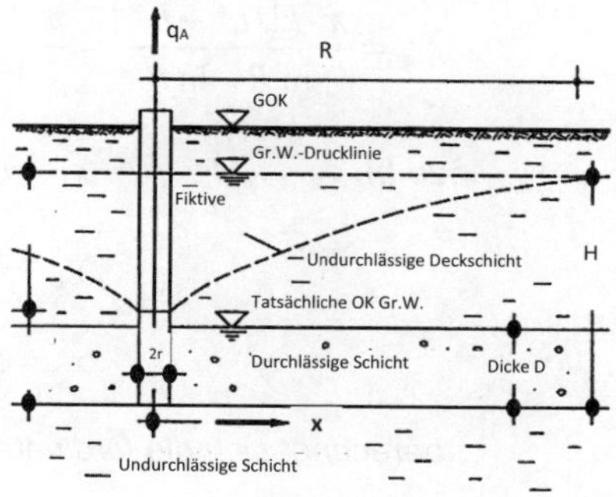

Gespanntes Wasser

Der Wasserandrang q_A in m³/s ergibt sich bei gespanntem Grundwasser zu (□ 7.36)

$$q_A = \frac{\pi \cdot k \cdot 2 \cdot D \cdot (H - h)}{\ln R - \ln r} \qquad (7.18)$$

Anmerkung: Bei der Berechnung des Fassungsvermögens kann die Mantelfläche nicht größer als die Schichtdicke m werden. In allen Gleichungen sind die Längen in m und der Durchlässigkeitsbeiwert k in m/s einzusetzen.

□ 7.37: Beispiel 148: Berechnung von Wasserandrang und Absenktrichter

Geg.: *Die nachstehend angegebenen Verhältnisse an einem Einzelbrunnen*

Ausgangswerte:

Brunnendurchmesser d = 40 cm

Durchlässigkeitsbeiwert k = 10^{-3} m/s

Ursprünglicher Wasserstand über der undurchlässigen Schicht H = 20 m

Absenkung am Brunnen s = 8 m.

Ges.: *Es sind zu ermitteln:*

a) Wasserandrang des vollkommenen Brunnens

b) Höhenkote des Grundwasserspiegels in einer Entfernung von x = 50 m.

Lösg.: *zu a) Wasserstand am Brunnen:*

$$h = H - s = 20 - 8 = 12 \ \ m$$

Reichweite:

$$R = 3000 \cdot 8 \cdot \sqrt{10^{-3}} = 759 \ \ m \ .$$

□ 7.37: Fortsetzung Beispiel 148: Berechnung von Wasserandrang und Absenktrichter

Damit berechnet sich die ankommende Wassermenge zu

$$q_A = \frac{\pi \cdot k\left(H^2 - h^2\right)}{\ln R - \ln r} = \frac{\pi \cdot 10^{-3}\left(20^2 - 12^2\right)}{\ln 759 - \ln 0{,}2} = 0{,}0976 \ m^3 / s .$$

zu b) *Mit* $x_1 \hat{=} r = 0{,}20 \ m$

$y_1 \hat{=} h = 12{,}0 \ m$

$x_2 = 50{,}0 \ m$

berechnet sich die Ordinate des Grundwasserspiegels im Punkt 2 zu

$$y_2 = \sqrt{\frac{q_A\left(\ln x_2 - \ln x_1\right)}{\pi \cdot k} + y_1^2} = \sqrt{\frac{0{,}0976\left(\ln 50{,}0 - \ln 0{,}20\right)}{\pi \cdot 10^{-3}} + 12{,}0^2} = 17{,}76 \ m .$$

□ 7.38: Beispiel 149: Berechnung von Grenzgefälle und Fassungsvermögen

Geg.: *Die nachstehend angegebenen Verhältnisse an einem Filterbrunnen*

Ausgangswerte:

Brunnendurchmesser d= 40 cm

Durchlässigkeitsbeiwert k = 10^{-3} m/s

Ursprünglicher Wasserstand über der undurchlässigen Schicht H = 20 m

Absenkung am Brunnen s = 8 m.

Ges.: *Es sind zu ermitteln:*

a) Grenzgefälle am Filterrohr

b) Fassungsvermögen des Brunnens

Lösg.: *zu a)* $i_g = \frac{1}{15\sqrt{10^{-3}}} = 2{,}11 \ (\hat{=} 1 : 0{,}474)$

zu b) Bei einem Wasserstand am Brunnen von h = H - s = 20,0 - 8,0 = 12,0 m beträgt das Fassungsvermögen

$$q_F = 2\pi \cdot 0{,}2 \cdot 12{,}0 \cdot \frac{\sqrt{10^{-3}}}{15} = 0{,}0318 \ m^3 / s .$$

7.03.5 Mehrbrunnenanlage

Mehrbrunnenanlagen sind Voraussetzung für eine Geschlossene Wasserhaltung mittels Schwerkraftbrunnen beziehungsweise mittels Vakuum-Tiefenentwässerung (siehe Abschnitt 7.03.2).

R_E Eine Mehrbrunnenanlage wird für die Berechnung als ein großer, kreisförmiger Brunnen angenommen, auf den von allen Seiten Wasser zufließt.

Grundsätzlich ergibt sich der "Ersatzradius" R_E dieses Großbrunnens für beliebige Baugruben aus der von den Filterbrunnen (Anzahl n) umschlossenen Fläche A zu:

$$R_E = \sqrt{\frac{A}{\pi}} \tag{7.19}$$

Ausschließlich für rechteckförmige Baugruben ergibt sich der "Ersatzradius" R_E näherungsweise zu (□ 7.40):

$$R_E = \eta \cdot b \quad \text{mit } (a + x) > (b + x) \text{ und } 1 \leq (a + x)/(b + x) \leq 4 \tag{7.20}$$

Hierin ist $\eta = 0{,}2\,(a + x)/(b + x) + 0{,}37$ und x: Abstand der Brunnen zur Seite

Die zu fördernde Wassermenge (bei vollkommenen Brunnen) der gesamten Anlage ist (□ 7.43 bis □ 7.46)

$$Q_A = \frac{\pi \cdot k \cdot (H^2 - h^2)}{ln\,R - ln\,R_E} \tag{7.21}$$

Hierin ist h der abgesenkte Grundwasserstand an der ungünstigsten Stelle der Baugrube.

Für den Fall ln R – ln R_E < 1 ist zutreffender:

$$Q_A = \pi \cdot k \cdot (H^2 - h^2) \cdot \left(2\frac{R_E}{R} + 0{,}25\right) \tag{7.22}$$

□ 7.39: Beispiel 150: Berechnung der Kapazität

Geg.: *Die nachstehend angegebenen Verhältnisse eines vollkommenen Brunnens:*

Brunnendurchmesser d = 40 cm

Durchlässigkeitsbeiwert $k = 10^{-3}$ m/s

ursprünglicher Grundwasserstand über der undurchlässigen Schicht H = 20 m

Ges.: *Die Kapazität*

1. Grafische Lösung:

Die Kapazität q_K ist zu bestimmen durch den Schnittpunkt der Funktionskurve q_A mit der Geraden q_F.

Wertetafel für $q_A = \dfrac{\pi \cdot k\left(H^2 - h^2\right)}{\ln R - \ln r}$:

□ 7.39: Fortsetzung Beispiel 150: Berechnung der Kapazität

h	*s*	*R*	*h²*	*H-h²*	*lnR - lnr*	*q_A*
[m]	*[m]*	*[m]*	*[m²]*	*[m²]*	*-*	*[m³/s]*
0	*20*	*1897,4*	*0*	*400*	*9,1577*	*0,1372*
5	*15*	*1423,0*	*25*	*375*	*8,8700*	*0,1328*
10	*10*	*948,7*	*100*	*300*	*8,4645*	*0,1113*
15	*5*	*474,3*	*225*	*175*	*7,7713*	*0,0707*
20	*0*	*0*	*400*	*0*	*0*	*0*

Wertetafel $q_F = 2 \cdot \pi \cdot r \cdot h \dfrac{\sqrt{k}}{15}$:

h	*q_F*
[m]	*[m³/s]*
0	*0*
20	*0,0530*

Schnittpunktermittlung:

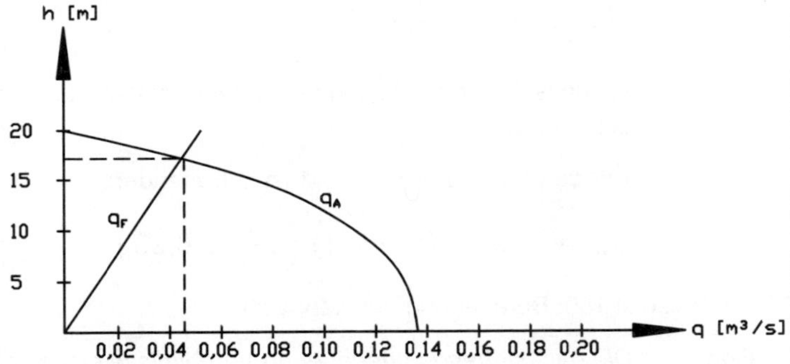

Durch Auftragung beider Funktionen ergibt sich im Schnittpunkt als Lösung:

$q_k \approx 0{,}045 \quad m^3/s$.

In diesem Fall ist eine Absenkung von s ≈ 3,0 m erreichbar.

Hierbei bedeutet:

$_{vorh}s$ < 3,0 m: Anlage ist nicht voll ausgelastet.

$_{vorh}s$ > 3,0 m: praktisch nicht möglich, da das Fassungsvermögen erschöpft ist.

2. Analytische Lösung:

Ermittlung von q_k durch Gleichsetzen der Funktionen:

$$q_A = q_F = q_k, \qquad q_F = \pi \cdot d \cdot h \cdot \frac{\sqrt{k}}{15} \qquad \rightarrow \qquad h = \frac{15 q_F}{\pi \cdot d\sqrt{k}};$$

eingesetzt in

□ 7.39: Fortsetzung Beispiel 150: Berechnung der Kapazität

$$q_A = \frac{\pi \cdot k\left(H^2 - h^2\right)}{\ln R - \ln r}: \quad q_A \cdot \ln\frac{R}{r} = \pi \cdot k \cdot H^2 - \pi \cdot k\left(\frac{15 q_F}{\pi \cdot d\sqrt{k}}\right)^2 .$$

Mit $q_A = q_F = q_k$ *erhält man eine allgemein gültige Bestimmungsgleichung*

zur Ermittlung der Kapazität: $\frac{225}{\pi \cdot d^2} q_k^2 + \ln\frac{R}{r} \cdot q_k - \pi \cdot k \cdot H^2 = 0$

In diesem Fall muss das Absenkmaß s geschätzt werden, um daraus die benötigte Größe R zu berechnen:

Mit s = 5 m wird:

$$R = 3000 \cdot 5\sqrt{10^{-3}} = 474{,}3 \ \ m .$$

Durch Einsetzen der Ausgangswerte wird

$$\frac{225}{\pi \cdot 0{,}4^2} \cdot q_k^2 + \ln\frac{474{,}3}{0{,}20} \cdot q_k - \pi \cdot 10^{-3} \cdot 20^2 = 0$$

$$447{,}6233 q_k^2 + 7{,}7713 q_k - 1{,}2566 = 0 \ \ \rightarrow$$

$$q_{1/2} = -0{,}0087 \pm \sqrt{0{,}0001 + 0{,}0028}$$

mit der brauchbaren Lösung: $q_k = 0{,}0449 \ \ m^3 / s .$

Damit wird

$$h_k = \frac{15 \cdot q_k}{\pi \cdot d\sqrt{k}} = \frac{15 \cdot 0{,}0449}{\pi \cdot 0{,}4\sqrt{10^{-3}}} = 16{,}95 \ \ m \text{ und}$$

$s_k = 20{,}00 - 16{,}95 = 3{,}05 \ \ m$ *(gegenüber einem geschätzten Ausgangswert von s = 5,00 m).*

Es wird eine Neuberechnung (1. Iterationsschritt mit s = 3,05 m) erforderlich:

$$R = 3000 \cdot 3{,}05 \cdot \sqrt{10^{-3}} = 289{,}3 \ \ m$$

$$\frac{225}{\pi \cdot 0{,}4^2} \cdot q_k^2 + \ln\frac{289{,}3}{0{,}20} \cdot q_k - \pi \cdot 10^{-3} \cdot 20^2 = 0 \rightarrow$$

$q_{k1/2} = -0{,}0081 \pm \sqrt{0{,}0001 + 0{,}0028}$ *mit der brauchbaren Lösung*

$$q_k = 0{,}0454 \ \ m^3 / s \ \ \approx \ \ 0{,}045 \ \ m^3 / s .$$

Es ist zu erkennen, dass eine relativ große Schätzungsungenauigkeit bei der Bestimmung von R von geringem Einfluss ist und die Iteration schnell eine Konvergenz herbeiführt.

□ 7.40 Beispiel: Mehrbrunnenanlage (vollkommene Brunnen)

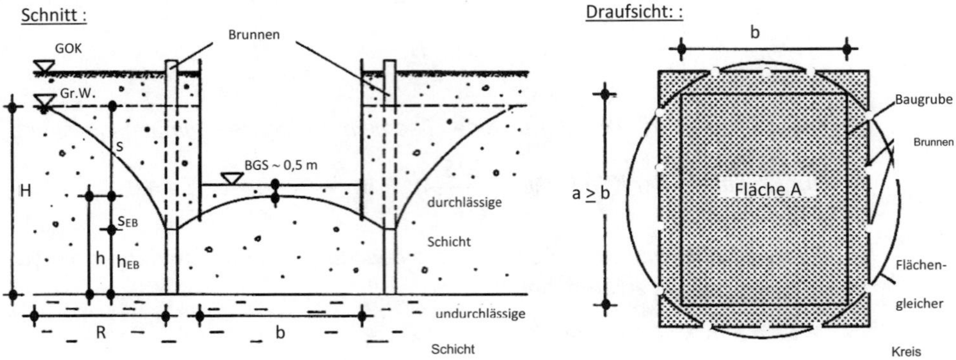

□ 7.41: Beispiel 151: Berechnung einer Mehrbrunnenanlage (vollkommene Brunnen)

Geg.: *Die dargestellte Baugrube (l/b/t = 80,0/36,0/6,0 m)*

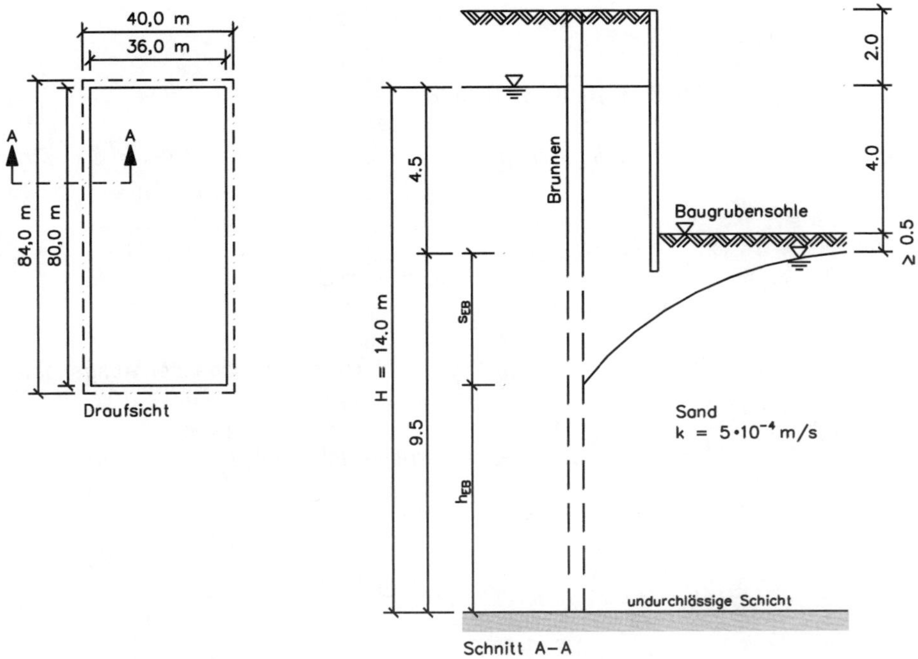

Ges.: *Entwurf einer Filterbrunnenanlage: die Brunnen sollen im Abstand von 2,0 m hinter der Baugrubenwand installiert werden. Sie sollen bis zur undurchlässigen Schicht geführt werden („vollkommene Brunnen“).*

□ 7.41: Fortsetzung Beispiel 151: Berechnung einer Mehrbrunnenanlage (vollkommene Brunnen)

Lösg.: *Bei einem anzustrebenden Sicherheitsabstand von ≥ 0,5 m unter der Baugrubensohle beträgt die erforderliche Absenktiefe an der ungünstigsten Stelle* $_{erf}s = 4{,}0 + 0{,}5 = 4{,}5 \; m$.

Ermittlung des Ersatzradius' R_E:

$$a = 80{,}0 + 2 \cdot 2{,}0 = 84{,}0 \; m, \quad b = 36{,}0 + 2 \cdot 2{,}0 = 40{,}0 \; m$$

$$\rightarrow \eta = 0{,}2\frac{a}{b} + 0{,}37 = 0{,}2\frac{84{,}0}{40{,}0} + 0{,}37 = 0{,}79 .$$

Damit wird der Ersatzradius: $R_E = \eta \cdot b = 0{,}79 \cdot 40{,}0 = 31{,}6 \; m.$

Ermittlung der ankommenden Wassermenge Q_A:

Ausgangswerte:

$H = 14{,}0$ m; $_{erf}s = 4{,}5$ m; $h = 14{,}0 - 4{,}5 = 9{,}5$ m; $k = 5 \cdot 10^{-4}$ m/s.

Reichweite der Absenkmaßnahme: $R = 3000 \cdot 4{,}5\sqrt{5 \cdot 10^{-4}} = 302 \; m$.

Ankommende Wassermenge:

$$Q_A = \frac{\pi \cdot k(H^2 - h^2)}{ln\,R - ln\,R_E} = \frac{\pi \cdot 5 \cdot 10^{-4}(14{,}0^2 - 9{,}5^2)}{ln\,302 - ln\,31{,}6} = 0{,}0736 \; m^3/s.$$

Für das schnellere Erreichen des Absenkziels wird ein rechnerischer Zuschlag von 10% empfohlen:

$$_{\max}Q_A = 1{,}1 \cdot Q_A = 1{,}1 \cdot 0{,}0736 = 0{,}0810 \; m^3/s .$$

Fassungsvermögen eines Einzelbrunnens:

Ausgangswerte:

Brunnendurchmesser d = 40 cm (gewählt).

Lokale Absenkung s_{EB} am Einzelbrunnen:

Der maximale Abstand der Brunnen von der Baugrubenmitte wird etwa 47 m betragen, der minimale etwa 20 m; i.M. etwa 35 m. In erster Näherung (Nachprüfung erfolgt später) kann mit einem mittleren Gefälle der Absenkkurve von 1:10 gerechnet werden:

Damit werden sich am Einzelbrunnen eine lokale Absenkung von

$$s_{EB} \approx \frac{1}{10} \cdot 35 = 3{,}5 \; m$$

und eine benetzte Filterhöhe des Einzelbrunnens von

$h_{EB} \approx 9{,}5 - 3{,}5 = 6{,}0 \; m$ *einstellen.*

☐ 7.41: Fortsetzung Beispiel 151: Berechnung einer Mehrbrunnenanlage (vollkommene Brunnen)

Das ergibt ein Fassungsvermögen des Einzelbrunnens von

$q_F = 2\pi \cdot r \cdot h_{EB} \cdot \frac{\sqrt{k}}{15} = 2\pi \cdot 0{,}2 \cdot 6{,}0 \frac{\sqrt{5 \cdot 10^{-4}}}{15} = 0{,}0112 \;\; m^3/s$

und somit die erforderliche Brunnenanzahl

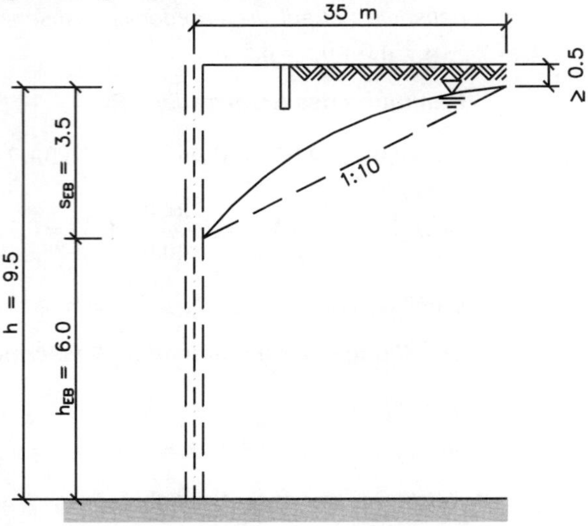

$$n = \frac{\max Q_A}{q_F} = \frac{0{,}0810}{0{,}0112} = 7{,}2\,;$$

gewählt: *8 Brunnen.*

Anmerkung:

Bei der geometrischen Anordnung der Brunnen ist zu beachten, dass zunächst Brunnen an den vom Mittelpunkt der Baugrube entferntesten Stellen vorgesehen werden. Die restlichen Brunnen werden dann möglichst gleichmäßig um die Baugrube verteilt.

Anordnung der Brunnen:

Überprüfung der entworfenen Anlage:

1. Ist das abgesenkte Grundwasser überall ≥ 0,5 m unterhalb der Baugrubensohle ?

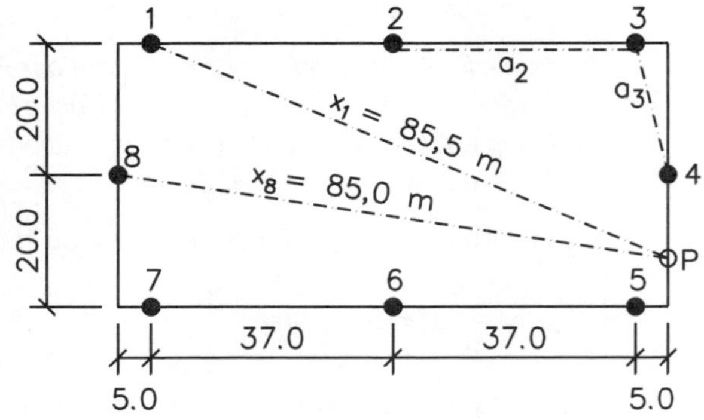

□ 7.41: Fortsetzung Beispiel 151: Berechnung einer Mehrbrunnenanlage (vollkommene Brunnen)

Diese Überprüfung muss für den ungünstigsten Punkt vorgenommen werden. Dieser liegt im Allgemeinen im Eckbereich zwischen zwei Brunnen. In Zweifelsfällen müssen mehrere Punkte untersucht werden.

Hier erfolgt beispielhaft die Untersuchung für den Punkt P (siehe Bild „Anordnung der Brunnen").

Mit der Forchheimer-Formel berechnet sich der Wasserstand h_P am untersuchten Punkt zu

$$h_P = \sqrt{H^2 - \frac{{}_{\max}Q_A}{\pi \cdot k}\left(\ln R - \frac{1}{n} \cdot \sum_1^n \ln x\right)}$$

mit $x_1, x_2, \ldots, x_n$ = Abstände der Brunnen vom untersuchten Punkt.

(Anmerkung: Aus der Struktur der Formel ist zu erkennen, dass der ungünstigste Punkt derjenige ist, für welchen der Ausdruck $\frac{1}{n}\sum \ln x$ ein Maximum wird.)

Brunnennr.	*1*	*2*	*3*	*4*	*5*	*6*	*7*	*8*	*Σ*
x [m]	*85,5*	*53,5*	*33,0*	*12,5*	*8,5*	*42,5*	*79,0*	*85,0*	
ln x	*4,449*	*3,980*	*3,497*	*2,526*	*2,140*	*3,750*	*4,369*	*4,443*	*29,152*

Damit wird:

$$.\, h_p = \sqrt{14{,}0^2 - \frac{0{,}0810}{\pi \cdot 5 \cdot 10^{-4}}\left(\ln 302 - \frac{1}{8} \cdot 29{,}152\right)} = 9{,}46\ m\ <\ {}_{erf}h = 9{,}50\ m$$

Darstellung der Situation am Punkt P:

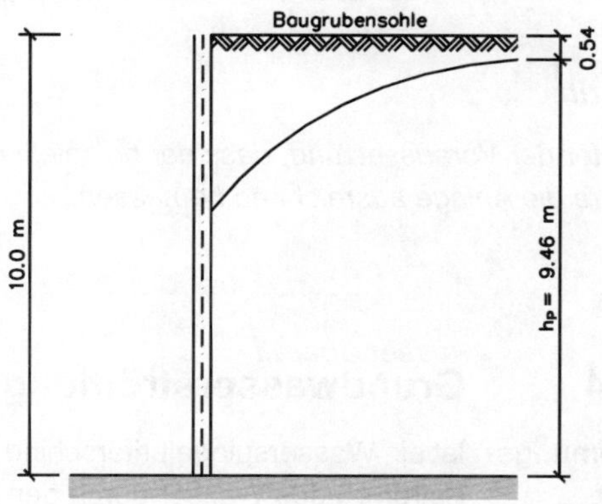

□ 7.41: Fortsetzung Beispiel 151: Berechnung einer Mehrbrunnenanlage (vollkommene Brunnen)

2. Ist das Fassungsvermögen der Brunnen ausreichend?

Bei einem mittleren (direkten) Brunnenabstand von (s. Bild „Anordnung der Brunnen"):

$$a \approx \frac{37{,}0+37{,}0+20{,}5+20{,}5+37{,}0+37{,}0+20{,}5+20{,}5}{8} = 28{,}8\ m$$

beträgt die lokale Absenkung am Einzelbrunnen $s_{EB} = h - \sqrt{h^2 - \frac{1{,}5 q_F \left(\ln \frac{a}{2} - \ln r \right)}{\pi \cdot k}}$

mit *h = erforderlicher Wasserstand an der ungünstigsten Stelle*

q_F = (zuvor berechnetes) Fassungsvermögen des Einzelbrunnens.

Damit wird: $s_{EB} = 9{,}50 - \sqrt{9{,}50^2 - \frac{1{,}5 \cdot 0{,}0112 (\ln 14{,}4 - \ln 0{,}2)}{\pi \cdot 5 \cdot 10^{-4}}} = 2{,}83\ m.$

Es verbleibt somit eine benetzte Filterhöhe von

$$h_{EB} = h - s_{EB} = 9{,}50 - 2{,}83 = 6{,}67\ m.$$

Das vorhandene Fassungsvermögen des Einzelbrunnens wird damit

$${}_{vorh}q_F = 2\pi \cdot 0{,}2 \cdot 6{,}67 \frac{\sqrt{5 \cdot 10^{-4}}}{15} = 0{,}0125\ m^3/s$$

und ist größer als das bei 8 Brunnen erforderliche Fassungsvermögen von

$${}_{erf}q_F = \frac{{}_{\max}Q_A}{n} = \frac{0{,}0810}{8} = 0{,}0101\ m^3/s.$$

Fazit:

Unter der Voraussetzung, dass der beispielhaft untersuchte Punkt P der ungünstigste ist, wäre die Anlage ausreichend bemessen.

7.04 Grundwasserströmung

Strömungskraft Ist ein Wasserspiegelunterschied (eine "Poten-tialdifferenz") vorhanden, sickert ("strömt") das Wasser durch den Boden. Dabei übt es infolge des Strömungswiderstands in Fließrichtung eine Massenkraft auf das Korngerüst des Bodens aus, die als (spezifische) Strömungskraft (auch "Strömungsdruck" oder "Sickerwasserdruck") f_s, z. B. in kN/m³, bezeichnet wird. Sie ergibt sich aus dem Druckpotenzial ("Unterschiedsdruck") des Grundwassers $h_w \cdot \gamma_w$, bezogen auf die durchflossene Strecke l (□ 7.42):

$$f_s = \frac{h_w}{l} \cdot \gamma_w \tag{7.23}$$

□ 7.42 Beispiel:

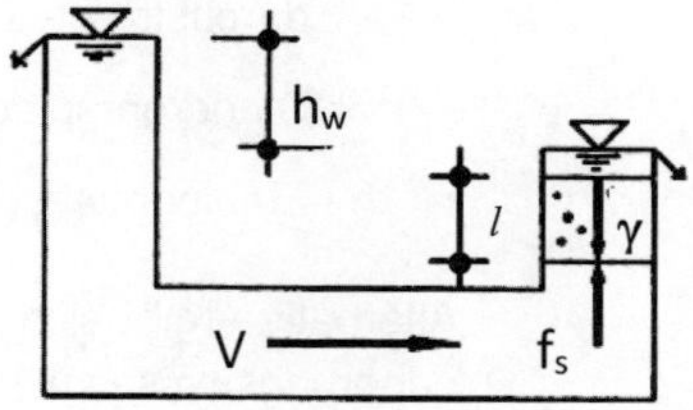

Die Strömungskraft kann an beliebiger Stelle im Untergrund mit Hilfe des Strömungsnetzes (siehe unten), an bestimmten Punkten mit Hilfe von Kurven oder Zahlentafeln oder einfachen Ansätzen (EB 59) ermittelt werden. Da bei homogenen Böden der Durchlässigkeitsbeiwert in die Rechnung nicht eingeht, ist nicht die Menge des strömenden Wassers sondern nur seine potenzielle Energie infolge des Wasserspiegelunterschieds maßgebend. Bei unterschiedlicher Durchlässigkeit des Bodens. ⇒ EB 59, Abschnitt 4.

Hydraulischer Grundbruch

Fließt das Wasser vertikal, so wirkt die Strömungskraft wie eine Änderung der Wichte des durchströmten Bodens:

$$\Delta\gamma' = \gamma' \pm f_s = \gamma' \pm i \cdot \gamma_w \tag{7.24}$$

Bei einer Aufwärtsströmung verringert sich die Wichte:

$$\gamma' - f_s \tag{7.25}$$

Bei einer Abwärtsströmung wird sie größer:

$$\gamma' + f_s \tag{7.26}$$

Wird bei aufwärts gerichteter Strömung fs = γ' und das dabei vorhandene "kritische Gefälle"

$$_{krit}i = \frac{\gamma'}{\gamma_w} \tag{7.27}$$

überschritten, so tritt der "hydraulische Grundbruch" ein. Er stellt eine Gefahr für die Baugrubensohle in den Bereichen dar, wo die Baugrubenwände in den Baugrund einbinden.

Restdruckhöhe

Die Restdruckhöhe am Wandfuß (□ 7.43) ergibt sich nach Baumgart-Davidenkoff (zitiert in E 115 der EAU) zu

$$h_r = \frac{h_{wu} \cdot \sqrt{h_{so}} + h_{wo} \cdot \sqrt{t}}{\sqrt{h_{so}} + \sqrt{t}} - h_{wu} \tag{7.28}$$

Mit den Bezeichnungen nach □ 7.43:

h_r Differenz der Standrohrspiegelhöhe am Spundwandfußpunkt gegenüber der unterwasserseitige Wasserspiegelhöhe (Untenwasserspiegelhöhe);

h_{wu} unterwasserseitige Wasserspiegelhöhe über dem Spundwandfuß;

h_{wo} oberwasserseitige Wasserspiegelhöhe über dem Spundwandfuß;

h_{so} durchströmte Bodenhöhe auf der Oberwasserseite der Spundwand;

h_F Standrohrspiegelhöhe am Spundwandfußpunkt;

t Einbindetiefe (in den Baugrund) der Spundwand

Alternativ ergibt sich die Restdruckhöhe am Wandfuß (□ 7.44) nach Kastner näherungsweise zu

$$h_r = \frac{h_{wo} - h_{wu}}{1 + \sqrt[3]{1 + \frac{h_{so} - h_{su}}{t}}} \quad (7.29)$$

□ 7.43: Beispiel – Bezeichnungen beim hydraulischen Grundbruch (E 115)

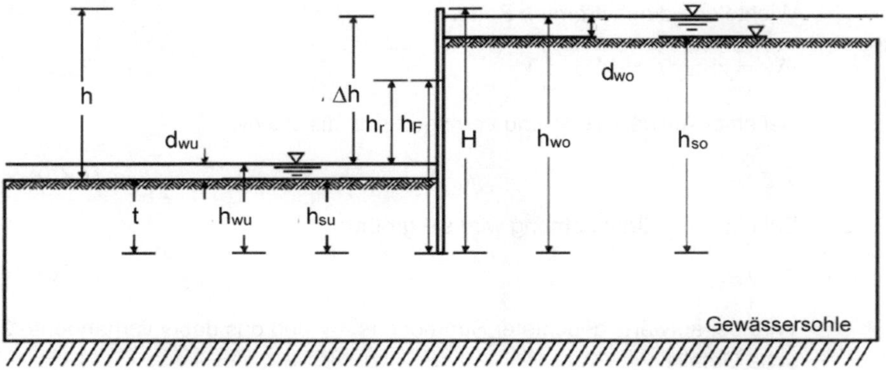

oder nach Dreyer (1984) zu

$$h_r = \frac{1}{2}\left(h_{so} \cdot i_a + h_{su} \cdot i_p\right) \quad (7.30)$$

Hierin sind h_{so} und h_{so} die wirksame Strömungswege auf der aktiven bzw. passiven Seite und $i_{a,p}$ der Strömungsgradient auf der aktiven (passiven) Seite (□ 7.45):

$$i_a = \frac{0{,}7 \cdot (h_{wo} - h_{wu})}{h_{so} + \sqrt{h_{so} \cdot h_{su}}} \quad (7.31),$$

$$i_p = \frac{0{,}7 \cdot (h_{wo} - h_{wu})}{h_{su} + \sqrt{h_{so} \cdot h_{su}}} \quad (7.32)$$

Anmerkung: Bei geschichtetem Boden sind die Werte h_{so} und h_{so} nur für die gering durchlässigen Bodenschichten einzusetzen.

Die Restdruckhöhe kann auch mit Hilfe eines Strömungsnetzes bestimmt werden (□ 7.55).

Nachweis Nach Handbuch Eurocode 7, Band 1 und EAB ist für den Grenzzustand HYD (Grenzzustand des Versagens durch Hydraulischen Grundbruch) der Nachweis zu führen, dass die vorhandenen stabilisierend wirkende Eigengewichtskraft $G'_{k,stb}$ (unter Auftrieb) größer ist als die resultierende, destabilisierend wirkende Strömungskraft S'_k, die im Schwerpunkt der Gründungssohle angesetzt wird. Teilsicherheitsbeiwerte γ_H und $\gamma_{G,stb}$: □ 7.46. Anwendung: □ 7.51 und □ 7.52.

□ 7.44: Beispiel – Bezeichnungen beim hydraulischen Grundbruch

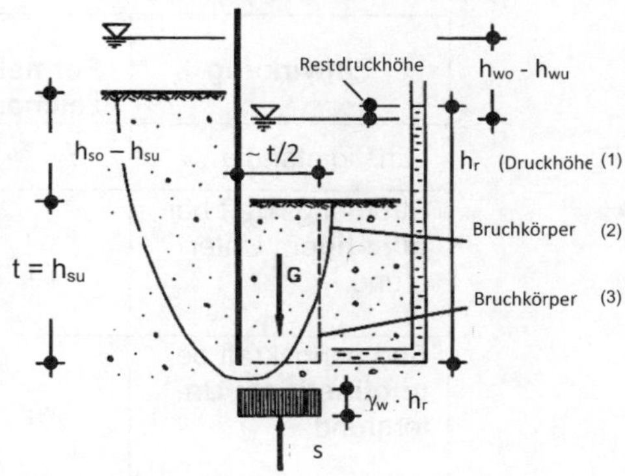

(1) Am Wandfuß

(2) Tatsächlich

(3) idealisiert

$$S'_k \cdot \gamma_H \leq G'_{k,stb} \cdot \gamma_{G,stb} \tag{7.33}$$

S'_k die einwirkende charakteristische Strömungskraft auf den durchströmten Körper;

γ_H der Teilsicherheitsbeiwert für ungünstige ständige Einwirkungen im Grenzzustand HYD nach Tabelle □ 7.46;

$G'_{k,stb}$ die charakteristische Eigenwichtskraft des durchströmten Körpers (unter Auftrieb;

$\gamma_{G,stb}$ der Teilsicherheitsbeiwert für günstige ständige Einwirkungen im Grenzzustand HYD nach Tabelle □ 7.46.

Damit ist die Sicherheit gegen hydraulischen Grundbruch (vereinfachte Darstellung auf der Seite von $G'_{k,stb}$!) gegeben, wenn (Handbuch Eurocode 7, Band 1, □ 7.46)

$$\gamma_w \cdot h_r \cdot \frac{t}{2} \cdot \gamma_H \leq \gamma' \cdot t \cdot \frac{t}{2} \gamma_{G,stb} \tag{7.34}$$

Erforderliche Einbindetiefe Die erforderliche Einbindetiefe (□ 7.47) ergibt sich für homogenen, isotropen Untergrund nach Aulbach (2013) zu

□ 7.46: Teilsicherheitsbeiwerte beim Nachweis gegen Hydraulischen Grundbruch (Handbuch Eurocode 7, Band 1; 2015)

Einwirkung	**Formel-zeichen**	**Bemessungssituation**			
		BS-P	**BS-T**	**BS-A**	**BS-E**
günstig ständig	$\gamma_{G,stb}$	0,95	0,95	0,95	1,00
Strömungskraft bei **günstigem** Untergrund	γ_H	1,45	1,45	1,25	1,00
Strömungskraft bei **ungünstigem** Untergrund	γ_H	1,90	1,90	1,45	1,00

Günstiger Untergrund: Kies Kiessand, mindestens mitteldichter Sand (> 0,2 mm), mindestens steife tonige Böden

Ungünstiger Untergrund: lockerer Sand, Feinsand, Schluff und weiche bindige Böden

□ 7.47: Beispiel – Bezeichnungen beim hydraulischen Grundbruch (nach Aulbach)

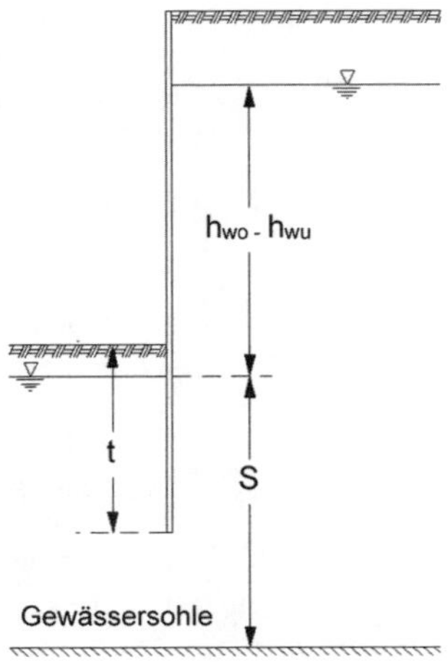

Bezeichnungen nach □ 7.47:

h_{wo}-h_{wu} die Wasserspiegeldifferenz;

B Breite der Baugrube

L Länge der Baugrube

B_e = 1,065;

F_1 Faktor für die Berücksichtigung der räumlichen Anströmung (□ 7.48);

F_2 Faktor für die Berücksichtigung der Umwelt-Einflusses (□ 7.48);

S Abstand des unteren Wasserspiegels zur abdichtenden Schicht (Gewässersohle; „Aquifermächtigkeit");

γ'_{ref} = 11 kN/m²;

γ' (vorhandene) Wichte unter Auftrieb;

η_{ref} = 1,368;

η_i (im Beispiel) geforderte globale Sicherheit (□ 7.49).

□ 7.48: Beispiel – Faktoren F_1 und nach Aulbach (2013)

Faktor	F_1	F_2
Ebener Fall	1,00	1,00
Längsseite	1,00	1,32
Stirnseite	1,04	1,99
Ecke	2,08	1,69

□ 7.49: Beispiel – Beiwert η_{ref} nach Aulbach (2013)

η_{ref}	BS-P	BS-T	BS-A
Ungünstiger Untergrund (□ 7.45)	2,000	2,000	1,526
Günstiger Untergrund (□ 7.45)	1,526	1,526	1,316

(Fortsetzung)Aulbach: die erforderliche Einbindetiefe t

$$t \geq (h_{wo} - h_{wo}) \cdot B_e \cdot \left[0{,}32 \cdot F_1 + (1{,}244 - 0{,}32 \cdot F_1) \cdot F_3\right] \cdot F_4 \qquad (7.35)$$

Mit: $t/(h_{wo}-h_{wu}) < 0{,}75 \cdot S/(h_{wo}-h_{wu})$; $S/(h_{wo}-h_{wu}) \geq 1{,}0$; $B/L \geq 0{,}3$

$$F_3 = e^{\left[\frac{\frac{B}{(h_{wo}-h_{wo})}}{F_2 \cdot \left[0{,}541 + 0{,}395 \cdot \left(1 - e^{(1-\frac{S}{h_{wo}-h_{wu}})}\right)\right] \cdot \left[1 + (\frac{B}{L} - 0{,}3) \cdot (3{,}156 - 1{,}564 \cdot F_2)\right]}\right]} \qquad (7.36)$$

$$F_4 = \left(\frac{\gamma'_{ref}}{\gamma_i \cdot 0{,}902 + 1{,}078} \cdot \frac{\eta_i}{\eta_{ref}}\right)^{\sqrt{2}} \qquad (7.37)$$

Ohne Nachweis (bei Baugruben)

Der Nachweis der Sicherheit gegen Hydraulischen Grundbruch kann bei Baugruben und Gräben in homogenen Böden entfallen (EB 61, Absatz 9), wenn mit den Bezeichnungen nach □ 7.50 folgende Bedingungen einge-halten sind (Zwischenwerte geradlinig einschalten):

- $B \geq 2$ h: $t \geq 0{,}4$ h (7.38)
- B = h: $t \geq 0{,}5$ h (7.39)
- B = 0,5 h: $t \geq 0{,}7$ h (7.40)

⇒ EB 61

□ 7.50: Bezeichnungen beim vereinfachten Nachweis der Sicherheit gegen Hydraulischen Grundbruch

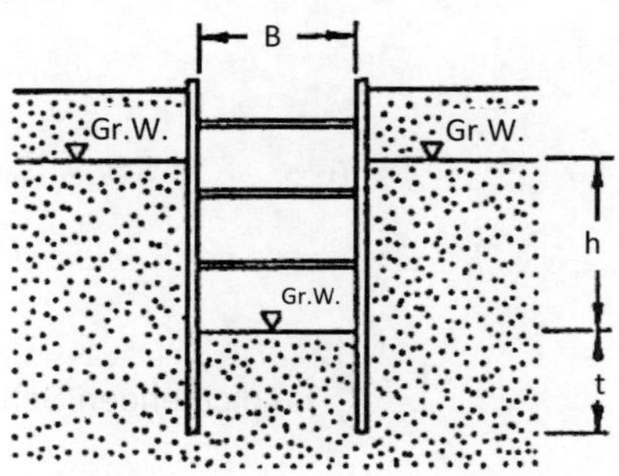

☐ 7.51: Beispiel 152: Überprüfung der Sicherheit gegen Hydraulischen Grundbruch

Geg.: *Dargestellte Verhältnisse an einer Spundwandbaugrube*

Ges.: *Die Sicherheit gegen Hydraulischen Grundbruch ist zu überprüfen (der ungünstigste Fall ist maßgebend).*

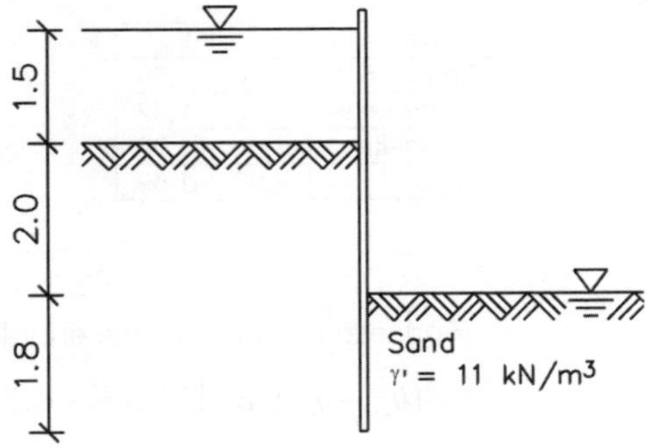

Lösg.: *BS-T: γ_H = 1,45 (günstiger Baugrund, da γ' = 11 kN/m³ auf mitteldichte Lagerung schließen lässt) und $\gamma_{G,st}$ = 0,95*

1) *Ermittlung der Restdruckhöhe nach Baumgart/ Davidenkoff (E 115)*

Mit h_{wo} = 1,5 + 2,0 + 1,8 = 5,3 m

h_{wu} = 1,8 m

t = 1,8 m

h_{so} = 2,0 + 1,8 = 3,8 m

wird die Restdruckhöhe

$$h_r = \frac{h_{wu} \cdot \sqrt{h_{so}} + h_{wo} \cdot \sqrt{t}}{\sqrt{h_{so}} + \sqrt{t}} - h_{wu} = \frac{1{,}8 \cdot \sqrt{3{,}8} + 5{,}3 \cdot \sqrt{1{,}8}}{\sqrt{3{,}8} + \sqrt{1{,}8}} - 1{,}8 = 1{,}43 \ m$$

und die Sicherheit gegen Hydraulischen Grundbruch

$$S'_d = \gamma_w \cdot h_r \cdot \frac{t}{2} \cdot \gamma_H = 10{,}0 \cdot 1{,}43 \cdot \frac{1{,}80}{2} \cdot 1{,}45 = 18{,}66 \ kN/m$$

$$G'_d = \gamma' \cdot t \cdot \frac{t}{2} \cdot \gamma_{G,stb} = 11{,}0 \cdot \frac{1{,}80^2}{2} \cdot 0{,}95 = 16{,}93 \ kN/m$$

$18{,}66 > 16{,}73$ *Damit Nachweis nicht erbracht.*

2) *Ermittlung der Restdruckhöhe nach Kastner*

Mit h_w = 3,5 m

h' = 2,0 m

t = 1,8 m   wird die Restdruckhöhe

$$h_r = \frac{h_{wo} - h_u}{1 + \sqrt[3]{1 + \frac{h_{so} - h_{su}}{t}}} = \frac{3{,}5}{1 + \sqrt[3]{1 + \frac{2{,}0}{1{,}8}}} = 1{,}53 \ m$$

und die Sicherheit gegen hydraulischen Grundbruch,

□ 7.51: Fortsetzung Beispiel 152: Überprüfung der Sicherheit gegen Hydraulischen Grundbruch

$$S'_d = \gamma_w \cdot h_r \cdot \frac{t}{2} \cdot \gamma_H = 10{,}0 \cdot 1{,}53 \cdot \frac{1{,}80}{2} \cdot 1{,}45 = 19{,}97 \ kN/m$$

$16{,}93 < 19{,}97$ Damit *Nachweis nicht erbracht.*

3) Ermittlung der Restdruckhöhe nach Dreyer

Mit $t_a = 2{,}0 + 1{,}8 = 3{,}8$ m

$t_p = 1{,}8$ m:

$$i_a = \frac{0{,}7 \cdot (h_{wo} - h_{wu})}{h_{so} + \sqrt{h_{so} \cdot h_{su}}} = \frac{0{,}7 \cdot 3{,}5}{3{,}8 + \sqrt{3{,}8 \cdot 1{,}8}} = 0{,}382$$

$$i_p = \frac{0{,}7 \cdot (h_{wo} - h_{wu})}{h_{su} + \sqrt{h_{so} \cdot h_{su}}} = \frac{0{,}7 \cdot 3{,}5}{1{,}8 + \sqrt{3{,}8 \cdot 1{,}8}} = 0{,}555$$

wird die Restdruckhöhe

$$h_r = \frac{1}{2}\left(h_{so} \cdot i_a + h_{su} \cdot i_p\right) = \frac{1}{2}\left(3{,}8 \cdot 0{,}382 + 1{,}8 \cdot 0{,}555\right) = 1{,}23 \ m$$

und die Sicherheit gegen Hydraulischen Grundbruch

$$S'_d = \gamma_w \cdot h_r \cdot \frac{t}{2} \cdot \gamma_H = 10{,}0 \cdot 1{,}23 \cdot \frac{1{,}80}{2} \cdot 1{,}45 = 16{,}05 \ kN/m \cdot$$

$16{,}93 > 16{,}05$ Damit ist der Nachweis erbracht.

4) Ungünstigster Fall hier: Ermittlung der Restdruckhöhe nach Kastner

Als Maßnahmen zur Erhöhung der Sicherheit gegen Hydraulischen Grundbruch kommen in Frage:

- Verlängerung des vertikalen Sickerwegs (z. B. durch Tieferrammen der Spundwand oder durch Einbringen einer wasserdichten Schürze mittels Injektion, □ 7.49 a),
- Verlängerung des horizontalen Sickerwegs (z. B. durch Abdichtung der Oberwassersohle auf eine bestimmte Strecke vor dem Bauwerk, □ 7.49 b),
- Aufbringen eines Belastungsfilters in der Baugrube vor der Baugrubenwand mit einer Breite b > t/2 (□ 7.49 c)
- Verringerung des Wasserüberdrucks (z. B. durch Wasserhaltung, Anordnung von Überlaufbrunnen, im Notfall durch Fluten der Baugrube),
- Verhinderung der Umläufigkeit (z. B. durch Einbinden der Spundwände in eine wenig durchlässige Schicht oder Herstellen einer undurchlässigen Baugrubensohle durch Unterwasserbeton oder Injektion).

□ 7.52: Beispiel 153: Überprüfung der Sicherheit gegen Hydraulischen Grundbruch (nach Aulbach)

Geg.: *Dargestellte Verhältnisse an einer Spundwandbaugrube wie □ 7.51*

Breite der Baugruben: 10 m

Länge der Baugrube: 30 m

Gewässersohle (abdichtende Schicht) in 20 m Tiefe (unter oberem Wasserspiegel)

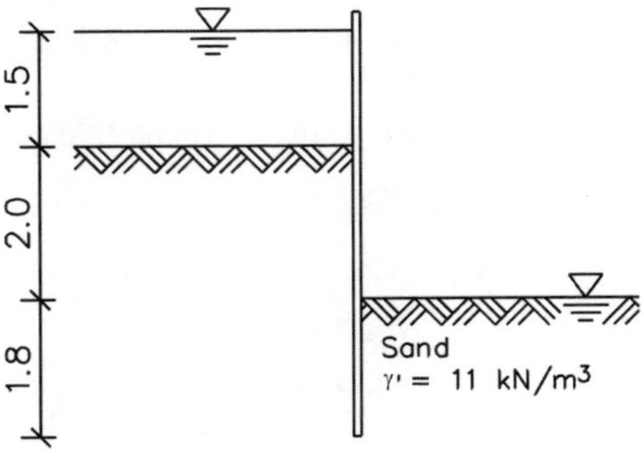

Ges.: *Die vorhandene Einbindetiefe t ist hinsichtlich der Sicherheit gegen Hydraulischen Grundbruch ist zu überprüfen, für den*

a) Ebenen Fall

b) die Längsseite

c) die Stirnseite die Ecke

Lösg.: *BS-T: γ_H = 1,45 (günstiger Baugrund, da γ' = 11 kN/m³ auf mitteldichte Lagerung schließen lässt) und $\gamma_{G,st}$ = 0,95*

a) Ebener Fall

Mit $h_{wo} = 1{,}5 + 2{,}0 + 1{,}8 = 5{,}3$ m

$h_{wu} = 1{,}8$ m

$h_{wo} - h_{wu} = 5{,}3 - 1{,}8 = 3{,}5$ m

$t = 1{,}8$ m

$F_1 = 1{,}00$; $F_2 = 1{,}00$; $B_e = 1{,}065$;

$S = 20\text{-}1{,}5\text{-}2{,}0\text{-}1{,}8\text{+}1{,}8 = 16{,}5$ m; $\gamma'_{ref} = 11$ kN/m²;

$L_2 = 30$ m; $\eta_i = 1{,}526$

$\gamma' = 11$ kN/m²;

wird geprüft

$t/(h_{wo}-h_{wu})$	$= 1{,}8/3{,}5 = 0{,}51$	
$0{,}75 \cdot S/(h_{wo}-h_{wu})$	$= 0{,}75 \cdot 16{,}5/3{,}5 = 3{,}54 > 0{,}51$	erfüllt
$S/(h_{wo}-h_{wu})$	$= 4{,}7 \geq 1{,}0$	erfüllt
B/L	$= 10/30 = 0{,}33 > 0{,}3$	erfüllt

□ 7.52: Fortsetzung Beispiel 153: Überprüfung der Sicherheit gegen Hydraulischen Grundbruch (nach Aulbach)

$$F_3 = e^{\left[\frac{\frac{-B}{(h_{wo}-h_{wo})}}{F_2\cdot[0{,}541+0{,}395\cdot\left(1-e^{(1-\frac{s}{h_{wo}-h_{wu}})}\right)]\cdot[1+(\frac{B}{L}-0{,}3)\cdot(3{,}156-1{,}564\cdot F_2)]}\right]}$$

$$F_3 = e^{\left[\frac{\frac{-10}{3{,}5}}{1{,}0\cdot[0{,}541+0{,}395\cdot\left(1-e^{(1-\frac{16{,}5}{3{,}5})}\right)]\cdot[1+(\frac{10}{30}-0{,}3)\cdot(3{,}156-1{,}564\cdot 1{,}0)]}\right]} = 0{,}053460932$$

$$F_4 = (\frac{\gamma'_{ref}}{\gamma_i \cdot 0{,}902 + 1{,}078} \cdot \frac{\eta_i}{\eta_{ref}})^{\sqrt{2}} = (\frac{11}{11 \cdot 0{,}902 + 1{,}078} \cdot \frac{1{,}526}{1{,}368})^{\sqrt{2}} = 1{,}1671603$$

$$t \geq (h_{wo} - h_{wo}) \cdot B_e \cdot [0{,}32 \cdot F_1 + (1{,}244 - 0{,}32 \cdot F_1) \cdot F_3] \cdot F_4$$

$$t \geq 3{,}5 \cdot 1{,}065 \quad \cdot [0{,}32 \cdot 1{,}0 \quad + (1{,}244 - 0{,}32 \cdot 1{,}0 \quad) \cdot]0{,}053460932 \cdot 1{,}1671603 = 1{,}58 \quad m$$

Vorhandene Einbindetiefe (t = 1,8 m) im ebenen Fall ausreichend

b) *Fall „Längsseite“*

Mit F_1 = 1,00; F_2 = 1,32

$t \geq 1{,}81\ m$

Vorhandene Einbindetiefe (t = 1,8 m) im Fall b) nicht ausreichend

c) *Fall „Stirnseite“*

Mit F_1 = 1,04; F_2 = 1,99

$t \geq 2{,}29\ m$

Vorhandene Einbindetiefe (t = 1,8 m) im Fall c) nicht ausreichend

d) *Fall „Stirnseite“*

Mit F_1 = 2,08; F_2 = 1,69

$t \geq 3{,}27\ m$

Vorhandene Einbindetiefe (t = 1,8 m) im Fall c) nicht ausreichend

□ 7.53: Beispiele: Maßnahmen zur Erhöhung der Sicherheit gegen Hydraulischen Grundbruch, a) Dichtungsschürze, b) Abdichten der Oberwassersohle, c) Belastungsfilter in der Baugrube

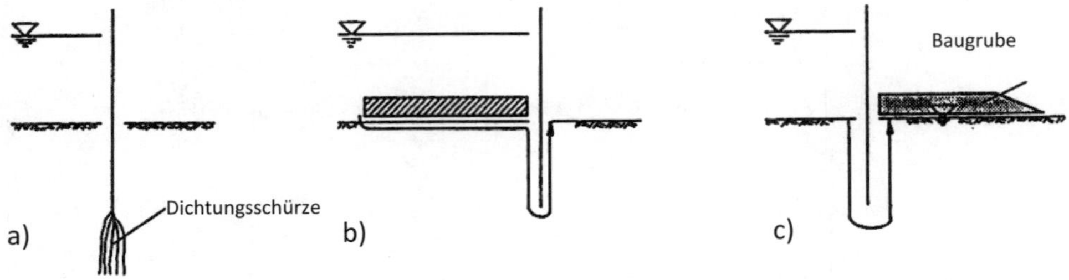

Strö-mungs-netz

Das Strömungsnetz wird durch ein zeichnerisches Probierverfahren (□ 7.55, □ 7.56), durch Modellversuche oder mit Hilfe der Potenzialtheorie ermittelt (⇒ E 113). Dabei unterscheidet man

- Stromlinien: Bahnen der Wasserteilchen im Boden und Potenziallinien: Linien gleicher Wasserstandshöhe, die beim Versuch mit Hilfe von Piezometerrohren (unten offene, durchsichtige Rohre zur Messung der Druckhöhe), die in den Boden gesteckt werden, sichtbar gemacht werden können

Beim zeichnerischen Probieren müssen folgende Randbedingungen beachtet werden:

- Stromlinien stehen immer senkrecht auf den Potenziallinien,
- Begrenzungen der Grundwasserströmung (Bauwerksumrisse, Oberkante der undurchlässigen Schicht) sind Stromlinien,
- Ein- und Austrittsflächen des Wassers im Boden sowie die Gewässersohlen sind Potenziallinien,
- Netzteile sollen möglichst quadratisch sein.

Wasser-menge Q

Die einer Baugrube zufließende Wassermenge ergibt sich

- mit Hilfe des Strömungsnetzes aus (□ 7.55)

$$Q = k \cdot h_w \cdot \frac{m}{n} \tag{7.41}$$

Hierin ist:

n = 0, 1, 2 … = Anzahl der Potenziallinien

m = 0, 1, 2 … = Anzahl der Stromlinien

- rechnerisch nach Davidenkoff/Franke (1966) aus (□ 7.56)

□ 7.54: Beispiel: Pfeilergründung für die S-Bahn-Brücke in Frankfurt am Main-Niederrad unter Beachtung ausreichender Sicherheit gegen hydraulischen Grundbruch (nach Fa. Keller)

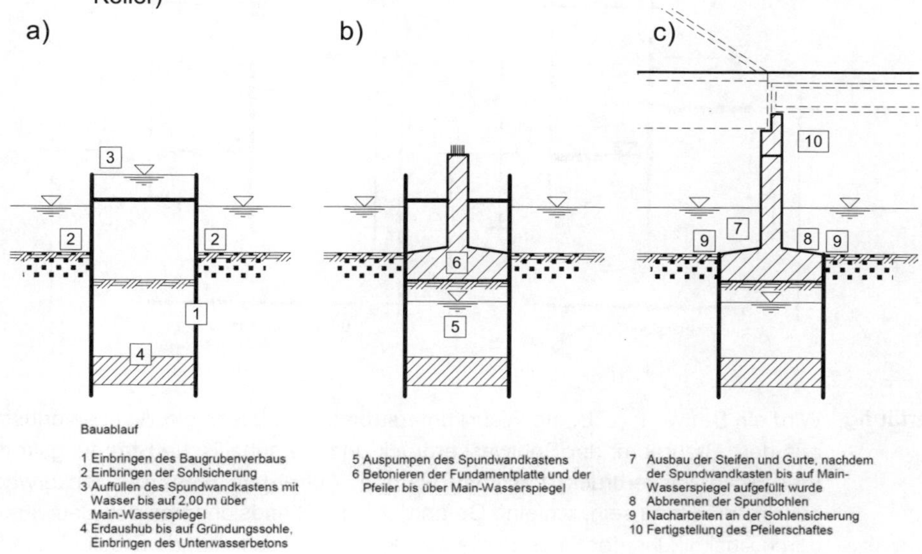

$$Q = k \cdot h_w \cdot f \tag{7.42}$$

Hierin ist f ein Formfaktor für den räumlichen Fall, der bei kreisförmigen Baugruben ca. 80 % und bei quadratischen Baugruben ca. 75 % des Formfaktors für den ebenen Fall beträgt.

Der Formfaktor für den ebenen Fall berechnet sich mit den Potenzialen Φ_I und Φ_{II} (□ 7.57) zu

$$f_{eben} = \frac{1}{\Phi_I + \Phi_{II}} \tag{7.43}$$

□ 7.55: Beispiel: Strömungsnetz für eine Spundwandbaugrube

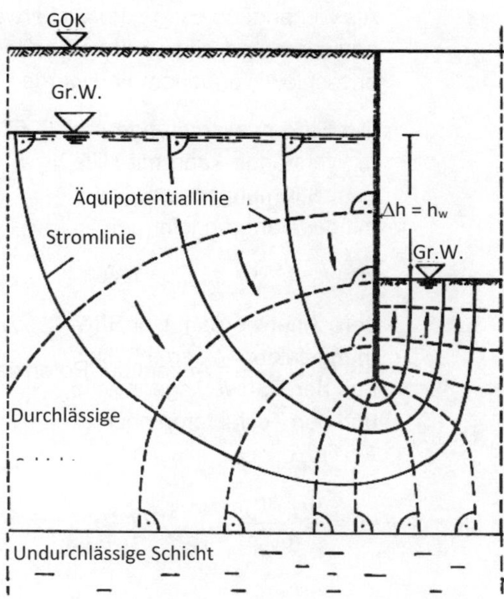

□ 7.56: Bezeichnungen nach Davidenkoff/ Franke (1966)

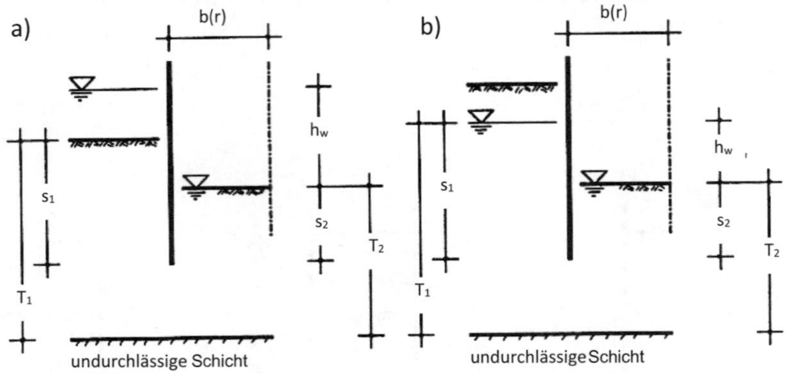

Unterläufigkeit Wird ein Bauwerk (z. B. ein Wehr) unterströmt, so müssen die Wasserverluste aus dem Stauraum, der Sohlwasserdruck und die spezifische Strömungskraft (der Sickerwasserdruck) bestimmt werden. Außerdem muss der Sickerweg ausreichend lang sein, um eine Gefährdung der Standsicherheit des Bauwerks durch Auskolkung der Fluss-Sohle sowie eine "rückschreitende Erosion" durch Röhrenbildung ("piping") zu vermeiden.

Mit den Bezeichnungen nach □ 7.59 und den Beiwerten c nach □ 7.60 ergibt sich die erforderliche Länge des Sickerwegs zu

$$_{erf}L \approx c \cdot_{\max} h_w \qquad (7.44)$$

Als vorhandene Länge des Sickerwegs kann der erdberührte Umfang des Staubauwerks und eine evtl. vorhandene Dichtungsschürze (Spundwand, Injektionsschleier) angenommen werden.

Die Sickerwassermenge pro m Wehrlänge kann mit Hilfe des Strömungsnetzes oder mit der Näherungsformel

$$q = k \cdot h_w \cdot \Phi \qquad (7.45)$$

berechnet werden. Der Strömungsfaktor ϕ ergibt sich aus der Bauwerksgeometrie und den Teilfaktoren nach (□ 7.61) zu

$$\Phi = \frac{\Phi_I \cdot \Phi_{II}}{\Phi_{III}} \qquad (7.46)$$

7.57: Potenziale nach Davidenkoff/ Franke

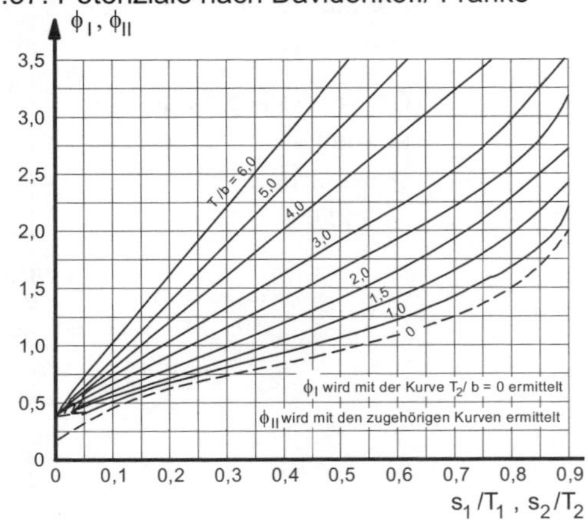

□ 7.58: Beispiel 154: Berechnung der Sickerwassermenge in eine Baugrube

Geg.: *Dargestellte Spundwandbaugrube (Umfang 70 m)*

Ges.: *Die sekündlich anfallende Sickerwassermenge ist zu ermitteln:*

a) mit einem Strömungsnetz

b) mit Potenzialen nach Davidenkoff/Franke.

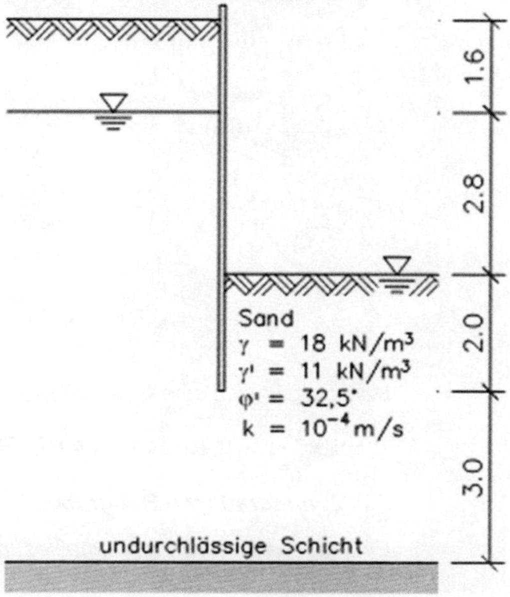

Lösg.: ***zu a)***

Aus dem entwickelten Strömungsnetz

(s. unten) ergibt sich:

Anzahl der Stromlinien: m = 4

Anzahl der Potenziallinien: n = 11.

Bei einem Wasserüberdruck von h_w = 2,8 m beträgt die sekündlich anfallende Sickerwassermenge

$$Q = k \cdot h_w \cdot \frac{m}{n} = 10^{-4} \cdot 2{,}8 \cdot \frac{4}{11} = 1{,}02 \cdot 10^{-4} \quad m^3/s \cdot m$$

und bei einem Baugrubenumfang von 70 m:

$$Q = 1{,}02 \cdot 10^{-4} \cdot 70 = 0{,}00713 \quad m^3/s.$$

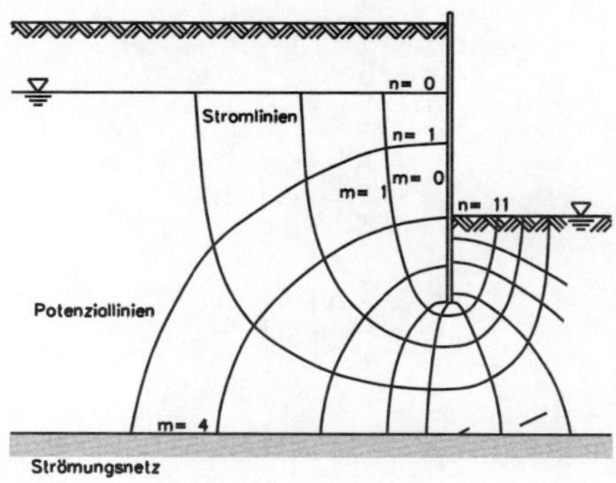

zu b) *Für die in der Aufgabenstellung dargestellten Verhältnisse ist die Sickerwassermenge für folgende Baugrubengrundrisse zu ermitteln:*

Fall 1: kreisförmige Baugrube

Eingangswerte für Diagrammablesung

$$\frac{s_1}{T_1} = \frac{4{,}80}{7{,}80} = 0{,}62$$

□ 7.58: Fortsetzung Beispiel 154: Berechnung der Sickerwassermenge in eine Baugrube

$$\frac{T_2}{r} = 0 \rightarrow \quad \Phi_I = 1{,}15$$

$$\frac{s_2}{T_2} = \frac{2{,}00}{5{,}00} = 0{,}40$$

$$\frac{T_2}{r} = \frac{5{,}00}{11{,}10} = 0{,}45 \qquad \rightarrow \qquad \Phi_{II} = 0{,}85$$

$$f_{eben} = \frac{1}{1{,}15 + 0{,}85} = 0{,}50 \qquad f = 0{,}80 \cdot 0{,}50 = 0{,}40\,.$$

Damit ergibt sich eine Sickerwassermenge von

$$Q = 10^{-4} \cdot 2{,}8 \cdot 0{,}40 \cdot 2\pi \cdot 11{,}1 = 0{,}00781 \;\; m^3 / s\,.$$

Fall 2: quadratische Baugrube

Eingangswerte für Diagrammablesung

$$\frac{s_1}{T_1} = \frac{4{,}80}{7{,}80} = 0{,}62$$

$$\frac{T_2}{b} = 0 \qquad \rightarrow \qquad \Phi_I = 1{,}15$$

$$\frac{s_2}{T_2} = \frac{2{,}00}{5{,}00} = 0{,}40$$

$$\frac{T_2}{b} = \frac{5{,}00}{8{,}75} = 0{,}57 \qquad \rightarrow \qquad \Phi_{II} = 0{,}90$$

$$f_{eben} = \frac{1}{1{,}15 + 0{,}90} = 0{,}49 \qquad f = 0{,}75 \cdot 0{,}49 = 0{,}37\,.$$

Damit ergibt sich eine Sickerwassermenge von

$$Q = 10^{-4} \cdot 2{,}8 \cdot 0{,}37 \cdot 4 \cdot 17{,}5 = 0{,}00717 \;\; m^3 / s\,.$$

Fall 3: rechteckige Baugrube

Eingangswerte für Diagrammablesung

$$\frac{s_1}{T_1} = \frac{4{,}80}{7{,}80} = 0{,}62$$

□ 7.58: Fortsetzung Beispiel 154: Berechnung der Sickerwassermenge in eine Baugrube

$$\frac{T_2}{b} = 0 \qquad \rightarrow \qquad \Phi_I = 1{,}15$$

$$\frac{s_2}{T_2} = \frac{2{,}00}{5{,}00} = 0{,}40$$

$$\frac{T_2}{b} = \frac{5{,}00}{5{,}00} = 1{,}00 \qquad \rightarrow \qquad \Phi_{II} = 0{,}94$$

$$f_{eben} = \frac{1}{1{,}15 + 0{,}94} = 0{,}48$$

Bei einem Seitenverhältnis $\frac{L}{B} = \frac{25{,}0}{10{,}00} = 2{,}5 > 2$ *ist der ebene Fall anzunehmen:*

Damit ergibt sich eine Sickerwassermenge von

$$Q = 10^{-4} \cdot 2{,}8 \cdot 0{,}48(2 \cdot 10 + 2 \cdot 25) = 0{,}00941\ m^3/s\,.$$

Es ist zu erkennen, dass der ebene Fall (lang gestreckte Baugrube) die vergleichsweise größte Sickerwassermenge liefert.

Der Sohlwasserdruck auf die Wehrsohle lässt sich aus dem hydrostatischen Druck in den einzelnen Punkten der Sohle errechnen.

Die spezifische Strömungskraft an der Stelle x der Sohle ergibt sich näherungsweise zu

□ 7.59: Bezeichnungen bei der Ermittlung der Unterläufigkeit

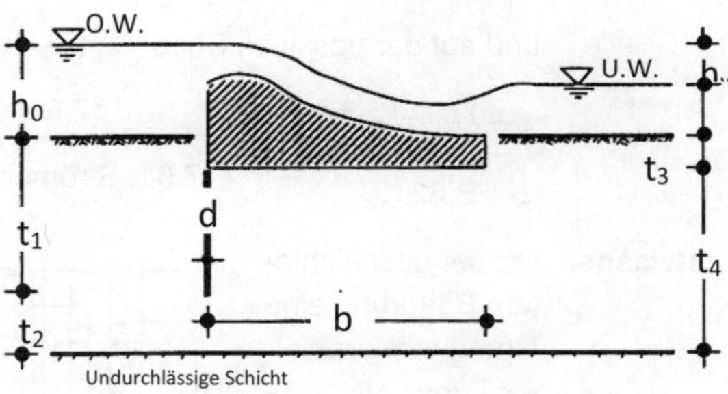

$$u_{(x)} = \gamma_w \cdot h_w \cdot \frac{L - l_{(x)}}{L} \qquad (7.47)$$

$L_{(x)}$ wird vom Sohleintritt des Sickerwassers aus längs des Sickerwegs L bestimmt (□ 7.60 und Beispiel □ 7.62).

Erd-/ Wasserdruck Bei der Unterströmung einer Wand wird der Boden auf der aktiven Seite "schwerer", auf der passiven "leichter". Dagegen wird das Wasser auf der aktiven Seite "leichter" und auf der passiven "schwerer".

⇒ Brinch Hansen/Lundgren (1960) (□ 7.50 und □ 7.63 sowie Gleichungen (7.31) und (7.32))

□ 7.60: Faktor/ Beiwert c für die Berechnung der Länge des Sickerwegs

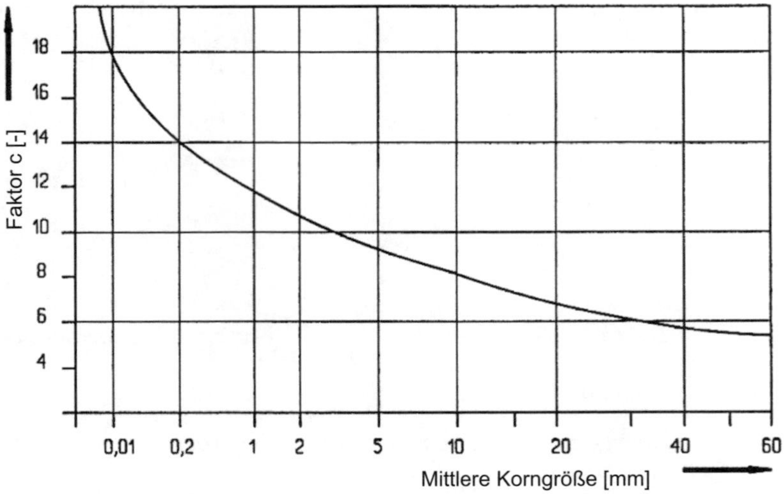

Dieser Zusammenhang kann nach E 114 der EAU näherungsweise mit Hilfe der Strömungsgradienten von Brinch Hansen berücksichtigt werden (□ 7.45 und □ 7.63):

Damit ergeben sich die korrigierten Wichten auf der aktiven Seite

$${}_{korr}\gamma_w = \gamma_w - i_a \cdot \gamma_w \quad (7.48), \qquad {}_{korr}\gamma' = \gamma' + i_a \cdot \gamma_w \quad (7.49)$$

und auf der passiven Seite

$${}_{korr}\gamma_w = \gamma_w + i_p \cdot \gamma_w \quad (7.50), \qquad {}_{korr}\gamma' = \gamma' - i_p \cdot \gamma_w \quad (7.51)$$

$\Rightarrow$ EB 63.

Restwasser Da bei geschichtetem Baugrund eine Grundwasserabsenkung oft nicht möglich ist, bewirkt das Restwasser einen zusätzlichen Wasser- und Erddruck auf die Baugrubenumschließung, der nach EB 60 berücksichtigt werden muss (□ 7.60).

□ 7.61: Strömungsfaktoren nach Bölling

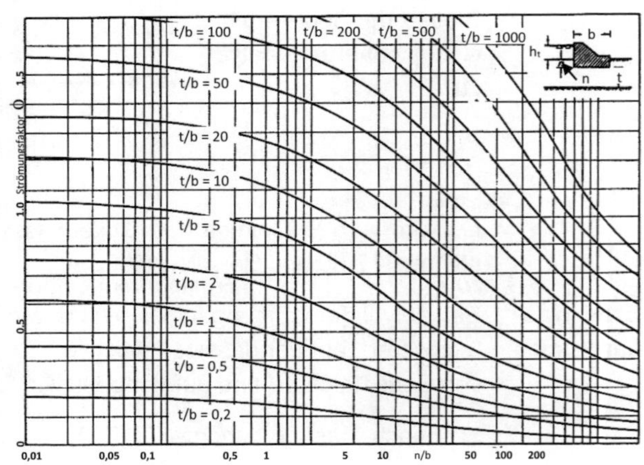

□ 7.62: Beispiel 155: Berechnung von Unterläufigkeit, Sohlwasserdruck und Strömungskraft

Geg.: *Baugrund: Flusskies, mittlerer Korndurchmesser 5 mm, k = 2 · 10⁻³ m/s*

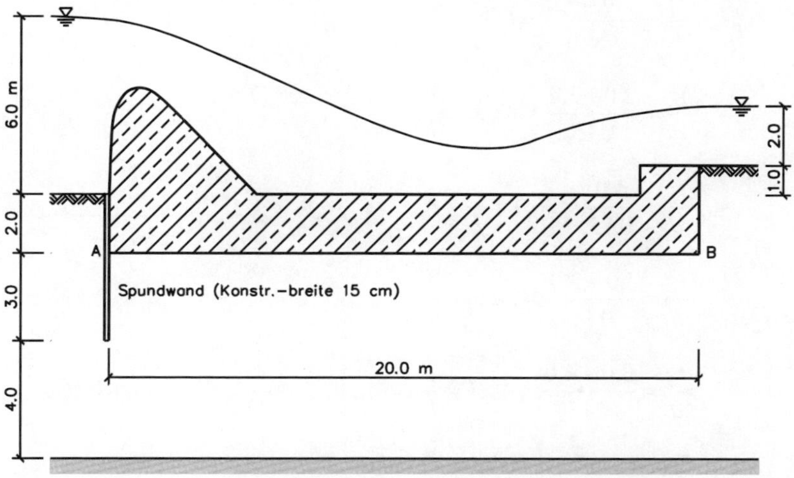

Ges.: *Baugrund: Flusskies, mittlerer Korndurchmesser 5 mm, k = 2 · 10⁻³ m/s*

Für das dargestellte Stauwehr sind zu ermitteln:

a) erforderlicher Sickerweg

b) Sickerwassermenge unter dem Wehrkörper

c) Sohlwasserdruck auf die Wehrsohle

d) Strömungsdruck auf die Wehrsohle.

Lösg.: ***zu a)*** *Erforderliche Länge des Sickerwegs:*

$${}_{erf}L \approx c\cdot_{\max} h_w = 9{,}5 \cdot 3{,}0 = 28{,}5 \quad m\,.$$

Als vorhandene Länge des Sickerwegs kann der erdberührte Umfang des Wehrkörpers und der Spundwandschürze angesetzt werden:

$${}_{vorh}L \approx 2{,}0 + 2 \cdot 3{,}0 + 20{,}0 + 2{,}0 + 1{,}0 = 31{,}0 \quad m\,.$$

Damit ist $_{vorh}L > {}_{erf}L$.

(Anderenfalls hätte der Wehrkörper verlängert oder die Spundwand verlängert oder eine zusätzliche Spundwand bei B eingebracht werden müssen.)

zu b) *Ermittlung der Strömungsfaktoren:*

Mit den vorliegenden Abmessungen wird

$$\frac{t_3}{b} = \frac{1{,}0 + 2{,}0}{20{,}0} = 0{,}15 \mathrel{\hat{=}} \frac{n}{b}$$

□ 7.62: Fortsetzung Beispiel 155: Berechnung von Unterläufigkeit, Sohlwasserdruck und Strömungskraft

$$\frac{t_4}{b} = \frac{3{,}0 + 4{,}0}{20{,}0} = 0{,}35 \mathrel{\hat{=}} \frac{t}{b} \qquad \rightarrow \qquad \Phi_I = 0{,}24$$

$$\frac{t_1}{d} = \frac{2{,}0 + 3{,}0}{0{,}15} = 33{,}3 \mathrel{\hat{=}} \frac{n}{b}$$

$$\frac{t_2}{d} = \frac{4{,}0}{0{,}15} = 26{,}7 \mathrel{\hat{=}} \frac{t}{b} \qquad \rightarrow \qquad \Phi_{II} = 0{,}46$$

$$\frac{t_3}{d} = \frac{1{,}0 + 2{,}0}{0{,}15} = 20{,}0 \mathrel{\hat{=}} \frac{n}{b}$$

$$\frac{t_4}{d} = \frac{3{,}0 + 4{,}0}{0{,}15} = 46{,}7 \mathrel{\hat{=}} \frac{t}{b} \qquad \rightarrow \qquad \Phi_{III} = 0{,}69\,.$$

Damit ergibt sich der endgültige Strömungsfaktor zu

$$\Phi = \frac{0{,}24 \cdot 0{,}46}{0{,}69} = 0{,}16\,.$$

(Anmerkung betrifft Grenzfälle:

Für den Fall, dass sich die Tiefe der Abdichtungsschürze der Gründungstiefe nähert, wird

$\frac{t_3}{d} = \frac{t_1}{d}$ *und* $\frac{t_4}{d} = \frac{t_2}{d}$ *und demzufolge* $\Phi_{II} = \Phi_{III}$ *und* $\Phi = \Phi_I$.

Für den Fall, dass sich die Breite der Abdichtungsschürze der Wehrbreite nähert, wird

$\frac{t_3}{b} = \frac{t_3}{d}$ *und* $\frac{t_4}{b} = \frac{t_4}{d}$ *und demzufolge* $\Phi_I = \Phi_{III}$ *und* $\Phi = \Phi_{II}$*.)*

Sekundliche Sickerwassermenge pro Meter Wehrlänge:

$$q = k \cdot h_w \cdot \Phi = 2 \cdot 10^{-3} \cdot 3{,}0 \cdot 0{,}16 = 9{,}6 \cdot 10^{-4}\ m^3/s \cdot m\,.$$

zu c) *Sohlwasserdruck auf die Wehrsohle:*

Für eine exakte Berechnung des Sohlwasserdrucks ist die Kenntnis der Wasserspiegellinie über dem Wehrkörper erforderlich. Näherungsansatz in der Praxis:

Die Eigenlast des überströmten Wehrkörpers wird mit einer Wichte $\gamma' = \gamma_B - \gamma_w$ *berechnet (*γ_B *= Wichte Beton/Stahlbeton,* γ_W *= Wichte Wasser).*

☐ 7.62: Fortsetzung Beispiel 155: Berechnung von Unterläufigkeit, Sohlwasserdruck und Strömungskraft

zu d) *Ordinaten des Strömungsdrucks:*

an der Stelle A: $l_{(x=A)} = 2{,}0 + 2 \cdot 3{,}0 = 8{,}0 \;\; m$

$$\rightarrow \;\; f_{s_{(x=A)}} \approx \gamma_w \cdot h_w \cdot \frac{L - l_{(x)}}{L} \approx 10 \cdot 3{,}0 \cdot \frac{31{,}0 - 8{,}0}{31{,}0} = 22{,}3 \;\; kN/m^2$$

an der Stelle B: $l_{(x=B)} = 2{,}0 + 2 \cdot 3{,}0 + 20{,}0 = 28{,}0 \;\; m$

$$\rightarrow \;\; f_{s_{(x=B)}} \approx 10 \cdot 3{,}0 \cdot \frac{31{,}0 - 28{,}0}{31{,}0} = 2{,}9 \;\; kN/m^2.$$

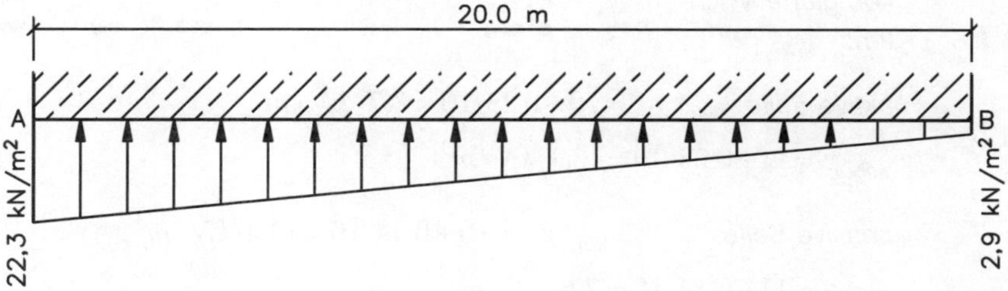

☐ 7.63: Beispiel 156: Korrigierte Erd- und Wasserdruckflächen (Gradientenverfahren nach Brinch Hansen)

Geg.: *Für die dargestellten Verhältnisse an einer Baugrubenspundwand sind zu ermitteln und darzustellen:*

Ges.: *Für die dargestellten Verhältnisse an einer Baugrubenspundwand sind zu ermitteln und darzustellen:*

a) Erd- und Wasserdruckverteilung auf die Spundwand (statische Wirkung)

b) Änderung der Erd- und Wasserdruckverteilung durch Einfluss der Strömungskraft.

Lösg.: ***zu a)***

Nach den bekannten Methoden der Erddrucktheorie und der Hydraulik berechnen sich nachstehende Erd- und Wasserdruckverteilungen:

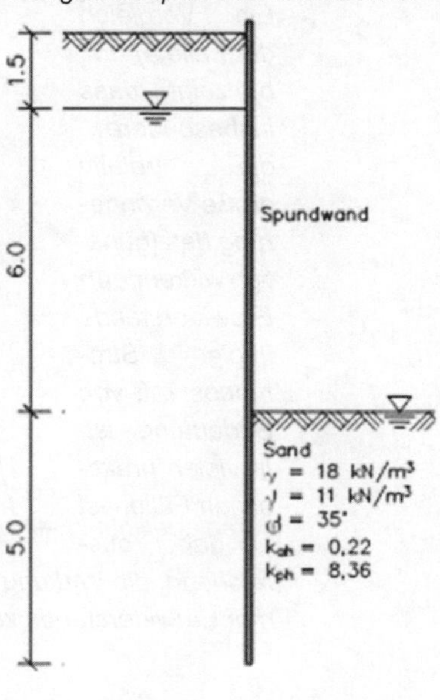

□ 7.63: Fortsetzung Beispiel 156: Korrigierte Erd- und Wasserdruckflächen (Gradientenverfahren nach Brinch Hansen)

Zu b) *Strömungsgradienten:*

$i_a = \frac{0{,}7\cdot 6{,}0}{11{,}0+\sqrt{11{,}0\cdot 5{,}0}} = 0{,}23;$

$i_p = \frac{0{,}7\cdot 6{,}0}{5{,}0+\sqrt{11{,}0\cdot 5{,}0}} = 0{,}34$

Damit ergeben sich folgende korrigierte Wichten:

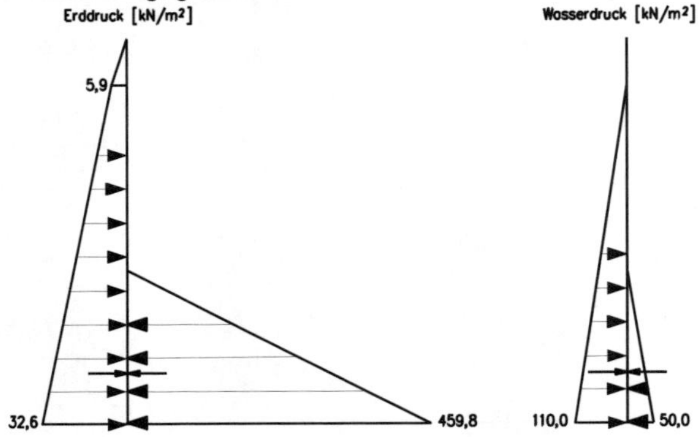

aktive Seite: $_{korr.}\gamma_w = 10 - 0{,}23\cdot 10 = 7{,}7\ \ kN/m^3$,

$_{korr.}\gamma' = 11 + 0{,}23\cdot 10 = 13{,}3\ \ kN/m^3$

passive Seite: $_{korr.}\gamma_w = 10 + 0{,}34\cdot 10 = 13{,}4\ \ kN/m^3$,

$_{korr.}\gamma' = 11 - 0{,}34\cdot 10 = 7{,}6\ \ kN/m^3$

Nach den bekannten Methoden der Erddrucktheorie und der Hydraulik berechnen sich nachstehende Erd- und Wasserdruckverteilungen unter Berücksichtigung des Strömungskraft-Einflusses:

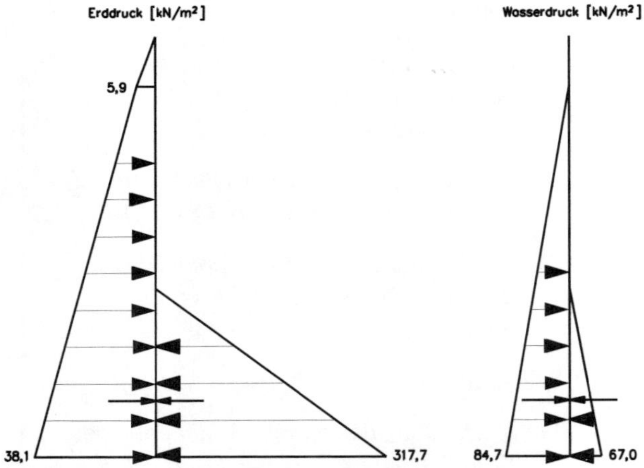

Ein Vergleich der Fälle a) und b) zeigt, dass insbesondere die relativ große Verringerung des (günstig wirkenden!) Erdwiderstands infolge Strömungskraft von Bedeutung ist. In vielen praktischen Fällen ist es daher ausreichend, die Wirkung der Strömungskraft durch entsprechende Reduzierung des Erdwiderstands zu berücksichtigen.

□ 7.64: Beispiel 157: Einfluss des Restwassers bei geschichtetem Boden

Geg.: *Für die dargestellte Baugrube soll die Wasserhaltung in der Weise betrieben werden, dass innerhalb der Baugrube das aus der Bodenschicht GE zufließende Wasser abgepumpt wird.*

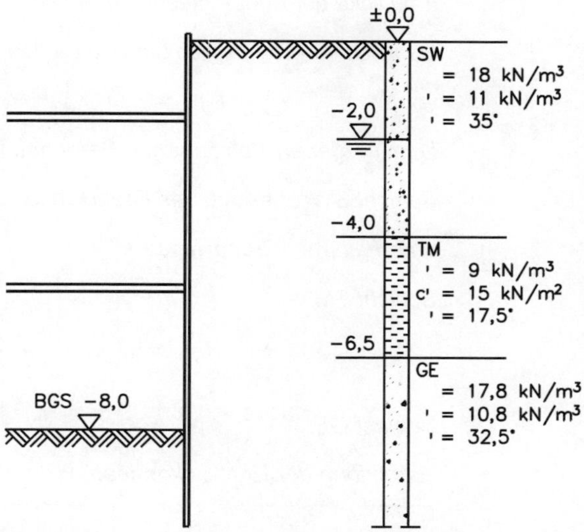

Ges.: *Es sind die in diesem Fall auf die Baugrubenwand wirkenden Erd- und Wasserdrücke zu ermitteln.*

Vorbemerkungen:

Nach der Empfehlung EB 58, Abschnitt 3, der Empfehlungen des Arbeitskreises „Baugruben" kann bei Baugrubenwänden in nichtbindigen Böden sowie in verformbaren (bildsamen) tonigen Böden davon ausgegangen werden, dass der dichte Anschluss zwischen Baugrubenwand und Boden - und damit das Strömungsnetz - auch dann erhalten bleibt, wenn sich die Wand infolge des Erd- und

Wasserdrucks um ein gewisses Maß verformt oder verschiebt.

Steht jedoch hinter der Wand ein Boden an, der keine ausreichende seitliche Verformbarkeit besitzt (z.B. felsartiger Boden oder mindestens halbfester bindiger Boden mit geringem Tongehalt), dann besteht die Möglichkeit, dass zwischen Wand und Boden ein Spalt entsteht, in dem sich der hydrostatische Wasserdruck einstellt.

Lösg.: *Im vorliegenden Fall wird durch die Verformbarkeit der Schicht TM die Entstehung eines Spalts verhindert, so dass der Einfluss des in der Schicht verbleibenden Restwassers zu berücksichtigen ist.*

Nach EB 60, Abschnitt 3, hat dies folgende Auswirkungen:

- *Im Bereich des Restwassers stellt sich ein Wasserdruck ein.*
- *Die Wichte des Bodens verringert sich im Bereich des Restwassers in der durchlässigen Schicht von γ auf γ'.*
- In der undurchlässigen Schicht entsteht ein Strömungsgefälle von

$$i = \frac{h_w + d}{d}$$

mit h_w = Wasserhöhe in der durchlässigen Schicht

□ 7.64: Fortsetzung Beispiel 157: Einfluss des Restwassers bei geschichtetem Boden

d = Dicke der undurchlässigen Schicht

Dadurch vergrößert sich die Wichte des Bodens der undurchlässigen Schicht

von $\gamma_r = \gamma' + \gamma_w$ *auf* $\gamma_r = \gamma' + i \cdot \gamma_w$.

Damit ergeben sich folgende Berechnungswichten:

Schicht SW: oberhalb des Grundwassers: $\gamma = 18{,}0\ kN/m^3$

unterhalb des Grundwassers: $\gamma' = 11{,}0\ kN/m^3$

Schicht TM:

$$\gamma_r = 9{,}0 + \frac{2{,}0 + 2{,}5}{2{,}5} \cdot 10{,}0 = 27{,}0\ kN/m^3$$

Schicht GE: $\gamma = 17{,}8\ kN/m^3$.

Ermittlung der Erddruckordinaten:

Boden	Kote	h	γ	$\gamma \cdot h$	σ	K_a	$\sigma \cdot K_a$	K_a^c	$c\,K_a^c$	e_a
	m	m	kN/m³	kN/m²	kN/m²	1	kN/m²	1	kN/m²	kN/m²
SW	0,0	2,0	18,0	36,0	0	0,24	0			0
	-2,0				36,0		8,6			8,6
	-2,0	2,0	11,0	22,0	36,0	0,24	8,6			8,6
	-4,0				58,0		13,9			13,9
TM	-4,0	2,5	27,0	67,5	58,0	0,49	28,4	1,28	19,2	9,2
	-6,5				125,5		61,5			42,3
GE	-6,5	1,5	17,8	26,7	125,5	0,27	33,9			33,9
	-8,0				152,2		41,1			41,1

Darstellung der Erd- und Wasserdrücke:

Erddruck (kN/m²] gemäß EB 60

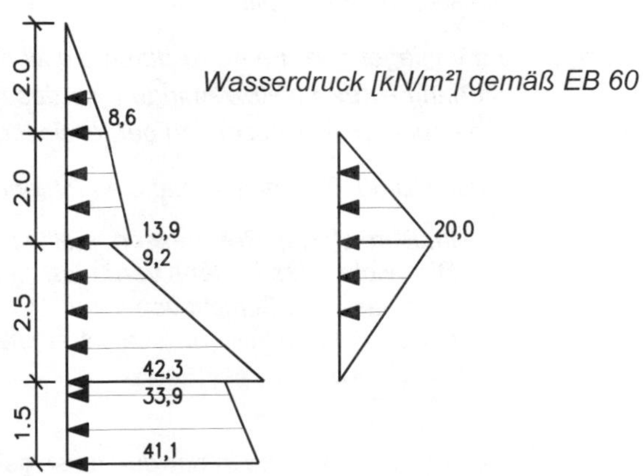

Weitere Hinweise Davidenkoff, R., (1956), Muhs, H. (1957), Davidenkoff, R., Franke, O. (1965, 1966), Schultze, E. (1967), Schultze, E., Muhs, H. (1967), Fuchs, E: (1971, 1972), Nold, J. F. (1977), Voth, B. (1978), Stiegler, W. (1979), Graßhoff, H., Siedeck, P., Floss, R. (1979, 1982), Gudehus (1981), Lehmann, G. (1981), Dreyer, D. (1984), Rübener, R., Stiegler, W. (1981, 1992), Rübener, R. (1985), Rappert, C. (1991), Smoltczyk, U. (1993), Herth, W., Arndts, E. (1994), Lang, H.-J., Huder, J., Amann, P. (1996), Schmidt, H. G., Seitz, J.M. (1998), Fischer, L. (2003), Schmidt, H.-H. (2006), Holschemacher, K. (2008), Hölting, B., Coldewey, W.G. (2009), Kuntsche, K. (2009), Witt, K.J. (2018), Aulbach (2013, 2015).

7.05 Kontrollfragen zu den Abschnitten 7.01 bis 7.04

- In einem Bodenschnitt sind die verschiedenen Erscheinungsformen des Wassers im Boden und die verschiedenen Wichten darzustellen, die für grundbaustatische Berechnung maßgebend sind.
- Unterschied Grundwasser / Schichtenwasser?
- Unterschied offene / geschlossene Kapillarwasserzone?
- Was ist freies / gebundenes Bodenwasser?
- Welche Kräfte binden das Wasser?
- Druckwirkung der Bodenwasserarten auf ein Bauwerk? Skizze!
- Grundwasserstauer? Grundwasserleiter? Grundwasser führende Schicht? Grundwasserstockwerk? Gespanntes (artesisches) Wasser? Quelle?
- Aus welchem Boden besteht ein Grundwasserstauer / Grundwasserleiter?
- Was ist uferfiltriertes Grundwasser?
- Wie können Sohlaufbrüche in einer Baugrube infolge gespannten Grundwassers entstehen? Berechnung der Sicherheit?
- Wie wird die Sicherheit gegen Auftrieb nachgewiesen?
- Maßnahmen, wenn keine ausreichende Sicherheit gegen Sohlwasserdruck (Auftrieb) vorhanden ist?
- Berücksichtigung von Reibungskräften bei der Ermittlung der Sicherheit gegen Auftrieb?
- Wie wird der Grundwasserspiegel eingemessen?
- Zeichnen Sie eine (angenommene) Grundwasserstandsganglinie eines Grundwasserbeobachtungsbrunnens (Peilrohrs).
- Bestimmung von Fließrichtung und Gefälle des Grundwassers?
- Mischfilter? Stufenfilter? Filterwiderstand?
- Wie ist die Entwicklung in Richtung auf Großbrunnen zu erklären?
- Die Grundwasserabsenkung mit Filterbrunnen ist zu erläutern.
- Skizzieren Sie die Absenkungskurven beim Gravitationsverfahren für eine geböschte Baugrube.
- Wie kann man den Wasserandrang in eine Baugrube herabsetzen?
- Ausführung von Unterwasserbeton?
- Wie funktioniert eine Wellpointanlage? Wann wird sie zweckmäßig eingesetzt?
- Staffelförmige Grundwasserabsenkung?
- Vakuumabsenkung? Bei welchen Böden? Stabilisierungseffekt bei weichen und fließempfindlichen Böden?
- Wann wird die Elektroosmose angewendet? Wie funktioniert sie?
- Was versteht man unter Vakuumtiefbrunnen? Anwendung?
- Beschreiben Sie Grundwasser schonende Bauweisen!
- Die Ausführung einer Wasserhaltung bei einer geböschten Baugrube in Kies und Sand unter dem Grundwasserspiegel ist zu beschreiben.
- Möglichkeit der Wasserhaltung a) bei einem durchlässigen, b) bei einem undurchlässigen Verbau?
- Maßnahme gegen Sohlaufbrüche in einer Baugrube?
- Bei der Berechnung einer Wasserhaltung sind u. a. folgende Einflüsse zu beachten: Einzelbrunnen - Mehrbrunnenanlage -freies / gespanntes Grundwasser - vollkommener und unvollkom-

- Maßnahmen a) bei der Erstellung eines Bauwerks unter dem Grundwasserspiegel, b) zum Schutz des fertigen Bauwerks gegen Bodenwasser?
- Eine Wasserhaltung ist notwendig, wenn ... oder wenn ...
- Arten und Anwendungsbereiche der Wasserhaltung? Abhängigkeiten?
- Wie erfolgt die Wasserhaltung in Kies und Sand / Feinsand und Schluff / Lehm und Ton / in der Nähe eines offenen Gewässers bei sehr durchlässigem Boden?
- Wann und wie wird eine offene Wasserhaltung durchgeführt?
- Pumpenarten, Anwendungsbereiche und Förderhöhen?
- Ausführung eines Filterbrunnens (Skizze).
- Ist die Absenkkurve bei bindigem Boden steiler oder flacher als bei nichtbindigem Boden?
- Wie groß ist die Grenzgeschwindigkeit des Wassers bei Eintritt in den Brunnen?
- Wie wird das Fassungsvermögen eines Brunnens berechnet?
- Was versteht man unter Kapazität eines Brunnens? Wie wird sie bestimmt?
- Wie erhält man die Wassermenge für a) gespanntes Grundwasser, b) einen unvollkommenen Brunnen, c) eine Mehrbrunnenanlage?
- Spezifische Strömungskraft? Hydraulisches Gefälle? Kritisches Gefälle?
- Wann tritt ein Hydraulischer Grundbruch auf? Berechnung der Sicherheit gegen Hy-draulischen Grundbruch?
- Maßnahmen zur Erhöhung der Sicherheit gegen hydraulischen Grundbruch? mener Brunnen - ankommende Wassermenge und Fassungsvermögen. Erläuterungen!
- Wie erhält man die Absenkung s und die Reichweite R?
- Für welche Einflussgrößen ermittelte Sichardt die Gleichung für die Reichweite eines Brunnens?
- Wie kann man die Lage des abgesenkten Grundwasserspiegels in einer bestimmten Entfernung vom Brunnen ermitteln?
- Einflusswerte für die Bestimmung des Wasserandrangs bei einem Brunnen?
- Ausführung eines Probepumpversuchs zur Bestimmung von k? Warum ist er zuverlässiger als der Laborversuch?
- Wie groß ist das Gefälle der Absenkkurve a) allgemein, b) maximal am Brunnen?
- Nach der Gleichung $i = q/A \cdot k$ fließt das Grundwasser einem Brunnen mit um so größerem Gefälle i zu, je ...
- Stromlinie? Potenziallinie?
- Konstruktion des Strömungsnetzes unter Beachtung der Randbedingungen?
- Was ist ein Piezometerrohr?
- Einfluss der Strömungskraft auf den Erd- und Wasserdruck? Näherungsweise Berücksichtigung nach Brinch Hansen?
- Ist die Absenkkurve des Grundwassers bei nichtbindigen Böden steiler oder flacher als bei bindigem Boden? Begründung!
- Welche Messungen muss man vornehmen, wenn man den Durchlässigkeitsbeiwert k auf der Baustelle bestimmen will?
- Welche Einflussgrößen bestimmen die Sicherheit gegen hydraulischen Grundbruch?

7.06 Bauwerksabdichtungen

7.06.1 Norm/ Regelwerk

Geltungsbereich

DIN 18 533 Abdichtung von erdberührten Bauteilen.

DIN 18533-1 regelt grundsätzlich. Detaillierte Vorgaben für Abdichtungsbahnen liefert DIN 18533-2, Vorgaben für Abdichtung mittels Beschichtungen regelt DIN 18533-3.

Die Norm gilt für die Abdichtung von nicht wasserdichten Bauwerken oder Bauteilen gegen

- Bodenfeuchte,
- Nicht drückendes Wasser,
- von aussen drückendes Wasser,
- von innen drückendes Wasser,
- Spritzwasser am Wandsockel und
- Kapillarwasser i und unter erdberührten Wänden und Decken

mit Bitumen- , Polymerbitumen-, Kunststoff- und Elastomer-Dichtungsbahnen, Metallbändern nach DIN 18533, Teil 2 sowie mit Bitumenmassen, Asphaltmastix, kunststoffmodifizierten Bitumendickbeschichtungen nach DIN 18533, Teil 3 und den für ihren Einbau erforderlichen Werkstoffen.

Sie gilt ferner für Abdichtungen unter intensiv begrünten Dachflächen, für das Herstellen der Abdichtungen über Bewegungsfugen, für Durchdringungen, Übergänge und Abschlüsse sowie für Schutzschichten und Schutzmaßnahmen.

Sie gilt nicht für

- wasserundurchlässige Bauteile, z. B. Konstruktionen und Bauteile für wasser-undurchlässige Bauwerke aus Beton (DAfStb-Richtlinie).
- Abdichtung von nicht genutzten und genutzten Dächern gegen Niederschlagswasser (DIN 18531)
- Abdichtung von befahrbaren Verkehrsflächen aus Beton (DIN 18532)

7.06.2 Begriffe

In DIN 18533-1 und DIN 18195 werden folgende Begriffe erläutert:

Abdichtungslage Flächengebilde aus Abdichtungsstoffen.

Abdichtung Eine oder mehrere vollflächig untereinander verklebte oder im Verbund hergestellte Abdichtungslagen.

Abdichtungsrücklage Festes Bauteil, auf das eine Abdichtung für senkrechte oder stark geneigte Flächen aufgebracht wird, wenn die Abdichtung zeitlich vor dem zu schützenden Bauteil hergestellt wird.

Untergrund (Abdichtungsuntergrund): Fläche, auf welche die Abdichtung unmittelbar aufgebracht wird.

Abschluss Das gesicherte Ende oder der gesicherte Rand einer Bauwerksabdichtung.

Anschluss Die Verbindung von Teilbereichen einer Abdichtungslage oder mehrerer Abdichtungslagen miteinander, die zu verschiedenen Zeitabschnitten hergestellt werden, z. B. bei Arbeitsunterbrechungen. Ein Anschluss ist auch die Verbindung einer Abdichtungslage oder mehrerer Abdichtungslagen an Einbauteile.

Asphaltmastix Gemisch aus Bitumen, Gesteinsmehl und Sand mit einem Massenanteil an Bitumen von 13 bis 16 %.

Bauteiltemperatur Temperatur der Bauteiloberfläche, mit der die Abdichtung bei ihrem Einbau direkt in Berührung kommt.

Bemessungswasserstand Der höchste, nach Möglichkeit aus langjähriger Beobachtung ermittelte Grundwasserstand/Hochwasserstand. Bei von innen drückendem Wasser: der höchste, planmäßige Wasserstand.

Bewegungsfuge Ein Zwischenraum zwischen zwei Bauwerksteilen oder Bauteilen, der ihnen unterschiedliche Bewegungen ermöglicht.

Dampfdruck-ausgleichsschicht Eine zusammenhängende Luftschicht zum Ausgleich örtlich entstehender Dampfdruckunterschiede.

Deckaufstrich Ein in sich geschlossener Aufstrich aus Deckaufstrichmitteln.

Durchdringung Ein Bauteil, das die Bauwerksabdichtung durchdringt, z. B. Rohrleitung, Geländerstütze, Ablauf, Brunnentopf, Telleranker.

Einbaumenge Eine Menge Klebemasse, Asphaltmastix, kunststoffmodifizierte Bitumendickbeschichtung oder Deckaufstrichmittel im eingebauten Zustand.

Einbauteil Ein Hilfsmittel zur Herstellung eines wasserdichten Anschlusses an Durchdringungen, bei Übergängen oder bei Abschlüssen, wie z. B. Klebeflansch, Anschweißflansch, Manschette, Klemmschiene, Los- und Festflanschkonstruktion.

Einbautemperatur Temperatur der Abdichtungsstoffe beim Einbau.

Einbettung (der Abdichtung): Die hohlraumfreie Lage der Abdichtung zwischen Abdichtungsuntergrund und Schutzschicht, ohne dass die Abdichtung einen nennenswerten Flächendruck erfährt.

Einpressung (der Abdichtung): Die hohlraumfreie Lage der Abdichtung zwischen zwei festen Bauteilen, wobei die Abdichtung einem ständig wirkenden Flächendruck ausgesetzt ist.

Eintauchtiefe Die Höhendifferenz zwischen der tiefsten abzudichtenden Bauwerksfläche und dem Bemessungswasserstand.

Elastomer-Dichtungsbahn mit Selbstklebeschicht: Bahn aus Elastomeren mit zusätzlicher werksseitiger Selbstklebeschicht zur flächigen Verklebung.

Festes Bauteil	Ein Bauteil, das ohne größere Formänderung Kräfte aufnehmen oder weiterleiten kann.
Fügetechnik	Die Technik der materialgerechten Naht- und Stoßverbindungen von Abdichtungsbahnen zur Herstellung einer Abdichtungslage.
Fugenkammer	Eine Verbreiterung einer Bewegungsfuge in ausreichender Tiefe an der Abdichtungsfläche.
Fugenverstärkung	Die Verstärkung einer Abdichtung durch eine oder mehrere zusätzliche Abdichtungslagen im Bereich einer Bewegungsfuge.
KSK	kaltselbstklebende Bitumen-Dichtungsbahn (KSK): Dichtungsbahn aus einem kunststoffmodifizierten, selbstklebendem Bitumen, das einseitig auf einer reißfesten HDPE-Trägerfolie aufgebracht ist.
Klebeflansch	(Anschweißflansch): Ein flächiges Einbauteil, das mit der Durchdringung einer Abdichtung wasserdicht und fest verbunden ist und zum wasserdichten Auf- oder Einkleben einer Abdichtung bzw. zum Anschweißen einer Abdichtung aus Kunststoff-Dichtungsbahnen geeignet ist.
Klemmschiene	Ein Einbauteil aus einem flanschartigen Metallprofil, mit dem Abschlüsse von Bauwerksabdichtungen unmittelbar an Bauwerksteile angeklemmt werden.
KMB	kunststoffmodifizierte Bitumendickbeschichtung (KMB): Kunststoffmodifizierte, ein- oder zweikomponentige Massen auf Basis von Bitumenemulsion.
Los- und Festflanschkonstruktion	Eine im Regelfall aus Stahl bestehende Konstruktion zum Einklemmen einer Abdichtung, um durch Anpressen eine wasserdichte Verbindung herzustellen.
Manschette	Ein tüllenförmiges, an die Durchdringung einer Abdichtung angeformtes Einbauteil, das wasserdicht an die Durchdringung angeschlossen wird, z. B. mit einer Schelle, und mit der Abdichtung wasserdicht verbunden ist, in Sonderfällen auch aus der Abdichtung selbst hergestellt.
Naht	Die Verbindung zweier Bahnen einer Abdichtungslage an ihren Längs- oder Querrändern.
Nassraum	Innenraum, in dem nutzungsbedingt Wasser in solcher Menge anfällt, dass zu seiner Ableitung eine Fußbodenentwässerung erforderlich ist. Bäder im Wohnungsbau ohne Bodenablauf zählen nicht zu den Nassräumen.
PMBC	kunststoffmodifizierten, selbstklebendem Bitumdickbeschichtung.
Regenfestigkeit	Zeitpunkt, zu dem die kunststoffmodifizierte Bitumendickbeschichtung so weit abgebunden hat, dass sie durch darauf einwirkenden Regen nicht geschädigt wird.
Schelle	Eine ringförmig zu schließende Spannvorrichtung zum wasserdichten Anschluss von Abdichtungen und Manschetten an durchdringende Bauteile mit kreisförmigem Querschnitt.

Schutzlage Zusätzlicher Schutz einer Abdichtung, der jedoch keine Schutzschicht ersetzt. Eine Schutzlage zählt nicht als Abdichtungslage.

Schutzmaßnahme Eine bauliche Maßnahme zum vorübergehenden Schutz einer Abdichtung während der Bauarbeiten.

Schutzschicht Ein Bauteil zum dauernden Schutz einer Abdichtung gegen mechanische und thermische Beanspruchung.

Sickerwasser, aufstauend Unter Einwirkung der Schwerkraft frei abfließendes Niederschlags- und / oder Brauchwasser, das auf wenig durchlässigen Bodenschichten zeitweise aufstauen kann.

Stoß Der Bereich einer Abdichtung, in dem Nähte oder Anschlüsse der einzelnen Abdichtungslagen übereinanderliegend oder um Überlappungsbreite versetzt in der Abdichtung angeordnet sind.

Telleranker Ein Einbauteil, in der Regel aus Stahl, zur Verankerung zweier Bauteile, die durch eine Abdichtung getrennt sind und das im Allgemeinen die dauerhafte Einbettung der Abdichtung sicherstellt.

Trägereinlage Zur Herstellung einer Abdichtungslage oder einzelner Dichtungsbahnen verwendete, flächenhafte Bahnen, Folien, Gewebe oder Vliese u. a. aus Rohfilz, Jute, Glas oder Kunststoff sowie Metallbändern. Sie tragen die jeweils erforderlichen Bitumenaufstriche (Klebe- oder Deckaufstriche) bzw. bei Dichtungsbahnen und Bitumen-Schweißbahnen die Deckschichten und dienen zur Aufnahme der mechanischen Beanspruchung.

Trennschicht (Trennlage): Ein Flächengebilde zur Trennung einer Abdichtung von angrenzenden Bauteilen.

Überdeckung (Überlappung): Der Bereich, in dem zwei Bahnen einer Abdichtungslage zur Herstellung von Nähten und Stößen übereinanderliegen.

Übergang Die Verbindung unterschiedlicher Abdichtungssysteme.

Verstärkungseinlage Flächenhaftes Gewebe- oder Vliesbahnenmaterial, welches vor Ort hohlraumfrei in die Abdichtung eingebettet wird.

Verwahrung Die Sicherung der Ränder von Abdichtungen gegen Abgleiten und das Hinterlaufen von Wasser.

7.06.3 Grundlagen

Abdichtungsart Zu Bestimmung der Abdichtungsart nach DIN 18 533-1 müssen

- die Bodenart,
- die Geländeform und
- der Bemessungswasserstand

am Bauwerksstandort festgestellt werden. Dies ist nur dann nicht nötig, wenn grundsätzlich nach der höchsten Wasserbeanspruchung geplant wird.

Die Abdichtungsart hängt vor allem von der Angriffsart des Wassers und der Nutzung des Bauwerks bzw. Bauteils (□ 7.65) und außerdem von den zu erwartenden physikalischen - insbesondere mechanischen und thermischen – Beanspruchungen ab. Dabei kann es sich um äußere, z. B. klimatische Einflüsse oder um Einwirkungen aus der Konstruktion oder aus der Nutzung des Bauwerks und seiner Teile handeln.

Diesbezügliche Untersuchungen müssen bereits vor der Bauwerksplanung durchgeführt werden.

□ 7.65: Abdichtungsart in Abhängigkeit von Wasserbeanspruchung und Bodenart (aus DIN 18 533-1, nach Tabelle 1)

<table>
<tr><td rowspan="2">Nr</td><td>1</td><td colspan="4">2</td><td>3</td><td>4</td></tr>
<tr><td>Klasse</td><td colspan="4">Art der Einwirkung („Wasserbeanspruchung“)</td><td>Beschreibung nach DIN 18533-1</td><td>Abdichtung nach 18533-1</td></tr>
<tr><td>1</td><td>W1-E</td><td colspan="4">Bodenfeuchte und nichtdrückendes Wasser</td><td>5.1.2.1</td><td>8.5</td></tr>
<tr><td>2</td><td>W1.1-E</td><td rowspan="2">Boden-platten und erdberühr-ten Wänden</td><td colspan="2">ohne</td><td rowspan="2">Dränung</td><td>5.1.2.2</td><td rowspan="2">8.5.1</td></tr>
<tr><td>3</td><td>W1.2-E</td><td colspan="2">mit</td><td>5.1.2.3</td></tr>
<tr><td>4</td><td>W2-E</td><td colspan="4">Drückendes Wasser</td><td>5.1.3.1</td><td>8.6</td></tr>
<tr><td>5</td><td>W2.1-E</td><td rowspan="2">Einwirkung</td><td>Mäßig</td><td rowspan="2">Ein-tauch-tiefe</td><td>≤ 3 m</td><td>5.1.3.2</td><td>8.6.1</td></tr>
<tr><td>6</td><td>W2.2-E</td><td>Hoch</td><td>> 3 m</td><td>5.1.3.3</td><td>8.6.2</td></tr>
<tr><td>7</td><td>W3-E</td><td colspan="4">Nicht drückendes Wasser auf erdüberschütteten Decken</td><td>5.1.4</td><td>8.7</td></tr>
<tr><td>8</td><td>W4-E</td><td colspan="4">Spritzwasser und Bodenfeuchte am Wandsockel sowie Kapillarwasser in und unter Wänden</td><td>5.1.5</td><td>8.8</td></tr>
</table>

Bodenart Bei der Wahl der Abdichtungsart ist nach DIN 18533-1 zwischen stark durchlässigen Böden (Durchlässigkeitsbeiwert $k > 10^{-4}$ m/s) und wenig durchlässigen Böden (Durchlässigkeitsbeiwert $k \leq 10^{-4}$ m/s) zu unterscheiden. Im Zweifelsfall muss der Durchlässigkeitsbeiwert durch eine Bodenuntersuchung ermittelt werden.

Bodenfeuchte Da Boden grundsätzlich feucht sein kann, ist mit Bodenfeuchte immer zu rechnen. Eine Abdichtung gegen Bodenfeuchte ist daher der Mindestschutz eines Bauwerks und daher immer notwendig, wenn keine aufwändigeren Abdichtungsmaßnahmen (siehe nächste Abschnitte) erforderlich sind.

Geländeform Gebäude müssen – z. B. durch Gegengefälle oder Rinnen – auch gegen Wasser geschützt werden, das auf der Geländeoberfläche abfließt (Oberflächenwasser).

7.06.4 Abdichtungsstoffe, Untergrund, Verarbeitung

Stoffe Stoffe und Hilfsmittel, die für nach DIN 18533-1 die Abdichtung gegen

- Bodenfeuchte
- nichtdrückendes Wasser,
- von außen drückendes Wasser und
- von innen drückendes Wasser

bzw. nach DIN 18533-1 zur Herstellung von Abdichtungen

- unter intensiv begrünten Dachflächen,
- über Bewegungsfugen,
- für Durchdringungen, Übergänge und Abschlüsse und
- Schutzschichten und Schutzmaßnahmen

verwendet werden, sowie die an sie zu stellenden Anforderungen sind in DIN 18533-1 bis DIN 18533-3 festgelegt (⇒ siehe dort).

PMBC (KMB) Nachdem sich die Abdichtung erdberührter Bauteile mit kunststoffmodifizierten Bitumendickbeschichtungen (PMBC; alt: KMB) - neben den konventionellen Abdichtungsstoffen - in der Baupraxis schon seit längerer Zeit bewährt hat, wurde diese Abdichtungsart auch in der DIN 18533-1 bis 3 einbezogen.

⇒ Engelmann, H. (2001)

Untergrund, Verarbeitung Die Anforderungen an den Untergrund, auf den die jeweilige Abdichtung aufgebracht wird und die Vorschriften für die Verarbeitungen der Abdichtungsstoffe und -hilfsmittel sind in DIN 18533-1 und weiterführend in der DIN 18533-2 (Bahnen) und 18533-3 (Beschichtungen) im Einzelnen beschrieben.

7.06.5 Abdichtung in stark durchlässigen Böden

Wenn Baugelände und Verfüllmaterial aus stark durchlässigen Böden (Durchlässigkeitsbeiwert $k > 10^{-4}$ m/s) bestehen (□ 7.66 a), kann die Abdichtung von Sohle und Außenwänden gegen Bodenfeuchte nach DIN 18533-1, ausgeführt werden. Denn bei diesen Böden kann anfallendes Wasser ständig von der Oberfläche des Geländes bis zum freien Grundwasserstand absickern und sich auch nicht vorübergehend, z. B. bei starken Niederschlägen, aufstauen (DIN 18533-1).

Bemessung, Anordnung und Ausführung dieser Abdichtung gegen Bodenfeuchte (Kapillarwasser, Haftwasser) und nicht stauendes Sickerwasser an Bodenplatten und Wänden siehe DIN 18533-1, Abschnitte 8.5. Es handelt sich um die Wassereinwirkungsklasse W1.1-E (□ 7.65).

□ 7.66: Abdichtungen (nach DIN 4095 und DIN 18533-1): a) in stark durchlässigen Böden (k > 10^{-4} m/s) gegen Bodenfeuchte und nicht stauendes Sickerwasser (W1.1-E), b) in wenig durchlässigen Böden (k ≤ 10^{-4} m/s) mit Dränung (W1.2-E), c) in wenig durchlässigen Böden (k ≤ 10^{-4} m/s) gegen einstauendes Sickerwasser (W2.1-E) und von außen drückendes Wasser (Grundwasser) (Ausführung einer Wanne; W2.2-E)

a) b) c)

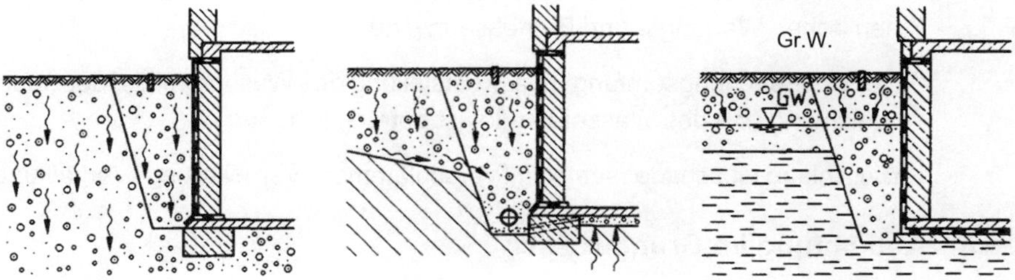

7.06.6 Abdichtung in wenig durchlässigen Böden

Regelfall Bei wenig durchlässigen Böden (Durchlässigkeitsbeiwert k ≤ 10^{-4} m/s) kann sich Oberflächen- und Sickerwasser, das in den Arbeitsraum eindringt, vor den Bauteilen zeitweise aufstauen und diese als Druckwasser beanspruchen. Daher sind lt. DIN 18533-1 bei diesen Böden im Regelfall Abdichtungen gegen von außen drückendem Wasser und aufstauendes Sickerwasser (siehe Abschnitt 7.06.7) erforderlich. Es handelt sich bei möglichem Einstau bis zu 3 m um die Wassereinwirkungsklasse W2.1-E, bei höheren Einstauhöhen um W2.2-E (□ 7.65).

Eine solche Abdichtung sollte auch in Erwägung gezogen werden, wenn

- oberflächig gut durchlässiger Boden vorliegt, aber infolge einer hochliegenden, wenig durchlässigen Schicht eine horizontale Wasserbewegung erfolgen kann oder die Gründung bereits in einer wenig durchlässigen Schicht liegt,
- gut durchlässiger Boden vorliegt, das Bauwerk aber am Hang steht.

Bemessung, Anordnung und Ausführung dieser Abdichtung gegen von außen drückendes Wasser und aufstauendes Sickerwasser erfolgt nach DIN 18533-1, Abschnitte 8.6 (siehe Abschnitt 7.06.7).

Dränung Wird ein Aufstauen des Wassers durch eine Dränung nach DIN 4095 (⇒ Abschnitt 7.07) verhindert (□ 7.66 b), deren Funktionsfähigkeit auf Dauer sichergestellt ist, können Sohle und Außenwände auch in wenig durchlässigen Böden (Durchlässigkeitsbeiwert k ≤ 10^{-4} m/s) gegen Bodenfeuchte nach DIN 18533-1 abgedichtet werden. Es handelt sich dann um die Wassereinwirkungsklasse W1.2-E (□ 7.65).

Bevor man sich aber für eine Abdichtung nach DIN 18533-1 in Verbindung mit einer Dränung entscheidet, sollten ihre Vor- und Nachteile sorgfältig abgewogen werden (Hillmer 1990).

Gegen eine Dränanlage spricht:

- Geeignete rückstaufreie Vorfluter sind oft nicht vorhanden,
- Rückstausicherungen und Hebeanlagen sind problematisch und erfordern einen hohen Wartungs- und Betriebsaufwand,
- Der Untersuchungsumfang (u. a. Feststellung des Wasseranfalls, der Bodenschichtung und des Wasserstands) ist beträchtlich,
- Die Anlage ist schadensanfällig (Verschlammen, Verockerung, Verkalkung).

7.06.7 Abdichtung im Grundwasser

Norm

Bei Einwirkung von Grundwasser (□ 7.62 c) und vergleichbarem Wasserangriff gelten die Festlegungen nach DIN 18533-1 für Abdichtungen gegen drückendes Wasser von außen. In dieser Norm werden Bemessung, Anordnung und Ausführung dieser Abdichtungen beschrieben, die eine geschlossene „schwarze Wanne“ bilden und das Bauwerk allseitig umschließen.

Wannen

Sie werden in der Regel auf der dem Wasser zugewandten Außenseite des Bauwerks angeordnet (“Außenwanne”, (□ 7.67). Eine nachträglich im Innern des Bauwerks eingebaute “Innenwanne” (□ 7.68) stellt nur eine Notlösung dar (Verkleinerung des Kellerraums, aufwändiger Einbau, Notwendigkeit der Sicherung (Verankerung) gegen den Wasserdruck von unten und von der Seite). Neben dieser „konventionellen“ schwarzen Wanne nach DIN 18533-1 werden „weiße Wannen” aus wasserdichtem Beton erstellt.

Weitere Hinweise

Boetticher, K. (1970), Koreck, H.-W. (1979), Grunau, E.B. (1981), Grube; H. (1982), Lufsky, K. (1983), Klawa, N. Haack, A. (1990), Rübener, R., Stiegler, W. (1992), Smoltczyk, U. (1993), Lohmeyer, G. (1994), Haack, A. u.a. (1995), Weber, J. (1996), Cziesielski, E. (1997), Engelmann, H. (1998, 1999, 2001), Pohl; R. (1999), Hettler, A., Deuchler, F. (2000), Witt, K.J. (2018).

□ 7.67: Beispiel: Außenwanne a) Bauwerkssohle und -wände, b), c) Abdichtung, Schutzbeton, e) Unterbeton, f) Wandrücklage

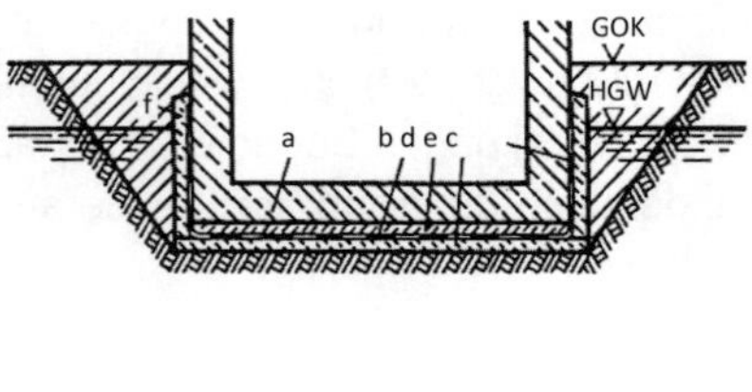

□ 7.68: Beispiel: Innenwanne

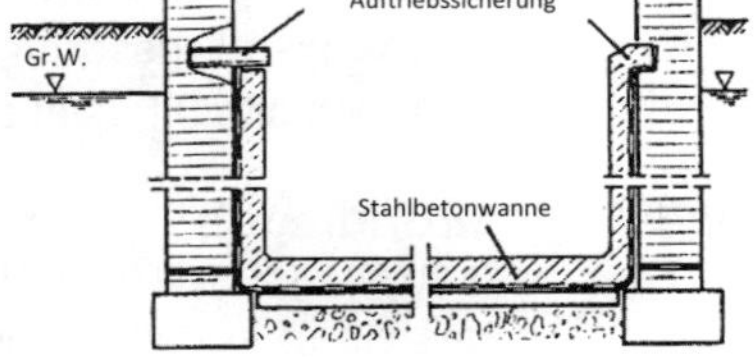

7.07 Bauwerksdränung

7.07.1 Norm

DIN 4095: Dränung zum Schutz baulicher Anlagen. Planung, Bemessung und Ausführung.

7.07.2 Begriffe

Dränung Entwässerung des Bodens durch eine Dränschicht mit Dränleitung, um das Entstehen von Druckwasser (“drückendem Wasser”) zu verhindern. Sie soll filterfest sein, d. h., das Ausschlämmen von Bodenteilchen verhindern.

Drän Sammelbegriff für Dränleitung und Dränschicht. Einzelteile für die Herstellung eines Dräns, z. B. Dränrohr, Dränmatte, Dränplatte, Dränstein, werden Dränelemente genannt.

Dränanlage Sie besteht aus Drän, Kontrolleinrichtungen, Spüleinrichtungen und Ableitungen.

Dränleitung Leitung aus Dränrohren zur Aufnahme und Ableitung des aus der Dränschicht anfallenden Wassers.

Dränschicht Wasserdurchlässige Schicht, die aus Sickerschicht und Filterschicht oder aus einer filterfesten Sickerschicht (Mischfilter) besteht.

Filterschicht Teil der Dränschicht, der das Ausschlämmen von Bodenteilchen infolge fließenden Wassers verhindert.

Sickerschicht Teil der Dränschicht, der das Wasser aus dem Bereich des erdberührten Bauteils ableitet.

Teil der Dränschicht, der aus mehreren Filterschichten unterschiedlicher Durchlässigkeit besteht.

Mischfilter Teil der Dränschicht, der aus einer gleichmäßig aufgebauten Schicht abgestufter Körnung besteht. Dieser kann auch die Funktion einer Sickerschicht übernehmen.

Schutzschicht Schicht vor Wänden und Decken, welche die Abdichtung vor Beschädigungen schützt. Die Dränschicht kann gleichzeitig auch Schutzschicht sein.

Trennschicht Schicht zwischen Bodenplatte und Dränschicht, die das Einschlämmen von Zementleim in die Dränschicht verhindert.

7.07.3 Grundlagen

Stufenfilter Die Dränanlage muss filterfest sein (Filterregel). Die anfallende Abfluss-Spende muss in der Dränschicht drucklos abgeführt und von einem Dränrohr mit einem Aufstau von höchstens 0,2 m über Dränrohrsohle aufgenommen werden.

Direkte Einleitung von Oberflächenwasser (z. B, von Regenfallleitungen, Hofsenkkästen, Wasserspeiern, angrenzenden steilen Hanglagen) ist unzulässig.

Unterschieden werden Dränanlagen vor Wänden, auf Decken und unter Bodenplatten.

7.07.4 Dränanlagen vor Wänden

Arten Vor Wänden sind Dränanlagen mit mineralischer Dränschicht (□ 7.69) oder mit Dränelementen (□ 7.70) möglich.

□ 7.69: Beispiel: Dränanlage mit mineralischer Dränschicht (DIN 4095)

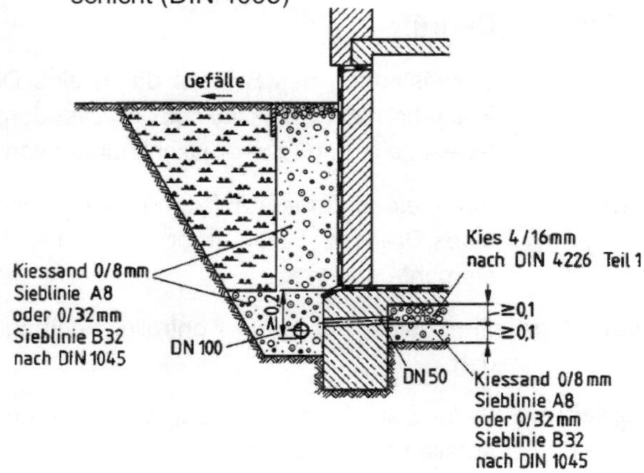

Dränschicht Sie muss alle erdberührten Flächen bedecken und an Durchdringungen, Lichtschächten usw. dicht anschließen. Damit möglichst wenig Oberflächenwasser in die Dränleitung gelangt, ist eine Abdeckung (z. B. Versiegelung mit bindigem Boden bis etwa 0,15 m unter Geländeoberfläche) erforderlich. Am Fuß ist die drucklose Weiterleitung des Wassers bei mineralischer Ummantelung des Dränrohrs durch mindestens 0,3 m Einbindung zu gewährleisten.

Dränleitung Sie muss alle erdberührten Wände erfassen und möglichst als geschlossene Ringleitung entlang den Außenfundamenten ausgeführt werden (□ 7.67). Eine Auflagerung auf Fundamentvorsprüngen ist im Regelfall unzulässig.

Am besten geeignet sind starre Rohre mit geschlossener Sohle (Hillmer 1990), weil sie sich besser verlegen, kontrollieren und spülen lassen. Sie werden auf einer Betonsohle oder einer dünnen Ausgleichschicht aufgelagert. Die häufig ausgeführte Auflagerung auf Kiessand kann dazu führen, dass das Wasser in dieser Schicht stehen bleibt. Horn (1990), Muth (1979).

Die Rohrsohle ist am Hochpunkt mindestens 0,2 m unter der Oberfläche der Rohrbodenplatte anzuordnen. In keinem Fall darf der Rohrscheitel höher liegen als die Oberfläche der Rohrbodenplatte. Der Rohrgraben darf nicht tiefer als die Fundamentsohle ausgehoben werden.

Bei Richtungswechsel der Dränrohre sollen Spülrohre (mindestens DN 300) angeordnet werden. Ihr Abstand soll höchstens 50 m betragen. An Stelle von Spülrohren dürfen auch Kontrollrohre (mindestens DN 100) verwendet werden. Übergabeschacht: mindestens DN 1000.

□ 7.70: Beispiel: Dränanlage mit Dränelementen (DIN 4095)

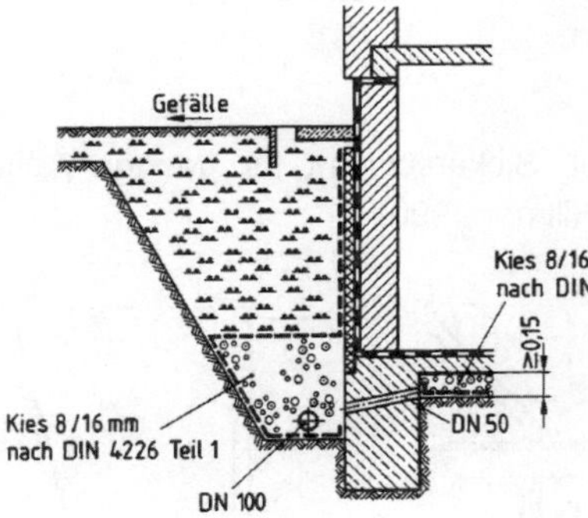

□ 7.71: Beispiel: Anordnung und Mindestabmessungen von Dränleitungen, sowie Kontroll- und Reinigungseinrichtungen bei einer Ringdränung (DIN 4095)

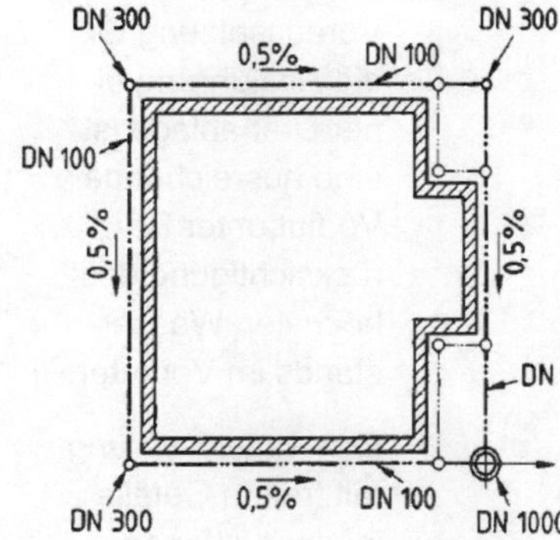

7.07.5 Dränanlagen auf Decken und unter Bodenplatten

Decken Die Dränschicht muss alle Decken- und angrenzenden Flächen (Brüstungen, aufgehende Wände) vollflächig bedecken. Eine Filterschicht schützt sie gegen Einschlämmen von Bodenteilchen. Bei Geotextilien sind die Stöße mindestens 0,1 m zu überdecken.

Das anfallende Wasser muss rückstaufrei über Deckenabläufe abgeleitet werden.

Wenn bei Anwendung von Dacheinläufen ein kurzzeitiger Anstau des Wassers über die Dränschicht eintreten kann, sind Dränleitungen vorzusehen. Ihr Scheitel sollte nicht über die Oberfläche der Sickerschicht hinausragen. Daher sollten sie bei dünnen Sickerschichten in vertieften Rinnen (Gefälle mindestens 3 %) verlegt werden.

Bodenplatten Bei Platten bis 200 m^2 darf eine Flächendränschicht ohne Dränleitungen ausgeführt werden. Diese entwässert z. B. durch Durchbrüche (Querschnitt mindestens DN 50) in den Streifenfundamenten mit Gefälle zur äußeren Dränleitung.

Mischfilter (z. B. Sieblinie A 8 oder B 32 nach DIN 104502) sind als Dränschicht allein unter Bodenplatten nicht zu empfehlen, da ihr Durchlässigkeitsbeiwert nur bei 10^{-4} m/s liegt.

Bei Flächen über 200 m^2 wird ein Flächendrän eingebaut. Dieser wird über Dränleitungen entwässert, deren gegenseitige Abstände zu bemessen sind.

In Sonderfällen (z. B. bei sehr schwach bzw. schwach durchlässigem Untergrund) kann der Flächendrän entfallen. Die “kapillarbrechende Schicht" (DIN 18533-1) darf nicht mit dem Flächendrän verwechselt werden.

7.07.6 Vorflut

Voraussetzung für die Ausführung einer Dränanlage ist eine ausreichende Vorflut unter Berücksichtigung des höchsten Wasserstands im Vorfluter.

Eine Entwässerung mit freiem Gefälle in einen offenen Vorfluter oder Regenwasserkanal ist nur selten möglich. In diesem Fall ist eine Rückstausicherung notwendig, die ständig gewartet werden muss. Häufig muss das Dränwasser auf Kanalhöhe gehoben werden. Um die ständige Funktion der Hebeanlage zu gewährleisten, sollten ein Notstromaggregat und eine Reservepumpe vorhanden sein.

Eine Entwässerung in ein Mischsystem ist wegen des in der Regel nicht kontrollierten Wasseranfalls und der Gefahr der

□ 7.72: Beispiel: Sickerschacht für geringe Abflüsse (nach Hillmer 1990)

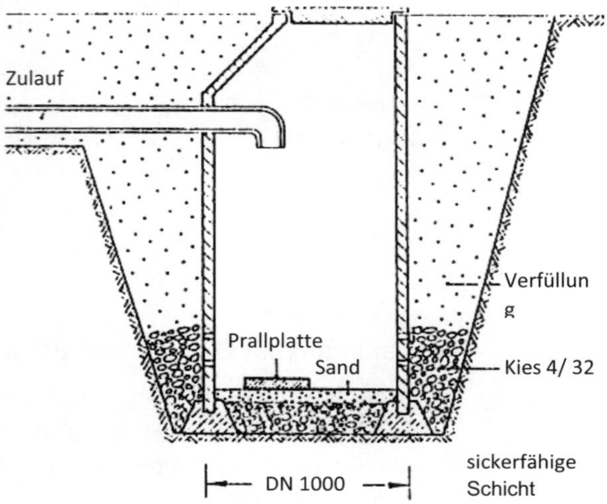

□ 7.73: Beispiel: Bauteilangaben im Ausführungsplan für eine Dränanlage (nach Hillmer 1990)

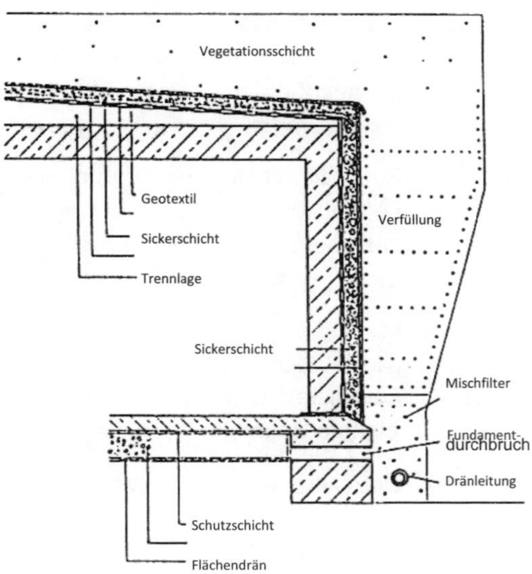

Versandung der Leitungen nicht zulässig.

Die Möglichkeit der Versickerung des Dränwassers ist nur in Ausnahmefällen gegeben, da sie voraussetzt, dass eine tieferliegende, gut durchlässige Bodenschicht vorliegt. Sickerschächte (□ 7.72) werden nach ATV-Arbeitsblatt A 138 bemessen. Die häufig vor-genommene Verfüllung des Sickerschachts mit Kies führt zu einer wesentlichen Verringerung des Stauraums.

7.07.7 Darstellung

Die Dränanlage ist nicht nur im Grundriss sondern auch in repräsentativen Schnitten mit Detailangaben (□ 7.73) und Zeichen (□ 7.74) darzustellen.

□ 7.74: Bauteile und Zeichen für eine Dränanlage (DIN 4095)

Bauteil	Art	Zeichen
Filterschicht	Sand	
	Geotextil	-------
Sickerschicht	Kies	
	Einzelelement (z. B. Dränstein, -platte)	
Dränschicht	Kiessand	
	Verbundelement (z. B. Dränmatte)	
Trennschicht	z. B. Folie	
Abdichtung	z. B. Anstrich, Bahn	
Dränleitung	Rohr	
Spülrohr, Kontrollrohr,	Rohr	
Spülschacht, Kontrollschacht, Übergabeschacht	Fertigteil	

7.07.8 Bemessung im Regelfall

Richtwerte Wenn die Anforderungen nach □ 7.75 erfüllt sind, liegt ein Regelfall vor, und die Regelausführung kann ohne weiteren Nachweis geplant werden. Anderenfalls sind weitere Untersuchungen erforderlich. ⇒ DIN 4095, Abschnitt 6.3.

Abflussspende Die Abflussspende q' vor Wänden bzw. q auf Decken oder unter Bodenplatten wird bei nichtmineralischen, verformbaren Dränelementen nach □ 7.76 gewählt. Da diese Werte verhältnismäßig hoch liegen, ist der tatsächliche Wasseranfall oft wesentlich geringer. Dies ist z.B. bei der Bemessung von Versickerungsanlagen zu berücksichtigen (Hillmer 1990).

Dränschicht Die Dränschicht kann nach □ 7.77, Dränleitungen und Kontrolleinrichtungen nach □ 7.78 ausgeführt werden. Anstatt Kies 8/16 mm ist auch 4/8 mm gut geeignet und lässt sich unter Bodenplatten besser einbauen (Hillmer 1990). Bei Dränsteinen aus haufwerksporigem Beton muss der Durchlässigkeitsbeiwert mindestens $4 \cdot 10^{-4}$ m/s betragen.

7.07.9 Baustoffe und Ausführung

Baustoffe Beispiele von Baustoffen für Dränelemente nach DIN 4095 (□ 7.79). Neue, geeignete Baustoffe (z. B. Geotextilien) sind zulässig. ⇒ Muth (1984).

Dränleitungen Sie werden auf einem stabilen Planum (für Rinnensteine ist ein Betonauflager erforderlich) und im vorgesehenen Gefälle, am Tiefpunkt beginnend, geradlinig zwischen den Kontrolleinrichtungen verlegt. Im Hinblick auf Überwachung und Reinigung sind bei stumpfen Stößen und Einmündungen Muffen oder Kupplungen zu verwenden.

□ 7.75: Richtwerte für den Regelfall (DIN 4095): a) vor Wänden, b) auf Decken, c) unter Bodenplatten

Tabelle 1. **Richtwerte vor Wänden**

Einflußgröße	Richtwert
Gelände	eben bis leicht geneigt
Durchlässigkeit des Bodens	schwach durchlässig
Einbautiefe	bis 3 m
Gebäudehöhe	bis 15 m
Länge der Dränleitung zwischen Hochpunkt und Tiefpunkt	bis 60 m

Tabelle 2. **Richtwerte auf Decken**

Einflußgröße	Richtwert
Gesamtauflast	bis 10 kN/m²
Deckenteilfläche	bis 150 m²
Deckengefälle	ab 3%
Länge der Dränleitung zwischen Hochpunkt und Dacheinlauf/ Traufkante	bis 15 m
Angrenzende Gebäudehöhe	bis 15 m

Tabelle 3. **Richtwerte unter Bodenplatten**

Einflußgröße	Richtwert
Durchlässigkeit des Bodens	schwach durchlässig
Bebaute Fläche	bis 200 m²

□ 7.76: Abflussspende zur Bemessung nicht mineralischer, verformbarer Dränelemente (DIN 4095)

Lage	Abflußspende
vor Wänden	0,30 l/(s · m)
auf Decken	0,03 l/(s · m²)
unter Bodenplatten	0,005 l/(s · m²)

□ 7.77: Beispiele: Ausführung und Dicke der Dränschicht mineralischer Baustoffe im Regelfall (DIN 4095)

Lage	Baustoff	Dicke in m min.
vor Wänden	Kiessand, z. B. Körnung 0/8 mm (Sieblinie A 8 oder 0/32 mm Sieblinie B 32 nach DIN 1045)	0,50
	Filterschicht, z. B. Körnung 0/4 mm (0/4 a nach DIN 4226 Teil 1) und Sickerschicht, z. B. Körnung 4/16 mm (nach DIN 4226 Teil 1)	0,10 0,20
	Kies, z. B. Körnung 8/16 mm (nach DIN 4226 Teil 1) und Geotextil	0,20
auf Decken	Kies, z. B. Körnung 8/16 mm (nach DIN 4226 Teil 1) und Geotextil	0,15
unter Boden-platten	Filterschicht z. B. Körnung 0/4 mm (0/4 a nach DIN 4226 Teil 1) und Sickerschicht z. B. Körnung 4/16 mm (nach DIN 4226 Teil 1)	0,10 0,10
	Kies, z. B. Körnung 8/16 mm (nach DIN 4226 Teil 1) und Geotextil	0,15
um Drän-rohre	Kiessand z. B. Körnung 0/8 mm (Sieblinie A 8 oder 0/32 mm Sieblinie B 32 nach DIN 1045)	0,15
	Sickerschicht z. B. Körnung 4/16 mm (nach DIN 4226 Teil 1) und Filterschicht z. B. Körnung 0/4 mm (0/4 a nach DIN 4226 Teil 1)	0,15 0,10
	Kies, z. B. Körnung 8/16 mm (nach DIN 4226 Teil 1) und Geotextil	0,10

□ 7.78: Richtwerte für Dränleitungen und Kontrolleinrichtungen im Regelfall (DIN 4095)

Bauteil	Richtwert min.
Dränleitung	Nennweite DN 100 Gefälle 0,5%
Kontrollrohr	Nennweite DN 100
Spülrohr	Nennweite DN 300
Übergabeschacht	Nennweite DN 1000

Durch gleichzeitigen beidseitigen Einbau der Sickerschicht werden Lageveränderungen vermieden. Die erste Lage bis 15 cm über Rohrscheitel ist nur leicht zu verdichten. Darüber darf ein geeignetes Verdichtungsgerät eingesetzt werden. Gräben sind nach dem Verlegen sofort zu verfüllen, wobei im Arbeitsraum kein Bauschutt oder Restbeton abgelagert werden darf.

☐ 7.79: Beispiele: Baustoffe für Dränelemente (DIN 4095)

Bauteil	Art	Baustoff
Filterschicht	Schüttung	Mineralstoffe (Sand und Kiessand)
	Geotextilien	Filtervlies (z. B. Spinnvlies)
Sickerschicht	Schüttung	Mineralstoffe (Kiessand und Kies)
	Einzelelemente	Dränsteine (z. B. aus haufwerksporigem Beton Dränplatten (z. B. aus Schaumkunststoff) Geotextilien (z. B. aus Spinnvlies)
Dränschicht	Schüttungen	Kornabgestufte Mineralstoffe Mineralstoffgemische (Kiessand, z. B. Körnung 0/8 mm, Sieblinie A 8 nach DIN 1045 oder Körnung 0/32 mm, Sieblinie B 32 nach DIN 1045)
	Einzelelemente	Dränsteine (z. B. aus haufwerksporigem Beton, gegebenenfalls ohne Filtervlies) Dränplatten (z. B. aus Schaumkunststoff, gegebenenfalls ohne Filtervlies)
	Verbundelemente	Dränmatten aus Kunststoff (z. B. aus Höckerprofilen mit Spinnvlies, Wirrgelege mit Nadelvlies, Gitterstrukturen mit Spinnvlies)
Dränrohr	gewellt oder glatt	Beton, Faserzement, Kunststoff, Steinzeug, Ton mit Muffen
	gelocht oder geschlitzt	allseitig (Vollsickerrohr) seitlich und oben (Teilsickerrohr)
	mit Filtereigenschaften	Kunststoffrohre mit Ummantelung Rohre aus haufwerksporigem Beton

Sickerschicht Der Einbau ist vollflächig mit Anschluss an die Dränleitung durchzuführen. Die Abdichtung darf nicht beschädigt werden.

Mineralstoffgemische (Sand/Kies) werden vor den Wänden im gesamten Arbeitsraum oder nur in Teilbereichen - ohne Entmischung und mit entsprechender Verdichtung - eingebaut.

Dränsteine sind vor Wänden im Verband so zu verlegen, dass die Kammern senkrecht übereinander liegen. Im Hinblick auf die Standsicherheit des Verbands muss bei größeren Wandhöhen abschnittweise verfüllt werden.

Dränplatten werden vor Wänden mit versetzten Fugen lückenlos verlegt und mit geeignetem Kleber punktweise befestigt.

Dränmatten werden vor Wänden stumpf gestoßen oder mit Überdeckung verlegt. Sie werden auf Dauer verklebt oder bis zur Hinterfüllung vorübergehend befestigt.

Überlappungen der Geotextilien müssen gegen Abheben gesichert werden. Ein sattes Anliegen am Bauwerk, besonders an Knickpunkten, muss gewährleistet sein.

Filterschicht Die Filterschicht ist vollflächig und lückenlos auf und um die Sickerschicht bzw. das Dränelement zu verlegen. Mineralstoffe dürfen sich nicht entmischen.

Filtervliese sind an den Stößen (Überlappung mindestens 0,1 m) durch Verklammern oder Verkleben miteinander zu verbinden.

Weitere Hinweise Muth, W. (1979, 1984), Hillmer, K. (1990, 1991), Horn, D. (1990), Smoltczyk, U. (1993), Muth, W. (1997, 2001), Witt, K.J. (2018).

7.08 Kontrollfragen zu den Abschnitten 7.06 und 7.0

- Welche Norm gilt für Bauwerksabdichtungen?
- Abdichtungslage? Abdichtung? Bahn? Naht? Stoß?
- Abdichtungsrücklage? Schutzschicht?
- Abdichtungsuntergrund? Abschluss? An-schluss?
- Asphaltmastix?
- Aufstauendes Sickerwasser?
- Bauteiltemperatur?
- Bemessungswasserstand? Eintauchtiefe?
- Kaltselbstklebende Bitumendichtungsbahn (KSK)?
- Klebeflansch? Anschweißflansch? Los- und Festflanschkonstruktion?
- Klemmschiene? Schelle?
- Kunststoffmodifizierte Bitumendickbeschichtung (KMB)? Regenfestigkeit?
- Nassraum?
- Schutzmaßnahme? Schutzschicht? Schutzlage?
- Telleranker?
- Trägereinlage?
- Trennschicht? Trennlage?
- Überdeckung? Überlappung?
- Übergang?
- Verstärkungseinlage?
- Verwahrung?
- Was muss zur Bestimmung der Abdichtungsart bekannt sein?
- Wovon hängt die Abdichtungsart ab?
- Einfluss der Bodenart auf die Abdichtung?
- Bodenfeuchte? Wie kann sie sich auf das Bauwerk auswirken?
- Schutz gegen Oberflächenwasser?
- Mindestschutz eines Bauwerks im Baugrund?
- Anforderungen an den Abdichtungsuntergrund?
- Unterschied zwischen einem stark durchlässigen und einem wenig durchlässigen Boden im Hinblick auf Abdichtungen?
- Bewegungsfuge? Fugenkammer? Fugen-verstärkung?
- Dampfdruckausgleichsschicht?
- Deckaufstrich?
- Durchdringung? Manschette?
- Einbaumenge?
- Einbauteil?
- Einbautemperatur?
- Einbettung? Einpressung?
- Elastomer-Dichtungsbahn mit Selbstklebeschicht?
- Festes Bauteil?
- Fügetechnik?
- Höchstzulässiger Aufstau im Dränrohr?
- Einleitung von Oberflächenwasser in Dränanlagen?
- Wann liegt ein Regelfall für die Bemessung einer Dränanlage vor? Was macht man, wenn der Regelfall nicht gegeben ist?
- Skizzieren Sie die Teile einer Dränanlage vor einer Wand!
- Dränanlagen mit mineralischer Dränschicht (Skizze) / mit Dränelementen (Skizze)? Ausführung im Einzelnen?
- Lage einer Dränleitung? Was passiert bei zu hoher / zu tiefer Lage?
- Wie wird eine Dränanlage auf einer Decke / unter einer Bodenplatte ausgeführt?
- Möglichkelten für die Vorflut einer Dränanlage? Vor- und Nachteile?
- Was ist eine Flächendränung unter einem Gebäude? Ausführung?
- Skizzieren Sie einen Sickerschacht!
- Baustoffe für Dränelemente?
- Bauausführung von Dränleitungen, einer Sickerschicht, einer Filterschicht?
- Durch welche beiden Maßnahmen sichert man ein Bauwerk gegen nichtdrückendes Wasser?
- In welchem Fall kann man sich eine Dränung sparen? Skizze!
- In eine Tabelle sind die einzelnen Wasserarten und die hierbei erforderliche Art der Abdichtung einzutragen.

- Wie wird die Abdichtung in einem stark durchlässigen Boden vorgenommen?
- Beschreiben Sie die beiden Möglichkeiten der Abdichtung in einem wenig durchlässigen Boden und ihre Vor- und Nachteile!
- Wie wird verhindert, dass sich drückendes Wasser schädlich auf ein Bauwerk auswirkt?
- Wann kann der Fall "nichtdrückendes Wasser" angenommen werden?
- Abdichtung im Grundwasser?
- Außenwanne (Skizze)? Innenwanne (Skizze)? Schwarze Wanne? Weiße Wanne?
- Was spricht für / gegen eine Dränanlage?
- Filterregel?
- Welche beiden Bedingungen muss ein Filterboden erfüllen?
- Welche Norm gilt für die Bauwerksdränung?
- Dränung? Drän? Dränschicht? Dränrohr? Dränmatte? Dränplatte? Dränstein? Drän-element? Dränanlage? Kontrolleinrichtung? Spüleinrichtung? Ableitung? Sickerschicht? Filterschicht? Mischfilter? Stufenfilter? Schutzschicht? Trennschicht?
- Was bedeutet: ein Drän ist filterfest?

7.09 Aufgaben

7.9.1 Wie sieht die Dränung eines Einfamilienhauses aus, wenn der Baugrund bis in größere Tiefe aus einem enggestuften Kiessand besteht?

7.9.2 Ergänzen Sie nachfolgende Tabelle, indem Sie die möglichen Fälle des Baugrunds und des Grundwassers im Bereich des Bauwerks und die in jedem Fall notwendige Abdichtung / Dränung eintragen:

Boden/Wasser	*Abdichtung/Dränung*
a) ?	*b) ?*
c) ?	*d) ?*
e) ?	*f) ?*

7.9.3 Ein Brückenpfeiler mit den Grundrissabmessungen a = 10 m und b = 2 m bindet 8 m tief In den Untergrund ein und hat eine Gesamtlast von 1,1 MN abzutragen. Wie hoch darf das Grundwasser über Gründungssohle ansteigen, damit noch eine ausreichende Sicherheit gegen Auftrieb gegeben ist? (Reibungskräfte sollen nicht berücksichtigt werden).

7.9.4 In einem Kiesboden (Wichte 19 kN/m^3, Sättigungswichte 21 kN/m^3) steht das Grundwasser 1 m tief unter Geländeoberfläche. Wie groß sind in 3 m Tiefe unter Geländeoberfläche die wirksamen und totalen Spannungen?

7.9.5 Bei einem Pumpversuch wurden 0,0032 m^3/s Wasser aus einem Filterbrunnen vom Radius 0,06 m gefördert. Dabei stand das Wasser im Brunnen 2.1 m über Brunnensohle. In einem 3 m entfernten Fallrohr stand das Wasser 5,4 m über Brunnensohle. Wie groß ist der Durchlässigkeitsbeiwert des Bodens?

7.9.6 Eine Spundwand, die 3 m tief im Baugrund steckt, wird unterströmt. Der Oberwasserspiegel liegt 4 m, der Unterwasserspiegel 2 m über Geländeoberfläche, die undurchlässige Schicht 6 m unter Geländeoberfläche. Der

Durchlässigkeitsbeiwert ist 10^{-2} m/s. Bestimmen Sie die Sickerwassermenge pro Tag mit Hilfe des Strömungsnetzes!

7.9.7 Der ursprüngliche Grundwasserstand liegt 60 m über der undurchlässigen Schicht. Der Durchlässigkeitsbeiwert ist 10^{-4} m/s und der Brunnendurchmesser 0,35 m. Wie groß ist die Kapazität des Brunnens?

7.9.8 Wie viel Kubikmeter Wasser fließen pro Stunde durch einen Bodenquerschnitt (Sand) von 2 m², wenn die wahre Fließgeschwindigkeit mit $2 \cdot 10^{-2}$ cm/s und die Trockenwichte mit 17 kN/m³ bestimmt wurden?

7.010 Weitere Beispiele

□ □ 7.80: Beispiel 158: Hydraulischer Grundbruch

Geg.: *Dargestellte Spundwandbaugrube (BS-P); SW*

Ges.: *Die erforderliche Einbindetiefe t bei ausreichender Sicherheit gegen hydraulischen Grundbruch*

Lösg.: *BS-P:: γ_H = 1,45 (günstiger Baugrund, da γ' = 10,5 kN/m³ auf mitteldichte Lagerung schließen lässt) und $\gamma_{G,st}$ = 0,95*

Ermittlung der Restdruckhöhe nach Baumgart/ Davidenkoff (E 115)

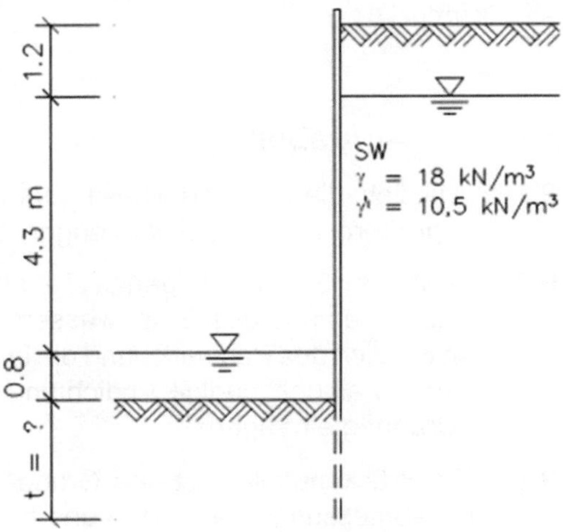

Mit h_{wo} = 4,3 + 0,8 + t , h_{wu} = 0,8 + t, t = unbekannt, h_{so} = 4,3 +0,8 + t

wird die Restdruckhöhe $h_r = \frac{h_{wu} \cdot \sqrt{h_{so}} + h_{wo} \cdot \sqrt{t}}{\sqrt{h_{so}} + \sqrt{t}} - h_{wu}$ *(1)*

und die Sicherheit gegen hydraulischen Grundbruch: γ_H = 1,45; $\gamma_{G,stb}$ = 0,95

$$S'_k = \gamma_w \cdot h_r \cdot \frac{t}{2} \cdot \gamma_H \;;\; G'_{k,stab} = \gamma' \cdot t \cdot \frac{t}{2} \cdot \gamma_{G,stb} \quad (2)$$

Es ist zu erkennen, dass die erforderliche Einbindetiefe t nicht explizit berechenbar ist.

□ □ 7.80: Fortsetzung Beispiel 158: Hydraulischer Grundbruch

Mit den Ausgangswerten soll deshalb die Lösung durch Probieren herbeigeführt werden:

t [m]	*h_r [m], Gl. (1)*	*S'_d*	*$G'_{d,stab}$*	*Bemerkung*
3,0	*1,63*	*35,45*	*44,89*	*zu unwirtschaftlich*
2,0	*1,49*	*21,61*	*19,95*	*Nachweis nicht erbracht*
2,5	*1,57*	*28,46*	*31,17*	*Nachweis erbracht*
2,3	*1,54*	*25,68*	*26,38*	*Nachweis erbracht*

Es ist eine Einbindetiefe von t = 2,5 m erforderlich.

□ 7.81: Beispiel 159: Hydraulischer Grundbruch

Geg.: *Um in einem Fluss (Normalwasserstand NN +82,50) einen Brückenpfeiler errichten zu können, soll zunächst eine Spundwand gerammt und anschließend der Innenraum der Baugrube leer gepumpt werden.*

SW: lockere Lagerung

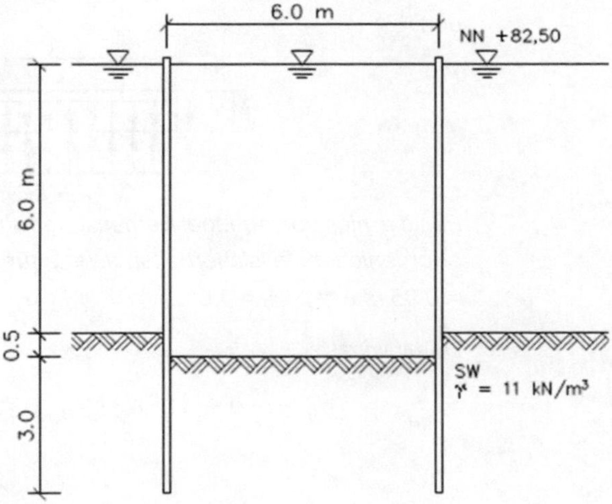

Ges.:

a) Bis auf welche Kote könnte das Wasser innerhalb der Baugrube abgepumpt werden, wenn ausreichende Sicherheit gegen hydraulischen Grundbruch gefordert ist?

b) Wie dick müsste eine als Unterwasserbeton eingebrachte Sohle (γ_B = 23 kN/m³) sein, damit nach anschließendem Leerpumpen die Sohle nicht aufschwimmt?

(Anmerkung: Zwischen Spundwand und Beton kann eine Wandreibung von τ = 5,0 kN/m² angesetzt werden.)

Lösg.: *γ_H = 1,90(lockere Lagerung); $\gamma_{G,stb}$ = 0,95 für Lastfall 2*

zu a) Die Nachweisgleichung des Hydraulischen Grundbruchs wird nach der Restdruckhöhe umgeformt:

$$S'_d = \gamma_w \cdot h_r \cdot \frac{t}{2} \cdot \gamma_H = G'_{d,stab} = \gamma' \cdot t \cdot \frac{t}{2} \cdot \gamma_{G,stb}$$

$$\rightarrow h_r = \frac{\gamma' \cdot t \cdot \gamma_{G.stb}}{\gamma_w \cdot \gamma_H}. \qquad (1)$$

☐ 7.81: Fortsetzung Beispiel 159: Hydraulischer Grundbruch

Näherungsformel für die Restdruckhöhe (z.B. nach Kastner).

$$h_r = \frac{h_{wo} - h_{wu}}{1 + \sqrt[3]{1 + \frac{h_{so} - h_{su}}{t}}}. \qquad (2)$$

Beide Ausdrücke werden gleichgesetzt und nach h_w aufgelöst:

$$h_w = \frac{\gamma' \cdot t \left(1 + \sqrt[3]{1 + \frac{h_{so} - h_{su}}{t}}\right) \cdot \gamma_{G,stb}}{\gamma_w \cdot \gamma_H} = \frac{11{,}0 \cdot 3{,}0 \left(1 + \sqrt[3]{1 + \frac{0{,}5}{3{,}0}}\right) \cdot 0{,}95}{10{,}0 \cdot 1{,}90} = 3{,}38 \ m$$

Das Wasser könnte innerhalb der Baugrube bis auf NN +79,2 abgepumpt werden.

zu b)

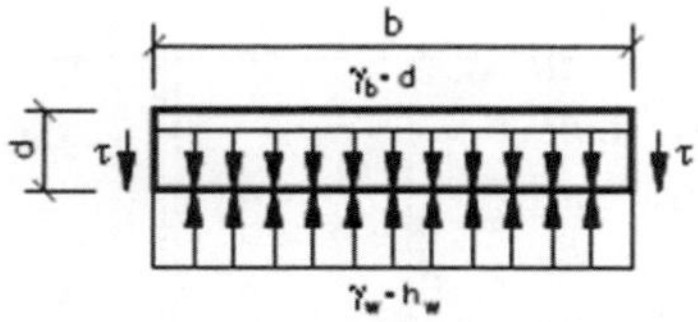

Für die hier vorliegende Bemessungssituation (BS-T: Bauzustand) sind die erforderlichen Teilsicherheitsbeiwerte für den Nachweis gegen Auftrieb $\gamma_{G,stb}$ = 0,95 und $\gamma_{G,dstb}$ = 1,05.

Damit wird

$$G_{d,stb} = (\gamma_B \cdot d \cdot b + 2\tau \cdot d) \cdot \gamma_{G,stb} = A_d = \gamma_{G,dstb} \cdot \gamma_w \cdot h_w \cdot b$$

$\rightarrow$

$$_{erf}d = \frac{\gamma_{G,dstb} \cdot \gamma_w \cdot h_w \cdot b}{(\gamma_B \cdot b + 2\tau) \cdot \gamma_{G,stb}} = \frac{1{,}05 \cdot 10{,}0 \cdot 6{,}5 \cdot 6{,}0}{(23{,}0 \cdot 6{,}0 + 2 \cdot 5{,}0) \cdot 0{,}95} = 2{,}9 \ m.$$

☐ 7.82: Beispiel 160: Hydraulischer Grundbruch

Geg: *Um in einem Gewässer einen Brückenpfeiler errichten zu können, wurde die auf der folgenden Seite dargestellte Spundwandbaugrube hergestellt.*

Ges.: *a) Ist es möglich, das Wasser in der Baugrube bis auf NN +133,40 abzupumpen, wenn ausreichende Sicherheit gegen Hydraulischen Grundbruch gefordert ist?*

b) Bis auf welche Tiefe müsste die Spundwand gerammt werden, wenn die Baugrube bis zur Sohle abgepumpt werden soll?

□ 7.82: Fortsetzung Beispiel 160: Hydraulischer Grundbruch

Lösg.: *γ_H = 1,45 (mitteldichte Lagerung); $\gamma_{G,stb}$ = 0,95 für BS-T*

zu a) *Mit den gegebenen Werten berechnet sich die Restdruckhöhe nach Kastner zu*

$$h_r = \frac{h_{wo} - h_{wu}}{1 + \sqrt[3]{1 + \frac{h_{so} - h_{su}}{t}}}$$

= 2,35 m.

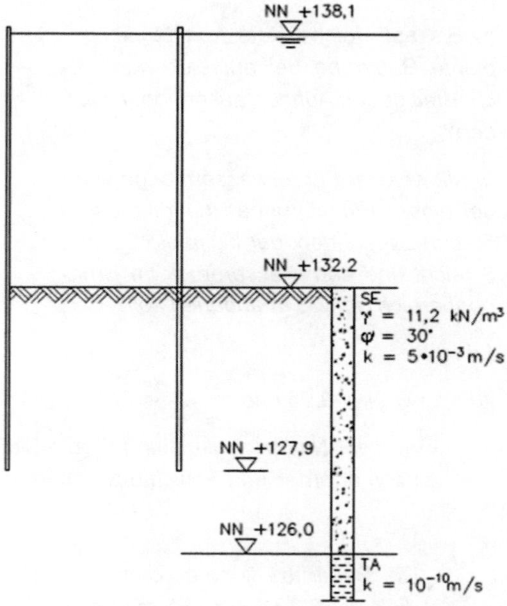

Das ergibt eine ausreichende Sicherheit gegen Hydraulischen Grundbruch

$$S'_d = \gamma_w \cdot h_r \cdot \frac{t}{2} \cdot \gamma_H$$

= 73,3 kN/m;

$$G'_{d,stab} = \gamma' \cdot t \cdot \frac{t}{2} \cdot \gamma_{G,stb} = 98,4 \text{ kN/m}$$

D. h.: Abpumpen auf NN +133,40 ist möglich.

zu b) *Ausgangswerte:*

h_{wo}-h_{wu} = 5,90 m

h_{so}-h_{su} = 0

$$h_r = \frac{h_{wo} - h_{wu}}{1 + \sqrt[3]{1 + \frac{h_{so} - h_{su}}{t}}} \quad h_r = \frac{5,9}{1 + \sqrt[3]{1+0}} = 2,95\ m$$

Durch Umstellung der Nachweisgleichung des hydraulischen Grundbruchs berechnet sich die erforderliche Einbindetiefe zu

$$t \geq \frac{\gamma_w}{\gamma'} \cdot h_r \cdot \frac{\gamma_H}{\gamma_{G,stb}} = \frac{10}{11,2} \cdot 2,95 \cdot \frac{1,90}{0,95} = 4,02\ m \ \hat{=}\ NN\ +128,1$$

Die Spundwand könnte weniger tief als in a) gerammt werden.

□ 7.83: Beispiel 161: Gespanntes Grundwasser

Geg.:

Beim Anbohren der Schicht 2 stieg das angetroffene Grundwasser im Bohrrohr bis auf Kote -1,2 m. Sand: mitteldicht gelagert

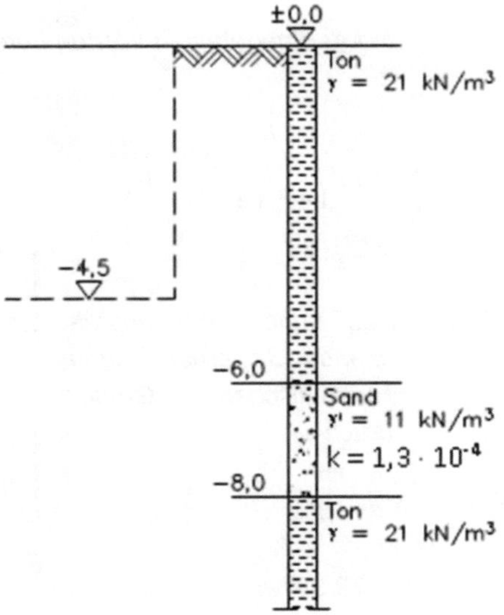

Ges.:

a) Bis auf welche Kote könnte die geplante Baugrube bei ausreichender Sicherheit gegen Auftrieb ausgehoben werden?

b) Mit welcher Förderwassermenge wäre bei einem Einzelbrunnen (Durchmesser 50 cm) zu rechnen, der bis in die Schicht 3 reicht und den Wasserdruck im Brunnenbereich um 2,3 m abbauen soll?

Lösg.:

zu a) $\gamma_{G,stb} = 0{,}95$ *und* $\gamma_{G,dstb} = 1{,}05$

Aus der Nachweisgleichung für die Sicherheit gegen Auftrieb berechnet sich die noch erforderliche Schichtdicke unterhalb des Baugrubenaushubs zu

$_{erf.}d =$ $=$ $= 2{,}5\ m.$

Die Baugrube könnte somit bis auf dieKote -6,0 + 2,5 = -3,5 m ausgehoben werden.

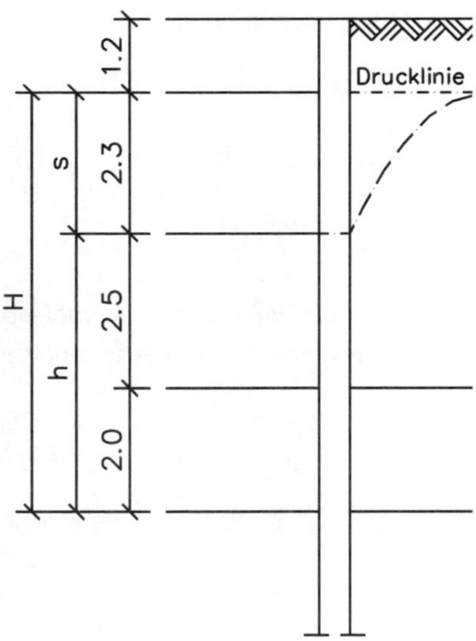

zu b) *Situation am Entspannungsbrunnen*

Reichweite:

$R\ [m] =$ $= 79\ m.$

Damit berechnet sich die ankommende Wassermenge bei gespanntem (artesischem) Grundwasser zu

$q_A =$ $=$ $= 6{,}5 \cdot 10^{-4}\ m^3/s$
$\hat{=}\ 0{,}65\ l/s.$

Bei der Berechnung des Fassungsvermögens ist zu beachten, dass für die wirksame Mantelfläche nur die Schichtdicke 2 mit m = 2,0 m angesetzt werden kann:

□ 7.83: Fortsetzung Beispiel 161: Gespanntes Grundwasser

q_F = = 2,39 · 10^{-3} m³/s ≙ 2,39 l/s.

Da $q_F > q_A$, ist das „Absenkziel" realisierbar.

Förderwassermenge: q_F ≙ q_A = 0,65 l/s.

□ 7.84: Beispiel 162: Grundwasserabsenkung durch Filterbrunnen

Ges.:

Durch einen Einzelbrunnen (Durchmesser d = 80 cm) soll der Grundwasserspiegel am Brunnen um 6,0 m abgesenkt werden.

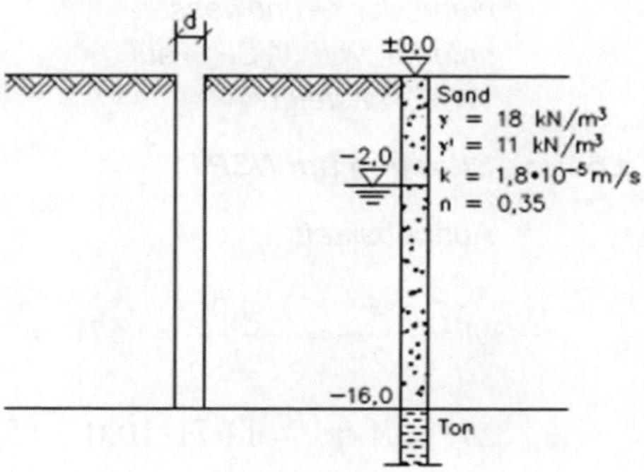

Ges.:

a) Wie groß ist die zu erwartende Reichweite der Absenkung?

b) Wie viel Tage wird es etwa dauern, bis sich diese Reichweite eingestellt hat?

c) Wie groß ist die ankommende Wassermenge, wenn die gewünschte Absenkung erreicht ist?

Lösg.: *zu a)* *H = = 14,0 m*

h = = 8,0 m

s = = 6,0 m.

Damit wird R = = 76 m.

zu b)

$$R(T) = 1{,}5 \cdot \sqrt{\frac{H \cdot k \cdot T}{n}} \rightarrow R^2(T) = 2{,}25 \cdot \frac{H \cdot k \cdot T}{n} \rightarrow T = \frac{R^2(T) \cdot n}{2{,}25 \cdot H \cdot k}$$

Damit berechnet sich die Absenkdauer zu

T = = 3.565.432 s ≙ 41,3 Tage.

zu c) *q_A = = 0,0014 m³/s ≙ 1,4 l/s.*

□ 7.85: Beispiel 163: Auftrieb

Geg.: *Dargestellt ist ein ins Erdreich verlegter Öltank aus Stahl mit 5 mm Wanddicke.*

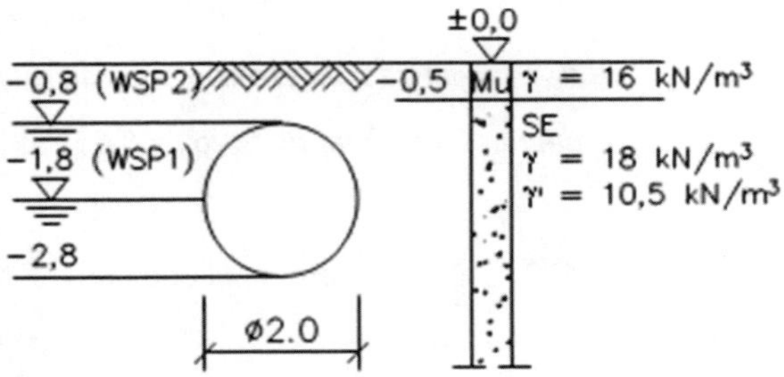

Ges.: *Wie ändert sich die Sicherheit gegen Auftrieb für den leeren Tank, wenn der Grundwasserspiegel von WSP1 auf WSP2 ansteigt?*

Lösg.: ***Situation für WSP1:***

Auftriebskraft:

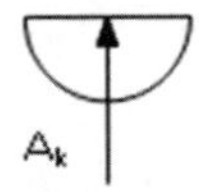

$$A = \frac{\pi \cdot r^2}{2} = \frac{\pi \cdot 1{,}0^2}{2} = 1{,}571 \ \ m^2$$

$$A_k = A \cdot \gamma_w = 1{,}571 \cdot 10{,}0 = 15{,}71 \ \ kN/m$$

Eigenlast des Tanks:

$$G_T = \left(\pi \cdot \frac{d_a^2}{4} - \pi \cdot \frac{d_i^2}{4}\right)\gamma_{st} = \left(\pi \cdot \frac{2{,}00^2}{4} - \pi \cdot \frac{1{,}99^2}{4}\right) \cdot 78{,}5 = 2{,}46 \ \ kN/m$$

Bodenauflast:

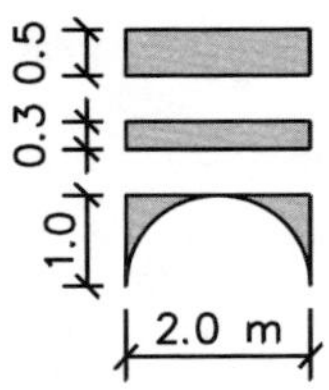

$$16 \cdot 0{,}5 \cdot 2{,}0 = 16{,}00 \ \ kN/m$$

$$18 \cdot 0{,}3 \cdot 2{,}0 = 10{,}80 \ \ kN/m$$

$$18 \cdot 1{,}0 \cdot 2{,}0 - 18 \cdot \frac{\pi \cdot 1{,}0^2}{2} = 7{,}73 \ \ kN/m$$

Damit wird der Nachweis für die Sicherheit gegen Auftrieb:

$$G_{d,stb} = (2{,}46 + 16{,}00 + 10{,}80 + 7{,}73) \cdot 0{,}95 \geq ?\ A_d = 1{,}05 \cdot 15{,}71$$

$35{,}14 \quad > 16{,}50$ *Es besteht große Sicherheit gegen Auftrieb*

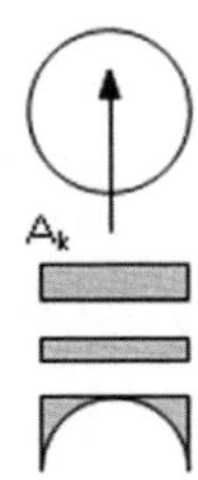

Situation für WSP2:

Auftriebskraft:

$$A_k = \pi \cdot r^2 \cdot \gamma_w = \pi \cdot 1{,}0^2 \cdot 10{,}0 = 31{,}42 \ \ kN/m$$

□ 7.85: Fortsetzung Beispiel 163: Auftrieb

Bodenauflast:

$16 \cdot 0{,}5 \cdot 2{,}0 = 16{,}00 \;\; kN/m$

$18 \cdot 0{,}3 \cdot 2{,}0 = 10{,}80 \;\; kN/m$

$$10{,}5 \cdot 1{,}0 \cdot 2{,}0 - 10{,}5 \cdot \frac{\pi \cdot 1{,}0^2}{2} = 4{,}51 \;\; kN/m$$

Damit wird der Nachweis für die Sicherheit gegen Auftrieb:

$G_{d,stb} = (2{,}46 + 16{,}00 + 10{,}80 + 4{,}51) \cdot 0{,}95 \geq ?\; A_d = 1{,}05 \cdot 31{,}42$

$32{,}08 \;\; < 32{,}99$

Es besteht die Gefahr, dass der Tank „aufschwimmt“.

□ 7.86: Beispiel 164: Einfluss des Wassers auf die Bodenspannungen

Geg.: ***Fall 1:*** *„Wasserspiegel über Geländeoberfläche“*

Ges.: *die vertikalen Spannungen.*

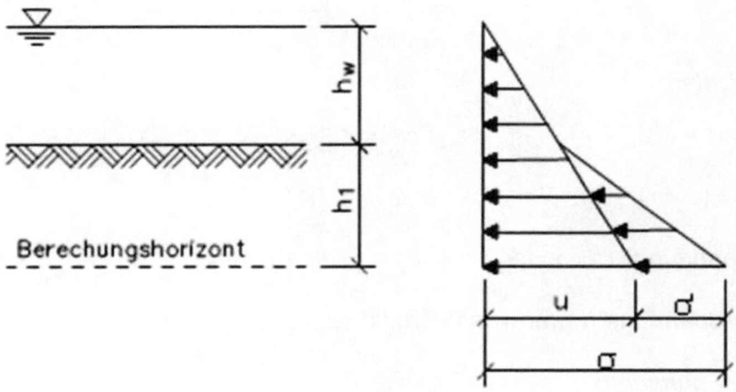

Lösg.: *Die Größe der totalen Spannung errechnet sich in Höhe des Berechnungshorizontes zu* $\sigma = \gamma_w \cdot h_w + \gamma_r \cdot h_1$.

Die neutrale Spannung entspricht dem Porenwasserdruck $u = \gamma_w (h_w + h_1)$.

Sie ist also ein hydrostatischer Druck. Alle Porenräume des Bodens sind mit Wasser gefüllt, und dieses Wasser kann den hydrostatischen Druck weiterleiten.

Aus den bekannten totalen und neutralen Spannungen kann die effektive Spannung ermittelt werden: $\sigma' = \sigma - u$

$$= \gamma_w \cdot h_w + \gamma_r \cdot h_1 - \gamma_w (h_w + h_1) =$$

$$= \gamma_w \cdot h_w + \gamma_r \cdot h_1 - \gamma_w \cdot h_w - \gamma_w \cdot h_1 =$$

□ 7.86: Fortsetzung Beispiel 164: Einfluss des Wassers auf die Bodenspannungen

$$= (\gamma_r - \gamma_w)h_1 = \gamma' \cdot h_1 .$$

(Nebenrechnung:

$\gamma_r - \gamma_w = (1-n)\gamma_s + n \cdot \gamma_w - \gamma_w = (1-n)\gamma_s - (1-n)\gamma_w = (1-n)(\gamma_s - \gamma_w) = \gamma'$ *).*

Daraus folgt: Die Größe der effektiven Spannung ist von der Höhe der Wassersäule unabhängig („das Wasser trägt sich selbst“).

Geg.: ***Fall 2:*** *„Boden mit Grundwasserspiegel“*

Ges.: *Die vertikalen Spannungen.*

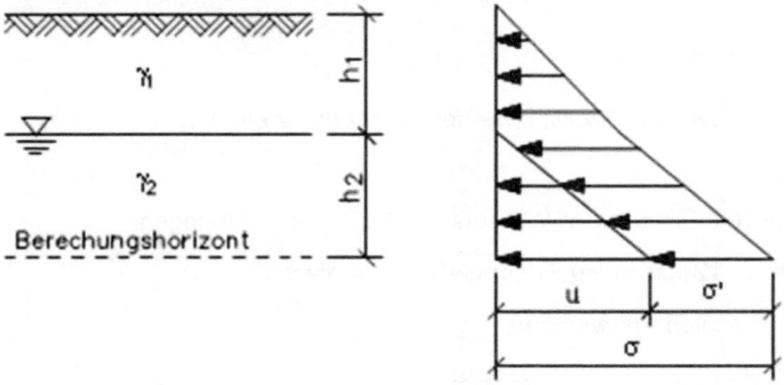

Lösg.: *Bodenwichten:*

$\gamma_1 \mathrel{\hat{=}} \gamma = (1-n)\gamma_s + n \cdot S_r \cdot \gamma_w$ *(mit S_r < 1)*

$\gamma_2 \mathrel{\hat{=}} \gamma_r = (1-n)\gamma_s + n \cdot S_r \cdot \gamma_w$ *(mit S_r = 1)*

Totale Spannung: $\sigma = \gamma_1 \cdot h_1 + \gamma_2 \cdot h_2 = \gamma \cdot h_1 + \gamma_r \cdot h_2 .$

Neutrale Spannung (Porenwasserdruck): $u = \gamma_w \cdot h_2$

Effektive Spannung:

$$\sigma' = \sigma - u = \gamma \cdot h_1 + \gamma_r \cdot h_2 - \gamma_w \cdot h_2 = \gamma \cdot h_1 + h_2(\gamma_r - \gamma_w) = \gamma \cdot h_1 + \gamma' \cdot h_2 .$$

Geg.: ***Fall 3:*** *„Grundwasser in Geländeoberfläche“*

Ges.: *Die vertikalen Spannungen.*

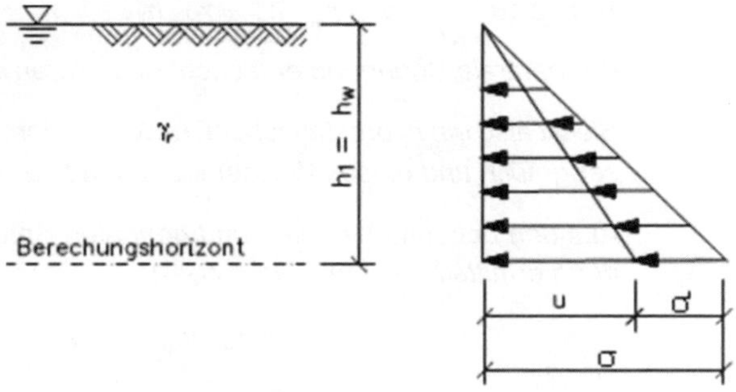

□ 7.86: Fortsetzung Beispiel 164: Einfluss des Wassers auf die Bodenspannungen

Lösg.: *Totale Spannung:* $\sigma = \gamma_r \cdot h_1$

Neutrale Spannung (Porenwasserdruck): $u = \gamma_w \cdot h_1$

Effektive Spannung: $\sigma' = \sigma - u = (\gamma_r - \gamma_w)h_1 = \gamma' \cdot h_1$

Geg.: ***Fall 4:*** *„Grundwasserspiegel abgesenkt"*

Ges.: *Die vertikalen Spannungen.*

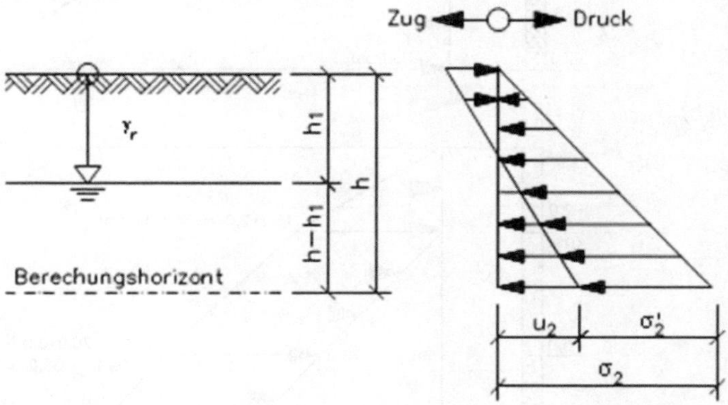

Lösg.: *Totale Spannung:* $\sigma_2 = \gamma_r \cdot h$

Neutrale Spannung (Porenwasserdruck): $u_2 = \gamma_w \cdot h - \gamma_w \cdot h_1 = \gamma_w (h - h_1)$

Effektive Spannung $\sigma_2' = \sigma_2 - u_2 =$

$$= \gamma_r \cdot h - \gamma_w (h - h_1) = \gamma_r \cdot h - \gamma_w \cdot h + \gamma_w \cdot h_1 =$$

$$= (\gamma_r - \gamma_w)h + \gamma_w \cdot h_1 = \gamma' \cdot h + \gamma_w \cdot h_1 .$$

□ 7.87: Beispiel 165: Wirksame (effektive) Spannungen

Geg.: *Die angegebenen Boden- und Grundwasserverhältnisse*

Bodenkennwerte: *Sand:* γ = *18,2 kN/m³* *Ton:* γ = *18,4 kN/m³*

γ_r = *20,9 kN/m³* γ_r = *19,3 kN/m³*

γ' = *10,9 kN/m³* γ' = *9,3 kN/m³*

Ges.: *Die wirksamen (effektiven) Spannungen*

□ 7.87: Fortsetzung Beispiel 165: Wirksame (effektive) Spannungen

lösg.:

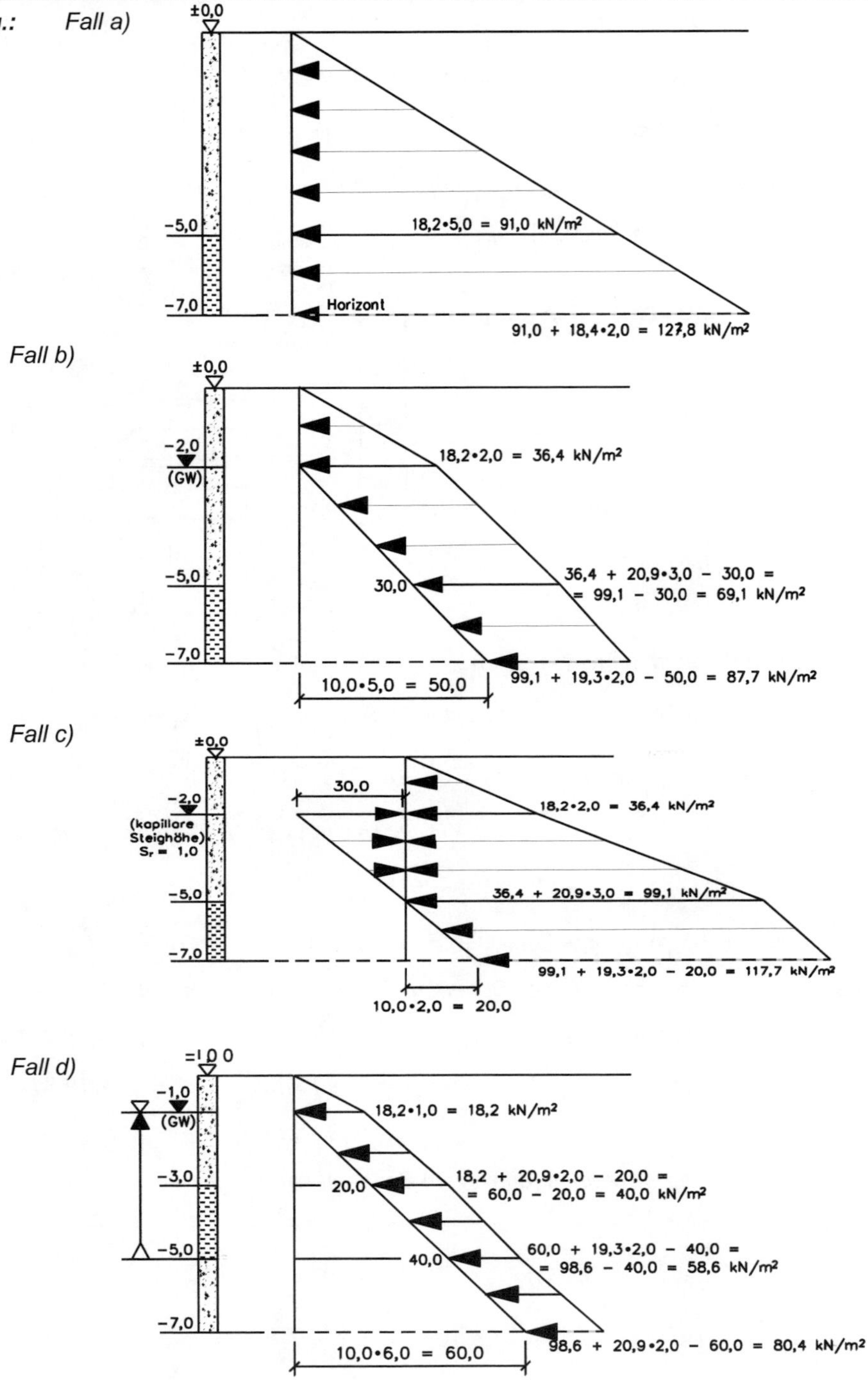

□ 7.88: Beispiel 166: Totale, neutrale und effektive Spannungen

Geg: *Der dargestellte Fall*

Ges.: *- Die totalen Spannungen*

- Die neutralen Spannungen

- Die effektiven (wirksamen) Spannungen

Zusätzlich ist deren Verlauf ist bis zum (Betrachtungs-) Horizont zeichnerisch darzustellen.

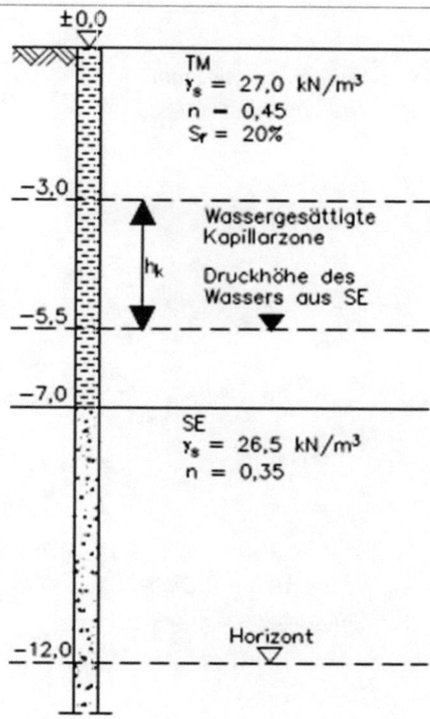

Lösg.:

Tm. $\gamma = (1 - 0{,}45) \cdot 27{,}0 + 0{,}45 \cdot 0{,}2 \cdot 10{,}0 = 15{,}8 \;\; kN/m^3$

$\gamma_r = (1 - 0{,}45) \cdot 27{,}0 + 0{,}45 \cdot 1{,}0 = 19{,}4 \;\; kN/m^3$

$\gamma' = 19{,}4 - 10{,}0 = 9{,}4 \;\; kN/m^3$

SE: $\gamma_r = (1 - 0{,}35) \cdot 26{,}5 + 0{,}35 \cdot 1{,}0 = 20{,}7 \;\; kN/m^3$

$\gamma' = 20{,}7 - 10{,}0 = 10{,}7 \;\; kN/m^3$

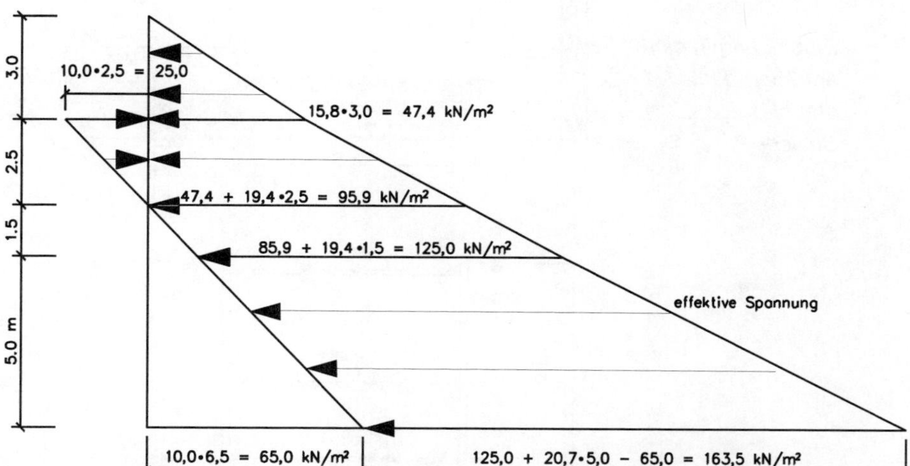

□ 7.89: Beispiel 167: Auftriebssicherheit

Geg.:

a) *Baugrube mit Stahlbetonsohle*

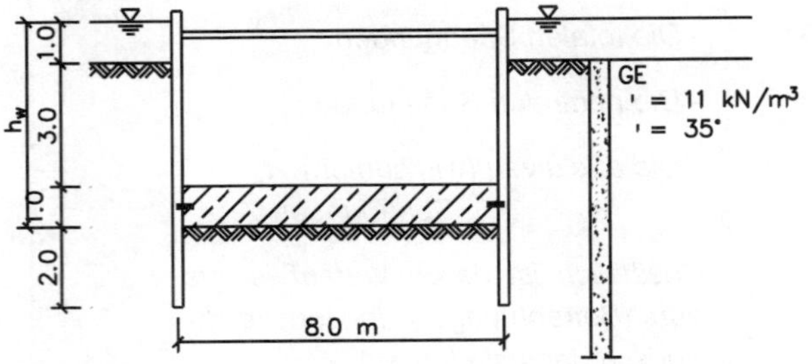

b) *Baugrube mit Dichtungsschicht*

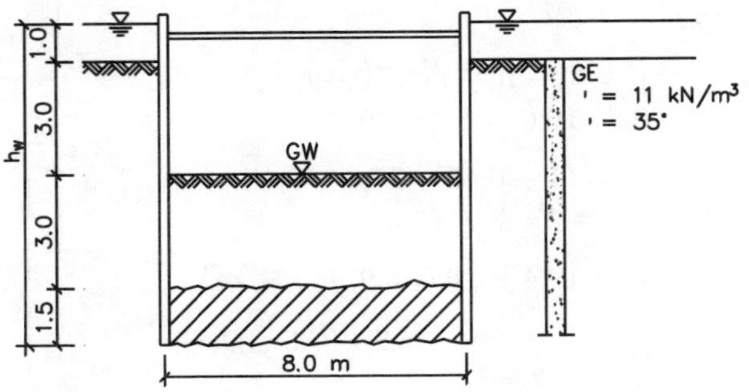

c) *Einbindung in eine annähernd undurchlässige Schicht*

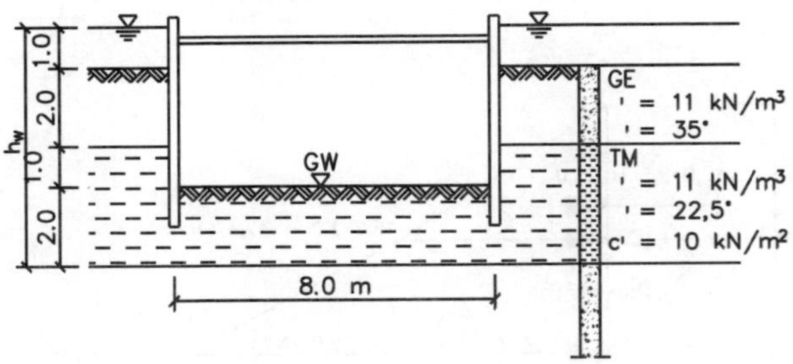

d) *Annähernd undurchlässige Schicht unter der Baugrubensohle*

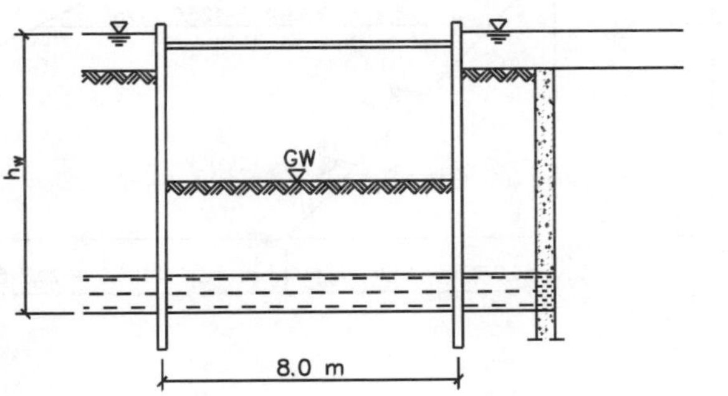

□ 7.89: Fortsetzung Beispiel 167: Auftriebssicherheit

Ges.: *Es ist zu überprüfen, ob bei einer Spundwand-Baugrube in den Fällen a) bis d) das Grundwasser bis zur Sohle abgesenkt werden kann.*

Anmerkungen:

Wenn die Baugrubenwände zusammen mit einer in Höhe der Baugrubensohle oder darunter liegenden, den Wasserzutritt verhindernden Schicht einen geschlossenen Baukörper bilden, dann ist der Nachweis einer ausreichenden Sicherheit gegen Auftrieb zu erbringen.

Im Wesentlichen trifft dies in folgenden Fällen zu:

- *Die Baugrubensohle ist durch eine Betonplatte abgeschlossen (Fall a))*
- *In Höhe des Fußes der Baugrubenwände ist durch Einpressungen eine annähernd Wasser undurchlässige, ausreichend dicke Dichtungsschicht entstanden (Fall b))*
- *Die Baugrubenwände sind so tief geführt, dass sie in eine annähernd Wasser undurchlässige Schicht einbinden (Fall c))*
- *Unter der Baugrubensohle steht eine ausreichend dicke, annähernd Wasser undurchlässige Bodenschicht an (Fall d)).*

Als annähernd Wasser undurchlässig gilt eine Bodenschicht, wenn sie eine Durchlässigkeit aufweist, die um mindestens zwei Zehnerpotenzen kleiner ist als die Durchlässigkeit des übrigen Bodens.

In Anlehnung an Handbuch Eurocode 7, Band 1 ist der Nachweis der Auftriebssicherung für die beiden Ansätze zu überprüfen:

$A_k \cdot \gamma_{G,dst} \leq (G + Z_g + F_{s,k}) \cdot \gamma_{G,stb}$ *mit* $\gamma_{G,dst} = 1{,}05$ *und* $\gamma_{G,st} = 0{,}95$.

$A_k \cdot \gamma_{G,dst} \leq (G + G_E + F_{s,k}) \cdot \gamma_{G,stb}$ *mit* $\gamma_{G,dst} = 1{,}05$ *und* $\gamma_{G,st} = 0{,}95$.

Hierin bedeuten:

A_k = *Auftriebskraft*

G = *Eigenlast der Baugrubenkonstruktion, der annähernd Wasser undurchlässigen Schicht und gegebenenfalls des darüber liegenden Bodens*

Z_g = *Summe der Grenzlasten von Zugpfählen oder Verpressankern*

G_E = *Eigenlast des von der Verankerung erfassten Bodens*

$F_{s,k}$ *Summe der wirksamen Reibungskräfte*

$\gamma_{G,stb}$, $\gamma_{G,stb}$ = *Teilsicherheitsbeiwerte;* $\gamma_{G,dst} = 1{,}05$ *und* $\gamma_{G,st} = 0{,}95$ *(Lastfall 1 und 2); Tab. 7.06*

□ 7.89: Fortsetzung Beispiel 167: Auftriebssicherheit

Die Reibungskraft R kann aus der Horizontalkomponente der wirksamen Erddruckkräfte, die Scherfestigkeit des Bodens oder eine entsprechende Mantelreibung angesetzt werden, sofern

- *eine ausreichende Kraftübertragung in die Betonsohle bzw. in die Wasser undurchlässige Schicht sichergestellt ist und*
- *die Betonsohle bzw. der Bodenkörper in der Lage ist, die dadurch verursachten Beanspruchungen aufzunehmen.*

Lösg.:

Fall a) ***Baugrube mit Stahlbetonsohle***

Wirksame Kräfte

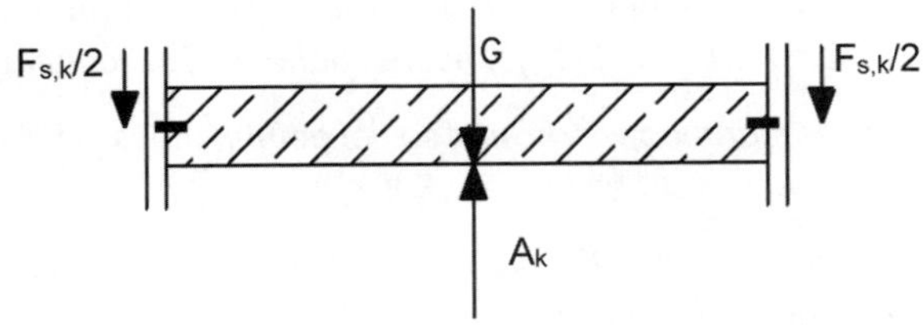

- *Horizontalkomponente des Erddrucks an der Spundwand:*

  Da die Stahlbetonsohle kraftschlüssig ist, kann als Reibungskraft über die Horizontalkomponente des Erddrucks bis zur Geländeoberkante angesetzt werden.

$$E_a = 11 \cdot \frac{1}{2} \cdot 6{,}0^2 \cdot 0{,}24 = 47{,}5 \ kN/m \ \rightarrow$$

$$E_{ah} = 47{,}5 \cdot \cos\frac{2 \cdot 35°}{3} = 43{,}6 \ kN/m$$

$$\rightarrow \quad \frac{F_{s,k}}{2} = 0{,}8 \cdot E_{ah} \cdot \tan\delta_a = 0{,}8 \cdot 43{,}6 \cdot \tan\frac{2}{3}35° = 15{,}0 \ kN/m$$

(vergleiche Abschnitt 7.02: Gleichung (7.06)

- *Eigenlast der Stahlbetonsohle:*

$$G = 1{,}0 \cdot 8{,}0 \cdot 24(!) = 192{,}0 \ kN/m$$

- *Eigenlast der Baugrubenkonstruktion:*

$g \approx 3{,}2 \ kN/m^2$ *(gesamt)*

$$G = 3{,}2 \cdot 7{,}0 = 22{,}4 \ kN/m .$$

□ 7.89: Fortsetzung Beispiel 167: Auftriebssicherheit

- *Auftriebskraft:*

$$A_k = 10 \cdot 5{,}0 \cdot 8{,}0 = 400{,}0 \ kN/m \cdot$$

Nachweis der Sicherheit gegen Auftrieb (Lastfall 2)

$$A_k \cdot \gamma_{G,dst} = 400 \cdot 1{,}05 = 420{,}00 \ kN/m \ ,$$

$$(G + F_{s,k}) \cdot \gamma_{G,stb} = (192{,}0 + 22{,}4 + 2 \cdot 15{,}0) \cdot 0{,}95 = 232{,}2 \ kN/m$$

damit Nachweis der Sicherheit nicht erbracht, d.h. die Stahlbetonsohle müsste zusätzlich gesichert werden (z.B. durch Zuganker).

Fall b) Baugrube mit Dichtungsschicht

Wirksame Kräfte

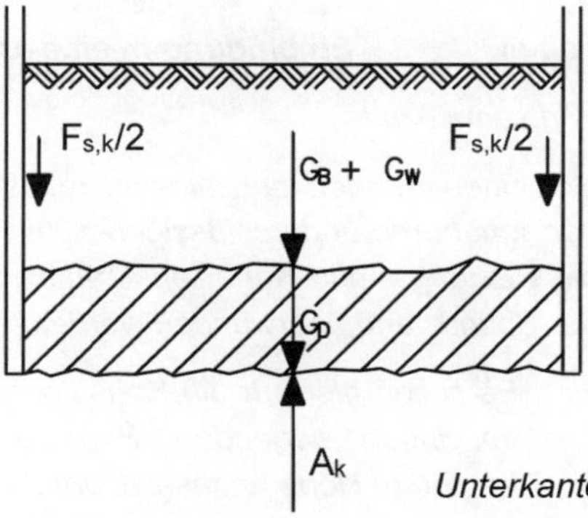

- *Horizontalkomponente des Erddrucks an der Spundwand:*

  Da zwischen Wand und Dichtungsschicht keine kraftschlüssige Verbindung besteht, soll lediglich der Erddruck von Baugrubensohle bis Spundwand Unterkante (innenliegender Bereich) angesetzt werden.

  Stark vereinfacht wird durchgängig der Boden GE zugrunde gelegt:

$$E_{a_V} = 11 \cdot \frac{(3{,}0+1{,}5)^2}{2} \cdot 0{,}24 \cdot \cos\frac{2 \cdot 35°}{3} = 24{,}5 \ kN/m$$

$$\rightarrow \qquad \frac{F_{s,k}}{2} = 0{,}8 \cdot E_{ah} \cdot \tan\delta_a = 0{,}8 \cdot 24{,}5 \cdot \tan\frac{2}{3}35° = 8{,}5 \ kN/m$$

- *Eigenlast der Dichtungsschicht:*

  Mit einer (angenommenen) Wichte von

  $\gamma_D = 20 \ kN/m^3$ *wird*

$$G_D = 1{,}5 \cdot 8{,}0 \cdot 20 = 240{,}0 \ kN/m$$

- *Eigenlast der Baugrubenkonstruktion:*

  wird aus vorgenannten Gründen nicht angesetzt.

□ 7.89: Fortsetzung Beispiel 167: Auftriebssicherheit

- *Boden- und Wasserauflast auf der Dichtungsschicht:*

$$G_B + G_W = 3{,}0 \cdot 8{,}0(11+10) = 504{,}0 \ kN/m$$

- *Auftriebskraft:*

$$A_k = 10 \cdot 8{,}5 \cdot 8{,}0 = 680{,}0 \ kN/m$$

Nachweis der Sicherheit gegen Auftrieb (Lastfall 2)

$$A_k \cdot \gamma_{G,dst} = 680 \cdot 1{,}05 = 714{,}0 \ kN/m$$

$$(G_D + G_B + G_W + F_{s,k}) \cdot \gamma_{G,stb} = (240{,}0 + 504{,}0 + 2 \cdot 8{,}5) \cdot 0{,}95 = 723{,}0 \ kN/m$$

Es liegt (noch) ausreichende Sicherheit vor.

Fall c) Einbindung in eine annähernd undurchlässige Schicht

Wirksame Kräfte

Um einen Auftrieb auszulösen, müssen in der annähernd undurchlässigen Schicht TM die Reibungs- und Kohäsionskräfte entlang der Spundwand überwunden werden.

- *Es sollen hier nur die Kohäsionskräfte im innen liegenden Bereich über l_c = 2,0 m Höhe angesetzt werden:*

$$C = c \cdot l_c = 10{,}0 \cdot 2{,}0 = 20{,}0 \ kN/m \mathrel{\hat{=}} \frac{F_{s,k}}{2}$$

- *Eigenlast der Baugrubenkonstruktion:*

  wird aus vorgenannten Gründen (s. Fall b)) nicht angesetzt.

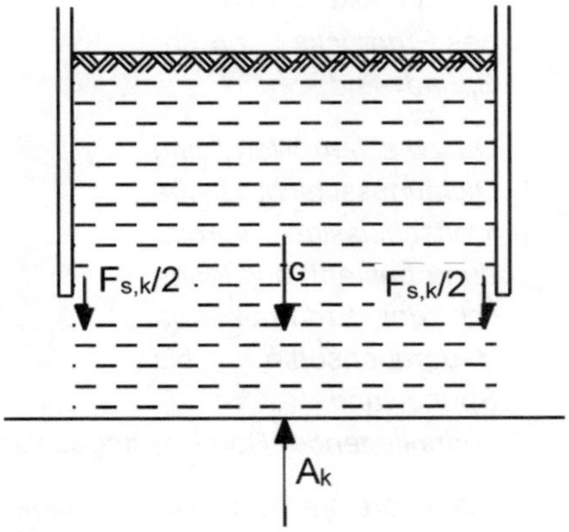

- *Eigenlast der annähernd undurchlässigen Schicht:*

  Da die Druckhöhe h_W an der Grenzschicht des Bodens TM zum unterlagernden nichtbindigen Boden angesetzt wird, kann mit der Wichte des wassergesättigten Bodens gerechnet werden:

$$G = 2{,}0 \cdot 8{,}0(11+10) = 336{,}0 \ kN/m$$

- *Auftriebskraft:*

$$A_k = 10 \cdot 6{,}0 \cdot 8{,}0 = 480{,}0 \ kN/m$$

Nachweis der Sicherheit gegen Auftrieb (Lastfall 2)

$$A_k \cdot \gamma_{G,dst} = 680 \cdot 1{,}05 = 714{,}0 \ kN/m$$

$$(G_D + F_{s,k}) \cdot \gamma_{G,stb} = (336{,}0 + 2 \cdot 20{,}0) \cdot 0{,}95 = 357{,}2 \ kN/m$$

Es liegt keine ausreichende Sicherheit vor.

□ 7.89: Fortsetzung Beispiel 167: Auftriebssicherheit

Anmerkung: *Unter der Voraussetzung, dass in der Bodenschicht unterhalb TM kein gespanntes Grundwasser angetroffen würde, bestünde keine Gefahr des Auftriebs. lediglich die Baugrubenwand würde durch Wasserdruck beansprucht. Die Problematik des Restwassers bei geschichtetem Baugrund wird in Beispiel □ 7.79 angesprochen.*

Fall d) ***Annähernd undurchlässige Schicht unter der Baugrubensohle***

Die Berechnung entspricht dem Fall b).

□ 7.90: Beispiel 168: Hydraulischer Grundbruch

Geg.: *Die nachfolgend dargestellte Spundwandbaugrube*

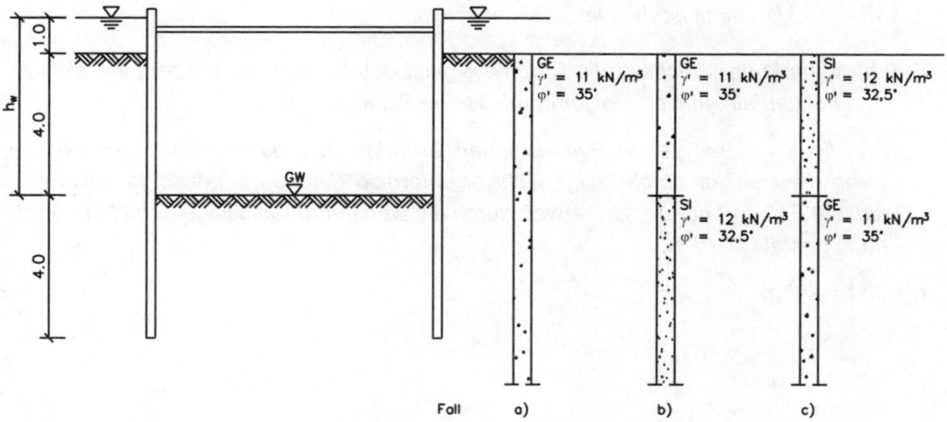

Ges.: *Es ist zu überprüfen, ob das Grundwasser in den Fällen a) bis c) bis zur Baugrubensohle abgesenkt werden kann.*

Anmerkung:

Die Teilsicherheitsbeiwerte γ_H sind von der Art des anstehenden Bodens abhängig (□ 7.44, BS-T):

$\gamma_H = 1{,}45$ *bei Kies, Kiessand und mindestens mitteldicht gelagertem Sand mit Korngrößen über 0,2 mm (Mittelsand und Grobsand)*

$\gamma_H = 1{,}90$ *bei locker gelagertem Sand sowie bei Feinsand, Schluff und weichem bindigen Boden*

$\gamma_H = 1{,}45$ *bei mindestens steifen tonigen Böden*

Lösg.: *Es handelt sich in allen 3 Fällen um „günstigen Baugrund“ gemäß Tabelle □ 7.45*

$\gamma_{G,stb} = 0{,}95$

Fall a) *Ermittlung der Restdruckhöhe nach Kastner:*

□ 7.90: Fortsetzung Beispiel 168: Auftriebssicherheit

$h' = 4{,}0\ m;\ t = 4{,}0\ m \rightarrow$ $$h_r = \frac{5{,}0}{1+\sqrt[3]{1+\frac{4{,}0}{4{,}0}}} = 2{,}21\ m$$

Damit ergibt sich der Nachweis für Hydraulischen Grundbruch

$$S'_d = \gamma_w \cdot h_r \cdot \frac{t}{2} \cdot \gamma_H = 10{,}0 \cdot 2{,}21 \cdot \frac{4{,}0}{2} \cdot 1{,}45 = 64{,}1\ kN/m$$

$$G'_d = \gamma' \cdot t \cdot \frac{t}{2} \cdot \gamma_{G,stb} = 11{,}0 \cdot \frac{4{,}0^2}{2} \cdot 0{,}95 = 83{,}6\ kN/m$$

$64{,}1 < 83{,}6$ *Damit ist der Nachweis erbracht.*

Fall b) *Anmerkung: Wechselt die Durchlässigkeit des Bodens, so konzentriert sich der Druckabfall auf die weniger durchlässige Schicht.*

Für die Sicherheit gegen Hydraulischen Grundbruch wirkt es sich ungünstig aus, wenn die weniger durchlässige Schicht unterhalb der Baugrubensohle ansteht. In diesem Fall darf nur der Sickerweg durch die weniger durchlässige Schicht in Rechnung gestellt werden:

h' = 0; t = 4,0 m

$$h_r = \frac{5{,}0}{1+\sqrt[3]{1+0}} = 2{,}50\ m;$$

$$S'_d = 10{,}0 \cdot 2{,}50 \cdot \frac{4{,}0}{2} \cdot 1{,}45 = 72{,}5\ kN/m$$

$$G'_d = 12{,}0 \cdot \frac{4{,}0^2}{2} \cdot 0{,}95 = 83{,}6\ kN/m$$

$$72{,}5 < 76{,}0$$

Damit ist der Nachweis erbracht. (s. auch Hinweise gemäß EAB, EB 61 (7)).

Fall c) *Anmerkung: Liegt die weniger durchlässige Schicht über der durchlässigen, dann darf der damit verbundene günstige Effekt nur bedingt berücksichtigt werden, weil schon geringe Störungen im Aufbau des Untergrunds die Verhältnisse an einzelnen Stellen entscheidend zu Ungunsten der Sicherheit beeinflussen können.*

Sicherheitshalber soll hier der Sickerweg der weniger durchlässigen Schicht SI nur zu 50% angesetzt werden:

$$h' = 0{,}5 \cdot 4{,}0 = 2{,}0\ m;\ t = 4{,}0\ m$$

□ 7.90: Fortsetzung Beispiel 168: Auftriebssicherheit

$$h_r = \frac{5{,}0}{1+\sqrt[3]{1+\dfrac{2{,}0}{4{,}0}}} = 2{,}33\ m; \qquad \eta = \frac{11\cdot 4{,}0}{10\cdot 2{,}33} = 1{,}89 \ < \ 2{,}0$$

$$S_d^{'} = 10{,}0 \cdot 2{,}33 \cdot \frac{4{,}0}{2} \cdot 1{,}45 = 67{,}6\ kN/m$$

$$G_d^{'} = 11{,}0 \cdot \frac{4{,}0^2}{2} \cdot 0{,}95 = 83{,}6\ kN/m$$

Damit ist der Nachweis (noch) erbracht. (s. auch Hinweise gemäß EAB, EB 61 (7))

□ 7.91: Beispiel 169: Filterbrunnenanlage

Geg.: *Die in Beispiel □ 7.41 dargestellte Situation, wobei die undurchlässige Schicht erst in größerer Tiefe angetroffen wird.*

Ges.: *Eine Filterbrunnenanlage*

Lösg.: *Soweit sich die Zahlen gegenüber Beispiel □ 7.41 nicht ändern, werden diese direkt übernommen. Da die Brunnen die undurchlässige Schicht nicht erreichen, handelt es sich um „unvollkommene Brunnen“.*

Auf die berechnete ankommende Wassermenge von $_{max}Q_A = 0{,}0810\ m^3/s$ wird ein Zuschlag von 25% erhoben, weil diese Brunnen auch von unten angeströmt werden:

$_{max}Q_{unv.} = 1{,}25 \cdot 0{,}0810 = 0{,}1013\ m^3/s.$

Mit einer geschätzten benetzten Filterhöhe des Einzelbrunnens von $h_{EB} = 6{,}0$ m wurde sein Fassungsvermögen zu $q_F = 0{,}0112\ m^3/s$ berechnet.

Damit ergibt sich eine erforderliche Brunnenanzahl von

$$n = \frac{_{max}Q_{unv.}}{q_F} = \frac{0{,}1013}{0{,}0112} = 9{,}0 \text{ gewählt:} \qquad 10 \text{ Brunnen.}$$

Überprüfung der entworfenen Anlage

1. Ist das Grundwasser überall ≥ 0,5 m unter der Baugrubensohle abgesenkt?

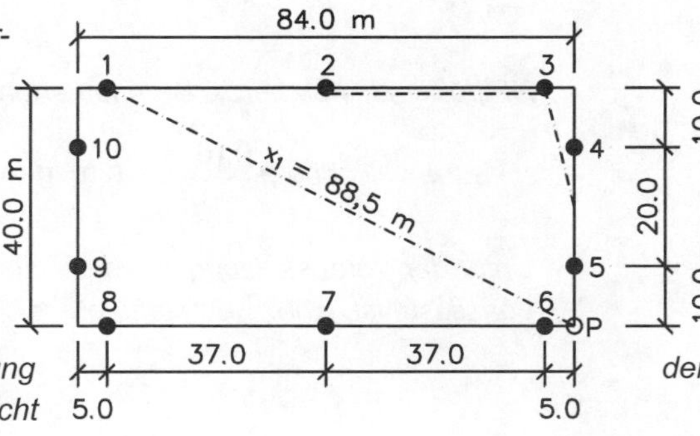

Beispielhaft soll hier der Punkt P (s. Bild „Anordnung der Brunnen“) untersucht werden:

□ 7.91: Fortsetzung Beispiel 169: Filterbrunnenanlage

Anordnung der Brunnen:

Brunnennr.	1	2	3	4	5	6	7	8	9	10
x [m]	88,5	58,0	40,3	30,0	10,0	5,0	42,0	79,0	84,6	89,2
ln x	4,483	4,060	3,696	3,401	2,303	1,609	3,738	4,369	4,438	4,491

$$\sum \ln x = 36{,}589$$

Damit wird

$$h_p = \sqrt{14{,}0^2 - \frac{0{,}1013}{\pi \cdot 5 \cdot 10^{-4}}\left(\ln 302 - \frac{1}{10} \cdot 36{,}589\right)} = 7{,}98\ m\ <\ {}_{erf}h = 9{,}50\ m$$

2. Ist das Fassungsvermögen der Brunnen ausreichend?

Mittlerer Brunnenabstand:

$$a \approx \frac{2(37{,}0 + 37{,}0 + 11{,}2 + 20{,}0 + 11{,}2)}{10} = 23{,}3\ m$$

Lokale Absenkung am Einzelbrunnen:

$$s_{EB} = 9{,}50 - \sqrt{9{,}50^2 - \frac{1{,}5 \cdot 0{,}0112(\ln 11{,}65 - \ln 0{,}2)}{\pi \cdot 5 \cdot 10^{-4}}} = 2{,}64\ m$$

(Anmerkung: Bei der Überprüfung von s_{EB} darf die zusätzlich von unten zuströmende Wassermenge des unvollkommenen Brunnens nicht angesetzt werden, da die verwendete Formel einen vollkommenen Brunnen voraussetzt.)

Es verbleibt somit eine benetzte Filterhöhe von $h_{EB} = 9{,}50 - 2{,}64 = 6{,}86\ m$

Das vorhandene Fassungsvermögen

$${}_{vorh}q_F = 2\pi \cdot 0{,}2 \cdot 6{,}86 \cdot \frac{\sqrt{5 \cdot 10^{-4}}}{15} = 0{,}0129\ m^3/s$$

ist größer als das bei 10 Brunnen erforderliche Fassungsvermögen

$${}_{erf}q_F = \frac{{}_{\max}Q_{unv.}}{n} = \frac{0{,}1013}{10} = 0{,}0101\ m^3/s\ .$$

Unter der Voraussetzung, dass der beispielhaft untersuchte Punkt P der ungünstigste ist, wäre die Anlage ausreichend bemessen.

□ 7.92: Beispiel 170: Rückschreitende Erosion, Sickerwassermenge

Geg.: *Dargestellte Stauanlage*

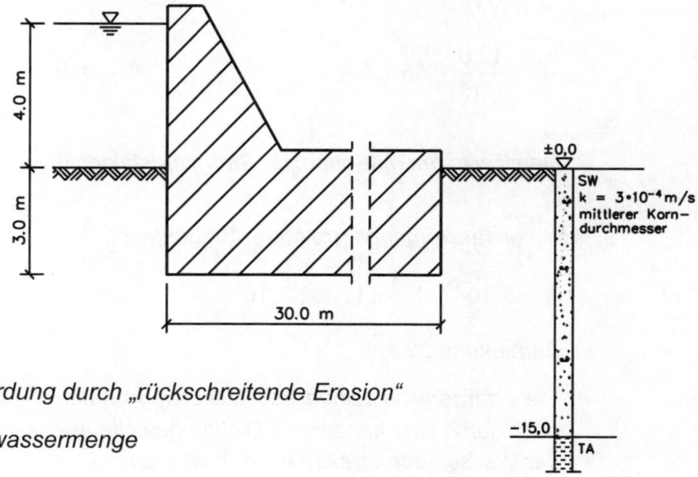

Ges.:

a) *Die Gefährdung durch „rückschreitende Erosion“*

b) *Die Sickerwassermenge*

Lösg.: ***zu a)***

Überprüfung der Länge des Sickerwegs:

$$_{erf}L = c\cdot_{\max} h_w \approx 12\cdot 40 = 48{,}0\ \ m$$

$$_{vorh}L = 3{,}0 + 30{,}0 + 3{,}0 = 36{,}0\ \ m\ \ <\ _{erf}L\,.$$

Um einen ausreichenden Sickerweg zu erreichen, kann eine Dichtungsschürze von mindestens $\frac{1}{2}(48{,}0 - 36{,}0) = 6{,}0\ \ m$ *Tiefe eingebaut werden – am günstigsten auf der Wasserseite.*

Gewählt wird eine Injektionsschmalwand mit einer mittleren Breite von b_m *= 18 cm.*

zu b)

Ermittlung des maßgebenden Strömungsfaktors:

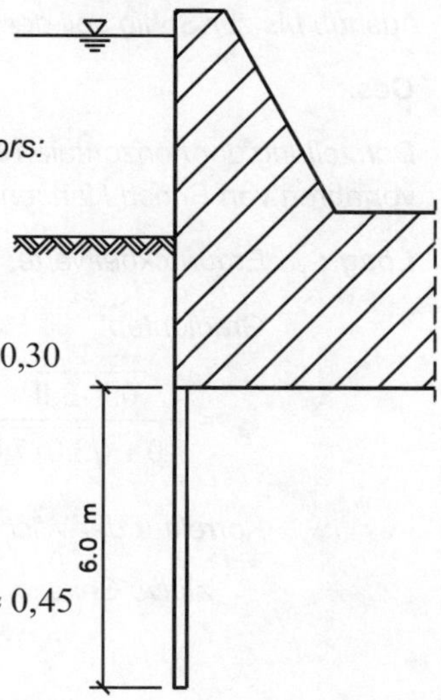

$$\frac{t_3}{b} = \frac{3{,}0}{30{,}0} = 0{,}10 \mathrel{\hat{=}} \frac{n}{b}$$

$$\frac{t_4}{b} = \frac{12{,}0}{30{,}0} = 0{,}40 \mathrel{\hat{=}} \frac{t}{b} \qquad \rightarrow \qquad \Phi_I \approx 0{,}30$$

$$\frac{t_1}{d} = \frac{3{,}0 + 6{,}0}{0{,}18} = 50{,}0 \mathrel{\hat{=}} \frac{n}{b}$$

$$\frac{t_2}{d} = \frac{6{,}0}{0{,}18} = 33{,}3 \mathrel{\hat{=}} \frac{t}{b} \qquad \rightarrow \qquad \Phi_{II} \approx 0{,}45$$

□ 7.92: Beispiel 170: Rückschreitende Erosion, Sickerwassermenge

$$\frac{t_3}{d} = \frac{3{,}0}{0{,}18} = 16{,}7 \mathrel{\hat{=}} \frac{n}{b}$$

$$\frac{t_4}{d} = \frac{12{,}0}{0{,}18} = 66{,}7 \mathrel{\hat{=}} \frac{t}{b} \qquad \rightarrow \qquad \Phi_{III} \approx 0{,}78$$

Damit wird der maßgebende Strömungsfaktor $\Phi = \frac{0{,}30 \cdot 0{,}45}{0{,}78} = 0{,}17$ *und die*

Sickerwassermenge pro Meter Stauanlage

$$q = 3 \cdot 10^{-4} \cdot 4{,}0 \cdot 0{,}17 = 2{,}0 \cdot 10^{-4} \ m^3 / s \cdot m\,.$$

Anmerkung zu a)

Die erforderliche Länge des Sickerwegs hätte auch durch eine horizontale Dichtungsplatte auf der Wasserseite erreicht werden können.

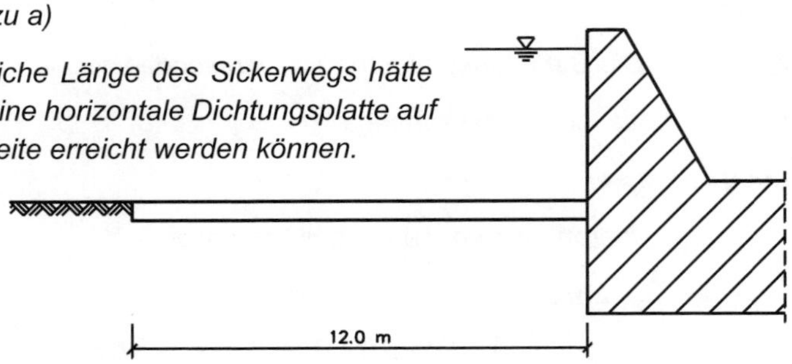

□ 7.93: Beispiel 171: Erd- und Wasserdruckverteilung

Geg.:

In einem Gewässer wird die dargestellte Spundwand-Baugrube erstellt. Nach dem Aushub bis zur Sohle soll der Grundwasserspiegel um 3,0 m abgesenkt werden.

Ges.:

Darstellung der horizontalen Erd- und Wasserdruckverteilung nach dem Gradientenverfahren von Brinch Hansen.

Lösg.: *Erddruckbeiwerte:* $K_{ah} = 0{,}25$; $K_{ph} = 6{,}77$

Gradienten:

$$i_a = \frac{0{,}7 \cdot 3{,}0}{7{,}0 + \sqrt{3{,}0 \cdot 7{,}0}} = 0{,}181\,; \quad i_p = \frac{0{,}7 \cdot 3{,}0}{3{,}0 + \sqrt{3{,}0 \cdot 7{,}0}} = 0{,}277$$

Korrektur der Wichten:

aktive Seite:

$$_{korr.}\gamma_w = 10{,}0 - 0{,}181 \cdot 10{,}0 = 8{,}19 \ kN/m^3$$

$$_{korr.}\gamma' = 10{,}5 + 0{,}181 \cdot 10{,}0 = 12{,}31 \ kN/m^3$$

□ 7.93: Fortsetzung Beispiel 171: Erd- und Wasserdruckverteilung

passive Seite: $_{korr.}\gamma_w = 10{,}0 + 0{,}277 \cdot 10{,}0 = 12{,}77\ kN/m^3$

$_{korr.}\gamma' = 10{,}5 - 0{,}277 \cdot 10{,}0 = 7{,}73\ kN/m^3$

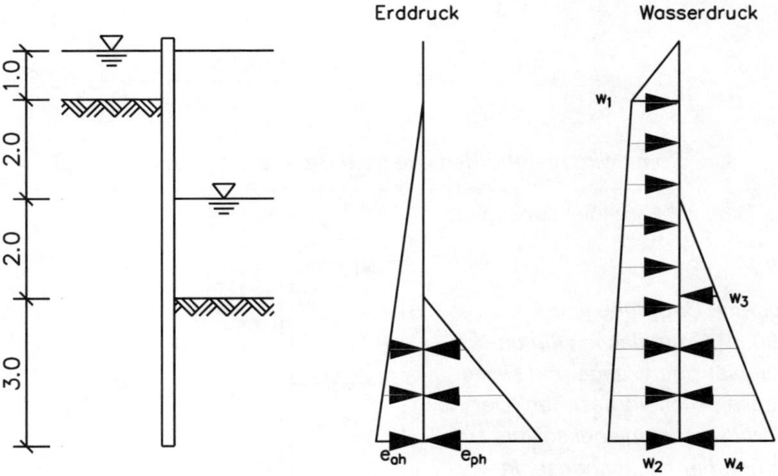

$\overrightarrow{e_{ah}} = 12{,}31 \cdot 7{,}0 \cdot 0{,}25 = 21{,}54\ kN/m^2$; $\overleftarrow{e_{ph}} = 7{,}73 \cdot 3{,}0 \cdot 6{,}77 = 157{,}0\ kN/m^2$

$\overrightarrow{w_1} = 10{,}0 \cdot 1{,}0 = 10{,}0\ kN/m^2$; $\overrightarrow{w_2} = 10{,}0 + 8{,}19 \cdot 7{,}0 = 67{,}3\ kN/m^2$

$\overleftarrow{w_3} = 10{,}0 \cdot 2{,}0 = 20{,}0\ kN/m^2$; $\overleftarrow{w_4} = 20{,}0 + 12{,}77 \cdot 3{,}0 = 58{,}3\ kN/m^2$

□ 7.94: Beispiel 172: Brunnenhöhe

Geg.: *Für den geplanten Neubau einer Industrieanlage wird zur Auflage gemacht, dass maximal*

350 m³ pro Tag des anfallenden Nutzwassers über einen Versickerungsbrunnen abgeführt werden.

Das im Brunnen eingebaute Sand-Kies-Gemisch (SW) hat einen Durchlässigkeitsbeiwert von k = 3 · 10⁻³ m/s. Brunnendurchmesser 1,5 m.

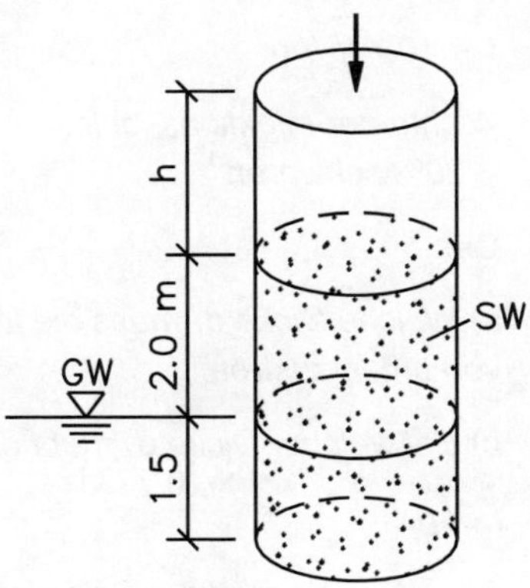

Ges.: *Erforderliche Brunnenhöhe h, um die Versickerungsleistung zu erzielen.*

Lösg.: $Q = v \cdot A = k \cdot i \cdot A = k \cdot \frac{h_w}{l} \cdot A \rightarrow \qquad h_w = \frac{Q \cdot l}{k \cdot A}$

□ 7.94: Fortsetzung Beispiel 172: Brunnenhöhe

mit $Q = 350 \quad m^3 / Tag = \dfrac{350}{24 \cdot 60 \cdot 60} = 4{,}051 \cdot 10^{-3} \quad m^3 / s$

$$A = \frac{\pi \cdot d^2}{4} = \frac{\pi \cdot 1{,}5^2}{4} = 1{,}767 \quad m^2; \qquad l = 2{,}0 + 1{,}5 = 3{,}5 \quad m$$

$h_w = h + 2{,}0$ *wird* $h + 2{,}0 = \dfrac{4{,}051 \cdot 10^{-3} \cdot 3{,}5}{3 \cdot 10^{-3} \cdot 1{,}767} = 2{,}67 \quad m$

Somit wird die erforderliche freie Brunnenhöhe $h = 2{,}67 - 2{,}0 \approx 0{,}7 \quad m$

□ 7.95: Beispiel 173: Injektionssohle

Geg.:

Für eine Baugrube von A = 800 m² Grundfläche sind undurchlässige Wände und eine Sohlinjektion vorgesehen. Der Grundwasserspiegel soll bis zur Baugrubensohle abgesenkt werden.

Durchlässigkeitsbeiwerte:

Baugrund: $k = 4 \cdot 10^{-3}$ *m/s*

Injektionssohle: $k = 5 \cdot 10^{-6}$ *m/s*

Wichte des Bodens:

$\gamma' = 10{,}7$ *kN/m³*

Wichte der Injektionssohle: $\approx$ *20% schwerer.*

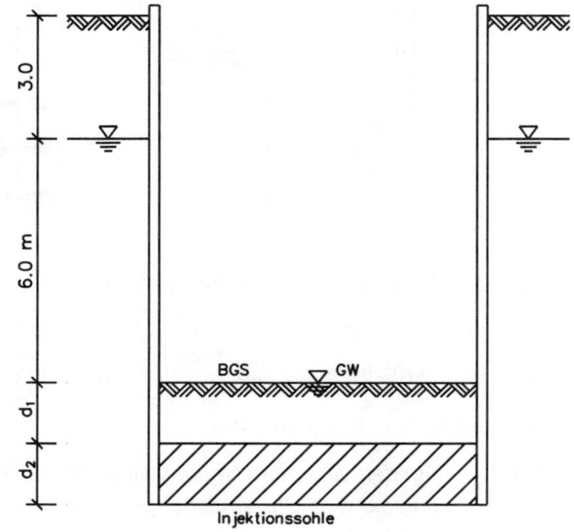

Ges.:

a) Welche Dicke d_2 *muss die Injektionssohle haben, damit nur* $_{max}Q = 25$ *l/s Wasser von unten zuströmt?*

b) Bei welcher Dicke d_1 *treibt die darüber liegende Sohlschicht gerade auf?*

Lösg.:

a) *Bezogen auf die Untergrenze der Injektionsschicht wird*

$$k = \frac{Q \cdot d}{A \cdot h} \rightarrow d_2 = \frac{k \cdot A \cdot h}{Q} = \frac{5 \cdot 10^{-6} \cdot 800 \cdot 6{,}0}{0{,}025} = 0{,}96 \approx 1{,}0 \quad m$$

□ 7.95: Fortsetzung Beispiel 173: Injektionssohle

b) $\gamma_s' \approx 1{,}2 \cdot 10{,}7 = 12{,}8 \ kN/m^3$.

In der Injektionssohle wirkt die spezifische Strömungskraft

$$f_{s_2} = \frac{\gamma_w \cdot h}{d_2} = \frac{10 \cdot 6{,}0}{1{,}0} = 60{,}0 \ kN/m^3$$

Darüber ist $f_{s_1} \approx 0 \rightarrow d_1 = \frac{(f_{s_2} - \gamma_s') \cdot d_2}{\gamma_1'} = \frac{(60{,}0 - 12{,}8) \cdot 1{,}0}{10{,}7} = 4{,}4 \ m$

□ 7.96: Beispiel 174: Nachweis der Sicherheit gegen Auftrieb, Mitwirkung von Scherkräften

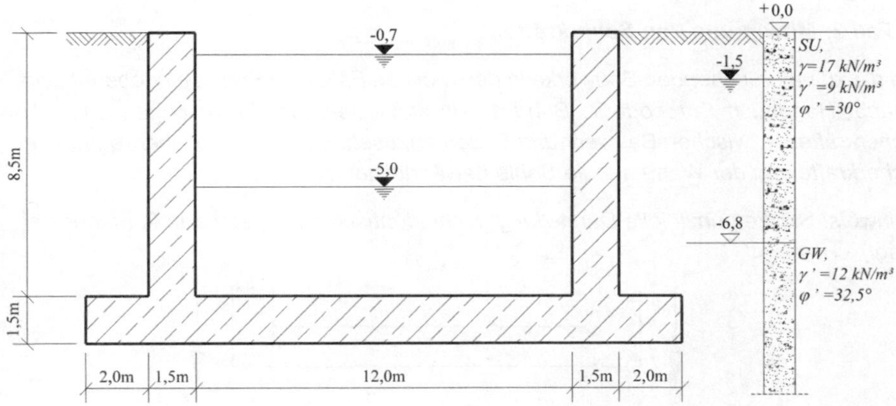

Geg.: *Die im Querschnitt dargestellte Schiffsschleuse aus Stahlbeton*

Ges.: *Sicherheit gegen Auftrieb für die Fälle*

a) Betriebszustand

b) Reparaturzustand (Schleuse leer)

Lösung:

1. Fall 1: Alleinige Wirkung der Eigenlast

Man untersucht zunächst, ob die Eigenlast G des Bauwerks allein in der Lage ist, der hydrostatischen Auftriebskraft A das Gleichgewicht zu halten.

(Hinweis: Skizze auf der nächsten Seite: prinzipielle Darstellung! nicht identisch mit Skizze aus Aufgabenstellung!)

$A_k \cdot \gamma_{G,dst} \leq G_k \cdot \gamma_{G,stb}$

In beiden Fällen kann natürlich auch die Auflast des darüber liegenden Bodens zur Eigenlast G_k hinzugerechnet werden.

□ 7.96: Fortsetzung Beispiel 174: Nachweis der Sicherheit gegen Auftrieb, Mitwirkung von Scherkräften

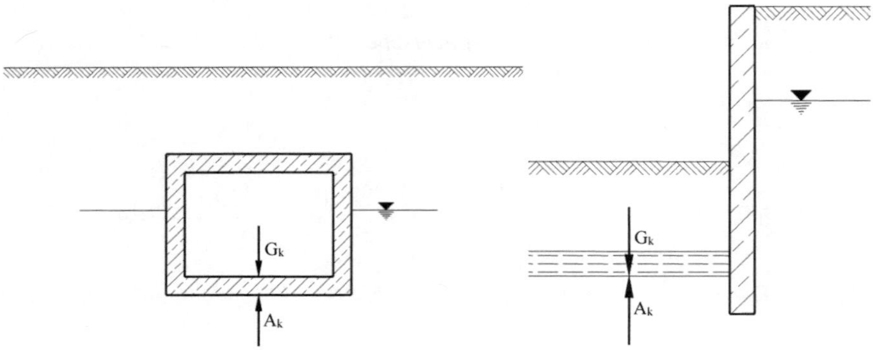

2. Fall 2: Mitwirkung von Scherkräften

Da die zu untersuchenden Bauwerke in den meisten Fällen im Boden eingebettet sind, erlaubt Handbuch Eurocode 7, Band 1, als stabilisierende Einwirkungen auch die Scherkräfte F_s zwischen Bauwerk und Boden anzusetzen, sofern die Übertragung der Scherkräfte von der Wand auf die Sohle gewährleistet ist:

(Hinweis: Skizze prinzipielle Darstellung! nicht identisch mit Skizze aus Aufgabenstellung!)

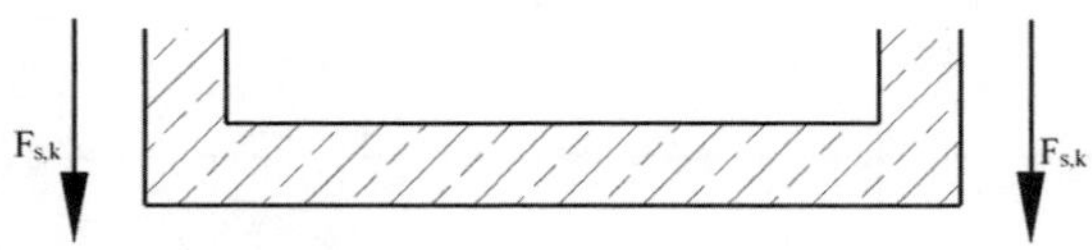

$$A_k \cdot \gamma_{G,dst} \leq G_k \cdot \gamma_{G,stb} + F_{s,k} \cdot \gamma_{G,stb}$$

Da nun Scherkräfte (d.h. Widerstände) beim Grenzzustand mitwirken, handelt es sich – strenggenommen – eigentlich um Versagen von Bauwerken und - teilen (Grenzzustand GEO-2), bei dem dann andere Teilsicherheitsbeiwerte anzusetzen wären. Man hat sich jedoch entschlossen, auch diesen Fall als UPL zu behandeln, um das bislang (vor Einführung des Eurocode 7) übliche Sicherheitsniveau zu erhalten.

Anmerkung: Nachweis GEO-2 ⇒ Dörken/ Dehne/ Kliesch, Teile 2 und 3

Scherkraft $F_{s,k}$ kann z.B. sein:

- *die V-Komponente $E_{a,v}$ des Erddrucks bei Bauwerken, hinter denen sich durch entsprechende Bewegungen/Verformungen der aktive Erddruck einstellt,*
- *die Scherkraft* $E_{o,k} \tan \varphi'_{k}$ *bei starren, unverschieblichen Bauwerkswänden,*
- *die Scherkraft* $E_{ah,k} \tan \varphi'_{k}$ *in einer gedachten, vom Ende eines waagerechten Sporns ausgehenden lotrechten Bodenfuge.*

□ 7.96: Fortsetzung Beispiel 174: Nachweis der Sicherheit gegen Auftrieb, Mitwirkung von Scherkräften

Wegen der Ungenauigkeiten bei der Festlegung der Bodenkennwerte ist bei der Ermittlung des Erddrucks die Wichte des Bodens mit einem Anpassungsfaktor von η = 0,8 abzumindern.

Die Wichte von Stahlbeton ist mit einem Unterwert von γ = 24 kN/m³ anzusetzen.

***Lösung:** Hier liegt der Fall „Nachweis der Sicherheit gegen Auftrieb bei Mitwirkung von Scherkräften" vor.*

1.1 Lastermittlung:

Eigenlast des Bauwerks G_B = (1,5·8,5·2+1,5·19,0)·24 = 1296,0 kN/m

Bodenauflast

Mit dem Anpassungsfaktor η = 0,8 wird

G_E = 2·0,8·2,0 (1,5·17,0+5,3·9,0+1,7·12,0) = 299,5 kN/m

Wasserauflast (außen)

Da der angegebene Berechnungswasserstand die (ungünstig wirkende) Auftriebskraft bedingt, kann diese Wasserauflast (als günstig wirkend) angesetzt werden (Interaktion):

G_{Wa} = 2·2,0·7,0·10,0 = 280 kN/m

Wasserauflast (innen) für den Fall a)

Ungünstig muss dieser Wasserstand UW: -5,0 m angesetzt werden:

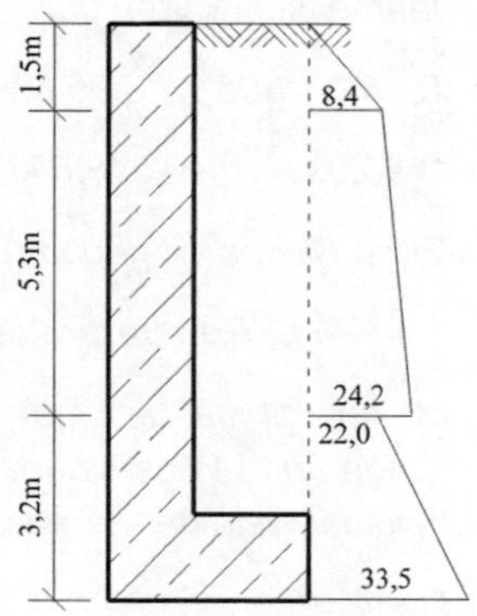

G_{Wi} = 12,0·3,5·10,0 = 420,0 kN/m

Ansetzbare Scherkräfte F_s

Die Scherkraft F_s in der gedachten lotrechten Scherfuge über den Außenkanten der Sohlplatte resultiert ebenfalls aus der Bodeneigenlast und muss deshalb mit dem Anpassungsfaktor η = 0,8 belegt werden.

Erddruck an der fiktiven lotrechten Scherfläche

(siehe Tabelle nächste Seite)

Berechnung nach Rankine mit a = b = δ_a = 0

Die Scherkraft $F_{s,k}$ in der fiktiven Fuge erhält man aus der Gleichung $F_s = \sum E_{ah,k} \cdot \tan\varphi'_{i,k}$

□ 7.96: Fortsetzung Beispiel 174: Nachweis der Sicherheit gegen Auftrieb, Mitwirkung von Scherkräften

Boden	Kote	h	γ	$\gamma \cdot h$	p	k_{ah}	e_{ah}
-	m	m	kN/m³	kN/m²	kN/m²	-	kN/m²
SU	0 -1,5	1,5	17	25,5	0 25,5	0,33	0 8,4
	-1,5 -6,8	5,3	9	47,7	25,5 73,2	0,33	8,4 24,2
GW	-6,8 - 10,0	3,2	12	38,4	73,2 116,6	0,30	22,0 33,5

$$F_s = \frac{1}{2} \cdot 8,4 \cdot 1,5 \cdot \tan 30° + \frac{1}{2}(8,4 + 24,2) \cdot 5,3 \cdot \tan 30°$$

$$+ \frac{1}{2}(22,0 + 33,5) \cdot 3,2 \cdot \tan 32,5° = 110,2 \ kN/m$$

Damit wird die ansetzbare Scherkraft: $F_{s,k} = 2 \cdot 110,2 \cdot 0,8 = 176,3$ *kN/m*

Auftriebskraft: $A_k = \gamma_w \cdot h_w \cdot b = 10 \cdot 8,5 \cdot 19,0 = 1615,0$ *kN/m*

1.2 Fall a) Betriebszustand

Die Grenzzustandsbedingung für den vorliegenden Fall lautet

$$A_k \cdot \gamma_{G,dst} \leq G_k \cdot \gamma_{G,stb} + F_{s,k} \cdot \gamma_{G,stb}$$

Ungünstig wirkende veränderliche Einwirkungen Q_k *kommen nicht vor. Mit den Teilsicherheitsbeiwerten der Bemessungssituation BS-P ist somit*

$1615,0 \cdot 1,05 \leq (1296,6 + 299,5 + 280,0 + 420,0) \cdot 0,95 + 176,3 \cdot 0,95$

1695,0 kN/m < 2348,8 kN/m

Es ist Sicherheit gegen Auftrieb gegeben.

1.3 Fall b) Reparaturzustand

Mit Ausnahme der Eigenlast des Wassers in der Schleuse gelten die gleichen Einwirkungen und Widerstände. Jedoch ist zu beachten, dass in diesem Fall die Teilsicherheitsbeiwerte der Bemessungssituation BS-T maßgebend sind.

Damit wird

$1615,0 \cdot 1,05 \leq (1296,6 + 299,5 + 280,0) \cdot 0,95 + 176,3 \cdot 0,95$

1695,0 kN/m < 1949,8 kN/m

Es ist Sicherheit gegen Auftrieb gegeben.

□ 7.97: Beispiel 175: Nachweis der Sicherheit gegen Aufschwimmen einer UW-Betonsohle

Geg.:

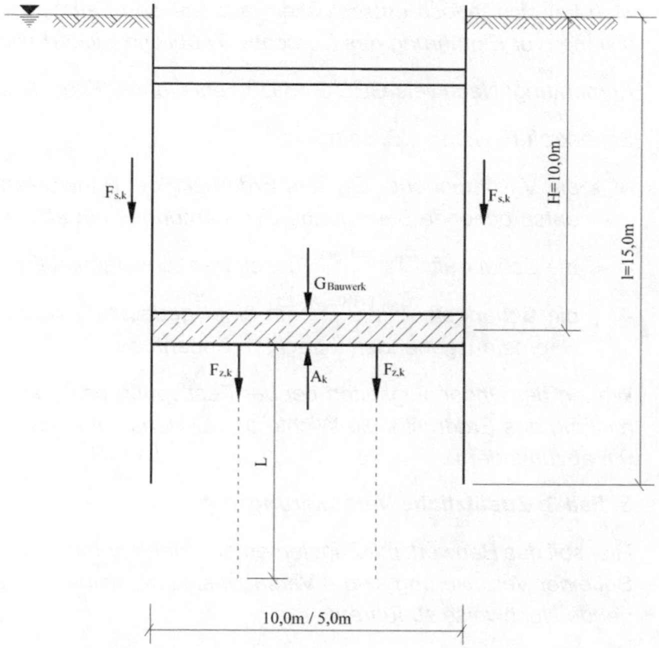

Die 1,0 m dicke UW-Betonsohle in einer Baugrube liegt in einer Tiefe von H = 10,0 m unter GOK und kann mit einer Wichte γ = 24 kN/m³ berechnet werden.

Das Grundwasser kann ungünstigstenfalls bis zur GOK ansteigen.

Baugrund:

SW; φ_k' = 32,5°;

γ = 20 kN/m³;

γ' = 10 kN/m³.

Die für die Bemessung maßgebende Bemessungssituation ist die gelenzte (geleerte) Baugrube. Sie ist als BS-T zu betrachten.

***Ges.:** Die Sicherheit gegen Auftrieb*

Lösungsansatz (vergleiche auch □ 7.93):

1. Fall 1: Alleinige Wirkung der Eigenlast

Man untersucht zunächst, ob die Eigenlast G des Bauwerks allein in der Lage ist, der hydrostatischen Auftriebskraft A das Gleichgewicht zu halten.

$$A_k \cdot \gamma_{G,dst} \leq G_k \cdot \gamma_{G,stb}$$

2. Fall 2: Mitwirkung von Scherkräften

Da die zu untersuchenden Bauwerke in den meisten Fällen im Boden eingebettet sind, erlaubt Handbuch Eurocode 7, Band 1, als stabilisierende Einwirkungen auch die Scherkräfte F_s zwischen Bauwerk und Boden anzusetzen, sofern die Übertragung der Scherkräfte von der Wand auf die Sohle gewährleistet ist:

$$A_k \cdot \gamma_{G,dst} \leq G_k \cdot \gamma_{G,stb} + F_{s,k} \cdot \gamma_{G,stb}$$

Da nun Scherkräfte (d.h. Widerstände) beim Grenzzustand mitwirken, handelt es sich – strenggenommen – eigentlich um Versagen von Bauwerken und - teilen (Grenzzustand GEO-2), bei dem dann andere Teilsicherheitsbeiwerte anzusetzen wären.

□ 7.97: Fortsetzung Beispiel 175: Nachweis der Sicherheit gegen Aufschwimmen einer UW-Betonsohle

Man hat sich jedoch entschlossen, auch diesen Fall als UPL zu behandeln, um das bislang (vor Einführung des Eurocode 7) übliche Sicherheitsniveau zu erhalten.

Anmerkung: Nachweis GEO-2 ⇒ Dörken/ Dehne/ Kliesch, Teile 2 und 3

Scherkraft $F_{s,k}$ kann z.B. sein:

- *die V-Komponente $E_{a,v}$ des Erddrucks bei Bauwerken, hinter denen sich durch entsprechende Bewegungen/Verformungen der aktive Erddruck einstellt,*
- *die Scherkraft $E_{0,k} \tan \varphi_{,k}$ bei starren, unverschieblichen Bauwerkswänden,*
- *die Scherkraft $E_{ah,k} \tan \varphi_{,k}$ in einer gedachten, vom Ende eines waagerechten Sporns ausgehenden lotrechten Bodenfuge.*

Wegen der Ungenauigkeiten bei der Festlegung der Bodenkennwerte ist bei der Ermittlung des Erddrucks die Wichte des Bodens mit einem Anpassungsfaktor von η = 0,8 abzumindern.

3. Fall 3: Zusätzliche Verankerung

Hier soll das Bauwerk mit Zugelementen (Pfähle, Anker) nach unten verankert werden. Bei einer Verankerung sind 4 Versagensmechanismen zu untersuchen und dabei folgende Nachweise zu führen:

(Hinweis: Skizze prinzipielle Darstellung! nicht identisch mit Skizze aus Aufgabenstellung!)

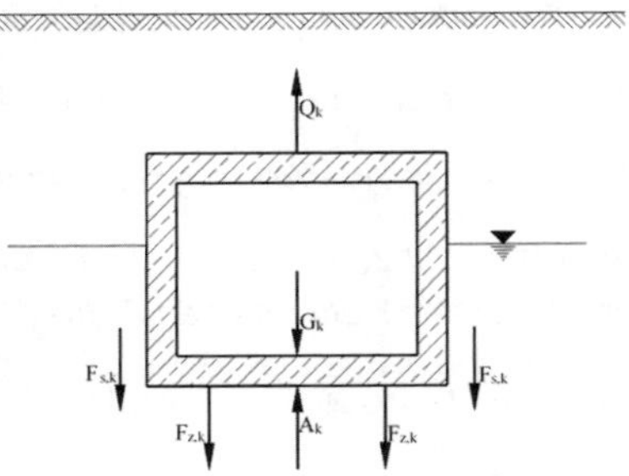

- *Nachweis der Sicherheit gegen Aufschwimmen des verankerten Bauwerks zur Ermittlung der erforderlichen Tragfähigkeit der Zugelemente,*
- *Nachweis der Sicherheit gegen Herausziehen eines einzelnen Zugelements zur Ermittlung der erforderlichen Anzahl und der Länge der Zugelemente,*
- *Nachweis der Gruppenwirkung der Zugelemente bzw. Sicherheit gegen Aufschwimmen des Bauwerks mit dem Bodenblock, der über die Pfähle mit dem Bauwerk verbunden ist (siehe Abbildung nächste Seite),*
- *Nachweis der Sicherheit gegen Materialversagen der Zugelemente.*

3.1 Nachweis gegen Aufschwimmen der Zugelemente

$$A_k \cdot \gamma_{G,dst} + Q_k \cdot \gamma_{Q,dst} \leq G_k \cdot \gamma_{G,stb} + n \cdot F_{z,k} \cdot \gamma_{G,stb} + n \cdot F_{s,k} \cdot \gamma_{G,stb}$$

□ 7.97: Fortsetzung Beispiel 175: Nachweis der Sicherheit gegen Aufschwimmen einer UW-Betonsohle

mit $F_{z,k}$ = charakteristische Einwirkung eines Zugelements

n = Anzahl der erforderlichen Zugelemente.

3.2 Nachweis der Tragfähigkeit der Zugelemente

Hier muss nachgewiesen werden, dass die Zugelemente eine ausreichende Sicherheit gegen Herausziehen haben. Das Versagen durch Herausziehen ist GEO-2, weil ein Widerstand des Bodens in Anspruch genommen wird, so dass jetzt die (höheren) Teilsicherheitsbeiwerte des GEO-2 anzusetzen sind. Mit dem charakteristischen Wert R_k des Herausziehwiderstands eines Zugpfahls und dem Teilsicherheitsbeiwert $\gamma_{s,t} = \gamma_P$ für den Pfahlwiderstand ergibt sich für GEO-2:

Anmerkung: Nachweis GEO-2 $\Rightarrow$ Dörken/ Dehne/ Kliesch, Teil 3

(Hinweis: Skizze prinzipielle Darstellung! nicht identisch mit Skizze aus Aufgabenstellung!)

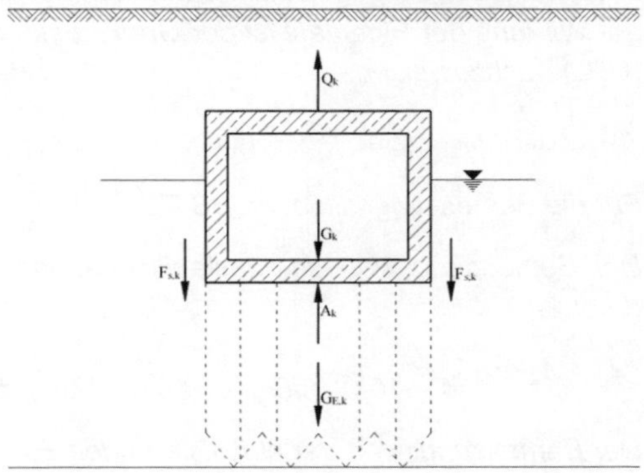

$$E_d = E_k \cdot \gamma_G = F_{z,k} \cdot \gamma_G \leq \frac{R_k}{\gamma_p} = R_d$$

$$R_d = \frac{L \cdot q_{s,k} \cdot D \cdot \pi}{\gamma_p}$$

$$L = \frac{F_{z,k} \cdot \gamma_G}{q_{s,k} \cdot D \cdot \pi / \gamma_p}$$

L *Pfahllänge*

D *Pfahldurchmesser*

q_s *Mantelreibungsbeiwert*

3.3 Nachweis der Gruppenwirkung der Zugelemente

Mit der charakteristischen Gewichtskraft $G_{E,k}$ des anhängenden Bodens ergibt sich für UPL (siehe Skizze einzelnes Zugelement auf der nächsten Seite)

$$A_k \cdot \gamma_{G,dst} + Q_k \cdot \gamma_{Q,dst} \leq G_k \cdot \gamma_{G,stb} + G_{E,k} \cdot \gamma_{G,stb} + F_{s,k} \cdot \gamma_{G,stb}$$

$$G_{E,k} = n\left[l_a \cdot l_b \left(L - \frac{1}{3}\sqrt{l_a^2 + l_b^2} \cdot \cot\varphi \right) \right] \cdot \eta \cdot \gamma'$$

η *0,8 (Anpassungsfaktor)*

φ *Reibungswinkel*

Der Nachweis gegen Hydraulischen Grundbruch ist entsprechend zu führen.

□ 7.97: Fortsetzung Beispiel 175: Nachweis der Sicherheit gegen Aufschwimmen einer UW-Betonsohle

Lösung:

Skizze einzelnes Zugelement

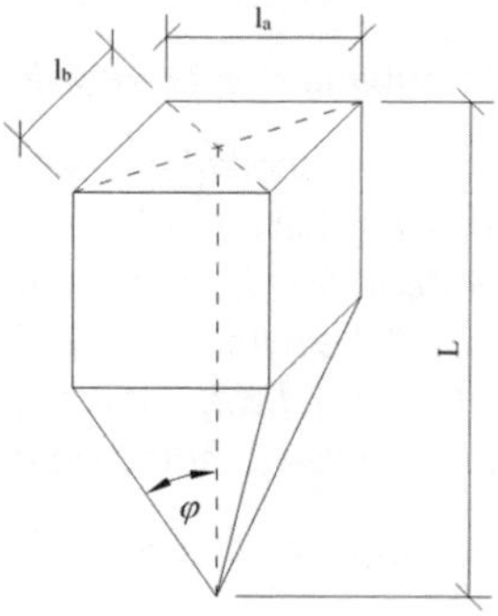

1. Lastermittlung:

Eigenlast der Baugrube

$G_{Sohle} = 10{,}0 \cdot 5{,}0 \cdot 1{,}0 \cdot 24 = 1200$ kN

Spundwand

$G_{Spw} = l \cdot U \cdot d \cdot \gamma_{Stahl} = 15 \cdot 30 \cdot 0{,}025 \cdot 78{,}5 \approx 883$ kN

(d = geschätzte mittlere Profildicke)

Gesamtlast $G = 1200 + 883 = 2083$ kN

2. Fall 1: Alleinige Wirkung der Eigenlast

Für den Nachweis gegen Aufschwimmen bei alleiniger Wirkung der Eigenlast ist der Grenzzustand des Versagens durch Aufschwimmen (UPL) nachzuweisen:

$$A_k \cdot \gamma_{G,dst} + Q_k \cdot \gamma_{Q,dst} \leq G_k \cdot \gamma_{G,stb}$$

Für die Bemessungssituation BS-T ist $\gamma_{G,stb} = 0{,}95$; $\gamma_{G,dst} = 1{,}05$

Der Bemessungswert der destabilisierenden Einwirkungen durch den Sohlwasserdruck ist

$$A_d = A_k \cdot \gamma_{G,dst} = 10{,}0 \cdot 5{,}0 \cdot 10 \cdot 10{,}0 \cdot 1{,}05 = 5250 \text{ kN}$$

Der Bemessungswert der stabilisierenden Einwirkungen der Eigenlast beträgt

$$G_d = G_k \cdot \gamma_{G,stb} = 2083 \cdot 0{,}95 = 1979 \text{ kN}$$

Damit wird $A_d = 5250 > G_d = 1979$

so dass die Sicherheit bei einem alleinigen Gewichtsvergleich nicht gegeben ist.

3. Fall 2: Nachweis mit Reibungskräften F_s an der Spundwand

Es gilt: $A_k \cdot \gamma_{G,dst} + Q_k \cdot \gamma_{Q,dst} \leq G_k \cdot \gamma_{G,stb} + F_{s,k} \cdot \gamma_{G,stb}$

Hierzu ist die Spundwand in der Weise auszurüsten, dass eine Übertragung der Scherkräfte von der UW-Sohle auf die Spundwand gewährleistet ist (z.B. Anschweißen von U – Eisen vor dem Betonieren). Der charakteristische Wert der (vertikalen) Reibungskräfte $F_{s,k}$ an der Spundwand wird über den aktiven Erddruck mit dem Wandreibungswinkel $\delta_a = \frac{2}{3} \cdot \varphi_k'$ *ermittelt, wobei die Wichte des Bodens mit dem Anpassungsfaktor η = 0,8 abzumindern ist.*

□ 7.97: Fortsetzung Beispiel 175: Nachweis der Sicherheit gegen Aufschwimmen einer UW-Betonsohle

3.1 Erddruckermittlung

$\varphi_k' = 32{,}5°$; $\alpha = \beta = 0$; $\delta_a = 3^{\gamma K}$ $\Rightarrow$ $k_{ah,k} = 0{,}25$

Teilsicherheitsbeiwert für stabilisierende Einwirkung der Wandreibung:

$$\gamma_{G,stb} = 0{,}95$$

$$\tan\delta_k = \tan\left(\delta_a = \frac{2}{3}\delta_k'\right) = \tan\frac{2}{3}32{,}5° = 0{,}397$$

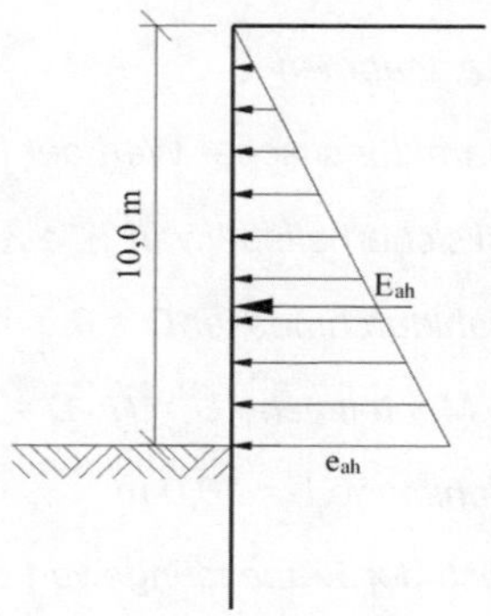

$$e_{ah} = \gamma' \cdot H \cdot k_{ah} = 10 \cdot 10{,}0 \cdot 0{,}25 = 25{,}0\ kN/m^2$$

$$E_{ah} = \frac{1}{2} \cdot 25{,}0 \cdot 10{,}0 = 125\ \ kN/m$$

Bezogen auf den Baugrubenumfang:

$E_{ah} = (2 \cdot 10{,}0 + 2 \cdot 5{,}0) \cdot 125{,}0 = 3750$ kN

$\Rightarrow E_{ah,k} = \eta \cdot E_{ah} = 0{,}80 \cdot 3750 = 3000$ kN

3.2 Bemessungswert der vertikalen Einwirkungen infolge Wandreibung:

$$F_{s,k} = E_{ah,k} \cdot \tan\delta_k = 3000 \cdot 0{,}397 = 1191\ kN$$

$$F_{s,d} = F_{s,k} \cdot \gamma_{G,stb} = 1191 \cdot 0{,}95 = 1131\ kN$$

3.3 Sicherheitsnachweis:

Damit wird $A_d = 5250 > G_d + F_{s,d} = 1979 + 1131 = 3110$ kN,

so dass auch bei Einbeziehung zusätzlicher Reibungskräfte keine ausreichende Sicherheit gegeben ist.

4. Fall 3: Bemessung einer mit Zugpfählen verankerten Konstruktion.

4.1 Nachweis gegen Aufschwimmen

Unter Ansatz der günstigen Einwirkung $n \cdot F_{z,k}$ von n Pfählen lautet die Nachweisgleichung

$$A_k \cdot \gamma_{G,dst} \le G_k \cdot \gamma_{G,stb} + F_{s,k} \cdot \gamma_{G,stb} + F_{z,k} \cdot \gamma_{G,stb}$$

Daraus ergibt sich für die erforderliche günstige Einwirkung der Zugpfähle

$$n \cdot F_{z,k} \ge A_k \cdot \frac{\gamma_{G,dst}}{\gamma_{G,stb}} - \left(G_k + F_{s,k}\right)$$

$$n \cdot F_{z,k} \ge 5000 \cdot \frac{1{,}05}{0{,}95} - (2083 + 1191)$$

□ 7.97: Fortsetzung Beispiel 175: Nachweis der Sicherheit gegen Aufschwimmen einer UW-Betonsohle

$n \cdot F_{z,k} \geq 5526 - 3274 = 2252\ kN$

4.2 Nachweise der Tragfähigkeit der Zugpfähle gegen Herausziehen:

Der charakteristische Wert der günstigen Einwirkungen $n \cdot F_{z,k}$ *entspricht dem charakteristischen Wert* $n \cdot E_k$ *der Beanspruchungen.*

Mit den Annahmen

- *charakteristischer Wert der Pfahlmantelreibung* $q_{s,k} = 35\ kN/m^2$
- *Teilsicherheitsbeiwert* $\gamma_p = \gamma_{s,t} = 1{,}40$ *(Zugpfahl für BS-T)*
- *Pfahldurchmesser* $D = 0{,}5\ m$

  $\Rightarrow$ *Mantelfläche* $U = \Pi \cdot D = \Pi \cdot 0{,}5 = 1{,}57\ m^2/m$
- *Pfahllänge* $L = 10{,}0\ m$

ergibt sich der Bemessungswert des Zugpfahlwiderstands zu

$$R_d = \frac{L \cdot q_{s,k} \cdot U}{\gamma_p} = \frac{10{,}0 \cdot 35 \cdot 1{,}57}{1{,}40} = 392{,}5\ kN$$

Somit wird $n \cdot E_d \leq n \cdot R_d$

$$n \cdot F_{z,k} \cdot \gamma_G \leq n \cdot R_d$$

$2252 \cdot 1{,}35 \leq n \cdot 392{,}5 \qquad \Rightarrow \qquad n = 7{,}75$

Gewählt: 8 Pfähle mit L = 10,0 m (s. Pfahlplan)

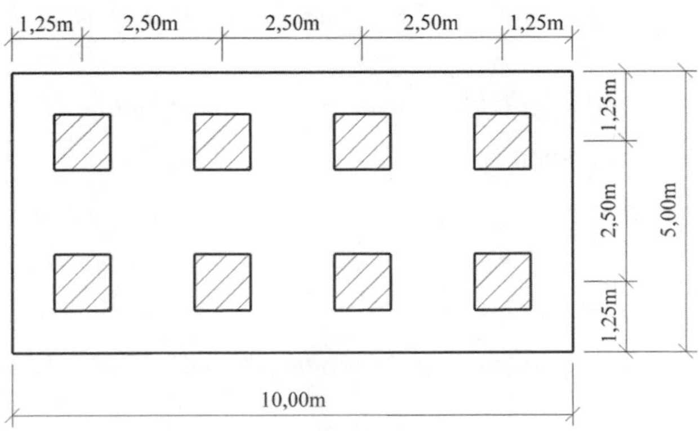

4.3 Nachweis der Gruppenwirkung der Pfähle

Für diesen Nachweis ist der Grenzzustand der Lagesicherheit EQU nachzuweisen:

□ 7.97: Fortsetzung Beispiel 175: Nachweis der Sicherheit gegen Aufschwimmen einer UW-Betonsohle

$$A_k \cdot \gamma_{G,dst} \leq \left(G_{Bauw.,k} + F_{s,k} + G_{E,k}\right) \cdot \gamma_{G,stb}$$

Gemäß der Pfahlanordnung in Abschnitt 4.2 wird der charakteristische Wert $G_{E,k}$ der Eigenlast des anhängenden Bodens mit $l_a = l_b = 2{,}50$ m ermittelt:

$$G_{E,k} = 8 \cdot \left[2{,}5 \cdot 2{,}5\left(10{,}0 - \frac{1}{3}\sqrt{2{,}5^2 + 2{,}5^2} \cdot \cot 32{,}5^2\right)\right] \cdot 0{,}8 \cdot 10 = 3260 \ kN$$

Damit wird $5000 \cdot 1{,}05 \leq (2083 + 1191 + 3260) \cdot 0{,}95$, *also* $5250 < 6207$ *kN.*

Die Pfähle haben einen ausreichenden Abstand.

Anmerkung: Ein Nachweis gegen Materialversagen wird nicht geführt.

Anhang A: Symbole und Abkürzungen

(Begriffe, Formeln, Zeichen nach Handbuch Eurocode 7 (2015))

Formelzeichen und Nebenzeichen	Benennung	Einheit (Beispiele)
A	Sohlfläche des Gründungskörpers	kN/m
a	Lastausbreitungsmaß, Achsabstand; größere Fundamentlänge	m
A‘	rechnerische Sohlfläche; reduzierte Sohlfläche des Gründungskörpers	m^2
a‘	größere Länge der rechnerischen Grundfläche des ausmittig belasteten Gründungskörpers	m
A_c	gedrückter Teil einer Sohlfläche	m^2
A_d	Bemessungswert einer außerordentlichen Einwirkung	
a_d	Bemessungswert einer geometrischen Angabe	-
A_E	Einschnittsfläche	m^2
A_{Ed}	Bemessungswert einer Einwirkung infolge von Erdbeben nach DIN EN 1990:2010-12, Tabelle A 1.3	
A_k	Auftriebskraft, -spannung	kN; kN/m; kN/m^2
A_n	Querschnittsfläche (netto)	cm^2
a_{nom}	Nennwert einer geometrischen Angabe	-
Δa	Sicherheitszuschlag für die Nennwerte geometrischer Angaben bei speziellen Nachweisen	
B	Fundamentbreite	kN/m
b	Fundamentbreite, Breite einer Lamelle; kleinere Fundamentlänge	m

Formelzeichen und Nebenzeichen	Benennung	Einheit (Beispiele)
B_B	Resultierende Stützkraft aus den Bettungsspannungen im Bodenauflager	kN/m
$B_{h,d}$	Bemessungswert der Horizontalkomponenten der resultierenden Auflagerkraft einer Stützwand im Boden/Bodenreaktion	kN/m
$B_{h,k}$	Horizontalkomponente der resultierenden charakteristischen Auflagerkraft einer Stützwand im Boden	kN/m
B_k	Charakteristischer Wert der seitlichen Bodenreaktion an einem Fundament; resultierende charakteristische Auflagerkraft/Bodenreaktion	kN/m
$B_{v,k}$	Vertikalkomponente von B_k	kN/m
b_B	kürzere Fundamentbreite	m
b_L	längere Fundamentbreite	m
b_B‘	Reduzierte Fundamentbreite b_B	m
b_L‘	Reduzierte Fundamentbreite b_L	m
b‘	rechnerische Fundamentbreite; kleinere Länge der rechnerischen Grundfläche des ausmittig belasteten Grundkörpers	M
b_x	Breite des Grundkörpers in x-Richtung	M
b'_x	Reduzierte Breite des Grundkörpers in x-Richtung	M
b_y	Breite des Grundkörpers in y-Richtung	m
b'_y	Reduzierte Breite des Grundkörpers in y-Richtung	m
C	Ersatzkraft nach Blum, Kohäsionskraft in einer Gleitfläche eines Gleitkörpers	kN/m
c	Kohäsion des Bodens, allgemein	kN/m^2
C_B	Faktor nach Beyer	*) Verhältnisgröße
C_C	Krümmungszahl	*) Verhältnisgröße

Formelzeichen und Nebenzeichen	**Benennung**	**Einheit (Beispiele)**
c_c	Kapillarkohäsion des nichtbindigen Bodens	kN/m²; MN/m²; kN/m³
C_d	maßgebendes Kriterium für die Gebrauchstauglichkeit	kN/m
C'_k	Charakteristischer Wert der Kohäsion des dränierten Bodens (der effektiven Kohäsion)	
C_U (früher: U)	Ungleichförmigkeitszahl	*) Verhältnisgröße
c_u	Kohäsion im undränierten Zustand; Scherfestigkeit (Kohäsion) des undränierten Bodens allgemein	kN/m²; MN/m²; kN/m³
$c_{u,k}$	Charakteristischer Wert der Kohäsion (Scherfestigkeit) c_u des undränierten (nicht entwässerten) Bodens	kN/m²
$c_{u;d}$	Bemessungswert von c_u	kN/m²; MN/m²; kN/m³
$C_{U,F}$ (früher: U_F)	Ungleichförmigkeitszahl für den Filter	*) Verhältnisgröße
c‘	Wirksame Kohäsion	kN/m²; MN/m²; kN/m³
D	Lagerungsdichte	*) Verhältnisgröße
d	Einbindetiefe; geringste Gründungstiefe unter Gelände bzw. unter Oberkante Kellersohle	m
d_F	Dicke des Fundaments	
d_S	Grenztiefe	m
D_{Pr}	Verdichtungsgrad	*) Verhältnisgröße
d_W	Abstand zwischen Grundwasserspiegel und Gründungssohle	
E	Erddruckkraft, Beanspruchung	kN/m
e	Ordinate des Erddruckes	kn/m² / m
e	Porenzahl	*) Verhältnisgröße

Formelzeichen und Nebenzeichen	Benennung	Einheit (Beispiele)
E_a	Aktive Erddruckkraft	kN/m
e_a	Ordinate des aktiven Erddruckes; Ausmittigkeit der Sohldruckresultierenden in Richtung a	kN/m²
$E_{a,d}$	Bemessungswert der Aktiven Erddruckkraft, -last	kN; kN/m
$E_{a,k}$	Charakteristische Aktive Erddruckkraft, -last	kN; kN/m
$E_{ah,k}$	Horizontalkomponente der charakteristischen aktiven Erdruckkraft $E_{a,k}$	kN/m
$E_{av,k}$	Vertikalkomponente der charakteristischen aktiven Erddruckkraft $E_{a,k}$	kN/m
e_b	Ausmittigkeit der Sohldruckresultierenden in Richtung b	
E_d	Bemessungswert der Beanspruchungen allgemein	kN/m
$E_{d,i}$	Bemessungswert der i-ten Beanspruchung	
$E_{dst;d}$	Bemessungswert der destabilisierenden Beanspruchungen	kN/m
$E_{G,d}$	Bemessungswert der Beanspruchungen aus ständigen Einwirkungen	kN/m
$E_{G,k}$	Charakteristischer Wert der Beanspruchung aus ständigen Einwirkungen; charakteristische Beanspruchung infolge ständiger Einwirkungen allgemein	
E_{ij}	Erddruck in einer Schnittfläche	kN/m
E_k	Charakteristischer Wert einer Beanspruchung; allgemein	
$E_{k,i}$	i-te charakteristische Beanspruchung	
e_L, e_B	Ausmittigkeiten von resultierenden bzw. repräsentativen Beanspruchungen in der Fundamentsohle	kN/m²
E_M	Beanspruchung (Moment)	kNm/m

Formelzeichen und Nebenzeichen	Benennung	Einheit (Beispiele)
E_m	Zusammendrückungsmodul	
E_p	Erdwiderstand (passive Erddruckkraft)	kN/m
$E_{p,d}$	Bemessungswert des Erdwiderstandes (der passiven Erddruckkraft)	kN/m
$E_{ph,d}$	Bemessungswert der Horizontalkomponente des Erdwiderstands (der passiven Erddruckkraft); Horizontalkomponente von $E_{p,d}$	kN/m
$E_{ph,k}$	Horizontalkomponente des charakteristischen Erdwiderstands (der passiven Erddruckkraft); Charakteristische Passive Erddrucklast	kN/m
$E_{p,k}$	Charakteristischer Erdwiderstand (passive Erddruckkraft)	kN/m
$E_{p,red}$, $e_{p,red}$	Reduzierter Erdwiderstand	kN/m
e_p	Ordinate des Erdwiderstands im Grenzzustand	kN/m²
$_{min}e$	Porenzahl bei dichtester Lagerung	*) Verhältnisgröße
$_{max}e$	Porenzahl bei lockerster Lagerung	*) Verhältnisgröße
(mob) E_p	Mobilisierter Erdwiderstand im Gebrauchszustand	kN/m
$e_{p,k}$	Charakteristischer Wert des passiven Erddrucks	kN/m²
$e_{p,mob,k}$	Mobilisierter Anteil von $e_{p,k}$	kN/m²
$e_{ph,k}$	Horizontalkomponente von $e_{p,k}$	kN/m²
$E_{Q,d}$	Bemessungswert der Beanspruchung aus veränderlichen Einwirkungen allgemein	kN/m
$E_{Q,k}$	Charakteristischer Wert der Beanspruchung aus veränderlichen Einwirkungen allgemein	kN/m
$E_{Q,rep}$	repräsentativer Wert der Beanspruchung aus veränderlichen Einwirkungen	kN/m

Formelzeichen und Nebenzeichen	**Benennung**	**Einheit (Beispiele)**
e_r	Zulässige Ausmittigkeit der charakteristischen Sohldruckresultierenden eines runden Fundamentes	kN/m^2
E_{rep}	Repräsentative Beanspruchung	kN/m
E_s	Steifemodul	MN/m^2
$E_{s,k}$	Charakteristischer Wert des Steifemoduls	kN/m
$E_{stb;d}$	Bemessungswert der stabilisierenden Beanspruchungen	kN/m
E_V	Verbleibende Erdruhedruckkraft unterhalb der Baugrubensohle	kN/m
E_v	Verformungsmodul	MN/m^2
e_x	Ausmittigkeit der maßgebenden Sohldruckresultierenden in x- Richtung	
e_y	Ausmittigkeit der maßgebenden Sohldruckresultierenden in y-Richtung	
E_0	Erdruhedruckkraft	kN/m
$E_{0,d}$	Bemessungswert der Erdruhedruckkraft, -last	kN; kN/m
$E_{0,k}$	Charakteristische Erdruhedruckkraft, -last	kN; kN/m
e_0	Ordinate des Erdruhedruckes	KN/m^2
F	Einwirkung, resultierende Kraft	- / kN/m
F_C	Resultierende von Kohäsionskräften	kN/m
$f_{c,o,d}$	Bemessungswert der Festigkeit bei Druckbeanspruchung parallel zur Faserrichtung	kN/cm^2
$f_{c,9o,d}$	Bemessungswert der Festigkeit bei Druckbeanspruchung senkrecht zur Faserrichtung	kN/cm^2
F_d	Bemessungswert einer Einwirkung allgemein	kN/m
F_k	Charakteristischer Wert einer Einwirkung allgemein	kN/m

Formelzeichen und Nebenzeichen	Benennung	Einheit (Beispiele)
$F_{k,i}$	Charakteristischer Wert der i-ten Einwirkung allgemein	
$f_{m,d}$	Bemessungswert der Festigkeit bei Biegebeanspruchung	kN/cm^2
$f_{m,y,d}$	Bemessungswert der Festigkeit $f_{m,d}$ bei Biegebeanspruchung um die y-Achse	kN/cm^2
$f_{m,z,d}$	Bemessungswert der Festigkeit $f_{m,d}$ um die y-Achse	kN/cm^2
f_q	Multiplikationsfaktor für veränderliche Lasten	-
F_{rep}	Repräsentativer Wert einer Einwirkung	kN/m
f_s	spezifische Strömungskraft; Reibungswiderstand (Drucksonde)	kN/m^2; MN/m^2
$F_{s,k}$	Charakteristische Reibungskräfte im Grenzzustand ULS	kN; kN/m; kN/m^2
$f_{t,k}$	Charakteristischer Wert der Zugfestigkeit des Stahlzuggliedes	N/mm^2; MN/m^2
$F_{t,Q,rep}$	Charakteristischer bzw. repräsentativer Wert der Zugbeanspruchung eines Pfahls oder einer Pfahlgruppe infolge von ungünstigen veränderlichen Einwirkungen	kN/m
$F_{tr;d}$	Bemessungswert der Querbelastung eines Pfahles oder einer Pfahlgruppe	kN/m
$f_{t,0.1,k}$	Charakteristischer Wert der Spannung bei 0.1% bleibender Dehnung bei Spannstahl	N/mm^2; MN/m^2
$f_{t,0.2,k}$	Streckgrenze bzw. charakteristischer Wert der Spannung bei 0.2% bleibender Dehnung bei Betonstahl	N/mm^2; MN/m^2
fx, f_y	Einflusswerte für die Schiefstellung	
G	Eigenlast, Index für ständige Einwirkung. Totale Eigenlast einer Lamelle oder eines Gleitkörpers	kN/m
g	Index zur Kennzeichnung der Eigenwichte des Bodens, Ständige Flächenlast	kN/m^2

Formelzeichen und Nebenzeichen	**Benennung**	**Einheit (Beispiele)**
$G_{dst;d}$	Bemessungswert der ständigen destabilisierenden Einwirkungen beim Nachweis gegen Aufschwimmen	kN/m
$G_{dst,k}$	Charakteristischer Wert ständiger destabilisierender vertikaler Einwirkungen	kN/m
$G_{E,k}$	Charakteristische Gewichtskraft des an einer Zugpfahlgruppe angehängten Bodens	kN/m
G_k	Charakteristischer Wert der ständigen vertikalen Einwirkungen	kN/m
$G_{k,stb}$	Charakteristische ständige Einwirkung im Grenzzustand ULS	kN; kN/m; kN/m^2
$G_{stb;d}$	Bemessungswert der ständigen stabilisierenden vertikalen Einwirkungen beim Nachweis gegen Aufschwimmen	kN/m
$G_{stb,k}$	Unterer charakteristischer Wert stabilisierender ständiger vertikaler Einwirkungen des Bauwerks	kN/m
$G'_{stb;d}$	Bemessungswert der ständigen stabilisierenden vertikalen Einwirkungen beim Nachweis der Sicherheit gegen Aufschwimmen (mit der Wichte des Bodens unter Auftrieb)	kN/m
GZ	Grenzzustand (alte Bezeichnung)	-
GZ 1	Grenzzustand der Tragfähigkeit (alte Bezeichnung)	-
GZ 1A	Grenzzustand „Verlust der Lagesicherheit“ (alte Bezeichnung)	
GZ 1B	Grenzzustand „Versagen von Bauwerken und Bauteilen“ (alte Bezeichnung)	-
GZ 1C	Grenzzustand „“Verlust der Gesamtstandsicherheit“ (alte Bezeichnung)	-
GZ 2	Grenzzustand der Gebrauchstauglichkeit (alte Bezeichnung)	-

Formelzeichen und Nebenzeichen	Benennung	Einheit (Beispiele)
h	Wandhöhe	m
h	Wasserspiegelhöhe beim hydraulischen Grundbruch	m
H'	Abstand von Geländeoberfläche bis Ende der Erddruckumlagerung	m
h'	Höhe des beim Nachweis des hydraulischen Grundbruchs untersuchten Bodenprismas	m
h_c	Risstiefe in kohäsivem Boden	m
H_d	Bemessungswert von H; Bemessungswert der horizontalen Beanspruchung am Wand- oder Bohrträgerfuß	kN/m
$H_{G,k}$	Ständiger Anteil von H_k	kN/m
H_k	Charakteristischer Wert der Horizontallast H; Horizontalkomponente der charakteristischen Sohldruckbeanspruchung	kN/m
h_k	kapillare Steighöhe	m
h_n	Schichtdicke der Natur	
$H_{Q,rep}$	Veränderlicher und repräsentativer Anteil von H unter Berücksichtigung der Kombinationsregeln	kN/m
H_s	Sohlwiderstandskraft	
h_s	Ortshöhe der Grundwasseroberfläche über der Gleitlinie; Höhe des Bauwerkschwerpunktes über der Sohle	m
h_u	hydrostatische Druckhöhe über der Gleitlinie	m
h_v	Probehöhe im Versuch	
h_w	Wasserspiegelhöhe	m
$h_{w;k}$	Charakteristischer Wert der Wasserdruckhöhe am Fuß eines auf hydraulischen Grundbruch untersuchten Bodenprismas	m

Formelzeichen und Nebenzeichen	**Benennung**	**Einheit (Beispiele)**
Δh	Wasserspiegeldifferenz zwischen Grundwasser und Außenwasser	m
$\Delta\Delta h$	Potentialunterschied zwischen zwei Potentiallinien	m
I_c	Konsistenzzahl	
i	hydraulisches Gefälle; Einflussbeiwerte	*) Verhältnisgröße
i_b	Lastneigungsbeiwert für den Einfluss der Fundamentbreite	
i_c	Lastneigungsbeiwert für den Einfluss der Kohäsion	
i_d	Lastneigungsbeiwert für den Einfluss der Gründungstiefe	
i_{ij}	innere Gleitlinie zwischen den Gleitkörpern i und j	-
K	Systemsteifigkeit	
k	Verhältnis $\delta_d / \varphi_{cv,d}$	-
k	Durchlässigkeitsbeiwert	m/s
k	Index zur Kennzeichnung von charakteristischen Werten	-
K_a	Beiwert des aktiven Erddruckes	-
k_c	Knickbeiwert	
K_p	Beiwert des Erdwiderstandes	kN/m^2
k_s	Kriechmaß; Proportionalitätsfaktor	mm
$k_{s,k}$	Charakteristischer Wert des Bettungsmoduls	MN/m^3
K_0	Ruhedruckbeiwert	-
k_0	Ruhedruckbeiwert	-
$k_{0;\beta}$	Ruhedruckbeiwert bei unter dem Winkel β ansteigendem Gelände	-

Formelzeichen und Nebenzeichen	**Benennung**	**Einheit (Beispiele)**
L	Fundamentlänge, Länge der Zugelemente	m
l	Fundamentlänge	m
l, l_s	Maße im Gleitflächenbild	m
l_b	Das kleinere Rastermaß einer Pfahlgruppe	m
I_C	Konsistenzzahl	*) Verhältnisgröße
l_c	Länge einer Gleitlinie oder Bogenlänge eines Gleitkreises, soweit die Kohäsion wirkt	m
l_{ef}	Knicklänge	m
I_P	Plastizitätszahl	*) Verhältnisgröße
Δl	Länge einer Stromlinie zwischen zwei Potentiallinien	m
l'	Rechnerische Fundamentlänge	m
M	Biegemoment	kNm/m
m, m_a, m_b	Exponenten zur Berechnung der Lastneigungsbeiwerte	-
M_d	größtes Bemessungsmoment	kNm
M_k	(charakteristisches) Kippmoment	kNm
M_o	Oberes Moment	kNm
M_R	widerstehendes Moment aus Kräften, die weder in F_A noch in R_s enthalten sind	kNm/m
M_s	einwirkendes Moment der in G_i und P_{vi} nicht enthaltenen Einwirkungen um den Mittelpunkt eines Gleitkreises; Standmoment	kNm/m
M_u	Unteres Moment	kNm
N	Rechtwinklig zu Sohlfläche gerichtete Komponente der Sohldruckresultierenden	kN
n	Anzahl von z.B. Pfählen oder Versuchen	-

Formelzeichen und Nebenzeichen	**Benennung**	**Einheit (Beispiele)**
n	Porenanteil	-
N_b	Tragfähigkeitsbeiwert für den Einfluss der Gründungsbreite	-
N_{b0}	Grundwert des Tragfähigkeitsbeiwerts für den Einfluss der Gründungsbreite	-
N_c	Tragfähigkeitsbeiwert für den Einfluss der Kohäsion	-
N_{c0}	Grundwert des Tragfähigkeitsbeiwerts für den Einfluss der Kohäsion	-
N_d	größte Druckkraft; Tragfähigkeitsbeiwert für den Einfluss der seitlichen Auflast	kN; -
N_{d0}	Grundwert des Tragfähigkeitsbeiwerts für den Einfluss der seitlichen Auflast	-
$N_{G,k}$	Ständiger Anteil der charakteristischen Beanspruchung rechtwinklig zur Fundamentsohlfläche	kN
N_k	Charakteristische Beanspruchung rechtwinklig zur Fundamentsohlfläche	kN
$N_{Q,k}$	Veränderlicher Anteil der charakteristischen Beanspruchung rechtwinklig zur Fundamentsohlfläche	kN
n_z	Anzahl der Zugelemente	-
${}_{max}n$	Porenanteil bei lockerster Lagerung	*) Verhältnisgröße
${}_{min}n$	Porenanteil bei dichtester Lagerung	*) Verhältnisgröße
N_{10}	Anzahl der Rammschläge für 10 cm Eindringung bei Rammsonden	*) Verhältnisgröße
N_{10H}	Anzahl der Rammschläge für 10 cm Eindringung bei der Leichten Rammsonde DPH; (auch: über Grundwasser)	*) Verhältnisgröße
N_{10H}	Anzahl der Rammschläge für 10 cm Eindringung bei der Leichten Rammsonde DPH im Grundwasser	*) Verhältnisgröße

Formelzeichen und Nebenzeichen	Benennung	Einheit (Beispiele)
N_{10L}	Anzahl der Rammschläge für 10 cm Eindringung bei der Leichten Rammsonde DPL; (auch: über Grundwasser)	*) Verhältnisgröße
N_{10L}	Anzahl der Rammschläge für 10 cm Eindringung bei der Leichten Rammsonde DPL im Grundwasser	*) Verhältnisgröße
N_{30}	Anzahl der Rammschläge für 30 cm Eindringung beim Standard Penetration Test (SPT)	*) Verhältnisgröße
p	Großflächige Gleichlast, Last, auf eine Lamelle oder einen Gleitkörper einwirkend	kN/m^2 ; kN/m
Q	Veränderliche Last. Reaktionskraft in Gleitflächen, Index für ungünstige veränderliche Einwirkung. Gleitflächenkraft in einer Gleitfläche eines Gleitkörpers	kN/m
q	Durchfluss, flächenbezogen	$\frac{m^3}{(s \cdot m^2)}$
q	Über p = 10 kN/m^2 hinausgehender Anteil von großflächigen, nicht ständigen Flächenlasten	kN/m^2
q_c	Spitzenwiderstand der Drucksonde; mittlerer Spitzenwiderstand der Drucksonde	kN/m^2; MN/m^2
$Q_{dst;d}$	Bemessungswert der destabilisierenden vertikalen veränderlichen Einwirkungen beim Auftriebsnachweis	kN/m
$Q_{dst,rep}$	Charakteristischer bzw. repräsentativer Wert veränderlicher destabilisierender vertikaler Einwirkungen	kN/m
Q_{rep}	Repräsentativer Wert der veränderlichen Einwirkungen	kN/m
q_s	Mantelreibung bzw. Pfahlmantelreibung	kN/m^2; MN/m^2
$q_{s;i;k}$	Charakteristischer Wert der Mantelreibung in der Schicht i	kN/m^2; MN/m^2
q_u	Einaxiale Druckfestigkeit	kN/m^2; MN/m^2
$q_{u,k}$	Charakteristischer Wert von q_u	kN/m^2; MN/m^2

Formelzeichen und Nebenzeichen	**Benennung**	**Einheit (Beispiele)**
q‘	Streifenlast	kN/m^2
R	Reichweite nach Sichardt	m
R	Widerstand, Resultierende der Widerstände	- / kN/m
r	Radius eines runden/kreisförmigen Gründungskörpers	m
R_a	Herauszieh-Widerstand eines Ankers	kN
$R_{a;d}$	Bemessungswert von R_a	kN/m; kN
$R_{a;k}$	Charakteristischer Wert von R_a	kN/m; kN
$R_{c;cal}$	berechneter Wert von R_c	kN/m; kN
$R_{c;d}$	Bemessungswert von R_c	kN/m; kN
$R_{c;k}$	Charakteristischer Wert von R_c	kN/m; kN
R_d	Bemessungswert des Widerstands gegen eine Einwirkung; allgemein	kN/m; kN
$R_{d,i}$	Bemessungswert des i-ten Widerstands allgemein	-
r_e	Zulässige Ausmittigkeit der resultierenden charakteristischen Beanspruchung eines kreisförmigen Grundkörpers	m
Red E_p, $E_{p,red}$	Reduzierter Erdwiderstand	kN; kN/m
R_k	Charakteristischer Wert der Widerstände allgemein	kN/m; kN
$R_{k,i}$	i-ter charakteristischer Widerstand allgemein	-
$R_{M.d}$	Bemessungswert des Bauteilwiderstands allgemein	-
R_n; $R_{n,k}$	Komponente des Grundbruchwiderstands normal zur Sohlfläche	kN
$R_{n,k}$	Normal zur Sohlfläche wirkende Komponente des Grundbruchwiderstandes	kN/m; kN

Formelzeichen und Nebenzeichen	**Benennung**	**Einheit (Beispiele)**
$R_{p;d}$	Bemessungswert des Erdwiderstands neben einer Gründung	kN/m; kN
$R_{p,k}$	Charakteristischer Wert des Erdwiderstands neben einer Gründung	kN/m; kN
S	Sohldruckresultierende	kN
s	Setzung; Bermenbreite; Gesamtsetzung der Eck- oder Randpunkte	cm, mm; m
$S_{dst;d}$	Bemessungswert einer destabilisierenden Strömungskraft im Boden	kN/m; kN
$S_{dst;k}$	Charakteristischer Wert einer destabilisierenden Strömungskraft im Boden	kN/m; kN
s_h	Waagerechte Verschiebung	mm
S'_k	Charakteristische einwirkende Strömungskraft	kN; kN/m; kN/m^2
s_m	Setzungsanteil infolge mittlerer Last	m
S_r	Sättigungszahl	*) Verhältnisgröße
s_x	Setzungsanteil aus dem Moment $M_y = V \cdot e_x$	m
s_y	Setzungsanteil aus dem Moment $M_x = V \cdot e_y$	m
s_0	Sofortsetzung	mm
s_1	Konsolidationssetzung	mm
s_2	Kriechsetzung (sekundäre Setzung)	mm
T	Parallel zur Sohldruckfläche gerichtete Komponente der Sohldruckresultierenden	kN
t	Tatsächliche Einbindetiefe von Baugrubensohle bis Unterkante der Wand	m
t_a	Zeitpunkt a	-
t_B	Von der Bettung erfasste Einbindetiefe	m

Formelzeichen und Nebenzeichen	Benennung	Einheit (Beispiele)
t_b	Zeitpunkt b	-
T_d	Bemessungswert des gesamten Scherwiderstands, der sich um einen Bodenblock entwickelt, in dem eine Zugpfahlgruppe wirkt, oder in einer Fuge zwischen Baugrund und Bauwerk; Bemessungswert der Beanspruchung parallel zur Fundamentsohlfläche	kN/m; kN
$T_{d,x}$	Bemessungswert der Beanspruchung parallel zur Fundamentsohle in Richtung x	kN
$T_{d,y}$	Bemessungswert der Beanspruchung parallel zur Fundamentsohle in Richtung y	kN
$T_{G,k}$	Ständiger Anteil der charakteristischen Beanspruchung parallel zur Fundamentsohle	kN
T_k	charakteristische Beanspruchung parallel zur Fundamentsohlfläche	kN/m; kN
t_n	Setzungszeit in der Natur	h
$T_{Q,k}$	Veränderlicher Anteil der charakteristischen Beanspruchung parallel zur Fundamentsohlfläche	kN
t_v	Setzungszeit im Versuch	h
t_0	Rechnerisch erforderliche Einbindetiefe ab Baugrubensohle bei freier Auflagerung	m
ΔT	gedachte Zusatzkraft an einem Gleitkörper parallel zu dessen äußerer Gleitfläche	kN/m; kN
U	resultierende Porenwasserdruckkraft auf eine Gleitfläche eines Gleitkörpers; Ungleichförmigkeitszahl (alte Bezeichnung)	kN/m; kN; -
u	Porenwasserdruck auf die Gleitfläche und andere Begrenzungsflächen eines Gleitkörpers	kN/m²
$U_{dst;d}$	Bemessungswert des destabilisierenden gesamten Porenwasserdrucks	kN/m; kN
Δu	Porenwasserüberdruck	kN/m²

Formelzeichen und Nebenzeichen	Benennung	Einheit (Beispiele)
V	Verschiebung. Index zur Kennzeichnung der senkrechten Komponente	kN/m²
V	Vertikallast oder Komponente der Einwirkungs-Resultierenden normal zur Fundamentsohlfläche; Vertikalkraftkomponente allgemein	kN/m; kN
v	Verschiebung, Verformung	m/s
V_b	Rechnerische Bruchlast	kN
V'_d	Bemessungswert der wirksamen Vertikallast bzw. Normalkomponente der auf die Fundamentsohle wirkenden Resultierenden	kN/m; kN
$V_{dst;d}$	Bemessungswert einer destabilisierenden vertikalen Einwirkung auf ein Bauwerk	kN/m; kN
$V_{dst;k}$	Charakteristischer Wert einer destabilisierenden vertikalen Einwirkung auf ein Bauwerk	kN/m; kN
V_g	Variationskoeffizient	-
$V_{G,k}$	Ständiger Anteil von V_k	kN/m; kN
$V_{k,i}$	Charakteristischer Wert der i-ten vertikalen Beanspruchung an einem Wandfuß	kN/m; kN
$V_{Q,rep}$	Veränderlicher und repräsentativer Anteil von V unter Berücksichtigung von Kombinationsregeln	kN/m; kN
V'_d	Bemessungswert der wirksamen Vertikallast bzw. Normalkomponente der auf die Fundamentsohle wirkenden Resultierenden	kN/m; kN
W	Widerstandsmoment der Sohlfläche	m³
w	Wassergehalt	*) Verhältnisgröße
W_n	Widerstandsmoment (netto)	cm³
w_L	Wassergehalt an der Fließgrenze	*) Verhältnisgröße
w_P	Wassergehalt an der Ausrollgrenze	*) Verhältnisgröße
w_S	Wassergehalt an der Schrumpfgrenze	*) Verhältnisgröße

Formelzeichen und Nebenzeichen	Benennung	Einheit (Beispiele)
w_{Pr}	optimaler Wassergehalt	*) Verhältnisgröße
x	Achslänge des Gründungskörpers in x-Richtung	m
X_d	Bemessungswert einer Materialkenngröße	kN/m; kN; kN/m^2; MN/m^2
x_e	Zulässige Ausmittigkeit der resultierenden charakteristischen Beanspruchung in x- Richtung	m
X_k	Charakteristischer Wert einer Materialkenngröße	kN/m; kN; kN/m^2; MN/m^2
y	Achse des Gründungskörpers in y-Richtung	m
y_e	Zulässige Ausmittigkeit der resultierenden charakteristischen Beanspruchung in y- Richtung	m
z	Vertikaler Abstand; Abstand Fundamentsohle zu beliebigem Punkt in der Tiefe	m
Z_d	Summe der Bemessungswerte $Z_{d,i}$ der einzelnen Zugkräfte	kN/m; kN
Z_e	Höhe der Resultierenden über dem Fußpunkt einer Lastfigur	kN/m; kN
	GRIECHISCHE ZEICHEN	
α	Neigung einer Fundamentsohle gegen die Horizontale; Sohlneigungswinkel	°
α_a	Neigungswinkel der Achse eines kostruktiven elements oder eines Zugglieds gegen die Horizontale	°
α_r	halber Öffnungswinkel eines Gleitkreises	°
β	Geländeanstiegswinkel hinter einer Stützwand (aufwärts positiv); Geländeneigungswinkel	°

Formelzeichen und Nebenzeichen	**Benennung**	**Einheit (Beispiele)**
β	Neigungswinkel einer Böschung zur Horizontalen	°
β_m	mittlerer Böschungswinkel zweier Gleitkörperabschnitte	°
β_w	Winkel zwischen der Richtung der Strömung und der Waagerechten in einer durchströmten Böschung	°
δ	Wand- oder Sohlreibungswinkel; Lastneigungswinkel zur Normalen der Sohlfläche	°
δ_a	Neigungswinkel bei aktiven Erddruck; Winkel zwischen der Erddruckkraft und der Normalen zu Wand	°
δ_C	Neigungswinkel der Ersatzkraft nach BLUM	°
δ_d	Bemessungswert von δ	°
δ_E	Neigung der resultierenden Beanspruchung	°
δ_0	Erddruckneigungswinkel beim Erdruhedruck	°
δ_p	Neigungswinkel beim passiven Erddruck; Winkel zwischen der Erdwiderstandskraft und der Normalen zur Wand	°
δ_s	Sohlreibungswinkel	°
$\delta_{s,k}$	Charakteristischer Wert des Sohlreibungswinkels δ_s	°
ε	Neigungswinkel einer Resultierenden F oder einer Last P gegen die Horizontale	°
ε_{ij}	Winkel zwischen den sich schneidenden äußeren Gleitlinien α_j und α_j	°
γ	Wichte des Baustoffs	kN/m^3

Formelzeichen und Nebenzeichen	**Benennung**	**Einheit (Beispiele)**
γ‘	Wichte des Bodens unter Auftrieb	kN/m³
γ_A	Teilsicherheitsbeiwert für den Verpresskörperwiderstand bzw. Verpressanker	-
γ_a	Teilsicherheitsbeiwert für Anker	-
$\gamma_{a;p}$	Teilsicherheitsbeiwert für Daueranker	-
$\gamma_{a;t}$	Teilsicherheitsbeiwert für befristet eingesetzte Anker	-
γ_b	Teilsicherheitsbeiwert für den Materialwiderstand bzw. Herauszieh-Widerstand von flexiblen Bewehrungselementen (altes Formelzeichen: γ_B)	-
γ_c	Teilsicherheitsbeiwert für die Kohäsion	-
γ_{cu}	Teilsicherheitsbeiwert für die Kohäsion im unkonsolidierten Zustand bzw. des undränierten Bodens	-
γ_c‘	Teilsicherheitsbeiwert für die wirksame Kohäsion	-
γ_d	Trockenwichte des Bodens	kN/m³
γ_E	Teilsicherheitsbeiwert für eine Beanspruchung	-
γ_{Ep}	Teilsicherheitsbeiwert für den Erdwiderstand	-
$\gamma_{E0,g}$	Teilsicherheitsbeiwert für ständige Einwirkungen aus Erdruhedruck	-
γ_F	Teilsicherheitsbeiwert für eine Einwirkung	-
γ_f	Teilsicherheitsbeiwert für Einwirkungen, der die Möglichkeit einer ungünstigen Abweichung der Einwirkungen gegenüber den repräsentativen Werten berücksichtigt	-
γ_G	Teilsicherheitsbeiwert für eine ständige Einwirkung	-

Formelzeichen und Nebenzeichen	**Benennung**	**Einheit (Beispiele)**
$\gamma_{G,Eo}$	Teilsicherheitsbeiwert für ständige Einwirkungen aus Erdruhedruck	
$\gamma_{G;dst}$	Teilsicherheitsbeiwert für eine ständige destabilisierende Einwirkung; Teilsicherheitsbeiwert für ungünstige ständige Einwirkungen im Grenzzustand UPL, HYD	-
γ_{Gl}	Teilsicherheitsbeiwert für den Gleitwiderstand	-
$\gamma_{G,inf}$	Teilsicherheitsbeiwert für eine günstig wirkende ständige Einwirkung bei Pfählen	-
γ_{GQ}	Gewichteter Teilsicherheitsbeiwert für Einwirkungen	-
γ_{Gr}	Teilsicherheitsbeiwert für den Grundbruchwiderstand	-
$\gamma_{G;stb}$	Teilsicherheitsbeiwert für eine ständige stabilisierende Einwirkung; Teilsicherheitsbeiwert für günstige ständige Einwirkungen im Grenzzustand UPL, HYD	-
γ_H	Teilsicherheitsbeiwert für die Einwirkungen aus Strömungskraft	-
γ_m	Teilsicherheitsbeiwert für eine Bodenkenngröße (Materialeigenschaft)	-
$\gamma_{m;i}$	Teilsicherheitsbeiwert für eine Bodeneigenschaft in der Schicht i	-
γ_Q	Teilsicherheitsbeiwert für ungünstige veränderliche Einwirkungen	-
$\gamma_{Q;dst}$	Teilsicherheitsbeiwert für eine veränderliche destabilisierende Einwirkung; Teilsicherheitsbeiwert für ungünstige veränderliche Einwirkungen im Grenzzustand UPL, HYD	-
$\gamma_{Q;stb}$	Teilsicherheitsbeiwert für eine veränderliche stabilisierende Einwirkung	-

Formelzeichen und Nebenzeichen	**Benennung**	**Einheit (Beispiele)**
γ_{qu}	Teilsicherheitsbeiwert für die einaxiale Druckfestigkeit	γ_{qu}
γ_R	Teilsicherheitsbeiwert für einen Widerstand allgemein	-
γ_r	Wichte des wassergesättigten Bodens	kN/m^3
$\gamma_{R;d}$	Teilsicherheitsbeiwert für Unsicherheiten des Widerstandsmodells	-
$\gamma_{R;e}$	Teilsicherheitsbeiwert für den Erdwiderstand	-
$\gamma_{R;h}$	Teilsicherheitsbeiwert für den Gleitwiderstand	-
$\gamma_{R;v}$	Teilsicherheitsbeiwert für den Grundbruchwiderstand	-
γ_s	Kornwichte	kN/m^3
$\gamma_{S;d}$	Teilsicherheitsbeiwert für Modellunsicherheiten bei Beanspruchungen	-
$\gamma_{s;t}$	Teilsicherheitsbeiwert für den Zugpfahlwiderstand	-
γ_w	Wichte des Wassers	kN/m^3
γ_γ	Teilsicherheitsbeiwert für die Wichte	-
γ_z	Teilsicherheitsbeiwert für Zugpfähle	-
γ_φ	Teilsicherheitsbeiwert für den Reibungsbeiwert tan φ	-
$\gamma_{\varphi u}$	Teilsicherheitsbeiwert für den Reibungsbeiwert tan φ_u	-
$\gamma_{\varphi'}$	Teilsicherheitsbeiwert für den Reibungswinkel (tanφ')	-

Formelzeichen und Nebenzeichen	**Benennung**	**Einheit (Beispiele)**
γ_1	Wichte des Bodens oberhalb der Gründungssohle	kN/m^3
γ_2	Wichte des Bodens unterhalb des Gründungskörpers	kN/m^3
η	Anpassungsfaktor	-
η_g	Sicherheit gegen Gleiten (alte Bezeichnung)	-
η_M	Modellfaktor zur Anpassung der Teilsicherheitsbeiwerte bei Mikropfählen	-
η_p	Sicherheit gegen Grundbruch (alte Bezeichnung)	-
η_s	Sicherheit gegen Setzung	-
η_z	Anpassungsfaktor bei der Ermittlung des Scher- bzw. Reibungswiderstands aus dem Erddruck, der sich in einer Fuge zwischen Boden und Bauwerk entwickelt	-
φ	Reibungswinkel in einer Gleitlinie eines Gleitkörpers, allgemein	°
φ'	innerer Reibungswinkel des dränierten (entwässerten) Bodens; Reibungswinkel des dränierten Bodens (effektiver Reibungswinkel) allgemein	°
φ'_d	Bemessungswert von φ'	°
φ'_k	Charakteristischer Wert des Reibungswinkels φ'	°
φ_{cv}	Reibungswinkel im kritischen Grenzzustand	°
$\varphi_{cv;d}$	Bemessungswert von φ_{cv}	°
φ_{κ}	Charakteristischer Wert des inneren Reibungswinkels φ' des dränierten (entwässerten) Bodens	°

Formelzeichen und Nebenzeichen	**Benennung**	**Einheit (Beispiele)**
φ_m	mittlerer Reibungswinkel längs eines Lamellenschnittes, allgemein	°
(ers) φ_S	Ersatzreibungswinkel für weichen Boden	-
φ_s	Winkel der Gesamtscherfestigkeit eines nicht-bindigen Bodens nach DIN 18137-1	°
φ_u	Reibungswinkel des undränierten Bodens allgemein; innerer Reibungswinkel des undränierten (nicht entwässerten) Bodens	°
$\varphi_{u,k}$	Charakteristischer Wert des inneren Reibungswinkels φ_u des undränierten (nicht entwässerten) Bodens	°
φ'	Wirksamer (effektiver) Reibungswinkel	-
φ'_{Ers}	Ersatzreibungswinkel zur Ermittlung des Mindesterddruckes	-
κ	Neigungsbeiwert bei Tragfähigkeitsuntersuchungen (alte Bezeichnung)	-
λ_b	Geländeneigungsbeiwert für den Einfluss der Fundamentbreite	-
λ_c	Geländeneigungsbeiwert für den Einfluss der Kohäsion	-
λ_d	Geländeneigungsbeiwert für den Einfluss der Gründungstiefe	-
μ	Korrekturfaktor zur Scherfestigkeitsbestimmung aus Drehflügelsondierungen. Ausnutzungsgrad, Ausnutzungsgrad des Bemessungswiderstands; Reibungswerte	-
μ_{ah}	Formbeiwerte für den räumlichen Aktiven Erddruck	-
θ	Richtungswinkel von H	°

Formelzeichen und Nebenzeichen	Benennung	Einheit (Beispiele)
ρ	Dichte des feuchten Bodens	t/m³
ρ_d	Trockendichte des Bodens	t/m³
ρ_{Pr}	Proctordichte	t/m³
ρ_r	Dichte des wassergesättigten Bodens	t/m³
ρ_s	Korndichte	t/m³
ρ_w	Dichte des Wassers	t/m³
σ	Totale Spannung	kN/m²
σ'	effektive Spannung, wirksame Spannung	kN/m²
σ_a	Spannungen infolge Bodenaushub	kN/m²
σ_B	Bettungsspannungen im Bodenauflager	kN/m²
$\sigma_{E,d}$	Bemessungswert des Sohldrucks (Index E für effect – Beanspruchung)	kN/m²
$\sigma_{h,k}$	Charakteristische Horizontalspannung im Boden	kN/m²
$\sigma'_{h;0}$	Horizontalkomponente des wirksamen Erdruhe-drucks	kN/m²
σ_{ph}	Horizontalkomponente der Bodenreaktionsspannung	kN/m²
$\sigma_{R,d}$	Bemessungswert des Sohldruckwiderstandes	kN/m²
$\sigma_{stb;d}$	Bemessungswert der stabilisierenden totalen Vertikalspannung	kN/m²
$\sigma_{ü}$	Überlagerungsspannungen	kN/m²

Formelzeichen und Nebenzeichen	Benennung	Einheit (Beispiele)
σ_v	geologische Vorbelastung	kN/m²
σ_{vorh}	Resultierende charakteristische Sohldruckbeanspruchung	kN/m²
$\sigma(z)$	Wandnormalspannung in der Tiefe z	kN/m²
σ_z	Spannungen infolge Bauwerklast	kN/m²
σ_{zul}	Aufnehmbarer Sohldruck	kN/m²
σ_0	Vertikale Sohldruckbeanspruchungen	kN/m²
σ_0	Sohlnormalspannung	kN/m²
σ_{0f}	Grundbruchspannung	kN/m²
$\sigma_{0,m}$	Mittlere Sohlnormalspannung	kN/m²
τ_f	Scherfestigkeit	kN/m²
$\tau_{n,k}$	Charakteristischer Wert der negativen Mantelreibung	kN/m²
τ_0	Sohlscherspannung	kN/m²
$\tau(z)$	Wandschubspannung in der Tiefe z	kN/m²
ϑ	Gleitflächenwinkel	°
ϑ_a	Gleitflächenwinkel für Aktiven Erddruck	°
ϑ_p	Gleitflächenwinkel für Passiven Erddruck	°
ϑ_1, ϑ_2, ϑ_3	Gleitflächenwinkel für die Bestimmung des Gleitflächenbildes	°
υ'	Gleitflächenwinkel des Rutschkeils bei Winkelstützwänden	°

Formelzeichen und Nebenzeichen	Benennung	Einheit (Beispiele)
υ_b	Formbeiwert für den Einfluss der Fundamentbreite	-
υ_c	Formbeiwert für den Einfluss der Kohäsion	-
υ_d	Formbeiwert für den Einfluss der Gründungstiefe	-
ω	Winkel zwischen der parallel zur Sohlfläche gerichteten Komponente der Sohldruckresultierenden und der Fundamentlänge a‘	°
ω_{ph}	Beiwerte für den räumlichen Erdwiderstand	-
ω_R	Beiwerte für den Reibungsanteil beim räumlichen Erdwiderstand	-
ω_K	Beiwerte für den Reibungsanteil beim räumlichen Erdwiderstand	-
ξ	Streuungsfaktor in Abhängigkeit von der Anzahl der untersuchten Pfähle bzw. Bodenprofile	
ξ_b	Sohlneigungsbeiwert für den Einfluss der Fundamentbreite	-
ξ_c	Sohlneigungsbeiwert für den Einfluss der Kohäsion	-
ξ_d	Sohlneigungsbeiwert für den Einfluss der Gründungstiefe	-
ψ	Faktor zur Ableitung des repräsentativen Wertes aus dem charakteristischen Wert (Kombinationsbeiwert)	-
ψ_0	Kombinationsbeiwert für begleitende veränderliche Einwirkung	
ψ_1	Kombinationsbeiwert zum Festlegen des häufigen Werts der veränderlichen Leiteinwirkung	

Formelzeichen und Nebenzeichen	Benennung	Einheit (Beispiele)
ψ_2	Kombinationsbeiwert zum Festlegen des quasi-ständigen Werts der veränderlichen Einwirkung	

Abkürzung	Bedeutung
ATV	Allgemeine Technische Vertragsbedingungen für Bauleistungen (VOB/C)
BmF	Böden mit Fremdanteilen: Böden im Sinne der TL BuB E-StB mit Fremdanteilen ≥10% und ≤ 50%
BO	Böden im Sinne der TL BuB E-StB mit Fremdanteilen ≤ 10%
BS-A	außergewöhnliche Bemessungssituation (accidential)
BS-E	Bemessungssituation bei Erdbeben (earthquake)
BS-P	Ständige Bemessungssituation (persistant)
BS-T	Vorübergehende Bemessungssituation (transient)
DGGT	Deutsche Gesellschaft für Geotechnik e. V.
DIN	Deutsches Institut für Normung e. V.
EBSB	Empfehlungen für den Bau und die Sicherung von Böschungen
EQU	Grenzzustand bei einem Gleichgewichtsverlust des als starrer Körper angesehenen Tragwerks oder des Baugrunds, wobei die Festigkeiten der Baustoffe und des Baugrund für den Widerstand nicht entscheidend sind (equilibrium)
FEM	Finite-Elemente-Methode
FDM	Finite-Differenzen-Methode
FGSV	Forschungsgesellschaft für Straßen- und Verkehrswesen e. V.
FSS	Frostschutzschicht
GEO-2	Grenzzustände des Bodens, bei denen das Nachweisverfahren 2 angewendet wird
GEO-3	Grenzzustände des Bodens, bei denen das Nachweisverfahren 3 angewendet wird

Abkürzung	Bedeutung
GK	Geotechnische Kategorie
HYD	Grenzzustand des Versagens, verursacht durch Strömungsgradienten im Boden, z.B. hydraulischer Grundbruch, innere Erosion und Piping (hydraulic)
NCI	Nicht widersprechende zusätzliche Angaben, die dem Anwender beim Umgang mit dem Eurocode helfen (en: non-contradictory complemantary information)
NDP	National festzulegende Parameter (en: nationally determined parameters)
OCR	Vorbelastungsverhältnis (en: over-consolidation ratio)
RAS-Q	Richtlinien für die Anlagen von Landstraßen, Teil: Querschnitte
RAS-Ew	Richtlinien für die Anlage von Straßen, Teil: Entwässerung
RC	Rezyklierte Baustoffe: Böden im Sinne der TL BuB E-StB mit Fremdanteilen ≥10% und ≤ 50%
RStO	Richtlinien für die Standardisierung des Oberbaues von Verkehrsflächen
SLS	Grenzzustand der Gebrauchstauglichkeit (Serviceability Limit State)
STR	Grenzzustand des Versagens oder sehr großer Verformungen des Tragewerks oder seiner Einzelteile, einschließlich des Fundamente, Pfähle, Kellerwände usw., wobei die Festigkeit der Baustoffe für den Widerstand entscheidend ist (structural)
TL	Technische Lieferbedingungen
TL Geotex-E-StB	Technische Lieferbedingungen für Geotextilien und Geogitter für den Erdbau im Straßenbau
TP	Technische Prüfvorschriften
TP BF-StB	Technische Prüfvorschriften für Boden und Fels im Straßenbau
ULS	Grenzzustand der Tragfähigkeit (Ultimate Limit State)
UPL	Grenzzustand des Versagens durch hydraulischen Grundbruch und Aufschwimmen
UPL	Grenzzustand bei einem Gleichgewichtsverlust des Bauwerks oder des Baugrunds infolge von Aufschwimmen durch Wasserdruck oder anderen vertikalen Einwirkungen (uplift)

Abkürzung	Bedeutung
VOB/B	Verdingungsordnung für Bauleistungen Teil B: Allgemeine Vertragsbedingungen für die Ausführung von Bauleistungen - DIN 1961
VOB/C	Verdingungsordnung für Bauleistungen Teil C: Allgemeine Technische Vertragsbedingungen für Bauleistungen (ATV)
ZTV	Zusätzliche Technische Vertragsbedingungen
ZTVA-StB	Zusätzliche Technische Vertragsbedingungen und Richtlinien für Aufgrabungen in Verkehrsflächen
ZTVE-StB	Zusätzliche Technische Vertragsbedingungen und Richtlinien für Erdarbeiten im Straßenbau
ZTVEw-StB	Zusätzliche Technische Vertragsbedingungen und Richtlinien für den Bau von Entwässerungseinrichtungen im Straßenbau

Anhang B: Literaturverzeichnis

Achmus, M., Rouilli, A.	2004	Untersuchung zur Erddruckbeanspruchung von Winkelstützwänden. Bautechnik, Heft 12
Ackermann, W., Knobloch, C.	2006	Gemauerte erddruckbelastete Kelleraußenwände sind nicht mehr standsicher. Der Sachverständige. Heft 11
Agatz, A., Lackner, E.	1977	Erfahrungen mit Grundbauwerken. 2. Auflage. Springer Verlag. Berlin
Arz, P., Schmidt, H. G.,Seitz, J., Semprich, S.	1994	Grundbau. Betonkalender, Teil II. Verlag Ernst & Sohn, Berlin
Aulbach, B.	2013	Hydraulischer Grundbruch – zur erforderlichen Einbindetiefe bei Baugruben in nichtbindigem Baugrund. RWTH Aachen, Dissertation
Aulbach, B., Ziegler, M.	2013	Hydraulischer Grundbruch – Formel zur Ermittlung der erforderlichen Einbindetiefe. Bautechnik 90 (2013), Heft 10
Aulbach, B., Ziegler, M.	2015	Design Tool HYD – Excel-Tool zur Berechnung der Einbindetiefe. ZAI GmbH, Aachen
Bahlburg, H., Breitkreuz, C.	2008	Grundlagen der Geologie. 3. Auflage. Elsevier: Spektrum Akademischer Verlag, München
Baldauf, H., Timm, U.	1988	Betonkonstruktionen im Tiefbau. Verlag Ernst & Sohn. Berlin
Bartl, U.	2004	Zur Mobilisierung des passiven Erddrucks in kohäsionslosem Boden. Technische Universität Dresden, Dissertation 2004.
Bauduin, Ch.	2001	Ermittlung charakteristischer Werte in Grundbau- Taschenbuch, Teil 1: Geotechnische Grundlage. 6. Auflage. Herausgeber: U. Smoltczyk, Verlag Ernst & Sohn, Berlin
Bauernfeind, P.,	1974	Neue Erkenntnisse aus Sohldruck- und Erddruckmessungen bei der U-Bahn Nürnberg. Bautechnik, Heft 8
Berhane, G.	2003	Experimental, Analytical and Numerical Investigations of Excavations in Normally Consolidated Soft Soils. Schriftenreihe Geotechnik, Universität Kassel, Heft 14 (2003).

Betonkalender	versch. Jahrg.	Verlag Ernst & Sohn, Berlin
Biedermann, B.	1984	Vergleichende Untersuchungen mit Sonden an Schluff (Comparative investigations with sounding methods in silt.) *Forschungsberichte aus Bodenmechanik und Grundbau, Nr 9* (In German). Aachen: Technische Hochschule
Bobe, R., Göbel, C.	1971	Grundbaustatik in Lehrprogrammen und Beispielen. Verlagsgesellschaft Rudolf Müller. Köln-Braunsfeld
Boetticher, K.	1983	Kostenvergleich "Weiße Wanne / schwarze Wanne". Hoch- und Tiefbau. Nr. 2
Boley, C.	2009	Handbuch Geotechnik. Der Praxisleitfaden für Alle am Bau Beteiligten. Verlag Vieweg & Teubner. Braunschweig. Wiesbaden.
Bond, A. J.	2011	A procedure for determining the characteristic value of a geotechnical
Bongartz, W.	1976	Erste deutsche Stützwand nach dem Bauverfahren „Bewehrte Erde“ bei Raunheim. Straße und Autobahn, Heft 5
Borchert, K.-M., Große, A.	2010	Vereinheitlichung der Boden- und Felsklassen für die Normen der VOB Teil C, VOB-Aktuell, Ausgabe 3.2010
Borchert, K.-M., Große, A.	2016	Veränderung der Boden- und Felsklassen in der VOB, Teil C (2015). Geotechnik 3 (2016)
Breitschaft, G., Hanisch, J	1978	Neues Sicherheitskonzept im Bauwesen aufgrund wahrscheinlichkeitstheoretischer Überlegung – Folgerungen für den Grundbau unter Einbeziehung der Probennahme und der Versuchsauswertung, Vorträge der Baugrundtagung in Berlin, Deutsche Gesellschaft für Erd- und Grundbau; Eigenverlag
Brinch Hansen, J., Lundgren, H.	1960	Hauptprobleme der Bodenmechanik. Springer Verlag Berlin, Göttingen, Heidelberg
Cambefort, H.	1964	Bohrtechnik. Bauverlag. Wiesbaden
Caquot, A., Kérisel, J.	1967	Grundlagen der Bodenmechanik. 1. Auflage. Springer Verlag. Berlin
Christow, C.	1969	Anwendung der Methode "spezifische Setzung" zur Ermittlung der Setzungen infolge einer Grundwasserabsenkung. Bautechnik, Heft 10

Cordes, R., u.a.	1994	Kalksandstein: Planung, Konstruktion, Ausführung. 3. Auflage. Beton-Verlag, Düsseldorf
Culmann, K.	1982	Die graphische Statik. Abschnitt XIII.1866. Nachdruck von Teilen der 1. Auflage. Schweiz. Gesellschaft für Boden- und Felsmechanik. Zürich
Cziesielski, E.	1997	Bauwerksabdichtungen. In: Lehrbuch der Hochbaukonstruktionen. Teubner Verlag. Stuttgart
Dachroth, W. R.	1992	Baugeologie. 2. Auflage. Springer Verlag. Berlin
Davidenkoff, R.	1956	Angenäherte Ermittlung des Grundwasserzuflusses zu einer in einem durchlässigen Boden ausgehobenen Grube. Mitteilungen d. Bundesanstalt für Wasserbau. Heft 7
Davidenkoff, R., Franke, O.	1965	Untersuchung der räumlichen Sickerströmung in eine umspundete Baugrube in offenem Gewässer. Bautechnik. Heft 9
Davidenkoff, R., Franke, O.	1966	Untersuchung der räumlichen Sickerströmung in eine umspundete Baugrube im Grundwasser. Bautechnik. Heft 12
Dechert, F.	1999	Stand der Berechnungstechnik nach den Vorschlägen zur Anwendung des Teilsicherheitskonzepts in der Geotechnik. Unveröffentlichte Diplomarbeit FH Frankfurt / M.
DEGEBO	versch. Jahrg.	Mitteilungen der Deutschen Forschungsgesellschaft für Bodenmechanik (DEGEBO). Berlin
Deutler, T.	1995	Erläuterungen zu den Anforderungen der neuen ZTVE-StB 94 an den Verdichtungsgrad in Form einer 10 %-Mindestquantile. Straße und Autobahn. Heft 4
DIN Deutsches Institut für Normung e. V.	1981	Grundlagen zur Festlegung von Sicherheitsanforderungen für bauliche Anlagen, Beuth Verlag, Berlin, Köln
Dörken, W., Dehne, E., Kliesch, K.	2016	Grundbau in Beispielen, Teil 1, 6. Auflage. Wolters Kluwer Deutschland GmbH München - Werner Verlag
Dörken, W., Dehne, E., Kliesch, K.	2016	Grundbau in Beispielen, Teil 3, 4. Auflage. Wolters Kluwer Deutschland GmbH München - Werner Verlag
Dörken, W., Dehne, E., Kliesch, K.	2016	Grundbau in Beispielen, Teil 2, 6. Auflage. Wolters Kluwer Deutschland GmbH München - Werner Verlag

Dreyer, D.	1984	Modellversuche zur Ermittlung der Restdruckhöhe beim hydraulischen Grundbruch. Diplomarbeit FH Frankfurt am Main (unveröffentlicht)
Engelmann, H.	1998	Einsatz kunststoffmodifizierter Bitumendickbeschichtungen. Tiefbau Ingenieurbau Straßenbau. Heft 5
Engelmann, H.	1999	Abdichtungen erdberührter Bauteile. Tiefbau Ingenieurbau Straßenbau. Heft 12
Engelmann, H.	2001	Aktuelles über Abdichtungen erdberührter Bauteile. Tiefbau Ingenieurbau Straßenbau. Heft 12
Englert, K., Grauvogl, J., Maurer, M.	1999	Handbuch des Baugrund- und Tiefbaurechts. 2. Auflage. Werner Verlag. Düsseldorf
Fellin, W., Berghamer, S. und Renk, D.	2009	Konfidenzgrenzen der Scherfestigkeit als Grundlage zur Festlegung charakteristischer Scherparameter- Geotechnik 32, Nr. 1
Fischer, K.	1965	Beispiele zur Bodenmechanik. Verschiedene Aufsätze mit Berechnungsansätzen. Verlag Ernst & Sohn, Berlin
Fischer, L.	2003	Charakteristische Werte - ihre Bedeutung und Berechnung. Bauingenieur, Heft 4
Floss, R.	1969	Hinterfüllung und Entwässerung von Brückenwiderlagern und Stützmauern. Straße und Autobahn. Heft 12
Floss, R.	1997	ZTVE, Zusätzliche Technische Vertragsbedingungen und Richtlinien für Erdarbeiten im Straßenbau. Kommentar mit Kompendium Erd- und Felsbau. Kirschbaum Verlag. Bonn
Floss, R.	2009	ZTVE, Zusätzliche Technische Vertragsbedingungen und Richtlinien für Erdarbeiten im Straßenbau. Kommentar mit Kompendium Erd- und Felsbau. 4. Auflage Kirschbaum Verlag. Bonn
Frank, R.	1997	Designer's Guide to EN 1997-1, Eurocode 7: Geotechnical Design Part 1: General Rules. London: Thomas Telford.
Frank, R., Bauduin, C., Driscoll, R., Kavvadas, M., Krebs Ovesen, N., Orr, T. and Schuppener, B.	2004	Designer's guide to EN 1997-1, Eurocode 7: Geotechnical design Part 1: Generel rules. London: Thomas Telford

Franke, D., Arnold, M., Bartl, U., Vogt, L.	2003	Erddruckmessungen an der Kelleraußenwand eines mehrgeschossigen Massivbaus. Bauingenieur, Heft 3
Franke, E.	1974	Ruhedruck in kohäsionlosen Böden. Bautechnik, Heft 1
Fuchs, B., Haugwitz, H.-G.	2016	Aus der Bodenklasse wird der Homogenbereich. Veränderung in den ATV der VOB C und ihre Auswirkungen in technischer und rechtlicher Hinsicht. www. Baumaschine.de/ Erdbau + Recht-BauPortal 5/ 2016
Fuchs, E.	1971	Baugrund und Bodenmechanik. Verlag für Bauwesen. Berlin
Fuchs, E.	1972	Baugrube und Wasserhaltung. Verlag für Bauwesen. Berlin
Germann, J.	2013	Die neuen ZTV A-StB – Tagesgeschäft für Kommunen.- VSVI Asphaltstraßentag, 23.01.2013 in Friedberg
Girnau, G., Klawa, N.	1973	Empfehlungen zur Fugengestaltung im unterirdischen Bauen. Die Bautechnik, Heft 10
Goudie, A.	2002	Physische Geographie. 4. Auflage. Elsevier: Spektrum Akademischer Verlag, München
Grasser, E., Thielen, G.	1991	Hilfsmittel zur Berechnung der Schnittgrößen und Formänderungen von Stahlbetontragwerken nach DIN 1045, Ausgabe Juli 1988. 3. Auflage. Deutscher Ausschuß für Stahlbeton. Heft 240, Beuth Verlag, Berlin
Groß, H.	1981	Korrekte Berechnung des aktiven und passiven Erddruckes mit ebener Gleitfläche. Geotechnik. Heft 4
Große, A., Borchert, K.-M.	2010	Vereinheitlichung der Boden- und Felsklassen für die VOB-Normen. GuD Consult GmbH, CG 117/09a
Grotzinger, J., Jordan, T. H., Press, F., Siever, R.	2008	Allgemeine Geologie. 5. Auflage. Elsevier: Spektrum Akademischer Verlag, München
Grube, H.	1982	Wasserundurchlässige Bauwerke aus Beton. Elsner Verlagsgesellschaft. Darmstadt
Grunau, E. B.	1981	Flächenabdichtungen unter der Erdlinie. Tiefbau Ingenieurbau Straßenbau. Heft 3
Gudehus, G.	1981	Bodemechanik. Ferdinand Enke Verlag. Stuttgart

Gudehus, G.	1987	Sicherheitsnachweise für Grundbauwerke. Geotechnik, Heft 1
Gudehus, G.	1990	Erddruckermittlung. In: Grundbautaschenbuch. Teil 1. 4. Auflage. Verlag Ernst & Sohn. Berlin
Gudehus, G.	1998	Erddruckermittlung. In: Betonkalender. Teil II, Verlag Ernst & Sohn. Berlin
Günther, H.	1988	Erdruhedruck auf starre Wände. Bauingenieur. Heft 9
Haack, A. u.a.	1995	Abdichtungen im Gründungsbereich und auf genutzten Deckenflächen. Verlag Ernst & Sohn.
Hansen, B.	1965	A Theory of Plasticity. Teknisk Forlag. Copenhagen
Henningsen, D.	1992	Geologie für Bauingenieure. 2. Auflage. Springer Verlag. Berlin
Henningsen, D., Katzung, G.	2006	Einführung in die Geologie Deutschlands. 7. Auflage.Elsevier: Spektrum Akademischer Verlag, München
Hermann, R.	1977	Einführung in die Hydrologie. Teubner Verlag. Stuttgart
Herth, W., Arndts, E.	1994	Theorie und Praxis der Grundwasserabsenkung. 3. Auflage. Verlag Ernst & Sohn. Berlin
Hettler, A., Deuchler, F.	2000	Lastfälle, Abdichtungen und konstruktive Lösungen für Wohngebäude bei tiefliegendem Grundwasserspiegel. Bautechnik. Heft 7
Hillmer, K.	1990	Dränung zum Schutz baulicher Anlagen. Planung, Bemessung und Ausführung; Kommentar zur DIN 4095 (Ausgabe Juni 1990). Geotechnik. Heft 4
Holschemacher, K. (Hrsg.)	2008	Entwurf- und Berechnungstafeln für Bauingenieure, 4. Auflage
Hölting, B., Coldewey, W.G.	2009	Hydrogeologie. 7. Auflage. Elsevier: Spektrum Akademischer Verlag, München
Jenne, G.	1960	Praktische Ermittlung des Erddrucklastbildes. Bautechnik. Heft 6
Jenne, G.	1987	Erddruck. Betonkalender. Verlag Ernst und Sohn. Berlin

Kalle, U., Zentgraf, J.	1992	Historische Entwicklung der Standsicherheitsnachweise von Stützwänden. Geotechnik. Heft 4
Kany, M.	1997	Baugrundaufschlüsse: Kommentar zu DIN 4021 bis 4023 und DIN 18 196. Hrsg.: DIN; Beuth Verlag. Berlin
Kärcher, K.,	1968	Erdwiderstand vor schmalen Druckflächen. Bautechnik. Heft 1
Karstedt, J.	1980	Ermittlung eines aktiven Erddruckbeiwertes für den räumlichen Erddruckfall bei rolligem Boden. Bauingenieur. Heft 1
Katzenbach, R. und Kinzel, J.	2001	Das Vier-Augen-Prinzip bei Baugrundgutachten. Prüfingenieur, 18. April 2001
Kayser, J.	2012	VOB-Normen im Umbruch. BAW-Kolloquium „neue Normen und Regelwerke in der Geotechnik", 8.11.2012, Hannover
Kezdi, A.	1962	Erddrucktheorien. Springer Verlag. Berlin
Kezdi, A., Marko, I.	1969	Erdbauten, Standsicherheit und Entwässerung, Werner Verlag. Düsseldorf
Kolymbas, D.	2011	Geotechnik: Bodenmechanik, Grundbau und Tunnelbau. Springer verlag (3. Auflage)
Krahn, J.	2003	The limits of limit equilibrium analyses. Canadian Geotechnical Journal, Vol 40
Kudla, W., Floss, R., Trautmann, C.	1991	Dynamischer Plattendruckversuch - Schnellprüfverfahren für die Qualitätssicherung von ungebundenen Schichten. Straße und Autobahn. Heft 2.
Kühn, G.	1984	Der maschinelle Erdbau. Teubner Verlag. Stuttgart
Kuntsche, K.	2016	Geotechnik. 2. Auflage. Verlag Vieweg & Teubner. Braunschweig. Wiesbaden.
Lachmann, H.	1986	Kellerwanddicken nach DIN 1053, Teil 2 (Hilfstafeln). Bautechnik.
Lang, H.-J., Huder, J., Amann, P.	1996	Bodenmechanik und Grundbau. 6. Auflage. Springer Verlag. Berlin
Lehmann, G.	1981	Erfahrung bei der Grundwasserversickerung mit Vertikalbrunnen. Tiefbau Ingenieurbau Straßenbau

Lohmeyer, G.	1994	Weiße Wanne einfach und sicher. 3. Auflage. Beton-Verlag. Düsseldorf
Lohmeyer, G.	2004	Stahlbetonbau. Teubner-Verlag, Stuttgart
Lufsky, K.	1983	Bauwerksabdichtung. 4. Auflage. Teubner Verlag. Stuttgart
Lypp, B., Heyer, D., Birle, E.	2015	Untersuchungen zur Überprüfung des Luftporenanteils als Verdichtungsanforderung bei feinkörnigen Böden und bindigen Mischböden. Straße und Autobahn 6/ 2015
Mamitza, F.	1977	Zur Bemessung der Außenwände des Kellergeschosses. Bautechnik. Heft 7
Matousek, M. und Schneider, J.	1976	Untersuchungen zur Struktur des Sicherheitsproblems bei Bauwerken. Bericht Nr. 59 aus dem Institut für Baustatik und Konstruktion, ETH Zürich, Basel und Stuttgart, Birkhäuser Verlag
Minnich, H., Stöhr, G.	1981	Analytische Lösung des zeichnerischen Culmann-Verfahrens zur Ermittlung des aktiven Erddrucks nach der G0-Methode. Bautechnik. Heft 8
Minnich, H., Stöhr, G.	1981	Analytische Lösung des zeichnerischen Culmann-Verfahrens zur Ermittlung des passiven Erddrucks. Bautechnik. Heft 6
Minnich, H., Stöhr, G.	1982	Analytische Lösung des zeichnerischen Culmann-Verfahrens zur Ermittlung des aktiven Erddrucks für Linienlasten nach der G0-Methode. Bautechnik. Heft 1
Minnich, H., Stöhr, G.	1984	Mathematische Grundlagen der G0-Methode für den allgemeinen Fall der Erddruckermittlung. Bautechnik. Heft 10
Mitzel, A., Stachurski, W., Suwalski, J.	1981	Schäden und Mängel an Mauerwerkskonstruktionen, Verlagsgemeinschaft Rudolf Müller, Köln-Braunsfeld
Möller, G.	2004	Geotechnik. Teil 1: Bodenmechanik. Werner Verlag. Düsseldorf
Möller, G.	2006	Geotechnik kompakt - Grundbau. Bauwerk Verlag. Berlin
Möller, G.	2006	Geotechnik. Grundbau. Verlag Ernst & Sohn. Berlin

Möller, G.	2007	Geotechnik. Bodenmechanik. Verlag Ernst & Sohn. Berlin
Moormann, C.	2002	Trag- und Verformungsverhalten tiefer Baugruben in bindigen Böden unter besonderer Berücksichtigung der Baugrund-Tragwerk- und der Baugrund-Grundwasser-Interaktion.- Technische Universität Darmstadt (Dissertation)
Mosonyi, E.	1987	Ursachen des Versagens - Ingenieurphilosophische Gedanken. Die Wasserwirtschaft, Heft 2
Muhs, H.	1957	Die Prüfung des Baugrundes und der Böden. Springer Verlag. Berlin
Müller-Kirchenbauer, H., Walz, B., Kilchert, M.	1979	Vergleichende Untersuchungen der Berechnungsverfahren zum Nachweis der Sicherheit gegen Gleitflächenbildung bei suspensionsgestützten Erdwänden. Veröffentlichung Grundbauinstitut der TU Berlin. Heft 5
Müller-Rochholz, J.	2005	Geokunststoffe im Erd- und Straßenbau. Werner-Verlag, Düsseldorf
Murawski, H., Meyer, W.	2004	Geologisches Wörterbuch. 11. Auflage. Elsevier: Spektrum Akademischer Verlag, München
Muth, W.	1979	Bemessung der Dränung zum Schutz erdberührter Bauteile. Deutsche Bauzeitschrift. Heft 7
Muth, W.	1984	Dränung mit Geotextilien. Tiefbau Ingenieurbau Straßenbau. Heft 5
Muth, W.	1997	Schäden an Dränanlagen. Schadensfreies Bauen. Band 17. Fraunhofer IRB Verlag
Muth, W.	2001	Schäden an Bauwerksdränungen. Bautechnik. Heft 9
Noebel, Th.	1998	Neue Musterverordnung für Sachverständige des Erd- und Grundbaus. Deutsches Ingenieurblatt, S.8-40
Nold, J. F.	1977	Nold Brunnenfilterbuch. Stockstadt/Rhein
Oswald, R.	1998	Schwachstellen. Deutsche Bauzeitung. Heft 11

Paul, K. F.	2014	Bestimmung des Durchlässigkeitsbeiwerts bei erhöhtem bindigen Anteil – erste Untersuchungsergebnisse -. Sächsische Landesstiftung Natur und Umwelt, Seddiner See, Potsdam, 20.-22.11.2014, „Grundwassermonitoring und – probennahme“, Fortbildung 2014
Peck, R. B.	1969	Advantages and limitations of the observational method in applied soil mechanics. Geotechnique, 19, No. 1
Pietzsch, W., Rosenheinrich, G.	1983	Erdbau. Werner Verlag. Düsseldorf
Placzek, D.	1985	Vergleichende Untersuchungen beim Einsatz statischer und dynamischer Sonden. Geotechnik. Heft 2
Placzek, D.	1998	Schadensfälle auf dem Gebiet des Grundbaus. Beiträge zum 13. Christian Veder Kolloquium „Schadensfälle in der Geotechnik“. Technische Universität Graz. Institut für Bodenmechanik und Grundbau, Mitteilungsheft 16
Pohl, C.	2011	Determination of characteristic soil values by statistical methods. Proceedings 3rd International Symposium in Geotechnical Safety and Risk, Munich, Bundesanstalt für Wasserbau, Karlsruhe, Eigenverlag
Pohl, R.	1999	So wird wirklich abgedichtet. Bautenschutz und Bausanierung. Verlag Rudolf Müller
Poremba, H.	1976	Stand der Injektionstechnik bei Herstellung chemischer Bodenverfestigungen. Vorträge der Baugrundtagung 1976 in Nürnberg. Deutsche Gesellschaft für Erd- und Grundbau e.V.
Pregl, O.	1999	Kontinuumsmechanik / Statische Aufgaben. Handbuch der Geotechnik, Band 5. Universität für Bodenkultur, Wien
Prinz, H.	1991	Abriss der Ingenieurgeologie. 2. Auflage. Enke Verlag. Stuttgart.
Prinz, H., Strauß, R.	2006	Abriss der Ingenieurgeologie. 3. Auflage. Enke Verlag. Stuttgart.
Prinz, H., Strauß, R.	2011	Ingenieurgeologie. Spektrum Akademischer Verlag
Radomski, H., Mayer, G.	1982	Auftriebssicherung durch Sohlverankerung. Geotechnik. Heft 2

Rappert, C.	1991	Grundwasserströmung - Grundwasserhaltung. In: Grundbautaschenbuch. Teil 2. 4. Auflage. Verlag Ernst & Sohn. Berlin
Richter, D.	1993	Straßen- und Tiefbau. 6. Auflage. Teubner Verlag. Stuttgart
Rübener, R.	1985	Grundbautechnik für Architekten. 1. Auflage. Werner Verlag. Düsseldorf
Rübener, R., Stiegler, W,	1992	Einführung in Theorie und Praxis der Grundbautechnik. Teil 3. 2. Auflage. Werner Verlag. Düsseldorf
Rübener, R., Stiegler, W.	1981	Einführung in Theorie und Praxis der Grundbautechnik. Teil 2. 1. Auflage. Werner Verlag. Düsseldorf
Rübener, R., Stiegler, W.	1992	Einführung in Theorie und Praxis der Grundbautechnik. Teil 1. 2.Auflage. Werner Verlag. Düsseldorf
Szechy, K.	1963	Der Grundbau, 1. Band. Springer-Verlag, Wien, New York
Szechy, K.	1965	Der Grundbau, 2. Band. Springer-Verlag, Wien, New York
Schmidt H.G., Seitz, J.M.	1998	Grundbau. In: Betonkalender. Teil II. Verlag Ernst & Sohn. Berlin
Schmidt, H.	1966	Die Culmannsche E-Linie bei Ansatz von Reibung und Kohäsion. Bautechnik. Heft 3
Schmidt, H.G., Seitz, J.M.	1998	Grundbau. Betonkalender, Teil II. Verlag Ernst & Sohn. Berlin
Schmidt, H.H.	2006	Grundlagen der Geotechnik. Verlag Vieweg & Teubner. Braunschweig. Wiesbaden.
Schneider, H. R.	1999	Determination of characteristic soil properties. In: Proceeding of the 12th European Conference on Soil Mechanics and Foundation Engineering, Amsterdam, Balkema, Rotterdam, 1999, Vol. 1, S. 273- 281
Schneider, K.-J. (Hrsg.)	2016	Bautabellen für Ingenieure. 22. Auflage (und frühere Auflagen). Bundesanzeiger Verlag. Köln
Scholz, B.	1999	Einkapselung eines teerölkontaminierten Geländes mit einer Dichtwand. Tiefbau Ingenieurbau Straßenbau. Heft 1

Schröder, B. (Hrsg.)	1966	Grundbautaschenbuch. Band 1. 2. Auflage. Verlag Ernst & Sohn. Berlin
Schröder, R.	2008	Verdichtung im Asphalt- und Erdbau. Hamm AG, Tischenreuth
Schultze, E.	1955	Vorlesung Grundbauwerke. Lehrstuhl für Verkehrswasserbau, Grundbau und Bodenmechanik, Technische Hochschule Aachen
Schultze, E.	1967	Vorlesung Bodenmechanik. 5. Ausgabe. Lehrstuhl für Verkehrswasserbau, Grundbau und Bodenmechanik, Technische Hochschule Aachen
Schultze, E., Muhs, H.	1967	Bodenuntersuchungen für Ingenieurbauten. 2. Auflage. Springer Verlag. Berlin
Schulze, B., Brauns, J., Schwalm, I.	1991	Neuartiges Baustellen-Messgerät zur Bestimmung der Fließgrenze von Suspensionen. Geotechnik. Heft 3
Schulze, B., Kühling, G., Tax, M.	1992	Neue Zusatzmittel für feststoffreiche Feinstzement-Suspensionen. Bauingenieur. Heft 11
Schuppener, B.	2012	Kommentar zum Handbuch Eurocode 7 – Geotechnische Bemessung: Allgemeine Regeln. 1. Auflage, Verlag Ernst & Sohn. Berlin
Schuppener, B. und Heibaum, M.	2011	Reliability Theory and Safety in German Geotechnical Design, Proceedings 3rd International Symposium on Geotechnical Safety and Risk. Munich, Bundesanstalt für Wasserbau, Karlsruhe, Eigenverlag
Schuppener, B. und Ruppert, F.	2007	Zusammenführung von europäischen und deutschen Normen – Eurocode 7, DIN 1054 und DIN 4020., Bautechnik, Heft 9
Schuppener, B., Walz, B., Weißenbach, A. und Hock- Berghaus, K.	1998	EC7 – A critical review and a proposal for an improvement: a German perspective. Ground Engineering, Vol. 31, No. 10, 1998
Sichardt, W.	1927	Das Fassungsvermögen von Rohrbrunnen und seine Bedeutung für die Grundwasserabsenkung, insbesondere für größere Absenktiefen. Diss. TH Berlin.

Smoltczyk, U.	1992	Unterfangungen und Unterfahrungen. Grundbautaschenbuch. Teil 2. 4. Auflage. Verlag Ernst & Sohn. Berlin
Smoltczyk, U.	1993	Studienunterlagen Bodenmechanik und Grundbau. Verlag Paul Daxner. Stuttgart
Smoltczyk, U.	1996	Hat die europäische Normung in der deutschen Geotechnik eine Chance? Bautechnik. Heft 3
Smoltczyk, U.	1994a	Nachweis der Grenzzustände in der Geotechnik: Einführung in die Eurocodes ENV 1991-1 und 1997-1. Lehrgang 17992/84.143 der Technischen Akademie Esslingen
Smoltczyk, U.	1994c	Abstimmung der ENV 1991-1 und 1997-1. Geotechnik, Heft 1
Smoltczyk, U. (Hrsg.)	2001	Grundbautaschenbuch, Teil 1. 6. Auflage. Verlag Ernst & Sohn. Berlin
Smoltczyk, U. (Hrsg.)	2001	Grundbautaschenbuch, Teil 2. 6. Auflage. Verlag Ernst & Sohn. Berlin
Smoltczyk, U. (Hrsg.)	2001	Grundbautaschenbuch, Teil 3. 6. Auflage. Verlag Ernst & Sohn. Berlin
Steinfeld, K.	1951	Die Entwässerung von Feinböden. Bautechnik.
Stiegler, W.	1979	Baugrundlehre für Ingenieure. 5. Auflage. Werner Verlag. Düsseldorf
Stiegler, W.	1984	Erddrucklehre. 2. Auflage. Werner Verlag. Düsseldorf
Stiegler, W., Rübener, R.	1981	Einführung in Theorie und Praxis der Grundbautechnik, Teil 2. 1. Auflage. Werner Verlag, Düsseldorf
Stiegler, W., Rübener, R.	1992	Einführung in Theorie und Praxis der Grundbautechnik, Teil 3. 2. Auflage. Werner Verlag, Düsseldorf
Stenzel, G., Melzer, K.J.	1978	Baugrunderkundung mit Sonden entsprechend DIN 4094 (Soil investigations by penetration testing according to DIN 4094). (In German) Tiefbau 20, S. 155–160, 240–244
Stocker, M.	1994	Vorstellung der ersten europäischen Grundbaunormen. Bemessungsnorm, Schlitzwände, Anker und Bohrpfähle. Vorträge der Baugrundtagung 1994 in Köln. Deutsche Gesellschaft für Geotechnik e.V.

Széchy, K.	1963	Der Grundbau. Band 1. Springer Verlag, Wien, New York
Széchy, K.	1965	Der Grundbau. 2. Band. Springer Verlag, Wien, New York
Takouk, B.	2015	Hydraulischer Grundbruch - Formel zur Ermittlung der erforderlichen Einbindetiefe. Bacherlorthesis (unveröffentlicht) an der Fachhochschule Frankfurt am Main
Taylor, D.W.	1958	Fundamentals of Soil Mechanics. J. Wiley & Sons. New York.
Terzaghi, K., Jelinek, R.	1954	Theoretische Bodenmechanik. Springer Verlag. Berlin
Terzaghi, K., Peck, R.	1961	Die Bodenmechanik in der Baupraxis. Springer Verlag. Berlin
Terzaghi, K., Peck, R. B., Mesri, G.	1996	Soil Mechanics in engineering practice. Third Edition, John Wiley & Sons
Türke, H.	1999	Statik im Erdbau. 3. Auflage. Verlag Ernst & Sohn. Berlin
Von Becker, P.	1970	Erfahrungen mit Einsenkungsmessungen auf Straßenbefestigungen und bei der Erdbaukontrolle. Straße und Verkehr, Nr. 4
Vogt, N., Schuppener,B., Weißenbach, A.	2006	Nachweisverfahren des EC 7-1 für geotechnische Bemessungen in Deutschland. Geotechnik, Heft 3, Bautechnik, Heft 9
Von Soos, P.	1982	Zur Ermittlung der Bodenkennwerte mit Berücksichtigung von Streuung und Korrelationen. Vorträge der Baugrundtagung 1982, Braunschweig, S. 83-104
Von Wolffersdorff, P.-A. und Mayer, P.-M.	1996	Gebrauchstauglichkeitsnachweise für Stützkonstruktionen. Geotechnik 19, Nr. 4, S. 291-300
Voth, B.	1977	Tiefbaupraxis, Band 1 bis 3, Bauverlag. Wiesbaden
Voth, B.	1978	Boden - Baugrund und Baustoff. 1. Auflage. Bauverlag. Wiesbaden

Voth, B.	1982	Stichwort Erdarbeiten. 3. Auflage. Bauverlag. Wiesbaden
Voth, B.	1984	Tiefbaupraxis. 2. Auflage. Bauverlag. Wiesbaden
Walthelm, U.	1988	Risse in bestehenden Bauwerken (I). Das Bauzentrum, Heft 6
Walz, B., Prager, J.	1979	Beitrag zur Lösung von Erddruckproblemen nach der Elementscheibentheorie. Bautechnik. Heft 12
Walz, B., Pulsfort, M.	1983	Rechnerische Standsicherheit von suspensionsgestützten Erdwänden. Tiefbau Ingenieurbau Straßenbau. Hefte 1, 2
Watermann, G.	1976	Bemessung von Mauerwerk unter Berücksichtigung waagerechter Belastungen. Bautechnik. Heft 11
Weber, J.	1996	Weiße Wannen verlangen sehr große Sorgfalt. Deutsches Ingenieurblatt. Juni 1996.
Weiß, F.	1967	Die Standfestigkeit flüssigkeitsgestützer Erdwände. Bauingenieur-Praxis. Heft 70. Verlag Ernst & Sohn. Berlin
Weißenbach, A.	1962	Der Erdwiderstand vor schmalen Druckflächen. Bautechnik. Heft 6
Weißenbach, A.	1983	Beitrag zur Ermittlung des Erdwiderstands. Bauingenieur. Heft 5
Weißenbach, A.	1998	Umsetzung des Teilsicherheitskonzepts im Erd- und Grundbau. Bautechnik. Heft 9
Weißenbach, A.	2002	Gelbdruck DIN 1054 „Sicherheitsnachweise im Erd- und Grundbau“. Bauingenieur, Heft 4
Weißenbach, A., Gudehus, G.	2004	Die neue DIN 1054: 2003-01. Vorträge der Baugrundtagung 2004 in Leipzig. Deutsche Gesellschaft für Geotechnik e.V.
Weißenbach, A., Gudehus, G., Schuppener, B.	1999	Vorschläge zur Anwendung des Teilsicherheitskonzepts in der Geotechnik. Geotechnik. Sonderheft.
Weißenbach, A:	2007	Kommentar zu DIN 1054. Verlag Emst & Sohn. Berlin
Wendehorst	2015	Bautechnische Zahlentafeln. 35. Auflage (und frühere Auflagen). Teubner Verlag. Stuttgart

Wetzel, O.W. (Hrsg.)	2007	Wendehorst . Beispiele aus der Baupraxis. Teubner Verlag
Wetzel, O.W. (Hrsg.)	2008	Wendehorst Bautechnische Zahlentafeln. 31. Auflage. Teubner Verlag
Wetzel, O.W. (Hrsg.)	2009	Wendehorst . Beispiele aus der Baupraxis. 3. Auflage. Teubner Verlag
Weyrauch, F., Schöffel, G.	2004	Dimensionierung von Grundwasserabsenkungen – Probleme und Lösungen. Bautechnik 81 (2004), Heft 7
Witt, K.J. (Hrsg.)	2018	Grundbau-Taschenbuch, Teil 1: Geotechnische Grundlagen. 7. Auflage. Verlag Ernst & Sohn. Berlin
Witt, K.J. (Hrsg.)	2018	Grundbau-Taschenbuch, Teil 2: Geotechnische Verfahren. 7. Auflage Verlag Ernst & Sohn. Berlin
Witt, K.J. (Hrsg.)	2018	Grundbau-Taschenbuch, Teil 3: Gründungen und Geotechnische Bauwerke. 7. Auflage Verlag Ernst & Sohn. Berlin
Wittke, K.-H.	1998	Stand und Entwicklung der Geotechnik in Deutschland. Geotechnik-Sonderdruck anlässlich der Baugrundtagung in Stuttgart
Wittke, W.	1999	Editorial Geotechnik, Sonderheft 1999
Wittmann, E.	1997	Neufassung der ZTVE-StB. Anmerkungen zur Methode 3 für das Prüfen der Bodenverdichtung. Straße und Autobahn. Heft 9
Wyrobek, M.	1991	Das neue Sicherheitskonzept im Bauwesen. Grundlagen, Hinweise, Erläuterungen. Tiefbau - Ingenieurbau - Straßenbau, Heft 10
Ziegler, M.	2012	Geotechnische Nachweise nach EC 7 und DIN 1054. Einführung mit Beispielen. 3. Auflage Verlag Ernst & Sohn. Berlin

Anhang C: Normenverzeichnis

(E = Entwurf, V = Vornorm)

DIN	Teil	Ausgabe	Titel
1045-2		Aug. 08	Tragwerke aus Beton, Stahlbeton und Spannbeton - Teil 2: Beton – Festlegung, Eigenschaften, Herstellung und Konformität – Anwendungsregeln zu DIN EN 206-1
1052	10	Mai. 12	Herstellung und Ausführung von Holzbauwerken - Teil 10: Ergänzende Bestimmungen zu DIN EN 1995-1 und DIN EN 1995-1/ NA
1052 zurückgezogen	B1	Mai. 10	Berichtigung 1 zu DIN 1052: 2008-12
1054		Dez. 10	Baugrund - Sicherheitsnachweise im Erd- und Grundbau - Ergänzende Regelungen zu DIN EN 1997-1 und DIN EN 1997-1/ NA
1054	A1	Aug. 12	Baugrund - Sicherheitsnachweise im Erd- und Grundbau; Änderung 1
1054	A2	Nov. 15	Baugrund - Sicherheitsnachweise im Erd- und Grundbau; Änderung 2
1054 zurückgezogen	B1	Apr. 05	Berichtigung 1 zu DIN 1054
1054 zurückgezogen	B2	Apr. 07	Berichtigung 2 zu DIN 1054
1054 zurückgezogen	B3	Jan. 08	Berichtigung 3 zu DIN 1054
1054 zurückgezogen	B3	Okt. 08	Berichtigung 4 zu DIN 1054
1055 zurückgezogen	1	Jun. 02	Einwirkungen auf Tragwerke, Teil 1: Wichten und Flächenlasten von Baustoffen, Bauteilen und Lagerstoffen. Referenznorm NV 1991-1: 1994
1055	2	Nov. 10	Einwirkungen auf Tragwerke Bodenkenngrößen

DIN	Teil	Ausgabe	Titel
1055 zurückgezogen	T3 bis T6	06.1971 bis 05.1987	Lastannahmen von Bauten
1080 zurückgezogen	1	Jun. 76	Begriffe, Formelzeichen und Einheiten im Bauingenieurwesen; Grundlagen
1080 zurückgezogen	6	Mrz. 80	Begriffe, Formelzeichen und Einheiten im Bauingenieurwesen; Bodenmechanik und Grundbau
1185	1 RG	Dez. 73	Dränung; Regelung des Bodenwasserhaushaltes durch Rohrdränung, rohrlose Dränung und Unterbodenmelioration; allgemeine Hinweise und Sonderfälle
1185	2 RG	Dez. 73	Dränung; Regelung des Bodenwasserhaushaltes durch Rohrdränung, rohrlose Dränung und Unterbodenmelioration; wesentliche Angaben für Planung und Bemessung
1185	3 RG	Dez. 73	Dränung; Regelung des Bodenwasserhaushaltes durch Rohrdränung, rohrlose Dränung und Unterbodenmelioration; Ausführung
1185	4 RG	Dez. 73	Dränung; Regelung des Bodenwasserhaushaltes durch Rohrdränung, rohrlose Dränung und Unterbodenmelioration; Entwurf und Bestandszeichnungen
1185	5 RG	Dez. 73	Dränung; Regelung des Bodenwasserhaushaltes durch Rohrdränung, rohrlose Dränung und Unterbodenmelioration; Unterhaltung
1304		Mrz. 94	Allgemeine Formelzeichen
1304		Apr. 79	Beiblatt 1; Allgemeine Formelzeichen; Zusammenhang mit Internationalen Normen
1305		Jan. 98	Masse, Kraft, Gewichtskraft, Gewicht, Last; Begriffe
1306		Jun. 84	Dichte; Begriffe, Angaben
4015		Okt. 71	Bodenmechanik und Grundbau; Fachausdrücke, Formelzeichen
4020		Dez. 10	Geotechnische Untersuchungen für bautechnische Zwecke, Ergänzung zu DIN EN 1997-2
4020	BBl.	Okt. 03	Geotechnische Untersuchungen für bautechnische Zwecke, Ergänzung zu DIN EN 1997-2

DIN	Teil	Ausgabe	Titel
4021		Okt. 90	Baugrund; Aufschluss durch Schürfe und Bohrungen sowie Entnahme von Proben
4022 zurückgezogen	1	Sep. 87	(ersetzt durch DIN EN ISO 14688-1 und 14689-1): Baugrund und Grundwasser; Benennen und Beschreiben von Boden und Fels; Schichtenverzeichnis für Bohrungen ohne durchgehende Gewinnung von gekernten Proben im Boden und im Fels
4022 zurückgezogen	2	Mrz. 81	(ersetzt durch DIN EN ISO 14688-1 und 14689-1): Baugrund und Grundwasser; Benennen und Beschreiben von Boden und Fels; Schichtenverzeichnis für Bohrungen im Fels (Festgestein)
4022 zurückgezogen	3	Mai. 82	(ersetzt durch DIN EN ISO 14688-1 und 14689-1): Baugrund und Grundwasser; Benennen und Beschreiben von Boden und Fels; Schichtenverzeichnis für Bohrungen mit durchgehender Gewinnung von gekernten Proben im Boden (Lockergestein)
4023		Feb. 06	Geotechnische Erkundung und Untersuchung - Zeichnerische Darstellung der Ergebnisse von Bohrungen und sonstigen direkten Aufschlüssen
4030	T1	Jun. 08	Beurteilung betonangreifender Wässer, Böden und Gase, Teil 1; Grundlagen und Grenzwerte
4030	T2	Jun. 08	Beurteilung betonangreifender Wässer, Böden und Gase, Teil 2; Entnahme und Analyse von Wasser- und Bodenproben
4084		Jan. 09	Baugrund; Geländebruchberechnungen
4084		Jul. 12	Beiblatt 1
4085	A1	Mrz. 10	Berechnung des Erddrucks Änderung zu DIN 4085 2007-10
4085	B1	Nov. 08	Baugrund - Berechnung des Erddrucks, Berichtigung zu DIN 4085:2007-10
4085		Mai. 11	Baugrund; Berechnung des Erddrucks
4093	E	Mai. 11	Baugrund; Bemessung von Abdichtungs- und Verfestigungskörpern
4095		Jun. 90	Baugrund; Dränung zum Schutz baulicher Anlagen; Planung, Bemessung und Ausführung

DIN	Teil	Ausgabe	Titel
4096		Mai. 80	Baugrund; Flügelsondierung; Maße des Gerätes, Arbeitsweise, Auswertung
4107	1	Jan. 11	Geotechnische Messungen Grundlagen. Nicht für Neukonstruktionen
4107	2	Mrz. 11	Geotechnische Messungen Extensometer und Konvergenzmessungen
4107	3	Mrz. 11	Geotechnische Messungen Inklinometer, Deflektometer
4107	4	Feb. 12	Geotechn Messungen Druckkissenmessung
4107	T1	Jan. 11	Geotechnische Messungen - Teil 1: Grundlagen
18 035	1	Feb. 03	Sportplätze - Teil 1: Freianlagen für Spiele und Leichtathletik, Planung und Maße
18 035	2	Jul. 03	Sportplätze - Teil 2: Bewässerung
18 035	3	Sep. 06	Sportplätze - Teil 3: Entwässerung
18 035	3	Jun. 07	Berichtigung 1- Sportplätze - Teil 3: Entwässerung
18 035	7	Okt. 14	Sportplätze - Teil 7: Kunststoffrasenflächen
18 141	1	Mai 14	Baugrund - Untersuchung von Gesteinsproben - Teil 1: Bestimmung der einaxialen Druckfestigkeit
18 121	1	Apr. 98	Baugrund; Untersuchung von Bodenproben; Wassergehalt, Bestimmung durch Ofentrocknung
18 121	2	Feb. 12	Baugrund; Untersuchung von Bodenproben; Wassergehalt, Bestimmung durch Schnellverfahren
18 122	1	Jul. 97	Baugrund; Untersuchung von Bodenproben, Zustandsgrenzen (Konsistenzgrenzen), Bestimmung der Fließ- und Ausrollgrenze
18 122	2	Sep.00	Baugrund; Versuche und Versuchsgeräte; Zustandsgrenzen (Konsistenzgrenzen); Bestimmung der Schrumpfgrenze
18 123		Apr. 11	Baugrund; Untersuchung von Bodenproben; Bestimmung der Korngrößenverteilung

DIN	Teil	Ausgabe	Titel
18 124		Apr. 11	Baugrund; Untersuchung von Bodenproben, Bestimmung der Korndichte. Kapillarpyknometer; Weithalspyknometer
18 125	1	Jul. 10	Baugrund; Versuche und Versuchsgeräte, Bestimmung der Dichte des Bodens Teil 1 Laborversuche
18 125	2	Mrz. 11	Baugrund; Versuche und Versuchsgeräte, Bestimmung der Dichte des Bodens Feldversuche
18 126		Nov. 96	Baugrund; Untersuchung von Bodenproben, Bestimmung der Dichte nichtbindiger Böden bei lockerster und dichtester Lagerung
18 127		Sep. 12	Baugrund; Untersuchung von Bodenproben, Proctorversuch
18 128		Dez. 02	Baugrund; Untersuchung von Bodenproben, Bestimmung des Glühverlustes
18 129		Jul. 11	Baugrund; Untersuchung von Bodenproben, Kalkgehaltsbestimmung
18 130	1	Aug. 15	Baugrund, Untersuchung von Bodenproben; Bestimmung des Wasserdurchlässigkeitsbeiwerts, Teil 1: Laborversuche
18 130	2	Jul. 11	Baugrund, Untersuchung von Bodenproben - Bestimmung des Wasserdurchlässigkeitsbeiwerts - Teil 2: Feldversuche
18 132		Apr. 12	Baugrund; Versuche und Versuchsgeräte
18 134		Apr. 12	Baugrund; Versuche und Versuchsgeräte,Plattendruckversuch
18 135		Apr. 12	Baugrund: Eindimensionaler Kompressionsversuch
18 136		Nov. 03	Baugrund; Untersuchung von Bodenproben: Einaxialer Druckversuch
18 137	1	Jul. 10	Baugrund; Versuche und Versuchsgeräte; Bestimmung der Scherfestigkeit, Begriffe und grundsätzliche Versuchsbedingungen
18 137	2	Apr. 11	Baugrund; Versuche und Versuchsgeräte, Bestimmung der Scherfestigkeit, Triaxialversuch

DIN	Teil	Ausgabe	Titel
18 137	3	Sep. 02	Baugrund; Untersuchung von Bodenproben, Bestimmung der Scherfestigkeit, Direkter Scherversuch
18 195		Juli 17	Abdichtung von Bauwerken – Begriffe
18195 zurückgezogen	BBl.	Juli 17	Abdichtung von Bauwerken – Beiblatt 2: Hinweise zur Kontrolle und Prüfung der Schichtdicken von flüssig verarbeiteten Abdichtungsstoffen
18 195 zurückgezogen	1	Dez. 11	Bauwerksabdichtungen; Grundsätze, Definitionen
18 195 zurückgezogen	2	Apr. 09	Bauwerksabdichtungen; Stoffe
18 195 zurückgezogen	3	Dez. 11	Bauwerksabdichtungen; Verarbeitung der Stoffe
18 195 zurückgezogen	4	Dez. 11	Bauwerksabdichtungen; Abdichtungen gegen Bodenfeuchtigkeit; Bemessung und Ausführung
18 195 zurückgezogen	5	Dez. 11	Bauwerksabdichtungen; Abdichtungen gegen nichtdrückendes Wasser; Bemessung und Ausführung
18 195 zurückgezogen	6	Dez. 11	Bauwerksabdichtungen; Abdichtungen gegen von außen drückendes Wasser; Bemessung und Ausführung
18 195 zurückgezogen	7	Dez. 11	Bauwerksabdichtungen; Abdichtung gegen von innen drückendes Wasser, Bemessung und Ausführung
18 195 zurückgezogen	8	Dez. 11	Bauwerksabdichtungen; Abdichtungen über Bewegungsfugen
18 195 zurückgezogen	9	Mai 10	Bauwerksabdichtungen; Durchdringungen, Übergänge, Abschlüsse
18 195 zurückgezogen	10	Dez. 11	Bauwerksabdichtungen; Schutzdichten und Schutzmaßnahmen
18 196 zurückgezogen		Mai. 11	Erd- und Grundbau; Bodenklassifikation für bautechnische Zwecke
18 300		Aug. 12	VOB , ATV Teil C: Erdarbeiten
18 301		Aug. 12	VOB , ATV Teil C: Bohrarbeiten
18 302		Dez. 00	VOB Teil C: Allgemeine Technische Vertragsbedingungen für Bauleistungen; Brunnenarbeiten

DIN	Teil	Ausgabe	Titel
18 305		Aug. 15	VOB Teil C: Allgemeine Technische Vertragsbedingungen für Bauleistungen; Wasserhaltungsarbeiten
18 306		Aug. 15	VOB Teil C: Allgemeine technische Vorschriften für Bauleistungen, Entwässerungskanalarbeiten
18 308		Okt. 79	VOB Teil C: Allgemeine technische Vorschriften für Bauleistungen, Dränarbeiten für landwirtschaftlich genutzte Flächen
18 315		Sep. 88	Straßenbauarbeiten; Oberbauschichten ohne Bindemittel
18 316		Sep. 88	Straßenbauarbeiten; Oberbauschichten mit hydraulischen Bindemitteln
18 317		Jul. 74	Straßenbauarbeiten; Oberbauschichten mit bituminösen Bindemitteln
18 323		Aug. 15	VOB Teil C Kampfmittelräumarbeiten
18 915		Aug. 02	Vegetationstechnik im Landschaftsbau; Bodenarbeiten
18 918		Aug. 02	Vegetationstechnik im Landschaftsbau; Ingenieurbiologische Sicherungsbauweisen; Sicherungen durch Ansaaten, Bepflanzungen, Bauweisen mit lebenden und nichtlebenden Stoffen und Bauteilen, kombinierte Bauweisen
20 302		Feb. 74	Gesteinsbohreinrichtungen; Begriffe
EN 206		Jul. 14	Beton - Teil 1: Festlegung, Eigenschaften, Herstellung und Konformität; Deutsche Fassung EN 206-1:2000
EN 500	1	Mai. 10	Bewegliche Straßenbaumaschinen - Sicherheit - Teil 1: Gemeinsame Anforderungen; Deutsche Fassung EN 500-1:2006+A1:2009
EN 500	4	Jun. 11	Bewegliche Straßenbaumaschinen - Sicherheit - Teil 4: Besondere Anforderungen an Verdichtungsmaschinen; Deutsche Fassung EN 500-4:2011
EN 1097	5	Hun. 08	Prüfverfahren für mechanische und physikalische Eigenschaften von Gesteinskörnungen. Teil 5. Bestimmung des Wassergehaltes durch Ofentrocknung

DIN	Teil	Ausgabe	Titel
EN 1609	1	April 19	Erdarbeiten – Teil 1: Grundsätze und allgemeine Regeln; Deutsche Fassung EN 16907-1:2018
EN 1609	2	April 19	Erdarbeiten – Teil 2: Materialklassifizierung; Deutsche Fassung EN 16907-2
EN 1609	3	April 19	Erdarbeiten – Teil 3: Ausführung von Erdarbeiten; Deutsche Fassung EN 16907-3
EN 1609	4	April 19	Erdarbeiten – Teil 4: Bodenbehandlung mit Kalk und/oder hydraulischen Bindemitteln; Deutsche Fassung EN 16907-4
EN 1609	5	April 19	Erdarbeiten – Teil 5: Qualitätskontrolle und Überwachung; Deutsche Fassung EN 16907-5
EN 1609	6	April 19	Erdarbeiten – Teil 6: Landgewinnung mit nassgebaggertem Einbaumaterial; Deutsche Fassung EN 16907-6
PrEN 1609	7	März 19	Erdarbeiten – Teil 7: Hydraulische Einbringung von mineralischen Abfällen; Deutsche Fassung EN 16907-7
EN 1990	NA	Dez. 10	Nationaler Anhang - National festgelegte Parameter – Eurocode 0: Grundlagen der Tragwerksplanung
EN 1990	NA/ A1	Aug. 12	Nationaler Anhang - National festgelegte Parameter – Eurocode 0: Grundlagen der Tragwerksplanung; Änderung A1
EN 1990		Dez. 10	Eurocode 0: Grundlagen der Tragwerksplanung; Deutsche Fassung EN 1990:2002 + A1:2005 + A1:2005/AC:2010
EN 1991	1	Dez. 10	Eurocode 1: Einwirkungen auf Tragwerke - Teil 1-1: Allgemeine Einwirkungen auf Tragwerke - Wichten, Eigengewicht und Nutzlasten im Hochbau; Deutsche Fassung EN 1991-1-1:2002 + AC:2009
EN 1991	1/ NA	Dez. 10	Nationaler Anhang - National festgelegte Parameter - Eurocode 1: Einwirkungen auf Tragwerke - Teil 1-1: Allgemeine Einwirkungen auf Tragwerke - Wichten, Eigengewicht und Nutzlasten im Hochbau

DIN	Teil	Ausgabe	Titel
EN 1992	1-1	Jan. 11	Eurocode 2: Bemessung und Konstruktion von Stahlbeton- und Spannbetontragwerken - Teil 1-1: Allgemeine Bemessungsregeln und Regeln für den Hochbau; Deutsche Fassung EN 1992-1-1:2004 + AC:2010
EN 1992	1-1/ NA	Dez. 15	Nationaler Anhang - National festgelegte Parameter - Eurocode 2: Bemessung und Konstruktion von Stahlbeton- und Spannbetontragwerken - Teil 1-1: Allgemeine Bemessungsregeln und Regeln für den Hochbau
EN 1992	1-1/ NA Berichtigung 1	Jun. 12	Nationaler Anhang - National festgelegte Parameter - Eurocode 2: Bemessung und Konstruktion von Stahlbeton- und Spannbetontragwerken - Teil 1-1: Allgemeine Bemessungsregeln und Regeln für den Hochbau, Berichtigung zu DIN EN 1992-1-1/NA:2011-01
EN 1992	1-1/ NA/ A1	Mai. 12	Nationaler Anhang - National festgelegte Parameter - Eurocode 2: Bemessung und Konstruktion von Stahlbeton- und Spannbetontragwerken - Teil 1-1: Allgemeine Bemessungsregeln und Regeln für den Hochbau; Änderung A1
EN 1993	1-1	Dez. 10	Eurocode 3: Bemessung und Konstruktion von Stahlbauten - Teil 1-1: Allgemeine Bemessungsregeln und Regeln für den Hochbau; Deutsche Fassung EN 1993-1-1:2005 + AC:2009
EN 1993	1-1/ NA	Aug. 15	Nationaler Anhang - National festgelegte Parameter - Eurocode 3: Bemessung und Konstruktion von Stahlbauten - Teil 1-1: Allgemeine Bemessungsregeln und Regeln für den Hochbau
EN 1993	4-1	Sept. 17	Eurocode 3: Bemessung und Konstruktion von Stahlbauten - Teil 4-1: Silos; Deutsche Fassung EN 1993-4-1:2007 + AC:2009
EN 1993	4-1/NA	Nov. 18	Nationaler Anhang - National festgelegte Parameter - Eurocode 3: Bemessung und Konstruktion von Stahlbauten - Teil 4-1: Silos
EN 1994	1-1	Dez. 10	Eurocode 4: Bemessung und Konstruktion von Verbundtragwerken aus Stahl und Beton - Teil 1-1: Allgemeine Bemessungsregeln und Anwendungsregeln für den Hochbau; Deutsche Fassung EN 1994-1-1:2004 + AC:2009

DIN	Teil	Ausgabe	Titel
EN 1994	1-1/ NA	Dez. 10	Nationaler Anhang - National festgelegte Parameter - Eurocode 4: Bemessung und Konstruktion von Verbundtragwerken aus Stahl und Beton - Teil 1-1: Allgemeine Bemessungsregeln und Anwendungsregeln für den Hochbau
EN 1995	1-1	Dez. 10	Eurocode 5: Bemessung und Konstruktion von Holzbauten – Teil 1-1: Allgemeines – Allgemeine Regeln und Regeln für den Hochbau; Deutsche Fassung EN 1995-1-1:2004 + AC:2006 + A1:2008
EN 1995	1-1/ NA	Dez. 10	Nationaler Anhang – National festgelegte Parameter – Eurocode 5: Bemessung und Konstruktion von Holzbauten – Teil 1-1: Allgemeines – Allgemeine Regeln und Regeln für den Hochbau
EN 1995	1-1 Änderung A1	Feb. 12	Nationaler Anhang - National festgelegte Parameter - Eurocode 5: Bemessung und Konstruktion von Holzbauten - Teil 1-1: Allgemeines - Allgemeine Regeln und Regeln für den Hochbau; Änderung A1
EN 1996	1-1/ A1	Okt. 10	Eurocode 6: Bemessung und Konstruktion von Mauerwerksbauten - Teil 1-1: Allgemeine Regeln für bewehrtes und unbewehrtes Mauerwerk; Deutsche Fassung EN 1996-1-1:2005/prA1:2010
EN 1996	1-1/ NA	Jan. 12	Nationaler Anhang - National festgelegte Parameter - Eurocode 6: Bemessung und Konstruktion von Mauerwerksbauten - Teil 1-1: Allgemeine Regeln für bewehrtes und unbewehrtes Mauerwerk
EN 1996	T1-1	Dez. 10	Eurocode 6: Bemessung und Konstruktion von Mauerwerksbauten - Teil 1-1: Allgemeine Regeln für bewehrtes und unbewehrtes Mauerwerk; Deutsche Fassung EN 1996-1-1:2005 + AC:2009
EN 1997	1	Mär. 14	Eurocode 7: Entwurf, Berechnung und Bemessung in der Geotechnik - Teil 1: Allgemeine Regeln; Deutsche Fassung EN 1997-1
EN 1997	1/NA	Dez. 10	Nationaler Anhang – National festgelegte Parameter - Eurocode 7: Entwurf, Berechnung und Bemessung in der Geotechnik - Teil 1: Allgemeine Regeln; Deutsche Fassung EN 1997-1: 2004
EN 1997	1/NA / A1	Apr. 13	Nationaler Anhang – National festgelegte Parameter - Eurocode 7: Entwurf, Berechnung und Bemessung in der Geotechnik - Teil 1: Allgemeine Regeln; Deutsche Fassung EN 1997-1: 2004

DIN	Teil	Ausgabe	Titel
EN 1997	2/ NA	Okt. 07	Nationaler Anhang - National festgelegte Parameter - Eurocode 7: Entwurf, Berechnung und Bemessung in der Geotechnik - Teil 2: Erkundung und Untersuchung des Baugrunds; Deutsche Fassung EN 1997-2:2007
EN 1997	2	Dez. 10	Erkundung und Untersuchung des Baugrunds
EN 1997	2/ NA	Dez. 12	Nation. Anhang Eurocode 7 Teil 2: Erkundung des Baugrunds
EN 15 237		Jun. 07	Ausführung von besonderen geotechnischen Arbeiten: Vertikaldräns
E EN 16 228	1	Mrz. 11	Geräte für Bohr- und Gründungsarbeiten -Sicherheit, Gemeinsame Anforderungen
E EN 16 228	2	Mrz. 11	Mobile Bohrgeräte für Tiefbau
E EN 16 228	3	Mrz. 11	Gerichtetes Horizontalbohrverfahren
EN ISO 1101		Okt. 11	Berichtigung 1
EN ISO 14 688	1	Dez. 13	Geotechnische Erkundung und Untersuchung – Benennung, Beschreibung und Klassifizierung von Boden. Teil 1: Benennung und Beschreibung. Deutsche Fassung EN ISO 14688-1: 2002
EN ISO 14 688	2	Dez. 13	Geotechnische Erkundung und Untersuchung – Benennung, Beschreibung und Klassifizierung von Boden. Teil 2: Grundlagen der Klassifizierung und Quantifizierung beschreibender Merkmale. Deutsche Fassung EN ISO 14688-2: 2004
EN ISO 14 688	2	Jun. 11	Grundlagen für Bodenklassifizierung, Änderung A100
EN ISO 14 689	1	Jun. 11	Geotechnische Erkundung und Untersuchung – Bestimmung und Beschreibung von Fels. Teil 1: Benennung und Beschreibung. Deutsche Fassung EN ISO 14689-1
V EN ISO 22 476	11	Dez. 15	Geotechnische Erkundung und Untersuchung - Felduntersuchungen - Teil 11: Flachdilatometerversuch (ISO/TS 22476-11:2005); Deutsche Fassung CEN ISO/TS 22476-11:2005

DIN	Teil	Ausgabe	Titel
EN ISO/TS 17 892	1	März 15	Geotechnische Erkundung und Untersuchung - Laborversuche an Bodenproben - Teil 1: Bestimmung des Wassergehalts; Deutsche Fassung EN ISO/TS 17892-1:2013
EN ISO/TS 17 892	2	März 15	Geotechnische Erkundung und Untersuchung - Laborversuche an Bodenproben - Teil 2: Bestimmung der Dichte von feinkörnigem Boden (ISO/TS 17892-2:2004); Deutsche Fassung prEN ISO/TS 17892-2:2013
EN ISO/TS 17 892	3	Juli 16	Geotechnische Erkundung und Untersuchung - Laborversuche an Bodenproben - Teil 3: Bestimmung der Korndichte, Pyknometerverfahren (ISO/TS 17892-3:2004); Deutsche Fassung CEN ISO/TS 17892-3:2004
EN ISO/TS 17 892	4	April 17	Geotechnische Erkundung und Untersuchung - Laborversuche an Bodenproben - Teil 4: Bestimmung der Korngrößenverteilung (ISO/TS 17892-4:2004); Deutsche Fassung CEN ISO/TS 17892-4:2004
EN ISO/TS 17 892	5	Aug. 18	Geotechnische Erkundung und Untersuchung - Laborversuche an Bodenproben - Teil 5: Oedometerversuch mit stufenweiser Belastung (ISO/TS 17892-5:2004); Deutsche Fassung CEN ISO/TS 17892-5:2004
EN ISO/TS 17 892	6	Aug.18	Geotechnische Erkundung und Untersuchung - Laborversuche an Bodenproben - Teil 6: Fallkegelversuch (ISO/TS 17892-6:2004); Deutsche Fassung CEN ISO/TS 17892-6:2004
EN ISO/TS 17 892	7	Mai 18	Geotechnische Erkundung und Untersuchung - Laborversuche an Bodenproben - Teil 7: Einaxialer Druckversuch an feinkörnigen Böden (ISO/TS 17892-7:2004); Deutsche Fassung CEN ISO/TS 17892-7:2004
EN ISO/TS 17 892	8	Juli 18	Geotechnische Erkundung und Untersuchung - Laborversuche an Bodenproben - Teil 8: Unkonsolidierter undränierter Triaxialversuch (ISO/TS 17892-8:2004); Deutsche Fassung CEN ISO/TS 17892-8:2004
EN ISO/TS 17 892	9	Juli 18	Geotechnische Erkundung und Untersuchung - Laborversuche an Bodenproben - Teil 9: Konsolidierte triaxiale Kompressionsversuche an wassergesättigten Böden (ISO/TS 17892-9:2004); Deutsche Fassung CEN ISO/TS 17892-9:2004

DIN	Teil	Ausgabe	Titel
EN ISO/TS 17 892	10	April 19	Geotechnische Erkundung und Untersuchung - Laborversuche an Bodenproben - Teil 10: Direkte Scherversuche (ISO/TS 17892-10:2004); Deutsche Fassung CEN ISO/TS 17892-10:2004
EN ISO/TS 17 892	11	Mai 19	Geotechnische Erkundung und Untersuchung - Laborversuche an Bodenproben - Teil 11: Bestimmung der Durchlässigkeit mit konstanter und fallender Druckhöhe (ISO/TS 17892-11:2004); Deutsche Fassung CEN ISO/TS 17892-11:2004
EN ISO/TS 17 892	12	Juli 20	Geotechnische Erkundung und Untersuchung - Laborversuche an Bodenproben - Teil 12: Bestimmung der Zustandsgrenzen (ISO/TS 17892-12:2004); Deutsche Fassung CEN ISO/TS 17892-12:2004
EN ISO 22 282	1	Sep. 12	Geotechnische Erkundung und Untersuchung - Geohydraulische Versuche - Teil 1: Allgemeine Regeln (ISO/DIS 22282-1:2007); Deutsche Fassung prEN ISO 22282-1:2007
EN ISO 22 282	2	Sep. 12	Geotechnische Erkundung und Untersuchung - Geohydraulische Versuche - Teil 2: Wasserdurchlässigkeitsversuche in einem Bohrloch unter Anwendung offener Systeme (ISO/DIS 22282-2:2007); Deutsche Fassung prEN ISO 22282-2:2007
EN ISO 22 282	3	Sep. 12	Geotechnische Erkundung und Untersuchung - Geohydraulische Versuche - Teil 3: Wasserdruckversuch im Fels (ISO/DIS 22282-3:2007); Deutsche Fassung prEN ISO 22282-3:2007
EN ISO 22 282	4	Sep. 12	Geotechnische Erkundung und Untersuchung - Geohydraulische Versuche - Teil 4: Pumpversuche (ISO/DIS 22282-4:2007); Deutsche Fassung prEN ISO 22282-4:2007
EN ISO 22 282	5	Sep. 12	Geotechnische Erkundung und Untersuchung - Geohydraulische Versuche - Teil 5: Infiltrometerversuche (ISO/DIS 22282-5:2007); Deutsche Fassung prEN ISO 22282-5:2007
EN ISO 22 282	6	Sep. 12	Geotechnische Erkundung und Untersuchung - Geohydraulische Versuche - Teil 6: Wasserdurchlässigkeitsversuche im Bohrloch unter Anwendung geschlossener Systeme (ISO/DIS 22282-6:2006); Deutsche Fassung prEN ISO 22282-6:2008

DIN	Teil	Ausgabe	Titel
EN ISO 22 475	1	Jan. 07	Geotechnische Erkundung und Untersuchung - Probenentnahmeverfahren und Grundwassermessungen - Teil 1: Technische Grundlagen der Ausführung (ISO 22475-1:2006); Deutsche Fassung EN ISO 22475-1:2006
V EN ISO/ TS 22 475	2	Jan. 07	Geotechnische Erkundung und Untersuchung - Probenentnahmeverfahren und Grundwassermessungen - Teil 2: Qualifikationskriterien für Unternehmen und Personal (ISO/TS 22475-2:2006); Deutsche Fassung CEN ISO/TS 22475-2:2006
V EN ISO/ TS 22 475	3	Jul. 08	Geotechnische Erkundung und Untersuchung - Probenentnahmeverfahren und Grundwassermessungen - Teil 3: Konformitätsbewertung von Unternehmen und Personal durch eine Zertifizierungsstelle (ISO/TS 22475-3:2007); Deutsche Fassung CEN ISO/TS 22475-3:2007
EN ISO 22 476	1	Okt. 13	Geotechnische Erkundung und Untersuchung - Felduntersuchungen - Teil 1: Drucksondierungen mit elektrischen Messwertaufnehmern und Messeinrichtungen für den Porenwasserdruck (ISO/DIS 22476-1:2012); Deutsche Fassung EN ISO 22476-1:2012+AC:2013
EN ISO 22 476	2	Mrz. 12	Geotechnische Erkundung und Untersuchung - Felduntersuchungen - Teil 2: Rammsondierungen (ISO 22476-2:2005 + A1:2011); Deutsche Fassung EN ISO 22476-2:2005 + A1:2011
EN ISO 22 476	3	Mrz. 12	Geotechnische Erkundung und Untersuchung - Felduntersuchungen - Teil 3: Standard Penetration Test (ISO 22476-3:2005 + A1:2011); Deutsche Fassung EN ISO 22476-3:2005 + A1:2011
EN ISO 22 476	4	Mrz. 13	Geotechnische Erkundung und Untersuchung - Felduntersuchungen - Teil 4: Pressiometerversuch nach Ménard (ISO/DIS 22476-4:2012); Deutsche Fassung EN ISO 22476-4:2012
EN ISO 22 476	5	Mrz. 13	Geotechnische Erkundung und Untersuchung - Felduntersuchungen - Teil 5: Versuch mit dem flexiblem Dilatometer (ISO/DIS 22476-5:2012); Deutsche Fassung EN ISO 22476-5:2012
EN ISO 22 476	7	Mrz. 13	Geotechnische Erkundung und Untersuchung - Felduntersuchungen - Teil 7: Seitendruckversuch (ISO/DIS 22476-7:2012); Deutsche Fassung prEN ISO 22476-7:2012

DIN	Teil	Ausgabe	Titel
EN ISO 22 476	9	Apr. 14	Geotechnische Erkundung und Untersuchung - Felduntersuchungen - Teil 9: Flügelscherversuch (ISO/DIS 22476-9:2014); Deutsche Fassung prEN ISO 22476-9:2014
ISO/ TS 22 476	10	Aug. 05	Geotechnische Erkundung und Untersuchung - Felduntersuchungen - Teil 10: Gewichtssondierung (ISO/TS 22476-10:2016); Deutsche Fassung preEN ISO 22476-10:2016
ISO/ TS 22 476	11	Dez. 15	Geotechnische Erkundung und Untersuchung - Felduntersuchungen - Teil 11: Flachdilatometerversuch (ISO/TS 22476-11:2015); Deutsche Fassung preEN ISO 22476-11:2015
EN ISO 22 476	12	Okt. 09	Geotechnische Erkundung und Untersuchung – Felduntersuchungen – Teil 12: Drucksondierungen mit mechanischen Messwertaufnehmern (ISO 22476-12:2009); Deutsche Fassung EN ISO 22476-12:2009
EN ISO 22 476	15	Okt. 15	Geotechnische Erkundung und Untersuchung - Felduntersuchungen - Teil 15: Aufzeichnung der Bohrparameter ((ISO 22476-15:2015); Deutsche Fassung prEN ISO 22476-15:2015
Handbuch Eurocode 0 – Grundlagen der Tragwerksplanung		Nov. 11	Vom DIN konsolidierte Fassung
Handbuch Eurocode 1 – Einwirkungen	Band 1	Jun. 12	Band 1: Grundlagen, Nutz- und Eigenlasten, Brandeinwirkungen, Schnee-, Wind-, Temperaturlasten - Vom DIN konsolidierte Fassung
Handbuch Eurocode 2 – Betonbau	Band 1	Jul. 12	Band 1: Allgemeine Regeln - Vom DIN konsolidierte Fassung
Handbuch Eurocode 3 - Stahlbau	Band 2	Apr. 12	Band 2: Der zweite Teil stellt folgende Teile von Eurocode 3 zur Bemessung und Konstruktion von Stahlbauten im konsolidierten Originaltext bereit: - Vom DIN konsolidierte Fassung
Handbuch Eurocode 7 – Geotechnische Bemessung	Band 1	Dez. 15	Band 1: Allgemeine Regeln - Vom DIN autorisierte konsolidierte Fassung

DIN	Teil	Ausgabe	Titel
Handbuch Eurocode 7 – Geotechnische Bemessung	Band 2	Jun. 11	Band 1: Erkundung und Untersuchung - Vom DIN autorisierte konsolidierte Fassung
TB	36	Aug. 14	Erd- und Grundbau
TB	113	Nov. 18	Erkundung und Untersuchung des Baugrunds, Teil 1 + 2
TB	376	Juni 19	Untersuchung von Bodenproben und Messtechnik

Anhang D: Empfehlungen, sonstige Regelwerke

Regelwerk	Verlag	Ausgabe	Titel
ATV-DVWK	Deutsche Vereinigung für Wasserwirtschaft, Abwasser und Abfall e.V. (DWA), Hennef		Abwassertechnische Vorschriften der Abwassertechnischen Vereinigung e. V. - ATV
C Geok E	FGSV-Verlag, Köln	2005	Merkblatt über die Anwendung von Geokunststoffen im Erdbau des Straßenbaues mit Checklisten
EAB	Ernst & Sohn, Berlin	2012	Empfehlungen des Arbeitskreises "Baugruben"– EAB der Deutschen Gesellschaft für Geotechnik e. V. (DGGT), 5. Auflage
EAB	Ernst & Sohn, Berlin	1994	Empfehlungen des Arbeitskreises "Baugruben"– EAB der Deutschen Gesellschaft für Geotechnik e. V. (DGGT), 3. Auflage
EAU	Ernst & Sohn, Berlin	2012	Empfehlungen des Arbeitsausschuss „Ufereinfassungen" der Hafenbautechnischen Gesellschaft e. V. und der Deutschen Gesellschaft für Geotechnik e. V. (Hrsg.), 11. Auflage
EAG-GTD	Ernst & Sohn, Berlin	2002	Empfehlungen zur Anwendung geosynthetischer Tondichtungsbahnen
EBGEO	Ernst & Sohn, Berlin	2011	**Empfehlungen für den Entwurf und die Berechnung von Erdkörpern mit Bewehrungen aus Geokunststoffen**
EBSB	Die Bautechnik, Heft 12	1962	Empfehlungen für den Bau und die Sicherung von Böschungen (EBSB). Arbeitskreis 8 a der Deutschen Gesellschaft für Erd- und Grundbau
H GeoMess	FGSV-Verlag, Köln	2007	Hinweise zur Anwendung geotechnischer und geophysikalischer Messverfahren im Straßenbau

Regelwerk	Verlag	Ausgabe	Titel
MAK	BAWMerkblatt	2013	Merkblatt Anwendung von Kornfiltern an Bundeswasserstraßen (MAK)
MAK, Änderung A 1	BAWMerkblatt	2015	Merkblatt Anwendung von Kornfiltern an Bundeswasserstraßen (MAK)
M ELW	FGSV-Verlag, Köln	2009	Merkblatt für die Erhaltung Ländlicher Wege
M FDVK E	FGSV Verlag, Köln	2014	Merkblatt über flächendeckende dynamische Verfahren zur Prüfung der Verdichtung im Erdbau
M Geok E-StB	FGSV Verlag, Köln	2005	Merkblatt für die Anwendung von Geokunststoffen im Erdbau des Straßenbaues
M GUB	FGSV-Verlag, Köln	2013	Merkblatt für geotechnische Untersuchungen und Berechnungen im Straßenbau
M GUB UA	FGSV-Verlag, Köln	2013	Merkblatt für geotechnische Untersuchungen und Berechnungen im Straßenbau – Ergänzungen für den Um- und Ausbau von Straßen
M HMVA	FGSV-Verlag, Köln	2005	Merkblatt über die Verwendung von Hausmüllverbrennungsasche im Straßenbau
M Ls	FGSV-Verlag, Köln	2006	Merkblatt über die Verwendung von Lavaschlacke im Straßen- und Wegebau
M RC	FGSV-Verlag, Köln	2002	Merkblatt über die Wiederverwertung von mineralischen Baustoffen als Recycling-Baustoffe im Straßenbau
M TS E 1	FGSV Verlag, Köln	2009	Merkblatt über Technische Sicherungsmaßnahmen bei Böden und Baustoffen mit umweltrelevanten Inhaltsstoffen im Erdbau
	Deutsche Bauchemie, Frankfurt	1992	Merkblatt Bauwerksabdichtungen mit kaltverarbeitbaren, kunststoffmodifizierten Beschichtungsstoffen auf Basis von Bitumenemulsionen

Regelwerk	Verlag	Ausgabe	Titel
	FGSV Verlag, Köln	2006	Merkblatt für den Entwurf und die Herstellung von Raumgitterwänden und –wällen
	FGSV Verlag, Köln	2012	Merkblatt über die Verwendung von EPS-Hartschaumstoffen als Leichtbaustoff im Erdbau des Straßenbaus
	FGSV Verlag, Köln	1972	Merkblatt für die Bodenverdichtung im Straßenbau
	FGSV Verlag, Köln	1979	Merkblatt für die Untergrundverbesserung durch Tiefenrüttler
	FGSV Verlag, Köln	2003	Merkblatt für die Verdichtung des Untergrundes und Unterbaues im Straßenbau
	FGSV Verlag, Köln	1992	Merkblatt für die Verfestigung von Müllverbrennungsasche mit hydraulischen Bindemitteln
	FGSV Verlag, Köln	1988	Merkblatt für die Verfestigung von Steinkohlenflugasche mit hydraulischen Bindemitteln
	FGSV Verlag, Köln	1994	Merkblatt für die Verfestigung von Waschbergen aus der Steinkohlengewinnung mit hydraulischen Bindemitteln
	FGSV Verlag, Köln	1991	Merkblatt für die Verhütung von Frostschäden an Straßen
	FGSV Verlag, Köln	1995	Merkblatt für die Verwendung von Hüttensand in Frostschutz- und Schottertragschichten
	FGSV Verlag, Köln	1991	Merkblatt für einfache landschaftsgerechte Sicherungsbauweisen
	FGSV Verlag, Köln	2004	Merkblatt über Bodenverbesserungen und Bodenverfestigungen mit Bindemitteln
	FGSV Verlag, Köln	1994	Merkblatt über den Einfluss der Hinterfüllung auf Bauwerke
	FGSV Verlag, Köln	1984	Merkblatt über die gebirgsschonende Ausführung von Spreng- und Abtragsarbeiten an Felsböschungen

Regelwerk	Verlag	Ausgabe	Titel
	FGSV Verlag, Köln	2000	Merkblatt über die statistische Auswertung von Prüfergebnissen, Teil 1: Grundlagen der Präzision von Prüfverfahren
	FGSV Verlag, Köln	1978	Merkblatt über die statistische Auswertung von Prüfergebnissen, Teil 2: von abweichenden Messwerten (Ausreißern)
	FGSV Verlag, Köln	2004	Merkblatt über die Verwendung von Blähton als Leichtbaustoff im Unterbau und Untergrund von Straßen
	FGSV Verlag, Köln	1980	Merkblatt über Felsgruppenbeschreibung für bautechnische Zwecke im Straßenbau
	FGSV Verlag, Köln	2010	Merkblatt über Straßenbau auf wenig tragfähigem Untergrund
	FGSV Verlag, Köln	1992	Merkblatt zur Felsbeschreibung für den Straßenbau
RAP Stra 10	FGSV Verlag, Köln	2010	Richtlinien für die Anerkennung von Prüfstellen für Baustoffe und Baustoffgemische im Straßenbau
RAS-Ew	FGSV Verlag, Köln	2005	Richtlinie für die Anlage von Straßen, Teil: Entwässerung
RAS-LG	FGSV Verlag, Köln	1983	Richtlinie für die Anlage von Straßen – Teil: Landschaftsgestaltung (RAS LG) Abschnitt 3: Lebendverbau
RAS-Q	FGSV Verlag, Köln	1996	Richtlinie für die Anlage von Straßen Teil: Querschnitte
RiStWag	FGSV Verlag, Köln	2002	Richtlinien für bautechnische Maßnahmen an Straßen in Wasserschutzgebieten
RiL 836	DB Netz AG	2008	Erdbauwerke und sonstige geotechnsiche Bauwerke planen, bauen und instand halten
RLW	FGSV Verlag, Köln	2005	Richtlinie für den ländlichen Wegebau

Regelwerk	Verlag	Ausgabe	Titel
RStO	FGSV Verlag, Köln	2012	Richtlinien für die Standardisierung des Oberbaues von Verkehrsflächen
RuA-StB	FGSV Verlag, Köln	2001	Richtlinien für die umweltverträgliche Anwendung von industriellen Nebenprodukten und Recycling-Baustoffen im Straßenbau
	Deutsche Bauchemie, Frankfurt	1999	Richtlinie für die Planung und Ausführung von Abdichtungen erdberührter Bauteile mit flexiblen Dichtungsschlämmen
	Deutsche Bauchemie, Frankfurt	1997	Richtlinie für die Planung und Ausführung von Abdichtungen erdberührter Bauteile mit kunststoffmodifizierten Bitumendickschichtungen
TL BuB E-StB	FGSV Verlag, Köln	2009	Technische Lieferbedingungen für Böden und Baustoffe im Erdbau des Straßenbaus
TL Geok E-StB	FGSV Verlag, Köln	2005	Technische Lieferbedingungen für Geokunststoffe im Erdbau des Straßenbaues
TL Gestein-StB	FGSV Verlag, Köln	2013	Technische Lieferbedingungen für Gesteinskörnungen im Straßenbau
TL G SoB-StB	FGSV Verlag, Köln	2007	Technische Lieferbedingungen für Baustoffgemische und Böden zur Herstellung von Schichten ohne Bindemittel im Straßenbau; Teil: Güteüberwachung
TL SoB-StB	FGSV Verlag, Köln	2007	Technische Lieferbedingungen für Baustoffgemische und Böden zur Herstellung von Schichten ohne Bindemittel im Straßenbau
TP Beton-StB	FGSV Verlag, Köln	2010	Technische Prüfvorschriften für Tragschichten mit hydraulischen Bindemitteln und Fahrbahndecken aus Beton
TP BF-StB	FGSV Verlag, Köln	2005	Technische Prüfvorschriften für Böden und Fels im Straßenbau

Regelwerk	Verlag	Ausgabe	Titel
TP BF-StB Teil 7.1	FGSV Verlag, Köln	2012	Technische Prüfvorschriften für Gesteinskörnungen im Straßenbau, Teil B 7.1: Prüfverfahren zur Bestimmung des CBR-Wertes (California bearing ratio)
TP BF-StB Teil 8.3	FGSV Verlag, Köln	2012	Technische Prüfvorschriften für Gesteinskörnungen im Straßenbau, Teil 8.3: Dynamischer Plattendruckversuch mit dem Leichten Fallgewicht
TP BF-StB Teil 8.4	FGSV Verlag, Köln	2009	Technische Prüfvorschriften für Gesteinskörnungen im Straßenbau, Teil: Dynamischer Plattendruckversuch mit dem Mittelschweren Fallgewicht
TP BF-StB, Teil B 11.1	FGSV Verlag, Köln	2012	Technische Prüfvorschriften für Boden und Fels im Straßenbau, Teil B 11.1: Eignungsprüfungen für Bodenverfestigungen mit Bindemitteln (FGSV 591/B 11.1)
TP BF-StB, Teil B 11.5	FGSV Verlag, Köln	1991	Technische Prüfvorschriften für Boden und Fels im Straßenbau: Eignungsprüfung bei Bodenverbesserung und Bodenverfestigung mit Feinkalk und Kalkhydrat
TP BF-StB, Teil B 15.1	FGSV Verlag, Köln	2012	Technische Prüfvorschriften für Boden und Fels im Straßenbau, Teil B 15.1 - Leichte Rammsondierung DPL-5 und Mittelschwere Rammsondierung DPM-10
TP BF-StB, Teil E 1	FGSV Verlag, Köln	1993	Technische Prüfvorschriften für Boden und Fels im Straßenbau, Teil E 1: Prüfung auf statistischer Grundlage – Stichprobenprüfpläne
TP BF-StB, Teil E 2	FGSV Verlag, Köln	1994	Technische Prüfvorschriften für Boden und Fels im Straßenbau, Teil E 1: Flächendeckende dynamische Prüfung der Verdichtung
TP BF-StB, Teil E 3	FGSV Verlag, Köln	2003	Technische Prüfvorschriften für Boden und Fels im Straßenbau - Teil E 3: Prüfung der Verdichtung durch Probeverdichtung und Arbeitsanweisung

Regelwerk	Verlag	Ausgabe	Titel
TP Eben	FGSV Verlag, Köln	2007	Berührende Messungen - Technische Prüfvorschriften für Ebenheitsmessungen auf Fahrbahnoberflächen in Längs- und Querrichtung Teil: Berührende Messungen
TP Gestein-StB	FGSV Verlag, Köln	2015	Technische Prüfvorschriften für Gesteinskörnungen im Straßenbau
ZTVA-StB	FGSV Verlag, Köln	2012	Zusätzliche Technische Vertragsbedingungen und Richtlinien für Aufgrabungen in Verkehrsflächen
ZTVE-StB	FGSV Verlag, Köln	2009	Zusätzliche Technische Vorschriften und Richtlinien für Erdarbeiten im Straßenbau
ZTV Ew-StB	FGSV Verlag, Köln	1991	Zusätzliche Technische Vertragsbedingungen und Richtlinien für den Bau von Entwässerungseinrichtungen im Straßenbau
ZTV La-StB	FGSV Verlag, Köln	2005	Zusätzliche Technische Vertragsbedingungen und Richtlinien für Landschaftsbauarbeiten im Straßenbau
ZTV LW	FGSV Verlag, Köln	2007/ 2011	Zusätzliche Technische Vertragsbedingungen und Richtlinien für die Befestigung ländlicher Wege
ZTV Lsw	FGSV Verlag, Köln	2006	Zusätzliche Technische Vertragsbedingungen und Richtlinien für die Ausführung von Lärmschutzwänden an Straßen
ZTV SoB-StB	FGSV Verlag, Köln	2004/ 2007	Zusätzliche Technische Vertragsbedingungen und Richtlinien für den Bau von Schichten ohne Bindemittel im Straßenbau

Anhang E: Lösungen

1 Gesteine

1.05.1 Metamorphes Gestein (Umwandlungsgestein).

1.05.2 Wie dick die obere, feste Schicht ist und in welchem Maße die unteren, nachgiebigen Schichten noch Spannungen aus dem Bauwerk erhalten.

1.05.3

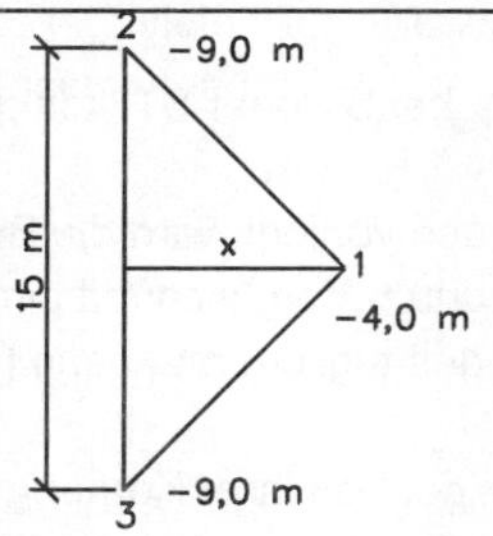

$$x = \sqrt{15^2 - 7{,}5^2} = 13{,}0\ m$$

$$\tan\beta = \frac{9{,}0 - 4{,}0}{13{,}0} = 0{,}38 \rightarrow \qquad \beta = 21{,}0°$$

Symbol:

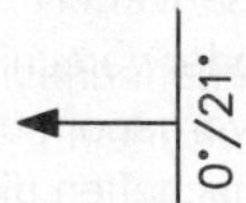

1.05.4 Die Möglichkeit, dass die geneigten Schichten abrutschen.

1.05.5 Die Gefahr, dass die Baugrubenböschung abrutscht, falls die Schicht in Richtung auf die Baugrube einfällt.

1.05.6 Auf die Gefahr ungleichmäßiger Setzungen des Bauwerks.

1.05.7 a) glasig, b) geschiefert, c) feinkörniges Trümmersediment, d) kristallin, e) massig (richtungslos), f) metamorphes Gestein, g) klastisch, h) massig (richtungslos), i) mittelkörniges Trümmersediment.

1.05.8 a) S, b) cls, c) si oder ca, d) M, e) crs, f) ca, g) S, h) cls, i) si, ca, qz^+ oder qz^-

1.05.9 Struktur: klastisch. Textur: massig (richtungslos).

1.05.10 Im Pleistozön (Diluvium).

1.05.11

Gestein	Granit	Basalt	Schieferton
Genese	Magmatisch	Magmatisch	Metamorph
Geologische Struktur	Kristallin	Kristallin	Klastisch
Ritz-/Schneide-vers.	-	-	glänzend
Korngröße	Grob	Fein	Fein
Kornbindung	sehr gut	sehr gut	mäßig
Mineralkornhärte	5 bis 6	5 bis 6	1 und 2
Stabilität in Wasser	Stabil	Stabil	instabil
Kalkgehalt	-	-	-

1.05.12 Schieferton

2 Böden

2.07.01 Ein SU hat 5 … 15 % Anteile ≤ 0,06 mm. Daher nach Handbuch Eurocode 7, Band 1
"nichtbindig".

2.07.02 Weil die Anforderungen an bindige Böden bezüglich Setzungen ohnehin niedriger sind als bei nichtbindigen.

2.07.03 GT oder GT*: Massenanteil der Körner ≤ 2 mm bis 60 %, bei ST oder ST* über 60 %.

2.07.04 SU oder SU*: Feinkornanteil ist schluffig, bei ST oder ST* tonig.

2.07.05 Kies und Sand, schwach schluffig.

2.07.06 Grobkörnige Böden. Wenn ein Siebversuch vorliegt, wird die Benennung nach der Korngrößenverteilung, anderenfalls durch Vergleich mit einer Kornstufenschaulehre oder verschiedenen Dingen des täglichen Lebens (Haselnüsse, Grieß u. a.) vorgenommen.

2.07.07 Da die Eigenschaften dieser Böden weniger von ihrer Körnungslinie abhängen, werden sie zusätzlich nach ihren plastischen Eigenschaften bzw. nach den Plastizitätsbereichen als „Schluff" oder "Ton" benannt.

2.07.08 a) Bei grobkörnigen Böden, b) bei reinen Bodenarten nach dem Korngrößenbereich, bei zusammengesetzten Böden nach Haupt- und Nebenanteil.

2.07.09 a) Wenn Fließ- und Ausrollgrenze bekannt sind: durch die Plastizitätszahl, b) auf der Baustelle mit Hilfe folgender Versuche: b1) Trockenfestigkeitsversuch, b2) Schüttelversuch, b3) Knetversuch, b4) Reibeversuch, b5) Schneideversuch, b6) man legt eine haselnussgroße Probe in Wasser: Schluff zerfällt, Ton nicht.

2.07.10 Tabelle "Bodenklassifikation nach DIN 18196", Zeile 18, Spalte 18: mäßig brauchbar

2.07.11 Der Kornanteil ≤ 0,06 mm beträgt 4 % < 15 % ⇒ nicht bindiger Boden

2.07.12 U, $\bar{s}$, $\bar{g}$

2.07.13 TL

2.07.14 ST*.

2.08.01 Bei GK 2 und 3: 8 Eigenschaften - Ortsübliche Bezeichnung, Benennung von Fels, Dichte, Verwitterung und Veränderungen, Veränderlichkeit, Druckfestigkeit, Trennflächenrichtung, Trennflächenabstand, Gesteinskörperform; bei GK 1: 5 Eigenschaften - Benennung von Fels, Verwitterung und Veränderungen, Druckfestigkeit, Trennflächenrichtung, Trennflächenabstand, Gesteinskörperform

2.08.02 für Fels: 9 Eigenschaften - Ortsübliche Bezeichnung, Benennung von Fels, Verwitterung und Veränderungen, Druckfestigkeit, Trennflächenrichtung, Trennflächenabstand, Gesteinskörperform, Gebirgsdurchlässigkeit, Abrasivität

2.08.03 für Böden: Wassergehalt und Bodengruppe; für Fels: keine

2.08.04 Bohrarbeiten, also DIN 18301: 14 Eigenschaften – Ortsübliche Bezeichnung, Korngrößenverteilung mit Körnungsbändern, Massenanteil Steine D > 63 mm, Massenanteil Blöcke D > 200 mm, Massenanteil große Blöcke D > 630 mm,

Kohäsion, Undränierte Scherfestigkeit, Wassergehalt, Konsistenzzahl, Plastizitätszahl, Lagerungsdichte: Definition, Lagerungsdichte: Bestimmung, Abrasivität, Bodengruppe

2.08.05 Verpressarbeiten, also DIN 18304: 9 Eigenschaften – Ortsübliche Bezeichnung, Korngrößenverteilung mit Körnungsbändern, Massenanteil Steine D > 63 mm, Massenanteil Blöcke D > 200 mm, Massenanteil große Blöcke D > 630 mm, Konsistenzzahl, Plastizitätszahl, Lagerungsdichte: Definition, Lagerungsdichte: Bestimmung, Bodengruppe

2.08.06 Nassbaggerarbeiten, also DIN 18311: 13 Eigenschaften – Ortsübliche Bezeichnung, Korngrößenverteilung mit Körnungsbändern, Massenanteil Steine D > 63 mm, Massenanteil Blöcke D > 200 mm, Massenanteil große Blöcke D > 630 mm, Undränierte Scherfestigkeit, Wassergehalt, Konsistenz, Lagerungsdichte: Definition, Lagerungsdichte: Bestimmung, Kalkgehalt, organischer Anteil, Benennung und Beschreibung organischer Böden, Bodengruppe

2.08.07 Untertagebauarbeiten, also DIN 18312: 18 Eigenschaften – Ortsübliche Bezeichnung, Korngrößenverteilung mit Körnungsbändern, Massenanteil Steine D > 63 mm, Massenanteil Blöcke D > 200 mm, Massenanteil große Blöcke D > 630 mm, mineralogische Zusammensetzung der Steine und Blöcke, Dichte, Kohäsion, Undränierte Scherfestigkeit, Wassergehalt, Konsistenzzahl, Plastizitätszahl, Lagerungsdichte: Definition, Lagerungsdichte: Bestimmung, organischer Anteil, Abrasivität, Bodengruppe

2.08.08 Düsenstrahlverfahren, also DIN 18321: 4 Eigenschaften - Ortsübliche Bezeichnung, Benennung von Fels, Verwitterung und Veränderungen sowie Veränderlichkeit, Abrasivität

2.08.09 Horizontalspühlbohrarbeiten, also DIN 18324: 12 Eigenschaften - Ortsübliche Bezeichnung, Benennung von Fels, Dichte, Verwitterung und Veränderungen, Veränderlichkeit, Kalkgehalt, Sulfatgehalt, Druckfestigkeit, Trennflächenrichtung, Trennflächenabstand, Gesteinskörperform, Gebirgsdurchlässigkeit, Abrasivität

2.08.013 Schlitzwandarbeiten, also DIN 18313, alle Normen gemäß □ 2.56 und □ 2.60 zur Bestimmung von 15 Eigenschaften – Ortsübliche Bezeichnung, Korngrößenverteilung mit Körnungsbändern, Massenanteil Steine D > 63 mm, Massenanteil Blöcke D > 200 mm, Massenanteil große Blöcke D > 630 mm, Dichte, Undränierte Scherfestigkeit, Wassergehalt, Konsistenzzahl, Plastizitätszahl, Lagerungsdichte: Definition, Lagerungsdichte: Bestimmung, Kalkgehalt, organischer Anteil, Bodengruppe

2.08.014 Landschaftsbauarbeiten, also DIN 18320, alle Normen gemäß □ 2.56 und □ 2.60 zur Bestimmung von 15 Eigenschaften – Massenanteil Steine D > 63 mm, Massenanteil Blöcke D > 200 mm, Massenanteil große Blöcke D > 630 mm, Dichte, Wassergehalt, Bodengruppe

2.08.015 Rammarbeiten, also DIN 18304, alle Normen gemäß □ 2.56 und □ 2.60 zur Bestimmung von 9 Eigenschaften – Ortsübliche Bezeichnung, Korngrößenverteilung mit Körnungsbändern, Massenanteil Steine D > 63 mm, Massenanteil Blöcke D > 200 mm, Massenanteil große Blöcke D > 630 mm, Konsistenzzahl, Plastizitätszahl, Lagerungsdichte: Definition, Lagerungsdichte: Bestimmung, Bodengruppe

3 Bodenuntersuchungen im Gelände

3.05.1 In der Regel nicht: die Probe rutscht beim Hochziehen wieder heraus.

3.05.2 Der Zylinder lässt sich in Kies nicht einbringen..

3.05.3 a) Zylinderentnahmegerät, b) Anlage einer Schürfgrube und Zylinderentnahmegerät, c) Ausführung einer Bohrung und einfaches, offenes Entnahmegerät nach Handbuch Eurocode 7, Band 2.

3.05.4 Die Schlagzahlen der Rammsonden sind relative Werte. Die tatsächliche Verdichtung der Schüttung kann nur indirekt über die "Eichung" der Sonde an einer Stelle beurteilt werden, an der die Dichte aus anderen Versuchen (Proctorversuche, Lastplattenversuche) bekannt ist.

3.05.5 Mit Hilfe der leichten Rammsonde. An der Schichtgrenze steigen die Schlagzahlen sprunghaft an.

3.05.6 Eine Probenahme mit dem offenen Entnahmegerät aus Sand unter Grundwasser ist nicht möglich: die Probe rutscht aus dem Gerät wieder heraus. Die leichte Sonde kann die Auffüllung wahrscheinlich nicht durchfahren. In Frage kommen Sondierungen mit der schweren Rammsonde.

3.05.7 Vom Plattendurchmesser. Wie bei Fundamenten wirkt die Platte etwa bis zu einer Tiefe, die dem 2- bis 3fachen Durchmesser entspricht.

3.05.8 In nichtbindigen Böden lassen sich mit dem normalen Entnahmegerät keine Sonderproben entnehmen. Daher kann ihre Festigkeit (Lagerungsdichte) nur über SPT ermittelt werden.

3.05.9 Mit zunehmender Tiefe kann a) die Mantelreibung b) die Festigkeit des Bodens infolge des wachsenden Überlagerungsdrucks größer werden.

3.08.10 a) $E_{v2} \approx 107 \ MN/m^2$ b) $\frac{E_{v2}}{E_{v1}} \approx 3{,}2$

4 Bodenuntersuchungen im Labor

4.19.1.1 Korngrößenverteilung

4.12.1.2 Der Bereich kleiner Korngrößen, der für die bautechnische Beurteilung besonders wichtig ist, wird vergrößert, der weniger wichtige Bereich großer Korngrößen verkleinert.

4.12.1.3 Das kleinste Sieb hat eine Maschenweite von 0,063 mm.

4.12.1.4 Wenn der Anteil maßgebend ist, eine Sedimentationsanalyse.

4.12.1.5 Ihre Addition ergibt 100 %.

4.12.1.6 Die Dichte ist temperaturabhängig.

4.12.1.7 a) 0,16, b) 2,8

4.12.2 Wassergehalt, Hohlraumgehalt, Sättigungszahl

4.12.2.1 Weil sonst mit dem Wasser auch die organische Masse durch Verglühen aus der Probe entfernt wird.

4.12.2.2 0,144

4.12.2.3 0,94

4.12.2.4 20,75 kN/m³

4.12.2.5 w = 0,364; n = 0,389

4.12.3 Dichte, Wichte

4.12.3.1 w = 0,364; n = 0,389

4.12.3.2 Tabelle:

Wichte	Bodenwasserzone	Sättigungszahl
Kornwichte	-	-
Trockenwichte	-	0
Feuchtwichte	Offenes Kapillarwasser	0,1...0,9
Sättigungswichte	Geschlossenes Kapillarwasser	1
Auftriebswichte	Grundwasser	1

4.12.3.3 n = 0,415, e = 0,71, w = 0,11, V_n = 415,1 cm³, V_w = 170,5 cm³, V_a = 244,6 cm³, n_a = 0,245, n_w = 0,171, S_r = 0,412, Trockendichte: 1,55 g/cm³, Dichte: 1,72 g/cm³, Sättigungsdichte: 1,97 g/cm³, Auftriebsdichte: 0,97 g/cm³.

4.12.4 Lagerungsdichte, Proctordichte

4.12.4.1 Die Lagerungsdichte bei einem Lehm lässt sich nicht bestimmen, weil der Lehm nicht durch den Trichter geht und sich auch nicht unter Wasser einrütteln lässt.

4.12.4.2 D = 0,3 . . . 0,5.

4.12.4.3 D = 0,6.

4.12.4.4 Weil die Feuchtdichte im Gegensatz zur Trockendichte rechnerisch vom jeweiligen Wassergehalt abhängt.

4.12.4.5 Man bestimmt im Labor mit dem Schüttungsmaterial die Proctordichte. Auf der Baustelle entnimmt man rasterförmig Sonderproben aus der Schüttungsoberfläche (Zylinderentnahme, Ersatzverfahren) und bestimmt deren Trockendichte. Der aus diesen Werten errechnete Verdichtungsgrad muss ≥ 0,98 sein.

4.12.4.6 Erhöhung des Wassergehalts durch Wasserzugabe um 0,06.

4.12.4.7 ja: $_{vorh}D$ = 0,72.

4.12.4.8 ca. 255 t

4.12.4.9 a) ca. 1,55 g/cm³ und ca. 0,23; b) ca. 97 %.

4.12.5 Zustandsgrenzen

4.12.5.1 Bei nichtbindigen Böden kann man die Konsistenz nicht bestimmen.

4.12.5.2 (1): Lagerungsdichte(2): Konsistenz

4.12.5.3 Ein fetter Ton, weil er wesentlich feinkörniger ist.

4.12.5.4 Boden (3).

4.12.5.5 I_c = 0,7 (weich)

4.12.6 **Kapillarität, Wasserdurchlässigkeit**

4.12.6.1 (1) geschlossene Kapillarwasserzone, (2) offene Kapillarwasserzone, (3) Luft, (4) Wasser.

4.12.6.2 Kapillare Steighöhe bei Sand bis ca. 1 m. Daher Kapillardruck bis ca. 10 kN/m².

4.12.6.3 ca. 317 Jahre

4.12.6.4 ca. 1,85 m.

4.12.6.5 ca. 6 m³ / Tag.

4.12.08 **Zusammendrückbarkeit**

4.12.8.1 Bleibt die Belastung des Bauwerks unter der Vorbelastung, so ist die Setzung klein. Bei Überschreitung der Vorbelastung nehmen die Setzungen rasch zu.

4.12.8.2 (1) Konsolidation, (2) aufgebrachten Belastung, (3) null, (4) das Wasser abfließen kann.

4.12.8.3 (1) Knick, (2) viel kleiner, (3) größer, (4) der Spannung am Knick der DSL.

4.12.8.4 Damit man die Setzungsgröße (in Prozent) auf die Schichtdicke unter dem Bauwerk übertragen kann.

4.12.8.5 G = 170 kN/m²; u = 50 kN/m²; σ = 120 kN/m².

4.12.8.6 400 kN/m².

4.12.9 **Scherfestigkeit**

4.12.9.1 Reibungswinkel ca. 26,6° Kohäsion 150 kN/m².

4.12.9.2 Der entstehende Porenwasserdruck kann die Reibung auf Null herabsetzen. Der Behälter kippt durch Grundbruch um.

4.12.9.3 (1) der Vorbelastung, (2) Auflast, (3) φ_c.

4.12.9.4 Reibungswinkel 42°, Kohäsion null.

4.12.9.5 null.

4.12.9.6 ca. 1,7 m.

4.12.9.7 2,9 kN/m².

4.12.9.8 0,8 m.

4.12.9.9 Der Boden ist nichtbindig. Die Schergerade geht durch den Nullpunkt des Scherdiagramms.

5 Grundbau im Erd- und Straßenbau

5.08.1 Im Allgemeinen dürfen weiche bindige Böden in Dämme nicht eingebaut oder überschüttet werden. Bei ausreichender Zeit zwischen Aufbringen der Dammschüttung und der Straße/Bahn kann versucht werden, den Lehm in der Zwischenzeit zu entwässern. Er kann z. B. im Dammkern (unten in der Mitte) eingebaut werden. So kann er durch den Überlagerungsdruck aus dem Kiessandmantel konsolidieren. Eine andere Möglichkeit ist die Ausführung der

Sandwich-Bauweise: abwechselnder Einbau von Lehm- und Kiessandschichten. Wenn der Kiessand außen liegt, ist die Standsicherheit der Dammböschungen und -füße größer, als wenn sie aus bindigem Boden bestehen.

5.08.2 a) Proctorversuch, b) Plattendruckversuch. Begründung: Die Entnahme von Proben bei Boden b) mit Ausstechzylindern ist nicht möglich, mit Ersatzmethoden schwierig und ungenau.

5.08.3 a) 60 MN/m², b) 2,6.

5.08.4 a) SU*: 95 %, b) 12 %.

5.08.5 Die Homogenisierung der anfallenden Bodenklumpen und - bei entsprechendem Luftgehalt - die Verringerung des Luftgehalts. Eine Verringerung des Wassergehalts ist bei der kurzzeitigen Einwirkung der Verdichtungsgeräte kaum möglich.

5.08.6 Ersatzverfahren für die Bestimmung des Probenvolumens oder Plattendruckversuche.

5.08.7 Die Dammschüttung wird sofort aufgebracht und evtl. überhöht. Hierdurch wird der unterlagernde weiche Lehm vor Aufbringen der Straßendecke weitgehend konsolidiert.

5.08.8 Ein Schluff ist ein sehr wasserempfindlicher Boden (kleine Plastizitätszahl, d. h. schneller Übergang von steifplastischer in weichplastische oder sogar breiige Konsistenz). Während der Schlechtwetterperiode sollten die Arbeiten vorübergehend eingestellt werden.

5.08.9 Aus den gegebenen Werten ergibt sich eine Fließgrenze von 0,45 und eine Konsistenz von 0,08 (breiig). Der Boden ist in der vorliegenden Form nicht geeignet. Es ist fraglich, ob er bei einer derart niedrigen Konsistenz entsprechend verbessert werden kann.

5.08.10 Durch die Bestimmung der Lagerungsdichte D. Allerdings müsste zum Vergleich mit den in ZTVE angegebenen Werten für den Verdichtungsgrad D_{Pr} ein Zusammenhang zwischen D und D_{Pr} für den vorliegenden Boden hergestellt werden.

5.08.11 70 MN/m².

5.08.12 Steht genügend Zeit zur Verfügung, so kann selbst sehr zusammendrückbarer Baugrund im Boden belassen werden. Es empfiehlt sich eine möglichst frühzeitige Schüttung, damit die Konsolidation der zusammendrückbaren

Schichten inzwischen eintritt. Durch eine nachträgliche, wieder zu entfernende Überhöhung können die Setzungen beschleunigt werden.

5.08.13 Bei weichen bindigen Böden, in denen durch die Belastung Porenwasserdruck auftritt, der die Scherfestigkeit herabsetzt. Als Maßnahme kommt u. a. langsames Schütten in Frage.

5.08.14 Organische Böden wie Torf und Faulschlamm zersetzen sich im Laufe der Zeit. Da dies zu Hohlraumbildungen führen kann, müssen sie im Einflussbereich der Lasten entfernt werden.

5.08.15 Ist der Verformungsmodul E_{v2} groß, der Verhältniswert aber größer als der in ZTVE angegebene Maximalwert, so wurde die Verdichtung erst durch den Plattendruckversuch erreicht.

5.08.16 0,24.

5.08.17 ${}_{vorh}\rho_d = 2{,}0 > 1{,}95$ g/cm³

5.08.18 Für Boden 1. Sein Wassergehalt hat einen größeren Abstand von der Fließgrenze.

5.08.19 5 . . . 6 cm.

5.08.20 1370 l.

5.08.21 ja, ${}_{vorh}D_{Pr}$ 0,99.

5.08.22 4193 l.

5.08.23 ja, vorh. $n_a = 5\ \% > {}_{max}n_a = 12\ \%$.

5.08.24 Boden B. Er hat eine wesentlich niedrigere Plastizitätszahl als Boden A.

5.08.25 Die Lagerungsdichte beträgt 0,68 und reicht damit aus.

6 Erddruck

6.07.1 Winkel, unter dem ein abgeböschter Boden gerade noch liegen bleibt (ohne abzurutschen). Bei trockenem Sand und Sand unter Wasser ist der Böschungswinkel gleich dem Reibungswinkel, bei feuchtem Sand größer als der Reibungswinkel.

6.07.2 Infolge der scheinbaren Kohäsion, die bei trockenem Sand und bei Sand unter Wasser verschwindet.

6.07.3 $E_a \approx 100$ kN/m, $\vartheta \approx 57°$.

6.07.4 $E_a \approx 75$ kN/m, $\vartheta \approx 60°$.

6.07.5 Den größten Erddruck und den kleinsten Erdwiderstand.

6.07.6 Bei E_a: $\vartheta - \varphi$, bei E_p: $\vartheta + \varphi$.

6.07.7 $\Delta E_a \approx 50$ kN/m.

6.07.8 Der Erddruck wird kleiner und der Erdwiderstand größer.

6.07.9 a) Wie üblich, nur muss - außer den frei gewählten - in jedem Knick der Geländeoberfläche eine Gleitfläche angenommen werden, b) und c) in Höhe des Knicks bzw. des Schichtwechsels wird die Zeichnung durch eine Waagerechte geteilt. Zunächst wird das Culmann-Verfahren nur auf den oberen Teil, dann auf den unteren Teil angewendet, wobei das Gewicht des oberen Teils als Auflast angesetzt wird.

6.07.10 e_a = 37,8 kN/m², E_a = 132,3 kN/m im unteren Drittelspunkt der Wand und unter δ gegen die Normale auf die Wand nach unten (auf der Wandluftseite) geneigt. E_{av} = 45,25 kN/m², E_{ah} = 124,32 kN/m² (die Ergebnisse können je nach tellenzahl in der Berechnung in den Nachkommastellen unterschiedlich sein).

6.07.11 a) kleiner b) größer.

6.07.12 k_a = 0,57, k_p = 5,45, k_{ah} = 0,437, k_{av} = 0,36, k_{ph} = 5,45, k_{pv} = 0, E_a = 82,08 kN/m, E_p = 785 kN/m, E_{ah} = 62,93 kN/m, E_{av} = 52,7 kN/m, E_{ph} = 785 kN/m, E_{pv} = 0.

6.07.13 Umwandlung der Auflast in zusätzliche Geländehöhe durch Umformung der Gleichung $p = \gamma \cdot h_p$: h_p = 0,56 m. Hieraus Erddruck aus Auflast: E_a^p = 16,5 kN/m.

6.07.14 φ, δ, γ, ggf. c und Auflast.

6.07.15 a) kleiner, b) größer.

6.07.16 e_a^p = 4,5 kN/m², e_a^g = 37,8 kN/m², E_a = 164 kN/m, Abstand der Resultierenden vom Wandfuß: 2,56 m.

6.07.17 E_a = 239 kN/m.

6.07.18 E_a = 63,9 kN/m, Angriffspunkt 1,78 m über Wandfuß.

6.07.19 Knick.

6.07.20 Sprung.

6.07.21 a) Bei einer Änderung von α, β, φ, und δ. b) In allen Fällen.

6.07.22 (1) aktiver Erddruck, (2) kleine, (3) Luftseite, (4) Fußpunkt, (5) passiver Erddruck, (6) Erdwiderstand, (7) maximal, (8) großen, (9) Erdseite, (10) Erdruhedruck, (11) größer, (12) kleiner.

6.07.23 (1) E_a, (2) E_p, (3) E_0, (4) E_p, (5) E_a, (6) E_p, (7) E_a.

6.07.24 Das Culmann-Verfahrens setzt eine Bewegung der Wand und die Ausbildung von Gleitflächen voraus. Beim Erdruhedruck dagegen herrschen Eigenspannungszustände ohne Brucherscheinungen.

6.07.25 K_{ah} = 0,476.

6.07.26 K_{ph} = 3,05.

6.07.27 E_p = 723 kN/m.

6.07.28 (1) größer, (2) kleiner.

6.07.29 e_{ph} = 353,6 kN/m².

6.07.30 e_{ah} = 45,45 kN/m².

6.07.31 Der Reibungswinkel und die Wandneigung ändern sich.

6.07.32 Im Abstand von 3,6 m.

6.07.33 Geländeneigung + 10°.

6.07.34 Flächenlast: 40 kN/m².

6.07.35 Ja: Abbau des Erdruhedrucks durch "Silowirkung". Näherungsweise wird mit E_a gerechnet.

6.07.36 Wegen $\varphi_2' > \varphi_1'$ springt die Erddrucklinie in Schicht 2 nach innen. Obwohl $\gamma_1 = \gamma_2$ ist, sind die Erddrucklinien in den beiden Schichten nicht parallel, weil ihre Neigung von dem Produkt $\gamma \cdot k_a$ abhängt.

6.07.37 $E_a^g \approx 73$ kN/m.

6.07.38 $K_a^g = 0{,}27 \rightarrow \beta = +10°$.

6.07.39 ${}_{min}a = 3{,}6$ m.

6.07.40 $E_{ah}^g = 199{,}5$ kN/m; $E_{av}^g = 14{,}0$ kN/m.

6.07.41 $K_a^g = 0{,}28$.

6.07.42 $K_a^g = 0{,}48 \rightarrow \alpha = -20°$.

6.07.43 $\dfrac{K_{ah}^g}{E_{0h}^g} = \dfrac{0{,}30}{0{,}46} \rightarrow E_{0h}^g$ 54% größer

6.07.44 a) $K_a^g = 0{,}27 \rightarrow E_a^g = 38{,}0$ kN/m. b) $K_a^g = 0{,}25 \rightarrow E_a^g = 38{,}0$ kN/m.

6.07.45 p = 40 kN/m².

6.07.46 $K_a = 0{,}18 \rightarrow \alpha = +10°$.

6.07.47 $K_a^g \approx 0$, $\delta_a \approx 0$, $K_a^g \approx 1 \rightarrow E_a^g = 144$ kN/m (horizontal)

6.07.48 1) $\varphi_2' > \varphi_1'$; 2) $\alpha_2 > \alpha_1$.

6.07.49

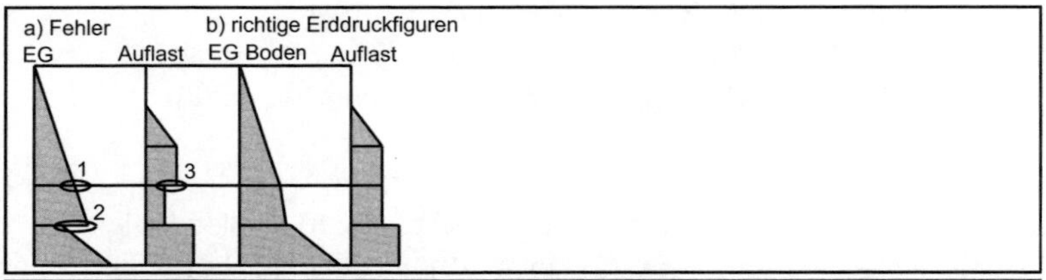

6.07.50

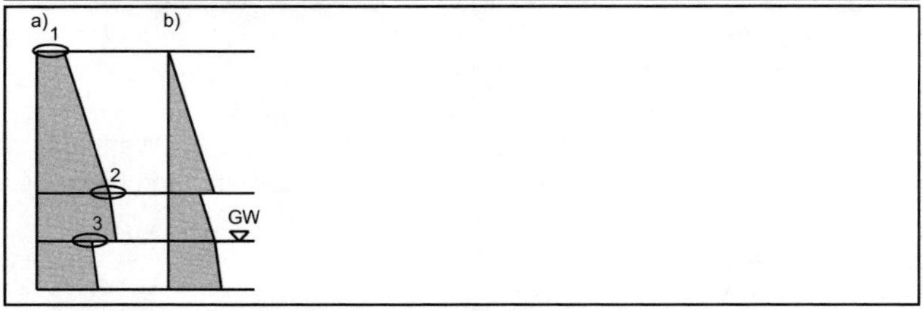

6.07.51 a) E_a, b) E_p, c) E_0, d) E_p, e) E_a, f) E_a, g) E_a.

6.07.52

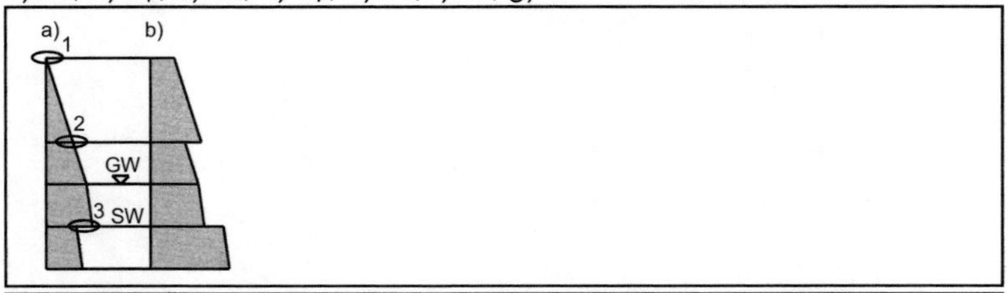

6.07.53

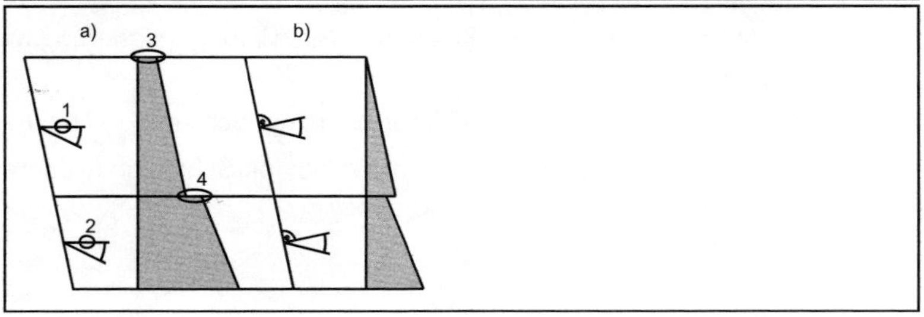

6.07.54 Die Erddruckfiguren sind (qualitativ) richtig.
6.07.55 Die Erdwiderstandsfigur ist (qualitativ) richtig.

7 Wasser im Boden

7.09.1 In diesem Fall braucht keine Dränung ausgeführt zu werden.
7.09.2 a) Nichtbindiger Boden bis in große Tiefe unter dem Bauwerk, b) Abdichtung gegen Bodenfeuchtigkeit, c) Bindiger Boden oberhalb oder nahe unterhalb der Gründungssohle, d) Abdichtung gegen nichtdrückendes Wasser mit Dränung oder Abdichtung gegen drückendes Wasser, e) Grundwasser oberhalb der Gründungssohle, f) Abdichtung gegen drückendes Wasser.
7.09.3 5 m.
7.09.4 Wirksame Spannung 41 kN/m^2, totale Spannung 61 kN/m^2.
7.09.5 0,00016 m/s.
7.09.6 518,4 m^3/m Spundwand.
7.09.7 0,0378 m^3/s.
7.09.8 ca. 0,52 m^3.

Anhang F: Register

B

E

L

M

N

W

Z

Anhang G: Berechnungsbeispiele (Übersicht)

1 Gesteine

2 Böden

3 Bodenuntersuchungen im Gelände

4 Bodenuntersuchungen im Labor

5 Grundbau im Erd- und Straßenbau

6 Erddruck

7 Wasser im Boden